Wilhelm Meyer
Geologie der Eifel

Wilhelm Meyer

Geologie der Eifel

4., völlig neu bearbeitete Auflage

Mit 157 Abbildungen, 12 Tabellen, 8 Fototafeln
und einer Beilage

Schweizerbart
Stuttgart 2013

W. Meyer: Geologie der Eifel, 4. Aufl.

Adresse des Autors:
Prof. Dr. Wilhelm Meyer, Heerstr. 16, 53340 Meckenheim, Germany

Abbildung auf dem Umschlag: Blockbild der Vulkangruppe von Manderscheid. – Abb. 82 aus: Meyer, W. (1994): Geologie der Eifel. 3. Aufl., E. Schweizerbart'sche Verlagsbuchhandlung.

Gedruckt mit freundlicher Unterstützung
der **Deutschen Vulkanologischen Gesellschaft e. V.** und
der **Geomuseen des Geo- und Naturparks Vulkaneifel**

4. Auflage 2013 (W. Meyer)
3. Auflage 1994 (W. Meyer)
2. Auflage 1988 (W. Meyer)
1. Auflage 1986 (W. Meyer)

ISBN 978-3-510-65279-2

Information on this title: **www.schweizerbart.de/9783510652792**

Verlag: E. Schweizerbart'sche Verlagsbuchhandlung (Nägele u. Obermiller)
Johannesstr. 3A, 70176 Stuttgart, Germany
mail@schweizerbart.de
www.schweizerbart.de

♾ Gedruckt auf alterungsbeständigem Papier nach ISO 9706-1994

Satz: Satzpunkt Ursula Ewert GmbH

Printed in Germany by DZA Druckerei zu Altenburg GmbH

Vorwort

Mit diesem Band liegt nunmehr die 4. Auflage der „Geologie der Eifel“ vor. Für diese Auflage waren erhebliche Umarbeitungen notwendig geworden, da die letzte veränderte Auflage im Jahre 1994 erschienen war. Deshalb mussten Korrekturen fast auf jeder Seite vorgenommen werden, zumindest Anpassungen an die geänderte Fachterminologie oder an die inzwischen ins Land gegangene Rechtschreibreform. Größere Umarbeitungen sind bei den Abschnitten über das Unterdevon, über die variszische Faltung, über die verschiedenen Generationen von Gangerzlagerstätten, bei den tertiären und quartären Vulkanfeldern und bei der känozoischen Landschaftsgeschichte erfolgt. Ein Teil der Abbildungen wurde ausgetauscht, wobei nun auch einige Graphiken in Farbe wiedergegeben werden. Außerdem wurden einige Fotos hinzugefügt, nur in geringer Zahl, da inzwischen für die Eifel mehrere Fotobände mit geowissenschaftlichem Schwerpunkt erschienen sind; über die Funde von Mineralien und Fossilien gibt es auch mehrere mit guten Fotos ausgestattete Veröffentlichungen. Besonders hingewiesen sei hier auf die reich illustrierte Darstellung der Gewinnung und Verwendung der Bausteine in der Eifel (K.-H. SCHUMACHER & W. MÜLLER 2011). Für Luftaufnahmen und andere Fotos danke ich Herrn Walter Müller, Niederzissen.

Ich bin Herrn Dr. A. Nägele, Stuttgart, sehr dankbar, dass er das inzwischen vergriffene Werk neu auflegen will und für seine Geduld mit der sich lange hinziehenden Umarbeitung; Frau Angela Pfeifer bin ich für die Aufarbeitung des Textes sehr zu Dank verpflichtet. Bei der Neubearbeitung konnte ich mich mannigfacher fachlicher Hilfe erfreuen, dafür danke ich Günter Blaß, Eschweiler, Prof. Dr. Thomas Litt, Bonn, Werner Löhnertz, M.A., Kall-Steinfeld, Dr. Herbert Lutz, Mainz, Alice und Eugen Rondorf, Neuwied, Prof. Dr. Andreas Schäfer, Bonn, Prof. Dr. Johannes Stets, Bonn und Prof. Dr. Roland Walter, Aachen. Dankbar erinnere ich mich auch an die Hilfe, die mir bei den früheren Auflagen außerdem durch die Professoren Dr. J. Frechen, Dr. W. v. Koenigswald, Dr. H. Weiler und Dr. P. Wurster zuteil wurde und an die Unterstützung durch Hans Klinz bei den Abbildungen.

Für finanzielle Unterstützung danken wir der Kreissparkasse Mayen, der Deutschen Vulkanologischen Gesellschaft unter ihrem Vorsitzenden Landrat a. D. Albert Berg-Winters sowie auf freundliche Vermittlung von Dr. Peter Bitschene, Gerolstein, den Geomuseen des Geo- und Naturparks Vulkaneifel. Das Buch ist meiner Frau Diedela gewidmet.

Wilhelm Meyer
September 2012

Inhaltsverzeichnis

1. Einleitung

„Die Eyffel hat ihres Gleichen in der Welt nicht; ... und ihre Kenntnis kann gar nicht umgangen werden, wenn man eine klare Ansicht der vulcanischen Erscheinungen auf Continenten erhalten will.“ So schrieb einer der Stammväter der deutschen Geologie, Leopold VON BUCH, in einem Brief an Johann STEININGER am 12. August 1820. Und STEININGER ergänzt diesen Ausspruch im Vorwort zu seiner „Geognostischen Beschreibung der Eifel“ am 14. Mai 1853: „Aber nicht nur die erloschenen Vulkane haben den Naturforscher in der neuern Zeit in die Eifel geführt; auch die Versteinerungen, welche in den Umgebungen von Gerolstein und Prüm vorkommen, haben eine früher nur wenig gekannte Bedeutung erhalten.“ Dieses Buch von STEININGER ist die erste geologische Beschreibung der gesamten Eifel; es ist bisher die einzige geblieben. Nur ein kurzer „Abriß der Geologie der Eifel“ erschien in der Zwischenzeit (FOLLMANN 1915). Dabei hat in diesem Zeitraum die Eifel in den Erdwissenschaften keineswegs eine solche Randposition eingenommen wie z. B. in wirtschaftlicher Hinsicht. Vielmehr sind seit dem Buch STEININGERs über 1000 Veröffentlichungen deutscher und ausländischer Wissenschaftler über diese Landschaft erschienen, nicht nur in Zeitschriften, sondern auch als umfangreiche Monographien, die jedoch nur Teilprobleme oder einzelne Regionen behandelten. Es kam hinzu, dass, wie es die vorangestellten Zitate schon ausdrücken, die wissenschaftliche Bearbeitung von zwei weit auseinanderliegenden Schwerpunkten ausging, nämlich von der paläontologisch-biostratigraphischen Blickrichtung einerseits und von mineralogisch-vulkanologischen Fragestellungen anderseits.

Das vorliegende Buch will versuchen, das weite Feld der Geologie zwischen diesen Eckpunkten zu beschreiben, und zwar, indem die erdgeschichtliche Entwicklung dieses Raumes geschildert wird. Diese erdgeschichtliche Behandlung bildet den Hauptteil des Buches. Ihr wird eine regionalgeologische Beschreibung der einzelnen Landschaften angefügt (Kapitel 13), die über deren geologischen Aufbau unterrichtet und geologische Informationen bietet, für die in einer erdgeschichtlich aufgebauten Schilderung kein Platz ist. Den einzelnen Abschnitten (2, 3, 4, 6, 7, 8, 9, 10, 11), wenn nötig auch den Unterabschnitten sind kurze Zusammenfassungen vorangestellt, die aneinandergereiht einen kurzen Abriss der Erdgeschichte der Eifel ergeben.

Die durch politische oder postalische Flurbereinigung entstandenen neuen Ortsnamen habe ich oft nicht benutzt, wenn die alten eine genauere Lokalisierung ermöglichen (Ober- und Niedermendig statt Mendig, Berresheim und Allenz statt Alzheim usw.) oder weniger umständlich sind (vgl. Bad Neuenahr-Ahrweiler, Stadtteil Ahrweiler). An vielen Stellen wurde der Name und die Nr. des Kartenblatts angegeben; es handelt sich dabei immer um Messtischblätter (1 : 25 000). Eine Übersicht dieser Blätter und ihrer Nummern gibt Abb. 2. Dort ist auch sichtbar, dass das Gebiet bisher nur von den Rändern her geologisch kartiert ist. So ist leider der Seufzer L. v. BUCHs in dem eingangs zitierten Brief von 1820 noch nicht vollkommen gegenstandslos: „Was uns jetzt vorzüglich Noth thut ist eine genaue Charte der Gegend. Es ist unglaublich in welche Noth ich durch den Mangel guter Charten versetzt worden bin.“ Der hier vorgelegten Beschreibung ist im Anhang eine geologische Übersichtskarte beigegeben, um wenigstens teilweise einem solchen Mangel abzuhelfen.

In Angleichung an den internationalen Sprachgebrauch werden neuerdings bei uns die einzelnen stratigraphischen Kategorien vielfach entsprechend folgendem Beispiel verwendet:

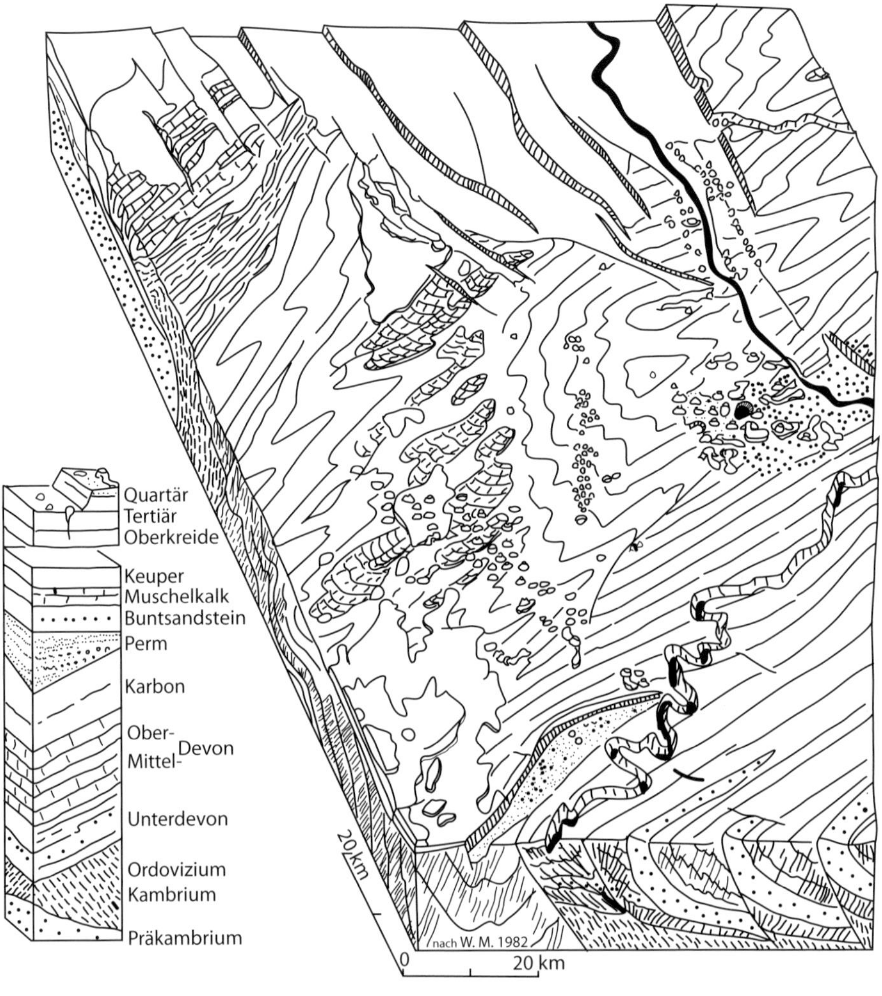

Abb. 1. Geologisches Blockbild der Eifel. Farbige Version im Anhang.

Devon-System, Eifel-Stufe, Ahrdorf-Formation, Betterberg-Unterformation (Subformation), Bildstock-Horizont (Member). Wir verwenden hier oft noch die Begriffe „Schichten" statt „Formation" und „Folge" statt „Unterformation". In den Karten und Profilen mit magnetischen Daten steht noch die alte Einheit γ (Gamma), sie wird heute durch die Bezeichnung nT (Nano-Tesla) ersetzt.

Um den Umfang des Buches nicht aufzublähen, habe ich weitgehend auf wissenschaftsgeschichtliche Ausführungen verzichtet. Sie könnten ein eigenes Buch füllen, da die Eifel seit 200 Jahren eine wichtige Rolle in der Entwicklung der geologischen und paläontologischen Wissenschaften gespielt hat. Auch beim Literaturverzeichnis musste eine Auswahl getroffen werden, die sich auf die Arbeiten bis 2011 beschränkt, die im Text erwähnt sind, bei den Zeichnungen benutzt wurden oder umfangreiche Literaturangaben enthalten, die ein tieferes Eindringen in den Literaturberg erleichtern.

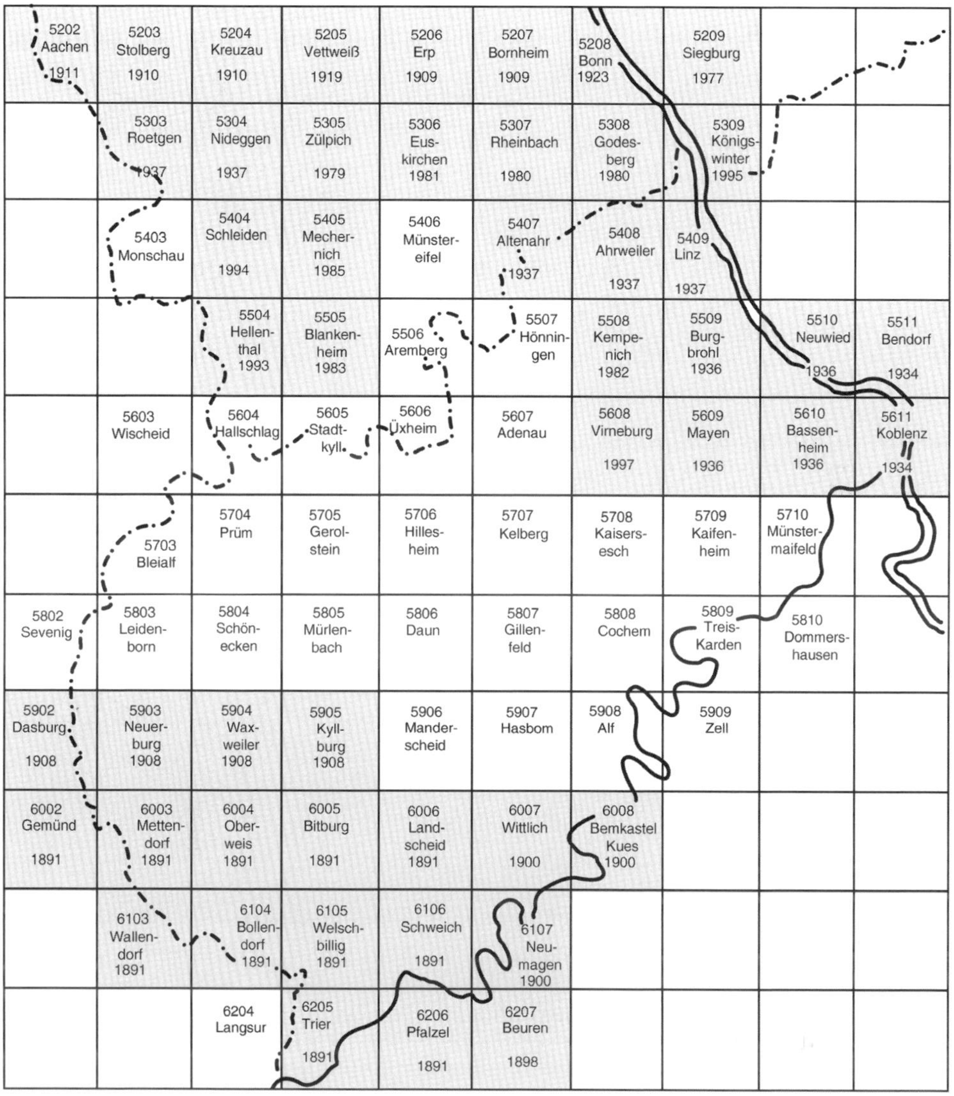

Abb. 2. Karten 1 : 25 000, gerastert die veröffentlichten geologischen Karten mit Erscheinungsjahr der letzten Auflage

Das Buch kann kein endgültiges Bild von der Entwicklung eines Raumes zeichnen, in dem geologische Prozesse vom Beginn des Paläozoikums bis in die Jetztzeit dokumentiert sind. Es bleibt ein Versuch, den heutigen Kenntnisstand über diese den Geologen so faszinierende Landschaft zu schildern und die noch bestehenden Probleme herauszuarbeiten. Korrekturen und Ergänzungen werden mir immer sehr willkommen sein.

Die Abbildungen stammen von mir, wenn keine Quelle genannt ist. Bei den Blockbildern und Karten ist, wenn kein Nordpfeil angegeben ist, die Nordrichtung immer oben; die beiden seitlichen Begrenzungen laufen parallel zur Nordrichtung.

Topographische Angaben beziehen sich auf das Gauß-Krüger-Koordinatensystem (z. T. mit Rechts- und Hochwerten), das auch die bis in neueste Zeit veröffentlichten geologischen Karten enthalten. Die neuen topographischen amtlichen Karten haben das UTM-(Universales Transversales Mercator-)Gitter aufgedruckt, enthalten aber am Rand auch noch die Gauß-Krüger-Koordinaten. Leichte Verschiebungen im Blattschnitt können bei den modernen nach dem UTM-System hergestellten Karten gegenüber den älteren Kartenblättern auftreten.

2. Die Entwicklung vor dem Devon

Gesteine, die älter als devonisch sind, treten im Verband in den Ardennen in mehreren Aufsattelungen zwischen den Devonschichten zutage. Zu diesen sog. Ardennenmassiven werden gerechnet: das Massiv von Rocroi, das Massiv von Givonne, das Massiv von Serpont und das Massiv von Stavelot. Vordevonische Gesteine treten außerdem noch in dem schmalen Condroz-Sattel und schließlich im nördlich gelegenen Brabanter Massiv an die Oberfläche. Nur das Massiv von Stavelot reicht in seinem Nordostteil im Bereich des Hohen Venns auf deutsches Gebiet. Erst am Südrand und Ostrand des Rheinischen Schiefergebirges sowie im Remscheid-Altenaer Sattel und im Ebbe-Sattel treten dann wieder vordevonische Gesteine zutage. In der Eifel dürften viele der Auswürflinge in den jungen Vulkanen aus altpaläozoischen oder gar präkambrischen Schichten stammen.

Die zutage tretenden altpaläozoischen Gesteine sind Ablagerungen eines meist flachen Meeresraumes, der sich von Südengland über das Schiefergebirge hinweg nach E verfolgen lässt (WALTER 1980): In ihm kamen klastische Sedimente zum Absatz; die kambrischen Schichten enthalten neben Tonschiefern viel Sandsteine, im Unteren Ordoviz bilden sich Graptolithen-Schiefer. Das Gebiet der Ardennen und der Eifel wurde wahrscheinlich schon während des Ordoviz gefaltet und bildet im Silur die Ardennen-Schwelle, an die sich nördlich (im Bereich des späteren Brabanter Massivs) das Brabanter Becken anschließt. Es wird unmittelbar nach dem Silur gefaltet. Die kaledonische Faltung ist aber im Venn-Gebiet relativ schwach und nicht von Plutonismus und stärkerer Metamorphose begleitet gewesen. Vielleicht gab es auch hier gegen Ende des Silurs noch einmal eine schwächere tektonische Aktivität.

Weiter nördlich (Brabanter Massiv in Belgien, Schottland, Nordsee, Norwegen) ist die kaledonische Faltung stärker, da hier zwei Kontinentalplatten (Laurentia und Fennoskandia) zusammenstoßen, wodurch das zwischen ihnen liegende Japetus-Ozeanbecken geschlossen wird. Es entsteht dabei eine Landmasse, die sich mit rotem Schutt bedeckt und deshalb als der Old-Red-Kontinent bezeichnet wird. Dessen Abtragungsschutt wird das rheinische Devonbecken auffüllen, für das er als „Nordkontinent" zu einem der wichtigsten paläogeographischen Elemente werden wird.

2.1 Deville-Schichten

Das Massiv von Stavelot besteht aus zwei großen Antiklinorien, dem Großsattel von Grand Halleux im Südwesten und dem Venn-Großsattel im Nordosten. Allein der Venn-Sattel reicht mit seinem Nordostteil auf deutsches Gebiet (Abb. 4). Das Massiv von Stavelot bildet im Ganzen ein asymmetrisches Faltenachsengewölbe, dessen Kulmination im Gebiet von Stavelot – Grand Halleux liegt. Hier tauchen als ältestes Deville-Schichten auf (Name von DUMONT 1847 nach dem Städtchen Deville im Maastal, Massiv von Rocroi). Das Liegende der Deville-Schichten ist nicht bekannt. Auch in der 3220 m tiefen Forschungsbohrung von Grand Halleux ist es nicht erreicht worden, da dort in den tiefsten Teilen unter flachen Überschiebungen wieder

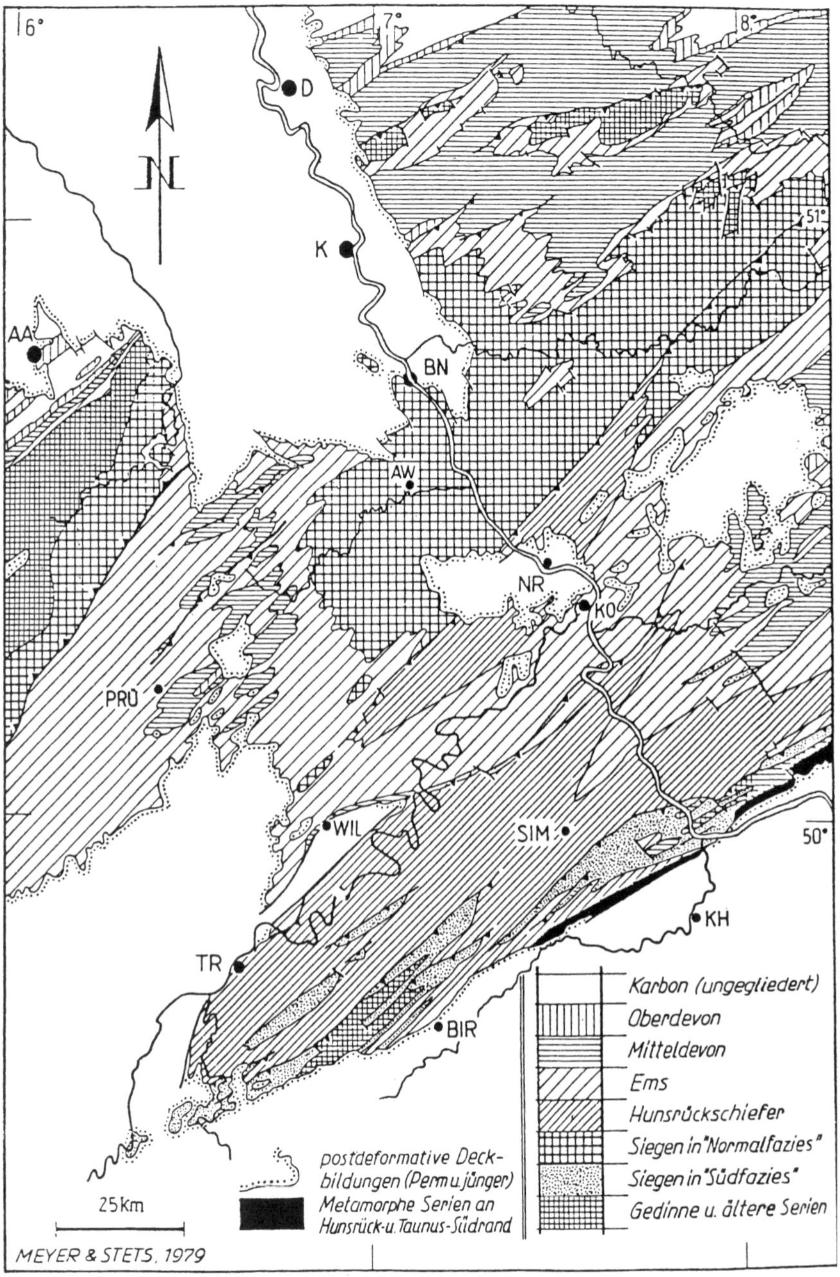

Abb. 3. Geologische Übersichtskarte des linksrheinischen und zentralen Schiefergebirges. Nach MEYER & STETS (1980), schwach verändert. Ortsnamen: AA Aachen, AW Ahrweiler, BIR Birkenfeld, BN Bonn, D Düsseldorf, K Köln, KH Kreuznach, KO Koblenz, NR Neuwied, SIM Simmern, PRÜ Prüm, TR Trier, WIL Wittlich.

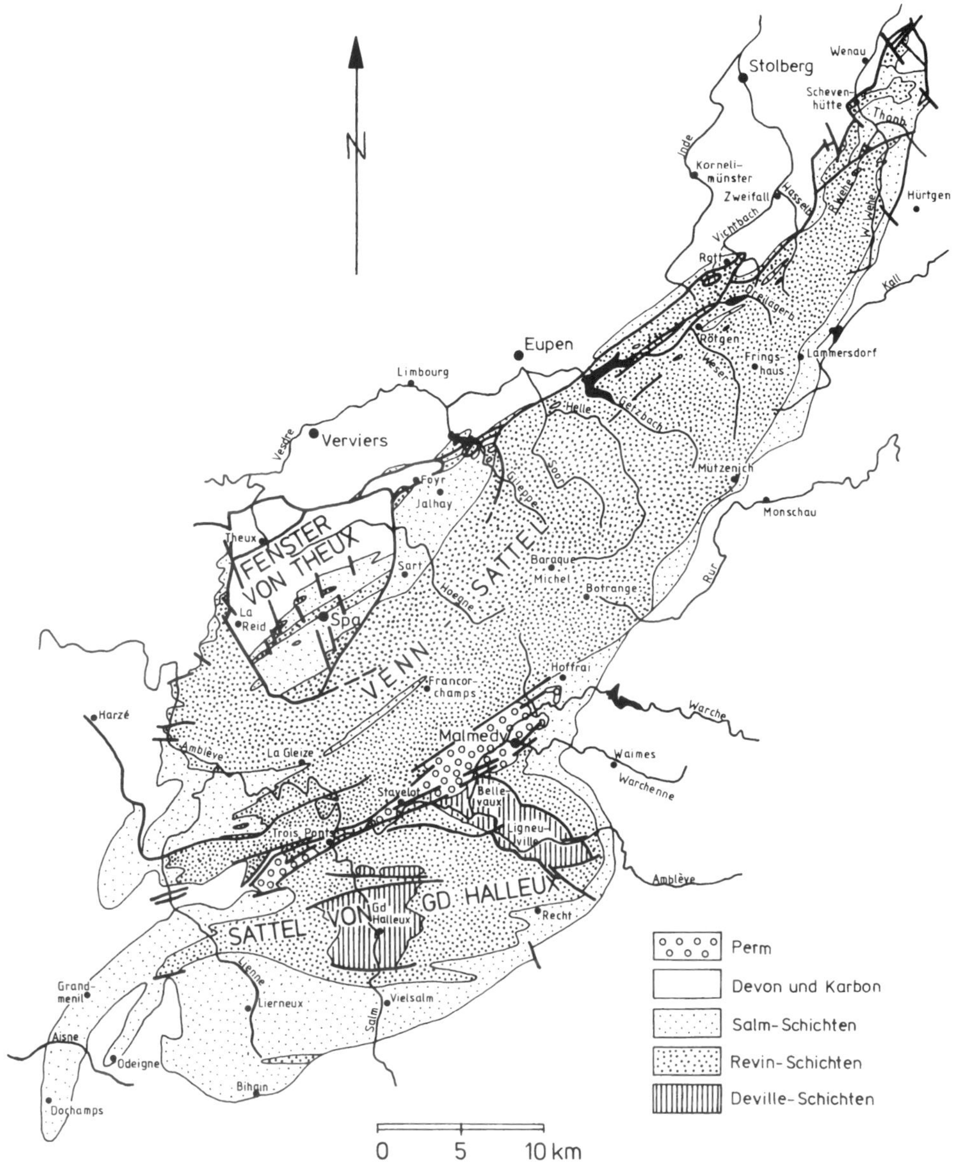

Abb. 4. Geologische Übersichtskarte des Stavelot-Venn-Massivs. Umgezeichnet nach ALBRECHT (1971). Modernere Darstellungen haben einige Störungen zu längeren Überschiebungsbahnen miteinander verbunden; vgl. z. B. Abb. 4, S. 10 bei WALTER (2010a).

die jüngeren Revin-Schichten erbohrt wurden (Literatur und Diskussion der flachen deckenartigen Überschiebungen bei BREDDIN 1973).

Eine lithologische Unterteilung in Unteres Deville (Dv 1, Hourt-Formation), das vielleicht ins Präkambrium hinabreicht und Oberes Deville (Dv 2, Bellevaux-Formation), das wegen des Spurenfossils *Oldhamia* und Acritarchen ins Unterkambrium gestellt wird, besteht. Die bis

300 m Mächtigkeit bekannte, aus Quarziten und Schiefern aufgebaute Folge ist in flachem Wasser in einer transgredierenden Phase abgelagert worden (v. HOEGEN et al. 1985).

ASSELBERGHS (1928, 24; 1946, 531) glaubt in den groben Geröllen eines weißen Quarzits im Basiskonglomerat des Gedinne an der Rochus-Mühle nördlich Monschau Quarzite des Devillien zu erkennen, demnach hätten wir im Hohen Venn wenigstens auf zweiter Lagerstätte diese ältesten Sedimente. Ähnliche Quarzitgerölle finden sich auch nördlich der Richelsley, werden hier aber von GEUKENS für Revin gehalten (W. SCHMIDT 1956, 65).

2.2 Revin-Schichten

Das Revinien (Name von DUMONT 1847 nach dem Städtchen Revin im Maastal, Massiv von Rocroi) ist im Massiv von Stavelot durch GEUKENS (1950) auf lithologischer Grundlage in fünf Kartiereinheiten gegliedert worden (Revin 1–5). Es umfasst nach Acritarchen Mittel- und Oberkambrium (VANGUESTAINE 1968, VANGUESTAINE & VAN LOOY 1983), mittelkambrische Brachiopoden sind auch gefunden worden. In Belgien werden Revin 1 und 2 als Wanne-Formation, Revin 3 und 4 als La Venne-Formation, Revin 5 als La Gleize-Formation zusammengefasst. Nach Acritarchen ist das etwa 2000 m mächtige Revin auch in 6 Acritarchenzonen unterteilt worden. Im deutschen Gebiet treten fast nur die drei oberen Einheiten (Revin 3, 4, 5) an die Oberfläche, vielleicht auch Revin 2 (J. VERNIERS et al. 2002; R. WALTER 2010a). Vgl. auch v. HOEGEN et al. (1985).

2.2.1 Revin 2 und 3

Das Revin 3 (Rv 3) besteht aus oft glimmerführenden Quarziten und schwarzen Tonschiefern, die im höchsten Teil der Einheit die Quarzite etwas zurückdrängen. Konglomeratlinsen treten gelegentlich auf. Die Mächtigkeit beträgt nach GEUKENS (1950, 87–88) mindestens 400 m. Die Schichten des Revin 3 bauen mit großer Wahrscheinlichkeit den Kern des von GEUKENS (1957, 178) als „Antiklinale von Fringshaus" bezeichneten Sattels auf, der in dem stark vermoorten Kammgebiet des Venns zwischen Roetgen und Lammersdorf vermutet wird. Wegen des Mangels an Aufschlüssen wurde das Revin 3 hier vorher mit dem ebenfalls phyllitisch-schiefrigen Revin 5 verwechselt, und es bestand zuerst die Auffassung, dass nur Revin 4 und 5 an die Oberfläche kämen (GEUKENS & W. SCHMIDT 1953, W. SCHMIDT 1956). Das Auftreten des Revin 3 lässt sich hier aber indirekt dadurch nachweisen, dass die mächtigen Quarzitbänke an der Basis des Revin 4 um den Sattelkern herum verfolgt werden können. Hier ist es möglich, dass im Sattelkern die Einheit 2 noch zutage kommt. Am Birkhahnskopf ließ sich sogar die verfaltete Schichtgrenze zwischen Revin 3 und 4 auskartieren (SCHMIDT & SCHRÖDER 1962, 12 und Karte).

2.2.2 Revin 4

Über den oben stark phyllitischen Revin-3-Schichten heben sich die mächtigen Quarzitpakete des Revin 4 schon morphologisch deutlich ab. Typisch sind hier Höhenrücken, die mit Quarzitschutt (den sog. „Venn-Wacken" der Bevölkerung) übersät sind. Die Einheit besteht in ihrem unteren Teil aus mehreren bis zu 10 m mächtigen Paketen harter, glimmerfreier Quarzite; dazwischen liegen Phyllite. Im mittleren Teil treten die Quarzite zugunsten von Phylliten und Bänderschiefern zurück. In den oberen Partien nimmt der Anteil der Quarzite wieder zu, die Quarzitpakete erreichen hier allerdings nur 3 m Mächtigkeit. Die Quarzite sind in frischem Zustand dunkelgrau, verwittert hellgrau. Gewöhnlich werden sie von vielen Quarzadern durchtrümert. Konglomeratlinsen können innerhalb der Schichtenfolge auftreten. Aus Flysch-Folgen bekannte Sedimentstrukturen wie Schleif- und Belastungsmarken, Erosionsrinnen und Spuren subaquatischer Rutschungen sind häufig (ALBRECHT 1971, 127–130). Die Gesteine dürften in das Becken gerutscht sein, das bei der Loslösung der Kleinplatte Avalonia von der großen Gondwana-Platte aufgerissen war (WALTER 2010, 14). Die Mächtigkeit des Revin 4 wird von SCHMIDT & SCHRÖDER (1962, 12) mit 300–400 m angegeben.

Das Naturdenkmal „Kaiser Karls Bettstatt" westnordwestlich von Mützenich ist eine muldenförmig verfaltete Quarzitbank der Einheit Revin 4 (W. SCHMIDT 1961, 10).

2.2.3 Revin 5

Das Revin 5, die jüngste der vor-ordovizischen Einheiten, besteht vorwiegend aus weichen, blättrigen, phyllitischen Ton- und Bänderschiefern. Quarzitpakete fehlen. Gröber klastische Anteile sind nur in den mm- bis cm-dicken Sandlagen der Bänderschiefer vertreten. Selten treten einzelne Quarzitbänke auf. Bemerkenswert ist ein relativ hoher Gehalt an Pyrit. Verhältnismäßig häufig sind in Gesteinen des Revin 5 sog. „cone-in-cone-structures" zu beobachten, bei denen also die Schichtflächen tütenartig ineinander verschachtelt sind. Ihre Genese ist noch nicht vollkommen geklärt, eine spätdiagenetische Entstehung ist wahrscheinlich. In den sandigen Partien konnten KASIG & SPAETH (1975, 5) Gradierungen, Schrägschichtung, Strömungsmarken und Wickelschichtung nachweisen, die Sedimentation hat also Flysch-Charakter. Die Mächtigkeit des Revin 5 beträgt nach W. SCHMIDT & SCHRÖDER (1962, 13) 300–500 m.

Die weichen Revin 5-Schichten werden oft von den „Venn-Wacken" des Revin 4, die näher der Achse des Vennsattels und damit topographisch höher ausstreichen, überschottert. Die Phyllite des Revin 5 sind oft an der Erdoberfläche tiefgründig verlehmt und begünstigen dann die Entstehung von Hochmooren.

Aus den Revin-5-Schichten ist bisher ein Fossilfund bekanntgeworden: VANGUESTAINE (1967) hat bei La Gleize im Westteil des Venn-Sattels etwa 100–150 m unterhalb der Revin/Salm-Grenze für Kambrium und Tremadoc charakteristische Formen von Acritarcha (Mikrofossilien unbekannter systematischer Stellung) gefunden.

2.3 Ordovizium

Das Ordovizium wird hier durch Schichten vertreten, die von DUMONT (1847, 8) nach dem Flüsschen Salm, das den Südwestteil des Massivs von Stavelot (den Großsattel von Grand Halleux) durchfließt[1], als „Système Salmien" bezeichnet wurden. Sie wurden im deutschen Gebiet ursprünglich „Obere Venn-Schichten" genannt (HOLZAPFEL 1883), später „Salm-Stufe" (HOLZAPFEL 1899, 108). A. DUMONT gliederte das Salmien in zwei Einheiten, die er nach Orten im Salmtal „Assise de Vielsalm" und „Assise de Salm-Château" nannte. Diese Gliederung gilt noch heute, wobei wir die Assise de Vielsalm als Untere Salm-Schichten, die Assise de Salm-Château als Obere Salm-Schichten bezeichnen. Im Westen, wo die Salm-Schichten höher hinaufreichen, wird eine Dreigliederung in Unteres, Mittleres und Oberes Salm vorgenommen. Wir stützen uns im Folgenden auf die Arbeiten von W. SCHMIDT (1956), W. SCHMIDT & E. SCHRÖDER (1962), KNAPP (1978) und V. HOEGEN et al. (1985).

2.3.1 Untere Salm-Schichten

Die Schichten des Unteren Salm werden von grauen, grünlichen und bläulichen Bänderschiefern mit oft glimmerreichen, meist grünlichen Sandsteinbänken aufgebaut. Sie liegen konkordant auf den Revin-Schichten, jedoch sind Salm und Revin nach GEUKENS (1963) durch eine Schichtlücke getrennt. Das Untere Salm ist die einzige Einheit im Vordevon des Stavelot-Venn-Massivs, die echte Leitfossilien geliefert hat. Die Fossilien zeigen eindeutig, dass das Untere Salm ins Tremadoc zu stellen ist. Es finden sich häufig Unterarten von *Dictyonema flabelliforme*.

Diese Dictyonemen sind am häufigsten in einem etwa 100 m mächtigen Bereich, der im sandigen Faziesbereich des unteren Salm etwa 50–80 m über der Grenze zum Revin beginnt. Nach GEUKENS (1954) ist die Form *D. flabelliforme flabelliforme* innerhalb des gesamten Unter-Salm vorhanden; in der Verbreitung der anderen Unterarten scheint sich jedoch eine stratigraphische Zonierung anzudeuten (vgl. auch W. SCHMIDT 1956, 15–16). Weitaus seltener sind einige inartikulate Brachiopoden, von denen bisher folgende Arten gefunden wurden: *Lingulella insons* (BARR.); *Obolus (Bröggeria) salteri* (HOLL); cf. *Acrotreta* sp.; „*Theca*" cf. *arata* (SALTER).

In den Unteren Salm-Schichten können wir zum ersten Mal deutliche Faziesunterschiede im Venn-Gebiet feststellen. Denn es lässt sich ein nördlicher, besonders in den unteren Partien sandiger Faziesbereich von einem südlichen mehr tonigen Bereich unterscheiden. Der Südflügel des Venn-Sattels gehört dem tonigen Faziesbereich an. Hier liegen zahlreiche aufgelassene Dachschieferbrüche, u. a. auch die ehemalige Dachschiefergrube „Elise" am Schiefersiefen nordwestlich von Großhau.

Die sandige Fazies, die etwas größere Mächtigkeiten aufweist als die tonige, findet sich auf der Nordflanke des Venn-Sattels und auch noch dort, wo die Salm-Schichten im NE das Revin ummanteln. Der Sandreichtum und auch die Mächtigkeit des Unteren Salm erreichen ein Maximum im Gebiet des Knoster-Berges und der Klosterruine Schwarzenbach (nach SCHMIDT & SCHRÖDER 1962 vielleicht über 500 m). Unmittelbar südlich davon findet der

---

1 Nicht zu verwechseln mit dem Salm-Bach, der südlich von Gerolstein entspringt und bei Klüsserath in die Mosel fließt.

Übergang in die tonige Südfazies statt, die Dachschiefergrube „Elise“ liegt nur knapp 2 km südlich des Knosterbergs. Die Mächtigkeit des Unteren Salm nimmt nach W ab. GEUKENS (1954, 45) gibt als Mindestmächtigkeit für das Stavelot-Venn-Massiv 200–300 m an.

Die Gesteine des Unteren Salm begleiten den Südostflügel des Venn-Sattels in einem relativ einfach gebauten Streifen. Sie sind auf der Nordwestflanke jedoch durch Spezialfalten und Schuppen im Kartenbild stark gegliedert, örtlich, wie zwischen dem Stausee von Eupen und dem Hilltal (Helle) sind sowohl Salm- als auch Revin-5-Schichten an den gegen NW gerichteten Überschiebungen gänzlich unterdrückt.

2.3.2 Obere Salm-Schichten

Der obere Teil der Salm-Schichten besteht aus rötlichen und lebhaft grünen Bänderschiefern und Bändersandsteinen und unterscheidet sich durch diese bunten Farben von den grauen bis grünlichen Schiefern und Sandsteinen des Unteren Salms. Die Grenze zwischen Unteren und Oberen Salm-Schichten ist nicht scharf, das lässt sich am Osthang des Wehbach-Tales südöstlich Schevenhütte und im Thönbach-Tal beobachten. Im unteren Teil des Oberen Salm sind rote und grüne gebänderte Plattensandsteine häufig, die im Steinbruch „Kaspar Müller I“ südöstlich von Schevenhütte als Bau- und vor allem Ziersteine abgebaut werden. Nach oben hin nimmt die tonige Komponente zu, dabei überwiegen dann rote Farben. SCHMIDT & SCHRÖDER (1962, 16) stellen die zwischen Thönbach und Ursprungsbach südlich der Klosterruine Schwarzenbroich aufgeschlossenen lebhaft roten Tonschiefer mit Einschaltungen grüner Bänderschiefer auch ins Obere Salm. Da diese Gesteine sich in der Ausbildung von den Oberen Salm-Schichten von Schevenhütte unterscheiden, wurden sie ursprünglich als „Silur unbekannter Zugehörigkeit“ (W. SCHMIDT 1956, 18) davon abgetrennt. Möglicherweise haben wir hier die höchsten Teile des Oberen Salm, die in anderen Stellen von dem transgredierenden Gedinne verdeckt werden, vor uns (vgl. Abb. 1 bei W. SCHMIDT 1956). Die Mächtigkeit des Oberen Salm lässt sich wegen der transgressiven Überlagerung durch das Gedinne ebenfalls nicht genau angeben, sie wird auf 300–400 m geschätzt (SCHMIDT & SCHRÖDER 1962, 17).

Obere Salm-Schichten treten in mehreren kleinen Flecken innerhalb des von GEUKENS (1957, 183–184) als „Mulde der Wehe und des Thön-Baches“ bezeichneten Synklinoriums am Nordende des abtauchenden Venn-Sattels südöstlich von Schevenhütte auf. Ein kleines Vorkommen von roten Gesteinen im Quellgebiet des Thön-Baches (nordwestlich von Großhau, Südabhang des Katzenknipp) wird sowohl von GEUKENS als auch von W. SCHMIDT zum Oberen Salm gerechnet. GEUKENS (1957, 77) erwägt aber die Möglichkeit, dass die rote Farbe auch durch Lösungen aus dem überlagernden bunten Gedinne verursacht sein könnte. SCHMIDT & SCHRÖDER (1962, 17) halten eine sekundäre Rotfärbung in diesem Falle für unwahrscheinlich. Auf der Nordwestflanke des Venn-Sattels ist Oberes Salm nur im Vesdre- und Eschbachtal südwestlich von Petergensfeld bei Roetgen nachgewiesen worden.

Auf der Südostflanke des Venn-Sattels treten Gesteine des Oberen Salm im Gebiet von Lammersdorf, Paustenbach und Konzen sowie westlich von Küchelscheid (bei Kalterherberg, schon auf belgischem Gebiet) auf. Durch die in diesem Gebiet stärkere Metamorphose sind die Gesteinsfarben hier verändert worden, und es treten dunkelviolette, grau-grün gebänderte und grünliche, oft fettig glänzende, phyllitische Tonschiefer und Bänderschiefer auf. Unter den Mineralneubildungen ist Ottrelith häufig. In diesen metamorphen Salm-Schichten treten Einlagerungen von Wetzschiefern auf (sog. „Coticule“-Lagen), die im belgischen Gebiet als

Wetzsteine abgebaut wurden. Sie bestehen aus einem Gemenge von Spessartin (einem Mangan-Granat) und Serizit. Im Westteil des Massivs von Stavelot finden sich im Oberen Salm Pyrolusit-reiche Einschaltungen, vielleicht stammt daher das Mangan für die Spessartin-Neubildung. Funde von Mikrofossilien in Belgien machen es wahrscheinlich, dass die Oberen Salm-Schichten bis in die Llandeilo-Stufe hinaufreichen, vielleicht sogar bis ins Untere Caradoc (MICHOT 1976, 205).

2.4 Silurium

Jüngere vordevonische Sedimente als die Oberen Salm-Schichten sind in den Ardennen-Massiven nicht aufgeschlossen. Nur im Brabanter Massiv und im Condroz-Sattel finden sich Ablagerungen des höheren Ordoviz und des Silurs bis hinauf ins Ludlow (Budnanium). Dann wird dort die Schichtenfolge unterbrochen, sie geht im Condroz-Sattel bis fast an die Devonbasis, im Brabanter Massiv scheint sie etwas früher abzubrechen (vgl. WALTER 1972). R. WALTER entwirft nach der Auswertung aller paläogeographischer Daten für das Eifel-Ardennen-Gebiet folgendes Bild: Während der Llandovery-Stufe und der Wenlock-Stufe dürfte das Gebiet der Ardennen und der Eifel als sog. altkaledonische Ardennen-Schwelle Abtragungsgebiet gewesen sein, d. h. dieser Bereich ist wahrscheinlich nach der Ablagerung der Salm-Schichten im Ordoviz gefaltet worden und aufgestiegen. Nördlich dieser Schwelle sind die Schichtenfolgen des Brabanter Gebietes und der Condroz-Zone abgelagert worden. Während der Ludlow-Stufe (Budnanium) tauchte die Ardennen-Schwelle langsam unter und verkleinerte sich. Es ist möglich, dass der Meeresraum, der durch die Ludlow-Vorkommen am Remscheid-Altenaer Sattel und am Ebbe-Sattel angedeutet wird, bis in die östliche Eifel gereicht hat und dort Ablagerungen hinterlassen hat, die heute unter den devonischen Schichten verborgen liegen.

2.5 Venn-Eruptiva

Während des Baus der Eisenbahnlinie von St. Vith nach Eupen entdeckte A. V. LASAULX (1884) in einem gerade angelegten Bahneinschnitt westlich von Lammersdorf innerhalb der Revin-Schiefer ein kleines Vorkommen eines granitähnlichen Gesteins. Diese Entdeckung erregte bei allen Geologen des Rheinischen Schiefergebirges und der Ardennen großes Aufsehen, denn Granit hatte man im Rheinischen Schiefergebirge bisher vergeblich gesucht, obgleich man ihn zumindest im Untergrund des Gebirges vermutete. Ein Vergleich mit dem ähnlich gebauten Harz, der mehrere Granitplutone enthält, ließ das Fehlen granitischer Gesteine hier schwer erklärlich erscheinen. Bei Lammersdorf glaubte man nun das Dach eines riesigen Granitkörpers gerade angeschnitten zu sehen, V. LASAULX hielt ihn zuerst sogar für das Unterlager des Kambriums. Gangförmige Eruptivgesteine waren aus dem Vordevon von Belgien schon bekanntgeworden (Mikrogranit von Spa, Diabas von Stavelot). G. DEWALQUE (1885) wies nach, dass das Vorkommen von Lammersdorf aus mehreren Gängen besteht, V. LASAULX besuchte danach gemeinsam mit GOSSELET noch einmal den Aufschluss und schloss sich der Ansicht DEWALQUEs an (GOSSELET 1888).

1894 wurde ein zweites Gleis gelegt, deshalb der Bahneinschnitt verbreitert. Dadurch wurde das inzwischen schon stark überrutschte Vorkommen noch einmal erschlossen. DANNENBERG & HOLZAPFEL (1898) beschrieben die Neuaufschlüsse. Wichtig war der Nachweis, dass der Intrusivkörper einen schmalen Kontakthof in den umgebenden Phylliten des Revin erzeugt hat. Außerdem wiesen DANNENBERG und HOLZAPFEL noch auf ein anderes „Granitvorkommen“ mit Kontakthof hin, das J. WINKHOLD im Jahre 1896 im Tal der Hill (La Helle) am Herzogenhügel südlich Alt-Hattlich (westl. Mützenich) entdeckt hatte. Sie erwähnten außerdem Lesesteine ähnlicher „Granite“ von mehreren Stellen auf der Nordflanke des Venn-Sattels. Das Anstehende dazu ließ sich auch später nicht finden.

WUNSTORF (1943, 17) glaubt aus dem „Fehlen maßgebender Kontakt-Erscheinungen“ das Gestein von Lammersdorf als während des Kambriums aufgedrungene Eruptivdecke auffassen zu müssen. Die von belgischer und deutscher Seite nach dem 2. Weltkrieg begonnene Neukartierung des Venn-Sattels machte zahlreiche weitere Vorkommen bekannt. Vorher waren schon im Kalltal-Stollen (der unterirdischen Verbindung zwischen Kall- und Dreilägertalsperre) 9 etwa schichtparallele Eruptivvorkommen gefunden worden (WUNSTORF 1943, 18).

Unsere Schilderung der Geologie der Venn-Eruptiva stützt sich hauptsächlich auf W. SCHMIDT (1956, 22–42). Die petrographische Untersuchung der Eruptiva des Hohen Venns verdanken wir SCHERP (1960). Danach lassen sich die Vorkommen in Tonalite, Tonalit-Porphyrite und Meta-Basalte einteilen. Keines der Vorkommen des Venn-Gebietes tritt als größerer Körper zutage, die größten von ihnen haben eine Längserstreckung von wenigen hundert Metern, die meisten sind gangartig. Im Hohen Venn sind sie zu zwei NE streichenden Reihen angeordnet: die nordwestliche verläuft etwa im Bereich der Achse des Venn-Sattels und besteht aus Meta-Basalten, die südöstliche liegt im Südostflügel des Venn-Sattels und setzt sich aus Tonalitporphyrit-Vorkommen zusammen; die beiden Tonalitkörper liegen auch in dieser Reihe.

2.5.1 Tonalite

Nur zwei Tonalitvorkommen sind im Hohen Venn bekannt geworden, das berühmte Vorkommen im Bahneinschnitt nördlich von Lammersdorf und das vom Herzogenhügel im Hilltal auf belgischem Gebiet.

Das Gestein des Lammersdorfer Vorkommens setzt sich nach SCHERP (1960, 100) im Wesentlichen aus saurem Plagioklas (Oligoklas – Andesin und Albit), Quarz und Chlorit zusammen. Als Nebengemengteile treten Erz, Apatit, Epidot und Zirkon auf. Die Bezeichnung Tonalit hat sich für dieses Gestein eingebürgert, der Name Quarz-Diorit wäre wegen des Mangels an Hornblende vielleicht treffender gewesen (der Tonalit vom Monte Tonale in Tirol enthält 26% Hornblende!). Die Zusammensetzung gleicht der des Gesteins vom Herzogenhügel; der Lammersdorfer Tonalit ist allerdings feinkörniger als der vom Herzogenhügel. Vielleicht kann man deshalb beide Vorkommen als Apophysen eines größeren Plutons im Kern des Massivs von Stavelot ansehen. Der Tonalit vom Herzogenhügel weist eine schwache hydrothermale Vererzung auf, es finden sich Quarzadern mit Kupferkies, Magnetkies, Pyrit, Molybdänglanz und Scheelit (VAN WAMBEKE 1956). Sowohl der Tonalit von Lammersdorf als auch der vom Herzogenhügel haben in ihrer Umgebung Kontakterscheinungen hervorgerufen (W. SCHMIDT 1956, 30).

2.5.2 Meta-Basalte

Diese Gesteine scheinen überall als Gänge in die Serien des Revin und Salm eingedrungen zu sein. Sie sind sehr stark verwittert, nur an wenigen Vorkommen konnten sie auch mikroskopisch untersucht werden. Hier ergab sich nach SCHERP (1960, 101–106) folgende Zusammensetzung: Hauptbestandteil sind Plagioklasleisten, meist in Intersertalstruktur angeordnet und vollkommen serizitisiert. Zwischen den Plagioklasleisten findet sich Quarz und Chlorit. Chlorit bildet auch Pseudomorphosen nach einem basischen Mineral (Amphibol oder Pyroxen). Außerdem kommt Erz vor, gelegentlich auch Apatit. Bisher sind von folgenden Punkten diese zuerst als Quarzdiabase bezeichneten Gesteine bekannt geworden (SCHERP 1960, 98):

Bl. 5303 Roetgen: nordwestlich Försterei Jägerhaus (zwischen r 2097 h 1509 und r 2142 h 1564), von hier zieht gegen Lammersdorf auf dem Rücken Langschoß eine Reihe von Vorkommen, die nur an Lesesteinen erkennbar sind.

Bl. 5203 Stolberg: im Wenauer Staatsforst liegen einige Vorkommen westlich des Roten Wehbaches; ihr Erhaltungszustand ist noch relativ gut. r 2165 h 1959 und zwischen r 2230 h 2112 und r 2285 h 2172.

Bl. 5204 Kreuzau: zwei Gänge in einem Weganschnitt im Tal der Weißen Wehe bei r 2388 h 1840. Mehrere Gängchen westlich der Napoleonseiche, r 2490 h 1982 bis r 2501 h 1994.

Höhenrücken zwischen den beiden Wehbachtälern, r 2429 h 2321. Bei Schönthal nordwestlich Wenau, r 2496 h 2930; das Vorkommen wird von THOME (1955, 294) abgebildet. W. SCHMIDT (1955, 333) erwähnt ein Vorkommen östlich der Roten Wehe (r 2414 h 2364) und eines südlich der Klosterruine Schwarzenbroich (r 2558 h 2595 bis r 2563 h 2615).

Bl. 5403 Monschau: Bahneinschnitt nördlich Monschau, r 1630 h 0350 (W. SCHMIDT 1955, 335).

2.5.3 Tonalitporphyrite

Diese Gesteine bilden den östlichsten der beiden Gangzüge und treten hauptsächlich zwischen Lammersdorf und Germeter auf. Das stark zersetzte Material zeigt meist porphyrische Struktur. Nach SCHERP besteht die Grundmasse aus Albit, Quarz und Serizit (Umwandlungsprodukt mafischer Minerale), sowie akzessorisch Apatit, Zirkon und sekundärem Zoisit. Als Einsprenglinge finden sich hauptsächlich Plagioklase von Oligoklas-Zusammensetzung, untergeordnet auch Kalifeldspäte, Quarz und Pseudomorphosen von Serizit und Rutil nach wahrscheinlich titanhaltigem Biotit oder Hornblende. Die Gesteine haben z. T. starke Zersetzung durch hydrothermale Lösungen erfahren, dabei bildete sich u. a. Ankerit neu.

Im Einzelnen gibt SCHERP (1960, 99) folgende Vorkommen an: Bl. 5303 Roetgen: Im Kallstollen wurden 9 apophysenartige Gänge angefahren. Sie stecken im Oberen Revin, 1377 bis 2403 m vom Mundloch an der Kalltalsperre entfernt (WUNSTORF 1943). Übertage sind in diesem Bereich im Aushub eines Bunkers Lesesteine von Tonalitporphyriten gefunden worden (r 1996 h 1320). Ein ausgedehntes, wohl sehr flach gelagertes Vorkommen streicht in Jagen 15 südöstlich des Jägerhauses zwischen den Punkten r 2158 h 1354, r 2174 h 1360, r 2208 h 1359 und r 2158 h 1316 in Schiefern des Unteren Salm aus. Nach W. SCHMIDT (1956, 36) enthält dieses Vorkommen eingeschmolzene Brocken des Nebengesteins, was seine Intrusivnatur bestätigt und sein Alter als nach-salmisch festlegt. Weitere Vorkommen im Unteren Salm liegen südlich des Petersberges zwischen r 2240 h 1461 und r 2221 h 1445 sowie bei r 2258 h 1391. Nach W. Schmidt (1955, 334) sind nördlich des Petersberges zwei porphyrische Eruptiva bei r 2265 h 1517 und bei r 2270 h 1518 bei Bauarbeiten angeschnitten worden. In nordöstlicher Fortsetzung liegt östlich des Todten-Bruches in Übergangsschichten von Revin zu Salm ein Vorkommen etwa zwischen r 2296 h 1517 und r 2270 h 1518 (W. Schmidt 1955, 334).

Bl. 5304 Nideggen: Westlich von Germeter liegt westlich vom Tal der Weißen Wehe ein Vorkommen bei P. 365,0 (r 2308 h 1756 bis r 2319 h 1696), ein weiteres liegt östlich vom Tal der Weißen Wehe (r 2395 h 1683 bis r 2402 h 1697). Beide Vorkommen liegen in Schichten des Unteren Salm. In diesem Bereich entdeckten Kasig & Spaeth (1975, 5) im Graben für eine Erdgasleitung ein weiteres, etwa 30 m breit aufgeschlossenes Vorkommen.

2.5.4 Das Alter der Venn-Eruptiva

Die Diskussion der Altersverhältnisse hat folgende Voraussetzungen: sämtliche Magmatite des Venn-Sattels stecken in Gesteinen des Revin oder Salm, nirgends werden die devonischen Hüllgesteine durchschlagen. Kontakterscheinungen ließen sich nur bei den Tonaliten und bei dem Tonalitporphyrit südöstlich des Jägerhauses (s. o.) feststellen. Die Eruptiva sind also jünger als das Salm. Geukens (1977) sieht in einigen Eruptiven des Stavelot-Massivs jedoch tuffartige synsedimentäre Vulkanite.

Die Magmatite sind nach ihrer Erstarrung schwach metamorphosiert worden. Diese Tatsache lässt sich aber zu einer Datierung nicht heranziehen: denn die Metamorphose kann schon im Ordoviz während einer der altkaledonischen Faltungen, die hier wahrscheinlich wirksam waren, erfolgt sein, sie könnte aber auch im Zeitraum um die Silur / Devon-Grenze stattgefunden haben, wie radiometrische Datierungen andeuten (vgl. den folgenden Abschnitt). Die Metamorphose kann auch während der variszischen Faltung erfolgt sein. Die Eruptivgesteine sind geschiefert worden, und zwar während der variszischen Orogenese, das zeigt die Orientierung der Schieferflächen (vgl. D. Richter 1975, 84).

In der Umrandung des Stavelot-Venn Massivs haben sich in Gesteinen des Gedinne keine Feldspäte oder gar Gesteinsbruchstücke finden lassen, die einwandfrei von den Venn-Eruptiven abgeleitet werden können (Scherp 1960, 116). Neumann-Mahlkau (1970, 326) erwähnt aus dem Basiskonglomerat ein schriftgranitisches Gestein, das aber nicht den Venn-Eruptiva entstammen dürfte. Das Fehlen von Komponenten dieser Magmatite in den Gedinne-Sedimenten ist deshalb nicht sehr gravierend, da die gangförmigen Eruptiva nur sehr geringe Mengen an Gestein geliefert haben, das außerdem viel leichter zersetzlich ist als die Sedimente. Selbst heute, nachdem die Erosion wesentlich tiefer hinuntergreift und wahrscheinlich mehr Eruptiva entblößt hat als vor der Gedinne-Transgression, sind die Aufschlüsse meist nur wenige Quadratmeter groß.

Gesichert ist für die Venn-Eruptiva also nur die Einstufung nach dem Tremadoc, vor dem Oberkarbon (genauer: vor der asturischen Faltung, s. S. 225). Die Tatsache, dass die Eruptivvorkommen nur in vordevonischen Gesteinen zu finden sind, spricht vielleicht für ein kaledonisches Alter, wie es auch W. Schmidt (1956) annimmt. Dafür spricht außerdem, dass D. Richter (1975, 84) vom benachbarten Massiv von Serpont frisch erhaltene cm-große Plagioklase aus den Basalbildungen des Gedinne beschreibt. Ferner zeigen die von MORTELMANS (1952) im Caradoc des Brabanter Massivs festgestellten synsedimentären „Porphyroide" eine ordovizische magmatische Aktivität an, ebenso die von WATERLOT (1945) aus dem Massiv von Rocroi beschriebenen „Mikrogranite". Im südlichen Stavelot-Massiv leitet KRAMM (1980) aus dem Mineralbestand der dort vertretenen Gesteine des Mittleren Ordoviziums eine starke vulkanische Aktivität für diesen Zeitraum ab. LAMENS & GEUKENS (1984) berichten über Anzeichen von submarinem Vulkanismus in Salm-Schichten des südwestlichen Stavelot-Massivs.

Diese Beobachtungen sprechen für ein ordovizisches, also „altkaledonisches" Alter der Venn-Magmatite. Wie im folgenden Abschnitt näher ausgeführt wird, hat im Ardennen-Gebiet auch die kaledonische Hauptfaltung vielleicht in diesem Zeitraum stattgefunden, so dass die Venn-Eruptive einem synorogenen Magmatismus angehören könnte. Doch bleiben das einstweilen Vermutungen, denn es gibt auch Hinweise auf ein wesentlich jüngeres Alter: Mit der Zunahme von Altersbestimmungen stellte sich in den letzten Jahren heraus, dass im Bereich des Brabanter Massivs und seiner Nachbarschaft während des Altpaläozoikums bis ins Devon hinein fast ununterbrochen magmatische Aktivität mit meist granitischen bis granodioritischen Förderprodukten geherrscht hat. Das zeigen auch folgende Befunde: An Krusten-Xenolithen in Aschen der quartären Explosivvulkane Wehr, Pulvermaar und Gemündener Maar stellten STOSCH et al. (1992) Magmatite von granodioritischer bis tonalitischer Zusammensetzung fest und machten Isotopenalter von rund 400 Millionen Jahren für ihre Bildung wahrscheinlich. Das bedeutet, dass in der tieferen bis mittleren Kruste im ganzen Eifelgebiet während des älteren Unterdevons Aufschmelzungen erfolgten. Man könnte also die ebenfalls tonalitischen Vennporphyre auch auf dieses thermische Ereignis zurückführen. KRAMM & BUHL (1985) haben an Zirkonpopulationen des Hilltal-Tonalits (Herzogenhügel) U-Pb-Isotopenverhältnisse bestimmt und kamen auf ein Intrusivalter von 381 ± 16 Mio J., was nach der gegenwärtigen Zeitskala sogar schon ins Mitteldevon fällt. Wir haben in den Venn-Magmatiten vielleicht verschiedene Generationen vor uns, eine ältere ordovizische und eine jüngere unter- und mitteldevonische. Wie unten noch gezeigt werden wird, zeigen Aschelagen in Gesteinen des Ems und des Mitteldevons ebenfalls intermediäre magmatische Aktivität in der Umgebung des Schiefergebirges und der Ardennen an (S. 194–197).

Einen Überblick über alle Eruptivvorkommen der Ardennen gibt CORIN (1966). Er führt aus der Umgebung des Massivs von Serpont auch Eruptivgänge an, die unterdevonische Gesteine durchsetzen.

2.6 Die kaledonische Faltung

Über die Richtung der kaledonischen Faltenachsen im Gebiet des Stavelot-Massivs bestehen in der Literatur unterschiedliche Auffassungen: FOURMARIER (1954, 614) nimmt Parallelität der kaledonischen und variszischen Achsen an, wobei in Ausnahmefällen die kaledonischen Falten etwas mehr Ost-West streichen sollen. Ost-West streichende Strukturen nimmt GEUKENS (1957) in der nordöstlichen Fortsetzung des Sattels vom Fringshaus an. Im Gebiet Falize – Ligneuville südlich von Malmédy beobachtete er (1962) NW streichende Kleinfalten und Schieferflächen, die er als kaledonisch ansieht. Er vertritt die Auffassung, dass die NW streichenden Achsen in einer früheren, die Ost-West streichenden in einer späteren Phase der kale-

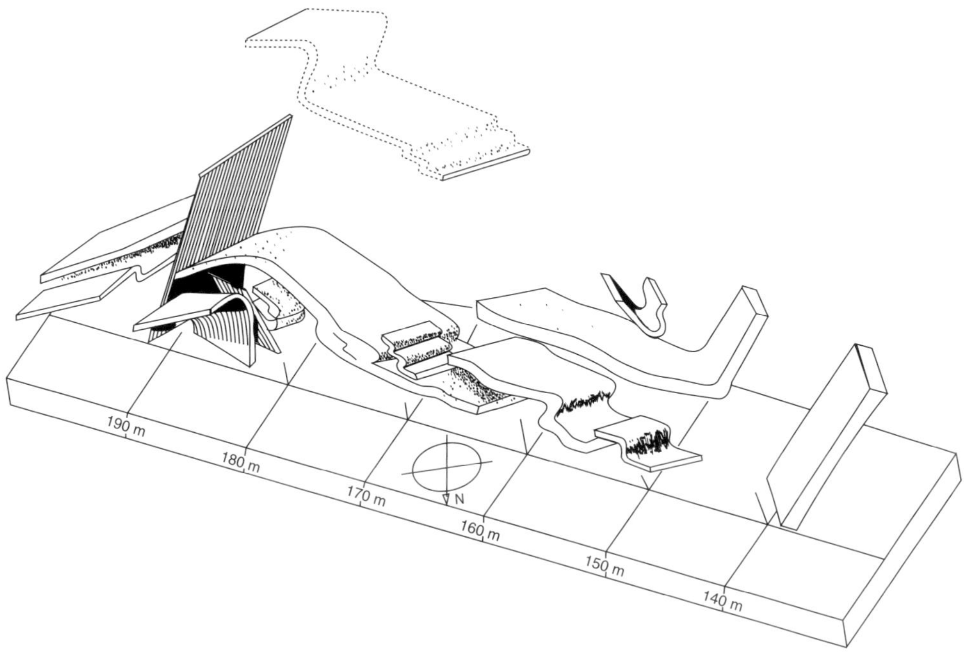

Abb. 5. Kaledonische und variszische Falten in Revin-Schichten an der Straße südlich des Weser-Stausees zwischen Roetgen und Eupen. Der südvergente Sattel bei m 185–190 und die Mulde bei m 145–155 sind kaledonisch, die übrigen Falten variszisch. An Stelle der Störung bei m 190 ist auch eine Falte denkbar (oben gestrichelt dargestellt). ALBRECHT (1971).

donischen Orogenese geprägt wurden. D. RICHTER (1961, 589–596) führt ebenfalls Ost-West-Achsen im Massiv von Stavelot auf die kaledonische Faltung zurück (vgl. auch D. RICHTER & K.G. SCHOLZ 1972).

THOME (1955, 280–283) schließt aus dem unterschiedlichen, teilweise sehr steilen Eintauchen der Kleinfaltenachsen in Revin-Schichten an der Dreilägerbach-Talsperre östlich Roetgen auf prävariszische Faltungen. Nach PLESSMANN (1959) gibt es hier Stellen, wo Strömungsmarken und Gradierungen in klastischen Bänken anzeigen, dass die Schichten schon vor der variszischen Faltung überkippt gewesen sein müssen; dadurch kommt es zu dem paradoxen Bild, dass die variszischen Sättel im Kern jüngere Schichten enthalten als in den äußeren Partien. Durch sorgfältige Analyse der Kleintektonik in Revin-Schichten an der Weser-Talsperre (Lac d'Eupen) und im Getzbachtal südöstlich von Eupen konnte ALBRECHT (1971, 88–127) nachweisen, dass dort Nord-Süd streichende kaledonische Falten von der variszischen Faltung überprägt wurden (Abb. 5).

Die kaledonische Metamorphose ist im Stavelot-Venn-Massiv nach KRAMM (1982) schwächer als die variszische Metamorphose gewesen. Radiometrische Altersbestimmungen nach der Rubidium-Strontium-Methode ergaben für vordevonische Phyllite aus dem Brabanter Massiv ein Alter von 387 ± 20 Mio J., für Phyllite und Dolomite aus der Bohrung Grand Halleux im Stavelot-Massiv ein Alter von 397 ± 44 Mio J. (MICHOT, FRANSSEN & LEDENT 1973, 107–109). Diese Daten sprechen für einen relativ späten Zeitpunkt der Durchbewegung und Metamorphose („ardennische Phase" der kaledonischen Faltung um die Wende Silur-

Devon) nicht nur im Brabanter Massiv, sondern auch im Stavelot-Massiv, wenn durch die variszische Metamorphose hier keine Mischalter erzeugt wurden. Für eine mehraktige Abfolge sprechen die von SPAETH (1962) an rotierten Granatblasten in Salmschiefern von Ottré (südwestliches Stavelot-Massiv) gemachten Beobachtungen: ein erstes Parallelgefüge des Gesteins, das im Inneren der Granate erhalten ist, kann eine kaledonische Schieferung nachzeichnen; danach, also postkinematisch, wuchsen die Granatkristalle. Sie wurden in einer zweiten (postkristallinen) Deformationsphase – wohl der variszischen – rotiert.

Die auffällige Tatsache, dass in den ganzen Ardennenmassiven keine ordovizischen Schichten, die jünger als Tremadoc sind, gefunden werden, verleitete viele Autoren dazu, eine Faltung nach dem Tremadoc („jungsardisch") anzunehmen (z. B. KEGEL 1950, 269). Von MICHOT (1954, 61) wurde eine Diskordanz innerhalb der Caradoc-Stufe im Sambre-Maas-Gebiet festgestellt, 1976 (207–209) leitet MICHOT aus faziellen Untersuchungen ab, dass die Faltung der Hochardennen (damit auch des Venn-Sattels) im frühen Caradoc erfolgt sein muss. Nach WALTER (1972) ist das Ardennengebiet wahrscheinlich bald nach der Ablagerung der Salm-Schichten im Ordoviz gefaltet worden. Das Gebiet des Brabanter Massivs und des Condroz-Sattels blieb bis zum Ende des Silurium noch Ablagerungsraum; die Faltung erfolgte hier frühestens im höchsten Ludlowium, wahrscheinlich sogar erst während des Unterdevons. Das oben erwähnte Rubidium-Strontium-Alter von 387 ± 20 Mio J. aus dem Brabanter Massiv passt gut zu einer solchen frühdevonischen Faltung. Der Alterswert von 397 ± 44 Mio J. aus der Bohrung Grand Halleux im Stavelot-Massiv könnte ein Hinweis dafür sein, dass in dieser Zeit die Aufheizung bis in diese wohl schon altkaledonisch gefalteten Bereiche südlich des Brabanter Massivs ausstrahlte, ohne dass es dabei hier zu stärkeren tektonischen Aktivitäten kam.

Einen Überblick über die Entwicklung des Stavelot-Massivs geben M. STREEL & M.J.M. BLESS (1990). Überlegungen zur großtektonischen Situation des Raumes vor dem Devon präsentieren V. HOEGEN, KRAMM & WALTER (1990).

3. Devon

Devonische Gesteine bilden in der Eifel überall den Untergrund, abgesehen von schmalen Streifen mit karbonischen Sedimenten im äußersten Nordwesten und der Aufragung vordevonischer Gesteine im Venn-Sattel. Der devonische Ablagerungsraum ist ein Meeresbecken, das im N durch einen Kontinent (Nordkontinent, Old-Red-Festland) begrenzt wird. Von dort kommt die Sedimentzufuhr, während des Unterdevons stärker, während des Mittel- und Oberdevons bei nach N zurückweichender Küste abnehmend. Wegen der starken Sedimentlieferung vom Nordkontinent her werden während des Unterdevons fast ausschließlich klastische Sedimente abgelagert; das Becken wird mehrfach so stark aufgefüllt, dass großflächige Verlandungen auftreten. Während des Mitteldevons steigt in der Osteifel ein Hochgebiet auf, das sich in den Siegener Block fortsetzt; es wird jedoch kein Abtragungsbereich. Es kommt zu karbonatischer Sedimentation im Gebiet der späteren Kalkmulden und schließlich auch nördlich des Venn-Gebietes. Im Moselgebiet bestand der Zentralbereich des Ablagerungsraumes, hier waren die Landeinflüsse am geringsten. Aus dieser paläogeographischen Konstellation ergibt sich für die Behandlung der devonischen Gesteine eine Dreiteilung in den Bereich nördlich des Venn-Sattels, den Hauptteil der Eifel (für das Mitteldevon der Bereich der Kalkmulden) und den Bereich des Moseltroges. Die komplizierten paläogeographischen Verhältnisse während der Mitteldevon-Zeit werden in Kapitel 3.6 diskutiert. Nach plattentektonischen Vorstellungen lag der Ablagerungsraum des rheinischen Devons wenig südlich des Äquators (TAIT et al. 1997).

Seit Beginn des 19. Jahrhunderts werden die überwiegend kalkigen Sedimente des Mitteldevons und ihre reiche Fauna in den Eifelkalkmulden untersucht. Ihre systematische Erforschung wurde von Rudolf RICHTER (1881–1957) in der ersten Hälfte des 20. Jahrhunderts in die Wege geleitet, so dass von der Senckenbergischen Naturforschenden Gesellschaft und später auch vom Geologisch-Paläontologischen Institut der Universität in Frankfurt am Main die wichtigsten Impulse zur Erforschung des Eifeler Mitteldevons ausgingen. RICHTERs Schüler haben die Untersuchungen fortgesetzt, so dass inzwischen alle Kalkmulden feinstratigraphisch bearbeitet sind. Wegen starker Fazieswechsel innerhalb der Kalkmuldenzone stößt jedoch die eindeutige Korrelierung vieler Einzelabschnitte noch auf Schwierigkeiten, was auch den hier unternommenen Versuch, den ganzen Kalkmuldenkomplex darzustellen, erschwert. Genaue geologische Karten haben die Frankfurter Arbeiten nur für einen Teil der Kalkmulden vorgelegt. In jüngster Zeit konnte durch die Auffindung von Tuffitlagen und das Erarbeiten einer Conodonten-Stratigraphie die Parallelisierung sowohl innerhalb der Kalkmulden der Eifel als auch zu den Mitteldevon-Arealen in den Ardennen und im rechtsrheinischen Schiefergebirge sehr gefördert werden (J. WINTER 1969a, 1989, 2001, WEDDIGE 1977). Weltweite Anerkennung haben die stratigraphischen Untersuchungen in der Eifel durch die 1981 von der Internationalen Subkommission für Devon-Stratigraphie in Binghamton (USA) getroffene Entscheidung gefunden, das Profil im Wetteldorfer Richtschnitt der Prümer Mulde als Holostratotyp für die Definition der Grenze zwischen Unter- und Mitteldevon anzusehen.

Die fossilärmeren Unterdevon-Areale, die den größten Teil der Eifel aufbauen, sind erst später in die geologische Untersuchung einbezogen worden. Hier bestehen deshalb noch größere Kenntnislücken und wegen des Mangels an Leitfaunen auch einige stratigraphische Unsicherheiten. Deshalb bevorzugt die internationale Devongliederung die besser durch Fossilien zu definierende geringmächtige, stärker kalkige Böhmisch-Herzynische Fazies und gliedert das Unterdevon von unten nach oben in Lochkov-Stufe, Prag-Stufe und Ems-Stufe. Wir haben es hier mit der sandig-tonigen sehr mächtigen Rheinischen Fazies zu tun und verwenden deshalb die dort entwickelten stratigraphischen Bezeichnungen Gedinne für Lochkov und Siegen für Prag. Die Grenze zwischen Pragium und Emsium liegt etwas höher als die zwischen Siegenium und Emsium. Den gegenwärtigen Kenntnisstand über die Stratigraphie des Devons im Rheinischen Schiefergebirge bieten die Zusammenstellungen von ZIEGLER & WERNER (1982) und WEDDIGE (2008). STETS & SCHÄFER (2011) haben, ausgehend von sedimentologischen Untersuchungen im Unterdevon ein paläogeographisches Bild für das zentrale Schiefergebirge entworfen und mit den plattentektonischen Vorstellungen zur Entwicklung der Meeresräume in Übereinstimmung gebracht. Dort wird auch die in den letzten Jahrzehnten angewachsene diesbezügliche Literatur diskutiert, worauf hier verwiesen sei. Die strittigen Punkte bei dieser Diskussion liegen am Südrand des Schiefergebirges, der Eifelraum ist davon nicht betroffen.

3.1 Unterdevon: Gedinne-Stufe

3.1.1 Überblick

Im ältesten Abschnitt des Unterdevons, den man nach dem Ort Gedinne in der Umrandung des Massivs von Rocroi (Südbelgien) nennt, rückte das Meer allmählich von Westen und Süden her, aus dem sich allmählich ausweitenden Rheia-Ozean, der sich zwischen den Großkontinenten Gondwana und Laurussia öffnete, über das kaledonisch gefaltete Gebiet vor, überflutete also die westlichen Ardennen zuerst. Untergedinne-Schichten finden sich daher nur in der Umrandung der Massive von Rocroi, Givonne und Serpont. Das Massiv von Stavelot wurde wahrscheinlich erst im Oberen Gedinnium überflutet, Untergedinne-Ablagerungen konnten hier bisher nicht nachgewiesen werden. Die Einstufung in das Obere Gedinnium wird durch Trilobiten- (R. & E. RICHTER 1942) und Pteraspidenfunde (W. SCHMIDT 1954, 1956) gerechtfertigt. Die Brachiopodenfaunen ergaben keine eindeutigen Alterskriterien und lassen auch eine Einstufung ins Unter-Gedinne (A.J. BOUCOT 1960) oder gar ins Ludlow (DAHMER 1942) zu (s. u.).

Die Gedinne-Ablagerungen im deutschen Anteil des Venn-Sattels hat W. SCHMIDT (1952, 1956) in vier Kartiereinheiten (tu1α-δ) untergliedert. Dabei stellten sich fazielle Unterschiede zwischen der NW- und der SE-Flanke des Sattels heraus, die z. T. auf eine vom Sattelbereich gebildete Schwelle zurückgeführt wurden. Neue sedimentologische Untersuchungen von NEUMANN-MAHLKAU (1970) in der gesamten Umrandung des Massivs von Stavelot konnten die von SCHMIDT aufgestellte Vierteilung, wenn auch z. T. modifiziert, bestätigen. Die paläogeographischen Vorstellungen wurden allerdings stärker revidiert: nach NEUMANN-MAHLKAU war der Materialtransport von N nach S gerichtet, eine Schwelle im Bereich des Venn-Sattels ist deshalb unwahrscheinlich. Im N herrschen im Einflussbereich eines Nordkontinents mehr terrestrisch-fluviatile Bedingungen vor, marine Einflüsse sind hier erst im oberen Teil der Schichtenfolge nachweisbar. Im S ist nahezu die gesamte Folge unter marinen Bedingungen abgelagert worden. Im belgischen Anteil des Stavelot-Massivs steht den im Norden 160–

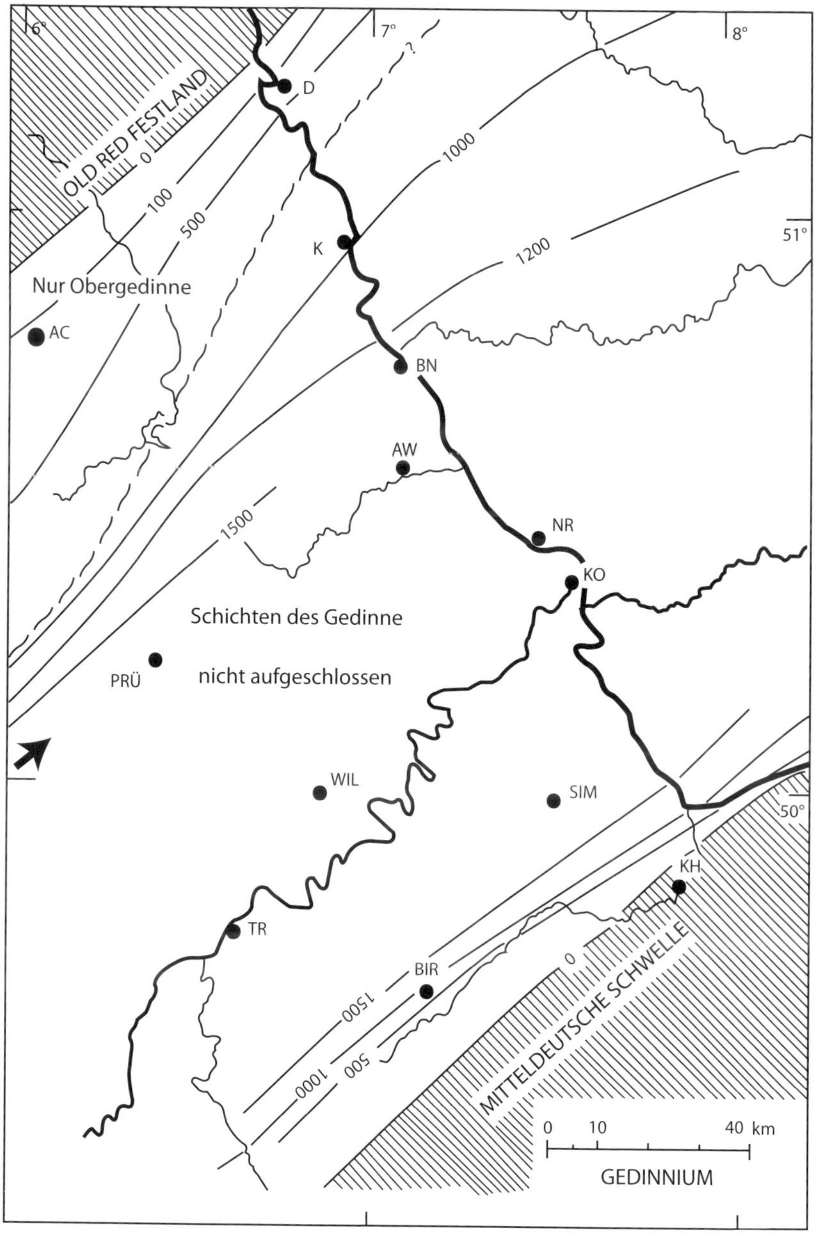

Abb. 6. Paläogeographie des Gedinnium, variszische Einengung nicht berücksichtigt. Mächtigkeiten in m. MEYER & STETS (1996) nach Unterlagen von EHRENBERG et al. (1968), LUSZNAT (1970), D.E. MEYER (1970), MICHELS (1972), NEUMANN-MAHLKAU (1970a), NÖRING (1939), W. SCHMIDT (1952, 1956), W. ZIEGLER (1960, 1970).

	N		S	
$tu_{1\delta}$	25 – 30 m	Konglomerat, Quarzit, Arkose	150 – 200 m	Grauwacken mit Schieferfetzen
$tu_{1\gamma}$	200 – 250 m	Rote und grünliche Ton- und Siltsteine mit Kalkknollen	200 – 250 m	Sand- und Siltsteine, Tonsteine mit Kalkknollen, rot (dunkelviolett) und graublau
$tu_{1\beta}$	200 – 250 m	Rote und grau-grüne Siltsteine Quarzkonglomerate ("Blutwurstkonglomerat")	200 – 300 m	Grüne und graue Sand-Siltsteine
$tu_{1\alpha}$	– 20 m	Graue Arkosen, Braune Siltsteine	– 150 m	Weiße und braune Sandsteine, Siltsteine, ("Arkose de Waimes")
	0 – 30 m	Feinkonglomerate, Rote Siltsteine, Basiskonglomerat	0 – 15 m	Graue und grüne Sandsteine und Konglomerate, Basiskonglomerat

Abb. 7. Gliederung des Ober-Gedinnium nördlich und südlich des Venn-Sattels. NEUMANN-MAHLKAU (1970a).

170 m mächtigen Gedinne-Schichten (Marteau-Formation) auf der Südflanke die 565–1000 m mächtige Waimes-Formation gegenüber (WALTER 2010).

3.1.2 Basiskonglomerat

An der Basis der Gedinne-Folge treten in einzelnen Linsen grobe Konglomerate auf, die NEUMANN-MAHLKAU für etwa gleichaltrig hält (Basiskonglomerat oder Eupener Konglomerat: NEUMANN-MAHLKAU 1970, 318). Einen sehr eindrucksvollen Aufschluss dieser Basiskonglomerate stellt die Felsgruppe Richelsley mit dem Venn-Kreuz südwestlich von Monschau dar; hier finden sich kopfgroße Gerölle aus weißen Quarziten. Nach NEUMANN-MAHLKAU liegen die Konglomeratlinsen in Senken des Untergrundes. Sie sind im Norden mächtiger als im Süden. Die Schüttung erfolgte aus nördlicher bis nordwestlicher Richtung und zwar wahrscheinlich in fluviatilem Milieu. Aus der Mächtigkeits- und Korngrößenverteilung konnte NEUMANN-MAHLKAU drei NW-SE verlaufende Schuttströme ableiten (Abb. 8): einen im Raum Nonceveux – Quarreux, einen südlich Eupen und einen im oberen Lensbachtal (Nebental des Vichtbaches).

Der Bereich des Venn-Sattels, der allmählich erst von der Gedinne-Transgression überwältigt wurde, dürfte das Hauptliefergebiet für die Quarzit- und Subgrauwackengerölle der Basiskonglomerate dargestellt haben. Dafür spricht die große Ähnlichkeit der Gerölle mit den vordevonischen Gesteinen des Venn-Gebietes (vgl. auch Abschn. 2.1). In der westlichen

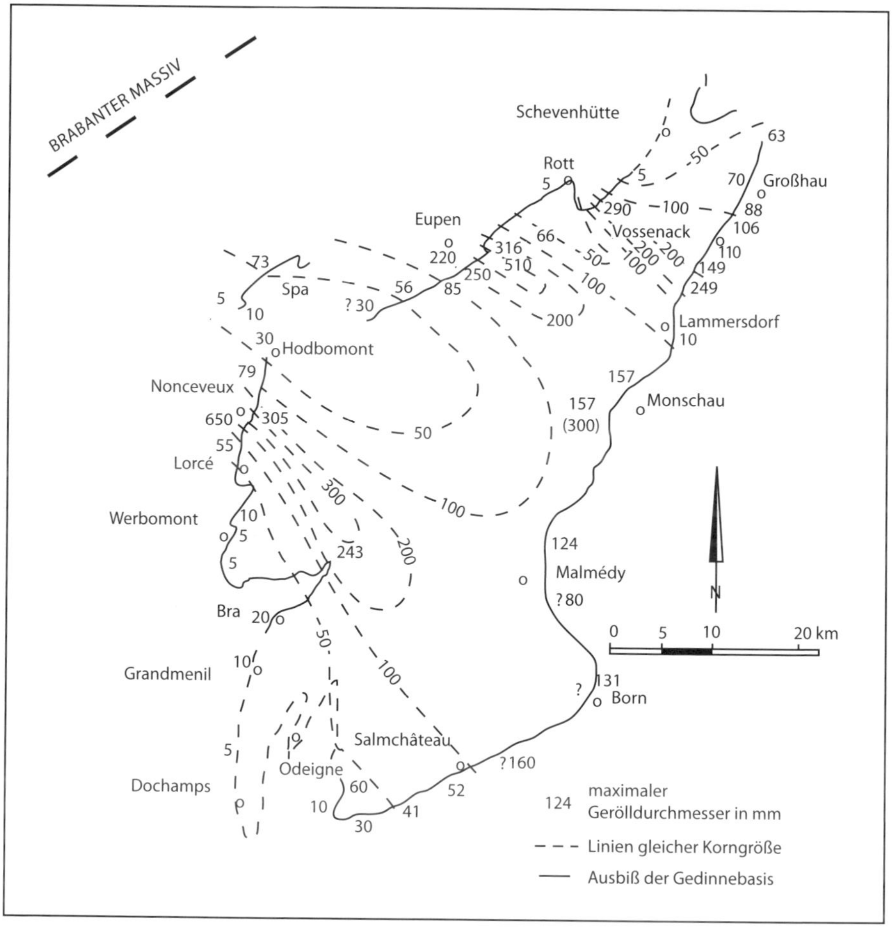

Abb. 8. Die maximalen Geröllldurchmesser im Basiskonglomerat des Gedinne. Die variszische Faltung wurde etwa ausgeglättet. NEUMANN-MAHLKAU (1970a).

Umrandung des Stavelot-Venn-Sattels finden sich Gerölle turmalinreicher Quarzite. Sie treten östlich der Linie Eupen – Lammersdorf nach NEUMANN-MAHLKAU (1970, 328) nicht mehr auf (Abb. 9). Als Herkunftsgebiet für die Turmalinquarzite kommt vielleicht das Brabanter Massiv in Frage (STAINIER 1889, NEUMANN-MAHLKAU 1970).

3.1.3 Höheres Ober-Gedinne

Die über dem Basiskonglomerat liegende Gedinne-Folge lässt sich nach W. SCHMIDT (1952, 159–163; 1956, 43–71) und NEUMANN-MAHLKAU (1970) in die schon erwähnten vier Kartiereinheiten tu1α – δ gliedern (Abb. 7):

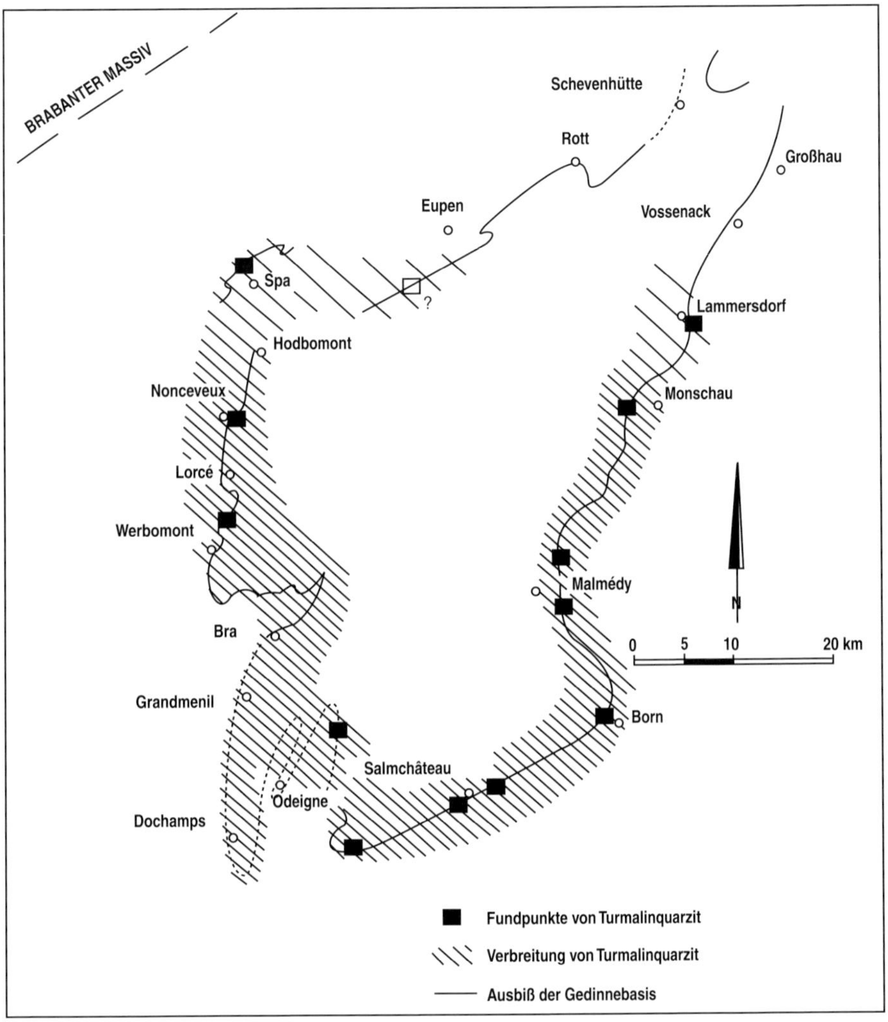

Abb. 9. Verbreitung von Turmalin-führenden Geröllen in den Gedinne-Schichten des Massivs von Stavelot. Variszische Faltung etwa ausgeglättet. NEUMANN-MAHLKAU (1970a).

tu1α: Zuunterst liegen die schon geschilderten Basiskonglomerate in seitlich schnell auskeilenden Linsen. Darüber, bzw. wenn das Basiskonglomerat fehlt, an der Basis der Gedinne-Folge, liegen im Norden bis 30 m mächtige rote Siltsteine und Feinkonglomerate (sie können auch fehlen); darüber folgen bis 20 m mächtige braune Siltsteine und graue Arkosen. Auf der Südostflanke des Venn-Sattels finden sich unten 0–15 m mächtige graue und grüne Sandsteine und Konglomerate, darüber weiße und braune Sand- und Siltsteine in Mächtigkeiten bis zu 150 m. In dieser Einheit wie auch in höheren Gliedern des Gedinne finden sich gelegentlich die sog. „klastischen Porphyroide", das sind Siltsteine, in denen glasklare Quarzkörner wie Einsprenglinge verteilt sind und die daher eine „porphyrische Struktur" aufweisen. Es sind jeweils die oberen Partien von gradierten Sedimentationszyklen, sie dürften nach NEUMANN-MAHLKAU (1970, 342) plötzlich aus einer Suspension sedimentiert worden sein.

Für diesen oberen Teil des tu1α hat sich die Bezeichnung „Arkose von Weismes“ (E. KAYSER 1870, 850, „Arcose von Weims“) bzw. „Schichten von Weismes“ (DAHMER 1942, 111) eingeführt. Bei E. ASSELSBERGHS (1943): „Arkose de Weismes“ oder „Grès de Gdoumont“. In dieser Folge fand sich im Warchenne-Tal zwischen Waimes (Weismes) und Malmédy und bei Gdoumont eine reiche marine Fauna, die in zahlreichen Veröffentlichungen seit langer Zeit beschrieben wurde (Literatur bei DAHMER 1942). In östlicher Fortsetzung dieser Fundschichten wurden in der Umgebung vom Lammersdorf ebenfalls marine Faunen gefunden, die denen aus der Umgebung von Waimes gleichen (W. SCHMIDT 1956, 58–59). Der reichste Fundpunkt liegt in dem Steinbruch hinter der Neumühle (früher Haas-Mühle) an der Straße Lammersdorf-Witzerath. Die Muscheln und Brachiopoden der Fundpunkte Waimes, Gdoumont und Lammersdorf hat DAHMER (1942) beschrieben, die Trilobiten das Ehepaar R. & E. RICHTER (1942). Ergänzungen zur RICHTER'schen Trilobitenliste finden sich bei SCHMIDT (1956, 59–60). Außer Brachiopoden, Lamellibranchiaten und Trilobiten enthält die Fauna auch Crinoiden, Orthoceren, Tentaculiten, Korallen und Ostracoden. Diese Invertebraten ergaben jedoch keine eindeutigen Kriterien für die Alterseinstufung. DAHMER glaubte sogar ein Mittel-Ludlow-Alter daraus ableiten zu müssen. Die Trilobitenfauna macht nach R. & E. RICHTER eine Einstufung in das Ober-Gedinne wahrscheinlich. A.J. BOUCOT (1960) nimmt nach einer Revision der Brachiopoden aus den Weismes-Schichten ein Untergedinne-Alter an. Durch W. SCHMIDT (1954, 1959) gemachte Fischfunde aus den Abteilungen tu1β und tu1γ bestätigen jedoch bei einem Vergleich mit den Profilen im Welsh Borderland (England) die Einstufung der Gedinne-Sedimente in der Umrandung des Massivs von Stavelot in das Ober-Gedinnium.

tu1β: Im Norden wechsellagern Quarzkonglomerate mit roten und graugrünen Siltsteinen. Die Konglomerate sind dadurch charakterisiert, dass in einer dunklen Matrix eckige Quarzstücke schwimmen; W. SCHMIDT vergleicht ihr Aussehen mit dem von Blutwurst mit Speckstücken. Im Süden finden sich in 200–300 m Mächtigkeit grüne und graue Sand- und Siltsteine. Am Osthang des Solchbach-Tals (südlich Zweifall) fand sich in einem Konglomerat *Pteraspis (Belgicaspis) crouchi* LANKESTER (W. SCHMIDT & E. SCHRÖDER 1962, 20).

tu1γ: In dieser Abteilung sind erstmals auch auf dem Nordflügel des Venn-Sattels vollmarine Sedimente nachzuweisen, und zwar finden sich hier sogar karbonatische Gesteine: charakteristisch sind hier rote und grünliche Tonschiefer und Siltsteine mit Kalkknollen. Auf der Südflanke treten Sand- und Siltsteine auf und ebenfalls Tonschiefer mit Kalkknollen. Die Farbe der Tonschiefer ist hier rot bis dunkelviolett oder graublau. Örtlich können die Kalkknollen so zahlreich werden, dass das Gestein einem Kalkknotenschiefer etwa vom Typ der oberdevonischen Kramenzelkalke ähnelt. Die Mächtigkeit liegt sowohl auf der Nordflanke als auch auf der Südflanke zwischen 200 und 250 m.

500 m östlich der Försterei Zweifall fanden sich in den roten Kalkknollen-Schiefern und grünen Sandsteinen Vertebraten, die beim Vergleich mit den Profilen im Welsh Borderland die Einordnung in das Ober-Gedinne erlauben. W. SCHMIDT (1954) gibt folgende Arten an:
Pteraspis (Belgicaspis) crouchi LANKESTER;
Pteraspis (Pteraspis) rostrata (AGASSIZ);
Pteraspis traquairi LERICHE;
Pteraspis cf. *jackana* WHITE;
Cephalaspis sp.
Onchus verus W. SCHMIDT.

Außerdem fand sich hier die Alge *Prototaxites caledonianus* (LANG) (W. SCHMIDT & M. TEICHMÜLLER 1955).

1u1δ: Auf der Nordflanke des Venn-Sattels finden sich in 25–30 m Mächtigkeit Konglomerate vom „Blutwurst-Typ“, Quarzite und Arkosen. In einem Steinbruch an der Einmündung des Lensbaches in den Vichtbach nördlich von Rott fanden sich Pflanzenreste, u. a. *Taeniocrada decheniana* (GOEPP.) KR. & WEYL. (W. SCHMIDT & M. TEICHMÜLLER 1955). Auf der Südflanke besteht diese Einheit aus Grauwacken mit zahlreichen Tonschieferfetzen und sandigen Tonschiefern. Die Mächtigkeit beträgt hier 150–200 m.

D. RICHTER (1978) trennt von dieser oft rot und grün gefärbten Folge ein 10–18 m mächtiges Paket grauer Sandsteine im Dachbereich als „Grenzsandstein“ ab und stellt es zu den Monschau-Schichten des Siegens. Der deutliche Farbumschlag und das mit dem Grenzsandstein plötzliche Einsetzen einer raschen und unregelmäßigen Schüttung (Schrägschichtung, Aufarbeitungsspuren usw.) rechtfertigen diese Einstufung.

3.2 Siegen-Stufe

Während der Siegen-Stufe (ihre Ablagerungen wurden zuerst in der Umgebung der Spateisenbergwerke bei Siegen untersucht) wurden im ganzen Eifelgebiet sandig-schiefrige Sedimente gebildet, karbonatische Gesteine nur sehr untergeordnet. Wir können vier voneinander abweichende Faziesgebiete unterscheiden, deren Gesteine heute zum großen Teil tektonisch voneinander getrennt sind. Unsere Besprechung der Siegen-Stufe gliedert sich nach diesen Faziesbereichen:

1. der geringmächtigen Siegen-Fazies auf der Nordflanke des Venn-Sattels,
2. der gut gliederbaren Siegen-Fazies auf der Südflanke des Venn-Sattels und im Rur- und Urftgebiet,
3. den sehr mächtigen Siegen-Schichten in der aus dem Siegerland bekannten sog. „sandigen Siegener Normalfazies“ im Bereich des Osteifel-Hauptsattels,
4. der Hunsrückschiefer-Fazies der Siegen-Stufe in der Südosteifel, vom Faziesbereich 3 größtenteils getrennt durch die Siegener Hauptaufschiebung. Hunsrückschiefer-Fazies tritt lokal auch im Faziesbereich 2 auf (Wüstebach-Schichten).

In den Faziesbereichen 2 und 3 sind die Siegen-Schichten ähnlich aufgebaut, jedoch ließen sich die lithologischen Gliederungen über die Eifeler Nordsüd-Zone hinweg noch nicht miteinander parallelisieren. Allen Faziesbereichen ist gemeinsam, dass sie sich biostratigraphisch kaum gliedern lassen; die biostratigraphische Abgrenzung gegen die Gedinne-Schichten im Liegenden und die Ems-Schichten im Hangenden macht auch Schwierigkeiten, obgleich viele Fundpunkte mit oft sehr reichen Faunen inzwischen bekannt geworden sind. Da in etwa einem Viertel des ganzen Eifelgebietes Gesteine der Siegen-Stufe zutage treten, hängt die Klärung des tektonischen Baus der Eifel sehr stark von der Untergliederung der Siegen-Schichten ab.

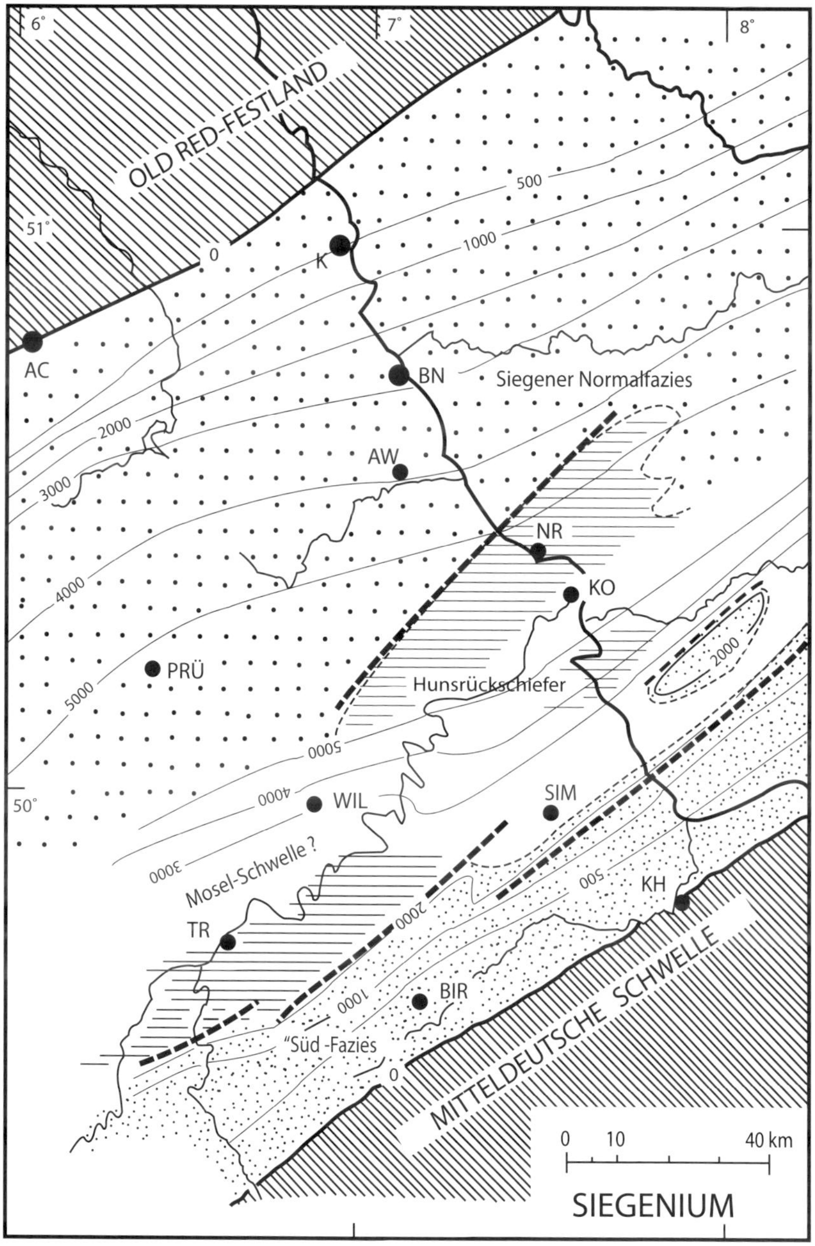

Abb. 10. Paläogeographie des Siegenium, variszische Einengung nicht berücksichtigt. Mächtigkeiten in m. MEYER & STETS (1996) nach Unterlagen von ADLER (1957), BRÜHL (1966), DRESEN (1979), EHRENBERG et al. (1968), FURTAK (1965), GRABERT & HILDEN (1972), KNAPP (1978), LUSZNAT (1970), D.E. MEYER (1970), W. MEYER (1965A), W. MEYER & PAHL (1960), PILGER (1954), PÖTTER (1958), W. SCHMIDT (1956), STETS (1962), R. VOIGT (1968), W. ZIEGLER et al. (1968), ZINSER (1963).

3.2.1 Siegen-Schichten auf der Nordflanke des Venn-Sattels

In dem schmalen Streifen, in dem auf der Nordwestflanke des Venn-Sattels Gesteine der Siegen-Stufe zutage treten, besteht die Schichtenfolge nach W. SCHMIDT (1956, 81–83) aus Siltsteinen, Sandsteinen und Tonschiefern. Diese Gesteine sind überwiegend grau gefärbt, wie wir es von den Siegen-Schichten der anderen Faziesbereiche auch kennen. Was jedoch die Nordflanke des Venn-Sattels von den anderen Faziesgebieten unterscheidet, sind sporadische Einschaltungen von roten Schiefern, die selbst den nicht weit entfernten Siegen-Gesteinen auf der Südflanke des Venn-Sattels fehlen. Der im Norden gelegene Old-Red-Kontinent ist das Liefergebiet für diese roten Abtragungsprodukte. Die Küste lag nördlich der Linie Aachen – Köln während der Siegen-Zeit. Die Schichtenfolge ist durchschnittlich etwa 400 m mächtig. Es besteht Unklarheit darüber, ob diese Gesteine die gesamte Siegen-Stufe vertreten oder nur Teile davon. Nach W. WUNSTORF (in ASSELBERGHS, HENKE, SCHRIEL & WUNSTORF 1936) entspricht diese Folge nur dem Ober-Siegen. Er glaubt an der Basis Konglomerate festgestellt zu haben und schließt daraus auf eine Schichtlücke, die Unter- und Mittel-Siegen umfassen soll. W. SCHMIDT wies nach, dass diese Konglomerate jedoch in das Gedinnium gehören und dass Basiskonglomerate den Siegen-Schichten fehlen. Wie in Abschn. 3.1.3 erwähnt, finden sich in der obersten Gedinne-Einheit (tu1δ) in diesem Gebiet Konglomerate. W. SCHMIDT (1956) stuft diese Konglomerate aus lithologischen Gründen, weil sie nämlich den „Blutwurst-Typ“ zeigen, in das Gedinnium ein. Fossilien fehlen sowohl dem Konglomerat als auch den überlagernden Schichten. SCHMIDT schließt sich der ASSELBERGHS’schen Deutung an, nach der in dem als „Siegen“ auskartierten Streifen auf der Nordflanke des Venn-Sattels Unter- und Mittel-Siegen vertreten sind.

Die Schichtenfolge wird überlagert durch die lebhaft roten, violetten und grünen Zweifall-Schichten, die als Kartiereinheit gut gegen die grauen, nur rote Einschaltungen enthaltenden „Siegen-Schichten“ abzugrenzen sind (Name von E. HOLZAPFEL 1883, S. 403 nach dem Ort Zweifall, Bl. 5203 Stolberg). Die genaue stratigraphische Reichweite der Zweifall-Schichten ist mangels Fossilien ebenfalls unsicher. ASSELBERGHS (1944) möchte die tiefsten Teile der Zweifall-Schichten noch ins Ober-Siegen stellen, und zwar aus folgenden Gründen: Im Bois de Fraipont (westlich von Verviers) finden sich graublaue und grünliche Schiefer mit grauen Sandsteinen und nur geringfügigen roten Einschaltungen. Ihre Fossilführung spricht für Ober-Siegen. Ihr Liegendes sind hier rote Schiefer, Sandsteine und Grauwacken, die unter der Bezeichnung „Schistes rouges et Grès roses d’Acoz“ zusammengefasst werden. Beide Schichtglieder sind nördlich des Stavelot-Massivs bis westlich von Verviers zu verfolgen. Nach ASSELBERGHS’ Auffassung halten sie am ganzen Nordflügel des Stavelot-Venn-Sattels bis zu dessen Nordost-Ende durch. Da die höhere graue Partie vom Bois de Fraipont bei Verviers entweder auskeilt oder durch rotgefärbte Schichten ersetzt wird, sind im Venn-Gebiet diese Obersiegen-Anteile von dem im deutschen Gebiet ebenfalls rotgefärbten Ems nicht mehr zu trennen. Anzeichen für Sedimentationsunterbrechungen fanden sich in den Zweifall-Schichten nicht, deshalb müssen wir einstweilen annehmen, dass sowohl Herdorf-Unterstufe als auch Ulmen-Unterstufe (die neuerdings schon ins Ems gestellt wird, s. u.) hier vertreten sein müssen. Den in den Zweifall-Schichten zu vermutenden Anteil von Ober-Siegen schätzt W. SCHMIDT auf 75–100 m.

An bestimmbaren Fossilien sind aus den Siegen-Schichten unter den Zweifall-Schichten bisher nur *Rhenorensselaeria crassicosta* (KOCH) gefunden worden (bei Mulartshütte, HOLZAPFEL 1910, 18) und an mehreren Stellen *Taeniocrada decheniana* KR. & WEYL. (W. SCHMIDT

& M. TEICHMÜLLER 1955, 95–96). Das zeigt küstennahe oder sogar nicht-marine Bedingungen an.

Der Bereich der Nord-Fazies mit roten Gesteinen und geringer Mächtigkeit erstreckt sich bis an das Nordostende des Venn-Sattels. Der Übergang zur Süd-Fazies ist nach W. SCHMIDT (1956, 85) in einer kleinen Siegen-Mulde beim Hof Hardt südwestlich Derichsweiler (Bl. 5204 Kreuzau) aufgeschlossen. Die Mächtigkeit scheint hier schon mehr als 400 m zu betragen.

3.2.2 Siegen-Schichten auf der Südflanke des Venn-Sattels

WUNSTORF (1931) gliederte die Siegen-Schichten am Südflügel des Venn-Sattels in die sandigen Monschau-Schichten an der Basis, die mehr schiefrigen Rurberg-Schichten darüber und als oberstes die Dachschieferfolge der Wüstebach-Schichten. Diese Einteilung hat sich auch bei der Revisionskartierung (W. SCHMIDT 1956) bewährt, wobei die Rurberg-Schichten auf lithologischer Grundlage noch dreigeteilt werden konnten. Es stellte sich jedoch heraus, dass die Wüstebach-Schichten nur eine besondere Fazies der obersten Rurberg-Schichten darstellen und nach Osten hin völlig auskeilen. Da brauchbare Faunen fehlen, ist nicht mit Sicherheit zu entscheiden, wie sich diese lithologischen Kartiereinheiten dem Unteren, Mittleren und Oberen Siegen zuordnen lassen. Die Siegen-Schichten bestehen hier aus einer klastischen Wechselfolge ohne karbonatische Einschaltungen. Sie sind mehrere 1000 m mächtig und entsprechen in ihrem Aussehen durchaus den Siegen-Schichten der sogenannten „Normalfazies", wie sie im Siegerland, am Rhein oder in der Osteifel aufgeschlossen sind. Die bunten Farben des Siegens nördlich des Venn-Sattels fehlen hier. Die Nähe zum nördlich gelegenen Liefergebiet macht sich durch einzelne Konglomeratlagen bemerkbar, dadurch unterscheidet sich das Siegen am Südabhang des Venn-Sattels von den Siegen-Schichten der Osteifel und des Siegerlandes, wo diese Konglomerate fehlen.

Jenseits der Staatsgrenze haben H. FURTAK (1965, deutsch-belgisch-luxemburgisches Grenzgebiet) und H. BRÜHL (1966, daran südwestlich anschließend im Gebiet Laroche – Bastogne – Houffalize) lithologische Gliederungen des Siegens durchgeführt, die aber einstweilen noch nicht mit denen am Venn-Sattel und in der Osteifel korrelierbar sind. Sedimentpetrographische Untersuchungen legt A. BREIL-SCHOLLMAYER (1989) vor. Die folgende Beschreibung der Siegen-Schichten südlich des Venn-Sattels stützt sich im Wesentlichen auf W. SCHMIDT (1956, 83–97).

3.2.2.1 Monschau-Schichten

Die Monschau-Schichten (WUNSTORF 1931) sind durch das Vorherrschen sandiger Gesteine charakterisiert. Sie werden demnach aus vielfach quarzitischen Sandsteinen, Grauwacken mit zahlreichen Schieferfetzen sowie sandigen bis tonigen, oft flasrigen Schiefern und Bänderschiefern zusammengesetzt. Die Sandsteinpakete können in der Umgebung von Monschau 15 m mächtig werden. Schrägschichtung zeigt auf einen Transport von Norden her. Oft sind die Sedimente scharf entmischt, so dass neben den Sandsteinen reine Tonschiefer von Dachschieferqualität vorkommen können. Zur Abgrenzung gegen die Gedinne-Schichten vgl. S. 26. Wenn man die Obergrenze der Monschau-Schichten dort zieht, wo die an Sandstein- und

Grauwackenpaketen reichen Schichten von stärker tonigen abgelöst werden, erhält man das Bild sehr stark schwankender Mächtigkeiten: Die Monschau-Schichten sind nach W. SCHMIDT (1956) östlich des Katzenknipp (nördlich von Großhau) durchschnittlich ca. 300 m mächtig. Die Mächtigkeit nimmt innerhalb dieses Streifens jedoch in südwestlicher Richtung ab. Westlich von Hürtgen ist diese Einheit auf knapp 3 km Länge an einer Aufschiebung unterdrückt. Bei Germeter ist die Mächtigkeit auf 100–150 m zu schätzen. Bei Rollesbroich wird die hier stark gefaltete Serie 400 m mächtig. Bei Simmerath ist sie durch Hochflächenlehm weitgehend verdeckt, wird aber bei Monschau durch das tief eingeschnittene Rurtal und dessen Nebentäler gut aufgeschlossen. Hier lässt sich beobachten, dass die Mächtigkeit östlich von Monschau plötzlich auf 800–1000 m anschwillt. Schon das Kartenbild zeigt hier eine auffällige Verbreiterung des Ausstrichs (W. SCHMIDT 1956, Abb. 6). Im Gelände lässt sich beobachten, wie sich von Osten nach Westen immer mehr Sandsteinlagen einschalten. Auffällig ist das lebhafte An- und Abschwellen der grobklastischen Bänke, die häufig Schrägschichtung zeigen. Westlich von Monschau nimmt die Mächtigkeit zunächst wieder ab, W. SCHMIDT schätzt sie auf 500 m an der belgischen Grenze. Weiter westlich schwillt sie jedoch wieder an, so dass zwischen Elsenborn und Faymonville die Einheit 5 km breit ausstreicht (ASSELBERGHS 1946, 131). Die Lagerung zeigt, dass die sandsteinreiche Fazies bei Monschau bis in die überlagernden Unteren Rurberg-Schichten anhält (Abb. 11). Sie geht wohl auf Schüttung in einem Delta vor einer längere Zeit konstanten Flussmündung zurück. Generell herrschen Flachmeerbedingungen. Östlich der Kalltalsperre sind nach A. BREIL-SCHOLLMAYER (1989) die Monschau-Schichten 500 m mächtig und überwiegend als Sande in küstenparallelen Barren abgelagert worden.

Fossilien fanden sich nur in der Umgebung von Monschau. WUNSTORF (1932, 252, 254) hat zwischen Flora und der Abzweigung des Weges nach Lauscherbüchel an der Umgehungsstraße der heutigen Bundesstraße 258 (r 1694 h 0325) Fauna gefunden (nähere Fundortbeschreibung bei W. SCHMIDT 1956, 87–88; Faunenliste bei SCHMIDT & SCHRÖDER 1962, 24–25). Die Fauna steht der ins Mittel-Siegen eingestuften Fauna von Seifen (Westerwald) nahe. Daher stellte WUNSTORF die Monschau-Schichten ins Mittel-Siegen. Da sie unmittelbar den Gedinne-Schichten auflagern, glaubte er für das Unter-Siegen südlich des Venn-Sattels eine Schichtlücke annehmen zu müssen. ASSELBERGHS, HENKE und SCHRIEL (in ASSELBERGHS et al. 1936) vertreten die Auffassung, dass der untere Teil der Monschau-Schichten noch zum Unter-Siegen gehöre und nur die oberen Partien, in denen die WUNSTORFsche Fauna liegt, Mittel-Siegen-Alter habe. Das Mittel-Siegen müsste dann noch in die überlagernden Rurberg-Schichten hinaufreichen. W. SCHMIDT (1956) schließt sich dieser Auffassung an. Bei dem geringen stratigraphischen Aussagewert der Siegen-Faunen bleiben diese Überlegungen stark hypothetisch.

3.2.2.2 Rurberg-Schichten

Diese im ganzen stark tonige Folge wurde schon von WUNSTORF (1931) von den sandigen Monschau-Schichten abgetrennt. WUNSTORF teilte die Schichtenfolge in Untere und Obere Rurberg-Schichten ein (damals noch in der Schreibweise „Ruhrberger Schichten"; der Name

Abb. 11. Sandreiche Fazies in den Monschau-Schichten (Mittel-Siegen) bei Monschau. KNAPP (1978).

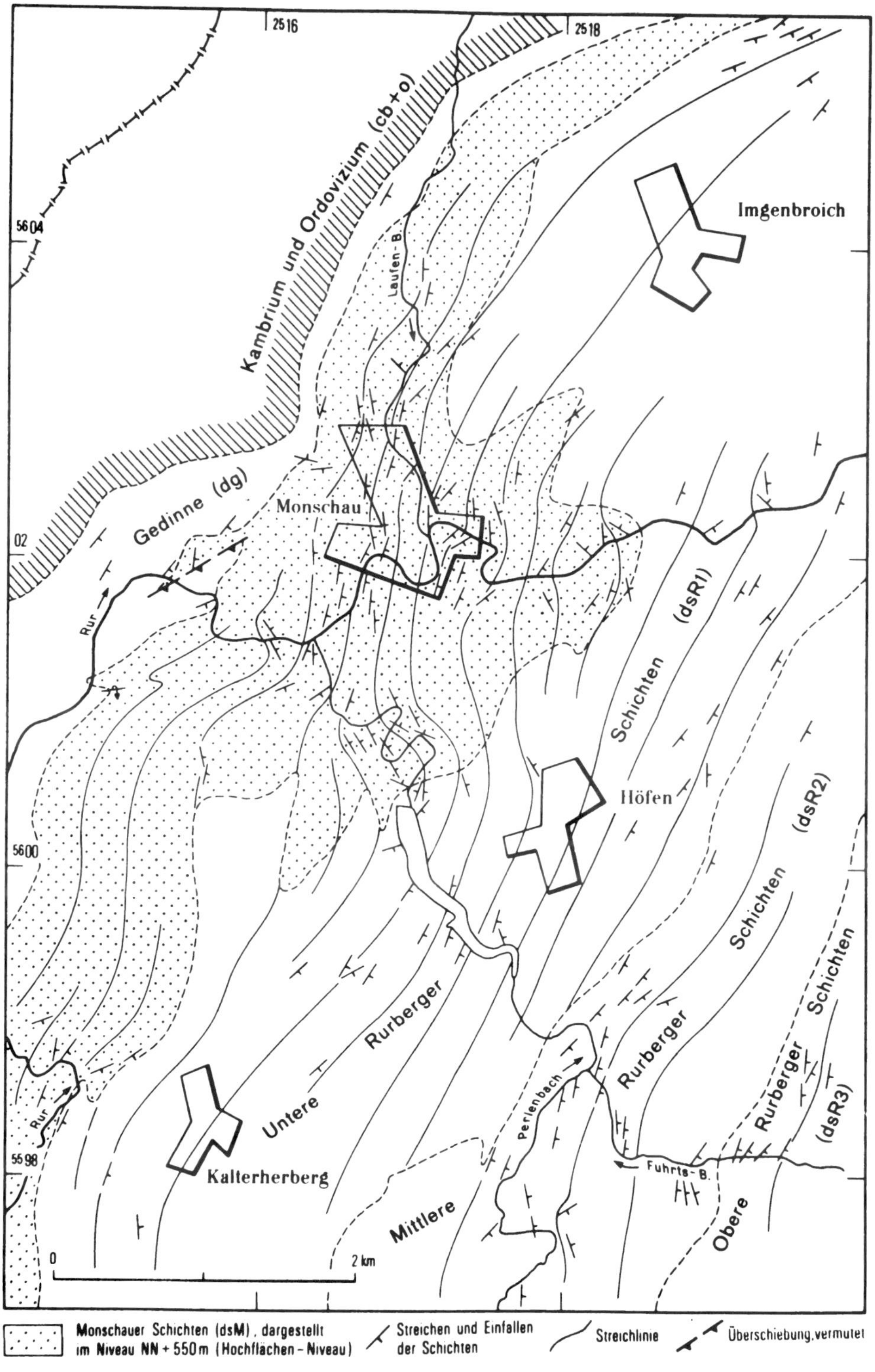
2516
2518
5604
02
5600
5598
Kambrium und Ordovizium (cb+o)
Gedinne (dg)
Monschau
Laufen-B.
Rur
Imgenbroich
Höfen
Schichten (dsR1)
Schichten (dsR2)
Rurberger Schichten
Rurberger (dsR3)
Untere Rurberger
Rurberger
Perlenbach
Kalterherberg
Mittlere
Obere
Fuhrts-B.
0
2 km
Monschauer Schichten (dsM), dargestellt im Niveau NN + 550 m (Hochflächen-Niveau)
Streichen und Einfallen der Schichten
Streichlinie
Überschiebung, vermutet

der Gemeinde Ruhrberg, Krs. Monschau ist 1955 in „Rurberg“ geändert worden. Dem hat W. SCHMIDT (1956) die Bezeichnung für das Schichtglied angepasst). Bei der Revisionskartierung des Venn-Gebietes wurde eine Dreigliederung in Untere, Mittlere und Obere Rurberg-Schichten durchgeführt (W. SCHMIDT & E. SCHRÖDER 1962). Diese Unterteilung lässt sich nur nach lithologischen Gesichtspunkten, im Wesentlichen nach dem Wechsel von Ton- bzw. Sandgehalt vornehmen, wobei nicht ausgeschlossen werden kann, dass die Grenzen zwischen diesen Einheiten als Faziesgrenzen schräg durch die Stratigraphie laufen, ein Problem, das für den ganzen Komplex der Siegen-Schichten in der Eifel besteht.

Die Unteren Rurberg-Schichten (nach RIBBERT 2008, Tiefenbach-Subformation) bestehen überwiegend aus dunkelgrauen Ton- und Bänderschiefern, die unvermittelt über den Sandsteinen der Monschau-Schichten einsetzen; die Untergrenze der Rurberg-Schichten ist also relativ scharf. Nach oben hin schalten sich in zunehmendem Maße Sandsteine und Grauwacken ein, deshalb ist die Grenze zu den sandigen Mittleren Rurberg-Schichten schwieriger zu ziehen. In den unteren und mittleren Partien der Unteren Rurberg-Schichten treten mehrfach reine Dachschiefer auf, die an einigen Stellen auch abgebaut wurden, so z. B. an der Mariagrube im Tiefenbachtal zwischen Huppenbroich und Simmerath und bei der Leykoul südöstlich Küchelscheid (beides Bl. 5403 Monschau). Die Mächtigkeit der Unteren Rurberg-Schichten wird von W. SCHMIDT & E. SCHRÖDER (1962, 25) für das Gebiet westlich Großhau mit maximal 150 m angegeben, sie erreicht nach KNAPP (1978, 37) bei Imgenbroich und Kalterherberg sogar 1400 m. Bestimmbare Fossilien fanden sich bisher nur in Schwarzschiefern im tieferen Teil der Folge: *Rhenorensselaeria crassicosta* (C. KOCH) (WUNSTORF 1943, 25, W. SCHMIDT 1956, Fußnote auf S.105) und *Taeniocrada decheniana* (GOEPPERT) KR. & WEYL. In den Dachschiefern der Mariagrube fanden sich Tentaculiten, die einstweilen nicht näher bestimmt werden konnten. In den höheren, stärker sandigen Partien fanden sich Korallen, Brachiopoden und Trilobiten (SCHMIDT 1956, 93); eine Entwicklung von schwach marinen oder brackischen Verhältnissen unten zu vollmarinen oben ist also unverkennbar.

Die Mittleren Rurberg-Schichten (nach RIBBERT 2008, Schilsbach-Subformation) haben einen höheren Sandgehalt als die Unteren Rurberg-Schichten, bestehen aber immer noch zum überwiegenden Teil aus Tonschiefern, Bänderschiefern und sandigen Tonschiefern. Sandsteine sind untergeordnet, sie werden oft quarzitisch. In den höheren Partien treten in den Tonschiefern gelegentlich karbonatische Knollen auf, die hauptsächlich aus Eisenkarbonat bestehen (nach Untersuchung von Dr. WERNER, Krefeld in SCHMIDT 1956, 26). Die Folge ist nach KNAPP (1978, 38) nördlich des Kalltals 300–400 m, weiter südlich 800–900 m mächtig. Sie hat westlich der Linie Simmerath – Dedenborn einen höheren Anteil an Sandsteinbänken als im Nordosten. Fossilien sind selten und in unbestimmbarem Erhaltungszustand. Nur am Nordosthang des Fuhrtbachtales südwestlich von Alzen (Bl. 5403 Monschau, r 1839 h 9834) fand sich *Pteraspis (Rhinopteraspis) dunensis* (F. ROEMER) (W. SCHMIDT 1959, 42). Erwähnenswert sind Foraminiferen in Tonschiefern an einer Wegeböschung westlich der Uhus-Ley im Rurtal zwischen Widdau und Hammer (Bl. Monschau, r 1262 h 0323) (W. SCHMIDT 1956, 94). Es fanden sich ferner Pflanzenreste, die Einflüsse der Küste haben also wieder zugenommen.

In den Oberen Rurberg-Schichten (nach RIBBERT 2008, Schwammenauel-Subformation) ist der Anteil an Sandsteinen noch höher als in den Mittleren Rurberg-Schichten. Die Ton- und Bänderschiefer enthalten oft karbonatische Knollen. Nach KNAPP (1978, 38) ist die Mächtigkeit im Gebiet um Gey auf 600–800 m zu schätzen, im Bereich des Kalltales auf 1000 m, am Urft- und Rurstausee auf 1200–2000 m. Zwei Faziesbereiche lassen sich unterscheiden: der eine enthält die eben geschilderten sandigen Gesteine. Der andere ist der der Wüstebach-

Schichten, die in Abschnitt 3.2.2.3 behandelt werden. W. SCHMIDT (1956, 100; 1959, 44–45) hatte „Gesteine roter Klerfer Fazies“ in isolierten Aufsattelungen bei Gemünd, Schleiden und Dreiborn auch zu den Oberen Rurberg-Schichten gerechnet. Nach KNAPP & RICHTER (1980) gehören diese Vorkommen schon zu den Klerf-Schichten (vgl. 3.3.2.3).

An Fossilien sind aus den Oberen Rurberg-Schichten (ausgenommen die Fazies der Wüstebach-Schichten) folgende Arten bemerkenswert (W. SCHMIDT & E. SCHRÖDER 1962, 26–27): *Hysterolites hystericus* (SCHLOTHEIM); *Rhenorensselaeria crassicosta* (C. KOCH); *Rhenorensselaeria strigiceps* (F. ROEMER); *Schizophoria provulvaria* (MAURER); *Goniophora excavata* (E. KAYSER), außerdem noch andere Brachiopodenarten, Trilobiten, Tentaculiten, Foraminiferen, Pteraspiden und Pflanzenreste. Weitere Angaben über den Fossilinhalt der Rurberg-Schichten finden sich bei W. SCHMIDT (1956, 92–95; 1959, 42–47) und bei W. SCHMIDT & E. SCHRÖDER (1962, 26–27).

Die lithologische Einteilung in Untere, Mittlere und Obere Rurberg-Schichten ist jedoch nicht überall reproduzierbar und konnte z. B. sogar in dem lückenlosen Profil des Grabens für eine Ferngasleitung von KASIG & SPAETH (1975, 5–6) nicht durchgeführt werden; die lithologische Gliederung in Monschau- und Rurberg-Schichten ließ sich jedoch hier auch ohne Weiteres nachvollziehen.

3.2.2.3 Heimbach- und Wüstebach-Formation

Die sandige Obere Rurberg-Formation (Schwammenauel-Subformation) wird von einer Folge überlagert, in welcher der Sand-Ton-Gehalt zwar unverändert ist, aber reinere Tonschiefer von schwarzgrauer bis dunkel-blaugrauer Farbe auftreten, und die Sandsteine sind nicht mehr so dickbankig wie in den Rurberg-Schichten. Diese Folge wird als Heimbach-Formation ausgehalten (z. B. RIBBERT 1994). Es fanden sich Siegen-Leitfossilien, aber es ist möglich, dass die Folge noch ins Unterems hinaufreicht. Die Hangendgrenze ist auf Bl. 5404 Schleiden nicht zu beobachten, deshalb ist die Mächtigkeitsangabe von 600 m nur ein Mindestwert.

Die Heimbach-Formation verzahnt sich nach Westen mit einer Einheit, die besonders reich an Tonschiefern ist, so dass sogar Dachschieferpakete auftreten. Nach dem Wüstebachtal westlich von Dreiborn hat sie WUNSTORF (in ASSELBERGHS et al. 1936, 329) als Wüstebach-Schichten bezeichnet. Sie besteht aus milden, fast schwarzen Tonschiefern, die hellgrau bis weißlich verwittern. Die härteren Partien wurden örtlich als Dachschiefer abgebaut, z. B. in der Leikaul westlich Dreiborn, am Westhang des Klusenbergs nördlich Dreiborn und im Wüstebachtal südlich Erkensruhr. Sandsteinbänke treten nur vereinzelt auf. Im Urftprofil ist noch die sandige Fazies entwickelt, erst am Helingsberg 2 km südlich des Urft-Stausees schalten sich in den höchsten Partien Tonschiefer der Wüstebach-Fazies ein. Sie werden in südwestlicher Richtung mächtiger und erreichen auf Bl. Monschau südöstlich von Höfen nach W. SCHMIDT (1956) etwa 600 m, auf Bl. Schleiden nach RIBBERT (1994) mindestens 1000 m.

W. SCHMIDT (1952, 164–166) stellt die Wüstebach-Schichten aufgrund ihrer Beziehungen zu den Oberen Rurberg-Schichten ins Ober-Siegen oder in die Ulmen-Gruppe. Diese Möglichkeit hatte auch schon SOLLE (1950, 310–311) angedeutet. In Belgien stellt ASSELBERGHS (1946, 196) die Ton- bzw. Dachschiefer aus entsprechendem Niveau ebenfalls noch in sein Siegenien supérieur. RIBBERT (1994, 20) gibt aus Sandsteinen vom Berg Giefling südwestlich Dreiborn (Bl. 5404 Schleiden) eine eindeutige Siegen-Fauna an und stuft die Wüstebach-Formation wenigstens zum größten Teil ins Obersiegen ein, wobei offen bleibt, ob sie auch noch Unterems-Anteile enthält. Die Tonschieferfazies der Wüstebach-Formation erinnert sowohl lithologisch als auch in ihrer stratigraphischen Position an den Hunsrückschiefer Südosteifel, der dort allerdings die gesamte Siegen-Stufe vertritt (vgl. 3.2.4.1). Die „Heimbach-Schichten“ der Arbeit von KNAPP & RICHTER (1978) umfassen das ganze „graue Unterems“ unter der Klerf-Formation, also Heimbach- und Schleiden-Formation.

3.2.3 Siegen-Schichten östlich der Eifeler Nord-Süd-Zone

Siegen-Schichten treten im Bereich der großen Nord-Süd-Achsendepression der Eifel nicht zutage; nur im Manderscheider Sattel zieht ein Streifen von Siegen-Gesteinen relativ weit in diese Zone hinein (KÖLSCHBACH et al. 1993). Sie tauchen ferner etwa an der Linie Ulmen – Müllenbach – Fuchshofen/Ahr – Mutscheid achsial unter den Unterems-Schichten auf und bauen die gesamte Osteifel mit der Ahreifel auf. Durch das Rheintal und seine tief eingeschnittenen Nebentäler sind sie gut aufgeschlossen. Wir können zwei Faziesbereiche unterscheiden: die sandige sog. „Siegener Normalfazies“ und die tonschieferreiche Hunsrückschiefer-Fazies. Beide Faziesbereiche werden im Rheinprofil und in der Südosteifel heute durch eine Großstörung, die sog. Siegener Hauptüberschiebung voneinander getrennt.

Die Siegen-Schichten der Normalfazies lassen sich in der Osteifel in drei Einheiten Untere, Mittlere und Obere Siegen-Schichten gliedern. Die Unteren Siegen-Schichten sind vorwiegend nicht-marin und reich an Pflanzenresten, die Mittleren sind faunenreiche Flachmeer-Ablagerungen; die Oberen sind beckenwärts im Süden vollmarin und weiter gliederbar, im Norden, also im Küstenbereich nicht-marin (Wahnbach-Formation).

3.2.3.1 Erforschungsgeschichte und Gliederungsmethode

Aus der Spezialkartierung durch die Geologische Landesanstalt wurde folgende Auffassung über die Struktur der Osteifel und die Gliederung des Siegens abgeleitet: Das ganze Gebiet zwischen der Siegener Hauptüberschiebung (damals als „Mayener Überschiebung“ bezeichnet) und dem Gebiet von Bonn – Meckenheim wird von Ober-Siegen-Schichten (= Herdorf-Schichten) aufgebaut. Innerhalb dieser Ober-Siegen-Fläche sollen in schmalen Sätteln mehrfach Mittlere Siegen-Schichten (= Rauhflaser-Schichten) auftauchen, und zwar in folgenden Aufsattelungen: Der südlichste Mittel-Siegen-Sattel soll von der Gegend des Hammerstein am Rhein über das Laacher-See-Gebiet bis nach Kirchwald nordwestlich von Mayen ziehen. Ein weiterer Sattel soll vom Rheintal nördlich von Bad Breisig über Königsfeld bis nach Dedenbach ziehen. Eine kleine Aufsattelung von Mittel-Siegen soll bei Ramersbach liegen. Schließlich wird im Ahrtal ebenfalls ein steiler Sattel mit Mittel-Siegen im Kern angenommen.

Dieser Auffassung der Geologischen Landesanstalt stand ein anderes Konzept gegenüber, das von W. HENKE (1933) entwickelt wurde, als er den Versuch unternahm, die Kartiereinheiten aus dem Siegerland über den vorderen Westerwald hinweg in die Osteifel zu verfolgen. HENKE konstruierte folgendes Bild von Stratigraphie und Tektonik der Osteifel: Die Siegen-Schichten der Osteifel bilden einen großen Doppelsattel, der im Westen achsial unter die Eifeler Nord-Süd-Zone taucht und sich nach Osten bis in die Gegend von Seifen (Holzbachtal, Westerwald) verfolgen lässt. Der Mittel-Siegen-Zug von Hammerstein – Laacher See – Kirchwald zieht über Langenfeld weiter nach Westen, ummantelt bei Adenau den untertauchenden sog. Osteifeler Hauptsattel und verbindet sich mit dem Mittel-Siegen im Ahrtal, das hier die

Nordflanke dieses Antiklinoriums aufbaut. Die Gesteine im Kern des Osteifeler Hauptsattels, also im Gebiet zwischen Laacher See und Ahrtal, liegen nach HENKE unter den Mittel-Siegen-Schichten und sind demnach nicht Obere, sondern Untere Siegen-Schichten. Dementsprechend liegen die Mittel-Siegen-Vorkommen von Ramersbach und Königsfeld-Dedenbach in Mulden, nicht in Sätteln. Das Unter-Siegen im Siegerland und im Westerwald ist sehr reich an Tonschiefern, wurde deshalb schon früh als „Tonschiefer-Horizont“ bezeichnet. Die stärker sandige Ausbildung des Unter-Siegens im Osteifeler Hauptsattel bezeichnete HENKE als „Brohltalfazies“, um sie von der tonigen Fazies südlich der Siegener Hauptüberschiebung („Tonschieferfazies“) zu unterscheiden.

Die DAHMERschen Bearbeitungen der Fossilführung der fraglichen Gesteine ergaben, dass diese die gleichen Faunen enthalten wie die sog. Wahnbachschichten, die besonders im südlichen Bergischen Land durch ihren Reichtum an Pflanzen und Fischresten allgemeines Interesse erregt hatten. Die Fauna und Flora der Wahnbach-Schichten zeigt landnahe, brackische oder sogar limnische Ablagerungsbedingungen an und lässt sich mit den vollmarinen Faunen der Siegen-Schichten nicht vergleichen. Die Wahnbach-Schichten im Bergischen Land werden ins Ober-Siegen gestellt.

Eine Klärung der Altersfrage der strittigen Serien in der Osteifel war daher nur von einer genauen Analyse der Lagerungsverhältnisse zu erwarten. Als gesichert galten dabei die Oberen Siegen-Schichten (Herdorf-Schichten) nördlich von Mayen, mit deren Faunen sich DAHMER (1934, 1940) und S. SIMPSON (1940) beschäftigt hatten. Unter den generell nach Süden einfallenden Ober-Siegen-Schichten tauchen nordwestlich von Mayen die stärker sandigen Mittel-Siegen-Schichten auf. Deren Fauna ist der Fauna von Seifen im Westerwald sehr ähnlich (DAHMER 1934, 1937). Es lag in der Südosteifel also eine gesicherte stratigraphische Abfolge vom Unterems bis hinunter in das Mittel-Siegen vor.

Eine tektonische Untersuchung des Gebietes zwischen Mayen und dem Ahrtal zeigte, dass die fraglichen Schichten eindeutig unter den Mittel-Siegen-Schichten liegen, also ins Unter-Siegen einzustufen sind (W. MEYER 1958). Es stellte sich außerdem heraus, dass die Mittel-Siegen-Vorkommen von Königsfeld, Dedenbach und Ramersbach in Muldenposition liegen und dass das Mittel-Siegen des Ahrtales über den fraglichen Schichten liegt. Damit wurde die Auffassung von W. HENKE bestätigt.

Inzwischen waren auch Strukturkartierungen im Rheinprofil (W. WEINGART 1955, R. LISCOMB 1955, W. JANKOWSKY 1955) und im Wiedtal (G. BAUER 1955) bekannt geworden, die auch für das rechtsrheinische Gebiet die HENKEsche Konzeption bestätigten. Das Abtauchen des Osteifeler Hauptsattels nach Westen wurde von R. MOTZKA (1958) untersucht. Für die mehrere Tausend Meter mächtigen eintönigen Folgen des Unter- und Mittel-Siegens der Osteifel gelang eine Gliederung in mehrere 500–1000 m mächtige Kartiereinheiten (MEYER 1958). Durch eine Kartierung des Abschnittes zwischen Rhein und Wied konnte diese lithologische Gliederung mit der von PAHL (1960) für das Gebiet zwischen Wiedtal und dem Seifener Raum (Westerwald) erarbeiteten Gliederung parallelisiert werden (MEYER & PAHL 1960). Damit war die Möglichkeit gegeben, Faziesvergleiche im Ablagerungsraum der Siegen-Schichten über eine Entfernung von 50 km durchzuführen.

Früher wurde der Begriff „Grauwacke“ oft für Unterdevongesteine verwendet. Grauwacken im sedimentpetrographischen Sinn sind aber unter den Gesteinen von Siegen und Ems der Eifel sehr selten zu finden. Meistens sind die gröber klastischen Gesteine als Sandsteine, quarzitische Sandsteine, seltener als Arkosen anzusprechen, allenfalls wäre in einigen Fällen die Bezeichnung Subgrauwacke gerechtfertigt. In der Eifel belegt der Volksmund übrigens alle Gesteine, die nicht schiefrig spalten, mit dem Ausdruck „Waake“ oder „Wacke“, also auch

Basalt oder Gangquarze. Plattige und schiefrige Gesteine heißen dort „Ley“; jedoch bedeutet „Ley“ auch einfach „Fels“, vgl. Teufelsley bei Hönningen (Quarzgang), Richelsley bei Monschau (Konglomerat), Hohe Ley bei Rieden (Tuff).

In den letzten 50 Jahren wurden die Untersuchungen durch zahlreiche, hauptsächlich von der Universität Bonn ausgehende Kartierungsarbeiten in der Osteifel und am unteren Mittelrhein ergänzt, so dass bilanzierte Profile und Strukturkarten konstruiert werden konnten, durch welche die Verteilung der großen Einheiten in dem Gebiet zwischen dem Wiedtal im Osten und dem Raum Adenau – Bad Münstereifel im Westen fixiert werden konnte. An gut aufgeschlossenen Profilen, die in diese Gliederung eingeordnet werden konnten, haben J. STETS & A. SCHÄFER (2002) sedimentologische Analysen durchgeführt, durch welche die Ablagerungsbedingungen genauer rekonstruiert werden konnten.

Inzwischen sind die geologischen Karten Bl. 5508 Kempenich (1982) und 5608 Virneburg (1997) erschienen, in denen das Unterdevon von H.-G. MITTMEYER bearbeitet wurde. Wer davon eine Weiterentwicklung der bisher erarbeiteten Kenntnisse und z. B. eine Diskussion darüber, wie sich die verschiedenen Faunengemeinschaften zu den wechselnden Faziesbedingungen verhalten, erwartet, sieht sich enttäuscht. Die Siegen-Schichten werden in viele kleine Einheiten untergliedert, die mit neuen Lokalnamen belegt wurden und zu den bestehenden Gliederungen nicht in Beziehung gesetzt werden, auch werden die Lagerungsverhältnisse nicht genügend berücksichtigt, tektonische Karten fehlen. Die Zuordnung zu Unter-, Mittel- und Ober-Siegen wird an das Auftreten einiger Brachiopodenarten bzw. Unterarten gebunden, denen Leitwert zugesprochen wird. So gibt es viele Widersprüche zu den inzwischen gut bekannten Strukturen, und die einzelnen Schichtglieder werden zum großen Teil in einer schachbrettartigen Verteilung von Störungen gegeneinander abgegrenzt. Bezüglich der postulierten Lebensdauer einiger Arten bestehen Widersprüche zu der von CARLS et al. (1982, 193) veröffentlichten Tabelle. Von einigen der als Leitformen benutzten neuen Arten liegen nur Kurzbeschreibungen vor. J. GAD hat in der Geologie von Rheinland-Pfalz (2005) dieses Konzept von MITTMEYER auch nicht übernommen. So können wir auch den Beitrag von MITTMEYER in der Stratigraphie von Deutschland (WEDDIGE 2008, 139–203) hier nicht berücksichtigen, weil er zum größten Teil noch auf den unzureichend begründeten Gliederungen von 1982 und 1997 basiert.

3.2.3.2 Untere Siegen-Schichten

Für den unteren Teil der Siegen-Schichten der Osteifel sind schwarze, sehr weiche Tonschiefer, die reich an Pflanzenresten sind, charakteristisch. Sie treten innerhalb von zwei bis 500 m mächtigen Einheiten auf, die durch eine ebenfalls etwa 500 m mächtige sandigere Folge ohne pflanzenführende Schiefer voneinander getrennt werden. Die untere Pflanzenschiefer-Einheit wird auch von einer sandigen Folge unterlagert, so dass sich eine Vierteilung in zwei sandige und zwei tonschieferreiche Einheiten ergibt.

Die tiefste sandige Einheit ist südwestlich von Oberdürenbach (Bl. Kempenich) in einer Mächtigkeit von 500 m aufgeschlossen, am Rheinprofil bei Brohl in 300 m Mächtigkeit. Da

Abb. 12. Der Osteifeler Hauptsattel am Mittelrhein. Grau: Unter-Siegen. Verändert nach MEYER & STETS (1996).

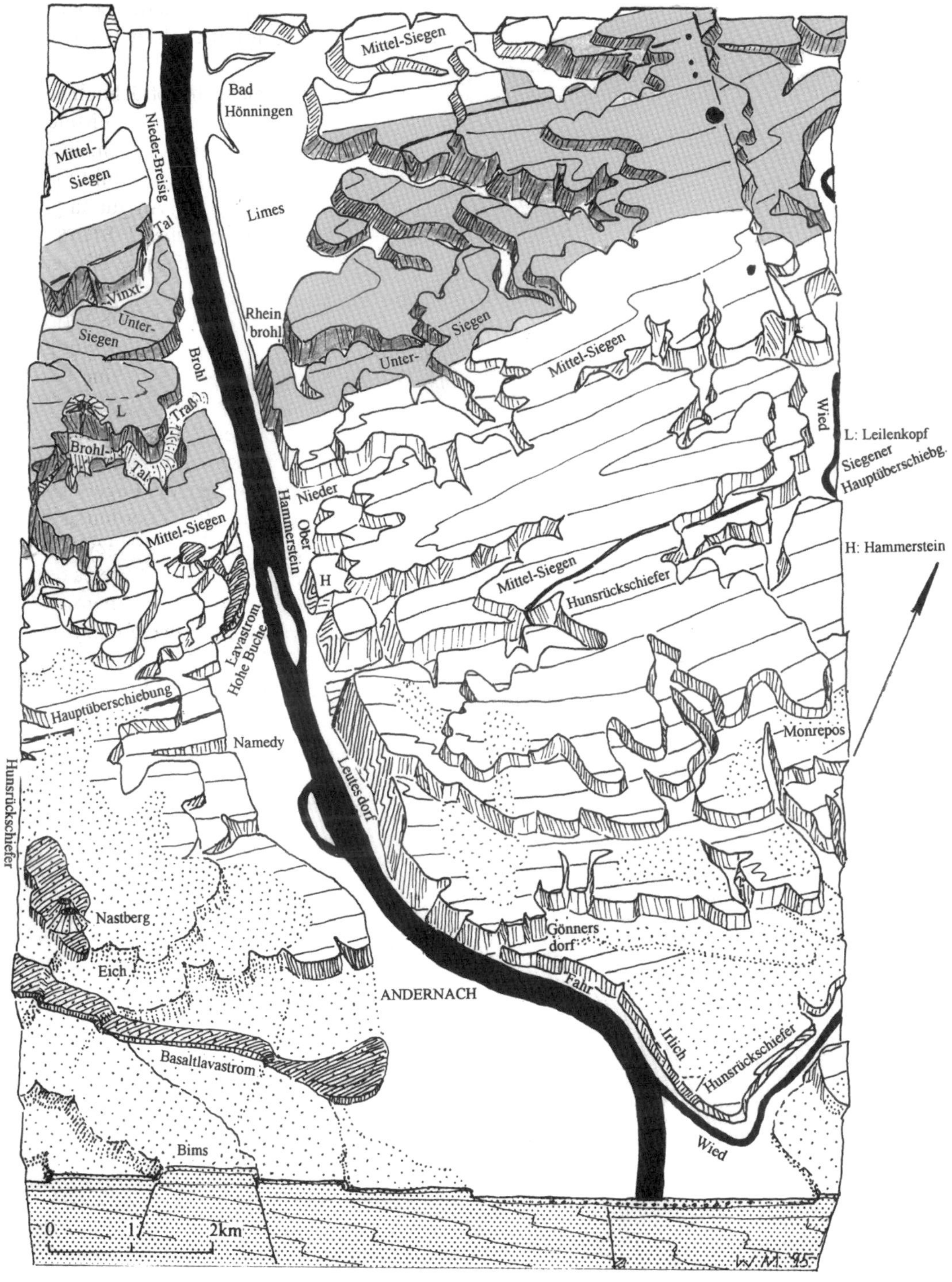
Mittel-Siegen
Bad
Hönningen
Nieder-Breisig
Mittel-
Siegen
Tal
Limes
Vinxt-
Unter-
Siegen
Rhein
brohl
Siegen
Unter-
Mittel-Siegen
Brohl
Traß
L
Brohl-
Tal
Wied
L: Leilenkopf
Siegener
Hauptüberschiebg.
Nieder
Ober
Hammerstein
Mittel-Siegen
H: Hammerstein
H
Mittel-Siegen
Hunsrückschiefer
Lavastrom
Hohe Buche
Hauptüberschiebung
Namedy
Monrepos
Hunsrückschiefer
Leutesdorf
Nastberg
Gönners
dorf
Eich
ANDERNACH
Fahr
Irlich
Hunsrückschiefer
Basaltlavastrom
Bims
Wied
0
1
2km
W.M. 95

das Liegende dieser Folge, die den Kern des Eifeler Hauptsattels bildet, nicht aufgeschlossen ist, muss die geringere Mächtigkeit am Rhein in erster Linie auf das Nordost-Abtauchen des Eifeler Hauptsattels zurückgeführt werden. Offen bleibt die Frage, wieviel unter den tiefsten aufgeschlossenen Schichten noch in die Siegen-Stufe gehört, in welcher Tiefe also die Siegen-Gedinne-Grenze anzusetzen ist. Da in der Unteren Sandsteinfolge bisher noch keine stratigraphisch verwendbaren Fossilien gefunden wurden, bleibt auch ungewiss, ob in den tiefsten Partien noch Gedinne-Anteile stecken.

Die untere Pflanzenschiefer-Einheit bildet eine sehr charakteristische Kartiereinheit. Sie führt schwarze, sehr weiche Tonschiefer, die reich an Pflanzenresten sind. Auch in verwittertem Zustand auf Wegen und Äckern sind diese milden Schiefer selbst in ausgebleichtem Zustand noch gut zu erkennen, die Pflanzenreste finden sich auch noch auf kleinsten Bröckchen. Diese charakteristischen Gesteine bilden jedoch keineswegs die Hauptmasse der Kartiereinheit, sondern treten in nur meterdicken Lagen zwischen sandigen Schiefern und Sandsteinen auf. Im Nettetal oberhalb von Lederbach wurde ein mehrere m mächtiges Tonschieferpaket zeitweise als Dachschiefer abgebaut. Im W lässt sich die Pflanzenschiefer-Einheit bis westlich von Kaltenborn verfolgen, sie bildet hier den Kern des abtauchenden Eifeler Hauptsattels (ERANIL 1975). Bei Wollscheid im oberen Brohltal ist sie 500 m mächtig; die Mächtigkeit nimmt in östlicher Richtung ab. Sehr gute Aufschlüsse in dieser Folge bieten die langen Steinbruchwände südlich Rheineck im unteren Vinxtbachtal: hier sieht man, dass sie im Wesentlichen aus mächtigen Sandsteinpaketen aufgebaut wird, in die in Abständen von jeweils wenigen Metern die charakteristischen Pflanzenschiefer eingeschaltet sind. Diese sind erfüllt von *Taeniocrada decheniana* (GÖPPERT) KR. & WEYL.; *Drepanophycus spinaeformis* (GÖPPERT) KR. & WEYL. fand sich auch hier. Am Dicktberg bei Brohl wurde auch *Zosterophyllum rhenanum* KR. & WEYL. beobachtet (KAISER, MEYER & SCHWEITZER 1977, 6). Tierische Fossilien sind selten und werden fast immer durch die beiden Arten *Rhenorensselaeria crassicosta* (KOCH) und *Modiolopsis obliqueducta* A. FUCHS[2] repräsentiert; auch Pteraspiden sind bei Rheineck beobachtet worden. Die Faunenfundpunkte Nr. 40 (nordwestlich Niederzissen) und 41 (östlich Hannebach) von DAHMER (1934) gehören auch hierher.

Der Pflanzenreichtum ist ein wichtiges Fazies-Indiz. Bei *Zosterophyllum* haben die Sporangienähren aus dem Wasser geragt, das demnach nicht sehr tief gewesen sein kann. *Drepanophycus spinaeformis* gilt sogar als Landpflanze. Allerdings sind die Pflanzenreste an allen Fundorten zusammengeschwemmt, Wurzelböden wurden bisher nicht gefunden. In der spärlichen Fauna fehlen vollmarine Fossilien, wie z. B. Spiriferen, Trilobiten, Crinoiden und Korallen. J. STETS & A. SCHÄFER (2002) haben in den Steinbruchswänden südlich Rheineck ein über 200 m mächtiges Profil sedimentologisch untersucht und es einer von mäandrierenden Flussläufen durchzogenen Deltaebene mit Sümpfen und Seen außerhalb des Meeres zugeordnet. Durch den Nachweis von Untersiegen-Alter für die Mayen-Formation durch GAD (2005) lässt sich südlich Mayen das vollmarine Äquivalent mit Fauna lokalisieren (s. u.).

Die obere sandige Einheit (von MEYER & PAHL 1960) als „Untere Grauwacken-Folge“ schon ins Mittelsiegen gestellt, so auch in den früheren Auflagen dieses Buches) besteht aus sehr sandigen Tonschiefern, Bänderschiefern und sehr vielen Sandsteinpaketen. Schwarzschiefer treten nur vereinzelt in zentimeterdicken Lagen auf, jedoch ohne Pflanzenreste. Die Mächtigkeit dieser Einheit beträgt auf dem Südflügel des Osteifeler Hauptsattels bei Kempe-

2 Nach DAHMER (1936, 20–21) unterscheidet sich diese Art von den ähnlichen *M. ekpempusa* und *M. infradevonica* allein durch die Größe; es ist deshalb nicht auszuschließen, dass statt verschiedener Arten nur verschiedene Wachstumsstadien oder Ernährungsformen (etwa bei abnehmendem Salzgehalt) vorliegen.

nich 400 m, erreicht mit 630 m ein Maximum im unteren Brohlgebiet bei Tönisstein und geht von dort bis auf 150 m im Rheinprofil zurück. Vom Rheinprofil aus nimmt sie in östlicher Richtung wieder zu. Der Nordflügel des Osteifeler Hauptsattels zeigt eine ähnliche Mächtigkeitsverteilung: 200–250 m im Atzbachtal bei Watzel (ERANIL 1975), 370 m im oberen Vinxtbachtal bei Dedenbach, 600 m im Rheinprofil bei Bad Breisig. Die größten Mächtigkeiten liegen also innerhalb eines Nord-Süd verlaufenden Streifens, der vielleicht vor dem Mündungsgebiet eines Flusses lag. Ähnliche eng begrenzte Mächtigkeits-Anschwellungen haben wir schon in den etwa gleich alten Monschau-Schichten auf der Südflanke des Venn-Sattels kennen gelernt (s. 3.2.2.1). In den anderen Schichtgliedern des Siegens lässt sich diese lokale Mächtigkeitszunahme nicht nachweisen. Die Folge ist relativ fossilarm: der Fundpunkt Nr. 9 von DAHMER (1934, 135) gehört hierher Er liegt ca. 150 m südwestlich von Galenberg (Bl. 5509 Burgbrohl) und erbrachte u. a. Spiriferen und *Pleurodictyum*, also eine deutlich marine Fauna. Von Watzel (Bl. 5508 Kempenich) erwähnt DAHMER (1937, Fundpunkt 2) *Grammysia taunica* KAYSER.

Die obere Pflanzenschiefer-Einheit (Schieferfolge bei MEYER & PAHL 1960) ist in der Osteifel weder durch ihren Fossilinhalt noch lithologisch von der unteren Pflanzenschiefer-Folge zu unterscheiden. Im Gelände lassen sich beide Einheiten jedoch gut auskartieren, wenn sie durch die mächtige sandige Einheit voneinander getrennt werden. Die Folge besteht aus schwarzen pflanzenreichen Tonschiefern, sandigen Tonschiefern, Bänderschiefern und Sandsteinen. Die typischen pflanzenführenden Tonschiefer treten auch hier nur in meterdicken Lagen auf und bilden keineswegs die Hauptmasse. Der Fossilinhalt macht ebenfalls schwachmarine bis limnische Faziesverhältnisse wahrscheinlich. Der Fundpunkt Nr. 42 (Straße Ramersbach – Blasweiler, Bl. 5508 Kempenich) von DAHMER (1934) gehört hierher, ebenso mit großer Wahrscheinlichkeit der von F. ROEMER (1858) zusammen mit *Rhenorensselaeria strigiceps* (F. ROEMER) und Pflanzenresten erwähnte *Pteraspis dunensis* (F. ROEMER) von Wassenach (Bl. Burgbrohl, ohne nähere Fundortangaben). Von ERANIL (1975, 17) wird aus dieser Folge von ca. 1 km südöstlich Kesseling ein kleines Exemplar eines Spiriferen gemeldet, das ein verkümmerter *Acrospirifer primaevus* (STEININGER) sein könnte, vielleicht auch das ein Hinweis auf fehlenden Salzgehalt. FÜLLING (I968) hat aus dem Gebiet Kesseling, Weidenbach, Niederheckenbach (Bl. Hönningen und Kempenich) viele reichhaltige Pflanzenfundpunkte beschrieben. Besonders hervorzuheben ist dabei eine Lage, die erfüllt ist mit Stämmen von *Drepanophycus spinaeformis* (GÖPPERT) KR. & WEYL. (südlich Niederheckenbach, Bl. Kempenich). Ein reicher Pflanzenfundpunkt findet sich im unteren Ahrtal in den Felsen gegenüber vom Bahnhof Heimersheim am Südhang der Landskrone (Bl. 5409 Linz). Nach sedimentologischen Untersuchungen von STETS & SCHÄFER (2002, 2008) werden die Sedimente einer von mäandrierenden Flussläufen durchzogenen Deltaebene mit Sümpfen und Seen außerhalb des Meeres zugeordnet. Die Folge ist im Gebiet um Kempenich am mächtigsten (800 m), nimmt bis zum Pönterbachprofil im unteren Brohlgebiet auf 550 m Mächtigkeit ab und verringert sich bis zum Rheintalprofil noch mehr. Auch auf dem Nordflügel des Osteifeler Hauptsattels ist eine Mächtigkeitsabnahme in östlicher Richtung deutlich: bei Kesseling und Dernau 700 m, bei Bad Breisig 350 m.

Die untere Pflanzenschiefer-Einheit ist im Kern des nach Osten abtauchenden Osteifeler Hauptsattels in ihrer charakteristischen Ausbildung bis in den Raum Waldbreitbach zu verfolgen. Das zeigt, dass die limnischen Bedingungen für diesen Zeitabschnitt sowohl in der Osteifel als auch im westlichen Westerwald vorherrschten. Für die obere Pflanzenschiefer-Einheit sieht die paläogeographische Situation etwas anders aus: die Fazies der pflanzenführenden Tonschiefer ist nur auf die Osteifel beschränkt. Etwa im Gebiet des Rheintales geht sie nach

Osten in stärker marin beeinflusste Schichten über, die Pflanzenschiefer verschwinden zugunsten von Flaserschiefern und Sandsteinen, in denen marine Fossilien auftreten (Flaserschiefer-Serie bei A. PAHL 1960). Auf dem Südflügel des Hauptsattels vollzieht sich dieser Wechsel am Rhein, auf dem Nordflügel etwas östlich vom Rheintal; die Faziesgrenze verläuft also in Nord-Süd-Richtung. Dieser Befund führte MEYER & PAHL (1960) dazu, die Grenze Untere gegen Mittlere Siegen-Schichten über die untere Pflanzenschiefer-Einheit zu legen und die beiden darüberliegenden Einheiten schon ins Mittelsiegen zu stellen. Bei der Konstruktion der Strukturkarten in der Osteifel, denen inzwischen Neuaufschlüsse zur Verfügung standen durch den Graben für eine Pipeline, die zwischen Kalenborn bei Altenahr und Mayen-Kürrenberg ein lückenloses Profil durch das Osteifeler Antiklinorium bot und durch die Trasse der Autobahn 61 ergab sich, dass besonders auf dem Nordflügel des Antiklinoriums vielfach die beiden Pflanzenschiefer-Einheiten nicht zu trennen sind, da die dazwischen liegende sandige Einheit stark ausdünnt. Deshalb ist es für Osteifel und Mittelrhein günstiger, die Grenze Untere gegen Mittlere Siegen-Schichten ans Dach der oberen Pflanzenschiefer-Einheit zu legen, was im Einklang mit den aus den tektonischen Daten konstruierten Strukturlinien steht. Trotzdem muss man sich dessen bewusst sein, dass diese Grenze (wie die anderen Grenzen innerhalb der Siegen-Schichten) keine echte stratigraphische Grenze ist, sondern nur ein Notbehelf, um die mächtige monotone Schichtenfolge etwas zu strukturieren.

3.2.3.3 Mittlere Siegen-Schichten

Für die über 1000 m mächtigen, stark sandigen Mittelsiegen-Schichten kann eine für die ganze Osteifel gültige Untergliederung nicht auskartiert werden. Es lassen sich jedoch örtlich feinere lithologische Untergliederungen vornehmen, die bei guten Aufschlussverhältnissen etwa im Messtischblatt-Bereich verfolgbar sind (vgl. z. B. MEYER 1958, 454–455 für Nitztal und Nettetal nordwestlich von Mayen). Die Serie besteht aus einer lebhaften Wechselfolge von Sandsteinen, Subgrauwacken, Siltsteinen und Tonschiefern. Charakteristisch sind sandige Bänderschiefer und Siltsteine mit Tonfetzen und -flasern. „Rauhflaser-Schichten" nannte man früher im Siegerland die Mittelsiegen-Schichten wegen dieser Gesteinstypen. Die Mittleren Siegen-Schichten schließen an der Südostflanke des Osteifeler Hauptsattels mit einer Partie ab, die hauptsächlich aus dunklen sandigen Tonschiefern besteht, daneben auch aus Bänderschiefern und geringmächtigen Sandstein-Einlagerungen. Reine Tonschiefer treten nur in dezimeterdicken Lagen auf.

Auf der Nordwestflanke des Osteifeler Hauptsattels hat ERANIL (1975, 19–20) zentimetergroße Gerölle in einer Subgrauwacke des höheren Mittel-Siegen im Denntal (Bl. 5507 Hönningen, r 6981 h 9323) gefunden. Sie enthalten Radiolarien und röhrenförmige Gebilde, für die nach einer Begutachtung durch Herrn Prof. Dr. W. LANGER, Bonn, eine Zuordnung zu Graptolithen nicht auszuschließen ist. Die Gerölle sind wohl Abtragungsprodukte vordevonischer Sedimente vom Rande des nahen Nordkontinents. Da sie aus tonigem Material bestehen, dürften sie keinen weiten Transportweg hinter sich haben.

Das Mittel-Siegen ist bei Kirchwald (Bl. 5608 Virneburg) 1900 m mächtig, auf dem Nordflügel des Ahrtalsattels bei Dernau etwa 1000 m. Die Schichtenfolge enthält viele, z. T. reiche Fossillagen mit großen Brachiopoden (häufig *Acrospirifer primaevus* (STEININGER) und *Athyris avirostris* (KRANTZ) und Muscheln, Homalonoten, Crinoiden u. a.). Diese Fossillagen sind jedoch nicht über größere Entfernungen zu verfolgen, wie das bei dem gleich alten Seifener Horizont im Westerwald möglich ist. Einen Überblick über den Fossilinhalt des Mittel-Siegens der Osteifel geben die Faunenlisten von DAHMER (1934, 1937, 1940) und S. SIMPSON (1940).

STETS & SCHÄFER (2002) haben im mittleren Ahrtal zwei Mittelsiegen-Profile sedimentologisch untersucht. Ein 70 m mächtiges Profil liegt östlich Altenahr an der Fußgängerbrücke nördlich des Klärwerks (Bl. 5407 Altenahr). Es enthält u. a. Runzelmarken (wrinkle marks), die in nur wenige Zentimeter tiefem Wasser gebildet werden, Linsen- und Flaserschichtung zeigt Gezeitenwirkung an. Das Ganze deutet also auf ein flaches Wattenmeer nahe der Küste hin. Ein 90 m mächtiges Profil oberhalb der Weinberge östlich Dernau (Bl. 5408 Bad Neuenahr-Ahrweiler) lässt sich ebenso interpretieren.

3.2.3.4 Obere Siegen-Schichten

Die Mittleren Siegen-Schichten des großen Doppelsattels der Osteifel werden ummantelt von Oberen Siegen-Schichten, die also nördlich des mittleren Ahrtals anstehen, das in mehreren Sätteln abtauchende Mittel-Siegen im Raum Dümpelfeld – Adenau überlagern und südlich der Linie Virneburg – Bell die Südostflanke des Antiklinoriums aufbauen. Sie verschwinden bei Bell unter der Tephradecke des Laacher Vulkangebietes. Die hier schräg zum Schichtenstreichen verlaufende Siegener Hauptüberschiebung schneidet das Ober-Siegen etwa im Bereich des Laacher Sees ab, so dass im Rheinprofil auf der Südflanke des Osteifeler Hauptsattels keine Oberen Siegen-Schichten zutage treten.

Wir unterscheiden eine vollmarine Ausbildung, die als Herdorfer Fazies bezeichnet wird (nach Herdorf im Siegerland wurden früher die Obersiegen-Schichten Herdorfer Schichten genannt) und eine küstennahe bis limnisch-fluviatile Fazies, der vollmarine Fossilien fehlen, die Wahnbach-Fazies (im unteren Wahnbachtal bei Siegburg wurden zuerst reiche Pflanzenfunde gemacht). Auf dem Südostflügel des Osteifeler Hauptsattels ist die küstenfernere Herdorfer Fazies verbreitet, im Norden nimmt die Wahnbach-Fazies in nördlicher Richtung immer größere Teile des Obersiegens ein. Auf dem Südostflügel des Osteifeler Hauptsattels unterschied S. SIMPSON (1940) zuerst Herdorf-Schichten, die er in drei Einheiten untergliederte und Saxler-Schichten. Die über den Saxler-Schichten liegenden Reudelsterz-Schichten stellte er schon ins Unterems. SOLLE (1950) vermutet die Siegen-Ems-Grenze innerhalb der Reudelsterz-Schichten und fasst Saxler-Schichten und den unteren Teil der Reudelsterz-Schichten unter dem Begriff „Ulmen-Gruppe“ (nach dem Dorf in der Südosteifel) zusammen; in der heutigen stratigraphischen Nomenklatur Ulmen-Unterstufe.

Die von SIMPSON (1940) im Mayener Gebiet aufgestellte Dreigliederung der Herdorf-Schichten (Untere Dunkle Schichten, Kürrenberg-Sandstein, Obere Dunkle Schichten) konnte von MEYER (1958), MOTZKA (1958) und FUCHS (1974) über die ganze Südostflanke des Osteifeler Hauptsattels und den Ostrand der Eifeler Nordsüdzone verfolgt werden. Die Gliederung der Ulmen-Unterstufe wurde durch die Arbeiten von RÖDER (1960) und FUCHS (1974) weiter nach Südwesten verfolgt und teilweise noch verfeinert.

Untere Dunkle Schichten

SIMPSON (1940) hat diese Folge zuerst als „Untere Herdorfer Schichten“ oder „Tiefere Dunkle Schichten“ beschrieben, die Bezeichnung „Untere Dunkle Schichten“ hat sich inzwischen durchgesetzt. Die Folge ist fast lückenlos aufgeschlossen an der Straße von Schloss Bürresheim nach Kirchesch (Kirchwald) (Bl. 5609 Mayen). Hier ist auch die Grenze zum Mittel-Siegen erschlossen. In diesem Profil lässt sich gut beobachten, wie die Mannigfaltigkeit der

Gesteinstypen des Mittel-Siegen an dieser Grenze plötzlich aufhört. In den Unteren Dunklen Schichten treten fast nur reine Tonschiefer neben reinen Sandsteinen auf, die Übergangstypen fehlen weitgehend. Die Tonschiefer sind dunkelgrau bis blauschwarz, auf Schicht- und Schieferflächen finden sich oft violett-braune Überzüge oxidischer Manganverbindungen. Das Gestein zerfällt in planparallele Plättchen, oft in Griffel; charakteristisch sind dolchartige Scherben, die in schwach geschieferten Partien auftreten. Die Tonschiefer bilden den Hauptanteil der Schichtenfolge; sie wechsellagern mit Sandsteinbänken, die kaum mächtiger als 30 cm werden. Diese sind meist scharf mit ebenen Grenzflächen gegen die Tonschiefer abgesetzt. Schrägschichtung und Rippelmarken sind relativ häufig, auch bankinterne Gleitfalten treten auf. In den Sandsteinen finden sich Fossillagen, in den Schiefern nur Einzelfossilien.

Die Unteren Dunklen Schichten sind im Straßenprofil Bürresheim – Kirchwald 600 m mächtig. Westlich davon, im Nitztal oberhalb St. Johann-Nitz sind sie 500 m mächtig und stärker sandig ausgebildet. Sie ließen sich bis in die Gegend um Adenau verfolgen. Im Ahrgebiet sind sie sandiger ausgebildet und deshalb meist schwer gegen das Mittel-Siegen abzugrenzen. Jedoch konnte B. THON (1981) in der nördlichen Umgebung von Bad Neuenahr Untere Dunkle Schichten in 600 m Mächtigkeit aushalten, die neben marinen Fossilien auch Pflanzenreste enthalten, also einen Übergang zur küstennahen bis limnischen Wahnbach-Fazies zeigen.

Kürrenberg-Sandstein

Die Unteren Dunklen Schichten werden im Gebiet nördlich von Mayen von einer stark sandigen Folge überlagert, die DAHMER (1937, 441) anlässlich der Beschreibung des Fossilinhalts zuerst als „Kürrenberger Sandstein“ bezeichnete, da sich nördlich des Dorfes Kürrenberg (Bl. 5608 Virneburg) reichhaltige Fossilvorkommen fanden. Der Kürrenberg-Sandstein ist mit 1200 m Mächtigkeit (im Gebiet Mayen – Kürrenberg) das mächtigste Schichtglied der Herdorf-Gruppe. Er besteht aus bis zu 20 m mächtigen Sandsteinpaketen und aus hellbraun verwitternden Siltsteinen und dunklen Tonschiefern. Unten ist die Folge etwas toniger. Neben den Quarzsandsteinen treten auch Subgrauwacken auf, z. B. in dem großen Steinbruch nordwestlich von Schloss Bürresheim an der Straße nach Kirchwald. Hier haben J. STETS & A. SCHÄFER (2002, 19–21; 2008, 105) ein 135 m mächtiges Profil sedimentologisch untersucht und stufen es als Ablagerung im untermeerischen Bereich eines nach Süden vorrückenden, durch Flussläufe ernährten Deltas (wahrscheinlich vom Vogelfuß-Typ) ein. Es stellt den Übergang zur Deltaplattform dar mit einer kurzfristigen Auftauchphase.

Der Kürrenberg-Sandstein, der an den weißen Sandsteinen auch an Lesesteinen zu erkennen ist, lässt sich um den abtauchenden Osteifeler Hauptsattel herum bis in die Gegend von Schuld an der Ahr verfolgen (MOTZKA 1958). Die Fortsetzung von hier nach Nordosten ist im Augenblick noch ungeklärt, jedoch dürfte der Kürrenberg-Sandstein auch auf der Nordwestflanke des Ahrtalsattels vorhanden sein. Aufgrund von Ähnlichkeiten in Fossilführung und Fazies deutet DAHMER (1937) die Möglichkeit einer Parallelisierung des Kürrenberg-Sandsteins mit dem sog. „Bengener Quarzit“ (nach dem Dorf Bengen nördlich von Bad Neuenahr) an. Der Abstand dieser Quarzite von der Obergrenze des Mittel-Siegens macht auch aus Lagerungsgründen diese Einstufung wahrscheinlich. Die unter der Bezeichnung „Grauwackensandstein von Marienthal“ zusammengefassten Fossilfundpunkte 29–33 aus dem Gebiet Mayschoß, Dernau, Marienthal bei DAHMER (1937, 454), deren Fauna der des Kürrenberg-Sandsteins ähnelt, liegen wesentlich tiefer im Profil und dürften ins höhere Mittel-Siegen gehören. Die

Faunen des Bengener Quarzits (DAHMER 1937, Fundpunkte 23–28) aus dem Gebiet der unteren Ahr zeigen wie die bei Mayen und Kürrenberg vollmarine Fazies an; besonders häufig, z. T. bankbildend sind *Hysterolites hystericus* SCHLOTHEIM und *Rhenorensselaeria strigiceps* (F. ROEMER). Nach THON (1981) ist der Kürrenberg-Sandstein nördlich Bad Neuenahr mindestens 1000 m mächtig. Im Gebiet der oberen Ahr, in dem sich später die sog. Ahrschwelle bilden wird, treten nach G. FUCHS (1974, 25) örtlich auch verarmte Faunen mit Fischen und Pflanzenresten auf und zeigen damit küstennahe, schwach-marine Bedingungen an.

Obere Dunkle Schichten

Der Name wurde von SIMPSON (1940, 9) im Gebiet westlich von Mayen aufgestellt. In der geologischen Karte verwendet SIMPSON auch die Bezeichnung „Obere Herdorfer Schichten". Die Folge besteht hauptsächlich aus dunklen Tonschiefern, die aber im Durchschnitt sandiger sind als die der Unteren Dunklen Schichten. Im Nettetal bei Mayen wird die Folge außerdem zum Dach hin sandiger. Sandsteine sind im Allgemeinen häufiger als in den Unteren Dunklen Schichten. Bei Mayen sind die Oberen Dunklen Schichten 300 m mächtig aufgeschlossen, aber im oberen Teil stark verschuppt und wohl tektonisch reduziert. S. SIMPSON (1940, 9) gibt Faunenfundpunkte von Bl. 5608 Virneburg an; u. a. sind Homalonoten, *Hysterolites hystericus* SCHLOTHEIM und *Chonetes unkelensis* DAHMER erwähnenswert, weil dadurch der vollmarine Charakter für dieses Gebiet angezeigt wird.

Die Folge lässt sich um den abtauchenden Osteifeler Hauptsattel herum bis in das Ahrtal unterhalb von Antweiler verfolgen (MOTZKA 1958, FUCHS 1974). Nach FUCHS befindet sich bei Antweiler im Dach der Oberen Dunklen Schichten ein Aufarbeitungshorizont mit kohligen Lagen. Darüber sollen die höheren Partien des Siegens fehlen, die quarzitischen Sandsteine im Hangenden des Aufarbeitungshorizontes stellt FUCHS schon ins Unter-Ems. Diese Annahme lässt sich allerdings nicht paläontologisch beweisen, die Faunenliste aus den hangenden Sandsteinen (FUCHS 1974, 88) enthält keine Art, die nicht auch im Siegen vorkommt. Im Gegensatz zur marinen Herdorfer Fazies im Mayener Gebiet sind die Oberen Dunklen Schichten im Ahrgebiet in der küstennahen bis limnischen Wahnbach-Fazies ausgebildet. A. EBERT (1939a, b) hat auf den Blättern Altenahr und Ahrweiler diese nur Pflanzenreste, verarmte Invertebratenfaunen und Panzerfische führenden Schichten Effelsberg-Schichten genannt, nach dem Ort zwischen Liers- und Sahrbachtal. Er nahm an, dass etwa zwei Drittel dieser aus Siltsteinen, untergeordnet auch Tonsteinen und glimmerreichen Sandsteinen bestehenden Schichtenfolge noch in die Siegen-Schichten gehören und der obere Teil ins Unterems. Die Siegen-Ems-Grenze dürfte innerhalb der Effelsberg-Formation etwa auf der Linie Ersdorf – Hilberath – Freisheim – Houverath – Holzem verlaufen. Damit steht in Einklang, dass der Fundpunkt 35 von DAHMER (1937, 456) westlich Punkt 414,6 etwa 1200 südsüdöstlich Freisheim *Acrospirifer primaevus* ergab und anderseits bei DAHMERs Fundpunkten 44 westlich Wald und 41 östlich Maulbach die bisher nur aus Unterems-Schichten bekannte *Mutationella confluentina crassistria* (alles auf Bl. 5407 Altenahr). Der Grenzverlauf westlich des Raumes Effelsberg ist noch unklar. Wir haben damit nördlich der Ahr im Obersiegen zwei Episoden, in denen die Wahnbach-Fazies sich bis hierher ausdehnte. Zuerst zu Beginn des Obersiegens (Untere Dunkle Schichten bei Neuenahr), dann nach dem marinen Intermezzo in Herdorfer Fazies (Kürrenberg-Sandstein bei Neuenahr) die zweite Phase mit den Effelsberg-Schichten, die sich in das Unterems fortsetzt.

Monreal-Quarzit

WEISSER (1965, 39) führte den Namen ein nach dem Städtchen Monreal an der Elz. Im Nettetal bei Mayen treten im Hangenden der Oberen Dunklen Schichten grüngraue quarzitische Subgrauwacken und Sandsteine auf, die mit hellen Quarziten und grüngrauen sandigen Schiefern wechsellagern. Diese Quarzitfolge liegt normal auf den Oberen Dunklen Schichten, in denen der Sandgehalt nach oben zunimmt. Dieser Hinweis ist deshalb nicht überflüssig, weil der Bereich im Liegenden der Siegener Hauptüberschiebung (= Mayener Überschiebung) hier stark gestört ist. Der Quarzitzug ist vom Nettetal bei Mayen bis westlich von Monreal zu verfolgen, wo er an einer Querstörung zu verschwinden scheint. Er wird im Südosten, also in seinem Hangenden von der Siegener Hauptüberschiebung begrenzt, deshalb ist seine primäre Mächtigkeit nicht bekannt. Bei Mayen ist der Quarzit 200 m mächtig aufgeschlossen, bei Monreal etwa doppelt so mächtig. Bestimmbare Fossilien fanden sich bisher nicht. Westlich von Monreal und in der Umrandung des Osteifeler Hauptsattels werden die Oberen Dunklen Schichten von Saxler-Schichten überlagert, der Quarzit fehlt hier. Es ist deshalb wahrscheinlich, dass der Monreal-Quarzit nur das Produkt einer lokalen Sandschüttung im Grenzbereich zwischen Oberen Dunklen Schichten und Saxler-Schichten darstellt.

Saxler-Schichten

Der Name wurde von SIMPSON (1940) eingeführt nach dem Dorf Saxler (Bl. 5807 Gillenfeld), in dessen Umgebung sich reiche Fossilvorkommen fanden. Er machte darauf aufmerksam, dass in der Südosteifel in großer Verbreitung Gesteinsfolgen auftreten, deren Fauna zwar jünger als die der Herdorf-Schichten ist, aber noch nicht ins Unterems gestellt werden kann, da sie noch typische Siegen-Fossilien wie z. B. *Acrospirifer primaevus* (STEININGER) enthält. SOLLE (1950, 306–307) stellte die Saxler-Schichten an die Basis der „Ulmen-Gruppe“, also der Schichtenfolge, die biostratigraphisch den Übergangsbereich zwischen Siegen- und Ems-Stufe darstellen soll. RÖDER (1960) schränkt den Begriff Saxler-Schichten auf den unteren, fossilreichen Teil der Saxler-Schichten SIMPSON's ein. Er ist außerdem der Auffassung, dass die Saxler-Faunen einem einzigen Fossilhorizont entstammen und verwendet deshalb den Begriff „Saxler-Horizont“. Dieser „Saxler-Horizont“ dient ihm bei der Konstruktion tektonischer Karten und Profile als Leithorizont. Für den über dem „Saxler-Horizont“ liegenden Anteil der SIMPSONschen Saxler-Schichten führte RÖDER (1960) den Namen Eckfeld-Schichten ein. Den Eckfeld-Schichten fehlt *Acrospirifer primaevus*, deshalb gehören sie nach heutiger Auffassung schon ins Ems. Die „Saxler-Schichten“ SIMPSON's sind also zu unterteilen in einen Siegen-Anteil – nur dieser behält den Namen Saxler-Schichten – und einen Ems-Anteil, die Eckfeld-Schichten.

Nach D. RÖDER (1960) lassen sich die Saxler-Schichten über das Gebiet der Dauner Maare fast bis Niederstadtfeld verfolgen, tauchen bei Udler und Saxler sowie Gillenfeld und Eckfeld in Aufsattelungen mehrfach auf und finden sich im Manderscheider Gebiet in größerer Verbreitung (KÖLSCHBACH et al. 1993). G. FUCHS (1974, 29–37) hat die Saxler-Schichten im Raum Retterath – Utzerath – Darscheid (Bl. 5708 Kaisersesch und 5707 Kelberg) untersucht: Sie bestehen hier unten aus blass graugrünen schlecht geschichteten Ton- und Siltsteinen mit einzelnen Sandsteinbänken. Von den gut entmischten grauen Ton- und Siltsteinen und bräunlichgrauen plattigen Sandsteinen der Oberen Dunklen Schichten heben sie sich dadurch gut ab. Die Sandsteinbänke nehmen innerhalb der Saxler-Schichten nach oben hin zu und führen etwa 100 m über der Liegendgrenze die ersten reichen Faunenhorizonte. Weiter oben werden die Sandsteine grobkörniger und nehmen weißgraue bis weiße Farbe an, sie können auch karbonatisch sein. In diesen hellen Sandsteinen treten ebenfalls Fossillagen auf. Sie werden überlagert von fossilleeren grüngrauen Sand- und Siltsteinen, die das Hangende der Saxler-Schichten darstellen. Die nur wenige Hundert Meter mächtige Schichtenfolge lässt sich in der beschriebenen Ausbildung nicht nach Norden über die Linie Bereborn – westlich Kolverath hinaus verfolgen. FUCHS nimmt an, dass die Schichtenfolge hier auskeilt und ebenso wie die darüber liegenden Kelberg-Schichten im gesamten Gebiet zwischen etwa Müllenbach und der Ahr gar nicht abgelagert worden sind. Für diese Ansicht spricht auch die Tatsache, dass im nördlichen Teil ihres Verbreitungsgebietes die Saxler-Schichten primäre Rotfärbung zeigen. Diese Rotfärbung, auf die schon SIMPSON (1940) aufmerksam gemacht hat, kann auf Einflüsse eines nahen Festlandes zurückgehen. Die Fauna ist in den Rotsedimenten spärlich und besteht hier hauptsächlich aus Muscheln. Die oben erwähnten reichen Faunenfundpunkte liegen südlich dieses rotgefärbten Streifens in einem stärker marinen Faziesbereich, in dem sich sogar ein *Orthoceras* sp. fand (SIMPSON 1940, Fundpunkt Nr. 22 nahe der Auderather Mühle, Bl. 5807 Gillenfeld). In Saxler selbst und in der Umgebung dieses Dorfes sind schwarzgraue Tonschiefer verbreitet. Genaue Mächtigkeitsangaben lassen sich für die Saxler-Schichten wegen der schlechten Aufschlussverhältnisse nicht machen.

Kelberg-Schichten

Im Raum Kelberg finden sich fossilarme, glimmerreiche, helle, plattige bis dünnbankige Sandsteine und Siltsteine, die eine Untergliederung in Saxler-, Eckfeld- und Reudelsterz-Schichten nicht zulassen und daher von FUCHS (1971, 83) unter der Bezeichnung Kelberg-Schichten zusammengefasst wurden. Sie keilen schließlich nach Norden in Richtung auf die von FUCHS im Ahrgebiet vermutete Schwelle aus; nördlich von Müllenbach sind sie nicht mehr nachweisbar. Zu den Kelberg-Schichten gehört auch der von FUCHS (1974) auf der geologischen Karte ausgeschiedene Sassen-Sandstein (nach dem Dorf Sassen nordöstlich des Mosbrucher Weihers).

3.2.4 Der Hunsrückschiefer der Südosteifel

3.2.4.1 Die Diskussion um seine Altersstellung

Im Hangenden der Siegener Hauptüberschiebung treten in der Südosteifel mächtige Tonschieferfolgen auf, die zahlreiche Dachschieferpartien enthalten. In Analogie zu vergleichbaren Tonschieferserien in Hunsrück und Taunus werden diese Gesteine als Hunsrückschiefer bezeichnet (z. B. schon bei FOLLMANN 1915, 14–15). Sie sind unter besonderen faziellen Bedingungen abgelagert worden und enthalten eine Fauna, die mit den Faunen des Unterdevons in der stärker sandigen sogenannten „Normalfazies“ schwer zu vergleichen ist. Daher ist die Frage schwer zu beantworten, ob der Hunsrückschiefer der Südosteifel genau den gleichen Zeitabschnitt repräsentiert wie der in Hunsrück und Taunus. Diese Probleme sollen deshalb hier zuerst diskutiert werden:

Der Hunsrückschiefer in Hunsrück und Taunus wird unterlagert vom Taunusquarzit. Nach heutiger Auffassung ist der Taunusquarzit dem Mittel-Siegen und den Herdorf-Schichten

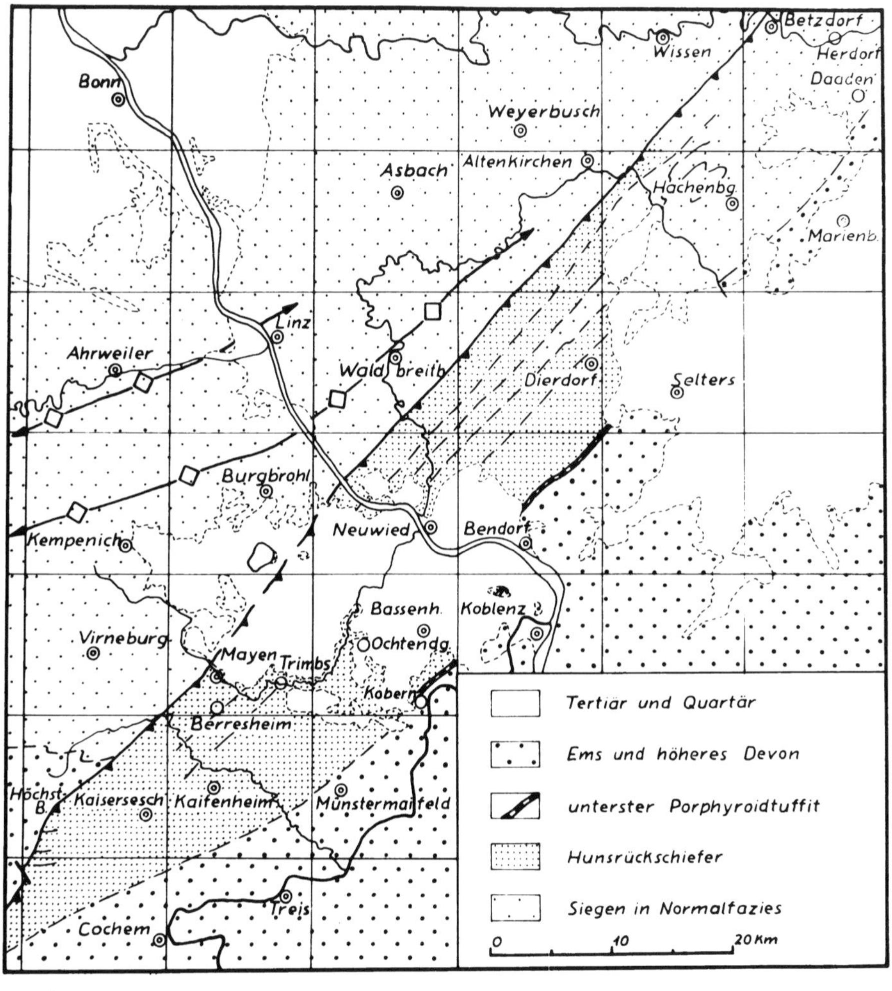

Abb. 13. Übersichtskarte: Der Hunsrückschiefer-Zug der Südosteifel und seine rechtsrheinische Fortsetzung. MEYER (1965).

äquivalent (Übersicht bei F. KUTSCHER 1968). Überlagert wird der Hunsrückschiefer von den Singhofen-Schichten des Unter-Ems. Demnach bleibt hier für seine Ablagerung nur der Zeitraum zwischen Herdorf-Schichten und Singhofen-Schichten, das ist der Zeitabschnitt der Ulmen-Unterstufe, der nach H.-G. MITTMEYER (1973) schon in das Unter-Ems gehört (vgl. 3.2.3.4).

Beim Hunsrückschieferzug der Südosteifel lässt sich die Obergrenze ebenfalls gut festlegen, da auch hier die tuffitführenden Singhofen-Schichten das Hangende bilden. Das stratigraphisch Liegende ist jedoch nirgends aufgeschlossen, da die Siegener Hauptüberschiebung überall in der Südosteifel den Hunsrückschiefer unten begrenzt. Über dessen Alterseinstufung gibt es deshalb verschiedene Auffassungen:

HENKE (1933) sieht in ihm ein Äquivalent der gesamten Siegen-Stufe und verbindet ihn mit den Siegen-Profilen in Westerwald und Siegerland. Als Hunsrückschiefer bezeichnet er jedoch nur den obersten Teil des Eifeler Schieferzuges und setzt ihn dem Ober-Siegen gleich. SOLLE (1950) stellt die Gesamtmasse des Eifeler Hunsrückschiefers in die Ulmen-Gruppe, da er die Faunen in dessen unteren Partien für jünger als Herdorf ansieht. Auf die Beurteilung dieser Faunen wird in Kapitel 3.2.4.3 noch näher eingegangen werden. Aus den Lagerungsverhältnissen ergeben sich jedoch folgende Gesichtspunkte:

Der Hunsrückschiefer der Südost-Eifel verschwindet nach E unter den tertiären und quartären Ablagerungen des Neuwieder Beckens und des Laacher Vulkangebietes. Bei Ruine Wernerseck im Nettetal liegen die nordöstlichen Aufschlüsse des geschlossenen Verbreitungsgebietes. Bei Nickenich tritt inselartig Hunsrückschiefer unter dem Laacher Bims zutage; einige Bims-Vulkane südlich des Laacher Sees haben Hunsrückschiefer-Fragmente ausgeworfen. Die Tuffite der Singhofen-Schichten im Hangenden des Hunsrückschiefers lassen sich mit einigen Lücken aus dem Moselgebiet über den Aufschluss am Bubenheimer Berg (Bl. 5611 Koblenz) ins rechtsrheinische Gebiet verfolgen. Nach der Auffassung QUIRINGS treten zwischen der Siegener Hauptüberschiebung und dem Singhofener Tuffit östlich des Rheins im Wesentlichen Siegen-Schichten in der bekannten Dreigliederung auf. Nur die obersten 450 m, die direkt unter dem untersten Tuffit liegen, werden von QUIRING (1931b) als Hunsrückschiefer bezeichnet und in Hunsrück-Dachschiefer (Isenburger Dachschiefer) und Hunsrück-Bänderschiefer (untere Bendorfer Schichten) unterteilt. Die Dachschiefer vertreten nach SOLLE (1950, 368) den obersten Teil der „Ulmen-Gruppe“, die Bänderschiefer werden von SOLLE mit Vorbehalt (da faunistische Beweise fehlen) ins Unterems gestellt. Die Siegen-Schichten in der genannten Dreigliederung hat QUIRING über den ganzen Westerwald hinweg verfolgt, wobei er von dem Gebiet zwischen Betzdorf und Burbach ausging, dem klassischen Gebiet der Siegen-Gliederung, in dem auch die Grenze zum Ems durch Faunen zu belegen ist. Dieses rechtsrheinische Siegen, das nach QUIRING auf Bl. Neuwied 3500 m mächtig sein soll, müsste innerhalb des 10 km breiten Streifens, der im Neuwieder Becken die linksrheinischen von den rechtsrheinischen Devonaufschlüssen trennt, abtauchen, wenn der Hunsrückschiefer der Eifel nur der Ulmen-Unterstufe äquivalent sein soll. Außerdem müsste der Hunsrückschiefer in diesem Abschnitt von 450 m (Bl. Bendorf) auf 5000 m (Bl. Mayen, Bl. Bassenheim) in seiner Mächtigkeit anschwellen. Ein achsiales Abtauchen der den Hunsrückschiefer im Rheinprofil unterlagernden Siegen-Schichten in Richtung Südwesten ist unwahrscheinlich, da die Faltenachsen in dem fraglichen Bereich generell nach Nordosten eintauchen. Größere Störungen, an denen die Siegen-Schichten des Rheinprofils hier versenkt werden könnten, müssten sich an der Siegener Hauptüberschiebung bemerkbar machen, was aber nicht der Fall ist. Es lassen sich vielmehr alle tektonischen Einheiten ungestört über das Neuwieder Becken hinweg verbinden, ebenso lassen sich die lithologischen Gliederungen geradlinig hinüberprojizieren. Lithologisch sind die Profile etwa im Nettetal vom Rheinprofil zwischen Leutesdorf und Bendorf nicht zu unterscheiden. Auch in biostratigraphischer Hinsicht sind das Rheinprofil und der linksrheinische Hunsrückschiefer nicht eindeutig zu unterscheiden, wie unten noch zu erläutern ist.

Durch Kartierungen im Westerwald und am Rhein konnten wir den Nachweis führen, dass sich der Hunsrückschiefer des Rheinprofils über den Westerwald hinweg mit den Siegen-Profilen in sandiger Normalfazies verbinden lässt (MEYER 1965). Der Fazieswechsel vollzieht sich im Mittel-Siegen-Anteil am weitesten westlich (Holzbachtal, Bl. 5411 Dierdorf) und erfasst den oberen Teil (Herdorf und Ulmen-Gruppe) etwa im oberen Wiedtal bei Hachenburg. Am weitesten nach Osten reicht die Hunsrückschiefer-Fazies in den tiefsten Teilen der Schichtenfolge, also etwa dem Unter-Siegen. Damit hat sich für den Hunsrückschieferzug der Südosteifel die Einstufung von HENKE (1933) bestätigt.

Es stellt sich nun die Frage nach dem Westende des Eifeler Hunsrückschieferzuges: Die mächtigen Hunsrückschiefer des oberen Enderttales mit den Dachschieferlagen von Laubach und Müllenbach (Bl. 5708 Kaisersesch) sind wenige Kilometer weiter westlich im Üssbachprofil nicht mehr aufzufinden. Auf geologischen Karten dieser Gegend wie z. B. dem Blatt Cochem 1 : 200000 oder der Karte von SIMPSON (1940) wird der Hunsrückschiefer an Querstörungen versenkt. Die große Hochfläche bei Alflen und Büchel (Bl. 5808 Cochem) bot sich für diese Operation, die von den Autoren selbst auch als Verlegenheitslösung empfunden wurde, an. RÖDER (1960) fand eine befriedigendere Lösung des Problems: er wies nach, dass sich im Bereich des Üssbachtales und seiner Nebentäler etwa 800 m mächtige Hunsrückschiefer mit Sedimenten der Ulmen-Unterstufe in sandiger „Normalfazies" verzahnen. Im Üssbachprofil wechseln im Rhythmus von einigen Hundert Metern Mächtigkeit Gesteine in Hunsrückschiefer-Fazies mit solchen in sandiger „Normalfazies" miteinander ab. Auf der Grundlage der SOLLEschen Alterseinstufung des Eifeler Hunsrückschiefers nimmt RÖDER an, dass diese 800 Meter dem gesamten Hunsrückschiefer entsprechen. Das würde bedeuten, dass auf eine Entfernung von etwa 8 km eine Mächtigkeitsabnahme von 5000 m (Enderttal) auf 800 m (Üssbachtal) erfolgen muss. SOLLE (1960) führt diesen Mächtigkeitssprung auf synsedimentäre Grabenbildung zurück. Jedoch müssen wir die Auffassung von RÖDER aus folgenden Gründen modifizieren: Die Siegener Hauptüberschiebung biegt am Höchstberg nordwestlich Laubach (Bl. Kaisersesch) in ein stärker nord-südliches Streichen um (HOEPPENER 1957, WEISSER 1965). Der Hunsrückschiefer in ihrem Hangenden macht diese Verbiegung nicht mit, sondern zeigt in diesem Bereich sogar vorwiegend Ost-West-Streichen, so dass seine unteren Partien von der Überschiebung abgeschnitten werden. D. h. im Üssbachtal verzahnt sich nur der obere Teil des Eifeler Hunsrückschiefers mit sandigen Schichten der Ulmen-Unterstufe, und dieser Befund spricht nicht gegen eine Einstufung des tieferen und mittleren Teils des Eifeler Hunsrückschiefers in die Siegen-Stufe.

Diese Alterseinstufung hat in der Literatur zuerst wenig Gegenliebe gefunden, in den vielen Monographien über den Hunsrückschiefer (z. B. noch bei C. BARTELS & H. LUTZ 1997) werden Verbreitungskarten gezeigt, auf denen im Neuwieder Becken der breite Hunsrückschieferzug plötzlich verschwindet, ebenfalls auf den Geologischen Übersichtskarten 1 : 200 000 Bl. Siegen (ZITZMANN 1989) und Bl. Trier (ZITZMANN 1987, dort weist immerhin die Legende auf das Problem hin).

Erst kürzlich hat sich das gewandelt, nachdem J. GAD (2005) in Mayen-Schichten (also Hunsrückschiefern) des Wiedtales (Bl. 5510 Neuwied) eine Miosporen-Flora nachweisen konnte, die in den Grenzbereich zwischen Untersiegen und Gedinne gehört, so dass die darüber liegende Folge die ganze Siegen-Stufe umfassen muss, wobei die Siegen-Ems-Grenze innerhalb der Isenburg-Formation zu vermuten ist.

Der Begriff „Hunsrückschiefer" kennzeichnet also einen Fazieskörper, dessen Unterkante schräg durch die ganze Siegen-Stufe verläuft. In Hunsrück und Taunus repräsentiert der Hunsrückschiefer nur die Ulmen-Unterstufe, in der Südosteifel und im Rheinprofil bei Bendorf und Neuwied die gesamte Siegen-Stufe, vielleicht sogar noch mit Gedinne-Anteilen und die Ulmen-Unterstufe. H. ELKHOLY & J. GAD (2006) und GAD (2009) fassen die Mayen- bis Isenburg-Formation des bisher (vgl. die früheren Auflagen dieses Buches) als Hunsrückschiefer bezeichneten Komplexes als Wied-Gruppe zusammen und stellen sie der Hunsrückschiefer-Gruppe (GAD 2006) gegenüber, die den von Taunusquarzit unterlagerten Hunsrückschiefer von Unterems-Alter umfasst, wie er in Hunsrück und Taunus zutage tritt. Die von ihnen beschriebenen sedimentologischen Unterschiede zum Hunsrückschiefer der Typregion im Hunsrück gehen darauf zurück, dass die untersuchten Partien im Raum Neuwied schon im Verzahnungsbereich zur Siegener Normalfazies liegen. Der Bereich der Siegener Hauptüberschiebung ist also eine Faziesgrenze zwischen dem Raum der Normalfazies, der nach STETS & SCHÄFER (2008) auf mehreren großen Deltaflächen liegt und dem etwas tieferen Meeresbereich des Hunsrückschiefers. MEYER & STETS (1975, 23) nahmen dafür schon einen „untermeerischen Gefällsknick“ an, in welchem man den Abhang des von Norden vorgebauten Deltas sehen kann. Eine Bestätigung dafür veröffentlichten STETS & SCHÄFER (2011, 102–103) mit dem Fund von nach Süden gerichteten Sedimentrutschungen in Mayen-Schichten am Sockel der Genovevaburg in Mayen.

In der Wüstebach-Formation auf der Südflanke des Venn-Sattels (vgl. 3.2.2.3) tritt die Hunsrückschiefer-Fazies noch einmal auf, wahrscheinlich mit einem Obersiegen-Alter (K.-H. RIBBERT 1994).

3.2.4.2 Zur Gliederung

Der 5000–6000 m mächtige Komplex der Hunsrückschiefer lässt sich im Augenblick nur nach dem Ton-Sand-Verhältnis gliedern. AHRENS (1936a) hat den Hunsrückschiefer eingeteilt in die sandigen Mayen-Schichten unten und die stärker tonigen Kaub-Schichten oben. Im Rheinprofil lassen sich die Mayen-Schichten ebenfalls auskartieren, der darüber liegende Hunsrückschiefer konnte dort außerdem in vier deutlich unterscheidbare Einheiten gegliedert werden (MEYER 1965). Diese lithologische Gliederung lässt sich heute zumindest für die Blätter Mayen und Bassenheim auch auf den linksrheinischen Hunsrückschiefer übertragen, wir verwenden deshalb hier einstweilen die im Rheinprofil aufgestellten Schichtnamen. Inwieweit diese Gliederung auch für das Gebiet weiter westlich, also etwa Elztal und Enderttal anwendbar ist, muss noch offenbleiben. Den Begriff Kaub-Schichten kann man für die Hangendschichten der Mayen-Schichten in der Südeifel aus folgenden Gründen nicht verwenden: In Hunsrück und Taunus, auch im Gebiet um Kaub, haben die Kaub-Schichten Unterems-Alter, die Schichten im Hangenden der Mayen-Schichten sind aber wenigstens zum größten Teil ins Siegen einzustufen.

Die Fauna der Dachschieferfolgen, also der früher als Kaub-Schichten bezeichneten Einheit zeigt ein ähnliches Bild wie die der klassischen Hunsrückschiefer-Fundstellen im Südhunsrück: Muscheln und Brachiopoden sind seltener, dafür treten Crinoidenkelche auf, rugose und tabulate Einzelkorallen (in den Eifeler Dachschiefern häufig *Rhypidophyllum vulgare* SANDBERGER und *Pleurodictyum* sp.) Orthoceren und Trilobiten. Funde aus den Dachschiefern der Südosteifel sind bei AHRENS (1936a, 11) und SIMPSON (1940, 21) zusammengestellt. Seitdem sind weitere Funde gemacht worden, die jedoch nicht bearbeitet sind.

3.2.4.3 Mayen-Formation

AHRENS (1936a) führte den Namen Mayen-Schichten ein, da die Schichtenfolge in der Umgebung von Mayen, u. a. sehr schön am Fuße der Genoveva-Burg aufgeschlossen ist. Sie besteht überwiegend aus dunklen Tonschiefern, die gelbgrau verwittern, auch Bänderschiefer treten auf. Die gelbgrauen, ebenflächigen, schwach seidenglänzenden Schieferplättchen lassen den Verlauf der Siegener Hauptaufschiebung auch nach Lesesteinen gut verfolgen, da den Siegen-Schichten im Liegenden dieser Störung die glänzenden Schieferstückchen fehlen. Petrographisch sind die Tonschiefer der Mayen-Schichten von denen der höheren Einheiten oft nicht zu unterscheiden. Was die Mayen-Schichten aber charakterisiert, sind die relativ häufigen Einschaltungen von Sandstein- oder Quarzitbänken, die dazwischen liegenden Tonschieferpakete sind selten mächtiger als 5 m. Deshalb ist Dachschiefergewinnung in größerem Stil hier nicht möglich. Typisch sind auch crinoidenreiche Bänke. Fossilien finden sich in Sandsteinen relativ häufig, auch das ist charakteristisch für die Mayen-Schichten.

Die Schichtenfolge lässt sich über das isolierte Vorkommen westlich Nickenich an den Rhein verfolgen, wo sie auf der rechten Rheinseite in den Weinbergen nördlich Leutesdorf sehr gut aufgeschlossen ist. Die Mächtigkeit beträgt hier 1200 m. Im Nettetal bei Mayen dürfte sie etwa 2000 m betragen, im Elztalprofil bei Monreal nach H. Kaiser (1965) 930 m. Bei allen diesen Werten bleibt unklar, wie viel durch die Überschiebung im Liegenden abgeschnitten wird.

Die Fossilien in den Mayen-Schichten haben bei der Diskussion um das Alter des Eifeler Hunsrückschiefers eine große Rolle gespielt. Die umfangreichste Fauna ist durch Ahrens (1936a, 10) im oberen Teil der Schichtenfolge nordöstlich von Berresheim (Bl. 5609 Mayen, r 8775 h 7520 und Lesesteine nördlich davon) gefunden worden. Simpson (1940, 67) ergänzte die Faunenliste, ebenfalls Kutscher (1941). Nach Solle (1950, 364) lässt die Fauna von Berresheim keine Entscheidung zwischen „Ulmen-Gruppe“ und „Herdorf-Gruppe“ zu. Er glaubt sie aber in die „Ulmen-Gruppe“ einstufen zu müssen wegen des Fehlens „aller bezeichnenden Herdorfer Arten“ und der „Unterlagerung durch den Gilsbacher Quarzit“. Der Quarzit (der Monreal-Quarzit, vgl. 3.2.3.4; Monreal-Quarzit) bildet jedoch nicht das stratigraphisch Liegende der Mayen-Schichten, da diese an der Siegener Hauptüberschiebung auf ihn aufgeschoben worden sind. Die Faunenlisten enthalten u. a. die Siegen-Arten *Acrospirifer primaevus* (Steininger), *Hysterolites hystericus* Schlotheim und *Rhenorensselaeria strigiceps* (F. Roemer). Sie werden von Simpson (1940, 67) auch von anderen Fundpunkten aus den Mayen-Schichten der Südosteifel genannt. J. Gad (2005) fand im mittleren Teil der Mayen-Formation im Wiedtal (Bl. 5510 Neuwied) eine Mikroflora, die er in den Grenzbereich Gedinne-Untersiegen einstufte. Man kann also für die Osteifel ein Untersiegen-Alter für die Mayen-Schichten annehmen; welche Anteile eventuell noch ins Mittelsiegen oder in das Gedinne hineinreichen, muss offen bleiben.

3.2.4.4 Leutesdorf-Formation

Der Name Leutesdorf-Schichten wurde von Meyer (1965, 42) vorgeschlagen nach dem Ort Leutesdorf am Rhein. Die sandigen Einschaltungen treten stark zurück, reine Tonschieferpakete sind mächtiger als in den Mayen-Schichten. Die dunkel-blaugrauen Schiefer verwittern silbergrau, gelblich-braune Verwitterungsfarben treten gegenüber den Mayen-Schichten zurück. Diese Einheit verschwindet unmittelbar westlich des Rheintals, wo sie am Krahnenberg nördlich Andernach in den großen Steinbrüchen aufgeschlossen ist, unter dem Laacher Bims und taucht in zusammenhängenden Profilen erst wieder im Nettetal unterhalb von Mayen auf. Hier arbeiten bzw. arbeiteten die Dachschiefergruben „Katzenberg“, „Mosella“ und „Glückauf“ in dieser Einheit. Der nördliche Dachschieferzug im Elztal mit den Gruben „Bausberg“ bei Kehrig und „Antonius“ bei Düngenheim bildet die südwestliche Fortsetzung. Die Einheit ist im Wiedtal (Bl. 5510 Neuwied) 800 m mächtig; im Nettetal beträgt die Mächtigkeit der Dachschieferfolge, die den Leutesdorf-Schichten des Rheinprofils etwa entspricht, über 1000 m, jedoch fehlen hier noch genaue Aufnahmen.

3.2.4.5 Augustenthal-Formation

Im Rheinprofil folgt über den Leutesdorf-Schichten eine sehr markante Serie, die aus Quarziten und sandigen Flaserschiefern besteht und von MEYER (1965, 42) nach einem bekannten Faunenfundpunkt bei Augustenthal nördlich Niederbieber (Bl. 5510 Neuwied) benannt wurde. Nach DAHMER (1932) enthält die Fauna die Siegen-Arten *Acrospirifer primaevus, Hysterolites hystericus, Boucotstrophia herculea, Fascistropheodonta sedgwicki*, aber auch Formen aus der hercynischen Biofazies. Mit den Oszillationsrippeln, die z. T. tektonisch überformt sind und anderen Sedimentationsmerkmalen der Typlokalität Augustenthal und des Rheinprofils beschäftigten sich STETS & SCHÄFER (2002) und ELKHOLY & GAD (2006), jedoch lassen sich exakte Angaben über die Wassertiefe nicht machen. Die Folge ist bei Fahr am Rhein in steiler Lagerung sehr gut aufgeschlossen. Die westliche Fortsetzung liegt im Neuwieder Becken.

Im Nettetal fehlt eine vergleichbare psammitische Folge. Jedoch findet man hier westlich von Trimbs innerhalb eines etwa 1 km breiten Streifens etwas häufiger Sandsteinbänke und Bänderschiefer als im Liegenden und Hangenden. Diese schwach sandige Zone, die im Nettetal einen nordwestlichen („Katzenberg“, „Mosellaschacht“ etc.) von einem südöstlichen (Trimbs, Welling) Dachschieferzug trennt, ist wahrscheinlich das stark tonige Äquivalent der Augustenthal-Schichten. Auch im Elztal werden zwei Dachschieferzüge durch eine sandige Einschaltung voneinander getrennt, nämlich der Schieferzug mit den Gruben „Antonius“ und „Bausberg“ von dem mit den Gruben von Gering und der Geringer Mühle. Diese sandige Einschaltung ist im Elztal zwischen der Mädburg und dem Osthang des Braufels-Berges aufgeschlossen (W. RAUFUSS 1966) und entspricht ihrer Position nach ebenfalls etwa den Augustenthal-Schichten. Die Augustenthal-Schichten sind zwischen Rhein und Wied 900 m mächtig.

3.2.4.6 Rüscheid-Formation

Es folgt wieder eine mehr tonige Einheit, in der Dachschieferpartien häufig sind, die Rüscheid-Schichten (MEYER 1965, 42 nach dem Dorf Rüscheid auf Bl. 5411 Dierdorf). Ihr dürfte der südöstliche Dachschieferzug in der Eifel entsprechen, in dem im Nettetal die Gruben um Trimbs und Welling liegen, im Elztal die Gruben um Gering und die der Geringer Mühle. Lithologisch läßt sich dieser Schieferzug von dem der Leutesdorf-Schichten nicht unterscheiden. Die Rüscheid-Schichten sind überall viel mächtiger als die Leutesdorf-Schichten; ihre Mächtigkeit beträgt am Nordostrand des Neuwieder Beckens südöstlich von Oberbieber (Bl. 5511 Bendorf) 2000 m. Von der Karlsquelle östlich Oberbieber (Bl. Bendorf) und aus einem Steinbruch östlich Rüscheid hat H. QUIRING (1931b) Fossilien bekannt gemacht, u. a. *Acrospirifer primaevus* und *Hysterolites hystericus*.

3.2.4.7 Isenburg-Formation

Der oberste Teil des Hunsrückschiefer-Profils besteht aus einer mächtigen Folge, die Sandstein und Tonschiefer etwa zu gleichen Teilen enthält. Diese Einheit wurde nach Isenburg im Sayntal (Bl. 5511 Bendorf) unter dem Begriff Isenburg-Schichten zusammengefasst (MEYER 1965, 42). Über den Tonschieferfolgen der Rüscheid-Schichten lässt sich die Basis dieser Einheit an die ersten 5 m mächtigen Sandsteinpakete legen. Im unteren Teil der Isenburg-

Schichten treten noch geringmächtige Dachschieferpartien auf, die in kleinem Rahmen abgebaut wurden. Im oberen Teil nehmen die Sandsteineinschaltungen zu; diese Partie ist von QUIRING (1931b, 1936a) als „Hunsrückbänderschiefer" ausgehalten worden. In diesen oberen Partien sind – das findet sich sonst im Hunsrückschiefer der Eifel nicht in dem Ausmaß – Schrägschichtung, Rutschkörper, Belastungsmarken und andere Spuren unruhiger Sedimentation zu beobachten (vgl. auch SOLLE 1950, 366). Die Isenburg-Schichten sind am Ostrand des Neuwieder Beckens zwischen Sayn und Oberbieber etwa 2000 m mächtig.

3.2.4.8 Dachschieferbergbau

Der Streifen, in dem Dachschiefer abgebaut wurden, beginnt auf Bl. 5708 Kaisersesch südwestlich von Müllenbach, wo beiderseits des Lessierbachtals Dachschiefergruben bestanden. In streichender Fortsetzung folgen dann die Gruben „Colonia" und „Leienkaul" südöstlich von Müllenbach und Gruben südlich der Ansiedlung Breitenbruch. Etwa auf halbem Wege zwischen Laubach und Masburg liegt nördlich des Urmersbachtales die Grube „Werresnick". Westlich von Kaisersesch bauten die Gruben „Constantia" und „Humboldt-Schacht" Schiefer ab.

In der Fortsetzung dieses Zuges liegen auf Bl. 5709 Kaifenheim nordöstlich von Düngenheim die Grube „Antonius" und im Bereich des Elztals die Gruben „Bausberg I und II" westlich Kehrig sowie eine Grube oberhalb der Neumühle südwestlich Kehrig. In einem südlicheren Zug finden sich noch Schiefergruben westlich und nördlich der Geringer Mühle und südwestlich von Gering.

Im Bereich des Nettetals unterhalb von Mayen (Bl. 5609 Mayen) bestanden Abbaue am Nordosthang der Pluns südwestlich vom Bernardshof. Auf der Nordseite des Nettetals liegen die Gruben „Katzenberg" und „Glückauf". Südöstlich von Hausen baut die Grube „Mosellaschacht". Südlich von Trimbs liegt die Grube „Margareta" bei den Nettesürscher Höfen, nordöstlich von Trimbs die Grube „Wilbert". Es gab ferner südöstlich von Welling nahe dem Mammutfundplatz südlich vom Nettetal eine Schiefergrube.

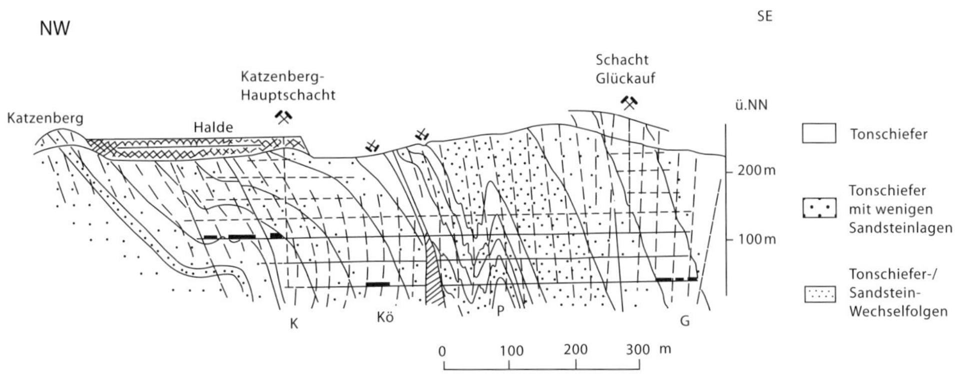

Abb. 14. Profil durch die Dachschieferlagerstätten südlich von Mayen; umgezeichnet nach W. WAGNER (1990). Gestrichelt: Schieferung. Abkürzungen der Dachschieferlager: K = Katzenberg-Lager, Kö = Körbgen-Lager, P = Paradies-Lager, G = Glückauf-Lager.

Am weitesten im Hangenden liegt ein ehemaliger Schieferabbau nördlich der Hochlayer Mühle bei Ruitsch (Bl. 5610 Bassenheim).

Neben diesen größeren Abbaubetrieben, die meist mit Schieferspaltereien verbunden waren, finden sich im Gebiet noch zahlreiche kleine Steinbrüche und Stollen, aus denen ebenfalls Dachschiefer gewonnen wurde. Dachschieferbergbau findet heute nur noch in den Gruben „Katzenberg" bei Mayen und „Mosellaschacht" bei Hausen statt. Die Handelsbezeichnung ist „Moselschiefer". In den Städten und Dörfern der Osteifel und des Rheintales bestimmen Schieferdächer das Ortsbild. Der Schiefer ist als Bedachungsmaterial heute durch Eternit fast verdrängt worden, deshalb ist der Schieferbergbau in den letzten Jahrzehnten so stark zurückgegangen. Es wird in der Gummi- und Zementindustrie heute in zunehmendem Maße Schiefermehl verwendet, das man jedoch aus Haldenmaterial gewinnt, so dass sich auch daraus für den Bergbau keine neuen Möglichkeiten ergeben.

3.3 Emsium (Unterems- und Oberems-Stufe)

In der Eifel lassen sich für diesen Zeitabschnitt drei Faziesbereiche unterscheiden: der Bereich der Nordwestflanke des Venn-Sattels, der Bereich der Eifeler Nord-Süd-Zone und ihrer Umrandung und der Bereich des Rheintales mit unterer Mosel und Südosteifel. Der unterste Teil der Ems-Schichten der Südosteifel gehört der Fazies des Hunsrückschiefers an. Da der größte Abschnitt des Eifeler Hunsrückschiefers Siegen-Alter hat, sich aber die Siegen-Anteile und Ems-Anteile noch nicht trennen lassen, wird der Hunsrückschiefer als Ganzes im Anschluss an die Besprechung der Siegen-Schichten behandelt (3.2.4). Die Isenburg-Schichten (3.2.4.7) des Hunsrückschiefers dürften zum größten Teil der Ulmen-Unterstufe entsprechen, die neuerdings zum Ems gestellt wird. Auf der Nordflanke des Venn-Sattels ist eine Unterscheidung von Unter- und Ober-Ems nicht möglich.

3.3.1 Ems-Schichten auf der Nordwestflanke des Venn-Sattels

In das Ems werden hier heute die höheren Partien der Zweifall-Schichten gestellt (vgl. 3.2.1). Gemeinsames Merkmal der Zweifall-Schichten ist das Vorherrschen rotvioletter und grüner Farbtöne besonders in den oft bröckligen Tonsteinen, Siltsteinen, Sandsteinen und Konglomeraten (A. Breil-Schollmayer 1989). W. Schmidt (1956) und Asselberghs (1944) stellen in Analogie zu den Verhältnissen in Belgien die untersten 75–100 Meter der Zweifall-Schichten noch ins Siegen. Anzeichen für Sedimentationsunterbrechungen fanden sich in den Zweifall-Schichten nicht; es ist deshalb anzunehmen, dass ein lückenloser Übergang vom Ober-Siegen in das Unter-Ems vorliegt. Die noch ins Siegen gestellten unteren Partien der Zweifall-Schichten sind etwas sandiger und mehr grau gefärbt als die höheren, ins Ems eingestuften Anteile. Die Zweifall-Schichten werden überlagert von dem Vichter Konglomerat, das nach Pflanzenfunden ins Mitteldevon gestellt wird (W. Schmidt 1956, 99; Neumann-Mahlkau 1965). Nach Eschghi & Kasig (1974) scheint unterhalb des Vichter Konglomerats keine Schichtlücke vorhanden zu sein, wie vielfach angenommen wurde. Damit müssen die Zweifall-Schichten auch noch Oberems-Schichten einschließen.

			Mittelrhein FUCHS (1982)	Olkenbacher Mulde SOLLE (1976)
Mittel-Devon	EIFEL			Wissenbacher Schfr.
Unter-Devon	OBEREMS	Kondel	Kieselgallenschiefer Flaserschiefer	Kieselgallenschiefer Sphärosideritschiefer Brauneisensandstein
		Laubach	Laubach-Schichten	Rötelgallenfazies Höllenthal-Sch.
		Lahnstein	Hohenrhein-Sch.	Flussbach-Sch.
			Emsquarzit	Emsquarzit
	UNTEREMS	Vallendar	Nellenköpfchen-Sch.	Klerf-Schichten
			Rittersturz-Sch.	Gladbach-Sch.
		Singhofen	Oppershofen-Sch.	Beinhausen-Sch.
			Spitznack-Sch.	
		Ulmen	Schwall-Sch. (Hunsrückschfr.)	Reudelsterz-Sch.
			Kaub-Sch. (Hunsrückschfr.)	Eckfeld-Schichten
			Bornich-Sch. (Hunsrückschfr.)	
			Sauerthal-Sch. (Hunsrückschfr.)	
	SIEGEN	Herdorf		Saxler-Schichten

Abb. 15. Ems-Schichten, Gliederung. THON (1984).

In den Zweifall-Schichten selbst lassen sich keine Hinweise auf ihr Alter finden. Bisher wurde an Makrofossilien nur *Taeniocrada decheniana* (GÖPPERT) KR. & WEYL. bekannt (WUNSTORF 1943, 30). ESCHGHI & KASIG (1974) beschreiben Sporen und Hystrichosphaeriden aus den höheren Partien der Zweifall-Schichten, alles Hinweise auf nicht-marine Verhältnisse. Aus dem Bereich, in dem etwa die Siegen/Ems-Grenze zu vermuten ist, führen sie Chitinozoen-Funde an, die auf eine vorübergehende stärker marine Beeinflussung hinweisen. Die Mächtigkeit des vermutlichen Ems-Anteils der Zweifall-Schichten beträgt nach ESCHGHI & KASIG (1974) maximal 280 m.

Die besten Aufschlüsse in den Zweifall-Schichten (inklusive ihres Siegen-Anteils) liegen im Vichtbachtal östlich Münsterau (Jägersfarth), westlich Zweifall an der Straße nach Breinig und nördlich von Mulartshütte an der Straße nach Venwegen.

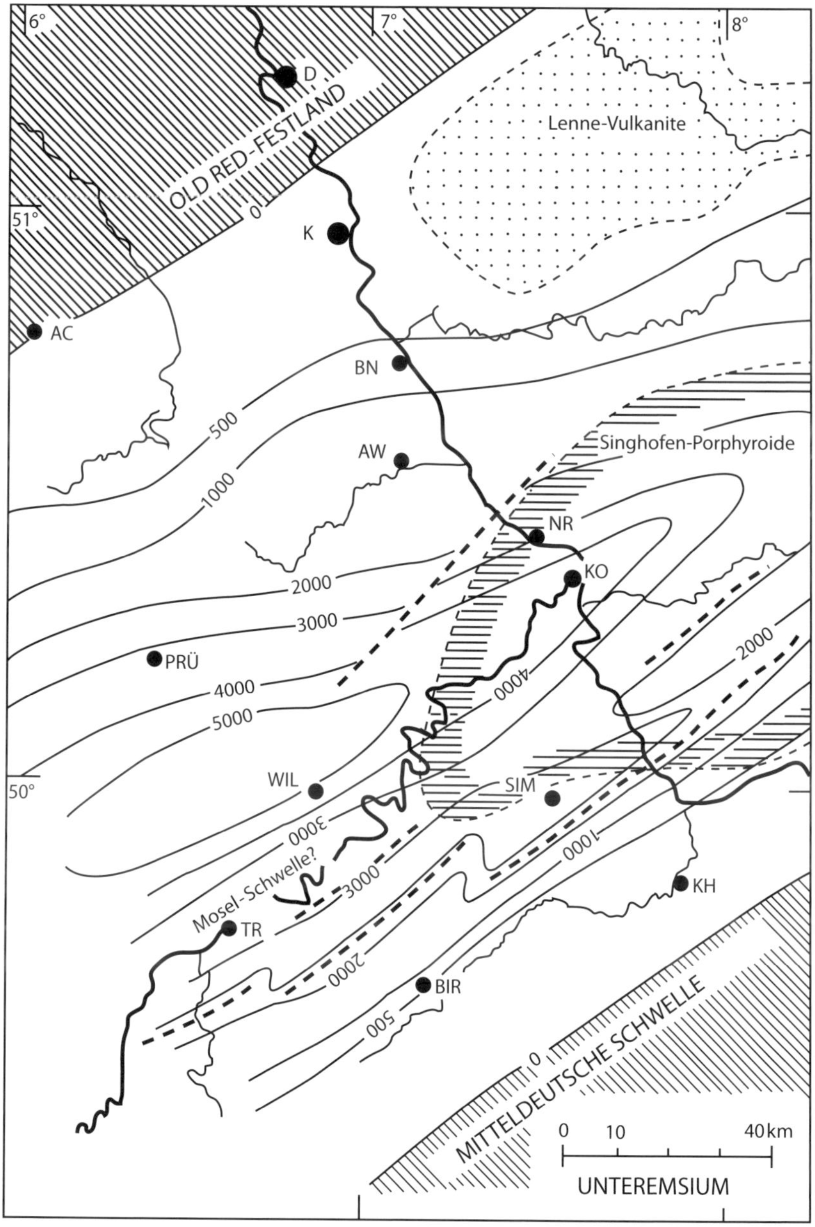

Abb. 16. Paläogeographie des Unteremsium. Variszische Einengung nicht berücksichtigt; Mächtigkeiten in m. MEYER & STETS (1996) nach Unterlagen von BECKER & MENTZEL (1961), BRÜHL (1966), CLAUSEN, RISTEDT & WENDT (1965), G. FUCHS (1974), FURTAK (1965), GRABERT & HILDEN (1972), HANNAK (1959), KIRNBAUER (1991), KNAPP (1978), KONRAD & WACHSMUT (1973), MARTIN (1960), D.E. MEYER (1970), W. MEYER (1965), PÖTTER (1958), RÖDER (1957), ROTH (1965), SCHMIERER & QUIRING (1933), SPERLING (1958), R. VOIGT (1968b), W. ZIEGLER (1978).

3.3.2 Unterems-Schichten in der Eifeler Nord-Süd-Zone und ihrer Umrandung

Das mehrere Kilometer mächtige Unter-Ems lässt sich grob zweiteilen in einen unteren fossilführenden Abschnitt mit vorwiegend grauen Gesteinen und einen oberen relativ fossilarmen mit roten Gesteinen. Für den fossilreichen unteren Teil, der früher mit dem Namen „Stadtfeld-Schichten" gekennzeichnet wurde, konnten an vielen Stellen Spezialgliederungen durchgeführt werden. Die fossilarmen Gesteine im oberen Teil des Unter-Ems werden unter dem Begriff „Klerf-Schichten" zusammengefasst. Im südlichen und östlichen Teil der Nord-Süd-Zone lässt sich unter den Stadtfeld-Schichten noch eine Schichtenfolge aushalten, die in die Ulmen-Gruppe gestellt wird, da ihre Fauna noch einen Übergangsbereich zwischen Siegen und Ems anzeigt. Es fehlen ihr jedoch schon die Siegen-Leitformen, deshalb wird sie ins Unter-Ems eingestuft.

Das Ober-Ems ist viel geringmächtiger und stellenweise sogar lückenhaft. Im höchsten Ober-Ems vollzieht sich im Bereich der Eifelkalkmulden der Umschlag von der klastischen zur karbonatischen Sedimentation.

3.3.2.1 Ulmen-Unterstufe („Ulmen-Gruppe")

Eckfeld-Schichten

Den oberen Teil der „Saxler-Schichten" von SIMPSON (1940) (vgl. 3.2.3.4, Saxler-Schichten) trennte RÖDER (1960, 47–48) als „Eckfelder Schichten" ab. In der Umgebung von Eckfeld (Bl. 5807 Gillenfeld) waren hauptsächlich durch den Autobahnbau viele Fossilfundpunkte erschlossen worden. Kennzeichnend für die Fauna ist das Fehlen von *Acrospirifer primaevus* (STEININGER), dadurch lässt sich die Folge gegen die Saxler-Schichten gut abgrenzen. Die Obergrenze der Eckfeld-Schichten ist durch den Umschlag von mariner zu nicht-mariner bis schwach-mariner Fazies gegeben: die Eckfeld-Schichten bestehen aus Tonschiefern und olivfarbenen Siltsteinen, örtlich mit reichen marinen Faunen. Die sie überlagernden Reudelsterz-Schichten setzen sich aus schlecht sortierten Sandsteinen und Siltsteinen mit Pflanzenhäcksel und kohligen Lagen zusammen, rotgefärbte Gesteine sind häufig; die artenarme Fauna besteht hauptsächlich aus Muscheln und Brachiopoden vom „*Trigeria*"-Typ. Den gleichen Fazieswechsel hat FUCHS (1974, 37–40) innerhalb der Eckfeld-Schichten aber auch in seitlicher Richtung feststellen können: nach Nordosten hin schalten sich zunehmend Sandsteine ein, rotgefärbte Sedimente werden häufiger, die Fauna verarmt. Daran schließt sich nach Norden die Randfazies der Kelberg-Schichten (3.2.3.4; Kelberg-Schichten) an, im Raum Müllenbach keilen die Schichten schließlich in Annäherung an die von FUCHS im Ahrgebiet vermutete Schwelle ganz aus.

Nach D. RÖDER (1960, Taf. 7) sind die Eckfeld-Schichten im Gebiet Manderscheid – Niederstadtfeld – Mehren – Auderath – Strotzbüsch zwischen den einzelnen Sätteln in großen Flächen verbreitet, sie verzahnen sich im Üßbachgebiet südlich von Auderath mit Hunsrückschiefer. Nach FUCHS (1974, 39) beträgt die Mächtigkeit der Eckfeld-Schichten im Gebiet zwischen Utzerath und Berenbach etwa 100 m.

Reudelsterz-Schichten

Dieses Schichtglied ist von SIMPSON (1940, 15–16) aufgestellt und nach dem Dorf Reudelsterz westlich von Mayen benannt worden. Es ist gekennzeichnet durch schwachmarine bis brackische Faziesverhältnisse und hebt sich dadurch von den Eckfeld-Schichten im Liegenden und dem fossilreichen Unter-Ems im Hangenden (Beinhausen-Schichten, Biederburg-Schichten, Stadtfeld-Schichten) gut ab. Die Reudelsterz-Schichten sind in der Osteifel in einer Regressionsphase abgelagert worden, auf die nach FUCHS (1974) eine mehr oder weniger große Schichtlücke folgt. Der marine Charakter nimmt dabei von Süden nach Norden ab: vollmarine Faunen mit Trilobiten, Spiriferen, Crinoiden u. a. finden sich südlich des „Manderscheider Sattels" in den Profilen von Lieser- und Sammetbach (RÖDER 1960, Fundpunkte 30–34, 41). Die Sandsteine und Tonschiefer sind in diesem Bereich vielfach rot gefärbt, damit zeigen sich Regressionsbedingungen bereits an. Nach FUCHS (1974, 40) tritt im oberen Teil der Schichtenfolge auch schon eine Faunenverarmung ein. Dieser noch deutlich marine Faziesstreifen reicht etwa bis zur Linie Bleckhausen (Bl. Daun) Utzerath (Bl. Kelberg). Nördlich dieses Streifens werden die Anzeichen für Küstennähe noch deutlicher: hier bestehen die Reudelsterz-Schichten hauptsächlich aus schlecht sortierten Sandsteinen, Siltsteinen und Tonsteinen, sind oft unregelmäßig geschichtet und reich an Spuren subaquatischer Rutschungen; rote Farben fehlen hier. Pflanzenreste und kohlige Lagen sind häufig. Die Fauna besteht hauptsächlich aus Lamellibranchiaten, von Brachiopoden finden sich nur *„Trigeria"*-Arten, *Spirophyton* ist verbreitet. Nördlich schließt sich die Randfazies der Kelberg-Schichten an (3.2.3.4, Kelbergschichten), die dann schließlich in Annäherung an die von FUCHS (1974) im Ahrgebiet vermutete Schwelle ganz auskeilen. Die Regressionsfazies scheint im Norden eher als im Süden einzusetzen. Die Mächtigkeit schwankt stark, nach FUCHS (1974, 41) zwischen etwa 100 m und 300 m.

Die stratigraphische Stellung der Reudelsterz-Schichten ist schwer zu bestimmen: SIMPSON (1940) stellte sie vollständig ins Unter-Ems. SOLLE (1950, 307) vermutete innerhalb dieser Schichtenfolge die Siegen-Ems-Grenze. RÖDER (1960) und FUCHS (1974) stellen sie vollständig in die Ulmen-Unterstufe.

3.3.2.2 Stadtfeld-Schichten („Graues Unter-Ems")

Schon seit Mitte des vorigen Jahrhunderts sind aus der Umgebung von Ober- und Niederstadtfeld westlich von Daun reiche Fossilfunde bekannt geworden (J. SCHNUR 1853, J. STEININGER 1853 u. a.). Eine erste Faunenliste gibt E. KAYSER (1871); er stufte die Fauna zuerst ins Siegen ein; 1881 (S. 620) revidierte er diese Auffassung und stellte die Stadtfeld-Schichten ins Unter-Ems. Eine monographische Bearbeitung der Stadtfelder Fauna legte F. DREVERMANN (1902a, 1902b) vor. Eine Revision dieser Bearbeitung führte J. MAUZ (1933, 1935) durch. Seine Liste enthält 165 Arten, von denen aber 91 bis ins Ober-Ems weiterlaufen, viele Arten sind auch schon aus der Siegen-Stufe bekannt; 20 Arten sind nach MAUZ auf die Stadtfeld-Schichten beschränkt. Auffallend an der Stadtfelder Fauna ist die Fülle von Lamellibranchiaten. MAUZ versuchte auch eine Korrelierung mit den Unter-Ems-Gliederungen im Koblenzer Gebiet. E.-P. LANNINGER (1968) hat die Sporenflora der Stadtfeld-Schichten untersucht und 8 Gattungen und 17 Arten festgestellt. Jedoch scheint es kein für die Stadtfeld-Schichten typisches Sporenspektrum zu geben.

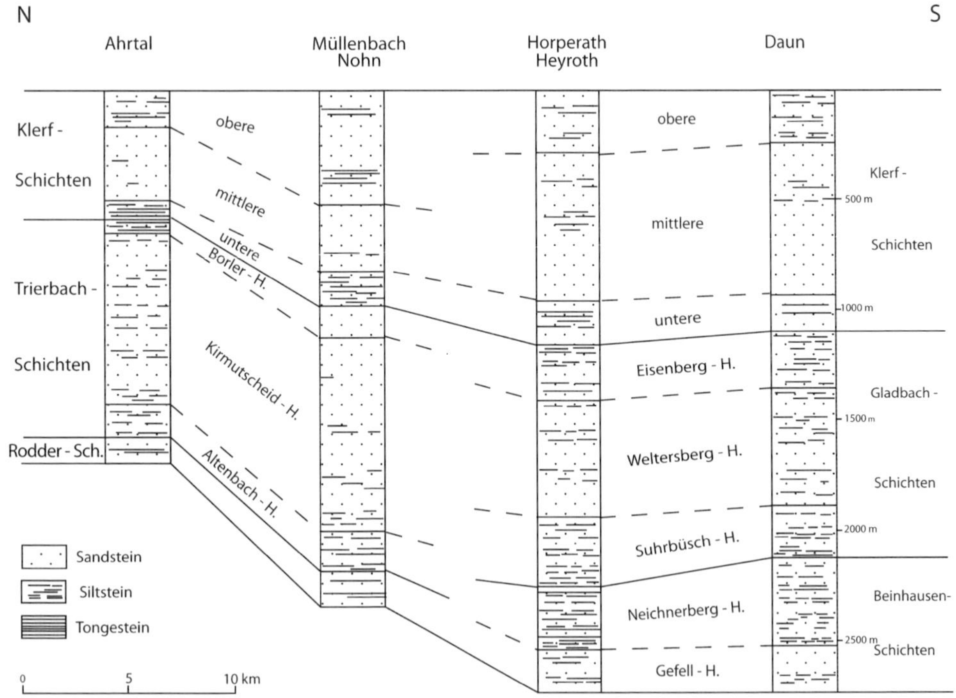

Abb. 17. Mächtigkeiten und Lithofazies der Unterems-Schichten am Ostrand der Eifeler Nord-Süd-Zone. G. FUCHS (1974).

Gleichartige fossilführende Schichten wurden von A. LEPPLA (1908a, b) in der Südwesteifel, E. ASSELBERGHS (1912) in Nordluxemburg und R. RICHTER (1919) südlich der Schneifel festgestellt (R. RICHTER: „Unterkoblenz-Schichten von Stadtfelder Entwicklung"). L. HAPPEL & TH. REULING (in REULING 1931, 272) führen den Begriff „Stadtfelder Schichten" ein für die relativ fossilreichen, nicht oder nur vereinzelt rot gefärbten Ablagerungen des tieferen Unter-Ems in der Umrandung der Eifeler Nordsüd-Zone. Auch am Nordrand der Moselmulde wurde der Name zunächst verwendet (SOLLE 1937), später jedoch von RÖDER (1957) und MARTIN (1960) eingezogen, wobei das tiefere Unter-Ems in die Biederburg-Schichten (unten) und die Gladbach-Schichten (oben) gegliedert wurde. RÖDER (1960, 20) schließt die Möglichkeit nicht aus, dass noch Anteile der Ulmen-Unterstufe in dem Komplex von Stadtfeld enthalten sind. Die Obergrenze ist durch das Einsetzen der Rotsedimentation, welche die fossilarmen Klerf-Schichten kennzeichnet, gegeben.

FUCHS (1974, 53) führt für das Gebiet von Daun und östlich davon eine Zweiteilung des tieferen Unter-Ems durch, übernimmt aber nur die Gladbach-Schichten von RÖDER, für die Basispartie führt er den Namen Beinhausen-Schichten ein. Er unterteilt beide Schichtglieder noch in mehrere Horizonte. Für das Gebiet nordwestlich der Prümer Mulde (Hontheimer Sattel) ist der Begriff „Stadtfeld-Schichten" noch nützlich, da die Aufschlussverhältnisse hier keine Untergliederung der Folgen im Liegenden der Klerf-Schichten gestatten (R. MENTZEL in BECKER & MENTZEL 1961). In südwestlicher Fortsetzung davon unterscheidet H. FURTAK (1965) im deutsch-luxemburgischen Grenzgebiet im Unter-Ems einen durch graue Farben gekennzeichneten „Gesteinskomplex C“, der von einem buntgefärbten „Gesteinskomplex D“ überlagert wird. Der Komplex D entspricht etwa den Klerf-Schichten, Komplex C dürfte deshalb etwa den Stadtfeld-Schichten äquivalent sein. In der Umgebung der Sötenicher Kalkmulde ist das ganze Unter-Ems in Klerfer Fazies ausgebildet. Westlich des Nordeifeler Triasdreiecks geht diese Fazies in eine graue, der Stadtfelder Fazies ähnlichen Ausbildung über. Diese sog. Heimbacher Fazies wird bei der Besprechung der Klerf-Schichten behandelt werden (3.3.2.3).

Deutsch-belgisch-luxemburgisches Grenzgebiet

Im deutsch-belgisch-luxemburgischen Grenzgebiet besteht der „Gesteinskomplex C“ nach FURTAK (1965, 290) aus einer Wechsellagerung von grauen sandigen bis stark sandigen gebänderten Tonschiefern und Grauwackenpaketen: „Die Grauwacken sind im allgemeinen mittelkörnig, hellgrau und mittelgrau gefärbt und verwittern durch ihren Karbonatgehalt meist braunrindig. Häufig sind Glimmerplättchen schichtig angereichert, so dass solche Grauwacken sich in ausgesprochen dünne ebenflächige Platten zerlegen lassen. Sie bilden Bankfolgen bis 15 m. In verschiedenen Aufschlussbereichen beträgt der Anteil der Grauwacken am Gesamtgestein bis 50%, während er im Durchschnitt bei 20% liegen dürfte.“ Die Mächtigkeit gibt FURTAK für das Gebiet südlich Troisvierges mit mindestens 6000 m an; dabei wird die Liegendgrenze durch die Überschiebung von Troisvierges-Malsbenden verdeckt, deshalb kann die Mächtigkeit noch größer sein. Weiter östlich, südlich von St. Vith beträgt nach FURTAK die Mächtigkeit mindestens 2800 m.

Südflanke des Venn-Sattels und Umgebung der Schneifel

Nordwestlich des Schneifel-Rückens konnte R. MENTZEL (1966, 5) zwischen dem „grauen Unter-Ems“ und den Klerf-Schichten eine Übergangsfolge ausscheiden, in der sowohl dunkle als auch rote Ton- und Siltgesteine auftreten. Die dunklen Gesteinstypen fehlen den Klerf-Schichten. Für diese Übergangseinheit führt MENTZEL die Bezeichnung Verschneid-Schichten ein, nach dem Dorf Verschneid im Ourtal. Die Mächtigkeit beträgt etwa 200 m. Die Fauna entspricht nicht mehr dem vollmarinen Stadtfeld-Typus, sondern der verarmten „Globithyris-Fazies“ im Sinne von BOUCOT (1963).

Südöstlich der Schneifelmulde konnte MENTZEL (in BECKER & MENTZEL 1961) Stadtfeld-Schichten in der fossilführenden typischen Ausbildung nachweisen. Im höheren Teil der Schichtenfolge verarmt jedoch die Fauna, es treten häufiger Pflanzenreste auf, und der lithologische Aufbau zeigt Übergänge zu den Klerf-Schichten.

Auf den Blättern 5504 Hellenthal und 5404 Schleiden hat RIBBERT (1993, 1994) unter den rotschieferführenden Klerf-Schichten die Schleiden-Formation ausgeschieden (Schleidener Schichten W. WUNSTORF 1931) für eine sandsteinreiche graue Schichtenfolge. Die Fauna und Flora zeigt einen landnahen, nicht vollmarinen Lebensraum von Unterems-Alter an. Die Formation wird unterlagert von der viel stärker tonigen Heimbach- bzw. Wüstebach-Formation. RIBBERT konnte eine Zweiteilung in die 1000–1200 m mächtige Oleftal-Subformation unten und die 500 m mächtige Blumenthal-Subformation oben auskartieren. Die Oleftal-Subformation hat quarzitische Sandsteine und enthält gelegentlich Fauna, jedoch überwiegend *Mutationella* und *Modiolopsis*; Panzerfische, auch Pflanzenreste finden sich. Eine Alterseinstufung ergibt sich nur aus dem Fehlen von Siegenformen. Für die Blumenthal-Subformation sind Sandsteine mit sideritischem Bindemittel typisch. Die Fauna wird noch spärlicher, dafür nehmen Pflanzenreste zu, die sogar zu Brandschieferlagen angereichert sind, wie sie aus der Umgebung von Blumenthal seit langem bekannt sind. Es kündigen sich so die Ablagerungsbedingungen der fossilarmen Klerf-Formation an. In nordöstlicher Richtung wird die Abgrenzung gegen die Klerf-Schichten dadurch erschwert, dass die Unterdevongesteine in Annäherung an die Buntsandsteindecke sekundär gerötet wurden.

Gebiet Daun – Kelberg

Beinhausen-Schichten

Im Gebiet zwischen Daun und Kelberg, also südlich der für das Unterdevon angenommenen Ahrschwelle, hat FUCHS (1971, 83) für den unteren Teil der Stadtfeld-Schichten die Bezeichnung Beinhausen-Schichten vorgeschlagen, nach dem Dorf Beinhausen südwestlich von Kelberg. Den Begriff Biederburg-Schichten (vg. 3.3.2.2, Südeifel); aus der Südeifel, der etwa den gleichen Zeitabschnitt umfassen dürfte, will er wegen fazieller Unterschiede nicht übernehmen. Die Untergrenze der Beinhausen-Schichten legt FUCHS an das erste Auftreten vollmariner Faunen; die unterlagernden Reudelsterz- bzw. Kelberg-Schichten zeigen im Gebiet Regressionsfazies mit spärlichen, hauptsächlich aus Muscheln bestehenden Faunen. Die Hangendgrenze wird über das höchste Auftreten des *Arduspirifer arduennensis prolatestriatus* MITTMEYER (= *Acrospirifer ard. latestriatus* Form α SOLLE) gelegt. Dieses Fossil kann FUCHS (1974) allerdings nur von zwei Fundpunkten melden, es ist also für eine Grenzziehung im Gelände kaum zu verwenden; FUCHS (1974) hat auf seiner Karte die Obergrenze der Beinhausen-Schichten auch nicht angeben können.

Örtlich konnte FUCHS eine Zweiteilung durchführen: der untere Teil besteht aus meist hellen Gesteinen, es sind vorwiegend Siltsteine, daneben mürbe oder auch quarzitische Sandsteine. Nach einem reichen Fossilfundpunkt am Südhang der Schloscheid etwa 900 m westlich von Gefell (Bl. 5707 Kelberg, r 6417 h 6727) bezeichnet ihn FUCHS (1971, 83) als Gefell-Horizont. Die Mächtigkeit liegt nach FUCHS im Durchschnitt zwischen 130 und 200 m.

Für den oberen Teil hat FUCHS (1971, 83) nach dem Neichnerberg zwischen Kelberg und Beinhausen, wo in Anschnitten der Straße nach Dockweiler und der nach Beinhausen Fossillagen erschlossen sind (Bl. 5707 Kelberg, r 6440 h 7143 und r 6442 h 7127), den Begriff Neichnerberg-Horizont eingeführt. Die Folge besteht hauptsächlich aus meist dunklen Tonschiefern und Siltsteinen. Die Mächtigkeit beträgt im Süden des Streifens Daun – Kelberg etwa 400 m, im Norden 250 m (FUCHS 1971, 67). Häufig sind Pflanzenreste, die zu Brandschieferlagen angereichert sein können. M. & R. TEICHMÜLLER (1952) haben bei solchen Kohlelagen von Boverath und Neichen einen relativ hohen Inkohlungsgrad festgestellt: Ess- bis Magerkohlen- bzw. Magerkohlen- bis Anthrazitstadium.

Gladbach-Schichten

Für den oberen Teil des fossilführenden grauen Unter-Ems hat FUCHS (1971) für das Gebiet zwischen Daun und Kelberg die Bezeichnung Gladbach-Schichten (MARTIN 1960, 174, nach dem Gladbachtal auf Bl. 6006 Landscheid) aus dem Faziesbereich der Südeifel übernommen. Er gliedert in drei Horizonte:

Der unterste ist der Suhrbüsch-Horizont (FUCHS 1971, 83; nach Straßenaufschlüssen am Südhang des Suhrbüsch nordöstlich Boxberg, Bl. 5707 Kelberg, r 6340 h 7155 bis r 6390 h 7152). Dieser Horizont besteht wie der ihn unterlagernde Neichnerberg-Horizont der Beinhausen-Schichten aus Tonschiefern und Siltsteinen mit feinkörnigen Sandsteinen, ist aber durch eine einheitlich olivgrüne Färbung charakterisiert. Stellenweise sind die Schichtflächen mit Glimmerblättchen belegt, was typisch für die gesamten Gladbach-Schichten ist. Wegen der geringen lithologischen Unterschiede ist eine Festlegung der Untergrenze im Gelände nicht möglich. Einziges Kriterium ist das erste Auftreten von *Arduspirifer arduennensis latestriatus* (MAURER) s. str. (= *Acrospirifer arduennensis latestriatus* Form β nach SOLLE) bzw. von Übergangsformen zwischen *A. arduennensis prolatestriatus* MITTMEYER und dieser Art. FUCHS gibt dieses Fossil nur von einem einzigen Fundort an. Nördlich der Linie Gelenberg – Kelberg verschwinden nach FUCHS Spiriferen der *arduennensis*-Gruppe gänzlich. Die Mächtigkeit des Suhrbüsch-Horizontes schätzt FUCHS auf 250–300 m.

Für das nächst höhere Schichtglied hat FUCHS (1971, 83) nach Fossilfundpunkten nördlich des Gipfels des Weitersberges etwa 800 m nordwestlich der Kapelle von Boxberg (Bl. 5707 Kelberg, r 6170 h 7160) den Namen Weitersberg-Horizont vorgeschlagen. Dieser Horizont geht ohne scharfe Grenze aus dem Suhrbüsch-Horizont hervor, deshalb ist seine Liegendgrenze nicht auszukartieren. Gröber-klastische Anteile nehmen deutlich zu; graugrüne, meist rippel- bis flasergeschichtete feinkörnige, häufig glimmerreiche Sandsteine herrschen vor. Vor allem im Norden und Osten können sie mittelkörnig werden und Schrägschichtung zeigen. Zwischen die meist plattigen bis dünnbankigen Sandsteine sind geringmächtig Siltsteine eingeschaltet. Der Anteil an Sandstein nimmt in nördlicher Richtung zu. Die Mächtigkeit des Weitersberg-Horizontes beträgt nach FUCHS etwa 500 m.

Für den höchsten Teil der Gladbach-Schichten hat FUCHS (1971, 83) den Namen Eisenberg-Horizont eingeführt, nach Fossilfunden in einem Steinbruch am Nordhang des Eisenberges südlich von Bongard (Bl. Kelberg, r 5989 h 7259). In diesem Horizont treten die Sandsteine wieder zurück, Tonschiefer und olivgrüne Siltsteine herrschen vor. Daneben gibt es bräunliche quarzitische Sandsteine und feinkörnige, flaser- bis rippelschichtige graugrüne Sandsteine. Der marine Charakter der Fauna nimmt im Vergleich zum Weitersberg-Horizont ab. Diese Entwicklung zeigt sich auch daran, dass im obersten Teil des Horizontes besonders in der Umgebung von Neroth mehrere dünne Kohle- bzw. Brandschieferflöze auftreten. Ihr Inkohlungsgrad erreicht nur das Fettkohlenstadium (M. & R. TEICHMÜLLER 1952). Die Liegendgrenze des Eisenberg-Horizontes ist unscharf; die Grenze zu den überlagernden Klerf-Schichten ist sehr deutlich, da hier plötzlich rote Tonschiefer und schlecht sortierte, glimmerreiche Sandsteine auftreten. Die Mächtigkeit des Eisenberg-Horizontes gibt FUCHS mit 250–300 m an.

Gebiet Trierbachtal – Ahrtal

In diesem Gebiet läßt sich wegen des Fehlens von Spiriferen der *arduennensis*-Gruppe nicht die Zweiteilung in Biederburg- bzw. Beinhausen-Schichten und Gladbach-Schichten durchführen. Die Schichtenfolge ist hier ohnehin geringmächtig und hat nur schwachmarinen Charakter. FUCHS (1971, 1974) nimmt hier eine Schwelle an, die sog. Ahrschwelle, die während der Herdorf-Zeit und Ulmen-Zeit erhebliche Mächtigkeitsreduktionen verursacht haben soll, aber auch während des Unter-Ems noch wirksam gewesen sein dürfte. FUCHS führt im Bereich dieser Schwelle eine Zweiteilung für das Unter-Ems zwischen Ulmen-Schichten und Klerf-Schichten durch, und zwar in Rodder-Schichten (unten) und Trierbach-Schichten (oben).

Rodder-Schichten

FUCHS (1974, 86) stellte den Namen auf nach dem Dorf Rodder südwestlich von Antweiler (Ahr). Locus typicus ist der Bahneinschnitt nördlich des ehemaligen Bahnhofs Antweiler (Bl. 5507 Hönningen, r 5938 h 8598 bis r 5935 h 8560). FUCHS (1974, 86) gibt folgende Definition: „Als Rodder-Schichten werden helle, quarzitische Sandsteine im Hangenden der Oberen Dunklen Schichten bezeichnet, die sie häufig diskordant überlagern. Sie sind ziemlich fossilarm. Im Hangenden grenzen sie an die aus vorwiegend grünlichgrauen Gesteinen aufgebauten, fossilführenden Trierbach-Schichten." Die Folge ist im Raum Kottenborn – Barweiler etwa 200 m, an der Ahr etwa 100 m mächtig.

Trierbach-Schichten

FUCHS (1971, 84) schlug den Namen vor nach dem Trierbachtal, in dem zwischen Müsch und Bauler reiche Fossilfundpunkte erschlossen sind und führte eine Dreigliederung durch:

Zuunterst liegt der Alfenbach-Horizont (FUCHS 1971, 84, nach dem Alfenbachtal, in dem südwestlich Rodder an Weganschnitten Fossilfundpunkte erschlossen sind; Bl. 5607 Adenau, r 6087 h 8387 bis r 6000 h 8315). FUCHS (1974, 89) gibt folgende Definition: „Im Alfenbach-Horizont setzt mit – feldgeologisch meist leicht fassbarer – scharfer Grenze über den quarzitischen, hellen Sandsteinen der Rodder-Schichten eine Wechsellagerung von vorwiegend Silt- und Tongesteinen mit Sandsteinen ein. Die Silt- und Tongesteine sind meist grau, manchmal, besonders im oberen Teil, auch grüngrau gefärbt. Die allgemein feinkörnigen Sandsteine sind entweder plattig bis dünnbankig abgesondert, ebenschichtig, etwas quarzitisch und von braungrauer Farbe, oder, vor allem im Norden, dicker gebankt, flaser- bis rippel- oder sogar grob schräggeschichtet und grüngrau gefärbt. Eine scharfe Abgrenzung vom überlagernden Kirmutscheid-Horizont ist nicht möglich, da ein ganz allmählicher Übergang zu diesem besteht. Die Mächtigkeit ist gering und beträgt etwa 100 bis 200 Meter. Die Fauna des Alfenbach-Horizontes ist auf wenige, nur auf kurze Entfernungen aushaltende Fossillagen beschränkt, sie ist arten- und individuenarm. Lagen mit Pflanzenhäcksel sind noch nicht so zahlreich wie in dem überlagernden Kirmutscheid-Horizont." Im Ahrgebiet treten vereinzelt dünne kohlige Lagen auf. Die Sandsteine zeigen viele Sohlmarken, Tonflatschen, Pseudonodules und Belastungsmarken.

Es folgt der Kirmutscheid-Horizont (FUCHS 1971, 84 nach der Kirche Kirmutscheid, östlich der an einem Weganschnitt und in einem Steinbruch Fossilfundpunkte erschlossen sind; Bl. 5607 Adenau, r 6009 h 8220 bis r 6012 h 8223). FUCHS (1974, 92) gibt folgende Charakterisierung: „Der Kirmutscheid-Horizont besteht aus einer Wechsellagerung vorwiegend graugrüner Silt- und Sandsteine. Unter den Sandsteinen herrschen feinkörnige, in seltenen Fällen auch mittelkörnige, meist rippel- bis grobschräggeschichtete Gesteine gegenüber ebenschichtigen, quarzitischen, grauen Gesteinen mit im allgemeinen deutlicher blueheart-Verwitterung vor. Sandsteine erhalten in diesem Horizont die größte Bedeutung innerhalb der Trierbach-Schichten. Fast stets ist eine deutliche Dreigliederung erkennbar, wobei der untere und obere Teil durch das Überwiegen grüngrauer bis grauer Silt-/Tongesteine mit einzelnen dünnbankigen, quarzitischen Sandsteinen gekennzeichnet ist. Der mittlere Teil wird allgemein von meist höhenbildenden, mächtigen, mittel- (bis) oftmals dickbankigen, grüngrauen, rippel- bis grobschräggeschichteten Sandsteinen aufgebaut."

Die Fauna ist arten- und individuenreich, manchmal sogar in Kalkschalenerhaltung; hier lässt sich bei vielen Fundpunkten eine sekundäre Dolomitisierung feststellen. Spurenfossilien wie *Spirophyton eifliense* KAYSER sind relativ häufig. Auffällig ist der Reichtum an bis zentimeterdicken Kohlelagen, besonders im Ahrgebiet um Müsch und in der Umgebung von Kirmutscheid (Liste der einzelnen Vorkommen bei FUCHS (1974, 101)). An einer Kohlelage bei Müsch haben M. & R. TEICHMÜLLER (1952) Inkohlung von Fettkohlen-Stadium festgestellt. In Straßenaufschlüssen im Ahrtal nordöstlich von Müsch fanden sich kürzlich neben Taeniocrada-Arten auch *Drepanophycus spinaeformis* (GÖPPERT) KR. & WEYL. und *Psilophyton burnotense* (GILKINET) KR. & WEYL., beides echte Landpflanzen (H.-J. SCHWEITZER 1983). J. STETS & A. SCHÄFER (2002, 16–19) haben an dieser Stelle ein über 40 m mächtiges Profil sedimentologisch untersucht und stufen das Milieu als von Psilophyten besiedelte Überflutungsebene ein, die von mäandrierenden Flussläufen durchzogen wird und episodisch vom nahen Meer her überschwemmt wird. Die Mächtigkeit des Kirmutscheid-Horizontes beträgt nach FUCHS im Gebiet um Bauler etwa 900 m, im Ahrgebiet etwa 750 m.

Den obersten Teil der Trierbach-Schichten bezeichnet FUCHS (1971, 84) als Borler-Horizont (nach Fossilfundpunkten am Wasserbehälter Borler, Bl. 5606 Üxheim, r 5914 h 7604 und am Fahrweg von Borler zum Schlittebusch, r 5880 h 7590 bis r 5822 h 7626). FUCHS (1974, 102) gibt folgende Beschreibung: „Der Borler-Horizont besteht aus vorwiegend Ton- und Siltgesteinen, in die sich nur wenige, meist dünne Bänke von Sandsteinen einschalten. Die Ton- und Siltgesteine sind im Allgemeinen von graugrüner Farbe und fast immer fein- und ebengeschichtet. Unter den Sandsteinen überwiegen quarzitische, sehr feinkörnige, graue Gesteine, die häufig blueheart-Verwitterung zeigen Die Fauna des Borler-Horizonts beschränkt sich auf einzelne Brachiopoden (ausschließlich *Retzia* bzw. *Mutationella* sp.) und wenige, unbestimmbare Lamellibranchiaten." Die Mächtigkeit beträgt im Raum Borler nach FUCHS etwa 150 m, im Ahrgebiet etwa 80 m.

Südeifel

Biederburg-Schichten

Für die über den Reudelsterz-Schichten liegende Folge hat RÖDER (1957) nach der Ruine Biederburg im Liesertal den Namen Biederburg-Schichten eingeführt. Locus typicus mit Fossillagen ist das westliche Widerlager der Karl-Kaufmann-Brücke bei der Biederburg nordöstlich Karl (Bl. 5906 Manderscheid, r 5854 h 4635). Die Liegendgrenze lässt sich im Gelände über die höchsten Vorkommen geschlossener Rotfärbung legen. Als Hangendgrenze wurde die Ablösung von *Arduspirifer arduennensis prolatestriatus* MITTMEYER (= *Acrospirifer ard. latestriatus* Form α nach SOLLE) durch *A. arduennensis latestriatus* (MAURER) s. str. (= *Acrospirifer ard. latestriatus* Form ß nach SOLLE) definiert. Im Gelände lässt sich die Hangendgrenze über die höchsten sandarmen grauen Schiefer legen. Die darüber folgenden Gladbach-Schichten sind an der Basis durch rotgefärbte, z. T. stark eisenführende Sandsteine gekennzeichnet.

Die Biederburg-Schichten beginnen im Liesertal südlich von Manderscheid nach RÖDER mit einer Folge von hellgrauen, dünnbankigen Quarziten, in denen sich etwa 80–150 m über der Basis Fossillagen finden, in denen *Cypricardella*-Arten bankbildend sind. Eine höhere Sandsteinfolge zeigt eine reichere Fauna mit Muscheln, Spiriferen, Trilobiten und besonders häufig *Tropidoleptus rhenanus* FRECH sowie *Chonetes*-Arten (z. B. am Locus typicus an der Biederburg). In den obersten etwa 650 m der Biederburg-Schichten tritt der Sandgehalt zurück, es finden sich zuerst sandige graue Schiefer, schließlich am Dach der Formation mächtige Partien blauer dachschieferartiger Tonschiefer. Die Mächtigkeit der Biederburg-Schichten in diesem Profil gibt RÖDER mit 1800–1850 m an.

Im Oberlauf der Lieser tritt in der Mulde von Bleckhausen (Bl. 5806 Daun) zwischen den Sätteln von Manderscheid und Weiersbach nach RÖDER die Plattensandstein-Partie der Basis der Biederburg-Schichten auf, allerdings mit anders zusammengesetzter Fauna als im Gebiet um die Biederburg; J.M. SCHMIDT (1982) stuft sie als Beinhausen-Schichten ein.

Im Salmtal sind nach MARTIN (1960) nur die obersten 500–600 m der Biederburg-Schichten aufgeschlossen, und zwar der Bereich über den Plattensandsteinen. Unten treten flasrige sandige Schiefer mit quarzitischen Sandsteinen auf, oben finden sich blaue ebenflächige Tonschiefer.

Östlich vom Liesertal verändert sich die Fazies dadurch, dass sich in die Biederburg-Schichten zunehmend Rotsedimente einschalten; eine Abgrenzung gegen die Reudelsterz-Schichten im Liegenden wird dadurch erschwert. RÖDER (1957, 143) schätzt die Mächtigkeit der Biederburg-Schichten im Sammetbach-Profil auf höchstens 700 m, im Alfbach-Profil auf 400 m und im Üßbach-Erdenbach-Profil auf mehr als 1200 m.

Gladbach-Schichten

Der über den Biederburg-Schichten liegende Teil des grauen Unter-Ems wurde von MARTIN (1960, 174) nach Fossilfundpunkten im Gladbachtal (Bl. 6006 Landscheid) unter der Bezeichnung Gladbach-Schichten zusammengefasst. Die Liegendgrenze wird unter das erste Auftreten von *Arduspirifer arduennensis latestriatus* (MAURER) s.str. (= *Acrospirifer ard. latestr.* Form ß nach SOLLE) gelegt. Die Hangendgrenze ist durch das Einsetzen der Klerfer Fazies (wechselhafte Sedimente mit starken Roteinschüttungen) gegeben. Im Salmgebiet lässt sich nach MARTIN (1960) die Liegendgrenze auch im Gelände gut verfolgen, da hier die tiefsten Gladbach-Schichten aus grobkörnigen, teilweise verkieselten, schwach rotgefärbten Sandsteinen bestehen; sie enthalten linsenartige Eisenanreicherungen mit bis zu 29% Fe. Über den tonigen oberen Biederburg-Schichten ist dieser Gesteinswechsel sehr markant. Diese Basisfolge ist auch im Lieserprofil vorhanden und hier nach RÖDER (1957, 136) 200–250 m mächtig.

MARTIN (1960) unterscheidet im Salmgebiet zwei Faziesgebiete: eine klastische Schwellenfazies mit Flachwassersedimenten, die auf einer bei Landscheid vermuteten Nord-Süd-Schwelle abgelagert wurden und eine immer hochmarine Beckenfazies mit mächtigen, ebenfalls klastischen Folgen. Die Beckenfazies soll das Gebiet östlich der Salm einnehmen. Im groben lässt sich in beiden Faziesbereichen eine Zweiteilung durchführen: in den Unteren Gladbach-Schichten überwiegen Sandsteine; rote Farben und Eisenanreicherungen sind kennzeichnend. Für die Oberen Gladbach-Schichten sind mächtige graue Schieferfolgen typisch.

Folgende Tabelle (in Anlehnung an MARTIN) gibt einen Überblick über die Beckenfazies:

Hangendes:	rote, gering sortierte Gesteine der Klerf-Schichten.
Obere Gladbach-Schichten 2500 m	sandige, flasrige, selten rötliche Schiefer; blaue plattige Tonschiefer; bis 300 m mächtige Wechselfolgen zwischen Tonschiefern und feinkörnigen, gut gebankten Sandsteinen. Stadtfelder Fauna.
Untere Gladbach-Schichten ca. 1000 m	dickbankige Sandsteine, sandige Schiefer, stellenweise rot gefärbt; unten rote Sandsteine mit bis 20 cm starken „Roteisenflözen" (bis 29 % Fe). Brachiopodenreiche Stadtfelder Fauna; im Roteisen sehr wenige Spiriferen.
Liegendes:	blaue Tonschiefer der Biederburg-Schichten.

Für die Schwellenfazies, die nur für die Unteren Gladbach-Schichten und die Basis der Oberen Gladbach-Schichten festgestellt werden konnte, stellte MARTIN (1960) eine Gliederung auf, deren Horizonte er nach Orten oder Flurbezeichnungen aus der Umgebung von Landscheid benannte (vgl. Tabelle). Diese Feingliederung ließ sich über das engere Gebiet um Landscheid hinaus nicht weiterverfolgen.

In den Profilen des Sammetbaches, der Alf und der Üß läßt sich selbst eine Unterteilung in Untere und Obere Gladbach-Schichten nach SOLLE (1976, 17) nicht durchführen, östlich der Landscheider Schwelle MARTINs liegt nach SOLLE während der jüngeren Gladbach-Zeit ein synsedimentärer Graben, der sog. Bergweiler-Graben, in dem mächtige tonige Folgen zum Absatz kommen. Roteinschaltungen treten in dem der Olkenbacher Mulde benachbarten Streifen zurück; die Fauna ist hier wesentlich ärmer als auf der Landscheider Schwelle. Im Gebiet um Sammetbach, Alfbach und Üßbach sind nach SOLLE (1976, 28–29) Roteinschaltungen wieder häufig. Es lässt sich hier eine untere, sandsteinreiche Folge von einer oberen, mehr tonigen unterscheiden. Die Mächtigkeit dieser oberen Folge, die wohl etwa den Oberen Gladbach-Schichten gleichzusetzen ist, beträgt im Alfprofil nach SOLLE nur etwa ein Zehntel von der im Bergweiler-Graben, wo sie mit 2000–2500 m anzusetzen ist.

Tabelle 1. Gladbach-Schichten auf der Landscheider-Schwelle, nach G. MARTIN (1960).

Obere Gladbach-Schichten	2000 m übergreifende Beckenfazies.
	350 m Horizont vom Napoleons-Wäldchen: oben blaugraue, sandig-flasrige Schiefer, mit Sandsteinen wechsellagernd; außerdem dünnplattige, glimmerreiche Sandsteine. Unten dünnbankige, graugrüne Sandsteine vorherrschend und scherbig zerfallende Schiefer, daneben Rotsandsteine und Glimmersandsteine. Spurenfossilien, Rippeln, subaquatische Rutschungen.
Untere Gladbach-Schichten	15 m Burgelt-Quarzit: weiße Quarzite, Schiefereinlagerungen, Rotsandsteine.
	120 m Horizont vom Priestergraben: grüngraue und rote Sandsteine, sandige Eisenerzflözchen, sandige Schiefer; Rippeln und Feinschichtung häufig.
	350 m Sandsteine der Beckenfazies.
	150 m Horizont von Niederkail: fein- und grobkörnige Sandsteine, sandige Schiefer; schwache Rotfärbung zonenweise. Häufig Schrägschichtung.
	150 m Horizont vom Mühlenberg: Sandsteine und Schiefer, bis 30 cm dicke Eisenerzflöze, die u. a. Orthoceren enthalten.
Liegendes:	Tonschiefer der Biederburg-Schichten mit *Arduspirifer arduennensis prolatestriatus*.

Nordosteifel

Südöstlich der Sötenicher Mulde streichen auf der NW-Flanke des Osteifeler Antiklinoriums auch Unter-Ems-Schichten aus, wobei neben Klerf-Schichten und dem Billigerwald-Quarzit auch Stadtfeld-Schichten auftreten müssen. Über ihre Gliederung ist nichts bekannt. Die Siegen-Ems-Grenze verläuft auf Blatt 5407 Altenahr innerhalb der Effelsberg-Formation etwa auf der Linie Hilberath – Freisheim – Houverath – Holzem (vgl. S. 43).

3.3.2.3 Klerf-Schichten

Der obere Teil des Unter-Ems ist im Gebiet der Eifeler Nord-Süd-Zone wie in dem westlich anschließenden luxemburgischen und belgischen Ardennenraum relativ einheitlich ausgebildet. Kennzeichnend ist die Häufigkeit rotgefärbter Sedimente in dieser rein klastischen Schichtfolge. R. RICHTER (1919, 50) hat die deutsche Bezeichnung „Klerfer Schichten“ eingeführt für die „Schistes rouges de Clervaux“ von J. GOSSELET (1885, 269). Ein weiteres Charakteristikum der Klerf-Schichten ist ihre Fossilarmut, besonders das Fehlen von biostratigraphisch verwertbaren Brachiopoden. Gliederungen der Klerf-Schichten ließen sich deshalb nur auf lithologischer Grundlage durchführen. Da diese Gesteinsfolge jedoch in einem Flachmeer mit starken Festlandseinflüssen abgelagert wurde, wechselt das lithologische Profil seitlich sehr rasch, und es lässt sich keine für den ganzen Ablagerungsraum gültige Gliederung aufstellen.

Die Klerf-Schichten setzen sich im ganzen Eifelgebiet aus folgenden Gesteinstypen zusammen (vgl. auch G. FUCHS 1974, 103–107):

1. Meist feinkörnige, quarzitische Sandsteine von grauer oder rotgrauer Farbe.
2. Meist mittelkörnige, weinrote bis graurote, oft glimmerreiche Sandsteine.
3. Rote bis violette Tonschiefer und Siltsteine, mit graugrünen fleckigen Verfärbungen (wohl Reduktionshöfe um organisches Material). Oft sind sie sehr homogen (nicht entmischt) und zeigen wenig Schichtbänderung. Sie brechen dann muschlig und werden auch als „Scherbenschiefer“ bezeichnet. Wegen der weinroten Farbe nannte GOSSELET (1885, 269) diese Gesteine „schistes rouges lie de vin“ (lie de vin = weinrot, Weinhefe).
4. Grün- und gelbgraue Sand- und Siltsteine und Tonschiefer. Diese Gesteine sind reich an Sedimentationsmerkmalen, die auf starke Wasserbewegung und Umlagerung zurückgehen: Rippeln, Schrägschichtung (G. FUCHS hat Diskordanzwinkel von 35° beobachtet), Sohlmarken, Tonflatschen. Die dünnplattigen grünlichen Sandsteine werden von der Bevölkerung als „Hasseln“ oder „Hasselsteine“ bezeichnet.

Kennzeichnend für den ganzen Komplex der Klerf-Schichten ist die schlechte Sonderung der klastischen Komponenten, so dass tonige Sandsteine sowie sand- bis grobsilt-haltige Tongesteine vorherrschen. Als einzige karbonatische Bestandteile können Kieselkalke im oberen Teil der Klerf-Schichten gelten. L. KUCKELKORN & H. VORSTER (1926, 516) erwähnen sie von Niederstadtfeld und von der Südwestumrandung der Blankenheimer Mulde, K. KRÖMMELBEIN (1955, 15) aus der Salmerwaldmulde, H.J. LIPPERT (1939, 13) aus der Daleider Muldengruppe. In den anderen Bereichen der Nord-Süd-Zone scheinen sie zu fehlen.

Die Fauna zeigt größtenteils brackisches bis limnisches Milieu an. Es finden sich Muscheln hauptsächlich der Gattung *Modiola*, kleinwüchsige Brachiopoden der „Globithyrid-Fazies“ (BOUCOT 1963), Ostracoden, Eurypteriden, Fischreste und Lebensspuren. Jedoch sind diese Fossilien auch selten, große Teile der Klerf-Schichten sind praktisch fossilfrei. Erst in der Umrandung der Prümer Mulde und in Annäherung an die Moselmulde werden Fossillagen häufiger und artenreicher. Hier nimmt auch der marine Charakter der Fauna deutlich zu. Überraschenderweise finden sich auch in der Umrandung der Sötenicher Mulde relativ häufig marine Faunen. Vor der Küste des Nordkontinents herrschten in einer vielleicht trogartigen Zone also stärker marine Bedingungen als in der zentralen Eifel, wo wahrscheinlich der Einfluss einer Schwelle (Ahrschwelle oder Mitteleifel-Schwelle) dominierte.

Pflanzenreste sind häufig (SCHWEITZER 1983). Neben Makroresten kommt eine reiche Sporenflora vor, die von F. FRANKE (1965), E.-P. LANNINGER (1968), G. SCHULTZ (1968) und W. RIEGEL (1975) beschrieben wurde.

Südflanke des Venn-Sattels und Nordeifel

Auf den Blättern 5404 Schleiden und 5504 Hellenthal wird nach RIBBERT (1993, 1994) die Klerf-Formation lithologisch in drei Kartiereinheiten untergliedert, von unten nach oben:

Unterpreth-Subformation (Unterpreth nordöstlich Hollerath) mit grauen Tonsteinen mit nur dezimeterdicken Rotschiefereinschaltungen und dünnen, grauen, karbonatischen Sandsteinbänken. Als Übergangsfolge vom Grauen Unterems zu den rotschieferreichen Klerf-Gesteinen den Verschneid-Schichten von MENTZEL (1966) (3.3.2.2, Südflanke des Venn-Sattels und Umgebung der Schneifel) aus dem Schneifel-Gebiet vergleichbar. 250–300 m mächtig.

Altenberg-Subformation (Altenberg nordwestlich Wollenberg), mit schluffigen Tonsteinen, die zu gleichen Teilen rot und grau gefärbt sind und grünlichgrauen Sandsteinen. 750 m mächtig.

Reifferscheid-Subformation (Reifferscheid-Schichten bei WUNSTORF), dickbankige, oft ungeschichtete Sandsteine überwiegen gegenüber rotvioletten bis grünen Tonsteinen. 300 m mächtig.

Nach der spärlichen Makrofauna und den Pflanzenresten ließ sich keine Alterseinstufung vornehmen. Nach Sporenuntersuchungen haben die untere und die mittlere Subformation ein Unterems-Alter, bei der oberen ist nicht auszuschließen, dass sie ins Oberems hinaufreicht (RIBBERT 1993, 21). Zur Sedimentologie vgl. A. BREIL-SCHOLLMAYER (1989).

Zwischen Mechernich und Zingsheim sind in die Klerf-Schichten bis zu 30 m mächtige Sandstein- und Quarzitpakete eingeschaltet. Sie dürften dem Billigerwald-Quarzit südöstlich von Euskirchen entsprechen (A. FUCHS in FUCHS & WOLFF 1910, 6). In der Umrandung der südlichen Eifelkalkmulden entsprechen ihnen die sog. „Vorläufer-Quarzite“ (LIPPERT 1939, 19, KRÖMMELBEIN 1955, 13–15). Der Billigerwald-Quarzit ist also nicht dem Emsquarzit gleichzusetzen, wie noch W.E. SCHMIDT (1944) annahm.

Einige Faunenfundpunkte hat LIPPERT (1937a) vom Nordwestflügel der Sötenicher Mulde bekanntgemacht. Unter ihnen ist ein Fundpunkt bei Kreuzweingarten bemerkenswert, da er über dem Niveau des Billigerwald-Quarzits liegt, aber noch eine Unter-Ems-Fauna enthält (vgl. W. SCHMIDT & E. SCHRÖDER 1962, 29). Eine reiche Fauna fand E. SAUER (1968) im Bleibachtal südwestlich Kommern in Gesteinen Klerfer Fazies. Sie hat deutlich vollmarinen Charakter und zeigt vielleicht einen Übergang zur Heimbacher Fazies an. Auch in der Umgebung von Bad Münstereifel fanden sich marine Faunen (E. ROTH 1965).

In den Klerf-Schichten der Nordeifel sind Pflanzen besonders häufig. Sie sind örtlich zu Brandschieferlagen angereichert, auf die sogar Abbauversuche durchgeführt wurden. In einem Steinbruch an der sogenannten Napoleon-Straße nördlich von Eicherscheid (Bl. 5406 Bad Münstereifel) wird ein solches Brandschiefer-Flöz zusammengesetzt aus noch unbekannten

Pflanzen mit sehr runzligen Achsen (Rhizome?, vgl. KAISER, MEYER & SCHWEITZER 1977). Der Inkohlungsgrad ist hier auffällig niedrig (M. & R. TEICHMÜLLER 1952), deshalb haben sich Kutikeln und Sporen ausgezeichnet erhalten. Sie wurden von FRANKE (1965) untersucht.

Deutsch-belgisch-luxemburgisches Grenzgebiet

Nach H. FURTAK (1965, 285–287) entsprechen im Dreiländereck die überwiegend tonigen Schichten von grüner und roter Farbe, die er als „Gesteinskomplex D" zusammenfasst, den Klerf-Schichten. Ihre Mächtigkeit gibt er für das Ourtal nördlich Dasburg mit ca. 1400 m an. Im Gebiet nordwestlich der Schneifel ist die Mächtigkeit nach R. MENTZEL (1966) viel größer als 1000 m. Hier treten im höheren Teil auch helle quarzitische Sandsteine auf, die den sog. Vorläuferquarziten der Daleider Muldengruppe entsprechen dürften. Die relativ zahlreichen Fossilfunde lassen sich mehreren Faziestypen von schwach marinen Küstenbereichen bis zu voll-marinen Verhältnissen zuordnen.

Im Hontheimer Sattel zwischen Prümer Mulde und Schneifel-Mulde hat MENTZEL (in BECKER & MENTZEL 1961) die Klerf-Schichten des Abschnitts zwischen Steinmehlen und Gondenbrett untersucht. Er konnte hier eine Dreigliederung durchführen: Der untere Teil besteht aus grüngrauen bis gelbgrauen Sandsteinen und Tonschiefern; rote Tonschiefer sind bei Gondenbrett häufiger als weiter südwestlich, wo sie nur im oberen Abschnitt dieser Basisfolge auftreten. Der mittlere Teil ist durch das häufige Vorkommen von grauroten Sandsteinen gekennzeichnet. Der obere Teil ist gleich ausgebildet wie der untere; jedoch treten die gelbgrauen Sandsteine im oberen Teil nicht so häufig auf wie im unteren. Die Klerf-Schichten sind nordwestlich von Gondenbrett etwa 1570 m mächtig, im Profil nordöstlich von Obermehlen etwa 1700 m.

Aus der Umgebung von Willwerath (Bl. 5704 Prüm) haben R. KRÄUSEL & H. WEYLAND (1930) Pflanzenreste beschrieben; u. a. kommt dort *Psilophyton burnotense* KR. & WEYL. vor. L. STØRMER (1936, 1969b) hat von Willwerath eine artenreiche Eurypteriden-Fauna beschrieben sowie den Schwanz eines Skorpions; vgl. auch POSCHMANN & TETLIE (2006).

Weiter im Südwesten liegen Untersuchungen von LIPPERT (1939) aus der Umrandung der Daleider Muldengruppe vor. LIPPERT schätzt die Mächtigkeit der Klerf-Schichten hier auf etwa 600 m; die lebhafte Spezialfaltung erschwert genauere Angaben. Im Heimbachtal bei Daleiden fand sich eine Kieselkalk-Bank, die voller Fossiltrümmer steckt. Der Fossilinhalt der zahlreichen Fundpunkte (LIPPERT entdeckte allein 25 neue Fundpunkte) ist wesentlich reicher als im mittleren und nördlichen Abschnitt der Nord-Süd-Zone. Neben Muscheln fanden sich Ostracoden, Eurypteriden, Trilobiten und Brachiopoden (sogar Spiriferen). Im oberen Teil der Klerf-Schichten treten Quarziteinlagerungen auf, die als Vorläuferquarzite bezeichnet werden, da sie noch nicht zum Emsquarzit gehören. LIPPERT (1939, 18) beschreibt aus einem solchen Quarzit von Olmscheid (Bl. 5903 Neuerburg) eine Fauna, der Ober-Ems-Formen noch fehlen.

Die Sättel zwischen den Kalkmulden

Im Bereich der Kalkmulden lassen sich die Klerf-Schichten besonders im Stadtkyller Sattel untersuchen, wo sie durch Kylltal und Ahrtal relativ gut aufgeschlossen sind. G. BECKER (in BECKER & MENTZEL 1961) konnte hier eine Dreigliederung vornehmen in Sandsteinpartien oben und unten, die durch eine mehr tonige Partie getrennt werden. Die Mächtigkeit lässt sich wegen der schlechten Aufschlussverhältnisse bei der lebhaften Spezialfaltung nicht ermitteln, auch treten die liegenden Stadtfeld-Schichten nicht zutage. BECKER schätzt die Mindestmächtigkeit der Klerf-Schichten im Stadtkyller Sattel auf 600 m. Am Itzbach nordwestlich von Waldorf (Bl. 5605 Stadtkyll) fand BECKER einen Aufarbeitungshorizont etwa 100 m unterhalb der Basis der Heisdorf-Schichten. Pflanzenfunde aus der Umgebung von Jünkerath beschreiben KAISER, MEYER & SCHWEITZER (1977, 13).

Für die anderen Sattelbereiche fehlen noch Untersuchungen. Im Ostteil des Hoffelder Sattels, des Essinger Sattels und des Birresborner Sattels (also zwischen Ahrdorfer Mulde und Salmerwald-Mulde) hat G. FUCHS (1974) die Klerf-Schichten untersucht; seine Ergebnisse werden im folgenden Abschnitt geschildert:

Das Gebiet östlich der Kalkmulden

Für das Gebiet zwischen dem Ahrtal und der Salmerwald-Mulde hat G. FUCHS (1974, 102–112) eine Beschreibung gegeben, auf die wir uns hier beziehen. Er konnte in fast allen Profilen eine Dreigliederung durchführen. Dabei finden sich rote Gesteine vorwiegend im unteren und oberen Teil, im mittleren herrschen graue Farben vor. Örtlich ließen sich noch feinere Untergliederungen vornehmen, die aber nicht über größere Entfernungen zu verfolgen sind. Über den Aufbau der Schichtenfolge unterrichtet Abb. 17, die Mächtigkeiten sind aus Abb. 18 zu entnehmen. Die Namen der Horizonte haben folgenden Ursprung:

Wenzelbach-Horizont (FUCHS 1974, 108) nach dem Wenzelbach zwischen Trierscheid und Dankerath, Bl. 5606 Üxheim.

Roth-Horizont (FUCHS 1974, 108) nach der Anhöhe „Auf Roth“ zwischen Brück und Dreis, Bl. 5706 Hillesheim.

Koppsuhr-Horizont (FUCHS 1974, 109) nach der Flur Koppsuhr östlich von Dockweiler, Bl. 5706 Hillesheim.

Senscheid-Horizont (FUCHS 1974, 109) nach Senscheid, Bl. 5606 Üxheim.

Mascheid-Horizont (FUCHS 1974, 109) nach der Flur Mascheid, zwischen Oberehe und Heyroth, Bl. 5706 Hillesheim.

Rotsandstein-Horizont (ALBRECHT 1960) im Westteil der Salmerwald-Mulde nach dem vorherrschenden Gestein.

Retzendell-Horizont (FUCHS 1974, 110) nach der Flur Retzendell auf der Südseite des Ahrtals südwestl. Müsch, Bl. 5606 Üxheim.

Stahlhütte-Horizont (Fuchs 1974,110) nach der Stahlhütte im Ahrtal östlich Dorsel, Bl. 5606 Üxheim.

Ehberg-Horizont (FUCHS 1974, 110) nach dem Ehberg südlich der Mündung des Ahbaches in die Ahr, Bl. 5606 Üxheim.

Trierscheid-Horizont (FUCHS 1974, 110) nach Trierscheid, Bl. 5606 Üxheim.

Eulenberg-Horizont (FUCHS 1974, 111) nach dem Eulenberg nordöstlich Nohn, Bl. 5606 Üxheim.

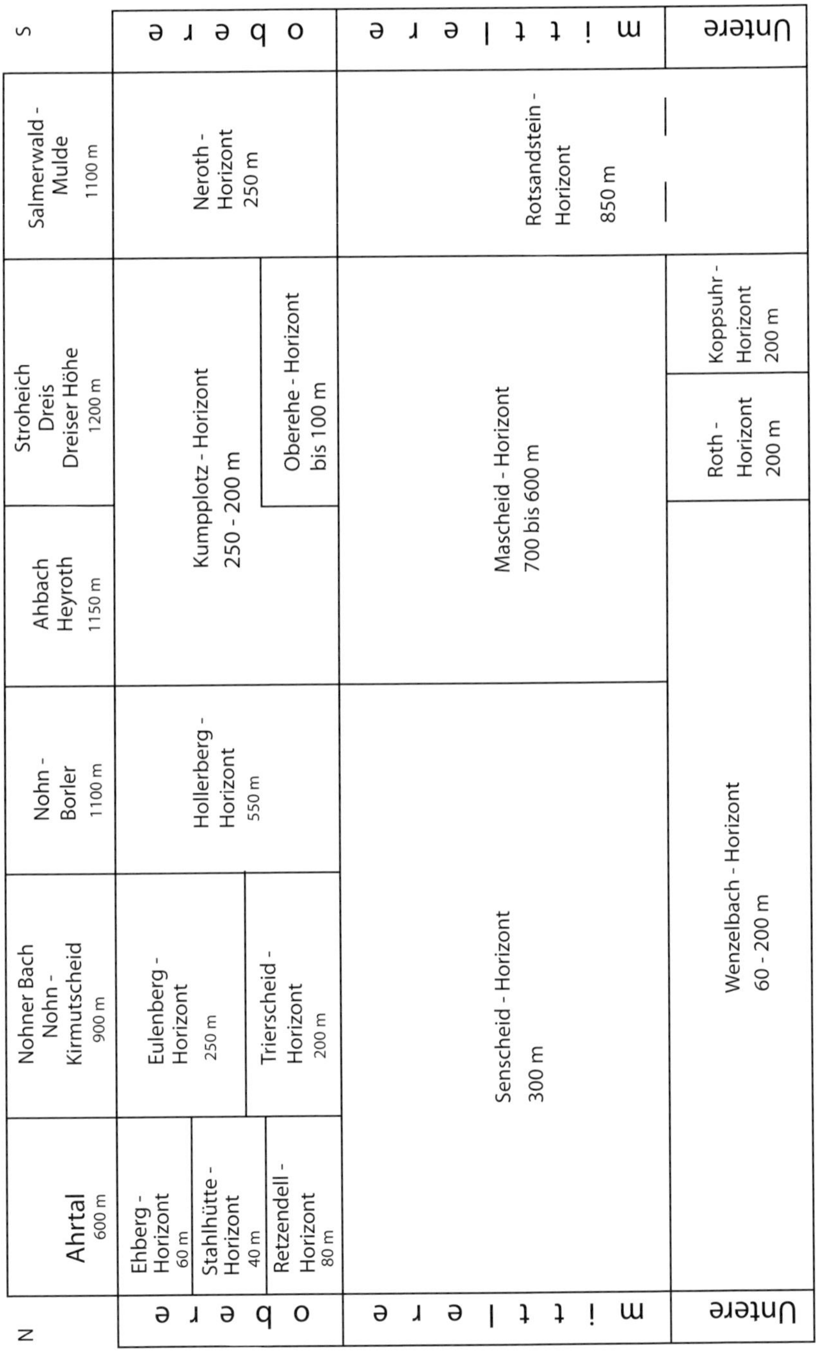

Abb. 18. Gliederung und Mächtigkeiten der Klerf-Schichten im Ostteil der Eifeler Nord-Süd-Zone. G. FUCHS (1974)

Hollerberg-Horizont (FUCHS 1974, 111) nach dem Hollerberg nordwestlich Borler, Bl. 5606 Üxheim.

Oberehe-Horizont (FUCHS 1974, 111) nach Oberehe, Bl. 5606 Üxheim.

Kumpplotz-Horizont (FUCHS 1974, 111) nach der Flur Kumpplotz nordöstlich Stroheich, Bl. 5706 Hillesheim.

Neroth-Horizont (ALBRECHT 1960, 36) nach Neroth, Bl. 5808 Daun.

Die Klerf-Schichten zeigen im Ahrgebiet erheblich geringere Mächtigkeiten als etwa in der Umrandung der Hillesheimer Mulde und der Salmerwald-Mulde, das deutet darauf hin, dass die Ahrschwelle zur Klerf-Zeit noch wirksam war. Rotgefärbte Sedimente sind im Süden häufiger; Rotsandsteine treten nur im Salmerwald-Gebiet auf. Das scheint im Widerspruch zu stehen zu der Annahme, dass ein rotes Nordland das Liefergebiet gewesen ist. FUCHS (1974, 128) gibt dafür folgende Erklärung: Primäre Rotfärbung der Sedimente ist nur dann erhaltungsfähig, wenn diese schnell abgelagert und überdeckt werden. Diese Bedingungen sind im Bereich der Ahrschwelle nicht gegeben, da dort die Sedimente stark aufgearbeitet und umgelagert wurden; es finden sich u. a. Schrägschichtungskörper mit großen Diskordanzwinkeln. In dem ruhigeren Bereich südlich der Ahrschwelle wurden dagegen die Rotsedimente rasch überdeckt, dadurch blieb die Färbung erhalten. Nach dieser Deutung ist wenigstens für dieses Gebiet die Annahme eines südlichen Liefergebietes, die u. a. von QUIRING (1933) diskutiert wird, nicht erforderlich (vgl. dazu das folgende Kapitel).

Südeifel

Am Nordrand der mittleren Olkenbacher Mulde konnte SOLLE (1937, 9) zuerst das Unter-Ems-Alter der Klerf-Schichten belegen, da hier viel reichere vollmarine Faunen vorkommen als in der Umrandung der Eifelkalkmulden. Später dehnte SOLLE (1956a, 1976) seine Untersuchungen auf den ganzen Nordrand der Olkenbacher Mulde aus und konnte eine Untergliederung der Klerf-Schichten auskartieren. MARTIN (1960) hat diese Gliederung bis in das Gebiet von Heckenmünster – Dodenburg (Bl. 6006 Landscheid) und Dierscheid – Erlenbach (Bl. 6106 Schweich) verfolgen können. Der Dreigliederung (unten und oben rote, in der Mitte graue Sedimente), die FUCHS (1974) zwischen der Salmerwald-Mulde und der Ahr auskartierte (vgl. 3.3.2.3, Das Gebiet östlich der Kalkmulden), steht in der Südeifel eine Zweigliederung gegenüber. Der untere Teil der Klerf-Schichten der Olkenbacher Mulde entspricht etwa dem unteren und mittleren Teil bei FUCHS und wird deshalb von SOLLE (1976) unter der Bezeichnung „Untere und Mittlere Klerf-Schichten“ geführt. Die Oberen Klerf-Schichten von Olkenbach dürften etwa mit den Oberen Klerf-Schichten von FUCHS zu parallelisieren sein, mit allen Vorbehalten, die beim Vergleich von lithologischen Gliederungen in einer küstennahen, von Deltaeinschüttungen beeinflussten Abfolge angebracht sind. Im Moselgebiet verzahnen sich die Klerf-Schichten etwa zwischen Alf und Cochem mit den Nellenköpfchen-Schichten der Mittelrhein-Gliederung (SOLLE 1970). Unter- und Obergrenzen beider Schichtglieder dürften etwa zeitgleich sein; auch hier gelten die erwähnten Vorbehalte, denn auch die Nellenköpfchen-Schichten sind Regressions-Sedimente mit Watt- und Auftauchbereichen (s. u.).

Untere und Mittlere Klerf-Schichten

SOLLE (1976, 31–56) gibt von dieser Schichtenfolge und ihrer Fauna eine ausführliche Beschreibung, die den folgenden Ausführungen zugrunde liegt. Die vorherrschenden Sedimente sind hier rote, nicht oder kaum entmischte Ton-Siltsteine, die als Scherbenschiefer bezeichnet werden. Sie können bis 50 m mächtige geschlossene Folgen aufbauen. Örtlich können sehr glimmerreiche Lagen auftreten. Nahe der Mündung des Salzbaches in die Alf (Bl. 5907 Hasborn) treten schwarzblaue bis schwarze siltige Schiefer in größerem Verband auf; in Lagen von wenigen Metern Dicke sind diese dachschieferähnlichen Schiefer auch an anderen Stellen im Gebiet zu beobachten. SOLLE hält sie für Absätze lokaler Stillwasserzonen, vielleicht in lochartigen Eintiefungen entstanden. Im Gebiet des Grünewaldes östlich der Lieser (Bl. Hasborn) finden sich Lagen silberweißer Schiefer, die überwiegend aus Muskowit bestehen. SOLLE (1976, 35) erwägt äolische Ausblasung der Glimmer aus temporär aufgetauchten Zonen. In den Silt- und Sandsteinen sind oft große Tonflatschen vorhanden. Quarzitische Sandsteine und Quarzite sind innerhalb der ganzen Schichtenfolge zu finden, sie können auch Pakete von einigen Zehner Metern aufbauen. Die klastischen Gesteine enthalten zahlreiche Spuren subaquatischer Gleitungen, die überwiegend nach NW gerichtet sind. Das überrascht,

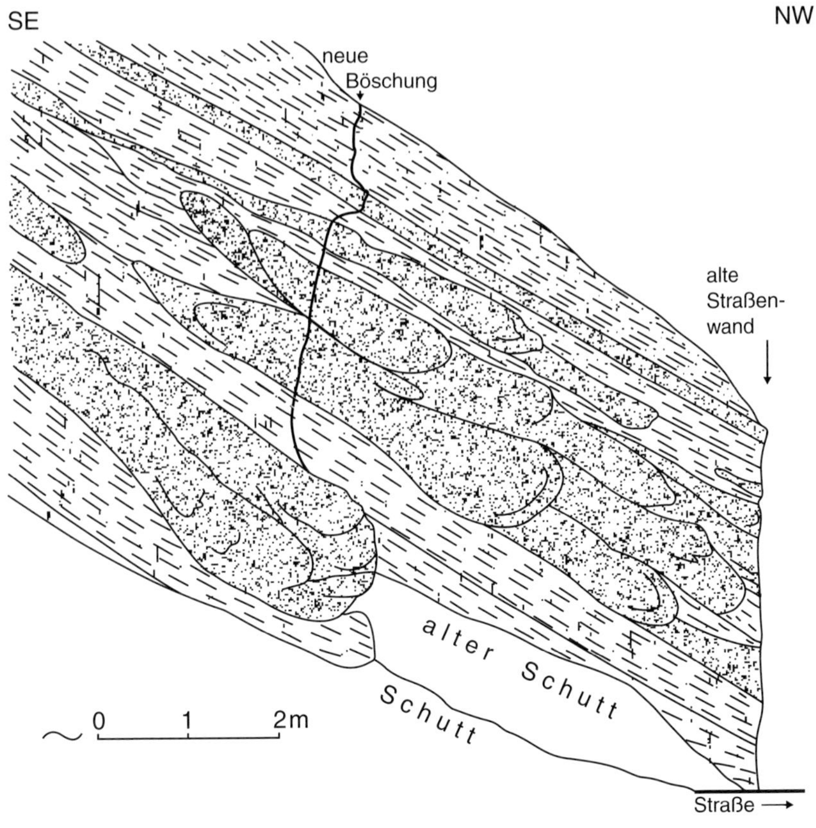

Abb. 19. Nach NW gerichtete synsedimentäre Rutschungen in Unteren Klerf-Schichten. Neue Kondelstraße oberhalb der Einmündung in die Üsstalstraße nordwestlich Alf. SOLLE (1976).

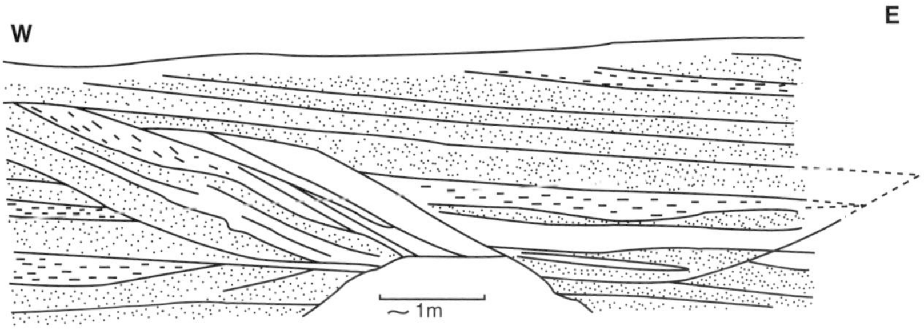

Abb. 20. Priel mit Wanderung der Prielachse von W nach E. Untere Klerf-Schichten. Alter Steinbruch am Escherberg (Nordhang). Straße Willwerscheid – Hasborn. SOLLE (1976).

wenn man eine Sedimentschüttung vom Nordkontinent annimmt. SOLLE vermutet, dass sich die Achse des Mosel-Teiltrogs zeitweise etwas nach NW verlagert hat, so dass das Olkenbacher Gebiet auf die SE-Flanke des Troges geriet. Außerdem nimmt SOLLE (1970) für das hohe Unter-Ems und das Ober-Ems im Hunsrückgebiet eine große Insel an, von der aus auch Einschüttungen erfolgt sein sollen und der ein flacher Gezeitenbereich vorgelagert gewesen sein soll. Die großen Unter-Ems-Mächtigkeiten im nördlichen Hunsrück sprechen allerdings nicht für ein hoch herausragendes Abtragungsgebiet. In einem verfallenen Steinbruch hinter dem Forsthaus Alf (nahe der Einmündung des Üßbaches in die Alf, Bl. 5908 Alf) fand SOLLE (1970, 52–54) drei mit groben Brekzien erfüllte Bänke, die er von einer höchstens 2–3 km im Südosten entfernten kliffartigen Küste ableitet. Es fanden sich in diesem Steinbruch auch Oszillationsrippeln, die nach zwei Seiten abgebogen sind, wie durch Umfließen eines Hindernisses (etwa einer Muschelschale) entstanden, was auf sehr flaches Wasser schließen lässt. Auch die Spurenfossilien deuten auf flaches Wasser, ebenso „Austernbänke“ der großen Muschel *Limoptera* (*Klinoptera*) *rhenana* (DIENST). Dass örtlich echte Watten ausgebildet waren, zeigen u. a. mehrere Priele, die SOLLE (1976, 40–41) beschreibt. Die reiche Fauna einer solchen prielartigen Rinne hat SOLLE (1956b) von einem jetzt überbauten Straßenaufschluss zwischen Greimerath und der Autobahn (BL 5907 Hasborn) beschrieben; die Liste enthält 120 Arten, unter denen Muscheln den Hauptanteil stellen. SOLLE (1976, 41–42) erwähnt aus tonigen Scherbenschiefern auch trockenrissartige Schwundrisse.

Die Mächtigkeit schätzt SOLLE für das Gebiet westlich der Alf auf 300–500 m; die geschilderten Flachmeerbedingungen verursachen starke Mächtigkeitsschwankungen. Für den SW-Teil der Olkenbacher Mulde gibt MARTIN (1960, 182) eine Mächtigkeit von knapp 450 m an. Östlich der Alf nimmt die Mächtigkeit stark zu: nach MITTMEYER (1972, 85) sind die gesamten Klerf-Schichten in der Umgebung von Alf 2000 m mächtig; davon entfällt ein Großteil auf die Unteren und Mittleren Klerf-Schichten.

Die Fauna der Unteren und Mittleren Klerf-Schichten (Faunenliste und ausführliche Diskussion bei SOLLE 1976, 42–55) hat in der Umrandung der Olkenbacher Mulde vollmarinen Charakter. Gigantostraken und Ostrakoden sowie Pflanzenreste fehlen, Panzerfische sind selten. Trotz ihres marinen Charakters zeigt die Faunenzusammensetzung jedoch immer Flachwasserbedingungen an, was mit den sedimentologischen Befunden in Einklang steht. Die reiche Faunenliste (194 Formen bei SOLLE) ist auch deshalb von besonderem Wert, weil durch sie das hohe Unter-Ems bis fast zur Hangendgrenze paläontologisch repräsentiert wird, denn die Oberen Klerf-Schichten vertreten nur einen relativ kurzen Zeitabschnitt.

Obere Klerf-Schichten

Mit dem Wechsel von Schiefern (bzw. Scherbenschiefern) zu plattigen und bankigen Sandsteinen beginnen die Oberen Klerf-Schichten. Auch hier folgen wir bei der Beschreibung der ausführlichen Darstellung von SOLLE (1976, 55–65).

Die Schichtenfolge zeigt im Gegensatz zu den Unteren und Mittleren Klerf-Schichten weitgehend entmischte Sedimente. Am häufigsten sind ebenplattige, meist rot gepunktete bis rote, verhältnismäßig grobkörnige, häufig etwas quarzitische Sandsteine. Grauwacken sind selten, jedoch sind helle Quarzite oft eingeschaltet. Rotfärbung ist besonders im tieferen Teil sehr ausgeprägt. Nach oben wird die Verkieselung stärker, und rote Farben finden sich nicht mehr so geschlossen wie unten. Tonschiefer treten nur wenig auf und oft nur in dezimeterdicken Lagen, seltener als meterdicke Einlagerungen. Im mittleren bis oberen Bereich der Oberen Klerf-Schichten finden sich örtlich, z. B. am Hauptkamm des östlichen Kondelwaldes, Linsen von weißen, „Glaswacke"-artigen Quarziten, die große Ähnlichkeit mit dem Emsquarzit haben können, wenn sie auch dünner gebankt sind als dieser. Sie müssen aber vom Emsquarzit getrennt werden, denn über ihnen fand SOLLE noch sichere Unter-Ems-Fauna. Es sei daran erinnert, dass in der Westeifel in etwa vergleichbarer Position (eine genaue stratigraphische Korrelation ist nicht möglich) die sog. „Vorläufer-Quarzite“ von LIPPERT (1939) liegen, in der Nordeifel die Billigerwald-Quarzite (vgl. 3.3.2.3, Südflanke des Venn-Sattels und Nordeifel)). Im Gegensatz zum unteren Teil der Klerf-Schichten sind die Oberen Klerf-Schichten gleichmäßiger abgelagert worden. Rasches Auskeilen mächtiger Pakete fehlt ebenso wie jede Spur von Rutschungserscheinungen (SOLLE beschreibt wenige Ausnahmen). Selbst dünne Bänke halten seitlich weit aus. Die Mächtigkeit wird für den Bereich der Olkenbacher Mulde von SOLLE mit 200–250 m, örtlich 300 m angegeben. Für den SW-Teil der Olkenbacher Mulde nennt MARTIN (1960, 182) 350–400 m.

Die Fauna ist gekennzeichnet durch die Häutigkeit der Brachiopodenarten *Mutationella confluentina* (A. FUCHS) und (seltener) *M. schindewolfi* SOLLE in großen Exemplaren. Diese *Mutationella*-Massenvorkommen mit großen Exemplaren fehlen den Unteren und Mittleren Klerf-Schichten (ausgenommen den Priel von Greimerath) der Südeifel und bilden daher ein gutes Unterscheidungsmerkmal. Diese Biofazies ist auf Delta- und Vordeltaablagerungen beschränkt und entspricht der von BOUCOT (1963) aus den Ardennen und den Appalachen beschriebenen „Globithyrid facies“. SOLLE (1976, 62–63) gibt eine umfangreiche Liste der außerdem in den Oberen Klerf-Schichten gefundenen Arten.

SOLLE sieht in den Oberen Klerf-Schichten der Südeifel Ablagerungen von zwei gegeneinander gerichteten Delta-Systemen, wobei ein größeres von NW, ein kleineres von S (von der „Hunsrückinsel“ SOLLEs) gekommen sein soll. SOLLE (1976, 65): „Das Bild gelegentlichen flachsten Auftauchens kann sich dort ergeben, wo in den verwaschenen Rippelfeldern, z. T. mit gekappten Rippel-Kämmen, zahlreiche große Schreitspuren liegen, offenbar von großen Homalonoten; mehrmals wurde beobachtet, dass die Schreitspuren sorgfältig den Rippeltälern folgen.“

3.3.3 Oberems-Schichten im Bereich der Kalkmulden

Während der Ober-Ems-Zeit verschärfen sich die Faziesunterschiede zwischen dem Gebiet der Eifelkalkmulden und dem Mosel- und Mittelrheingebiet erheblich. Abgesehen vom Emsquarzit, der in beiden Faziesräumen in gleichartiger Ausbildung die Basis des Ober-Ems markiert, lassen sich die Gliederungen beider Gcbiete nicht vergleichen.

Im Bereich der Kalkmulden gilt die folgende Gliederung, die am Süd- und Westrand der Prümer Mulde von L. HAPPEL (1930) entwickelt wurde:

Eifelium:	Lauch-Schichten.
Ober-Emsium	Heisdorf-Schichten Wetteldorf-Schichten Wiltz-Schichten Berle-Schichten (Emsquarzit).
Unter-Emsium:	Klerf-Schichten.

Diese Gliederung zeigt schon am Nordrand der Prümer Mulde starke Veränderungen, die in den Nachbarmulden noch zunehmen. Schließlich sind in großen Teilen der nördlichen Mulden Berle-Schichten, Wiltz-Schichten und Wetteldorf-Schichten nicht mehr nachzuweisen. Daraus wird die Existenz einer Schwelle abgeleitet, die als sog. Mitteleifel-Schwelle während des Ober-Ems und während des Mitteldevons wirksam gewesen sein soll. Ihre Achse ist etwa parallel zum NE-Ende der Blankenheimer Mulde zu vermuten. Da Überlegungen von K. KRÖMMELBEIN (1953) zur Annahme dieser Schwelle geführt haben, gebrauchte W. STRUVE (1961b) dafür die Bezeichnung „Krömmelbeinsche Struktur“. Für das Fehlen des Ober-Ems in Prümer Ausbildung in diesem Bereich gibt es zwei Deutungsmöglichkeiten:

1. Ober-Ems-Schichten wurden hier gar nicht abgelagert. In Richtung auf die Struktur, die dann eine Schwelle sein muss, keilen die einzelnen Ober-Ems-Schichtglieder aus. Das ist das von KRÖMMELBEIN (1953) zuerst vertretene Modell.

2. Oder die Ober-Ems-Schichten der Prümer Ausbildung verzahnen sich mit Gesteinen in Klerfer Fazies und sind dadurch im Bereich der Krömmelbein-Struktur nicht nachweisbar. Diese Ansicht wurde u. a. von HOTZ et al. (1955, 50–51) vertreten.

Heute ist gesichert, dass vom Oberems ab eine „Mitteleifel-Schwelle“ bestand, auf der auch während des Mitteldevons Mächtigkeitsreduktionen auftraten. Jedoch ist örtlich auch das 2. Modell – Verzahnung mit Schichten Klerfer Fazies – verwirklicht. So verzahnt sich auf dem Nordflügel der westlichen Sötenicher Mulde nach DICKFELD (1969) Emsquarzit mit Schichten in Klerfer Fazies, die ihn auch überlagern. Und ASHRAF & UTESCHER (1991) konnten in der Sötenicher und Hillesheimer Mulde Sporengemeinschaften von Wetteldorf-Alter in Gesteinen Klerfer Fazies nachweisen.

Die überwiegend karbonatischen Heisdorf-Schichten sind in allen Kalkmulden relativ gleichartig ausgebildet; die Mitteleifel-Schwelle war offenbar am Ende der Ems-Zeit nicht sehr wirksam.

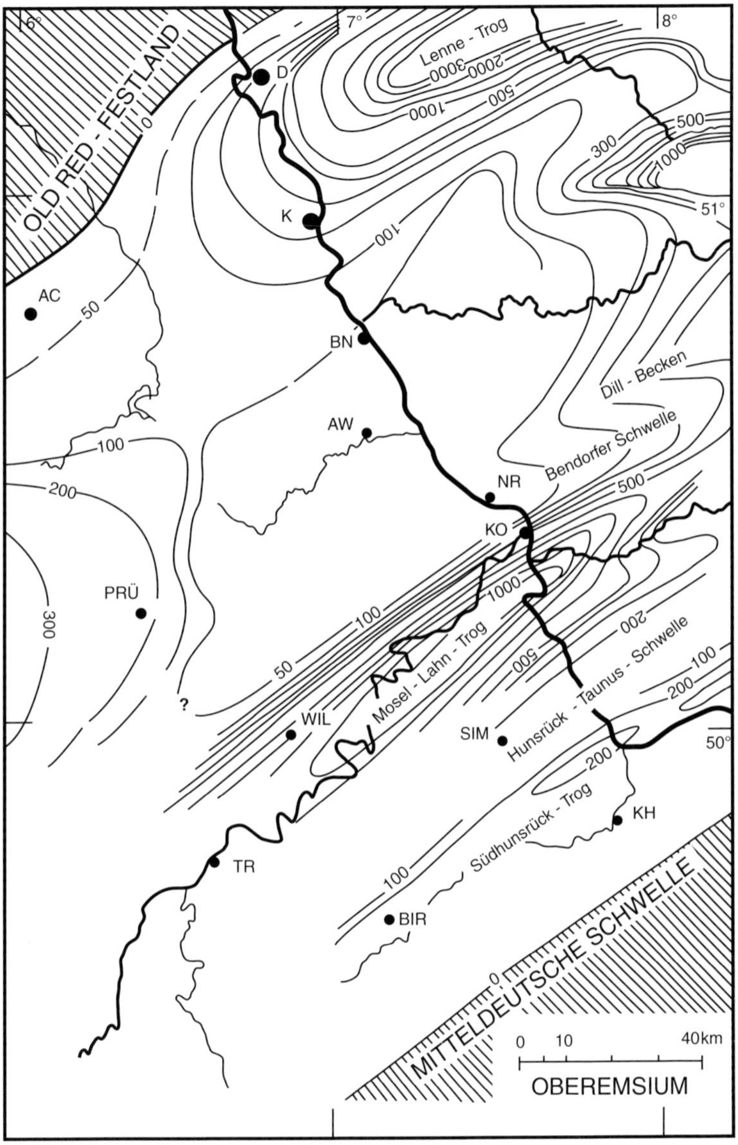

Abb. 21. Paläogeographie des Oberemsium. Variszische Einengung nicht berücksichtigt; Mächtigkeiten in m. MEYER & STETS (1996) nach Unterlagen von BÖGER (1978), BREDDIN (1966), CLAUSEN, RISTEDT & WENDT (1965), DICKFELD (1969), EHRENDREICH (1959), ESCHGHI & KASIG (1974), G. FUCHS (1965), GLINSKI (1961), HEIBEL (1969), HOTZ, KRÄUSEL & STRUVE (1955), KAUL (1976), KRÖMMELBEIN (1955), MARTIN (1960), METJE (1963), D.E. MEYER (1970), MOGRI (1966), NOWAK (1956), OCHS & WOLFART (1961), PAULUS (1959, 1961a, b), PAULY (1958), PÖTTER (1958), SCHLÜTER (1976), SCHMIERER & QUIRING (1933), SOLLE (1976), SPERLING (1958), J. THIELE (1960), WERNER (1969, 1972, 1973, 1975), ZYGOJANNIS (1971). Vgl. Unterschrift zu Abb. 27.

3.3.3.1 Emsquarzit

Nach der allgemeinen Regression, die gegen Ende der Unter-Ems-Zeit das ganze Eifelgebiet erfasst hat und die küstennahen roten Klerf-Schichten in der Eifel und die ebenfalls in sehr flachem Wasser gebildeten Nellenköpfchen-Schichten an der Untermosel und am Rhein geprägt hat, dringt das Meer wieder weiter vor. Es lagert sich fast in der ganzen Eifel, den Ostardennen, dem Moselgebiet, am Mittelrhein und an der unteren Lahn ein weißer, oft mehrere Zehner Meter mächtiger Sandstein ab, der zu einem Quarzit verkieselt wurde. C. Koch (1881, 211) führte für diese Quarzitfolge den Namen Coblenz-Quarzit ein, da sie in der Umgebung von Koblenz gut aufgeschlossen ist. R. Richter (1954) meinte, dass diese Bezeichnung an den Begriff der Koblenz-Stufe gebunden sei, den er aus Prioritätsgründen durch „Ems-Stufe" ersetzte und taufte den Quarzit in „Emsquarzit" um. M.J. Gosselet (1885) beschrieb diese Quarzite auch aus Luxemburg und nannte sie nach einem Ort im Oesling „Quarzites de Berle". R. Richter (1919) parallelisiert den Emsquarzit der Umrandung der Prümer Mulde und der Schneifel (dort auch Schneifel-Quarzit genannt) mit dem Berle-Quarzit des Oesling, da hier wie dort Klerf-Schichten das Liegende, Wiltz-Schichten das Hangende des Quarzits bilden. Deshalb ist bei einigen Autoren auch die Bezeichnung „Berle-Schichten" in Gebrauch. R. Werner (1969, 165) gibt folgenden Hinweis: „Der Name Berle-Schichten sollte aber nur auf die Quarzite und die quarzitischen Sandsteine angewendet werden, die von Klerf-Schichten unterlagert und von Wiltz-Schichten überlagert werden. In der Eifel trifft dies nur für die Daleider Mulden-Gruppe, die Prümer Mulde und die Schneifel-Mulde zu. In den anderen Mulden fehlen Wiltz-Schichten oder konnten bisher nicht nachgewiesen werden."

Eine erste Übersicht über die Emsquarzit-Vorkommen der Eifel und ihre Fauna findet sich bei Viëtor (1918).

Der Emsquarzit ist im ganzen Verbreitungsgebiet bemerkenswert gleichförmig ausgebildet: weiße, hellgraue, hellgelbe Quarzite und quarzitische Sandsteine sind kennzeichnend. Zwischengeschaltet sind sandige Schiefer bzw. Siltsteine; auch Kalksandsteine können vorkommen. Die sehr harten, splittrig brechenden Quarzite, von der Bevölkerung „Glaswacken" genannt, treten dickbankig klotzig auf und bilden Rippen im Gelände. Sie stellen aber oft nur einen geringen Anteil an der Gesteinsfolge, in der die plattigen quarzitischen Sandsteine dann überwiegen. Die Sandsteine können glimmerreich sein und enthalten oft Tongerölle. Rote Farben können in der ganzen Schichtenfolge auftreten. Zur Abgrenzung nach oben und unten wird meist das erste bzw. letzte Erscheinen der dick-bankigen Quarzite (Glaswacken) verwendet. Die Untergrenze lässt sich im Allgemeinen auch gut über die höchsten bunten Tongesteine der Klerf-Schichten legen. Die Obergrenze gegen die graugrünen Silt- und Sandsteine der Wiltz-Schichten oder gegen die Sandsteine der Flußbach-Schichten ist nicht so markant.

Der Emsquarzit gilt allgemein als fossilarm. Reichere Faunen sind nur vom Nordrand der Prümer Mulde (Werner 1969, 167–173), aus der Daleider Muldengruppe (Lippert 1939, 21–31) und aus der Olkenbacher Mulde (Solle 1936, 1976, 73–76; Mittmeyer 1972) bekannt. Kennzeichnend ist der Reichtum an meist taxodonten Lamellibranchiaten. Das Ober-Ems-Alter wird durch den Trilobiten *Burmeisteria (Digonus) gigas* (A. Roemer) und die Brachiopoden *Schizophoria vulvaria* (Schlotheim), *Plicostropheodonta piligera* (Sandberger) und *Euryspirifer paradoxus* (Schlotheim) bestimmt (vgl. Mittmeyer 1972, 96–101). Damit sind wir berechtigt, den Emsquarzit an die Basis der Lahnstein-Unterstufe des Ober-Ems zu stellen. Bezeichnend sind für den Emsquarzit Röhrenbauten senkrecht zur Schichtung (*Sabellarifex eifliensis* (R. Richter)), die wohl auf Würmer zurückgehen. Das mit Röhren erfüllte Gestein wird „Pfeifenquarzit" genannt (Abb. 22). Es gibt auch nach oben trichterartig

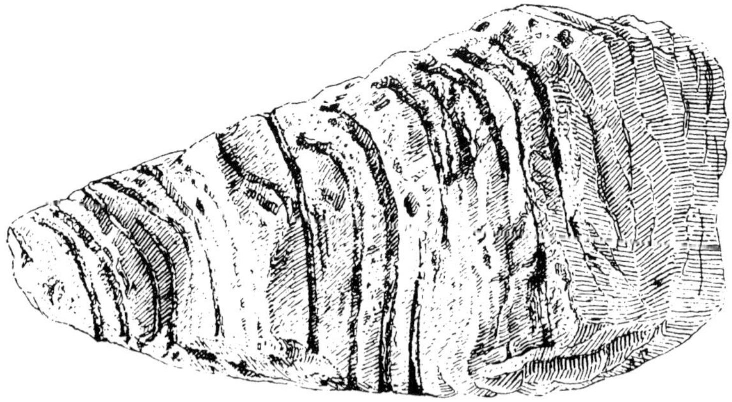

Abb. 22. Pfeifenquarzit, *Sabellarifex eifliensis* (R. RICHTER). Emsquarzit, Neroth; die Röhren sind wahrscheinlich unter dem Einfluss von Strömung bogenförmig gewachsen. Länge des Stücks ca. 10 cm. R. RICHTER (1920a).

sich öffnende Röhrenbauten („Trichter-Sandsteine", H.-J. LUTZ 1975; R. WERNER 1969, Taf. 1); SOLLE (1976, 73) erwähnt auch Spreitenbauten.

Diese Spurenfossilien wie auch die Fauna und das Sedimentationsbild sprechen für vollmarine Ablagerung in geringer Wassertiefe, vielleicht sogar bis in den Tidenbereich hinaufreichend (SOLLE 1976, 77). Die größten Mächtigkeiten liegen im rechtsrheinischen Gebiet. Von hier dürfte nach SOLLE ein sedimentliefernder und aufbereitender Strom in südwestlicher bis westlicher Richtung durch das Moselgebiet gezogen sein. Das Gebiet der Eifelkalkmulden wird davon nur noch randlich berührt, außerdem macht sich die schon erwähnte Mitteleifel-Schwelle bemerkbar.

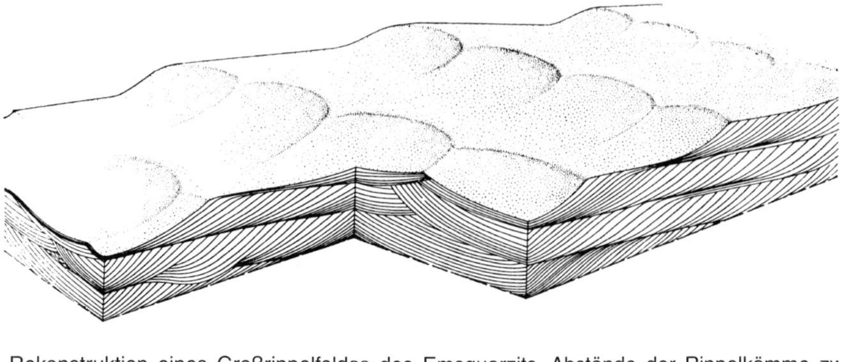

Abb. 23. Rekonstruktion eines Großrippelfeldes des Emsquarzits. Abstände der Rippelkämme zwischen 1 und 4 m. NIEHOFF (1958).

Prümer Mulde und Schneifel-Mulde

Auf der NW-Flanke der Prümer Mulde hat WERNER (1969, 164–173) den Emsquarzit (Berle-Schichten) untersucht. Das Schichtglied baut hier die Höhenzüge parallel zum Muldenrand auf und war im Explosionskrater auf dem Kalvarienberg bei Prüm 1949 gut aufgeschlossen; hier war u. a. eine 4 m mächtige Quarzitbank freigelegt (K. RODE 1952). Die Mächtigkeit des Emsquarzits gibt WERNER bei Weinsfeld und Watzerath mit etwa 40 m, am Kalvarienberg bei Prüm mit 50–60 m und im Mühlbachtal bei Willwerath wieder mit etwa 40 m an. WERNER konnte hauptsächlich aus den mürben Sandsteinen eine relativ reiche Fauna gewinnen in der typischen Zusammensetzung mit vielen Lamellibranchiaten. Für die SE-Flanke der Prümer Mulde gibt LUTZ (1969, 6) vom Gebiet des Apert östlich Wallersheim eine Mächtigkeit von 30–40 m an. Sie nimmt von hier in südwestlicher Richtung ab.

In der Schneifel-Mulde tritt der Emsquarzit in einem geschlossenen 15 km langen Zug zwischen Forsthaus Bleialf (NE Brandscheid, Bl. 5703 Bleialf) und dem Steinberg östlich von Ormont (Bl. 5604 Hallschlag) auf. Die Liegend- und Hangendgrenzen sind stark überschottert, deshalb ist die genaue Mächtigkeit nicht festzustellen. Nach R. MENTZEL (1966, 9) liegt sie zwischen 90 und 140 m.

Daleider Muldengruppe und Oesling

Für die Daleider Muldengruppe gibt es die Beschreibung von LIPPERT (1939, 20–36): der Emsquarzit kommt als relativ dünnes Band sowohl in der Umrandung der drei Hauptmuldenzüge als auch in zahlreichen kleinen gestörten Mulden und Schuppen innerhalb der Klerf-Schichten zwischen den Hauptmulden vor. Es fanden sich relativ reichlich Fossilien; das Gebiet gehört also zusammen mit der Prümer Mulde, der Wiltzmulde und der Moselmulde zum fossilreichen Faziesbereich. Durch ihre Fossilführung konnten auch die kleinen Quarzitzüge zwischen den Hauptmulden einigermaßen sicher dem Emsquarzit zugeordnet werden. Denn hier können innerhalb der hohen Klerf-Schichten örtlich auch schon Quarzitpakete auftreten, die sog. „Vorläufer-Quarzite“ (vgl. 3.3.2.3). Im unteren Teil des Emsquarzits findet Wechsellagerung von dünnen Quarzitlagen mit gelbbraunen Schiefern statt. Der Quarzitanteil nimmt nach oben zu, bis schließlich eine geschlossene 0,7–2 m mächtige Quarzitbank vorliegt. Darüber wird die Entwicklung wieder rückläufig, so dass unter den Wiltz-Schichten nur noch gelber sandiger Schiefer vorhanden ist. Die Mächtigkeit liegt in der Daleider Muldengruppe zwischen 3 und 20 m.

Aus dem Oesling gibt M. LUCIUS (1950, 21–123) für den „Quarzit von Berle“ von südlich Harlingen 2–5 m, von Berle 12–15 m Mächtigkeit an.

Salmerwald-Mulde

In der Umrandung der Salmerwald-Mulde ist nach KRÖMMELBEIN (1955, 15–17) Emsquarzit fast überall nachweisbar. Er besteht aus weißen „Glaswacken“, die manchmal grünlich und rötlich gefärbt sein können oder rötliche Flecken aufweisen können. Es konnte auch eine spärliche Fauna gefunden werden. In den darunter liegenden Klerf-Schichten treten auch Quarzitzüge auf, bei denen sich schwer entscheiden läßt, ob es sich um Vorläuferquarzite handelt oder ob sie schon zum Emsquarzit gehören.

Gerolsteiner Mulde

Die Umrandung der Gerolsteiner Mulde zeigt den Übergang von der Fazies des gut gliederbaren Ober-Ems der Prümer Ausbildung zur ungliederbaren oder lückenhaften Fazies der Mitteleifel-Schwelle. B. HEIBEL (1969) hat das Ober-Ems der Gerolsteiner Mulde untersucht: Wiltz-Schichten sind in der Gerolsteiner Mulde nicht nachzuweisen, deshalb kann hier die Bezeichnung „Berle-Schichten" nicht verwendet werden (vgl. S. 77). Da der Emsquarzit im Westen von Wetteldorf-Schichten, im Osten von Heisdorf-Schichten überlagert wird, ist seine stratigraphische Ausdehnung nach oben unsicher. Der Emsquarzit ist hier nahezu fossilleer, HEIBEL hat deshalb zwei stratigraphisch neutrale Bezeichnungen eingeführt. Und zwar nennt er die Quarzite zwischen Klerf-Schichten und Wetteldorf-Schichten Denkelseifen-Horizont (1969, 539, nach dem Hof Denkelseifen NW' Lissingen). Die für Emsquarzit typischen weißen, rötlichen oder grünlichen und bräunlichen grobbankigen Quarzite treten auf, auch „Glaswacken". Die Mächtigkeit beträgt westlich Hinterhausen etwa 20 m. Sie reduziert sich weiter östlich relativ rasch auf 8–10 m (Kylltal), nimmt dann wieder zu auf 20 m südlich Gees. Von hier aus nimmt sie nach Osten ab; der Horizont keilt bis gegen Kirchweiler vollkommen aus.

Auf dem Nordflügel der Mulde ist in der NE-Ecke nördlich von Betteldorf eine 2–3 m mächtige quarzitführende Folge zwischen Klerf- und Heisdorf-Schichten vorhanden. Sie dürfte dem Emsquarzit etwa gleichzusetzen sein; da aber nicht auszuschließen ist, dass diese Quarzite auch Wiltz- oder Wetteldorf-Schichten vertreten können, führte HEIBEL (1969, 542) die neutrale Bezeichnung Kleewiesenhof-Horizont ein, nach dem Kleewiesenhof nördlich Betteldorf; an der Wegekreuzung nördlich dieses Hofs ist die Folge aufgeschlossen (Bl. 5706 Hillesheim, r 5280 h 7012).

Hillesheimer Mulde

In der Umrandung der Hillesheimer und Ahrdorfer Mulde ist Emsquarzit nicht nachzuweisen (HOTZ, KRÄUSEL & STRUVE 1955). Es ist möglich, dass in dem durch Vulkanite und Buntsandstein stark verdeckten Westteil der Hillesheimer Mulde das Schichtglied vorhanden ist, denn G. FUCHS (1965, 330) fand in Tuffen am Pferdskopf nördlich Rockeskyll und am Goßberg bei Walsdorf Auswürflinge von hellem quarzitischem Sandstein, der zum Emsquarzit gehören könnte. In der kleinen Linn-Spezialmulde in Fortsetzung der Ahrdorfer Mulde findet sich ebenfalls Emsquarzit (Bl. 5606 Üxheim, r 5054 h 7735 und r 5061 h 7716; STRUVE in PAULUS 1959, 436). Darüber liegen grünliche und bräunliche Sandsteine, die den Wetteldorf-Schichten entsprechen könnten; Wiltz-Schichten scheinen zu fehlen.

Dollendorfer Mulde

In der Dollendorfer Mulde ist Emsquarzit nur im Südwesten vorhanden. J. METJE (1963) konnte ihn hier in der Umrandung der Glaadter und Gönnersdorfer Teilmulde nachweisen. Auf dem NW-Flügel hat G. BECKER (in BECKER & MENTZEL 1961) ihn bis auf die Höhe von Ripsdorf verfolgen können; hier keilt er dann aus bzw. verzahnt sich mit Gesteinen Klerfer Fazies.

Blankenheimer und Rohrer Mulde

In der Blankenheimer Mulde ist nach OCHS & WOLFART (1961, 6–8) Emsquarzit auch nur in der SW-Umrandung nachzuweisen. Auf dem Rücken „Auf dem Höchsten" nördlich Kronenburg (Bl. 5604 Hallschlag) ist er mit 25–30 m am mächtigsten. Er keilt dann nach NE rasch aus; in der Umgebung des Klosters Maria Frieden nordwestlich Dahlem grenzen Heisdorf-Schichten gegen Schichten Klerfer Fazies, hier fehlt der Quarzit schon. Auf dem SE-Flügel ist ein schmaler Streifen von Emsquarzit noch bis südwestlich von Dahlem nachgewiesen; er wird hier von der südöstlichen Randstörung der Mulde abgeschnitten, dürfte aber kaum über Dahlem nach NE hinaus reichen (G. BECKER in OCHS & WOLFART 1961, Taf. 2). In den übrigen Teilen der Blankenheimer Mulde wie auch in der Rohrer Mulde ist kein Emsquarzit nachzuweisen. Schichten in Klerfer Fazies werden unmittelbar von Heisdorf-Schichten überlagert.

Sötenicher Mulde

In der SW-Umrandung der Sötenicher Mulde tritt über Schichten Klerfer Fazies eine Folge von Quarziten, quarzitischen Sandsteinen, Siltsteinen und Tonschiefern auf. Sie wurde von WUNSTORF (1931, 163) „Quarzit von Sistig" genannt, denn sie baut u. a. südlich von Sistig den breiten Höhenrücken auf, der die Sistig-Krekeler Heide trägt. W.E. SCHMIDT (1944, 96–97) nennt die Folge „Sistiger Quarzit", bestreitet aber eine Parallelisierung mit dem Emsquarzit. In einem Schurf, den er am Stöckerbusch 1 km SW von Diefenbach durch das Hangende des Quarzits anlegte, erkannte er, dass Gesteine vom Alter der Kondel-Unterstufe den Quarzit überlagern, dass den Wiltz-Schichten entsprechende Gesteine fehlen und dass die Unterdevon/Mitteldevon-Grenze nur wenige Meter über dem Quarzit liegen muss. An einer Parallelisierung zwischen Sistiger Quarzit und Emsquarzit, die übrigens ASSELBERGHS (1928, 15, 20) schon vorgenommen hatte, ist heute aus Lagerungsgründen nicht mehr zu zweifeln (W. SCHMIDT 1956, 99–100; DICKFELD 1969). Der Quarzit setzt unten nicht plötzlich ein, sondern in den obersten 20–50 m der Klerf-Schichten schalten sich in zunehmendem Maße Quarzitbänke ein; es ist also immer eine Übergangszone vorhanden. Die größte Mächtigkeit gibt DICKFELD von östlich Zingscheid (Bl. 5504 Hellenthal) an: 120 m zuzüglich etwa 40 m Übergangszone. Die Mächtigkeit nimmt von hier in östlicher Richtung rasch ab, und zwar geht der Quarzit in Schichten Klerfer Fazies über. So besteht z. B. an der Bundesstraße 258 nördlich von Sistig nur noch etwa die Hälfte der hier 75 m mächtigen Folge aus Quarziten und Sandsteinen, dazwischen liegen Gesteine Klerfer Fazies. Am Frohnrather Kopf (Bl. 5405 Mechernich) ist nur noch etwa ein Siebentel der 63 m mächtigen Folge Quarzit oder quarzitischer Sandstein. Unmittelbar östlich hiervon scheint der Quarzit vollkommen durch Gesteine Klerfer Fazies ersetzt zu sein. Auf dem Südflügel sind die Verhältnisse nicht aufgeschlossen, der Quarzit scheint endgültig südöstlich von Rüth (Bl. 5505 Blankenheim) zu verschwinden.

Die Mitteleifel-Schwelle

Für die Frage, ob der Emsquarzit im Bereich der Mitteleifel-Schwelle sich mit Schichten in Klerf-Fazies verzahnt oder ob auf ihr eine Sedimentationsunterbrechung stattfand, sind folgende Beobachtungen wichtig: HOTZ et al. (1955, 51) beschreiben vom Nordflügel der Ahrdorfer Mulde im oberen Teil der sandigen Ems-Schichten einen 15 cm mächtigen Geröllhorizont mit Sandsteingeröllen von bis 2 cm Durchmesser. Auch am Südflügel der Dollendorfer Mulde gibt es einen Geröllhorizont, der etwa 5 m unterhalb der Basis der Heisdorf-Schichten liegt. Dicht unter dem Emsquarzit in der Linn-Spezialmulde zwischen Kerpen und Wiesbaum fand W. STRUVE (in METJE 1963, 130) ebenfalls eine Geröllage. Die Geröllhorizonte sprechen dafür, dass auf der Mitteleifel-Schwelle die Sedimentation wenigstens zeitweilig unterbrochen war, dass also Emsquarzit, Wiltz- und Wetteldorf-Schichten regelrecht auskeilen, entsprechend den Vorstellungen von KRÖMMELBEIN (1953).

Das Modell „Verzahnung des gut gegliederten Ober-Ems mit Gesteinen Klerfer Ausbildung" dürfte besonders am Nordabhang der Schwelle verwirklicht sein, wie die Verhältnisse in der westlichen Sötenicher Mulde zeigen. Dabei mag der Einfluss des nahegelegenen Nordkontinents eine Rolle spielen; die Klerfer Fazies umfasst hier ohnehin einen größeren stratigraphischen Abschnitt als im übrigen Eifelgebiet.

3.3.3.2 Wiltz-Schichten

J. GOSSELET (1885, 262) bezeichnete die schwarzen und dunkelgrünen Schiefer über dem „Quarzit de Berle" als „Schistes de Wiltz", denn sie sind im Oesling bei Wiltz (Luxemburg) innerhalb der großen Wiltzer Mulde weit verbreitet. R. RICHTER (1919, 57) übernahm die Bezeichnung „Wiltzer Schiefer" für die Eifel.

Die Wiltz-Schichten sind nach den Heisdorf-Schichten das fossilreichste Schichtglied des Eifeler Unterdevons. Über den Artenreichtum geben die Listen bei LIPPERT (1939, 38–40) und WERNER (1969, 178–183) einen Überblick. Charakteristisch sind bis zu 30 cm mächtige Brachiopoden-Schillbänke, in denen *Chonetes sarcinulatus* (SCHLOTHEIM), *Plebejochonetes plebejus* (SCHNUR), *Anoplia theorassensis* MAILLIEUX, *Euryspirifer arduennensis* (SCHNUR) und *E. extensus* (SOLLE) besonders häufig sind. In den Schiefern finden sich verstreut sehr gut erhaltene Einzelfossilien wie Trilobiten oder Brachiopoden in zweiklappiger Erhaltung. Sie können herauswittern und bilden dann die weltberühmten „Daleider Versteinerungen" (R. RICHTER 1916).

Prümer Mulde

Vom Nordflügel der Prümer Mulde liegt eine ausführliche Bearbeitung durch R. WERNER (1969, 173–184) vor: danach bestehen die Wiltz-Schichten hier überwiegend aus graugrünen, hell- bis dunkelgrünen, seltener bräunlich-gelben mehr oder weniger glimmerhaltigen, tonigen Siltsteinen, Sandsteinen und (untergeordnet) Tonschiefern. Sie sind unverwittert hell- bis blaugrau gefärbt und dürften einen wechselnden primären Kalkgehalt haben, der allerdings meist ausgelaugt ist. Im unteren und mittleren Teil überwiegen Siltsteine, im oberen Teil sind grüngraue, oft gelbbraun gepunktete, z. T. quarzitische Sandsteine häufiger; sie können Glimmerschüppchen, Pflanzenhäcksel, vereinzelt auch Tonflatschen enthalten.

Die Wiltz-Schichten werden in dem Streifen zwischen Prüm und dem Mühlbachtal von gelbbraunen oder rötlichen quarzitischen Sandsteinen der Wetteldorf-Schichten überlagert. Westlich von Prüm im Gebiet nördlich von Ellwerath bilden gelbbraune und gelbgrüne Sandsteine der Heisdorf-Schichten das Hangende. WERNER schätzt die Mächtigkeit im Gebiet von Prüm und südwestlich davon auf 80–100 m. In östlicher Richtung nimmt die Mächtigkeit rasch ab und dürfte bei Dausfeld nur noch 40 m, im Mühlbachtal bei Willwerath 30 m betragen.

Auch auf dem Südflügel der Prümer Mulde ist nach H.-J. LUTZ (1969, 7) in den Wiltz-Schichten eine Mächtigkeitsabnahme in östlicher Richtung zu beobachten. Bei Lünebach am SW-Ende der Mulde sind sie mehr als 100 m mächtig, in der Seiwerather Mulde teilweise schon weniger als 50 m, am Apert südlich von Büdesheim 30 m.

Übriges Gebiet

In der Daleider Muldengruppe sind die Wiltz-Schichten nach LIPPERT (1939, 36–41) nicht so sandig wie in der Prümer Mulde. Dunkelblaue Tonschiefer nehmen einen großen Teil der Schichtenfolge ein, die hier deshalb morphologisch Senken bildet. Von Osten nach Westen in zunehmendem Maße finden sich Kieselgallen in den Tonschiefern. Im luxemburgischen Gebiet sind sandige Bänke noch seltener, Kieselgallen dagegen häufiger (M. LUCIUS 1950).

In der Schneifel-Mulde konnte R. MENTZEL (1966, 9) Wiltz-Schichten in mindestens 20 m Mächtigkeit nachweisen. Sie werden im Hangenden von Emsquarzit überschoben. Die Fauna ist artenärmer als am Nordflügel der Prümer Mulde.

In der Salmerwald-Mulde sind die Wiltz-Schichten bereits ausgekeilt. Nur im Westen der Mulde fand KRÖMMELBEIN (1955, 17) am Friedhof Mürlenbach an der Straße nach Meisburg über dem Emsquarzit 5–7 m mächtige sandige Schiefer mit Kalksandsteinbänken. Sie werden von Wetteldorf-Schichten überlagert und könnten den Wiltz-Schichten entsprechen.

In allen anderen Eifelkalkmulden fehlen Wiltz-Schichten. Die Vermutung, dass sie in der Sötenicher Mulde vorhanden sein könnten, hat sich nicht bestätigt (PAULUS 1961, 417).

3.3.3.3 Wetteldorf-Schichten

R. RICHTER (1919, 58) führte für die roten bis braunen Sandsteine und Kalksandsteine im Hangenden der Wiltz-Schichten am SE-Flügel der Prümer Mulde die Bezeichnung „Wetteldorfer Sandstein“ ein, da sie südlich von Wetteldorf (jetzt Ortsteil von Schönecken) gut aufgeschlossen sind. Die Wetteldorf-Schichten reichen weiter auf den Bereich der Mitteleifel-Schwelle hinauf als die Wiltz-Schichten.

Prümer Mulde

In der Umrandung der Prümer Mulde lassen sich drei Faziesgebiete unterscheiden, für die WERNER (1969, 185) folgende Bezeichnungen eingeführt hat: auf dem NW-Flügel sind quarzitische Sandsteine verbreitet; sie gehören zur Held-Fazies (nach der Held östlich von Prüm). Im W-Teil der Prümer Mulde sind geröllführende Lagen häufig, das ist die sog. Geröll-Fazies. Auf dem SE-Flügel ist die Wetteldorf-Fazies verbreitet, die durch rote und braune Sandsteine und Kalksandsteine gekennzeichnet ist. LUTZ (1969, 8) bezeichnet die Geröll-Fazies als „Hartkopf-Fazies“ (nach dem Hartkopf südlich Ellwerath), die Wetteldorf-Fazies als „Herchenberg-Fazies“ (nach dem Herchenberg NE Seiwerath).

Diese Faziesbereiche unterscheiden sich nach WERNER (1969, 187) auch in ihrer Fauna. Einige der für die Held-Fazies bezeichnenden Arten wie *Goniophora peracuta* DREVERMANN,

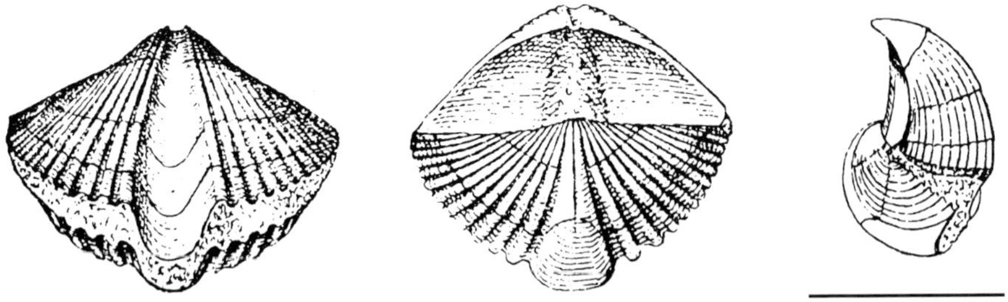

Abb. 24. *Subcuspidella wetteldorfensis* (R. & E. RICHTER); links Ventral-, Mitte Dorsal-, rechts Seitenansicht; Holotyp. Wetteldorf-Schichten, Wetteldorf. Strich 2 cm lang. R. RICHTER (1920b).

Strophodonta? steiningeri DREVERMANN, *Adolfia prumiensis* (DREVERMANN) scheinen der Wetteldorf-Fazies zu fehlen. Umgekehrt sind die bei Wetteldorf häufigen *Subcuspidella wetteldorfensis* (R. & E. RICHTER) und *Chonetes sarcinulatus* (SCHLOTHEIM) in der Held-Fazies selten, die Arten *Subcuspidella? lateincisa* (SCUPIN) und *Paraspirifer auriculatus* (SANDBERGER) fehlen dort sogar. In der Held-Fazies kommen häufig inarticulate Brachiopoden (wohl *Petrocrania*) vor. Faunenlisten für die Held-Fazies finden sich bei WERNER (1969, 188–189), von den Mollusken der Wetteldorf-Fazies gibt G. DAHMER (1943, 332–333) eine Aufstellung. Die Fauna der Wetteldorf-Schichten ist arten- und individuenärmer als die der Wiltz-Schichten.

Auf dem NW-Flügel beträgt nach WERNER die Mächtigkeit der Wetteldorf-Schichten in Held-Fazies auf der Held östlich Prüm 40–50 m, nordwestlich Gondelsheim etwa 30 m. In dem Streifen zwischen Niederprüm und Ellwerath lassen sich Wetteldorf-Schichten nicht nachweisen, es treten hier über den Wiltz-Schichten hellgraue, teilweise braun gefleckte fossilreiche quarzitische Sandsteine auf. Da sie sich weder den Wiltz-Schichten noch den Wetteldorf-Schichten eindeutig zuordnen lassen, werden sie von LUTZ (1969, 7) als eigener Fazieskörper angesehen und unter der Bezeichnung „Büsch-Fazies“ ausgehalten (nach dem Wald, „großer Büsch“ westl. Ellwerath). Bei Ellwerath treten geringmächtige Wetteldorf-Schichten wieder auf, und zwar in der Geröll-Fazies, die durch lagen- und bankweises Auftreten von bis 1 cm großen Quarzgeröllen in gelblich- bis bräunlichgrauen Sandsteinen gekennzeichnet ist (Quarzgerölle bis zu 5 mm Durchmesser können auch in Gesteinen der Held-Fazies auftreten). Südlich des Euelsberges (bei Heisdorf) liegt nach LUTZ der Übergangsbereich zwischen Geröll-Fazies und Wetteldorf-Fazies. Die Mächtigkeit beträgt hier höchstens 10 m. Sie nimmt im Bereich der Geröll-Fazies stark zu bis auf 40 m am Hartkopf südlich Ellwerath. Am Hartkopf tritt außerdem starke Verkieselung auf; deshalb bildet dieser tatsächlich harte Kopf mit 597 m ü.NN den höchsten Berg der westlichen Prümer Mulde. Die Mächtigkeit nimmt von hier auch in nordwestlicher Richtung stark ab. Die Fauna der Geröll-Fazies ist ärmer als die der anderen beiden Faziesgebiete.

Die Schichtenfolge in Wetteldorf-Fazies ist in dem zur Klärung der Unterdevon-Mitteldevon-Grenze im Jahre 1937 angelegten Schurfgraben (dem Wetteldorfer Richtschnitt: R. RICHTER 1942, SOLLE 1942a) genau untersucht worden. Die Mächtigkeit beträgt hier 24 m; in nordöstlicher Richtung nimmt sie nach LUTZ (1969) etwas ab.

Daleider Muldengruppe und Oesling

Im Osten der Daleider Muldengruppe treten nach LIPPERT (1939) Wetteldorf-Schichten in Wetteldorf-Fazies im Muldenstück von Gesotz auf (Bl. 5804 Schönecken). In den anderen Muldenstücken bilden Wiltz-Schichten die Muldenkerne. Auch in der südwestlichen Fortsetzung ließen sich in der Mulde von Wiltz (Luxemburg) Wetteldorf-Schichten nicht nachweisen. Ob sie in den nach LUCIUS (1950) mindestens 250 m mächtigen Schieferfolgen der Wiltz-Schichten Äquivalente haben, muss offenbleiben.

Salmerwald-Mulde

Im Westteil der Salmerwald-Mulde sind nach KRÖMMELBEIN (1955, 18–20) die Wetteldorf-Schichten in der Wetteldorf-Fazies der Prümer Mulde ausgebildet: Kalksandsteine, die jetzt ausgelaugt und braunrot bis violett gefärbt sind, mit Zwischenlagen blauer bis blauroter Tonschiefer, sind charakteristisch. Die erste Lage grüner Tonschiefer, mit denen zugleich Kalkbänke auftreten, wird in die überlagernden Heisdorf-Schichten gestellt. Die Mächtigkeit beträgt im westlichen Muldenabschnitt 20–30 m; sie nimmt nach NE stark ab und erreicht bei Neroth nur noch wenige Meter. Mit der Mächtigkeitsabnahme ist ein Fazieswechsel verbunden: die Sandsteine werden nach Osten zunehmend gröber und stärker quarzitisch. Bei Neroth treten eckige Quarzgerölle auf. Die östliche Fazies geringmächtiger Wetteldorf-Schichten gleicht der Held-Fazies der Prümer Mulde. Mit dem Fazieswechsel sind auch Faunenunterschiede verbunden: *Subcuspidella wetteldorfensis* (R. & E. RICHTER) und *S. ? lateincisa* (SCUPIN) sind wie in der Prümer Mulde in der Wetteldorf-Fazies häufig, aber nicht in der Held-Fazies.

Gerolsteiner Mulde

Aus der Gerolsteiner Mulde hat B. HEIBEL (1969, 543–547) die Wetteldorf-Schichten beschrieben. Sie sind hier nur noch geringmächtig und keilen im östlichen Muldenbereich völlig aus. Eine Gliederung in zwei Horizonte lässt sich durchführen:

Zuunterst liegt der Dreisbach-Horizont (HEIBEL 1969, 543, nach dem Dreisbach, der bei Lissingen in die Kyll mündet). Im Westen der Mulde beginnt er als Aufarbeitungshorizont mit Quarz- und Tongeröllen. Darüber folgen rotbraune bis violette Kalksandsteine. Nach oben nehmen der Karbonatgehalt ab und die Korngröße zu. Die Mächtigkeit beträgt im Westen 10 m. Sie nimmt in östlicher Richtung ab, ebenso wie der Karbonatgehalt. Die Korngröße nimmt nach Osten zu. Schließlich ist am östlichen Muldenende der Dreisbach-Horizont zwischen dem Emsquarzit im Liegenden und den Quarziten des Hermesberg-Horizontes nicht mehr auszumachen, so dass auch die Anteile von Emsquarzit und Wetteldorf-Schichten nicht mehr zu trennen sind und unter der neutralen Bezeichnung Kleewiesenhof-Horizont zusammengefasst werden.

Für den oberen Teil der Wetteldorf-Schichten hat HEIBEL (1969, 544) den Namen Hermesberg-Horizont eingeführt, nach dem Hermesberg östl. Hinterhausen (Bl. 5705 Gerolstein). Im Westteil der Mulde treten an der Basis gelb bis rotbraun gefärbte dolomitisierte Kalksandsteine auf. Sie enthalten unten oft Quarzgerölle bis 8 mm Durchmesser und weinrote Tongerölle. Der Karbonatgehalt nimmt nach oben rasch ab, und es folgen Sandsteine und Quarzite mit Einschaltungen von dolomitisierten Kalksandsteinen und unbedeutenden Tonschieferlagen. Östlich von Lissingen verschwinden die Gerölle an der Basis und die karbonatischen Anteile. Die Mächtigkeit beträgt im Westen 13 m, sie nimmt nach Osten ab, bis die Folge in den Quarziten der Kleewiesenhof-Fazies (s. o.) aufgeht.

Hillesheimer Mulde

Wetteldorf-Schichten scheinen nur im Westteil der Hillesheimer Mulde aufzutreten, wenn auch nicht durch Fossilien belegt. G. FUCHS (1965, 330) erwägt die Möglichkeit, dass Kalksandsteine, die im Liegenden von fossilführenden Heisdorf-Schichten in der Schlucht des Kaulbaches nordöstlich von Rockeskyll (Bl. 5706 Hillesheim, r 5043 h 7004) auftreten, zu den Wetteldorf-Schichten gehören. STRUVE (in PAULUS 1959, 346) fand in der Linn-Spezialmulde zwischen Kerpen und Wiesbaum (Bl. 5606 Üxheim, r 5029 h 7666) zwischen Emsquarzit und Heisdorf-Schichten grünliche, braun gefleckte und bräunliche. z. T. mürbe Sandsteine, für die er Wetteldorf-Alter vermutet.

Der Ostteil der Hillesheimer Mulde mit der Ahrdorfer Mulde lag wohl schon auf der Mitteleifel-Schwelle zu dieser Zeit.

Dollendorfer Mulde

METJE (1963, 132) beschreibt aus dem SW-Teil, besonders aus der Umrandung der Schüller Teilmulde „mulmig verwitternde, schokoladebraune Sandsteine mit einem festen grünlichgrau gefärbten Kern“ und dolomitische Gesteine im Liegenden der Heisdorf-Schichten. Sie können Wetteldorf-Schichten darstellen. Die anderen Teile der Dollendorfer Mulde dürften damals zur Mitteleifel-Schwelle gehört haben.

Die nördlichen Kalkmulden

Blankenheimer und Rohrer Mulde haben keine Wetteldorf-Schichten. Auch die Sötenicher Mulde lag noch im Wirkungsbereich der Mitteleifel-Schwelle, jedoch schon auf deren Nordabhang. Denn im mittleren Abschnitt der Sötenicher Mulde konnte PAULUS (1959, 1961b) Wetteldorf-Schichten mit Fauna nachweisen. Am Südrand der Mulde sind sie hier über weite Strecken als schokoladebraune, sehr feinkörnige, wenige Meter mächtige Kalksandsteine zu verfolgen; in der Gegend von Nöthen sind sie etwa 10 m mächtig. Auf dem Nordflügel des mittleren Muldenabschnitts finden sich z. B. bei Kallmuth einige Zehner Meter mächtige fossilreiche Kalksandsteine, die auch Äquivalente der Wetteldorf-Schichten enthalten können.

Im NE-Teil der Sötenicher Mulde scheinen sie wieder zu fehlen (NOWAK 1956), ebenso im SW-Teil westlich der Urft (DICKFELD 1969).

3.3.3.4 Heisdorf-Schichten

Der Name wurde von L. HAPPEL (1930, 77) eingeführt, nach dem Ort am SW-Rand der Prümer Mulde. Der Umschlag von der sandig-schiefrigen Fazies des Unterdevons zur Karbonatfazies des Mitteldevons vollzieht sich in den nördlich der Prümer Mulde gelegenen Kalkmulden an der Basis der Heisdorf-Schichten. Dieser markante Gesteinswechsel führte zuerst dazu, mit diesem Schichtglied als unterstem Teil der „Cultrijugatus-Stufe" das Mitteldevon beginnen zu lassen (E. KAYSER 1871). Erst mit zunehmender Kenntnis der Fossilführung stellte sich heraus, dass die Heisdorf-Schichten noch eine unterdevonische Fauna haben. Wenn man von den Kalkmulden der Eifel spricht, so ist das Verbreitungsgebiet der Heisdorf-Schichten dabei mit eingeschlossen, was in lithologischer, tektonischer und landschaftlicher Hinsicht gerechtfertigt ist.

In neuerer Zeit hat R. WERNER (bes. 1969 und 1972) zur Stratigraphie und Fazies der Heisdorf-Schichten wichtige Beiträge geliefert. Sedimentologische Untersuchungen der Heisdorf-Schichten im ganzen Gebiet der Kalkmulden führte W. SKALA (1974) durch. Mit den eingeschalteten Tuffiten beschäftigen sich R. WERNER & J. WINTER (1975). T. UTESCHER (1992a, b) legt Karbonat-Mikrofazies-Untersuchungen vor.

Da mit den Heisdorf-Schichten schon die Kalkfazies einsetzt, ist es möglich, die Entwicklung der Fauna unter gleichbleibenden Lebensbedingungen über die Unterdevon/Mitteldevon-Grenze hinweg zu studieren. Die Kalkmulden der Eifel haben deshalb auch bei internationalen Diskussionen über diese Grenze immer eine wichtige Rolle gespielt. Um den Wandel der Fauna im Grenzbereich Unterdevon/Mitteldevon von Bank zu Bank erfassen zu können, wurde nach dem Vorschlag R. RICHTERs südlich von Wetteldorf (heute Teil der Gemeinde Schönecken) am Südrand der Prümer Mulde im Jahre 1937 ein 146 m langer Schurfgraben angelegt, der in den Wiltz-Schichten ansetzte und fast bis ans Dach der mitteldevonischen Lauch-Schichten reichte. Die geologische Feinaufnahme und die bankweise Fossilausbeutung dieses sog. Wetteldorfer Richtschnittes führte G. SOLLE durch (R. RICHTER 1942, SOLLE 1942a). Der Fossilinhalt aus dem Wetteldorfer Richtschnitt ist nur fragmentarisch bearbeitet worden: G. DAHMER 1943 (Mollusken); Herta SCHMIDT 1942 (Rhynchonelliden), 1946 (Terebratuliden), G. SOLLE 1953, 1971 (Spiriferengruppen). Denn ein großer Teil des Materials (vor allem die Trilobiten) wurde in den letzten Kriegstagen vernichtet (R. RICHTER 1950, 1955).

Deshalb wurde der Wetteldorfer Richtschnitt 1971 im Grenzbereich Heisdorf-/Lauch-Schichten auf 70 m Länge noch einmal geöffnet und unter Leitung von R. WERNER aufgenommen und ausgebeutet (WERNER 1972a). Auf dem Südflügel der Gerolsteiner Mulde wurde 500 m östlich von Lissingen im Jahre 1972 von WERNER ein weiterer, 97 m langer Schurfgraben im Grenzbereich Unterdevon/Mitteldevon angelegt (Lissinger Richtschnitt, WERNER 1973a, 1976). Schließlich wurde 1973 der Grenzbereich noch einmal aufgeschürft, und zwar in der Fortsetzung des sog. Schönecker Richtschnitts, der 1951–53 ausschließlich in mitteldevonischen Schichten der südöstlichen Prümer Mulde angelegt worden war. Er befand sich beiderseits der Straße Schönecken – Dingdorf, 1,5 km westlich des Wetteldorfer Richtschnitts und wurde nun 1973 durch R. WERNER bis in die Heisdorf-Schichten hinunter verlängert (WERNER 1973b, 1975). Diese Verlängerung und der ehemalige Schönecker Richtschnitt werden jetzt unter der Bezeichnung Dingdorfer Richtschnitt zusammengefasst.

Die Internationale Subkommission für Devon-Stratigraphie hat 1981 das Profil im Wetteldorfer Richtschnitt als Holostratotyp für die durch Conodonten definierte Grenze zwischen Unter- und Mitteldevon festgelegt. Dabei wurde als Basis des Mitteldevons die Basis der *Polygnathus costatus partitus*-Zone (*Eucosta polygnathus partitus* (KLAPPER, ZIEGLER & MASHKOVA)) bestimmt; sie liegt 1,90 m unterhalb der seinerzeit durch R. RICHTER und Mitarbeiter aufgrund der Makrofauna festgelegten Grenze zwischen Heisdorf-und Lauch-Schichten (ZIEGLER & WERNER 1982).

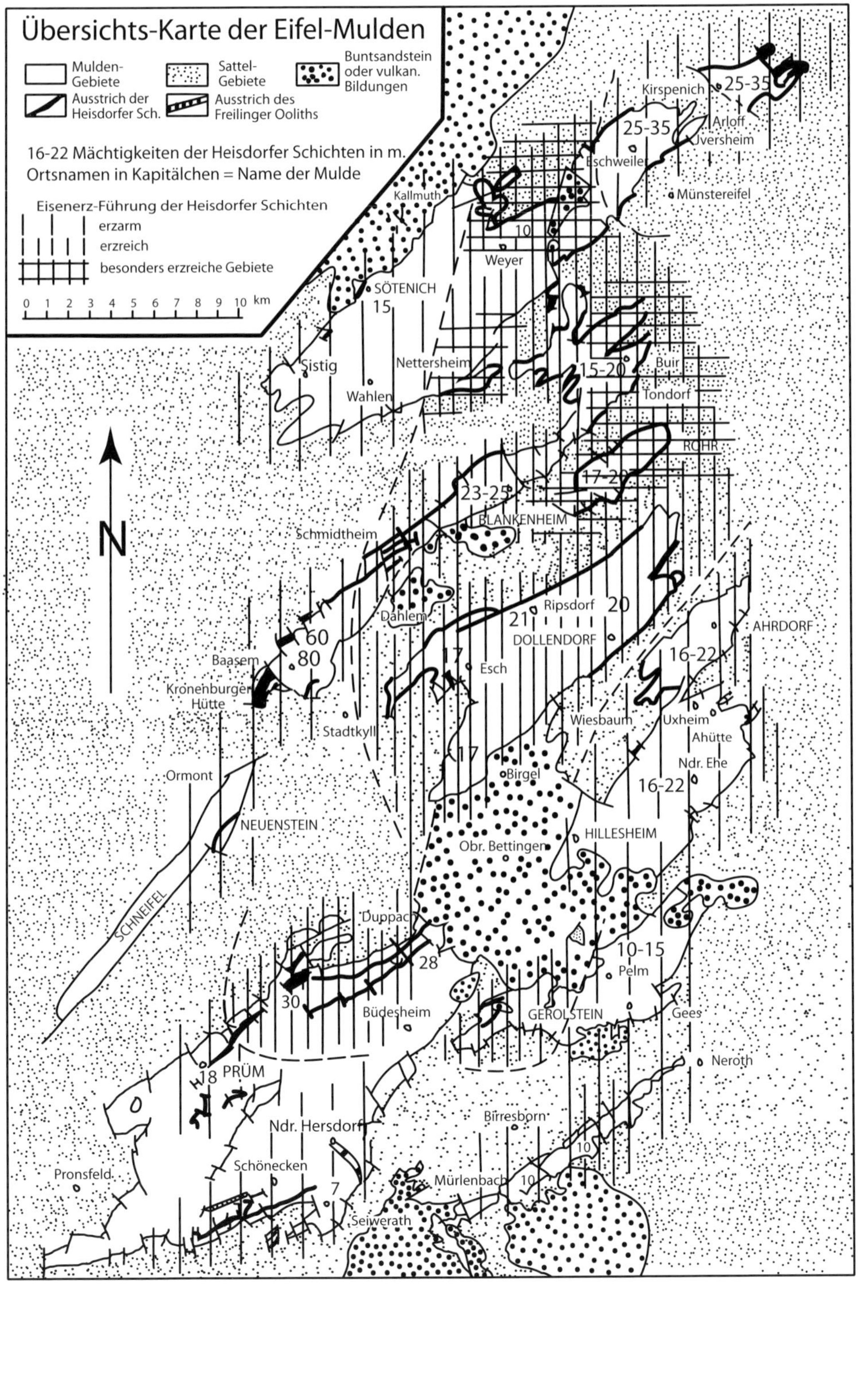

Übersichts-Karte der Eifel-Mulden
Mulden-Gebiete
Sattel-Gebiete
Buntsandstein oder vulkan. Bildungen
Ausstrich der Heisdorfer Sch.
Ausstrich des Freilinger Ooliths
16-22 Mächtigkeiten der Heisdorfer Schichten in m.
Ortsnamen in Kapitälchen = Name der Mulde
Eisenerz-Führung der Heisdorfer Schichten
erzarm
erzreich
besonders erzreiche Gebiete
0 1 2 3 4 5 6 7 8 9 10 km
N
Kirspenich
25-35
Arloff
Iversheim
Eschweiler
Münstereifel
Kallmuth
Weyer
SÖTENICH
15
Sistig
Nettersheim
Wahlen
15-20
Buir
Tondorf
ROHR
17-20
23-25
BLANKENHEIM
Schmidtheim
Dahlem
Ripsdorf
20
21
DOLLENDORF
AHRDORF
60
80
Baasem
Kronenburger Hütte
17
Esch
16-22
Wiesbaum
Uxheim
Ahütte
Stadtkyll
Ndr. Ehe
Birgel
Ormont
NEUENSTEIN
HILLESHEIM
Obr. Bettingen
SCHNEIFEL
Duppach
10-15
28
Pelm
30
Büdesheim
GEROLSTEIN
Gees
PRÜM
Neroth
Ndr. Hersdorf
Birresborn
Schönecken
Pronsfeld
Mürlenbach
7
Seiwerath

Der Fossilinhalt der Heisdorf-Schichten ist von R. WERNER (u. a. 1968, 1969, 1970) gründlich untersucht worden: Hauptbestandteile der Fauna sind Brachiopoden, darunter ist die Art *Douvillinella filifer* (W.E. SCHMIDT) auf die Heisdorf-Schichten beschränkt. Seltener sind Trilobiten, darunter aber drei für Heisdorf-Schichten leitende Arten: *Basidechenella kayseri* (R. RICHTER), *Comura (Comura) defensor* (R. & E. RICHTER) und *Acastoides henni posthumus* (R. & E. RICHTER). Mollusken sind ebenfalls selten. Rugose und tabulate Korallen sowie Crinoiden und Tentaculiten sind verbreitet.

In dem Zeitabschnitt, der das oberste Unterdevon und tiefste Mitteldevon umfasst (in der Eifel Heisdorf- und Lauch-Formation), ist eine Brachiopodenfauna charakteristisch, für die W. STRUVE (in ZIEGLER & WERNER 1982, 405–406) das Schlagwort „OCA-Fauna" eingeführt hat, nach *Uncinulus* ***o****rbignyanus, Paraspirifer* ***c****ultrijugatus,* ***A****latiformia alatiformis,* deren Verwandtschaftskreis viele Formen in diesem Abschnitt entstammen.

Lithologisch werden die Heisdorf-Schichten durch rot verwitternde eisenreiche Kalke gekennzeichnet. Wenn auch nicht die ganze Folge aus diesen Gesteinen aufgebaut wird, denn Kalksandsteine und sandige Schiefer nehmen oft den größten Anteil ein, so ist sie doch an den roten Verwitterungsfarben meist gut zu verfolgen. Das Erzmineral ist nach W. SKALA (1974) fast ausschließlich Hämatit, untergeordnet treten auch Chamosit-ähnliche Leptochlorite auf. Schon L. HAPPEL (1930) erkannte, dass das Eisen an Fossilbruchstücke (Crinoiden, Bryozoen u. a.) gebunden ist und sprach deshalb von „pseudo-ooidischem Erz". SKALA konnte zeigen, dass der Hämatit sich während der Diagenese zuerst in den Hohlräumen der Fossilbruchstücke gebildet hat. Bei zunehmender Vererzung wurden auch karbonatische Partien, z. B. Teile des Echinodermen-Skeletts verdrängt. Bei weiterer Hämatitabscheidung können sich um das vererzte Fossil konzentrische Schalen von Hämatit bilden, so dass echte Ooide entstehen. In den eisenreichen Horizonten, die an vielen Stellen als Erz abgebaut wurden (vgl. Abschn. Eisenerzbergbau in Heisdorf-Schichten), beträgt der Hämatitgehalt 15–20%. Während im tieferen Ober-Ems im Bereich der Mitteleifel-Schwelle große Schichtlücken bestanden, greifen die Heisdorf-Schichten in fast gleichmäßiger Ausbildung über das ganze Gebiet hinweg und zeigen damit eine großflächige Transgression an.

Prümer Mulde

Am Nordrand der Prümer Mulde sind die Heisdorf-Schichten sandig-tonig ausgebildet, Karbonate treten nur untergeordnet auf. R. WERNER (1969) unterscheidet zwei lithofazielle Ausbildungen:

1. Eine überwiegend sandige Fazies, die nach Vorkommen auf den Feldern östlich des Wehlert (S Prüm) als Wehlert-Fazies bezeichnet wird. Es treten hier nach WERNER (1969, 190–191) „überwiegend gelbbraune, gelbgrüne, graugrüne, seltener auch rotbraune, feste bis mürbe Sandsteine und meist ausgelaugte, unverwittert graublaue, z. T. trochitenreiche Kalksandsteine auf." Sie unterscheiden sich von den gleichfarbenen Sandsteinen der Wetteldorf-Schichten durch ihre Feinkörnigkeit. Sie sind dünnplattig und feingeschichtet. Siltsteine treten untergeordnet auf. Die Wehlert-Fazies ist zwischen Ellwerath und Dausfeld ausgebildet.

Abb. 25. Ausstrich, Mächtigkeit und Eisenerzführung der Heisdorf-Schichten und Ausstrich der eisenerzführenden Freilingen-Schichten (Eifel-Stufe) in den Eifelkalkmulden. Nach KRÖMMELBEIN und TAUPITZ aus SIMON (1979).

WERNER (1973) hat den Grenzbereich zwischen Heisdorf- und Lauch-Schichten an der Held bei Prüm (Straße Prüm – Gerolstein, Abzweigung von der Straße Prüm – Schönecken, Bl. 5704 Prüm, r 3068 h 6346 – r 3061 h 6339) untersucht. Er wies nach, dass die Roteisensedimentation wenigstens hier bis in die Lauch-Schichten hinaufreicht, also nicht zum Auskartieren der Obergrenze der Heisdorf-Schichten herangezogen werden kann, wie man vorher glaubte.

2. Eine überwiegend tonig-siltige Fazies wird nach dem Mühlbachtal bei Gondelsheim als Mühlbach-Fazies bezeichnet. Die Hauptmasse bilden graugrüne oder hell- bis dunkelgrüne siltig-tonige Gesteine; grüngraue Sandsteine und gelbgrüne Kalksandsteine sind eingeschaltet. Roteisenlagen treten besonders im tieferen Teil auf. Die Mühlbach-Fazies tritt im Mühlbachtal und nördlich Gondelsheim auf.

Im westlichen Muldenschluss wechseln beide Fazien im Profil mehrfach ab, ebenso im Wetteldorfer Richtschnitt. Die Mächtigkeit der Heisdorf-Schichten beträgt nach LUTZ (1969) bei Wetteldorf über 50 m, sie nimmt in westlicher Richtung ab. LUTZ konnte Heisdorf-Schichten auch im südwestlichen Muldenschluß nachweisen; HAPPEL & REULING (1937, 16) hatten vermutet, dass sie dort fehlen.

Daleider Muldengruppe

LIPPERT (1939, 42) fand Heisdorf-Schichten an einer Stelle im Kern des Gesotzer Muldenstücks.

Salmerwald-Mulde

Hier bestehen nach KRÖMMELBEIN (1955, 20–22) die Heisdorf-Schichten aus blauen, meist plattigen Kalken in Wechsellagerung mit graugrünen oder graublauen Mergeln. Eisenführende Lagen treten auch auf. Die Mächtigkeit beträgt bei Mürlenbach und im mittleren Muldenabschnitt etwas mehr als 10 m und nimmt im östlichen Muldenteil ab auf 4–6 m. Östlich der Gitterlinie 2550 sind Heisdorf-Schichten nicht mehr nachzuweisen. Sie liegen entweder in der Fazies der Lauch-Schichten vor oder sind gar nicht abgelagert worden; die erwähnte Mächtigkeitsabnahme spricht für die zweite Möglichkeit.

Gerolsteiner Mulde

Nach HEIBEL (1969) lassen sich hier die Heisdorf-Schichten in zwei Horizonte gliedern:

Der untere ist der Hinterhausen-Horizont (HEIBEL 1969, 549 nach dem Vorkommen in einem kleinen Steinbruch im Wiesengelände nördlich Hinterhausen, Bl. 5705 Gerolstein, r 4350 h 6475). Er ist durch den Reichtum an Roteisenlagen gekennzeichnet; er entspricht weitgehend der „Roteisenstein-Zone“ von RAUFF (1911). Die Untergrenze wurde unter die untersten karbonatischen Bänke gelegt, die Obergrenze über die höchste Roteisenlage. Die Folge besteht aus rotbraunen Kalksandsteinen, die massenhaft Trochiten und Tentaculiten enthalten können, mit nach oben zunehmenden Roteisenlagen. In gleichem Maße nehmen nach oben reine Kalke zu, häufig sind es Crinoidenkalke. Im Westteil der Mulde treten gelbgrüne Tonschiefer auf. Die Mächtigkeit nimmt von 26 m bei Hinterhausen und 21 m bei Lissingen nach

Osten stark ab; sie beträgt südlich von Gees weniger als 10 m, nordwestlich von Betteldorf sogar nur 3,5 m. Mit der Mächtigkeitsabnahme ist auch eine Abnahme des Eisenreichtums und Kalkgehalts verbunden; die Folge ist also im Osten überwiegend klastisch ausgebildet, in der Fazies des darüber liegenden Lissingen-Horizontes, der dann schwer gegen den Hinterhausen-Horizont abzugrenzen ist. Nach WERNER (1972b, 450) lässt sich der Hinterhausen-Horizont besonders am Nordflügel und Ostende der Gerolsteiner Mulde gut mit der Hollerberg-Fazies in der Hillesheimer und Ahrdorfer Mulde vergleichen. Die Abnahme des Eisengehalts in östlicher Richtung ist auf dem SW-Flügel der Hillesheimer Mulde ebenfalls zu beobachten.

Den oberen Teil der Heisdorf-Schichten bezeichnet HEIBEL (1969, 553) als Lissingen-Horizont, nach Aufschlüssen am östlichen Talhang der Kyll gegenüber von Lissingen. Diese Folge ist im Muldengebiet gleichförmiger entwickelt als der Hinterhausen-Horizont. Sie wird aus blaugrauen Kalksandsteinen und zähen Kalken aufgebaut, die mit blaugrauen und graugrünen Mergeln wechsellagern. Die zähen Kalke sind teilweise erfüllt von kleinen Terebratuliden: *Cimicinella cimex* (R. & E. RICHTER). R. & E. RICHTER (1918, 158) bezeichneten sie als „cimex-Bänke." Im oberen Teil des Lissingen-Horizontes treten auch sandige Gesteine auf. Der Grenzbereich zu den Lauch-Schichten ist vorwiegend mergelig ausgebildet und enthält sehr viele rugose und tabulate Korallen. Dieses auch in der Salmerwald-Mulde verbreitete „Korallen-Stromatoporen-Lager" (KRÖMMELBEIN 1955, 21) bildet kartiertechnisch das Dach des Unterdevons, da es noch *Basidechenella kayseri* (R. RICHTER) enthält. Die Mächtigkeit des Lissingen-Horizonts beträgt im Westen der Mulde 18 m, sie nimmt in östlicher Richtung ab bis auf 7 m am NE-Ende der Mulde.

Nach WERNER (1976, 251) entspricht der Hinterhausen-Horizont den von STRUVE (1961a, 298) im Wetteldorfer Richtschnitt ausgeschiedenen Unteren Heisdorf-Schichten, der Lissingen-Horizont den Mittleren und Oberen Heisdorf-Schichten.

Hillesheimer Mulde

In der Hillesheimer und Ahrdorfer Mulde hat R. WERNER (1972b) die Arbeiten von HOTZ, KRÄUSEL & STRUVE (1955) und G. FUCHS (1965) für die Heisdorf-Schichten revidiert. Danach lassen sich diese hier in zwei Komplexe gliedern: Der untere wird von WERNER (1972b, 441) nach dem Hollerberg zwischen Nohn und Borler (Bl. 5606 Üxheim) Hollerberg-Fazies genannt. Kennzeichnend sind blaugraue, gelb bis rotbraun verwitternde Kalksandsteine und blaugraue Crinoidenkalke. Eingeschaltet sind roteisenführende Linsen und Bänke, und zwar im Norden mehr als im Süden. Die Mächtigkeit der Hollerberg-Folge ist in der nördlichen Hillesheimer Mulde und der Ahrdorfer Mulde ziemlich einheitlich 2,5–3 m. Im Westteil der Hillesheimer Mulde entspricht der von FUCHS (1965, 330–331) beschriebene „untere Teil der Heisdorf-Schichten" etwa der Hollerberg-Fazies von WERNER.

Die roteisenführende Hollerberg-Folge wird überlagert von einer stärker klastischen Folge ohne Roteisen-Bänke. WERNER (1972b, 442) bezeichnet sie als Ehberg-Fazies, nach dem Ehberg südlich der Einmündung des Ahbaches in die Ahr (Bl. 5606 Üxheim). Grüne bis graugrüne tonige Siltsteine, Tonsteine und Mergel bauen diese Folge auf. Eingeschaltet sind dünne Bänke und Linsen von graugrünen bis graubraunen tonigen crinoidenreichen Sandsteinen und Kalksandsteinen bis feinsandigen Crinoidenkalken. Roteisenbänke fehlen; eine Ausnahme beschreibt WERNER vom Straßenprofil nördlich der Straße Dorsel – Aremberg (etwa 1000 m nördl. Dorsel, Bl. Üxheim), wo wenige Meter unterhalb der Grenze zu den Lauch-Schichten in einer Linse Roteisen auftritt. Die Gesteine in Ehberg-Fazies sind im Nordteil der

Hillesheimer Mulde und in der Ahrdorfer Mulde nach WERNER etwa 12 m mächtig. Die von FUCHS (1965, 331–332) beschriebene Folge von glimmerreichen Silt- und Tonsteinen über dem roteisenführenden Komplex wird von WERNER mit Vorbehalt der Ehberg-Fazies zugeordnet.

Dollendorfer Mulde

Im Südwestteil der Mulde lassen sich die Heisdorf-Schichten nach METJE (1963, 131) in zwei Horizonte gliedern: unten liegt eine etwa 15 m mächtige Folge von roten und grünen Sandsteinen, Mergeln und Tonschiefern mit vielen Roteisenlagern. Hier, in der weiteren Umgebung von Jünkerath liegt die größte Eisenkonzentration des ganzen Kalkmuldengebietes, da stellenweise fast die ganzen 15 Meter aus pseudo-oolithischen Eisenflözen und eisenreichen Kalken bestehen. Das hat zur Entwicklung der Jünkerather Eisenindustrie geführt. Über der Eisenflözgruppe liegen in etwa 3 m Mächtigkeit gebankte Kalke. Darüber folgen wieder roteisenreiche Kalke, die ursprünglich auch zu den Heisdorf-Schichten gestellt wurden. Nach WERNER (1972b, 452) gehören sie wie in den Nachbarmulden schon in die Lauch-Schichten.

Im Gebiet zwischen dem Ahrtal und Lommersdorf lässt sich nach A. KAUL (1976) ein mindestens 10 m mächtiger Eisen-Horizont (eisenreiche Kalke, sandige Schiefer und Kalksandsteine) unten und ein 7 m mächtiger eisenfreier Horizont aus sandigen Mergeln, Kalken, Mergelkalken und Kalksandsteinen (oben) unterscheiden. Diese Gliederung gilt auch für den NW-Rand der Mulde im Ahrprofil, wo nach R. SCHLÜTER (1976) der Eisen-Horizont 9–14 m, der darüber liegende Schiefer-Horizont 6–10 m mächtig sind. Dabei kann der Eisen-Horizont in beiden Profilen der Hollerberg-Fazies, der darüber liegende klastische Horizont der Ehberg-Fazies der Hillesheimer Mulde entsprechen. KAUL und SCHLÜTER haben über dem klastischen „Ehberg"-Horizont noch einen oberen Eisen-Horizont ausgehalten und den Heisdorf-Schichten zugeordnet. In Analogie zu den Verhältnissen im SW-Teil der Dollendorfer Mulde und in der Blankenheimer Mulde gehört dieser „Obere Eisen-Horizont" vielleicht auch schon in die Lauch-Schichten. Die in beiden Arbeiten mitgeteilten Fossilien aus diesem Bereich sind stratigraphisch indifferent.

Blankenheimer und Rohrer Mulde

Im Mittel- und NW-Teil der Blankenheimer Mulde und in der Rohrer Mulde haben OCHS & WOLFART (1961, 8–11) und GLINSKI (1961, 275) zuerst eine Dreiteilung vorgenommen in (von unten nach oben) 1. Kalksandstein- bzw. Unterer Eisen-Horizont, 2. Schiefer-Horizont, 3. Oberer Eisen-Horizont.

Der Horizont 1 dürfte nach WERNER (1972b, 452) der Hollerberg-Fazies der Hillesheimer Mulde gleichzusetzen sein. Im NE-Teil der Blankenheimer Mulde (dem Gebiet nordöstlich Mülheim) und in der Rohrer Mulde setzt sich diese Folge aus grobspätigen eisenreichen, rot verwitternden Kalken, glimmerreichen Kalksandsteinen und feinsandigen glimmerreichen Tonschiefern zusammen. Einige Bänke spätiger sehr fossilreicher Kalke sind eingeschaltet; sie führen u. a. massenhaft *Schellwienella umbraculum* (SCHLOTHEIM), *Chonetes sarcinulatus* (SCHLOTHEIM) und *Paraspirifer auriculatus* (SANDBERGER). Im mittleren Teil der Blankenheimer Mulde (zwischen Mülheim und Baasem) geht der Gehalt an Kalk und Roteisen stark zurück, klastische Sedimente nehmen zu, die Folge wird zugleich mächtiger. Die Mächtigkeit beträgt in der Rohrer Mulde 7-8 m, in der nordöstlichen Blankenheimer Mulde 5–8 m, im Mittelteil bei Blankenheimerdorf 10–12 m.

Der Horizont 2 besteht im Mittel- und Nordostabschnitt der Blankenheimer Mulde und in der Rohrer Mulde aus grünlich-grauen sandigen bis feinsandigen fossilarmen Tonschiefern. In der mittleren Blankenheimer Mulde schalten sich oben Bänke und Linsen von blaugrauen fossilreichen Kalken ein. Lithologisch ist der Horizont 2 nach WERNER (1972b, 452) der Ehberg-Fazies in der Hillesheimer Mulde vergleichbar, wenn auch einige biofazielle Unterschiede bestehen. Die Mächtigkeit beträgt in der Rohrer Mulde 2–3 m, im NE-Teil der Blankenheimer Mulde 1,5–2,5 m und in der mittleren Blankenheimer Mulde 4–5 m.

Der eisenführende Horizont 3 der Blankenheimer und Rohrer Mulde zeigt nach WERNER (1972b, 452–543) bio- und lithofaziell große Übereinstimmung mit der Krähenwiesen-Fazies der Lauch-Schichten in der Prümer Mulde und wird deshalb vorläufig (eine exakte biostratigraphische Zuordnung ließ sich noch nicht vornehmen) zu den Lauch-Schichten gestellt.

Im SW-Teil der Blankenheimer Mulde – südwestlich etwa des Simmerbachtales bei Baasem – läßt sich die eben geschilderte Gliederung nicht durchführen. Die Mächtigkeit der Heisdorf-Schichten hat erheblich zugenommen, sie beträgt nordöstlich Baasem etwa 60 m, im Kylltal sogar 80 m. Mit dieser Mächtigkeitszunahme ist eine deutliche Faziesänderung verbunden: die Heisdorf-Schichten bestehen im Südwesten unten aus feinsandigen Schiefern mit muschligem Bruch und graugrüner oder brauner Farbe. Sandsteine und Kalksandsteine sind nur sporadisch eingeschaltet. Nach oben hin werden die Schiefer karbonatisch, und gut gebankte Kalksandsteine sind häufiger.

Sötenicher Mulde

In der Sötenicher Mulde existieren drei Gliederungen, jeweils für den NE-Teil, den Mittel-Teil und den SW-Teil. Eine Korrelierung dieser Gliederungen hat sich wegen großer Aufschlusslücken besonders im Zentralteil bisher nicht durchführen lassen. Im Nordostteil hat NOWAK (1956, 6–12) folgende Gliederung durchgeführt:

Hangendes:	mergelige Schiefer und Crinoidenkalke mit *Alatiformia alatiformis*, Untere Lauch-Schichten.
Obere Heisdorf-Schichten	He 5: *Umbraculum*-Horizont; blauviolette Crinoidenkalke mit Schill-Anreicherungen von *Schellwienella umbraculum gigas* (M'COY), wechsellagernd mit sandigen Mergeln und Schiefern; 2,0 m.
	He 4: Oberer Schiefer-Horizont, olivgrün; 15 m
Untere Heisdorf-Schichten	He 3: Oberer Kalksandstein-Horizont, violettbraun; 4,5 m. He 2: Unterer Schiefer-Horizont, olivgrün; 3,5 m. He 1: Unterer Kalksandstein-Horizont, rotviolett; 10 m.
Liegendes:	Sandsteine, mit olivgrünen oder weinroten Schiefern wechsellagernd, Klerf-Schichten.

In den Kalksandstein-Horizonten treten kissenförmige Absonderungsformen einzelner Sandsteinbänke innerhalb von Tonschiefern auf. SKALA (1974) führt diese Kissenstrukturen auf frühdiagenetisches Zerreißen von Sandschichten unter ungleichmäßiger Belastung zurück, wobei die Sandlinsen in die tonige Unterlage einsanken. Eisenanreicherungen finden sich besonders in den Horizonten He1 und He 5. Wenn man den Horizont He 5 mit dem „Oberen Eisen-Horizont" der Blankenheimer Mulde vergleicht, stellt sich die Frage, ob man dem Vorschlag von WERNER (1972b) folgend ihn auch schon in die Lauch-Schichten stellen sollte. Die Parallelisierung mit der Gliederung in der Blankenheimer Mulde ist jedoch noch nicht gesichert.

Im mittleren Teil der Mulde, also dem Gebiet zwischen dem Urfttal und der Umgebung von Eschweiler, sind nach PAULUS (1961, 30) die Heisdorf-Schichten durchschnittlich 15 m mächtig. Sie bestehen aus eisenschüssigen rotbraunen bis violettroten Crinoidenkalken und Schillkalken, besonders am Nordflügel bei Eiserfey, wo auch Eisenerzbergbau stattfand. Auf dem Südflügel und nordöstlich von Holzheim bauen rotgefärbte eisenhaltige Kalksandsteine und mergelige Tonschiefer die Heisdorf-Schichten auf, für die H. VERLEGER (1975) aus der Umgebung von Pesch eine Mächtigkeit von 20 m angibt.

In der südwestlichen Sötenicher Mulde hat DICKFELD (1969, 5) eine Zweiteilung vorgenommen: unten liegt der Stöckerbüsch-Horizont (nach einem Waldstück bei Diefenbach, Bl. 5505 Blankenheim), der aus braun bis dunkel-violettbraun verwitternden kalkigen Siltsteinen und feinkörnigen Sandsteinen besteht. Am westlichen Muldenende ist er 10 m mächtig, am Märtesberg (bei Marmagen) 3 m. Er wird überlagert vom Görresburg-Horizont (nach dem Hügel bei Nettersheim, auf dem das römische Matronenheiligtum ausgegraben wurde), der aus einer Wechselfolge von grüngrauen, schwach kalkigen Siltsteinen und Crinoiden- und Schillkalken mit dünnen Roteisen-Einlagerungen aufgebaut ist. Die Mächtigkeit beträgt im Westen der Mulde 13 m, am Märtesberg bei Marmagen 1,5 m. Diese Zweigliederung ließ sich nördlich von Sistig, wo die Heisdorf-Schichten 35 m mächtig werden, nicht durchführen.

Eisenerzbergbau in Heisdorf-Schichten

Dass die Ursprünge der Eisenerzgewinnung aus Heisdorf-Schichten bis in die Vorgeschichte zurückreichen, zeigt die Entdeckung eines Schmelzofens aus der Hallstatt-Zeit (etwa 600 v. Chr.) nordwestlich von Hillesheim (HAFFNER 1971). Auch in dem römischen *Vicus Icorigium*, dem späteren Jünkerath, fanden sich Rückstände einer Eisenverhüttung; hier ist später eine bedeutende Eisenindustrie entstanden. Bergbau und Hüttenwesen erlebten in der ersten Hälfte des 19. Jahrhunderts ihren Höhepunkt. 1847 gab es im Gebiet des ehemaligen Kreises Schleiden, in dem der Schwerpunkt des Eisenerzbergbaus lag, noch 160 Eisenerzgruben und 19 Hütten. Um 1850 beschäftigte das Walzwerk mit einem Gasröhrenwerk der Fa. POENSGEN in Gemünd mehr Arbeiter als damals die Fa. KRUPP in Essen. Allerdings wurden in zahlreichen Hütten der NW-Eifel neben Erzen aus den Heisdorf-Schichten auch Eisenerze aus Verwitterungslagerstätten und gangförmigen Vorkommen verarbeitet. In der zweiten Hälfte des Jahrhunderts war das Eisenerz der Eifel wegen seiner Qualität und der schlechten Verkehrsverhältnisse nicht mehr konkurrenzfähig. Inzwischen kamen neue Produktionsmethoden auf, Koks und Steinkohle verdrängten die Holzkohle; in Jünkerath wurde 1896 der letzte mit Holzkohle beheizte Hochofen ausgeblasen (HEYEN 1959). Außerdem wurden nach Erfindung des Thomas-Verfahrens 1879 die riesigen und viel verkehrsgünstigeren Vorräte der lothringischen Minette plötzlich auswertbar.

Der Bergbau wurde eingestellt, die eisenverarbeitenden Firmen wanderten zum größten Teil an den Rhein oder an die Ruhr, wo einige, wie z. B. HOESCH, POENSGEN, SCHOELLER inzwischen Weltruf erlangt haben. Auch Versuche, in unserem Jahrhundert mit moderner Technik den Bergbau wiederzubeleben, blieben erfolglos. So wurde während des 1. Weltkriegs östlich von Lommersdorf ein Förderturm mit Maschinenhaus errichtet und der Schacht vertieft, jedoch stellte man 1928 den Betrieb endgültig ein.

Die geförderten Erze hatten meist etwa 14% Fe, jedoch gab es auch Partien mit bis zu 30 % Fe; der SiO_2-Gehalt schwankte zwischen 3,5 und 12,2% (SIMON 1979). Der CaO-Gehalt betrug 20–30 %, so dass die Erze, von denen noch erhebliche Vorräte vorhanden sind, als eisenarme kalkige Zuschlagerze einzustufen sind. Die Eisenerzflöze aus den Oberen Nohn-Schichten (Hundsdell-Eisen) und aus den Freilingen-Schichten haben zwar stellenweise hohe Fe-Gehalte, sind aber zu geringmächtig für eine bergmännische Gewinnung.

3.3.4 Olkenbacher Mulde

Während der Emsquarzit sowohl am Mittelrhein als auch in der Olkenbacher Mulde und im Bereich der Eifelkalkmulden als markanter Horizont zu verfolgen ist, lassen sich die Gliederungen des höheren Ober-Ems in diesen Gebieten nicht miteinander korrelieren. Es lassen sich auch die Schichtglieder Hohenrhein-, Laubach-Schichten und Flaserschiefer des Koblenzer Gebiets in der Olkenbacher Mulde nicht auskartieren, weshalb SOLLE (1976) gezwungen war, hier eine neue Gliederung aufzustellen.

3.3.4.1 Emsquarzit

Übersicht und Erörterung von Nomenklaturfragen in Kap. 3.3.3.1

Nach SOLLE (1976, 76–77) treten die Quarzite in der Olkenbacher Mulde oft an der Basis und am Dach der Folge zu 2–6 m, maximal etwa 10 m mächtigen geschlossenen Paketen zusammen (Unterbank und Oberbank). Dazwischen wechseln dicke Quarzitlagen und -linsen mit sandigen und siltigen Schiefern; dabei schließen sich örtlich die Quarzitlagen auch zu einer Mittelbank zusammen. Die Mächtigkeiten wechseln zwischen 43 m (Steinbruch an der alten Poststraße Wittlich – Hasborn im Oberlauf des Steinigen Bachs, Bl. 5907 Hasborn) und 10 m (Failzer Wald an der Grenze der Blätter 6007 Wittlich und 6006 Landscheid). Am südwestlichsten Emsquarzit-Aufschluss am Hauknopf nördlich Bergweiler (Bl. Landscheid) beträgt die Mächtigkeit 15 m. Weiter südwestlich wird der Emsquarzit an Störungen unterdrückt. Erst im Gebiet von Dierscheid und Naurath (Bl. 6106 Schweich) tritt noch einmal ein Emsquarzit-Zug zutage, der nach MARTIN (1960) 15–20 m mächtig ist. Er verschwindet im Westen unter dem Buntsandstein der Trierer Bucht.

SOLLE konnte dort, wo der Emsqarzit-Zug von der Bahnlinie Wittlich – Daun gequert wird, eine Rinne nachweisen, in der die hangenden Flussbach-Schichten tief in den oberen Emsquarzit hinabgreifen. SOLLE (1976, 73–75) führt von mehreren Stellen Faunen an, die jedoch nicht so artenreich sind wie am Nordrand der Prümer Mulde. Eine reichere Fauna fand MITTMEYER (1972) an drei Punkten nördlich Alf im Abhang zum Moseltal.

3.3.4.2 Lahnstein – Laubach – Unterstufe

Flussbach-Schichten

SOLLE (1976, 66) führte den Namen ein nach dem Dorf Flussbach (Bl. 5907 Hasborn), in dessen Umgebung die Folge gut aufgeschlossen ist. Sie wird nach SOLLE (1976, 78–95) charakterisiert durch oft rot gepunktete plattige Sandsteine, die auch quarzitisch sein können, sich aber durch das Fehlen klotziger „Glaswacken“ vom Emsquarzit unterscheiden. Von ähnlich aussehenden Sandsteinen der Klerf-Schichten unterscheiden sie sich durch das häufige Auftreten von *Ctenocrinus*-Stielgliedern, die den Unter-Ems-Gesteinen fehlen. Schiefrige Siltstein-Einlagerungen sind meist nur einige Dezimeter, selten 1–2 m dick. Im unteren Teil der Flussbach-Schichten haben die Sandsteine ebene Absonderungsflächen oder sind ausgesprochen plattig. Im mittleren Teil sind unebene Schichtflächen, Laminierungen, Schrägschichtung, Sedimentationsunterbrechungen und Aufarbeitungshorizonte stärker verbreitet. Oben sind die plattigen Sandsteine wieder häufiger, ebenfalls Schiefereinlagerungen. Auffallend sind in den Flussbach-Schichten Roteisen-Flöze mit bis zu 28 % Fe. Örtlich, wie in den Weinbergen von Alf sind sie als Trümmererz-Horizonte ausgebildet, die aus vererzten Fossiltrümmern, Sandsteinbrocken und Tongeröllen bestehen. SOLLE konnte mehrere mit schlecht entmischten Schiefern und Siltsteinen gefüllte Rinnen nachweisen, die in den unteren Teil der Flussbach-Schichten eingeschnitten sind, an einer Stelle sogar bis in den Emsquarzit. Die Rinnen werden von SOLLE auf eine kurzfristige rückenartige Heraushebung während der Ablagerungszeit der mittleren Flussbach-Schichten zurückgeführt.

Die Mächtigkeit erreicht nach SOLLE bei Alf und im Kondelwald 200 m und mehr, liegt aber sonst bei 120–150 m. Örtlich treten geringmächtigere Partien auf: 80 m im Forst Kondel (bei Bausendorf), nur 60 m im östlichen Grünewald (bei Lüxem) und westlich der Lieser.

Die Fauna ist mit über 180 Formen sehr artenreich (Listen bei SOLLE 1976, 86–95). Sie zeigt deutlich Flachmeer-Milieu mit Episoden stärkerer Küsteneinflüsse. Im Vergleich zu gleichalten Fossilhorizonten der Hohenrhein-Schichten oder der tiefsten Laubach-Schichten im Koblenzer Gebiet sind die Fossillagen der Flussbach-Schichten jedoch etwas artenärmer, was wohl auf den stärkeren Einfluss roter Sedimente im Eifelgebiet zurückgeht.

Höllenthal-Schichten

SOLLE (1976, 66) führte diesen Namen ein, da diese Einheit bei Höllenthal westlich Alf im tief eingeschnittenen Alftal fossilführend aufgeschlossen ist. Die Höllenthal-Schichten sind von den Moselhängen nördlich Alf bis zur großen Randstörung nordöstlich Bergweiler (Bl. 6006 Landscheid) zu verfolgen. Nach der ausführlichen Beschreibung durch SOLLE (1976, 95–112) enthält die Einheit mehr Schieferlagen als die Flussbach-Schichten. Die in den Flussbach-Schichten häufigen quarzitischen Sandsteine fehlen jetzt. Die Sandsteine sind viel schlechter entmischt als die der Flussbach-Schichten. Die Crinoiden-Anhäufungen fehlen den Höllenthal-Schichten, dafür treten hier viele Chondriten auf, die in den Flussbach-Schichten selten sind. Die Grenze zwischen Flussbach-und Höllenthal-Schichten ist durch einen allmählichen Gesteinswechsel gekennzeichnet und bei schlechten Aufschlussverhältnissen schwer festzulegen. Innerhalb der Höllenthal-Schichten nimmt der Ton- und Siltanteil nach oben allmählich zu. Die Schiefer sind schwarzviolett, rötlichgrau bis hellgrau gefärbt und verwittern bröcklig, sie sind reich an Chondriten. Im mittleren und oberen Drittel der Schichtenfolge ist lebhafter Wechsel von dünnen Schiefer- und Sandsteinlagen verbreitet. Rippeln treten auf, sowie Spuren subaquatischer Gleitungen. Es entsteht das Bild rascher Sedimentation, selten treten auch Aufbereitungshorizonte mit Tonflatschen oder sandigen Brekzien auf.

Die Mächtigkeit schwankt im Allgemeinen zwischen 80 und 120 m, es treten aber auch eng begrenzte Reduzierungen auf 60 m auf, wie westlich der Alf bei Höllenthal. Zwischen der Autobahn nordöstlich Flussbach und dem Alftal oberhalb von Olkenbach schwillt sie auf 210 m und mehr an; damit verbunden ist eine Zunahme des Sandgehalts, die Schiefer treten hier stark zurück. Diese eng begrenzten Mächtigkeitsänderungen führt SOLLE auf synsedimentäre Horst- und Grabenbildung zurück, deren Brüche etwa NNW-SSE streichen sollen.

Die Fauna ist ärmer als die der Flussbach-Schichten. Sie zeigt gegenüber den Flussbach-Schichten abgeschwächten Küsteneinfluss, wenn auch immer noch Flachseebedingungen herrschen. Eine biostratigraphische Abgrenzung gegen die Flussbach-Schichten lässt sich nicht vornehmen, die biostratigraphische Grenze zwischen Lahnstein- und Laubach-Unterstufe liegt innerhalb der Flussbach-Schichten. Die Grenze zu den überlagernden Schichten der Kondel-Unterstufe ist dadurch gegeben, daß *Arduspirifer arduennensis arduennensis* (SCHNUR) durch *A. mosellanus* (SOLLE) abgelöst wird. SOLLE (1976, 104) erwähnt aus den obersten Höllenthal-Schichten den Fund eines *Anarcestes*.

Rötelgallen-Fazies

Am Dach der Höllenthal-Schichten treten in großen Teilen der Olkenbacher Mulde charakteristische Eisenanreicherungen auf, die SOLLE (1937, 22) als Rötelgallen-Fazies bezeichnete. Nach SOLLE (1976, 112) bestehen sie aus nuss- bis faustgroßen dunkelroten Gallen, die sich lagenweise zu unebenen Bänken zusammenschließen können. Sie enthalten Goethit und/oder Hämatit und färben rötelartig ab. Ferner können ebenfalls stark abfärbende Rötelanreicherungen in tonigen Bänken auftreten. Außerdem kommen fossilreiche Fe-Ca-Mg-Karbonatbänke vor, wechselnd zu Goethit oder Hämatit umgewandelt; zwischen den Karbonatbänken finden sich dünne Lagen von Eisenoxiden oder Eisenoxidhydraten, die primär aus eisenhaltigen Schlämmen entstanden sein dürften.

Die Eisenanreicherungen der Rötelgallen-Fazies liegen meist als meterdicke Linsen vor, können aber auch 40 m mächtig werden. Größere Verbreitung haben sie im Kondelwald bis gegen Alf, kleinere Vorkommen gibt es bei Wittlich und Lüxem – Sammetbach. Im Gebiet des Salmtales bei Dreis und weiter südwestlich bis an die Mosel hat G. MARTIN (1960, 184) die Rötelgallen-Fazies auch nachweisen können. Östlich von Schweich ist die Eisenanreicherung so bedeutend (hier tritt auch oolithisches Erz auf), dass die Grube „Schweicher Morgenstern“ in der zweiten Hälfte des 19. Jahrhunderts Eisenerz abbauen konnte. Nach H. GREBE (1892h) wurde die höchste Jahresförderung 1873 erzielt: 173 564 Zentner Erz. Im Jahre 1891 wurde der Betrieb eingestellt; G. EINECKE & W. KÖHLER (1910, 240) konnten den Eisengehalt nur noch an Haldenmaterial bestimmen: 15,88% Fe. Die Herkunft des Eisens ist schwer zu rekonstruieren. SOLLE (1976, 117) erwägt eine Zufuhr aus submarinen Eisen-Kohlensäuerlingen. Auf echte vulkanische Ereignisse deutet auch die Tatsache, dass MARTIN (1960, 184) nahe der alten Schweicher Moselbrücke zwei 1 m dicke Lagen von Keratophyr-Tuffiten relativ dicht unter den Schweicher Eisenerzflözen fand (vgl. auch MARTIN 1979).

Fauna findet sich überwiegend in den karbonatischen Bänken. Sie enthält nach SOLLE (1976, 118) relativ viel Trilobiten, darunter erstmals auch einige Arten hercynischer Gattungen, sowie zahlreiche Ostracoden, während Mollusken zurücktreten. Die Fauna lässt sich an den meisten Fundpunkten der obersten Laubach-Unterstufe zuordnen, an wenigen Stellen finden sich Formen, die schon in die Kondel-Unterstufe gehören. Die Rötelgallen-Fazies vertritt demnach örtlich auch die untersten Flaserschiefer.

3.3.4.3 Kondel-Unterstufe

Für den höchsten Teil des Ober-Ems, den man am Mittelrhein in Flaserschiefer und Kieselgallenschiefer gliedert, hat Solle (1937, 12) den Begriff Kondel-Gruppe vorgeschlagen, nach dem Kondelwald, in dem diese Schichten innerhalb der Olkenbacher Mulde ausstreichen. In seiner Monographie hat SOLLE (1942) diese Schichten aus dem ganzen Mosel-Lahn-Synklinorium beschrieben und biostratigraphisch abgegrenzt. Eine Revision dieser Gliederung erfolgte von SOLLE 1972 und 1976.

Danach ist die Basis der Kondel-Unterstufe durch das Auftreten von *Arduspirifer mosellanus mosellanus* (SOLLE) definiert, einer Art, die jedoch leider der Fazies der Eifelkalkmulden fehlt. Für die Fixierung der Hangendgrenze der Kondel-Unterstufe (zugleich die Unterdevon/Mitteldevon-Grenze) schlägt SOLLE (1972, 85) den Übergang von *Arduspirifer mosellanus dahmeri* (SOLLE) in *A. intermedius vetustus* (SOLLE) vor. Dabei gehört nach SOLLE (1972) der unterste Teil des früher ganz ins Mitteldevon gestellten Wissenbach-Schiefers aufgrund von Fossilfunden schon in die Kondel-Unterstufe. Eine Zweiteilung in Untere Kondel-Unterstufe (Sphärosideritschiefer mit Brauneisensandstein, Rötelgallen-Fazies, Flaserschiefer) und Obere Kondel-Unterstufe (Kieselgallenschiefer und unterster Teil der Wissenbach-Schiefer) wird von SOLLE durchgeführt.

Untere Kondel-Unterstufe

Zu Beginn der Kondel-Zeit lagern sich im mittleren und westlichen Teil der Olkenbacher Mulde die Brauneisen-Sandsteine ab. Im Gebiet von Alf, im Übergang zum Faziesbereich von unterer Mosel und Mittelrhein, treten Flaserschiefer auf. Den Hauptanteil der Unteren Kondel-Schichten bilden die sog. Sphärosiderit-Schiefer. Die im Folgenden durchgeführte Dreigliederung in Brauneisensandstein, Flaserschiefer und Sphärosiderit-Schiefer bedeutet also nicht eine stratigraphische Abfolge, sondern beschreibt Fazieskörper.

Brauneisen-Sandstein

SOLLE (1937, 27) hat diesen Namen vorgeschlagen und die Schichtenfolge (1976, 119–126) ausführlich beschrieben. Danach zeigt die regionale Verbreitung deutlich einen mehrfach aufgespaltenen Sandfächer vor der Mündung eines wohl von Süden, wo SOLLE zu dieser Zeit die „Hunsrück-Insel“ vermutet, stammenden Flusses. Ein Hauptfächer lässt sich in der mittleren Olkenbacher Mulde etwa zwischen der Autobahn bei Flussbach und dem obersten Füllersbachtal bei Hetzdorf erkennen. Daneben finden sich westlich des Hauptfächers noch kleinere Sandzungen nördlich und westlich von Flussbach, im Oberlauf des Steinige-Bachs nördlich Lüxem, an der Bahnlinie Wittlich – Daun und östlich Hupperath. Östlich des Hauptfächers findet sich nur ein kleines Vorkommen im oberen Saalsbachtal im Kondelwald. In den Partien zwischen diesen Fächern werden die Höllenthal-Schichten in Rötelgallen-Fazies von Sphärosiderit-Schiefern überlagert. Als Gestein sind am häufigsten hellbraune, gelbe oder schmutzigfahlgelbe, seltener braune Sandsteine zu finden. Zwischengeschaltet sind gelbgraue bis graue oder graublaue, bröcklige, stark siltige Schiefer. Die Sandsteine sind feinsandig bis stark siltig oder sogar tonig, oft sehr dickbankig. Sie lassen meist keine Feinschichtung erkennen und dürften rasch und ohne Aufbereitung abgelagert sein. SOLLE beobachtete Diagonalschichtung, die auf Transport in nördlicher bis nordwestlicher Richtung hinweist. Örtlich treten brotlaibförmige Brauneisen-Sand-Konkretionen auf.

Die Mächtigkeit beträgt im Zentrum des Hauptfächers (nahe dem Alftal oberhalb Bausendorf) über 40 m, nimmt von hier nach beiden Seiten bis auf wenige Meter hinunter ab. In den Nebenfächern ist sie geringer, kann aber, wie z. B. nördlich Lüxem, auch mindestens 30 m erreichen.

Die relativ artenarme Fauna zeigt noch normalen Salzgehalt an und enthält keine unmittelbaren Küstenanzeiger, obgleich für den Brauneisen-Sandstein ja die Nähe einer Flussmündung angenommen wird. In dem Spezialfächer vom Oberlauf des Steinige-Baches nördlich Lüxem beobachtete SOLLE (1976, 126) Massenvorkommen von *Eodevonaria dilatata* (F. ROEMER), deren Schalen kleiner als normal sind, wodurch hier vielleicht verminderter Salzgehalt angezeigt wird. Die Zuordnung zur Kondel-Unterstufe wird durch *Arduspirifer mosellanus mosellanus* (SOLLE) belegt.

Sphärosiderit-Schiefer

Dieses Schichtglied ist in der Olkenbacher Mulde zuerst von SOLLE (1937, 30) abgegrenzt worden. Es ist durch den Reichtum an konzentrisch-schaligen Toneisenstein-Knollen gekennzeichnet. Sie wurden zuerst als „Sphärosiderite“ bezeichnet, bestehen aber nur zum kleinsten Teil aus Ca- und Fe-Karbonaten, sondern überwiegend aus Ton und Brauneisen. Die stratigraphische Bezeichnung hat sich aber inzwischen so stark eingebürgert, dass sie nicht abgeändert werden sollte.

Die Sphärosiderit-Schiefer bilden den Hauptteil der unteren Kondel-Schichten. Sie überlagern in der Olkenbacher Mulde die Brauneisen-Sandstein-Fächer, oder, wo diese fehlen, die Höllenthal-Schichten, deren Dach hier meist in der Rötelgallen-Fazies ausgebildet ist (s. o.). Im Osten, in der Gegend von Alf, verzahnen sich die Sphärosiderit-Schiefer im unteren Teil mit den Flaserschiefern, die am Mittelrhein die ganze untere Kondel-Unterstufe aufbauen können.

Die Sphärosiderit-Schiefer der Olkenbacher Mulde hat SOLLE (1976, 127–142) ausführlich beschrieben: Die Schichtenfolge besteht überwiegend aus gelben bis hellbraunen sehr sandarmen Tonschiefern, die geschlossene Folgen von 20–30 m Mächtigkeit aufbauen können. Sie wechseln ab mit fahl-gelbgrauen, weißlich-grauen und braunen sandig-siltigen, bröckligen Schiefern, in die oft hellgraue mürbe tonig-siltige Sandsteine eingeschaltet sind. Gelegentlich treten dezimeterdicke eisenreiche Kalksandsteinbänke auf, an die oft reiche Fossilhorizonte gebunden sind. Die Toneisenstein-Knollen sind nussgroß bis über faustgroß. Sehr vereinzelt treten cm-dicke Bänder von Rotschiefern auf. Durch die gelben Schiefer mit den Toneisenstein-Knollen sind die Sphärosiderit-Schiefer eines der am besten auskartierbaren Schichtglieder des Unterdevons.

Innerhalb der Schichtenfolge treten an mehreren Stellen Linsen oder Stränge von 5–15 m mächtigen geschlossenen Sandsteinfolgen auf, die SOLLE von der „Hunsrückinsel“ herleitet. Es gibt noch weitere Einschaltungen abweichender Fazies: das sind homogene schwarzblaue bis dunkelviolettblaue oder sogar schwarze blättrige reine Tonschiefer, die örtlich in linsenartigen Körpern auftreten und vielleicht Gyttja-Bildungen darstellen. SOLLE (1942) prägte dafür den Begriff „Kesselstatter Fazies“ (nach dem Kesselstatter Forst bei Bausendorf). Bei Olkenbach konnte SOLLE (1942, 28) eine Unterteilung in untere und obere Sphärosiderit-Schiefer durchführen, die jedoch seitlich nicht weit zu verfolgen ist. Die stark wechselnden Mächtigkeiten gehen nach SOLLE (1960) auf synsedimentäre Bruchtektonik zurück. Denn die Änderungen der Mächtigkeit, die maximal 250 m, minimal 20 m beträgt, vollziehen sich relativ abrupt. SOLLE nimmt an, dass der Ablagerungsraum sich in schmale etwa N-S streichende Horste und Senkungsfelder zerlegte; dabei haben die Senkungsfelder eine Breite von 1 bis 5 km. Die reiche Fauna (die Liste bei SOLLE 1976 enthält 175 Formen) zeigt gegenüber den vorangehenden Schichtenfolgen eine Verringerung des Küsteneinflusses an. Bei den Trilobiten finden sich schon hercynische Formen. Auffällig ist der Reichtum an Ostracoden, die manchmal ganze Schichtflächen bedecken.

Im SW-Teil der Olkenbacher Mulde sind die Sphärosiderit-Schiefer nach G. MARTIN (1960, 184) 100–150 m mächtig. Bei Dreis und im Dörbacher Wald vertreten sie die gesamten unteren Kondel-Schichten, ganz im Südwesten, bei Naurath, Bekond und Schweich nur deren untere Teile.

Flaserschiefer

Im Osten der Olkenbacher Mulde werden die Sphärosiderit-Schiefer durch die Fazies der Flaserschiefer abgelöst. Dieser Fazieswechsel beginnt im östlichen Kondelwald und bei Alf im unteren Teil und erfasst dann moselabwärts in zunehmendem Maße auch die höheren Partien der Unteren Kondel-Schichten. Schließlich bauen im Koblenzer Gebiet Flaserschiefer das ganze Profil zwischen Laubach-Schichten und Kieselgallen-Schiefern auf. Noch weiter östlich, in der Lahnmulde, treten wieder Sphärosiderit-Schiefer auf.

Die Flaserschiefer der östlichen Olkenbacher Mulde hat SOLLE (1976, 142–145) beschrieben; danach lässt sich diese Folge hier folgendermaßen schildern: das westlichste Flaserschiefer-Vorkommen liegt im Distrikt Entesburg (im W des Dennkopfes) im östlichen Kondelwald. Die Folge besteht aus grauen, vereinzelt grauroten, immer siltigen, oft sandigen, festen, vielfach kalkigen Flaserschiefern. Die Flasern sind nur selten länger als 10 cm. Millimeterdicke Bänderung zwischen tonigem und feinsandigem oder glimmerreichem Material kommt auch vor. Tonige bis siltige Sandsteine von höchstens Dezimeterdicke treten selten auf. An einer einzigen Stelle westlich Höllenthal finden sich Rotsedimente. Die Ursache dieser isolierten Rotfärbung könnte eine Infiltration vom Rotliegenden her sein. In etwa gleichem Niveau fand MARTIN (1960) bei Naurath in Sphärosiderit-Schiefern aber ein ähnliches isoliertes Rotsediment-Vorkommen. Die Fauna belegt eine Einstufung in die Kondel-Unterstufe. Fazies und Fauna zeigen im Vergleich zu Brauneisensandstein und Sphärosiderit-Schiefer eine Abnahme der Küsteneinflüsse an.

Ganz im Südwesten, bei Naurath, Bekond und Schweich, werden nach MARTIN (1960, 185) die Sphärosiderit-Schiefer von 50–100 m mächtigen Kalkknollen-Schiefern überlagert. Diese bestehen aus kalkreichen grauen und blauen Tonschiefern mit bunten Kalkknollen von 5–40 cm Größe. Sie werden noch in die untere Kondel-Unterstufe gestellt, müssen deshalb etwa den Flaserschiefern der östlichen Olkenbacher Mulde äquivalent sein.

Obere Kondel-Unterstufe: Kieselgallen-Schiefer

Mit der Ablagerung der Kieselgallen-Schiefer beginnt im Moseltrog endgültig die Fazies der eintönigen dunklen Tonschiefer, die hier auch während der Eifel-Stufe anhält und einen prägnanten Gegensatz zu den Kalk-Mergel-Wechselfolgen der Eifelkalkmulden bildet.

Unsere Kenntnis der Kieselgallen-Schiefer der Olkenbacher Mulde verdanken wir SOLLE (u. a. 1937, 1942, 1976); folgende Ausführungen stützen sich auf SOLLE (1976, 145–175): In der Olkenbacher Mulde reichen die Kieselgallen-Schiefer nicht bis zur biostratigraphischen Grenze Unterdevon/Mitteldevon hinauf, da der unterste Teil der darüber folgenden Wissenbach-Schiefer noch unterdevonische Fauna hat.

Die Schichtenfolge besteht hauptsächlich aus hell- bis mittelgrauen, olivgrauen oder blaugrauen, in frischem Zustand oft schwach kalkigen Tonschiefern. Sie können glatt in großen Tafeln spaltend oder kleinstückig-blättrig zerfallend verwittern. Typisch ist ihr Gehalt an den sog. Kieselgallen, das sind flachelliptische Geoden, deren längste Durchmesser meist 3–7 cm betragen. Sie sind frühdiagenetisch entstanden und mehr oder weniger verkieselt, meist in geringerem Maße als in gleich alten Schichten am Mittelrhein. Im Kern enthalten sie oft Pyritkristalle. Die Kieselgallen sind in der ganzen Schichtenfolge regellos verteilt, dabei gibt es Partien, denen sie fehlen und solche, in denen sie häufiger sind. Sie können in Lagen auftreten und zeichnen dann die Schichtung nach, die in den reinen Tonschieferfolgen oft schwer zu erkennen ist. Jedoch halten diese Kieselgallen-Lagen nicht weit aus und lassen sich kartierend nicht verfolgen oder gar als Leithorizonte verwenden.

Viel seltener kommen kalkig-kieselige Geoden von Brotlaibgröße und -form vor, und zwar im mittleren und höheren Teil der Schichtenfolge, jedoch nicht in deren Dachregion. In der ganzen Folge, aber besonders in den unteren Partien, treten, noch gewissermaßen als Fortsetzung der Sphärosiderit-Schiefer-Fazies, geringmächtige Einschaltungen gelb- bis hellbrauner Schiefer auf, die sogar Eisengallen enthalten können. Die Mächtigkeitsverteilung dürfte immer noch durch die Gliederung in Spezialschwellen und -becken bestimmt sein, jedoch nicht so stark wie zur Zeit der Sphärosiderit-Schiefer.

SOLLE konnte in der Olkenbacher Mulde eine Dreigliederung der hier etwa 300–400 m mächtigen Kieselgallen-Schiefer durchführen: die Unteren Kieselgallen-Schiefer enthalten in den untersten Zehnern von Metern noch deutlich sandigere Schiefer, es treten auch schlecht entmischte siltige Schiefer auf. Die Mächtigkeit liegt bei 30–50 m, kann aber auch 100 m erreichen, da die synsedimentäre Quertektonik immer noch das Becken beeinflusst. Dafür spricht auch der lebhafte seitliche Wechsel in der lithologischen Zusammensetzung. Zentimeterdicke Sandsteinbänke sind sehr selten, verschwinden aber in den Mittleren Kieselgallen-Schiefern völlig. Während der Ablagerung der Mittleren Kieselgallen-Schiefer werden die Sedimentationsbedingungen ausgeglichener. Es finden sich Tonschieferfolgen von nahezu Dachschiefer-Qualität, daneben aber auch siltige, uneben spaltende Partien. Fast ganz auf die Mittleren Kieselgallen-Schiefer beschränkt sind blaugraue siltig-sandige Kalke von 1–3 cm Dicke, oft in Linsen, meist aus Crinoiden-Schill aufgebaut. Die Mittleren Kieselgallen-Schiefer bilden die Hauptmasse der Kieselgallen-Schiefer, Mächtigkeitszahlen gibt SOLLE nicht an. Die Oberen Kieselgallen-Schiefer sind noch ärmer an siltigen Einschaltungen, sandige Gesteine fehlen fast vollständig. Reine, dunkle, weiche Tonschiefer herrschen vor. Die Fauna verarmt gleichzeitig; die Brachiopoden werden durch tabulate und rugose Korallen abgelöst. Nur *Anoplotheca venusta* (SCHNUR) in besonders kleinen Exemplaren tritt noch häufig auf. Es vollzieht sich der Übergang zur Gyttja-Fazies und zu den Wissenbach-Schiefern, die sich deshalb oft nicht scharf gegen die Kieselgallen-Schiefer abgrenzen lassen. SOLLE (1976, 194) erwähnt Tuffitreste aus dem Alftal NW' von Olkenbach.

Im Südwesten, im Gebiet von Bekond und Schweich, sind die Kieselgallen-Schiefer nach MARTIN (1960) nur 40 m mächtig. Sie werden überlagert von den Bekond-Schiefern, die vielleicht noch höhere Teile der Kondel-Unterstufe vertreten, aber zum größten Teil wohl ein

Äquivalent der Wissenbach-Schiefer darstellen, sie werden deshalb mit diesen zusammen besprochen (3.4.3.1).

SOLLE (1976, 151–175) hat eine sehr reiche Fauna aus den Kieselgallen-Schiefern der Olkenbacher Mulde bekannt gemacht, seine Liste umfasst 371 Formen. *Arduspirifer mosellanus dahmeri* (SOLLE) ist Leitform (SOLLE 1976, 183 gibt allerdings auch eine „cf."-Form aus den Wissenbach-Schiefern an); sein Erscheinen kennzeichnet die biostratigraphische Liegendgrenze. Die Hangendgrenze ist durch die Fauna nur undeutlich markiert. Die Brachiopoden-Fauna verarmt und verkümmert in ihrem Schalenbau, die Wissenbach-Schiefer haben eine planktonische Fauna, wobei hercynische Elemente dominieren. *Euryspirifer paradoxus* (SCHLOTHEIM) ist in den Kieselgallen-Schiefern überall verbreitet, findet sich aber auch noch in den untersten Partien der Wissenbach-Schiefer, die deshalb noch ins höchste Unterdevon gestellt werden (SOLLE 1972, 82).

3.3.5 Ems-Schichten im Bereich der unteren Mosel

Wie schon erwähnt, lassen sich die Gliederungen der Ems-Stufe aus dem Mittelrhein- und Untermosel-Gebiet nicht vollständig auf das Gebiet der Olkenbacher Mulde übertragen, obgleich die Gesteinstypen in beiden Gebieten etwa die gleichen sind, denn auch am Mittelrhein und an der Untermosel finden sich nur klastische Folgen. Das Übergangsgebiet zwischen beiden Faziesbereichen liegt etwa im Cochemer Krampen. Generell sind Küsteneinflüsse mit gelegentlichen Roteinschüttungen im Olkenbacher Gebiet stärker ausgeprägt als am Rhein.

3.3.5.1 Unter-Ems-Schichten

W. LANGSDORF (1974, 383), der das Unterdevon zwischen Bad Bertrich und Kobern untersucht hat, scheidet im Grenzbereich zwischen Siegen- und Ems-Stufe in diesem Gebiet eine etwa 500 m mächtige Folge von Tonschiefern mit dünnplattigen Sandsteinen aus, die er als „Cochemer Schichten" bezeichnet. In einzelnen Lagen tritt primäre Rotfärbung auf. Die genaue stratigraphische Stellung der Cochem-Schichten ist mangels Fossilien unbekannt.

Sicher ins Unter-Ems gehören die **Singhofen-Schichten** (G. & F. SANDBERGER, 1850–1856, nach dem Dorf Singhofen im Taunus). Sie sind durch keratophyrische Tuffitlagen charakterisiert, die seit langem als „Porphyroide" oder „Porphyroid-Schiefer" bezeichnet werden. Es sind mehrere Tufflagen vorhanden. Kartiertechnisch lässt man im Untermosel-Gebiet die Singhofen-Schichten mit dem ersten Auftreten eines Porphyroid-Tuffits (dem „Basisporphyroid") beginnen. Das Ausbruchszentrum dieser Vulkanite dürfte im Taunus gelegen haben, da dort und im Lahngebiet mehrere meterdicke Tuffitlagen zu finden sind (vgl. H. SPERLING 1958, 16–25). Die Südeifel liegt demnach mehr am Rande des Verbreitungsgebietes, deshalb sind hier die nur dezimeter-dicken und durch Sedimentmaterial stark verdünnten Tuffite schwer nachzuweisen. Die Porphyroid-Tuffite konnten von H. QUIRING (1930a, 1931b) rechtsrheinisch im Unterlauf von Saynbach- und Brexbach-Tal (Bl. 5511 Bendorf), linksrheinisch am Bubenheimer Berg (Bl. 5611 Koblenz) nachgewiesen werden. Schließlich fand QUIRING (1936a) auch in der südwestlichen Fortsetzung den Tuffit nordwestlich Kobern und südlich von Wolken (Bl. 5610 Bassenheim) und in Lesesteinen sogar auf dem Schaakberg südlich von Burg Cochem (QUIRING in SOLLE 1950, 362). LANGSDORF (1974, 385) konnte das Anstehende des Schaakberg-Vorkommens nachweisen (Bl. 5809 Treis, r 8364 h 5608). Der Tuffit ist hier 20 cm mächtig und enthält auch Fossilien. Unter dem Mikroskop ergibt sich nach LANGSDORF folgender Mineralbestand: Quarz, Albit, Serizit, Chlorit und Opake; Aschenstrukturen sind noch erkennbar. Im Pommerbachtal bei Karden (Bl. Treis, r 9125 h 6283) ist der Tuffit durch H. GERHARD (1966) auch gefunden worden. Er ist dort 30 cm mächtig, enthält Albite und zeigt unter dem Mikroskop Scherbenstruktur. Eine neue Untersuchung der Singhofen-Vulkanite hat KIRNBAUER (1986) vorgelegt.

Die Singhofen-Schichten bestehen aus dunklen Ton- und Bänderschiefern, die mit hellen, oft quarzitischen Sandsteinen wechsellagern. Über die Mächtigkeit im Untermosel-Gebiet ist nichts bekannt. Die Grenze zu den überlagernden Vallendar-Schichten ist unscharf.

Die **Vallendar-Schichten** (O. FOLLMANN 1925, 6 nach reichen Fossilfundpunkten in der Umgebung von Vallendar am Rhein) sind im Gebiet um Kobern toniger als die Singhofen-Schichten, nach QUIRING (1936a, 10) bestehen sie hier hauptsächlich aus Bänderschiefern und Tonschiefern, mit wenigen Einschaltungen graugrünlicher Sandsteine. Es finden sich auch kieselige Konkretionen. Im Cochemer Krampen werden sie nach LANGSDORF (1974, 386) durch schlecht entmischte, schwach glimmerführende Sandsteine aufgebaut.

In ihren Basisschichten treten hier bis zu 6 cm große Roteisenknollen auf, sowie millimeterstarke Eisenflözchen. Bei Cochem fand LANGSDORF in einem solchen Eisenflözchen *Arduspirifer arduennensis latestriatus* (MAURER) s.str. Dieses Fossil ermöglicht eine Gleichstellung mit den Gladbach-Schichten der Südeifel (3.3.2.2, Gladbachschichten), auch der Eisengehalt spricht dafür. Die Mächtigkeit der Vallendar-Schichten schätzt LANGSDORF für das Koberner Gebiet und den Cochemer Krampen auf 500–600 m. Bei Treis ist sie viel höher und erreicht SW' von Pommern sogar 1200 m. Dem entspricht der von KRÖLL (2001, 59) für den Raum Winningen angegebene Wert von 1000–1300 m. Von T. SCHMIERER & H. QUIRING (1933, 7) wurde für die Vallendar-Schichten der Name **Rittersturz-Schichten** vorgeschlagen (nach dem großen Steinbruch am Rittersturz-Felsen südlich Koblenz), um Verwechslungen mit den tertiären Vallendar-Schottern zu vermeiden.

Im oberen Teil des Unter-Ems lassen sich im Moselgebiet zwei Faziesbereiche unterscheiden. Im Bereich der Kalkmulden und der Olkenbacher Mulde ist dieser Abschnitt in der bekannten Klerfer Fazies ausgebildet, die aber nur bis in den Cochemer Krampen zu verfolgen ist. LANGSDORF (1974) wies nach, dass hier in nordöstlicher Richtung zunehmend eine stärkere Entmischung von Ton- und Sandkomponenten stattfindet, wobei die roten Farben in den Sedimenten verschwinden. Die Klerf-Schichten gehen also im Cochemer Gebiet in eine Folge über, die man am Rhein als **Nellenköpfchen-Schichten** bezeichnet (F. FRECH 1889, 199 nach dem durch einen großen Steinbruch geöffneten Nellenköpfchen nördlich des Ehrenbreitstein, Bl. 5611 Koblenz). Die Nellenköpfchen-Fazies ist durch helle quarzitische Sandsteinbänke, wechselnd mit dunkelblauen bis schwarzen Tonschiefern, gekennzeichnet. Rotsedimente sind in der Folge nach LANGSDORF noch bis ins Keverbachtal westlich Kobern vorhanden. Die Nellenköpfchen-Fazies zeigt aber wie die Klerf-Fazies auch alle Merkmale einer küstennahen Flachwasser- bis Wattenmeerablagerung, die nach SOLLE (1970) am Nordrand der sog. Hunsrück-Insel gebildet wurde. Diese Insel soll zur Klerf- bzw. Nellenköpfchen-Zeit aufgetaucht sein und bis zur Kondel-Zeit bestanden haben. Die Landnähe dieser Ablagerungen zeigt sich an dem Pflanzenreichtum, der sogar zu kohligen Lagen führt und der Schichtenfolge zuerst den Namen „Haliseriten-Schiefer“ eingetragen hat (F. MAURER 1882; die grasförmigen Pflanzenreste fasste man früher zur Gattung Haliserites zusammen). Eine besonders reiche Flora findet sich in dem Steinbruch im Alkener Tal (Bl. 5710 Münstermaifeld; H. KAISER, W. MEYER & H.J. SCHWEITZER 1977, 14–15). Auch die Fauna kennzeichnet einen Grenzbereich zwischen Land und Meer: bei Alken wurden die ältesten terrestrischen Arachniden (Spinnen) gefunden (L. STØRMER 1969a), Merostomata, Eurypteriden und Panzerfische lebten im küstennahen Flachwasserbereich. Es finden sich jedoch Lagen mit Massenvorkommen von *Limoptera* (*Klinoptera*) *rhenana* (DIENST). Diese Muschelpflaster, in denen die Exemplare ihre volle Größe erreichen, weisen auf normalen Salzgehalt hin und dokumentieren damit kurzfristige Meereseinbrüche. Die ökologisch so interessante Fauna von Alken wird eingehend bei SOLLE (1970, 55–65) diskutiert. Auch die Sedimentologie der Nellenköpfchen-Schichten kennzeichnet eine Regressionsphase, zeitweise mit Wattenmeer-Bedingungen (F. WUNDERLICH 1970). Die Schrägschichtungsgefüge, Strömungsmarken und Rutschkörper im Untermosel-Gebiet hat W. NIEHOFF (1958) untersucht und für Emsquarzit und Nellenköpfchen-Schichten gemeinsam dargestellt. Danach scheinen die subaquatischen Rutschungen überwiegend von NW nach SE erfolgt zu sein, also von der Eifel her in einen „Moseltrog“ hinein (vgl. auch GASSER 1978). R. KRÖLL (2001) gibt für den Raum Kobern eine Mächtigkeit von etwa 400 m an.

3.3.5.2 Ober-Ems-Schichten

Der Emsquarzit-Zug des Nordflügels der Olkenbacher Mulde überquert bei Alf das Moseltal und verläuft dann in nordöstlicher Fortsetzung mit Ausnahme eines kurzen Stückes bei Nehren im Krampen südlich des Moseltales. An der unteren Mosel ist nach SCHMIERER & QUIRING (1933) noch ein zweiter Emsquarzit-Zug vorhanden, der sich aus dem Gebiet von Lehmen bis Koblenz-Metternich verfolgen lässt. Die Mächtigkeit des Emsquarzits ist am Rhein größer als im Olkenbacher Gebiet, sie wird von SCHMIERER & QUIRING für das Bl. 5611 Koblenz mit 200 m angegeben, eine Karte von KRÖLL (2001, Abb. 35) zeigt die stark wechselnden Mächtigkeiten im Untermosel-Gebiet.

Die Hangendschichten des Emsquarzits sind auf der Eifelseite des Moseltales nur in wenigen schmalen Streifen aufgeschlossen. In dem Tälchen, das von Moselsürsch (Bl. 5710 Münstermaifeld) zur Mosel hinabzieht, wurde gegenüber Oberfell Dachschiefer abgebaut. SOLLE (1942, 76) stuft diese schwarzen, schwarzblauen bis dunkel-grüngrauen Dachschiefer nach ihrer Fauna in die Kondel-Unterstufe ein und erwägt eine Gleichsetzung mit den Dachschiefern von Lütz/Hunsrück (Bl. Dommershausen), für die er ein Kieselgallenschiefer-Alter annimmt. Das Ober-Ems-Vorkommen von Moselsürsch muss allseitig von Störungen begrenzt sein, da sich die nächstälteren Schichten (tieferes Ober-Ems, Emsquarzit) in der Nachbarschaft nicht nachweisen ließen.

In der schmalen Ober-Ems-Mulde, die zwischen Winningen und Kobern auf die Eifelseite des Moseltals hinüberzieht, haben QUIRING (1936a) und SCHMIERER & QUIRING (1933) neben Emsquarzit vorwiegend Hohenrhein-Schichten auskartiert. Nur vom linken Moselhang nordwestlich der Autobahnbrücke Winningen gibt QUIRING auch fossilreiche Laubach-Schichten an. Nach KRÖLL (2001) treten auf der linken Talflanke der Mosel südlich Gondorf neben Laubach-Schichten auch Flaserschiefer als jüngste Unterdevon-Gesteine auf. Es sei noch auf die Fazies-Untersuchungen der Laubach-Schichten durch H. ELKHOLY (1998) hingewiesen.

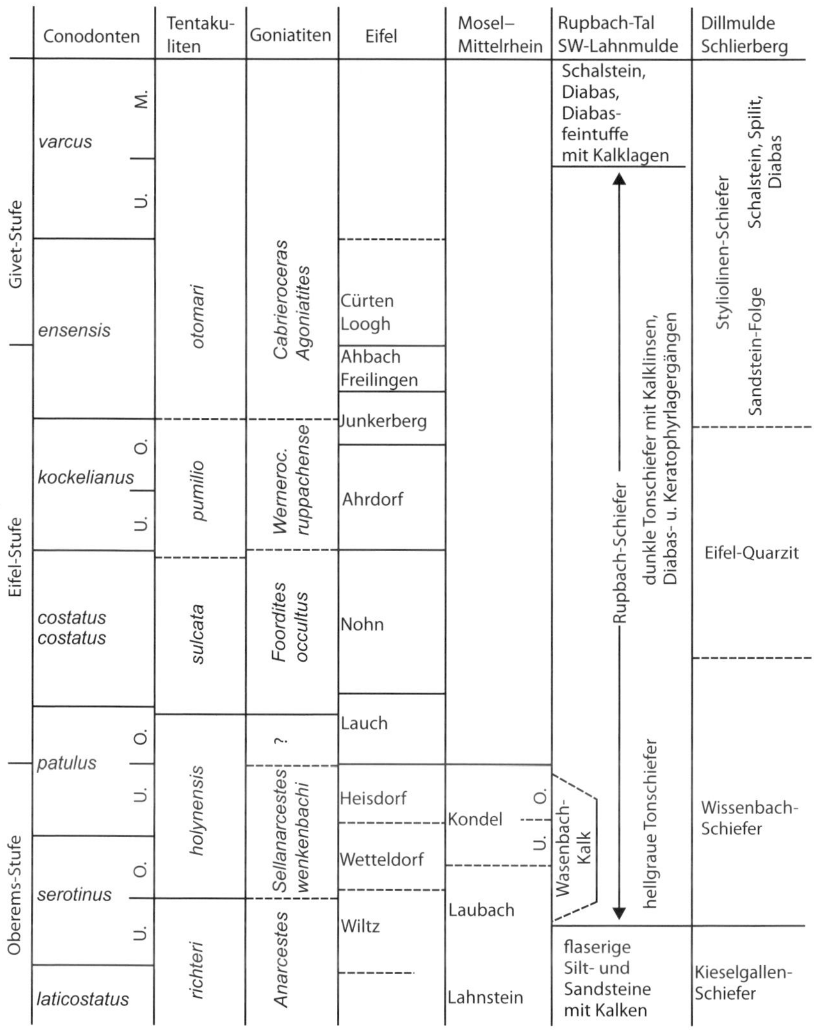

Abb. 26. Biostratigraphischer Vergleich zwischen den Eifelkalkmulden und dem Lahn- und Dill-Gebiet. Nach REQUADT & WEDDIGE (1978), Gliederung nach Tentaculiten von ALBERTI (1978).

3.4 Mitteldevon: Eifel-Stufe

Seit dem Erscheinen der letzten Auflage ist im Sammelwerk „Stratigraphie von Deutschland" Band 8 Devon erschienen, der eine ausführliche Darstellung des Mitteldevons der Eifeler Kallkmulden mit Schwerpunkt auf der biostratigraphischen Gliederung enthält: W. STRUVE, M. BASSE & K. WEDDIGE (2008, 297–375). Auf diesen wichtigen Beitrag sei hier ausdrücklich hingewiesen, da wir hier die Diskussion nicht in der erforderlichen Ausführlichkeit führen können. Wir haben daraus nur einige Ergänzungen und Korrekturen in unsere Darstellung übernommen, wo es notwendig war. Für das höhere Mitteldevon und Oberdevon der Prümer Mulde gibt es in dem Band noch eine Darstellung von M. C. GRIMM et al. (2008, 375–391).

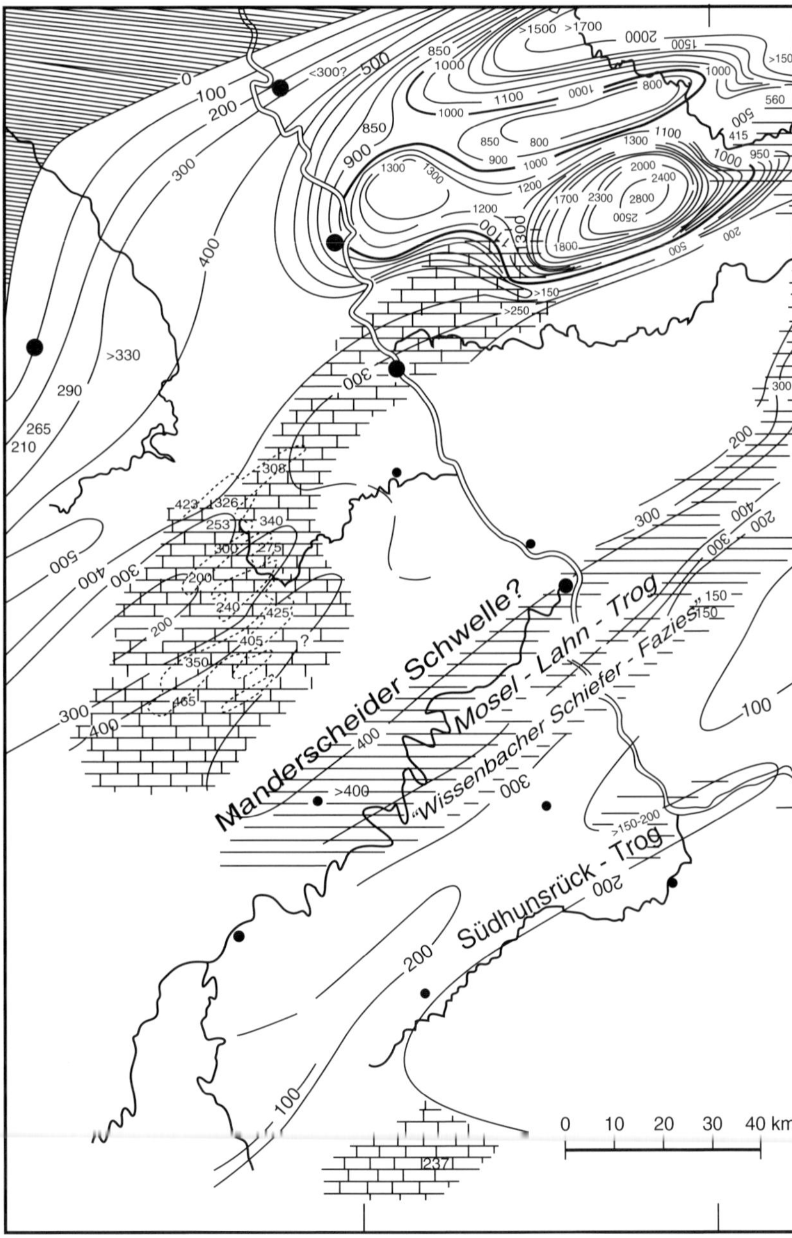

Abb. 27. Paläogeographie des Unteren Mitteldevons (Eifel-Stufe). Variszische Einengung nicht berücksichtigt; Mächtigkeiten in m. MEYER & STETS (1980) nach Unterlagen von BREDDIN (1966), CLAUSEN (1978), CLAUSEN, RISTEDT & WENDT (1965), DICKFELD (1969), EBERT (1968), A. FUCHS (1919, 1923), G. FUCHS (1965), GLINSKI (1961), GRABERT (1969), HOTZ, KRÄUSEL & STRUVE (1955), KASIG & NEUMANN-MAHLKAU (1969), KELCH & REIBLE (1976), KLITZSCH (1959), KUNERT (1965), LIPPERT, HENTSCHEL & RABIEN (1970), METJE (1963), D.E. MEYER (1970), NOWAK (1956), OCHS & WOLFART (1961), PAULUS (1961a,b), PAULY (1958), REQUADT & WEDDIGE (1978), ROTHAUSEN (1958), SCHEIBE (1965), SCHWENZER (1965), SOLLE (1976), STRUVE (1961a), THIENHAUS (1940), THOME (1970), R. VOIGT (1968), WERNER (1969), W. ZIEGLER (1970, 1978). In der Wissenbacher-Schiefer-Fazies enthalten die angegebenen Mächtigkeiten auch geringe Oberems-Anteile.

Es sei außerdem auf die Zusammenstellung mitteldevonischer Ostracoden der Eifel von G. BECKER (2000) hingewiesen und auf die mehrbändige Monographie der Mitteldevon-Trilobiten von M. BASSE (2002, 2003, 2006) und M. BASSE & P. MÜLLER (2004). Die Faziesverhältnisse während des Mitteldevons werden in Abschnitt 3.6 erläutert, wobei der Bereich der Kalkmulden im Vordergrund steht. Die Parallelisierung der Gliederung mit den Mitteldevon-Folgen von Lahn- und Dillmulde ist aus Abb. 26 ersichtlich.

3.4.1 Eifel-Schichten an der Nordflanke des Venn-Sattels

Im Nordflügel des Venn-Sattels sind die Eifel-Schichten klastisch ausgebildet und als küstennahe Bildungen im Vorfeld des Nordkontinents anzusehen. Marine Faunen treten nur sporadisch auf, dafür sind Pflanzen verbreitet. Eine lithologische Zweigliederung in Vicht-Konglomerat und Friesenrath-Schichten lässt sich innerhalb eines langen Streifens zwischen Vicht bei Stolberg und Remouchamps (Amblève-Tal, Ostumrandung des Synklinoriums von Dinant) durchführen. Die Schichtenfolge wurde neuerdings von NEUMANN-MAHLKAU (1966) und KASIG & NEUMANN-MAHLKAU (1969) ausführlich beschrieben.

3.4.1.1 Vicht-Konglomerat

Schon V. DECHEN (1874) spricht mehrfach vom „Vichter Konglomerat", als stratigraphischer Begriff wird der Name zuerst von HOLZAPFEL (1910, 21) verwendet. In markanten Felsrippen, den sog. Kluckensteinen stehen diese Schichten bei Vicht (Bl. 5203 Stolberg) an. HOLZAPFEL ließ das Mitteldevon allerdings erst mit den kalkigen Sedimenten beginnen und stellte Vicht-Konglomerat und Friesenrath-Schichten noch ins Unterdevon. W. SCHMIDT (1956, 99) parallelisiert das Vicht-Konglomerat mit dem belgischen „Poudingue de Wéris", aus dem mitteldevonische Pflanzen bekannt geworden sind (KRÄUSEL & WEYLAND 1948, 95) und legt die Unterdevon-Mitteldevon-Grenze an die Basis des Konglomerats. Diese Auffassung wurde dadurch bestätigt, dass NEUMANN-MAHLKAU (1965) in grünen Sandsteinen unmittelbar unter dem Vicht-Konglomerat südlich Walheim *Asteroxylon elberfeldense* KRÄUSEL & WEYLAND fand.

Nach KASIG & NEUMANN-MAHLKAU (1969, 339) besteht das Vicht-Konglomerat „aus einer bunten Folge von grobklastischen Gesteinen bis zum Korngrößenbereich von Silt und Ton mit einem Konglomeratanteil von ca. 40%. Am besten werden solche Schichtenfolgen durch die französische Bezeichnung Poudingue charakterisiert. Die maximale Korngröße (umgerechnet auf den äquivalenten Kugeldurchmesser) beträgt 99 mm. Diese größten Gerölle sind nur in der hangenden Bank und dort selten vertreten. Im Allgemeinen sind als oberste Kornklasse in den Konglomeratbänken Gerölle von 30–50 mm zu beobachten. Neben großen Geröllen aus blau-grauem und grau-grünem Subgrauwackensandstein treten solche auch aus milchigem Gangquarz und einem dichten schwarzen Gestein auf. In den Fraktionen <20 mm erscheinen Fetzen und Gerölle roter Tonsteine." Tierische Fossilien sind nicht gefunden worden.

Die Mächtigkeiten wechseln stark, sie nehmen generell in Richtung W ab, die maximale Größe der Gerölle nimmt dagegen in westlicher Richtung zu (Abb. 28). NEUMANN-MAHLKAU hat die Schüttungsrichtungen durch Auswertung der Geröllorientierungen bestimmt. Sie streu-

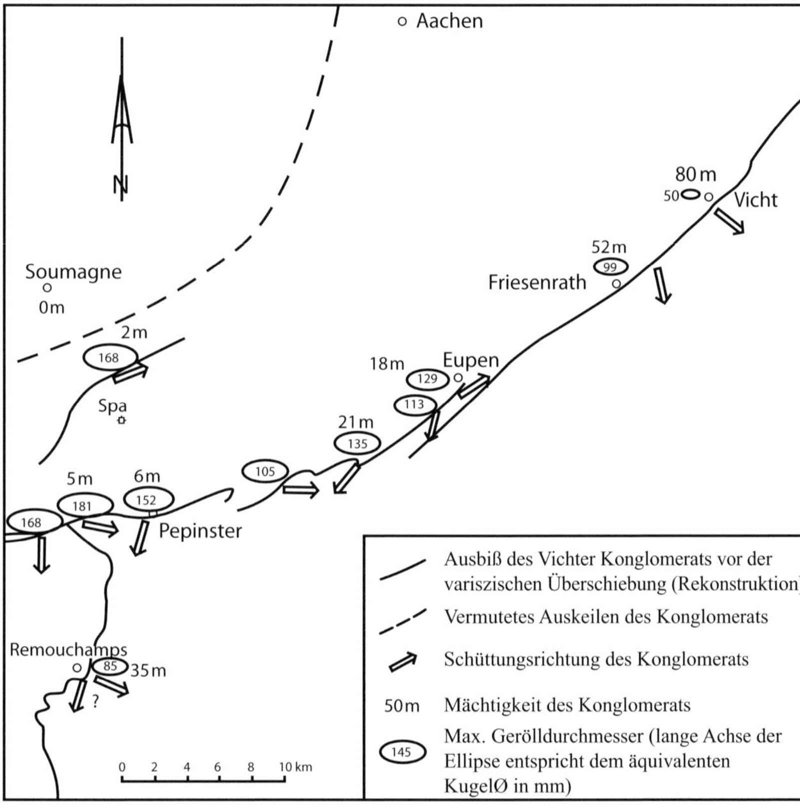

Abb. 28. Schüttungsrichtungen und maximale Korngrößen im Vicht-Konglomerat auf der Nordwestflanke des Venn-Sattels. Kasig & Neumann-Mahlkau (1969).

en stark, lassen aber genauso wie die Verteilung der Mächtigkeiten und Geröllgrößen eine Schüttung von einem im NW gelegenen Liefergebiet erkennen. Das Vorkommen von turmalinführenden Quarzit-Geröllen weist auch auf das Brabanter Massiv hin (vgl. die Turmalinquarzite in den Gedinne-Konglomeraten, 3.1.2). Auf Kristallin-Detritus im Vicht-Konglomerat muss man wahrscheinlich den Goldgehalt in Alluvionen vieler Bäche zwischen Eupen und Gressenich mit einem Maximum in der Inde bei Kornelimünster zurückführen. C. Bretz (1918, 17) weist darauf hin, dass die Goldführung erst einsetzt, „wenn die Bäche das Vichter Konglomerat durchflossen haben“ oder wenn Verwitterungsschutt aus dem Konglomerat in die Bäche gelangt. Der Sedimenttransport erfolgte nach Kasig & Neumann-Mahlkau (1969) in fluviatilem Milieu, wahrscheinlich auf einer küstennahen Ebene unter schwachmarinen bis limnischen Bedingungen.

3.4.1.2 Friesenrath-Schichten

Der Name wurde von HOLZAPFEL (1910, 21–22) vorgeschlagen, da südlich Friesenrath (bei Walheim) diese Schichtenfolge zusammen mit dem Vicht-Konglomerat im Indetal gut aufgeschlossen ist. Das Mitteldevon-Alter ist durch Pflanzenfunde belegt (NEUMANN-MAHLKAU 1965). Im belgischen Gebiet finden sich auch marine Faunen, die jedoch nach NE verschwinden. Im deutsch-belgischen Grenzgebiet ist nach SCHMIDT & SCHRÖDER (1962, 31) etwa an der Basis des obersten Drittels der Schichtenfolge eine gelblich-weiße Sandsteinbank mit Crinoiden und Brachiopoden, darunter *Productella subaculeata* (MURCHISON) und *Oligoptycherhynchus* cf. *imitatrix* (FUCHS) zu finden. Im Profil von Friesenrath fanden sich in dieser Position nur Crinoiden (KASIG & NEUMANN-MAHLKAU 1969, 340). W. SCHMIDT (1956, 101) erwähnt eine Bank mit Brachiopoden von östlich Vicht.

Mit der Zunahme von marinen Faunen in westlicher Richtung ist auch eine Zunahme kalkiger Sedimente verbunden. Es treten in Belgien auch Kalkknollen und sogar rote Kalkbänke auf (P. FOURMARIER 1958, 10–11). Im deutschen Gebiet ist die Folge durchgehend klastisch ausgebildet, bis auf einige Kalksandsteinbänke im Profil von Friesenrath (KASIG & NEUMANN-MAHLKAU 1969, 340). Am häufigsten sind rote Siltsteine, daneben treten violette, grüne oder rote Sandsteine auf, die auch konglomeratisch werden können. Grüne feingeschichtete Sandsteine bauen besonders das obere Drittel der Schichtenfolge auf. Feldspatreiche Grobsandsteine können wie Granit aussehen. Nach NEUMANN-MAHLKAU (1970b) ist die Feldspatführung der Grobsandsteine auf den Streifen zwischen Vicht und Friesenrath beschränkt und fällt hier zusammen mit dem Maximum der Goldführung der Inde-Schotter. Die frischen Kalifeldspäte und Plagioklase und das Gold in Vicht-Konglomerat und Friesenrath-Schichten können von Magmatiten aus dem Norden stammen. Das Gold in den Venn-Bächen liegt damit schon auf dritter Lagerstätte.

Eine Abgrenzung der Friesenrath-Schichten nach oben ist schwierig, da im deutschen Gebiet der Sedimentationstyp noch bis in die Givet-Stufe hinein fortdauert. In Belgien beginnt das Givet mit einem Basiskonglomerat. Dem scheint im deutschen Gebiet eine rötliche Sandsteinbank mit rötlichen und grünlichen Schieferfetzen zu entsprechen („Letten-Konglomerat" bei WUNSTORF 1943). Über dieser Bank liegen aber noch mindestens 100 m klastische Sedimente, die von W. SCHMIDT (1956) und NEUMANN-MAHLKAU (1969) als unteres Givet eingestuft werden. Darüber folgen erst die Kalke. Die klastischen Schichten des unteren Givet gleichen den Friesenrath-Schichten und sind nur davon abzutrennen, wenn die konglomeratische Bank vorhanden ist.

Die küstennahe Fazies des Vicht-Konglomerats setzt sich also in die Friesenrath-Schichten hinein fort. Unter den Pflanzenfunden, die NEUMANN-MAHLKAU (1965) meldet, ist *Asteroxylon elberfeldense* KRÄUSEL & WEYLAND eine Pflanze, deren Sprosse weit aus dem Wasser geragt haben dürften, *Pseudosporochnus* sogar eine echte Landpflanze (R. KRÄUSEL 1936). Ein kurzfristiger Meeresvorstoß unterbricht die wahrscheinlich brackisch-limnischen Ablagerungsbedingungen, wie die Crinoiden- und Brachiopodenlage zu Beginn des obersten Drittels der Schichtenfolge anzeigt. Die größte Mächtigkeit liegt nach KASIG & NEUMANN-MAHLKAU (1969, 345) mit 340 m bei Vicht; in südwestlicher Richtung nimmt sie ab.

W. STRUVE (briefl. in KNAPP 1978, 50–51) stellt den oberen Teil der Friesenrath-Schichten schon ins Givetium aufgrund von Trilobitenfunden in gleich alten Schichten in Belgien und weil er die Fauna der überlagernden *quadrigeminum*-Schichten schon ins obere Givetium einstufen zu müssen glaubt.

3.4.2 Eifel-Schichten in den Kalkmulden

3.4.2.1 Lauch-Schichten

Für das tiefste Schichtglied des Mitteldevons hat REULING (in HAPPEL & REULING 1937, 21) nach dem Dorf Oberlauch im SW-Teil der Prümer Mulde den Namen Laucher Schichten eingeführt. Diese Schichten sind besonders reich an *Paraspirifer cultrijugatus* und wurden deshalb von R. RICHTER (1919, 59) und HAPPEL (1932, 336) als „*Cultrijugatus*-Zone" bezeichnet. Sie entsprechen dem oberen Teil der „*Cultrijugatus*-Stufe" von Em. KAYSER (1871, 322–331). Die Obergrenze der Lauch-Formation wird bestimmt durch das Verschwinden der OCA-Brachiopodenfauna (S. 89). Es ist so auffällig, dass man auch vom OCA-Extinction-Event spricht (vgl. STRUVE et al. 2008, 310), nach dem untersten Glied der überlagernden Nohn-Formation auch vom Kirberg-Event.

In den Lauch-Schichten treten die klastischen Anteile im Vergleich zu den Heisdorf-Schichten noch stärker zurück. Es werden Mergel und Kalke abgelagert, jedoch sind an ihrer Bildung noch keine Korallen beteiligt. Roteisensedimentation findet örtlich noch in den untersten Partien statt. Im NE werden vom Nordkontinent her klastische, z. T. rotgefärbte Sedimente eingeschwemmt.

Die Lauch-Schichten sind in letzter Zeit durch die in der Prümer und Gerolsteiner Mulde angelegten Richtschnitte besonders gründlich untersucht worden (Literaturübersicht in 3.3.3.1, Gerolsteiner Mulde). Zur Mikrofazies vgl. T. UTESCHER (1992a).

Daleider Muldengruppe

LIPPERT (1939, 42) hat bei Gesotz (Bl. 5804 Schönecken) einen Brocken eines dichten blauen Kalkes mit *Tropidocoryphe* sp. gefunden. Da diese Trilobitengattung nur aus dem Mitteldevon bekannt ist, vermutet er, dass in dem Muldenstück von Gesotz auch noch Lauch-Schichten erhalten geblieben sein könnten.

Prümer Mulde

In der Prümer Mulde lässt sich eine Zweiteilung durchführen, und zwar in den Wolfenbach-Horizont unten (HOTZ, KRÄUSEL & STRUVE 1955, 55 nach der Wolfenbacher Mühle, Üxheim, Hillesheimer Mulde) und den Dorsel-Horizont oben (HOTZ, KRÄUSEL & STRUVE 1955, 56 nach dem Dorf Dorsel in der Ahrdorfer Mulde).

Wolfenbach-Horizont: WERNER (1969, 204; 1973, 169) unterscheidet zwei Ausbildungen: die Krähenwiese-Fazies (nach einer Flur südöstlich von Prüm), die durch das Vorherrschen von Crinoidenkalken gekennzeichnet ist, und die Wolfenbach-Fazies (nach dem locus typicus des Horizontes), für die regelmäßige Wechsellagerung von tonig-siltigen Kalken mit Mergeln oder siltig-tonigen Schiefern charakteristisch ist. Die Krähenwiese-Fazies findet sich nach WERNER (1969, 203–206) auf dem NW-Flügel der Prümer Mulde. Hier finden sich blaugraue Crinoidenkalke, daneben sandige Kalke und spätige Kalksandsteine, außerdem Bänke mit

Abb. 29. Lithologische Zusammensetzung der Eifel-Schichten in den Kalkmulden.

Mechernich
Schleiden
Prüm
Daun
Rohr
Wachendorf-Riff
Hundsdell Fe
Iversheim-Riff
Eilenberg Fe
Giesdorf
Niederehe - Riff
Ahütte - Riff
ostiolatus
Ahütte
Kirberg
Dorsel
Wolfenbach
0
5 km
m
100
50
0
Riffkalk
Mergel
Kalkstein
Kalksandstein
Eisenhorizont
Tonschiefer
Sandstein

pseudo-ooidischem Roteisen (früher fossilreich erschlossen in den alten Steinbrüchen bei Ellwerath, den „Ellwerather Pingen“). Auf dem SE-Flügel ist die Wolfenbach-Fazies verbreitet, wie z. B. die Richtschnitte von Wetteldorf und Dingdorf zeigten (SOLLE 1942a; STRUVE 1961, 300; WERNER 1975; WERNER & WINTER 1975). Roteisenlagen fehlen der Wolfenbach-Fazies. Nach WERNER (1969, 1973, 1975) beträgt die Mächtigkeit des Wolfenbach-Horizontes bei Ellwerath etwa 40 m, bei Dausfeld mindestens 25 m, im Mühlbachtal mindestens 30 m, im Wetteldorfer Richtschnitt etwa 35 m und im Dingdorfer Richtschnitt 45 m.

Der Dorsel-Horizont ist im Wetteldorfer Richtschnitt 23,55 m mächtig aufgeschlossen gewesen, wenn auch oben nicht vollständig (STRUVE 1961, 301). Nach WERNER (1974) liegt der Horizont auf dem SE-Flügel der Prümer Mulde in der mehr kalkigen, fossilreichen „SE-Fazies“ vor (H.-J. LUTZ 1969, 12: „Gleicht-Fazies“ nach der Hochfläche Gleicht bei Seiwerath). Auf dem NW-Flügel ist die fossilärmere „NW-Fazies“ verbreitet. Sie ist durch kleinstückig zerfallende, grüngraue, blaugrüne bis olivgrüne feinsandige oder tonige Siltsteine gekennzeichnet. Geringmächtige kalkige Siltsteine oder Kalksandsteine sind eingeschaltet, ebenso Roteisenlagen. Die Mächtigkeit des Dorsel-Horizontes schätzt WERNER (1969, 206–207) für die Umgebung von Prüm auf mindestens 5–7 m, für das Mühlbachtal auf 10–12 m.

Salmerwald-Mulde

Auch hier lässt sich nach der Beschreibung von KRÖMMELBEIN (1955, 22–24) eine Gliederung in den kalkreichen Wolfenbach-Horizont unten und den hauptsächlich aus Mergeln bestehenden Dorsel-Horizont oben durchführen. Die Mächtigkeit der Lauch-Schichten schätzt KRÖMMELBEIN auf mindestens 25 m. Nach WERNER (1974, 223) gehört der Dorsel-Horizont zumindest des W-Teils der Salmerwald-Mulde zur stärker kalkigen SE-Fazies der Prümer Mulde; eine Faunenliste gibt WERNER von seinem Fundpunkt 16 (NE’ Honigseifen etwa 1900 m E’ Mürlenbach) an.

Gerolsteiner Mulde

Auch hier, wo die ausführliche Bearbeitung von B. HEIBEL (1969, 558–562) vorliegt, gilt die Zweiteilung in Wolfenbach-Horizont und Dorsel-Horizont. Die Basis der Lauch-Schichten wurde über das im Grenzbereich auftretende Korallen-Stromatoporen-Lager gelegt, da dieses noch den für die Heisdorf-Schichten leitenden Trilobiten *Dechenella* (*Basidechenella*) *kayseri* (R. RICHTER) führt.

Der Wolfenbach-Horizont besteht im tiefsten Teil aus einer Wechsellagerung blaugrauer Kalke, blauer oder grünlichgrauer Kalksandsteine und graublauer oder grünlicher Mergel. Crinoidenkalke sind auf diesen tiefen Teil beschränkt. Nach oben nimmt der Kalkgehalt und Sandgehalt zu, es treten sandige Mergelkalke und Mergelschiefer auf, gleichzeitig verarmt die Fauna. Damit besteht ein allmählicher Übergang zur Fazies des sandig-tonigen Dorsel-Horizonts, dessen Liegendgrenze schwer zu bestimmen ist. HEIBEL legt sie über die höchste bedeutende Kalksandsteinbank. Der Wolfenbach-Horizont ist bei Gees etwa 40 m mächtig, im NE-Teil der Mulde etwa 30 m. Im tiefsten Teil des Wolfenbach-Horizontes fanden sich zwei Tuffitlagen der Libra-Gruppe (J. WINTER 1969a, 437).

Der Dorsel-Horizont besteht fast ausschließlich aus sandigen, graugelben oder olivgrünen Mergeln. Kalksandsteine und Kalklinsen sind nur geringmächtig. Von W nach E nehmen sowohl Mächtigkeit als auch Karbonatgehalt zu. So ist der Horizont am E-Hang des Kylltals bei Lissingen etwa 19 m mächtig und gehört nach WERNER (1974) zur sog. Übergangsfazies zwischen der mehr klastischen NW-Fazies und der kalkigen SE-Fazies. In der Umgebung des Forsthauses E' Gees ist der Horizont etwa 25 m mächtig; dieser Bereich gehört zur SE-Fazies WERNERS.

Hillesheimer Mulde

Nach WERNER (1972b, 446–448) ist hier die Grenze zu den Heisdorf-Schichten lithologisch gut markiert: die höchsten Heisdorf-Schichten bestehen aus Ton- und Siltsteinen, kalkige Linsen oder dünne Crinoidenkalkbänke sind untergeordnet. Die Lauch-Schichten setzen darüber plötzlich mit massigen Crinoidenkalken, tonig-siltigen Kalken und Mergeln ein. Diese Grenze ist gut aufgeschlossen an einem Weg am W-Hang des Ahbachtales ca. 1200 m ostnordöstlich der Kirche von Üxheim (Bl. 5606 Üxheim, r 5536 h 7896). Das von HOTZ, KRÄUSEL & STRUVE (1955, 52) angeführte Profil der „Ahütter Kehre" (obere Kurve der Straße Nohn – Ahütte) ist nach WERNER (1972b) im Grenzbereich gestört.

Der locus typicus für den Wolfenbach-Horizont liegt an der Straße Üxheim – Üdelhoven etwa 150 m ENE' der Wolfenbacher Mühle (Bl. 5606 Üxheim, r 5380 h 7942). Die Folge besteht aus einer Wechsellagerung von 10–15 cm dicken Kalkbänken mit gleichdicken Mergellagen. Die graubraunen Kalke sind oft stark bituminös. Diese Ausbildung entspricht der Wolfenbach-Fazies von WERNER (1973). In den tieferen Partien kommen außerdem dickbankige Crinoidenkalke vor, Mergel treten hier zurück. Im SW-Teil der Ahrdorfer Mulde ist nach WERNER (1972b, 1973) die Krähenwiese-Fazies der Prümer Mulde vorherrschend. Der Horizont ist nach QUIRING (1914b) in der Ahrdorfer Mulde etwa 30 m mächtig, im W-Teil der Hillesheimer Mulde nördlich von Rockeskyll ist er nach G. FUCHS (1965, 332–335) etwa 35–40 m mächtig.

Der Dorsel-Horizont entspricht der „Zone kleinstückig zerfallender milder Schiefer „am Dach der „*Cultrijugatus*-Zone" von QUIRING (1914b). WEHRLI (1928, 623) bezeichnete diese Ablagerungen als „Grenzschiefer der *Cultrijugatus*-Zone" Der locus typicus liegt etwa 1300 m N' der Kirche von Dorsel südlich der Straße nach Aremberg (Bl. 5606 Üxheim, r 5629 h 8400). Diese Folge besteht aus fast fossilfreien olivgrünen Tonschiefern, die sehr sandig werden können und dann in plattige Sandsteine übergehen. Untergeordnet sind Bänkchen von spätigen Kalken. Die Folge, die bei Dorsel überwiegend klastisch ist, also zur NW-Fazies von WERNER (1973) gehört, besteht am SE-Rand der Hillesheimer Mulde bei Niederehe nach HOTZ, KRÄUSEL & STRUVE (1955, 57) hauptsächlich aus gelbbraunen Mergeln (Übergangs-Fazies von WERNER 1973). Im Westteil der Hillesheimer Mulde ist sie nach FUCHS (1965, 335) wieder mehr klastisch ausgebildet. Der Dorsel-Horizont ist nach QUIRING in der Ahrdorfer Mulde etwa 12 m mächtig.

Dollendorfer Mulde

Im SW-Teil der Dollendorfer Mulde haben sich Lauch-Schichten nicht nachweisen lassen. J. METJE (1963, 133) vermutet, dass dort die Mitteleifel-Schwelle zu Beginn des Mitteldevons noch wirksam war. Das scheint auch für den NW-Flügel der Mulde südlich vom Ahrtal zu gelten. Nach C. VORREYER (1964) besteht hier zwischen Heisdorf- und Nohn-Schichten eine

Lücke. Bei Ripsdorf treten in diesem Profilabschnitt wenige Meter fossilfreie sandige Mergel auf, die zu den Lauch-Schichten gehören könnten. Im Ahrprofil sind Lauch-Schichten in ähnlicher Ausbildung wie in der Hillesheimer Mulde aufgeschlossen. Auf dem NW-Flügel ist nach R. SCHLÜTER (1976) der Wolfenbach-Horizont etwa 15 m mächtig und besteht aus Kalken, Kalksandsteinen und sandigen Mergeln. Der Dorsel-Horizont ist etwa 20 m mächtig und wird von fossilarmen olivbraunen Schiefern aufgebaut. Auf der SE-Flanke ist im Mühlenbachtal bei Ahrhütte nach A. KAUL (1976) der Wolfenbach-Horizont 2,5–11 m mächtig, der Dorsel-Horizont etwa 11–15 m; der Sandgehalt ist nicht so stark wie auf dem NW-Flügel. Wie auf S. 92 schon ausgeführt, gehört in Analogie zu den Verhältnissen in der Blankenheimer Mulde der von KAUL und SCHLÜTER in die Heisdorf-Schichten gestellte „Obere Eisen-Horizont" vielleicht auch in die Lauch-Schichten. Seine Mächtigkeit, die am NW-Flügel 10–16 m, im Mühlenbachtal 4 m beträgt, wäre dann den oben genannten Werten noch hinzuzufügen.

Blankenheimer Mulde

In der Blankenheimer Mulde lassen sich nach OCHS & WOLFART (1961, 11–12) folgende Faziesbereiche unterscheiden:

Nur in den NE-Zipfeln des Synklinoriums östlich der Linie Buir – Frohngau sind die Lauch-Schichten in der kalkigen fossilreichen Ausbildung vorhanden. Dieser Faziesbereich dürfte mit dem des NE-Teils der Sötenicher Mulde zusammenhängen. Nach OCHS & WOLFART gilt in dieser Fazies folgendes Profil:

Hangendes:	Kalke und Kalksandsteine der Unteren Nohn-Schichten.
Lauch-Schichten	3. Schiefer-Horizont: Tonschiefer, sandige Mergel mit eingelagerten Kalkbänkchen; 9–1 5 m.
	2. Brachiopoden-Kalke und -Mergel: spätige Kalke und Mergel; 3–4 m.
	1. Eisen-Horizont: Wechsellagerung von eisenreichen Kalken und violetten oder olivfarbenen Kalksandsteinen; 9–10 m.
Liegendes:	Schiefer-Horizont der Heisdorf-Schichten.

Wir folgen dabei WERNER (1972b, 452–453), der den „Oberen Eisen-Horizont", den OCHS & WOLFART (1961, 8–9) noch zu den Heisdorf-Schichten stellen, in die Lauch-Schichten einstuft (vgl. S. 93). Leider ließ sich diese Umgruppierung, die ja die Grenze Unter-/Mitteldevon betrifft, hier noch nicht biostratigraphisch stützen. Am N-Flügel der Frohngauer Nebenmulde fand W. SCHMIDT (1961b, 259–261) SW' von Roderath Fischreste, unter denen T. ØRVIG (Stockholm) Acanthodier-Stacheln und -Schuppen, Crossopterygier-Zähne und *Onychodus*-Schuppen bestimmte.

Die Schichtglieder 2 und 3 keilen SE' der Buirer Ley aus. Erst im Bahneinschnitt W' von Blankenheimerdorf sind in 4 m Mächtigkeit äquivalente Gesteine wieder aufgeschlossen, und zwar als eine Wechselfolge von dickbankigen, vorwiegend spätigen Kalken und hell-gelblichbraunen Schiefern. Darunter liegt das Schichtglied 1, der 9 m mächtige Eisen-Horizont. Er besteht aus z. T. eisenführenden Kalken und Kalksandsteinen mit zwischengeschalteten Schiefern. W' von Blankenheimerdorf keilen die Schichten 2 und 3 wieder aus und sind in den SW-Abschnitten der Blankenheimer Mulde nicht auffindbar, vergleichbar den Verhältnissen im SW-Teil der Dollendorfer Mulde, wo auch eine Schichtlücke besteht.

Rohrer Mulde

A. GLINSKI (1961, 276) gibt vom Antoniusbüsch bei Rohr das nachfolgende Profil an. WERNER (1972b, 452–453) stellt auch hier das von GLINSKI den Heisdorf-Schichten zugeordnete Schichtglied 3 in die Lauch-Schichten (hier jetzt unter Nr. 1 geführt).

Hangendes:	sandige Mergel der Unteren Nohn-Schichten.
	grünliche Mergel, unten vereinzelt *Paraspirifer cultrijugatus*); 12 m.
	Mergel und unregelmäßig verwitternde, z. T. spätige Kalke; Crinoiden, *Chonetes*, *Schellwienella*, häufig Paraspirifer *cuitrijugatus;* höchstens 4 m.
	Kalksandsteine, Kalke, z. T. eisenreich; 7–8 m.
Liegendes:	grüne sandige Schiefer der Heisdorf-Schichten 2.

Die Fazies von Rohr schließt sich an den kalkigen fossilreichen Faziesbereich des NE-Teils der Blankenheimer Mulde und des NE-Teils der Sötenicher Mulde an. Nach SW hin scheinen parallel zu den Verhältnissen in der Blankenheimer Mulde die Lauch-Schichten stark auszudünnen. Sie konnten im Gebiet von Reetz nicht nachgewiesen werden.

Sötenicher Mulde

Für den NE-Teil gibt H.-J. NOWAK (1956, 13–18) folgende Gliederung:

Hangendes:	Stromatoporen-Mergel und -Kalke, Untere Nohn-Schichten.
Obere Lauch-Schichten	L 4, Plattensandstein; 8 m.
	L 3, Oberer Schiefer-Horizont; 8 m.
Untere Lauch-Schichten	L 2, *Alatiformis*-Crinoidenkalke; 15–21 m.
	L 1, Unterer Schiefer-Horizont; 25–30 m.
Liegendes:	*Umbraculum*-Horizont, Heisdorf-Schichten 5.

Die Unteren Lauch-Schichten sind im ganzen NE-Teil der Sötenicher Mulde gleichartig ausgebildet: über den olivgrünen, mergeligen Schiefern des Horizontes L1 folgen Crinoidenkalke und Schillbänke mit massenhaft *Alatiformia alatiformis* (DREVERMANN) und *Chonetes sarcinulatus* (SCHLOTHEIM). Sie führen auch den leitenden Trilobiten *Schizoproetus onyx* (R. RICHTER). In den Oberen Lauch-Schichten lassen sich zwei Faziesbereiche unterscheiden, ein südlicher, kalkig und fossilreich und ein nördlicher, stark sandig. Dem nördlichen Faziesbereich gehört das Gebiet nördlich des Grabens von Antweiler an und der S-Flügel der Mulde zwischen Arloff und Iversheim. Im N-Flügel der Mulde sind die Lauch-Schichten südwestlich des Grabens bei Wachendorf nur sehr unvollständig aufgeschlossen. Diese Faziesunterschiede setzen sich bis in die Nohn-Schichten hinein fort: nach NOWAK folgen dort, wo die Oberen Lauch-Schichten in der kalkigen Süd-Fazies vorliegen, die Nohn-Schichten als gebankte Kalke. Dort, wo die Oberen Lauch-Schichten in der sandigen Nord-Fazies ausgebildet sind, folgen in den Nohn-Schichten Stromatoporenriffe. In den Nachbarmulden hat WERNER (1972b, 452–453) den bisher noch zu den Heisdorf-Schichten gestellten sog. Oberen Eisen-Horizont in die Lauch-Schichten eingestuft. In Analogie dazu wäre auch eine Einstufung des *Umbraculum*-Horizontes (Heisdorf-Schichten 5 bei NOWAK) der nordöstlichen Sötenicher Mulde in die Lauch-Schichten zu erwägen. Stratigraphisch verwertbare Fossilien haben sich hier bisher noch nicht finden lassen.

Im mittleren Teil der Mulde, also dem Gebiet zwischen etwa Eschweiler und dem Urfttal machen sich nach B. PAULUS (1959, 348–350) auf dem N-Flügel sehr stark Roteinschwemmungen bemerkbar. Es wechsellagern helle Fettkalke mit roten und grünen Tonschiefern, die denen der Klerf-Schichten ähnlich sind. Diese Fazies reicht bis in die Unteren Nohn-Schichten, deshalb lässt sich deren Untergrenze lithologisch nicht fassen, wegen der Fossilarmut ist einstweilen hier auch eine biostratigraphische Abgrenzung von Lauch-Schichten nicht möglich. Zwei Schichtglieder, Weinberg- und Eulenkopf-Horizont, die PAULUS (1959) in die Unteren Nohn-Schichten stellte, werden von L. DICKFELD (1969) aus lithologischen Analogien zu den Verhältnissen im W-Teil der Mulde in die Lauch-Schichten eingestuft.

Das untere ist der Weinberg-Horizont (PAULUS 1959, 351, nach dem Weinberg am Ostrand von Eiserfey, Bl. 5405 Mechernich). Der locus typicus liegt an einem Weg am W-Hang des Weinbergs (r 4692 h 0203). Der Horizont ist in drei Abschnitte zu gliedern: der untere und obere bestehen aus dicken Fettkalkbänken mit charakteristischen Lagen von bunten Tonschiefern mit Kalknieren vom Typ der bekannten oberdevonischen Kramenzelkalke. Der mittlere Teil besteht aus sandig-schiefrigen Gesteinen. Die Mächtigkeit des Weinberg-Horizontes, der auch auf dem Eulenkopf bei Vollem aufgeschlossen ist, beträgt etwa 25 m.

Darüber liegt der Eulenkopf-Horizont (PAULUS 1959, 352, nach dem Eulenkopf = Höhe 407,0 bei Vollem). Locus typicus ist ein Steinbruch am SW-Hang (Bl. 5405 Mechernich, r 4557 h 0156). Der gesamte Horizont ist hier in 12 m Mächtigkeit erschlossen. Er besteht aus dickplattigen fossilleeren Kalksandsteinen. Im tiefsten Teil fand sich eine Bank von spätigem Kalk mit spärlicher Fauna.

Das Auftreten von Rotsedimenten, die von N her eingeschwemmt sein dürften, ist auf den mittleren Teil der Sötenicher Mulde beschränkt und tritt hier besonders auf dem N-Flügel auf. Das Gebiet lag zu Beginn des Mitteldevons vielleicht vor einer Flussmündung. Auf dem S-Flügel herrschen gelbliche Mergelkalke vor; Fossilien sind hier etwas häufiger, wenn auch viel seltener als im NE-Teil der Sötenicher Mulde oder in den anderen Eifelkalkmulden. Die Lauch-Schichten des S-Flügels sind nach PAULUS (1961) im Urfttal etwa 10 m mächtig, das ist viel weniger als im NE-Teil der Mulde und auf dem N-Flügel.

Diese Mächtigkeitsunterschiede bestehen auch im W-Teil der Mulde, wo DICKFELD (1969) für den S-Flügel 20 m, für den N-Flügel 57 m angibt. DICKFELD konnte am N-Flügel örtlich die Unterteilung in Wolfenbach-Horizont und Dorsel-Horizont vornehmen. Der Wolfenbach-Horizont besteht aus einer Wechsellagerung von Siltsteinen und Trochiten- und Brachiopoden-Schillkalken, der Dorsel-Horizont nur aus grüngrauen Siltsteinen. In der geringmächtigen Fazies des S-Flügels lässt sich diese Unterteilung nicht durchführen, ja vielfach lassen sich die Lauch-Schichten hier gar nicht mit Sicherheit nachweisen.

3.4.2.2 Untere Nohn-Schichten

In der „Stratigraphie von Deutschland“ (STRUVE et al. 2008) wird die Nohn-Formation zusammengefasst behandelt. Wegen der Fülle des Materials sollen hier die einzelnen Mulden aufgeteilt für Untere und Obere Nohn-Formation behandelt werden, wie in den früheren Auflagen dieses Buches. E. SCHULZ (1883, 173–176) führte nach dem Dorf in der Hillesheimer Mulde die Bezeichnung Nohner Kalk ein, die QUIRING (1914b) übernahm. WEDEKIND (1923, 26, 29, 84–87, 90) schlug die Bezeichnung *Digonophyllum*-Stufe vor. L. KUCKELKORN (1925, 90–92) führte den Namen Untere Nohner Schichten ein. STRUVE (1982) hat den Begriff Untere Nohn-

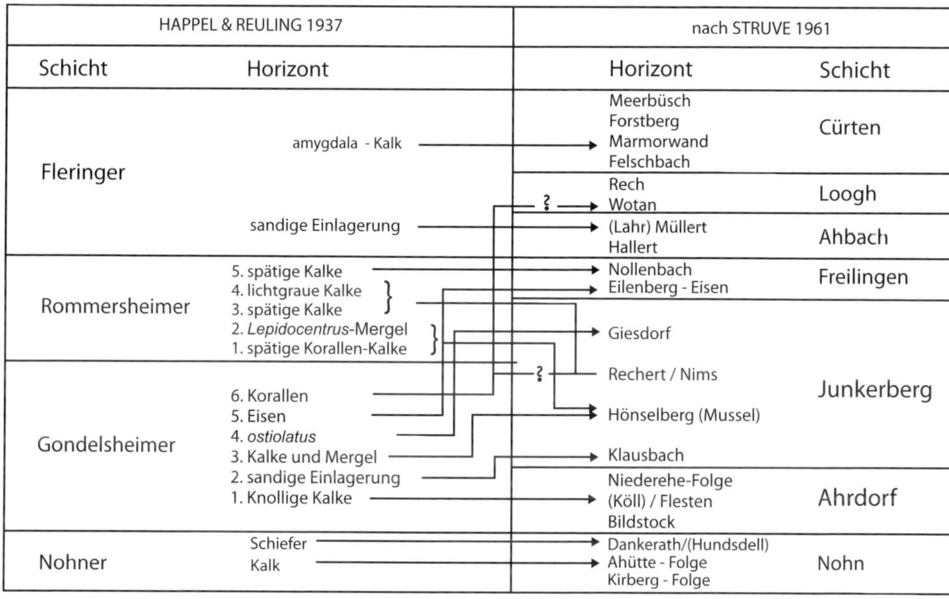

Abb. 30. Gegenüberstellung der Gliederungen von Nohn- bis Cürten-Schichten von HAPPEL & REULING (1937) und STRUVE (1961a). Nach SCHWENZER (1965).

Schichten durch „Zilsdorf-Subformation", den der Oberen Nohn-Schichten durch „Stroheich-Subformation" ersetzt, beides nach Orten in der Hillesheimer Mulde.

In der Prümer, Hillesheimer und Gerolsteiner Mulde wurde zuerst eine Zweiteilung der Unteren Nohn-Schichten vorgenommen in die mergelige Kirberg-Folge unten und die durch Riffwachstum gekennzeichnete Ahütte-Folge oben (HOTZ, KRÄUSEL & STRUVE 1955 nach dem Kirberg bei Üxheim und Ahütte, beides in der Hillesheimer Mulde). Neuerdings wird die Ahütte-Folge (Ahütte-Member) aufgrund von Entwicklungsstadien der Brachiopodengattung *Uexothyris* STRUVE zu den Oberen Nohn-Schichten (Stroheich-Subformation) gestellt (STRUVE et al. 2008, 308, 316). So bleibt der Stroheich-Subformation nur die Kirberg-Folge (Kirberg-Member). Zum ersten Mal treten Korallen und Stromatoporiden in großem Umfang auf.

Prümer Mulde

Hier lässt sich die zuerst in der Hillesheimer Mulde aufgestellte Feingliederung bis ins Detail wiedererkennen. H. SCHWENZER (1965) hat auf dem NW-Flügel in einem Profil nordöstlich Schwirzheim, beginnend 300 m östlich vom Jagdhaus und in südlicher Richtung bis kurz vor die Einmündung in die Straße Duppach – Schwirzheim verlaufend, folgende Schichtenfolge aufgenommen (Bl. 5705 Gerolstein): Die Kirberg-Folge gliedert sich in den Weilersbach-Horizont unten (brachiopodenreiche Mergel, besonders oben und unten silthaltig; 18,5 m) und den Schleit-Horizont oben (Siltsteine, im oberen Teil Kalkeinlagerungen; 47 m). Die Namen stammen aus der Hillesheimer Mulde: Weilersbachtal bei Üxheim, Flur Schleit im Schmitzbachtal bei Niederehe.

Im Südflügel der Mulde hat STRUVE (1961a, 301–303) aus dem Dingdorfer Richtschnitt eine Dreiteilung angegeben:

Schleit-Horizont B:	fossilarme Kalksandsteine; 12,7 m.
Schleit-Horizont A:	brachiopodenreiche sandige Mergel und Mergelkalke, Korallen; 25,6 m (evtl. noch zuzüglich 0,9 m schlecht einzustufender Schichten).
Weilersbach-Horizont:	Mergel und mergelige Kalke mit Stromatoporen; 16,9 m (evtl. noch zuzüglich 3,1 m schlecht einzustufender Schichten).
Liegendes:	sandige Mergel des Dorsel-Horizonts (Lauch-Schichten).

Salmerwald-Mulde

Hier bestehen die Unteren Nohn-Schichten nach KRÖMMELBEIN (1955, 24–26) aus gelben Mergeln und hellen Kalken und heben sich daher von den graugrünen Mergeln der Lauch-Schichten gut ab. Auch spätige Kalke mit Rostflecken kommen vor sowie reine Crinoidenkalke. Korallen und Stromatoporiden sind häufig. Die klastischen Beimischungen treten viel stärker zurück als in der Gerolsteiner oder Hillesheimer Mulde. Die Mächtigkeit beträgt etwa 20 m.

Gerolsteiner Mulde

In der Gerolsteiner Mulde ist die Schichtenfolge ähnlich ausgebildet wie in der Hillesheimer Mulde, deren Gliederung auch hier anwendbar ist (J. WINTER 1969a, 439). Eine genaue Beschreibung des lithologischen Aufbaus und der Fauna ist bislang noch nicht veröffentlicht worden.

Hillesheimer Mulde

Für die Hillesheimer und Ahrdorfer Mulde haben HOTZ, KRÄUSEL & STRUVE (1955, 58–65) eine Feingliederung aufgestellt. STRUVE (1961a, 301–303) ersetzte die auf lokale biofazielle Unterschiede gegründete Nomenklatur anlässlich einer Parallelisierung mit den Richtschnitten der Prümer Mulde durch geographische Bezeichnungen. Es wurde zuerst eine Einteilung vorgenommen in die Kirberg-Folge (unten) und die Ahütte-Folge (oben). Nachdem nun die Ahütte-Folge in die Oberen Nohn-Schichten (Stroheich-Subformation) gestellt wird (STRUVE et al. 2008), entspricht die Kirberg-Folge ganz der Zilsdorf-Subformation.

Der Name Kirberg-Folge ist von HOTZ, KRÄUSEL & STRUVE (1955, 59) vorgeschlagen worden nach dem Kirberg bei Üxheim. Die Kirberg-Folge entspricht dem von QUIRING (1914b, 68–69) geschilderten „brachiopoden- und crinoidenreichen unteren Teil des Nohner Kalkes." Bei WEDEKIND (1924, 86–90) entspricht ihr das „Atrypalager von Kirbach" (nach dem Bach NE' Üxheim) und wahrscheinlich noch ein Teil der aus dem Liegenden des Atrypalagers beschriebenen „Nohner Schiefer".

Der untere Teil der Kirberg-Folge ist der nach Aufschlüssen im Weilersbachtal bei Üxheim benannte Weilersbach-Horizont (STRUVE 1961a, 301) bei HOTZ et al. (1955) als „1. Stromatoporen-Mergel" bezeichnet. Der locus typicus liegt oberhalb der Kehren an der Nordböschung der Straße Nohn – Dankerath (Bl. 5606 Üxheim, r 5700 h 7823). Der Horizont ist durch graugelbe Mergel, Mergelschiefer und mergelige Kalke gekennzeichnet und lässt sich dadurch gegen den sandig-tonigen Dorsel-Horizont im Liegenden gut abgrenzen. Mit dem lithologischen Wechsel ist auch eine markante biofazielle Änderung verbunden: es treten im Weilersbach-Horizont plötzlich reichlich Stromatoporiden und Korallen auf. Brachiopoden sind relativ selten, zu erwähnen ist hier *Gruenewaldtia matutina* STRUVE, die bisher nur in diesem Horizont gefunden wurde (G. FUCHS 1965, 336). Die Mächtigkeit beträgt nur wenige Meter, im W-Teil der Hillesheimer Mulde nach FUCHS „nicht über 10 m“

Die folgende Einheit bezeichnet STRUVE (1961a, 302) nach der Flur Schleit am Schmitzbachtal bei Niederehe als Schleit-Horizont, bei HOTZ et al. (1955) als „2. Brachiopoden-Mergel“ beschrieben. Der locus typicus liegt am Südhang des Kirberges etwa 500 m ostnordöstlich der Kirche von Üxheim (r 5433 h 7911). Lithologisch ist dieser Horizont gegen den Weilersbach-Horizont schwer abzugrenzen, da er ebenfalls hellgraue bis gelbbraune Mergel enthält. Untergeordnet kommen auch reinere Kalke vor, vielleicht etwas weniger als im Weilersbach-Horizont. Jedoch treten die Korallen und Stromatoporiden jetzt zugunsten von Brachiopoden, die hier arten- und individuenreich vertreten sind, zurück. Die Mächtigkeit schätzt FUCHS (1965, 336) im Westteil der Hillesheimer Mulde auf etwa 20 m, hier sind Korallen und Stromatoporiden etwas häufiger als im Osten der Mulde.

Dollendorfer Mulde

Im SW-Teil der Dollendorfer Mulde lässt sich nach J. METJE (1963, 133–135) eine Dreigliederung vornehmen:

Hangendes:	Tonschiefer der Oberen Nohn-Schichten.
Horizont C:	brachiopodenreiche, dünnplattige, graue Mergelkalke, untergeordnet Kalksandsteine und Mergel; dünnstänglige rugose Korallen; etwa 10 m.
Horizont B (auch als „Glaadter Kalk“ bezeichnet, nach Glaadt im Kylltal):	Kalke mit Stromatoporiden und rugosen Korallen, Crinoidenkalke; etwa 15 m.
Horizont A:	weiche Mergel mit mergeligen Kalkbänkchen; häufig sind Thamnoporen; etwa 3 m.
Liegendes:	eisenreiche Kalke der Lauch-Schichten.

Diese Gliederung konnte C. VORREYER (1964) auf dem N-Flügel bis an das Eichholztal verfolgen. Hier vollzieht sich allmählich ein Fazieswechsel: es nimmt der Sandgehalt zu, und es nehmen die faziellen Beziehungen zur Hillesheimer Mulde zu. Im Ahrprofil und nördlich davon sind diese Beziehungen schließlich so stark, dass SCHLÜTER (1976) die Zweiteilung in Kirberg-Folge (grüne, sandige Mergel, wechsellagernd mit braunen und violetten Kalksandsteinen und Kalken, 17 m mächtig) und Ahütte-Folge (jetzt zu den Oberen Nohn-Schichten zu stellen) vornehmen konnte. Auf dem S-Flügel ist im Ahrprofil im Mühlenbachtal bei Ahrhütte nach KAUL (1976) die Kirberg-Folge 13,5–24 m mächtig.

Neuensteiner Mulde

In der kleinen Neuensteiner Mulde ist neben Emsquarzit auch ein Teil der Mitteldevonfolge nachzuweisen. Nach STRUVE et al. (2008, 318–319) gehören hier dunkel- bis blaugraue, mehr oder weniger sandige Kalke in die Unteren Nohn-Schichten. Die Lauch-Formation konnte nicht nachgewiesen werden.

Blankenheimer Mulde

OCHS & WOLFART (1961, 13–18) unterscheiden bei den Unteren Nohn-Schichten der Blankenheimer Mulde vier Faziesräume, die als NE-, N-, Mittel- und SW-Fazies bezeichnet werden. Die Gliederung aus der Hillesheimer Mulde, die in allen südlichen Mulden Gültigkeit hatte, lässt sich hier wie auch in der Rohrer und Sötenicher Mulde nicht durchführen.

Die NE-Fazies hat nur geringe Verbreitung. Sie ist auf die SE-Flanke und das NE-Ende der Buirer Nebenmulde beschränkt, geht über die Straße Tondorf – Münstereifel nicht nach N hinaus und reicht im SW bis zur Flur Rolesbenden zwischen Tondorf und Mülheim. Nach OCHS & WOLFART gilt hier das folgende Profil:

Hangendes:	Obere Nohn-Schichten, Kalksandstein-Horizont (von OCHS & WOLFART noch zu den Unteren Nohn-Schichten gestellt).
2. Korallen-Horizont:	knollige Kalke, sandige Mergel und Mergelkalke; gelbbraune Verwitterungsfarben; Brachiopoden, Korallen und Stromatoporiden häufig; etwa 25 m.
1. Unterer Kalksandstein-Horizont:	Kalksandsteine, untergeordnet mergelig-sandige oder spätige Kalke; 15–18 m.
Liegendes:	Schiefer-Horizont der Lauch-Schichten.

Die N-Fazies ist im Gebiet der Engelgauer und Frohngauer Teilmulden ausgebildet und lässt sich am NW-Flügel der Hauptmulde bis etwa zur Blattgrenze westlich Mülheim verfolgen. OCHS & WOLFART mit Berichtigungen durch P. FISCHER & B. PAULUS (1969, 83–84) haben die folgende Gliederung erarbeitet:

Hangendes:	Obere Nohn-Schichten, Kalksandstein-Horizont (von OCHS & WOLFART noch zu den Unteren Nohn-Schichten gestellt).
2. Riff-Horizont:	Stromatoporiden- und Thamnoporen-Riffkalke, gebankte Fett- und Crinoidenkalke und spätige Kalke; 20–25 m.
1. Crinoiden-Horizont:	mergelige Crinoidenkalke und feinspätige gebankte Kalke, 12–15 m.
Liegendes:	Im E des Roderather Sattels Lauch-Schichten, im W davon Heisdorf-Schichten.

Nach der Karte von OCHS & WOLFART bilden in den breiten Engelgauer und Frohngauer Teilmulden Untere Nohn-Schichten das jüngste. Nach neueren Fossilfunden müssen die Teilmulden auch noch jüngere Schichtglieder enthalten; in der Engelgauer Mulde haben sich inzwischen sogar Junkerberg-Schichten nachweisen lassen (STRUVE 1964, 242; 1965, 223; FISCHER & PAULUS 1969, 84).

Die Mittel-Fazies findet sich zwischen Blankenheim und dem Gebiet östlich Baasem. Ähnlichkeiten mit der N-Fazies bestehen, der Anteil an Riffkalken ist jedoch in der Mittel-Fazies größer. Im Raum Schmidtheim treten Dolomitisierungen auf. Im Bahneinschnitt von

Blankenheimerdorf und im Steinbruch am alten Kalkofen NW' Blankenheimerdorf ist die Folge in einer Mächtigkeit von 70–80 m gut aufgeschlossen. In südwestlicher Richtung nimmt die Mächtigkeit innerhalb der Mittel-Fazies bis auf 30 m ab. Bei Blankenheimerdorf gilt nach OCHS & WOLFART folgende Gliederung:

Hangendes:	Tonschiefer und Kalksandsteine der Oberen Nohn-Schichten.
3. Oberer Riff-Horizont:	mächtige Stromatoporiden-Kalke, sandige rötlichgraue Crinoidenkalke, rote, gelb gefleckte Thamnoporen-Rasen; dazwischen rötlich-violette sandige Mergel; etwa 40 m.
2. Korallen-Horizont:	graue sandige Mergel und Schiefer mit wenigen Lagen rostbraun verwitternder Kalksandsteine; viele rugose und tabulate Korallen, wenig Brachiopoden; etwa 13 m.
1. Unterer Riff-Horizont:	massige und schlecht gebankte, z. T. rötliche Kalke mit Thamnoporen, Stromatoporiden und Crinoiden; wenige schiefrige Lagen; etwa 25 m.
Liegendes:	spätige Kalke und milde Schiefer, Lauch-Schichten.

Die SW-Fazies ist auf den Streifen nördlich Baasem und das SW-Ende der Mulde im Bereich des Kylltals beschränkt. An der Straße vom Gasthaus „Kyllterrasse" nach Kronenburg haben OCHS und WOLFART folgendes Profil aufgenommen (Horizont a hier nicht aufgeschlossen):

Hangendes:	sandige Tonschiefer der Oberen Nohn-Schichten
Horizont e:	Mergel, Tonmergel und Knollenkalke; reich an Brachiopoden; 6 m.
Horizont d:	Korallen-Stromatoporiden-Lagen wechsellagern mit Mergeln; Brachiopoden; 1 m.
Horizont c:	feinsandige, glimmerreiche Tonschiefer, Kalksandsteine, wenige Kalkbänkchen; viele Brachiopoden, oft Schillagen; 15 m.
Horizont b:	grüngraue Fettkalke mit büschelartigen Korallen-Kolonien; 1–4 m.
Horizont a:	gut gebankte blaue Kalke mit Crinoiden, Thamnoporen und Stromatoporiden; 8–12 m.
Liegendes:	Kalksandsteine der Heisdorf-Schichten (Lauch-Schichten fehlen).

Rohrer Mulde

In der Rohrer Mulde lässt sich nach A. GLINSKI (1961, 276–277) eine Gliederung vornehmen, die mit der in der NE-Fazies der benachbarten Teile der Blankenheimer Mulde zu parallelisieren ist. In Analogie zu den Verhältnissen in der nordöstlichen Blankenheimer Mulde stellen wir unter Vorbehalt den Horizont 3 von GLINSKI, der dem Oberen Kalksandstein-Horizont von OCHS & WOLFART entsprechen dürfte, auch schon in die Oberen Nohn-Schichten. Im äußersten SW treten im N-Flügel der Mulde rote dichte Crinoiden-Kalke auf; überhaupt ist hier Rotfärbung der Sedimente verbreitet, ähnlich wie in der Mittel-Fazies der Blankenheimer Mulde.

Hangendes:	sandige Mergel, mergelige Kalke, Kalksandsteine, Obere Nohn-Schichten (von GLINSKI noch zu den Unteren Nohn-Schichten gestellt).
Horizont 2:	Mergel, Mergelkalke, Kalke; 16–20 m d: Kalke mit Korallen und Stromatoporiden, c: Korallen-Stromatoporiden-Mergel b: knollige Kalke a: sandige Mergel und Mergelkalke
Horizont 1:	sandige Mergel in Wechsellagerung mit sandigen Kalken und glimmerführenden Kalksandsteinen; 7–9 m.
Liegendes:	grünliche Mergel der Lauch-Schichten.

Sötenicher Mulde

Im NE-Teil der Mulde lässt sich nach NOWAK (1956, 18–28) die nachfolgende Gliederung erkennen. Nordöstlich des Ohlesberges bei Eschweiler sind die Unteren Nohn-Schichten weitgehend dolomitisiert.

Hangendes:	Kalksandsteine der Oberen Nohn-Schichten.
	2. Thamnoporen- und Crinoidenkalke, die Crinoidenkalke z. T. rotviolett, Mergel; im Iversheimer Gebiet Stromatoporiden-Riffe; etwa 30 m.
	1. Stromatoporiden-Mergel und -Kalke. Im Raum S' Eschweiler werden die Stromatoporiden-Kalke durch bräunlich verwitternde, z. T. schwach sandige Kalke abgelöst; etwa 20 m.
Liegendes:	Kalke ohne Korallen und Stromatoporiden und Sandsteine, Lauch-Schichten.

In dem von PAULUS (1959, 1961a und b) beschriebenen Mittelabschnitt der Sötenicher Mulde zeigen N-Flügel und S-Flügel verschiedene Ausbildung. Die Gliederungen in beiden Faziesbereichen lassen sich noch nicht miteinander parallelisieren, auch zur Gliederung von NOWAK im NE-Teil konnten noch keine Beziehungen hergestellt werden.

Die Fazies des Südflügels bezeichnet PAULUS (1959, 353) als Nettersheimer Ausbildung. Er unterscheidet hier zwei Horizonte: Zuunterst liegt der Urft-Horizont (PAULUS 1959, 533 nach dem Urft-Bach). Locus typicus ist der alte Steinbruch beim Kalkofen südlich vom Bahnhof Nettersheim (Bl. 5505 Blankenheim, r 4464 h 9472). An der Basis liegt eine Wechselfolge von Kalkbänken und bunten Tonschiefern mit Kalkknollen, die PAULUS mit dem unteren Teil des Weinberg-Horizonts des N-Flügels parallelisiert. Da der Weinberg-Horizont und sogar der darüber liegende Eulenkopf-Horizont von DICKFELD (1969) noch in die Lauch-Schichten gestellt wird (vgl. 3.4.2.1, Sötenicher Mulde), besteht auch hier auf dem S-Flügel die Möglichkeit, dass der untere Teil der Unteren Nohn-Schichten der Gliederung von PAULUS noch in die Lauch-Schichten gehört. Über dieser Basis-Folge liegen bei Nettersheim in etwa 15 m Mächtigkeit dünnbankige spätige Kalke sowie dicke Kalkbänke und Mergellagen. Fossilien, hauptsächlich Brachiopoden, sind häufig. Darüber liegen in 4 m Mächtigkeit Korallenmergel mit *Thamnopora, Spongophyllum, Digonophyllum* und Brachiopoden. Der ganze Urft-Horizont ist hier etwa 24 m mächtig.

Es folgt der Schellgesberg-Horizont (PAULUS 1959, 354 nach dem Schellgesberg bei Nettersheim). Locus typicus ist der Steinbruch beim Sägewerk (Fa. Schmitz) in Nettersheim (Bl. 5505 Blankenheim, r 4452 h 9472). Hier folgt über dem Korallenmergel des Urft-Horizontes ein 10 m dickes Stromatoporiden-Riff. Darüber liegen gebankte Kalke von z. T. grünstichiger grauer Farbe. Sie werden überlagert von etwa 7 m mächtigen dickbankigen Fettkalken. Der Schellgesberg Horizont ist hier etwa 30 m mächtig.

Die Fazies des N-Flügels bezeichnet PAULUS (1961a, 412) als Eiserfey-Sötenicher Ausbildung, sie ist in der Gegend von Vollem und Eiserfey am besten aufgeschlossen. Sie ist durch ein Vorherrschen klastischer, teilweise rotgefärbter Gesteine gekennzeichnet. Zuerst gliederte PAULUS die Unteren Nohn-Schichten des N-Flügels in vier Horizonte. Die beiden untersten, nahezu fossilfreien Horizonte (Weinberg- und Eulenkopf-Horizont) stellte DICKFELD (1969) wegen lithologischer Analogien zum SW-Teil der Mulde noch in die Lauch-Schichten (3.4.2.1, Sötenicher Mulde), somit bleiben nur zwei Horizonte in den Unteren Nohn-Schichten.

Davon ist der untere der Eigen-Horizont (PAULUS 1959, 352 nach der Flur „Auf dem Eigen" westlich Eiserfey). Hier liegt auch der locus typicus auf Äckern 200 m WNW' der Kirche in Eiserfey (Bl. 5405 Mechernich, r 4654 h 0190). Die Folge besteht aus olivgrünen Tonschiefern, glimmerhaltigen Sandsteinen und Crinoidenkalken. Die Fossilführung ist reich, außer Korallen finden sich zahlreiche Brachiopoden. Die Mächtigkeit beträgt etwa 20 m.

Ähnliche Faziesunterschiede sind nach DICKFELD (1969) auch im SW-Teil der Sötenicher Mulde erkennbar: dort liegen auf dem S-Flügel unten mergelige Siltsteine und Crinoidenkalke („Urft-Fazies“ nach DICKFELD), darüber Stromatoporiden- und Korallen-Kalke („Schellgesberg-Fazies“). Der N-Flügel zeigt mit grüngrauen Siltsteinen („Lierberg-Fazies“) mehr klastische Einflüsse, die im unteren Teil der Schichtenfolge im westlichen Muldenschluss auch etwas auf den S-Flügel übergreifen (kalkige Siltsteine bis Sandsteine der „Leiterbach-Fazies“). Die Mächtigkeit der Unteren Nohn-Schichten beträgt im östlichen S-Flügel nach DICKFELD 49 m, im SSW-Teil der Mulde 25 m und auf dem N-Flügel (etwa im Kallprofil) 45 m.

3.4.2.3 Obere Nohn-Schichten

Dieses Schichtglied entspricht den „Nohner Schiefern“ von E. SCHULZ (1883, 176–179). E.E. HOTZ (1951) führt den Begriff Obere Nohner Schichten ein. Nach STRUVE (in ZIEGLER & WERNER 1982) verwendet man den Begriff Stroheich-Unterformation, nach dem Dorf in der Hillesheimer Mulde. Die „Oberen Nohner Schichten“ von KUCKELKORN (1925, 93, 105) und KUCKELKORN & VORSTER (1926, 519, 525–526) haben eine ganz andere stratigraphische Position, sie entsprechen Ahrdorf-Schichten.

Der Ablagerungsraum ist nun über große Flächen gleichmäßig, so dass die in der Hillesheimer Mulde zuerst aufgestellte Gliederung sich auf fast alle Mulden übertragen lässt. Die früher den Unteren Nohn-Schichten zugeordnete Ahütte-Folge der südlichen Mulden bildet nach STRUVE et al. (2008) jetzt die unterste Einheit der Stroheich-Subformation aufgrund von Entwicklungsstadien der Brachiopodengattung *Uexothyris* STRUVE. Die Folge darüber ist klastisch entwickelt („Nohner Schiefer“). Am Dach vollzieht sich ein Umschlag zur Kalksedimentation, an den eine charakteristische Eisen-Ablagerung geknüpft ist. Der klastisch-schiefrige untere Teil wird nach dem Vorschlag von HOTZ (1951) Dankerath-Horizont (zuerst „Dankerath-Folge“) genannt, da er an der Straße Nohn – Dankerath gut aufgeschlossen ist. Der locus typicus liegt an dieser Straße etwa 300 m NNE’ der Brücke über den Nohner Bach (Bl. 5606 Üxheim, r 5672 h 7802). Für den Kalk mit dem Eisenflöz an der Basis wählte HOTZ (1951) den Namen „Hundsdell-Folge“, nach dem Hundsdell (jetzt Unkental) genannten Tälchen südlich Ahrdorf. Hier liegt in einem Hohlweg 450 m WNW’ vom Beuerhof der locus typicus (Bl. Üxheim, r 5450 h 8064). Sturmablagerungen (Tempestite) in den Oberen Nohn-Schichten weist U. REHFELD (1986) nach.

Prümer Mulde

Vom NW-Flügel hat H. SCHWENZER (1965, 225–226) aus einem Profil nordöstlich von Schwirzheim die Oberen Nohn-Schichten beschrieben. Die Ahütte-Folge besteht aus dem Schmitzbach-Horizont (Mergelstein mit Stromatoporen; 3 m), darüber Markstein- und Erdel-Horizont (Kalksteine; 2,5 m) und oben Hunnertsberg-Horizont (brachiopodenreicher Mergelkalk; 6 m). Darüber liegt eine 55 m mächtige Folge, die ganz in der Fazies des Dankerath-Horizonts vorliegt, d. h. als Siltsteine mit stark wechselndem Kalkgehalt. Kalke, die eine Abtrennung des Hundsdell-Horizonts ermöglichen könnten, fehlen. Nur im mittleren Teil der Schichtenfolge kommen Lagen mit Kalkknollen vor.

Im Dingdorfer Richtschnitt auf dem Südflügel der Prümer Mulde hat sich nach STRUVE (1961a) folgende Gliederung ergeben: Die Ahütte-Folge besteht unten aus dem Schmitzbach-Horizont (Mergel, viele Stromatoporen; 12,2 m), darüber dem Markstein-Horizont (Mergel, z. T. sandig, Kalksandsteine und Kalke mit wenigen Stromatoporen, Brachiopodenkalke; 11,3 m), darüber dem Erdel-Horizont (Stromatoporen-Kalke; 10,3 m) und oben dem Hunnertsberg-Horizont (Kalk-Mergel-Wechsellagerung; 27,4 m). Der Dankerath-Horizont ist 20,7 m mächtig und besteht aus Mergeln, Siltsteinen und Kalksandsteinen. Darüber liegt der Hundsdell-Horizont, der kalkärmer ist als in der Hillesheimer Mulde, also dem Dankerath-Horizont ähnlich; er ist 24,0 m mächtig.

Salmerwald-Mulde

Die Oberen Nohn-Schichten der Salmerwald-Mulde haben nach KRÖMMELBEIN (1955, 27–28) keine Ähnlichkeit mit den „Nohner Schiefern" der nördlichen Mulden. Denn klastische Gesteine fehlen vollkommen, Glimmerblättchen sind die einzige klastische Komponente im Sediment. Die Folge besteht aus einer regelmäßigen Wechsellagerung von mergeligen Kalken und Mergeln. Das Hundsdell-Eisenflöz ließ sich bisher hier nicht nachweisen. Die Oberen Nohn-Schichten sind in der Salmerwald-Mulde höchstens 25 m mächtig.

Gerolsteiner Mulde

Nach KRÖMMELBEIN (1957) sind die Oberen Nohn-Schichten hier stark mergelig. Typische „Nohner Schiefer" finden sich nur im Osten der Mulde nordnordwestlich von Betteldorf. Eine Unterscheidung von Dankerath- und Hundsdell-Horizont ließ sich bisher nicht durchführen.

Hillesheimer Mulde

Eine Dreigliederung in Ahütte-Folge unten, Dankerath-Horizont in der Mitte und Hundsdell-Horizont oben lässt sich erkennen.

Den Namen Ahütte-Folge schlugen HOTZ, KRÄUSEL & STRUVE (1955, 62) vor, da im Bahneinschnitt nördlich des ehemaligen Bahnhofs Ahütte besonders der obere Teil der Folge gut aufgeschlossen ist. WEDEKIND (1924, 84–87, 90) bezeichnete die Folge als „Ahütter Riff." Die Folge ist in der Hillesheimer und Ahrdorfer Mulde durch das Vorherrschen von Riff-Fazies gekennzeichnet. Sie ist in vier Horizonte unterteilt worden.

Das tiefste Glied der Folge, den Schmitzbach-Horizont, benannte STRUVE (1961a,302) nach dem Schmitzbach östlich Niederehe. Der locus typicus liegt links vom Unterlauf des Schmitzbaches etwa 650 m südöstlich Punkt 420,0 (Bl. 5606 Üxheim, r 5560 h 7522). Dieser Horizont besteht aus gelbbraunen Mergeln, die zahlreiche Stromatoporiden enthalten, daneben auch rugose Korallen und Brachiopoden. Spätige Crinoidenkalke treten vereinzelt auf. Die Mächtigkeit schwankt zwischen wenigen Metern und maximal 10 m; der Horizont ist nicht gut aufgeschlossen.

Darüber liegt der Markstein-Horizont (STRUVE 1961a, 302, nach der Flur „Im Markstein" nordwestlich Stroheich). Der locus typicus für dieses zuerst von WEDEKIND (1924, 84) als „caespitosum-Rasenriff" abgegrenzte Schichtglied liegt im Bahneinschnitt nordöstlich vom ehemaligen Bahnhof Ahütte (Bl. Üxheim, r 5520 h 7865). Zwischen den Stromatoporiden-reichen Horizonten im Liegenden und Hangenden lässt sich dieser Horizont durch den Reichtum an stängeligen und bündelförmigen rugosen Korallen (unter ihnen „*Disphyllum caespitosum*") in der ganzen Hillesheimer und Ahrdorfer Mulde verfolgen. Die Korallenrasen sind in Mergel und Siltstein eingebettet. Die Mächtigkeit des Horizontes scheint stark zu schwanken, dürfte jedoch immer unter 10 m liegen; sie beträgt nach HOTZ et al. (1955, 63) z. B. am Betterberg südöstlich Niederehe 7 m.

Es folgen wieder an Stromatoporen-Kissen reiche Schichten, die STRUVE (1961a, 303) nach dem Höhenrücken „Auf Erdel" zwischen Ahütte und dem Kirbachtal als Erdel-Horizont bezeichnet hat. Der locus typicus liegt am Ostrand dieses Höhenrückens im Bahneinschnitt nordöstlich vom Bahnhof Ahütte neben dem des Markstein-Horizontes. Die von WEDEKIND (1924, 86) unter der Bezeichnung „Stromatoporen-Blockriff" zuerst ausgeschiedene Schichtenfolge gehört nur in ihrem unteren, an Stromatoporiden reichen Anteil hierher, die oberen, stärker klastischen Partien gehören schon in den Hunnertsberg-Horizont. Der Erdel-Horizont setzt sich aus Mergeln zusammen, die reich an Stromatoporiden und Tabulaten sind, rugose Korallen und Brachiopoden sind seltener. Die Stromatoporen bauen klotzige Riffbänke auf, die gut herauswittern.

Die höchsten Lagen der Ahütte-Folge werden nach STRUVE (1961a, 303) als Hunnertsberg-Horizont bezeichnet, nach dem Hunnertsberg bei Niederehe. Hierher gehören die von HOTZ et al. (1955, 64) unter dem Horizont „Stromatoporen-Blockriff" erwähnten festeren, „bereits zur Dankerath-Folge überleitenden sandig-schiefrigen Lagen mit Korallen". G. FUCHS (1965, 331), der den Horizont auch lithologisch gegen den Dankerath-Horizont abgrenzen kann, weist darauf hin, dass die eingelagerten Kalksandsteine „z.T auch eine sehr spärliche Brachiopodenfauna vom Gepräge des Dankerath-Horizontes der Oberen Nohn-Schichten führen". Allein durch den Reichtum an Korallen an der Basis und am Dach unterscheidet sich der Hunnertsberg-Horizont von dem darüberliegenden Dankerath-Horizont, der hier keine Korallen führt (HOTZ et al. 1955, 66; FUCHS 1965, 340–341). Die Mächtigkeit des Horizontes beträgt nach FUCHS bei Stroheich etwa 15 m

Dankerath-Horizont: Der Horizont setzt sich nach HOTZ, KRÄUSEL & STRUVE (1955) aus ausgelaugten grünlich-gelbbraunen bis dunkelbraunen sandigen Mergelschiefern und Kalksandsteinen zusammen. Einige Kalksandsteinbänke haben noch einen blaugrauen unverwitterten Kern („Blauherz"). Sandgehalt und Korngröße nehmen nach N hin zu. So fehlen in der Ahrdorfer Mulde die Mergelschiefer schon weitgehend, dadurch ist die Folge hier lithologisch kaum von Partien des sandigen Unterdevons zu unterscheiden. Die Mächtigkeit nimmt nach SW zu. Nach FUCHS (1965, 341) ist der Dankerath-Horizont in der Gegend von Stroheich und Zilsdorf etwa 25–30 m mächtig. Im SW der Hillesheimer Mulde nimmt der Kalkgehalt zu (FUCHS 1965, 342). Fossilien treten oft pflasterartig angereichert auf, daneben sind große Partien praktisch fossilfrei und enthalten nur Lebensspuren. Besonders häufig sind *Chonetes sarcinulatus* (SCHLOTHEIM) und *Stropheodonta palma* (KAYSER) in den Schilllagen. Daneben treten auch andere Brachiopoden sowie Muscheln, Bryozoen, Crinoiden, Tentaculiten und Trilobiten auf.

Hundsdell-Horizont: Die von QUIRING (1914b,71) vom oberen Teil der „Nohner Schiefer" in der Ahrdorfer Mulde erwähnten Crinoidenkalk-Bänke entsprechen im Wesentlichen dem Hundsdell-Horizont. Dieser Horizont ist dadurch sehr charakteristisch, dass mit ihm die klastischen Folgen des Dankerath-Horizonts durch reinere blaue Kalke, Crinoidenkalke und eisenschüssige Kalke abgelöst werden. HOTZ (1951) und HOTZ, KRÄUSEL & STRUVE (1955) unterscheiden 5 Subhorizonte: 1. An der Basis findet sich eine eisenreiche Lage, das aus anderen

Kalkmulden ebenfalls bekannte sogenannte „Hundsdell-Eisen“. Diese Partie besteht aus einer Wechsellagerung von Kalksandsteinen und sandigen Kalkschiefern sowie bläulichen Crinoidenkalken. Die Crinoidenkalke sind z. T. stark eisenschüssig. Örtlich, wie z. B. im Weilersbachtal bei Üxheim, kann reiches ooidisches Erz auftreten, das wenig Crinoidentrümmer enthält. In den meisten Fällen liegt jedoch ein eisenschüssiger Crinoidenkalk ohne Ooide vor. 2. Es folgt der rote Choneteskalk, der aus plattigen Kalksandsteinen besteht und aus grauen bis blauen Kalken, deren Schichtflächen mit weinroten *Chonetes*-Pflastern bedeckt sind. 3. Als nächstes folgt der untere Kalk mit *Coelotrochium canis* HOTZ (einem kleinen rundlichen Fossil bisher unbekannter systematischer Stellung). Er besteht aus grauen, im Kern graublauen, oft fleckigen fettig glänzenden, körnigen, plattigen Kalken und hellgrauen rostfleckigen Crinoidenkalken. 4. Es folgt ein Korallen-Stromatoporen-Horizont, der neben Stromatoporiden hauptsächlich *Digonophyllum* führt. 5. Er wird überlagert von einem oberen Kalk mit *Coelotrochium canis*, der wieder aus rostfleckigen Crinoidenkalken und violetten bis graublauen feinkristallinen Kalken besteht.

Die Eisenführung ist in der Ahrdorfer Mulde stärker als in der Hillesheimer Mulde, in deren W-Teil nach FUCHS (1965, 342–344) sogar die Eisenführung des untersten Subhorizonts fehlt. Statt der 5 Subhorizonte aus dem NE-Teil der Hillesheimer Mulde lassen sich nach FUCHS im W-Teil nur 3 unterscheiden:

3. Korallen-Stromatoporiden-Subhorizont.
2. Kalke mit *Coelotrochium canis*.
1. Blaue spätige Kalke bzw. Crinoidenkalke (Vertretung des Eisen-Horizonts von HOTZ).

Der Korallen-Stromatoporiden-Subhorizont ist hier bedeutend mächtiger als im NE-Teil der Hillesheimer Mulde. Die Brachiopodenfauna ist der des Bildstock-Horizontes (Ahrdorf-Schichten) sehr ähnlich. *Coelotrochium canis* ist, wenn es sehr häufig auftritt, für den Hundsdell-Horizont bezeichnend, aber nicht auf diesen beschränkt.

Die Mächtigkeit des Hundsdell-Horizonts beträgt nach HOTZ et al. (1955, 68–69) im Bahneinschnitt NNE' Üdelhoven 14,9 m. Sie nimmt in südwestlicher Richtung stark zu; so gibt FUCHS (1965, 342) für das Gebiet nordwestlich Stroheich etwa 45 m an, bei möglicher weiterer Zunahme in südwestlicher Richtung.

Dollendorfer Mulde

Im SW-Teil lassen sich nach METJE (1963, 135) Dankerath-und Hundsdell-Horizont in der Kartierung nicht auseinanderhalten. Die gesamten Oberen Nohn-Schichten werden aus grünlichen, teilweise mergeligen, teilweise glimmerreichen Tonschiefern, harten Kalksandsteinen und festen grobspätigen Kalken aufgebaut. Die Äquivalente des Hundsdell-Horizontes sind aber an vielen Stellen daran zu erkennen, dass eisenschüssige Kalksandsteine, Kalke mit Pseudo-Ooiden und das charakteristische *Coelotrochium canis* im oberen Teil der Folge auftreten. Die gesamten Oberen Nohn-Schichten werden hier 60–70 m mächtig.

Auf dem NW-Flügel südlich des Ahrtals lassen sich nach VORREYER (1964) Dankerath- und Hundsdell-Horizont deutlich unterscheiden, das gleiche gilt für das Ahrtalprofil (KAUL 1976, SCHLÜTER 1976), wo auch die Ahütte-Folge (graue, spätige, teilweise schwach sandige Kalke sowie sandige Tone und Mergel, 18 m mächtig auf dem Nordflügel, 31–34 m auf dem Südflügel) ausgeschieden werden konnte. Im NE-Teil der Mulde ließ sich nördlich von Lommersdorf das Hundsdell-Eisen ebenfalls nachweisen (HOTZ & KRÖMMELBEIN 1951, 70).

Neuensteiner Mulde

Nach STRUVE et al. (2008, 319) gehören hier mächtige Kalksandsteine und kalkarme Sandsteine, z. T. mit submarinen Rutschungen, arm an Fossilien in die Stroheich-Subformation.

Blankenheimer Mulde

Hier haben OCHS & WOLFART (1961, 18–20) eine Gliederung der Oberen Nohn-Schichten durchgeführt. Der untere Teil ist sandig und tonig ausgebildet und damit dem Dankerath-Horizont vergleichbar. Er beginnt mit dem von OCHS & WOLFART noch zu den Unteren Nohn-Schichten gestellten „Kalksandstein-Horizont“, der im NE-Teil der Blankenheimer Mulde 20–22 m mächtig ist. P. FISCHER & B. PAULUS (1969), die dieses Schichtglied in die Oberen Nohn-Schichten einstufen, beschreiben daraus zahlreiche Spurenfossilien, unter denen *Lennea schmidti* KRÄUSEL & WEYLAND am häufigsten ist. Es folgen im Buirer Muldenstück 9–10 m mächtige sandige glimmerreiche Tonschiefer mit eingeschalteten Kalksandsteinen. Diese Folge wird überlagert von einer 20–23 m mächtigen Partie von Kalksandsteinen und sandigen Schiefern. Im Blankenheimer und Dahlemer Muldenabschnitt ist der untere, klastische Teil der Oberen Nohn-Schichten toniger ausgebildet als im Buirer Gebiet und daher schlecht aufgeschlossen. Die Mächtigkeit hat sich im Dahlemer Gebiet auf etwa 14–16 m verringert.

Der Hundsdell-Horizont bildet im ganzen Blankenheimer Synklinorium den oberen Teil der Oberen Nohn-Schichten. Dabei ist im NE-Gebiet der Kalkanteil größer als im Blankenheimer und Dahlemer Abschnitt. So besteht der Horizont im Buirer Muldenstück aus blaugrauen feinkristallinen Kalken, eisenschüssigen grobspätigen Crinoidenkalken und dünnblättrigen, glimmer- und feinsandhaltigen Schiefern. Die Mächtigkeit beträgt hier 10–12 m. Im Blankenheimer Gebiet besteht der Hundsdell-Horizont aus z. T. stark eisenschüssigen, oft crinoidenreichen Kalksandsteinen und körnig-spätigen rotbraunen Crinoidenkalken. Im Dahlemer Gebiet ist die Schichtenfolge noch sandiger. *Coelotrochium canis* HOTZ konnte in der Blankenheimer Mulde im Hundsdell-Horizont nicht beobachtet werden.

In die Oberen Nohn-Schichten gehören nach R. WERNER & J. WINTER (1975, 349 Fußnote) wahrscheinlich auch die Schichten im Bahneinschnitt des Honert bei Kronenburgerhütte, aus denen W. SKALA (1974, 281–289) kissenförmige Absonderungsformen in Sandsteinbänken beschrieb. Sie sind nach seiner Auffassung durch Zerreißen einer zusammenhängenden Sandschicht unter ungleichmäßiger Belastung frühdiagenetisch entstanden, wobei die Sandlinsen in die tonige Unterlage einsanken. SKALA hielt diese Gesteine für Heisdorf-Schichten.

Rohrer Mulde

Hier können wir auf die Gliederung von GLINSKI (1961, 277–278) zurückgreifen. In Analogie zu den Verhältnissen in der nordöstlichen Blankenheimer Mulde, stellen wir unter Vorbehalt den Horizont 3 der Unteren Nohn-Schichten nach der Gliederung von GLINSKI, der dem Oberen Kalksandstein-Horizont von OCHS & WOLFART (1961) entsprechen dürfte, auch in die Oberen Nohn-Schichten. Es gilt in der Rohrer Mulde ebenfalls die Gliederung in den mehr klastischen Dankerath-Horizont und den Hundsdell-Horizont.

Der Dankerath-Horizont beginnt mit dem eben erwähnten umgestuften Subhorizont, der von sandigen Mergeln, mergeligen Kalken und Kalksandsteinen aufgebaut wird und 14 m mächtig ist. Es folgt eine 12–14 m mächtige Wechselfolge von grünlichen Mergeln und sandigen grünlichen bis graubraunen Mergeln sowie Kalksandsteinen. Sie ist fossilreich, u. a. fanden sich auch Fischreste. Darüber liegt eine 16–18 m mächtige Folge von plattigen bis dickbankigen glimmerführenden Kalksandsteinen, Sandsteinen und kalkfreien Schiefern. Die Kalksandsteine und Sandsteine zeigen häufig Schrägschichtung.

Der Hundsdell-Horizont ist 14–15 m mächtig und besteht aus graugrünen sandigen Mergelschiefern, Kalksandsteinen und grobspätigen eisenreichen Crinoidenkalken. Ooide wurden nicht beobachtet, *Coelotrochium canis* ebenfalls nicht. HOTZ & KRÖMMELBEIN (1951, 68–69) geben ein detailliertes Profil durch die höheren Partien der Oberen Nohn-Schichten vom Westhang des Antoniusbüsch bei Rohr.

Sötenicher Mulde

Im NE-Teil lässt sich nach NOWAK (1956, 18–28) ein unterer klastischer Horizont (N3) von einem oberen kalkigen (N4) unterscheiden, d. h. wir können wie in den anderen Mulden in Dankerath- und Hundsdell-Horizont gliedern. Der Dankerath-Horizont besteht aus grau- bis olivgrünen plattigen Kalksandsteinen, örtlich auch aus sandigen Plattenkalken und Mergel-Tonschiefer-Partien. Er ist reich an Crinoidenresten und etwa 15 m mächtig. Der Hundsdell-Horizont besteht aus fleischfarbenen bis dunkelvioletten Crinoidenkalken, untergeordnet kommen auch olivgraue Mergel vor. Der Eisengehalt ist dort geringer, wo es in den darunter liegenden Horizonten zu besonders starkem Stromatoporenriff-Wachstum gekommen ist, also im Gebiet um Iversheim (vgl. 3.4.2.2, Sötenicher Mulde). Im NE-Teil der Sötenicher Mulde ist *Coelotrochium canis* HOTZ noch nicht nachgewiesen worden. Der Hundsdell-Horizont ist hier etwa 20 m mächtig.

Im mittleren Teil der Mulde hat PAULUS (1959, 356–360; 1961a, 412–415; 1961b, 30–31) die Schichtenfolge untersucht. Die beiden Horizonte lassen sich auch hier wiederfinden: der Dankerath-Horizont besteht aus dickbankigen grüngrauen Kalksandsteinen, bei Sötenich sind sie blassrot gefärbt. Der Hundsdell-Horizont wird aufgebaut aus roten eisenschüssigen Crinoidenkalken und oolithischen Kalken, blaugrauen fossilreichen Kalkbänken und Mergeln. In der reichen Fauna findet sich auch *Coelotrochium canis*. Die Oberen Nohn-Schichten sind im Bereich des Urft-Tales etwa 30 m mächtig.

Die Gliederung in Dankerath-Horizont (dickbankige kalkige Sandsteine bis Kalksandsteine) und Hundsdell-Horizont (Siltsteine und eisenschüssige Crinoiden- und Brachiopoden-Schillkalke) lässt sich auch im SW-Teil der Mulde durchführen (DICKFELD 1969). In Gesteinen des Hundsdell-Horizonts fand sich auf dem NW-Flügel eine Fischfauna (W. SCHMIDT 1961b, 261–262), und zwar an einem von Frohnrath zum Kallbach führenden Weg (Bl. 5405 Mechernich, r 3741 h 9706). Die Oberen Nohn-Schichten sind nach DICKFELD auf dem NW-Flügel (Kallbachtal) 56 m mächtig, auf dem SE-Flügel (Märtesberg bei Marmagen) 32 m.

3.4.2.4 Ahrdorf-Schichten

Der Name wurde von QUIRING (1914b, 71–72) in der Ahrdorfer Mulde gewählt. Eine genaue stratigraphische Abgrenzung und Untergliederung wurde von HOTZ, KRÄUSEL & STRUVE (1955, 71–85) in der östlichen Hillesheimer Mulde und in der Ahrdorfer Mulde vorgenommen. Diese Untergliederung lässt sich auch auf die meisten der anderen Kalkmulden übertragen, sei deshalb hier vorangestellt:

4. Wasen-Horizont (nach der Flur Wasen 1 km SW' Dingdorf, Prümer Mulde).
3. Flesten-Horizont (nach dem Dorf in der Hillesheimer Mulde).
2. Köll-Horizont (nach dem Bergrücken Köll SW' Flesten, Hillesheimer Mulde).
1. Bildstock-Horizont (nach dem Wegekreuz an der Straße Niederehe – Heyroth, Hillesheimer Mulde).

Der Sandgehalt tritt in den Ahrdorf-Schichten im Vergleich zu den Oberen Nohn-Schichten stärker zurück. Die Betterberg-Folge ist durch Kalk-Mergel-Wechselfolgen gekennzeichnet, in der Niederehe-Folge sind Riffbildungen („Niedereher Riff") verbreitet. Das Riffwachstum beginnt in den nördlichen Kalkmulden schon früher: das Paulsgraben-Quartbach-Riff (Sötenicher Mulde), Antoniusbusch-Riff (Rohrer Mulde), Bouderath-Riff (Frohngau-Engelgauer Nebenmulde), Jünkerath-Riff (Dollendorfer Mulde) und Neuenstein-Riff (Neuensteiner Mulde) sind schon im oberen Teil der Betterberg-Zeit entstanden (STRUVE et al. 2008, 323–324).

Prümer Mulde

In der Prümer Mulde haben HAPPEL & REULING (1937) die Schichtenfolge, die nach heutiger Gliederung Ahrdorf-, Junkerberg- und Freilingen-Schichten umfasst, in Gondelsheimer und Rommersheimer Schichten unterteilt (nach zwei Dörfern am NW-Flügel der Prümer Mulde). Die Untersuchungen vor allem durch KRÖMMELBEIN (1953), STRUVE (1961a) und SCHWENZER (1965) haben gezeigt, dass die Gliederung in Gondelsheimer und Rommersheimer Schichten nicht mehr sinnvoll ist und die inzwischen in der Hillesheimer Mulde erarbeiteten Gliederungen vorzuziehen sind. Die Synchronisierung der modernen Gliederung mit der von HAPPEL & REULING geht aus Abb. 30, S. 117 hervor (nach SCHWENZER 1965, 263).

Im NE-Teil der Mulde zwischen Gondelsheim und Duppach gilt nach SCHWENZER (1965, 227–231) die folgende Gliederung:

Hangendes:	Siltsteine des Klausbach-Horizonts, Junkerberg-Schichten.
Niederehe-Folge:	Mergel mit Stromatoporiden; 12–20 m.
	Betterberg-Folge dem Wasen-Horizont vergleichbare Gesteine fehlen.
Köll-/Flesten-Horizont:	Kalke und Mergel in der Fazies des Flesten-Horizonts der Hillesheimer Mulde. Der Köll-Horizont kann nicht ausgehalten werden; 25–32 m.
Bildstock-Horizont:	Kalke mit kleinen Brachiopoden,die wie Nüsse in der Schokolade im Gestein stecken („Brachiopoden-Nagelfluh"); 1–2 m.
Liegendes:	Obere Nohn-Schichten in der Fazies des Dankerath-Horizontes.

Die Mächtigkeit beträgt südlich Duppach 40 m, bei Gondelsheim 53 m. Vom S-Flügel der Mulde gibt STRUVE (1961a, 304–306) aus dem Dingdorfer Richtschnitt das folgende Profil an:

Hangendes:	Klausbach-Horizont der Junkerberg-Schichten.
Niederehe-Folge:	sehr sandig; 2,7 m.
Schichten fraglicher Position; 1,1 m.	
Betterberg-Folge Wasen-Horizont:	kugelige Kalkknollen, *Alveolites*-Krusten; 3,2 m (die namengebende Flur Wasen liegt neben dem Richtschnitt).

Flesten-Horizont:	Mergel und sandige Kalke; 16,5 m.
Köll-Horizont:	dunkle unreine Mergel; 14,5 m.
Bildstock-Horizont:	5,1 m.
Liegendes:	Hundsdell-Horizont der Oberen Nohn-Schichten

Nach STRUVE scheinen Gesteine der Niederehe-Folge an einigen Stellen des S-Flügels der Prümer Mulde nicht abgelagert worden zu sein.

Salmerwald-Mulde

KRÖMMELBEIN (1955, 28) erwog die Möglichkeit, dass die obersten Partien der hier in die Oberen Nohn-Schichten gestellten Wechselfolge noch Äquivalente der Ahrdorf-Schichten darstellen könnten. Diese Überlegungen konnten inzwischen bestätigt werden, da J. WINTER (1971, 121, Fußnote) Schichten des Bildstock-Horizonts in der Salmerwald-Mulde nachweisen konnte.

Gerolsteiner Mulde

In der Gerolsteiner Mulde wurde zu dieser Zeit eine eintönige Wechselfolge von Mergeln und Kalkbänken abgelagert, die sich mit der Ausbildung der Ahrdorf-Schichten in den Nachbarmulden nicht vergleichen lässt und deshalb von KRÖMMELBEIN (1953) mit der Bezeichnung Gees-Schichten belegt wurde, nach dem Dorf Gees, in dessen Umgebung die schon lange bekannten Fossilfundplätze liegen. Durch die Parallelisierung der in den Ahrdorf-Schichten häufigen Tuffitlagen (Bentonite) in der Prümer, Gerolsteiner und Hillesheimer Mulde konnte J. WINTER (1969, 441–444) innerhalb der eintönigen Schichtenfolge die Niveaus fixieren, die dem Bildstock-, Köll-, Flesten- und Wasen-Horizont sowie der Niederehe-Folge entsprechen und damit die Einstufungsversuche von SCHWENZER (1965, 262–263) bestätigen. Diese Gliederung konnte inzwischen durch feinstratigraphische Aufnahmen und Faunenuntersuchungen weiter untermauert werden (WINTER 1971, W. OCHMANN 1974). WINTER hat bei seinen Untersuchungen zur Brachiopoden-Morphologie im Bildstock-Horizont festgestellt, dass der SE-Teil der Gerolsteiner Mulde zu dieser Zeit ein Übergangsbereich von rheinischer zu herzynischer Biofazies gewesen sein muss (Abb. 32). Auch die Vorkommen von Goniatiten in den Südteilen der Prümer und Gerolsteiner Mulde sprechen dafür (H. SCHMIDT 1950), ferner die durch R. RICHTER (1914) von den Geeser Feldern beschriebenen Trilobitengattungen *Tropidocoryphe* und *Thysanopeltis*. Die Lithofazies mit den eintönigen Mergel-Kalk-Wechselfolgen und dem Fehlen von klastischen Einschaltungen und Riffbildungen zeigt auch einen solchen Übergang zu mehr pelagischen Sedimentationsräumen an. Die Ahrdorf-Schichten sind nach OCHMANN (1974) an der Straße Lissingen – Müllenborn 80 m mächtig aufgeschlossen, ohne dass die Liegend- und Hangendgrenzen erreicht sind.

Die Ahrdorf-Schichten der Gerolsteiner Mulde sind weltberühmt wegen ihres Reichtums an Trilobiten, die sich besonders in der Umgebung von Gees fanden („Geeser Trilobitenfelder“). Schon seit Beginn des 19. Jahrhunderts sind diese Fundschichten bekannt. R. & E. RICHTER (1930) berichten die Anekdote, nach der Alexander VON HUMBOLDT dort so viele Fossilien aufgelesen hatte, dass die Taschen seines Frackes überfüllt waren und er den auf dem Feld arbeitenden Bauersfrauen ihre langen Wollstrümpfe abkaufte, die er auch füllte und dann

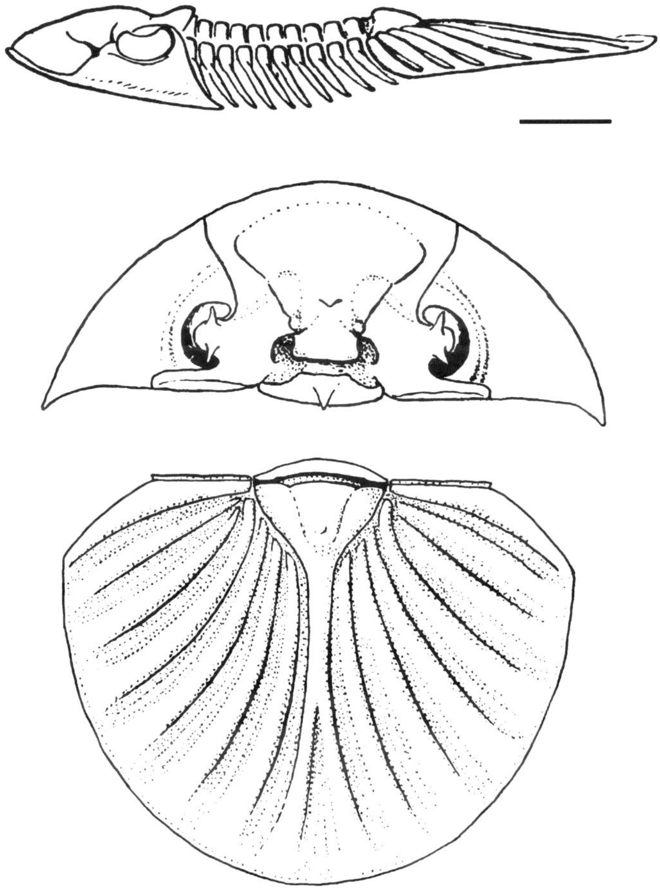

Abb. 31. In den Ahrdorf-Schichten bei Gees sind Scutellidae sehr verbreitet, oben: *Scutellum flabelliferum* (GOLDFUSS), Mitte und unten: *Scabriscutellum scabrum* (GOLDFUSS). Strichlänge jeweils 1 cm. R. & E. RICHTER (1956).

unter dem Gejohle der Jugend reichbepackt in Gerolstein einzog. Schließlich wurde diese Fundstelle sogar Gegenstand eines Romans, in dem fast die ganze Schöpfungsgeschichte von Anbeginn bis zum Erscheinen des Bonner Paläontologen A. GOLDFUSS, gesehen durch die Facettenaugen eines Geeser Trilobiten dargestellt wird (B. DOHM: Stielauge der Urkrebs. Leipzig 1933). R. RICHTER (1914) führte für diese fossilreichen Schichten den Namen „Geeser Horizont" ein. Nach WINTER (2001, 420–421) umfasst er den Zeitraum vom Köll- bis zum Wasen-Horizont.

Hillesheimer Mulde

In der östlichen Hillesheimer Mulde wurde hauptsächlich durch HOTZ, KRÄUSEL & STRUVE (1955, 71–85) die für die meisten Kalkmulden gültige Gliederung erarbeitet. Im W-Teil der Mulde untersuchte G. FUCHS (1965, 346–355) die Schichtenfolge.

Betterberg-Folge: Den Namen schlugen HOTZ, KRÄUSEL & STRUVE (1955, 74) vor, nach dem Betterberg bei Niederehe, an dessen SE- und SW-Hängen die ganze Folge im Verband aufgeschlossen ist.

Bildstock-Horizont: Der Name wurde von HOTZ (1951, 34) nach dem Bildstock (Wegekreuz) an der Straße Niederehe-Heyroth (Bl. 5606 Üxheim r 5539 h 7533, ist 1964 nach SE versetzt worden, steht aber noch im Ausbiss des Horizontes) vorgeschlagen; hier liegt auch der

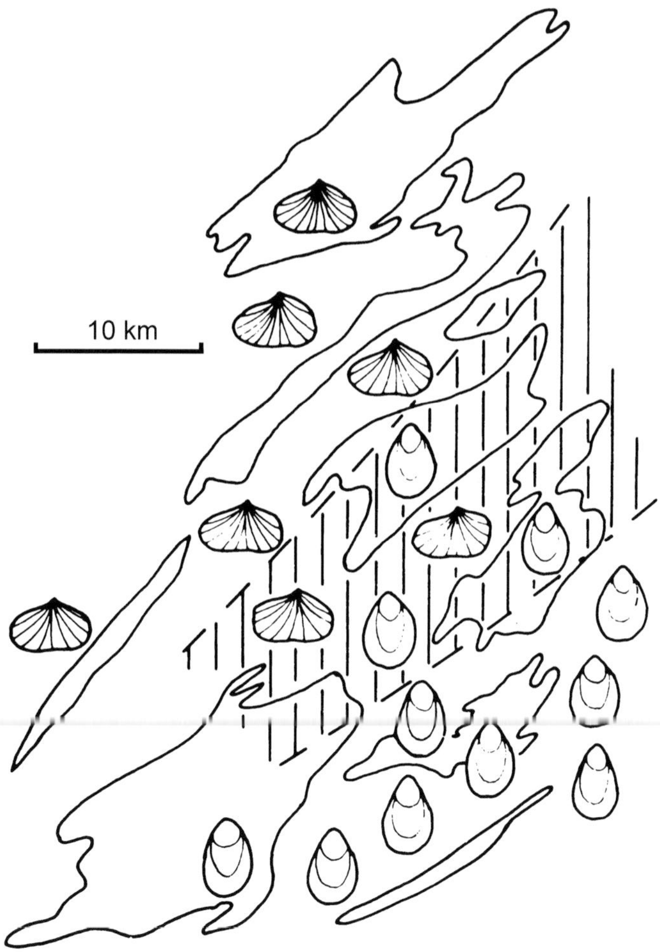

Abb. 32. Zwei faziesgebundene regionale Leitfossilien im Bildstock-Horizont (Ahrdorf-Schichten): im flacheren und unruhigeren Meeresbereich im Nordwesten *Schizophoria pygmaea* STRUVE, im tieferen Ablagerungsbereich im Südosten *Meristella iconensis iconensis* STRUVE. Schraffiert: Überlappung beider Bereiche. J. WINTER (1971).

locus typicus. Der Horizont besteht aus einer Wechselfolge von gelb bis rostgelb verwitternden Kalken und feinsandigen rötlich-gelben Mergeln. Bezeichnend ist eine „Brachiopoden-Nagelfluh“ (R. RICHTER), d. h. Kalke, deren Schichtflächen von Pflastern relativ kleiner Brachipoden-Schalen bedeckt sind. Die häufigsten Arten sind *Kransia parallelepida* (BRONN), *Athyris* aff. *gutta* SPRIESTERSBACH ssp. B STRUVE, *Dicamara* ?cf. *prunulum* (SCHNUR), *Camarotoechia elliptica* (SCHNUR), *Schizophoria pygmaea* STRUVE, *Stropheodonta palma* (KAYSER), *Shaleria* (*Telaeoshaleria*) *subtetragonus* (F. ROEMER), *Hysterolites elegans* (STEININGER). Trilobiten sind auch nicht selten. Die Mächtigkeit beträgt nach HOTZ et al. (1955) am Betterberg bei Niederehe etwa 15 m, im W-Teil der Mulde nach FUCHS etwa 20 m.

Köll-Horizont: der Name wurde von HOTZ et al. (1955, 77) nach der Anhöhe „Köll“ (P. 505,6) bei Flesten gewählt. Der locus typicus liegt im Hohlweg am S-Hang des Betterberges bei Niederehe (Bl. 5606 Üxheim, r 5454 h 7470). Der Horizont besteht vorwiegend aus Mergeln, in die graue bis bläuliche, oft dunkelfleckige, manchmal bituminöse Kalke eingeschaltet sind. Auf dem Nordflügel bei Flesten sind diese Kalkbänke häufiger als auf dem Südflügel bei Nohn und Niederehe. Im W-Teil der Hillesheimer Mulde ist nach FUCHS (1965, 349) der Anteil an Kalken ebenfalls relativ groß, hier treten auch feinsandige Mergel und Siltsteine auf. Die Mächtigkeit beträgt in der ganzen Hillesheimer Mulde etwa 20 m, scheint aber nach FUCHS in Richtung SW allmählich abzunehmen. In der Ahrdorfer Mulde konnte der Horizont nicht nachgewiesen werden; vielleicht hat die dort stärker sandige Fazies das Wachstum der Stromatoporiden, deren Häufigkeit für den Horizont charakteristisch ist, verhindert. In der Hillesheimer Mulde ist für das Dach des Horizonts ein Massenvorkommen von *Tingella*? *eifliana* (QUENSTEDT) bezeichnend (STRUVE 1961a, 305).

Flesten-Horizont: den Namen wählten HOTZ et al. (1955, 80) nach dem Dorf Flesten am N-Flügel der Hillesheimer Mulde, der Horizont streicht auf dem Köll bei Flesten aus. Der locus typicus liegt an der S-Seite des Betterbergs bei Niederehe (Bl. 5606 Üxheim, r 5448 h 7473). Die Untergrenze wird nach STRUVE (1961a, 305) über die höchsten Stromatoporiden-führenden Partien gelegt. Der Flesten-Horizont besteht aus einer Wechselfolge von grünlich-grauen bis rotgelben, teilweise sandigen Mergeln und grauen, oft feinsandigen Mergelkalken, die oft viele Crinoidenstielglieder enthalten. Der Horizont ist sehr reich an Brachiopoden und Trilobiten, er entspricht ja auch dem fossilreichen Geeser Horizont der Gerolsteiner Mulde (3.4.2.4, Gerolsteiner Mulde). Typisch ist die Häufigkeit von *Gypidula montana* SPRIESTERSBACH. Korallen sind selten, fehlen aber nicht. Die Mächtigkeit beträgt im NE-Teil der Hillesheimer Mulde etwa 15 m (HOTZ et al.), im W-Teil 15–20 m (FUCHS); nach HOTZ dürfte sie in der Ahrdorfer Mulde unter 15 m liegen.

Wasen-Horizont: STRUVE (1961a, 306) schied in einem Profil an der Straße Nohn – Stroheich im Grenzbereich zwischen Flesten-Horizont und Niederehe-Folge einen 3,5 m mächtigen Horizont aus, der kugelige bis eiförmige, maximal 10 cm große Kalkknollen enthält. Er nannte ihn nach der Flur Wasen neben dem Dingdorfer Richtschnitt in der Prümer Mulde. Locus typicus ist der Anschnitt nordöstlich vom Betterberg an der Straße Nohn – Stroheich (Bl. Üxheim, r 5506 h 7522). Die Brachiopodenfauna dieses Horizonts ist eine verarmte Flesten-Fauna. Das Massenvorkommen von *Gypidula montana* SPRIESTERSBACH reicht nicht mehr in den Wasen-Horizont hinauf. *Alveolites*-Krusten sind häufig, rugose Korallen und Stromatoporiden sind im Gegensatz zur überlagernden Niederehe-Folge selten. Im W-Teil der Hillesheimer Mulde ist auf dem N-Flügel nach FUCHS (1965, 352–354) die Fauna an Arten- und Individuenzahl so reich wie die des Flesten-Horizontes. Die Mächtigkeit ist hier auf dem N-Flügel größer als auf dem S-Flügel.

Die durch ihren Reichtum an Korallen und Stromatoporiden charakterisierte Niederehe-Folge haben HOTZ, KRÄUSEL & STRUVE (1955, 82) zuerst genau definiert. Sie entspricht den „korallenreichen Mergeln von Niederehe“ bei WEDEKIND (1924). Locus typicus ist der alte Steinbruch 400 m nordöstlich des Bahnhofs Niederehe (Bl. 5606 Üxheim, r 5506 h 7566). Die Folge besteht aus einer Wechsellagerung von Korallen-Stromatoporen-Mergeln, Stromatoporenkalken und dunklen, oft bituminösen Detrituskalken. Die Kalkbänke werden am Dach der Folge häufiger. Bei Kerpen wird die Folge nach FUCHS (1965) überwiegend aus Kalken aufgebaut. Die Mächtigkeit beträgt im E-Teil der Hillesheimer Mulde etwa 50 m und in der Ahrdorfer Mulde wahrscheinlich mehr als 50 m (HOTZ et al. 1955), im W-Teil der Hillesheimer Mulde 30–40 m (FUCHS 1965).

Dollendorfer Mulde

Im SW-Teil lässt sich trotz fazieller Abweichungen die Gliederung der Hillesheimer Mulde in großen Zügen wiederfinden. METJE (1963, 136–138) gibt hier das untenstehende Profil an.

Hangendes:	Kalksandsteine und Tonschiefer, Junkerberg-Schichten.
C: Stromatoporen-Korallen-Kalke, ungeschichtete Riffkalke; der Niederehe-Folge äquivalent; etwa 20 m.	
B: Mergel und Stromatoporen-Kalke; entspricht Köll-, Flesten- und Wasen-Horizont; etwa 15 m.	
A: „Gönnersdorfer ostiolata-Horizont“: glimmerreiche weiche Tonmergel. In der Gönnersdorfer Teilmulde zwei dünne, grün und braun gefleckte Mergelkalkbänke mit massenhaft *Spinocyrtia ostiolata* (SCHLOTHEIM), daneben auch anderen Brachiopoden; in der Escher und Glaadter Teilmulde nicht nachweisbar. Der Horizont ist dem Bildstock-Horizont äquivalent; etwa 4 m.	
Liegendes:	eisenschüssige Kalksandsteine und Kalke, Hundsdell-Horizont der Oberen Nohn-Schichten.

Ähnlich sind die Ahrdorf-Schichten nach VORREYER (1964) auf dem NW-Flügel des Mittelabschnitts aufgebaut. Allerdings fehlt im Niveau des Bildstock-Horizonts das Massenvorkommen von *Spinocyrtia ostiolata*. Mit der Niederehe-Folge setzt starke Korallen- und Stromatoporiden-Führung ein.

Im Ahrprofil lässt sich eine Gliederung in Betterberg- und Niederehe-Folge, aber keine weitere Unterteilung der Betterberg-Folge durchführen. Im Gebiet um Ahrhütte besteht nach KAUL (1976) folgende Gliederung:

Hangendes:	sandige Mergel, Kalksandsteine, Junkerberg-Schichten.
Niederehe-Folge:	Stromatoporen-Kalke, Korallen-Mergel; 25–30 m.
Betterberg-Folge:	Mergel, Mergelkalke, Kalke; über 35 m.
Liegendes:	Hundsdell-Horizont der Oberen Nohn-Schichten.

Auf dem NW-Flügel im Ahrtal sind die Verhältnisse ähnlich; nach SCHLÜTER (1976) ist hier die Betterberg-Folge 40 m, die Niederehe-Folge 30–50 m mächtig.

Neuensteiner Mulde

Nach STRUVE et al. (2008, 319) werden hier die Sandsteine der Stroheich-Subformation überlagert von fossilreichen Kalkschluffsteinen, die vielleicht noch in die oberste Nohn-Formation (vielleicht oberer Teil des Hundsdell-Horizonts) hinabreichen, aber mit Sicherheit in den Bildstock-Horizont der Ahrdorf-Formation. Darüber folgen sehr sandige Schichten, welche die Köll-Zeit verkörpern, darüber dunkle, unreine Kalke mit Brachiopoden (Flesten-Horizont) und darüber Kalke, die wohl zum Wasen-Horizont gehören. Aus der Niederehe-Folge sind nur geringmächtige Sedimente vorhanden, so dass hier eine Überlieferungs- oder Abtragungslücke bestehen dürfte.

Blankenheimer Mulde

In der Blankenheimer Mulde sind die Ahrdorf-Schichten sehr wechselhaft ausgebildet. OCHS & WOLFART (1961, 20–26) unterscheiden drei Faziesgebiete: die NE-Fazies in den nordöstlichen Muldenabschnitten, die Mittel-Fazies, die nordwestlich von Mülheim („Am Galgen“) die NE-Fazies ablöst, und die SW-Fazies, die auf den Dahlemer Muldenabschnitt beschränkt ist.

Die NE-Fazies zeigt Ähnlichkeiten zur Ausbildung in den südlichen Mulden (Tabelle 2). Nach FISCHER & PAULUS (1969) sind die Ahrdorf-Schichten in den nordöstlichen Muldenabschnitten weiter verbreitet als OCHS & WOLFART annahmen (vgl. auch 3.4.2.2, Neuensteiner Mulde).

Tabelle 2. Ahrdorf-Schichten im NE-Teil der Blankenheimer Mulde, nach OCHS & WOLFART (1961).

Hangendes:	mergelige, feinkristalline und spätige Kalke der Junkerberg-Schichten.
4. Riff-Horizont:	Stromatoporen-, Thamnoporen- und Crinoiden-Kalke; 5–7 m.
3. Keriophyllen-Horizont:	Korallen-, Stromatoporen-, Brachiopoden-Kalke und -Mergel; 20–25 m.
2. Kalksandstein-Horizont:	graublaue Kalksandsteine; E' von Buir rötliche Kalksandsteine mit Einschaltungen von Thamnoporen-Kalken und roten Crinoidenkalken; einzelne Bänke mit Kalkgeröllen und Eisen-Pseudo-Ooiden; 30–35 m.
1. Bildstock-Horizont:	an Brachiopoden und Trilobiten reiche Mergel und mergelige Kalke, untergeordnet mergelige Tonschiefer und tonige Kalksandsteine; E' Buir an der Basis eisenhaltige Kalke (vererzte Crinoiden, Pseudo-Ooide); 10–14 m mächtig.
Liegendes:	eisenreiche Crinoidenkalke des Hundsdell-Horizonts, Obere Nohn-Schichten.

In der Mittelfazies fehlen die Riffbildungen im höheren Teil der Schichtenfolge:

Tabelle 3. Ahrdorf-Schichten im Bahneinschnitt nordöstlich Blankenheimerdorf, nach OCHS & WOLFART (1961).

Hangendes:	sandige Schiefer und Kalksandsteine, Junkerberg-Schichten.
3. Schiefer-Horizont:	Wechselfolge von mergelig-sandigen Tonschiefern und Kalksandsteinen; 22–25 m. Eine Abgrenzung gegen den ebenfalls sandig-schiefrigen Horizont 1 der Junkerberg-Schichten in der Karte ist nicht möglich, deshalb fassen OCHS & WOLFART hier beide Horizonte als „Grenzbereich von Ahrdorfer und Junkerberg-Schichten“ zusammen.
2. Brachiopoden-Horizont:	graublaue, sandig-mergelige brachiopodenreiche Kalke und feinsandig-mergelige Schiefer; 12–15 m.
1. Bildstock-Horizont:	Kalksandsteine, oft rotfleckig, viele Brachiopoden; 6–7 m.
Liegendes:	eisenreiche Kalksandsteine und Crinoidenkalke des Hundsdell-Horizonts, Obere Nohn-Schichten.

Der im Mittelabschnitt schon stark dominierende klastische Anteil nimmt in der SW-Fazies (im Dahlemer Muldenabschnitt) noch zu. Hier lassen sich Ahrdorf- und Junkerberg-Schichten nicht trennen. Der mächtige, hauptsächlich aus Tonschiefern und Sandsteinen bestehende Komplex wird unter dem Begriff Baasem-Schichten zusammengefasst. Wir besprechen ihn bei den Junkerberg-Schichten (3.4.2.5).

Rohrer Mulde

Fazies und Gliederung der Ahrdorf-Schichten in der Rohrer Mulde zeigt nach GLINSKI (1961, 278–280) große Ähnlichkeit mit der NE-Fazies in den benachbarten Abschnitten der Blankenheimer Mulde. Die Grenze zwischen Betterberg- und Niederehe-Folge ist nach GLINSKI in den Grenzbereich zwischen 3a und 3b zu legen.

Hangendes:	Brachiopoden-Thamnoporen-Mergel der Junkerberg-Schichten.
4. Hellgraue, dickbankige, feinkörnige Kalke und grünliche, blassrote bis rot gefleckte spätige Kalke mit *Amphipora ramosa*; 7–9 m.	
3. Kalke und Mergel; etwa 30 m	3c. Stromatoporen-Kalke.
	3b. Stromatoporen-Korallen-Mergel.
	3a. Unreine Kalke und Mergel, viele Brachiopoden; 8 m.
2. sandige Mergelschiefer und dünnplattige Kalksandsteine; 40 m.	
1. grünliche, schwach sandige Mergel mit kalkigen brachiopodenreichen Lagen und z. T. spätige Mergelkalke. Entspricht dem Bildstock-Horizont. 16–18 m.	
Liegendes:	eisenreiche Crinoidenkalke und Mergelschiefer des Hundsdell-Horizonts, Obere Nohn-Schichten.

Sötenicher Mulde

Im NE-Teil der Mulde konnte NOWAK (1956, 29–37) vier Einheiten auskartieren (Tabelle 4). Nordöstlich des Grabens von Antweiler sind sandige Einschüttungen deutlich sichtbar: der Horizont A1 ist bei Kirchheim als Plattensandstein, Horizont A4 als sandig-mergelige Folge ausgebildet. Das Stromatoporen-Wachstum der Horizonte A2 und A3 wird durch tonig-mergelige Einschaltungen hier behindert, dafür werden Brachiopoden häufiger. Ein größeres Stromatoporen-Riff dürfte während der Ahrdorf-Zeit im Raum Wachendorf-Iversheim bestanden haben.

Tabelle 4. Ahrdorf-Schichten im NE-Teil der Sötenicher Mulde, nach NOWAK (1956).

Hangendes:	brachiopodenreiche Kalke und Mergel, Junkerberg-Schichten.
Obere Ahrdorf-Schichten	A4, Thamnoporen-Rasen: 8 m.
	A3, Obere Stromatoporenmergel: bräunliche Mergel, erfüllt von den scheibenförmigen *Pachytheca stellimicans* (SCHLÜTER); Crinoidenkalke sind typisch; 40 m.
Untere Ahrdorf-Schichten	A2, Untere Stromatoporenmergel: Mergelkalke, viele Stromatoporenriffe, Thamnoporen; Crinoidenkalke fehlen, Korallen sind seltener als in A 3; etwa 3–7 m.
	A1, Kalkmergel-Übergangsschicht: blaugraue spätige Kalke, Crinoidenkalke, Fettkalke, Knollenkalke, Mergel. Übergangsbereich von der Crinoidenkalk-Fazies des Hundsdell-Horizonts zur Stromatoporen-Fazies der mittleren Ahrdorf-Schichten. 15 m.
Liegendes:	eisenreiche Crinoidenkalke des Hundsdell-Horizonts, Obere Nohn-Schichten.

Im mittleren Teil der Sötenicher Mulde konnte PAULUS (1961, 416–425) eine Dreigliederung vornehmen:

Hangendes:	Hausen-Horizont der Junkerberg-Schichten.
3. Quartbach-Horizont	= A 3 + A 4 im NE-Teil
2. Paulsgraben-Horizont	= A 2 im NE-Teil
1. Hirnberg-Horizont	= A 1 im NE-Teil
Liegendes:	Crinoidenkalke des Hundsdell-Horizonts, Obere Nohn-Schichten.

Hirnberg-Horizont (PAULUS 1961, 420): Der locus typicus liegt am N-Hang des Hirnbergs 1 km SSW' Eschweiler (Bl. 5406 Münstereifel, r 5216 h 0343). Der Horizont entspricht dem „Hembüchel Mergelkalk" von QUIRING (1914a) und dem Horizont A1 von NOWAK (1956). Im Gegensatz zur fossilreichen kalkig-mergeligen Fazies des Bildstock-Horizonts in den südlicheren Mulden dominieren hier Sandeinschüttungen. Auf dem Südflügel bauen unruhig geschichtete sandige Mergelkalke von gelblicher bis hell-olivgrüner Farbe den Horizont auf. Auf dem Nordflügel bei Sötenich besteht die Schichtenfolge aus dickbankigen Kalksandsteinen, die z. T. rot gefärbt sind. Im höheren Teil sind hier rote Mergelschiefer eingeschaltet. In südwestlicher Richtung lassen auch auf dem Nordflügel die Sand- und Rotschiefereinschwemmungen nach, und es schieben sich von unten fossilreiche Crinoidenkalke und Mergel in der Ausbildung des Bildstock-Horizontes ins Profil. Hierher gehört das schon seit F. WINTERFELD (1898, 5) in der Literatur häufig erörterte Massenvorkommen von *Subrensselandia amygdala* (GOLDFUSS) im Hof der Schmiede Theisen W' der Urft in Sötenich (Bl. 5405 Mechernich, r 3946 h 9896; PAULUS 1959, 353).

Paulsgraben-Horizont (PAULUS 1961, 421): locus typicus ist ein Steinbruch östlich des Paulsgrabens an der Straße Zingsheim – Pesch (Bl. 5406 Münstereifel, r 4825 h 9886). In der Gegend von Eschweiler, besonders gut aufgeschlossen am Stockert, ist der Horizont in der Stromatoporiden-reichen Fazies ausgebildet. Diese Gesteine gehören zu dem Riffkomplex, der im Gebiet Wachendorf-Iversheim seinen Schwerpunkt hat (s. o.). Die Mächtigkeit beträgt hier etwa 40 m, im Steinbruch Hausener Berg bei Dreimühlen 23 m, weiter westlich im Urfttal nur 15 m. Die Riff-Fazies geht nach SW nicht über Zingsheim hinaus. Im Urfttal finden sich statt dessen gebankte Crinoidenkalke, die vollständig dolomitisiert sind, aber von nicht dolomitisierten Mergeln und Kalken über- und unterlagert werden. Auf dem N-Flügel wird der Horizont bei Sötenich durch gut gebankte Kalke mit kleinen Stromatoporen-Knollen gebildet, dieses Gebiet liegt also auch außerhalb der Riff-Fazies.

Quartbach-Horizont (PAULUS 1961, 422): der locus typicus liegt an der Böschung der Straße Zingsheim – Pesch östlich des Steinbruchs, N-Hang des Quartbachtales (Bl. 5406 Münstereifel, r 4830 h 9885). Der Horizont entspricht den Horizonten A3 und A4 aus dem NE-Teil (NOWAK 1956) und den „Hembüchel Atrypa-Mergeln", den „Hembüchel Pachyporen-Kalken" und teilweise den „Wachendorfer Pachyporen-Kalken" von QUIRING (1914a). Der Quartbach-Horizont ist dadurch gekennzeichnet, dass er die Stromatoporen-Kalke des Paulsgraben-Horizonts als fossilreiche Mergel- und Mergelkalk-Folge überlagert. Brachiopoden sind schillartig angereichert, unter ihnen hat *Betterbergia betterbergiana* (H. SCHMIDT) nach PAULUS Leitwert. Außerdem sind Thamnoporen häufig. An der N-Flanke bei Sötenich machen sich wieder stärkere Sandeinschüttungen bemerkbar. Die Mächtigkeit des Horizonts liegt zwischen 10 und 20 m.

Im W-Teil der Mulde lässt sich nach DICKFELD (1969) an der Basis der Bildstock-Horizont erkennen (Crinoidenkalke und fossilreiche mergelige Siltsteine). Darüber folgen massige

Sandsteine und Kalksandsteine, wie sie im Mittelabschnitt im Hirnberg-Horizont verbreitet sind, auch das Massenvorkommen von *Subrensselandia amygdala* findet sich hier. Paulsgraben- und Quartbach-Horizont sind nicht zu trennen, es finden sich stattdessen Stromatoporen-Kalke, bituminöse siltige Kalke und mergelige Siltsteine. Die Ahrdorf-Schichten sind im Westen auf dem S-Flügel 75 m, auf dem N-Flügel (Kallbachtal) 65 m mächtig. Eine reiche Fauna wurde kürzlich in Nettersheim entdeckt (BECKER 1991).

3.4.2.5 Junkerberg-Schichten

H. VORSTER (1918, 15) unterschied zuerst Junkerberg-Schichten von Freilingen-Schichten. Der Name wurde vom Junkerberg bei Reetz in der Rohrer Mulde abgeleitet. A. GLINSKI (1953) definierte durch biostratigraphische Untersuchungen in der Rohrer Mulde zuerst die Grenze zwischen Junkerberg- und Freilingen-Schichten.

An der Basis der Junkerberg-Schichten setzen im ganzen Ablagerungsraum klastische Schüttungen ein, die das Riffwachstum der Niederehe-Folge ersticken. Dieser markante, auch rechtsrheinisch zu beobachtende lithologische Wechsel wird auch als „Klausbach-Event“ bezeichnet (nach dem Klausbach-Horizont) oder als „plexa-Event“ (da die Brachiopodenart *Helaspis plexa* (WOLFART) darüber erscheint (STRUVE et al. 2008). Die klastischen Folgen werden allmählich wieder von karbonatischen abgelöst, dadurch sind die Junkerberg-Schichten durch einen lebhaften Wechsel von Gesteinstypen gekennzeichnet. Das Dach bildet im Norden ein Riffhorizont (Rohr-Horizont), im Süden ein mit Brachiopoden angefüllter Kalk (Giesdorfer *ostiolata*-Horizont). Auf diese scharfe Faziesgrenze, die etwa auf der Linie Ahrdorf – Dollendorf – Ripsdorf – Kronenburg verläuft, hat GLINSKI (1955) aufmerksam gemacht, sie wird als GLINSKI'sche Linie bezeichnet (z. B. STRUVE et al. 2008). Das unruhige Faziesbild erschwert auch eine Parallelisierung der Gliederungen zwischen den einzelnen Mulden.

Für den Bereich südlich der GLINSKI'schen Linie wird eine Unterteilung in zwei Subformationen (Folgen) vorgenommen: unten liegt die Heinzelt-Subformation, die von unten nach oben in folgende Horizonte (Members) gegliedert wird: Klausbach, Mussel, Hönselberg, Rechert. Oben liegt die Grauberg-Subformation, die in Nims-Horizont (Member) unten und Giesdorf-Horizont (Member) oben unterteilt wird. Die meisten Ortsbezeichnungen stammen aus der Hillesheimer Mulde, Giesdorf und Nims aus der Prümer Mulde.

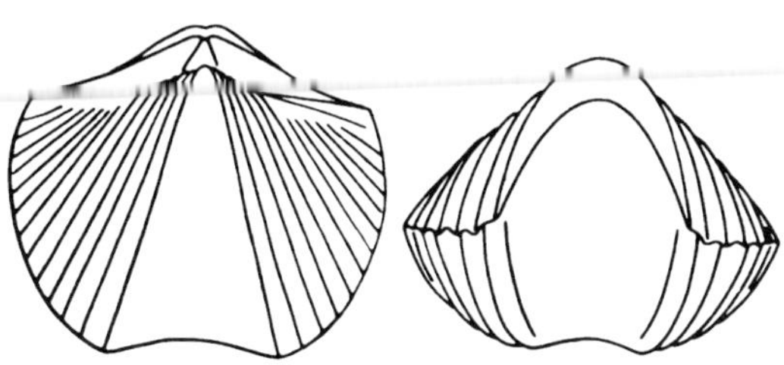

Abb. 33. *Spinocyrtia ostiolata* (SCHLOTHEIM). Nach WEDEKIND (1935).

Prümer Mulde

Zur älteren Nomenklatur vgl. Abb. 30, S. 117.

Im NE-Teil hat SCHWENZER (1965, 231–241) versucht, die Gliederung aus der Hillesheimer Mulde zu übertragen (Tab. 5). Da die Junkerberg-Schichten jedoch schlecht aufgeschlossen sind, ließ sich eine Abgrenzung der einzelnen Horizonte oft nicht durchführen. Die Erklärung der Schichtnamen, die in der Hillesheimer Mulde aufgestellt wurden, erfolgt im Abschnitt Hillesheimer Mulde. Der Giesdorf-Horizont („Giesdorfer *ostiolata*-Horizont") war früher 700 m nordöstlich von Giesdorf am Weg nach Fleringen aufgeschlossen; die Stelle ist heute unter Unrat begraben. Die Bezeichnung Nims-Horizont stammt von STRUVE (1961a, 308), nach dem Nims-Bach (Bl. 5804 Schönecken); locus typicus bei r 3248 h 6108 am Weg von Giesdorf nach Fleringen.

Tabelle 5. Junkerberg-Schichten im NE-Teil der Prümer Mulde nach SCHWENZER (1965).

Hangendes:	eisenführender Eilenberg-Horizont, Freilingen-Schichten.
Giesdorf-Horizont:	Wechselfolge von Mergeln und Kalken, reich an *Spinocyrtia ostiolata* (SCHLOTHEIM); vgl. KRÖMMELBEIN 1953; wenige Dezimeter bis 20 m (Schwirzheim).
Rechert-Nims-Horizont:	Mergel und lichtgraue Kalksteine. Beide Horizonte sind nicht zu trennen, durch die Kalkbänke herrscht die Nims-Fazies vor. Im Bereich geringer Mächtigkeit bei Gondelsheim fehlen die Kalkbänke. Die Basis bildet überall ein an Atrypiden reicher Mergelstein („Atrypa-Lager"); bei Gondelsheim 8–10 m, bei Schwirzheim 20 m.
Hönselberg-Horizont:	helle brachiopodenreiche Mergel. Der Mussel-Horizont ist nicht nachzuweisen. Nach unten unscharfe Grenze zum Klausbach-Horizont; 5–10 m.
Klausbach-Horizont:	Siltsteine, tonige Lagen, Karbonatgehalt nach oben zunehmend; etwa 10 m.
Liegendes:	Korallen-Stromatoporen-Mergel der Niederehe-Folge, Ahrdorf-Schichten

Vom S-Flügel gibt STRUVE (1961, 306–310) aus dem Dingdorfer Richtschnitt das Profil der Tabelle 6.

Tabelle 6. Junkerberg-Schichten im Dingdorfer Richtschnitt, Prümer Mulde; nach STRUVE (1961).

Hangendes:	eisenführender Eilenberg-Horizont, Freilingen-Schichten.
Giesdorf-Horizont:	1,53 m.
Nims-Horizont:	Mergel mit leicht spätigen Kalken; die kennzeichnenden lichtgrauen Kalke fehlen im Richtschnitt; 23,27 m.
ein 3,93 m mächtiger Abschnitt fraglicher Zuordnung.	
Rechert-Horizont:	wie in der östlichen Hillesheimer Mulde ausgebildet; 7,76 m.
Hönselberg-Horizont:	lithologische Abgrenzung zum Mussel-Horizont schlecht durchführbar; 18,89 m.
Mussel-Horizont:	ebenfalls schlecht abzugrenzen; 29,72 m.
Klausbach-Horizont:	scheint hier einen Übergang von der fossilarmen Mergelfazies zur fossilreichen sandigen Fazies zu bilden; 21,03 m.
Liegendes:	sandige Mergel der Niederehe-Folge, Ahrdorf-Schichten.

Gerolsteiner Mulde

Hier sind die fraglichen Partien weitgehend dolomitisiert. Der Komplex des Auburg-Dolomits und der Rommersheimer Schichten bei KRÖMMELBEIN (1957, 361) umfasst Junkerberg-Schichten und Freilingen-Schichten, die man aber lange Zeit nicht unterscheiden konnte. Durch die Entdeckung von tiefen Freilingen-Schichten an Neuaufschlüssen im südlichen Ortsbereich von Gerolstein durch J. WINTER (1968) ließen sich dort auch obere Junkerberg-Schichten nachweisen. Sie bestehen aus stark dolomitisierten Riffkalken, deren Fossilinhalt vollkommen ausgelöscht ist. Nach WINTER findet sich im Grenzbereich zwischen Junkerberg- und Freilingen-Schichten ein Aufarbeitungshorizont. Das erklärt, weshalb der Giesdorf-Horizont hier nicht nachweisbar ist; er ist also vielleicht hier nicht abgelagert worden oder der Aufarbeitung zum Opfer gefallen.

W. OCHMANN (1974) stellt fossilreiche Mergel und Kalke auf dem schmalen Rücken zwischen Kylltal und Oostal nördlich Lissingen auch zu den Junkerberg-Schichten; Hangend- und Liegendgrenzen dieses Komplexes sind gestört.

Hillesheimer Mulde

In der Hillesheimer Mulde ist eine Grenzziehung zwischen Junkerberg- und Freilingen-Schichten lange Zeit nicht möglich gewesen. Deshalb verwendeten HOTZ, KRÄUSEL & STRUVE (1955) noch die Bezeichnung Rommersheimer Schichten (HAPPEL & REULING in REULING 1931, 273 nach dem Dorf Rommersheim in der Prümer Mulde) für diesen Komplex. Sie gliederten ihn in Heinzelt-Folge unten (nach der Flur Heinzelt am SE-Hang des Hönselbergs bei Loogh) und Rudersbach-Folge oben (nach dem Bach zwischen Kerpen und Flesten). Später gelang es STRUVE (1961a, 309–310), im Gebiet nordwestlich Flesten den Giesdorfer *ostiolata*-Horizont und den Eisen-Horizont (Eilenberg-Horizont der Freilingen-Schichten) nachzuweisen. Damit war eine Abgrenzung von Junkerberg- und Freilingen-Schichten auch in der Hillesheimer Mulde geglückt. Die Grenze verläuft innerhalb der Rudersbach-Folge, die damit in einen Junkerberg- und einen Freilingen-Anteil aufzugliedern ist. Die Untergliederung aus dem Ostteil der Mulde konnte von FUCHS (1965) auch auf deren Westteil übertragen werden. Nims- und Giesdorf-Horizont fasst STRUVE (in ZIEGLER & WERNER 1982) als Grauberg-Subformation zusammen, nach dem Grauberg (Kroberg) östlich Niederehe.

Tabelle 7. Junkerberg-Schichten im E-Teil der Hillesheimer Mulde, nach HOTZ, KRÄUSEL & STRUVE (1955) und STRUVE (1961).

Hangendes:	eisenreiche Mergel und Kalke, Eilenberg-Horizont der Freilingen-Schichten.
Unterer Teil der Rudersbach-Folge	Giesdorf-Horizont: vielfach geringmächtiger Rasen mit dünnstängligen Korallen. An wenigen Stellen, wie NW' Flesten Kalke mit *Spinocyrtia ostiolata*; bis 3 m.
	Nims-Horizont (STRUVE 1961a, 308, nach dem Nims-Bach in der Prümer Mulde): Kalke, oben zunehmend mergelige Einschaltungen; mindestens 15 m.
Heinzelt-Folge	Rechert-Horizont (HOTZ, KRÄUSEL & STRUVE 1955: 95, nach dem Bergrücken Rechert SW' Nohn): Mergel und Mergelkalke, oben zunehmend reinere Kalke und Stromatoporen-Bänke; mindestens 5 m.
	Hönselberg-Horizont (HOTZ, KRÄUSEL & STRUVE 1955, 92, nach dem Hönselberg bei Loogh): Mergel und Mergelkalke mit reicher Brachiopodenfauna; etwa 10–1 5 m.
	Mussel-Horizont (HOTZ, KRÄUSEL & STRUVE 1955, 91, nach dem Rücken „Auf Mussel" ESE' Niederehe): Mergel, im oberen Teil stromatoporenreiche Kalkbänke; etwa 15 m.

Heinzelt-Folge	Klausbach-Horizont (Hotz, Kräusel & Struve 1955, 88 nach dem Klausbach SW' von Ahrdorf): fossilarme sandige Mergel und Kalksandsteine; etwa 20 m.
Liegendes:	Mergel und Kalke mit Korallen und Stromatoporiden, Niederehe-Folge der Ahrdorf-Schichten.

Tabelle 8. Junkerberg-Schichten im W-Teil der Hillesheimer Mulde nach G. Fuchs (1965).

Hangendes:	Mergel und Kalke des Eilenberg-Horizontes, Freilingen-Schichten.
Giesdorf-Horizont:	nur am N-Flügel erkennbar. Graue knollige Kalke mit brauner Verwitterungsrinde. Stellenweise Rasen von dünnstängligen Korallen.
Rechert- und Nims-Horizont:	beide Horizonte geringmächtig, schlecht aufgeschlossen und nicht zu trennen; Siltsteine, Mergel und Mergelkalke.
Mussel- und Hönselberg-Horizont:	auf dem N-Flügel beide Horizonte nicht zu trennen; korallenreiche Mergel und Mergelkalke. Auf dem S-Flügel glaubt Fuchs den Hönselberg-Horizont in etwa 15 m Mächtigkeit abtrennen zu können. Beide Horizonte etwa 20–30 m.
Klausbach-Horizont:	sandige Mergel und Mergelkalke mit artenarmer, aber individuenreicher Brachiopodenfauna. Auf dem N-Flügel höherer Sandanteil. Mächtigkeit auf dem N-Flügel 20–30 m, auf dem S-Flügel etwas geringer.
Liegendes:	an Korallen und Stromatoporiden reiche Kalke der Niederehe-Folge, Ahrdorf-Schichten.

Dollendorfer Mulde

Im SW-Teil der Dollendorfer Mulde lassen sich nach Metje (1963) die Junkerberg-Schichten zweiteilen. Der untere Teil (Horizont A) besteht aus etwa 70 m nahezu fossilleerer Kalksandsteine und Tonschiefer. Er wird überlagert von 2 m mächtigen Kalksandsteinen mit *Spinocyrtia ostiolata* (Horizont B = Giesdorf-Horizont).

Im N-Flügel nimmt in nordöstlicher Richtung der Kalkgehalt nach Vorreyer (1964) zu. Es lassen sich zwei Faziesgebiete unterschieden, deren Grenze etwa bei Ripsdorf liegt: in der SW-Fazies schließen die Junkerberg-Schichten mit einem Eisenhorizont ab, der vereinzelt *Spinocyrtia ostiolata* führt. In der NW-Fazies wird der höhere Teil der Junkerberg-Schichten von Stromatoporiden-Korallen-Riffkalken aufgebaut, hier bestehen also Übergänge zur Fazies des Rohr-Horizonts der nördlichen Kalkmulden. Die Junkerberg-Schichten sind nach Vorreyer im mittleren Teil der Mulde etwa 80 m mächtig. Im Ahrprofil ist eine Untergliederung nicht möglich gewesen, auch hat sich weder der Giesdorf- noch der Rohr-Horizont am Dach nachweisen lassen. Die Mächtigkeit beträgt nach Schlüter (1976) im N-Flügel 110 m. Nördlich von Ahrhütte wird sie von Kaul (1976) auf 100 m geschätzt.

Neuensteiner Mulde

Die jüngsten Schichten sind hier kleinstückig zerfallende Tonsteine wie in der nordöstlichen Prümer Mulde, die vielleicht schon in die Junkerberg-Formation gehören (Struve et al. 2008, 319).

Blankenheimer Mulde

Nach OCHS & WOLFART (1961, 26–35) können hier drei Faziesbereiche unterschieden werden.

Die NE-Fazies findet sich im ganzen Buirer Muldenstück; sie reicht nach SW etwa bis Mülheim. Es bestehen Beziehungen zu benachbarten Teilen der Sötenicher Mulde und zur Rohrer Mulde (Tabelle 9).

Tabelle 9. Junkerberg-Schichten in der NE-Fazies der Blankenheimer Mulde, nach OCHS & WOLFART (1961).

Hangendes:	mergelige Kalke und Mergel der Freilingen-Schichten.
7. Rohr-Horizont (sensu GLINSKI 1955):	feinkristalline graue gebankte Kalke und weiße Riffkalke; 3–5 m.
6. Fettkalk-Horizont:	weißgraue Fettkalke, mergelige Kalke und Mergel; u. a. ist *Kosirium steinmanni* (E. SCHULZ) häufig. Dieser Horizont entspricht etwa dem Wilhelmshöhe-Horizont (DICKFELD 1969) in der westlichen Sötenicher Mulde. Die von PAULUS (1961) für den Mittelabschnitt der Sötenicher Mulde erweiterte Fassung des Rohr-Horizonts schließt Äquivalente des Fettkalk-Horizontes mit ein. 8–9 m.
5. Crinoidenkalke:	spätige Crinoidenkalke, untergeordnet Kalksandsteine und Mergel; 25–30 m.
4. Junkerberg-Sandstein:	graublaue Kalksandsteine, dünne Schiefereinschaltungen. Typisch sind Anhäufungen von *Crurithyris inflata* (SCHNUR). 10–12 m.
3. Schiefer-Horizont:	mergelige, siltige Tonschiefer mit relativ armer Fauna; 14–15 m.
2. Chonetes-Kalke:	feinkristalline Kalke mit *Chonetes*-Pflastern *(Ch.* sp.aff. *sarcinulatus);* 11–13 m.
1. Basis-Kalke:	mergelige und feinkristalline Kalke, spätige Crinoidenkalke; 20–23 m.
Liegendes:	Riffkalke und Crinoidenkalke der Ahrdorf-Schichten

Die Mittelfazies (Tabelle 10) ist in dem Gebiet zwischen etwa Mülheim und dem Bereich SW' Blankenheimerdorf ausgebildet. Nach Fossilfunden, die P. FISCHER, Engelgau machen konnte, dürften Junkerberg-Schichten in der Mittel-Fazies auch in der Frohngau-Engelgauer Teilmulde vorhanden sein, nach STRUVE (1964, 242) ist der *latistriatus*-Horizont dort nachgewiesen.

In der SW-Fazies, die sich im Dahlemer Muldenabschnitt findet, werden Ahrdorf- und Junkerberg-Schichten durch die sandig-tonigen Baasem-Schichten (OCHS & WOLFART 1961, 32 nach dem Dorf Baasem) vertreten. STRUVE (1964, 240) erwähnt aus den Baasem-Schichten

Tabelle 10. Junkerberg-Schichten in der Mittel-Fazies der Blankenheimer Mulde, nach OCHS & WOLFART (1961).

Hangendes:	Untere Bankkalke der Freilingen-Schichten.
4. latistriatus-Horizont:	spätige und unreine Kalke, wechsellagernd mit sandig-mergeligen Tonschiefern. Massenhaft Brachiopoden, unter ihnen sind typisch *Spirifer latistriatus* FRECH und *Athyris concentrica squamosa* KAYSER; 19 m. STRUVE (1992) hat für dieses Schichtglied den Namen Blankenheim-Member eingeführt.
3. Eisen-Horizont:	sandig-mergelige Schiefer, untergeordnet Kalksandsteine und eisenreiche Crinoidenkalke; 6 m.
2. Schellwienellen-Horizont:	braune Kalksandsteine, glimmerreiche sandige Schieferund feinkristalline Kalkbänkchen, die z. T. aus Schill von *Xystostrophia (= Schellwienella) umbraculum* (SCHLOTHEIM) bestehen; 3,5–4 m.
1. Kalksandstein-Horizont:	Kalksandsteine, sandige Schiefer, wenige Crinoidenkalk-Bänkchen; 70–80 m.
Liegendes:	mergelige, sandige Schiefer und Kalksandsteine der Ahrdorf-Schichten.

Tabelle 11. Baasem-Schichten (Ahrdorf- und Junkerberg-Schichten) im SW der Blankenheimer Mulde, nach OCHS & WOLFART (1961).

Hangendes:	Mergel und Kalke der Freilingen-Schichten.
Horizont c:	grüngraue Fettkalke mit rötlichen Crinoiden, blaugraue spätige Kalke mit Stromatoporiden und Korallen; 6–8 m.
Horizont b:	Wechselfolge von braunen und graugrünen siltigen Schiefern, Kalksandsteinen und (untergeordnet) Kalken; 80–90 m.
Horizont a:	Mergel-Schiefer und Mergelkalke mit reicher Brachiopoden-Fauna; 10 m.
Liegendes:	Crinoidenkalke des Hundsdell-Horizontes, Obere Nohn-Schichten.

des Profils nordnordöstlich der Baasemer Mühle eine geringmächtige kalkige Einschaltung mit *Productella plexa* WOLFART und stuft danach diese Lage einschließlich der überlagernden Schichten in die Junkerberg-Schichten ein.

Rohrer Mulde

Hier geht die Gliederung auf GLINSKI (1961, 280–283) zurück (Tabelle 12). Der Rohr-Horizont wurde von GLINSKI (1955, 110) zuerst definiert und ursprünglich auf den sog. *Hexagonaria*-Riff-Horizont eingeengt, der bisher als „Schichten mit *Cyathophyllum darwini*" (FRECH 1886) oder „*Steinmanni-Darwini*-Mergel" (NOWAK 1956) bezeichnet wurde (weiteres über die Geschichte dieses Begriffs bei GLINSKI 1955, 75ff). STRUVE et al. (2008) verwenden den Begriff Rohr-Member im engen Sinne wie „Rohr-Horizont" von GLINSKI, also Nr. 8 in Tab. 12, und für Nr. 7 den Namen Wilhelmshöhe-Member. Die Horizonte 7 und 8 der Tab. 12 entsprechen dem „Rohrer Horizont" der mittleren Sötenicher Mulde in der durch PAULUS (1961, 433) erweiterten Fassung. Für diesen erweiterten Rohr-Horizont ist das Vorkommen des leicht mit *Stringocephalus* zu verwechselnden Brachiopoden *Kosirium steinmanni* (E. SCHULZ) und der früher unter dem Namen „*Schlüteria darwini* (FRECH)" zusammengefassten Korallen kennzeichnend. GLINSKI (1955) zeigte, dass sich unter den Bezeichnungen *Cyathophyllum* bzw. *Schlüteria darwini* folgende Arten bzw. Unterarten verborgen hatten: *Hexagonaria roh-*

Tabelle 12. Junkerberg-Schichten in der Rohrer Mulde, nach GLINSKI (1961).

Hangendes:	Mergel der Freilingen-Schichten.
8. Rohr-Horizont:	Knollen-Block-Riff mit geringmächtigem Mergel-Zwischenmittel; 1–2 m.
7. crinoidenreiche Mergel, mergelige bituminöse Kalke, Crinoidenkalke; u. a. mit Favositiden und *Kosirium steinmanni* (E. SCHULZ); 20 m.	
6. *Arcophyllum*-Horizont: korallenreiche Mergel und grobspätige, plattige, weißgraue bis graue, angewittert rostfleckige Kalke mit großen Trochiten; etwa 6–8 m.	
5. Korallen- und Stromatoporen-Kalke; etwa 5–6 m. b: Stromatoporenklötze und lichtgraue oder weinrote bis rotviolette Kalke mit Trochiten und u. a. *Yunnanella?*. Im NE der Mulde ist der Horizont 5b nicht nachzuweisen. a: dickbankige bis klotzige Korallen-Crinoiden-Kalke.	
4. Junkerberg-Sandstein: sandige Mergel und graugrüne Kalksandsteine und Sandsteine mit Crinoiden; 3–4 m.	
3. Mergel, Crinoidenkalke, plattige Kalke mit *Thamnopora* und Tentaculiten.	
2. Stromatoporen-Horizont.	
1 b: dickbankiger grauer Kalk; 1 m. a: Brachiopoden-Thamnoporen-Mergel, oben fossilreich; 25 m.	
Liegendes:	Kalke mit *Amphipora ramosa*, Ahrdorf-Schichten.

rensis GLINSKI, *H. rohrensis brevisepta* GLINSKI, *H. parallaxa* GLINSKI, *H. philomena* GLINSKI, *H. amanshauseri* GLINSKI und *Columnaria cacotropia* GLINSKI. Der Name *Cyathophyllum darwini* ist nach GLINSKI ein objektives Synonym für die auf das Givetium beschränkte Art *Columnaria sulcata* GOLDFUSS. Nach BIRENHEIDE (1978, 92–93) sind *H. rohrensis* und *H. amanshauseri* identisch mit *Disphyllum parallaxum* (GLINSKI).

Sötenicher Mulde

Wir können die Entwicklung im mittleren Muldenabschnitt und im NE-Teil zusammen behandeln, da die Gliederung beider Bereiche parallelisierbar ist, wie folgende Tabelle zeigt:

Mittelabschnitt nach PAULUS (1961a)	**NE-Teil nach NOWAK (1956)**
Hangendes:	Freilingen-Schichten
Rohr-Horizont, 10–20 m	J 5, 12 m
	J 4, etwa 5 m
Dalbenden-Horizont, bis 30 m	J 3, 10 m?
Kirspenich-Horizont, 15–20 m	J 2, 0–12 m
Hausen-Horizont, bis 45 m	J 1, 30 m
Liegendes: Quartbach-Horizont der Ahrdorf-Schichten	A 4, Ahrdorf-Schichten

Die Mächtigkeit der Junkerberg-Schichten beträgt also im NE-Teil der Mulde 65–70 m, sie schwillt nach SW an auf 100 m etwa bei Eiserfey und sogar auf 130 m im Urfttal (W. SCHMIDT & SCHRÖDER 1962, 34).

Hausen-Horizont (PAULUS 1961a, 427 nach dem Hausener Berg bei Dreimühlen): In dem großen Steinbruch am Hausener Berg liegt der locus typicus (Bl. 5405 Mechernich, r 4720 h 0081). Der Horizont besteht aus brachiopodenreichen Mergeln, Tonmergeln und mergeligen, teilweise sandigen Kalken, vereinzelt treten eisenschüssige spätige Kalke auf. Bei Sötenich ist der tiefere Teil mit Kalksandsteinen und grüngrauen sandigen Tonmergeln stark sandig entwickelt, es tritt u. a. Pflanzenhäcksel auf.

Kirspenich-Horizont (Kirspenicher Stufe bei QUIRING 1914a nach dem Dorf Kirspenich): Der Horizont besteht aus festen, teilweise roten Crinoidenkalken. Besonders im NE-Abschnitt sind Kalksandsteine und Tonmergel zwischengeschaltet. Der Horizont ist östlich Kirspenich noch 12 m mächtig, keilt aber nach NE vollkommen aus, so dass er im Muldenschluss bei Hockenbroich fehlt.

Dalbenden-Horizont (PAULUS 1961a, 431 nach der Ansiedlung im Urfttal): Der locus typicus liegt in einem Hohlweg zwischen Dalbenden und der Flur Hessenmaar südlich Keldenich, 50–100 m von der Urfttalstraße entfernt (Bl. 5405 Mechernich, r 4130 h 9780). Der Horizont besteht aus braun- bis grüngrauen sandigen Mergeln, sandigen Mergelkalken und Crinoidenkalken. Brachiopoden sind häufig, besonders die Arten *Athyris concentrica* BUCH und *A. (Alvarezites) squamosa* (KAYSER). NOWAK bezeichnete diese Schichten deshalb als „*Athyris*-Kalke". In einer Crinoidenkalk-Bank fand PAULUS (1961a, 432) große Eisen-Pseudo-Ooide. Er diskutiert eine Parallelisierung mit dem Eisen-Horizont in der Mittel-Fazies der Blankenheimer Mulde. Im NE-Teil der Sötenicher Mulde schalten sich nach NE zunehmend Kalksandsteine ein und bauen schließlich am Watzenberg westlich Hockenbroich den ganzen Horizont auf.

Rohr-Horizont: PAULUS (1961a, 433) erweiterte den Umfang dieses von GLINSKI (1955) ursprünglich nur für den *Hexagonaria*-Riff-Horizont gebrauchten Begriffs und fasst darunter die gesamten Ablagerungen zwischen dem Dalbenden-Horizont und den Freilingen-Schichten zusammen. Denn zwischen dem *Hexagonaria*-Riff (dem Horizont J 4 = „*Steinmanni-Darwini*-Mergel" von NOWAK) und der Untergrenze der Freilingen-Schichten liegt noch eine weitere Einheit (Horizont J 5 bei NOWAK), die sich aber meistens nicht gut abgrenzen lässt. Die Sötenicher Mulde gehört nach GLINSKI (1955, 111) zu dem nördlichen, durch *Hexagonaria amanshauseri* und *H. rohrensis brevisepta* gekennzeichneten biofaziellen Bereich des Rohr-Horizontes. Der Horizont wird aus dickbankigen Kalken aufgebaut. Dabei sind neben *Hexagonaria*-Riffkalken auch Fettkalke mit *Leperditia* verbreitet; Mergel treten nur untergeordnet auf. Im NE-Abschnitt schalten sich östlich von Kirspenich in den oberen Teil (Horizont J 5) sandige Plattenkalke ein.

Der Rohr-Horizont ist das einzige Schichtglied, das DICKFELD (1969) aus der Gliederung der mittleren und nordöstlichen Mulde für den SW-Teil übernommen hat. Den darunter liegenden Anteil gliedert er von unten nach oben in die Sisthal-Folge, die den größten Teil der Junkerberg-Schichten umfasst, und den Wilhelmshöhe-Horizont. Die Mächtigkeit der Junkerberg-Schichten beträgt auf dem Nordflügel bei Sistig 140 m, sie ist auf dem Südflügel erheblich geringer, z. B. westlich Marmagen nur 65 m.

Innerhalb der Sisthal-Folge unterscheidet DICKFELD 6 verschiedene Ausbildungen: im W die durch Siltsteine mit wenigen kalkigen Siltsteinbänken gekennzeichnete Sistig-Fazies, in die sich von E her mehr kalkige und Brachiopoden, Crinoiden, Korallen und Stromatoporiden führende Partien einschalten, von unten nach oben: Kaul-Fazies, Kuttenbach-Fazies und Kirspenich-Fazies. Am Dach der Sisthal-Folge (Sisthal ist ein Ortsteil von Rinnen) ist im Westen eine stärker klastische Ausbildung (Kallbach-Fazies mit brachiopodenreichen grün- und braungrauen Siltsteinen und Kalksandsteinen) von einer mehr kalkigen Wiesberg-Fazies mit siltigen Kalksteinen und mergeligen Siltsteinen mit Stromatoporiden, Korallen und Brachiopoden zu unterscheiden.

Der Wilhelmshöhe-Horizont (nach einem Flurnamen aus dem Gebiet zwischen Marmagen und Wahlen) besteht aus bituminösen mergeligen Siltsteinen und siltigen Kalksteinen und enthält auch Fettkalke. Neben Korallen und Stromatoporiden ist *Kosirium steinmanni* sehr häufig, oft in Schillagen angereichert.

3.4.2.6 Freilingen-Schichten

H. VORSTER (1918, 15) trennte eine fossilreiche Wechselfolge von Mergeln und Kalken von den Junkerberg-Schichten ab und benannte sie nach dem Dorf Freilingen in der Dollendorfer Mulde.

Im ganzen Ablagerungsraum werden vorwiegend Mergel gebildet. Im höheren Teil nehmen Kalke zu, die zwar reich an Korallen sind, die man aber nicht als Riffkalke bezeichnen kann. Im N der Sötenicher Mulde treten zum letzten Mal während des Mitteldevons Roteinschüttungen auf. In den südlichen Kalkmulden tritt an der Basis ein Eisenerzlager auf, ebenfalls zum letzten Mal innerhalb der Mitteldevon-Folge. Die Untergrenze der Freilingen-Schichten ist durch den unterlagernden *ostiolata*-Horizont im S bzw. den Rohr-Horizont im N gut markiert.

Für die südlichen Kalkmulden gilt eine Zweiteilung in Eilenberg-Horizont unten (STRUVE 1961a, 311 nach dem Eilenberg bei Kerpen, Hillesheimer Mulde) und einen oberen Teil, den

STRUVE (1961a) zuerst als Nollenbach-Horizont ausschied und den er in den Bohnert-Subhorizont (unten) und den Maiweiler-Subhorizont (oben) unterteilte (Ort und Flurbezeichnungen in der Hillesheimer Mulde). Da sich durch STRUVE (1976) aber herausgestellt hat, dass die Maiweiler-Einheit schon in die Ahbach-Formation gehört (heute Maiweiler-Subformation, die Hallert- und Lahr-Member umfasst), gilt jetzt die Zweiteilung in Eilenberg- und Bohnert-Member. Für das Bohnert-Member ist *Spinatrypa (Isospinatrypa) aspera* (SCHLOTHEIM) leitend.

Die Untergrenze der Freilingen-Formation ist durch Schichtlücken, Aufarbeitungslagen und Eisenanreicherungen markiert. Sie wird deshalb von STRUVE (in ZIEGLER & WERNER 1982, 433–448) als „Great Gap“ bezeichnet. STRUVE et al. (2008, 311) sprechen von „Great Gap Event“ und vom „markantesten Schnitt im Mitteldevon der N-Hemisphäre überhaupt“. Die Lücke hat in verschiedenen Profilen unterschiedlichen Umfang. Die Freilingen-Zeit ist nach dieser Sedimentationsunterbrechung eine Transgressionsphase.

Prümer Mulde

In der Prümer Mulde sind Freilingen-Schichten zuerst von W. KRÄUSEL, KRÖMMELBEIN und STRUVE nachgewiesen worden (STRUVE 1955, 290–298). Im NE-Teil besteht nach SCHWENZER (1965, 241–245) folgende Gliederung:

Hangendes nicht aufgeschlossen.	
Nollenbach-Horizont:	fossilreiche Mergel und Kalke, oben hoher bioklastischer Anteil, bes. Crinoiden; etwa 10 m. Welcher Teil schon zur Ahbach-Formation gehört, ist unklar.
Eilenberg-Horizont:	sehr eisenreiche Kalke und Mergel, reich an Sporen; 0,9–1,7 m.
Liegendes:	Giesdorf-Horizont der Junkerberg-Schichten.

Südöstlich von Brühlborn bei Dausfeld fand WALOSSEK (1962) ein Massenvorkommen von *Receptaculites neptuni* DEFRANCE im oberen Teil der Freilingen-Schichten.

Auf dem S-Flügel der Mulde sind nach STRUVE (1961a, 310–315) im Dingdorfer Richtschnitt Freilingen-Schichten ebenfalls vorhanden. Der Eisen-Horizont an der Basis enthält aufgearbeitetes Material aus dem Giesdorf-Horizont.

Gerolsteiner Mulde

J. WINTER (1968) konnte an neuen Straßenaufschlüssen im südlichen Ortsgebiet von Gerolstein (Manderscheider Straße) Freilingen-Schichten nachweisen, die trotz der Dolomitisierung folgendes Profil erkennen ließen:

Hangendes:	durch Mauer verdeckt.
Bohnert-Horizont):	gut gebankte Wechselfolgen von Dolomiten und dolomitischen Mergeln. Bis in den unteren Bohnert-Horizont hinein reicht wahrscheinlich die Aufarbeitungsphase aus dem Eilenberg-Horizont.
? Eilenberg-Horizont:	violettgraue dolomitische Mergel mit aufgearbeiteten Mergelstein-Dolomit-Brekzien. Eisen-Horizont fehlt, vielleicht den Aufarbeitungsvorgängen zum Opfer gefallen.
Liegendes:	Riffdolomit, wahrscheinlich hohe Junkerberg-Schichten.

Nach Lesestein-Faunen dürften ähnliche Verhältnisse auch auf dem Plateau der unteren Munterley bei Gerolstein vorliegen (WINTER 1968, 602–604). Die Sedimentationslücken und Aufarbeitungshorizonte lassen vermuten, dass der Zentralbereich der Gerolsteiner Mulde zu Beginn der Freilingen-Zeit auf einer Schwelle lag. Dagegen sind im Ostteil der Mulde die Freilingen-Schichten ähnlich ausgebildet wie auf dem Nordflügel der westlichen Hillesheimer Mulde. WINTER fand an der Straße Pelm – Essingen 220 m östlich der Abzweigung nach Rockeskyll grüne Mergel mit einer Fauna des Eilenberg-Horizonts.

Hillesheimer Mulde

Hier ist die Unterscheidung von Junkerberg- und Freilingen-Schichten lange Zeit nicht möglich gewesen. Dieser Komplex wurde unter dem Namen Rommersheimer Schichten zusammengefasst (HOTZ, KRÄUSEL & STRUVE 1955). Erst nachdem der Giesdorfer *ostiolata*-Horizont und der Eilenberg-Horizont (Eisen-Horizont) nordwestlich von Flesten gefunden werden konnten, ließ sich auch hier eine Gliederung in Junkerberg- und Freilingen-Schichten durchführen (vgl. 3.4.2.5, Hillesheimer Mulde).

Im E-Teil der Mulde gilt nach HOTZ, KRÄUSEL & STRUVE (1955, 100–104) und STRUVE (1961a; 1976) folgende Gliederung:

Hangendes:	dickbankige, z. T. spätige crinoidenführende Kalke, Maiweiler-Subhorizont, Ahbach-Schichten
Bohnert-Member (STRUVE 1961a, 313, nach der Flur Bohnert NE' Nollenbach):	Wechselfolge zwischen Kalken und Mergeln.
Eilenberg-Member:	grünlichgraue bis gelbliche Mergel mit Einschaltungen von linsigen und knolligen tonigen Kalken. Nordwestlich Flesten an der Basis Eisenooide („Eisen-Horizont"); etwa 3 m.
Liegendes:	Giesdorf-Horizont der Junkerberg-Schichten.

Im W-Teil der Hillesheimer Mulde sind nach FUCHS (1965, 365–379) die Freilingen-Schichten auf dem S-Flügel geringmächtig und außerdem schlecht aufgeschlossen, deshalb ließ sich hier eine Gliederung nicht durchführen. Auf dem N-Flügel ließ sich die Gliederung aus dem Ostteil jedoch bis in alle Einzelheiten wiedererkennen. Die Mächtigkeit des „Nollenbach-Horizonts" (Bohnert-Member und Maiweiler-Subformation) schwankt hier auf engstem Raum zwischen 17,5 und 74 m. Der Eilenberg-Horizont ist am Eilenberg 3 m mächtig.

Dollendorfer Mulde

Im SW-Teil der Mulde sind die Freilingen-Schichten nach METJE (1963) folgendermaßen zu gliedern:

Hangendes:	dunkler dickbankiger Kalk der „Fleringen-Schichten".
Horizont B:	grobbankige, vielfach spätige graue bis blaue Kalke mit vielen Stromatoporiden und Einzelkorallen; etwa 5 m.
Horizont A:	gelbbraune Mergel und Mergelkalke mit reicher Fauna, vor allem Brachiopoden und Einzelkorallen; etwa 15 m.
Liegendes:	Giesdorf-Horizont der Junkerberg-Schichten.

Nach VORREYER (1964) lässt sich am N-Flügel der Mulde bei Ripsdorf folgende Gliederung vornehmen:

Hangendes:	dunkle Stinkkalke der Ahbach-Schichten.
3. Kalke mit Stromatoporiden und Korallen.	
2. Kalke und Mergel mit reicher Brachiopodenfauna.	
1. gelbliche Mergel mit massenhaft *Atrypa* sp.	
Liegendes:	Eisenhorizont der Junkerberg-Schichten.

Östlich von Ripsdorf herrscht im unteren Teil der Freilingen-Schichten Riff-Fazies vor, die dort auch schon in den unterlagernden Junkerberg-Schichten verbreitet ist. Die Freilingen-Schichten sind am N-Flügel nach VORREYER höchstens 20 m mächtig; aus dem Ahrprofil gibt SCHLÜTER (1976) für den N-Flügel ebenfalls 20 m Mächtigkeit an. Auf dem SE-Flügel dürfte nach KAUL (1976) die Mächtigkeit an der Straße Ahrhütte – Rohr etwas über 20 m betragen; grobspätige Crinoidenkalke sind hier bezeichnend.

Blankenheimer Mulde

Hier lassen sich nach OCHS & WOLFART (1961) drei Faziesbereiche unterscheiden. Die NE-Fazies umfasst das Buirer Muldenstück und reicht etwa bis Mülheim. Gut aufgeschlossen sind Freilingen-Schichten nur am Südfuß der Buirer Ley. Hier ist folgendes Profil zu beobachten:

Hangendes:	Dolomite des Pierensberg-Horizonts, „Fleringen-Schichten".
3. Unreine Dolomite mit Brachiopoden, Tabulaten und Crinoiden; 4–6 m.	
2. Brachiopodenreiche Mergel und knollige Mergelkalke; 7 m.	
1. Dünnbankige mergelige Kalke und fossilreiche Mergel; 3 m.	
Liegendes:	Rohr-Horizont der Junkerberg-Schichten.

Die Mittelfazies ist auf die Umgebung von Blankenheim beschränkt. Hier gilt folgende Gliederung:

Hangendes:	Kalke und Dolomite des Pierensberg-Horizontes („Fleringen-Schichten").
3. Obere Bankkalke:	Riffkalke und kristalline gebankte Kalke wechsellagernd, im unteren Teil sehr fossilreich; 8 m.
2. Brachiopoden-Korallen-Mergel:	fossilreiche Kalke und Mergel; 5–6 m.
1. Untere Bankkalke:	kristalline gebankte Kalke mit mergeligen Zwischenlagen, oft rötlich gefärbt; 2–3 m.
Liegendes:	*latistriatus*-Horizont der Junkerberg-Schichten.

Die SW-Fazies ist auf das Dahlemer Muldenstück begrenzt. Der untere Teil der Schichtenfolge besteht hier aus grauen bis graugrünen Mergeln mit Einlagerungen von Knollenkalken, auch mit Korallen und Stromatoporiden. Oben finden sich meist feinkörnige sehr dichte Kalke. Die Freilingen-Schichten sind hier 10–12 m mächtig. Der Artenreichtum an Brachiopoden und Korallen hat im Vergleich zu den anderen Faziesgebieten stark abgenommen.

Rohrer Mulde

Für die Rohrer Mulde hat GLINSKI (1953; 1961) folgende Gliederung aufgestellt:

Hangendes:	Stinkkalke der „Fleringen-Schichten“
2: Kalke, Stromatoporen-Kalke, unten korallenführende Mergel; 6 m.	
1: Mergel, darin Kalkbänke mit reicher Fauna von Brachiopoden (bes. *Atrypa* cf.*globosa* LEIDHOLD) und Korallen; 10 m.	
Liegendes:	Rohr-Horizont der Junkerberg-Schichten.

Sötenicher Mulde

Für den NE-Teil gibt NOWAK (1956) folgende Gliederung an:

Hangendes:	Iversheim-Dolomit.
Fr 2: gelbbraune bis rötliche sandige Mergelschiefer, unten knollige Kalkbänke; 9,3 m.	
Fr 1 (*reticularis*-Mergel): graubraune, z. T. sandige Mergel mit Stromatoporiden-Linsen; Stockkorallen fehlen; in den schiefrigen Partien viel Brachiopoden, bes. *Atrypa reticularis* (L.); 6,5 m.	
Liegendes:	Fettkalke der Junkerberg-Schichten.

Im Gebiet Iversheim – Eschweiler liegt der Iversheim-Dolomit direkt auf Junkerberg-Schichten, hier scheinen Freilingen-Schichten zu fehlen.

Im mittleren Teil der Mulde sind die Freilingen-Schichten nach PAULUS (1961) auf dem N-Flügel bei Eiserfey 10 m, bei Urft 17 m mächtig. Bemerkenswert ist im N das Auftreten von Rotschiefern im oberen Teil der Schichtenfolge. Es ist das letzte Mal, dass hier während des Mitteldevons Roteinschwemmungen erfolgen (in den Lauch-, Nohn- und Ahrdorf-Schichten war das schon mehrmals geschehen). Die Rotschiefer sind besonders auffällig am Watzenberg bei Kirspenich und bei Dalbenden. Am S-Flügel sind die Freilingen-Schichten größtenteils dolomitisiert.

Die Dolomitisierung ist auch im südwestlichen Muldenabschnitt sehr fortgeschritten. DICKFELD (1969) gibt hier für den N-Flügel eine provisorische Dreigliederung an:

Hangendes:	Siltsteine und siltige Kalksteine, Ahbach-Schichten.
Horizont c:	Stromatoporiden-Kalke.
Horizont b:	gelbgrün verwitternde Siltsteine mit Massenvorkommen von *Spinatrypa aspera aspera* (SCHLOTHEIM).
Horizont a:	gelbgrün verwitternde mergelige Siltsteine mit reicher Brachiopodenfauna.
Liegendes:	Rohr-Horizont der Junkerberg-Schichten.

Mit 46 m sind die Freilingen-Schichten auf dem N-Flügel bei Sötenich am mächtigsten, auf dem S-Flügel sind sie am Galgenberg bei Marmagen nur 16,5 m mächtig.

Nach STRUVE (1961a, 312) gilt im Mittel- und SW-Abschnitt der Sötenicher Mulde auch die in den südlichen Mulden aufgestellte Zweiteilung der Freilingen-Schichten in Eilenberg-Horizont und Nollenbach-Horizont. Der Nollenbach-Horizont führt *Spinatrypa aspera aspera*, dem Eilenberg-Horizont fehlt diese Form. DICKFELD (1969) geht auf die STRUVE'sche Gliederung nicht ein. Es ist denkbar, dass sein Horizont a dem Eilenberg-Horizont entspricht, die Horizonte b und c dem „Nollenbach-Horizont“, der aber nach STRUVE (1976) z. T. in die Ahbach-Formation gehört.

3.4.2.7 Ahbach-Schichten

STRUVE in HOTZ et al. (1955, 108) hat innerhalb der Fleringen-Schichten zuerst die Ahbach-Folge ausgeschieden, nach dem Ahbach, der in der Hillesheimer Mulde diese Schichten mehrfach angeschnitten hat. Die Fleringen-Schichten (HAPPEL & REULING in REULING 1931, 273 nach dem Dorf in der Prümer Mulde) wurden zuerst als Givetium aufgefasst. Nach Vergleichen, die STRUVE (1961a, 322–332) zwischen den Eifelkalkmulden und den Typuslokalitäten Couvin (Südbelgien) und Givet (Nordfrankreich) hauptsächlich auf der Grundlage des jeweiligen Entwicklungsstandes der Brachiopodengattung *Invertrypa* (STRUVE 1956) anstellte, ist es wahrscheinlich, dass die Grenze Eifelium-Givetium in den Fleringen-Schichten liegt, und zwar über der Ahbach-Folge. Damit wurde der Begriff Fleringen-Schichten aufgegeben, und es werden die Namen Ahbach-Schichten (für den in die Eifel-Stufe gehörenden Anteil) sowie Loogh- und Cürten-Schichten (für die der Givet-Stufe angehörenden Partien) stattdessen verwendet.

Die Ahbach-Schichten sind in den südlichen und mittleren Kalkmulden relativ arm an Kalkbänken und als Mergelfolge oft schlecht aufgeschlossen. In den nördlichen Mulden, also nördlich der GLINSKI-Linie (S. 138), spielen Kalke, auch Riffkalke eine größere Rolle. Für die südlichen Mulden gilt nach STRUVE et al. (2008, 350–351) folgende Gliederung:

Hangendes:	Loogh-Formation
Müllert-Subformation (Müllert-Horizont: STRUVE in HOTZ et al. 1955, 114 nach der Flur Müllertchen östlich Ahütte)	Zerberus-Member (STRUVE 1978) Olifant-Member (STRUVE 1978)
Maiweiler-Subformation (STRUVE 1961 a nach der Flur Maiweiler an der Straße Ahütte – Nollenbach)	Lahr-Member (Lahr-Horizont: STRUVE 1961a, 316 nach der Flur Im Lahr ENE' Niederehe). Hallert-Member (Hallert-Horizont: STRUVE in HOTZ et al. 1955, 111, nach der Flur Auf Hallert nordöstlich Niederehe).
Liegendes:	Freilingen-Formation

Zerberus: der Höllenhund, Olifant: Signalhorn von Roland; der Vorrat an Flurbezeichnungen für stratigraphische Namen ist aufgebraucht, jetzt hilft die Sagenwelt aus.

Prümer Mulde

Die Unterteilung aus der Hillesheimer Mulde lässt sich wegen des Mangels an Kalkbänken innerhalb der überwiegend mergeligen Folge hier nur schwer erkennen. Am besten gelingt diese Parallelisierung noch im NE-Teil (SCHWENZER 1965, 245–249): Hier sind die Ahbach-Schichten etwa 55–60 m mächtig. Die untersten Lagen werden von einem dunklen, dichten, bituminösen, 1–5 m mächtigen Kalk gebildet, der dem Hallert-Horizont entsprechen dürfte. Nach W scheint dieser Kalk auszukeilen bzw. in Mergel überzugehen. Über dem Hallert-Horizont liegt eine Mergelfolge mit nur dünnen Kalkbänken. Eine Unterscheidung in Lahr- und Müllert-Horizont ist deshalb einstweilen nicht möglich; aus der Fauna ergeben sich auch keine Trennungsmöglichkeiten.

Auf dem S-Flügel sind nach STRUVE (1961a, 315–317) im Dingdorfer Richtschnitt die Ahbach-Schichten als fossilarme Mergel aufgeschlossen gewesen.

Gerolsteiner Mulde

In der Gerolsteiner Mulde ist der Bereich der Ahbach-Schichten teils dolomitisiert, teils von jungen Vulkaniten bedeckt. Jedoch konnte J. WINTER (1969) zeigen, dass der wegen seines Fossilreichtums berühmte Mühlwäldchen-Mergel, der im Steilhang zur Kyll unterhalb des Sportplatzes an der Schorlei zwischen Gerolstein und Lissingen aufgeschlossen ist, noch in die Ahbach-Schichten gehört, obgleich schon *Stringocephalus* sp. darin auftritt. Die Fauna zeigt im Ganzen eine Zusammensetzung, die sogar der aus den Freilingen-Schichten nahesteht. WINTER gibt von dieser Stelle folgendes Profil an:

e (Mühlwäldchen-Mergel): Wechselfolge zwischen Kalken und Mergeln, reich an Brachiopoden, Crinoiden, Ostracoden und Korallen; 8–10 m.
d Kalke und tonige Mergel wechsellagernd; 8 m.
c Kalke und siltige Mergel wechsellagernd; etwa 6–8 m.
b (Basiskalk): bituminöser, feinkörniger Kalk mit einzelnen Trochiten; 7 m.
a (Basismergel): olivgrüne und braune glimmerführende Mergelsteine.

Hillesheimer Mulde

Im E-Abschnitt der Hillesheimer Mulde besteht in Anlehnung an STRUVE (in HOTZ et al. 1955, 108–116; 1961a, 315–317) folgende Gliederung:

Hangendes:	dickbankige Kalke des Wotan-Horizontes (Loogh-Schichten).
Müllert-Subformation:	hellgraue weiche Mergel, wenig Mergelkalk-Einschaltungen; 30–40 m.
Maiweiler-Subformation	Lahr-Horizont: Kalke und Mergel, dunkelbraune Kalke mit hellen Trochiten; im unteren Teil *Invertrypa fasciplicata* STRUVE verbreitet; 10–15 m. Hallert-Horizont: mittel- bis dunkelgraue, harte, bituminöse, z. T. mergelige Kalke, relativ fossilarm; 20–25 m.
Liegendes:	Bohnert-Member (Freilingen-Schichten).

Im W-Teil der Mulde ist nach FUCHS (1965, 379–386) diese Gliederung nur auf dem S-Flügel erkennbar, dabei ist der Lahr-Horizont nicht auszuscheiden. Die Mächtigkeit der Ahbach-Schichten beträgt nur etwa 25–40 m. Mit dieser Mächtigkeitsabnahme ist eine Zunahme des feinklastischen Anteils verbunden: besonders im Hallert-Horizont sind Siltsteine sehr verbreitet, der Müllert-Horizont ist mehr karbonatisch entwickelt. Die Fazies ist jedoch im W-Teil der Hillesheimer Mulde sehr uneinheitlich.

Dollendorfer Mulde

Im SW-Teil der Mulde ist nach METJE (1963, 140–141) eine Trennung von Ahbach- und Loogh-Schichten einstweilen nicht möglich, deshalb wurde hier die Bezeichnung „Fleringen-

Schichten" beibehalten. Die Fleringen-Schichten gliedern sich in einen unteren Abschnitt (Horizont A) von etwa 15 m Mächtigkeit mit dunklen, dickbankigen bituminösen Kalken und einen oberen (Horizont B) von etwa 20 m Mächtigkeit, bestehend aus hellgrauen bis blauen dünnplattigen Kalken. Der untere Horizont gehört seiner Fauna nach wenigstens zum Teil noch in die Eifel-Stufe.

Im Mittelabschnitt der Mulde lassen sich nach VORREYER (1964) im N-Flügel die Ahbach-Schichten auskartieren. Sie bestehen aus dunkelgrauen bis schwarzen Stinkkalken und dunkelgrauen bis schwarzen feinstgeschichteten Mergeln von Dachpappen-Aussehen. Die Mächtigkeit beträgt 25–35 m. Die Dreigliederung aus der Hillesheimer Mulde konnte hier nicht realisiert werden, denn die ganze Folge liegt in der Fazies des Hallert-Horizontes vor. In Annäherung an das Ahrtal nehmen oben Mergel und Mergelkalke mit Massenvorkommen von *Pentamerus* zu.

Diese Tendenz verstärkt sich in nordöstlicher Richtung, so dass im Ahrprofil auf dem NW-Flügel nach SCHLÜTER (1976) die Gliederung aus der Hillesheimer Mulde wieder anwendbar ist:

Hangendes:	dickbankige Kalke der Loogh-Schichten.
Müllert-Horizont:	Mergel mit „*Pentamerus*" sp.; 55 m.
Lahr-Horizont:	schwarze Kalke mit kleinen rosa Trochiten; 3–5 m.
Hallert-Horizont:	dunkle bituminöse Kalke und Mergelkalke; 12–15 m.
Liegendes:	spätige Kalke und fossilreiche Mergel, Freilingen-Schichten.

Auf dem SE-Flügel lässt sich nach KAUL (1976) nördlich der Ahr eine Untergliederung der Ahbach-Schichten wegen der schlechten Aufschlussverhältnisse nicht durchführen. Bituminöse Kalke und Mergel herrschen vor.

Blankenheimer Mulde

Hier könnte nach OCHS & WOLFART (1961) der Pierensberg-Horizont (OCHS in OCHS & WOLFART 1961 nach dem Pierensberg nordöstlich Baasem) der Fleringen-Schichten etwa den Ahbach-Schichten äquivalent sein. Da der Pierensberg-Horizont bisher kaum Fossilien geliefert hat, erfolgt diese Parallelisierung mit Vorbehalt, ebenso die Festlegung der Grenze Eiflium/Givetium, die hier einstweilen über den Pierensberg-Horizont gelegt wird.

Die Ausbildung ist im ganzen Muldenbereich etwa gleichmäßig: massige bis dickbankige Stromatoporen-Riffkalke wechseln mit dickbankigen feinkristallinen bituminösen Kalken ab, die oft in Fettkalke übergehen können. Nur südlich von Baasem finden sich auch einige Mergellagen. Im Buirer Muldenstück ist die Schichtenfolge fast vollständig dolomitisiert, im Blankenheimer Abschnitt weniger, im Dahlemer Muldenstück fast gar nicht. Die Mächtigkeit beträgt im Buirer Abschnitt 20 m, im Mittelabschnitt 12 m und im Dahlemer Gebiet 25–30 m.

Rohrer Mulde

Hier hat GLINSKI (1961) Argumente für eine Grenzziehung zwischen Eifel- und Givet-Stufe ebenfalls nicht finden können und daher die Bezeichnung „Fleringen-Schichten" beibehalten. Er gliederte diesen etwa 60 m mächtigen Komplex in 10 Horizonte. Er hält es für möglich, dass die beiden untersten Horizonte den Ahbach-Schichten entsprechen können, allerdings mit großen Vorbehalten. Wir schließen uns hier mit den gleichen Vorbehalten dieser Einteilung an:

Hangendes:	*Lythophyllum*-Horizont mit *Stringocephalus burtini*.
2. Bankkalk-Horizont:	dickbankiger, harter, feinkörniger bis dichter Kalk, grau, rotgrau oder violettgrau, häufig mit fleckigen Schlieren, fossilarm; etwa 4 m.
1. Stinkkalk-Horizont:	fossilarm, nur Crinoidenreste; 10–15 m? b): helle, dickbankige bis plattige, bituminöse Kalke a): dunkle bituminöse Kalke und dünnblättrige Mergelkalke; 5 m.
Liegendes:	bankige Kalke mit Korallen, Freilingen-Schichten.

Sötenicher Mulde

Im NE-Teil liegt nach NOWAK (1956) über den Freilingen-Schichten ein über 20 m mächtiger Dolomitkomplex, der Iversheim-Dolomit (NOWAK 1956, 50, nach dem Dorf im Erfttal). Stratigraphisch brauchbare Fossilien fehlen. Der Dolomit muss zumindest in seinen unteren Partien den Ahbach-Schichten äquivalent sein, wieweit er in das Givetium hinaufreicht, bleibt offen. Nach NOWAK lässt sich der Iversheim-Dolomit folgendermaßen gliedern:

Hangendes:	dolomitisierte Quadrigeminumriff- bzw. *Caiqua*-Schill-Bildungen, Fleringen-Schichten.
D 3, Oberer Dolomit; 8 m.	
D 2, mergelig-sandige Zwischenschicht; 3 m.	
D 1, Unterer Dolomit; mindestens 14,9 m.	
Liegendes:	Mergel und Kalkmergel, *reticularis*-Horizont, Freilingen-Schichten.

Im mittleren Teil der Sötenicher Mulde ist der Komplex der Fleringen-Schichten auch weitgehend dolomitisiert. Jedoch beschreibt PAULUS (1961b, 439) von südlich Sötenich Stromatoporen-Kalke, überlagert von dunkelgrauen Kalken mit Einschaltungen von schwarzgrauen, stark bituminösen Mergeln und stuft diese etwa 20 m mächtige Folge vorläufig in die Ahbach-Schichten ein.

Im SW-Teil der Sötenicher Mulde liegen nach DICKFELD (1969) die Ahbach-Schichten in der Fazies des Hallert-Horizontes vor, d. h. sie bestehen aus bituminösen, mergeligen Siltsteinen und siltigen Kalken. Im S sind sie dolomitisiert. Die Mächtigkeit beträgt auf dem N-Flügel 14 m (Kallbachtal), auf dem S-Flügel am Galgenberg bei Marmagen 5 m.

3.4.3 Eifel-Schichten in der Moselmulde (Olkenbacher Mulde)

3.4.3.1 Wissenbach-Schiefer

Die Wissenbach-Schiefer (F. ROEMER 1844, nach dem durch seine Dachschiefergruben bekannten Ort in der Dillmulde) sind durch mächtige dunkle, sandarme Ton- und Bänderschiefer gekennzeichnet; viele Partien haben Dachschieferqualität. Die Fauna besteht vor allem aus pelagischen, schwimmenden Formen wie Cephalopoden, Styliolinen oder Tentaculiten. Bodenbewohner sind seltener und oft nur als Kümmerformen vorhanden. Es überwiegen Elemente aus der böhmisch-hercynischen Biofazies. Die Fossilien sind oft in Pyrit erhalten und kommen innerhalb der mächtigen Schieferfolgen nur sehr vereinzelt vor. Der Ablagerungsraum der Wissenbach-Schiefer muss also als lebensfeindlich, sauerstoffarm angesprochen werden und lag vielleicht unterhalb des turbulenten Flachwasser-Stockwerks.

Die Wissenbacher Schwarzschieferfazies ist verbreitet im Zentralteil des Rheinischen Beckens, in dem sich schon seit dem Unterdevon einsenkenden Mosel-Lahn-Trog, der später zu einer Großmulde ausgeformt wurde (Mosel-Mulde, Hessisches Synklinorium). Die Fazies der Wissenbacher Schiefer ist hier während der Eifel-Stufe verbreitet, setzt aber an einigen Stellen, so auch in der Olkenbacher Mulde, schon während der Kondel-Zeit des Oberemsium ein. Sie kündigt sich außerdem bereits in der Ausbildung der Kieselgallen-Schichten an, eine lithologische Abgrenzung von Kieselgallen-Schichten und Wissenbach-Schiefern ist deshalb oft kaum möglich.

Unsere Kenntnis der Wissenbach-Schiefer in der Olkenbacher Mulde geht hauptsächlich auf die Untersuchungen von G. SOLLE (1937, 1972, 1976) zurück: Die Schichtenfolge tritt hier in einem schmalen Streifen zwischen Alf und Dreis zutage. Sie wird im S durch Rotliegendsedimente überdeckt. Am breitesten streicht sie in der Umgebung von Olkenbach aus. Im Unterlauf des Alftales wird sie an einer Aufschiebung von tiefen Singhofen-Schichten überfahren. Diese Aufschiebung unterdrückt die Wissenbach-Schiefer im Moseltal bei Bullay schließlich völlig. Weiter östlich bilden Kieselgallenschiefer den Kern der Moselmulde, wenn man von dem Vorkommen Kalkknollen führender Tonschiefer absieht, das SOLLE (1942b) im Hinterbachtal bei Beilstein (Bl. 5809 Treis) fand. Denn dessen an Korallen reiche Fauna macht ein tief-mitteldevonisches Alter wahrscheinlich.

In der Schichtenfolge herrschen nach SOLLE die typischen Wissenbach-Schiefer vor, jedoch finden sich viel mehr Einschaltungen gröber klastischer und kalkiger Gesteine als in den rechtsrheinischen Gebieten. Die Olkenbacher Mulde gehört demnach zu einem Randbereich der Wissenbacher Fazies. Die typischen Wissenbach-Schiefer bestehen aus monotonen blaugrauen bis schwarzen Tonschieferfolgen, stellenweise von Dachschiefer-Qualität. Ein geringer Kalkgehalt ist verbreitet. Pyrit findet sich fein verteilt oder in kleinen Konkretionen. Die dunkle Farbe ist z. T. auf fein verteilten Kohlenstoff zurückzuführen (MOSEBACH 1954, 239 ff). Die Schiefer sind nach SOLLE (1976) aus vielfachem Wechsel zwischen Sapropel und Gyttja hervorgegangen. Die benthonischen Fossilien (Brachiopoden, Lamellibranchiaten, Gastropoden, Korallen) liegen meist als Kümmerformen vor, die manchmal kaum über das Larvenstadium hinausgekommen sind, oft wohl durch freiwerdenden Schwefelwasserstoff getötet. Die Kalkschalen sind oft frühdiagenetisch angelöst worden. Etwas quarzreichere Tonschiefer sind dunkel-olivgrün bis grünlichblau gefärbt. Es gibt aber auch helle Lagen von gleicher Korngröße wie die Schwarzschiefer, sie zeigen wohl verbesserte Sauerstoffzufuhr während der Ablagerung an. Rote Farben gehen meist auf das überlagernde Rotliegende zurück, jedoch gibt es nach SOLLE (1976, 177) auch primär rotgefärbte Schiefer, die demnach ebenfalls Unterbrechungen der Sapropel-Bedingungen anzeigen. In den ganz dunklen Tonschiefern finden sich kalkreiche Knollen bis zu 30 cm Durchmesser, seltener sind dünne rötlichgraue oder dunkelgraue Kalkbänkchen. Nach J. STETS (2004, 34) gibt es regionalgeologische Hinweise dafür, dass die bis 50 cm großen, bisher undatierbaren Karbonatgerölle, die in der Bausendorf-Subformation (Rotliegendes der Wittlicher Senke, S. 236) auftreten, aus solchen karbonatischen Einschaltungen der Wissenbach-Schiefer im Bereich der Südeifel stammen können. Im mittleren und östlichen Teil der Olkenbacher Mulde finden sich flache, bis 0,5 m lange Konkretionen, die nur geringen Kalkgehalt aufweisen (maximal 10%). In diese dunklen Schiefer der Wissenbacher „Normalfazies“ sind Partien anderer Fazies eingelagert, und zwar sandige Einschüttungen sowohl als auch mergelig-kalkige Einschaltungen, die eine

Verbindung zur Fazies der Eifelkalkmulden anzeigen, die auch durch einzelne Korallen innerhalb der dunklen Tonschiefer angedeutet wird. Die Wissenbach-Schiefer der Olkenbacher Mulde sind in einer Mächtigkeit von mindestens 400 m aufgeschlossen (nach der geol. Kte. bei SOLLE 1976), ihre Hangendgrenze ist tektonischer Natur.

Eine Zweigliederung der Wissenbach-Schiefer nach der Fauna ist dadurch angedeutet, dass eine untere Zone mit *Anarcestes lateseptatus* (BEYRICH) von einer höheren mit *Werneroceras ruppachense* (KAYSER) unterschieden werden kann (SOLLE 1976, 179–180). Beide Zonen sind lithologisch nicht zu unterscheiden und, da die Fossilfunde nur auf wenige Punkte beschränkt sind, im Gelände nicht gegeneinander abzugrenzen.

Die untere Zone hat nur wenige Arten geliefert und enthält relativ viel Brachiopoden der rheinischen Fazies bzw. der Fauna der Eifelkalkmulden, während die Lamellibranchiaten ähnlich wie in den rechtsrheinischen Wissenbach-Schiefern hercynische Formen darstellen (SOLLE 1976, 180–183). Im Autobahneinschnitt südöstlich Flussbach fand SOLLE in hellen Schiefern eine Fauna, die noch in die Kondel-Unterstufe zu stellen ist. Sie enthält u. a. *Euryspirifer paradoxus* (SCHLOTHEIM) und *Orthonota emmarudolfi lata* DAHMER (eine Muschel, die im Wetteldorfer Richtschnitt auf die Heisdorf-Schichten beschränkt ist). Das bedeutet, dass der unterste Teil der Wissenbach-Schiefer noch ins Unterdevon zu stellen ist, nach REQUADT & WEDDIGE (1978) in der Conodonten-Stratigraphie bis in den Bereich der Laubach- bzw. Wiltz-Formation (vgl. Abb. 26). Die Untergrenze der Wissenbach-Schiefer ist demnach eine Faziesgrenze.

Die obere Zone (mit *Werneroceras ruppachense*) hat eine reichere Fauna geliefert (SOLLE 1976, 183–189). Cephalopoden und Tentaculiten sind häufiger als in der unteren Zone, Brachiopoden treten stark zurück. Eine Tabulaten-Bank zeigt an, dass nicht immer euxinische Faziesbedingungen im Moseltrog herrschten.

3.4.3.2 Bekond-Schiefer

Im SW der Wittlicher Senke werden im Raum Bekond, Schweich die Kieselgallen-Schichten von einer Schieferserie überlagert, die von G. MARTIN (1960, 185) als „Bekonder Schiefer" bezeichnet wurde. Es handelt sich um eine 200–300 m mächtig aufgeschlossene monotone Folge von papierartig aufblätternden grauen bis blauen Tonschiefern, die lederbraun verwittern und Kieselkonkretionen enthalten. Sie haben bisher keine Fossilien geliefert. Nach SOLLE (1976, 191) handelt es sich um eine „Faulschlamm-Füllung eines stillen, völlig strömungslosen Beckens". SOLLE vermutet, dass dieses Becken das südwestliche Ende des Wissenbach-Schiefer-Troges darstellt. Die Bekond-Schiefer wären demnach Äquivalente der Wissenbach-Schiefer. Es lässt sich nicht angeben, wieweit diese fossilfreie Serie stratigraphisch hinabreicht; es ist denkbar, dass sie auch Teile der Kieselgallen-Schiefer vertritt, das könnte die außergewöhnlich geringen Mächtigkeiten der Kieselgallen-Schiefer in diesem Gebiet erklären (vgl. S. 101).

3.5 Givet-Stufe

Vgl. dazu auch die Einleitung zu Kap. 3.4 auf S. 105 und 107.

3.5.1 Givet-Schichten an der Nordflanke des Venn-Sattels

Während der Givet-Zeit vollzieht sich auch an der N-Flanke des Stavelot-Venn-Massivs der Übergang zu kalkiger Fazies, und der Meeresraum dehnt sich nach N aus. Die Sedimentzufuhr vom Nordkontinent lässt nach; auf der diesem Kontinent vorgelagerten Schelfplattform kommt es zu Riffwachstum, weiter westlich in den Ardennen sogar zur Salzabscheidung. Der untere Teil der Givet-Schichten wird im deutschen Gebiet jedoch immer noch durch klastische Sedimente bestimmt. Neuerdings sind die Givet-Schichten in diesem Gebiet von KASIG (1968), KASIG & NEUMANN-MAHLKAU (1969) und REISSNER (1990) untersucht worden. Eine Thermalbohrung, die im Stadtgebiet von Aachen etwa 500 m nordwestlich der Aachener Überschiebung angesetzt wurde, liegt schon außerhalb der Karbonatfazies, in ihr konnten überhaupt keine mitteldevonischen Sedimente nachgewiesen werden (TRAUTWEIN-BRUNS et al. 2011).

3.5.1.1 Untere Givet-Schichten

Schon HOLZAPFEL (1910, 26–27) trennte unterhalb der Massenkalke, die er als „obere Givet-Stufe“ einordnete, eine untere, vorwiegend klastische Givet-Folge ab unter der Bezeichnung „*Quadrigeminum*-Schichten“ (in den höheren kalkigen Partien findet sich u. a. die Koralle *Hexagonaria quadrigemina* (GOLDFUSS)). Bei HOLZAPFEL (1911b, 13) werden diese Schichten auch als „Untere Stringocephalen-Schichten“ bezeichnet; *Stringocephalus burtini* (DEFRANCE) findet sich neben anderen Brachiopoden ebenfalls in den höheren kalkigen Partien. REISSNER (1990) verwendet die Bezeichnung Givetium-Kalkknollen-Formation.

Bei der Besprechung der Friesenrath-Schichten (3.4.1.2) wurde schon angedeutet, dass deren Obergrenze im deutschen Gebiet nicht durch einen lithologischen Wechsel markiert ist. In Belgien beginnt das Givetium mit einem Basiskonglomerat, dem im deutschen Gebiet eine rötliche Sandsteinbank mit rötlichen und grünlichen Schieferfetzen entsprechen dürfte („Letten-Konglomerat“ bei WUNSTORF 1943), z. T. auch eine Grauwackenbank. Diese Bank wurde deshalb hier als die Basis des Givetium angesehen, der unter dem Massenkalk liegende, hauptsächlich klastische Anteil wird als Untere Givet-Schichten zusammengefasst.

Die Schichtenfolge besteht nach KASIG & NEUMANN-MAHLKAU (1969) und W. SCHMIDT & SCHRÖDER (1962) aus roten und grauen Siltsteinen, Sandsteinen, Tonschiefern, Arkosen und Quarziten. Nach oben hin schalten sich Kalksandsteine, Mergelschiefer und sogar reine Kalke ein. Eine Abgrenzung gegen die Friesenrath-Schichten ist nur möglich, wo die konglomeratische Bank aufgeschlossen ist. Denn im unteren Teil der Unteren Givet-Schichten herr-

Abb. 34. Paläogeographie des Oberen Mitteldevons (Givet-Stufe). Variszische Einengung nicht berücksichtigt; Mächtigkeiten in m. MEYER & STETS (1980) nach Unterlagen von BACHMANN (1965), CLAUSEN (1978), DICKFELD (1969), A. FUCHS (1923), G. FUCHS (1965), GWOSDZ & KRÜGER (1972), HAPPEL & REULING (1937), HOTZ, KRÄUSEL & STRUVE (1955), JUX (1967), V. KAMP (1972), KASIG & NEUMANN-MAHLKAU (1969), KELCH & REIBLE (1976), KLITZSCH (1959), LIPPERT, HENTSCHEL & RABIEN (1970), D.E. MEYER (1970), OCHS & WOLFART (1961), PAULY (1958), G. SCHRÖDER & TAUPITZ (1965), SPERLING (1958), THIENHAUS (1940), THOME (1970), R. VOIGT (1968), W. ZIEGLER (1970, 1978). Schwarze Kreise: Orte wie in Abb. 3.

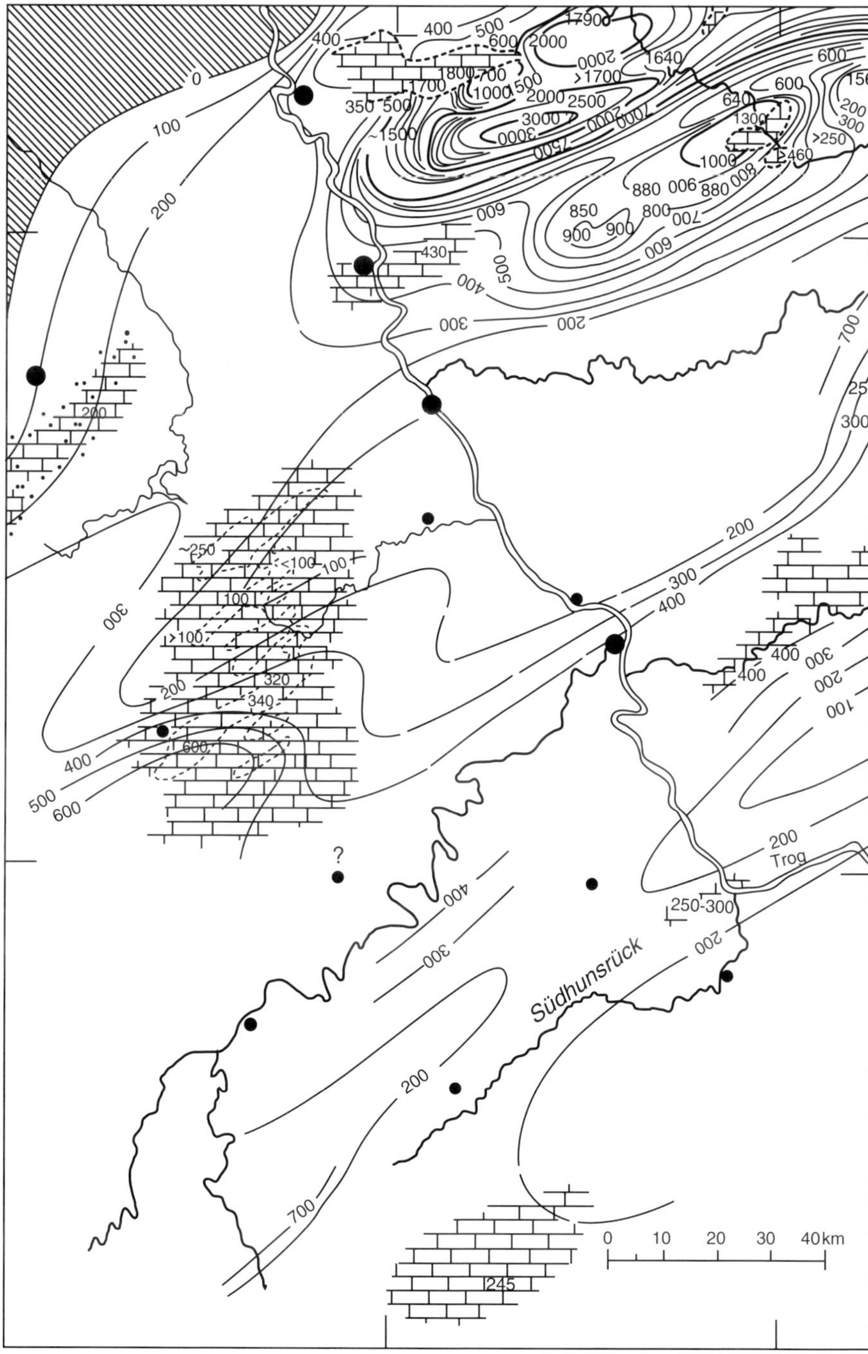
Südhunsrück
Trog
250-300
0
10
20
30
40km

schen die küstennahen, vielleicht brackischen Sedimentationsbedingungen der Friesenrath-Schichten noch vor. Hier finden sich Seichtwasserpflanzen wie *Asteroxylon elberfeldense* Kräusel & Weyland, sowie Landpflanzen wie *Calamophyton primaevum* Kräusel & Weyland und *Aneurophyton germanicum* Kräusel & Weyland (Schmidt & Schröder 1962, 35). Im oberen Teil setzen sich allmählich (eine scharfe Transgressionsphase ist nicht erkennbar) vollmarine Bedingungen durch; der Kalkgehalt nimmt zu, und es stellen sich die schon erwähnten Faunen ein: Korallen, Stromatoporiden, Brachiopoden, Lamellibranchiaten, Gastropoden. Die Mächtigkeit der Unteren Givet-Schichten beträgt nach Kasig & Neumann-Mahlkau (1969, 338) im Profil Friesenrath 112 m.

Nach W. Struve (pers. Mitt. in Knapp 1978, 53) spricht die Fauna der quadrigeminum-Schichten schon für obergivetisches Alter (Bolsdorf-Schichten, möglicherweise auch Kerpen-Schichten), und das Untere Givetium reicht noch in den oberen Teil der Friesenrath-Schichten hinab.

3.5.1.2 Obere Givet-Schichten

Den hauptsächlich aus Riffkalken bestehenden oberen Teil der Givet-Schichten bezeichnete Holzapfel (1911b) als „Obere Stringocephalen-Schichten"; *Stringocephalus burtini* (Defrance) tritt im unteren und mittleren Teil oft bankbildend auf. Das Riffwachstum setzt sich noch bis ins tiefe Oberdevon fort. Die Abgrenzung der mittel- und oberdevonischen Anteile ist im Riffkomplex schwierig: Holzapfel (1895, 391) fand etwa in halber Höhe des Kalkkomplexes ein wenige Meter mächtiges Schieferband mit Oberdevon-Formen wie *Subquadriangulispirifer malaisi* (Gosselet) und *Manticoceras intumescens* Beyrich. Er vermutete die Mittel-Oberdevon-Grenze unmittelbar unter diesem Schieferband, das er deshalb (1910, 28)

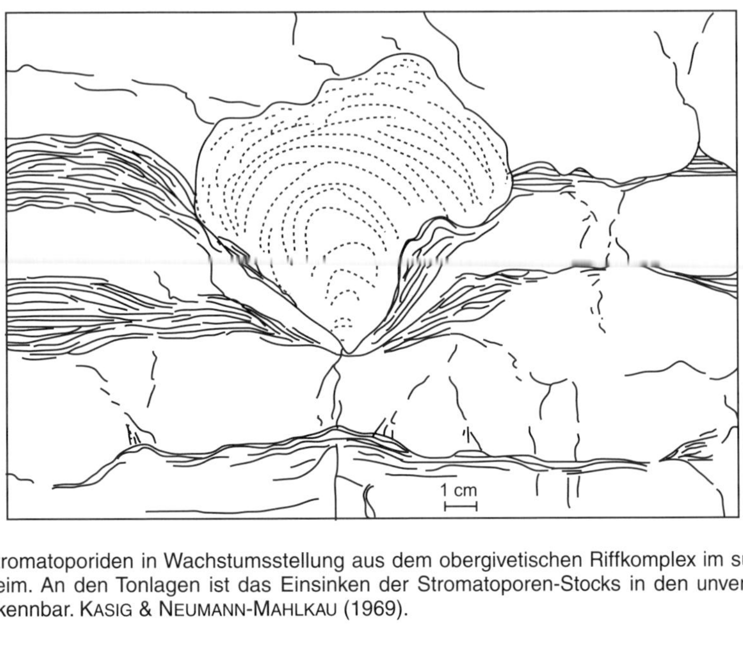

Abb. 35. Stromatoporiden in Wachstumsstellung aus dem obergivetischen Riffkomplex im südlichen Steinbruch Walheim. An den Tonlagen ist das Einsinken der Stromatoporen-Stocks in den unverfestigten Kalkschlamm erkennbar. Kasig & Neumann-Mahlkau (1969).

als „Grenzschiefer“ bezeichnete. Inzwischen stellte sich heraus, dass *Subquadriangulispirifer malaisi* nicht die Basis des Oberdevons, sondern schon die mittlere Frasne-Stufe anzeigt. SCHMIDT & SCHRÖDER (1962, 36) vermuten deshalb die Mittel-Oberdevon-Grenze etwa 50 m unterhalb der Grenzschiefer. Dem schließen sich auch KREBS & ZIEGLER (1965) nach Auswertung von Conodontenfaunen an. KASIG & NEUMANN-MAHLKAU (1969) vermuten die Grenze im Massenkalk von Walheim etwa 30 m unterhalb der Grenzschiefer.

Die Basis der Oberen Givet-Schichten ist durch das erste Auftreten dickbankiger Riffkalke gekennzeichnet und durch das Nachlassen der Sandeinschüttungen, die in den kalkigen Dachpartien der Unteren Givet-Schichten noch deutlich zu registrieren sind. Innerhalb des givetisch-oberdevonischen Riffkomplexes können KASIG & NEUMANN-MAHLKAU (1969) im Profil Walheim – Friesenrath 6 Wachstumsabschnitte unterscheiden, die sich wieder aus kleineren Wachstumszyklen zusammensetzen. Ein solcher Wachstumszyklus beginnt mit der Besiedlung des Bodens durch Korallen und Stromatoporiden. Die Besiedlung wird immer dichter, es bilden sich Rasen, Blockriffe oder sogar Biostrome, schließlich unterbricht Schlammzufuhr das Riffwachstum und beendet damit den Kleinzyklus. Auf einen der 6 Großzyklen kommen 6–10 solcher Kleinzyklen. Der zyklische Aufbau gilt auch für die anderen Profile am Venn-Nordrand. Mehrere Leitschichten konnten von KASIG & NEUMANN-MAHLKAU über eine Strecke von 27 km (Entfernung Goé – Vicht) hinweg verfolgt werden. Der beste Leithorizont ist das Mergelschiefer-Band der „Grenzschiefer“. Neben Stromatoporiden-Stöcken, die z. T. verkippt sind, z. T. aber auch noch in Wachstumsstellung erhalten geblieben sind (Abb. 35), gibt es auch ästige Stromatoporiden (meist *Amphipora*) und Korallen. Wachstumsunterbrechungen durch Schlammzufuhr erfolgen nicht nur in vertikaler Richtung; es gibt zwischen den Rasen und Biostromen auch Rinnen ohne Riffwachstum (sog. „Riffkanäle“, „Schlickstraßen“). Der hohe Anteil an Schlammsedimenten zwischen den Riffbildnern deutet auf ruhige Wasserverhältnisse. Das starke Zurücktreten von Korallen zeigt vielleicht Mangel an Turbulenzen und nur geringe Zufuhr von frischem Meerwasser an. Da die Riffkörper flach ausgedehnt sind, fehlt der für steile Riffe typische Riffschutt. KASIG & NEUMANN-MAHLKAU (1969, 360) nehmen daher die Bildungsbedingungen eines Lagunenbereichs (back reef) für die Riffe des oberen Givetium und unteren Oberdevons an.

Die Gesamtmächtigkeit des Riffkomplexes im Profil Walheim – Friesenrath beträgt nach KASIG & NEUMANN-MAHLKAU etwa 250 m; davon entfallen wahrscheinlich 92 m auf den Givet-Anteil, 158 m auf den oberdevonischen Teil.

3.5.2 Givet-Schichten in den Kalkmulden

3.5.2.1 Loogh-Schichten

Diese Formation war ursprünglich als „Loogh-Folge“ (STRUVE in HOTZ, KRÄUSEL & STRUVE 1955, 116, nach dem Ort in der Hillesheimer Mulde) Bestandteil der Fleringen-Schichten. Da STRUVE (1961a, 322–332) aus biostratigraphischen Gründen den untersten Teil der Fleringen-Schichten als Ahbach-Schichten noch in die Eifel-Stufe stellen musste, ist der Begriff Fleringen-Schichten dort, wo sich die Eifel/Givet-Grenze durch die Fauna festlegen lässt, aufgegeben worden. In der Hillesheimer Mulde ist durch STRUVE (in HOTZ et al. 1955, 117–126) eine Zweigliederung der Loogh-Schichten vorgenommen worden in Wotan-Horizont unten (nach dem Kalkwerk „Wotan“ bei Ahütte) und Rech-Horizont oben (nach der

Flur Rech südlich der Straße Ahütte – Nollenbach). Diese Gliederung lässt sich auf einen Teil der anderen Mulden übertragen. STRUVE et al. (2008) fügen als tiefste Einheit noch ein Eowotan-Member hinzu.

Nach den stark von Mergeln aufgebauten Ahbach-Schichten setzen mit Beginn der Loogh-Schichten in weiten Teilen wieder Riffbildungen ein (Wotan-Horizont), die von mergeligen Ablagerungen überlagert werden. In den nördlichen Mulden reichen Kalke bis ans Dach der Loogh-Schichten.

Prümer Mulde

Im NE-Teil lassen sich nach SCHWENZER (1965, 249–257) zwei Faziesbereiche unterscheiden: in der Westfazies wird die Schichtenfolge hauptsächlich von Mergeln aufgebaut, in der Ostfazies von Riffkalken und Crinoidenkalken. In der Westfazies ist südlich vom Bahnhof Gondelsheim folgendes Profil aufgeschlossen:

Hangendes:	fossilreiche Mergel, Felschbach-Horizont (Cürten-Schichten).
Rech-Horizont?:	fossilarme Mergel, wenig Kalkeinschaltungen; etwa 20 m.
Wotan-Horizont?:	Mergel mit Kalklinsen; Korallen, Stromatoporiden, Brachiopoden; 45–50 m.
Liegendes:	Mergel der Ahbach-Schichten.

Die Zuordnung zu Wotan- und Rech-Horizont nimmt SCHWENZER nur mit starken Vorbehalten vor. Die Faziesgrenze, die diese Korallen-Mergelstein-Fazies von der Riff-Fazies (Ostfazies) trennt, ist relativ scharf; sie liegt westlich der Ruine Hartelstein bei Schwirzheim. Die Ostfazies zeigt nach SCHWENZER folgenden Aufbau:

Hangendes:	fossilreiche Mergel, Felschbach-Horizont (Cürten-Schichten).
Rech-Horizont:	hellgraue Kalke, vorwiegend aus Crinoidengliedern aufgebaut, wenige Mergeleinschaltungen; maximal 45 m.
Wotan-Horizont:	massige Riff- und Riffdetrituskalke mit Stromatoporiden, Korallen und Crinoiden. Stark wechselnde Mächtigkeit (45–78 m); vollständig dolomitisiert.
Liegendes:	Mergel der Ahbach-Schichten.

Auf dem SE-Flügel der Mulde schalten sich mehr Mergel ein, es entsteht dadurch eine eintönige Kalk-Mergel-Wechsellagerung, in der sich Rech- und Wotan-Horizont schlecht trennen lassen. Im Dingdorfer Richtschnitt ist nach STRUVE (1961a, 317) der Wotan-Horizont 41,7 m mächtig, der Rech-Horizont 17,4 m. Im Übergangsbereich zwischen beiden Horizonten findet sich ein 5,1 m mächtiges Schichtpaket, das nicht einwandfrei zugeordnet werden konnte.

Gerolsteiner Mulde

Hier ist der Anteil an Kalken so groß, dass eine Unterscheidung von kalkigem Wotan-Horizont und mergeligem Rech-Horizont nicht durchführbar ist. Deshalb stellte J. WINTER (1965, 283–292) für die Gerolsteiner Mulde eine eigene Gliederung auf:

Hangendes:	in SW Kalke und Mergel des Felschbach-Horizontes, in NE massige Kalke und Riffkalke des Berlingen-Horizontes (Cürten-Schichten).
Hustley-Horizont (nach dem Berg bei Gerolstein): dünnbankige plattige Kalke, Mergel; in höheren Teilen Mergel mit einzelnen Crinoiden-Kalken; am Dach Stromatoporenkalk; etwa 20–30 m; dürfte dem Rech-Horizont entsprechen.	
Baarley-Horizont (nach dem Berg südl. Pelm): unten massige Kalke mit einzelnen Stromatoporen-Knollen, oben gebankte Crinoidenkalke; ob der Horizont zum Wotan- oder zum Rech-Horizont oder zu beiden gehört, ist unklar; etwa 20–25 m.	
Dachsberg-Horizont (nach dem Dachsberg (Daasberg) bei Gerolstein): dickbankige bis massige Kalksteine, feinkörnig, z. T. Fettkalke; dürfte in den Wotan-Horizont gehören; etwa 15–25 m.	
Liegendes:	Grenzbereich Ahbach- gegen Loogh-Schichten nirgends aufgeschlossen.

Hillesheimer Mulde

Im E-Teil der Mulde wurde das Schichtglied von SCHULZ (1883) als „Loogher Dolomit" bezeichnet. Die neue Definition und Gliederung führten STRUVE (in HOTZ et al. 1955, 116–126; 1961a) und STRUVE et al. (2008) durch:

Hangendes:	Mergel und Mergelkalke des Felschbach-Horizontes, Cürten-Schichten.
Rech-Horizont:	Mergel, bankige und blaue, fossilreiche plattige Kalke, Schillbänke, Trochiten- und Korallenkalke; lebhafter Fazieswechsel; etwa 20 m.
Wotan-Horizont:	mittelgraue, dickbankige unregelmäßig geschichtete Kalke, örtlich dolomitisiert; etwa 40 m.
Liegendes:	Zerberus-Member, Ahbach-Schichten.

Die Anfangsstadien der Riffbildung wurden hier von U. KOCH-FRÜCHTL genau untersucht (vgl. MALMSHEIMER et al. 1996).

Im W-Teil der Mulde zeigen nach FUCHS (1965, 386–395) die Loogh-Schichten lebhaften Fazieswechsel. Die Gliederung aus dem E-Teil lässt sich nur am Arensberg bei Zilsdorf und auf der Flur Langert („Lauckert" auf dem Meßtischblatt) wiedererkennen, hier sind die Loogh-Schichten 40–60 m mächtig. Im Gebiet nördlich Walsdorf lässt sich diese Zweiteilung auch noch erkennen; die hier 15–30 m mächtige Schichtenfolge ist aber bedeutend mergelreicher als im Osten. An „Dockel" und „Rauhheck" bei Berndorf sind die Loogh-Schichten 40–70 m mächtig und lassen sich dreigliedern; unten Mergel und plattige, unreine Kalke, in der Mitte dickbankige Riffkalke (ein sehr markantes Bioherm), oben Kalke und Mergel, reich an Koloniekorallen.

Dollendorfer Mulde

Im SW-Teil lässt sich eine Trennung in Ahbach- und Loogh-Schichten noch nicht durchführen. Es ist möglich, dass der etwa 20 m mächtige Horizont B der Fleringen-Schichten, der durch dünnplattige Kalke mit zahlreichen *Dechenella* (*Dechenella*) *verneuili* (BARRANDE) gekennzeichnet ist, etwa den Loogh-Schichten entspricht (METJE 1963, 140). Aus dem Ahrprofil gibt SCHLÜTER (1976) vom N-Flügel folgende Gliederung an:

Hangendes:	graue Mergel des höheren Givetium.
Rech-Horizont:	bituminöse, fossilreiche Kalke und Mergel wechsellagernd; 30 m.
Wotan-Horizont:	graue bituminöse Kalke, teilweise reich an Stromatoporiden und Korallen, Mergel untergeordnet; 30 m.
Liegendes:	*Pentamerus*-reiche Mergel des Müllert-Horizontes (Ahbach-Schichten)?

Auch zwischen Lommersdorf und Freilingen, wo Loogh-Schichten den Kern der heraushebenden Dollendorfer Mulde aufbauen, lässt sich nach KAUL (1976) diese Gliederung durchführen:

Hangendes:	abgetragen.
Rech-Horizont:	Mergel, Mergelkalke und Kalke wechsellagernd.
Wotan-Horizont:	dickbankige Kalke, geringmächtige Mergellagen; 15–20 m.
Liegendes:	bituminöse Kalke, Mergelkalke und Mergel, Ahbach-Schichten.

Blankenheimer Mulde

In der Blankenheimer Mulde ist eine Parallelisierung mit den Gliederungen der südlichen Mulden nicht möglich. Das gilt auch für die Fixierung der Eifel-Givet-Grenze. Den Loogh-Schichten entspricht im Blankenheimer Synklinorium etwa der von WOLFART (in OCHS & WOLFART 1961, 40) aufgestellte Neuenbüsch-Horizont (nach dem Neuenbüsch zwischen Tondorf und Buir). Die Fazies des Neuenbüsch-Horizonts ist auf den mittleren und nordöstlichen Muldenabschnitt beschränkt, lässt sich nach W also kaum über Blankenheim hinaus verfolgen. Innerhalb dieses Gebietes lassen sich zwei Faziesbereiche unterscheiden: Die NE-Fazies ist durch einen Wechsel von mergeligen oder feinkristallinen Kalken und Mergeln gekennzeichnet; gelegentlich treten Schilllagen auf; die Gesteine sind stark bituminös. In der Mittelfazies, die etwa am Kirchenberg E' Blankenheim beginnt, treten die Kalke zugunsten von schiefrigen Mergeln stark zurück. Die Folge ist hier fossilärmer als in der NE-Fazies. Der Neuenbüsch-Horizont ist nach OCHS & WOLFART (1961) bei Buir etwa 10 m, bei Blankenheim etwa 20 m mächtig.

Im Dahlemer Muldenstück bestehen äquivalente Serien aus 40–50 m mächtigen mergeligen, stellenweise schwach sandigen Schiefertonen mit Einlagerungen bituminöser Kalke. Diese Folge wird von OCHS (in OCHS & WOLFART 1961, 42) als Dahlem-Horizont bezeichnet (SCHULZ 1914, 355: „Dahlemer Schiefer"). Der Dahlem-Horizont wird oben durch Schillbänke mit *Subrensselandia amygdala* (GOLDFUSS) abgeschlossen. Ein Vergleich mit den südlichen Mulden macht es wahrscheinlich, dass diese *amygdala*-Lage in den Marmorwand-Horizont der Cürten-Schichten gehört. Der Dahlem-Horizont könnte damit noch den unteren Teil der Cürten-Schichten umfassen. Im Bereich der Neuenbüsch-Fazies fehlt die *amygdala*-Lage, was eine Parallelisierung sehr erschwert.

Rohrer Mulde

In der Rohrer Mulde dürfte ein großer Teil der von GLINSKI (1961, 285–288) als Fleringen-Schichten zusammengefassten Gesteine mit den Loogh-Schichten gleichzusetzen sein. Die untersten beiden Horizonte von GLINSKIs zehnteiliger Gliederung gehören wahrscheinlich noch in die Ahbach-Schichten und sind in Kap. 3.4.2.7, Rohrer Mulde, behandelt worden. Damit ergibt sich für den mutmaßlichen Givet-Anteil nach GLINSKI folgendes Profil:

10: plattige bis dünnplattige, schwach rötliche Kalke.

9: Stromatoporen-Kalke mit *Amphipora ramosa*.

8: korallenreiche Mergel und Kalke, viel *Cyathopaedium paucitabulatum* (SCHLÜTER).

7: geringmächtige klotzige, rotgraue, fossilarme Kalke; Geländekante.

6: graue, z. T. spätige, rostfleckige harte Kalke, untergeordnet grünlichgraue, mergelige Kalke; vermutlich auch Mergel zwischengeschaltet; reich an Korallen.

5: grauviolette bis graue plattige, feinkörnige oder feinspätige Kalke; weiße Schalenquerschnitte, Crinoiden; wahrscheinlich auch Mergeleinschaltungen. Fossilreich, sehr häufig *Dechenella (Dechenella) verneuili* (BARRANDE) und *Atrypa reticularis* (L.).

4: bankige und plattige Kalke, z. T. mergelig; fast meterdicke Schillbänke von *Bornhardtina uncitoides* E. SCHULZ; Fettkalke mit *Leperditia*; 2,0–3,5 m.

3: violettgraue Mergel und graue bis rotgraue mergelige Kalke; sehr häufig *Stringocephalus burtini* DEFRANCE, Tabulaten, rugose Korallen und Stromatoporiden; kann in geschlossenen Stromatoporen-Kalk übergehen; 1,3 m.

Liegendes: Horizont 2, fossilarmer Kalk, wahrscheinlich Ahbach-Schichten.

Die Horizonte 5–10 sind schlecht aufgeschlossen, ihre Mächtigkeit dürfte insgesamt etwa 40 m betragen. Es ist denkbar, dass diese Schichtenfolge nicht nur die Loogh-Schichten umfasst, sondern auch noch wenigstens Teile der Cürten-Schichten. Aus der Tatsache, dass GLINSKI bis hinauf zum Horizont 10 noch *Dechenella verneuili* gefunden hat, kann man nur ausschließen, dass in der Muldenfüllung jüngere Schichten als Dreimühlen-Schichten auftreten.

Sötenicher Mulde

In der Sötenicher Mulde sind die Givet-Schichten fast vollständig dolomitisiert. Ob der Iversheim-Dolomit (3.4.2.7, Sötenicher Mulde) des NE-Abschnittes noch Äquivalente der Loogh-Schichten enthält, ist unbekannt. Im Mittelteil und im SW-Teil der Mulde finden sich auch nicht-dolomitisierte Partien:

Im Mittelabschnitt gehören nach PAULUS (1961a) die drei oberen Horizonte der Fleringen-Schichten in das Givetium, und zwar (von unten nach oben) Wachtberg-, Zilckens- und Scheid-Horizont. Nach DICKFELD (1969) entsprechen Zilckens- und Scheid-Horizont den Cürten-Schichten, demnach muss der Wachtberg-Horizont zu den Loogh-Schichten gehören. Nicht dolomitisierte Partien finden sich im Mittelabschnitt nur bei Sötenich, z. B. an dem durch die großen Steinbrüche angeschnittenen Wachtberg, nach dem PAULUS (1961a) den Horizont benannt hat. Der Wachtberg-Horizont besteht hier aus einer etwa 10 m mächtigen Folge fossilreicher Mergel (überwiegend *Spinatrypa* cf. *aspera* enthaltend) mit Kalkbänken. Die Mergel sind teilweise rotgefärbt. Ob Unter- oder Obergrenze dieser Folge mit den entsprechenden Grenzen der Loogh-Schichten aus den anderen Mulden übereinstimmen, ist unbestimmt.

Im SW-Teil der Mulde sind die Loogh-Schichten im östlichen Teil des S-Flügels dolomitisiert, nur im N-Flügel und im Muldenschluss ist das nicht der Fall. Hier bestehen sie nach DICKFELD (1969) aus einer Wechselfolge schwach bituminöser, siltiger Kalksteine und mergeliger Siltsteine mit eingeschalteten brachiopodenführenden Korallen- und Stromatoporen-Lagen. Die Schichten zeigen also die Fazies des Rech-Horizontes der anderen Mulden. Die Mächtigkeit der Loogh-Schichten beträgt im N-Flügel (Kallbachtal) etwa 32 m, auf dem S-Flügel (Galgenberg bei Marmagen) etwa 15 m.

3.5.2.2 Cürten-Schichten

STRUVE (1952, 139) bezeichnete den obersten Teil der Fleringen-Schichten als „Cürten-Folge", nach der Flur Cürten bei Loogh (Hillesheimer Mulde). Den Begriff „Cürten-Schichten" führte er (1961a, 318) später ein. Die von STRUVE zuerst in der Hillesheimer Mulde erarbeitete Gliederung lässt sich auch auf einen Teil der anderen Mulden übertragen:

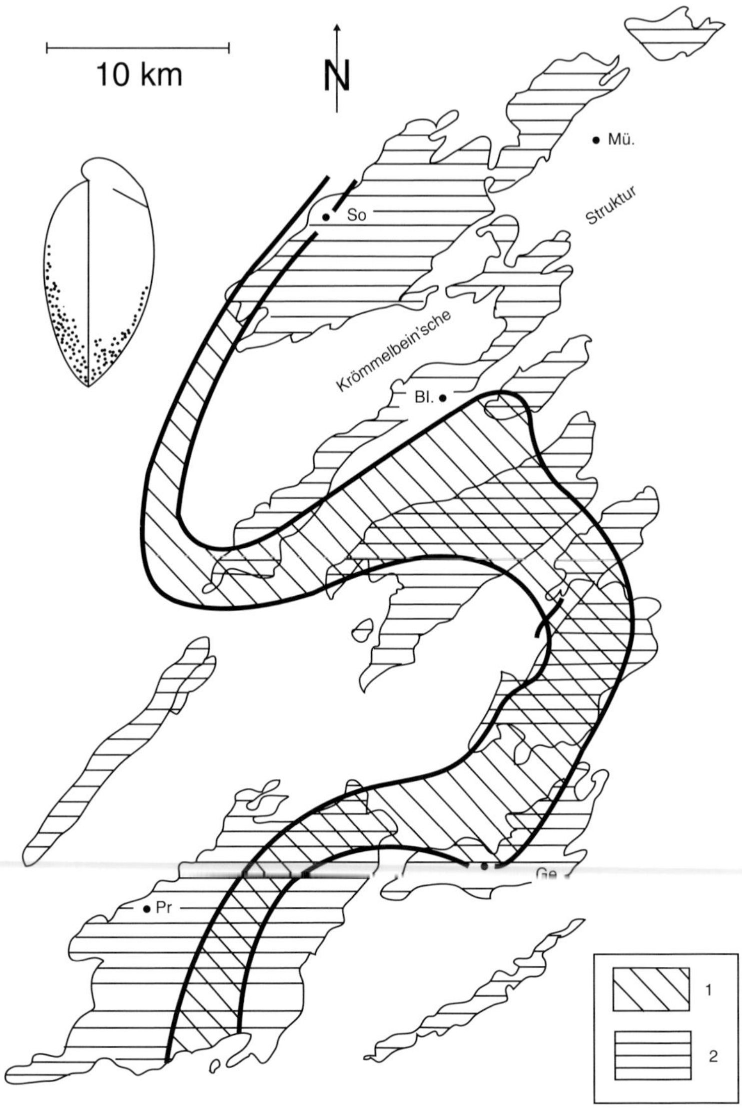

Abb. 36. Die Schillkalke mit *Subrensselandia amygdala* (das Fossil ist oben links abgebildet) im Marmorwand-Horizont der Cürten-Schichten (schräg schraffiert) zeichnen die Mitteleifel-Schwelle (hier „Krömmelbein'sche Struktur" genannt) deutlich nach. Die Muldenumrisse sind für die Unter-/Ober-Ems-Grenze wiedergegeben. STRUVE (1963).

Hangendes:	Dreimühlen-Schichten.
Meerbüsch-Horizont (STRUVE in HOTZ, KRÄUSEL & STRUVE 1955, 134, nach dem Waldstück Meerbüsch östlich Nollenbach, Hillesheimer Mulde).	
Forstberg-Horizont (STRUVE 1961a, 319, nach dem Forstberg zwischen Schönecken und Dingdorf, Prümer Mulde).	
Marmorwand-Horizont (STRUVE 1961a, 318, nach der Felspartie Marmorwand westlich des Wasserfalls Dreimühlen bei Ahütte, Hillesheimer Mulde).	
Felschbach-Horizont (STRUVE 1961a, 318, nach der Flur Felschbach NNE' Loogh, Hillesheimer Mulde).	
Liegendes:	Loogh-Schichten

Während der Ablagerung der Cürten-Schichten treten Riffbildner zurück, im ganzen Gebiet der Kalkmulden herrschen Mergel vor. Im mittleren Teil (Marmorwand-Horizont) ist in fast allen Mulden eine Kalklage zu verfolgen, die durch einen Schillhorizont des Brachiopoden *Subrensselandia amygdala* (GOLDFUSS) charakterisiert ist. Nach STRUVE (1963) zeichnet ihre Verbreitung noch die Mitteleifel-Schwelle deutlich nach (Abb. 36). Zu Problemen der Artzuordnung vgl. STRUVE et al. (2008, 360–361).

Prümer Mulde

Im NE-Teil ist nach SCHWENZER (1965, 257–261) ähnlich wie in den Loogh-Schichten auch eine Unterscheidung von zwei Faziesbereichen möglich, wobei die Gliederung mühelos an die Hillesheimer Mulde anzuschließen ist. Die Grenze zwischen Ost- und Westfazies liegt W' Ruine Hartelstein bei Schwirzheim.

Westfazies	Ostfazies
Hangendes: dolomitisierte Mergel und Kalke, Dreimühlen-Schichten.	
Meerbüsch-Horizont, ca. 6 m	
dunkle feinkörnige Kalke;	Mergelsteine mit Korallen und Stromatoporiden.
Forstberg-Horizont, ca. 10–15 m	
Mergel, vorwiegend rugose Einzelkorallen;	Mergel mit vielen Korallen und Stromatoporiden.
Marmorwand-Horizont, ca. 4–5 m	
dunkle feinkörnige Kalke	kleine Riffe, Crinoidenkalke, Stromatoporiden, Schilllagen mit *Subrensselandia amygdala*
Felschbach-Horizont	
fossilarme Mergel, nach oben zunehmend; Korallen und Stromatoporiden; ca. 30 m.	Mergel mit Crinoidenkalken, reich an Korallen und Stromatoporiden; bis 50 m.
Liegendes: Rech-Horizont der Loogh-Schichten.	
fossilarme Mergel	hellgraue crinoidenreiche Kalke.

Auch im Bereich des Dingdorfer Richtschnitts auf dem SE-Flügel der Mulde gilt die Gliederung der Hillesheimer Mulde. Nach STRUVE (1961a, 318) sind die Cürten-Schichten hier 43,55 m mächtig.

Gerolsteiner Mulde

Hier lassen sich nach J. WINTER (1965) zwei Faziesgebiete unterscheiden, die Südwestfazies und die Nordostfazies. Die Faziesgrenze verläuft dicht östlich von Pelm in etwa nordsüdlicher

Richtung. Dabei lässt sich die Gliederung der Hillesheimer Mulde nur in der Südwestfazies erkennen; in der Nordostfazies ist nur der Marmorwand-Horizont wiederzufinden, über und unter ihm herrschen andere Typen vor. Für das Gebiet der Südwestfazies, also den Raum Pelm – Gerolstein gibt WINTER folgendes Profil an:

Hangendes:	Kalke und Mergel des Binz-Horizontes, Dreimühlen-Schichten.
Meerbüsch-Horizont:	bankige, z. T. bituminöse Kalke, örtlich Stromatoporenkalke und Fettkalke; fossilarm, vereinzelte Schillagen von *Subrensselandia amygdala*; maximal 5–6 m.
Forstberg-Horizont:	grünliche Mergel, graubraune Mergelkalke und reine Kalke wechsellagernd; u. a. reich an Einzelkorallen; max. 15–20 m.
Marmorwand-Horizont:	gebankte harte Kalke, z. T. schwach bituminös; vereinzelte dünne Schilllagen mit *Subrensselandia amygdala*; 7–9 m.
Felschbach-Horizont:	plattige bis bankige Kalke und Mergel, wechsellagernd, Kalke nehmen nach oben zu; maximal etwa 30–40 m.
Liegendes:	Hustley-Horizont der Loogh-Schichten.

In der Nordostfazies, also dem Gebiet zwischen dem Kylltal und etwa Berlingen, hat WINTER folgende Horizonte aufgestellt:

Hangendes:	dolomitisierte Mergel und Kalke, Binz-Horizont, Dreimühlen-Schichten.
Bungerberg-Horizont (nach dem Bungerberg SW' Berlingen):	Stromatoporenkalke, Detrituskalke und bituminöse Kalke; Mergel sehr untergeordnet. Also Fazies des Meerbüsch-Horizontes; Mergelpartien vom Typ des Forstberg-Horizontes fehlen, vielleicht durch Kalke vertreten; 20–25 m.
Marmorwand-Horizont:	Ausbildung und Mächtigkeit wie in der SW-Fazies.
Berlingen-Horizont (nach dem Dorf Berlingen):	spätige Kalke, massige Fettkalke, Stromatoporenriff-Kalke, von den liegenden Kalken des Hustley-Horizontes schwer zu unterscheiden; etwa 4–8 m.
Liegendes:	Stromatoporenkalke und grobspätige Kalke, Hustley-Horizont, Loogh-Schichten.

Hillesheimer Mulde

Im Ostteil hat STRUVE (in HOTZ, KRÄUSEL & STRUVE 1955, 126–134; 1961a, 318–320) folgende Gliederung aufgestellt:

Hangendes:	rötliche und grünliche Mergel, knollige Kalke (Binz-Horizont der Dreimühlen-Schichten).
Meerbüsch-Horizont: reine Stromatoporenkalke oder Wechselfolge bituminöser Detritus-Kalke mit Stromatoporenkalken; in der Wechselfolge auch Schillagen mit *Subrensselandia amygdala*; 1,5–2,5 m.	
Forstberg-Horizont (= Oberer *amygdala*-Mergel bei STRUVE in HOTZ et al. 1955, 132): vorwiegend Mergel; etwa 20 m.	
	Höhenberg-Subhorizont (STRUVE 1961a, 319, nach dem Höhenberg od. Hohenberg NNE' Kerpen) = Oberes Korallenlager (STRUVE in HOTZ et al. 1955, 133): Mergel mit Massenvorkommen von dünnstängligen Korallen in Rasen oder Halbkugeln; etwa 4 m.
	Niesenberg-Subhorizont (STRUVE 1961a, 319, nach dem Niesenberg SE' Weinsheim, Prümer Mulde) = *Productella*-Plattenkalke (STRUVE in HOTZ et al. 1955, 133): Mergel und crinoidenführende plattige dünne Kalkbänke wechsellagernd; häufig Pflaster von *Productella* cf. *subaculeata* (MURCHISON); etwa 3,5 m.

	Entenbach-Subhorizont (STRUVE 1961a, 319, nach dem Bach, – auf neuen Karten Nollenbach – der durch Nollenbach fließt) = Unteres Korallenlager (STRUVE in HOTZ et al. 1955, 133): Korallenreiche Mergel und wenige Brachiopodenreiche Mergelkalk-Bänke; etwa 13 m.
Marmorwand-Horizont (= *amygdala*-Kalk bei STRUVE in HOTZ et al. 1955, 131): Kalke mit Schillagen von *Subrensselandia amygdala*; im Bahneinschnitt 1 km SW' Kerpen (= Cürten-Profil) 5 m, an der Marmorwand S' Ahütte 13 m.	
Felschbach-Horizont (= Unterer *amygdala*-Mergel bei STRUVE in HOTZ et al. 1955, 130): Mergel, unten z. T. sandig; nach oben zunehmend mergelige Kalke und reinere, etwas spätige Kalke; einige Schillbänke mit *Subrensselandia amygdala;* etwa 30–50 m.	
Liegendes:	Mergel und Kalke des Rech-Horizontes, Loogh-Schichten.

Diese Gliederung konnte von FUCHS (1965, 396–406) auch für den W-Teil der Hillesheimer Mulde bestätigt werden: der Felschbach-Horizont ist westlich und südwestlich von Kerpen etwa 50 m mächtig, südlich Berndorf jedoch nur etwa 20–30 m. Der Marmorwand-Horizont ist 7–15 m mächtig. Die drei Subhorizonte des Forstberg-Horizontes lassen sich nur zwischen dem Arensberg und Kerpen aushalten. Die Mächtigkeit des Forstberg-Horizontes beträgt in diesem Bereich 20 m, im W der Mulde geht sie auf etwa 10–15 m zurück. Der Meerbüsch-Horizont zeigt stark wechselnde Fazies: am Buberich (Buberg) südlich von Berndorf ist er am mächtigsten und in Knollenblockriff-Fazies ausgebildet; östlich von Hillesheim (Flur Ottenloch und Blasbalg, Abhang der Schwedenschanze) besteht er fast vollkommen aus Mergeln und ist daher zwischen den Mergeln des Forstberg-Horizontes und des Binz-Horizontes nicht mehr auszuhalten.

Dollendorfer Mulde

Im SW-Teil sind die über den noch kalkig erhaltenen Fleringen-Schichten liegenden Anteile vollständig dolomitisiert, daher ist hier eine genaue Einstufung nicht möglich. Nach METJE (1963, 141) gehört ein Teil dieser Dolomite der Fauna nach in die Fleringen-Schichten. Die sog. Hessenhaus-Bänke (KUCKELKORN & VORSTER 1926, nach dem Hessenhaus an der Straße Birgel – Jünkerath) lassen innerhalb des Dolomitkomplexes Schillbänke mit *Stringocephalus* und *Subrensselandia amygdala* (GOLDFUSS) erkennen, vielleicht sind sie mit den *amygdala*-Lagen des Marmorwand-Horizontes zu parallelisieren. Einige Meter über den Hessenhaus-Bänken liegt ein etwa 2 m mächtiges Gesteinspaket, in dem der Dolomit senkrecht zu den Schichtflächen millimeterbreite scharf begrenzte violettrote Streifen aufweist. Es sei darauf hingewiesen, dass FUCHS (1965, 416) in der Hillesheimer Mulde ähnliche Streifendolomite aus den Bolsdorf-Schichten beschreibt (3.5.2.6); auch hier sind glattschalige Brachiopoden verbreitet, das versieht unsere Einstufung hier mit einem weiteren Fragezeichen. Allerdings sind die Rotfärbungen im Dolomit, die wohl sekundärer Natur sind (durch den einstmals überlagernden Buntsandstein verursacht) und Anhäufungen von Brachiopoden wie *Stringocephalus*, *Bornhardtina*, *Subrensselandia* in den ganzen Givet-Schichten verbreitet und also stratigraphisch nicht näher zu verwenden.

Welche Anteile der mindestens 400 m mächtige Dolomitkomplex der zentralen Dollendorfer Mulde umfasst und ob er vielleicht sogar noch Teile des Oberdevons vertritt, bleibt noch ungeklärt.

Im NE-Teil finden sich im Ahrprofil über den Loogh-Schichten noch fossilführende Gesteine, die vielleicht den Cürten-Schichten angehören. Der größte Teil der Schichtenfolge ist hier auch dolomitisiert (SCHLÜTER 1976).

Blankenheimer Mulde

Hier lässt sich, wie oben erwähnt, eine Parallelisierung der Givet-Profile mit den Gliederungen der südlichen Mulden noch nicht exakt durchführen. Den Cürten-Schichten dürfte hier etwa der Buir-Horizont der Fleringen-Schichten entsprechen (WOLFART in OCHS & WOLFART 1961, 43 nach der Buirer Ley). Der Buir-Horizont ist in der ganzen Blankenheimer Mulde gleichmäßig ausgebildet (OCHS & WOLFART 1961): Seine Mächtigkeit beträgt im SW 2–3 m, in den anderen Muldenteilen nicht viel mehr. Er besteht aus stark bituminösen dunklen bis gelben Mergeln und Mergelkalken, wechsellagernd mit feinkristallinen Kalken und Knollenkalken. NE' Dahlem treten Mergel zurück. Der Horizont führt reiche Korallenfaunen. Im SW der Mulde überlagert er die *amygdala*-Schillbänke, die den Dahlem-Horizont oben abschließen. Wenn diese *amygdala*-Bänke dem Marmorwand-Horizont der Hillesheimer Mulde entsprechen, so würde der Buir-Horizont hier vielleicht nur Forstberg- und Meerbüsch-Niveau umfassen. Jedoch bleibt eine solche Parallelisierung fraglich, da die Schillbänke ja nicht auf den Marmorwand-Horizont beschränkt sein müssen. Im Mittel- und Ostteil der Blankenheimer Mulde fehlen die Schillbänke unter dem Buir-Horizont.

Rohrer Mulde

Für die Rohrer Mulde, in der Cürten-Schichten nicht sicher abzugrenzen sind, vgl. 162–163, Rohrer Mulde.

Sötenicher Mulde

Im NE-Teil finden sich nach NOWAK (1956) über dem Iversheim-Dolomit westlich von Iversheim noch höhere, schwächer dolomitisierte Schichtglieder eingemuldet („Fleringen- Schichten"). Sie werden folgendermaßen gegliedert:

Fl 3: Dolomite mit einzelnen *Amphipora ramosa*-Rasen; 10 m.	
Fl 2: *„Newberria caiqua-Schill" (Newberria caiqua* (ARCH. & VERN.) = *Subrensselandia amygdala* (GOLDFUSS)); *1,5 m.*	
Fl 1: *quadrigeminum*-Riff *(Disphyllum quadrigeminum* (GOLDFUSS)): 2 m.	
Liegendes:	grobbankiger Iversheim-Dolomit.

Durch die *amygdala*-Schillbank, die an vielen Stellen im Niveau des Marmorwand-Horizontes auftritt, wird eine Einstufung dieses Profils oder eines Teils davon in die Cürten-Schichten wahrscheinlich gemacht.

Im Mittelabschnitt der Mulde gliedert PAULUS (1961a) die Cürten-Schichten in Zilckens-Horizont (unten) und Scheid-Horizont (oben). Die Zuordnung zu den Cürten-Schichten nahm DICKFELD (1969) vor. Der Zilckens-Horizont (nach dem alten Steinbruch Zilckens südlich der Straße Sötenich – Rinnen) ist etwa 10–15 m mächtig und besteht aus dickbankigen Mergeln, wechsellagernd mit Mergelkalken und Fettkalken, örtlich ist er dolomitisiert. In der Fauna ist *Dechenella verneuili verneuili* (BARRANDE) besonders häufig. Es folgt der 30–50 m mächtige Scheid-Horizont (nach dem Scheid genannten SW-Hang des Urfttales gegenüber dem Kalkwerk Sötenich), der aus dunklen Mergeln und Kalken, hellen Fettkalken und Dolomiten besteht. Er wird von der Fazies des Knollen-Blockriffs und des Rübenriffs (STRUVE 1961b, 100) beherrscht. Dementsprechend enthält er eine reiche Fauna.

Die Gliederung in Zilckens- und Scheid-Horizont gilt auch für den SW-Teil der Mulde, wo DICKFELD (1969) Cürten-Schichten in der nördlichen Teilmulde zwischen Sötenich und Sistig nachweisen konnte. Der Zilckens-Horizont ist bei Rinnen 16 m mächtig. Der Scheid-Horizont, den DICKFELD in 5 Subhorizonte unterteilt, ist 81 m mächtig. Im SE sind diese Partien dolomitisiert und deshalb nicht anzusprechen.

3.5.2.3 Dreimühlen-Schichten

STRUVE (in HOTZ et al. 1955, 135) stellte dieses Schichtglied auf und nannte es nach dem Dreimühlen-Wald (auch Dreimüller-Wald) zwischen Niederehe und Ahütte in der Hillesheimer Mulde. Er führte dort eine Dreigliederung durch, die auch auf einen Teil der anderen Kalkmulden übertragen werden kann:

Hangendes:	Rodert-Schichten.
Galgenberg-Horizont (STRUVE 1961a, 321, nach dem Galgenberg nordnordöstlich Dingdorf, Prümer Mulde).	
Ley-Horizont (STRUVE in HOTZ et al. 1955, 138, nachdem „Ley“ genannten SE-Abbruch des Plateaus „Auf den Bänken“ nördlich Niederehe, Hillesheimer Mulde).	
Binz-Horizont (STRUVE in HOTZ et al. 1955, 135, nach der Flur „Auf der Binz“ etwa 850 m NNE' der Kirche von Niederehe, Hillesheimer Mulde).	
Liegendes:	Cürten-Schichten.

Mit den Dreimühlen-Schichten wird die mehr durch Mergel bestimmte Fazies der Cürten-Schichten wieder durch dickbankige Kalke abgelöst, Riffbildner spielen eine große Rolle.

Prümer Mulde

Hier gilt nach STRUVE (1961a, 320–321) die Gliederung aus der Hillesheimer Mulde. Bezeichnendes Fossil ist *Cyathopaedium radicans* (E. SCHULZ), dessen Querschnitte auch in dolomitisierten Gesteinen noch erkennbar sind.

Hangendes:	Dolomite des höheren Givetium.
Galgenberg-Horizont: Mergel; wenige Meter mächtig, am Seiwelberg NW' Schönecken 1,5 m.	
Ley-Horizont: kantenbildende Kalkfolge, fast vollständig dolomitisiert; durchschnittlich 8–12 m, am Seiwelberg etwa 6,5 m.	
Binz-Horizont: auf dem N-Flügel graugrüne bis rötliche Mergel, wenig Kalke, dolomitisiert; im S und W treten die Mergel etwas zurück; mindestens 5–6 m (Niesenberg SE' Weinsheim).	
Liegendes:	im W dunkle Kalke, im E Mergel, Meerbüsch-Horizont der Cürten-Schichten.

Gerolsteiner Mulde

Hier lässt sich nach J. WINTER (1965, 305) nur der Binz-Horizont in kalkiger Erhaltung nachweisen. Er besteht aus rötlichen bis grünlichen, schwach dolomitisierten Mergeln und Kalken.

Die dolomitisierten Äquivalente des Ley- und des Galgenberg-Horizontes ließen sich wegen ungünstiger Aufschlussverhältnisse nicht auffinden.

Hillesheimer Mulde

Im E-Teil der Mulde ist die Schichtenfolge nach STRUVE (in HOTZ, KRÄUSEL & STRUVE 1955, 135–140) folgendermaßen aufgebaut:

Hangendes:	*caiqua*-Kalk der Rodert-Schichten.
Galgenberg-Horizont (= „Korallenkalke und -mergel" bei HOTZ et al. 1955, 135): bankige, z. T. knollige Kalke und Mergel wechsellagernd; rugose Korallen, Tabulaten, Stromatoporiden; etwa 10–12 m.	
Ley-Horizont: mittelgraue, sehr feinkörnige, schwach spätige, bituminöse splittrige Kalke mit glattem bis schwachmuschligem Bruch; daneben graue bituminöse Kalke mit Crinoiden, orangefarbenen Schmitzen und rauhem Bruch; Horizont kantenbildend; etwa 5–15 m.	
Binz-Horizont: Mergel und knollige Kalke; Gestein vielfach rötlich gefärbt, wohl sekundär; Fauna hauptsächlich aus rugosen Korallen bestehend, daneben große *Favosites*-Knollen; 6–8 m.	
Liegendes:	Stromatoporenkalke und Detrituskalke, Meerbüsch-Horizont, Cürten-Schichten.

Diese Gliederung gilt nach FUCHS (1965, 406–411) auch für den W-Teil der Mulde:

Hangendes:	dolomitisierte Riff- und Detrituskalke, Rodert-Schichten.
Galgenberg-Horizont: Kalke und Mergel, überall dolomitisiert; etwa 10–20 m.	
Ley-Horizont: graue Kalke, reich an Stromatoporiden; auch hier als Geländekante ausgeprägt; häufig beginnt hier die Dolomitisierung der Kernschichten; etwa 15–20 m.	
Binz-Horizont: Mergel, untergeordnet Mergelkalke und unreine, meist knollige Kalke; reich an rugosen Korallen; etwa 7 m.	
Liegendes:	Stromatoporenreiche Kalke, Siltsteine, Mergel, Meerbüsch-Horizont, Cürten-Schichten.

Dollendorfer Mulde

Hier sind Gesteine, die jünger als Cürten-Schichten sein können, vollständig dolomitisiert und daher nicht näher einzustufen.

Blankenheimer Mulde

In der Blankenheimer Mulde entsprechen den Dreimühlen-Schichten etwa die Ermberg-Schichten (OCHS in OCHS & WOLFART 1961, 45, nach dem Ermberg bei Baasem). Diese Bezeichnung muss einstweilen bestehen bleiben, da ungewiss ist, ob die Ober- und Untergrenze der Ermberg-Schichten mit den Abgrenzungen der Dreimühlen-Schichten identisch ist. Besonders problematisch ist die Obergrenze, da sich in der Blankenheimer Mulde Schichten, die den Rodert-Schichten entsprechen könnten, nicht nachweisen lassen. Das prägt sich in dem Vorkommen der für diese Schichtenfolge leitenden Trilobiten aus: die Ermberg-Schichten enthalten *Dechenella (Dechenella) verneuili* (BARRANDE), die in den Dreimühlen-Schichten ihr oberstes Vorkommen hat. Die für die Rodert-Schichten leitende Art *D. burmeisteri* s.l. R. RICHTER ließ sich in der Blankenheimer Mulde nicht finden; vielleicht besteht hier zwischen Ermberg-Schichten und Kerpen-Schichten eine Lücke.

Die Ermberg-Schichten bestehen nach OCHS & WOLFART (1961) aus dickbankigen Fettkalken, untergeordnet sind feinkristalline Kalke. Die massive Kalkfolge ist durch Steinbrüche überall erschlossen, da sie gute Bausteine liefert. Im Buirer Muldenstück ist die Folge sehr homogen und fossilarm. Im Gebiet um Blankenheim schalten sich auch schwach sandige Kalke und sandig-schiefrige Zwischenlagen ein. Im Dahlemer Muldenstück treten neben Fettkalken auch häufiger feinkristalline Kalke mit Brachiopoden und *Dechenella verneuili* (BARRANDE) auf, sowie Korallen-, Stromatoporen- und Crinoidenkalke. Auch Schilllagen mit *Bornhardtina* sind hier zu beobachten. Die Mächtigkeit der Ermberg-Schichten beträgt im Buirer Muldenstück etwa 12 m, bei Blankenheim 20–22 m und im Dahlemer Muldenstück etwa 25 m.

Rohrer Mulde

Für die Rohrer Mulde, in der sich Dreimühlen-Schichten nicht nachweisen ließen, vgl. das auf S. 163 geschilderte Profil, das auch Äquivalente der Dreimühlen-Schichten enthalten kann.

Sötenicher Mulde

In der Sötenicher Mulde lassen sich Dreimühlen-Schichten nur im Mittelabschnitt und im SW-Teil nachweisen. Im NE-Teil scheinen jüngere Schichten als Cürten-Schichten nicht mehr erhalten zu sein, da der Muldenkern nach NE aushebt. Im Mittelabschnitt, also hauptsächlich im Gebiet des Urfttals, sind die Spickberg-Schichten (PAULUS 1961a, 33 nach dem Spickberg bei Sötenich) etwa den Dreimühlen-Schichten gleichzusetzen. Es handelt sich nach PAULUS um eine 20 m mächtige Folge dickbankiger, fossilarmer Fettkalke; an der Basis liegt eine Schillbank mit *Stringocephalus burtini* DEFRANCE und *Bornhardtina laevis* M'COY; Mergeleinschaltungen fehlen. Gleichartig sind die Spickberg-Schichten auch im SW-Teil der Mulde ausgebildet; der Anteil an Ton und Silt ist jedoch höher als im Mittelstück: die Mächtigkeit beträgt im SW 20–23 m (DICKFELD 1969).

3.5.2.4 Rodert-Schichten

Dieses Schichtglied wurde von STRUVE (in HOTZ, KRÄUSEL & STRUVE 1955, 140) zuerst in der Hillesheimer Mulde aufgestellt und nach dem Berg Rodert (auf dem Meßtischblatt: Hodert) zwischen Niederehe und Kerpen benannt.

In der Hillesheimer Mulde, wahrscheinlich auch in der Gerolsteiner Mulde, sind die Rodert-Schichten durch Riffbildungen gekennzeichnet und heben sich dadurch von den stärker mergeligen Dreimühlen-Schichten gut ab. In der Sötenicher Mulde ist es umgekehrt: die Dreimühlen-Schichten haben geschlossene Kalkfolgen, die Rodert-Schichten viele Mergeleinschaltungen. In den übrigen Mulden lassen sich Rodert-Schichten wegen der Dolomitisierung nicht nachweisen. Leitfossil ist der Trilobit *Dechenella burmeisteri* s.l. R. RICHTER; *D. verneuili* (BARRANDE) findet sich oberhalb der Dreimühlen-Schichten nicht mehr.

Prümer Mulde

Hier ist der Bereich der Rodert-Schichten vollkommen dolomitisiert und gehört zu dem mächtigen Komplex meist dickbankiger Dolomite, die von REULING (in HAPPEL & REULING 1937) nach dem Dorf Schönecken unter dem Begriff Schönecken-Dolomit zusammengefasst wurden. Der Schönecken-Dolomit umfasst die Givet-Schichten oberhalb der Dreimühlen-Schichten, reicht aber nach STRUVE (1961a) vielleicht noch bis in die tiefsten Partien des Oberdevons (vgl. 3.7.2.1)

Gerolsteiner Mulde

Nach WINTER (1965, 306) finden sich in einem alten Steinbruch westlich der Straße Pelm – Kasselburg (r 4872 h 6674) und seiner Umgebung stark bituminöse Dolomite mit *Stringocephalus burtini* DEFRANCE und anderen glattschaligen Brachiopoden. WINTER hält eine Parallelisierung mit den tiefsten Rodert-Schichten (*caiqua*-Kalk) der östlichen Hillesheimer Mulde für möglich. Im Pelmer Gebiet vermutet er auch noch den nächsten Horizont der Hillesheimer Gliederung (*quadrigeminum-ramosa-Kalk*): es finden sich unregelmäßig gebankte Stromatoporiden-reiche Dolomite. Im oberen Teil dieser Folge sind Rasen mit *Amphipora ramosa* (PHILLIPS) sowie eine Schillbank mit *Subrensselandia caiqua* (ARCHIAC & VERNEUIL)[3] und *Stringocephalus burtini* zu erkennen. Höhere Horizonte der Rodert-Schichten ließen sich nicht nachweisen. Im Kern der Gerolsteiner Mulde dürften nach WINTER Rodert-Schichten das jüngste Schichtglied sein.

Hillesheimer Mulde

STRUVE (in HOTZ, KRÄUSEL & STRUVE 1955, 142–152) stellte im E-Teil der Mulde folgende Gliederung auf:

Hangendes:	dickbankige Bellerophon-Korallen-Kalke, Kerpen-Schichten.
Korallen-Brachiopoden-Kalk:	unten dickbankige Riffkalke, oben unregelmäßige dünnschichtige Riffkalke, mit Detrituskalken wechsellagernd; im oberen Teil glattschalige Brachiopoden (*Stringocephalus burtini* u. a.) häufig. Am Dach weiß-hellgraue erdige Kalke (wie verhärteter Zement aussehend), z. T. plattig; etwa 10 m.
Stringocephalus-Korallenkalk:	Wechselfolge von Detrituskalken mit Schillbänken von *Stringocephalus, Subrensselandia, Bornhardtina* und bankigen bis unregelmäßigen Korallen-Stromatoporiden-Riffkalken; untergeordnet graurote Mergellagen; 22 m.
quadrigeminum-ramosa-Kalk:	hauptsächlich aus Riffkalken bestehend; an der Basis-Bank reich an *Disphyllum quadrigeminum* (GOLDFUSS)*; Amphipora ramosa* (PHILLIPS) auch häufig; bituminöse Detrituskalke; Schillbänke mit großen glattschaligen Brachiopoden; etwa 17 m.
caiqua-Kalk:	plattige bis bankige bituminöse Detrituskalke; Schillbänke mit *Subrensselandia caiqua* und Stringocephalen; etwa 14 m.
Liegendes:	Mergel und knollige Kalke, Galgenberg-Horizont, Dreimühlen-Schichten.

3) Von vielen Bearbeitern werden diese Terebratuliden als *Subrensselandia caiqua* bezeichnet, bei STRUVE et al. (2008) als *Hessenhausia preudocaiqua* (SCHULZ) und *H. reulingi* STRUVE.
Es bleibt bis zu einer Neubearbeitung der Terebratuliden aus dem Formenkreis *Subrensselandia amygdala* (GOLDFUSS) bzw. *Newberria caiqua* (ARCHIAC & VERNEUIL) ungewiß, ob entsprechende Formen aus den „*amygdala*"- oder „*caiqua*"-Schillbänken des Eifeler Mitteldevons alle zu einer Art gehören oder nicht. Von den Bearbeitern werden die in den Rodert-Schichten auftretenden Formen übereinstimmend als *Subrensselandia caiqua* bezeichnet.

Diese Gliederung gilt nach FUCHS (1965, 411–412) in großen Zügen auch im W-Teil der Mulde; Einzelheiten hat die stärkere Dolomitisierung verwischt. Fazielle Abweichungen scheinen im Gebiet Berndorf – Hillesheim vorzuliegen.

Dollendorfer, Blankenheimer und Rohrer Mulde

In diesen drei Mulden haben sich Rodert-Schichten nicht nachweisen lassen. Ihre Äquivalente mögen in den mächtigen Dolomitfolgen des Kerns der Dollendorfer Mulde noch vertreten sein. In der Blankenheimer Mulde besteht zwischen Ermberg-Schichten (= Dreimühlen-Schichten) und Kerpen-Schichten vielleicht eine Schichtlücke (vgl. S. 170). In der Rohrer Mulde sind Rodert-Schichten nicht mehr erhalten, da *Dechenella verneuili* (BARRANDE) dort in den obersten Schichten noch auftritt, die deshalb nicht jünger als die Dreimühlen-Schichten sein können (vgl. 3.5.2.1, Rohrer Mulde).

Sötenicher Mulde

Hier sind Rodert-Schichten nur im mittleren und westlichen Teil nachzuweisen, im NE-Teil sind sie aus tektonischen Gründen nicht mehr zu erwarten. Im Mittelteil lassen sich nach PAULUS (1961a, 33) die mindestens 30 m mächtigen Rodert-Schichten folgendermaßen gliedern (Namen der Horizonte, abgeleitet von Lokalitäten aus der Sötenicher Mulde, vorgeschlagen von PAULUS in DICKFELD 1969):

Hangendes:	gelblich verwitternde Kalke und Mergel mit *Dechenella struvei*, Kerpen-Schichten.
Hagelberg-Horizont:	gelblich verwitternde Kalke und Mergel mit *Dechenella* cf. *burmeisteri* R. RICHTER und Brachiopoden, bes. häufig *Retichonetes crenulatus* (F. ROEMER); nur Lesesteine; wenige Meter mächtig.
Schulz-Horizont:	dezimeterdicke Dolomitplatten; mindestens 3 m.
Münchenrath-Horizont:	Mergelschiefer und knollig aufgelöste Kalkbänke, schwach dolomitisiert; Korallen, Brachiopoden, Gastropoden, *Dechenella* cf. *burmeisteri* R. RICHTER; 5 m.
Sötenich-Horizont:	dunkelgraue Mergel mit dünnen, unten auch dickeren Kalkbänken; in der Mitte eine 1 m dicke Bank mit großen Polstern von *Disphyllum quadrigeminum* (GOLDFUSS), kleinwüchsigen Brachiopoden, *Dechenella* cf. *asperula*; 12 m.
Liegendes:	dickbankige Fettkalke der Spickberg-Schichten.

Im W-Teil der Mulde lässt sich nach DICKFELD (1969) diese Gliederung auch erkennen. Eine Zunahme der tonigen und siltigen Komponente ist zu beobachten, damit verbunden eine Mächtigkeitszunahme: der Sötenich-Horizont ist 17 m, der Münchenrath-Horizont etwa 7 m, der Schulz-Horizont 8 m und der Hagelberg-Horizont 15–20 m mächtig. Das gilt für den N-Flügel, auf dem S-Flügel ist die Folge dolomitisiert.

3.5.2.5 Kerpen-Schichten

Dieses Schichtglied wurde von STRUVE (in HOTZ, KRÄUSEL & STRUVE 1955, 153) zuerst in der Hillesheimer Mulde definiert und nach dem Dorf Kerpen benannt. Es besteht im unteren Teil aus Riffbildungen; der obere Teil ist durch seinen Tongehalt innerhalb der massiven Kalkfolgen des Givetium sehr gut markiert: Mergel und Mergelkalke herrschen vor. Dieser Tongehalt ist vielleicht dafür verantwortlich, dass die Kerpen-Schichten nicht so stark dolomitisiert wurden, wie es nach ihrer hohen Position zu erwarten wäre. Kennzeichnendes Fossil ist der Trilobit *Dechenella (Dechenella) struvei* R. & E. RICHTER.

Prümer Mulde

Hier ist dieser Bereich innerhalb des Schönecken-Dolomits nicht abzugrenzen. STRUVE (1961a, 322) hält es für möglich, dass die Dolomite SW' des Ammelsbüsch bei Oos den Kerpen-Schichten entsprechen.

Hillesheimer Mulde

STRUVE (in HOTZ, KRÄUSEL & STRUVE 1955, 153–154) hat für den Osten der Hillesheimer Mulde folgende Gliederung aufgestellt:

Hangendes:	Detritusdolomit mit Riffbänken, Horizont 1 der Bolsdorf-Schichten.
Roßberg-Horizont (nach dem Roßberg NE' Kerpen): bituminöse, meist unreine Kalke, Mergelkalke, Mergel; relativ fossilreich; in Lagen angereichert *Bellerophon*; etwa 20 m.	
Bellerophon-Korallenkalk: dickbankige Riffkalke; im mittleren Teil dünnplattige Riffkalke wechsellagernd mit bituminösen Detrituskalken; in den Detrituskalken u. a. häufig Bellerophontiden; etwa 3,5 m.	
Liegendes:	plattige „Zementkalke" der Rodert-Schichten.

Im Westen der Mulde ist nach FUCHS (1965, 412–415) diese Zweiteilung auch erkennbar, obgleich die Kerpen-Schichten hier fast überall dolomitisiert sind. Der Roßberg-Horizont ist hier auch etwa 20 m mächtig.

Blankenheimer Mulde

Hier liegen nach OCHS & WOLFART (1961, 47–49) folgende Verhältnisse vor: paläontologisch nachweisen lassen sich Kerpen-Schichten nur im Blankenheimer und Dahlemer Muldenstück, hier fand sich u. a. *Dechenella struvei*. Im Buirer Muldenstück fehlen solche Beweise, jedoch gehört das folgende Profil von der Buirer Ley wahrscheinlich zu den Kerpen-Schichten:

4. Oberer Korallen-Horizont: Korallenkalke und -mergel, teilweise dolomitisiert; 4–6 m.	
3. Fettkalk-Horizont: Fettkalke mit *Leperditia*; 2,5 m.	
2. *Bornhardtina*-Horizont: Bankkalke mit *Bornhardtina*; 3,5 m.	
1. Unterer Korallen-Horizont: Stromatoporen- und Korallenkalke und -mergel; 8 m.	
Liegendes:	bituminöse Kalke der Ermberg-Schichten.

Im Blankenheimer Gebiet ist oft keine scharfe lithologische Grenze zu den Ermberg-Schichten zu ziehen, da die Kerpen-Schichten unten auch Fettkalke enthalten. Darüber sind feinkristalline Kalke und Stromatoporen-Bänke verbreitet. An einigen Stellen beginnen die Kerpen-Schichten mit fossilreichen Mergelkalken und heben sich dann besser von den

Liegendschichten ab. Die Mächtigkeit beträgt bei Blankenheim 30–35 m. Die Obergrenze ist unklar, da die Dolomitisierung verschieden tief hinabreicht.

Im Dahlemer Muldenstück sind die Kerpen-Schichten 35 m mächtig und bestehen aus einer Folge von Knollenkalken, Mergelkalken und Mergelschiefern. Wieviel darüber der Dolomitisierung zum Opfer gefallen ist, bleibt unklar.

So ist die Abgrenzung der Kerpen-Schichten in der Blankenheimer Mulde nicht exakt durchzuführen. Denn die Rodert-Schichten sind, wie auf S. 170, Abschn. Blankenheimer Mulde, erwähnt, hier nicht nachweisbar und vielleicht gar nicht abgelagert worden, und Hangendschichten von Bolsdorf-Alter sind wegen der Dolomitisierung ebenfalls nicht nachzuweisen.

Sötenicher Mulde

Hier sind Kerpen-Schichten nur im Mittelteil und im Westen nachzuweisen. Im Mittelteil sind sie nach PAULUS (1961a) folgendermaßen aufgebaut (Mächtigkeit 20 m):

Hangendes:	Muldenkern-Dolomit.
Kalk-Horizont:	bräunlich verwitternde reine, fossilarme Kalke.
Urfey-Horizont (im SW von Urfey am N-Flügel der Mulde ist der Horizont fossilreich aufgeschlossen): gelblich verwitternde Kalke und Mergel mit *Dechenella struvei,* Korallen, Stromatoporiden, Brachiopoden; sehr fossilreich.	
Liegendes:	gelblich verwitternde Kalke und Mergel mit *Dechenella burmeisteri* s.l., Hagelberg-Horizont, Rodert-Schichten.

Diese Gliederung gilt nach DICKFELD (1969) auch für den W-Teil der Mulde. Der Urfey-Horizont ist hier 15–25 m mächtig und hat etwas höheren Siltgehalt als im Mittelteil.

3.5.2.6 Bolsdorf-Schichten

Der Name wurde von STRUVE (1961a, 322) eingeführt, nach dem Dorf Bolsdorf in der westlichen Hillesheimer Mulde, wo die Schichtenfolge im Tal des Bolsdorfer Baches ca. 600 m nördlich vom Dorf gut aufgeschlossen ist. STRUVE gibt folgende Definition: „Die im Hangenden der Kerpener Schichten folgenden und von Oberdevon 1α überlagerten Teile des ‚Eifeldolomits' (bzw. Schönecker Dolomit) bezeichne ich hiermit als Bolsdorfer Schichten." Die Obergrenze der Kerpen-Schichten lässt sich jedoch nur in der Hillesheimer Mulde gut erfassen. In den anderen Mulden greift die Dolomitisierung tiefer hinab, hier spricht man deshalb nur von „Dolomiten des Muldenkerns" Die Überlagerung durch oberdevonische Gesteine ist bisher nur in der Prümer Mulde nachgewiesen. Es ist möglich, dass in der Dollendorfer und Sötenicher Mulde (beide kommen in Breite und Tiefe der Prümer Mulde am nächsten) auch noch Äquivalente des Oberdevons in den Muldenkern-Dolomiten enthalten sind.

Hillesheimer Mulde

Im Osten der Hillesheimer Mulde hat STRUVE (in HOTZ et al. 1955, 156–157) folgende Zweiteilung beschrieben:

Horizont 2:	dickbankiger Riffdolomit, vollkommen dolomitisiert; *Amphipora ramosa-* und Korallen-Bänke; 40 m.
Horizont 1:	Detritusdolomite, untergeordnet Riffdolomite und *Amphipora ramosa*-Rasen; relativ dünnbankig; vollkommen dolomitisiert; etwa 20 m.
Liegendes:	unreine Kalke, Mergelkalke und Mergel, Roßberg-Horizont, Kerpen-Schichten.

Im Westen der Mulde ist diese Gliederung nach FUCHS (1965, 416–417) nicht mehr erkennbar. Der Komplex der Bolsdorf-Schichten besteht hier aus dolomitisierten Knollenblockriff-Bildungen mit Einschaltungen von *Amphipora ramosa*-Bänken und Stringocephalen-reichen Lagen. Es kommen auch Dolomite mit roten bis violettroten Streifen senkrecht zur Schichtung vor, ähnlich wie die aus der südwestlichen Dollendorfer Mulde von METJE (1963) beschriebenen (vgl. 3.5.2.2, Dollendorfer Mulde). Die Schichtenfolge, die wegen der vorherrschenden Rifffazies starken Fazieswechseln unterworfen ist, reicht hier höher hinauf als im Osten der Hillesheimer Mulde, ist deshalb auch mächtiger.

Die Muldenkern-Dolomite aus den anderen Kalkmulden

In der Prümer Mulde lassen sich innerhalb des Schönecken-Dolomits die Äquivalente der Kerpen-Schichten nicht abgrenzen, damit bleibt auch unbekannt, welche Anteile den Bolsdorf-Schichten der Hillesheimer Mulde entsprechen.

In der Gerolsteiner Mulde sind keine jüngeren Schichten als Rodert-Schichten erhalten geblieben (3.5.2.4, Gerolsteiner Mulde).

Die Dolomite im Kern der Dollendorfer Mulde sind mindestens 400 m mächtig, ihre stratigraphische Stellung ist unbekannt (3.5.2.2, Dollendorfer Mulde).

In der Blankenheimer Mulde sind die Muldenkern-Dolomite nach OCHS & WOLFART (1961, 50) im Dahlemer Muldenstück 10–15 m mächtig; hier sind noch Korallenrasen zu erkennen sowie Steinkerne von Stringocephalen. Im Blankenheimer Muldenstück sind sie „mehrere Zehner von Metern" mächtig. Im NE-Teil ist der Muldenkern-Dolomit nicht mehr erhalten, auch nicht in der Rohrer Mulde.

In der Sötenicher Mulde setzt die Dolomitisierung größtenteils über den Freilingen-Schichten ein, nur auf dem NW-Flügel werden noch höhere Schichtglieder bis hinauf zu den Kerpen-Schichten von ihr verschont. Im W-Abschnitt beträgt die Mächtigkeit der Dolomite im Hangenden der Kerpen-Schichten auf dem NW-Flügel nach DICKFELD (1969) etwa 300 m. Es lassen sich im Dolomit oft noch Lagen von Stromatoporiden, von *Amphipora ramosa* und Schillbänke mit *Subrensselandia amygdala* erkennen.

3.6 Faziesentwicklung im Mitteldevon der Eifel

3.6.1 Paläogeographie

Nachdem das Baumaterial zu dem Komplex Eifelkalkmulden nach stratigraphischer Position geordnet aufgeschichtet wurde, ist es Zeit, aus der Fülle der feinstratigraphischen Informationen, die wir hauptsächlich Arbeiten der von Rudolf RICHTER angeregten Frankfurter Schule verdanken, ein zusammenfassendes Bild vom Mitteldevon der Eifel zu entwerfen. Wir können dabei auf Versuche, die ebenfalls aus der Frankfurter Arbeitsgruppe stammen, zurückgreifen:

W. STRUVE (1961b, 1963) hat zuerst ein detailliertes paläogeographisches Bild des Eifeler Mitteldevons entworfen: Er sah den Ablagerungsraum als ein durch umgebende Landgebiete relativ isoliertes in Nord-Süd-Richtung gestrecktes Becken, das als „Eifeler Meeresstraße" zwischen dem bergisch-sauerländischen, dem belgischen und dem mosellanischen Meeresraum ein Eigenleben führte. Im Anstieg zu dem Festland im Osten (Istaevonia, Siegener Block) fand Riffwachstum statt, ebenfalls auf der schon seit dem Unterdevon bestehenden Mitteleifel-Schwelle, die von diesem Land aus in den Meeresraum hineinragte. Eine weitere Barriere soll weiter südlich von diesem Landgebiet in südwestlicher Richtung ausgegangen sein. Diese sog. Manderscheider Schwelle verband das Landgebiet Istaevonia (die Istävonen sind ein alter Volksstamm aus dem Rheinland) mit einem in den südlichen Ardennen gelegenen Festland Arduennia und trennte das flache Becken der Eifelkalkmulden von dem tieferen Moseltrog. Diese Landbrücke enthielt schmale Durchlässe, durch die ein beschränkter Faunenaustausch möglich war. Im NW soll die Eifeler Meeresstraße von einer großen Insel im Bereich des späteren Stavelot-Venn-Massivs begrenzt gewesen sein (Condrusia, nach dem römischen Namen für die Landschaft Condroz).

Dieses Modell war in der Folgezeit die Grundlage aller Überlegungen über die Paläogeographie des Eifeler Mitteldevons, wenn auch die Zunahme der Kenntnisse einige Abänderungen notwendig machte: so bestand nach den Untersuchungen von KASIG & NEUMANN-MAHLKAU (1969) im Bereich des Venn-Sattels kein Land Condrusia während des Mitteldevons, sondern es breitete sich ein flacher werdender Meeresraum von der Kalkmuldenzone bis zum Nordkontinent aus. An der Existenz der Manderscheider Schwelle als Landbrücke wurden Zweifel von KREBS (1970) geäußert, der die Grenze zwischen Moseltrog und Eifeler Flachmeer durch einen untermeerischen Gefällsknick deutete.

Der durch feinstratigraphische Untersuchungen in den Kalkmulden inzwischen erheblich angewachsene Kenntnisstand sowie Studien über die Morphologie von Brachiopoden in Abhängigkeit vom Biotop führten J. WINTER (in MEYER, STOLTIDIS & WINTER 1977) dazu, ein neues Faziesmodell für die Eifel-Stufe bis inklusive Junkerberg-Schichten zu entwickeln, das wir mit einigen Ergänzungen zur Grundlage des folgenden paläogeographischen Bildes nehmen (Abb. 37):

Während des Mitteldevons liegt das Gebiet der Kalkmulden auf einem nach Süden allmählich abfallenden Schelf. Die Küste des Nordkontinents (Old-red-Kontinent) lag während der Eifel-Stufe etwa auf der Höhe von Aachen und wich während der Givet-Zeit dort geringfügig nach Norden zurück. Dieser Nordkontinent war noch während der Eifel-Stufe Abtragungsgebiet: nördlich des Venn-Sattels sind Vicht-Konglomerat und Friesenrath-Schichten fast ausschließlich klastische Bildungen, die zum größten Teil unter nichtmarinen, fluviatilen Bedingungen in Küstennähe abgelagert wurden. Auch im nordwestlichen Abschnitt der Kalkmuldenzone (bis einschließlich Dollendorfer Mulde) herrschen klastische Sedimente (Silt-

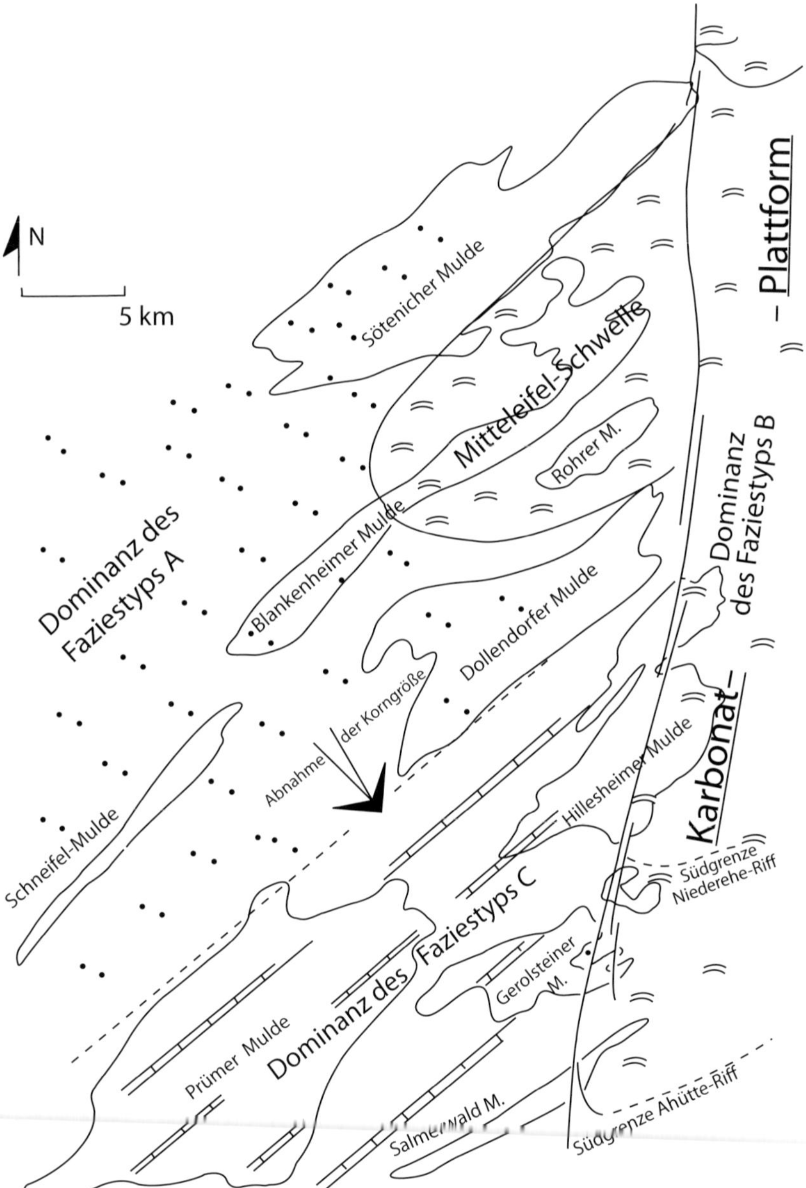

Abb. 37. Faziesverteilung für den Zeitraum Lauch- bis Junkerberg-Schichten in der Kalkmuldenzone; Faziestyp A: reich an klastischen Einschüttungen, Faziestyp B: Karbonat-Plattform mit ausgedehnten biostromalen Riffbildungen, Faziestyp C: zunehmender Kalkgehalt, Abnahme der klastischen Sedimente. J. WINTER (in MEYER et al. 1977).

steine, untergeordnet auch Feinsandsteine) vor, reine Karbonatgesteine sind relativ geringmächtig (Faziestyp A nach WINTER). Am Nordrand der mittleren Sötenicher Mulde werden sogar mehrfach bis hinauf zu den Freilingen-Schichten Rotsedimente eingeschwemmt. Die Fauna findet sich oft in Schill- und Pflasterlagen angereichert und ist u. a. durch das Vorherrschen von Brachiopoden mit radialer Feinskulptur und Spiriferiden mit kantigen Rippen gekennzeichnet (WINTER 1971). Der größte Teil dieses Faziesraums dürfte noch im Bereich grundberührenden Seegangs gelegen haben.

In südöstlicher Richtung nimmt die Korngröße der klastischen Bestandteile ab, und klastische Gesteine bilden außerdem innerhalb der ganzen Folge einen geringeren Anteil. So wird dieser Faziestyp C von WINTER, der die Prümer Mulde und die Westteile von Hillesheimer, Gerolsteiner und Salmerwald-Mulde umfasst, durch mächtige Wechselfolgen von Mergeln und Kalken gekennzeichnet, wobei in südöstlicher Richtung die tonige Komponente noch zunimmt, so dass hier ein allmählicher Übergang zu den reinen Tonschieferfolgen des Moseltrogs (Wissenbach-Schiefer) angedeutet wird. Dafür sprechen auch die Einschaltungen pelagischer Faunenelemente in Folgen des Faziestyps C, z. B. die pelagischen Trilobiten in der Geeser Fauna (Ahrdorf-Schichten) und Goniatiten (vgl. 3.4.2.4, Gerolsteiner Mulde). Umgekehrt zeigen auch die Wissenbach-Schiefer des Moselgebietes gelegentlich Einschaltungen „Eifeler Faunen“ mit Korallen, Spiriferen usw. (3.4.3.1). Die Fauna ist in Gesteinen der Fazies C mehr oder weniger ungleichmäßig im Sediment verteilt und nicht so sehr in Schilllagen angereichert. Bei den Brachiopoden sind glattschalige Formen mit rundlichovalem Umriss charakteristisch.

Am Ostrand der Kalkmuldenzone herrschen in einem Nord-Süd-Streifen reinere Kalke und biostromale Riffbildungen vor, Mergel und Siltsteine treten hier zurück. Dieser Faziestyp B nach WINTER kennzeichnet einen Flachwasserbereich wahrscheinlich im Anstieg zu einem Hochgebiet im Bereich der Osteifel (Siegerländer Block, Istaevonia), das jedoch, wenn überhaupt, dann nur geringfügig über Wasser geragt haben muss. Denn in den Gesteinsfolgen dieses Faziesstreifens finden sich nur wenig klastische Anteile, die sich außerdem von denen das Faziesbereichs A nicht unterscheiden, so dass sie auch wahrscheinlich vom Nordkontinent herkommen. Die Fazies B ist verbreitet in den nordöstlichen Teilen der Salmerwaldmulde, Gerolsteiner, Hillesheimer, Ahrdorfer und Sötenicher Mulde. Sie dominiert jedoch auch in der Rohrer und der nordöstlichen bis mittleren Blankenheimer Mulde, dadurch wird hier die nach SW in den Meeresraum hineinragende Mitteleifel-Schwelle nachgezeichnet. Große Ausdehnung haben Riffbildungen in der Ahütte-Folge (Untere Nohn-Schichten) und besonders in der Niederehe-Folge (Ahrdorf-Schichten). Das Riffwachstum wird unterbrochen durch klastische Einschüttungen, die fast den ganzen Ablagerungsraum überdecken (z. B. Obere Nohn-Schichten, Nohner Schiefer, Junkerberg-Schichten). Sie wurden vielleicht von Hebungsphasen des Nordkontinents ausgelöst.

Gegen Ende der Eifel-Stufe (Freilingen- und Ahbach-Schichten) verschwinden diese Faziesunterschiede, und es herrscht im ganzen Ablagerungsraum der Faziestyp C vor mit Mergeln und Kalken. Das bedeutet, dass sich im ganzen Gebiet nun ruhigere Sedimentationsbedingungen in tieferem Wasser durchgesetzt haben. Mit Beginn der Givet-Zeit breiten sich Riffe im ganzen Ablagerungsraum aus, der demnach gleichmäßig angehoben worden sein dürfte. Auf der Mitteleifel-Schwelle beginnt das Riffwachstum schon in den Ahbach-Schichten. Diese Schwelle ist auch während der Givet-Zeit noch wirksam, das zeigen starke, z. T. durch Schichtlücken bedingte Mächtigkeitsreduktionen: im Buirer Muldenstück sind die Givet-Schichten bis inklusive Kerpen-Schichten 45 m, bei Blankenheim 77 m mächtig; im SW-

Teil der Sötenicher Mulde ist die äquivalente Schichtfolge 230 m, im Ostteil der Hillesheimer Mulde sogar 270 m mächtig.

Eine Unterbrechung des Riffwachstums findet während der Cürten-Zeit statt; es werden wieder hauptsächlich Mergel abgelagert, wodurch wohl ein Absinken des gesamten Gebietes angedeutet wird. Danach breiten sich wieder Rasenriffe über den ganzen Ablagerungsraum aus, der demnach wieder in den Bereich flacheren Wassers gelangt war. Das Riffwachstum dürfte noch bis in das tiefste Oberdevon hinein angedauert haben, das zeigen die Gesteine der Prümer Mulde und die mächtigen, schlecht gebankten Dolomitfolgen der Kernschichten von Sötenicher und Dollendorfer Mulde.

Das Liefergebiet Nordkontinent ist inzwischen soweit eingeebnet worden oder abgesunken, dass von dort kein gröberes Material den Ablagerungsraum der Eifelkalkmulden erreicht: oberhalb der Junkerberg-Schichten finden sich keine Sandsteine bzw. Kalksandsteine mehr. Rotes Material wird zuletzt in die Freilingen-Schichten der Sötenicher Mulde eingeschwemmt. Damit verblassen auch die Gegensätze zwischen küstennaher NW-Fazies (Typ A) und küstenferner SE-Fazies (Typ C). Während der oberen Givet-Zeit dürften sich Riffrasen von Aachen bis mindestens in das Gebiet der Prümer Mulde ausgedehnt haben, das ist ein Areal von etwa 150 km Länge, wenn man die durch die Faltung erfolgte Verkürzung rückgängig macht (zum Vergleich: das Korallenmeer zwischen dem Great Barrier-Riff und der Nordostküste Australiens hat bei einer Länge von etwa 1700 km eine Breite bis zu 200 km). Das Riffwachstum reichte zu dieser Zeit übrigens noch weit über das Eifelgebiet hinaus: im Nordosten in das Bergische Land hinein, im Westen bis in die Gegend von Mons (Dinant-Mulde).

Anhangsweise sei auf die jüngst von FABER (1980) bekannt gemachten umfangreichen Mikrofazies-Untersuchungen wichtiger mitteldevonischer Gesteinstypen vor allem aus Riffkomplexen hingewiesen. Sie verfeinern das WINTER'sche Faziesmodell, das sie im Großen bestätigen konnten, mit vielen räumlichen und zeitlichen Details.

3.6.2 Die Lebensräume im Korallenmeer des Mitteldevons

In den Riffen und den ihnen benachbarten Räumen unterscheidet STRUVE (1963, 250–254) im Mitteldevon der Eifel folgende biofazielle Bereiche, aufgereiht von der Küste in Richtung auf das offene Meer (Abb. 38). Die vielfach gebräuchlichen englischen Faziesbezeichnungen sind beigefügt; die deutschen lehnen sich an Vorschläge von WEDEKIND (1924) an.

1. Überwasser-Gebiete: Sie sind im Küstenstreifen von Pflanzen besiedelt; der Gezeitenbereich gehört auch hierher. Diese Faziesräume sind für das Mitteldevon im Bereich der Eifelkalkmulden nicht nachzuweisen und daher in ihrer Ausdehnung und Lage umstritten (vgl. den vorigen Abschnitt).

2. Lagunen (back reef): Zwischen einzelnen Riffkörpern oder zwischen Riff und Land finden sich flache Stillwasserbereiche, die örtlich in die Gezeitenzone hineinragen. Oft mag hier durch Eindampfung der Salzgehalt ansteigen. Die Lebensbedingungen sind für Tiere des offenen Meeres ungünstig, deshalb ist die Fauna sehr artenarm. Die wenigen Arten, die hier existieren können, treten massenhaft auf. Es finden sich hauptsächlich grabende Organismen (Würmer?) und Großostracoden der Gattung *Leperditia*. Charakteristische Gesteine sind die sog. Fettkalke; das sind sehr homogene, oft etwas tonige hell- bis mittelgraue Kalke, die scharfkantig oder schwach muschelig brechen. Sie zeigen häufig eine sehr regelmäßige Feinst-

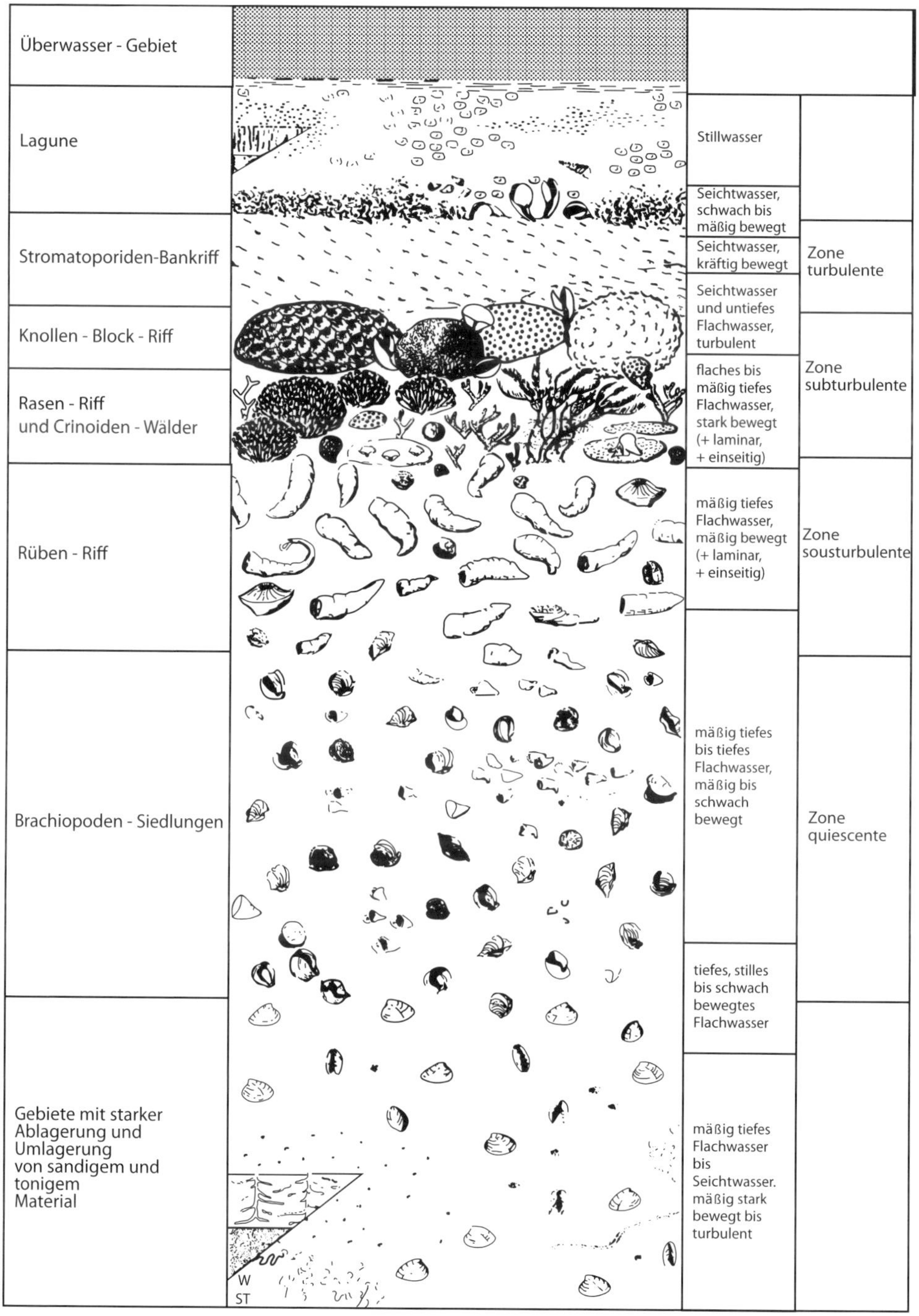

Abb. 38. Lebensräume während des Mitteldevons in der Zone der Eifelkalkmulden. Von links nach rechts: 1. Spalte: Lebensräume in Anlehnung an die Terminologie von WEDEKIND (1924); 2. Spalte: die wichtigsten Arten am Beispiel der späten Junkerberg-Zeit; 3. Spalte: Wassertiefe und -bewegung; 4. Spalte: Vergleich mit der von M. LECOMPTE für die Riffe der Ardennen gegebenen Einteilung der Lebensräume. STRUVE (1963).

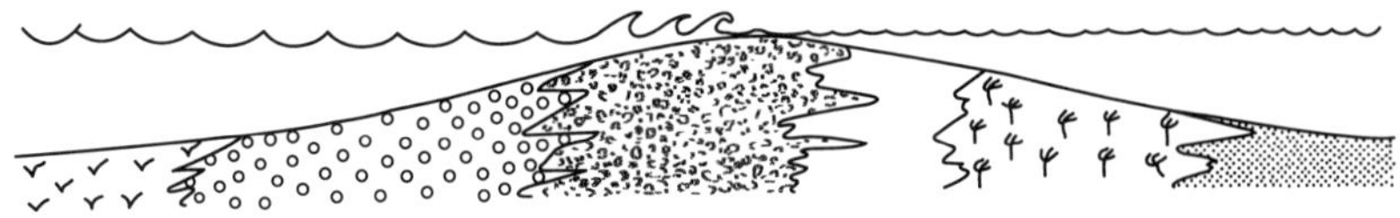

Abb. 39. Vereinfachtes Modell eines Bioherms aus dem Unteren Mitteldevon der Eifel im Bereich des Fazies-typs B der Abb. 37. FABER, VOGEL & WINTER (1977).

schichtung. In Annäherung an Riffe finden sich in schon stärker bewegtem Wasser etwas reichere Faunen; es können z. B. Stringocephalen, Schnecken und kleine hornförmige Korallen auftreten, abgesehen von Einschwemmungen von Schalen und Korallenbruchstücken aus dem Riffbereich.

3. Kompaktes Riff (central reef): Riffe mit starker Vertikalausdehnung (Stotzen) gibt es in der Eifel nicht, allenfalls Riffhügel von linsenförmigem Querschnitt (Bioherme). Einen schematischen Schnitt durch ein solches Bioherm hat FABER (in FABER, VOGEL & WINTER 1977) aufgrund von Mikrofazies-Untersuchungen entworfen (Abb. 39). Am häufigsten sind im Mitteldevon der Eifel aber flache ausgedehnte Riffdecken oder -Platten, also Biostrome. Dabei sind auf der dem Land bzw. der Lagune zugewandten Seite Stromatoporiden-Bankriffe ausgebildet, in seichtem Wasser, vielleicht sogar lokal mit periodischem oder episodischem Auftauchen. An der Seite zum tieferen Wasser hin bildet sich das Knollen-Blockriff, das aus großen kompakten Halbkugeln von tabulaten und rugosen Korallen sowie aus kissenförmigen oder kugeligen Stromatoporiden-Körpern aufgebaut wird. Das Wasser ist hier etwas tiefer, wenn auch immer noch stark bewegt. Zwischen den Riffpolstern siedeln auch vereinzelt Brachiopoden.

4. Rasen-Riff und Crinoiden-Wälder (fore reef): Es schließt sich vor dem Riff ein allmählich tiefer werdender Flachwasserbereich an, in dem wohl mehr laminare als oszillierende Strömung herrscht (das zeigen strömungsorientiert festgewachsene Brachiopoden z. B. der Gattung *Davidsonia*). Es entstehen hier Rasen von stängelig und ästig wachsenden rugosen und tabulaten Korallen, außerdem kleine Kugeln tabulater Korallen und lamellare bis flach fladenförmige Tabulatenkörper (*Alveolites*). Diese Zone ist der Hauptlebensraum der Crinoiden, die allerdings auch im Zentralriff und in tieferen Zonen vorkommen.

5. Rüben-Riff: Dieser tiefer auftretende Bereich hat noch gut durchlüftetes und mehr oder weniger gut durchlichtetes Wasser, das noch mäßig stark bewegt ist, vermutlich durch einseitig gerichtete Strömungen. Er stellt den Hauptlebensraum der großen bis mittelgroßen horn-, zylinder- oder rübenförmigen rugosen Einzelkorallen. Brachiopoden sind mäßig häufig, aber nur mit wenigen Arten.

6. Brachiopoden-Siedlungen: In noch größerer Tiefe bei mäßig bis schwach bewegtem, mäßig gut durchlüftetem Wasser findet sich der Hauptlebensraum der Brachiopoden, die deshalb hier meist arten- und individuenreich auftreten. Daneben kommen kleine hornförmige Korallen und Pantoffelkorallen (*Calceola*) vor.

7. In Gebieten mit starker Ablagerung und Umlagerung von sandigem oder tonigem Material, wie sie besonders im Faziesbereich A nach WINTER (vgl. vorigen Abschnitt) auftreten, dringt wenig Licht auf den Meeresboden. Außerdem setzen sich festgewachsene Tiere der Gefahr aus, unter Sand und Schlamm begraben zu werden, deshalb fehlen Korallen und Stromatoporiden und Brachiopoden. Es finden sich nur kriechende Lebewesen oder solche, die sich durch Graben wieder aus dem Sediment befreien können, wie wahrscheinlich einige Muschelarten und Würmer. Der Fossilinhalt ist im Wesentlichen auf Lebensspuren (z. B. *Lennea*) beschränkt.

Mit der Systematik und Ökologie der Korallen aus den Eifelkalkmulden hat sich besonders BIRENHEIDE (u. a. 1962, 1963, 1978) beschäftigt. G. BECKER (1981) zeigte, dass an verschiedene Biofazieszonen im Eifeler Korallenmeer bestimmte Ostracoden-Gemeinschaften gebunden sind. Vgl. zur Mikropaläontologie u. a. W. LANGER (1991).

3.7 Oberdevon

Eine vollständige Oberdevon-Folge, unten karbonatisch, in der Mitte klastisch, am Dach wieder karbonatisch, findet sich im Aachener Raum. In der Kalkmulden-Zone sind nur aus der Prümer Mulde oberdevonische Schichten bekannt. Sie sind unten ebenfalls karbonatisch und gehen dann in feinklastische Folgen über; die erhalten gebliebenen Schichten reichen nur bis in die Nehden-Stufe hinauf.

3.7.1 Oberdevon-Schichten an der Nordflanke des Venn-Sattels

Zu Beginn des Oberdevons setzen sich am Nordrand des Venn-Antiklinoriums die Riffkalkbildungen der Givet-Schichten weiter fort. Darüber liegen mehr klastische Einschaltungen. Das Devon schließt mit der Sedimentation von korallenreichen Kalken ab, die sich in das Unterkarbon hinein fortsetzt (Kohlenkalk). Oberdevonische Gesteine treten in einem durch Spezialfaltung verbreiterten Streifen innerhalb der Nordflanke des Venn-Sattels auf und in einer als Aachener Sattel bezeichneten Aufsattelung. Die Gliederung wird aus dem belgischen Gebiet übernommen. Danach wird der untere Teil, welcher der Adorf-Stufe entspricht, als Frasne-Stufe (auch Frasnes-Stufe, Frasnium) bezeichnet (nach der Ortschaft Frasne südlich von Brüssel), der obere Teil ausschließlich des oberdevonischen Kohlenkalkanteils als Famenne-Stufe oder Famennium (nach der Berglandschaft Famenne in Südbelgien). Die höchsten Partien der Oberdevon-Schichten, die in der Fazies des Kohlenkalks ausgebildet sind, werden als Strunium bezeichnet (lateinischer Name für die nordfranzösische Stadt Etroeungt). B. REISSNER (1990) hat das Aachener Oberdevon neu bearbeitet.

3.7.1.1 Frasne-Stufe

Riffkalke und „Grenzschiefer“

Wie bei der Besprechung der Oberen Givet-Schichten (3.5.1.2) schon angedeutet, liegt die Untergrenze des Oberdevons am Nordflügel des Venn-Sattels innerhalb einer etwa 250 m mächtigen Riffkalkfolge. Etwa in halber Höhe dieses Komplexes fand HOLZAPFEL (1895, 391) ein 2–4 m mächtiges Mergelschieferband mit oberdevonischen Fossilien, u. a. *Manticoceras intumescens* BEYRICH. Er vermutete die Mittel-/Oberdevon-Grenze unmittelbar darunter und nannte diese Schiefereinschaltung deshalb (1910, 28) „Grenzschiefer“ Es stellte sich jedoch später heraus, dass der darin häufige *Subquadriangulispirifer malaisi* (GOSSELET) nach der belgischen Gliederung bereits das Mittlere Frasnium (Assise de Frasne, F2a und F2b) kennzeichnet. Das bedeutet, dass ein Teil des Riffkalks unter dem Grenzschiefer schon ins Oberdevon gehört und das Untere Frasnium (Assise de Fromelennes, F1) vertritt. Conodontenfunde im Liegenden der Grenzschiefer bestätigen diese Einstufung (KREBS & ZIEGLER 1965, KASIG & NEUMANN-MAHLKAU 1969). W. SCHMIDT & SCHRÖDER (1962, 38) schätzen diesen oberdevonischen Riffkalkanteil auf 50 m Mächtigkeit, KASIG & NEUMANN-MAHLKAU (1969) nehmen für das Profil bei Walheim ca. 30 m an. Der über den Grenzschiefern liegende Anteil des Riffkalk-Komplexes wird von HOLZAPFEL (1910, 29) als „Frasne-Kalk“ bezeichnet. Im Aufbau des ganzen Riffkomplexes bildet die Mittel-/Oberdevon-Grenze keine Zäsur, deshalb sei auf den Abschnitt 3.5.1.2 verwiesen. Der oberdevonische Anteil am Riffkomplex einschließlich der Grenzschiefer beträgt im Profil Walheim – Friesenrath nach KASIG & NEUMANN-MAHLKAU (1969) 158 m.

Knollenkalke

Der Riffkomplex wird von einer Folge von mergeligen Schiefern mit Kalkknollen und Kalkbändern überlagert, die einen Übergang zu den Frasne-Schiefern bildet. Sie ist relativ reich an Korallen und Brachiopoden. Die Fauna spricht für eine Einstufung in das Mittlere Frasnium (F2). Die Mächtigkeit beträgt nach KASIG & NEUMANN-MAHLKAU (1969, 378) 40–50 m im Nordflügel des Venn-Sattels. Die Knollenkalke und die überlagernden Matagne-Schiefer fasste HOLZAPFEL (1910, 30) unter der Bezeichnung „Frasne-Schiefer“ zusammen.

Matagne-Schiefer

Die Knollenkalke werden von einer Folge von schwarzen, mürben Tonschiefern und mergeligen Schiefern mit dünnen Kalkbänken überlagert. In den Kalkbänken finden sich Korallen und Brachiopoden, in den schwarzen Schiefern kleinwüchsige Muscheln wie *Buchiola palmata* (GOLDFUSS), *B. retrostriata* (BUCH). Die Fauna erlaubt eine Einstufung in das Obere Frasnium (F3). Seit GOSSELET (1871, 296) werden diese Schichten „Assise de Matagne“ genannt, nach der Ortschaft Matagne-la-Grande in Südbelgien. Das Sediment entstammt einem lebensfeindlichen Stillwassermilieu ähnlich wie die gleichalten Goniatitenschiefer von Büdesheim in der Prümer Mulde (3.7.2.3). Diese Ähnlichkeit wird noch dadurch unterstrichen, dass im unteren Teil der Matagne-Schiefer südwestlich von Stolberg auch Kellwasserkalk-Bänke nachgewiesen werden konnten (KASIG 1974, 8; KASIG & SPAETH 1975, 7). KASIG & NEU-

MANN-MAHLKAU (1969) geben für die Matagne-Schiefer der Nordflanke des Venn-Sattels eine Mächtigkeit von 120 m an. Ob die durch ihre Thermalwasser-Führung berühmten „Quellenkalke" im Stadtgebiet von Aachen Ausläufer des oberen Massenkalks (3.5.1.2) sind oder Riffeinlagerungen in den Matagne-Schiefern, ist noch ungeklärt (vgl. KNAPP 1978, 57).

3.7.1.2 Famenne-Stufe

Famenne-Schiefer

Der Begriff „Famenne-Schiefer" wird schon bei HOLZAPFEL (1910, 34) verwendet. Die Folge besteht aus grauen und grünlichen mergeligen Tonschiefern mit Kalkknollen und Kalklagen. Sie sind sandiger und glimmerreicher als die Matagne-Schiefer und führen Brachiopoden (hauptsächlich Rhynchonelliden). Sie treten nicht nur in der Nordflanke des Venn-Sattels auf, sondern konnten von W. SCHMIDT (1951, 461) auch im Aachener Sattel nachgewiesen werden. Damit trifft die zuerst von HOLZAPFEL (1910, 34–35) geäußerte Vermutung nicht zu, dass im Aachener Gebiet zu dieser Zeit nur sandige Schichten abgelagert wurden und eine Abtrennung vom Condroz-Sandstein hier nicht möglich sei. Nach W. SCHMIDT & SCHRÖDER (1962) sind die Famenne-Schiefer etwa 100 m mächtig.

Cheiloceras-Kalk

Über den Famenne-Schiefern folgt ein Paket aus flasrigen Kalken und Kalkknollenschiefern, das durch seine roten Farben (daneben auch rosa und grünlich gefärbt) einen sehr guten Leithorizont abgibt. Er enthält die für die Cheiloceras-Stufe bezeichnenden Goniatiten, außerdem Nautiloideen und Brachiopoden. In Belgien verlieren sich die roten Farben. W. SCHMIDT (1951, 460) konnte den Cheiloceras-Kalk auch im Aachener Sattel nachweisen, wo er gut 8 m mächtig ist. Im Nordflügel des Venn-Sattels kann er nach SCHMIDT & SCHRÖDER (1962, 39) 20 m mächtig werden.

Meist wird der Cheiloceras-Kalk vom Condroz-Sandstein überlagert. An einigen Stellen, in Richtung W in zunehmendem Maße, schalten sich jedoch schiefrige Schichten ein, die den Famenne-Schiefern gleichen. Es ist dann zweckmäßig, diese Gesteine als Obere Famenne-Schichten, die in Abschnitt 3.7.1.2, Famenne-Schiefer, behandelte Folge als Untere Famenne-Schichten zu bezeichnen (KNAPP 1978, 58).

Condroz-Sandstein

J.B. OMALIUS D'HALLOY (1839) verwendete zuerst den Begriff „Psammites du Condroz" (nach der Landschaft in Belgien). MOURLON (1875, 648) stellte eine lithologische Gliederung auf, deren Schichtnamen er nach Orten aus dem Ourthe-Tal bei Lüttich wählte. Unsere Beschreibung stützt sich hauptsächlich auf SCHMIDT & SCHRÖDER (1962, 39–40).

Die unterste Einheit bilden die Esneux-Schichten. Sie bestehen aus dünnbankigen, harten, grünlichen, seltener blaugrauen, oft glimmerreichen Sandsteinen und Schiefern mit Einschaltungen roter Crinoidenkalke. In Belgien gibt es ein gleich altes Crinoidenriff, den „roten Marmor von Baelen" (DREESEN 1977). Gelegentlich sind in Sandsteinen über Schiefern große

	Biostratigraphische Gliederung in Belgien	Conodonten-Zonen		Dinant-Mulde- u. Weser-Massiv (Formationen)	Prüm	Aachen	Bergisch-Gladb.-Paffrather-Mulde	Stufen im Rechtsrhein. Schiefergebirge	
TOURNAISIUM		*sulcata*	cu I	Hastière		Tournaisium-Dolom.		cu I	
FAMENNIUM	Tn1a	*costatus*	do VI	Etroeungt		Strunium-Schichten	?	doVI	Wocklum
	Fa2d	*costatus*	do VI	Evieux		Evieux-Schichten	?	doVI	Wocklum
	Fa2c	*styriacus*	do V / doIV	Evieux / Montfort		Evieux-Schichten / Montfort-Schichten	?	do V / doIV	Dasberg / Hemberg
	Fa2b	*velifer*	doIII	Montfort / Souverain-Pré		Montfort-Schichten	?	doIII	Hemberg
	Fa2a	*marginifera* / *rhomboidea*	dollß	Souverain-Pré / Esneux	Neu-Oos→?	Esneux-Schichten / Cheiloceraskalk mit *Ch. subpartitum*	?	dollß	Nehden
	Fa1b	*crepida*	dollα	Mariembourg	Schwarzm.	Famenne-Schiefer mit *Camarotoechia triaequalis triaequalis*	Knoppenbießener Schichten mit *Ch. subpartitum* und *Torleyoceras curvispina*	dollα	Nehden
	Fa1a	*triangularis*	dollα	Senzeilles	Schwarzm.	Famenne-Schiefer mit *Camarotoechia triaequalis triaequalis*	Knoppenbießener Schichten mit *Ch. subpartitum* und *Torleyoceras curvispina*	dollα	Nehden
FRASNIUM		*gigas*	dolδ	Matagne / Barvaux	OK	Matagne-Schiefer	Sander-Schicht	dolδ	Adorf
	BOUCKAERT et al. 1968, DREESEN 1975	ZIEGLER 1971, SANDBERG & ZIEGLER 1973		BOUCKAERT et al. 1968, DREESEN 1976			JUX & KRATH 1974, JUX 1975		

Abb. 40. Korrelation des Famennium von Aachen mit dem in Belgien und der Paffrather Mulde. Nach KASIG, DREESEN & BOUCKAERT (1979, dort ergänzende Literaturangaben); für die Prümer Mulde nach CLAUSEN (1968). OK = Oberer Kellwasserkalk.

Sackungskörper (pseudo-nodules, Ballen- und Kissen-Strukturen) zu beobachten (D. RICHTER 1971, 65). Außer Crinoiden und Pflanzenhäcksel finden sich wenig Fossilien; Spuren von wühlenden Organismen sind häufig. Die harten Sandsteine werden vielfach als Bausteine abgebaut. Die Mächtigkeit der Esneux-Schichten beträgt am Venn-Sattel 150 m, im Aachener Sattel 100 m.

Es folgen die Montfort-Schichten, die aus dickbankigen, groben Kalksandsteinen bestehen. Im Nordflügel des Venn-Sattels sind Sackungserscheinungen, bankinterne Verfältelungen und andere Sedimentstrukturen bezeichnend, die z. T. auf die Wirkung von Gezeiten zurückgeführt werden. Die Mächtigkeit beträgt hier 200–300 m. Im Aachener Gebiet sind die Montfort-Schichten nur 180–200 m mächtig und stärker tonig sowie dünnplattiger als im Süden. Sie enthalten hier Lagen von Roteisen-Oolithen (R. WULFF 1923, 39). Die Montfort-Schichten sind relativ fossilreich: neben Muscheln und Brachiopoden finden sich aber auch Fische und Pflanzen (u. a. *Rhacophyton condrusorum* CREPIN), was auf Landnähe und vielleicht brackische Bedingungen hinweist.

Den obersten Teil des Condroz-Sandsteins bilden die Evieux-Schichten. Sie bestehen aus dünnplattigen Kalksandsteinen mit kieselig-kalkigen Einschaltungen, schiefrigen glimmerreichen Sandsteinen und sandigen Schiefern. Sackungsstrukturen und bankinterne Verfältelungen treten auch auf. Die Evieux-Schichten sind reich an Brachiopoden, Crinoiden, Fischen und Pflanzenresten. W. SCHMIDT (1956, 103) fand bei Krauthausen (Bl. 5203 Stolberg) eine *Oxyclymenia laevigata* (MÜNSTER), was eine Parallelisierung mit der Dasberg-Stufe (Oberdevon V) erlaubt. Im Nordflügel des Venn-Sattels sind die Evieux-Schichten 50–75 m mächtig, im Aachener Sattel nur 40–50 m.

3.7.1.3 Strunium (Unterer Kohlenkalk)

Mit dem Beginn der Kohlenkalksedimentation wird die küstennahe bis schwach-marine Fazies abgelöst von vollmarinen Bedingungen. Es lag nahe, die Devon-Karbon-Grenze zuerst an diesen markanten Gesteinswechsel zu legen. DANTZ (1893, 628) fand jedoch, dass der unterste Teil des Kohlenkalks noch sehr viele devonische Faunenelemente enthielt. Er trennte ihn als „Crinoiden-Kalk“ vom Rest des Kohlenkalks, den er „oberen Kohlenkalk“ nannte, ab, stellte den „Crinoiden-Kalk“ aber auch schon ins Karbon. HOLZAPFEL (1911a, 13) führte die Bezeichnung „Unterer Kohlenkalk“ ein. PAUL (1937, 22) setzte diese Schichten mit den belgischen „Sous-Assise de Comblain-au-Pont“ (nach einem Ort im Ourthe-Tal südlich Lüttich) gleich, welche die Etroeungt-Stufe (= Strunium) vertreten. Auf dem 2. Internationalen Karbon-Kongress in Heerlen 1935 wurde beschlossen, die Obergrenze des Devons zwischen die *Wocklumeria*- und *Gattendorfia*-Stufe der Goniatitengliederung zu legen; danach gehört das Strunium noch ins Devon (PAPROTH 1964).

Auch lithologisch lässt sich der Untere Kohlenkalk von den karbonischen Kohlenkalk-Anteilen unterscheiden, denn er bildet den Übergang zwischen deren rein karbonatischer Fazies und der terrigen beeinflussten klastischen Fazies des Condroz-Sandsteins. Er besteht nach SCHMIDT & SCHRÖDER (1962, 40) aus einer etwa 30 m mächtigen fossilreichen Wechselfolge von Mergeln, Mergelschiefern mit knolligen Kalklagen und festen Kalkbänken. Einen lokalen Leitwert hat die Koralle *Palaeosmilia aquisgranensis* (FRECH). In den Kalkbänken sind Stromatoporiden häufig. Eine ausführliche Faunenliste findet sich bei PAUL (1937, 24–25).

3.7.2 Oberdevon-Schichten der Prümer Mulde

Oberdevonische Sedimente ließen sich bisher nur im Kern der Prümer Mulde nachweisen. Wie in Kap. 3.5.2.6 erwähnt, ist es jedoch möglich, dass in der Dollendorfer und Sötenicher Mulde die mächtigen Dolomite der Muldenkerne ebenfalls oberdevonische Anteile enthalten, da beide Kalkmulden einen ähnlichen Tiefgang haben wie die Prümer Mulde.

In der Prümer Mulde kommen oberdevonische Schichten in zwei Teilmulden vor, die durch eine Achsenkulmination voneinander getrennt werden. Die südwestliche Teilmulde ist die Wallersheimer Mulde. Sie enthält fast nur die tieferen, kalkig-dolomitischen Partien des Oberdevons. Die nordöstliche Teilmulde ist die Büdesheimer Mulde. Sie ist breiter und tiefer und enthält daher auch die höheren, mehr schiefrigen Oberdevon-Anteile, die seit Beginn des 19. Jahrhunderts durch ihren Fossilreichtum berühmt sind.

3.7.2.1 Dachpartien des Schönecken-Dolomits und Wallersheim-Dolomit

Von REULING (in HAPPEL & REULING 1937, 36–37) wird die Mitteldevon/Oberdevon-Grenze zwischen Schönecken- und Wallersheim-Dolomit angenommen. Reste von *Stringocephalus burtini* DEFRANCE finden sich nach REULING in allen Teilen des Schönecken-Dolomits. STRUVE (1961a, 331) weist darauf hin, dass aus Belgien *Stringocephalus burtini* in Ablagerungen bekannt ist, die schon zum untersten Oberdevon gehören. Damit kann die Möglichkeit nicht ausgeschlossen werden, dass die höchsten Teile des Schönecken-Dolomits in das tiefste Oberdevon hinaufreichen.

Das Oberdevon-Alter des Wallersheim-Dolomits wird u. a. durch Funde von *Cyrtospirifer*-Formen belegt, die REULING zu *C. verneuili* (MURCHISON) stellt, während STRUVE (1964) sie vorläufig nur als *Cyrtospirifer* sp. sp. bezeichnet. Das Vorkommen des Brachiopoden *Warrenella* (= *Minatothyris*) *euryglossus* (SCHNUR) im oberen Teil des Wallersheim-Dolomits zeigt auch Oberdevon-Alter (Frasnium) an (VANDERCAMMEN 1957).

Eine genaue Beschreibung der Dolomite verdanken wir STRUVE (1964, 232–236): Der Schönecken-Dolomit ist im Durchschnitt viel dickbankiger als der fein plattige, oft mergelige Wallersheim-Dolomit. Allerdings gibt es in den obersten Partien des Schönecken-Dolomits auch feinschichtige Lagen, was eine Grenzziehung allein nach diesem Kriterium erschwert. Charakteristisch für den Wallersheim-Dolomit sind rötliche bis rötlichviolette Farben in den unteren Partien, ein geringerer Dolomitisierungsgrad und die Häufigkeit von *Crurithyris*? sp. Sowohl Schönecken- als auch Wallersheim-Dolomit enthalten Korallen- und Stromatoporiden-Rasen.

REULING (in HAPPEL & REULING 1937, 36) schlug folgende Gliederung für den Wallersheim-Dolomit vor:

Hangendes:	Oos-Plattenkalk
3. *Hypothyridina cuboides*.	
2. *Spirifer verneuili*.	
1. Korallen-Lager.	
Liegendes:	Schönecken-Dolomit.

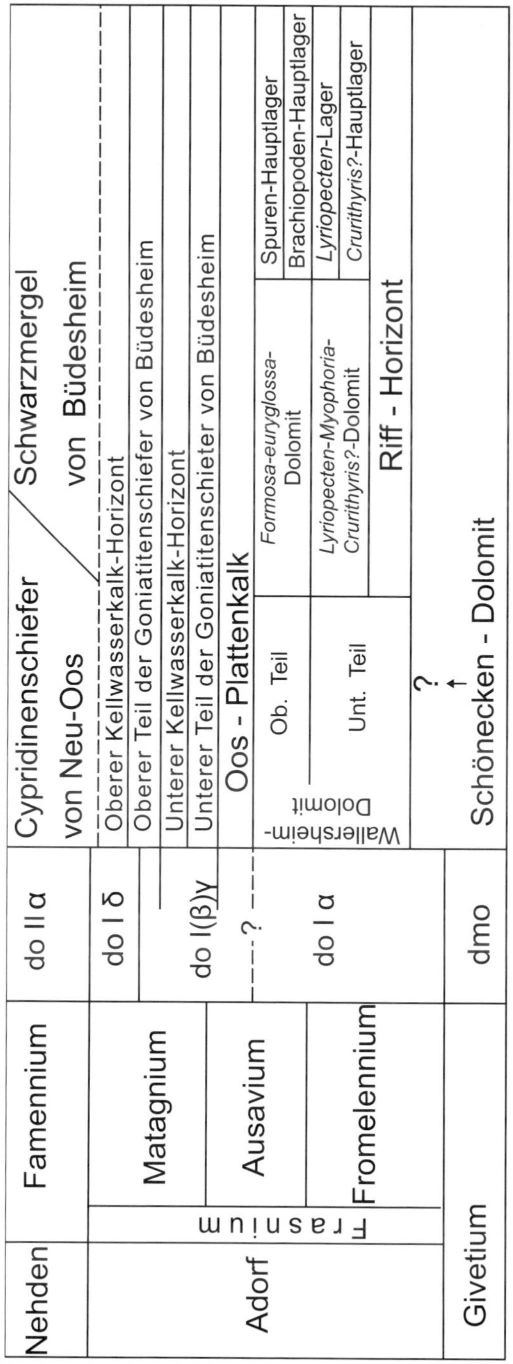

Abb. 41. Das Oberdevon in der Prümer Mulde, zusammengestellt nach CLAUSEN (1968), KREBS (1962) und STRUVE (1964).

Den untersten Horizont (Korallen-Lager) nennt STRUVE (1964, 234) Riff-Horizont: er wird aus gelblichen bis rostfarbenen oder grauen Dolomiten und dolomitischen Mergeln aufgebaut und stellt ein biostromatisches Riff dar. Dieses beginnt mit einem Rugosen-*Thamnopora*-Rasenriff, entwickelt sich zu einem Knollen-Blockriff mit Stromatoporiden und schließt oben wieder als Rugosen-*Thamnopora*-Rasenriff ab. Außer den Riffbildnern finden sich vereinzelte Ansammlungen von *Crurithyris*? und Schnecken. Die Mächtigkeit beträgt 6–8 m. Nach STRUVE dürfte der Riff-Horizont dem belgischen Fromelennium F1 b entsprechen.

Den Horizont 2 (*Spirifer verneuili*) von REULING nennt STRUVE (1964, 233) *Lyriopecten-Myophoria-Crurithyris?*-Dolomit. Dieser Horizont besteht aus bankigen bis dünnschichtigen grauen bis blassgelben Dolomiten bzw. dolomitischen Kalken und dolomitischen Mergeln, die durch rötliche Farben charakterisiert werden. Es lassen sich zwei Subhorizonte unterscheiden: der untere ist besonders reich an Brachiopoden und wird von STRUVE (1964, 234) als *Crurithyris*?-Hauptlager bezeichnet. Seine Mächtigkeit beträgt mindestens 3,5 m, vielleicht sogar bis 20 m. STRUVE vergleicht diesen Unterhorizont mit dem belgischen Fromelennium F1b-c. Der obere Subhorizont ist besonders reich an Lamellibranchiaten und wird von STRUVE (1964, 233) als *Lyriopecten*-Lager bezeichnet. Die häufigsten Muscheln sind *Lyriopecten neptuni* (GOLDFUSS) und *Myophoria transrhenana* BEUSHAUSEN. Die Mächtigkeit dieses Subhorizonts schätzt STRUVE auf 5–10 m. Er hält eine Parallelisierung mit dem belgischen Fromelennium F1c für möglich.

Den Horizont 3 (*Hypothyridina cuboides*) von REULING bezeichnet STRUVE (1964, 232) als *formosa-euryglossa*-Dolomit, da die bisher als *Hypothyridina cuboides* (SOWERBY) bestimmten Stücke aus diesem Horizont fast alle zu *Phlogoiderhynchus formosus* (SCHNUR) gehören. Die andere namengebende Brachiopodenart ist *Warrenella euryglossa* (SCHNUR). Besondere Ähnlichkeit sieht STRUVE zum belgischen Frasnium F2c, jedenfalls soll der Horizont nicht älter als F2a und nicht jünger als F2e sein. Eine Gliederung in zwei Subhorizonte führt STRUVE (1964, 232–233) durch: den unteren nennt er Brachiopoden-Hauptlager. Er besteht aus gelblichen bis rötlichen Dolomiten und dolomitischen Mergeln und ist reich an Brachiopoden. Die Mächtigkeit wird auf 4–5 m geschätzt. Der obere Subhorizont wird als Spuren-Hauptlager bezeichnet. Er besteht aus gelblichen bis rostgelben und auffallend dottergelben Dolomiten sowie gelbgrauen, dottergelben oder grünlichgrauen dolomitischen Mergeln. Charakteristisch sind meist dicke Grabgang-Ausfüllungen, die aus den weichen Schichten als Walzen herauswittern. Daran und an der dottergelben Farbe ist dieser mindestens 2–3 m mächtige Subhorizont gut zu verfolgen.

Man kann die dem belgischen Fromelennium äquivalenten Partien des Wallersheim-Dolomits (also die untersten beiden Horizonte) als „Unteren Teil des Wallersheim-Dolomits", die dem belgischen Frasnium bzw. dem Ausavium äquivalenten Teile (also den *formosa-euryglossa*-Dolomit) als „Oberen Teil des Wallersheim-Dolomits" bezeichnen (CLAUSEN 1968a, 226). Auf Grund von Conodontenfunden und dem Auftreten von mitteldevonischen Korallen gehört der unterste Teil der Wallersheim-Formation (Hengsbach-Subformation) nach M.C. GRIMM et al. (2008, 387) noch in das Givetium.

3.7.2.2 Oos-Plattenkalk

E. KAYSER (1871, 350) grenzte dieses Schichtglied zuerst unter der Bezeichnung „Plattenkalk" ab. REULING (1931, 272) führte den Namen Ooser Plattenkalk ein, nach dem Dorf Oos in der

Büdesheimer Mulde. Nach KREBS (1962, 212 und Taf. 24) lässt sich an der Straße Büdesheim – Lissingen und nordwestlich davon folgende Gliederung durchführen:

Hangendes:	Unterer Teil der Büdesheim-Goniatitenschiefer.
3. Oberer Teil: vorwiegend dickbankige, schwach spätige bis dichte Kalke mit Einlagerungen dunkler Tonschiefer.	
2. Mittlerer Teil: enge Wechsellagerung von dünnbankigen, plattigen, vorwiegend dichten Kalken mit schwarzen Tonschiefern; mindestens 15 m.	
1. Unterer Teil: vorwiegend dickbankige, vereinzelt massige, dichte bis spätige, z. T. detritisch-brekziöse Kalke mit zwischengelagerten schwarzgrauen Tonschiefern; 20 m.	
Liegendes:	*formosa-euryglossa*-Dolomit (Wallersheim-Dolomit).

Der durch den ständigen Wechsel zwischen hellgrauen Kalkbänken und dunklen Tonschiefern auffällige Sedimenttyp hat zu verschiedenen sedimentologischen Deutungen Anlass gegeben. Wenn auch dadurch ein erfreulich breites Spektrum von Faktoren in die Diskussion gelangte, befriedigt noch keines der neuen Sedimentationsmodelle restlos: KREBS (1962) sieht im Oos-Plattenkalk eine Übergangsbildung zwischen der rheinischen Fazies, welcher der Wallersheim-Dolomit angehört und der hercynischen Fazies, die sich in den Büdesheim-Goniatitenschiefern durchsetzt. Dabei sollen innerhalb der Kalk-Schiefer-Wechselfolge die Kalkbänke in flachem, gut durchlüftetem, bewegtem Wasser (rheinische Fazies), die Schiefer in schlecht durchlüftetem, strömungsarmem bis stillem Wasser (hercynische Fazies) gebildet worden sein. MEISCHNER (1964, 180–182) führt dagegen die Kalk-Ton-Wechselfolge auf Trübeströme (turbidity currents) zurück und sieht im Oos-Plattenkalk „eines der schönsten Beispiele für allodapische Kalke." Schließlich hat sich BÖGER (1966) erneut mit den Bildungsbedingungen der Plattenkalke beschäftigt. Er untersuchte die Ökologie der Fauna und die Sedimentpetrographie. Er fand relativ reichlich *Lingula konincki* SCHNUR in allen Sedimenttypen und schließt daraus auf Sedimentation im Flachwasser, ohne dass ein Wechsel zwischen tiefem („hercynischem") und flachem („rheinischem") Milieu stattgefunden haben muss. Das Gefüge der Kalkbänke zeigt nur wenig Gradierung, zwischen dem Bildungsmilieu der Kalke und dem der Schiefer besteht kein so starker Unterschied, wie es bei Kalkturbiditen der Fall sein müsste. Die Anlieferung von klastischem Material ist nach BÖGER im ganzen Profil qualitativ und quantitativ gleich, in den Kalkbänken ist die klastische Komponente nur durch erhöhte Kalksedimentation verdünnt worden. Deshalb soll das Modell der allodapischen Kalke nicht für den ganzen Komplex Gültigkeit haben, wenn auch nicht ausgeschlossen werden kann, dass einzelne Partien turbiditischer Natur sind. Der rhythmische Wechsel zwischen Peliten und Kalken geht nach der Ansicht von BÖGER auf ständigen Wechsel der physiko-chemischen Bedingungen im Meerwasser (der Fällungsbedingungen für Calciumcarbonat) zurück. Die Ursachen für diesen Wechsel bleiben weiterhin unbekannt. Dass die Küste nicht weit entfernt lag, zeigen größere Pflanzenreste (KRÄUSEL & WEYLAND 1937).

Die genaue stratigraphische Stellung des Oos-Plattenkalks hat KREBS (1962) mit Hilfe von Ostracoden und Conodonten fixiert. Ostracoden-Funde waren schon von MATERN (1929) bekannt gemacht worden. Besonders im mittleren Teil des Plattenkalks ist *Asteropyge (Asteropyge) supradevonica* (FRECH) häufig. Nach KREBS liegt die Grenze Wallersheim-Dolomit/Oos-Plattenkalk im Übergangsbereich zwischen to Iα und to I(β)γ. Die Obergrenze des Oos-Plattenkalks liegt innerhalb der Unterstufe to I(β)γ, in die der Goniatitenschiefer von Büdesheim noch hinabreicht. Die Obergrenze des Oos-Plattenkalks wird mit der Grenze zwischen den belgischen Unterstufen F2 (Assise de Frasnes) und F3 (Assise de Matagne) parallelisiert.

3.7.2.3 Goniatitenschiefer von Büdesheim und Kellwasserkalk

Die fossilreichen Schiefer im Hangenden des Oos-Plattenkalks wurden schon von F. ROEMER (1854, 649) als „Goniatiten-Schiefer" bezeichnet, ebenso von E. KAYSER (1871, 353), der auch die Bezeichnung „Büdesheimer Goniatiten-Schiefer" verwendet. BEUSHAUSEN (1896, 224) braucht für Äquivalente im Oberharz den Ausdruck „Büdesheimer Schiefer", da die klassischen Fundstellen südlich Büdesheim liegen. BEUSHAUSEN (1900a) hat zuerst innerhalb der Goniatitenschiefer dunkle, schwach bituminöse Kalke mit *Buchiola angulifera* (A. ROEMER) gefunden, die er mit dem Kellwasserkalk des Harzes (BEUSHAUSEN, 1900b, 157, nach dem Kellwassertal bei Altenau, Oberharz) verglich.

Es lassen sich zwei Kellwasserkalk-Horizonte unterscheiden. Der untere teilt den Goniatitenschiefer in einen unteren und oberen Teil, der obere schließt den Goniatitenschiefer nach oben ab. Der untere Kellwasserkalk besteht nach CLAUSEN (1966, 13) aus etwa 5 m mächtigen bituminösen Kalken ohne Makrofauna, dafür aber mit Conodonten, die nach W. ZIEGLER (in CLAUSEN 1966) eine Einstufung in das höhere to 1(β)γ erlauben. Den oberen Kellwasserkalk-Horizont beschreibt KREBS (1962, 221–223) von einem kurzfristig zugänglichen Aufschluss am Fahrweg zwischen Oos und Denkelseifen: er ist 2 m mächtig und besteht aus einer Wechselfolge von schwarzen bis schwarzgrauen Tonschiefern und dunkelgrauen, z. T. bituminösen Kalken. An der Basis finden sich brotlaibförmige fossilreiche Kalkknollen. Der obere Kellwasserkalk führt Goniatiten, Orthoceren, *Buchiola*, Ostracoden und Conodonten. Die Conodonten ermöglichen nach KREBS eine Einstufung in die Unterstufe to 1δ. An Bohrkernen konnte M.M. JOACHIMSKI (in GRIMM et al. 2008, 388, 389) die beiden Kellwasser-Niveaus an Kohlenstoff-Isotopen nachweisen, obgleich sie dort lithologisch nicht ausgeprägt waren.

Die Goniatitenschiefer bestehen nach KREBS (1962, 220–221) aus dunkelgrauen, gelbgrauen bis grüngrauen, gelblich bis weißgrau verwitternden, kalkigen, dünnblättrig bis kleinstückig zerfallenden mürben Tonschiefern. Eingeschaltet können dünne Kalkbänke sein, z. T. dolomitisch. Zu den Oos-Plattenkalken besteht ein lithologischer Übergang, d. h. die Kalkbänke nehmen zum Liegenden hin zu.

Die Mächtigkeiten der unteren und oberen Goniatitenschiefer lassen sich nicht fassen, da die weichen Schieferfolgen nur schlecht aufgeschlossen sind und Spezialfaltung und Schuppentektonik ein Extrapolieren der Mächtigkeiten aus der Ausstrichbreite unmöglich machen. Eine Wasserbohrung im Zentrum der Büdesheimer Schieferwanne NE' von Büdesheim hatte bei einer Endteufe von 165,4 m den Oos-Plattenkalk noch nicht erreicht (GEIB 1964, CLAUSEN 1968a, 227). Sie hat auch einen nicht näher abgegrenzten Anteil von Nehden-Schichten durchsunken, von denen CLAUSEN annimmt, dass sie in der Büdesheimer Mulde maximal etwa 50–60 m mächtig erhalten geblieben sind. Das Bohrprofil weist außerdem Spezialfalten auf, jedoch müssen die Goniatitenschiefer nach diesen Befunden erheblich mächtiger als 50 m sein.

Die berühmte Fauna der Goniatitenschiefer von Büdesheim besteht aus kleinwüchsigen pyritisierten Goniatiten, Orthoceren, Brachiopoden, Gastropoden, Lamellibranchiaten (besonders *Buchiola*-Arten), vereinzelten Crinoiden, Styliolinen und Ostracoden. Die Cephalopoden treten in den kalkigen Bänken zurück, dafür sind hier Ostracoden und Tentaculiten häufiger. Wenige m unter dem oberen Kellwasserkalk-Horizont konnte KREBS aus Kalkbänken eine Ostracoden-Fauna gewinnen, die sich in das to 1δ einstufen lässt.

Die Büdesheimer Goniatitenfauna hat CLAUSEN (1968b, 1969) monographisch bearbeitet, eine Liste der Begleitfauna findet sich bei CLAUSEN (1966, 38–40). Er hat auch die Frage untersucht, ob die Kleinheit der Goniatiten bedeutet, dass bei Büdesheim nur früh gestorbene

Jugendformen eingebettet wurden oder ob Kümmer- bzw. Zwergwuchs vorliegt: es zeigte sich, dass die allmähliche Verringerung der Septenabstände zu den Wohnkammern hin (sog. Alterslobendrängung) dafür spricht, dass etwa 90% der Büdesheimer Formen ausgewachsen waren; das zeigen auch charakteristische Veränderungen an den Endwohnkammern. Es findet sich außerdem eine sog. primäre Lobendrängung, d. h. der Abstand der Septen ist schon von den Anfangskammern an viel geringer als bei normalwüchsigen Exemplaren. Die Büdesheimer Goniatiten sind also als Kümmerfauna einzustufen. Gleiches dürfte auch für die anderen Tiergruppen gelten, von denen ja auch fast nur kleinwüchsige Formen zu finden sind. Der Zwergwuchs setzt relativ plötzlich mit der Ablagerung der Goniatitenschiefer ein, in der Größe vermittelnde Übergangsformen zu denen des Plattenkalks fehlen. Die Lebensbedingungen im Ablagerungsraum sind also für die Kleinwüchsigkeit der Fauna verantwortlich: wir haben es mit Stillwasser-Fazies in einer Lagune oder einer vom offenen Meer zeitweilig abgeschnürten Bucht zu tun. Mit dem Einschwemmen der Tontrübe ist vielleicht Aussüßung erfolgt, so dass herabgesetzter Salzgehalt die Kleinwüchsigkeit verursachte. Es ist aber auch möglich, dass es in der Lagune zur Eindampfung kam, der Salzgehalt also über die normalen Werte stieg; das hätte den gleichen schädigenden Einfluss auf die Fauna. In dem strömungslosen Becken kam es am Boden vielleicht zu reduzierenden Bedingungen und einer Vergiftung durch Schwefelwasserstoff, dafür spricht der Pyritreichtum der Schiefer. Welcher dieser schädigenden Faktoren in dem Büdesheimer Becken der wichtigste war, lässt sich nicht rekonstruieren.

Für Landnähe spricht ein 68 cm langes Stammstück von *Callixylon schmidti* KR. & WEYL., das in den Goniatitenschiefern gefunden wurde (KRÄUSEL & WEYLAND 1937). Die Fazies von Büdesheim ist der der gleich alten Matagne-Schiefer Belgiens und der Nordeifel vergleichbar (3.7.1.1, Matagne-Schiefer).

3.7.2.4 Neu-Oos-Formation

Schon E. KAYSER (1873) fand nordöstlich von Oos Schiefer mit *Entomozoe (= Cypridina) serratostriata* (G. SANDBERGER) und *Posidonia venusta* MSTR., die er in das Hangende der Goniatitenschiefer von Büdesheim stellte und mit dem Unteren Famennien parallelisierte. Diese Einstufung ist in der Folgezeit nicht beachtet worden. Erst nachdem 90 Jahre später KREBS (1962) durch weitere Ostracodenfunde und Conodonten die Einstufung KAYSERs bestätigen konnte, hat sich die Erkenntnis durchgesetzt, dass über den Goniatitenschiefern von Büdesheim noch Schichten erhalten geblieben sind, die zum größten Teil in die Nehden-Stufe (also das Untere Famennien) zu stellen sind. Um Verwechslungen mit dem Oos-Plattenkalk zu vermeiden, schlägt STRUVE (1964, 231) vor, diese Schichten nach Neu-Oos (auf älteren Karten Neuscheuern) zu benennen.

Fossilinhalt und Fazies beschreibt CLAUSEN (1968a): danach dauert die Stillwasserfazies der Goniatitenschiefer auch jetzt noch an. Die Schichten im Hangenden der Goniatitenschiefer treten in zwei Ausbildungen auf, nämlich in der Fazies der Schwarzmergel von Büdesheim und in der Fazies der Cypridinenschiefer von Neu-Oos (CLAUSEN 1968a, 225–226; GRIMM & ROTHAUSEN 1992). GRIMM et al. (2008) fassen die Büdesheim-Schwarzmergel und die Cypridinenschiefer von Neu-Oos als Neu-Oos-Formation zusammen. Die Cypridinenschiefer-Fazies herrscht im nördlichen Teil der Büdesheimer Mulde vor, also in der Umgebung von Oos, die Schwarzmergel-Fazies im Süden, also in der Umgebung von Büdesheim. Die Cypridinenschiefer bestehen aus eintönigen, grüngrauen feinsandigen Tonschiefern; Mergel und

Kalklinsen sind selten. In der Fauna fällt der Reichtum an Ostracoden auf, außerdem finden sich Cephalopoden, Muscheln, Schnecken und Brachiopoden, z. T. als Kümmerformen. Die Schwarzmergel bestehen aus bituminösen dunkelgrauen bis schwarzen Mergeln mit Kalkbänken und Kalklinsen, die von Pyritschnüren durchzogen sind. Der Kalkgehalt ist jedoch geringer als in den Goniatitenschiefern. Die Fauna ist reicher als in den Cypridinenschiefern und besteht hauptsächlich aus Cephalopoden, Schnecken und Muscheln; Brachiopoden sind selten, Ostracoden nicht so häufig wie in den Cypridinenschiefern. Auffallend sind relativ viele Goniatiten, Bactriten und Orthoceren, die nach CLAUSEN noch nicht ausgewachsen waren, als sie eingebettet wurden. Sie sind offenbar von günstigeren Biotopen eingeschwemmt worden oder aus höheren Wasserschichten in die sauerstoffarmen Bodenregionen gelangt und hier zugrundegegangen.

Nach KREBS (1962) und CLAUSEN (1966) ist nicht auszuschließen, dass die tiefsten Teile der Cypridinenschiefer bzw. der Schwarzmergel noch in den höchsten Abschnitt der Adorf-Stufe (also das to Iδ) hinabreichen. Beweise durch die Fauna fehlen bislang. Es haben sich auch in der Fauna bisher keine Hinweise dafür finden lassen, dass die höchsten Partien noch in die Unterstufe to IIß hinaufreichen. Damit muss auch offen bleiben, ob die Cypridinenschiefer bzw. die Schwarzmergel das gesamte to IIα umfassen oder nicht. Die Mächtigkeit des heute noch erhaltenen Teils der Nehden-Schichten schätzt CLAUSEN auf 50–60 m. Wie im vorigen Abschnitt erwähnt, hat die tiefe Wasserbohrung nördlich von Büdesheim auch Nehden-Schichten erbohrt.

3.8 Devonischer Vulkanismus

3.8.1 Tuffite im Unterdevon (außer Heisdorf-Schichten)

In den Singhofen-Schichten des Unter-Ems lassen sich im Gebiet der Untermosel bis 30 cm dicke Tuffitlagen nachweisen, die mit den sog. Porphyroidtuffiten der Singhofen-Schichten des Mittelrheins und des Taunus parallelisiert werden (GERHARD 1966, LANGSDORF 1974, QUIRING 1936a). Eine genaue Beschreibung dieser stark zersetzten Tuffite, die wohl ursprünglich keratophyrische Zusammensetzung gehabt haben und deren Ausbruchszentren im Taunusgebiet oder östlich davon zu suchen sind, wurde schon in Kap. 3.3.5.1 gegeben. Es sei außerdem auf die eingehende Beschreibung durch KIRNBAUER (1986) hingewiesen. Westlich von Cochem ist bisher kein Vorkommen bekannt geworden, ebenfalls nicht auf der Nordflanke des Osteifeler Antiklinoriums.

Von der Moselmulde beschreibt G. MARTIN (1960, 184) aus den Schichten der Rötelgallen-Fazies (Oberemsium, vgl. 3.3.3.2) zwei 1 m dicke Lagen von Keratophyr-Tuffiten dicht unter den Eisenerzflözen, die von der Grube „Schweicher Morgenstern" abgebaut wurden, von einer Stelle nahe der alten Schweicher Moselbrücke. Die Mächtigkeit spricht für nahegelegene Eruptionszentren, deshalb ist die Möglichkeit zu erwägen, dass der hohe Eisengehalt dieser Folge vielleicht auf durch den Vulkanismus bedingte submarin-exhalative Eisenzufuhr zurückgeht. Aus Kieselgallen-Schichten der Olkenbacher Mulde erwähnt SOLLE (1976, 194) Vorkommen von im Sediment verstreuten Tuffkörnern (Sporn der Alfstraße nordwestlich Olkenbach, 300 m talabwärts der Kraulsmühle).

Wie in Abschnitt 2.5.4 erläutert wird, ist nach radiometrischen Datierungen wahrscheinlich, dass zumindest ein Teil der bisher als prädevonisch angesehenen Eruptiva im Hohen-Venn-Massiv unter- bis mitteldevonisches Alter haben.

3.8.2 Tuffite in den Eifelkalkmulden

Der erste, lange nicht beachtete Hinweis auf Tuffitlagen in Gesteinen der Eifelkalkmulden stammt von BREDDIN (1937, 601). Er beschrieb aus Heisdorf-Schichten vom NW-Flügel der westlichen Sötenicher Mulde eine „eigenartige, etwa 10 cm starke, völlig zu weißem Ton verwitterte Schicht, die den Eindruck eines verwitterten Keratophyrtuffs macht“ und parallelisierte sie mit dem Keratophyrtuff Kt 4 des Sauerlandes.

Eingehend hat sich J. WINTER mit den Tuffiten im Devon der Eifelkalkmulden beschäftigt: er fand 1961 in Eifel-Schichten der Gerolsteiner Mulde cm- bis dm-dicke Lagen von gelb-weißen tonartigen Sedimenten. Seine Vermutung, dass es sich dabei um zersetzte vulkanische Aschen handle, konnte er durch Untersuchung von Mineralbestand und Gefüge bestätigen (WINTER 1969a), nachdem er in Mittel- und Oberdevon-Schichten zahlreiche weitere solcher tonigen Lagen entdeckt hatte. Er stufte diese vertonten Aschen als Bentonite ein. Die Bentonithorizonte haben sich inzwischen als ein wichtiges Hilfsmittel zur stratigraphischen Korrelation erwiesen. Aufgrund der Spurenelement-Verteilung und von Unterschieden in der Morphologie von Zirkonen in den einzelnen Bentonitlagen konnte diese Tephrostratigraphie inzwischen auch auf das belgische Devon und das rechtsrheinische Schiefergebirge ausgedehnt werden (WINTER 1977, 1981, 1997, 2001).

Die einzelnen Tuffitlagen treten oft in dichter Folge, nur durch dezimeterdicke Sedimentlagen voneinander getrennt, auf. Solche Tuffitgruppen werden durch Namen gekennzeichnet, die zu den stark faziesabhängigen stratigraphischen Horizont-Bezeichnungen Distanz halten. Welche Distanz kann größer sein als die zu den Fixsternen? WINTER (1969a, 433) schlägt deshalb vor, die einzelnen Tuffite bzw. Tuffitgruppen mit den lateinischen Namen der Sternbilder zu benennen, wobei die Anfangsbuchstaben der Tuffitnamen mit denen der Schichten, in denen sie auftreten, übereinstimmen (z. B. Libra- und Lynx-Tuffitgruppe in den Lauch-Schichten); eine Ausnahme bilden die Nohn-Schichten.

Innerhalb der Kalkmuldenzone sind die Bentonitvorkommen in den südlichen Kalkmulden sehr viel häufiger als in den nördlichen Mulden, aus denen nur sporadische Funde vorliegen. Nach WINTER (1969a, 431) ist die Abnahme der Bentonitlagen in nördlicher Richtung auf die Wirkung der Mitteleifelschwelle zurückzuführen, auf der weniger sedimentiert wurde und daher die Erhaltungsbedingungen für Aschenlagen schlechter waren als im ruhigeren Sedimentationsraum der südlichen Mulden. Systematische Mächtigkeits- oder Korngrößenänderungen etwa in Annäherung an Eruptionszentren lassen sich in der Eifel nicht feststellen. Es liegt nahe, die Tuffite von dem gleichzeitigen Keratophyr-Vulkanismus des rechtsrheinischen Schiefergebirges herzuleiten. Jedoch zeigen die Spurenelement-Gehalte, dass zumindest die Tuffe der Horologium- und Libra-Gruppe (Heisdorf- und Lauch-Schichten) in Belgien und in der Eifel aus gleichen Eruptionszentren stammen, damit kommen hier auch Vulkane etwa im Bereich des Nordkontinents in Betracht (WINTER 1977, 165).

Die Bentonitlagen sind durchschnittlich zwischen 5 und 20 cm mächtig. Von Störungsletten und vertonten Bodenbildungen unterscheiden sie sich im Gelände durch ihre konkordante Lage im Schichtverband. Das leuchtend gelbweiße bis schwach grünliche Material ist noch quellfähig. Nach WINTER (1969a) sind unter dem Mikroskop Reste vulkanischer Gläser erkennbar sowie Quarz, Feldspat, Biotit, Chlorit, Erz, Rutil, Apatit, Zirkon, Turmalin. Neugebildete Tonminerale sind hauptsächlich Montmorillonite, daneben Illite, untergeordnet auch Kaolinite. Als Ausgangsmaterial kommen wahrscheinlich keratophyrische Aschen in Frage.

Aus den Heisdorf-Schichten stammt der schon erwähnte, durch BREDDIN (1937) beschriebene Tuffit aus der westlichen Sötenicher Mulde. WINTER (1969a, 434) fasst ihn mit begleitenden Tuffitlagen in den untersten Metern der Heisdorf-Schichten unter dem Begriff Hydra-Gruppe zusammen. Die Richtschnitte in der Prümer und Gerolsteiner Mulde reichen im Profil nicht tief genug hinab, um diese Tuffit-Gruppe zu erschließen (WERNER & WINTER 1975, 340). Zwei Bentonitlagen im Grenzbereich von Mittleren zu Oberen Heisdorf-Schichten (nach der Gliederung von STRUVE 1961a) bezeichnet WINTER als Hercules-Gruppe. Unmittelbar unter der Grenze zu den Lauch-Schichten treten die 3 Bentonitlagen der Horologium-Gruppe auf. Ihre stratigraphische Position entspricht der des sauerländischen Kt6-Tuffkomplexes. Jedoch macht die Spurenelement-Verteilung der Horologium-Tuffe (und der Libra-Tuffe) der Eifel und Belgiens eine Herkunft von W wahrscheinlich (s. o., WINTER 1977, 165).

Die Libra-Tuffitgruppe ist im Niveau des Wolfenbach-Horizontes der Lauch-Schichten zu finden. An der Grenze von Wolfenbach- zu Dorsel-Horizont fand sich in den Richtschnitten von Wetteldorf und Dingdorf (Prümer Mulde) die Bentonitlage Lynx (WINTER 1969a, 438; WERNER & WINTER 1975, 348).

Aus der Olkenbacher Mulde erwähnt SOLLE (1976, 194) mehrere 6–15 cm dicke Tonlagen, die wahrscheinlich ebenfalls verwitterte Tuffite darstellen. Sie fanden sich an drei Stellen in Wissenbach-Schiefern des mittleren Kondelwaldes und könnten den Tuffiten aus den Lauch-Schichten entsprechen.

Aus den Nohn-Schichten der Prümer, Gerolsteiner und Hillesheimer Mulde gibt WINTER (1969a, 438) folgende Tuffitgruppen an:

Crater-Gruppe: im Hundsdell-Horizont.

Caelum: im Übergangsbereich Hunnertsberg-/Dankerath-Horizont; Position noch fraglich.

Cygnus-Gruppe: im mittleren Hunnertsberg-Horizont.

Circinus: im Übergangsbereich Schleit-/Schmitzbach-Horizont.

Columba: im Übergangsbereich Weilersbach-/Schleit-Horizont.

In den Ahrdorf-Schichten treten nach WINTER (1969a, 441) folgende Tuffgruppen auf:

Aries-Gruppe: im Grenzbereich Betterberg-/Niederehe-Folge.

Auriga-Gruppe: im hohen Flesten-Horizont.

Apus-Gruppe: im tiefen Flesten-Horizont.

Ara: im Köll-Horizont.

Aquila-Gruppe: im Übergangsbereich Bildstock-/Köll-Horizont.

In der Gerolsteiner Mulde ist eine stratigraphische Korrelierung des Bereiches der Ahrdorf-Schichten (Gees-Schichten) mit den Nachbarmulden erst mit Hilfe der Tuffit-Stratigraphie möglich geworden (WINTER 1969a, 441–443). Die Tuffe der Ahrdorf-Schichten finden sich nicht nur in den südlichen Mulden, sondern auch in der Dollendorfer, Blankenheimer und Rohrer Mulde. Nach der Anzahl der Tuffitbänder scheint der Vulkanismus zu dieser Zeit ein Maximum gehabt zu haben.

In jüngeren Mitteldevon-Schichten sind bisher keine Bentonite gefunden worden. Das muss nicht allein Nachlassen der vulkanischen Tätigkeit bedeuten, sondern kann außerdem auf die ungünstigeren Erhaltungsbedingungen für feinkörnige Aschen während dieser Zeit zurückgehen, z. B. auf die Zunahme von Riffbildungen. Darüber hinaus hat die Dolomitisierung, die große Teile der Eifel- und Givet-Schichten erfasst hat, vielleicht vorhandene Tuffitlagen unkenntlich gemacht.

Erst im oberdevonischen Oos-Plattenkalk am NE-Ende der Büdesheimer Mulde fanden sich am S-Hang des Ammelsbüsch mehrere Tuffitlagen (WINTER 1969a, 444–445), und zwar im unteren Teil des Plattenkalks der Perseus-Bentonit, etwa 50 m höher im Profil (mittlerer bis oberer Teil des Plattenkalks) die Pegasus-Gruppe und im Übergangsbereich zu den Goniatitenschiefern von Büdesheim der Phoenix-Bentonit.

3.8.3 Ergussgesteine

Im Gebiet der unteren Mosel werden die Ems-Schichten von einigen Diabasgängen durchschlagen. QUIRING (1936a, 13) erwähnt von Bl. 5610 Bassenheim zwei bis zu 5 m mächtige Diabasgänge beiderseits des Belltals südlich Wolken und einen 0,75 m mächtigen Diabasgang vom N-Hang des Keverbachtals südwestlich des Deicherhofes. Diese Gänge folgen ungefähr den Schieferflächen. An Rollstücken ließen sich im Raum Kobern weitere Vorkommen lokalisieren. Vom Gülser Mühltal und den Moselhängen von Winningen (Bl. 5611 Koblenz) erwähnen SCHMIERER & QUIRING (1933, 16) stark zersetzte Diabasvorkommen, die so klein sind, dass sie auf der Karte nicht dargestellt werden konnten. Auf Bl. 5710 Münstermaifeld findet sich ein Diabasgang am E-Hang der Wandlei gegenüber von Oberfell. In Analogie zum Vulkanismus des Lahngebietes, dessen westlichste Ausläufer diese Vorkommen wohl bilden, ist vielleicht oberdevonisches bis unterkarbonisches Alter anzunehmen.

Das dürfte auch für den Schwarm von gangartigen Diabasvorkommen gelten, der die Moselmulde im Trierer Raum begleitet. Einige solcher Vorkommen finden sich auch in dem Hunsrückschieferareal zwischen Wittlicher Senke und Moseltal (vgl. 13.6). Aus dem Ober-Ems-Areal bei Schweich gibt MARTIN (1979) „Keratophyr-Gänge“ an. In den Rotliegend-Konglomeraten der Wittlicher Senke kommen auch Diabasgerölle vor (LEPPLA 1925, SOLLE 1976).

3.9 Die devonischen Dolomite der Eifel

In jeder der Eifelkalkmulden sind mehr oder weniger große Teile der karbonatischen Sedimente dolomitisiert. Die Entstehung dieser Dolomite wird seit Beginn des vorigen Jahrhunderts (V. BUCH 1824) diskutiert. Über die verschiedenen Hypothesen, die im Laufe der Zeit aufgestellt wurden, berichtet D.K. RICHTER (1974, 8–11) ausführlich, auf diese Zusammenstellung sei hier verwiesen. Von den älteren Arbeiten, die sich ausschließlich mit dem Dolomit-Problem beschäftigten, seien hier nur genannt: QUIRING 1913, WILCKENS 1929, REULING 1931, MÜLLERS 1930, STRUVE 1952. Dabei werden immer wieder die folgenden beiden Modelle diskutiert: eine schichtgebundene frühdiagenetische Dolomitisierung noch unter dem Einfluss des Devonmeeres einerseits und eine sekundäre Dolomitisierung an einer permisch-alttriadischen Landoberfläche anderseits. Es stellte sich mit fortschreitender Erforschung der Kalkmulden heraus, dass in der Eifel beide Modelle der Dolomitentstehung nebeneinander verwirklicht sind, dass es also sowohl schichtgebundene Dolomitkörper gibt als auch diskordante sogenannte Geländedolomite.

Durch eine Kombination von Geländeaufnahmen mit petrographischen, röntgenographischen und chemischen Untersuchungen konnte D.K. RICHTER (1974) die Entstehung der Dolomite der Eifel rekonstruieren. Wir stützen uns im Folgenden auf diese Arbeit:

Die meisten der Dolomitareale lassen ausgedehnte Dolomitkörper erkennen mit einem vollkommen dolomitisierten Zentralbereich, der also ein geschlossenes Dolomitgefüge hat und einem Saum, in dem der ursprüngliche Kalk noch teilweise erhalten ist, der damit ein offenes Dolomitgefüge aufweist. Selten finden sich auch einzelne Dolomitkristalle in Kalken, ohne dass sie sich zu Dolomitkörpern zusammenschließen (Fleckendolomit). Bei den Dolomitkörpern gibt es zwei Typen: die an die Schichtenfolge gebundenen Dolomite und die an eine permotriadische Morphologie gebundenen Dolomite (Geländedolomite). Dass zumindest ein großer Teil der Dolomite schon vor dem Perm entstanden ist, zeigen die Dolomitgerölle in permischen Konglomeraten (S. 236, 238). Auf die schichtgebundenen Dolomite soll hier etwas näher eingegangen werden.

3.9.1 An die Schichtenfolge gebundene Dolomitkörper

Hier gibt es in der Eifel zwei große Dolomitkörper von unterschiedlichem stratigraphischem Niveau: den Munterley-Dolomit im Grenzbereich Eifel-/Givet-Stufe und den Schönecken-Dolomit im höheren Teil der Givet-Stufe. Beide Dolomitkörper haben eine annähernd zeitgleiche Obergrenze, aber eine sehr unregelmäßige Liegendgrenze. Sie sind an Stromatoporiden-Korallen-Biostrome gebunden, deshalb spricht D.K. RICHTER auch von „Biostromdolomit-Typen“.

Das für die Dolomitbildung erforderliche Magnesium stammt aus dem Wasser des Devonmeeres. In Auftauchperioden oder bei Wechsel von Überflutung und Trockenfallen, wie er im Gezeitenbereich auftreten kann, reichert sich der Magnesiumgehalt in den Restpfützen und im Porenwasser an. Diese Mg-reiche Lösung reagiert mit dem Calcit der Riffbauten oder mit dem Kalkschlamm und wandelt ihn in Dolomit um. In Abhängigkeit vom Porengefüge dringt diese Dolomitisierungsfront verschieden tief in das Gestein ein, reicht deshalb in den locker gebauten Riffkörpern am tiefsten hinab. Die Dolomitisierung erfolgte, bevor die Diagenese abgeschlossen war (RICHTER 1974, 9: „während der frühen Spätdiagenese“). Etwa zum gleichen Zeitpunkt bilden sich in vielen Dolomitkörpern auch authigene Quarzkristalle (D.K. RICHTER 1971).

3.9.1.1 Schönecker Dolomit i. w. S.

In der Prümer Mulde stellen Schönecken- und Wallersheim-Dolomit einen großen Dolomitkörper dar, der von D.K. RICHTER (1974, 12) als „Schönecker Dolomit i.w.S." bezeichnet wird. Der Oos-Plattenkalk bildet das Hangende dieser Dolomitplatte, die in der Prümer, Gerolsteiner, Hillesheimer, Dollendorfer, Blankenheimer und Sötenicher Mulde jeweils den Muldenkern bildet. Die für die Dolomitgenese notwendigen Auftauchvorgänge, zumindest bis in den Gezeitenbereich hinauf, müssen nach RICHTER während der Ablagerung des Wallersheim-Dolomits erfolgt sein. Vielleicht kann man in den an Grabgängen reichen Mergeln am Dach des Wallersheim-Dolomits (Spuren-Hauptlager, vgl. 3.7.2.1) Wattensedimente sehen. Mit der Ablagerung des Oos-Plattenkalks senkte sich der Bereich ab, und die deszendente Dolomitisierung kam zum Stillstand. Durch die Auflast der sich nun bildenden Sedimente wurden stellenweise die Mg-reichen Porenlösungen aus den Dolomiten nach oben gedrückt, so dass in geringem Umfang auch eine aszendente Dolomitisierung erfolgte.

3.9.1.2 Munterley-Dolomit

Den Namen (in der Schreibweise „Munter-Lei-Dolomit") schlug D.K. RICHTER (1974, 13) vor, nach dem Dolomitmassiv nördlich von Gerolstein. Damit wird eine Dolomitplatte im Grenzbereich Eifel-/Givet-Stufe bezeichnet. Sie tritt in der östlichen Prümer Mulde auf (Schwirzheimer Dolomit, REULING 1931), in der westlichen Gerolsteiner Mulde (Auburg-Dolomit, KRÖMMELBEIN 1957) und in der westlichen Hillesheimer Mulde (Loogher Dolomit, E. SCHULZ 1883). Die Dolomitplatte wird von dem nicht mehr dolomitisierten Wotan-Horizont der Loogh-Schichten überlagert. Neben dem untersten Teil der Loogh-Schichten (Teile des Wotan-Horizonts) sind die Ahbach-Schichten teilweise dolomitisiert und der obere Teil der Freilingen-Schichten (Nollenbach-Horizont). Die für die Dolomitentstehung notwendigen Auftauchvorgänge müssen hier hauptsächlich während der Zeit der Ahbach-Schichten stattgefunden haben. Schwer vereinbar mit dem RICHTERschen Modell ist jedoch die Tatsache, dass alle Aufschlüsse von Ahbach-Schichten im Bereich der Munterley-Dolomitisierung Mergel-Kalk-Wechselfolgen zeigen, die eher für tiefere und ruhige Ablagerungsbedingungen sprechen als für Auftauchbereiche. Es fanden sich allerdings in den Freilingen-Schichten der westlichen Gerolsteiner Mulde Anzeichen für Sedimentationsunterbrechungen mit Aufarbeitungshorizonten (3.4.2.6, Gerolsteiner Mulde). Damit wird hier eine Schwelle wahrscheinlich gemacht, und es ist denkbar, dass dabei größere Areale zeitweise in den Gezeitenbereich gelangten, wo die Dolomitisierung vor sich gehen konnte.

Aus der Blankenheimer Mulde werden von OCHS & WOLFART (1961) auch annähernd schichtgebundene Dolomite in etwa gleich alten Schichten (Pierensberg-Horizont der Ahbach-Schichten) beschrieben.

4. Karbon

Während des Unterkarbons liegen große Teile der Eifel im Bereich einer ausgedehnten Karbonatplattform, das Gebiet gehört also zum Faziesbereich des Kohlenkalks. Da karbonische Schichten nur nördlich des Venn-Sattels aufgeschlossen sind, ist nicht bekannt, ob diese Karbonatplatte das ganze Eifelgebiet bis zur Mosel bedeckt hat.

Während des Oberkarbons gehört der NW-Rand der Eifel zur subvariszischen Vortiefe, in der klastische Sedimente mit Kohlenflözen im Wechsel zwischen Land- und Meereinflüssen zur Ablagerung kamen. Der Südteil dieser Vortiefe (Inde-Mulde, Südteil der Wurm-Mulde) wird gegen Ende des Oberkarbons gefaltet (Asturische Faltung). Im Eifelgebiet südlich der Vortiefe hat die Deformation und Hebung wahrscheinlich schon an der Wende von Unter- zu Oberkarbon stattgefunden (Sudetische Faltung). Das ergibt sich aus radiometrischen Daten von einem vergleichbaren rechtsrheinischen Schiefergebirgsstreifen (AHRENDT et al. 1978) und daraus, dass schon im Namur A von S her geschüttete Konglomerate (Walhorn-Schichten) auf ein Hochgebiet im Eifelraum zurückgeführt werden müssen.

4.1 Unterkarbon (Dinantium)

Wie in Abschnitt 3.7.1.3 erwähnt wurde, liegt die Devon-Karbon-Grenze innerhalb des Aachener Kohlenkalks.

Der untere Kohlenkalk gehört noch dem Oberdevon (Strunium) an, mit dem Mittleren Kohlenkalk erst beginnt im Aachener Gebiet die Dinant-Stufe des Unterkarbons. Der Mittlere Kohlenkalk besteht überwiegend aus Dolomiten, der Obere Kohlenkalk aus Kalken. Nach BOONEN & KASIG (1979) liegt das Gebiet zwischen Aachen und Lüttich während des Unterkarbons im SE-Teil einer großen Lagune, die im NE vom Krefelder Hoch, im W von der Brabanter Schwelle und im S von einem Hochgebiet in der Eifel begrenzt wird. Zeitweilig wird sie vom offenen Meer im SW (Dinant- und Namur-Becken) und NW (englisches Becken) abgeschnürt. Die Kohlenkalk-Fazies reicht über das Stadtgebiet von Aachen nicht nach Norden hinaus, das ergab die Thermalbohrung, die in Aachen etwa 500 m nordwestlich der Aachener Überschiebung angesetzt wurde und keinen Kohlenkalk mehr angetroffen hat (TRAUTWEIN-BRUNS et al. 2011).

4.1.1 Mittlerer Kohlenkalk (Dolomit-Horizont)

Es lässt sich nach W. SCHMIDT & SCHRÖDER (1962, 41) ein Unterer Dolomit von stets heller, gelblicher Farbe und ein dunkel gefärbter, löchrig verwitternder Oberer Dolomit unterscheiden. Beide werden durch die Zwischenschiefer (Pont d'Arcole-Formation) voneinander getrennt, ein wenige Meter mächtiges Paket von sandig-glimmerreichen Mergelschiefern. Im Unteren Dolomit und in den Zwischenschiefern fanden sich keine Makrofossilien, der Obere

Dolomit führt gelegentlich Syringoporen, Zaphrentiden und Spiriferiden. Im belgischen Gebiet wird die Folge fossilreicher, besonders die Zwischenschiefer, die dort als Schistes à *Spiriferinella peracuta* (Tn2a) bezeichnet werden. Der Untere Dolomit entspricht nach der belgischen Gliederung etwa der Abteilung Tn1b. Die Schichten des Unteren Tournaisium (Tn1) umfassen dort auch noch die als Strunium bezeichneten oberdevonischen Kohlenkalkanteile (vgl. 3.7.1.3). Der Obere Dolomit umfasst die höheren Teile des Mittleren Tournaisium (Tn2b), vielleicht auch noch Teile des Oberen Tournaisium (Tn3), danach folgt eine Schichtlücke und die Ausbildung von Paläokarst (R. WALTER 2010, 50). Diese Einstufungen basieren auf Untersuchungen von CONIL & PAPROTH (1968) und PAPROTH (1969), die u. a. auf Foraminiferenfaunen aus dem Mittleren Kohlenkalk von Hastenrath zurückgreifen konnten.

Nach W. SCHMIDT & SCHRÖDER (1962, 41) sind die Dolomite wohl primär als solche abgelagert worden und nicht durch Dolomitisierung von Kalken entstanden. Die Mächtigkeit des Mittleren Kohlenkalks beträgt nach SCHMIDT & SCHRÖDER (1962) im Aachener Gebiet etwa 120 m, dabei ist der Untere Dolomit 10–15 m, der Zwischenschiefer 4–8 m (höchstens 10 m) und der Obere Dolomit ca. 100 m mächtig

4.1.2 Oberer Kohlenkalk

Die Dolomite werden mit scharfer Grenze von korallenreichen Kalken überlagert. Diese werden seit PAUL (1937) in die Visé-Stufe gestellt. Jedoch beschreiben CONIL & PAPROTH (1968, 78) aus dem untersten Teil des Oberen Kohlenkalks im Steinbruch „Wwe. Meyer" bei Hastenrath eine Foraminiferen-Fauna, die noch in die Tournai-Stufe (Tn2c bis unteres Tn3a) gehört. In diesem Steinbruch beginnt der Obere Kohlenkalk mit einer sandigen Lage. Der darunter liegende Obere Dolomit ist nur 8 m mächtig, während er gewöhnlich 100 m Mächtigkeit hat. Hier haben offenbar starke Abtragungsvorgänge stattgefunden, und die Basis des Oberen Kohlenkalks ist eine Transgressionsbildung. PAUL (1937, 32) erwähnt von einer anderen Stelle bei Hastenrath Dolomitblöcke im Basissandstein. Bei Stolberg und Eschweiler beginnt der Obere Kohlenkalk mit dem *Vaughanites*-Oolith (PAUL 1937, 31, nach der für diesen Horizont charakteristischen Tabulate *Vaughanites flabelliformis* PAUL). Dieses Schichtglied besteht aus einem schlecht geschichteten bis massigen, hellen oolithischen Kalk und ist etwa 30 m mächtig. Westlich von Breinig ist der *Vaughanites*-Oolith nicht nachweisbar, da die entsprechenden Schichten hier dolomitisch ausgebildet sind. Äquivalente Schichten werden in Belgien *sublaevis*-Oolith bezeichnet (nach dem Productiden *Plicatifera humerosa (= sublaevis)* (SOWERBY)).

Über dem *Vaughanites*-Oolith liegt eine Folge von dunkelgrauen Kalken und Mergeln. Darin tritt nach W.-H. GREBE (1957a) noch einmal ein Oolith auf, der die Basis des Mittleren Visé (Assise de Namèche, V2) bildet. Die Obere Visé-Stufe (Assise de Bioul et de Warnant, V3) fehlt im Aachener Gebiet mit Ausnahme eines Vorkommens bei Krauthausen nördlich Kornelimünster. Hier tritt innerhalb des Oberen Kohlenkalks ein dritter Oolith-Horizont auf, in dem PAECKELMANN (1931, 263) den Productiden *Gigantella latissima* (SOWERBY) fand. Damit entsprechen diese Schichten der *Dibunophyllum*-Zone (in Belgien Grande brèche oolithe, V3a), also dem untersten Teil der Oberen Visé-Stufe. Am Ende des Unterkarbons und in der Anfangsphase des Oberkarbons kam es im Aachener Raum zu weitflächiger Hebung und tiefreichender Verkarstung auf der Kohlenkalk-Oberfläche (WALTER 2010).

Die Mächtigkeit des Oberen Kohlenkalks schätzen W. SCHMIDT & SCHRÖDER (1962, 42) auf 150 m, nach KNAPP (1978, 60) schwankt sie zwischen 100 und 250 m.

4.2 Oberkarbon

Nach einer Schichtlücke, die noch die untersten Partien des Oberkarbons umfasst, transgredieren die klastischen paralischen (d. h. zwischen Land- und Meereseinflüssen wechselnden) Folgen des Oberkarbons. Der Ablagerungsraum gehört nun der sog. subvariszischen Vortiefe an, die sich von der unteren Elbe über das Ruhrgebiet, das Aachener Gebiet, Südholland und Belgien bis nach Südengland verfolgen lässt.

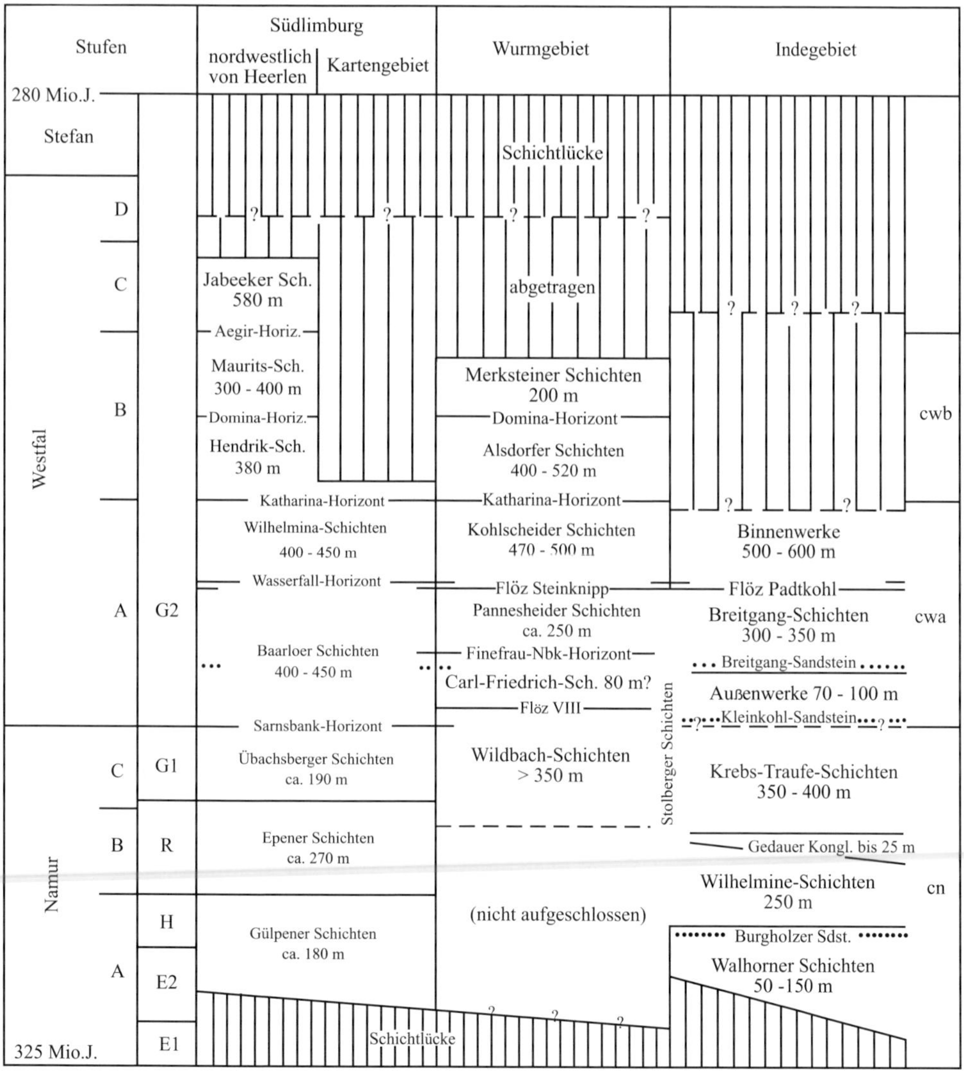

Abb. 42. Gliederung des Oberkarbons im Raum Aachen – Südlimburg. KNAPP (1978), Mächtigkeiten in Südlimburg nach M.J.M. BLESS.

Der Aachener Devon-Sattel trennt die Oberkarbon-Gesteine der Inde-Mulde im Süden von denen des Wurm-Gebietes im Norden. Das Wurm-Revier liegt schon in der Niederrheinischen Bucht, oberkarbonische Schichten treten unter der tertiären und quartären Bedeckung nur in einem schmalen Streifen im Wurmtal zutage. Wir beschränken uns hier auf eine Darstellung der Inde-Mulde, die sich hauptsächlich auf folgende Arbeiten stützt: HAHNE (1931), BOUCKAERT & HERBST (1960), W. SCHMIDT & SCHRÖDER (1962), HARTUNG (1967), BACHMANN, HERBST & KIMPE (1970), HERBST (1971), KNAPP (1978), WREDE & ZELLER (1988), STEINGROBE (1990).

4.2.1 Walhorn-Schichten

HOLZAPFEL (1910, 51) schlug die Bezeichnung „Walhorner Horizont" vor nach dem Ort Walhorn nördlich Eupen. Die Folge besteht aus dunklen Schiefertonen mit linsenartigen Sandstein-Einschaltungen, auch Alaunschiefer können auftreten. Sie wird oben abgeschlossen durch einen Horizont, der aus weißen Sandsteinen mit Konglomeratlagen und kohligen Lagen besteht und als Burgholz-Sandstein bezeichnet wird (HOLZAPFEL 1910, 50 nach der Gemarkung Burgholz südöstlich Stolberg). Der Burgholz-Sandstein ist durchschnittlich 20–30 m mächtig; er zeigt starke Mächtigkeitsschwankungen und kann örtlich sogar 70 m mächtig werden (KNAPP 1978). In den Konglomeraten, deren Komponenten neben Gangquarzen auch Kieselschiefer sind, haben HAHNE & SEIDEL (1937) mehrere nach NE gerichtete Schuttfächer feststellen können (vgl. die Ergänzungen von W. SCHMIDT 1956, 104). Nach Fauna und Flora gehören die Walhorn-Schichten in das Namur A, und zwar nach der Gliederung von BISAT (1928) in die Zonen E2 und ?H1. Das Leitfossil für die unterste Zone E1 des Namur, *Eumorphoceras pseudobilingue* fand sich nicht. Deshalb ist es wahrscheinlich, dass die Schichtlücke, die während der Oberen Visé-Stufe anzunehmen ist, sich noch bis in das Untere Namurium fortsetzt. Zum Namur A gehört seiner Begleitflora nach auch ein erstes Kohlenflöz unmittelbar über dem Burgholz-Sandstein im Gebiet von Eschweiler (VAN LECKWIJCK & STOKMANS 1956). Im Ruhrgebiet setzt die Flözbildung erst im Namur C (Sprockhövel-Schichten) ein.

Die Walhorn-Schichten entsprechen den Gulpen-Schichten in Limburg (Niederlande) und der Assise de Chokier in Belgien. Sie sind im Inde-Gebiet nach KNAPP (1978, 63) 50–150 m mächtig.

4.2.2 Stolberg-Schichten

Der größte Teil der Namur-Stufe wird repräsentiert durch die Stolberg-Schichten, die auch noch bis ins Westfal A hinaufreichen. Unter dem Begriff Stolberg-Schichten fassten WUNSTORF & GOTHAN (1925) eine Folge von Schiefertonen mit Sandsteinen und Konglomeraten und schwachen Kohlenflözen zusammen, für die seit HOLZAPFEL (1910) folgende Gliederung bestand, deren Namen nach denen von Flözgruppen gewählt worden waren:

Hangendes:	Binnenwerke.
Breitgang-Horizont.	
Außenwerke.	
Krebs-Traufe-Horizont.	
Gedau-Konglomerat.	
Wilhelmine-Horizont.	
Liegendes:	Walhorn-Schichten.

Den Stolberg-Schichten entsprechen im Ruhrgebiet etwa Witten- und Sprockhövel-Schichten.

4.2.2.1 Wilhelmine-Schichten

Zwischen Stolberg-Büsbach und Brand (Bl. 5203 Stolberg) wurden früher in der Grube „Wilhelmine“ einige geringwertige Kohlenflöze abgebaut. HOLZAPFEL (1910, 51) führte den Namen „Wilhelmine-Horizont“ für die begleitenden Schichten ein. Diese 250 m mächtige Schichtenfolge besteht aus Schiefertonen mit nur wenigen, geringmächtigen Sandstein-Einlagerungen. Es finden sich als marine Einschaltungen kalkhaltige, Productiden-führende Schiefertone und Schichten mit Goniatiten. Dabei sind im unteren Teil der Wilhelmine-Schichten *Hudsonoceras proteum* (BROWN) und *Homoceras smithi* (BROWN) gefunden worden, Leitfossilien für Namur A (Grenzbereich H1/H2 nach der Gliederung von BISAT). Im oberen Teil fanden sich *Homoceras henkei* Herm. SCHMIDT, *Homoceratoides varicatus* Herm. SCHMIDT, *Reticuloceras circumplicatile* (FOORD), *R. todmordenense* BISAT & HUDSON, alles Formen aus dem Namur B. Die Grenze zwischen Namur A und Namur B muss im unteren Drittel der Wilhelmine-Schichten liegen (BOUCKAERT & HERBST 1960, HODSON & VAN LECKWIJCK 1958).

4.2.2.2 Gedau-Konglomerat

HOLZAPFEL (1910, 53) schlug den Namen vor nach der Mühle Gedau im Indetal zwischen Freund und Stolberg. Dieser Horizont ist zwischen den Schieferton-Folgen von Wilhelmine- und Krebs-Traufe-Schichten gut auszuhalten, da er aus Sandsteinen und Konglomeraten mit nur wenigen Schiefereinschaltungen besteht. In der Umgebung von Stolberg bildet er Höhenzüge und Felspartien. Nach HAHNE & SEIDEL (1937) erfolgte die Schüttung der Konglomerate von SE, wobei zwei Schuttfächer erkennbar sind, einer bei Gedau und einer, dessen Achse etwa entlang der Linie Heistern – Hücheln (östlich von Eschweiler) verläuft. In diesen Schuttfächern ist die Größe der Gerölle, die meist aus Gangquarz und Lyditen bestehen, bedeutender als in den anderen Partien. Das Gedau-Konglomerat führt nur Pflanzenreste, lässt sich deshalb in seiner Altersstellung nur durch die Goniatitenfunde im Liegenden (Zone des *Reticuloceras todmordenense*, R1a3 in den höheren Wilhelmine-Schichten) und Hangenden (Zone des *Reticuloceras bilingue*, R2b in den unteren Krebs-Traufe-Schichten) einengen. Die Mächtigkeit schwankt stark, sie beträgt bei Gedau 25 m.

4.2.2.3 Krebs-Traufe-Schichten

Den Namen schlug HOLZAPFEL (1910, 54) für die Schichtenfolge vor, in der die beiden Kohlenflözchen „Krebs“ und „Traufe“ liegen. Schiefertone bilden den Hauptanteil; Einlagerungen meist quarzitischer Sandsteine können 8 m mächtig werden (KNAPP 1978). Die Folge ist überwiegend nicht-marin. In den wenigen marinen Lagen fanden sich *Reticuloceras bilingue* SALTER (Zone R2b) und *R. superbilingue* BISAT (Zone G1). Die Obergrenze der nach KNAPP 350–400 m mächtigen Schichtenfolge ließ sich biostratigraphisch noch nicht genau fixieren.

4.2.2.4 Außenwerke

HOLZAPFEL (1910, 54–55) hat dieses Schichtglied in seinem heutigen Umfang definiert. Es enthält mehrere Kohlenflöze, die unter der Bezeichnung „Eschweiler Außenwerke“ zusammengefasst wurden. Es kommt nun erstmalig zur Bildung von guten Flözen. In den Außenwerken finden sich 6 Flöze, von denen die folgenden 5 bauwürdig waren (von unten nach oben: Kleinkohl, Großkohl, Spließ, Eule und Jülcher). Unter dem Flöz Kleinkohl liegt ein etwa 6 m mächtiger konglomeratischer Sandstein, der Kleinkohl-Sandstein; mit ihm lässt man die Außenwerke beginnen. In der wohl ausschließlich nicht-marinen Schichtenfolge ließen sich bisher keine Leitfossilien finden. Nach BOUCKAERT & HERBST (1960, 382 ff) dürfte sie ganz in das Westfal A gehören. Die Außenwerke sind nach HOLZAPFEL (1911 b) 70–100 m mächtig.

4.2.2.5 Breitgang-Schichten

HOLZAPFEL (1910, 55) benannte diese Schichtenfolge nach dem Flöz Breitgang in deren unterstem Teil. Selbst früher ist außer dem Flöz Breitgang nur noch das Flöz Leimberg abgebaut worden; zwei weitere Flöze galten auch schon im vorigen Jahrhundert als unbauwürdig. Die Breitgang-Schichten sind also im Vergleich zu den Außenwerken und den Binnenwerken arm an Kohle. Sie beginnen wie die Außenwerke mit einem bis 20 m mächtigen konglomeratischen Sandsteinpaket (dem Breitgang-Sandstein), das nach KNAPP (1978, 66) etwa dem Finefrau-Sandstein des Ruhrkarbons entsprechen dürfte. Der im Ruhrgebiet über dem Finefrau-Sandstein liegende marine Finefrau-Nebenbank-Horizont ließ sich im Inde-Gebiet nicht nachweisen, wohl aber im Wurm-Gebiet. Im oberen Teil der Breitgang-Schichten finden sich zwei marine Horizonte mit Foraminiferen, Muscheln und Brachiopoden. Der untere entspricht dem Girondelle-1- oder Girondelle-2-Horizont des Rhein-Ruhr-Reviers, der obere dem Girondelle-6-Horizont (BACHMANN, HERBST & KIMPE 1970, Taf. 1). In der nach HOLZAPFEL (1910) etwa 350 m mächtigen Schichtenfolge sind im übrigen graue kaolinführende Sandsteine häufig. Die Breitgang-Schichten gehören ins Westfal A.

4.2.3 Binnenwerke

Den jüngsten karbonischen Schichtenkomplex der Inde-Mulde benannte HOLZAPFEL (1910, 57) nach der als „Eschweiler Binnenwerke“ bezeichneten Gruppe von Kohlenflözen. Die Binnenwerke beginnen mit dem Flöz Padtkohl, sie enthalten außerdem noch 33 Flöze, von denen etwa die Hälfte abgebaut wurde. Die Flöze sind oft mit Lagen von Toneisenstein-Konkretionen verbunden. In die Schichtenfolge sind mehrfach Sandsteine eingeschaltet. Eine dieser Sandsteineinschaltungen, die etwa 100 m über der Basis auftritt, ist örtlich konglomeratisch (Kaiser-Konglomerat). Etwa 30 m oberhalb des Flözes Padtkohl findet sich ein mariner Horizont u. a. mit *Lingula mytiloides* SOWERBY; er wurde von HAHNE (1932) mit dem Wasserfall-Horizont des Ruhrgebietes parallelisiert. Dieser Horizont bildet im Wurmgebiet die Grenze zwischen den Stolberg-Schichten und den Kohlscheid-Schichten, die im Wesentlichen den Binnenwerken der Inde-Mulde entsprechen (HERBST 1971, 64). Die Binnenwerke sind 500–600 m mächtig aufgeschlossen; ob höhere Teile nicht abgelagert wurden oder, was wahrscheinlicher ist, erodiert wurden, muss offen bleiben, ebenso die Frage, ob die aufgeschlossene Schichtenfolge oben noch über das Westfal A hinausreicht.

5. Die variszische Faltung

Während des Karbons wurden große Teile Mitteleuropas zum letzten Mal gefaltet, es entstand das variszische Gebirge (auch variskisch oder varistisch; nach *Curia Variscorum* = römischer Name für Hof in Bayern). Die variszischen Faltenstränge und die dazugehörigen Schieferflächen und Überschiebungen sind zwischen Maas und Elbe streng in NE-SW-Richtung ange-

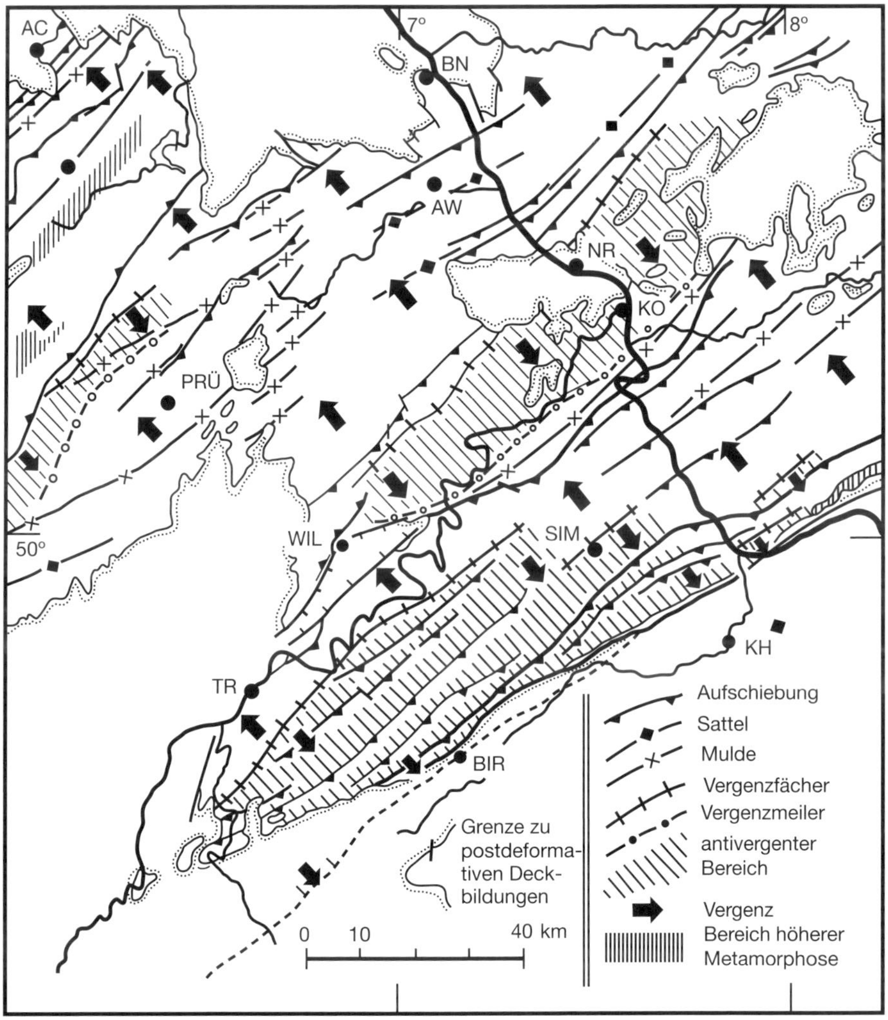

Abb. 43. Tektonische Karte des linksrheinischen und zentralen Schiefergebirges. MEYER & STETS (1996); unter Verwendung von Darstellungen von BRÜHL (1966), DRESEN (1979), FURTAK (1965), GASSER (1978), HOEPPENER (1957), JUNG (1955), KIENOW (1934), KONRAD & WACHSMUT (1973), D.E. MEYER (1970), SCHALL (1968), SCHOLTZ (1930), STETS (1962), J.THIELE (1960), Dt. Planungsatlas (Geologie Nordrhein-Westf.) und eigenen Aufnahmen.

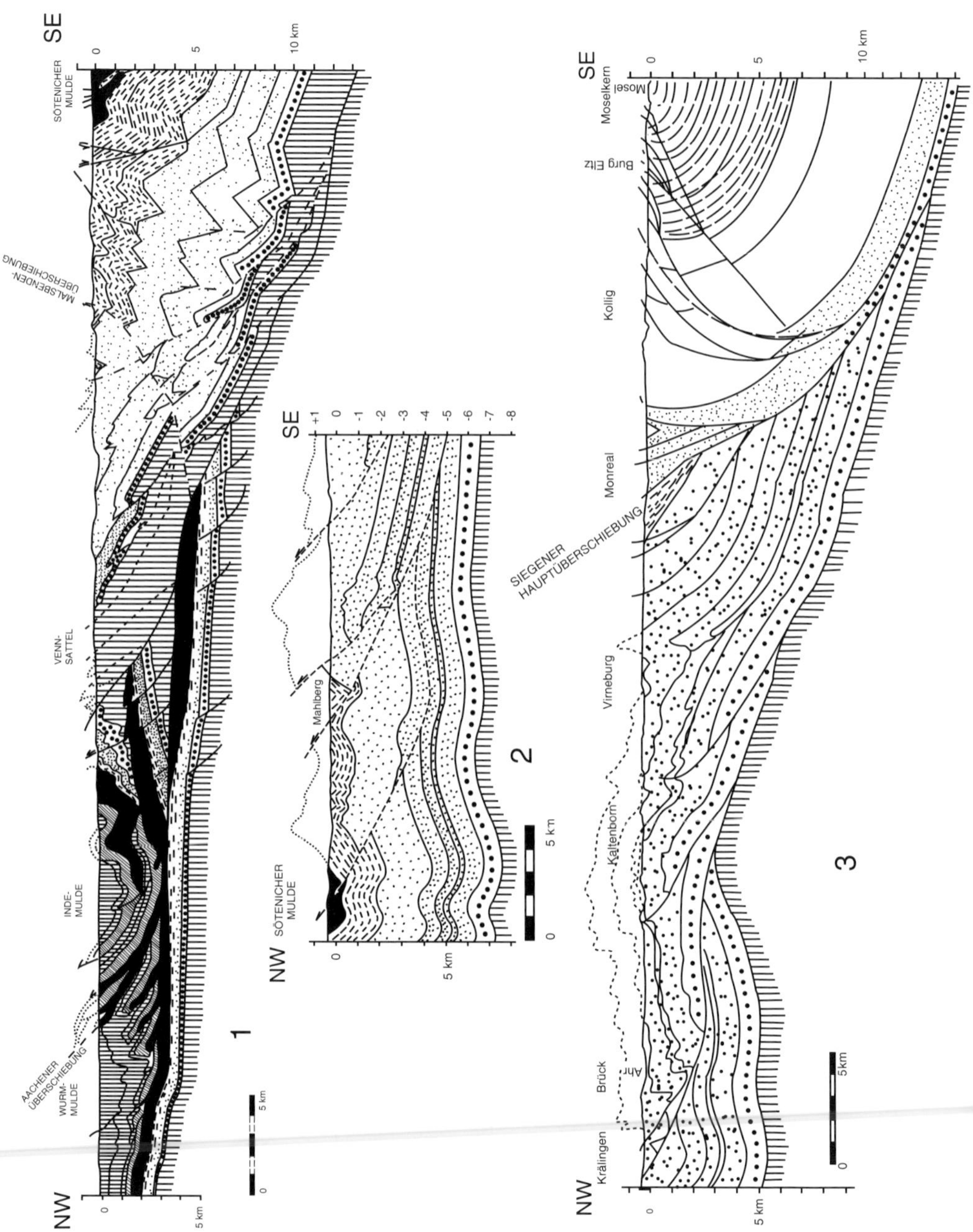

Abb. 44. Bilanzierte Profile durch die Eifel. Umgezeichnet nach v. WINTERFELD (1992, Profil 1) und SCHIEVENBUSCH (1992, Profile 2 und 3).

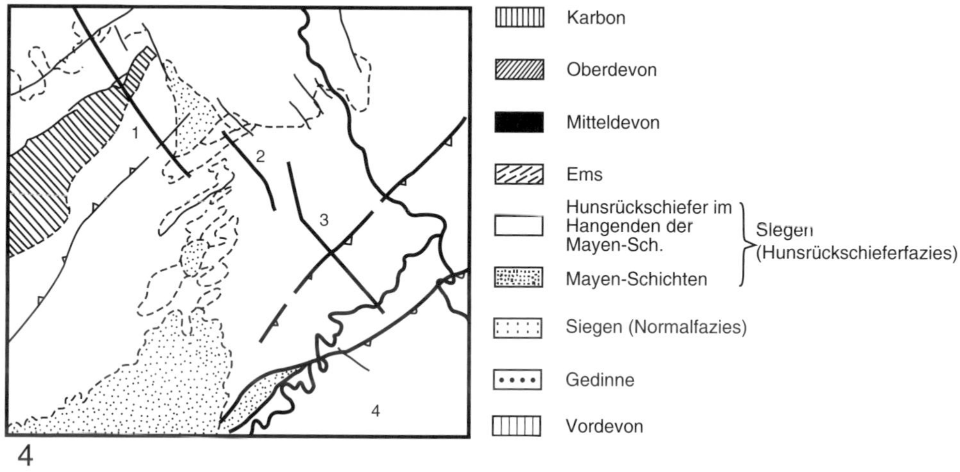

Abb. 44. Fortsetzung

ordnet. Dadurch hat dieser Krustenstreifen eine starke Anisotropie bekommen, die auch die Anordnung der postvariszischen Bruchstrukturen beeinflusst hat. Unser Gebiet gehört zu dem durch hauptsächlich NW-vergente Falten, Überschiebungen und Schieferungssysteme gekennzeichneten Streifen, der Ardennen, Rheinisches Schiefergebirge, Harz und Flechtinger Höhenzug umfasst und daher als Rhenoherzynische Zone bezeichnet wird. Nördlich daran schließt sich die während des Karbons gebildete Subvariszische Vortiefe an, zu der auch die nordwestliche Eifel gehört.

Das variszische Faltengebirge entstand dadurch, dass zwei große Lithosphärenplatten, „Laurussia" im Norden und „Gondwana" im Süden, gegeneinander drifteten und die dazwischen liegenden Meeresräume zusammenschoben. Der Rheinisch-Ardennische Trog in der Rhenoherzynischen Zone stellt eine Einsenkung auf kontinentaler Kruste am Südrand der Laurussia-Scholle dar, liegt also nördlich der eigentlichen Kollisionszone. Jedoch ist seine Füllung ebenfalls eingeengt und z. T. auf sein nördliches Vorland aufgeschoben worden. Es ist nun schwer zu entscheiden, ob die Einengung nur diese Füllung erfasst hat oder ob sie tief in den vordevonischen Sockel hinabreicht. Die Diskussion darüber hat dadurch neue Nahrung bekommen, dass am Nordwestrand des rhenoherzynischen Faltengürtels mehrere Zehner von Kilometern weite, flach unter das Faltenstockwerk einfallende Überschiebungen nachgewiesen wurden. Zum anderen wurden Versuche unternommen, die in über starrem Untergrund abgescherten Faltengebirgen entwickelten Methoden der Bilanzierung von Profilen auf das Schiefergebirge anzuwenden. Diese Verfahren projizieren die an der Oberfläche ermittelten Lagerungsverhältnisse in starrer Parallelität in die Tiefe unter der Voraussetzung der Volumenkonstanz der geologischen Körper während der Deformation.

ONCKEN (1988) hat solche Konstruktionen für einige Störungszonen des Schiefergebirges, darunter auch die vom Südrand der Blankenheimer Mulde veröffentlicht. Sie beschränken sich auf kürzere Traversen und reichen etwa 2 km in die Tiefe. Längere und tiefer hinabreichende Profile haben V. WINTERFELD (1992) für den Raum beiderseits des Venn-Sattels und SCHIEVENBUSCH (1992) für die Osteifel vorgelegt. Aus den Konstruktionen solcher tiefreichender bilanzierter Profile ergab sich, dass an der Deformation besonders der großen Unterdevon-Areale viel stärker Überschiebungen mit kilometergroßen Schubweiten beteiligt sind, als vorher vermutet wurde. Die Profilkonstruktion lässt sich am einfachsten durchführen, wenn man annimmt, dass diese Überschiebungen sich in der Tiefe vereinigen und verflachen, so dass das Stockwerk der devonischen Gesteine in mehreren Scheitern vom Untergrund abgeschert wird. Am Südrand des Brabanter Massivs mag die Abscherungsfläche das Faltenstockwerk von einem ungefalteten Untergrund trennen (Profil 1 in Abb. 44). Ob bei den mehr internen Partien des Faltengürtels die Abscherung auch an einer solchen Fläche (im englischen Sprachgebrauch master fault) vor sich geht, ist fraglich. Es scheint sich hier die Ablösung in mehreren Schuppen vollzogen zu haben, die unterschiedlich tief hinabreichen. Nur so ist eine tief eingefaltete Struktur wie die Moselmulde zu erklären. Hier sind wir im Augenblick noch auf Vermutungen angewiesen.

Bei der Konstruktion solcher bilanzierter Profile ist im Schiefergebirge noch folgender Schwierigkeit zu begegnen: Hier hat die Beanspruchung im Gestein auch bankinterne Deformationen erzeugt, die nicht wie Falten- und Störungstektonik abwickelbar sind. Es kommt noch die durch die Schieferung verursachte Einengung hinzu. Bei der Berechnung der Einengungsbeträge durch Profil-Bilanzierung muss also der Betrag dieser Gesteinsdeformation, der im Profil nicht überall gleich ist, mit berücksichtigt werden. Man kann diese Deformation an Einschlüssen bekannter Ausgangsgeometrie, wie z. B. Ooiden oder Fossilien ermitteln. Da solche Einschlüsse aber zu sporadisch verteilt sind, um eine lückenlose Analyse der Deformation zu ermöglichen, wurden mikroskopische Verfahren entwickelt, die an Dünnschliffen aus der statistischen Verteilung der Abstände von Mineralkörnern in klastischen Gesteinen den Grad der Deformation bestimmen (FRY 1979) oder die aus der Orientierung der längsten Achsen von Mineralkörnern oder Gesteinsfragmenten die Deformation ermitteln (DUNNET 1969).

Diese Arbeiten ermöglichen auch exaktere Angaben über die **Einengungsbeträge** der einzelnen Abschnitte des Faltengürtels: So ist nach v. WINTERFELD (1992) der Abschnitt zwischen Herzogenrath und dem Rurstausee um 46% und der zwischen dem Rurstausee und der Sötenicher Mulde um 42% verkürzt worden. Im Bereich der Osteifeler Hauptsattels beträgt zwischen der Siegener Hauptüberschiebung und dem Ahrtal die Verkürzung 20% (SCHIEVENBUSCH 1992). Der Nordflügel der Moselmulde ist nahe dem Rhein um etwa 50% eingeengt worden (H.G. WUNDERLICH 1964); hier lassen sich exakte Werte erst mitteilen, wenn die Profilkonstruktion bis über die Bopparder Überschiebungszone hinaus fortgesetzt wurde.

5.1 Die Strukturen im Überblick

Im Folgenden wird ein grober Überblick über den tektonischen Bau der Eifel gegeben. Für detailliertere Beschreibungen sei auf den Regionalteil verwiesen.

Die karbonischen Schichten am NW-Rand der Eifel sind zu zwei durch Spezialfalten und Überschiebungen komplizierten Synklinorien deformiert worden, der Inde-Mulde im S und der schon sehr flachwelligen Wurm-Mulde im N. Beide Karbon-Mulden werden durch den stark verschuppten Aachener Devon-Sattel voneinander getrennt. Die Schuppen des Aachener Sattels setzen sich nach W fort in eine große Überschiebungszone, die als Faille du Midi durch Belgien und Frankreich bis an den Kanal zieht. An ihr sind dort Überschiebungsweiten von 30–40 km nachgewiesen, so dass die Mulde von Dinant die Mulde von Namur und südliche

Partien des angrenzenden Brabanter Massivs als Dinanter Decke überfahren hat. Seismische Untersuchungen (MEISSNER et al. 1981) machen es wahrscheinlich, dass diese Großüberschiebung auch auf der Höhe von Aachen noch bedeutend ist und weit unter das Venn nach S zieht, so dass der Venn-Sattel und die Inde-Mulde allochthon sind. Im rechtsrheinischen Schiefergebirge ist eine vergleichbare Überschiebung unbekannt. Es ist deshalb möglich, dass sie an das Widerlager des London-Brabanter Massivs gebunden ist und, da dieses im deutsch-holländischen Grenzbereich untertaucht, im Untergrund der Niederrheinischen Bucht verklingt.

Das haben Strukturuntersuchungen mit Hilfe bilanzierter Profile, die G. HOLLMANN & C. v. WINTERFELD (1999) für diesen Überschiebungsgürtel zwischen Lüttich und Aachen vorgelegt haben, bestätigt. Sie ergaben, dass der auf die Südrampe des Brabanter Massivs aufgeschobene Gesteinsstapel aus mehreren Decken besteht, und das sind von NW ausgehend folgende: Die Aachen-Midi-Überschiebung bildet die Basis der Theux-Aachen-Decke, die in dem tektonischen Fenster von Theux (südlich Verviers) unter der nächst höheren Einheit, der Venn-Weser-Decke (nach dem Fluss Vesdre/Weser) am Nordwestrand des Stavelot-Venn-Massivs an die Oberfläche kommt. Die Basisüberschiebung der Venn-Weser-Decke wird Theux-Überschiebung genannt. Sie spaltet sich auf der Höhe von Lüttich von der Aachen-Midi-Überschiebung ab und verläuft dann nördlich der Inde-Mulde. Zur Venn-Weser-Decke gehören also die Inde-Mulde und der Venn-Sattel. Durch die Venn-Überschiebung am Nordwestrand des Venn-Sattels bildet sich eine Teildecke. Auf die Venn-Weser-Decke schiebt sich an der Xhoris-Überschiebung (Xhoris liegt westlich des Stavelot-Venn-Massivs), welche sich vom NW-Rand des Perm-Grabens von Malmédy nach Westen verfolgen lässt, eine weitere Decke, die als Eifel-Decke bezeichnet wird. Die tiefsten Partien dieser Decke zeigen auf der Südflanke des Venn-Sattels besonders starke Deformation sowohl der Kern- als auch der Mantelschichten und auch etwas stärkere Metamorphose. Wie weit die Basis-Überschiebung, aus der sich diese einzelnen Überschiebungen entwickeln, nach Süden reicht, lässt sich nicht angeben.

Südlich des Venn-Sattels sinkt der Faltenspiegel zu einem großen Synklinorium, dem Eifel-Synklinorium, ab. Das allmähliche Absinken des Faltenspiegels wird an der Großstörung von Malsbenden-Troisvierges, die eine nach SE gerichtete Aufschiebung darstellt, verstärkt. Diese Rücküberschiebung streicht stärker nordnordöstlich als die Faltenachsen und zeichnet damit das Auffächern des Eifel-Synklinoriums von der schmalen Großmulde von Neufchâteau zur 50 km breiten Eifelkalkmulden-Zone nach. Die Großmulde von Neufchâteau wird im N durch die Aufsattelung mit den prädevonischen Massiven von Rocroi und Serpont begrenzt. In der Eifel quert in Nord-Süd-Richtung eine große Achsendepression dieses Synklinorium. In diesem Streifen sind in einzelnen Mulden mitteldevonische, z. T. sogar oberdevonische Schichten erhalten geblieben (Eifeler Kalkmulden). Die mächtigen Kalk- und Dolomitplatten besonders der givetischen Kernschichten der Kalkmulden wurden durch die Faltung nur schwach verbogen, sie zeigen dafür teilweise Schuppentektonik. Der feinwellige Faltenbau der tonig-sandigen Unterdevon-Gesteine hat sich auf die starreren Füllungen der Kalkmulden nicht übertragen, an den SE-Rändern fast aller Kalkmulden finden sich große Überschiebungen.

Im Einzelnen lassen sich folgende Kalkmulden unterscheiden: Die Daleider Muldengruppe im deutsch-luxemburgischen Grenzgebiet besteht aus einem Schwarm schmaler Mulden, in denen Ober-Ems-Gesteine erhalten geblieben sind. In nordöstlicher Fortsetzung liegt die breite Prümer Mulde. In ihrem Kern sind in zwei durch eine Achsenkulmination voneinander abgeschnürten Teilmulden, der Wallersheimer und Büdesheimer Mulde, oberdevonische Schichten erhalten. Die Prümer Mulde setzt sich nach NE unter dem Oberbettinger Buntsandsteinareal fort in die Hillesheimer Mulde, das zeigen Kalkauswürflinge in den Vulkanen. Die

Hillesheimer Mulde ist an ihrer NW-Flanke verbunden mit der Ahrdorfer Mulde. Der über 60 km lange Muldenzug von der Daleider Muldengruppe bis zur Ahrdorfer Mulde ist die Hauptachse des Eifelsynklinoriums, in welcher der Faltenspiegel am tiefsten hinabreicht. Südöstlich dieser Achse findet sich nur die schmale Salmerwaldmulde und die breite, aber relativ flache Gerolsteiner Mulde, nordwestlich liegt zunächst die Dollendorfer Mulde, die an Breite und Tiefgang fast der Prümer Mulde gleichkommt. Ein über 40 km langer Muldenzug lässt sich von der Schneifel-Mulde über die Neuensteiner Mulde bis ans NE-Ende der Blankenheimer Mulde verfolgen. Da seine SE-Flanke über lange Strecken durch Überschiebungen reduziert wird, ist er nur schmal. So enthält die Schneifel-Mulde nur Emsquarzit. Verbreitert und vertieft erscheint der Muldenzug im Dahlemer Muldenstück und am NE-Ende der Blankenheimer Mulde, wo mehrere breite Teilmulden auftreten (Engelgauer, Frohngauer und Buirer Mulde). Zwischen den NE-Enden von Blankenheimer und Dollendorfer Mulde liegt die kleine Rohrer Mulde. Am nördlichsten liegt die Sötenicher Mulde; sie ist relativ breit und würde an Tiefgang die Prümer Mulde vielleicht übertreffen, wenn sie im Zentralteil nicht durch eine streichende Aufschiebung geteilt würde.

Die Achsendepression setzt sich im Untergrund der Niederrheinischen Bucht noch weiter nach N fort, und es ist wahrscheinlich, dass zwischen der Sötenicher Mulde und der Fortsetzung des Venn-Antiklinoriums sich unter der jungen Bedeckung etwa im Raum Zülpich noch weitere Mitteldevon-Mulden befinden.

Das Eifel-Synklinorium hebt sich im E gegen ein Antiklinorium heraus, das vom rechtsrheinischen Gebiet her in die Eifel hineinzieht. Es besteht im Siegerland aus einem Doppelsattel mit Müsener Sattel im N und Siegener Sattel im S. Beide Strukturen bestehen aus mehreren Schuppen, die sich beim Siegener Schuppensattel westlich von Siegen zu einer großen Überschiebung, der Siegener Hauptüberschiebung zusammenschließen. Der Müsener Schuppensattel setzt sich über den Wehbacher Sattel in das Antiklinorium von Hönningen-Seifen fort, das in der Eifel als Osteifeler Antiklinorium weiterzieht. Es besteht in der Osteifel aus zwei Großsätteln, dem Osteifeler Hauptsattel und dem Ahrtalsattel. Der Osteifeler Hauptsattel quert das Rheintal bei Hönningen und Niederbreisig und lässt sich als geschlossene Sattelstruktur bis in den Raum nördlich Kempenich verfolgen. Hier löst er sich in Einzelfalten auf, die bis in das Gebiet nördlich von Adenau noch ein großes Antiklinorium aufbauen, das sich schließlich in Annäherung an die Eifeler Nord-Süd-Zone in das Eifel-Synklinorium hinein auflöst. Der Ahrtalsattel lässt sich vom Rhein bei Remagen als geschlossener Sattel bis westlich Altenahr verfolgen und löst sich hier in Einzelfalten auf. Innerhalb des Osteifeler Antiklinoriums treten die ältesten Schichten (Unter-Siegen) in der großen Achsenkulmination auf, die etwa auf der Linie Rheinbach-Dernau-Kempenich-Ettringen-Hatzenport die Eifel quert.

Die Siegener Hauptüberschiebung zieht bei Namedy über das Rheintal und lässt sich über Mayen und Monreal bis in die Gegend von Manderscheid verfolgen. Sie bringt im Rheinprofil wieder ältere Siegen-Schichten (in Hunsrückschiefer-Fazies) an die Oberfläche. Diese Großstörung hat in ihrem gesamten Verlauf im Aufschlussniveau ein konstantes Einfallen von 60–70°. Sie ist im Liegenden von einer einige hundert Meter breiten, in SE-Vergenz rotierten Zone begleitet. Dieser SE-vergente Streifen ist ebenfalls konstant über die ganze Strecke vom Siegerland bis in die Südosteifel zu finden. Es ist möglich, dass die Störungsfläche sich nach der Tiefe zu verflacht. Wegen der Konstanz des steilen Einfallens, das sich im Eisenspatbergwerk „Georg" bei Horhausen im Westerwald bis in 1000 m Tiefe nachweisen ließ (Pahl 1965) und der Struktur der Nachbarbereiche ist es unwahrscheinlich, dass eine solche Verflachung oberhalb von 3 km Tiefe erfolgt.

In südwestlicher Fortsetzung der Siegener Hauptüberschiebung findet sich ein Antiklinorium aus schwach NW-vergenten Sätteln, das als „Manderscheider Sattel“ bezeichnet wird. Die höchste Aufragung des Faltenspiegels liegt bei Manderscheid südlich der Einmündung des Horngrabens in die Kl. Kyll (MEYER & STETS 1979). Westlich der südeifeler Triasplatte setzt sich die Manderscheider Sattelgruppe in dem Antiklinorium mit dem prädevonischen Massiv von Givonne fort.

An das durch Siegener Hauptaufschiebung und Manderscheider Sattel aufgebaute Antiklinorium schließt sich nach SE das Mosel-Synklinorium an. Dessen Nordflanke ist am Rhein und in der Südosteifel durch SE-Vergenz bei steiler bis überkippter Lagerung gekennzeichnet. Der Faltenspiegel sinkt dadurch rasch ab, so dass im Kern des Synklinoriums im Bereich der großen Achsenkulmination der Osteifel Schichten des höchsten Unterdevons, beiderseits dieser Kulmination sogar mitteldevonische Gesteine zutage treten. Im Rheinprofil wird das steile Absinken des Faltenspiegels durch einige NW-fallende Abschiebungen vermindert. Die SE-Vergenz-Zone verschmälert sich in der SW-Eifel westlich vom Üssbachtal stark und verklingt westlich vom Liesertal schließlich ganz, wobei sich SE-vergente und NW-vergente Bereiche miteinander verzahnen.

Die SE-Flanke des Mosel-Synklinoriums wird durch eine flache Überschiebungszone gebildet (Bopparder Überschiebung am Rhein), an der ältere Unterdevon-Schichten von SE her auf den Muldenkern aufgeschoben werden. Der Kern des Synklinoriums zieht bei Alf in das Eifelgebiet hinein und lässt sich in der Olkenbacher Mulde bis westlich von Wittlich verfolgen. An einer Überschiebung in Fortsetzung der Bopparder Überschiebung werden hier Hunsrückschiefer von SE her auf den Kern der Olkenbacher Mulde aufgeschoben.

Diese Überschiebung und der Kern des Mosel-Synklinoriums verschwinden im Raum Bekond – Schweich unter der mesozoischen Decke der Trierer Bucht. Die Olkenbacher Mulde und die von SE auf sie überschobene Unterdevon-Scholle sind in der Südeifel NW-vergent gefaltet. Unmittelbar südlich der Mosel etwa entlang der Linie Bernkastel-Pölich schließt sich wieder ein Vergenzfächer an, der aber nicht auf das Eifelgebiet übergreift (STETS 1962). Die rechtsrheinische Fortsetzung des Mosel-Synklinoriums lässt sich aus dem Raum Boppard (Bopparder Mulde) über das Gebiet der unteren Lahn in die Dillmulde hinein verfolgen.

5.2 Faltenstil

Typisch für den Faltenstil in den Unterdevon-Gebieten, die in der Eifel den größten Raum einnehmen, sind vergente Biegescherfalten, wie sie CLOOS & MARTIN (1932), CLOOS (1950) und WURSTER (1977) aus den Siegen-Schichten des Ahrtals beschrieben haben (Abb. 45, 46). Die Beteiligung von Schieferung an der Deformation ist hier auf tonige Lagen in den Sattelkernen und Steilflügeln beschränkt. Wenn man auch annehmen muss, dass die Deformation des Ahrtalgebietes nicht gerade oberflächennah erfolgte, so ist dort besonders bei den Falten von Schuld eine gewisse Freizügigkeit der Bewegungen nach oben zu beobachten. Sie zeigt sich durch Achsenflächen-Überschiebungen und starke Dehnungstektonik auf den flachen Flügeln, bei der Falte am Rupenberg westlich Schuld sogar durch Bewegungen schief zur Faltenachse (lockere Biegefaltung, WURSTER 1977) (Abb. 47). Das Bild hat bis in die Kilometer-Dimension hinein Gültigkeit, wie Profile durch den Ahrtalsattel zeigen (Abb. 151).

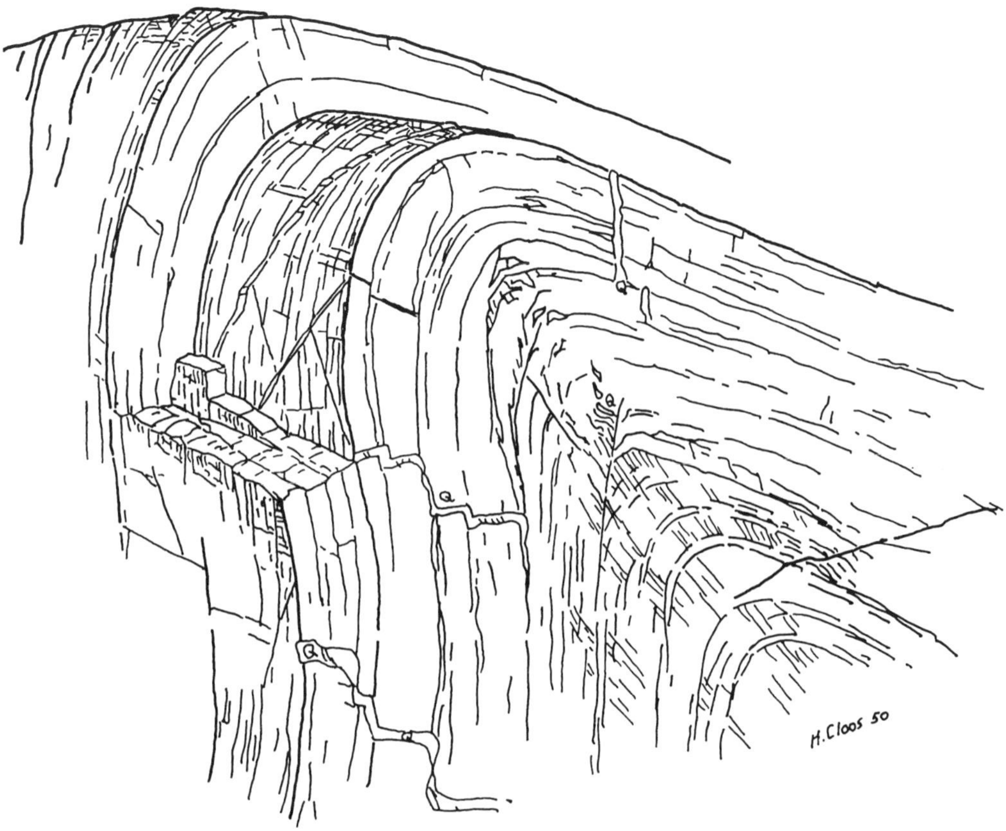

Abb. 45. Sattel in Mittleren Siegen-Schichten am Umlaufberg in Altenahr-Altenburg, links NW; Länge des dargestellten Bereichs 4 m. H. CLOOS (1950).

Aus paläogeographischen Rekonstruktionen kann man für die Falten des Ahrtals bei Beginn der Deformation eine Überlagerung von 3–4 km annehmen. Dieser Wert wird sich erheblich verringert haben gegen Ende der Deformation, als die Faltenüberschiebungen ihr Maximum erreichten. Denn wahrscheinlich stieg das Faltengebirge schon während der Faltung auf und wurde oben abgetragen, so dass die Falten in ihren letzten Stadien nicht mehr unter so starker Bedeckung geformt wurden wie zu Beginn der Deformation.

In tieferen Stockwerken sind kongruente, weniger gestörte Faltenbilder häufig, besonders, wenn die kompetenten Bänke durch tonige Pakete voneinander getrennt werden. Beispiele

Abb. 46. Querprofile durch eine Falte in Oberen Siegen-Schichten bei Schuld an der Ahr. Links NW; drei Teilprofile und ein Schema. 2: Steilhang an der Ahr östlich der Kirche von Schuld; 4a und 4b: Straßenanschnitt am Südwesthang der Branderhardt. H. CLOOS (1950).

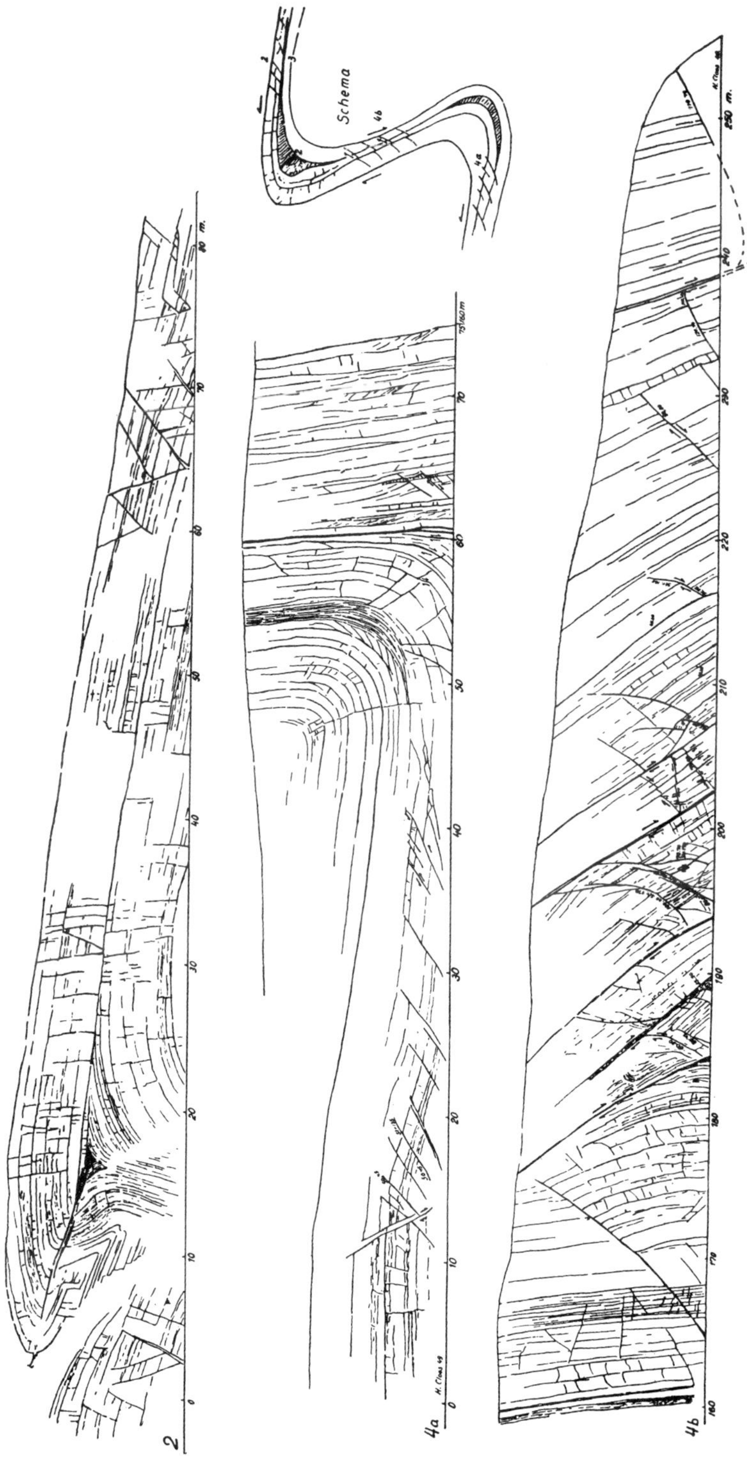
Schema
2
4a
4b
80 m.
75/160 m
250 m.

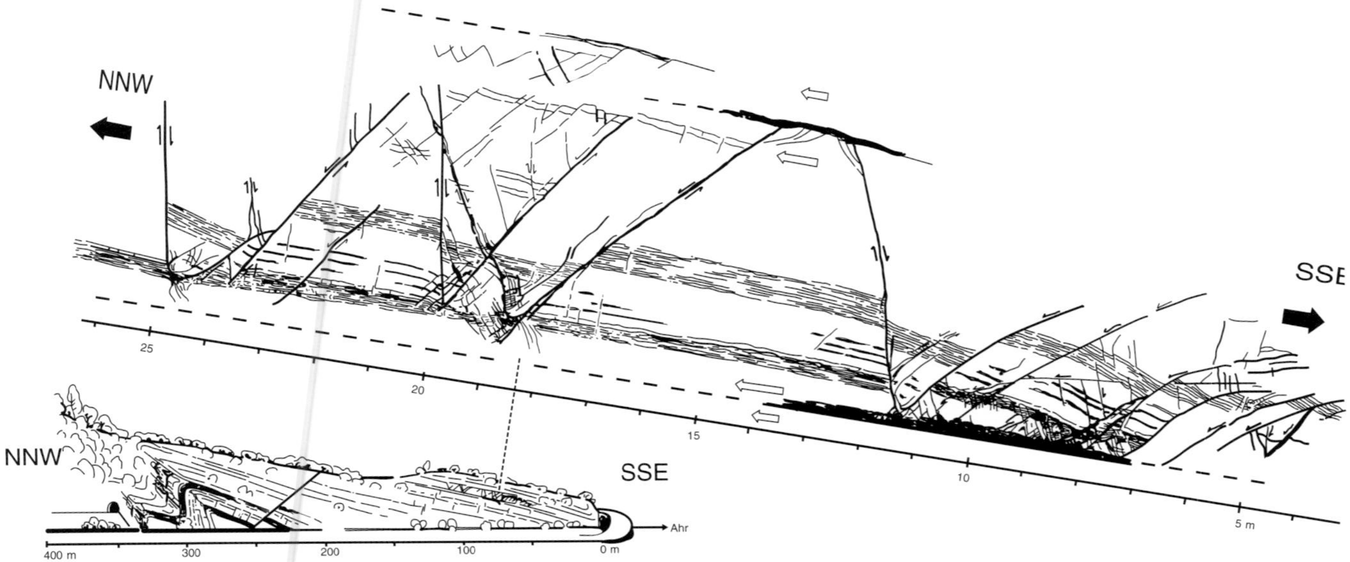

Abb. 47. Falten am Rupenberg westlich Schuld an der Ahr in Oberen Siegen-Schichten. Unten Ansichtsskizze, oben vergrößerter Ausschnitt aus dem Flachflügel mit Dehnungstektonik. WURSTER (1977).

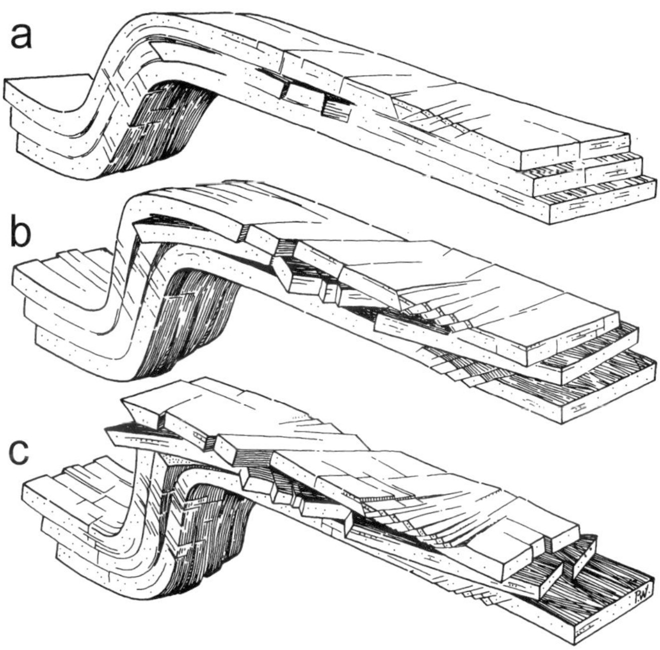

Abb. 48. Drei Bewegunsstadien bei Falten wie am Rupenberg bei Schuld (Abb. 47). WURSTER (1977).

dafür finden sich im Rheinprofil südlich von Brohl in Annäherung an die Siegener Hauptüberschiebung. Wo die Schieferung eine noch stärkere Rolle spielt, z. B. bei den Falten im Hunsrückschiefer, werden die Öffnungswinkel der Falten noch enger; jedoch sind Isoklinalfalten nicht beobachtet worden.

Die Strukturaufnahmen in der Umrandung des Neuwieder Beckens zeigen deutlich, dass Spezialfalten in den Dimensionen von Metern bis Hunderten von Metern in den durch lebhaften Wechsel von Sandsteinen und Tonschiefern gekennzeichneten Serien der „sandigen Normalfazies" der Siegen-Schichten viel häufiger sind als in den monotonen Tonschieferfolgen des Hunsrückschiefers, in denen ein Großteil der Einengung von den Bewegungen an den Schieferflächen übernommen wird. Diese Beziehung ist oft auch im Aufschlussbereich zu beobachten, wo Sandsteinbänkchen intensiv gefaltet sind, während benachbarte Schichtflächen im Tonschiefer keine Faltung zeigen.

5.3 Schieferung

Schieferungsflächen sind nicht im ganzen Gebiet gleichmäßig ausgebildet. Es gibt Bereiche, in denen sie fast nur in Faltenumbiegungen und überkippten Faltenflügeln auftreten, oft in sehr weiten Abständen. Das ist z. B. in den Arealen der sandigen Siegen- und Ems-Schichten der nördlichen Osteifel und im deutsch-belgisch-luxemburgischen Grenzgebiet der Fall. In der weiteren Umgebung der Eifeler Kalkmulden fehlen geschieferte Gesteine fast ganz. Der Hunsrückschieferzug der SE-Eifel und der ganze Bereich des Mosel-Synklinoriums ist intensiv geschiefert, so dass die Schieferflächen über große Profilabschnitte hinweg die dominanten Ablösungsflächen darstellen. Auch im Venn-Sattel und seiner Umgebung ist Schieferung sehr ausgeprägt.

Die Ausbildung von Schieferung gibt im sandig-schiefrigen Unterdevon (etwa der Siegen- und Emsgesteine außerhalb der Hunsrückschiefer-Fazies) über die Tiefenlage der Deformation Auskunft. Denn, wenn man die Mindestbedeckung während der Deformation nach paläogeographischen Gesichtspunkten abschätzt, stellt man fest, dass die Bereiche mit deutlich ausgeprägter Schieferung in Tiefen von mindestens 4 km deformiert wurden. Im Bereich zwischen 4 und 3 km Überdeckung sind Schieferflächen nur in Faltenumbiegungen und Steilflügeln von Falten ausgebildet, bei einer Bedeckung von weniger als 3 km sind auch in tonigen Gesteinen keine Schieferflächen entwickelt worden. Diese Werte können aber nicht unbedenklich auf andere Gesteine und andere tektonische Bautypen übertragen werden.

Es handelt sich meist um Achsenflächen-Schieferung. Deshalb geben die Schieferflächen die Vergenzverhältnisse sehr empfindlich wieder, und die großen Vergenzwechsel der Eifel sind vor allem an der Lage der Schieferung zu lokalisieren. Die Schnittlinien zwischen Schicht- und Schieferungsflächen (die sog. δ-Achsen) zeichnen also überall etwa das Achsenstreichen und -fallen nach (Einschränkungen: D. RICHTER 1961). Von den Falten-Achsenflächen abweichende Raumlagen der Schieferung treten südlich des Stavelot-Venn-Massivs (BRÜHL 1966) und im Liegenden einer auf die Moselmulde gerichteten Aufschiebung östlich des Liesertals (K.-H. KÖLSCHBACH 1986) auf. Beim Durchschlagen von steilen bis überkippten Sandsteinbänken durch Schieferflächen kann es zur Ausbildung von Wülsten kommen, die aus der Nordeifel besonders aus der Umgebung von Dedenborn als Mullions bekanntgemacht wurden (PILGER & W. SCHMIDT 1957a, b, SCHMINCKE 1961, BRÜHL 1969, URAI et al. 2001) (Abb. 135, S. 577).

Im Gegensatz zu großen Teilen des Hunsrücks lässt sich im Gebiet nördlich der Moselmulde kein regional ausgedehntes System einer zweiten Schieferung feststellen. Knickzonen, an denen die Flächen der 1. Schieferung geknickt oder versetzt werden, treten ganz vereinzelt auf, besonders häufig beiderseits der Siegener Hauptüberschiebung

5.4 Störungstektonik

Auf- und Überschiebungen, die den Achsenflächen der Falten parallel liegen, sind in allen Größenordnungen zu beobachten. Dass auch solche streichenden Störungen mit Aufschiebungsbeträgen von einigen Hundert Metern verbreitet sind, wird überall dort offenkundig, wo die Aufschlussverhältnisse eine genaue Strukturanalyse ermöglichen oder wo, wie im Bereich der Kalkmulden, eine Kartierung von stratigraphischen Einheiten von etwa 100 m

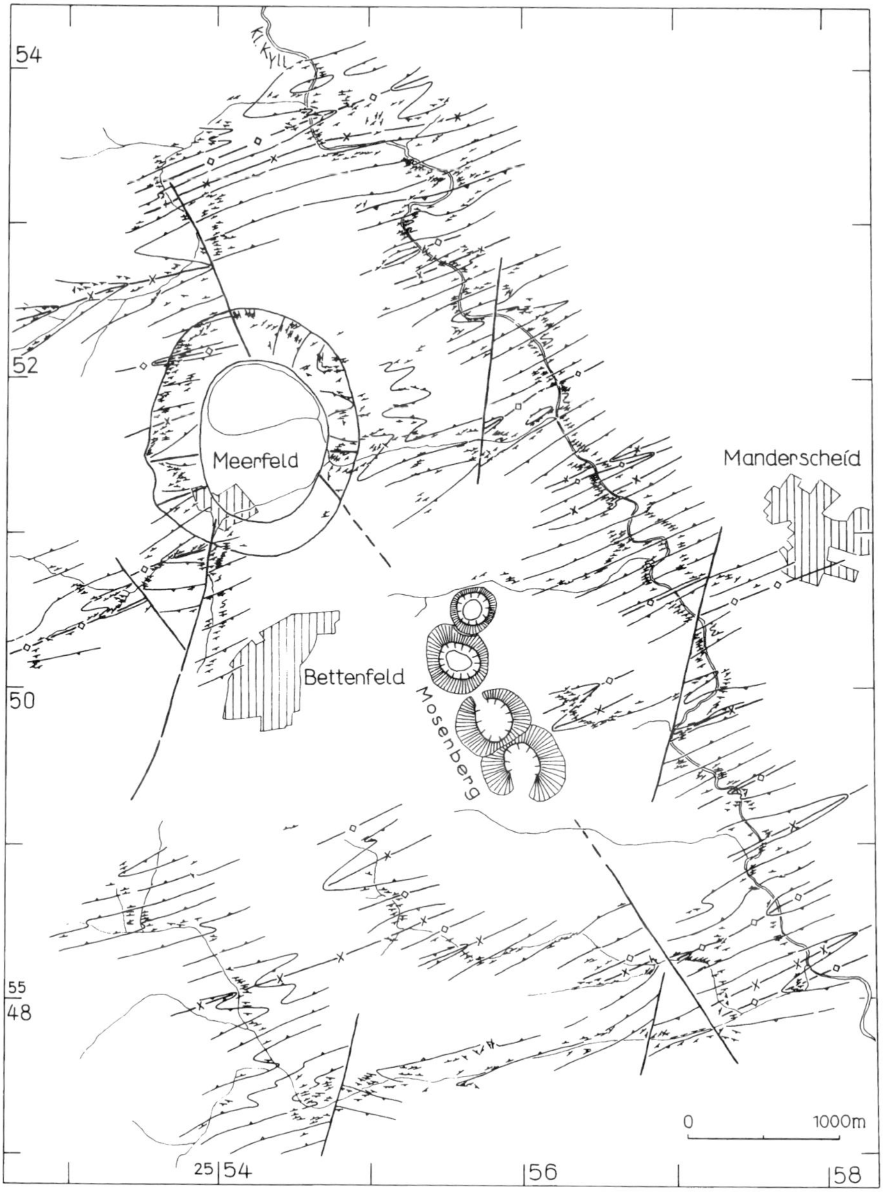

Abb. 49. Strukturkarte der Umgebung der Mosenberg-Vulkangruppe westlich von Manderscheid. MEYER & STETS (1979).

Mächtigkeit möglich ist. In den schwer zu gliedernden Unterdevon-Gebieten bleiben bei schlechten Aufschlussverhältnissen manche dieser Störungen unerkannt, was die Erfassung von Einengungsbeträgen über größere Profile hinweg erschwert. An den meisten der Kalkmulden sind an den SE-Rändern Aufschiebungen von über 100 m Verschiebungsweite festzustellen, wobei die sandigen Unterdevon-Schichten einen Teil des kalkigen Muldeninhalts überfahren haben.

An vielen Stellen lassen sich Querstörungen nachweisen, wenn auch nicht in dem Maße, in dem sie auf älteren geologischen Karten dargestellt werden. Überall, wo sich die Beziehungen zum Faltenbau erkennen lassen, erweisen sich diese Querstörungen als gleichaltrig mit der Faltung. Denn sie zerschneiden und verschieben nicht den Faltenbau, sondern trennen unterschiedlich gefaltete Bereiche. Oft ist auf beiden Seiten eine ungleiche Anzahl von Falten vorhanden, die zudem verschiedene Querschnitte haben. Der Schichtenstapel ist also während der Faltung durch Querstörungen in einzelne Schollen zerlegt worden, die dadurch mechanisch entkoppelt wurden. Die Querstörungen sind meist nur etwa 2 km lang, dürften damit wohl nicht unmittelbar auf ein Schollenmuster im Untergrund zurückgehen. Das gilt auch für NNE-SSW („rheinisch") streichende Störungen, die sich bei Strukturaufnahmen jetzt in zunehmendem Maße finden. Auch sie trennen oft Schollen mit unterschiedlichem Faltenstil (Abb. 49).

5.5 Metamorphose

Die Metamorphose ist im ganzen Eifelgebiet so schwach, dass keine deutlich sichtbaren Mineralneubildungen erfolgten, sie gehört also in den mit dem Begriff Anchimetamorphose bezeichneten Bereich.

Nur am SE-Rand des vordevonischen Kerns des Venn-Sattels findet sich ein etwas stärkerer metamorpher Streifen, der sowohl die Salm-Schichten als auch die Gedinne- und Siegen-Schichten erfasst. Die Metamorphose dieser Zone wurde von KRAMM (1982) eingehend untersucht. Die Gesteine des Oberen Salm enthalten einen Stoffbestand, der charakteristische Mineralneubildungen ermöglicht, an denen sich die Druck-Temperatur-Bedingungen der Metamorphose ableiten lassen. Diese haben nach SCHREYER (1975) und KRAMM (1982) im Raum Salmchâteau 400–450 °C und 2 Kilobar erreicht, in der nordöstlichen Fortsetzung im deutschen Gebiet nur 325–345°C bei etwa 2 Kilobar. Der Streifen zeigt also den Übergangsbereich zwischen Anchi- und Epimetamorphose.

Die höhere Metamorphose ist hier schon im Gelände an dem phyllitähnlichen Glanz der Schiefer zu erkennen und bei den Gesteinen des Oberen Salm durch auffällige dunkelviolette und graugrüne Färbung und eine Reihe mit bloßem Auge sichtbarer Mineralneubildungen, wie Chloritoid, Andalusit, Viridin, Rhodochrosit, Ardennit und Ottrelith. Im Bereich dieser stärker metamorphen Zone, aber auch etwas darüber hinausgehend finden sich an vielen Stellen im Gestein Quarzgänge, deren Material aus den quarzreichen Sedimenten während der Durchbewegung und Metamorphose mobilisiert wurde. Mit diesen sog. petrogenen Mineralgängen haben sich BREDDIN & HELLERMANN (1962) beschäftigt. Ein weiteres Produkt der erhöhten Metamorphose ist die starke magnetische Anomalie am Südrand des Venn-Sattels (Anomalie von Paustenbach und Lammersdorf, vgl. 11.5.4).

Die Metamorphose ist im Raum Salmchâteau am stärksten, sie nimmt von hier in südwestlicher und nordöstlicher Richtung ab. Im NE reicht sie etwa bis zur Kalltalsperre bei Lammersdorf, deshalb sprach man früher auch von der „metamorphen Zone von Lammersdorf." Der etwa 5 km breite stärker metamorphe Streifen überdeckt sowohl kambrische und ordovizische Gesteine mitsamt den darinsteckenden Intrusivkörpern als auch unterdevo-

<table>
<tr><th>N</th><th>Ahrtal
600 m</th><th>Nohner Bach
Nohn -
Kirmutscheid
900 m</th><th>Nohn -
Borler
1100 m</th><th>Ahbach
Heyroth
1150 m</th><th>Stroheich
Dreis
Dreiser Höhe
1200 m</th><th>Salmerwald -
Mulde
1100 m</th><th>S</th></tr>
<tr><td rowspan="3">obere</td><td>Ehberg -
Horizont
60 m</td><td rowspan="2">Eulenberg -
Horizont
250 m</td><td rowspan="3">Hollerberg -
Horizont
550 m</td><td colspan="2" rowspan="2">Kumpplotz - Horizont
250 - 200 m</td><td rowspan="3">Neroth -
Horizont
250 m</td><td rowspan="3">obere</td></tr>
<tr><td>Stahlhütte -
Horizont
40 m</td></tr>
<tr><td>Retzendell -
Horizont
80 m</td><td>Trierscheid -
Horizont
200 m</td><td></td><td>Oberehe - Horizont
bis 100 m</td></tr>
<tr><td>mittlere</td><td colspan="3">Senscheid - Horizont
300 m</td><td colspan="2">Mascheid - Horizont
700 bis 600 m</td><td rowspan="2">Rotsandstein -
Horizont
850 m</td><td>mittlere</td></tr>
<tr><td>Untere</td><td colspan="4">Wenzelbach - Horizont
60 - 200 m</td><td>Roth - Horizont 200 m
Koppsuhr - Horizont 200 m</td><td>Untere</td></tr>
</table>

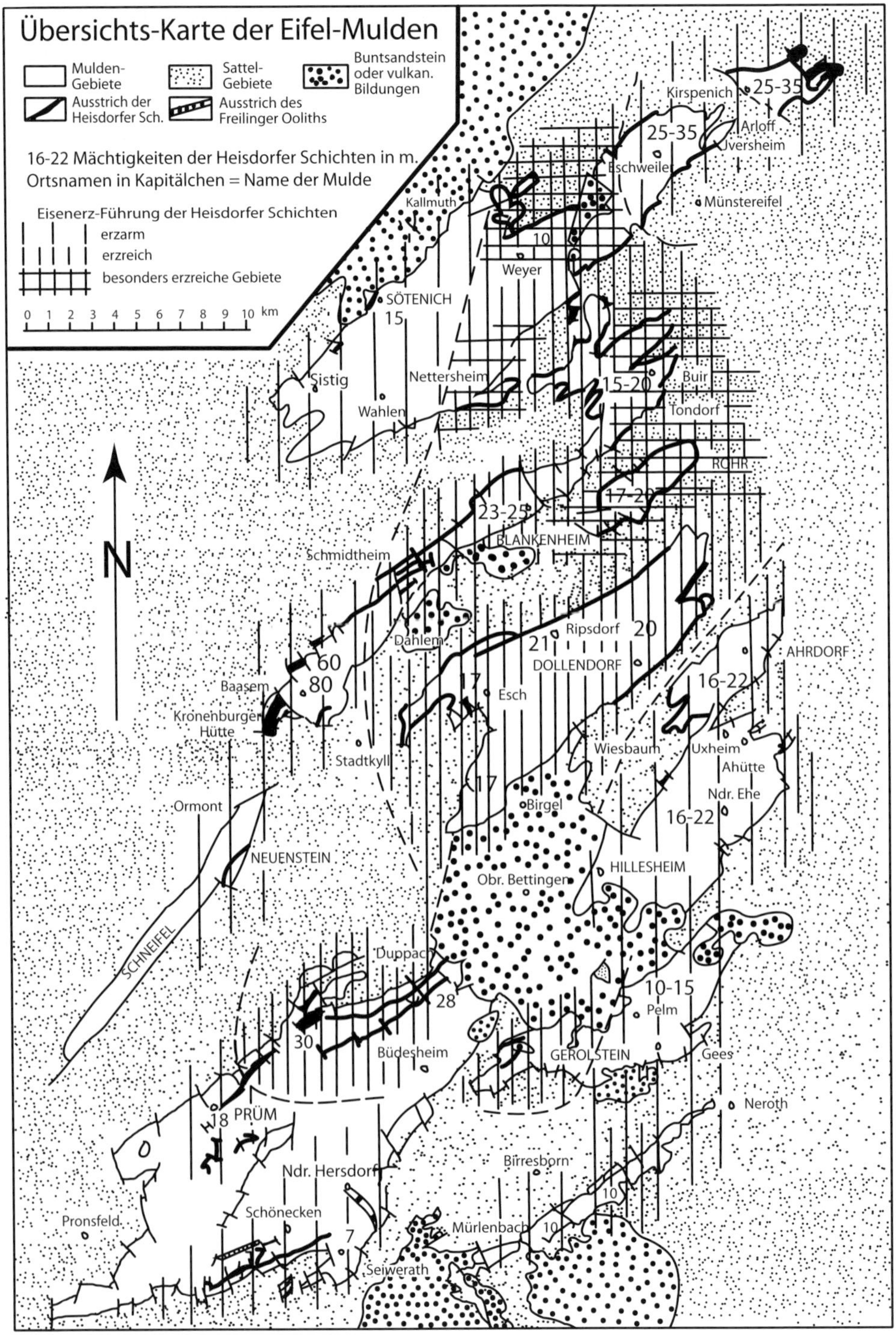
Übersichts-Karte der Eifel-Mulden
Mulden-Gebiete
Sattel-Gebiete
Buntsandstein oder vulkan. Bildungen
Ausstrich der Heisdorfer Sch.
Ausstrich des Freilinger Ooliths
16-22 Mächtigkeiten der Heisdorfer Schichten in m.
Ortsnamen in Kapitälchen = Name der Mulde
Eisenerz-Führung der Heisdorfer Schichten
erzarm
erzreich
besonders erzreiche Gebiete
0 1 2 3 4 5 6 7 8 9 10 km
N
Kirspenich
25-35
25-35
Arloff
Iversheim
Eschweiler
Münstereifel
Kallmuth
10
Weyer
SÖTENICH
15
Sistig
Nettersheim
Wahlen
15-20
Buir
Tondorf
ROHR
17-20
23-25
BLANKENHEIM
Schmidtheim
Dahlem
Ripsdorf
21
20
DOLLENDORF
AHRDORF
60
80
Baasem
Kronenburger Hütte
17
Esch
16-22
Stadtkyll
Wiesbaum
Uxheim
Ahütte
Ndr. Ehe
17
Birgel
16-22
Ormont
NEUENSTEIN
HILLESHEIM
Obr. Bettingen
SCHNEIFEL
Duppach
28
10-15
Pelm
30
Büdesheim
GEROLSTEIN
Gees
8
PRÜM
Neroth
Ndr. Hersdorf
Birresborn
10
Schönecken
Pronsfeld
7
Mürlenbach
10
Seiwerath

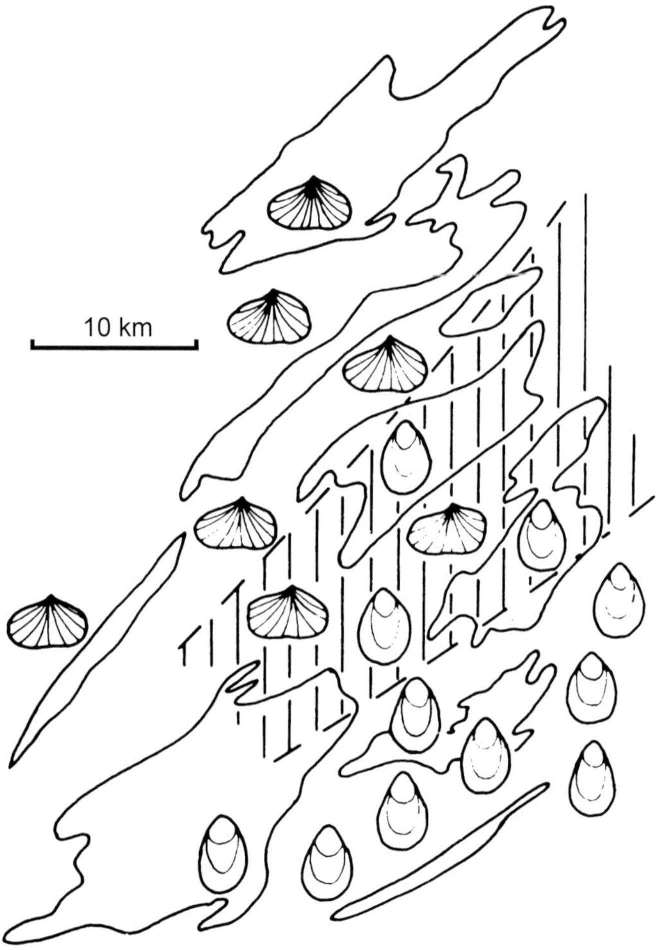

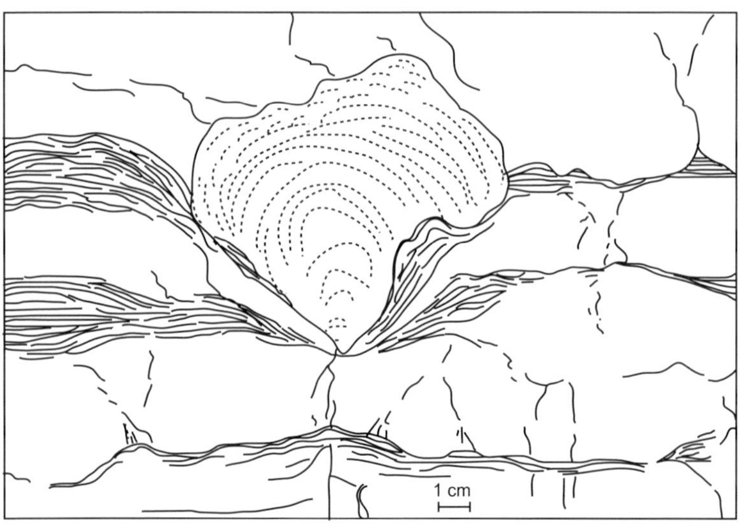

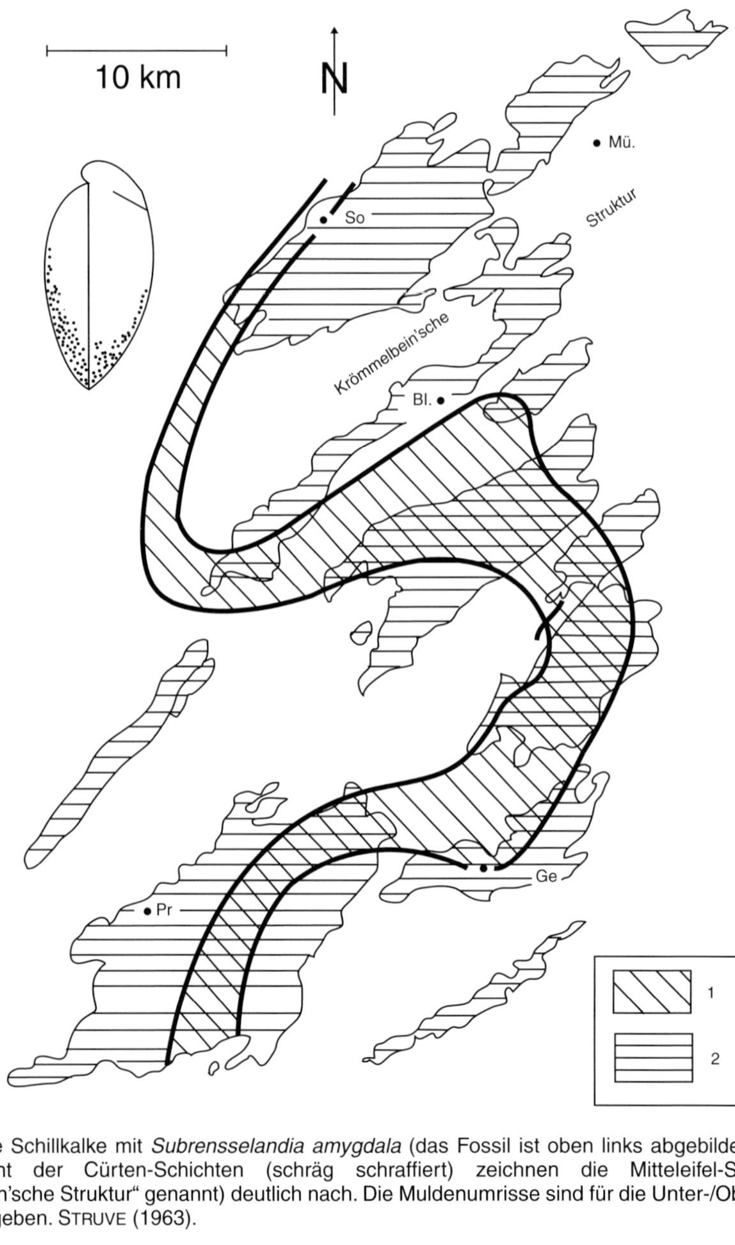

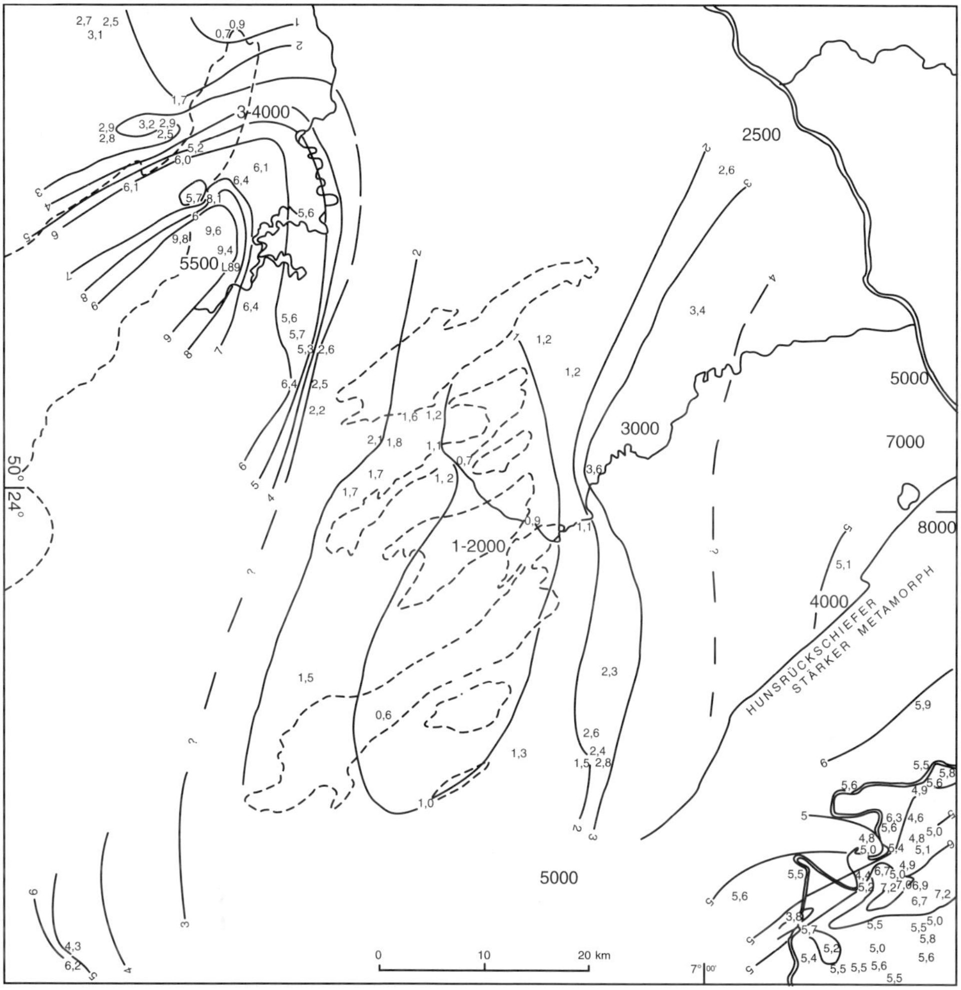

Abb. 50. Der Inkohlungsgrad im Umfeld der Eifeler Nord-Süd-Zone und die Mindesttiefenlage (in m: vierstellige Zahlen) von Sedimenten während der variszischen Faltung. Die Zahlen von 0,6 bis 9,8 geben das maximale Reflexionsvermögen (Rmax) von organischen Einlagerungen wieder, sie stammen von M. u. R. TEICHMÜLLER (1952, 1979), M. WOLF (1978, in RIBBERT 1983 und in MEYER et al. 1986) und A. VIETH-REDEMANN (in RIBBERT 1985).

nische Gesteine bis hinauf zu den Unteren Siegen-Schichten. Damit hat die Metamorphose kein kaledonisches Alter; sie ist vielmehr während der variszischen Faltung entstanden, wie KRAMM auch am Verhältnis der Mineral-Neusprossungen zur Deformation nachgewiesen hat.

Die stärkere Metamorphose ist auf die hier besonders hohe Überlagerung durch jüngere Gesteine während der variszischen Faltung zurückzuführen; es ist hier also ein besonders tiefes Stockwerk angeschnitten. Auf den Gesteinen der Siegen-Basis haben nach paläogeographischen Rekonstruktionen und Mächtigkeitszusammenstellungen (MEYER & STETS 1980, KNAPP 1978) während der Faltung mindestens 6500 m Gestein gelegen. Nach NW verringert sich dieser Wert, da die Mächtigkeiten der Unter- und Mitteldevonschichten in Annäherung an

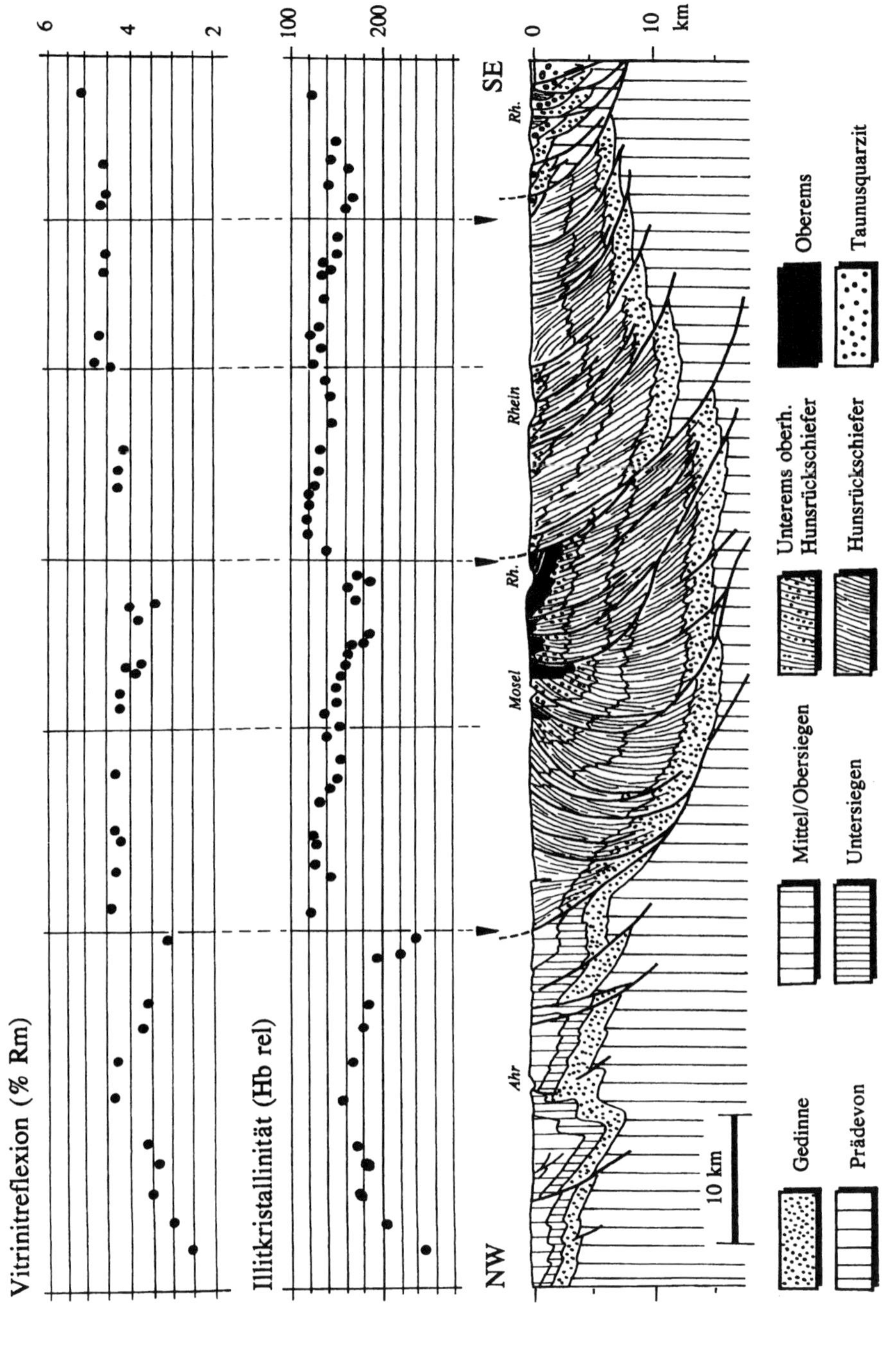

Abb. 51. Inkohlung und Illitkristallinität im Gebiet des Mittelrheins zwischen Bingen und Bonn. Meyer & Stets (1996) nach Daten von Holl (1995).

den Nordkontinent rasch abnehmen; so sind am NW-Flügel des Venn-Sattels gleichalte Schichten in nur etwa 2500 m Tiefe gefaltet worden. Nach SE kommt man an der heutigen Oberfläche in jüngere Schichten, auf denen nicht mehr soviel Gestein gelegen hat. Da der SE-Rand des Venn-Sattels sich in NE-Richtung auch dem Nordrand des devonischen Ablagerungsraumes nähert, nehmen die Mächtigkeiten der überlagernden Schichten auch in der streichenden Fortsetzung dieser Zone ab. Sie dürften bei Simmerath nur etwa 5500 m, noch weiter nordöstlich, bei Großhau nur 3000 bis 4000 m betragen haben. So wird verständlich, dass der stärker metamorphe Streifen etwa auf der Höhe von Lammersdorf dort abtaucht, wo die Überlagerungsdicke von etwa 5000 m unterschritten wird. Die höhere Metamorphose kennzeichnet hier außerdem die tiefsten Partien der Eifel-Decke (V. WINTERFELD 1992).

Es gibt aber in der Eifel noch mehrere Stellen, die auch mindestens in dieser Tiefe deformiert wurden, ohne dass sie eine mit dem SE-Rand des Venn-Sattels vergleichbare Metamorphose zeigen. So müssen nach paläogeographischen Rekonstruktionen die Gesteine im Raum Manderscheid in 5–6 km Tiefe gefaltet worden sein, die Unter-Siegen-Schichten im Kern des Osteifeler Hauptsattels nördlich vom Laacher See in mindestens 7 km Tiefe, die Hunsrückschiefer bei Andernach sogar in 8 km Tiefe. Das bedeutet, dass bei dem Metamorphose-Streifen am SE-Rand des Venn-Sattels noch eine tektonische Überlagerung hinzukommt – oder dass der geothermische Gradient damals nicht im ganzen Gebiet gleich war. KRAMM (1982) nimmt an, dass für den rhenoherzynischen Teil des Variszikums der geothermische Gradient 60 °C pro km betrug, also doppelt so groß war wie heute (vgl. auch ZWART 1967). Er war aber offenbar nicht im ganzen Rhenoherzynikum gleichmäßig; die Gründe dafür kennen wir nicht, für eine thermische Beeinflussung durch magmatische Körper fehlen im Schiefergebirge alle Hinweise.

Nach paläogeographischen Rekonstruktionen (MEYER & STETS 1980) betrug die Überlagerung während der Faltung für die Siegen-Schichten im Raum Bonn nur 2500–3000 m, für die im Raum Altenahr und Schuld etwa 3000 m und für die Klerf-Schichten zwischen den Kalkmulden nur 1000–2000 m.

An den in vielen devonischen Sedimenten vorhandenen Pflanzenresten lässt sich der Inkohlungsgrad feststellen; damit hat man sehr empfindliche Indikationen für den Übergangsbereich zwischen Diagenese und Metamorphose. Mit zunehmender Inkohlung steigt das Reflexionsvermögen kohliger Reste, das an Anschliffen unter dem Mikroskop gemessen werden kann. Man ist deshalb in der Lage, Karten des Inkohlungsgrades zeichnen, indem man einträgt, wie viel Prozent Licht von den verschiedenen Proben reflektiert werden; dabei nimmt man das maximale Reflexionsvermögen (R max). Von M. u. R. TEICHMÜLLER wurden 1952 und 1979 Inkohlungswerte von der Umgebung des Venn-Sattels und der Eifeler Nord-Süd-Zone und der Osteifel bekanntgemacht, von M. WOLF (1978) von Hunsrück und Moselraum. In Abb. 50 wird der Versuch gemacht, diese Werte in einer Karte zusammenzustellen und trotz der großen Lücken durch Linien (Isoapostilben, nach griech. apostilbein = glänzen) zu verbinden, was besonders westlich der Nord-Süd-Zone noch sehr unsicher ist. Die Darstellung zeigt aber doch schon, dass die Inkohlung von der Überlagerungsdicke während der Deformation abhängig ist. Sie ist im Bereich der Kalkmulden am schwächsten, sie ist besonders stark natürlich am SE-Rand des Venn-Sattels in dem stärker metamorphen Streifen. Im Bereich der Moselmulde verlaufen die Isoapostilben streng im Faltenstreichen; dabei hat der Kern der Moselmulde die geringste Inkohlung, was auch zu erwarten ist, da auf den Mitteldevon- bzw. Ober-Ems-Schichten weniger draufgelegen hat als auf den benachbarten Unterdevon-Arealen. Die Inkohlungswerte, die A. VIETH-REDEMANN für die Blätter Schleiden und Hellenthal (RIBBERT 1993, 1994) ermittelt hat, sind in Abb. 50 noch nicht berücksichtigt, ändern aber an dem Verteilungsbild nichts.

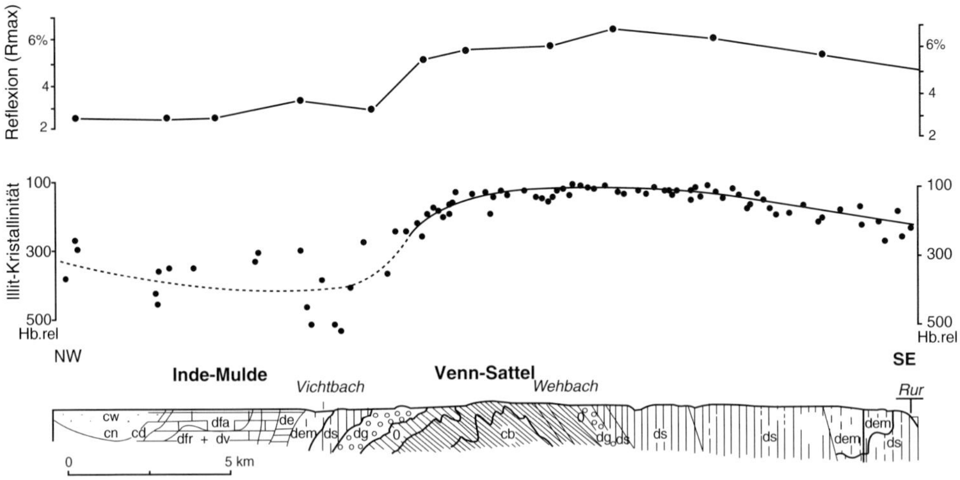

Abb. 52. Vergleich zwischen Inkohlungsgrad und Illit-Kristallinität im Venn-Sattel und seiner Umgebung. M. u. R. TEICHMÜLLER (1979); geologischer Schnitt und Illit-Kristallinitätskurve nach KASIG & SPAETH (1975).

Wenn man Werte für die Illit-Kristallinität in eine Karte eintragen könnte, würde wahrscheinlich ein ähnliches Muster nachgezeichnet wie bei den Inkohlungswerten. Es liegen für eine solche Karte in der Eifel noch nicht genügend Werte vor. Ein Vergleich zwischen Illit-Kristallinität und Inkohlung lässt sich an einem Profil über den Venn-Sattel durchführen (KASIG & SPAETH 1975, M. & R. TEICHMÜLLER 1979, Abb. 52). Mikroskopische Studien besonders über das Sprossen von Glimmern im Übergangsbereich zwischen Diagenese und Metamorphose hat ROY (1978) am Hunsrückschiefer durchgeführt. H.-G. HOLL (1995) hat weitere Inkohlungswerte und Werte der Illitkristallinität in Nähe des Rheinprofils ermittelt, die in Abb. 51 vorgestellt werden. Hier fallen die Metamorphosesprünge an der Siegener Hauptüberschiebung und der Bopparder Überschiebung auf.

5.6 Das Alter von Deformation und Metamorphose

Da am Südrand der Wurm-Mulde noch Oberkarbon-Schichten einschließlich des Westfal B deformiert sind, muss die Faltung des Gebietes nordwestlich des Venn-Sattels am Ausgang des Westfal oder im Stefan erfolgt sein, also in der Asturischen Faltungszeit. Dieses Faltungsalter ist wahrscheinlich auch für den Venn-Sattel und die südlich angrenzenden Gebiete anzunehmen, da dieser ganze Bereich an der Aachener Überschiebung = Faille du Midi auf die Wurm-Mulde aufgeschoben wurde.

Für das übrige Eifelgebiet, also fast den ganzen Bereich südöstlich des Venn-Sattels, muss man annehmen, dass die Faltung schon früher stattgefunden hat, und zwar aus folgenden Gründen: Man kann wahrscheinlich die von AHRENDT et al. (1978) veröffentlichten K/Ar-Alterswerte für die Umkristallisation von Gesteinen aus einem Nord-Süd-Streifen im rechtsrheinischen Schiefergebirge auf unser Gebiet übertragen. Und es dürfte gerechtfertigt sein, diese Metamorphosealter mit den Zeitpunkten der Deformation gleichzusetzen. Nach diesen Datierungen hat die Deformation am Südrand des Schiefergebirges vor 325 Millionen Jahren stattgefunden, also an der Wende von Unter- zu Oberkarbon; man bezeichnet die zu dieser Zeit erfolgten Deformationen auch als Sudetische Faltung. Nach N nehmen die K/Ar-Alter ab bis auf 300–305 Millionen Jahre im Ostsauerländer Hauptsattel, was der Asturischen Faltungszeit entsprechen würde. Und zwar scheint das Faltungsalter von S nach N kontinuierlich abzunehmen, wenn man aus den wenigen Alterswerten einen solchen Trend herauslesen darf. Es ist also anzunehmen, dass eine Faltungswelle von SE nach NW fortschreitend sich durch das Schiefergebirge bewegt hat, dass sich die Bewegungen also nicht auf eine Sudetische und Asturische „Faltungsphase“ konzentriert haben. Dieses Bild kann wohl auch auf das linksrheinische Schiefergebirge übertragen werden. Hier haben AHRENDT et al. (1978) einen K/Ar-Alterswert von 326 ± 10 Mio. Jahren an oberdevonischen Serizitschiefern vom Südrand des Hunsrücks ermittelt. Von diesem Zeitpunkt wanderte wahrscheinlich auch eine Faltungswelle allmählich nach NW und erreichte die Gesteine der Wurm-Mulde etwa im Westfal C, d. h. vor ca. 300 Millionen Jahren.

Dass in der Eifel schon zu Beginn des Oberkarbons Faltungen und die damit verbundenen Hebungen stattgefunden haben, zeigen Konglomerate im Burgholzer Sandstein (Walhorn-Schichten, Namur A, vgl. 4.2.1) der Inde-Mulde, die von S geschüttet wurden (HAHNE & SEIDEL 1937, W. SCHMIDT 1956). Die Hebung und Erosion im Eifel- und Ardennengebiet war im Westfal C schon soweit fortgeschritten, dass Gesteine der Eifel-Stufe abgetragen werden konnten (BLESS & STREEL 1976).

5.7 Die variszischen Erzlagerstätten

In der Osteifel gibt es an vielen Stellen sulfidische Erzgänge, die man früher alle an die varszischen Erzgänge des Siegerlandes und des Koblenzer Raumes angeschlossen hat. Sie sind meist auf Blei, Zink, Kupfer abgebaut worden, waren aber bei weitem nicht so ergiebig wie die Gänge im Siegerland oder im Koblenzer Gebiet. In neuer Zeit durchgeführte Untersuchungen der Paragenesen und der Isotopenchemie führten zu der Auffassung, dass nur ein kleiner Teil von ihnen variszisches Alter hat und die meisten von ihnen wahrscheinlich während des Mesozoikums entstanden, also an die Vererzungen im Buntsandstein der Nordeifel und an die im Aachen-Stolberger Gebiet sowie die Gänge der Westeifel angeschlossen werden müssen (vgl. L. KRAHN 1988 und V. REPPKE 1993) (vgl. 10.8).

Die sog. Eifeler Großflanke zwischen der Siegener Hauptaufschiebung und dem Kernbereich der Moselmulde ist nahezu frei von Erzgängen. Das gleiche gilt für den Nord-Süd-Streifen der mittel- bis oberdevonischen Kalkmulden mit den dazwischen liegenden Unterdevon-Sätteln, der damit das variszische Vererzungsgebiet begrenzt.

Für die Osteifel mit Ausnahme des Bergbaugebietes südwestlich Bad Godesberg und des Untermoselgebietes hat V. REPPKE (1993) eine gründliche Untersuchung von Geländebefunden, Sammlungsmaterial und Bergbauarchiven vorgelegt. Darin ist für einen großen Teil der Vorkommen an Hand der Paragenese eine Zuordnung zum variszischen oder postvariszischen Mineralisationszyklus möglich gewesen (Unterscheidungskriterien bei REPPKE 1993, 39–41). Bei mehr als der Hälfte der Lagerstätten war kein Erzmaterial mehr zu beschaffen, so dass die

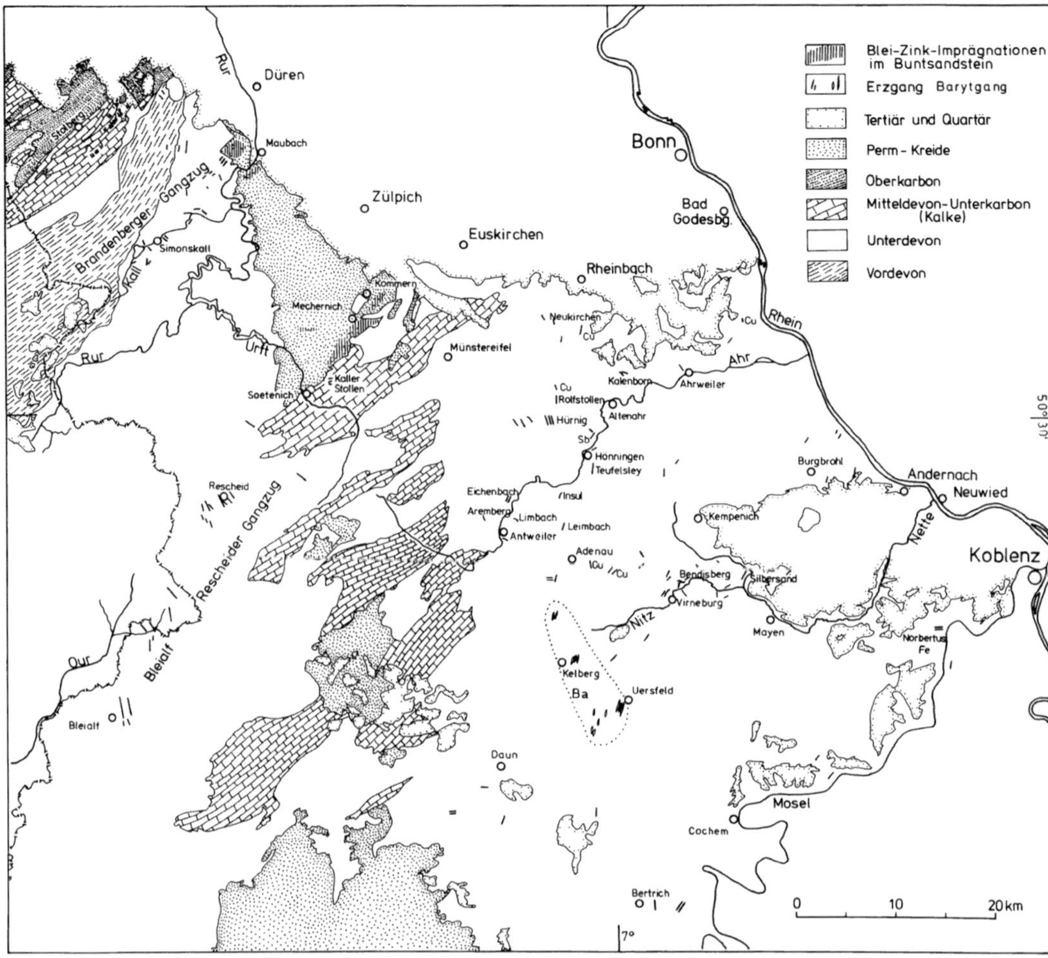

Abb. 53. Die variszischen und postvariszischen Vererzungen in der Eifel.

Altersfrage offen bleiben musste. Es fällt auf, dass bei einigen Vorkommen variszische und postvariszische Vererzungen eng benachbart sind, in einem Fall (Grube „Klappertshardt" bei Hummerzheim, Bl. Altenahr) durchdringen sie sich sogar. Das zeigt, dass zumindest die postvariszischen Lagerstätten auf Mobilisationen älterer Vererzungen zurückgehen. Inzwischen werden auch die variszischen Gangerzlagerstätten des Schiefergebirges nicht mehr auf Plutone als „Erzbringer" zurückgeführt, sondern auf Mobilisierung von Metallen aus verschiedenen, auch nicht-magmatischen Gesteinen der Kruste.

Die folgende Beschreibung der Osteifel-Vorkommen kann nicht mehr als eine Auflistung sein. Für ausführlichere Darstellungen sei auf Reppke (1993) und eventuell angegebene Spezialarbeiten verwiesen. Die Zuordnung zum variszischen oder postvariszischen Zyklus stützt sich in fast allen Fällen auf die Einstufung von Reppke. Die nicht datierten Vorkommen sind hier entweder der variszischen oder der postvariszischen Reihe angeschlossen worden nach ihrer Nachbarschaft zu datierten Vererzungen; damit bleibt das Risiko, dass sie vielleicht in der falschen Generation stehen.

Die Vorkommen mit gesichertem variszischem Alter konzentrieren sich in Nähe des Rheintals, im Raum Mayen – Virneburg und im Raum Altenahr – Ahrbrück – Kirchsahr, sie finden sich im übrigen Gebiet nur vereinzelt. Sie treten also bevorzugt dort auf, wo besonders tiefe Stockwerke des Faltengebirges freigelegt sind. Weitere Abhängigkeiten von den Strukturen sind nicht erkennbar.

Bl. 5308 Bonn-Bad Godesberg

Südwestlich von Kürrighoven (Wachtberg-Oberbachem) baute die Grube „Laura" Zinkblende und Bleiglanz auf einem NW-SE streichenden Gang ab. Wegen der Vormacht von Zinkblende über silberhaltigen Bleiglanz bei wenig Kupferkies (WILCKENS 1927, 27) liegt eine variszische Paragenese vor. Östlich davon waren von dieser Grube aus die Gänge der Grube „Philippine" angefahren worden (Pb, Zn, Cu), einer N-S, ein zweiter NW-SE streichend.

Bei den Kupferkies-Gängen der Gruben „Jungfer Clara" bei Pech, „Maximilian" bei Villip, „Irberg" bei Züllighoven sowie bei Grube „Wilhelm der Große" zwischen Gimmersdorf und Oberbachem ist das Alter ungewiss.

Bl. 5407 Altenahr

Bleierze nördlich Hardt, Sürst (unmittelbar nördlich der postvariszischen Lagerstätten von Kurtenberg, Vierwinden), variszisch; wohl ebenfalls die Zinkblende-Gänge von Grube „Blitzhardt" bei Berscheid.

Konzession „Unverzagt" südlich Todenfeld, wahrscheinlich variszisch.

Konzession „Hoffnung" bei Berg, Alter unbekannt.

Konzession „Anfang" nördlich Berg, Alter unbekannt.

Konzession „Nord" nördlich Hilberath, Alter unbekannt.

Konzession „Rheinbach" bei Hilberath, Alter unbekannt.

Konzession „Hohenthürmen" bei Lanzerath und Winnen, variszische und postvariszische Vorkommen.

Grube „Hürnigskopf" nordwestlich Plittersdorf, zwischen 1927 und 1940 wurden Bleiglanz und Zinkblende abgebaut, variszisch (L. KRAHN 1988).

Grube „Klappertshardt" westlich Hummerzheim, NW streichender Hauptgang (variszisch) wird von NE streichenden Klüften mit postvariszischer Vererzung geschnitten (KRAHN 1988).

Liersbachstollen nördlich Hummerzheim, Alter unbekannt.

Konzession „Saarsegen" östlich Plittersdorf, variszische und postvariszische Vererzungen.

Bl. 5408 Bad Neuenahr-Ahrweiler

Grube „Aare-Hochstaden“ östlich Kalenborn, Pb, Zn mit viel Siderit, variszisch. Bergbau noch in den 1930er Jahren.

Konzession „Conrad“ westlich Gelsdorf, Alter unbekannt.

Vorkommen „Silberberg“ westlich Ahrweiler, Alter unbekannt.

Quarzgang südlich der Ahr bei Walporzheim, variszische und postvariszische Vererzungen nebeneinander.

2 Vorkommen in Konzession „Calvarienberg“ südlich Ahrweiler, Bergbau Mitte des 19. Jahrhunderts, Pb, Cu; Alter unbekannt.

„Breite Kopf“ südlich Bachem (Bad Neuenahr), Alter unbekannt.

Grube „Arget“ Pb, Cu) südlich Nierendorf (KNOLL 1981), variszisch.; Bergbau im 18. Jahrhundert.

Bl. 5409 Linz

Südwestlich vom Dungberg westlich Remagen wurde Kupferkies abgebaut (Konzession „Goldgrube“, KNOLL 1981), Alter unbekannt.

Südwestlich des Apollinarisberges bei Remagen und südlich Remagen waren Nord-Süd streichende Quarzgänge mit Kupferkies aufgeschlossen, Alter unbekannt.

Nordöstlich von Bad Bodendorf ENE streichender Quarzgang mit Kupferkies, Alter unbekannt.

Konzession „Riedelberg“ 1500 m westlich Oberbreisig, Kupferkies, Alter unbekannt.

Konzession „Am Teufelssteingraben“, Tiefpfadtal 2 km nördlich Oberbreisig, Siderit, Kupfererze in 120° streichendem Gang, wahrscheinlich variszisch.

4 Erzvorkommen bei Oberbreisig: „An der Himmelsgasse“, „Kreuzheck“, „In der Liesbach“, „Regina“, Alter unbekannt.

Bl. 5507 Hönningen

Grube „Libussa“ östlich Odesheim, Ost-West-Gang, variszisch.

Ost-West-Gang 1200 m westlich Rupperath („Libussa I“), variszisch.

Antimonitgänge und Kupferkies der Grube „Hoffnung“ und „Spes“ westlich Ahrbrück (H. BEYER 1978), variszisch; am Vorkommen „Spes“ mit postvariszischen Baryt-Mineralisationen.

Grube „Katzbach" östlich Hönningen, Ost-West-Gang variszisch, am nördlichen Ahrufer in Hönningen Bleiglanzgang.

Der NNE streichende Quarzgang Teufelsley südwestlich Hönningen wird wegen seiner Kupferkies-Vererzung von REPPKE als variszisch eingestuft.

Bl. 5508 Kempenich

750 m östlich des Steinerberghauses nördlich Kesseling Halden mit Kupfererzen, Zinkblende, Siderit, Alter unbekannt.

In der Konzession „Kesseling" westlich Kesseling auf der Südseite des Kesselinger Tals ein Nord-Süd-Gang mit Kupferkies in variszischer Paragenese und ein NNW streichender Bleierzgang; auf beiden fand im 19. Jahrhundert Bergbau statt.

In der Konzession „Elise Charlotte" westlich Weidenbach mehrere Bleiglanz- und Kupferkies-Vorkommen, davon ein Nord-Süd-Gang 1500 m nordwestlich Weidenbach mit variszischer Paragenese.

Quarzgänge mit Kupferkies östlich Weidenbach (Konzession „Carlsglück"), Alter unbekannt.

Südöstlich von Fronrath Quarzgang mit Kupferkies (Konzession „Dedenbach"), Alter unbekannt.

In der Konzession „Wilhelmsglück" bei Watzel hat ein 15–30° streichender Quarzgang Kupfererze in variszischer Paragenese. Nordöstlich davon (südlich Heckenbach) die Konzession „Wilhelmsglück Erweiterung" mit Kupfererzen.

Ost-West streichende Quarzgänge nordwestlich des Schellkopfes östlich Herschbach führen Kupferkies. Alter unbekannt.

Bei Lederbach sind Verleihungen auf Blei- und Zinkerze erfolgt. Näheres ist unbekannt.

Die Konzession „Juliane" südöstlich Hohenleimbach hatte Trümer mit Bleiglanz, Zinkblende, Kupferkies, Alter unbekannt.

Bl. 5509 Burgbrohl

Im Frohnheller Berg 1,5 km südwestlich von Rheineck sind mehrere, hauptsächlich NE-SW streichende Sideritgänge abgebaut worden, die dem variszischen Zyklus angehören.

In der Nachbarschaft wurden 900 m südwestlich von Rheineck mehrere Sideritgänge in der Konzession „Elisabeth" abgebaut. Sie streichen meist NE-SW und haben auch variszisches Alter.

Im Feld „Nibelungenzeche" östlich von Gönnersdorf wurde Bleiglanz aus einem NE-SW streichenden Gang gewonnen, Alter unbekannt.

Am Ostabhang des Eiberges oberhalb von Brohl sind Kupfererze abgebaut worden, die dort auch verhüttet wurden, Alter unbekannt. In den Pyroklastika des quartären Vulkans Leilenkopf finden sich Auswürflinge von Quarz mit Kupferkies, die Vererzungszone des Eiberges setzt sich also noch nach SW fort.

In der Grube „Barthold“ westlich von Kell wurde ein NNE streichender Sideritgang mit Kupferkies abgebaut, nach der Paragenese variszisch.

Westlich Wehr wurde ein Nord-Süd streichender Sideritgang abgebaut („Eisenkaul“), benachbart ist ein Nord-Süd-Gang mit Blei, Zink- und Kupfererzen („Eisenkaul II“), beide Vorkommen variszisch.

Bl. 5510 Neuwied

Grube „Glückauf“ nordwestlich Namedy, unmittelbar nördlich der Siegener Hauptüberschiebung, Gang im Streichen der Schichtung, SE fallend, Kupferkies, Bleiglanz, Zinkblende, Siderit, variszische Paragenese.

Etwa 1300 m südwestlich Namedy, im Hangenden der Siegener Hauptüberschiebung die Konzession „Helpethal“ mit einem NE-SW streichenden Quarzgang mit silberhaltigem Bleiglanz (daher wohl variszisch) und die Konzession „Bismarck“ mit einem NE-SW streichenden Quarzgang mit Kupferkies und Schwefelkies.

Bl. 5607 Adenau

Konzession „Adenau I“ am Nordhang des Kirchberges nordöstlich Adenau, Nord-Süd-Hauptgang wird von NE-SW-Gang durchkreuzt, Bleiglanz, Zinkblende, Kupferkies, variszisch.

Südwestlich Adenau Konzession „Adenau II“, wohl Fortsetzung der Gänge von „Adenau I“, Bleiglanz.

Grube „Ahrglück“ 600 m südöstlich der Kirche von Barweiler, Bleiglanz, Zinkblende, variszische Paragenese.

Bl. 5608 Virneburg

Bei Nettehöfe finden sich spärliche Erze mit silberhaltigem Bleiglanz, aber auch Baryt, Fluorit und Ankerit (H. BEYER 1970), wahrscheinlich variszische und postvariszische Mineralisation.

Die bedeutendsten Blei-Zink-Lagerstätten der Osteifel sind „Bendisberg“ und „Silbersand (Bl. Mayen) zwischen Virneburg und Mayen:
Die Grube „Bendisberg“ liegt bei St. Jost östlich Virneburg im Nitztal. Hier bestand schon im 19. Jahrhundert die Grube „Gute Hoffnung Bernardi et Susannae“, die aber 1859 ihren Betrieb einstellte. Im 20. Jahrhundert wurde der Bergbau wiederaufgenommen, bis zum Jahre 1957 hat die AG. des Altenbergs die Grube Bendisberg betrieben. Für die Stilllegung war neben

dem Niveau der Metallpreise die schlechte Teufenentwicklung der Gänge maßgebend. Es wurde in drei Stollensohlen und zwei unter der Talsohle gelegenen Sohlen abgebaut; die Vertikalerstreckung von der Tagesoberfläche bis zum tiefsten Gangaufschluss betrug 180 m. Im westlichen Teil der Grube sind 3 Gänge vorhanden, die Eisenhelder Gänge, die 100–140° streichen und sich im Osten zu einem geringmächtigen Gang scharen, der schließlich in das Schichtstreichen einlenkt und dann nur aus Quarz und Siderit besteht. Der Eisenhelder Hauptgang hat etwa 250 m Gesamtlänge, von der aber nur ein 100 m langer Abschnitt mit Unterbrechungen bauwürdig war; Bleiglanz- und Zinkblendemittel erreichten 75 cm Mächtigkeit. 300 m östlich der Eisenhelder Gänge ist der bis 1 m mächtige Johanna-Gang mit bis 60 cm mächtiger Erzführung durch zwei Stollensohlen untersucht und abgebaut worden. Sowohl bei den Eisenhelder Gängen als auch beim Johanna-Gang nehmen nach unten Quarz und Siderit stark zu (M. RICHTER 1963). Kupferkies ist besonders im Westen der Lagerstätte verbreitet. Das Erz wurde zuletzt per Lkw zur Hütte Friedrichssegen bei Koblenz gefahren. Vor wenigen Jahren wurde die Grube Bendisberg als Besucherbergwerk hergerichtet.

Weitere Vorkommen in der Nachbarschaft: Die Grube „Bleiberg“ nördlich von Virneburg baute einen N-S streichenden Gang, der nach der Tiefe zu rasch verquarzte. Im Grubenfeld „Bleidelle“ am Arftbach unterhalb von Langenfeld wurde kurzzeitig ein NW streichender Quarzgang mit Bleiglanz und Zinkblende abgebaut. Die Grube „Siebenbach“ baute einen NW-Gang mit bis zu 30 cm Bleiglanz, der Betrieb wurde 1885 eingestellt. Im unteren Nitztal wurden geringmächtige Bleiglanz-Zinkblende-Mittel am Bleiberg nordwestlich Mayen-Kürrenberg untersucht. Vgl. zusätzlich die ausführliche Beschreibung von K.-H. EMMERMANN in MITTMEYER (1997, 116–121).

Westsüdwestlich von Münk hat eine Grube „Jung I“ Bleierze aus einem NE-SW streichenden Gang gewonnen, Alter unbekannt.

Bl. 5609 Mayen

Die Grube Silbersand im Nettetal nordwestlich von Mayen ist mit Unterbrechungen schon seit der Römerzeit betrieben worden. Während der Abbau sich während dieses Zeitraumes hauptsächlich in den reichen Verwitterungszonen bewegte, wurden nach 1846 auch die tieferen Teile der Lagerstätte in Angriff genommen. 1855 wurde von der Ges. des Altenbergs, die das Bergwerk inzwischen übernommen hatte, der Louisenstollen im Niveau des Nettetals aufgefahren. Der Abbau wurde noch etwa 50 m tiefer fortgetrieben und fand hier noch einen etwa 5 m mächtigen Gang vor. Der NE streichende, durch Querstörungen zerstückelte Silbersander Gang war auf 210 m in der Horizontalen gut erzführend und enthielt neben Bleiglanz und Zinkblende Kupferkies und Siderit, wobei bis zu 63 cm mächtige reine Zinkblende-Mittel auftraten. Gegen Ende des 19. Jahrhunderts wurde der Abbau wegen Erschöpfung der Vorräte eingestellt. Um 1950 wurden geringfügige Untersuchungen durchgeführt, die aber keine Wiederinbetriebnahme zur Folge hatten. Die Entwicklung des Ganges nach der Teufe hin ist noch unbekannt. In der Umgebung sind noch an mehreren Stellen geringfügige Vererzungen erschürft worden.

Bl. 5610 Bassenheim

Bei Kobern wurden in der Grube „Norbertus“ Sideritgänge abgebaut (QUIRING & ZIMMERMANN 1936). Der Gangbezirk setzt sich über die Mosel hinweg fort mit Siderit sowie untergeordnet Blei-, Zink- und Kupfererzen zwischen Dieblich und Niederfell und südlich Niederfell (Bl. 5710 Münstermaifeld) und gehört wegen des vielen Siderits wahrscheinlich zum variszischen Zyklus.

Grube „Norbertus“ baute im Bereich des Mühlenkopfes bei Kobern vier Gänge mit manganreichem Siderit ab, die zuerst durch den Oberstollen oberhalb der Auersmühle im Euligerbachtal aufgeschlossen wurden. Sie streichen etwa 100° und fallen mit 50° nach N ein; die Mächtigkeit liegt zwischen 0,5 und 1,3 m. Im Niveau des 35,6 m unter dem Oberstollen angesetzten Mittelstollens scharten sich die Gänge zu zwei mächtigeren Gängen, von denen der südliche eine Mächtigkeit von bis zu 5 m reinen Eisenspats zeigte. Im Osten wurden alle Gänge durch eine NW streichende, mit 50° nach SW fallende Störung abgeschnitten. Ausrichtungsversuche waren erfolglos. Ein dritter tieferer Stollen erreichte die Gänge nicht. Östlich des Euligerbachtales im Eschenberg wurden durch den ebenfalls bei der Auersmühle angesetzten Kapellenbergstollen zwei Gänge angefahren, von denen einer stark verrauht war, der andere aber mit 1–3 m Mächtigkeit sich als bauwürdig erwies, obgleich er sehr reich an Pyrit war. Der Gang „St. Lubentius“ am Rosenberg nördlich von Kobern ist vollkommen zu Brauneisenstein verwittert (QUIRING & ZIMMERMANN 1936).

Bl. 5707 Kelberg

Nordwestlich von Mannebach gibt es in der Konzession „Kempen“ einen NE-SW streichenden Gang mit Bleiglanz und Siderit, der wegen der Paragenese wohl variszisch ist.

Bl. 5806 Daun

Am Heldberg nördlich Weiersbach wurde Bergbau auf einem Ost-West-Gang mit Bleiglanz und Siderit betrieben, wegen der Paragenese wohl variszisch.

In der Flur Langscheid 2 km östlich Bleckhausen (Distrikt „Bleikaul“) wurde silberreicher Bleiglanz in einem Ost-West-Gang abgebaut (Konzession „Victoria Regia“), wohl variszisch.

500 m westlich Tettscheid wurde von 1913–1917 im Feld „Wilhelmine I“ Bergbau betrieben auf einem N-S-Gang mit silberreichem Bleiglanz und auf einem NNW-SSE streichenden Zinkblendegang, variszisch.

Bl. 5807 Gillenfeld

Das Bleibergwerk „Cäcilie“ im Distrikt Dickerbüsch östlich Trittscheid verfolgte NNW und NNE streichende Gänge, Alter unbekannt.

6. Perm

Nach der variszischen Faltung stieg das Gebirge auf, und zwar nicht gleichmäßig als Block, sondern in einzelnen großen Schollen, zwischen denen relativ schmale Senken in der Aufstiegstendenz zurückblieben. Das Streichen dieser Senken wird noch durch das des Schiefergebirges bestimmt, ist also NE-SW-orientiert. Schon während des Unteren Perms, der Rotliegend-Zeit setzte starke Abtragung ein, und die Senken wurden unter ariden Bedingungen mit grobklastischem Schutt aufgefüllt. Dadurch wurden die Unterschiede zwischen Hoch- und Tiefschollen weitgehend nivelliert, so dass der darauf übergreifende Mittlere Buntsandstein ein relativ ausgeglichenes Relief vorfindet.

Die größten zusammenhängenden Vorkommen permischer Gesteine finden sich in der Wittlicher Senke und nordwestlich davon in einem kleinen Becken bei Gladbach. Sie ließen sich durch Fossilien nicht datieren, werden aber wegen lithologischer Analogien zu Gesteinen der Saar-Nahe-Senke in das Obere Rotliegende gestellt. Im zentralen und nördlichen Teil der Eifeler Nord-Süd-Zone finden sich im Liegenden des Mittleren Buntsandsteins einige kleine Flecken mit Fanglomeraten, die ebenfalls ins Perm gestellt werden. In größerem Umfang sind klastische Perm-Schichten in dem NE-SW streichenden Graben von Malmédy erhalten geblieben. Genaue Altersangaben sind für diese Vorkommen nicht möglich; da in ganz Mitteleuropa das Untere Perm eine Zeit starker Hebungs- und Abtragungsvorgänge gewesen ist, wäre denkbar, dass auch diese Gesteine ins Rotliegende gehören. Das Zechsteinmeer Norddeutschlands erreichte nur den Nordteil der heutigen Niederrheinischen Bucht und das Gebiet der unteren Maas, aber nicht mehr die Eifel, die in dieser Zeit zu der großen Ardennisch-Rheinischen Landmasse gehörte.

6.1 Perm-Schichten der Wittlicher Senke und ihrer Umgebung

Verbreitung und Aufbau der Rotliegend-Folgen der Wittlicher Senke und ihrer Umgebung sind schon lange gut bekannt, da vom ganzen Gebiet seit den Jahren 1892–1902 geologische Karten 1:25 000 gedruckt vorliegen (GREBE, LEPPLA). Später haben KOPP (1955) und SOLLE (1976) die Wittlicher Senke bearbeitet, ASHRAF & STETS (1978) das Becken von Gladbach. Inzwischen erfolgte eine Neukartierung des größten Teils der Wittlicher Senke durch vom Geologischen Institut der Universität Bonn betreute Diplomarbeiten, deren Ergebnisse J. STETS (2004) zusammengefasst hat; diese Monographie bildet die Grundlage unserer Ausführungen.

Die Wittlicher Senke ist während der Perm-Zeit entstanden und nicht ein durch jüngere Grabenbildung konservierter Ausschnitt aus einer größeren Sedimentplatte. Das geht aus folgenden Beobachtungen hervor:

Die Konglomerate im unteren Teil der Beckenfüllung zeigen deutliche Korngrößenabnahme vom NW-Rand her zur Beckenmitte.

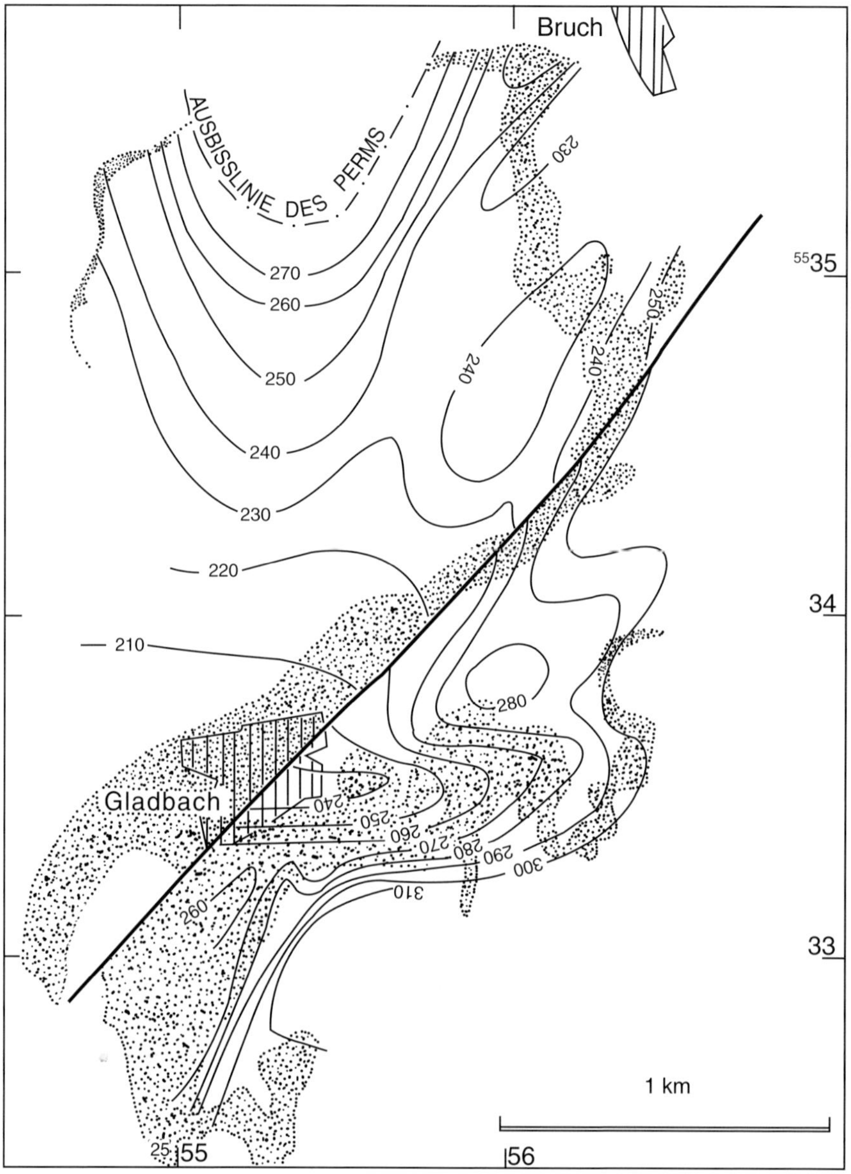

Abb. 54. Tiefenlinienkarte der Basis der Rotliegend-Schichten im Raum Gladbach in der Südwesteifel. Punktiert: Ausstrich des Rotliegenden. Umgezeichnet nach ASHRAF & STETS (1978).

Diskordanzen und Aufarbeitungslagen innerhalb der Sedimente und Vulkanite zeigen an, dass während der Ablagerung im Becken Senkungsbewegungen vor sich gingen.

Im Rüfferscheid bei Burg liegt Buntsandstein unmittelbar dem Devon auf, während 3 km weiter südöstlich bei Dreis zwischen Devon und Buntsandstein eine ca. 800 m mächtige Perm-Folge liegt.

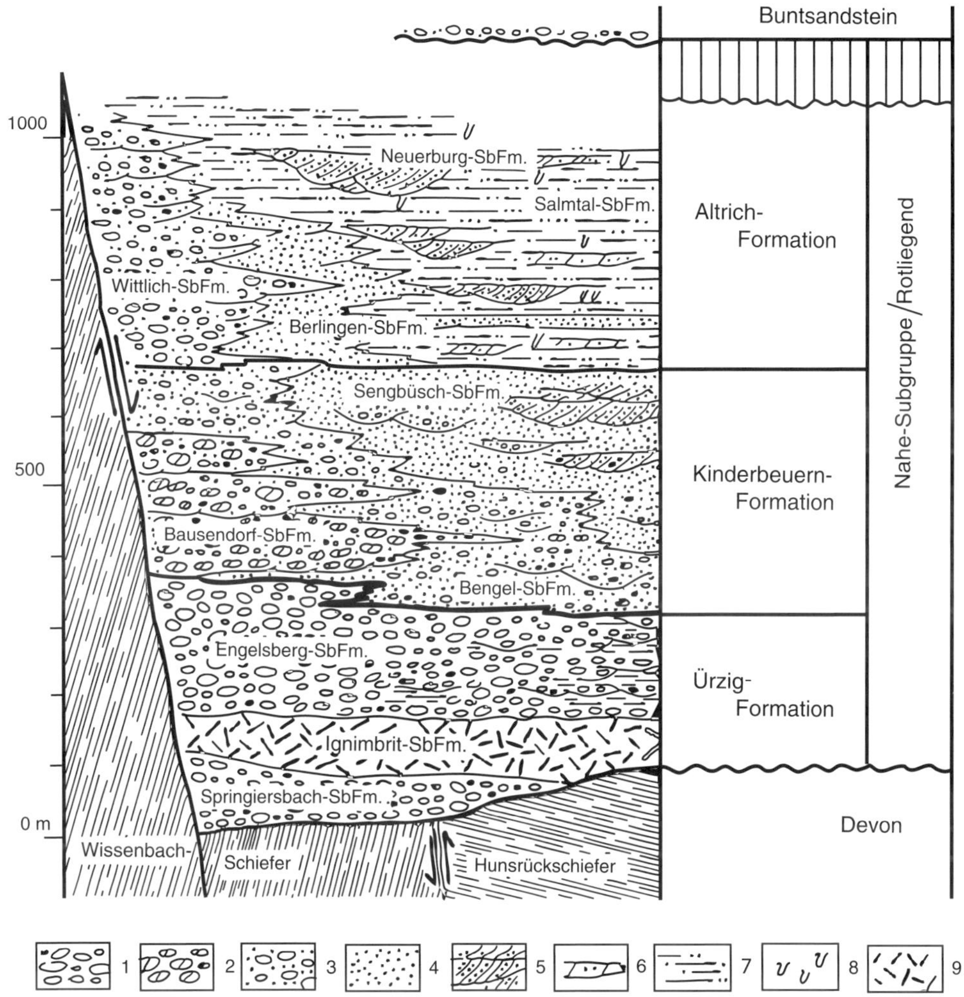

Abb. 55. Das Rotliegende der Wittlicher Senke. J. STETS (2004). 1 Brekzien und Konglomerate (allgemein), 2 „Dolomitkonglomerat", 3 sandige Konglomerate und konglomeratische Sandsteine, 4 Sandsteine, 5 schräggeschichtete Sandsteine, 6 Dolomitkrusten, 7 Siltsteine, 8 Lebensspuren, 9 Ignimbrit.

Aufgrund des Heraushebens der Senke nach NE treten die ältesten Rotliegend-Schichten hier zutage. In südwestlicher Richtung setzt sich der Rotliegend-Trog über Trier und das südliche Luxemburg bis nach Frankreich hinein fort; Gesteine des Rotliegenden sind hier unter der mesozoischen Bedeckung mehrfach erbohrt worden (WEILER 1972), z. B. bei Mondorf in Luxemburg (LUCIUS 1952).

Früher hat man die Beckenfüllung mit dem Oberrotliegenden des Nahebeckens verglichen und in die grobkörnigen, konglomeratischen Wadern-Schichten unten und die feinkörnigen bis tonigen Kreuznach-Schichten darüber unterteilt. ASHRAF & STETS (1978) wiesen schon auf Schwierigkeiten dieser Einteilung hin und zogen die Begriffe „Waderner" bzw. „Kreuznacher Fazies" vor. Aus der Neubearbeitung hat sich eine Dreiteilung in (von unten nach oben) Ürzig-, Kinderbeuern- und Altrich-Formation als praktisch erwiesen, wobei die ganze Folge aus lithologischen Gründen vielleicht mit der Nahe-Subgruppe des saarpfälzischen Rotliegenden gleichgesetzt werden kann (STETS 2004), die Begriffe Unter- und Oberrotliegendes sind aufgegeben worden. Jedoch fehlen paläontologische Beweise, da sich das Perm der Wittlicher Senke bisher als fossilfrei erwies.

Die größten Rotliegend-Mächtigkeiten finden sich nahe dem NW-Rand, also der Wittlicher Hauptverwerfung, an der auch während der Sedimentation Absenkungen stattfanden. Die Beckenfüllung ist hier mindestens 900 m mächtig (STETS 2004). Auch der Südostrand wird durch eine Abschiebung gebildet, deren Sprunghöhen aber viel geringer sind als bei der Hauptverwerfung. Sie ist auch während der Rotliegend-Zeit schon entstanden, wenn auch später als die Hauptverwerfung. Die Form der Wittlicher Senke mit der S-förmig gebogenen Hauptverwerfung veranlasste J. STETS (1990), eine Entstehung als pull-apart-Becken (also ein Becken, das an einer großen Seitenverschiebung aufgerissen ist) zu diskutieren. Das Kluftbild und zwei NNE streichende Verwerfungen bei Kinderbeuern würden für linkshändige Seitenverschiebung an der Wittlicher Hauptverwerfung sprechen, die abrupte Mächtigkeitszunahme der Beckenfüllung in den Randschollen und die Tatsache, dass die Hauptverwerfung nirgends durch Querstörungen verworfen wird, passen auch in dieses Bild. Jedoch konnten bisher keine Versetzungen von Vorzeichen gefunden werden, so dass auch keine Verschiebungsbeträge ermittelt werden können.

Die Ürzig-Formation besteht aus roten sedimentären Brekzien, Konglomeraten und Siltsteinen, deren Quarzkörner nicht gerundet sind. Es sind Ablagerungen von Schuttströmen (alluvial fans), die auf episodische Starkregenfälle zurückgehen. Das Material stammt sowohl von der Eifel- als auch von der Hunsrückscholle. Die Wittlicher Hauptverwerfung, also die nordwestliche Randstörung, besteht schon und entwickelt sich weiter. Die südöstliche Randverwerfung scheint noch nicht zu bestehen, deshalb greifen bei Ürzig die Schuttfächer auf die Hunsrückscholle über. Im Nordostteil der Senke ist im unteren Teil ein mächtiger Ignimbrit eingeschaltet. Dort lässt sich eine Dreiteilung vornehmen in die bis 50 m mächtige Springiersbach-Subformation (unten), die Ignimbrit-Subformation und die 150–200 m mächtige Engelsberg-Subformation (Springiersbach und Engelsberg im Nordostteil der Wittlicher Senke). Springiersbach- und Engelsberg-Subformation bestehen aus roten bis braunroten sedimentären Brekzien und Konglomeraten mit eckigen bis schwach kantengerundeten Komponenten. In den feinkörnigen Anteilen sind die Quarzkörner überwiegend nicht gerundet. Die Ignimbritdecke liegt im Süden z. B. bei Ürzig auf Hunsrückschiefer, sonst ist sie konkordant in die Konglomerate eingeschaltet (BINOT & STETS 1982, BONN & STETS 2000). Sie hat bei Ürzig 100 m, nördlich Springiersbach über 50 m Mächtigkeit, im Südwestteil der Wittlicher Senke ist sie nicht nachzuweisen. Die magmatischen Anteile haben rhyolithische Zusammensetzung, die Xenolithe entstammen zum größten Teil dem Unterdevon der Hunsrückscholle, daneben fallen grüne Quarzite unbekannter Herkunft auf. Die Verteilung dieser Vulkanite legt Förderzentren im Bereich der Südrandverwerfung nahe, wenn auch MINNING & LORENZ (1983) für eine Herkunft vom Veldenzer Rhyolithschlot bei Gornhausen plädieren.

Die Kinderbeuern-Formation lässt sich von der unterlagernden Ürzig-Formation dadurch unterscheiden, dass nun die Quarzkörner in der Fein- und Mittelsand-Fraktion gut gerundet sind. Drei Subformationen werden als neben und übereinander liegende Fazieskörper unterschieden: So ist die 250 m mächtige Bausendorf-Subformation auf das Areal Bausendorf – Hetzhof – Kinderbeuern am Nordrand der Senke beschränkt. Sie besteht aus roten Brekzien und Konglomeraten aus Unterdevon-Sandsteinen, enthält aber als Besonderheit reichlich Gerölle von grauem Dolomit mit Durchmessern bis zu 50 cm. Sie bilden z. T. Schuttfächer vom Eifelgebiet her, eingeschaltet sind sandige Partien, die auf fluviatilen Transport zurückgehen. Als Herkunftsgebiet für die Dolomite sind kalkige und dolomitische Bänke und Knollen aus Wissenbach-Schiefern nahe der Wittlicher Senke anzusehen (KOZEL & STETS 1989). Angesichts der Geröllgröße ist eine Herkunft aus den 30 km weit entfernten Eifelkalkmulden unwahrscheinlich; Fossilien haben sich nicht gefunden. Die Bengel-Subformation (nach Anschnitten an der Straße Bengel – Kröv) ist an den Südostrand der Senke gebunden und wurde von KOPP (1955) als „Geröllführende Sandsteine" bezeichnet. Die Dolomit-Komponente fehlt bei den Geröllen. Neben Unterdevon-Sandsteinen treten jetzt vermehrt Milchquarze hinzu. Die Unterscheidung zu den unterlagernden Engelsberg-Schottern ist durch die gerundeten Quarzkörner möglich. Die Sandsteine, großbogige Schrägschichtung und Diskordanzen zeigen ein verwildertes Flusssystem (braided river) an, das von NE nach SW durch die Senke zieht. Die Südrand-Verwerfung beginnt aktiv zu werden, so dass Hunsrückmaterial (z. B. die Milchquarze) angeliefert werden kann. Die Sengbüsch-Subformation (Sengbüsch südwestlich Kinderbeuern, erschlossen auch an der Straße vom Bahnhof Ürzig nach Ürzig und an der Lieser nordwestlich Platten) besteht überwiegend aus Sandstein, die Geröllkomponente der Bengel-Subformation fehlt nun bzw. tritt sehr stark zurück. Es ist eine fluviatile Folge mit immer noch nach SW gerichteter Strömung. In der Gemarkung Sengbüsch liegt die Mächtigkeit bei 150–200 m.

Mit der Altrich-Formation (nach dem Ort südlich Wittlich) treten nun zum ersten Mal mächtige tiefrote Silt- und Feinsandsteine auf. Diese Formation baut die Oberfläche der Senke südwestlich Wittlich – Neuerburg bis in den Raum Schweich und Trier auf. Aus den Sedimentationsbedingungen ergeben sich vier verschiedene Fazieskörper, die als Subformationen unterschieden werden: Die Salmtal-Subformation besteht aus tiefroten Siltsteinen (früher vielfach als „Bröckelschiefer" bezeichnet) mit eingelagerten helleren roten Feinsandsteinen. Im Autobahneinschnitt zwischen Wittlich und Salmtal sind sie auf lange Strecken angeschnitten (SNEH & BINOT 1982). Dolomitische Siltsteine und Dolomitkrusten sind als Caliche-Bildungen aufzufassen. Von einer Bohrung bei Trier-Euren wurde aus dieser Folge Gips erwähnt (KREMB-WAGNER 1996); über sulfatische Wässer aus dem Wittlicher Raum berichten GEIB & HEYL (1963). Es ergibt sich für diese Einheit das Bild einer weiten Sabkha-Ebene, vielleicht mit Eindampfungsseen (Dolomite, Gips), durchzogen von Rinnen mit Rinnenrand-Durchbrüchen (crevasse splay, Feinsandsteine). Aus dem Raum Gladbach entwickelte sich eine flache Sabkha-Rinne, die sich im SW mit der Wittlicher Senke vereinigte (ASHRAF & STETS 1978, SCHRADER 1990). Die Neuerburg-Subformation (früher Neuerburger Sandstein) umfasst eine 30–100 m mächtige Folge von bogig schräggeschichteten hellrötlichen bis gelblichen sehr gut sortierten Feinsandsteinen. Vom Neuerburger Kopf (Wittlich-Neuerburg) sind sie seit langem bekannt. Sie sind als Sandsteinstrang in die tonigeren Sedimente der Salmtal-Subformation eingeschaltet und gehen auf einen mäandrierenden Fluss zurück, der von NE in die Senke einfloss. In der Kornfraktion fällt ein deutlicher Feldspatanteil auf, der aus der Schiefergebirgs-Umgebung nicht stammen kann, sondern aus einem Kristallingebiet (KOZEL & STETS 1989). Die Berlingen-Subformation (Wittlich-Berlingen östlich Wittlich) besteht aus roten Fein- bis Mittelsandsteinen mit tiefroten Ton- und Siltsteinlagen. Sie werden als Rinnenrand-Durchbruch-Sedimente (crevasse splay deposits) gedeutet (KOZEL & STETS 1989). Bis zuletzt werden vom Nordrand rote sedimentäre Brekzien, Konglomerate und geröllführende Sandsteine in das Becken geschüttet, die als Wittlich-Subformation von den gleich alten anderen Subformationen unterschieden werden. Die von Wadis aus der Eifelscholle angelieferten Schuttströme liefen auf der Sabkha-Ebene aus. Relikte der Wittlich-Subformation finden sich auch auf der Eifelscholle und in dem kleinen Nebenbecken von Gladbach (ASHRAF & STETS 1978), die Reliefenergie an der Hauptverwerfung hat also nachgelassen.

6.2 Perm-Schichten außerhalb der Südeifel

Unter dem Buntsandstein der Eifeler Nord-Süd-Zone finden sich in kleinen Resten grobe Konglomerate und Brekzien. Sie überlagern den devonischen Sockel diskordant, ihre Grenze gegen den Buntsandstein ist eine Erosionsdiskordanz, örtlich treten auch schwache Winkeldiskordanzen auf. Es handelt sich um grobe, gut verfestigte Kalkkonglomerate. Ihre Komponenten, hauptsächlich fossilführende Mitteldevon-Kalke und -Dolomite, sind gut gerundet bis kantengerundet. Sandsteine und Schiefer des Unterdevons treten seltener auf. Die Gerölle sind durch einen stark sandigen rötlichen Kalkzement verkittet. Schichtung ist oft nur undeutlich zu erkennen.

In größerer Verbreitung finden sich diese Konglomerate an der Südspitze des Mechernich-Kaller Triasdreiecks (W. Schmidt & Schröder 1962, Knapp 1978). Zutage treten sie hier in der Umgebung von Golbach (Bl. 5405 Mechernich): südwestlich von Straßbüsch und auf den Feldern westlich von Ober-Golbach sind sie aufgeschlossen. In mehreren Bohrungen nördlich von Unter-Golbach sind sie bis 20 m mächtig unter dem Buntsandstein nachgewiesen worden. Zwischen Kall und Sötenich konnte Dickfeld (1969) auf beiden Seiten des Urfttales die Konglomerate unter dem Buntsandstein verfolgen. Die östlichsten Vorkommen liegen bei Rißdorf (Bl. 5406 Münstereifel): hier treten die Kalkkonglomerate nordöstlich des Ortes zutage, finden sich in einem kleinen Vorkommen südlich von Rißdorf und in dem Tälchen westlich vom Röttgerhof bei Weiler am Berge. Diese drei Vorkommen liegen auf einer SW-NE streichenden Linie, die parallel zum variszischen Streichen und parallel zur SE-Seite des Triasdreiecks verläuft. In ihrer südwestlichen Fortsetzung liegen die Vorkommen von Golbach und Kall. Und zwischen Rißdorf und Kall sind die Kalkkonglomerate im Mechernicher Westfeld südlich von Scheven und nordwestlich von Dottel erbohrt worden (Schröder 1955, Knapp 1978). Nach Schröder fallen die Konglomerate bei Golbach und Rißdorf mit 10–15° unter dem diskordant auflagernden Buntsandstein nach NW und bilden vielleicht die SE-Flanke eines kleinen SW-NE streichenden Rotliegendtroges. Sowohl an der Westseite des Triasdreiecks als auch bei den zahlreichen Erzbohrungen zwischen Mechernich und Nideggen sind vergleichbare Gesteine unter dem Buntsandstein nicht beobachtet worden. Vor der Ablagerung des Mittleren Buntsandsteins sind erhebliche Mengen der Kalkkonglomerate wieder abgetragen worden, das zeigen die Erosions- und Winkeldiskordanzen unter der Buntsandsteinbasis. In den Basisbildungen des Buntsandsteins bei Maubach fand Picard (1950, 333) ein Geröll dieses Kalkkonglomerates.

Kuckelkorn (1925, 99) erwähnt ein Vorkommen von Dolomit-Konglomerat von 15–20 m Mächtigkeit vom W-Abhang des Heidenkopfes östlich von Dahlem (Bl. 5605 Stadtkyll) und einige Flecken von Kalkkonglomerat um die Fuchskaul zwischen Dahlem und Stadtkyll. Er gibt an, dass diese Konglomerate auch bei Lissendorf unter dem Buntsandstein liegen (vgl. auch die Kartendarstellung bei Becker & Mentzel 1961, 154). Diese Bildungen dürften mit den Konglomeraten von Golbach und Rißdorf zu parallelisieren sein.

Hierher gehören wahrscheinlich auch Kalkkonglomerate, die W. Schmidt (1956, 91) in Brocken auf einer Fläche starker sekundärer Rötung bei Mützenich nordwestlich von Monschau fand. Im Bereich der Blätter 5403 Monschau und 5404 Schleiden fand Schmidt ähnliche Rötungserscheinungen noch an mehreren Stellen. Schließlich stehen im Graben von Malmédy permische Konglomerate in großer Verbreitung an.

Zumindest in der Westeifel sind diese prätriadischen Schuttbildungen also weit verbreitet gewesen. Es ist wahrscheinlich, dass sie sich in langgestreckten Wannen zwischen Bergketten anhäuften und dass diese Wannen wie die Wittlicher Senke, der Graben von Malmédy oder die

Vorkommen an der SE-Seite des Nordeifeler Triasdreiecks im Streichen des variszischen Gebirges gelegen haben. Die groben Konglomerate aller dieser Vorkommen dürften in kurzer Zeit geschüttet worden sein, ähnlich wie die Rotliegend-Konglomerate der Wittlicher Senke. Die heftigen Abtragungsvorgänge müssen ausgelöst worden sein von einer Bruchphase, die den Gebirgsrumpf in Hochschollen und Gräben zerlegte und damit plötzlich starke Reliefunterschiede schuf. Es ist wahrscheinlich, dass es sich dabei um ein tektonisches Ereignis handelte, das große Teile des Schiefergebirges gleichmäßig erfasste. Es dürfte gerechtfertigt sein, auch die Folgeprodukte dieser Bruchphase für gleich alt zu halten und die Konglomerate der zentralen und nördlichen Eifel zu den Rotliegend-Schichten zu stellen. KRAUSE (1922) hatte die Kalkkonglomerate der Nordeifel mit dem Zechstein parallelisiert.

7. Trias

Während der Trias-Zeit liegt das Eifelgebiet im Grenzbereich zwischen dem Germanischen Becken und dem Ardennischen Hochgebiet. Die Eifeler Nord-Süd-Zone ist der wichtigste Ablagerungsraum, allein hier sind triadische Sedimente bis heute erhalten geblieben. Die festländischen Schuttbildungen des Buntsandsteins sind auch nur im Bereich dieser Nord-Süd-Senke abgelagert worden. Während der Muschelkalk-Zeit dringt das Meer von S her ein und dürfte kurzzeitig den ganzen Eifelraum überflutet haben. Danach nehmen festländische Einflüsse wieder überhand, da von N her Deltabildungen das Muschelkalkmeer auffüllen, kurze Meereseinbrüche hinterlassen Gipslager (Unterer und Mittlerer Keuper). Gegen Ende der Trias, in der Rhät-Zeit, während der bereits das Jurameer vordringt, dürfte die ganze Eifel Ablagerungsgebiet gewesen sein. Im Rhät stößt die Überflutung auch am weitesten nach W vor, und zwar bis etwa zur Linie Eupen – Houffalize – Bulles in den Ardennen. Westlich dieser Linie dürften keine marinen triadischen Sedimente abgelagert worden sein. Das Ardennische Festland (die London-Brabanter Schwelle) beeinflusst zur Trias-Zeit in der zentralen und nördlichen Eifel den Ablagerungsraum stark, im Moselgebiet ist eine beckennähere Ausbildung verbreitet. Im Laufe der Trias vertieft sich südlich der Ardennischen Masse, also etwa im Gebiet der oberen Mosel eine breite Senke, die weit nach Frankreich hineinreicht.

7.1 Buntsandstein

Buntsandstein-Schichten finden sich nur in der Eifeler Nord-Süd-Zone, besonders ausgedehnt im Triasdreieck von Mechernich – Kall – Nideggen und in der Trierer Bucht. Zwischen diesen beiden Arealen sind innerhalb der Nord-Süd-Zone nur kleine Flecken von der Erosion übriggelassen worden, in größerem Umfang nur im sog. Oberbettinger Graben zwischen Gerolstein und Hillesheim, wo auch noch Reste von Muschelkalk erhalten geblieben sind, und bei Stadtkyll.

Die nahezu fossilfreien terrestrischen Schuttbildungen lassen sich nur lithologisch gliedern. Diese Gliederung lässt sich relativ mühselig über das Saartal mit der Buntsandstein-Gliederung in SW-Deutschland korrelieren. Deshalb ist die Einordnung des Eifeler Buntsandsteins in die Gliederung der Pfalz und des rechtsrheinischen Buntsandstein-Beckens mehrmals geändert worden, besonders in den Partien, die älter sind als der Obere Buntsandstein und unter dem Namen „Vogesensandstein“ oder „Hauptbuntsandstein“ zusammengefasst wurden. E. SCHRÖDER (1952) nahm an, dass im Trierer Raum seit dem Perm mehr oder weniger kontinuierlich sedimentiert wurde, im Vogesensandstein also Unterer und Mittlerer Buntsandstein enthalten sein müssen. E.M. MÜLLER (1966) vertrat die Ansicht, dass dort während der Zeit des Unteren Buntsandsteins nicht sedimentiert wurde und Mittlerer Buntsandstein auf Rotliegend-Schichten liegt. Diese Auffassung ist in der Folgezeit übernommen worden, z. B. bei NEGENDANK (1974, 1983), ZITZMANN & GRÜNIG (1987) und in den älteren Auflagen dieses Buches. Inzwischen glaubt D. DITTRICH (2005) das Basiskonglomerat des Trierer Buntsandsteins mit den Trifels-Schichten der Pfalz parallelisieren zu können, was zur Folge hat, dass

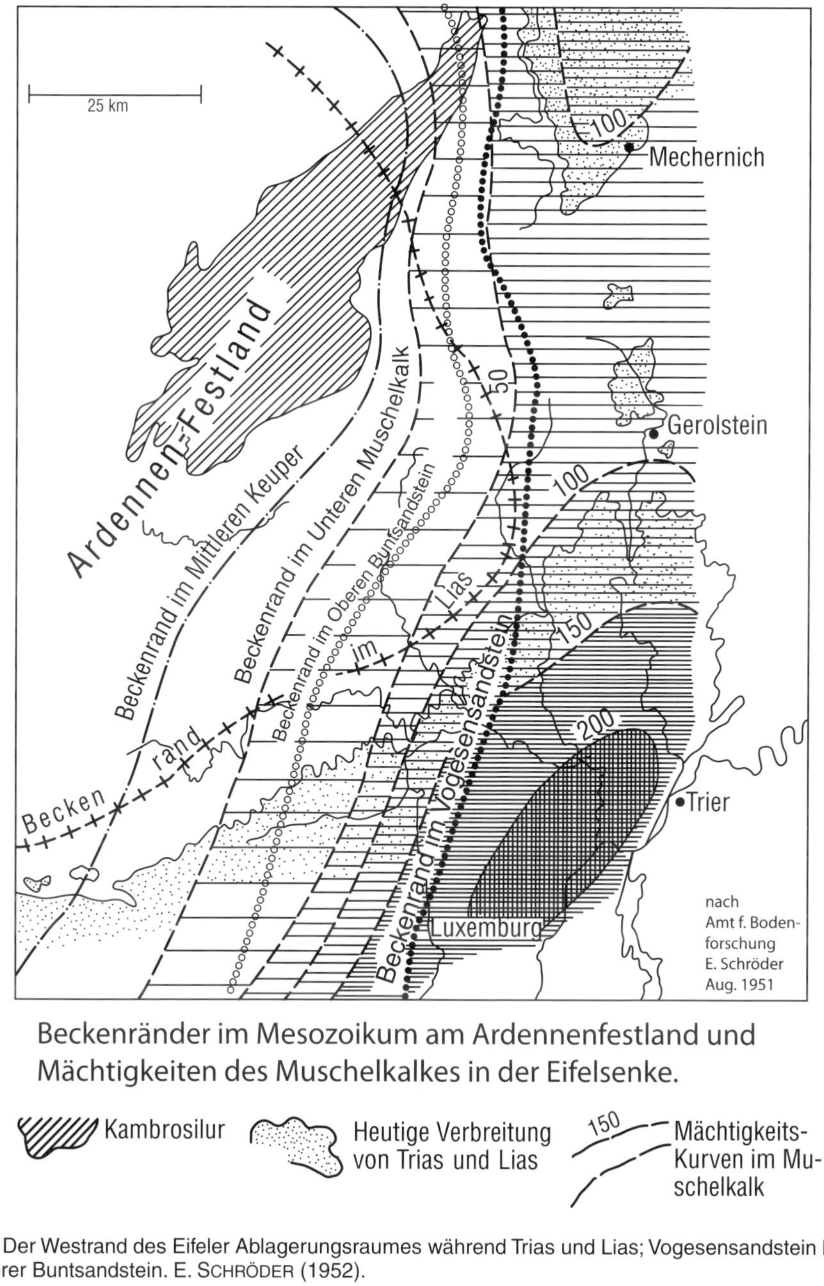

Abb. 56. Der Westrand des Eifeler Ablagerungsraumes während Trias und Lias; Vogesensandstein bedeutet hier Mittlerer Buntsandstein. E. SCHRÖDER (1952).

der untere Teil des Hauptbuntsandsteins („Tieferer Hauptbuntsandstein") dem Unteren Buntsandstein entsprechen muss. Damit beginnt der Mittlere Buntsandstein erst mit dem zweiten Konglomerathorizont, dem Biewer-Konglomerat. Der Untere Buntsandstein ist auf den Südteil der Trierer Bucht beschränkt. Weiter im Norden, schon im Bitburger Becken, liegt Mittlerer Buntsandstein auf dem prätriadischen Untergrund, ebenso im Gerolstein – Hillesheimer Raum und in der Nordeifel. Erst jetzt entsteht eine Verbindung über die Nord-Süd-Zone hinweg zum nordwestdeutschen Becken. Beim Oberen Buntsandstein weitet sich der Ablagerungsraum noch nach den Seiten aus.

Zu beiden Rändern dieses Senkungsfeldes nehmen die Mächtigkeiten rasch ab, ein Hinweis darauf, dass Osteifel und Ardennengebiet weiterhin Hochgebiete bleiben. Das Hochgebiet der Rheinischen Masse wird von zwei Buntsandstein-Schuttströmen berührt. Der Hauptstrom floss durch die Hessische Senke ins Niedersächsische Becken. Ein Nebenstrom lässt sich über das Saartal, die Trierer Bucht und die Eifeler Nord-Süd-Zone in das Niederrhein-Gebiet verfolgen. Hauptliefergebiet für die Schuttmassen war ein Hochgebiet im Bereich des Französischen Zentralmassivs (vgl. WURSTER 1968). Es bestand aber auch ein Hochgebiet im Bereich der Ardennen (auch als London-Brabanter Schwelle bezeichnet). Von ihm stammen wohl die groben Konglomerate besonders im Zentralteil der Nord-Süd-Zone und in der Nordeifel. Denn die Mächtigkeitslinien im Mittleren Buntsandstein legen die Vermutung nahe, dass der Westrand der Eifelsenke steiler war als der Ostrand; von dem noch für den Mittleren Buntsandstein im E existierenden Hochgebiet des Rheinischen Massivs dürfte deshalb weniger Material stammen.

Vor der Ablagerung des Mittleren Buntsandsteins hat in den Eifelkalkmulden schon eine starke Verkarstung stattgefunden. Das zeigen Füllungen von Buntsandstein in Karstschlotten z. B. bei Gilsdorf (Sötenicher Mulde), Tondorf (Blankenheimer Mulde, KÖLSCHBACH 1980) und in der Gerolsteiner und Prümer Mulde (MADER 1979).

Den Buntsandstein in größeren Arealen beschreiben BLANCKENHORN 1885, PICARD 1950, SCHRÖDER 1952, 1955, E. M. MÜLLER & SCHRÖDER 1960, E.M. MÜLLER 1966, WEILER 1972, NEGENDANK 1974, HORALEK, A. MULLER & PARTING 1977, KNAPP 1978, MADER 1979, 1982, 1985, SANDER & GEE 1994, RIBBERT 1995, STETS 2004, DITTRICH 2005.

7.1.1 Unterer Buntsandstein

Der Untere Buntsandstein der Südeifel ist nach J. STETS (2004) in einem durch episodische Starkregen gespeisten, weitflächig verwilderten Fluss-System abgelagert worden. Gegen Ende der Ablagerung erfüllten Schichtfluten mit kleinen Rinnensystemen die nun vorhandene Ebene, denn die Reliefunterschiede des Untergrundes waren durch die Basisbildungen bereits ausgeglichen worden.

Die nordöstlichsten Vorkommen sind die drei eindrucksvollen Zeugenberge bei Salmtal: die Höhe 323 westlich Dörbach (Bl. 6006 Landscheid) sowie Burgberg und Höhe 355 auf Bl. 6007 Wittlich. Im unteren Kylltal zwischen Ehrang und der Deimlinger Mühle hat K.-H. KRIEGER (1978) den Hauptbuntsandstein in 5 Einheiten untergliedert, die er entsprechend der damaligen

Abb. 57. Der Buntsandstein des Profils von Trier, verglichen mit der Pfalz, der Gliederung von NEGENDANK (die nur Mittleren und Oberen Buntsandstein unterscheidet) und der des Landesamts für Geologie und Bergbau Rheinland-Pfalz (LGB), nach der Unterer und Mittlerer Hauptbuntsandstein und Bändersandstein in den Unteren Buntsandstein gestellt werden. Eingetragen sind Zyklen mit jeweils nach oben abnehmenden Korngrößen; die schwarzen, mit L bezeichneten Pfeile bedeuten Schichtlücken. J. STETS (im Druck in Stratigraphie von Deutschland, Buntsandstein).

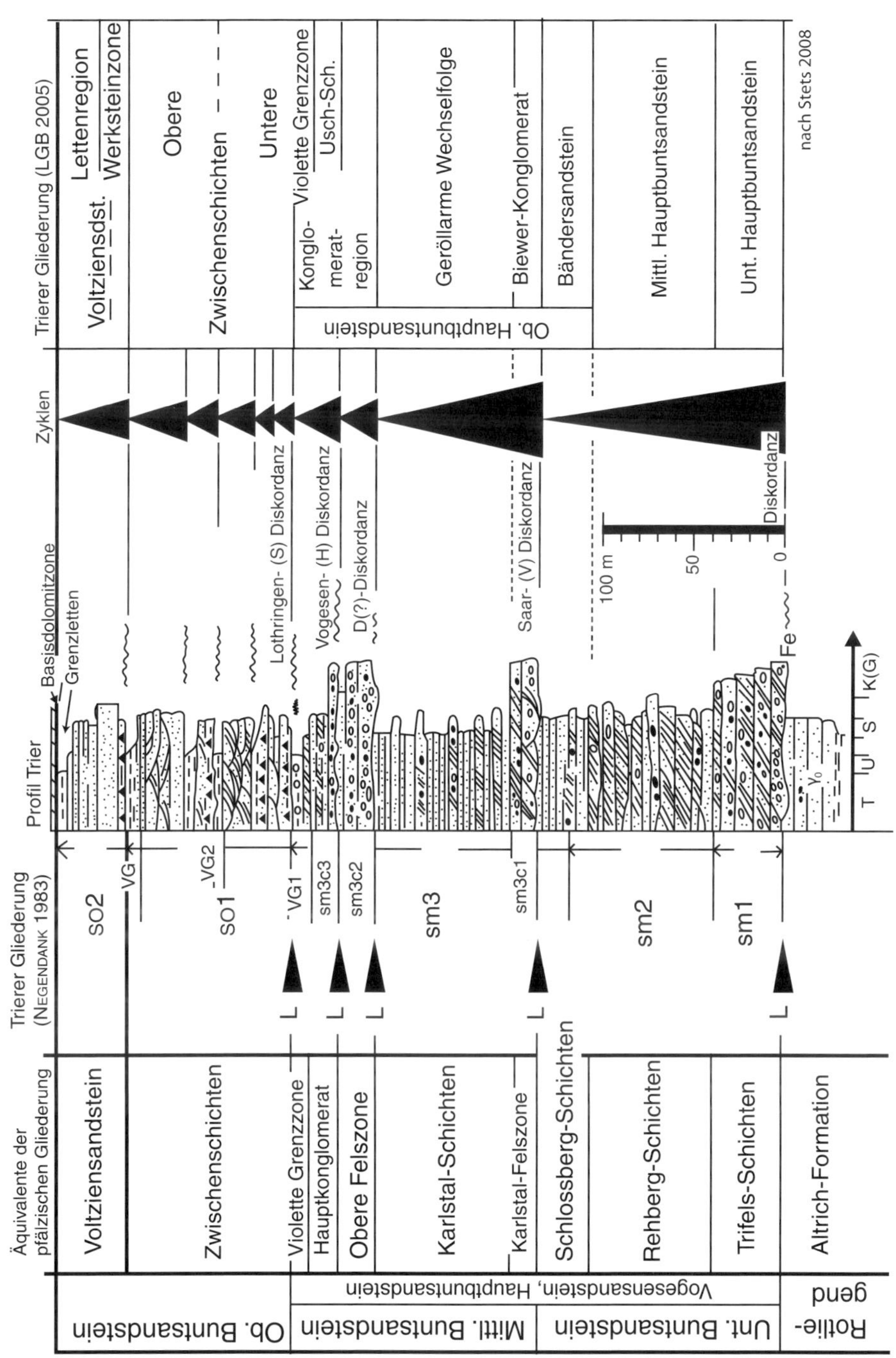

Äquivalente der pfälzischen Gliederung
Trierer Gliederung (NEGENDANK 1983)
Profil Trier
Zyklen
Trierer Gliederung (LGB 2005)
Ob. Buntsandstein
Mittl. Buntsandstein
Unt. Buntsandstein
Rotlie-gend
Vogesensandstein, Hauptbuntsandstein
Voltziensandstein
Zwischenschichten
Violette Grenzzone
Hauptkonglomerat
Obere Felszone
Karlstal-Schichten
Karlstal-Felszone
Schlossberg-Schichten
Rehberg-Schichten
Trifels-Schichten
Altrich-Formation
SO2
VG
VG2
SO1
VG1
sm3c3
sm3c2
sm3
sm3c1
sm2
sm1
Basisdolomitzone
Grenzletten
Lothringen- (S) Diskordanz
Vogesen- (H) Diskordanz
D(?)-Diskordanz
Saar- (V) Diskordanz
Diskordanz
Fe
T U S K(G)
100 m
50
0
Voltziensdst.
Lettenregion
Werksteinzone
Obere
Zwischenschichten
Untere
Violette Grenzzone
Usch-Sch.
Konglo-merat-region
Ob. Hauptbuntsandstein
Geröllarme Wechselfolge
Biewer-Konglomerat
Bändersandstein
Mittl. Hauptbuntsandstein
Unt. Hauptbuntsandstein
nach Stets 2008

Auffassung alle zum Mittleren Buntsandstein stellte, sie aber schon zur saar-pfälzischen Gliederung in Beziehung setzte. Nach der heutigen Gliederung dürften seine untersten drei Einheiten („$sm_1 - sm_3$") zum Unteren Buntsandstein zu stellen sein (von unten nach oben):

1. Über einem 3–6 m mächtigen Basiskonglomerat folgen etwa 45 Meter ziegelrotbraune bis rotbraune massige Sandsteine mit wechselnder Ton- und Geröllführung und bis zu 20 cm mächtigen schluffig-tonigen Linsen. Die Folge könnte den Trifels-Schichten des Saarlandes entsprechen.

2. Diese 20–50 m mächtigen Schichten bestehen aus einer Wechselfolge von 3–5 m dicken kompakten, rötlichbraunen, oft schräggeschichteten Sandsteinen mit 0,5–1 m dicken, wenig verfestigten, fein- bis mittelkörnigen, rotbraunen oder gelbgrauen cm-geschichteten Sandsteinen, die oft tonig sind. Die kompakten Sandsteine können einzelne Gerölle von 2–6 cm Größe enthalten. KRIEGER vergleicht diese Folge mit den Rehberg-Schichten der saarländischen Gliederung.

3. Diese 25–50 m mächtige Folge besteht aus fein- bis mittelkörnigen mürben, ebenschichtigen und meist dünnbankigen Sandsteinen von hellrotbraunen bis gelblichen Farben. Diese leicht erodierbare und daher schlecht aufgeschlossene Folge wird mit den Unteren Karlstal-Schichten des Saarlandes parallelisiert.

D. DITTRICH (2005) hat für den Trierer Raum ebenfalls eine Dreigliederung vorgenommen, ohne auf die Arbeit von KRIEGER einzugehen. Die untere Einheit (Untere Konglomerate) ist 10–30 m mächtig, die mittlere 75–90 m und die oberste (Bändersandstein) etwa 10–20 m. Diese drei Einheiten dürften den von KRIEGER (1978) im Kylltal ungefähr entsprechen; die Unterschiede bei den Mächtigkeiten deuten aber an, dass zu ihrer exakten Abgrenzung eventuell verschiedene Kriterien benutzt wurden.

7.1.2 Mittlerer Buntsandstein

Die groben Sand- und Geröllmassen des Mittleren Buntsandsteins überdecken in der Eifeler Nord-Süd-Zone ein sehr unruhiges Relief, das noch deutlich vom variszischen Faltenstreichen geprägt ist. Das zeigt sich z. B. an der NE-SW streichenden Kallmuther Schwelle (W. SCHMIDT & SCHRÖDER 1962) und an SW-NE verlaufenden Rinnen und Schwellen im Gerolsteiner und Kyllburger Buntsandsteinareal (SCHRÖDER 1952, MURAWSKI 1964, MADER 1976). In der nördlichen Trierer Bucht ließ sich das unregelmäßige Relief unter dem Mittleren Buntsandstein durch Brunnenbohrungen nachweisen (WEILER 1972). Aus dem Gerolsteiner Gebiet beschreibt MADER (1979) mehrere Stellen, an denen Inselberge aus devonischen Kalken oder Dolomiten den Ablagerungsraum des Mittleren Buntsandstein überragten.

Die Mächtigkeitsverteilung zeigt drei Spezialbecken, eines im Nordeifeler Triasdreieck und zwei in der Trierer Bucht (Bitburger und Trierer Becken), alle mit Mächtigkeiten von mindestens 150 m. Dazwischen, im Raum Gerolstein und Stadtkyll ist der Mittlere Buntsandstein nur maximal 100 m mächtig oder fehlt auf den schon erwähnten Schwellen überhaupt. Die Mächtigkeitsverteilung zeigt, dass der Mittlere Buntsandstein auf die engere Nord-Süd-Zone beschränkt ist. Z. B. greift westlich von Niederweidingen (Bl. 5904 Waxweiler) der Obere Buntsandstein direkt auf den devonischen Untergrund über (LEPPLA 1908b).

Die Schüttungsrichtungen, hauptsächlich durch Schrägschichtungsmessungen ermittelt, verlaufen in nördlicher Richtung, der Materialtransport folgte also im wesentlichen dem Verlauf der Nord-Süd-Senke (PICARD 1950, SCHRÖDER 1955, MADER 1979). Nach MADER erfolgte die Ablagerung überwiegend in fluviatilem Milieu, wobei Rinnensedimente (channel bar deposits) und Überflutungsabsätze (topstratum deposits) abwechselten; außerdem sind Dünen zu vermuten, zwischen denen durch episodische Regenfälle flache Seen entstanden, in denen geringmächtige feinkörnige Sedimente zum Absatz kamen.

Eine einheitliche Untergliederung lässt sich einstweilen nur für die Trierer Bucht und das Gebiet von Gerolstein und Stadtkyll durchführen. Das Triasgebiet der Nordeifel ist stärker von Konglomerateinschüttungen bestimmt und lässt sich an diese Gliederungen nicht anschließen.

Den Abschluss des Mittleren Buntsandsteins bildet nach E.M. MÜLLER (1954) die sogenannte Violette Grenzzone. Sie wird nicht als eine gesondert abgelagerte Schicht, sondern als die klimatisch bedingte Umwandlungszone auf einer alten Landoberfläche aufgefasst, kennzeichnet also eine kurzzeitige Sedimentationsunterbrechung. Auf der Landoberfläche entstanden Knollen und Krusten von Kieselsäure (Karneol), es kam zur Abscheidung von Dolomit. Der Obere Buntsandstein liegt dieser Fläche mit einem dolomitischen Sandstein auf, der viele Dolomitbrocken und -gerölle aus der Violetten Grenzzone enthält. Diese sog. Basale Dolomit-Bröckelbank ist aus dem Saarland, Ostlothringen und der Trierer Bucht über die ganze Eifeler Nord-Süd-Zone hinweg bis in die Nordeifel zu verfolgen (MÜLLER & SCHRÖDER 1960). Dieser Faziesschnitt dürfte wegen seiner weiten Verbreitung, seiner konstanten Lage im lithologischen Profil und seiner gleichförmigen Ausbildung eine Zeitmarke darstellen. MÜLLER hält es für wahrscheinlich, dass ihm in Nordhessen die Grenze zwischen Hersfeld- und Schwarzenborn-Gruppe, in Südniedersachsen die zwischen Hardegsen- und Solling-Gruppe entspricht.

7.1.2.1 Nordeifel

Im Triasdreieck der Nordeifel besteht der Mittlere Buntsandstein aus einer Wechselfolge von groben Konglomeraten und Sandsteinen. Die Konglomerate keilen beckenwärts, also in Richtung N aus. Die Wechselfolge ist im Bereich der Mechernicher Blei-Zink-Erzlagerstätte besonders genau untersucht worden, da hier die Vererzung auf die Sandsteinpartien beschränkt ist, während die Konglomerate als sog. „taube Wackendeckel' erzfrei geblieben sind.

Nach RIBBERT (1985, 1995, 2010) beginnt der Mittlere Buntsandstein (die Mechernich-Formation) im Mechernicher Bergbaugebiet mit dem nur wenige Meter mächtigen Grundkonglomerat. Seine noch eckigen Komponenten bestehen aus Silikat- und Karbonatgesteinen der näheren Umgebung. Darüber liegt eine Folge von roten und gelbbraunen mittel- bis grobkörnigen Sandsteinen, konglomeratischen Sandsteinen und Konglomeraten, oft schräggeschichtet. Die oberste Konglomeratschüttung, das sog. Deckkonglomerat hat Gerölle von bis zu 30 cm Größe. Oben schließt die Folge mit der Violetten Grenzzone ab. Die Mächtigkeit geht zu beiden Rändern der Mechernicher Senke sehr stark zurück, was zeigt, dass der Mittlere Buntsandstein nicht wesentlich über diese Ränder hinausgereicht hat. Nach SCHRÖDER (1955) überschreitet die Mächtigkeit im Zentrum 150 m (Abb. 58), bei Lückerath sind 130 m erbohrt worden, auf einer NE streichenden Schwelle bei Kallmuth ist kein Mittlerer Buntsandstein abgelagert worden. An den Felsen auf der Nordseite des Urfttales unterhalb von Kall ist diese Folge mit kreuzgeschichteten Sandsteinen und Konglomeraten ohne Tonlagen aufgeschlossen. An der Westseite des Triasdreiecks zwischen Heimbach und Nideggen ist der ganze Mittlere Buntsandstein konglomeratisch entwickelt und nicht zu untergliedern. Nördlich von Ni-

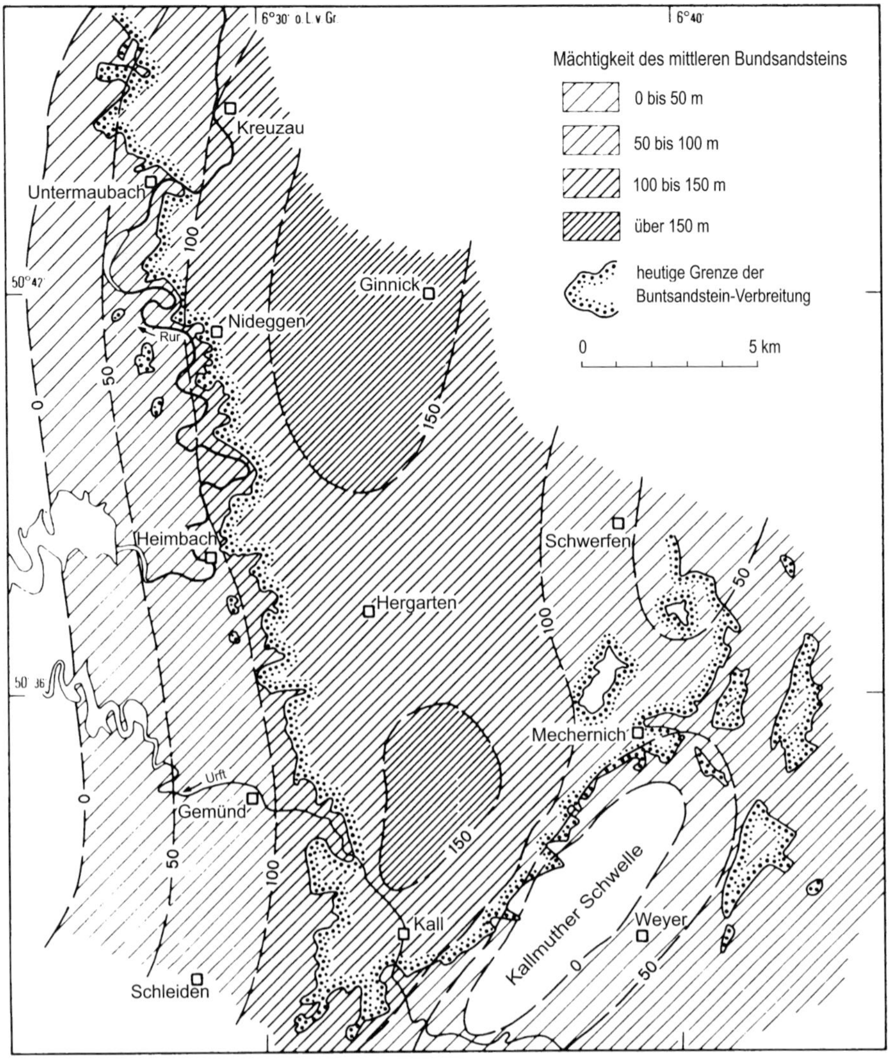

Abb. 58. Mächtigkeitsverteilung im Mittleren Buntsandstein der Nordeifel. KNAPP (1978) nach E. SCHRÖDER.

deggen sind die Konglomerate auf den tieferen Teil beschränkt, oben treten helle Sandsteine auf, die nur vereinzelte Geröllagen führen. Am Maubacher Bleiberg liegt über dem vererzten Konglomerat eine 7 m dicke Lage aus rotem Tonstein mit Geröllen und Schieferbrocken, darüber folgen 10 m hellrote mittel- bis feinkörnige Sandsteine.

Die gut aufgearbeiteten Sandmassen dürften nach mehrfacher Umlagerung von weit entfernten Hochgebieten im S hergeführt worden sein. QUESTER (1954) hat darin ein Schwermineralspektrum festgestellt, das dem des Odenwaldes entspricht; wie oben schon erwähnt, ist das Hauptliefergebiet im Bereich des Französischen Zentralmassivs zu vermuten. Die Gerölle entstammen jedoch der unmittelbaren Umgebung. Sie können an den Rändern des Triasdreiecks 30–40 cm Durchmesser haben und bestehen überwiegend aus Sandsteinen und Quarziten des Unterdevons. Z. T. lassen sich daraus noch die unterdevonischen Brachiopoden und Trilobiten bestimmen (BLANCKENHORN 1885, 142). Mitteldevonische Kalke, oft ebenfalls fossilführend, haben einen längeren Transport meist nicht überstanden und finden sich daher nur in unmittelbarer Nähe der Sötenicher Kalkmulde im stark tonigen Basiskonglomerat des Mechernicher Grubenfeldes. RIBBERT (2010, 67) erwähnt verkieselten Kohlenkalk und Gedinne-Basiskonglomerate als Gerölle.

Die Violette Grenzzone ist im südöstlichen Teil des Triasdreiecks deutlich ausgebildet. Bei Heimbach ist sie nach HORALEK, MULLER & PARTING (1977, 12) als dünne wellige Mangankruste ausgebildet. Darüber liegt rotvioletter Tonstein mit eckigen Tonbrocken.

7.1.2.2 Zentralteil der Nord-Süd-Zone

Zu diesem Bereich gehören die Vorkommen von Stadtkyll, das Oberbettinger Triasgebiet (Gerolstein, Hillesheim) und der Nordteil der Trierer Bucht bis zur südlichen Grenze der Messtischblätter Waxweiler, Kyllburg und Manderscheid (d. h. etwa die Linie Niederweidingen – Wiersdorf – Erdorf – Musweiler). Eine sedimentologische Untersuchung hat für diesen Bereich MADER (1979) vorgelegt, dessen Gliederung von DITTRICH (2005) in Bezug auf die Grenzziehung zum Oberen Buntsandstein uminterpretiert wurde.

Die Basisbildungen haben sicher nicht im ganzen Gebiet gleiches Alter. Davon abgesehen sind die Basiskonglomerate des Mittleren Buntsandsteins in der südlichen Trierer Bucht, im Saarland und in der Nordeifel wahrscheinlich älter als im Zentralteil der Nord-Süd-Zone, der erst später von den Schuttströmen überwältigt wird. Diese Einstufung ergibt sich aus einem Vergleich der Gliederungen im höheren Mittleren Buntsandstein in diesen Gebieten.

Zwei besonders charakteristische Faziestypen hat MADER näher beschrieben. Sie sind jedoch beide nur nahe den sedimentliefernden Hochgebieten ausgebildet, deshalb nur an wenigen Stellen zu finden. Im übrigen Ablagerungsraum ist die Basis des Mittleren Buntsandsteins nicht durch besonders charakteristische Sedimente gekennzeichnet, hier liegt der gesamte Buntsandstein unterhalb der Violetten Grenzschichten in der Fazies der Densborn-Schichten vor. Die beiden Faziestypen sind folgende:

Konglomerate von St. Thomas (MADER 1979, 24, nach Aufschlüssen an der Straße von St. Thomas nach Usch, Bl. 5905 Kyllburg, r 4305 h 4950): Sie bestehen aus mäßig bis stark verfestigten Konglomeraten mit Geröllen von durchschnittlich 10 cm Größe, nicht selten aber auch 20 cm groß. Die Gerölle sind mäßig bis gut gerundet und bestehen aus unterdevonischen Gesteinen und Milchquarz. Diese Konglomerate finden sich nur in einzelnen, maximal 11 m mächtigen Linsen. MADER hat sie außer bei St. Thomas noch am Bitburger Stausee bei Biersdorf (Felsen an Erzberg und Ringelstein), oberhalb des Friedhofes von Müllenborn, bei Steffeln und in einer Kiesgrube im Ripsdorfer Wald südwestlich Nonnenbach beobachtet. Die Konglomeratkörper werden von MADER als Absätze alluvialer Schwemmkegel, wie sie in Gebieten mit spärlicher Vegetation und episodischen heftigen Regenfällen häufig sind, angesehen.

Sandsteine von Otzenbach (MADER 1979, 33, nach Aufschlüssen an einem Holzlagerplatz am S-Hang des Otzenbachtales südwestlich Bettenfeld; Bl. 5906 Manderscheid, r 5299 h 4839): Sie bestehen aus mittel- bis feinkörnigen dunkelroten und rotvioletten horizontalgeschichteten und massigen Sandsteinen. Einige Bänke enthalten eckige Fragmente unterdevonischer Sandsteine und Schiefer, die nur selten größer als 5 cm sind. Es treten auch Lagen von mäßig bis gut gerundeten Milchquarz-Geröllen auf, deren Durchmesser meist zwischen 1 und 5 cm liegen. Ton- und Schluffsteine sind in dieser bis zu 11 m mächtigen Folge untergeordnet auch vorhanden. Die Fazies der Sandsteine von Otzenbach tritt in der typischen Form auch nur an wenigen Stellen auf; MADER gibt außer dem Otzenbachtal an: das Backenbachtal nördlich Kloster Himmerod, den Steinborner Wald östlich Zendscheid, den Ehlenzer Wald nordwestlich Heilenbach und den Wöllersberg bei Lissingen. Die Sandsteine von Otzenbach können nach MADER alluviale Schwemmkegel-Ablagerungen oder fluviatile Sedimente im Vorland der Fächer sein; z. T. sind sie umgelagerte Muren- und Schuttkegelsedimente.

Nur in der Umgebung von Biersdorf (Bl. 5904 Waxweiler) findet sich eine bis zu 10 m mächtige Sedimentfolge zwischen den Konglomeraten von St. Thomas und den Densborn-Schichten, die nach MADER (1979, 43) nach den Felsen am NW-Hang des Erzberges bei Biersdorf als Geröllführende Sandsteine von Biersdorf bezeichnet wird. Sie besteht aus dunkel- und hellroten, meist glimmerfreien Bänken unterschiedlicher Korngröße und lässt sich in Kleinzyklen gliedern, die jeweils mit Konglomeraten oder geröllführenden Sandsteinen beginnen und mit geröllfreien, z. T. glimmerhaltigen Sand-, Ton- oder Schluffsteinen enden. Die gerundeten Gerölle bestehen aus Milchquarz und Unterdevon-Gesteinen. In einzelnen Bänken treten daneben auch eckige Devon-Fragmente auf. Neben Horizontalschichtung ist Schrägschichtung verbreitet. Sie bildet ein Unterscheidungsmerkmal gegen Basisbildungen in der Fazies der Sandsteine von Otzenbach. Die geröllführenden Sandsteine von Biersdorf sind nach MADER durch einen mehrfachen Wechsel zwischen fluviatilen und äolischen Bedingungen entstanden; denn die millimeterfein geschichteten Sandsteine und manche schräggeschichteten Partien werden von ihm als Dünenbildungen angesprochen.

Die Densborn-Schichten, von MADER (1979, 53) nach Felsen im Kylltal östlich des Altenhofs südlich Densborn (Bl. 5805 Mürlenbach, r 4242 h 5330) benannt, bilden die Hauptmasse des Mittleren Buntsandsteins. Wo die Basisbildungen oder die geröllführenden Sandsteine von Biersdorf nicht auszuhalten sind, reichen die Densborn-Schichten bis zur Basis des Mittleren Buntsandsteins hinab.

Sie bestehen aus eintönigen Folgen von hell- bis mittelroten, auch orangeroten und gelben, bzw. durch sekundäre Bleichung fahlgrünen und grauweißen Sandsteinen. Nur ausnahmsweise enthalten sie kleine Gerölle. Sie sind glimmerfrei und mittel- bis grobkörnig. Neben ebener und welliger Horizontalschichtung treten mehrere Typen von Schrägschichtung auf. Sowohl horizontal- als auch schräggeschichtete Bänke können eine Millimeter-Feinschichtung aufweisen. Tonig-schluffige Gesteine sind selten. Von den Sandsteinen in Otzenbach-Fazies sind die Densborn-Schichten durch den Umschlag der Gesteinsfarben von dunkelrot bis rotviolett (Otzenbach-Sandsteine) zu hellrot bis orangerot (Densborn-Schichten) abzugrenzen. Wo die Densborn-Schichten unmittelbar dem Grundgebirge aufliegen, können sie an der Basis auch kleine Devongesteins-Fragmente enthalten. An Felsen am E-Hang des Möschelberges bei Lissendorf bilden Densborn-Schichten die Füllung einer prätriadischen Karstspalte in Dolomiten der Dollendorfer Mulde (MADER 1979, 58).

Die maximalen Mächtigkeiten im Nordteil der Trierer Bucht liegen nach MADER (briefl. Mitt. 27.8.1980) im Raum St. Thomas, Kyllburg (70 m). Im Oberbettinger Triasgebiet konnte MADER (1976) ein lebhaftes Relief des Ablagerungsraumes feststellen: auf der SW-NE streichenden Kalenborner Schwelle, einem Dolomitrücken, wurde kein Mittlerer Buntsandstein abgelagert; es fehlen dort auch die untersten Schichten des Oberen Buntsandsteins, dessen Malbergweich-Schichten (7.1.3.2) erst die Schwelle eindecken. Es gibt außerdem noch Devonhärtlinge, die als Inselberge in den Ablagerungsraum hineinragten und vom Mittleren Buntsandstein entweder überhaupt nicht oder nur geringmächtig bedeckt wurden. Solche Inselberge fand MADER am Friedhof von Kalenborn, auf dem Gipfel des Lenzerath nördlich Müllenborn, an der Oese bei Lammersdorf, zwischen Lissendorf und Steffeln (u. a. Mühlenberg) sowie zwischen Birgel und Wiesbaum (u. a. Wurmberg). Zwischen diesen Rücken liegen Wannen und Rinnen, in denen die Densborn-Schichten 83 m (südöstlich Birgel), über 70 m (südlich Lammersdorf) und 59 m (östlich Oberbettingen) mächtig werden können.

Die Densborn-Schichten sind nach MADER in fluviatilem Milieu abgelagert worden, so besonders im Oberbettinger Triasgebiet, teilweise durch äolischen Transport, so besonders in der nördlichen Trierer Bucht und im Gebiet von Stadtkyll. Vor allem die millimeterfeingeschichteten Sande sind nach MADER (1980a) als Dünensande anzusehen. Die Ton- und Schluffschichten bildeten sich in durch episodische Regenfälle zwischen den Dünen entstandenen Seen oder in abgeschnittenen Flussarmen. MADER (1979, 88) fand einen Stamm von *Pleuromeia sternbergi* (MÜNSTER) CORDA in Lebendstellung in einem Plattensandstein am S-Hang des Heidberges bei Lammersdorf (Bl. 5705 Gerolstein); damit ist also ein spärlicher Pflanzenwuchs nachgewiesen.

Für die darüber liegende Folge schlug MADER (1979, 165) den Namen Usch-Schichten vor, da der untere Teil der Folge im Kylltal in Felsen östlich des Altenhofs nördlich von Usch gut aufgeschlossen ist. Es handelt sich um eine Folge vorwiegend dunkelroter und rotvioletter Konglomerate und geröllführender Sandsteine. Es treten zahlreiche Kleinzyklen auf, die mit Bröckelbänken, Konglomeraten bzw. geröllfreien Sandsteinen beginnen und mit feinkörnigen Sedimenten oder violetten Horizonten enden. Häufig sind die Kleinzyklen jedoch unvollständig, und die feinkörnigen Gesteine und die violetten Lagen werden durch die basale Grobschüttung des nächsten Zyklus erodiert.

Die Mächtigkeit beträgt im nördlichen Teil der Trierer Bucht 15–40 m. Im Oberbettinger Triasgebiet wechselt sie nach MADER (1976) stark: auf der schon während der Zeit des Mittleren Buntsandsteins bestehenden Kalenborner Schwelle wird nichts abgelagert; in geringer Entfernung davon finden sich Mächtigkeiten von 70 m (Lenzerath nördlich Müllenborn), 44 m (Bohrung 2 bei Basberg), 60 m (Mühlenberg und Dennertsberg bei Lissendorf). Im Stadtkyller Gebiet sind nur die untersten 30 m der Usch-Schichten erhalten. Im W des Stadtkyller Vorkommens finden sich mehrere Zyklen mit auffällig groben Konglomeraten, MADER fand darin Gerölle mit Durchmessern bis zu 0,5 m. Aufgeschlossen ist diese konglomeratische Fazies in Steinbrüchen an Heidenkopf I und III östlich Dahlem und in Kiesgruben im oberen Eichholzbachtal östlich von Schmidtheim.

Ein Violetthorizont im Dach der Densborn-Schichten, örtlich mit anschließender Schichtlücke wird von den konglomeratischen Usch-Schichten überlagert, die wieder von einem violetten Horizont überdeckt werden; erst dieser wird mit der Violetten Grenzzone des Saarlandes und der Südeifel (E. M. MÜLLER 1954) parallelisiert, und deshalb stellt D. DITTRICH (2005) die Usch-Schichten noch in den Mittleren Buntsandstein. Die Violette Grenzzone ist auch im Zentralteil der Nord-Süd-Zone an vielen Stellen zu beobachten, besteht hier jedoch meistens aus mehreren violetten Lagen, die innerhalb einer bis zu 15 m mächtigen Partie auftreten (MADER 1979).

7.1.2.3 Südeifel

Der Ablagerungsraum wird hier durch zwei in NE-SW-Richtung gestreckte Senken bestimmt, es sind das breite Bitburger Becken („Bitburger Mulde“ bei WEILER 1972) und das schmalere Trierer Becken, das sich tektonisch nach SW im Graben von Thionville fortsetzt (DITTRICH et al. 1997). Beide werden durch die schmale Deimlinger Schwelle („Devon-Schwelle der Deimlinger Mühle“ bei NEGENDANK 1974, vgl. auch LICHTENSCHEIDT 2003) voneinander getrennt; an der Deimlinger Mühle im Kylltal östlich Hofweiler (einen Ort Deimlingen gibt es nicht) findet sich eine Aufragung unterdevonischer Gesteine innerhalb der Buntsandsteindecke. Hier ist der Hauptbuntsandstein nur 20 m mächtig. Die Deimlinger Schwelle begrenzt auch den Wittlicher Rotliegendtrog im NW, nordwestlich von ihr liegt der Buntsandstein immer auf Devon-Schichten. Das Trierer Buntsandsteinbecken setzt also die Senkungstendenz des Rotliegend-Beckens fort. Das starke Relief im Ablagerungsraum erschwert auch die Durchführung einer einheitlichen Gliederung. Hinzu kommt noch, dass in Nähe des Rotliegendtroges dessen tonige oberste Sedimente während der Zeit des Buntsandsteins z. T. abgetragen und umgelagert wurden. So findet sich eine stark tonige Fazies des Buntsandsteins im unteren Kylltal oberhalb von Ehrang, zwischen der Deimlinger Mühle und Ittel im Kylltal und südwestlich von Naurath (WEILER 1972, KRIEGER 1978). Da die tonige Fazies an diesen Stellen gerade in den Basispartien des Buntsandsteins auftritt, ist in Bohrungen eine Unterscheidung von Rotliegend- und Buntsandstein-Sedimenten oft nicht eindeutig möglich.

D. DITTRICH (2005) gibt für das Trierer Becken folgende Gliederung: Die Basis bildet das Biewer-Konglomerat (Biewer gegenüber Trier), im Biewertal 10–15 m, im Kylltal bis zu 50 m mächtig, mit stark verfestigten geröllführenden, schräggeschichteten Sandsteinen und Konglomeraten mit kantigen bis gut gerundeten Geröllen von maximal 10 cm Größe. Wabenverwitterung ist häufig. Darüber liegt die geröllarme Wechselfolge, überwiegend aus geröllfreien, parallelgeschichteten Sandsteinen mit wenigen kleindimensional schräggeschichteten Bänken und Einschaltungen von Silt-, Ton- und Quarzfeinkies-Lagen. Ein Teil der Sandsteine wird als äolisch transportiert angesehen. Die Mächtigkeiten schwanken zwischen 60 m bei Trier und Heckenmünster, 74 m bei Kordel und 45 m bei Auw. Darüber liegt das im Kylltal 4–6 m mächtige Kieselkonglomerat, stark verfestigte Mittel- bis Grobsandsteine mit bis 6 cm großen Quarz- und Quarzitgeröllen. Kugelige Konkretionen treten auf (F. SCHRADER 1990, 53). Das Kieselkonglomerat ist nicht überall vorhanden. Im Kylltal liegen über ihm einige Meter schwach verfestigter, parallel geschichteter Sandsteine mit wenigen tonigen Lagen, die Mürbsandsteine (auch „Höhlensandsteine“). In ihnen finden sich mehrere Naturhöhlen wie Genovevahöhle, Klausenhöhle u. a. Darüber liegt, z. T. nach einer Sedimentationsunterbrechung das stark verkieselte Grobkonglomerat. Es wird im unteren Kylltal 10 m mächtig und kann mit dem Hauptkonglomerat der Pfalz gleichgesetzt werden. Die Gerölle werden bis 18 cm groß. Es wird nach oben feinkörniger und geht in die immer noch stark verkieselten, 5–10 m mächtigen Geröllsandsteine über, in denen parallel- und schräggeschichtete Partien abwechseln. Grobkonglomerat und Geröllsandsteine bilden im Kylltal hohe Felswände wie Hochburg, Geyerslay, Spitzlay, Korpeslay (z. T.), mit bastionsartigen Vorsprüngen, auf deren kleinen Plateaus z. B. auf der Hochburg und der Korpeslay vorgeschichtliche Fliehburgen nachgewiesen wurden (KRIEGER 1978). Den Abschluss des Mittleren Buntsandsteins bilden auch hier die Violetten Grenzschichten, die mehrere Meter mächtig werden können.

Nach DITTRICH (2005) wird der Mittlere Buntsandstein unterhalb der Violetten Grenzzone im unteren Kylltal bis zu 170 m mächtig, dagegen im sog. Universitätsprofil (Moselhänge unterhalb des Universitätskampus in Trier-Pallien) nur 115 m.

Im Zentrum des Bitburger Beckens dürfte der Mittlere Buntsandstein südlich Bitburg nach WEILER (1972, 1991) mehr als 200 m mächtig sein; aus diesem Bereich liegen keine Bohrungen vor, die bis zur Buntsandsteinbasis hinunterreichen. An der Ostseite der Triasverbreitung (Großlittgen – Himmerod – Weidenbach) konnte durch Bohrungen unter dem Mittleren Buntsandstein ein lebhaftes Relief nachgewiesen werden (WEILER 1972). Bei Etteldorf nördlich

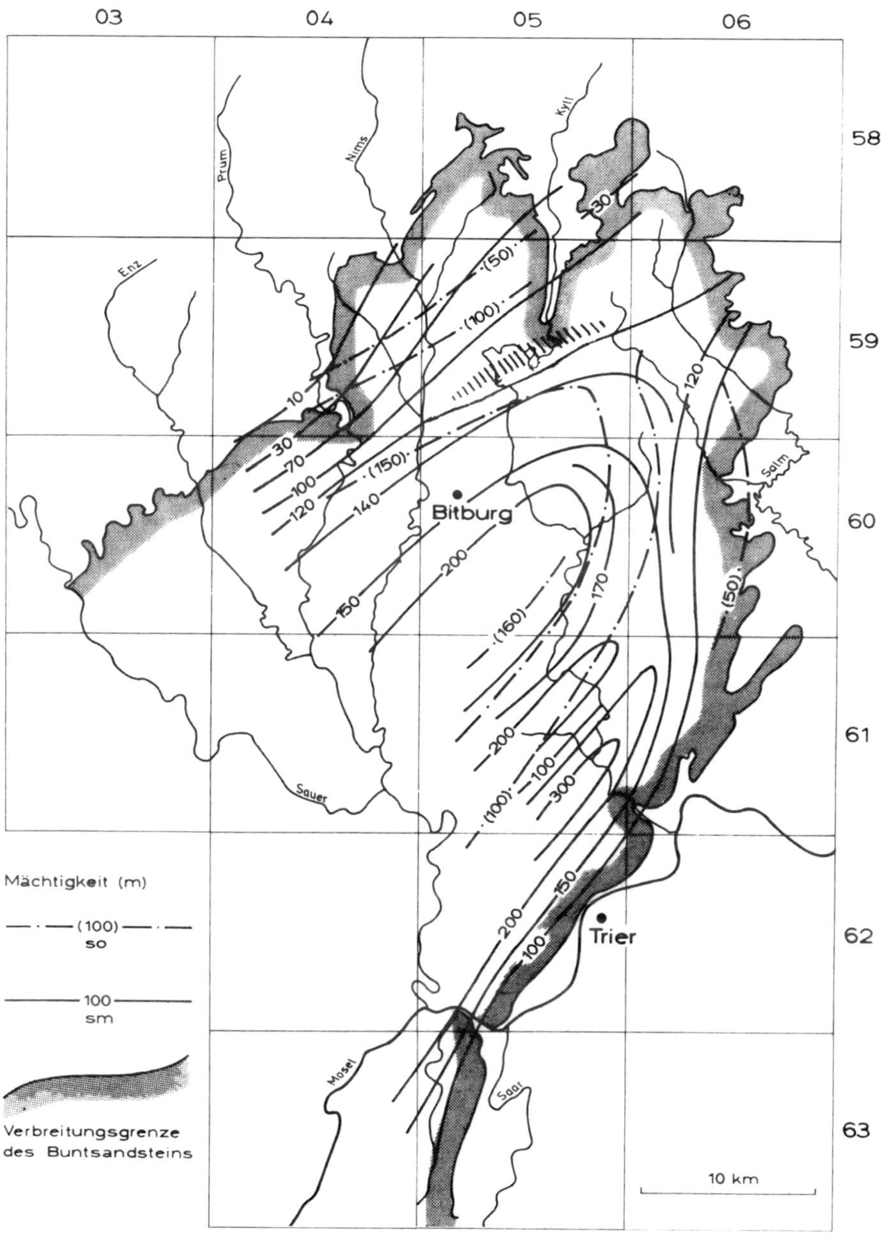

Abb. 59. Die Mächtigkeiten von Mittlerem (sm; die Zahlen enthalten bei Trier auch Anteile von Unterem Buntsandstein) und Oberem Buntsandstein (so) in der Südeifel nach WEILER (1991). Schraffierter Bereich nördlich Bitburg: Schwelle von Etteldorf mit weniger als 80 m Mittlerem Buntsandstein (nach H. WEILER, unveröff.).

Bitburg wurde nach H. WEILER (mdl. Mitt.) kürzlich eine Schwelle erbohrt, auf welcher der Mittlere Buntsandstein weniger als 80 m mächtig ist. Die von MADER (1979, 1985) für das Bitburger Becken entwickelte Gliederung wird von DITTRICH (2005) folgendermaßen interpretiert: Ein Basalkonglomerat entspricht dem Biewer-Konglomerat des Trierer Beckens. Darüber liegen die Densborn-Schichten, welche die Hauptmasse des Mittleren Buntsandsteins bilden. Sie werden von wenigen Metern der Violettschichten überlagert, die in weiten Teilen eine Sedimentationsunterbrechung einleiten. Darüber liegt die Konglomeratische Serie, die MADER als Usch-Schichten vorher schon zum Oberen Buntsandstein stellte. Sie entsprechen nach D. DITTRICH aber dem Grobkonglomerat und dem Geröllsandstein des Trierer Beckens und liegen unterhalb der Violetten Grenzzone, über der dann erst der Obere Buntsandstein folgt.

7.1.3 Oberer Buntsandstein (Röt)

Während der Zeit des Oberen Buntsandsteins wird das Relief vollends ausgeglichen. Im größten Teil des Ablagerungsraumes, besonders deutlich in der Südeifel, läßt sich die Zweiteilung aus dem süddeutschen Raum in Zwischenschichten (unten) und Voltzien-Sandstein (oben) übertragen. Die Zwischenschichten zeigen noch starke Mächtigkeitsschwankungen und Faziesunterschiede, Kalenborner und Kallmuther Schwelle sind noch wirksam, da der untere Teil des Oberen Buntsandsteins hier fehlt. Der Obere Buntsandstein greift nach beiden Seiten über den Ablagerungsraum des Mittleren Buntsandsteins hinaus und hat östlich der Nord-Süd-Zone vielleicht das ganze Eifelgebiet bedeckt. Im Westen besteht das Hochgebiet der Brabanter Schwelle immer noch und beeinflusst im Norden den Ablagerungsraum durch Geröll-Einschüttungen. Die Sedimentation erfolgte unter festländischen Bedingungen in Becken und Rinnen.

Zwei Sedimenttypen treten in den Folgen des Oberen Buntsandsteins immer wieder auf. Das sind einmal die sog. Violetten Horizonte: es handelt sich um Sandsteine oder Ton- und Schluffsteine, die lebhaft rot bis blauviolett gefärbt sind. Sie können Wurzelröhren und Grabgänge enthalten, ferner Karbonat-Konkretionen und -Krusten, seltener auch Karneol-Krusten. Sie zeigen ein Stagnieren der Sedimentation mit beginnender Bodenbildung an. Dabei verdunstete unter den ariden Klimabedingungen aufsteigendes Wasser nahe der Erdoberfläche, und es wurde das darin gelöste Karbonat ausgeschieden, manchmal sogar Kieselsäure. Einen zweiten für den Oberen Buntsandstein charakteristischen Gesteinstyp bilden die sog. Bröckelbänke: es handelt sich um Brekzien mit eckigen bis gerundeten Karbonatfragmenten, Sandstein- und Tonbrocken, die in sandiger bis karbonatischer Grundmasse liegen. Die Fragmente (die „Bröckel“) werden nur wenige Zentimeter groß. Es handelt sich also um Aufarbeitungshorizonte, die vorwiegend in die Violetten Horizonte eingreifen und deren Material aufgenommen haben. So werden Zyklen oft mit Bröckelbänken eingeleitet und enden mit Violett-Horizonten, in die dann der nächst höhere Zyklus wieder mit Bröckelbänken erosiv eingreift (MADER 1980 c).

7.1.3.1 Nordeifel

Nach KNAPP (1978, 75–76) und RIBBERT (1995) ist hier der Obere Buntsandstein folgendermaßen ausgebildet:

Eine Zweiteilung, die etwa der Gliederung in Zwischenschichten und Voltzien-Sandstein entspricht, lässt sich durchführen. Die Zwischenschichten beginnen im Hangenden der Violetten Grenzschichten mit violettgrauen, z. T. geröllführenden Sandsteinen von feinem bis mittlerem Korn. Darüber liegt eine Wechselfolge dolomitführender feiner bis grober Sandsteine von violetter, braunroter und hellgrauer Farbe mit roten Ton- und Schluffsteinen. Die Sandsteine sind stellenweise reich an Quarz- und Quarzitgeröllen. Es finden sich auch Bänke mit Dolomitbrocken. Ein rascher seitlicher Wechsel der Einzelschichten ist zu beobachten. Schrägschichtung ist häufig. Die Hochposition der Kallmuther Schwelle dürfte noch bestanden haben, denn der untere Teil des Oberen Buntsandsteins scheint hier zu fehlen, und erst die Voltzien-Schichten greifen über. Ähnlich dürfte es auch an der Westseite des Triasdreiecks beim alten Tagebau Maubacher Bleiberg sein.

In den tiefsten Teil der Zwischenschichten stuft RIBBERT (2010) den Saurierschädel ein, der südwestlich von Mechernich in einem Sandstein gefunden wurde. Er wurde nach V. HUENE (in MÜLLER & SCHRÖDER 1960: 264) und JUX (1966) als *Parotosaurus mechernichensis* (JUX & PFLUG) beschrieben. JUX & PFLUG (1958) leiteten aus diesem Fund ein jüngeres Alter (vielleicht Muschelkalk) ab. Nach W. SCHMIDT und V. HUENE (in MÜLLER & SCHRÖDER 1960, 262–264) rechtfertigt der Entwicklungszustand des Schädels aber diese Einstufung nicht. Im gleichen Niveau fanden sich im Erztagebau „Virginia“ südwestlich von Mechernich auch Chirotherien-Fährten (SCHÖMER 1939).

Der obere Teil (Voltzien-Sandstein) hat etwa gleiche Anteile von Sandstein und Ton- sowie Schluffstein. Die violettroten bis braunen Sandsteine sind fast ausschließlich feinkörnig, tonig, auch dolomitisch. Oft sind sie dünnplattig und enthalten Glimmer auf den Schichtflächen. Zwischen Floisdorf und Vlatten sind Werksteinbänke ähnlich wie im süddeutschen Voltzien-Sandstein abgebaut worden. Im N enthält der obere Teil des Oberen Buntsandsteins auch geröllreichere Lagen, so z. B. im alten Tagebau „Maubacher Bleiberg.“ Dort kommen in den Tonsteinen auch Sphärosiderit-Konkretionen vor; sie schließen sich im Raum Kufferath zu Bänken zusammen, die früher als Eisenerz abgebaut wurden. Pflanzenreste, u. a. *Neuropteridium intermedium* SCHIMPER, *N. voltzi* BRONGNIART, *Voltzia heterophylla* BRONGNIARt und *Albertia latifolia* SCHIMPER & MOUGEOT wurden von GOTHAN (1938) aus diesem Teil des Oberen Buntsandsteins von Üdingen im Rurtal beschrieben, und SCHRÖDER (1938) erwähnt Pflanzenfunde von mehreren Stellen auf Bl. 5305 Zülpich, vgl. auch BLANCKENHORN (1885, 1886).

Die Mächtigkeit des Oberen Buntsandsteins der Nordeifel beträgt nach KNAPP (1978) durchschnittlich 100 m, im Innern des Triasdreiecks etwa 150 m; im Osten sinkt sie auf 60 m ab. JUX (1962, 644) deutet die Möglichkeit an, dass der oberste Teil des Nordeifeler Buntsandsteins altersgleich mit dem tiefsten Muschelkalk des Zentralteils des Germanischen Beckens sein könnte, da die Überflutung durch das Muschelkalk-Meer hier am Westrand des Beckens vermutlich erst später einsetzte als im Beckeninnern.

7.1.3.2 Zentralteil der Nord-Süd-Zone

Der folgenden Beschreibung liegen die Untersuchungen von MADER (1979) zugrunde, wobei die Einordnung in die Buntsandsteingliederung von DITTRICH (2005) geändert wurde.

Die unterste Einheit wurde von MADER (1979, 199) Malbergweich-Schichten genannt, da diese Schichtenfolge in der Schlucht des Helsdorfer Grabens südwestlich Malbergweich (Bl. 5905 Kyllburg, r 3945 h 4564 bis r 3868 h 4610) gut aufgeschlossen ist. Es handelt sich um glimmerarme bis glimmerfreie dunkelrote und rotviolette, vorwiegend geröllfreie Sandsteine. Es lassen sich mehrere Kleinzyklen erkennen, die mit Bröckelbänken oder geröllfreien Sandsteinen beginnen (nur ausnahmsweise mit Geröll-Lagen) und mit Ton- und Schluffsteinen, feinkörnigen tonig-schluffigen Sandsteinen oder violetten Horizonten enden. Unvollständige Zyklen wie in den Usch-Schichten treten hier nicht auf. Die Sandsteine können Schrägschichtung zeigen. Die Untergrenze legt MADER an die Basis der obersten geröllführenden Sandsteinbank. Einige Sandsteine haben vertikale Grabgänge. Die Mächtigkeit gibt MADER für die nördliche Trierer Bucht mit 15–50 m an und für das Oberbettinger Gebiet mit 20–30 m. Die Malbergweich-Schichten entsprechen dem tieferen Teil der „Oberen geröllfreien Schichten" von LEPPLA (1908b).

Darüber liegen die Kyllburg-Schichten (MADER 1979, 209); sie sind gut aufgeschlossen in der Schlucht des Heilerbaches südlich der Klopp nördlich Kyllburg (Bl. 5905 Kyllburg r 4329 h 4532 bis r 4426 h 4575). Sie sind gekennzeichnet durch glimmerreiche dunkelrote und rotviolette, vorwiegend geröllfreie Sandsteine und aus vielen Kleinzyklen zusammengesetzt. Die Kleinzyklen beginnen mit Bröckelbänken und meist geröllfreien Sandsteinen und enden mit feinkörnigen Sandsteinen, Ton- und Schluffsteinen oder violetten Horizonten. In Partien mit mächtigeren Kleinzyklen kommen relativ homogene Sandsteine vor, die früher als Bau- und Werksteine abgebaut wurden. Schrägschichtung ist verbreitet. Die Liegendgrenze der Kyllburg-Schichten ist durch den Umschlag von glimmerarmen bis -freien zu glimmerreichen Sandsteinen markiert, außerdem durch eine Kornvergröberung am Dach der Malbergweich-Schichten. In einem Steinbruch bei Oberbettingen wurden in Kyllburg-Schichten Reptilienreste gefunden, die JAEKEL (1904) als *Eifelosaurus triadicus* beschrieb. Gelegentlich treten Pflanzenreste und Lebensspuren auf. Die Mächtigkeit gibt MADER für die nördliche Trierer Bucht mit 20–30 m an; für das Oberbettinger Gebiet mit 20–60 m, hier ist allerdings die Folge nur nach Lesesteinen zu erfassen. Die Kyllburg-Schichten werden von MADER (1980b) mit den Oberen Zwischenschichten in Pfalz und Saarland parallelisiert.

Zu oberst liegen die Erdorf-Schichten (MADER 1979, 240), nach Aufschlüssen in der Schlucht westlich der Straße nach Bitburg südlich von Erdorf benannt (Bl. 5905 Kyllburg r 4081 h 4043). Die Sandsteinfolgen der Kyllburg-Schichten werden nun durch dunkelrote, dünnbankige und plattige, vielfach feinsandige Ton- und Schluffsteine abgelöst; sie enthalten auch dickbankige dunkelrote, stellenweise fahlgrüne, geröllfreie, glimmerhaltige Feinsandsteine, z. T. schräggeschichtet. Karbonatgehalt fehlt; das ist wichtig zur Unterscheidung von dem überlagernden karbonatischen Muschelkalk. Die Mächtigkeit gibt MADER für die nördliche Trierer Bucht mit 20–30 m an, für das Oberbettinger Triasgebiet mit 20–60 m. Im Oberbettinger Gebiet sind die Erdorf-Schichten nur nach Lesesteinen zu verfolgen. Wegen der Häufigkeit von Schrägschichtung des Typs der Strömungsrippel-Schichtung sieht MADER (1980b) in den Erdorf-Schichten Ablagerungen in Deltas am Rande des allmählich vorrückenden Muschelkalk-Meeres. Er parallelisiert die Erdorf-Schichten mit dem Voltzien-Sandstein der südlichen Gliederungen.

7.1.3.3 Südeifel

Nach WEILER (1972), NEGENDANK (1974), KRIEGER (1978) und DITTRICH (2005) lässt sich hier eine Zweiteilung in Zwischenschichten (so1) und Voltzien-Sandstein (so2) vornehmen, die Entwicklung schließt sich also an die in SW-Deutschland an.

Die Zwischenschichten bestehen bei Trier unten aus Dolomitbröckelbänken. Darüber folgen dunkelrote, tonige, z. T. grobe Sandsteine, die nach oben hin feinkörniger werden. Die nach DITTRICH (2005) bei Trier 75–80 m mächtige Folge der Zwischenschichten schließt mit einem Violetthorizont ab. Im Kylltal bei Auw und Preist werden die 110 m mächtigen Zwischenschichten 40 m über der Basis zweigeteilt durch einen weiteren Violetthorizont mit Bröckellage (NEGENDANK 1974).

Der Voltzien-Sandstein beginnt mit einer Dolomitbröckelbank und besteht aus bankigen dunkel-rotbraunen, an der Basis oft weißgrauen und stark glimmerführenden Sandsteinen, die meist gröberes Korn zeigen als die der Zwischenschichten. Oben finden sich schluffige, dünnbankige, graugrünliche bis rötlichgraue Sandsteine („Werksteinzone"). Bunte Tone und Mergel schließen die Folge oben ab („Lettenregion"). Nach NEGENDANK ist der Voltzien-Sandstein bei Igel etwa 30 m, bei der Universität Trier 35 m und im Kylltal bei Auw und Preist etwa 40 m mächtig. Im Grenzbereich Zwischenschichten/Voltzien-Sandstein treten im zentralen Trierer Becken Azuritvererzungen auf, die an inkohlte Holzreste gebunden sind und von den Römern abgebaut wurden (Butzweiler südlich Kordel) (DITTRICH 2004).

Insgesamt ist die Mächtigkeitsverteilung viel ausgeglichener als beim Mittleren Buntsandstein. Die Schwelle der Deimlinger Mühle ist nicht mehr wirksam, damit existiert nur ein weitgespanntes Becken mit der Achse im Bitburger Raum, wo Mächtigkeiten 150 m überschreiten. Z. B. hat die Bohrung Oberweis (Bl. 6004 Oberweis r 3057 h 3688) nach WEILER (1972) Oberen Buntsandstein in 170 m Mächtigkeit erbohrt. Dieses Bitburger Becken dürfte aber immer noch in SW-NE-Richtung langgestreckt sein und damit das variszische Faltenmuster nachzeichnen. In den Zwischenschichten finden sich noch stärkere Mächtigkeitsschwankungen, während der Ablagerung des Voltzien-Sandsteins sind die Reliefunterschiede im Sedimentationsraum weitgehend ausgeglichen.

7.2 Muschelkalk

Mit Beginn der Muschelkalk-Zeit dringt von SE ein flaches Meer ein, das die Eifel zwischen den Landgebieten des Rheinischen Blocks im E und des Ardennischen Blocks im W innerhalb eines Nord-Süd-Streifens bedeckt und das lothringisch-südwestdeutsche Becken mit dem nordwestdeutschen Becken verbindet. Die Eifeler Nord-Süd-Zone ist also noch als Senkungsraum ausgeprägt. Diese Konstellation bleibt während der ganzen Muschelkalk-Zeit erhalten, wenn sich auch die Meeresstraße der Eifel im Oberen Muschelkalk etwas verbreitert. Der Untere Muschelkalk ist in der Eifel in der sandigen Randfazies des Muschelsandsteins ausgebildet. In der SW-Eifel und im Zentralteil der Eifeler Nord-Süd-Zone erfolgen im Unteren Muschelkalk noch Roteinschwemmungen.

7.2.1 Unterer Muschelkalk (Muschelsandstein)

Der Untere Muschelkalk ist im ganzen Gebiet in der sandig-dolomitischen Fazies des Muschelsandsteins ausgebildet. Die Liegendgrenze wird dahin gelegt, wo mit gelblichen Dolomiten oder dolomitischen Sandsteinen die ersten marinen Fossilien erscheinen, sie ist also eine Faziesgrenze. Aus den Profilen im Grenzbereich zwischen Buntsandstein und Muschelkalk muss man den Schluss ziehen, dass sich die Ingression des Meeres hier nicht plötzlich, sondern ganz allmählich, gewissermaßen zögernd vollzog. Sie hat also wahrscheinlich nicht alle Bereiche gleichmäßig erfasst, sondern den Trierer Raum vielleicht eher als die Nordeifel. JUX

(1962, 644) weist darauf hin, dass die Transgression in der Eifel am Westrand des Muschelkalkbeckens wahrscheinlich später erfolgte als im Innern des Germanischen Beckens.

Nach W. SCHMIDT & SCHRÖDER (1962, 55), MULLER, PAPAIOANOU & SCHRADER (1977) und KNAPP (1978, 77) ist der Muschelsandstein in der Nordeifel folgendermaßen entwickelt: Innerhalb der 30–50 m mächtigen Folge dominieren fein- bis mittelkörnige bräunlichgraue dolomitische Sandsteine, oft mit braunen Flecken. Sie kommen in 10–40 cm dicken Bänken vor und wechsellagern mit grauen, grünlichen und violetten Ton- und Schluffsteinen. Eingeschaltet sind gelbbraune dünnplattige bis bankige Dolomitlagen. Wiederholungen der Buntsandstein-Fazies finden sich in Form von Einschaltungen braunroter dolomitischer Sand- und Tonsteine, besonders nahe der Hangendgrenze. Es kommen neben Myophorien u. a. *Hoernesia costata* (SCHLOTHEIM) und *Entalium discites* (SCHLOTHEIM) vor, aber auch Pflanzenreste, vor allem *Equisetum mougeoti* BRONGNIART.

Im Zentralteil der Nord-Süd-Zone ist etwa auf halbem Wege zwischen Oberbettingen und Scheuern ein größerer und zwischen Niederbettingen und Roth ein kleinerer Fleck von Unterem Muschelkalk erhalten geblieben, vor der Abtragung geschützt durch die quartären Vulkane Rusbüsch (große Scholle) und Loscheid (kleine Scholle). Nach MADER (1979, 252–255) lässt sich dort die Grenze zum Buntsandstein durch den plötzlichen Farbumschlag von dunkelrot nach gelbgrün und die starke Zunahme des Karbonatgehaltes festlegen. Am Dach der Erdorf-Schichten treten bereits einige grüne Lagen auf, andererseits enthält auch der Muschelkalk innerhalb der untersten 7 m noch einige Einschaltungen roter feinkörniger Sand-, Ton- und Schluffsteine. Der Muschelkalk lässt sich in zwei Einheiten gliedern: der untere Teil besteht aus gelbgrünen, glimmerhaltigen, feinkörnigen, karbonatarmen Sandsteinen sowie Ton- und Schluffsteinen. Der obere Teil enthält überwiegend grüngraue, feinsandige, flasrige und plattige, fossilführende Karbonatgesteine (Dolomitbankschichten), geringmächtige Roteinschaltungen dürften auch hier noch vorkommen, wie Auswürflinge in den Tuffen des Rusbüsch-Vulkans zeigen. FUCHS (1980) hat aus diesen Auswürflingen marine Fossilien (u. a. *Germanonautilus*) beschrieben, die eine Einstufung in den Unteren Muschelkalk rechtfertigen.

Im nördlichen Teil der Trierer Bucht, z. B. in der Schlucht westlich der Straße nach Bitburg südlich Erdorf, beginnt nach MADER (1979) der Untere Muschelkalk mit grüngrauen, flasrigen, feinsandigen Karbonatgesteinen, die Bruchstücke von Molluskenschalen enthalten. Darüber nimmt der Sandgehalt ab. Roteinschaltungen sind hier zu beobachten. Am Westrand des Triasgebietes kommen nördlich von Biersdorf (Bl. 5904 Waxweiler) Einschaltungen roter Feinsandsteine vor. In einem Profil an der Straße Bickendorf-Ehlenz (Bl. Waxweiler, r 3564 h 4485) fand MADER einen roten Horizont, der nicht aus klastischen Sedimenten besteht, sondern aus Karbonatgesteinen, die sehr viel Ooide und Schalentrümmer enthalten. Damit haben wir hier in abgeschwächter Form eine Parallele zu den Eisenoolithen der Heisdorf-Schichten beim Umschlag von der klastischen zur karbonatischen Sedimentation gegen Ende des Unterdevons (3.3.3.4). FUCHS (1980) beschreibt eine reiche Fauna von einem Acker nördlich vom Wirtshaus Staffelstein nordwestlich Malbergweich (Bl. 5905 Kyllburg).

Im südlichen Teil der Trierer Bucht lässt sich der Untere Muschelkalk zweiteilen in den Muschelsandstein (mu1), der den Hauptteil einnimmt und die Dolomitbankschichten (mu2). Der Muschelsandstein besteht nach NEGENDANK (1974) unten aus einer Wechselfolge von Tonen und Mergeln mit hellgrauen bis grüngrauen, feinkörnigen, glimmerreichen, dolomitischen, manganfleckigen Sandsteinen von 0,5–1 m Bankdicke. Besonders an der Basis sind gelbe sandige Dolomitbänke eingeschaltet. Die Sandsteine, die den Hauptteil dieser Wechselfolge bilden, enthalten viele Spuren und oft Bioturbationserscheinungen. Der obere Teil des

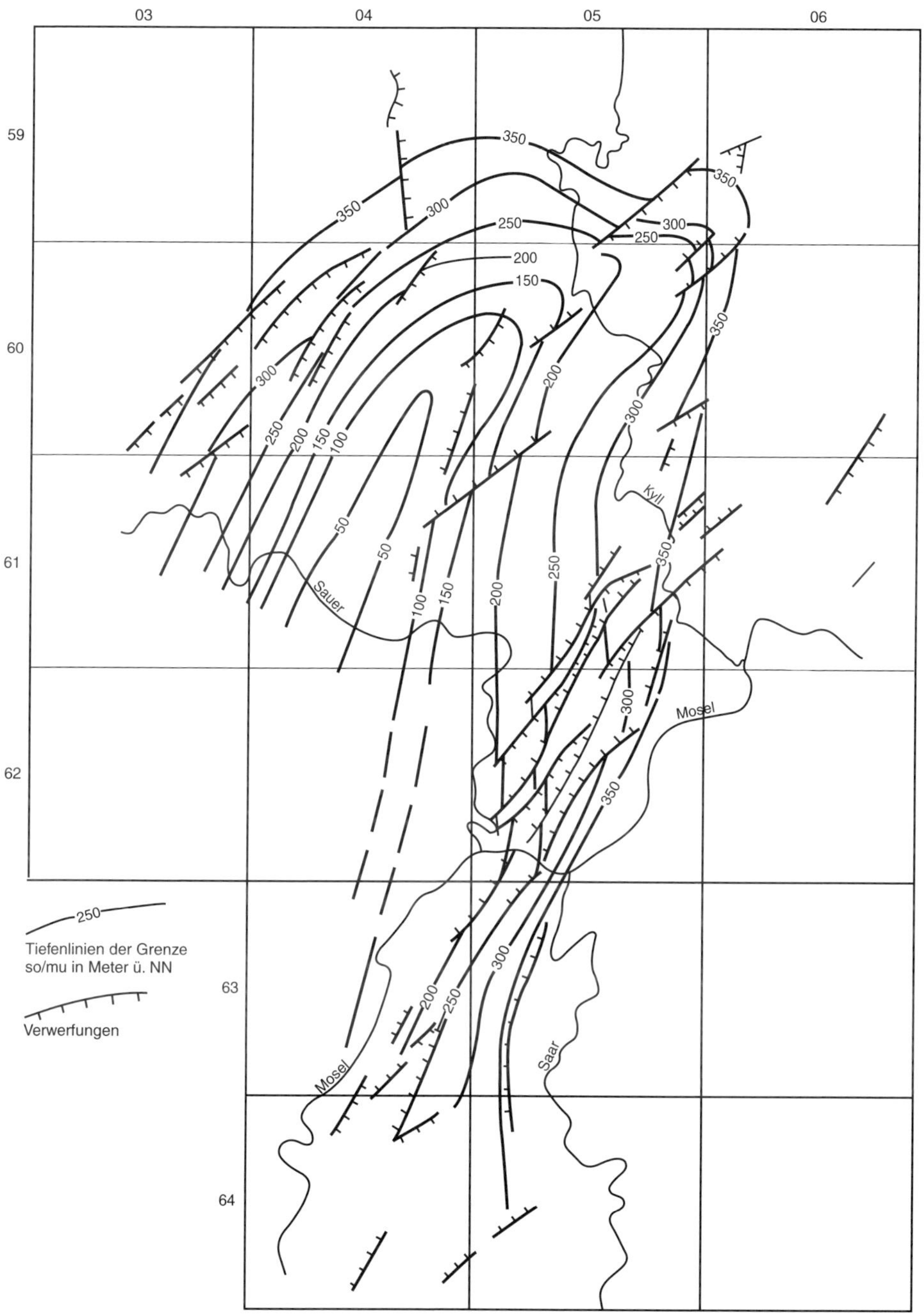

Abb. 60. Tiefenlinienkarte (m über NN) für die Grenze Buntsandstein/Muschelkalk in der Südeifel. Mit Einteilung der Messtischblätter, Umgezeichnet nach WEILER (1972).

Muschelsandsteins besteht aus grüngrauen, feinkörnig-schluffigen Sandsteinen mit Mergelzwischenlagen. D. RICHTER (1962a) beschreibt aus dem Sauertal nordwestlich von Ralingen kissenförmige Sandsteinkörper innerhalb von sandigen Tonsteinen. Nach SCHWARZ (1975, 58–59) sind sie durch Zerreißen von noch unverfestigten Sandlagen unter Belastung entstanden, also Belastungsmarken (load casts). Die als mu1 zusammengefasste Schichtenfolge ist im Sauertal ca. 45 m mächtig.

Der Muschelsandstein wird überlagert von sandigen Zellendolomiten, die häufig *Myophoria orbicularis* GOLDFUSS führen und deshalb früher als *orbicularis*-Schichten (mu2) bezeichnet wurden. Nach DITTRICH (2005) sind sie im Raum Trier 7–10 m mächtig.

Der Untere Muschelkalk ist im Sauertal bei Ralingen und Rosport gut aufgeschlossen, in den anderen Teilen der südlichen Trierer Bucht weniger gut. Die Mächtigkeiten des Unteren Muschelkalks betragen auf Bl. 5905 Kyllburg 40 m (LEPPLA 1908c), auf Bl. 6005 Bitburg 60 m (GREBE 1892c, KRIEGER 1978), auf Bl. 6004 Oberweis 60–80 m (GREBE 1892b), auf Bl. 6003 Mettendorf 50 m (GREBE 1892a), auf Bl. 6104 Bollendorf 40–50 m (GREBE 1892h) und auf Bl. 6103 Wallendorf 40–50 m (GREBE 1892d). Sie sind also relativ ausgeglichen.

7.2.2 Mittlerer Muschelkalk

Der Mittlere Muschelkalk ist im Eifelgebiet wie im ganzen Germanischen Becken durch Eindampfungserscheinungen gekennzeichnet. Erhalten geblieben sind Sedimente des Mittleren Muschelkalks nur am Nordrand des Nordeifeler Triasdreiecks und in der Trierer Bucht, hier bis etwa zur Linie Bickendorf – Gindorf im N. Die gleichmäßige Fazies spricht aber dafür, dass das Meer damals weite Teile der Eifel bedeckt haben muss. Eine Zweiteilung in eine mächtige tonige Salinarserie unten (Bunte Mergelschiefer, Gipsmergel, mm1) und einen geringmächtigen Dolomit oben (Lingula-Dolomit, mm2) lässt sich überall durchführen.

In der Nordeifel besteht der Mittlere Muschelkalk nach W. SCHMIDT & SCHRÖDER (1962) und KNAPP (1978) unten aus den bis 25 m mächtigen Bunten Mergelschiefern, die sich aus weinroten und grünlichen blättrigen Tonsteinen mit zwischengelagerten Platten von festerem feinsandigem, dolomitischem Mergelstein zusammensetzen. An der Unterseite der Platten finden sich Steinsalz-Pseudomorphosen von Kristallen bis 8 cm Kantenlänge und auch von Zwillingen. Gipslager wie in der Südeifel fehlen dieser Folge, die im Gelände unter der Stufe des Oberen Muschelkalks Verflachungen bildet. Über diesen fossilfreien Schiefern folgt der relativ fossilreiche Lingula-Dolomit, eine Wechselfolge von dünnbankigen bis plattigen, z. T. schiefrig zerfallenden grauen und gelblichen sandigen Dolomiten, weniger dolomitischen Sand- und Schluffsteinen und weißlich verwitternden dolomitischen Mergelsteinen. Außer *Lingula tenuissima* BRONN und *Corbula gregaria* (MÜNSTER) kommen *Hoernesia costata* (SCHLOTHEIM), *Anoplophora münsteri* (WISSMANN), *Myophoria vulgaris* (SCHLOTHEIM), Schnecken, Fischschuppen und Pflanzenreste vor. Der Lingula-Dolomit ist 6–8 m mächtig.

In der Trierer Bucht gilt auch die von LUCIUS (1948) für das luxemburgische Gebiet vorgenommene Zweigliederung in Gipsmergel (mm1) unten und Lingula-Dolomit (mm2) oben. Die Gipsmergel bestehen nach NEGENDANK (1974) unten aus einer Wechselfolge von bunten, oft roten, violettroten und grauen Mergeln und dünnplattigen grünlichen bis grauen Dolomiten mit Steinsalzpseudomorphosen, Gipsschnüren und Fasergipslagen. Im oberen Teil herrschen graue Farben vor, Gips- und Anhydritlager sind mächtiger. Der Lingula-Dolomit besteht aus hellgrauen, dichten bis zelligen, dünnplattigen bis dickbankigen Dolomiten, die nach den Profilen von NEGENDANK (1974, 54) etwa 5 m mächtig sind. Die Gipslager werden an vielen Stellen abgebaut, so z. B. bei Igel, wo sie 9 m mächtig werden und nach GREBE (1892 g) Steinsalzlagen enthalten, ferner bei Ralingen und Olk (JANTOS et al. 2000). Die Mächtigkeiten des Mittleren Muschelkalks betragen auf Bl. 6103 Wallendorf 80 m (GREBE 1892d), auf Bl. 6004 Oberweis 60 m (GREBE 1892b), auf Bl. 6105 Welschbillig 40 m (GREBE 1892e) und auf Bl. 6205 Trier 100 m (GREBE 1892g). Die Bohrung VII der Bitburger Brauerei ergab 60 m, die Bohrung Mondorf südöstlich von Luxemburg 112 m Mächtigkeit (NEGENDANK 1974). Die starken Mächtigkeitsunterschiede gehen wohl z. T. auch auf unterschiedlich starke Ablaugungsvorgänge zurück.

7.2.3 Oberer Muschelkalk (Hauptmuschelkalk)

Eine feinstratigraphische Untersuchung des Oberen Muschelkalks im ganzen Eifelgebiet hat KNAPP (1962) durchgeführt. Danach lässt sich überall eine Zweiteilung in Trochiten-Schichten (unten) und Oberen Hauptmuschelkalk (oben) durchführen. Eine biostratigraphische Gliederung wie im zentraleren Bereich des Germanischen Beckens lässt sich in der Eifel, da Ceratiten fehlen, nicht vornehmen. Die festländischen Einflüsse sind in diesem Abschnitt der Trias am geringsten, wobei die Trochiten-Schichten in bewegtem flacherem Wasser abgelagert wurden, während die Tonplatten-Schichten im unteren Teil des Hauptmuschelkalks in tieferem, stillem Wasser gebildet wurden. Die Oberen Dolomite schließlich am Dach des Hauptmuschelkalks sind wieder Flachwasserbildungen und leiten damit zu den Verlandungserscheinungen der Keuperzeit über. Westlich des Meeresraumes der Eifel bestand weiter das Ardennische Festland. Hinweise dafür, ob auch im Osten noch die Rheinische Insel bestand, fehlen. Es deutet sich nach KNAPP aber eher eine Vertiefung des Ablagerungsraumes von W nach E an, was gegen die Annahme einer solchen Insel spricht.

7.2.3.1 Nordeifel

In der Nordeifel, wo Schichten des Hauptmuschelkalks in schmalem Streifen am Nordrand des Triasdreiecks aufgeschlossen sind, ist die Fazies generell ufernäher als in der Südeifel. Die Tonplatten-Schichten werden hier durch oolithische Dolomite vertreten.

Nach KNAPP (1962, 1978) ist der Obere Muschelkalk in der Nordeifel etwa 30 m mächtig und lässt sich mit unscharfer Grenze in zwei etwa gleichmächtige Einheiten gliedern: Der untere Teil wird durch die Trochiten-Schichten gebildet. Sie bestehen aus massigen Dolomitbänken von 10–40 cm Dicke mit zwischengeschalteten Bänkchen und Linsen grünlicher Sandsteine mit Pflanzenresten. Die Dolomite sind stellenweise reich an Trochiten und an *Coenothyris vulgaris* (SCHLOTHEIM) neben anderen Fossilien. Der obere Teil besteht ebenfalls aus Dolomiten, die jedoch dünnbankiger sind als die der Trochiten-Schichten; teilweise sind sie sogar plattig. Dünne Lagen von grünlichem Mergelstein schieben sich ein. Auch die Dolomitbänke sind schluffig-mergelig und führen in einigen Lagen reichlich Glaukonit und Ooide. Im unteren Teil treten noch gelegentlich Trochiten auf, nach oben verschwinden sie. Auch die übrige Fossilführung ist ärmer als in den Trochiten-Schichten. Besonders in den oberen Partien finden sich Fischzähne und Saurierknochen. Der Hauptmuschelkalk bildet mit seinen Dolomitfolgen markante Höhenzüge in der Landschaft.

7.2.3.2 Südeifel

In der Südeifel lässt sich nach KNAPP (1962) und NEGENDANK (1974) eine deutliche Dreiteilung in Trochiten-Schichten, Tonplatten-Schichten und Oberen Dolomit (Grenzschichten) durchführen. Die Trochiten-Schichten (lithofaziell als Schengen-Formation) lassen sich durch zwei Mergelbänder in Untere, Mittlere und Obere Trochiten-Schichten unterteilen. Im Westen, also etwa im Sauertal lösen sich die Mergelbänder in einzelne dünne Lagen auf, so dass die Dreiteilung hier nicht mehr leicht durchzuführen ist. Die Unteren Trochiten-Schichten haben eine etwa 2 m mächtige Partie an der Basis, die durch tonige Zwischenlagen markante Schichtfugen aufweist und sich dadurch von der Hauptmasse der Unteren Trochiten-Schichten abhebt. Über diesen Basis-Schichten sind die Unteren Trochiten-Schichten nach KNAPP bei Metterich (östlich Bitburg im Kylltal) 9,2 m, an der Merterlei (an der Mosel gegenüber von Mertert) 8,5 m mächtig. Trochiten treten erst in der Mitte der Folge auf, die aus rötlichgrauen feinst- bis mittelkörnigen Gesteinen besteht, die aus Kalzit und Dolomit bestehen, wobei der Dolomit vorherrscht. In der oberen Hälfte der Folge finden sich Pseudo-Ooide. Der Tonanteil nimmt nach oben zu. An der Mosel (Merterlei) tritt eine 1 m mächtige Bank mit kugeligen Luftbläschen auf („Schaumdolomit“). Östlich der Kyll findet sich bei Pickließem und Gelsdorf im unteren Teil ein Dolomit mit nuss- bis faustgroßen Hohlräumen, vielleicht durch Herauslösen von Kieselknollen entstanden („Hauptlöcherbank“). In den oberen tonigen Partien der Unteren Trochiten-Schichten treten häufig Pflanzenreste auf.

Die Mittleren und Oberen Trochiten-Schichten werden im Kyllgebiet (Irsch, Metterich, Hüttingen) und an der Mosel (Oberbillig, Temmels) durch eine etwa 3 m mächtige Mergelfolge voneinander getrennt; sie fehlt im Raum Irrel, wo Mittlere und Obere Trochiten-Schichten zusammen 18,75 m mächtig sind. Der biogene Anteil, also hauptsächlich der Gehalt an Trochiten nimmt in nördlicher Richtung ab. Im Raum Wallendorf-Biesdorf treten Anzeichen von kurzen Sedimentationsunterbrechungen (schwache Diskordanzen und Geröllhorizonte) auf. Die Dolomite der Mittleren und Oberen Trochiten-Schichten gleichen denen der Unteren Trochiten-Schichten. In den Oberen Trochiten-Schichten ist der Gehalt an Ooiden besonders groß.

Der bei Wallendorf 27 m mächtige Obere Hauptmuschelkalk (Nodosus-Dolomit) lässt sich nach GITTINGER (1969) in die Ceratiten-Schichten (unten) und die Grenz-Schichten (oben) gliedern. Die Ceratiten-Schichten bestehen aus einer Wechselfolge von hellen Dolomiten und graugrünen bis gelben mergeligen Tonen. Die Einzelbänke dieser von KNAPP (1962) als Tonplatten-Schichten bezeichneten Folge halten übergroße Strecken unverändert durch. Unter der Fauna finden sich sehr selten auch Ceratiten. Die Grenz-Schichten bestehen aus dünnbankigen, oft zelligen, sehr reinen Dolomiten, mit grauen Mergeln und Tonen wechsellagernd. Im NW, so bei Wallendorf zeigen die Dolomite Schrägschichtung und Ooide sowie Glaukonitlagen.

7.3 Keuper

Die Keuper-Zeit ist wieder eine festländisch beeinflusste Periode: von Norden her schieben sich Deltabildungen in das flache Muschelkalkmeer vor und füllen es bis zum Wasserspiegel auf, so dass sich Sümpfe und Wälder ausbreiten konnten. Kurze Meereseinbrüche hinterlassen Gipslager.

In der Eifel finden sich Keuperablagerungen in größerem Ausmaß in der Trierer Bucht und als schmaler Streifen am Nordrand des Triasdreiecks der Nordeifel. Der Untere Keuper ist noch karbonatisch, den Mittleren kennzeichnet salinare Fazies (Steinmergel- und Gipskeuper), der Obere wird durch Tone und Sandsteine aufgebaut (Rhät). Die Mächtigkeit ist jedoch in der Randposition nahe dem Ardennischen Festland viel geringer als im Beckeninnern, auch fehlen hier charakteristische Sandeinschüttungen wie z. B. Hauptlettenkohlen-Sandstein und Schilfsandstein; der Schilfsandstein ist nur im Sauer-Gebiet ganz geringmächtig vorhanden. Das Ardennische Festland war also kein Sediment-Liefergebiet; der Ablagerungsraum des Keupers dehnt sich auch weiter nach W aus als der von Buntsandstein und Muschelkalk. Die Neubearbeitung des Keupers im Südeifeler-Luxemburger Ablagerungsraum durch D. DITTRICH (1989, 2004, 2005) erbrachte eine Parallelisierung mit der Gliederung im mitteleuropäischen Becken, von dem er durch die Rheinische Insel abgetrennt ist und zeigte, dass sich der Sedimentationsraum kleinräumig in Schwellen und Tröge gliederte. Das zeigt synsedimentäre tektonische Aktivität an (DITTRICH et al. 1997), wohl ein Zeichen für ein erstes Zerbrechen der großen Kontinentalplatte, das dann im Jura zur Öffnung des Nordatlantiks führen wird.

7.3.1 Unterer Keuper (Kohlenkeuper)

Nach BLANCKENHORN (1885), KNAPP (1978) und MULLER, PAPAIOANOU & SCHRADER (1977) beginnt in der Nordeifel der Untere Keuper mit einem 3–4 m mächtigen grauen bis gelblichen Dolomitpaket (dem sog. Unteren Dolomit). Durch das Auftreten von *Anoplophora lettica* (QUENSTEDT) und *Myophoria goldfussi* ALBERTI unterscheidet es sich von den Dolomiten des Oberen Muschelkalks. Darüber liegen die etwa 10 m mächtigen Bunten Mergel, eine Wechselfolge von grünen, violetten und braunroten Ton- und Tonmergelsteinen, grauen und graugrünen Mergelsteinen und dünnen Sandstein- und Dolomitbänkchen. Der Untere Keuper schließt ab mit dem ca. 3 m mächtigen Grenzdolomit, der aus fossilreichen Dolomitbänken mit zwischengeschalteten grauen und bunten Mergel- und Tonlagen besteht. Neben den aus dem Unteren Dolomit genannten Muscheln sind *Myophoria transversa* BORNEMANN, *Placunopsis donacina* (SCHLOTHEIM) und *Lingula tenuissima* BRONN häufig.

In der Südeifel ist nach D. DITTRICH (1989a, 2005) der Untere Keuper (Lettenkeuper) im Süden 16–22 m, im Norden und Nordwesten 6–10 m mächtig und in drei Einheiten zu gliedern: unten liegen die Basisschichten (Unterer Lettenkeuper, ku1B), im Süden 5–9, im Norden 3–4 m mächtig. Sie bestehen aus einem dolomitischen Feinsandstein unten, dolomitischen Mergeln mit Bonebeds und einer Dolomitlage in der Mitte und Silt- bis Mittelsandsteinen oben und schließen mit einem durchwühlten und durchwurzelten Horizont ab, der ein Trockenfallen weiter Areale anzeigt. In der Mitte liegen die Bunten Mergel („Biesdorf-Horizont", ku2B), im Süden 8–11 m, im Norden 2–5 m mächtig. Sie bestehen aus Sandsteinen, Dolomiten, sandig-mergeligen Folgen, Residualbildungen von Sulfaten, mit tierischen und pflanzlichen Fossilien. Bei Biesdorf (Bl. 6103 Wallendorf) treten unten Konglomerate mit zentimetergroßen Geröllen von Ardennenmaterial auf, also in einer Randfazies. Oben schließt der Untere Keuper mit dem überwiegend marinen Grenzdolomit (ku2G) ab, der im Süden 6–10, im Norden 1,5–4 m mächtig ist und aus einer Wechselfolge von grünen, bläulichvioletten oder grauen Mergeln und hellen Dolomiten besteht. Vereinzelt treten Kavernen von herausgelösten Sulfaten auf. Bei Irsch nördlich Bitburg und an anderen Stellen finden sich Bonebeds (DITTRICH & SCHOCH 2004).

7.3.2 Mittlerer Keuper

Nach BLANCKENHORN (1885), MULLER, PAPAIOANOU & SCHRADER (1977) und KNAPP (1978) lässt sich der mindestens 30 m mächtige Mittlere Keuper in der Nordeifel in den 15–18 m mächtigen Gipskeuper (unten) und den 15 m mächtigen Steinmergelkeuper (oben) gliedern. Der Gipskeuper besteht aus roten, schiefrig bis bröcklig zerfallenden Tonmergelsteinen mit eingeschalteten dünnen Bänken von grünem oder rotem, tonigem Quarzit und dünnen Lagen oder Konkretionen von Toneisenstein. Auf den Unterflächen der Quarzitbänke finden sich manchmal Steinsalz-Pseudomorphosen. Nach oben nehmen grünliche oder graue Farben zu. Die Folge vertritt Gipskeuper, Schilfsandstein und Rote Wand der Beckenfazies.

In der Südeifel ist nach DITTRICH (1989a, 2005) der Mittlere Keuper in 5 Einheiten zu gliedern, wobei die oberste, der Steinmergelkeuper, schon in seinem obersten Teil in den Oberen Keuper gestellt werden muss. Die unterste ist der Pseudomorphosenkeuper (km1P), der in Silt- und Sandsteinen mm- bis cm-große Marken von Steinsalzwürfeln enthält, die man fälschlicherweise zuerst als Pseudomorphosen bezeichnet hat. Neben den sandigen Gesteinen sind monotone braunrote bis graugrüne Tonmergel und Mergel, im Becken mit Gipsknollen und Fasergipslagen, verbreitet. Im Nordwesten sind Dolomite und zwei konglomeratische Sandsteine entwickelt. Die Mächtigkeit schwankt zwischen ca. 60 m in Südosten, ca. 25 m bei Echternacherbrück und Bollendorf und 2–4 m im Norden und Nordwesten. Der Schilfsandstein (km2S) tritt nur im Zentrum der Trierer Bucht auf, wo er in einer NNE streichenden synsedimentären Senke bis 25 m mächtig wird. Er besteht hier aus fluviatilen glimmerreichen hellen Fein- bis Mittelsandsteinen mit Pflanzenresten. Der obere Teil greift über den unteren erosiv hinweg. Seitlich geht er in rötliche Mergel über; im Bitburger Raum fehlt er. Darüber liegen die randmarinen Hauptsteinmergelschichten (km2H), dunkle, bunte Tonmergel und dunkelgrüngraue dolomitische Sandsteine. Gips oder sogar Magnesit treten auf, im höheren Teil Dolomite, die sich nach Südwesten in den Elie-de-Beaumont-Dolomit des Pariser Beckens fortsetzen. Die Hauptsteinmergelschichten werden maximal 5 m mächtig. Darüber liegen die Roten Gipsmergel (km3R) als lagunär-terrestrische Bildungen, die über das Verbreitungsgebiet der Hauptsteinmergelschichten hinausgreifen und im Südwesten 15 m, im Norden 2–4 m mächtig werden. Es sind Mergel- und Tonmergel mit dünnen Dolomit- und Sandsteineinlagen und ursprünglich hohem Sulfatgehalt, der z. T. ausgelaugt wurde. Der lithologisch einheitliche Steinmergelkeuper wird dreigeteilt; zum Mittleren Keuper gehören nur der Untere und Mittlere Steinmergelkeuper (km3St, km4St). Dabei enthält der Untere Sulfate, während der Mittlere praktisch sulfatfrei ist. Die wichtigsten Gesteine sind Dolomite und schwarzgraue Tonmergel. Die Dolomite sind schillhaltig und können konglomeratisch ausgebildet sein. Der Untere ist 20–35 m, der Mittlere Steinmergelkeuper 18–25 m mächtig.

7.3.3 Oberer Keuper (Rhät)

Im Oberen Keuper vollzieht sich der Übergang zu den vollmarinen Verhältnissen des Lias. Der Ablagerungsraum dehnt sich mit der Rhät-Transgression weiter nach W aus.

In der Nordeifel besteht der Obere Keuper nach W. SCHMIDT & SCHRÖDER (1962), MULLER, PAPAIOANOU & SCHRADER (1977) und KNAPP (1978) aus schwarzen, blättrigen Tonen und Tonsteinen sowie dünnplattigen, hellgrauen quarzitischen Sandsteinen. Die Sandsteine sind oft rostfleckig und enthalten bisweilen kleine Gerölle. Auf den glimmerreichen Schicht-

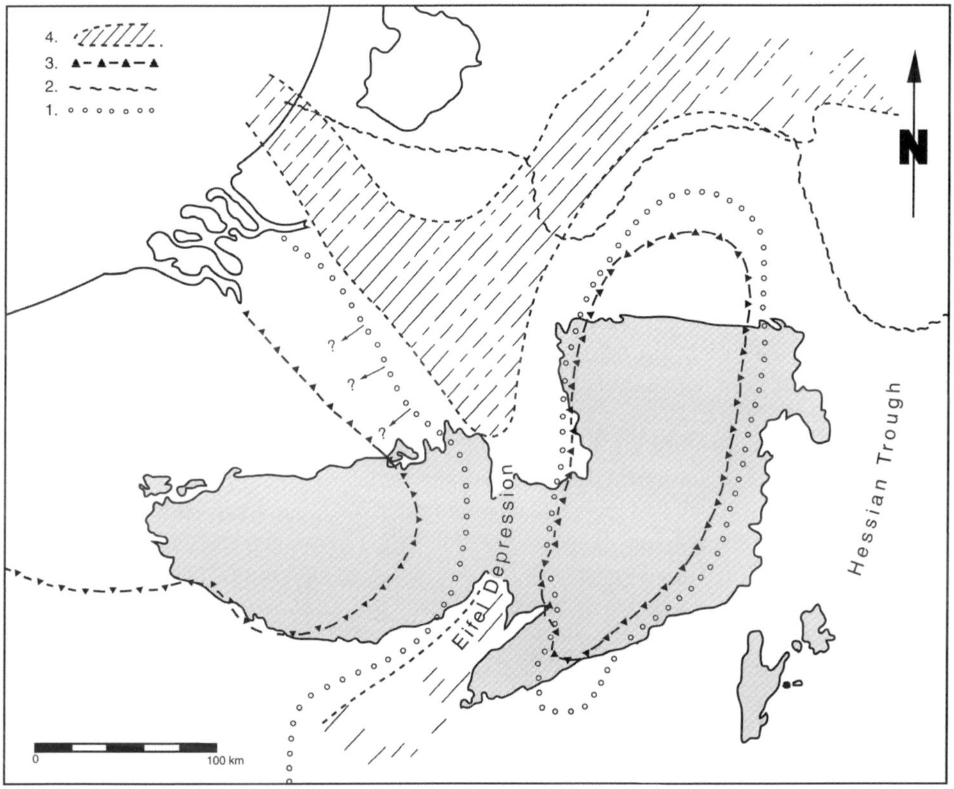

Abb. 61. Verbreitung von Trias und Lias im Bereich der Rheinischen Masse. Legende: 1 Grenze des Abtragungsgebietes für den Buntsandstein (Pfeile deuten mögliche Erweiterung des Ablagerungsraumes an), 2 Südgrenze des Rötsalinars, 3 Küstenlinie des Lias, 4 Bereiche mit über 500 m mächtigen Lias-Sedimenten. MURAWSKI et al. (1983).

flächen findet man die in ganz Europa die Rhät-Transgression anzeigende Muschel *Pteria contorta* (PORTLOCK) (früher *Rhätavicula c.*), ferner *Taeniodon praecursor* (SCHLOENBACH), *Protocardia rhaetica* (MERIAN) und Fischreste. Nach oben treten die Sandsteine ganz zugunsten schwärzlicher Tone zurück, damit vollzieht sich lithologisch der Übergang zum Schwarzen Jura.

In der Südeifel ist nach D. DITTRICH (1989a, 2005) der Obere Keuper folgendermaßen aufgebaut: Die Basis bildet der 5–7,5 m mächtige Obere Steinmergelkeuper (Rhätsteinmergel, koSt), der nach Ostracoden und einer Mikroflora schon in den Oberen Keuper gehört. Er ist dem Mittleren Steinmergelkeuper lithologisch ähnlich, enthält aber einzelne dolomitische Aufarbeitungshorizonte mit schwarzen Geröllen, die Zufuhr von den Ardennen anzeigen und typisch für das Rhät sind. Die darüber liegenden Folgen des Oberen Keupers werden als Rhätkeuper (koR) bezeichnet. Diese 2–16 m mächtigen Ablagerungen sind durch transgressive Beckenerweiterung bei synsedimentären Vertikalbewegungen geprägt und bestehen aus einer Wechselfolge von Sandsteinen und Tonmergeln. Örtlich findet sich ein Basiskonglomerat mit schwarzen Lyditgeröllen. Als oberste etwa meterdicke Lage finden sich graue und rote kalkig-dolomitische Tonmergel mit marinen Mikrofossilien.

8. Jura

Die während des Rhät einsetzende Überflutung erfolgte aus dem Bereich des Pariser Beckens einerseits und erreichte die Südeifel und von einem nordwestdeutschen Becken andererseits und erreichte den Nordrand der Eifel. Zu Beginn des Lias bestand wahrscheinlich kurzzeitig noch eine Meeresverbindung zwischen dem Niederrheingebiet und dem Lothringischen Jurabecken; das vermutet K. HOFFMANN (1962, 153) wegen Übereinstimmungen in den Faunen beider Gebiete. Während des höheren Lias und des Doggers bestand eine solche Verbindung wohl nicht mehr, auch nicht auf dem Maximum der Überflutung während des Dogger β. Vielmehr wurden nach dem frühen Lias beide Meeresbecken getrennt durch ein Hochgebiet, das sich vom Londoner Raum bis an die Hessische Senke erstreckte (Rheinisch-Ardennische Insel) und im Oberjura sogar bis zur Böhmischen Masse reichte.

In der Eifel sind nur Schichten des untersten Lias erhalten geblieben. Die Dogger-Schichtstufe in der Umrandung des Pariser Beckens reicht nicht bis in die Eifel. Es handelt sich dabei aber um einen Erosionsrand, und es ist anzunehmen, dass in der Trierer Bucht auch Sedimente des höheren Lias und des Doggers abgelagert wurden, die bei der späteren Hebung der Rheinischen Masse abgetragen wurden. Am Nordrand der Eifel dürften Gesteine des höheren Lias, Doggers und Malms nicht abgelagert worden sein. Dogger-Schichten ließen sich durch Bohrungen erst weit im Nordosten des Niederrheingebietes nachweisen (Bocholt, Weseke, K. HOFFMANN 1962). In Konglomeraten der Vaals-Schichten (Oberkreide) von Aachen fand E. VOIGT (1929) umgelagerte Parkinsonien, ein Hinweis auf abgetragene Doggersedimente in nicht zu großer Entfernung vom Aachener Raum (9.2).

8.1 Lias der Nordeifel

Am Nordrand des Triasdreiecks sind Lias-Ablagerungen erhalten geblieben, die jedoch nirgends zutage streichen, da sie von tertiären und quartären Sedimenten bedeckt werden. Aber schon V. DECHEN (1884, 405) erwähnte Mergelschiefer des Lias α2 mit *Schlotheimia angulata* (SCHLOTHEIM) aus einem Brunnenschacht in Drove südlich von Düren. LANGE (1941) fand dort im Brunnentiefsten fossilreiche Kalke mit u. a. *Neophyllites antecedens* W. LANGE, was eine Einstufung in Lias α1 (Psilonoten-Schichten) rechtfertigt. KNAUFF & SCHRÖDER (1962) konnten in Bohrungen zwischen Kreuzau und Froitzheim schwärzliche Tonsteine des Lias α2 und 3 mit Foraminiferen und Ostracoden nachweisen. KNAUFF (1974) fand in Kanalisationsaufschlüssen in Bürvenich Mergelkalksteinbänke, eingelagert in dunkle Tonsteine und darüber blaugraue Tonmergelsteine des Lias α2–3 mit Foraminiferen, Ostracoden, Echinodermen, Muscheln und Schnecken. In Bürvenich waren Liasgesteine in einer Ausstrichbreite von 400 m aufgeschlossen, müssen deshalb hier mindestens 30 m mächtig sein. Die Fazies aller dieser Vorkommen zeigt keine Anzeichen von Küstennähe; das spricht also nicht gegen die oben ausgesprochene Vermutung, dass zu Beginn des Lias eine Meeresverbindung zwischen Nordeifel und Trierer Bucht bestanden habe.

8.2 Lias der Südeifel

In der Trierer Bucht lässt sich nach LUCIUS (1948) eine Dreigliederung der Lias-Schichten, die nicht jünger als Lias α (Hettangien und Unteres Sinémurien) sind, durchführen (vgl. auch DITTRICH 2005):

Zuunterst liegen die Psilonoten-Schichten (li_1). Sie bestehen aus einer Folge von dunklen Tonen, Mergeln und bituminösen Kalken mit *Psiloceras planorbis* SOWERBY und anderen Fossilien. DITTRICH (2005) hält die Bezeichnung Mergel von Elvange (Elvange-Formation nach einem Ort nordwestlich Luxembourg) für besser und gibt Mächtigkeiten von 5 m für Schankweiler und ca. 20 m für die Forschungsbohrung Dockendorf südwestlich Bitburg an. Darüber liegt der Luxemburg-Sandstein (li_2), das mächtigste Schichtglied des Lias (60–80 m bei Bollendorf), dessen hartes Gestein viele Felsvorsprünge an den Talhängen bildet und vor allem charakteristische Plateaus, wie Ferschweiler Plateau, Wolsfelderberg-Plateau, das Plateau nordwestlich Bollendorf und das kleine Plateau des Hartberges nördlich Schankweiler. Der Luxemburg-Sandstein ist ein gelber bis weißer, meist mittel- bis grobkörniger, auch konglomeratischer Sandstein, z. T. durch kalkiges Bindemittel stark verfestigt. Es handelt sich um das Produkt von Sandschüttungen, die nach Schrägschichtungsmessungen aus nordnordöstlicher Richtung erfolgten (A. MÜLLER & RASCHE 1971). Das Sandmaterial entstammt deshalb wohl aufgearbeitetem Buntsandstein der Umgebung der Eifeler Nord-Süd-Zone. Der Luxemburg-Sandstein ist ein Fazieskörper, dessen Ober- und Unterkanten nicht überall zeitkonstant verlaufen; er wird generell in westnordwestlicher Richtung jünger. Jedoch im deutschen Gebiet dürfte er überall das Obere Hettangien (Angulaten-Schichten) umfassen. Neben Muscheln und Schnecken findet sich gelegentlich *Schlotheimia angulata* (SCHLOTHEIM). Vgl. auch DITTRICH et al. (1997).

Auf dem Ferschweiler-Plateau findet sich zwischen Ferschweiler und Ernzen noch ein Erosionsrest der jüngsten erhaltenen Lias-Schichten, der Arieten-Schichten (li_3), bei DITTRICH et al. (1997) Mergel und Kalke von Strassen, Strassen-Formation nach einem Ort in SW-Luxemburg. Sie bestehen aus schwarzen Tonen und dünnen Bänkchen bläulichschwarzer Kalke. Da u. a. die Muschel *Gryphaea arcuata* LAMARCK in ihnen häufig ist, heißen sie auch „Gryphiten-“ oder „Arcuaten-Kalk“. Sie gehören ins Untere Sinémurien.

Im Luxemburg-Sandstein ist es später entlang von Klüften zur Spalten-, Röhren- und Höhlenbildung dadurch gekommen, dass der kalkige Zement herausgelöst wurde (E. KNUST & D. WEBER 1987).

9. Kreide

Während des größten Teils der Jurazeit und während der Unterkreide war das Eifelgebiet Festland. Erst die große Oberkreide-Transgression, die weite Teile Mitteleuropas unter Wasser setzte, beeinflusste von NW her auch unser Gebiet. Aus einem Meeresbecken, das sich von England über Holland nach Norddeutschland erstreckte, erfolgten mehrere Vorstöße gegen den Nordrand der Eifel. Das Meer muss kurzfristig sogar das Massiv von Stavelot und Teile der Westeifel überflutet haben, wie Feuersteinfunde auf dem Hohen Venn und in den Schottern von mehreren Eifelflüssen zeigen. Vor allem im Aachener Gebiet finden sich kalkige und sandige Ablagerungen, die in den Zeitraum vom Ober-Santon bis ins Maastricht gehören, jedoch mehrere Schichtlücken aufweisen, wie es bei küstennahen Bildungen am Rande eines allmählich aufsteigenden Hochgebietes auch zu erwarten ist.

Umstritten ist ein kleines isoliertes Vorkommen von der Maastrichter Tuffkreide ähnelnden Gesteinen bei Irnich (ca. 5,5 km südsüdwestl. Zülpich). Die Fauna reichte sogar für eine Dissertation aus (VOGEL 1892). Nach CONRADSBROICHER (1975) soll das Vorkommen auf tertiären Sanden liegen und als Baumaterial vor vielen Jahrhunderten angefahren worden sein, was aber angesichts der einst vorhandenen Menge und der weiten Transportwege aus dem Maastrichter Gebiet schwer vorstellbar ist. Das Vorkommen ist nicht so isoliert, wie man früher annahm, denn PFLUG (1958, 411) konnte oberkretazische Sporen in grauen Mergeln in einer Bohrung in Embken und in einer östlich von Bürvenich nachweisen. Außerdem reicht möglicherweise die alttertiäre Schichtenfolge in der Senke von Antweiler noch bis in die Oberkreide hinunter (10.3.1). Das spricht für die von PFLUG geäußerte Vermutung, dass das Oberkreide-Meer aus dem Maastrichter Raum hier weit in das Schiefergebirge nach SE vorstieß. Da weiter östlich auch in Bohrungen keine Kreide nachgewiesen werden konnte, entsteht der Eindruck, dass während der höchsten Oberkreide schon der Rur-Graben als Depression vorhanden war.

Größere zusammenfassende Beschreibungen geben ALBERS & FELDER (1979), KNAPP (1978, 1980) und WALTER (2010 b). Die stratigraphischen Begriffe „Formation von Aachen", „Formation von Gulpen" und „Formation von Maastricht" haben ALBERS & FELDER (1979) eingeführt, der Begriff „Formation von Vaals" geht auf ALBERS (1976) zurück.

9.1 Formation von Aachen

Die Aachener Kreide beginnt mit relativ fossilarmen, brackischen bis marinen Ablagerungen. Sie überlagern stark verwittertes und vielfach gebleichtes Paläozoikum, ein Zeichen dafür, dass davor schon über längere Zeiträume hinweg die feuchtwarmen Klimabedingungen herrschten, die eine solche tiefgreifende Zersetzung verursachten.

An der Basis liegen hellgraue bis schwarzgraue, örtlich auch rote Tone und Schluffe und hellgraue sehr feine Sande. Die Transgression vollzog sich also relativ sanft, wobei die tonigen Verwitterungsprodukte der alten Landoberfläche abgeschwemmt wurden. Massenhaft kommen Holzstücke vor, ferner Braunkohlenflözchen sowie Pyrit- und Markasitkonkretionen; die

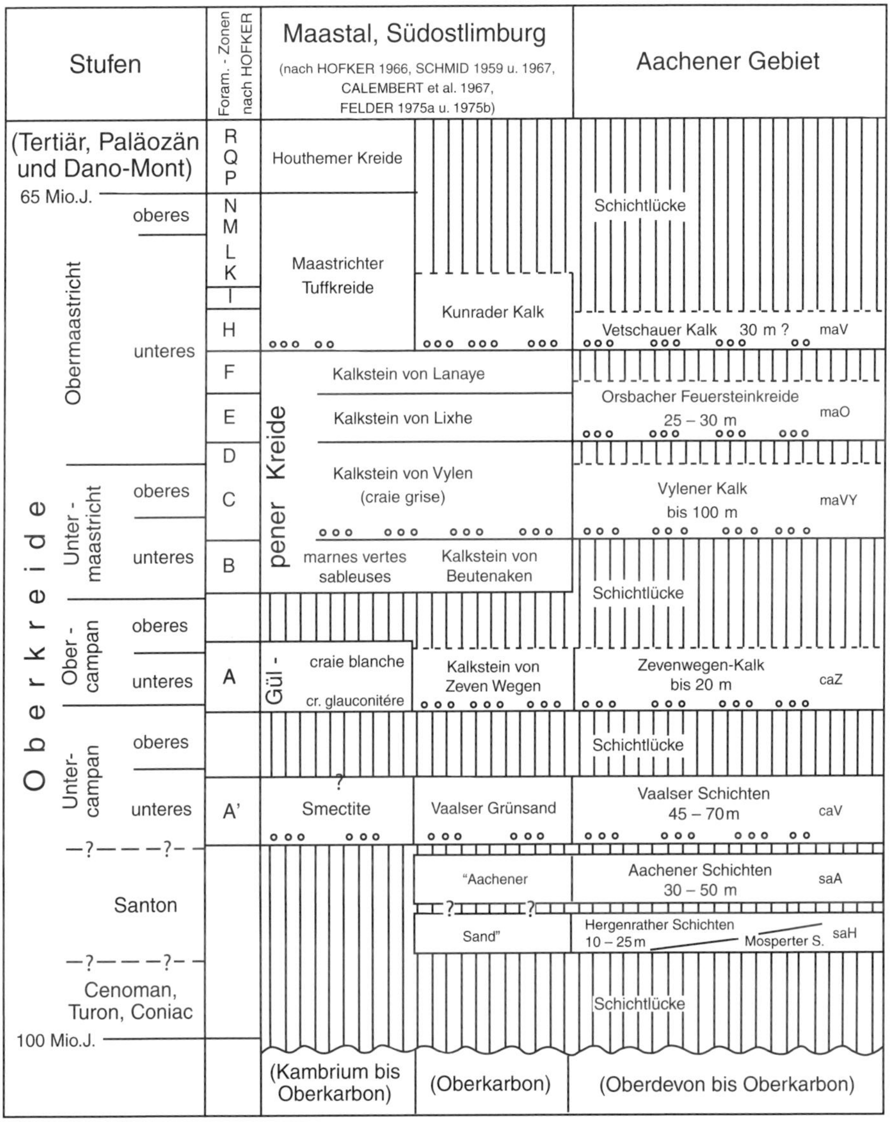

Abb. 62. Gliederung der Oberkreide im Aachen – Limburger Gebiet. Nach KNAPP (1978), etwas verändert.

Landoberfläche war also vor der Überflutung wohl dicht bewaldet, örtlich treten an der Basis einige Meter mächtige Linsen von Quarzsand auf. Von BREDDIN (1932) wurde diese im Aachener Raum in Abhängigkeit vom alten Relief zwischen 10 und 35 m mächtige Folge als „Basiston" bezeichnet; BREDDIN, BRÜHL & DIELER (1963, 301) führten dafür den Namen „Hergenrath-Schichten ein (nach dem belgischen Ort südwestlich von Aachen), ALBERS & FELDER (1979) nennen sie „Ton von Hergenrath". Im Eupener Gebiet nimmt der Anteil von Kiesen und Sanden auf Kosten des Tones zu, und es wird wenigstens der untere Teil der Hergenrath-Schichten durch die Mospert-Sande repräsentiert (BREDDIN, 1932 nach dem Forsthaus Mospert östlich von Eupen). Die Hergenrath-Schichten bzw. Mospert-Sande lassen sich mangels Leitfossilien nicht genau einstufen. Nach oben werden sie nach ALBERS (in KNAPP 1978, 82) durch einen Boden- und Wurzelhorizont abgeschlossen. Zwischen ihnen und den überlagernden Aachen-Schichten, für die obersantones Alter angenommen wird, liegt also eine kurze Schichtlücke. Die Hergenrath-Schichten werden einstweilen auch ins Santon gestellt.

Über den Hergenrath-Schichten vollzieht sich ein plötzlicher Umschlag zur Sedimentation von schluff- und tonfreien, oft schräggeschichteten Feinsanden. Bänderungen und Flecken von Brauneisenausscheidungen sind häufig. Die bei Aachen 30–50 m mächtige Sandfolge wurde von BREDDIN (1932) als „Aachener Sand" bezeichnet, von BREDDIN, BRÜHL & DIELER (1963) als „Aachener Schichten", von ALBERS & FELDER (1979) als „Sand von Aachen". An der Basis findet sich oft eine Grobsandlage. Die Folge ist vollmarin; es fand sich Glaukonit, und es kommen marine Muscheln (*Inoceramus*, *Ostrea* u. a.) und Schnecken vor. Häufig sind verkieselte Koniferenhölzer, oft von Bohrmuscheln angebohrt, und andere Pflanzenreste. Jedoch gestatten diese Fossilien auch keine genaue Alterseinstufung. Sie wird aus dem Untercampan-Alter der Vaals-Formation abgeleitet, die nach einer wohl kurzen Schichtlücke überlagert. Danach wird für die Sande von Aachen und Hauset ein obersantones Alter angenommen, örtlich sind meterdicke Partien zu Sandstein oder Quarzit verkieselt. Die Aachener Sande führen reichlich weiches Grundwasser, das über den stauenden Tonen von Hergenrath in Quellen austritt. Da es seit Jahrhunderten eine wichtige Grundlage der Aachener Tuchindustrie bildet, wurden südlich von Aachen viele kleine Stauteiche angelegt, um eine gleichmäßige Nutzung zu gewährleisten (ALBERS 1978).

Über dem tonfreien Sand von Aachen liegt eine 1–6 m mächtige Wechselfolge von hell- bis mittelgrauen, z. T. schluffigen Feinsanden und Lagen aus mittel- bis dunkelgrauen und braunen feinsandigen Schluffen und schluffigen Tonen. Häufig ist Flaserschichtung und Bioturbation zu beobachten. Diese Partie ist von BREDDIN, BRÜHL & DIELER (1963) als „Aachener Dachschluff" noch zum Sand von Aachen gestellt worden. ALBERS (1978) trennt sie als „Sand von Hauset" (nach dem belgischen Dorf südlich Aachen) davon ab. Am Dach des Sands von Hauset beobachtete ALBERS (in KNAPP 1978, 83) Bodenbildungen mit Durchwurzelungen, was eine erneute Sedimentationsunterbrechung anzeigt.

9.2 Formation von Vaals

Diese Einheit besteht aus einer Wechselfolge gelber bis graugrüner, glaukonithaltiger Feinsande und schluffiger Feinsande, vereinzelt treten Kalksandsteine und Kalkknollen auf. Diese Folge zwischen den weißen bis grauen Sanden der Formation von Aachen und dem Kalk von Zeven Wegen ist von DEBEY (1849) zuerst als „Vaalser Grünsand" bezeichnet worden (nach der Stadt Vaals westlich Aachen). HORION (1859) fasste diese Schichten unter dem Begriff „Systeme Hervien" zusammen (nach der Stadt Herve östlich Lüttich). Ohne die Folge genau abzugrenzen, hatte D'OMALIUS D'HAILOY (1828) sie schon als „Smectite de Herve" beschrieben (Smectite bedeutet hier soviel wie Schluff).

Die Schichtenfolge wurde von ALBERS (1976a) untersucht und nach markanten Aufarbeitungshorizonten und Lagen mit Glaukonitanreicherungen in 6 Einheiten gegliedert. Die

Vaals-Formation ist im SW-Teil des Aachener Waldes 45–70 m mächtig (KNAPP 1978, 84), dabei ist vor den darüber transgredierenden Obermaastricht-Schichten ein Teil erodiert worden. Nördlich von Bocholtz (nordwestlich Aachen) sind Mächtigkeiten von 100 m erhalten geblieben. Die Folge ist vollmarin, aber im Küstenbereich abgelagert worden. ALBERS unterscheidet 4 transgressive und 3 regressive Phasen, die sich aus 31 Zyklen zusammensetzen. In Emersionsphasen entstehen Erosionsrinnen, bei Sturmwetterlagen kann auch flächenhafte Abtragung erfolgt sein. Große Partien besonders der mehr schluffigen Lagen sind durch Bioturbation völlig entschichtet. Stellenweise lassen sich Lagunenbildungen erkennen.

Fossilien sind im Allgemeinen selten, finden sich jedoch in Nestern und Lagen örtlich angereichert. HOLZAPFEL (1887–89) hat die Mollusken, BEISSEL (1891) die Foraminiferen beschrieben, ALBERS & WEILER (1964) haben eine reiche Fischfauna bekanntgemacht. Für die stratigraphische Einstufung waren Belemnitenfunde wichtig, die ALBERS (1976, 28–29) veröffentlichte: u. a. *Gonioteuthis granulataquadrata* (STOLLEY). Danach ist die Formation von Vaals in das Untere Campan einzustufen, und zwar umfasst sie diesen Abschnitt nicht vollständig, sondern reicht wahrscheinlich (im untersten Teil fehlen Leitfossilien) von der Mitte der *granulataquadrata*-Zone bis zur Mitte der *pilula*-Zone (auch das ist nicht durch Fossilien zu belegen, sondern von ALBERS aufgrund der Sedimentationsraten errechnet worden).

An der Basis der Vaals-Schichten (Sand von Raren) findet sich eine 25–50 cm dicke Geröllschicht mit Geröllen aus paläozoischem Quarz, Quarzit und Arkose. Sie können kopfgroß werden. Hier fand E. VOIGT (1929, 93ff.) auch umgelagerte Parkinsonien, die aus Gesteinen des Dogger stammen, welche heute in weitem Umkreis nicht mehr aufgeschlossen sind. Seit HOLZAPFEL (1910) ist bekannt, dass diese Transgressionsbildungen erosiv in die höchsten Teile der Formation von Aachen eingreifen.

9.3 Formation von Gulpen

Über den Sanden der Formation von Aachen und Vaals folgen Partien, die vor allem aus Mergelkalken bestehen und von STARING (1860) als „Gulpensche Krijt" bezeichnet wurden (Gulpen liegt auf halbem Wege zwischen Aachen und Maastricht). Es sei darauf hingewiesen, dass es seit 1928 auch in der Oberkarbon-Gliederung eine „Gulpener Gruppe" gibt (vgl. KNAPP 1978, 85). HOLZAPFEL (1910, 118–120) gliederte diese Folge in eine untere Einheit „Kreidemergel ohne Feuersteine" und eine obere, die „Kreidemergel mit Feuersteinen". Es wurde zuerst angenommen, dass die ganze Folge in die Maastricht-Stufe gehört. Jedoch konnten für das Gebiet zwischen der deutschen Grenze und dem Maastal CALEMBERT & MEIJER (1956) und HOFKER (1956) innerhalb der „Kreidemergel ohne Feuersteine" drei Schichtglieder unterscheiden, von denen das unterste noch in die Campan-Zeit gehört. Im deutschen Gebiet fehlt das mittlere Schichtglied, der Kalksteen van Beutenaken; es sind hier also nur der campanzeitliche Zevenwegen-Kalk und der alle älteren Glieder transgressiv überlagernde Maastrichtzeitliche Vylen-Kalk nachzuweisen.

9.3.1 Zevenwegen-Kalk

Diese zuerst nach Foraminiferen von HOFKER (1956, 1966) abgegrenzte Einheit wurde von FELDER (1975) als „Kalksteen van Zeven Wegen“ (nach einer Ortschaft westlich von Vaals) auch als lithologisches Schichtglied definiert. Die Einheit wird aus weißen feinkörnigen, kreidigen, also nur schwach verfestigten Mergelkalksteinen („craie blanche“ in Ostbelgien) zusammengesetzt. An der Basis findet sich eine geringmächtige glaukonitreiche sandige geröllführende Lage („craie glauconifère“ in Ostbelgien). Der Zevenwegen-Kalk ist erst vor kurzem im südwestlichen Aachener Wald nachgewiesen worden (H.J. ALBERS und J. INDANS in KNAPP 1978, 85). Er dürfte hier nach KNAPP maximal 20 m mächtig sein. Da bisher nur Foraminiferen (andere Fossilien wurden nicht gefunden) des unteren Obercampans festgestellt wurden, ist es wahrscheinlich, dass während des oberen Obercampans in unserem Gebiet eine Lücke bestand, die ja auch für den nachfolgenden Zeitabschnitt des untersten Untermaastrichts anzunehmen ist (s. u.).

9.3.2 Vylen-Kalk

Den größten Teil der „Kreidemergel ohne Feuerstein“ hat FELDER (1975) unter dem Namen „Kalksteen van Vylen“ zusammengefasst (nach dem niederländischen Ort Vylen oder Vijlen nordwestlich von Aachen). Vor Ablagerung dieser Folge ist es besonders im Aachener Raum zu erheblichen Vertikalbewegungen gekommen. Die Schichtlücke umfasst hier den oberen Abschnitt des Obercampans und den größten Teil des unteren Untermaastrichts. Außerdem haben in dieser Zeit starke Abtragungsvorgänge stattgefunden: nach KNAPP (1978, 85) liegt der Vylen-Kalk in einer Brunnenbohrung 400 m südwestlich von Gut Melaten westlich von Aachen unmittelbar auf Oberkarbon-Schichten. Hier ist innerhalb des relativ kurzen Zeitraums zwischen der Ablagerung des Zevenwegen-Kalks und der des Vylen-Kalks die ganze etwa 150 m mächtige Schichtenfolge des Campan und Santon abgetragen worden! Wahrscheinlich müssen wir diese Vorgänge als den Beginn der Heraushebung der Rheinischen Masse ansehen. Weiter westlich hat diese Heraushebung nicht in diesem Ausmaß stattgefunden: in Südlimburg wurde während des untersten Abschnitts des Maastrichts der Kalk von Beutenaken abgelagert, der bei Aachen fehlt.

Der Vylen-Kalk besteht nach KNAPP (1978, 86) aus hellgrauen, feinkörnigen, wenig verfestigten Mergelsteinen und Kalkmergelsteinen, die neben Ton auch Quarzschluff, Feinsand und Glaukonit enthalten. Vor allem im obersten Teil kommen Bänke von festen sandigen Kalksteinen und Mergelkalksteinen vor, die seit der Römerzeit als Bausteine abgebaut wurden. Die Basisschicht ist reich an Glaukonit und Quarzgeröllen, ist also eine Transgressionsbildung, wie nach der oben geschilderten Konstellation nicht anders zu erwarten. Neben Foraminiferen enthält der Vylen-Kalk auch Makrofossilien (u. a. EBENSBERGER 1962).

Im mittleren und südlichen Aachener Wald ist der Vylen-Kalk weitgehend entkalkt und zu einer braunen bis olivbraunen Lehmmasse geworden, die den „Feuersteinlehm“ unterlagert. Z. T. ist dieser braune Lehm früher als eigenes Sediment gedeutet worden. Nach KNAPP ist seine Natur als Lösungsrückstand von Vylen-Kalk dadurch bewiesen, dass er Schollen von unzersetztem Kreidekalk enthält, was sich besonders in mehreren Bohrungen zeigte.

9.3.3 Orsbach-Feuersteinkreide

Der mittlere Teil der kalkigen Kreide wurde von HOLZAPFEL (1910, 120) als „Kreidemergel mit Feuersteinen“ bezeichnet. BREDDIN, BRÜHL & DIELER (1963, 281) schlugen den Namen „Orsbacher Schichten“ vor (nach dem Ort nordwestlich von Aachen). Mit diesem Schichtglied erreicht die Oberkreide-Transgression ihren Höhepunkt. Sie muss sogar weit auf die Westeifel übergegriffen haben, wie Feuersteinfunde auf dem Hohen Venn und in Schottern von Sauer, Kyll, Urft und Ahr zeigen (KURTZ 1938, ALTMEYER 1982b). Das bedeutet, dass die Eifel damals noch eine Tiefebene war, die sich nach SE ganz allmählich heraushob. Dieser Transgression war aber besonders im Aachener Gebiet wieder eine Aufarbeitungsphase vorausgegangen, in der stellenweise sogar der ganze Vylen-Kalk abgetragen wurde. So findet sich vielfach (z. B. am Bahnhof Aachen-West) eine bis 1 m mächtige Aufarbeitungsbrekzie an der Basis der Orsbach-Schichten mit Brocken der liegenden Kreidekalke, Feuersteinfragmenten, Quarzgeröllen, paläozoischen Gesteinsbruchstücken und in Phosphorit umgewandelten Fossilien (HOLZAPFEL 1910, 121 ff, E. VOIGT 1929, 95).

Die Folge besteht aus kreidigen weißen bis hellgrauen kalkigen Gesteinen wechselnder Korngröße und Verfestigung. Eingelagert sind 10–15 cm dicke Bänke fester Kalksteine. Die schwarzen bis schwarzgrauen Feuersteine sind streng an Lagen gebunden, bisweilen schließen sie sich zu bis 15 cm dicken massiven Bänken zusammen. FELDER (1976) ordnet jede Feuersteinlage einem kleinen Sedimentationszyklus zu. Nach KNAPP (1978, 87) enthält bei Aachen 1 m Kreide 2–5 Feuersteinlagen. Die Orsbach-Feuersteinkreide ist bei Aachen 25–30 m mächtig (HOLZAPFEL 1911a). Die Fauna ist arm an Arten und Individuen. Die Belemnitenfunde lassen auch eine sichere stratigraphische Einstufung nicht zu, machen aber nach SCHMID (1967, 474) unteres Obermaastricht wahrscheinlich. Das wird durch die Foraminiferenfauna bestätigt, die, obgleich auch stark verarmt, eine Einstufung in die Foraminiferenzone E zulässt, die HOFKER (1966) in das untere Obermaastricht stellt.

Westlich der Maas, wo die Oberkreide eine mehr kontinuierliche, weniger durch Lücken unterbrochene Sedimentation zeigt, lässt sich nach ALBERS & FELDER (1979) eine Gliederung in den Kalkstein von Lixhe (unten) und den von Lanaye (oben) durchführen.

Der sog. Feuerstein-Lehm auf der Hochfläche des Aachener Waldes ist ein Verwitterungsprodukt der Orsbach-Feuersteinkreide, wobei sogar die Feuersteine zu einer Kieselgurähnlichen weichen Masse zersetzt wurden (W. SCHMIDT & WOLTERS 1952, HOFFMANN 1957, 1959). Diese Vorgänge müssen sich in warmem und feuchtem Klima abgespielt haben. Nach ALBERS & FELDER (1979) ist die Zersetzung erst nach Auflage von unteroligozänen Sanden erfolgt, also das Produkt einer post-unteroligozänen Subrosion. Die Lösungsresiduen sind z. T. durch pleistozänes Bodenfließen hangabwärts gewandert.

9.4 Formation von Maastricht: Vetschau-Kalk

Im Aachener Gebiet endet die Kreideabfolge mit dem Vetschau-Kalk (HOLZAPFEL 1910, nach der Ortschaft westlich Richterich im NW von Aachen). Im belgischen und holländischen Gebiet reicht die Maastrichter Tuffkreide bis zur Kreide-Tertiär-Grenze hinauf, und es gibt mit der glaukonitführenden Houthemer Kreide dort sogar noch marine Ablagerungen paleozänen Alters.

Auch vor der Ablagerung des Vetschau-Kalkes haben im Aachener Raum erhebliche Erosionsvorgänge stattgefunden. Auf dem Lousberg in Aachen liegt der Vetschau-Kalk nach BREDDIN, BRÜHL & DIELER (1963, 283–287) auf Vaals-Schichten, östlich vom Laurensberg sogar auf Oberkarbon-Schichten (KNAPP 1978, 88). An der Basis und in höheren Lagen finden sich deshalb Konglomeratbänke in mergelig-sandiger glaukonitführender Grundmasse. Die bei Aachen mindestens 30 m mächtige Folge besteht aus meist 10–20 cm dicken Bänken von gelblichen, harten, oft schräggeschichteten, mergelig-sandigen Kalksteinen, die mit dünneren Lagen weicher Mergelsteine wechsellagern. Die harten Bänke sind oft etwas verkieselt. Es treten außerdem flache Linsen von braunem glasigem Feuerstein auf, die von den schwarzen Feuersteinen der Orsbach-Feuersteinkreide leicht zu unterscheiden sind.

Der Vetschau-Kalk enthält Foraminiferen, Schwammnadeln, Bryozoen, Seeigel, Brachiopoden, Muscheln, Schnecken, Belemniten, Fisch- und Saurierreste (HOLZAPFEL 1910, 1911a, c; E. VOIGT 1929, BREDDIN, BRÜHL & DIELER 1963) und Pflanzenreste (VOIGT & DOMKE 1955). Wegen großer lithologischer Ähnlichkeiten wurde der Vetschau-Kalk als altersgleich mit dem Kunrade-Kalk Südlimburgs angesehen. Nach VANGEROW & SCHLOEMER (1967) umfasst der Vetschau-Kalk nach Coccolithen nur die Foraminiferenzone H, also nur den unteren Teil des Kunrade-Kalks.

Auch der Vetschau-Kalk ist während des Tertiärs über große Flächen hinweg tiefgründig entkalkt worden, dadurch entstanden schluffige Tone und poröse Kieselgesteine. Diese Verwitterungsrückstände können 10 m mächtig sein und wurden dann vielfach bis ins 20. Jahrhundert hinein als Walkererde abgebaut und von der Aachener Textilindustrie zum Walken (Entfetten) von Wolle benutzt (HOLZAPFEL 1910, 125).

Der Vetschau-Kalk ist schon in vorgeschichtlicher Zeit ein wichtiger Rohstofflieferant gewesen: die besonders leicht zu bearbeitenden Feuersteine sind während der Mittel- und Jungsteinzeit auf dem Lousberg in Aachen in großem Umfang abgebaut und von dort weit verhandelt worden. Werkzeuge daraus lassen sich bis ins Neuwieder Becken und bis nach Westfalen nachweisen (LÖHR 1975). Die Kalksteine wurden seit dem Hochmittelalter häufig als Bausteine verwendet (HOLZAPFEL 1911c, 54, BREDDIN, BRÜHL & DIELER 1963, 285–287).

9.5 Kretazischer Vulkanismus

Durch kürzlich durchgeführte K/Ar-Altersbestimmungen wird wahrscheinlich, dass es während der Kreidezeit schon vulkanische Aktivität gegeben hat: In der Wittlicher Senke fallen zwei Berge auf, die durch ihre regelmäßige Kegelform für typische Vulkane angesehen werden könnten. Der größere ist der Neuerburger Kopf, südlich von ihm erhebt sich der Lüxemberg. Sie sind aber keine Tuff- oder Schlackenkegel, sondern bestehen hauptsächlich aus Rotliegend-Sandsteinen (Neuerburg-Subformation), in die gangartig Basalt intrudiert ist. Der Sandstein ist dabei teilweise verkieselt worden und deshalb verwitterungsresistent geworden. Das Gestein ist nach LIPPOLT (1983) ein Melilith-Nephelinit. Am Neuerburger Kopf ist außer dem gangartigen Lavavorkommen noch eine Schlotbrekzie aufgeschlossen. Mehrere nach der K/Ar-Methode durchgeführte radiometrische Altersbestimmungen an Lava des Neuerburger Kopfes und des Lüxemberges ergaben ein durchschnittliches Alter von 108 Mio. Jahren (LIPPOLT 1983), was eine Einstufung in die ausgehende Unterkreidezeit (Albien) erfordert.

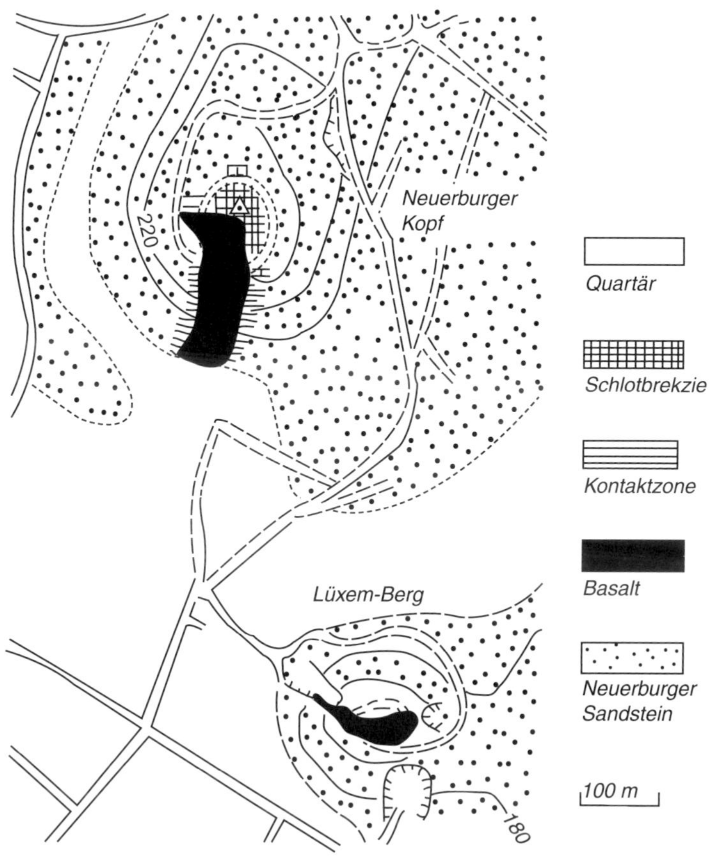

Abb. 63. Die Vulkanvorkommen bei Neuerburg in der Wittlicher Senke. Nach WERLE (1978) und KOZEL (1984).

Am Westrand des tertiären Vulkanfeldes der Hocheifel fand sich ein Hinweis auf einen weiteren kreidezeitlichen Vulkan: Südwestlich von Waldorf (Bl. 5605 Stadtkyll) liegt das Basaltvorkommen Hohfuß (V. DECHEN 1886, Nr. 142, 288, KUCKELKORN & VORSTER 1926), r 4315 h 8305, ein Olivin-Melilith-Nephelinit. D. MÜLLER-SOHNIUS, P. HORN & H.-G. HUCKENHOLZ (1989) haben Kalium-Argon-Datierungen am Gesamtgestein veröffentlicht mit einem Alter von 90,2 ± 3,2 Mio Jahren, was dem Turon entspricht.

Vielleicht kann man aus diesen beiden Alterswerten – möglicherweise sind unter den vielen undatierten Hocheifel-Vulkanen noch weitere kreidezeitliche – den Schluss ziehen, dass die Tätigkeit im Hocheifel-Vulkanfeld an dessen Südwestrand begonnen hat.

10. Tertiär

Während der Kreidezeit und zu Beginn des Tertiärs war die Eifel ein nach Süden langsam ansteigendes, kaum durch Täler gegliedertes Tiefland, in dem unter feuchten und warmen Klimabedingungen tiefgründige Verwitterung erfolgte. Im Raum Maastricht – Roermond blieb das Oberkreidemeer noch bis in die älteste Tertiärzeit (Unter-Paleozän) hinein stehen und lagerte den Kalkstein der Houthem-Formation ab (FELDER 1975). Im Eozän begann die flache Scholle langsam aufzusteigen und konnte so allmählich zu dem von Tälern zerschnittenen Mittelgebirge werden, das wir heute vor uns sehen. Die Landschaftsformung wurde dadurch beschleunigt, dass im Nordwesten des Rheinischen Schiefergebirges das große Bruchdreieck der Niederrheinischen Bucht einsank. Dadurch konnten sich Bäche und Flüsse tief einschneiden und die weiche tonige Verwitterungsrinde von dem aufsteigenden Gebirge abtragen.

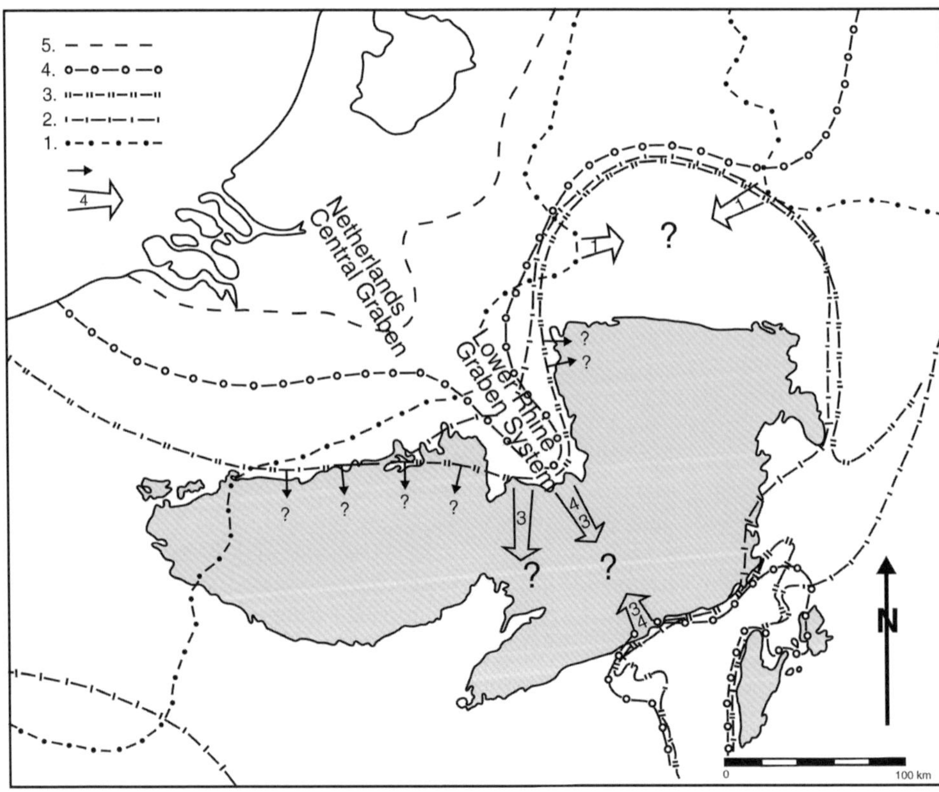

Abb. 64. Küstenlinien während des Tertiärs und Pleistozäns im Bereich der Rheinischen Masse. Legende: 1 Küstenlinie des Unteren Paleozäns (Thanetium), 2 Küstenlinie des Mittel-Oligozäns (Rupelium), 3 Küstenlinie des Ober-Oligozäns (Chattium), 4 Küstenlinie des Unter-Miozäns (Hemmoorium), 5 Küstenlinie des Pleistozäns während des Maximums der Meeresverbreitung. Die Pfeile geben mögliche weitere Transgressionsvorstöße an, die Zahlen in ihnen die entsprechenden Zeitabschnitte. MURAWSKI et al. (1983).

Von NW her drang das Meer in die Niederrheinische Bucht ein und füllte sie während des Ober-Oligozäns ganz aus; es gab damals wahrscheinlich sogar eine kurzzeitige Überflutung von Teilen der Eifel. In der Folgezeit zog es sich langsam nach Norden zurück. In seiner Nachbarschaft wuchsen bei hohen Grundwasserständen ausgedehnte Küstenmoore, aus denen die mächtigen Braunkohlenlager entstanden. Gleichzeitig mit der Niederrheinischen Bucht brach mitten im aufsteigenden Gebirgsrumpf das dreieckige Neuwieder Becken ein; auch hier bildeten sich kleine Kohlensümpfe, vor allem aber kam Ton zur Ablagerung.

In der SW-Eifel kommen tertiäre Sedimente in einem breiten Senkungsgebiet zum Absatz, das zum Pariser Becken Verbindung hat. Wahrscheinlich hat sich dieser Senkungsraum schon frühzeitig bis zum Neuwieder Becken erstreckt, damit entstand ein breiter Vorläufer des Moseltals schon im Alttertiär. Aus dem Pariser Becken erfolgten sogar schwache marine Vorstöße in das Südeifelgebiet.

Im Laufe des Tertiärs bilden die beiden großen Flusssysteme ihre Täler aus, und zwar die Mosel schon zu Beginn des Oligozäns, während der Rhein im nördlichen Schiefergebirge erst seit dem Mittelmiozän nachzuweisen ist.

Die zentrale und östliche Eifel war seit dem Eozän Schauplatz eines vorwiegend basaltischen Vulkanismus.

10.1 Die jungmesozoische und alttertiäre Verwitterung

Während das Schiefergebirge im höheren Jura und in der Kreidezeit als Rheinisch-Ardennische Insel oberhalb des Meeresspiegels lag, waren die devonischen Gesteine unter nahezu tropischen Klimabedingungen einer intensiven Verwitterung ausgesetzt. Diese Verwitterungsperiode könnte begonnen haben, nachdem das Lias-Meer sich vom Schiefergebirge zurückgezogen hatte. Jedenfalls überlagern bei Aachen Sedimente von Santon-Alter schon tiefgründig verwitterte und gebleichte paläozoische Schichten. Während des Alttertiärs dauerten diese Verwitterungsvorgänge noch an, ließen aber gegen Ende des Oligozäns in ihrer Intensität stark nach. Denn im Gebiet südwestlich Bonn zeigen die dem zersetzten Devon aufliegenden oberoligozänen Trachyttuffe keine starke Verwitterung mehr. In der Kaolingrube Ödingen (Bl. 5309 Königswinter) wird das verwitterte Devon von wahrscheinlich oberoligozänen Braunkohlen überlagert. (R. TEICHMÜLLER & ASHAUER 1968). Das Nachlassen dieser Verwitterungsvorgänge hat klimatische Ursachen: die Temperaturen nahmen während des Tertiärs allmählich ab und dürften vielerorts gegen Ende des Oligozäns die Werte unterschritten haben, die für eine Kaolinverwitterung erforderlich sind (vgl. SCHWARZBACH 1968).

Mit diesen Verwitterungsvorgängen der Eifel haben sich besonders P. PFEFFER (1939), W. SCHMIDT (1951), W. SCHMIDT & WOLTERS (1952), MÜCKENHAUSEN (1953, 1958), SPIES (1986) und FELIX-HENNINGSEN (1990, 2003) beschäftigt.

Die Verwitterungsdecke auf dem Schiefergebirge ist besonders am Nordfuß der Eifel an vielen Stellen erhalten geblieben, so in großen Flächen im Aachener Raum, wo schon BEISSEL (1886) diese Verwitterungsprodukte als „Baggert“ von den Oberkreidesedimenten unterschied. Am Nordabhang des Billiger Waldes werden südlich von Wißkirchen die weißen zersetzten Tonschiefer abgebaut. Die Kaolingrube Ödingen (Bl. 5309 Königswinter) baut kaolinisierte Siegen-Schichten, die bis in 30 m Tiefe zersetzt sind, wie eine Bohrung zeigte (RAUFF 1923). Die Zersetzungszone kann örtlich sogar 200 m tief in das Devon hinabreichen, wie

KNAPP (1978, 91) von einer Bohrung zwischen Meckenheim und Lüftelberg (r 71406 h 11725) berichtet. Hier dürfte der Zersatz auf an dem nahen Swist-Sprung aufsteigende Lösungen zurückgehen (s. u.).

Die Verwitterungszone hebt nach Süden, also zur Eifel hin aus, ist also dort während der jungtertiären und quartären Hebung abgetragen worden. Das ließ sich vor Jahren beim Bau der Autobahn in den Einschnitten nördlich von Bad Neuenahr gut beobachten. Hier konnte man auch sehen, dass die Eindringtiefe der Verwitterung von der Lagerung der Schichten abhängig ist, also in steilstehenden Schichten tiefer hinabreicht als in flachliegenden. Die Verwitterungslösungen wanderten dort also hauptsächlich auf Schichtfugen.

Im Neuwieder Becken ist die Verwitterungsrinde wegen der tektonischen Absenkung und der Überlagerung durch jüngere Schichten erhalten geblieben. ECKHARDT (1960) beschreibt von Bohrungen aus dem Tongebiet östlich des Bahnerhofs südlich Kruft 20 m tief hinabreichende Verwitterungszonen im Hunsrückschiefer. Am Rabenberg nordöstlich Kottenheim erreicht die Zersetzung der Tonschiefer ähnliches Ausmaß, wie Straßenbau-Anschnitte zeigen.

In den zersetzten Schiefern des Unterdevons hat Oxidation in herausgehobenen Partien zu einer Ausbleichung des Gesteins geführt, es entstanden Graulehme bis Weißlehme. Bei der Weißverwitterung wird hauptsächlich der Chlorit der Tonschiefer und Siltsteine zu Mineralen der Kaolinitgruppe umgewandelt. Dabei wird neben anderen Stoffen vor allem Eisen frei; es scheidet sich innerhalb des Graulehms in Eisenhydroxid-Flecken und -Konkretionen aus. Zum größten Teil wird es aber durch die Verwitterungslösungen nach unten weggeführt und scheidet sich an der Basis der Verwitterungszone entlang von Klüften und Schichtfugen in Form von Brauneisenkrusten ab. Dort, wo die Basis der Verwitterungszone ausstreicht und der kaolinisierte Tonschiefer abgeschwemmt wurde, bleiben diese Brauneisen-Krusten und -Schalen in großer Zahl liegen. An solchen Stellen kam es früher zur Eisengewinnung, so z. B. südlich von Ahrweiler, wo umfangreiche Verhüttungsanlagen aus der Römerzeit ausgegraben wurden (KLEEMANN 1971).

Auf den karbonatreichen Gesteinen etwa der Eifelkalkmulden oder des Aachener Raumes bildeten sich Böden vom Typ der „Terrae calcis" aus, und zwar Kalksteinbraunlehm (Terra fusca) und Kalksteinrotlehm (Terra rossa). Die Verwitterung reicht aber auf Karbonatgesteinen bei weitem nicht so tief wie in den kalkarmen Tonschiefern; deshalb ist die dünne Terra calcis-Rinde meist schon abgetragen und nur in Karstschlotten gelegentlich erhalten geblieben.

MÜCKENHAUSEN (1958) weist darauf hin, dass für diese tiefreichende Verwitterung feuchtes Milieu Voraussetzung ist, sowie ein sehr ausgeglichenes Relief mit flachen Becken, in denen sich Wasser lange halten konnte, ohne dass es zu Abtragungsvorgängen kommt, welche die Verwitterungsrinde wieder zerstört hätten. Ein Klima im Übergang von dem des tropischen Regenwaldes zum Savannenklima oder ein Savannenklima mit langer Feuchtperiode dürfte die beste Voraussetzung für diese Art von Verwitterung sein. Das in der Feuchtperiode gelöste Eisen kann sich während der kurzen Trockenphasen als Brauneisenflecken und -konkretionen ausscheiden, so können die charakteristischen Eisenflecken im Graulehm entstehen. Vergleichbare Bedingungen herrschen heute nach MÜCKENHAUSEN z. B. in Teilen des Kongobeckens. Daneben gibt es auch aszendente Gesteinszersetzung: so finden sich zersetzte Gesteine häufig in der Umgebung hydrothermaler Gänge (vgl. den mächtigen Quarzgang in der Kaolingrube Ödingen). Dass der junge Vulkanismus und der damit verbundene CO_2-Aufstieg auch in großem Umfang das Gestein zersetzt, ist inzwischen bewiesen (SPIES 1986). Dieser aszendente Gesteinszersatz ist durch das Auftreten des Tonminerals Smectit charakterisiert.

10.2 Paleozän und Eozän

Zu Beginn der Tertiärzeit war das Schiefergebirge noch sehr flach. So konnte im höheren Paleozän (frühere Schreibweise Paläozän) das Meer kurz in den Raum der Antweilerer Senke und vielleicht in das Quellgebiet der Ahr, Kyll und Olef eindringen. Mit dem wohl während des Eozäns beginnenden Aufstieg des Gebirgsrumpfes entwickeln sich die ersten Verwerfungen und schaffen kleine Gräben und Becken, in denen sich Kohlensümpfe und Seen bilden. Die ältesten Ablagerungen finden sich in der Senke von Antweiler am Rande der sich später eintiefenden Niederrheinischen Bucht. Eozän-Vorkommen liegen ferner in der SW-Eifel in einer breiten Depressionszone, der auch das Neuwieder Becken angehört, da seine ältesten Ablagerungen bis ins Eozän hinabreichen. PFLUG (1959) hat diesen Streifen ältester Tertiär-Sedimente als „Bitburg-Kasseler Senkungsfeld" bezeichnet.

Während des Mittleren und Oberen Eozäns entsteht das hauptsächlich basaltische Vulkanfeld der Hocheifel. An seinem Südwestrand bildete sich im Raum Manderscheid eine kleine Vulkangruppe mit dem Eckfelder Maar, dessen Sedimentfüllung eine der bedeutendsten tertiären Fossillagerstätten enthält.

10.2.1 Basiston

Eine dem verwitterten devonischen oder mesozoischen Untergrund auflagernde, höchstens wenige Meter dicke Decke von umgelagerten lehmigen bis sandigen Tonen mit eckigen Quarzbruchstücken wird von LÖHNERTZ (in FRANKENHÄUSER et al. 2009, LÖHNERTZ et al. in Stratigraphie v. Deutschld. IX, im Druck) als Basiston ausgeschieden. Diese Bildungen sind in Senkungsräumen erhalten geblieben, so unter den eozänen Tonen von Binsfeld und Speicher in der Südeifel (LÖHNERTZ 1978a), oder dort im Bereich der Wasserscheide zwischen Maas und Rhein bzw. Mosel, wo die rückschreitende Erosion die zur älteren Reliefgeneration (R2, QUITZOW 1982) gehörenden Flächenreste noch verschont hat. Das ist südwestlich Schmidtheim (Bl. 5505 Blankenheim) der Fall, wo sich neben Resten der kreidezeitlichen Feuersteindecke (JUNGE & TILLMANNS 1984) auch eine Karstwanne, gefüllt mit Kies, Sand und Ton fand, die RIBBERT (1997) beschrieben hat. In einer Tonlinse fand A.R. ASHRAF, Bonn, eine Mikroflora von Oberkreide- bis Paleozän-Alter (RIBBERT 1997, 335), die also zum Basiston gehören könnte. Feuersteine fanden sich in diesen Sedimenten nicht. Die wohl fluviatil abgelagerten Sande enthalten sandschalige Foraminiferen aus aufgearbeiteten marinen Teriärsedimenten, die vielleicht mit den marinen paleozänen Sanden der Senke von Antweiler zu parallelisieren sind.

An der Basis findet sich eine Bodenbildung mit Krusten und Flecken von roten Eisenoxiden (sog. Plinthitische Verwitterung), die unter tropischen bis subtropischen Bedingungen entstanden sein muss. Sie wurde aus der Südeifel (V. D. BRELIE et al. 1969), aus der Karstwanne von Schmidtheim (RIBBERT 1997) und der Senke von Antweiler (TEICHMÜLLER & ASHAUER 1968) beschrieben. Die Basistone und der Verwitterungshorizont an ihrer Basis wurden auch im Einschnitt der Autobahn 61 nördlich Bengen und an mehreren Stellen seiner Umgebung (Bl. 5408 Bad Neuenahr-Ahrweiler) beobachtet (SPIES 1986, FELIX-HENNINGSEN 1990, 2003, BOENIGK & HOSELMANN 2003, LÖHNERTZ im Druck in Stratigraphie v. Deutschld. IX).

10.2.2 Senke von Antweiler und Nordosteifel

Sedimente des Paleozäns und Eozäns sind aus der grabenartigen Senke von Antweiler (Kr. Euskirchen) bekannt, sie werden unter der Bezeichnung Antweiler-Formation zusammengefasst. In der Ton- und Sandgrube Zievel zwischen Antweiler und Satzvey sind in etwa 25 m Mächtigkeit graue Tone aufgeschlossen, die mehrere Meter mächtige Braunkohlenflöze enthalten. Im tieferen Teil der Tone fanden THOMSON & PFLUG (1952) in kohligen Lagen zuerst eine paleozäne bis eozäne Pollenflora. Jedoch wurde angenommen, dass diese Kohlen Umlagerungsprodukte von in unmittelbarer Nachbarschaft abgetragenen paleozänen bis eozänen Kohlenflözen seien (V. D. BRELIE & R. TEICHMÜLLER 1957). Diese Umlagerungsvorgänge glaubte man wie die Tone ins Oligozän stellen zu müssen, da sich in den Tonen Früchte fanden, die KIRCHHEIMER (1951) für jünger als eozän einstufte. Erneute Untersuchungen durch PFLUG (1958) ergaben jedoch, dass die Braunkohlen mit der paleozänen bis eozänen Pollenflora doch primäre autochthone Bildungen sind und damit die Tone auch dieses Alter haben müssen. Synchronisations-Probleme zwischen Makro- und Mikroflora treten im Rheinischen Tertiär mehrfach auf (vgl. z. B. S. 301). Die braunkohlenführenden Tone werden von hellen bis weißen, z. T. kaolinhaltigen, oft kiesigen Sanden unterlagert, die nach KNAPP (1978) in etwa 70 m Mächtigkeit erbohrt worden sind. Es ist möglich, dass diese sandige Liegendfolge in ihrem Alter bis an die Kreide-Tertiär-Grenze hinunterreicht; PFLUG hält es nicht für ausgeschlossen, dass die tiefsten Partien schon Oberkreide-Alter haben. Die größte Mächtigkeit mit 100 Metern erreicht die Antweiler-Formation (Sande und Braunkohlen-Tone) am Kirspenicher Sprung, der Nordbegrenzung des Grabens von Antweiler.

Die unteren, 3,9 m mächtigen Partien der Tone haben einen hohen Anteil an metamorphen Schwermineralen und enthalten u. a. Foraminiferen, die auf ein brackisches bis marines Milieu schließen lassen und mit Paleozän-Faunen der Niederlande von der Basis des Landenium parallelisiert werden können (OEHMS 1980). Der höhere, schon ins Eozän gehörende Teil der Tone, in den die Braunkohlen eingeschaltet sind, wurde unter limnischen Bedingungen abgelagert. Die Sande und Kiese im Liegenden der Tone müssen sich aus stark fließenden Gewässern abgesetzt haben, was schon Reliefunterschiede voraussetzt; vielleicht zeigt sich dadurch eine erste Hebungsphase der Rheinischen Masse an.

Nach KNAPP (1978) haben Pollenuntersuchungen an neueren Bohrungen ergeben, dass die paleozänen bis eozänen Antweiler-Schichten auf den Raum zwischen Antweiler und dem Veybachtal beschränkt sind. Nordwestlich des Veybachtales hat die Füllung der Senke oligozänes bis miozänes Alter. Durch pleistozäne Gleitungen auf der schräg nach NE abfallenden Grabensohle sind die Braunkohlen-Tone der Grube Zievel zu Stauchfalten zusammengeschoben worden.

Nach LÖHNERTZ (im Druck in Stratigraphie v. Deutschld. IX) könnten auch die eckigen bis schwach gerundeten Quarzschotter von Bengen (Bl. 5408 Bad Neuenahr-Ahrweiler, r 7900 h 0480, ca. 215 m NN), die nach BOENIGK & HOSELMANN (2003) auch viele Schwerminerale aus Metamorphiten enthalten, gleich alt mit der Antweiler-Formation sein. Dafür spricht auch, dass im nahen Autobahneinschnitt und nördlich davon die Basistone beobachtet wurden (vgl. 10.2.1). Die von RIBBERT (1997) aus einer Karstwanne südwestlich Schmidtheim (Bl. 5505 Blankenheim) beschriebenen umgelagerten Sande mit marinen Foraminiferen könnten ebenfalls damit gleichzusetzen sein; ihr Schwermineralgehalt und der in einigen Tertiärquarziten der Umgebung spricht dafür.

10.2.3 Das Eckfelder Maar

Etwa 2,5 km nördlich von Manderscheid und 2 km westnordwestlich von Eckfeld findet sich im Pellenbachtal (Pelmbachtal) kurz vor der Einmündung ins Liesertal eine rundliche Ausbuchtung von 400–500 m Durchmesser mit dem Zentrum etwa bei r 5860 h 5340 (Bl. 5806 Daun). Hier wurden 1839 von dem Lehrer Nikolaus PAULY aus Buchholz bei Eckfeld braunkohlenführende Schichten entdeckt. Sie wurden mit zwei Schächten, von denen einer 18,6 m tief war, untersucht; das Liegende wurde aber wegen starker Wasserzuflüsse nicht erreicht und der Versuch schließlich aufgegeben. WEBER (1853) beschrieb aus den Schichten Blätter und Samen und stufte das Vorkommen in das Miozän ein. PFLUG (1959) und V. D. BRELIE, QUITZOW & STADLER (1969) stuften nach der Mikroflora das Vorkommen in das Mitteleozän ein. LÖHNERTZ (1978b) hat ermittelt, dass im SW des Kessels (östlich der Höhe 360,1) in der Flur Leimklöppchen schon vor der Entdeckung der Braunkohlen ein weißer reiner Ton abgebaut wurde. Er wurde in einer Ziegelei auf der westlichen Seite der Lieser verarbeitet.

Eine 66,5 m tiefe Bohrung (NEGENDANK et al. 1982) hat ergeben, dass die Sedimente (es fanden sich auch Diatomite) in einem kleinen See abgelagert wurden und dass sie von basaltischen Pyroklastika unterlagert werden. Es handelt sich also um ein eozänes Maar in der Außenzone des alttertiären Vulkanfeldes. Nach PIRRUNG (1992a, b, 1998) und PIRRUNG et al. (2001) hatte der Maarsee einen Durchmesser von etwa 900 m und der Kessel eine Tiefe von 170 m. In den bituminösen tonigen Beckenlaminiten führt seit 1987 das Naturhistorische Museum Mainz Grabungen durch, die eine reiche gut erhaltene Fauna und Flora zutage gefördert haben (LUTZ 1991, LUTZ et al. 2010, NEUFFER et al. 1994, 1996, FRANKENHÄUSER et al. 2009). Nach FRANZEN (1993) gehören die Maarsedimente in das obere Mitteleozän (Säugetierzone MP 13). Radiometrische Datierungen ($^{40}Ar/^{39}Ar$) ergaben ein Alter von 44,3 ± 0,4 Mio Jahren (MERTZ et al. 2000). Dieser Alterswert ist deshalb besonders wichtig, weil dadurch auch die anderen beiden eozänen großen Fossillagerstätten Messel bei Darmstadt (etwas älter) und Geiseltal bei Halle/Saale (etwas jünger) besser eingestuft werden können. Die Fundstelle Eckfeld ist auch für die Rekonstruktion der Abtragungs- und Klimageschichte wichtig. Nach LORENZ & LUTZ (2004) entstand sie unter einem humiden paratropischen Klima in einer Paläobreite von 42–44° N.

10.2.4 Die Eozänvorkommen von Binsfeld und Speicher

Zwischen den Orten Speicher, Herforst und Binsfeld (Bl. 6006 Landscheid u. 6005 Bitburg) wird seit langer Zeit ein hellgrau bis weiß, selten gelb-rötlich gefärbter Ton abgebaut. Er enthält kohlige Lagen, aus denen sich in der Tongrube AGROB südsüdwestlich Binsfeld eine Mikroflora gewinnen ließ, die wie in Eckfeld ein mitteleozänes Alter der Tone wahrscheinlich macht (PFLUG 1959, V. D. BRELIE, QUITZOW & STADLER 1969). Nach LÖHNERTZ (Stratigraphie v. Deutschld. IX, im Druck) könnten sie vielleicht mit der Basis der Bubenheim-Formation des Neuwieder Beckens parallelisiert werden.. Die Tone sind nach QUITZOW (1969) bei Binsfeld bis zu 10 m mächtig. Sie werden bei Speicher nach LEPSIUS (1887–92) von Sanden unterlagert.

Die Tone werden bei Speicher schon seit der Römerzeit abgebaut; römische Töpfereien und Ziegeleien sind im Speicherer Wald (zwischen Speicher und Herforst) ausgegraben worden (vgl. GOETHERT-POLASCHEK 1977). Im 19. Jahrhundert erhielt die „Krugbäckerei“ besonderen Auftrieb. Da der Speicherer Ton zu fett ist, wurde er mit dem von Binsfeld gemagert. Die Tonware wurde im ganzen Rheinland, aber auch in Holland, Belgien, Frankreich und sogar Spanien durch hausierende Speicherer verbreitet; aus dem Erlös wurden andere Erzeugnisse gekauft und ebenfalls ambulant verhandelt. Nur noch in geringem Umfang wird heute Ton dort abgebaut.

Die Tone entstanden in flachen Seebecken, die im „Bitburg-Kasseler Senkungsfeld" (PFLUG 1959) angelegt sein mögen oder vielleicht eine erste Einsenkung der breiten tertiären Moseltalung anzeigen.

10.2.5 Mitteleozäne Vallendar-Schotter der Südwesteifel

Im Gebiet zwischen Trier, Manderscheid und Cochem finden sich breite Streifen von weißen Sanden und Kiesen, die sich zu mehreren alten Talzügen verbinden lassen. Und zwar lässt sich ein solcher Kieszug aus dem Trierer Raum in nördlicher Richtung bis in das Gebiet um Arenrath verfolgen, von hier über Niederkail nach Großlittgen. In Großlittgen spaltet er auf in einen in nördlicher Richtung bis Manderscheid verfolgbaren Zug und einen, der sich nach NE über Hasborn hinaus bis fast ans Alftal verfolgen lässt. Es handelt sich eindeutig um Ablagerungen alter Flussläufe. Diese Sande und Schotter treten auch im nördlichen Mittelrhein-Gebiet auf und sind hier von MORDZIOL (1909, 363) nach dem Ort nördlich von Koblenz als „Vallendarer Schichten" bezeichnet worden. Um Verwechslungen mit den unterdevonischen Vallendar-Schichten zu vermeiden, spricht man heute von „Vallendar-Schottern", in der Südwesteifel auch von Arenrath-Schottern (MÜNZ & HOLZFÖRSTER 2008).

Es handelt sich um schräggeschichtete fluviatile Konglomerate, die überwiegend aus gut gerundeten Gangquarz-Geröllen bestehen. Daneben enthalten sie auch andere widerstandsfähige Gesteine wie Quarzite, Kieselschiefer, verkieselte mesozoische Kalke, verkieselte Hölzer, ja sogar abgerollte Bergkristalle und Achate (LÖHNERTZ 1978c). Vor allem die mesozoischen Gesteine weisen nach KURTZ (1926, 1932, 1938) auf eine Herkunft aus dem Raum Saar, Lothringen, Vogesen hin. Die Kieslagen wechseln mit Lagen von Sanden und Schluffen, die z. T. kaolinisiert sind. Das Alter der Vallendar-Schotter konnte von B. NICKEL (1994) durch die Mikroflora in einer Tonlinse in den Schottern der Kiesgrube bei Gut Heeg (Straße Landscheid – Großlittgen) als Mitteleozän bestimmt werden. Hydropteriden (Wasserfarne) in der Makroflora sprechen nach KEMPF (1993) für Obereozän.

Schwieriger zu klären ist das Verhältnis der einzelnen Flussläufe (Manderscheider Talung, Hasborner Talung) zueinander und zu einem Hauptfluss im Moselgebiet. KURTZ (1932, 1938) verbindet die Schotter der Südwesteifel mit Schotterresten ähnlicher Zusammensetzung im Ahrgebiet, im Gebiet der nördlichen Blankenheimer Mulde, der Sötenicher Mulde und am Nordrand des Nordeifeler Triasdreiecks und rekonstruiert daraus eine „Urmosel", die über Manderscheid die Eifel etwa in Richtung auf Euskirchen überquert haben soll. Gegen diese Annahme spricht das Fehlen von Schotterresten im dazwischenliegenden Eifelraum und vor allem die Tatsache, dass innerhalb des Manderscheider Flusslaufes ein Gefälle nach S besteht. Das bei gewundenem Flussverlauf gleichmäßige Gefälle spricht dafür, dass nachträgliche tektonische Verstellungen hier nicht stattgefunden haben. LOUIS (1953) nimmt an, dass die Entwässerung aus der Eifel nach S gerichtet war und im Gebiet der Wittlicher Senke in einen Hauptstrom mündete, der aber entgegengesetzt zur heutigen Mosel nach SW floss und vielleicht ins Pariser Becken mündete; die Geröllkomponenten widerlegen aber diese Vermutung. Das alte Talnetz soll durch die Vallendar-Schotter vollkommen wieder zugeschüttet worden sein, so dass eine flache Troglandschaft entstand, in die sich dann die spätere, nach NE fließende Mosel erneut einschneiden musste. Zu ähnlichen Vorstellungen kamen auch KOPP (1961) und mit Einschränkungen G. MARTIN (1962). SOLLE (1959) lehnte das Prinzip der Talverschüttung für diesen Raum ab und führte die verschiedene Höhenlage der Kiesvorkommen und das südwärtige Gefälle der Manderscheider Talung auf nachträgliche tektonische Verstellung zurück.

QUITZOW (1969) geht davon aus, dass bei einer ständigen Hebung des Schiefergebirges die ältesten Abtragungsflächen am höchsten liegen müssen und fasst als Vallendar-Schotter nur Kiesvorkommen auf, die höher als 400 m NN liegen. Solche finden sich auf dem Kondelwald östlich von Alf (420 m), südlich von Krinkhof (427 m), auf dem Fieberberg südwestlich Reil (knapp 400 m) und 3 km nordnordwestlich von Neumagen (400 m). Die Kiese von Hasborn, Manderscheid und Arenrath liegen tiefer, nämlich in der Hasborner Talung zwischen 380 m (Oberscheidweiler) und 315 m (Langheck östlich Großlittgen), in der Manderscheider Talung zwischen 347 m (auf Pueich südlich Manderscheid) und 305 m (Großlittgener Mühle), im Gebiet von Arenrath um 280 m und bei Gut Heeg südwestlich Großlittgen um 295 m hoch. Diese tiefer liegenden Kiese hält QUITZOW für umgelagerte Vallendar-Schotter, die in „einem wesentlich jüngeren Flußsystem“ (S. 40) während des Miozäns sedimentiert wurden; das Mitteleozän-Alter der Kiese von Gut Heeg spricht gegen diese Deutung. Damit ist es am wahrscheinlichsten, dass Manderscheider und Hasborner Talzug als Nebenflüsse aus dem Eifelgebiet in ein großes, weiter südlich gelegenes Flusssystem mündeten, das etwa im Bereich des heutigen Moseltals gelegen haben dürfte (NEGENDANK 1977, LÖHNERTZ 1978b). Dieser Vorläufer der Mosel mündete aber nicht ins Pariser Becken, wie LOUIS annahm, sondern floss in nordöstlicher Richtung, denn LÖHNERTZ fand in seinen Ablagerungen an vielen Stellen Gerölle aus dem Süden bzw. Südwesten (verkieselte Jurakalke, Achate usw.).

Auf dem flachen Rücken, dem sog. Hauen zwischen Pohlbach und Salmrohr, treten Quarzschotter in nur 230 m Höhe auf, die von einigen Autoren mit den Vallendar-Schottern parallelisiert werden, was starke junge tektonische Absenkung voraussetzt. Nach QUITZOW (1969, 32) handelt es sich jedoch um umgelagerte Schotter in quartären Sedimenten.

10.2.6 Die eozänen Schichten im Neuwieder Becken

Im Neuwieder Becken sind nach P. SCHÄFER (2005) die ältesten Tertiär-Sedimente folgendermaßen zu gliedern: Die Vallendar-Schotter sind auf ehemalige Flussrinnen beschränkt; sie sind erbohrt im Bereich des ehemaligen Kernkraftwerks Mülheim-Kärlich und östlich Miesenheim. In den Aufschlüssen am NW-Hang des Mallendarer Berges südöstlich Vallendar, nach denen MORDZIOL (1909, 363) den Namen wählte, sind sie 4–8 m mächtig. Sie können auch tonige und kohlige Einlagerungen enthalten, aus denen PFLUG (1959) schon Mikrofloren von obereozänem bis unteroligozänem Alter beschrieb. Heute überträgt man vorläufig das Mitteleozän-Alter aus der Südwesteifel. Aus einer Feinsand-Einlagerung in den Schottern bei Vallendar wurde von ENGELHARDT (1905) auch eine Makroflora beschrieben.

Darüber liegen helle Feinsande und tonige Sande (Klebsande), Sie greifen über das Verbreitungsgebiet der Vallendar-Schotter hinaus und bedecken dann den devonischen Untergrund. Kohlelagen sind eingeschaltet. Sie werden als Immendorf-Formation bezeichnet, bei Koblenz-Immendorf wurden sie früher abgebaut. Die größten Mächtigkeiten wurden bei Miesenheim mit 38 m beobachtet.

Darüber liegt eine Folge von braungrauen bis dunkelgrauen Tonen und Tonmergeln mit mehreren Braunkohlenflözen und geringmächtigen sandigen Einschaltungen. Sie wird als Bubenheim-Formation bezeichnet; in der Nähe von Bubenheim liegt an der Rübenacher Höhe mit 41 m die größte bekannte Mächtigkeit. Es fand sich eine limnische bis schwach brackische Ostracoden- und Molluskenfauna (D. KADOLSKY 1975). Die Mikroflora aus den höheren Partien deutet auf ein mittel- bis obereozänes Alter (M. HOTTENRODT in P. SCHÄFER 2005). Durch den Fund des Wasserfarns *Azolla* cf. *prisca* präzisiert sich das Alter auf Obereozän (KEMPF 1993).

Seit dem Mitteleozän haben also hier flache Seebecken bestanden, in denen Tone und Sande abgelagert wurden; in Flussrinnen oder auf seitlich in die Becken eingreifenden Schotterflächen wurden die Vallendar-Schotter abgesetzt. Waren die Becken mit Sedimentmaterial aufgefüllt, so bildeten sich Sumpfwälder, aus denen die Braunkohlenlager entstanden. Diese Bildungen dürften auf den Raum des Neuwieder Beckens und seine unmittelbare Nachbarschaft beschränkt gewesen sein. PFLUG (1959, 44) hat obereozäne-unteroligozäne Floren auch im Gebiet um Münstermaifeld festgestellt und im vorderen Westerwald bei Höhr-Grenzhausen und Hillscheid, was anzeigt, dass der Ablagerungsraum wahrscheinlich in SW-NE-Richtung gestreckt war, parallel zum späteren Moseltal. PFLUG hat auf dieses eozäne Senkungsfeld, das vom Pariser Becken über die Vorkommen von Binsfeld und Speicher und das Neuwieder Becken bis in die Hessische Senke zu verfolgen ist, zuerst hingewiesen und es als „Bitburg-Kasseler Senkungsfeld“ bezeichnet. Die zahlreichen Tertiärvorkommen zwischen Neuwieder Becken und Niederrheinischer Bucht sind jünger als Unteroligozän.

10.3 Oligozän

Während des Paleozäns oder Eozäns, vielleicht schon während der jüngsten Kreidezeit, war eine erste Heraushebung der Rheinischen Masse erfolgt, bzw. gab es erste Absenkungen in der späteren Niederrheinischen Bucht. Vom oberen Eozän bis zum Mitteloligozän dürften kaum Vertikalbewegungen stattgefunden haben, so dass die Reliefunterschiede wieder weitgehend ausgeglichen waren und das Schiefergebirge etwa den Charakter einer Tiefebene hatte. Dafür sprechen auch Hinweise auf eine marine unteroligozäne Überflutung der Nordardennen und der nordwestlichen Eifel. Die Rupel-Transgression, die große Teile Mitteleuropas zum letzten Mal in Meeresräume verwandelte, überflutet die Niederrheinische Bucht bis zur Linie Jülich – Kerpen – Düsseldorf und überspült auch den NW-Rand des Schiefergebirges bei Aachen. Vom Pariser Becken greift die Rupel-Transgression in der SW-Eifel weit auf die Rheinische Masse über und hat über eine flache breite Senke im Moselgebiet vielleicht sogar das Neuwieder Becken erreicht, wo sich mitteloligozäne brackische Faunen finden. Im Verlaufe des Mitteloligozäns setzen wieder stärkere Vertikalbewegungen ein. Es entsteht die Niederrheinische Bucht in ihrer heutigen Ausdehnung, so dass das Oberoligozän-Meer kurzfristig bis in den Bonner Raum vorstoßen und vielleicht sogar auch Teile der W-Eifel überfluten kann. Das Vordringen und anschließende Zurückweichen des Meeres vollzieht sich nicht gleichmäßig, sondern in mehrfachem Hin und Her der Küstenlinie. Dem zurückweichenden Meer folgen Tonablagerungen und Sumpfwälder. So kommt es in der südlichen Niederrheinischen Bucht und den angrenzenden Teilen des Schiefergebirgsrumpfes zur ersten stärkeren Braunkohlenbildung (Unterflöz-Gruppe, Köln-Schichten). Es entstehen besonders am Nordrand und im

Osten der Eifel kleine tektonische Begleitsenken zur Niederrheinischen Bucht. Sie füllen sich mit den Abtragungsprodukten der tonigen Verwitterungsrinde des Schiefergebirges, die bei dessen Aufstieg nun allmählich entfernt wird. Vielfach bilden sich in diesen Becken Blätterkohlen (Dysodil).

Gegen Ende des Oligozäns findet im nördlichen Mittelrheingebiet, hauptsächlich im Siebengebirge und seiner Umgebung ein lebhafter Vulkanismus statt. Während des Oligozäns endete der tiefgründige Gesteinszersatz im Schiefergebirge, da die während des Tertiärs allmählich absinkenden Temperaturen jetzt die Werte unterschritten, bei denen die Verwitterungsvorgänge stattfinden können.

In der nördlichen und östlichen Eifel einschließlich des Neuwieder Beckens sind die meisten Tertiär-Schichten im Oberoligozän bis Miozän abgelagert worden. Im Südzipfel der Niederrheinischen Bucht verzahnen sich die Sedimente mit den Tuffen des Siebengebirgs-Vulkanismus. Diese ließen sich in den letzten Jahren radiometrisch datieren, so dass man an einige Schichten und Flöze nun absolute Jahreszahlen schreiben kann. Nach der von der Stratigraphischen Kommission herausgegebenen Stratigraphischen Tabelle von Deutschland (2002) wird für die Grenze Oligozän/Miozän ein Alter von 23,8 Mio Jahren angegeben.

10.3.1 Nordeifel

An verschiedenen Stellen, so z. B. südlich Schwerfen, in der Senke von Antweiler, im Bereich der Sötenicher und Blankenheimer Kalkmulde finden sich Quarzschotter, die KURTZ (1938) mit den Vallendar-Schottern der Südeifel und des Neuwieder Beckens parallelisiert, da er in ihnen auch Gerölle fand, die aus dem lothringischen Raum stammen müssen. W. MÜLLER (1949) und PFLUG (1958, 1959) halten für diese Kiese nach den Lagerungsverhältnissen in der Senke von Antweiler ein oberoligozänes Alter für wahrscheinlicher. Die stratigraphische Position der Kiese bleibt einstweilen noch unbestimmt. Damit ist auch nicht exakt anzugeben, wie lange die Ablagerungspause in der Nordeifel angedauert hat. Denn abgesehen von den Schottern fraglicher stratigraphischer Stellung fehlen unter- und mitteloligozäne Schichten dort. Es ist wahrscheinlich, dass nach einer ersten Hebungsphase zu Beginn des Tertiärs sich bis zum Ende des Mitteloligozäns die Reliefverhältnisse zwischen Niederrheinischer Bucht und Eifel kaum geändert haben. Die wohl etwa an der Wende von Mittel- zu Oberoligozän einsetzenden Vertikalbewegungen schufen am Nordrand der Eifel viele kleine grabenartige Senken besonders dort, wo aus der Niederrheinischen Bucht die großen Verwerfungen (Rursprung, Swistsprung u. a.) in den Schiefergebirgskörper ziehen.

Bei Kreuzau finden sich östlich der Rur Sande und Tone. Die Tone lieferten eine reiche Makroflora (WEYLAND 1934, FERGUSON 1971). PFLUG (1959) fand eine oberoligozäne Mikroflora darin. Im höheren Teil der Tertiärfolgen von Kreuzau fand V. D. BRELIE (in SCHMIDT & SCHRÖDER 1962, 61) in einem humosen Tonhorizont ein Pollenspektrum, das dem miozänen Flöz Garzweiler entspricht. Die Sande sind lagenweise zu Quarziten verkieselt.

Im Graben von Antweiler liegen über den eozänen grauen Tonen 25 m mächtige weiße Feinsande und Kiese mit Ton- und Braunkohlenlagen. Nach ihrer Mikroflora stuft PFLUG (1959) sie in das Oberoligozän ein. Auch in den grauen Tonen der Grube „Maria“ südlich Kirspenich, die nach MÜLLER (1949) 21 m mächtig sind, fand PFLUG das „Untere Rheinische Sporenbild“ (Oberoligozän bis Untermiozän). Das gilt auch für die 400 m südöstlich davon gelegene Tongrube „Franziska“ und die Grube „Lichtenberg“ bei Firmenich, aus der die von

KIRCHHEIMER (1951) beschriebenen Früchte stammen. Die Sande sind lagenweise zu Quarzit verkieselt. Unter- und Mitteloligozän hat sich im Bereich der Antweiler-Senke nicht nachweisen lassen; es liegt also zwischen dem Veybachtal und etwa Wachendorf Oberoligozän auf Eozängesteinen und an beiden Enden der Senke (d. h. östlich Wachendorf und westlich des Veybachtales) auf prätertiären Schichten.

In einer grabenartigen Senke, der sog. Kippscholle von Duisdorf (AHORNER 1962) haben sich zwischen dem Bornheimer Horst im W und dem Kreuzberg-Horst im E mindestens 30 m mächtige Tone mit Braunkohlenflözen abgelagert. Sie sind zwischen Volmershoven und Witterschlick durch den Hardt-Bach tief angeschnitten worden, so dass sich südlich von Witterschlick ein lebhafter Tonbergbau, verbunden mit keramischer Industrie, entwickeln konnte. Westlich der Straße Witterschlick – Volmershoven liegt die Grube Vygen, in Heidgen die Grube Didier, nördlich daran anschließend die Grube Servais. Vom Faulesberg östlich vom Bahnhof Witterschlick ist durch V. DECHEN (1884) ein Profil bekanntgemacht worden. Den Aufbau der Schichtenfolge von Witterschlick gibt Abb. 65 wieder. Nach dem Sporenbild der 5 Kohlenflöze gehört die Folge ins Oberoligozän (V. D. BRELIE in SCHÜNEMANN 1958, 463).

Eine ähnliche Schichtenfolge fand sich im Schacht einer Eisensteingrube auf dem Hardtberg zwischen Witterschlick und Duisdorf. Abgebaut wurden Lagen von Toneisenstein-Konkretionen, die sich auch in den Witterschlicker Tonen finden. Im Grubenfeld der Grube Hardtberg wird ein solches Toneisensteinlager sogar 1 m mächtig (WILCKENS 1927, 133). Nach SCHÜNEMANN (1958) ist die Schichtenfolge des Hardtberg-Schachtes wahrscheinlich mit dem oberen Teil der Witterschlicker Folge (Profil Faulesberg) zu parallelisieren. Das Gleiche dürfte für die Tonvorkommen von Bonn-Lengsdorf und Bonn-Röttgen gelten. Das Lengsdorfer Vorkommen (ehemalige Ziegelei) hat auch ein ober-oligozänes Sporenbild geliefert (V. D. BRELIE in SCHÜNEMANN 1958, 461). Wahrscheinlich haben die braunkohlenführenden Tone von Lüftelberg und vom Huppenberg nördlich Pech sowie das Tonvorkommen im Bereich der Quellbäche des von S bei Pech einmündenden Tälchens auch oberoligozänes Alter (SCHÜNEMANN 1958).

Alttertiäre Ablagerungen finden sich auch in Nähe des Rheintales westlich und südlich von Bad Godesberg. Nach SCHÜNEMANN (1958) finden sich in kleinen Senken graue bis bräunliche, rot gefleckte Tone, z. B. am NW-Hang des Godesberger Tales nördlich Marienforst, bei Lannesdorf, westlich Niederbachem (u. a. Grube „Gute Jette"), oberhalb des Apollinarisberges bei Remagen und östlich der Siedlung Plattborn zwischen Kirchdaun und Remagen. Sie werden überlagert von weißen Sanden und Kiesen, welche örtlich größere Pflanzenreste enthalten und oft verkieselt sind. Sie wurden an einigen Stellen als Quarzite abgebaut, so in der Grube „Roland" nordöstlich von Ödingen, nördlich vom Gasthaus Waldschlößchen oberhalb des Apollinarisberges bei Remagen und nördlich der Försterei Erlenbusch nordöstlich von Bad Bodendorf. Die weißen Sande und Kiese greifen über den Ablagerungsbereich der Tone, die nur kleine Flächen bedecken, hinaus und liegen dann auf dem verwitterten devonischen Untergrund. Die Tone und Sande werden in den Gruben oberhalb vom Apollinarisberg bei Remagen von Trachyttuffen überlagert. Die Ausbruchsstelle dieser Tuffe ist nicht bekannt; da aber alle radiometrischen Alter von Trachyttuffen nach TODT & LIPPOLT (1980) in das oberste Oligozän gehören, ist es wahrscheinlich, dass die Tone und Sande auch nicht jünger als Oligozän sind.

Diese Alterseinstufung stimmt mit Sporenuntersuchungen, die PFLUG (1959, 34) am Material aus der jetzt verschütteten Tongrube am Lyngsberg (im Godesberger Stadtteil Muffendorf) vorgenommen hat, gut überein: in einem bis 3 m mächtigen dunkelgrauen Ton fand er das „Bergisch-Gladbacher Sporenbild", was für mitteloligozänes Alter spricht. Darüber liegen

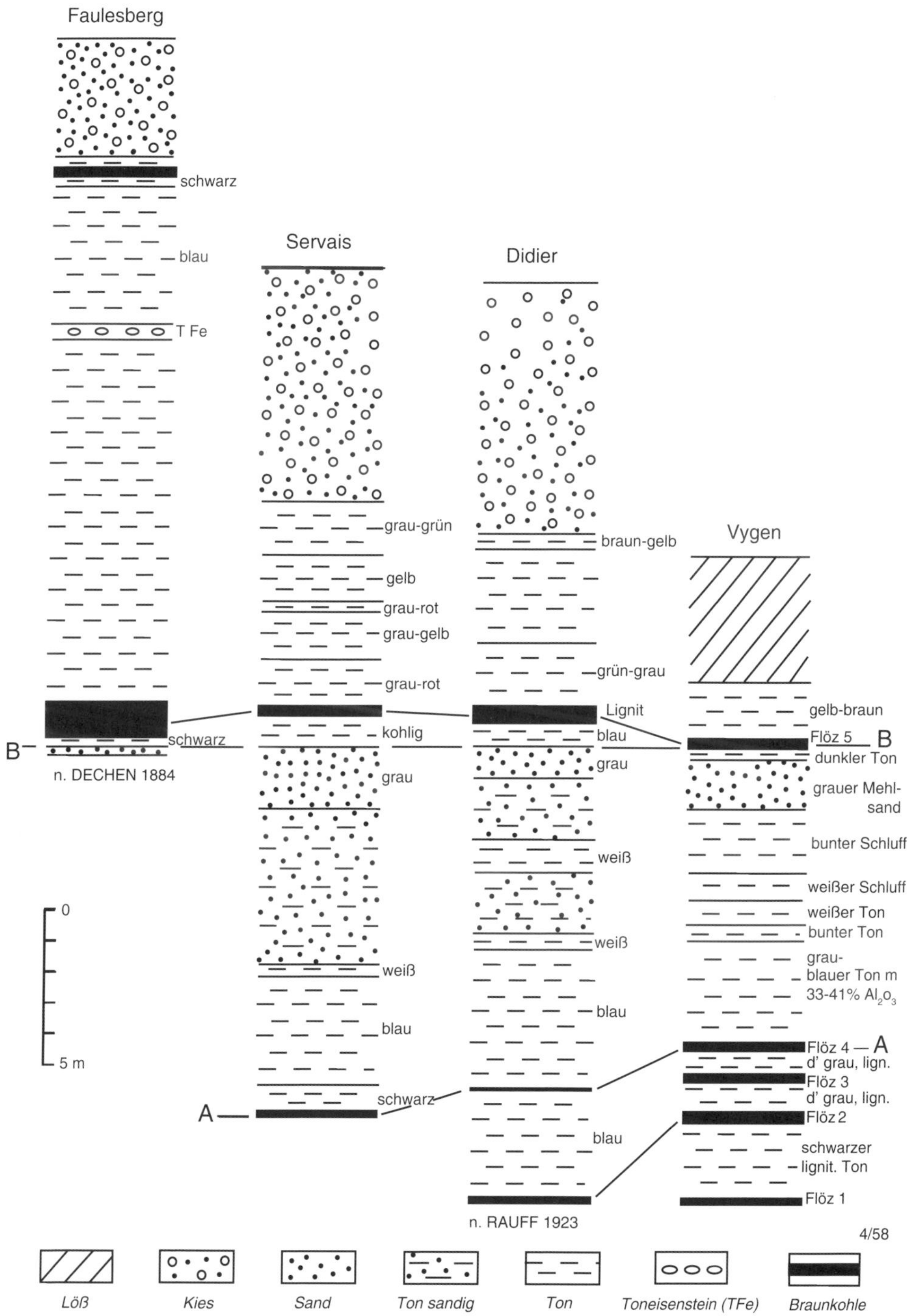

Abb. 65. Säulenprofile durch die Oberoligozän-Ablagerungen von Witterschlick. SCHÜNEMANN (1958).

8 Meter Kiese, die oben stellenweise verkieselt sind. Sie werden von Trachyttuff überlagert, der unten dünne Einlagerungen toniger Braunkohlen enthält. In ihnen fand PFLUG Leitformen des „Unteren Rheinischen Sporenbildes", die dem Grenzbereich zwischen Oligozän und Miozän entsprechen.

Unmittelbar im Hangenden der Trachyttuffe finden sich bei Ließem südwestlich von Bad Godesberg und bei Ödingen geringmächtige Blätterkohlenflöze mit Einschaltungen von Diatomiten. Bei Ödingen ergaben Schürfe in der Nähe der Siedlung Schießgraben ein oberes Blätterkohlenflöz von 4 m Mächtigkeit, darunter eine Tonlage und darunter ein unteres Flöz (V. DECHEN 1884, 591). In einer Bohrung 175 m nordwestlich von Punkt 215,7 in Ödingen war nach RAUFF (1923, 33–34) das untere Blätterkohlenflöz fast 10 m mächtig. Die Grube „Anna" bei Zülighoven baute im 19. Jahrhundert am Schießgraben Blätterkohle zur Paraffin- und Mineralölgewinnung ab. Blätterkohle wurde auch in der Grube „Theresia" bei Ließem abgebaut, östlich von Ließem (im Bereich der Grenze zwischen den Blättern Königswinter und Godesberg) tritt nach V. DECHEN (1884, 595) und W. SCHMIDT (1958, 438) ein Blätterkohlenlager in zwischen 3,9 und 16,5 m wechselnder Mächtigkeit auf. Blätterkohlen finden sich auch am Annaberg südwestlich von Friesdorf (Bad Godesberg) (V. DECHEN 1884, 597–598; RAUFF 1923, 32). Die Blätterkohlen (Dysodile) dieser Vorkommen sind wohl in kleinen Becken in dem unruhigen Relief der Trachyttuffdecken entstanden. Sie stellen Faulschlammbildungen aus bitumenreichen Algen-Gyttjen dar. Das Wasser in diesen wohl abflusslosen Tümpeln muss einen hohen Kieselsäuregehalt gehabt haben, wie die eingeschalteten Diatomite zeigen; er geht möglicherweise auf vulkanische Exhalationstätigkeit zurück. Man hat alle diese Vorkommen schon früh mit dem Dysodil von Rott (östlich vom Siebengebirge), der durch Säugetierfunde ins Oberoligozän eingestuft wurde, parallelisiert (W. SCHMIDT 1958, THIERGART 1958).

10.3.2 Osteifel

Eine Grenze zwischen den Oligozän-Ablagerungsgebieten Nordeifel und Osteifel soll hier willkürlich geographisch etwa durch die Linie Ahrmündung – Meckenheim gezogen werden, von der Art der Ablagerungen her sind beide Bereiche nicht zu trennen.

Das größte Vorkommen ist das von Ringen nördlich von Ahrweiler. Es liegt in einer breiten N-S streichenden tektonischen Senke, deren Boden mit 10–15° nach NE geneigt ist. Dieses Einfallen zeigen auch die Tonlager. Sie sind nach SCHÜNEMANN (1958, 460) in der südwestlich der Straße Neuenahr – Ringen gelegenen Grube „Lantershofen" 20 m mächtig, in der nordöstlich der Straße liegenden Grube „Ringen" sind die oberen Teile erodiert. Es handelt sich um Tone, die oben hellgrau, in den tieferen Partien dunkelgrau bis schwarz sind. In den Basispartien finden sich kohlige Lagen, aus denen PFLUG (1959) ein mitteloligozänes Alter ableitet (Bergisch-Gladbacher Sporenbild). V. D. BRELIE (in QUITZOW 1978, 18) hat jedoch eine pollenanalytische Gleichstellung mit dem Unterflöz 11 der Niederrheinischen Bucht vorgenommen, das von TEICHMÜLLER (1974) schon ins Untermiozän gestellt wird. SCHÜNEMANN hat in der Grube „Lantershofen" SW-NE streichende Abschiebungen beobachtet, welche die Tonlager versetzen, aber nicht mehr den pleistozänen Hangschutt. Die Tone enthalten Lagen mit Toneisenstein-Konkretionen, die metergroß werden können und im 19. Jahrhundert bei Ringen als Eisenerz abgebaut wurden.

Möglicherweise sind die grauen Tone, die in einer Grube östlich Niederich abgebaut werden, gleichalt. Sie werden von einem 2–3 m mächtigen Braunkohlenflöz überlagert, das früher in der Grube „Bartholomäus“ (zwischen Niederich und Leimersdorf) abgebaut wurde. Wahrscheinlich ist ein über 10 m mächtiges Tonpaket mit Kohlelagen, das nach v. DECHEN (1884) südöstlich von Birresdorf unter tertiären Sanden und Kiesen liegt, auch damit zu parallelisieren. Die Braunkohlengrube „Gerechtigkeit“ nördlich von Schloß Arenthal (südlich Koisdorf) hatte nach v. DECHEN (1884, 589) ein ähnliches Profil: unten blauer Ton, darüber 2,2 m dunkelgrauer Sand, darüber bis 6,3 m mächtig ein Braunkohlenflöz. Es fehlen bei allen Vorkommen pollenanalytische Datierungen, so dass die Braunkohlentone von Leimersdorf, Birresdorf und Koisdorf vielleicht auch ins Miozän gehören können; die Datierungen von Ringen sind ja auch widersprüchlich.

In der Nachbarschaft einiger quartärer Vulkane im Brohltal-Gebiet sind noch Reste älterer Tertiärschichten erhalten geblieben. Zusammenfassend hat sie AHRENS (1929c) beschrieben: Südlich und südöstlich des Herchenberges sind in Tongruben bis 25 m mächtige Profile aufgeschlossen gewesen, die aus grauen, gelben und roten Tonen mit meterdicken Lagen von Sand und Kies bestanden. Südlich vom Beunerhof bei Niederoberweiler fand sich eine ähnliche Schichtenfolge, ebenso südlich Niederoberweiler (vgl. AHRENS 1936b, Karte). Die sandigen Einschaltungen sind stellenweise verkieselt; wenn die Tone und Sande abgeschwemmt werden, bleiben metergroße Quarzitblöcke liegen. Aus der Verbreitung dieser Quarzitblöcke, die AHRENS nördlich vom Brohltal bis fast an den Bausenberg, südlich vom Brohltal auf der Höhe der Klosterruine Buchholz über die ganze Hochfläche zwischen Gleeser Tal und Wirrbachtal verfolgen konnte, muss man annehmen, dass die Ton- und Sandablagerungen nördlich des Laacher Sees großflächig abgelagert worden sein müssen. Die grauen Tone wurden auch 1973 in einer Wasserbohrung auf dem Gelände einer Baumschule in Wassenach (r 9092 h 8974) in knapp 5 m Mächtigkeit durchbohrt. AHRENS hat Quarzitblöcke auch östlich und westlich von Wassenach (u. a. nördlich vom Veitskopf) festgestellt.

Von hier ist die Entfernung zu den Tertiärvorkommen am NE-Rand des Laacher Kessels nicht mehr weit. Hier sind über dem nördlichen der Devonaufschlüsse auf über 500 m Länge rötliche, gelbliche bis grauweiße Tone aufgeschlossen, die z. T. reich an Feinsand sind und sich auch mit Feinsandpaketen verzahnen. Sie werden überlagert von schlecht gerundeten Quarzschottern, die nach AHRENS vielleicht zu den Kieseloolith-Schottern gehören. Die Tone und Sande sind in Zusammensetzung und Verband mit denen vom Herchenberg gut zu vergleichen. Die Tone wurden früher abgebaut; die alten Gruben haben zu zahlreichen Rutschungen Anlass gegeben, so dass der ursprüngliche Schichtverband heute verwischt ist. Nach NOSE (1790, 79ff.) wurde früher der Ton zur Herstellung der Kölnischen Tabakspfeifen und der Tönissteiner Wasserkrüge verwendet. Tonfetzen in der Tephra des Laacher Kopfes zeigen, dass diese Gesteine auch westlich des Laacher Sees verbreitet waren (AHRENS 1930b, 42).

Die gleichmäßige Ausbildung aller dieser Vorkommen und die weite Verbreitung macht die Annahme eines breiten einheitlichen Ablagerungsraumes notwendig, der vom Neuwieder Becken bis in die südliche Niederrheinische Bucht gereicht haben muß. Denn eine Verbindung von den Vorkommen der Osteifel zu denen im Neuwieder Becken ist sicher: vom Laacher Kessel ist die Entfernung zu den im Stadtgebiet von Niedermendig erbohrten Tonvorkommen gering. Zwischen Niedermendig und dem Laacher See liegt die Ausbruchsstelle der sog. Niedermendiger Bimstuffe an der Laacher Mühle (MICHELS 1952, FRECHEN 1953). Diese enthalten als Auswürflinge große Tonbrocken. Auch die Bimstuff-Schlote am Meerboden nordwestlich Niedermendig (FRECHEN 1953) haben Tertiär-Tone durchschlagen. Da bei keinem von diesen Tonvorkommen bisher Fossilien gefunden wurden, lässt sich das Alter biostratigraphisch nicht fixieren und es bleibt auch offen, ob die Tone des Laacher Beckens und des Brohltal-Gebietes mit den brackischen unteroligozänen Maifeld-Schichten oder mit dem oberoligozänen Kärlicher Blauton des Neuwieder Beckens zu parallelisieren sind. Die Einstufung ins Oligozän dürfte nach dem Vergleich mit dem Neuwieder Becken jedenfalls gerechtfertigt sein.

Eine Sonderstellung nimmt ein Blätterkohlen-(Dysodil-)Vorkommen nordwestlich des quartären Vulkans Kunkskopf südlich Burgbrohl ein (AHRENS 1929c): Ein Untersuchungsschacht ergab, dass zwei Blätterkohlenlager vorhanden sind, die durch 2 m mächtigen Ton voneinander getrennt sind. Sie werden unterlagert von grauem Ton, der einen deutlichen Kalkgehalt aufweist, aus dem sich bei Zersetzung von Pyrit Gips bildete. Durch seinen Kalkgehalt unterscheidet sich der Ton von dem vom Herchenberg. In der unteren Kohlenlage fanden sich reichlich Makro-Pflanzenreste, die GOTHAN (in AHRENS 1929c) untersuchte und massenhaft Reste von Fröschen (WOLTERSTORFF 1928). Es ergab sich große Übereinstimmung mit dem Fossilinhalt des Dysodils von Rott, ebenso in der Mikroflora, die THIERGART (1958, 454–455) beschrieb. Die Blätterkohlen des Kunkskopfes werden deshalb in das Oberoligozän eingestuft. AHRENS vermutet, dass die Tone des Herchenbergs etwas älter als der Kunkskopf-Dysodil sind, jedoch sind die Verbandsverhältnisse nirgends aufgeschlossen.

10.3.3 Neuwieder Becken

Die tertiären Sedimente des Neuwieder Beckens sind nach unserer heutigen Kenntnis zum überwiegenden Teil während des Oligozäns abgelagert worden. Wie schon erwähnt (10.2.5), reichen die Vallendar-Schotter und die sich mit ihnen verzahnenden limnischen grauen Tone mit Braunkohlen aus dem Mitteleozän bis ins Unteroligozän hinauf.

10.3.3.1 Maifeld-Schichten

Über den grauen braunkohlenführenden Tonen folgen an vielen Stellen grünliche Tone, die oft einen erheblichen Kalkgehalt aufweisen, also Mergel und selten sogar Kalklagen enthalten können. Sie führen Schill-Lagen von kleinen Gastropoden und wurden zuerst von SANDBERGER (1851) mit den untermiozänen Hydrobien-Schichten des Mainzer Beckens parallelisiert. Diese Einstufung wurde auch u. a. von STEINMANN (1907) und QUIRING (1932, 1936a) beibehalten. Andere Autoren, z. B. MORDZIOL (1930a) und KLÜPFEL (1942) stellten diese Schichten ins Oberoligozän, KLÜPFEL parallelisierte sie dabei mit den brackischen Cyrenen-Mergeln des Mainzer Beckens. Die Fauna hatte schon den Verdacht geweckt, dass mit der Ablagerung dieser Schichten für kurze Zeit marine Einflüsse ins Neuwieder Becken gelangten. KADOLSKY (1975) hat die Mollusken neu untersucht und kam zu folgenden Ergebnissen: Unter den Gastropoden ist *Nystia duchasteli* (NYST) die häufigste Art. Die früher als „Cyrenen" bezeichneten Muscheln sind als *Polymesoda convexa* (BRONGNIART) zu bezeichnen. Beide Arten stuft KADOLSKY in das „ Unteroligozän bis Mitteloligozän" ein und nennt die Schichten mit brackischen Faunen Maifeld-Schichten nach der Typlokalität im Schrumpfbachtal nordöstlich von Metternich auf dem Maifeld (Bl. 5710 Münstermaifeld, r 9934 h 6826). Inzwischen wird das Oligozän nur noch zweigeteilt und Latdorf und Rupel als Unteroligozän zusammengefasst. Nach P. SCHÄFER (2005 in Geologie von Rheinland-Pfalz) werden die Maifeld-Schichten ins frühe Unteroligozän (Latdorf) gestellt. Innerhalb der Mergelfolge treten hier Kalksandsteine auf. Weiter östlich müssen die Kalksandsteine und sandigen Kalke so reichlich vorhanden gewesen sein, dass sie zum Bau der Kirche von Münstermaifeld benutzt werden konnten. Die Vorkommen sind gänzlich abgebaut und nicht mehr zu finden.[4]

Die Unterlagerung der Maifeld-Schichten durch Braunkohlen, die nach der Mikroflora wohl in das höchste Eozän gehören (v. d. Brelie in Kadolsky 1975, 115), war im Autobahneinschnitt am Bubenheimer Berg (r 96375 h 84650) aufgeschlossen. Hier wurden auch Ostracoden gefunden (Langer 1972). In der Umgebung der Tongrube Kärlich ist die Überlagerung durch den Kärlicher Blauton erbohrt worden (K. Würges in Kadolsky 1975). Die grünen Tone der Maifeld-Schichten sind hier über 50 m mächtig.

Es stellt sich die Frage nach der Herkunft der marinen Ingression, die im Neuwieder Becken wenigstens kurzzeitig brackische Verhältnisse herstellte. Da der südliche Teil des Schiefergebirges zur Zeit des Unteroligozäns Hochgebiet war, andererseits ein Vorläufer des Rheintals noch nicht existierte, ist es unwahrscheinlich, dass die Ingression aus dem Bereich des Oberrheingrabens und des Mainzer Beckens erfolgte. In der Niederrheinischen Bucht ist das Meer während des Unteroligozäns nicht über die Linie Jülich – Kerpen hinaus nach SE vorgedrungen (Quitzow 1971b). Von besonderem Interesse ist nun, dass in der SW-Eifel Sedimente mit „mitteloligozänen" brackischen Faunen gefunden wurden (Kadolsky, Löhnertz & Soulie-Märsche 1983) und dass diese Sedimente sich von dort bis ins nördliche Pariser Becken verfolgen ließen (10.3.4). Damit wird es möglich, dass aus dem Pariser Becken über eine Depression im Moselgebiet, die schon im Eozän als Bitburg-Kasseler Senkungsfeld deutlich war, ein kurzer Meeresvorstoß bis ins Neuwieder Becken erfolgte. Nach P. Schäfer (2005 in Geologie von Rheinland-Pfalz) fanden sich in einer Forschungsbohrung auf der Rübenacher Höhe am Dach der Maifeld-Schichten 5 m mächtige glaukonitführende Tone mit brackisch-marinen Ostracoden und Foraminiferen. Sie werden mit den Schleichsanden des Mainzer Beckens parallelisiert und als Zeugnis der Rupel-Transgression angesehen.

10.3.3.2 Kärlicher Blauton

Die grünen Tone der Maifeld-Schichten werden ohne scharfe Grenze von schwarzgrauen bis blaugrauen Tonen überlagert, die als hochfeuerfeste Tone an mehreren Stellen im Neuwieder Becken abgebaut werden. Sie sind in der Kärlicher Tongrube etwa 6 m, in den Tongruben am Bahnerhof bei Kruft 10–12 m mächtig (Quiring 1936a). Da das Kärlicher Profil am bekanntesten ist, hat sich der Name „Kärlicher Blauton" eingebürgert (z. B. Pflug 1959). Brackische Fossilien finden sich nicht mehr im Blauton, dafür vereinzelt Holzstücke, großenteils in verkiestem Zustand. Die dunkle Farbe des Tons geht auf organische Substanzen zurück. Der Kärlicher Blauton ist also als limnisches Sediment anzusehen. Die große Verbreitung, die sich vom Gebiet um Melsbach (nördl. Neuwied) über die Vorkommen von Kärlich, Rübenach bis zur Drei-Tonnen-Kuppe zwischen Ochtendung und Lonnig und dem Gebiet südlich des Bahnerhofs bei Kruft erstreckt, legt den Schluss nahe, dass zu dieser Zeit das ganze zentrale Neuwieder Becken von einem See eingenommen wurde, in dem die Tone abgelagert wurden.

4 Mit der Nichtauffindbarkeit der Steinbrüche für das Baumaterial des Münsters beschäftigt sich sogar eine Sage: Eines Tages, als man an einer Stelle „im Gestrüpp des Hatzeporter Gebirges" gerade so viele Steine gebrochen hatte, wie zum Bau des Münsters erforderlich waren, sahen Kinder, die den Vätern das Essen brachten, vor dem Steinbruch ein weißes Lämmchen. Auf ihre entzückten Ausrufe hin eilten die Arbeiter alle herbei, um das Wunder zu sehen. Da stürzte mit großem Getöse der Steinbruch hinter ihnen zusammen (nach P. Zaunert: Rheinlandsagen. – Düsseldorf 1969).

Der Kärlicher Blauton besteht nach HEIDE (1955) überwiegend aus Kaolinit (Fireclay) mit einem geringen Gehalt an Halloysit. Es haben sich bisher keine datierbaren Fossilien gefunden. Über dem Blauton folgt ein 2,6 m mächtiger Trachyttuff. Darüber liegt eine bis 4,8 m mächtige Folge, die aus sandigen Tonen und Sanden besteht und viel umgelagerten Trachyttuff enthält. Sie wird von den Tonarbeitern als „Knubb" bezeichnet. Der Knubb und eine in die Trachyttuffe eingeschaltete Tonlage enthalten Gastropoden und eine Wirbeltierfauna, die von HEIZMANN & MÖRS (1994) beschrieben wurde: Neben Fischen, Schildkröten und Krokodilen sind besonders kleine Nager (*Archaeomys*) wichtig, weil sie eine Einstufung in das Oberoligozän ermöglichen. Damit gehört auch der unterlagernde Trachyttuff wohl in das Oberoligozän, ist damit gleichalt wie die mächtige Tuffdecke des Siebengebirges. Wenn er ein Erosionsrest von ihr ist, was nicht auszuschließen ist, müsste deren Verbreitungsgebiet knapp 20 km weiter nach Süden ausgedehnt werden als bisher angenommen.

10.3.3.3 Arenberg-Schotter

MORDZIOL (1909, 362) wies zuerst darauf hin, dass es neben den Vallendar-Schottern (10.2.5), die aus mehr oder weniger wohl-gerundeten Gerollen bestehen, auch Quarz-Schotter mit eckigen Komponenten gibt und nannte sie nach dem Ort nordöstlich von Koblenz „Arenberger Schichten". Die Arenberg-Schotter sind in noch stärkerem Maße als die Vallendar-Schotter reine Quarz-Schotter, d. h. bunte Gerölle sind noch seltener. Vereinzelt treten dunkle Lydite auf, es finden sich auch Lagen und Linsen mit Emsquarzit-Stücken. Am häufigsten sind Stücke von Milchquarz, seltener finden sich Fragmente von Rosenquarz und Bergkristall. Die Komponenten der Arenberg-Schotter sind durchschnittlich kleiner als die der Vallendar-Schotter. Es finden sich auch weiße Sande, die oft mit den gröberen Komponenten durch Brauneisen verbacken sind.

Die Altersstellung ist schwer zu fixieren, da Faunen- und Florenreste fehlen und die Arenberg-Schotter sich nicht zu datierten Schichtgliedern in Beziehung setzen lassen. Nach AHRENS (1936b) sind im Brohltal-Gebiet Schichten Arenberger Fazies älter als der Dysodil des Kunkskopfes, gehören demnach noch ins Oligozän. Im Neuwieder Becken scheinen sie jünger zu sein als die Vallendar-Schotter. Es ist ratsam, bei den Schottern mit nicht gerundeten Komponenten von einer Arenberger Fazies zu sprechen (vgl. MORDZIOL 1913, 62), wobei offenbleibt, ob es sich dabei immer um zeitgleiche Bildungen handelt.

10.3.4 Südwesteifel und Westeifel

KADOLSKY et al. (1983) konnten nachweisen, dass die Hornsteine, die sich als Erosionsreste zwischen Helenenberg, Idenheim, Röhl und Scharfbillig südlich von Bitburg auf der flachen Wasserscheide zwischen Nims und Kyll finden, eine Brackwasserfauna enthalten, die Beziehungen zu Faunen im nördlichen Pariser Becken einerseits und zu den Maifeld-Schichten des Neuwieder Beckens anderseits aufweist. Es handelt sich um verkieselte Brackwasserkalke. Nach einer Revision (KADOLSKY 1993) werden sie in das jüngere Latdorfium (Unteroligozän) eingestuft. Neben den von den Maifeld-Schichten bekannten Gastropoden enthalten sie vor allem die Charophytenart *Gyrogona medicaginula* (LAMARCK). Vergesellschaftet mit den Hornsteinen sind in der Südwesteifel homogene, fein- bis feinstkörnige Quarzite von hellgrau-

Der Bausenberg mit Niederzissen von Norden; vollkommen erhaltener Schlackenkegel mit einem Krater. Der Schlackenwall ist im Norden durch ausfließende Lava durchbrochen worden, die Lücke ist über der dunklen Waldgruppe zu erkennen. Foto Walter Müller.

Der Laacher See von Süden, links vorn das Kloster Maria Laach. Foto Walter Müller.

Die Dauner Maare von Westen; vorn das Gemündener Maar, dahinter das Weinfelder Maar (Totenmaar), hinten das Schalkenmehrener Maar (links neben dem Maarsee noch zwei Trockenmaare dicht nebeneinander). Foto Walter Müller.

Das Strohner Maar (braun), der bewaldete Schlackenkegel Römerberg und das Pulvermaar. Hinten der Ort Ellscheid. Foto Walter Mülle

Die Holzmaar-Gruppe westlich Gillenfeld. Vorn der See des Holzmaars, links davon das Hochmoor des Dürren Maars, links davon in den Feldern das kleinste Eifelmaar, die Hitsche. Hinten der Ort Udler. Foto Walter Müller.

Die Manderscheider Vulkangruppe von Süden. Vorn der Doppelkegel des Mosenbergs, vorn links der Abbau in den Nebenkegeln. Dahinter der Kratersee Windsborn, rechts dahinter der Schlackenring Hinkelsmaar, ganz hinten das Meerfelder Maar. Links der Ort Bettenfeld. Foto Walter Müller.

Der jüngste deutsche Vulkan, das Ulmener Maar neben dem Ort Ulmen und der Burgruine rechts davon, nördlich der Autobahn Koblenz-Trier der flache Ulmener Weiher (Jungferweiher), unter dem ein älterer quartärer Maarvulkan steckt. Foto Walter Müller.

Viele Schlackenkegel sind in den letzten Jahrzehnten abgebaut worden, so der Rothenberg-Komplex nördlich Bell. Der Laacher See und die ihn umgebenden bewaldeten Schlackenkegel stehen unter Naturschutz; vorn der Laacher Kopf, hinter dem See rechts der Krufter Ofen. Foto Walter Müller.

Der Nordteil des quartären Osteifel-Vulkangebiets wird beherrscht von dem Phonolithdom mit der Burgruine Olbrück.

In der Wittlicher Rotliegendsenke treten zwei isolierte Vulkane auf, der Neuerburger Kopf (links) und der Lüxemberg (rechts), sie sind gegen Ende der Unterkreidezeit entstanden. Die Bergkegel bestehen nur im Gipfelbereich aus Basalt, sonst aus dem permischen Neuerburg-Sandstein. Foto Walter Müller.

Die Ahrmündung bei Kripp ist eine der wenigen noch fast unverbauten Flussmündungen am Rhein. Innerhalb des Flussbettes verändert sich der Lauf ständig und wird durch Kiesinseln immer wieder aufgespalten. Foto Walter Müller.

Der Tertiärbasalt Aremberg von der Straße Fuchshofen – Reifferscheid aus.

Die Kuckley westlich Mayschoss im Ahrtal ist der herauspräparierte gangförmige Zufuhrschlot eines tertiären Basaltvulkans.

Basaltsäulen im Steinbruch am tertiärzeitlichen Dungkopf nordwestlich Remagen.

Nohner Wasserfall in der Hillesheimer Kalkmulde: kalkhaltiges Quellwasser überfließt einen sich ins Ahbachtal vorschiebenden Kalktuffrücken; Zustand im Jahre 1980. Die Kalktuffmauer drohte umzufallen und wurde inzwischen teilweise abgetragen.

Abbauwand in der mächtigen Phonolithtuffdecke bei Weibern, In den Lärchen.

Die verlassenen Steinbrüche im Ettringen-Mayener Basaltlavastrom.

Durch die Eruptionsstöße des Laacher-See-Vulkans abgeknickte Traubenkirsche (Prunus padus) im Laacher-See-Bims, südlich Glees. Januar 1986, links Norden.

Ein isolierter Quartärvulkan ist der Rodderberg bei Bonn-Mehlem; hier ein in einen Schlackenring eingedrungener Basaltgang. Im Hintergrund der tertiäre Trachytdom Drachenfels im Siebengebirge.

Die „Riesenbombe" südlich Strohn, eine Basaltkugel aus dem Schlackenrücken Wartgesberg.

Links: Die Käsegrotte bei Bad Bertrich; ein Abbaustollen in einem Basaltlavastrom mit Säulen, die durch Klüfte gegliedert werden, wobei durch Verwitterung runde Körper entstanden, die mit Käserollen verglichen wurden.

Rechts: Bei Namedy ist ein in einer Bohrung gefasster Kohlensäuerling mit technischer Hilfe zu einer intermittierenden Quelle geworden („Andernacher Geysir").

Auf Schwermetallhalden im Aachener Galmeibezirk wächst das Galmeiveilchen (*Viola calaminaria*); über dem Nirmer Eisenbahntunnel östlich Aachen.

er oder gelblicher Farbe. Sie finden sich auch an vielen Stellen im Luxemburger Gutland und lassen sich von dort bis in das nördliche Pariser Becken verfolgen (BAEKEROOT 1929, LUCIUS 1952). Nach einem Ort südlich von Sedan nennt man diesen Quarzittyp Pierre de Stonne. Nach KADOLSKY et al. lassen sich diese Quarzite bis nach Reims an das unverkieselte Anstehende verfolgen, das den der Rupel-Stufe angehörenden „Sables de Fontainebleau" entspricht.

Ob die Hornsteine und die Maifeld-Schichten durch eine kurzzeitige marine Ingression, die aus dem Pariser Becken über eine Depression im nördlichen Moselgebiet bis ins Neuwieder Becken vorstieß, abgelagert wurden, oder ob sie Reste einer große Teile des linksrheinischen Schiefergebirges überdeckenden Meeresüberflutung sind, bleibt offen. Die letztgenannte Möglichkeit ist auch nicht abwegig, nachdem in den Westeifeler Maarkesseln von Dehner, Meerfelder Maar, Schalkenmehrener Maar und Holzmaar sich umgelagerte Tertiärsedimente fanden, die marine Mikrofaunen und -floren des" höheren Mitteloligozäns bis tieferen Oberoligozäns" enthalten (SONNE und WEILER in NEGENDANK 1983: 106–109 und H. WEILER briefl. am 8.1.1992).

Sowohl die jetzt zu Hornstein verkieselten Brackwasserkalke aus dem Raum Idenheim als auch die Sande, aus denen die Pierres de Stonne entstanden, wurden in sehr flachen Randbereichen des Meeres abgelagert, das in einer breiten flachen Senke in die Rheinische Masse eingriff, deren Relief zu dieser Zeit ausgeglichen gewesen sein muss. Damit werden die Vorstellungen von LOUIS (1953), nach denen das im Eozän angelegte Relief mit den „Vallendar-Tälern" zu Beginn des Oligozäns wieder zugeschüttet und eingeebnet wurde, bestätigt.

Nach LÖHNERTZ (1978a, 186) finden sich bei Hupperath auch eckige Quarz-Schotter vom Typus der Arenberg-Schotter, möglicherweise gehören sie auch noch ins Oligozän.

10.4 Miozän

An der Wende von Oligozän zu Miozän kommt es im Bereich der Niederrheinischen Bucht zu Hebungen, so dass während des untersten Miozäns nichts abgelagert wird. Das kurz darauf während des Unteren Miozäns in die Niederrheinische Bucht eindringende Meer zieht sich bald wieder nach NW zurück. Nach MARTINI (1981) gibt es in den tieferen Hydrobien-Schichten des Mainzer Beckens (Untermiozän, Hemmoor) Nannoplanktonarten und Fische, die aus der Nordsee durch eine das Schiefergebirge kurzfristig überquerende Meeresverbindung gekommen sein müssen. Dem nach NW zurückweichenden Meer folgen auf den Schlickflächen ausgedehnte Sumpfwälder, aus denen bei ständig absinkendem Untergrund die bis 100 m mächtigen Braunkohlenlager der Hauptflöz-Gruppe (Ville-Schichten) entstehen. Beckenwärts wird die Kohlebildung mehrmals durch einzelne kurze Meeresvorstöße, die Sand bringen, unterbrochen. Später bilden sich auf großen Tonflächen noch einmal Braunkohlenmoore, es entstehen die geringmächtigeren Lager der Oberflöz-Gruppe (Inden-Schichten) im Obermiozän. Die Kohlebildungen sowohl der Hauptflöz- als auch der Oberflöz-Gruppe greifen in Ausläufern über den Rand der Niederrheinischen Bucht nach Süden auf den Sockel über. Hier lagern sich außerdem Tone in kleinen tektonischen Senken ab, die am Rande der Niederrheinischen Bucht hauptsächlich in der Nordosteifel entstehen, wo sich zudem ein Bruchfeld zwischen dem Südzipfel der Niederrheinischen Bucht und dem Neuwieder Becken gebildet hat. Vom Ausgang der Miozänzeit sind keine Ablagerungen überliefert, es scheint im Eifelgebiet nur

Abtragung geherrscht zu haben. Rhein und Mosel sind seit dem Untermiozän etwa in gleicher Lage wie heute vorhanden, und es beginnt sich das heutige Landschaftsbild zu entwickeln.

10.4.1 Nord- und Osteifel

Am Nordrand der Eifel finden sich an verschiedenen Stellen Sande und Tone als Randbildungen der Braunkohlenformationen. Die Tone von Langerwehe, Grundlage der berühmten Töpfereibetriebe, entsprechen etwa dem Hauptflöz und reichen vom Oberoligozän bis ins Miozän hinauf (KNAPP 1978). Die Sande von Kreuzau südlich von Düren sind durch ihre reiche Makroflora berühmt geworden (10.3.1). Nach V. D. BRELIE (in SCHMIDT & SCHRÖDER 1962, 61) hat der höhere Teil der Folgen von Kreuzau ein Pollenspektrum, das dem Flöz Garzweiler entspricht, also dem obersten Teil der Hauptflözgruppe. Auch die Makroflora wird in das Miozän eingestuft (FERGUSON 1971). Von den Tonen und Sanden im Bereich des Grabens von Antweiler gehört ein großer Teil ebenfalls ins Miozän, und zwar besonders der westlich des Veybachtales; oberoligozänes bis untermiozänes Alter (Unteres Rheinisches Sporenbild) hat PFLUG (1959) auch in den Schichten der Tongrube „Maria" südlich von Kirspenich festgestellt (vgl. 10.3.1).

Im Bonner Raum stellt die Trachyttuffdecke, die im Siebengebirge am mächtigsten ist, aber auch im linksrheinischen Gebiet einige Förderzentren hat, eine wichtige Zeitmarke dar. Radiometrische Altersbestimmungen haben für diese Tuffe ein mittleres Alter von 23,9 ± 0,5 Mio. J. ergeben (TODT & LIPPOLT 1980), damit gehören sie in das Oberoligozän. Die Blätterkohlen, die sich im Bonner Raum in kleinen Becken im Hangenden der Tuffe bildeten und sich z. T. mit ihnen verzahnen, werden in Analogie zu dem auch paläontologisch gestützten Alter der Blätterkohlen von Rott ins Oberoligozän gestellt, deshalb auch schon in 10.3.1 behandelt. Es ist aber nicht auszuschließen, dass die Blätterkohlebildung sich noch ins Miozän hinein fortsetzt. Die anderen tertiären Sedimente, die über den Tuffen liegen und deshalb im Bonner Gebiet als „Hangend-Schichten" bezeichnet werden, gehören mindestens zum großen Teil ins Miozän. Sie bestehen aus Tonen, Feinsanden und mehreren geringmächtigen Braunkohlenflözen. In den Tonen kam um kohlige Einlagerungen herum Eisenkarbonat zur Ausfällung. Diese Sphärosiderit- oder Toneisenstein-Nieren wurden früher als Eisenerze abgebaut, z. B. in Grube „Hesperus" bei Ückesdorf, Grube „Emma" am Kreuzberg bei Bonn und auf dem Hardtberg in Bonn-Duisdorf (WILCKENS 1927).

Auf dem Venusberg-Plateau westlich von Bonn und Bad Godesberg streichen die südlichsten Ausläufer des Hauptflözes der Niederrheinischen Braunkohle aus. Sie sind hier nach NOEGGERATH (in WILCKENS 1927, 121) zuerst durch das Wühlen von Wildschweinen Mitte des 18. Jahrhunderts freigelegt worden und wurden dann in mehreren Gruben abgebaut. Die Tone im Hangenden der Braunkohlenflöze sind reich an Markasit. Durch Abrösten verbindet er sich mit dem Ton zu Alaun. Im vorigen Jahrhundert fand am Pützberg um das spätere Gut Annaberg herum westlich von Friesdorf (Bad Godesberg) umfangreiche Alaungewinnung statt (WILCKENS 1927, 119–121).

Seit langer Zeit ist der sog. Süßwasser-Halbopal von Muffendorf (Bad Godesberg) bekannt. Es handelt sich um Ablagerungen in einem See oder Sumpf über den Trachyttuffen. Das Gestein findet sich an mehreren Stellen zwischen Gut Marienforst und Muffendorf (Heiderhof). Es enthält Pflanzen und Süßwasserschnecken und ist vielleicht ursprünglich als Süßwasserkalk abgelagert worden, der nachträglich zu Chalcedon und Hornstein verkieselt wurde (Weiteres bei WILCKENS 1927, 112–115; FLOSS 1989, PELTZER 2004).

Bei Wachtberg-Adendorf sind in einem kleinen tektonischen Becken sehr eisenarme hellgraue Tone über 40 m mächtig abgelagert worden. Der Ton wird dort von der Firma FISCHER abgebaut und zu feinkeramischen Zwecken versandt, ist aber auch die Grundlage für die rege Töpferindustrie des Ortes. Aus kohligen Lagen und Treibholzlagen im unteren Teil der Tone wurden Blätter, Früchte und Samen geborgen, nach denen ein Alter jünger als das Rheinische Hauptbraunkohlenflöz anzunehmen ist, also Mittelmiozän oder jünger (KILPPER 1968, KEMPF 1968). Die Mikroflora aus den gleichen Horizonten zeigt dagegen Ähnlichkeit mit der aus den tiefsten Teilen des Hauptflözes, was eine Einstufung in das unterste Miozän (Vierland-Stufe) bzw. in das höhere Untermiozän (Untere Hemmoor-Stufe) bedeutet (V. D. BRELIE 1968). Die mineralogische Zusammensetzung der Tone schildern R. TEICHMÜLLER & ASHAUER (1968), die geschichtliche Entwicklung der Adendorfer Töpferei beschreibt WILCKENS (1927: 119). Vgl. auch WITTKE & ASHRAF (1987).

Das Tonvorkommen von Ringen wurde schon beim Oligozän-Abschnitt (10.3.2) behandelt; die Mikroflora ergab ein miozänes Alter (V. D. BRELIE in QUITZOW 1978, 18); das kann auch für die nicht datierten Vorkommen der Braunkohlen- und Tongrube „Bartholomäus" bei Leimersdorf und die bei Birresdorf und Koisdorf gelten (10.3.2).

10.4.2 Neuwieder Becken

Aus der Tongrube Kärlich werden aus Deckschichten des Blautons Funde vom Gabelhirsch *Dicrocerus furcatus* HENSEL erwähnt, die nach KLÜPFEL (1942) aber fraglich und überdies verschollen sind. Sollte das Vorkommen zutreffen, wäre es ein Zeichen dafür, dass zwischen dem oberoligozänen Knubb (10.3.3.2) und den quartären Deckschichten noch untermiozäne Sedimente, vielleicht als Rinnenfüllungen vorhanden gewesen sein müssen.

10.5 Pliozän

Der sichere Nachweis pliozänen Alters ist im Eifelgebiet wegen der Fossilarmut der meist aus Terrassenkiesen bestehenden jungtertiären Folgen nicht möglich, ganz zu schweigen von einer Untergliederung der betreffenden Schichten. Nach den bisher vorliegenden Alterswerten hat die vulkanische Aktivität seit dem Unteren Miozän ausgesetzt. Deshalb fehlen auch die Möglichkeiten einer radiometrischen Datierung der jungtertiären Schichtenfolge mit Hilfe von zwischengeschalteten Aschen. So ist für die im folgenden besprochenen Schichten nicht auszuschließen, dass sie z. T. mehr oder weniger große Partien des Miozäns mit umfassen. Die Grenze gegen quartäre Ablagerungen ist meist besser zu erkennen, weil die Tertiärschotter im Wesentlichen aus Quarz bestehen, während die quartären Schotter bunt zusammengesetzt sind. Jedoch scheint es bei den ältesten Quartär-Schottern auch reine Quarz-Schotter zu geben, was eine Abgrenzung wieder erschwert.

In der Niederrheinischen Bucht sind die pliozänen Schichtenfolgen mächtiger und lassen sich nach BOENIGK (1978) gliedern in: Reuverton (oben), Rotton-Serie (Mitte), Hauptkies-

Serie (unten). Sie haben jedoch hier auch fluviatilen Charakter, ihr Material wird hauptsächlich von einem Ur-Rhein angeliefert. Das Meer hat sich bis in das nördliche Niederrheingebiet zurückgezogen.

In der Eifel werden die ins Pliozän eingestuften Folgen meist als „Kieseloolith-Schotter" bezeichnet. Namengebend sind Gerölle von verkieselten Oolithen aus dem lothringischen Jura. Die Schotter sind damit von einer Ur-Mosel herantransportiert worden. Neben den verkieselten Jurakalken kommt hauptsächlich Gangquarz vor, daneben auch Quarzit, Kieselschiefer und sehr wenig devonisches Material. Die Komponenten sind gut gerundet. Die Kieseloolith-Schotter stellen also fluviatile Ablagerungen dar, welche mehrere Kilometer breite Talzüge ausfüllen, die als Vorläufer von Rhein und Mosel anzusehen sind. Sie liegen auf einer Schar von Verebnungen, die unterschiedlich tief eingesenkte Tröge nachzeichnen.

Diese Kieseloolith-Terrassen nehmen z. B. nördlich der Untermosel im Bereich zwischen Ochtendung, Lonnig und Minkelfeld weite Flächen in Höhenlagen zwischen 270 und 330 m ein (neuere Untersuchungen dieser Vorkommen von SCHNÜTGEN & SPAETH 1978 und BIBUS 1980, 19–25). Dieses mio-pliozäne breite Tal lässt sich auch im Gebiet der Mittelmosel und der Wittlicher Senke rekonstruieren, wenn auch viele der in den älteren geologischen Übersichtskarten für die SW-Eifel angegebenen „Pliozän"-Vorkommen vielleicht nicht hierher gehören (QUITZOW 1969). Verschiedene Terrassen in Höhen von 360–370 m NN stellen nach ZEPP (1933) und LÖHNERTZ (in SCHROEDER-LANZ 1978) im Raum Welschbillig, Ittel, Speicher-Herforst und Rötel mio-pliozäne Höhenterrassen der Kyll dar.

Im Neuwieder Becken sind die Kieseloolith-Schotter durch quartäre Bruchtektonik z. T. erheblich abgesenkt worden. Um 100 m tiefer als die Schotter der nahen Dreitonnenkuppe zwischen Ochtendung und Lonnig liegen die Kieseloolith-Schotter westlich des Fressenhofes zwischen Ochtendung und Kruft (220–240 m NN, QUIRING & ZIMMERMANN 1936); noch tiefer abgesenkt sind die südöstlich von Thür (200–220 m NN, AHRENS 1936a).

Auch am unteren Mittelrhein sind Kieseloolith-Schotter auf beiden Seiten des Tales in einzelnen Flecken erhalten geblieben, und zwar innerhalb eines 10–12 km breiten Troges. Man kann am Mittelrhein örtlich in diesem vielleicht pliozänen Trog eine Abstufung erkennen und unterscheidet dann mehrere der sog. Höhenterrassen: eine obere (= Trogterrasse, 250–270 m NN), eine mittlere (um 210 m NN) und eine untere (ca. 195 m NN) (QUITZOW 1974, 74). Die nur in Resten vorhandenen Schotter und Flächen lassen sich jedoch oft nicht datieren und sind allein nach der Höhenlage schwer zu parallelisieren, da gerade im Bereich zwischen dem Neuwieder Becken und der Niederrheinischen Bucht auch noch quartäre Vertikalbewegungen stattgefunden haben. An vielen Stellen ist die Grenzziehung zwischen Pliozän und Quartär noch umstritten. BIBUS (1980) legt zwischen Neuwieder Becken und Brohltal die Pliozän-Pleistozän-Grenze in etwa 290 m Höhe.

10.6 Landschaftsformung während der Tertiärzeit

Die hoch gelegenen Verebnungen des Rheinischen Schiefergebirges sind von PHILIPPSON (1903) in die Rumpfflächen- und die Trogregionen eingeteilt worden. In den Trogregionen sind die Täler von Rhein, Mosel und Lahn vorgezeichnet. STICKEL (1927) hat zwei Rumpfflächen (R1 und R2) und zwei Trogflächen (T1 und T2 außer der „Kieseloolith-Terrasse") unterschieden. Seine Einteilung in die beiden Rumpfflächen-Niveaus hat sich bis heute als nützlich erwiesen (vgl. QUITZOW 1982, BREITBACH 1989), für die Trogregionen werden andere Gliederungen benutzt. Die Rumpf- und Trogflächen gehen aus dem von devonischen Gesteinen aufgebauten Gebiet auf die Triasareale der Eifeler Nord-Süd-Zone über; Schichtstufen bilden sich nur, wo der Buntsandsteinrand von Tälern unterschnitten wurde, wobei oft die prätriadische Landoberfläche freigelegt wurde (STICKEL 1932, ZEPP 1933). Schon im Alttertiär begann die ganze Rheinische Masse aufzusteigen, jedoch so langsam, dass zu Beginn des Quartärs das Gebiet noch ein Tiefland war, das sich nur wenig über den Meeresspiegel erhob. Durch die Hebung wurden die Voraussetzungen für die Verkarstung geschaffen, die wohl schon während des Mesozoikums begonnen hatte, aber während der Tertiär-Zeit intensiver wurde; zu den Höhlen vgl. LAUMANNS & FROHN (1987).

Der hauptsächlich während des Eozäns aktive Hocheifel-Vulkanismus gibt uns Anhaltspunkte zur zeitlichen Einordnung der Abtragungsvorgänge: Im Raum Manderscheid wurde das heutige Erosionsniveau während des Eozäns im Wesentlichen schon erreicht, und Vorläufer des Flussnetzes waren schon angelegt. Das zeigen die Seesedimente des Eckfelder Maares, die fraglichen Reste einer tertiären Tuffdecke unter dem quartären Buerbergvulkan (S. 387) würden auch dafür sprechen. Nach LÖHNERTZ (1994) kann man an Hand von Fragmenten der mesozoisch-alttertiären Verwitterungsrinde in den Seesedimenten rekonstruieren, dass das Gelände bei Eckfeld während der Maarentstehung 30–40 m höher gelegen hat als heute, das ist also auch ein geringer Denudationsbetrag. LÖHNERTZ (1994 und in FRANKENHÄUSER et al. 2009) erklärt das dadurch, dass durch die Sedimente der Rupeltransgression in diesem Bereich unterhalb der heutigen 420 m-Höhenlinie die eozäne Landschaft konserviert wurde, so dass dieses Niveau erst während der starken pleistozänen Hebung unterschnitten wurde. Damit wären die Vorstellungen von LOUIS (1953) des Zuschüttens eines im Eozän angelegten Reliefs bestätigt.

Im weiter nördlich gelegenen Hocheifelgebiet ist die Landschaft seit der Vulkantätigkeit stärker erniedrigt worden. Eventuell vorhandene Schlacken- oder Tephrabauten sind abgetragen worden. Jedoch zeigen sehr viele dieser Vulkane eine Verbreiterung zu Keulen- oder Trichterform bzw. bei den intermediären zu Quellkuppen, liegen also heute im oberflächennahen Niveau oberhalb der Zufuhrschlote. Bei der 37,9 Mio Jahre alten Basaltkuppe der Hohen Acht ist die Landoberfläche seit der Eruption um mindestens 60 m erniedrigt worden (QUITZOW 1982, s. u.). Dass die Abtragung an manchen Stellen der zentralen Eifel noch geringer war, zeigen die allerdings nicht ganz gesicherten Reste einer tertiären Tuffdecke am Fuchskopf nördlich Daun (S. 394). Außerdem müssen gegen Ende des Tertiärs im Einzugsgebiet der oberen Ahr noch Reste einer Decke von Oberkreidesedimenten vorhanden gewesen sein, denn in jungtertiären Ahrschottern fand H. ALTMEYER (1982b) Feuersteine. Daraus kann man schließen, dass die posteozäne Denudation in der Hocheifel wohl bedeutend war, aber Beträge von 100 m kaum überschritten hat. PIRRUNG & BÜCHEL (1994, 49) deuten die unregelmäßigen Horizontalschnitte von einigen Diatremen westlich von Kelberg als Indiz für ein sehr tiefes Stockwerk und leiten daraus tertiäre Abtragungsbeträge für diese Region von einigen Hundert Metern ab. Jedoch sprechen die vielen oberflächennahen Verbreiterungen anderer Tertiärvulkane dieses Raumes gegen solche Vorstellungen.

10.6.1 Die älteren Rumpfflächen (R2)

Die R2-Flächen als das ältere System liegen im Durchschnitt in etwa 600 m Höhe. Einige Rücken härterer Gesteine überragen diese Rumpffläche; in dem ausgedehnten R2-Flächenareal zwischen Prüm, Hillesheim, Schleiden, Monschau und dem NW-Abfall des Hohen Venns sind es u. a. der Schneifelrücken (697 m), das Weißensteinmassiv (690 m), die Prümscheid (675 m) nördlich Salm und Härtlinge von Revin-Quarziten im Venn. Dieser nordwestliche R2-Bereich fällt zu einer SW-NE verlaufenden Senke ab, die von der Ahr und ihren Nebenbächen entwässert wird. Er bildet die Wasserscheide zwischen Olef, Urft, Erft einerseits und Kyll und Ahr andererseits.

Südlich des Ahrtroges bildet ein nur schmaler und mehrfach unterbrochener R2-Streifen, der vom Salmerwald über das Nürburg-Gebiet bis in das Hochgebiet nördlich Kempenich zieht, die Wasserscheide zum Moseltrog (Lieser, Ueß, Endert, Elz) und Neuwieder Becken (Nitz und Nette). Nach QUITZOW (1982) hat der Hocheifelbereich seine Funktion als Wasserscheide aber erst nach der Bildung der R2-Flächen erhalten. Denn die Hauptwasserscheide wird südlich von Kelberg zwischen den Talanfängen von Trierbach und Ueßbach durch einen kastenförmigen Einschnitt unterbrochen, ebenso 1 km westlich davon zwischen der oberen Lieser und dem Trierbachsystem; ferner 8 km westsüdwestlich von Kelberg zwischen Ahbachtal und Liesertal, außerdem bei Meuspath zwischen dem System des Nitztals und dem des Adenauer Bachs. Es sieht demnach so aus, als ob hier zuerst nach Norden ziehende Täler bestanden, die erst später durch Aufwölbung der Wasserscheide in zur Ahr und zur Mosel fließende Äste getrennt wurden. Diese Bildung der heutigen Wasserscheide fand schon im Tertiär statt, wahrscheinlich aber erst nach dem Einbrechen der Niederrheinischen Bucht bzw. dem verstärkten Aufsteigen der Rheinischen Masse, also nach dem Unteroligozän.

Der Streifen der R2-Flächen wird in der Hocheifel von dem NE-SW streichenden Rücken des Schönebergs bei Cassel (670 m NN) und des Schellkopfes (652 m NN) bei Hohenleimbach überragt, ohne dass dafür besonders harte Gesteine verantwortlich zu machen sind. So sind diese Höhen nicht als Härtlinge, sondern als Erosionsreste einer höheren Oberfläche anzusehen. Reste dieser über dem R2-Niveau liegenden Landoberfläche sind am Fuß der tertiären Vulkankegel der Hocheifel vor der Abtragung geschützt worden. So hat die Hohe Acht einen Devon-Sockel, der bis in 690 m Höhe hinaufreicht, also um 60 m das R2-Niveau dieses Gebietes überragt (QUITZOW 1982, 183). Das Alter des Vulkans und damit das Mindestalter der Landoberfläche oberhalb der R2-Flächen ist nach K/Ar-Bestimmungen mit 37,9 Mio. J. anzusetzen (CANTAREL & LIPPOLT 1977). Damals, also etwa an der Wende von Eozän zu Oligozän hat noch kaum ein Relief bestanden, so dass man diese Höhenlage auf ein größeres Areal übertragen kann. Die R2-Flächen der Hocheifel müssen also viel später entstanden sein, vielleicht erst gegen Ende des Miozäns, da die Erniedrigung um 60 m eine längere Zeit benötigt.

Andererseits waren im Hohen Venn Niveaus, die nach STICKEL auch zu den R2-Flächen zu stellen sind, schon früher vorhanden, da sie Reste von oligozänen-miozänen Sanden enthalten, die nach HAGER (in KNAPP 1980) wahrscheinlich den Kölner Schichten gleichzusetzen sind. Bei Neu-Hattlich westlich Mützenich finden sich sogar Reste von marinen Maastricht-Sedimenten in etwa 600 m Höhe auf diesen Flächen (KNAPP 1980).

Die Bezeichnung R2-Flächen umfasst also Flächen, die zu sehr unterschiedlichen Zeiten entstanden sind. Die Oberkreide-Reste an der Baraque Michel (672 m NN) und am Mont Rigi (673 m NN) liegen auf noch höheren Flächenresten, so dass hier wenigstens kreidezeitliche von tertiären Verebnungen zu unterscheiden sind (D. RICHTER 1962b).

10.6.2 Die jüngeren Rumpfflächen (R1)

Während die R2-Flächen nur noch in kleinen Restarealen vorhanden sind, nehmen die jüngeren R1-Flächen den größten Teil des Eifelgebietes ein. Die heute im Durchschnitt 500 m NN liegende R1-Region ist jedoch sehr uneben mit Vertikalabständen von 100–150 m. Man könnte sie auch in mehrere Verebnungen aufteilen, wie es z. B. PFEFFER (1978) für die Westeifel getan hat. In der R1-Landschaft sind schon die breiten Talzüge angelegt, in denen das heutige Gewässernetz verläuft. Das Ahrtal mit seinen Nebentälern entwässert den R1-Bereich zwischen der Hauptwasserscheide der Eifel und den R2-Höhen um Blankenheim und Tondorf, die dann die Wasserscheide zu Urft und Erft bilden. Es gibt im Ahrtal breite Areale, in denen auch die Rücken zwischen den Tälern nur wenig über 400 m NN liegen, während die Talmulden tiefer als 400 m liegen. Eine solche niedrigere Partie findet sich z. B. im Einzugsgebiet von Armuthsbach, Buchholzbach und Liersbach nördlich von Schuld. ZENSES (1980) bezeichnet diese Senken als „intramontane Ebenen“, die unter wechselfeucht-subtropischen Bedingungen wegen lokaler stärkerer Durchfeuchtung stärker der Verwitterung und Abtragung unterworfen gewesen sein sollen. Nach QUITZOW (1978, 1982) wird der geradlinige NNE-Verlauf des Ahrtales zwischen Dümpelfeld und Pützfeld durch eine jüngere Bruchstufe verursacht, die auch noch in den Unterlauf des Adenauer Bachtales zieht. An ihr wird die R1-Fläche im W um 50–100 m abgesenkt. Dadurch wird der ohnehin sehr steile Anstieg vom Ahrtal zur Hauptwasserscheide im Hohe-Acht-Gebiet noch gesteigert.

Die Fixierung des Zeitraumes, in dem sich das R1-Flächensystem bildete, ist wie bei den R2-Flächen schwierig. Nach QUITZOW (1982, 203) kann die Entstehung der R1-Region der südlichen und östlichen Eifel durch das Einsinken der breiten Talung im Moselgebiet („Bitburg-Kasseler Senkungsfeld“ nach PFLUG, 1959) in Gang gesetzt worden sein; das bedeutet zu Beginn des Tertiärs. Für den Bereich nördlich der Hauptwasserscheide hat der Einbruch der Niederrheinischen Bucht im Mittel-Oligozän die Anlage der R1-Flächen ausgelöst. Im Bereich der Kalkmulden gibt es aber Bereiche, in denen die R1-Flächen etwa mit der prätriadischen Landoberfläche zusammenfallen, z. B. in der Dollendorfer Mulde mit den Buntsandsteinresten am Griesheuel oder in der nördlichen Prümer Mulde zwischen Oos und Scheuern (QUITZOW 1982). Die R1-Landschaft ist also auch nicht überall gleichzeitig entstanden. Ein Stillstand in der umfangreichen Flächenbildung könnte während des Obermiozäns eingetreten sein, weil hier zu der stetigen Temperaturabnahme noch längere Trockenphasen hinzutraten (SCHWARZBACH 1968).

10.6.3 Die Trogregionen

Die R1-Flächen senken sich im E und S der Eifel zum Rheintrog und Moseltrog hinab. Diese breiten Senken sind am Rhein etwa 20, an der Mittelmosel über 30 km breit. Die Trogböden liegen am Rhein in 200–250 m NN, an der Mosel um 300 m NN. Die Tröge sind nicht durch Erosion entstanden, sondern durch tektonisches Einsinken, das sich aber größtenteils bruchlos an Randflexuren vollzog und nicht grabenartig an Störungen. Beim Rheintrog spielen neben dem bruchlosen Hinabbiegen auch Einbrüche von Schollen an Störungen eine Rolle, besonders im nördlichen Teil, der in das Bruchfeld der Niederrheinischen Bucht übergeht. Die Randflexuren der Trogregionen waren noch bis ins Quartär hinein aktiv (vgl. 11.6.5.7).

Der NE-SW verlaufende Trog, in dem dann die Täler von Mosel und Lahn angelegt wurden, hat sich als „Bitburg-Kasseler Senkungsfeld“ (PFLUG 1959) zuerst gebildet, zu Beginn des Tertiärs, wie die eozänen Beckentone in der SW-Eifel und im südlichen Westerwald zeigen. Der NW-SE streichende Rheintrog stellt die Fortsetzung der Niederrheinischen Bucht dar und entstand wie diese wohl erst ab der Unteroligozän-Zeit. In ihm wurden in breitem Streifen zwischen dem Neuwieder Becken und der Niederrheinischen Bucht oberoligozäne und miozäne Tone, Sande und Kohlen abgelagert (10.3.2; 10.4.1). Es ist nicht auszuschließen, dass während des Oberoligozäns eine kurze flache Meeresüberflutung große Teile der Eifel bis vielleicht an den Rhein überflutet hat (NEGENDANK 1983, 108). Der Westerwald wurde von dieser Überflutung nicht erreicht, also die östliche Flanke des Rheintrogs wurde nicht überschritten. Mikrofossilien geben Hinweise darauf, dass während des höheren Untermiozäns (Hemmoor-Stufe) eine kurzfristige schmale Meeresverbindung zwischen Mainzer Becken und Niederrheinischer Bucht bestanden hat, was die Existenz des Rheintroges zu dieser Zeit voraussetzt (MARTINI 1981).

Der Rheintrog wird unmittelbar nördlich vom Neuwieder Becken durch den Brohl-Hammersteiner Riegel, in dem über 300 m hohe Erhebungen bis dicht an das Tal heranreichen, stark eingeengt oder sogar unterbrochen. In diesem Rücken setzt sich die Hauptwasserscheide der Eifel bis an den Rhein fort. Er begleitet den Nordrand des Neuwieder Beckens dort, wo dieser am Andernacher Sprung eine besonders große Sprunghöhe aufweist. Es ist denkbar, dass der Rücken durch das an vielen Grabenstörungen zu beobachtende antithetische Aufsteigen der Hochscholle entstanden ist (vgl. Schwarzwald und Vogesen am Rheingraben). Das Aufsteigen des Hammersteiner Riegels muss schon während des Tertiärs begonnen haben, hat sich jedoch im Quartär fortgesetzt. Das zeigt eine schwache Aufbeulung der quartären Terrassen (LANGER & BRUNNACKER 1983), deren Betrag aber nicht ausreicht, um die im Ganzen fast 100 m betragende Höhendifferenz zu erzeugen. Auf der Westseite des Neuwieder Beckens hat südwestlich von Berresheim wahrscheinlich ein Tal bestanden, durch das die Elz ins Neuwieder Becken geflossen ist (QUITZOW 1982). Es könnte dort auch durch eine den Beckenrand begleitende Aufwölbung nach SE zur Mosel hin abgedrängt worden sein.

Das Neuwieder Becken ist im Kreuzungsbereich von Rheintrog und Moseltrog entstanden; hier haben sich die Absenkungsbeträge beider Tröge zu dem Betrag von 350 m (für Tertiär und Quartär) addiert.

In den beiden Trögen bildeten sich die Flusstäler von Rhein und Mosel. Seit dem Untermiozän muss der Rhein etwa seine heutige Lage gehabt haben und der Mittelrhein an den Oberrhein angeschlossen gewesen sein, wie BOENIGK (1978) an Schwermineralen zeigen konnte. Die Mosel ist schon älter und bestand nach morphologischen Untersuchungen von QUITZOW (1969) wohl schon im Oberoligozän in etwa der heutigen Position. Die großen Ströme haben zuerst flache breite Täler eingeschnitten; es kam zur Bildung der sog. Kieseloolith-Terrassen, die ins Pliozän gestellt werden, aber vielleicht auch älter sein können.

Die Eifelhochfläche wird also im E und S von den beiden großen Trogregionen begrenzt. Auch nach N, zur Niederrheinischen Bucht hin, senken sich die R1-Flächen langsam ab. Dadurch ist z. B. die 360–400 m hohe sog. Ahrplatte nordwestlich vom mittleren Ahrtal und unteren Sahrbachtal entstanden (QUITZOW 1978).

10.7 Vulkanismus

Zu Beginn des Tertiärs wurde die Eifel Schauplatz eines lebhaften, überwiegend basaltischen Vulkanismus. Die Vulkantätigkeit hatte ein Maximum in einem Nord-Süd verlaufenden Streifen etwa zwischen Ulmen und Adenau in der Hocheifel. Sie war jedoch nicht auf dieses Gebiet beschränkt, sondern erfasste auch das besonders östlich davon gelegene Areal. Hier finden sich zahlreiche tertiäre Basalte verstreut im Ahrgebiet und auch innerhalb des quartären Laacher Vulkangebietes. Die Häufigkeit nimmt in Annäherung an den Rhein zu, besonders nördlich des Ahrtales; hier bestehen Übergänge zu den Vulkangebieten des nördlichen Westerwaldes und des Siebengebirges. Westlich und nördlich des Vulkanzentrums der Hocheifel finden sich nur vereinzelte Tertiärvulkane. Nordwestlich der Linie Tomberg bei Wormersdorf – Witscheiderhof bei Bouderath – Stromberg bei Ripsdorf gibt es keine tertiären Vulkane, ebenfalls nicht südöstlich der Linie Eckfeld – Steineberg – Auderath – Kaifenheim – Mertloch. Zwei Basaltstöcke auf der Hunsrückseite des Moseltals, einer südlich Pronsfeld und die beiden kreidezeitlichen Vulkane in der Wittlicher Senke liegen vollkommen isoliert.

Die diffuse Verteilung der einzelnen Ausbruchspunkte widersetzt sich allen Versuchen, deren Anordnung zu den Strukturen etwa des variszischen Faltengebirges in Beziehung zu setzen. Es ergibt sich vielmehr das Bild, dass besonders im Zentrum des Hocheifel-Vulkangebietes die Kruste schrotschussartig durchsiebt wurde, wobei, wie es Knetsch (1939, 1950, 1959) dargestellt hat, die Schmelze beim Aufstieg im Bereich des Schiefergebirgsstockwerks sicherlich durch dessen Inhomogenitäten vielfach gelenkt wurde. Aber tektonische Ursachen für den Vulkanismus lassen sich in der Kruste nicht finden. Das tertiäre Bruchgebiet der Niederrheinischen Bucht z. B. ist frei von Vulkanen. Dort, wo im Bereich des Siebengebirges einige seiner Störungen sich in das Schiefergebirge fortsetzen, wurden die Schmelzen beim Aufstieg dadurch gelenkt; so entstanden die für dieses Gebiet charakteristischen NW-SE streichenden Basaltlinien. Angedeutet ist diese Orientierung in der Osteifel auch bei der Basaltreihe des Hasenbergs bei Krälingen (Bl. 5407 Altenahr) und mag hier entweder einer solchen jungen NW-Störung folgen oder einem variszischen Querbruch; beide Störungssysteme haben gleiche Orientierung und sind im Schiefergebirge nicht zu trennen, wenn keine tertiären Bezugsschichten vorhanden sind. Jedoch werden Zusammenhänge zwischen Häufungen von Ausbruchspunkten und variszischer oder jüngerer Tektonik nur auf den letzten Teil des Aufstiegsweges zu beziehen sein, und die Ursachen für das Auftreten von Vulkanfeldern liegen im Bereich des Erdmantels, in dem sich die Schmelzen bildeten.

Durch geophysikalische Beobachtungen wissen wir, dass der Vulkanismus auf das Aufsteigen von Schmelzen aus Bereichen der Asthenosphäre, also aus Tiefen von mindestens 100 km zurückgeht. Dabei kann der Aufstieg durch großräumige Bewegungen, welche die ganze Lithosphäre erfassen (also die Erdkruste und den obersten, relativ starren Teil des Erdmantels) verursacht werden. Dadurch werden wohl auch die Aufstiegswege für die Schmelzen geschaffen. Diese Bewegungen werden unmittelbar in den tektonischen Prozessen innerhalb der Kruste spürbar sein. Wenn die Schmelzen, die durch den Oberen Erdmantel nach oben steigen, nicht direkt zur Erdoberfläche durchbrechen, sondern Magmenreservoire speisen, von denen das eigentliche vulkanische Geschehen ausgeht, so ist zu erwarten, dass die tektonische Aktivität an der Erdoberfläche und die vulkanischen Vorgänge nicht unbedingt synchron ablaufen müssen.

Wir wollen zuerst diese Zeitbeziehungen untersuchen, dann die Ausdehnung und Orientierung der rheinischen Vulkanfelder sowie die Vulkanformen. Dann wird ein Überblick über die Petrographie gegeben und der Versuch unternommen, die Magmenreservoire zu rekonstruieren. Es schließt sich eine Beschreibung der Einzelvorkommen an.

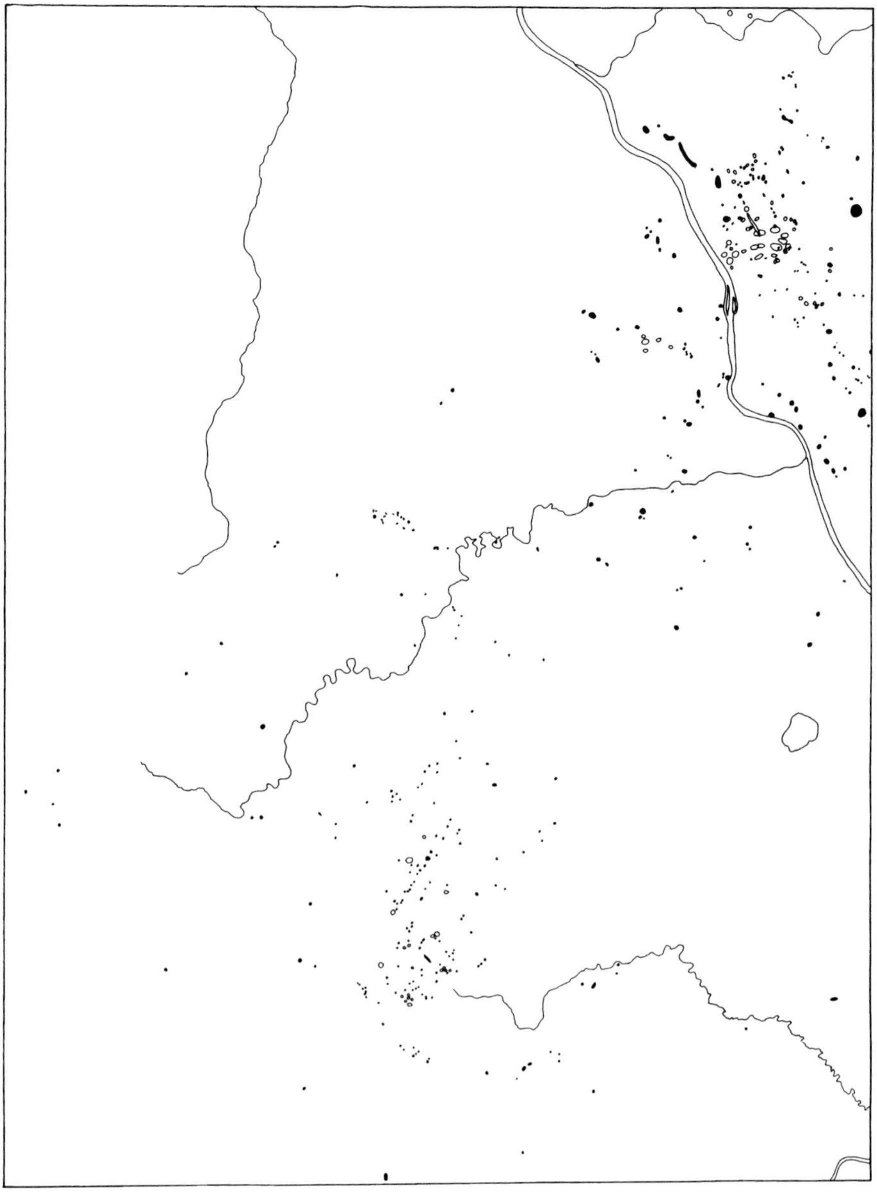

Abb. 66. Die tertiären Vulkane in Eifel und Vorderwesterwald. Schwarz: Basalt, offene Signaturen: intermediäre Gesteine

10.7.1 Datierung und zeitliche Beziehung zur Tektonik

Nach den radiometrischen Altersbestimmungen (Cantarel & Lippolt 1977, Todt & Lippolt 1980, Lippolt & Fuhrmann 1980, Fuhrmann 1983, Müller-Sohnius et al. 1989, Mertz et al. 2000) hat der Vulkanismus der Eifel und der benachbarten rechtsrheinischen Gebiete nicht während der Zeiten starker tektonischer Aktivität stattgefunden, sondern in den

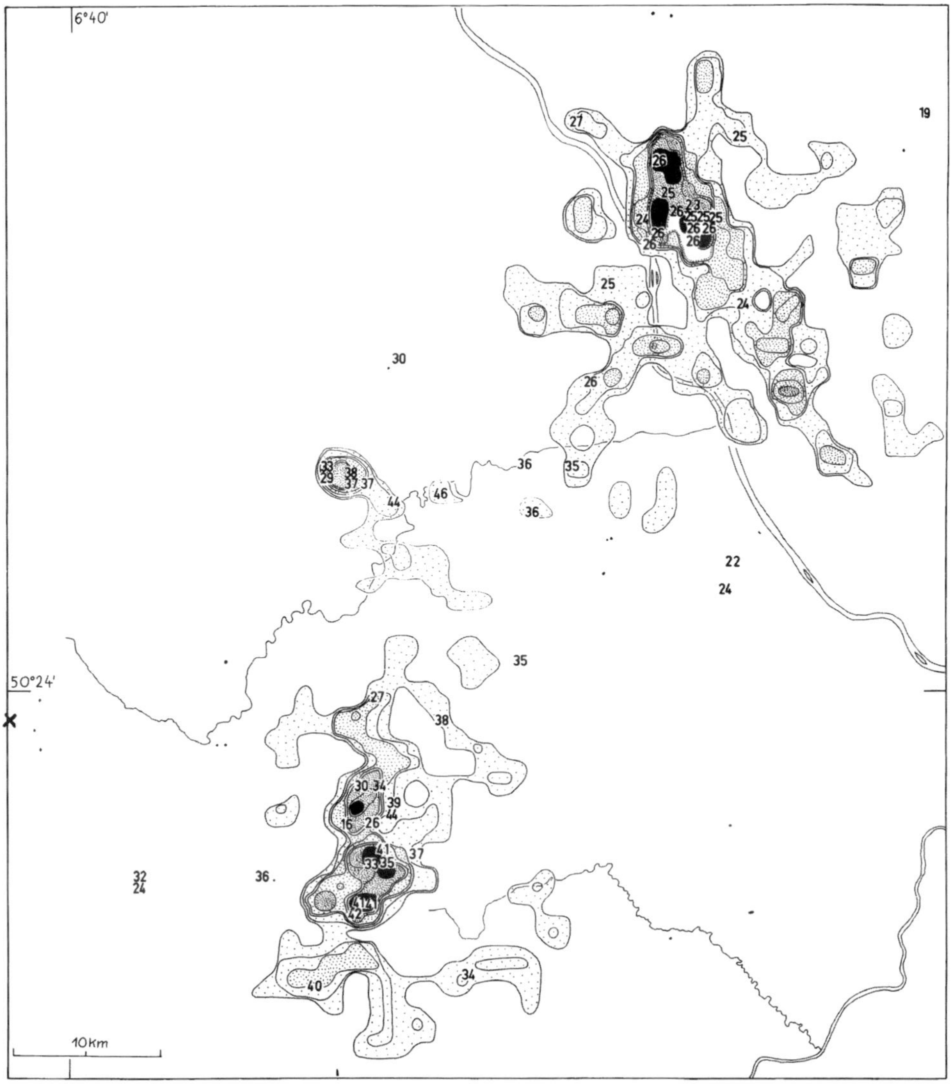

Abb. 67. Flächen gleicher Besetzungsdichte (Vulkan pro Quadratkilometer) der tertiären Vulkane von Eifel und Vorderwesterwald. Die Zahlen geben K/Ar-Alter in Mio. Jahren an: Cantarel & Lippolt (1977), Lippolt & Fuhrmann (1980), Schmincke & Mertes (1979), Todt & Lippolt (1980), Lippolt (1976), Fuhrmann (1983). Kreuz am Westrand: Hohscheid, nach Müller-Sohnius et al. (1989) 90 Mio. Jahre alt. Die tertiären Alterswerte von Müller-Sohnius et al. sind nicht eingetragen.

dazwischen liegenden Perioden relativer tektonischer Ruhe. Erste stärkere tektonische Bewegungen erfolgten hier während der jüngsten Oberkreide oder zu Beginn des Tertiärs. Danach, also etwa vom Obereozän bis zum Oberoligozän, sind keine größeren Bewegungen festzustellen (zur Tektonik vgl. 12.1). In diese Ruheperiode, und zwar ins Obereozän bis Unteroligozän fällt aber das Maximum des Hocheifel-Vulkanismus (34–42 Mio. J.). In dieser ersten Phase werden außer Basalten fast alle die intermediären Gesteine (Trachyte usw.) im Zentrum des Vulkangebietes gefördert. Die Haupttätigkeit des Hocheifel-Vulkanismus ist hier über den relativ langen Zeitraum von 8 Mio. Jahren angesetzt worden. Die bisher vorliegenden Daten gruppieren sich aber um zwei, durch ein Minimum getrennte Phasen erhöhter Tätigkeit, eine bei 34–36 Mio. J., eine bei 40–42 Mio. J., wenn es erlaubt ist, die Datierungen, welche naturgemäß nur einen kleinen Teil der etwa 290 Vulkane des Hocheifelgebietes erfassen konnten, als repräsentativ für das ganze Vulkanfeld anzusehen. Das Basaltgebiet des mittleren Ahrtales bis etwa Bad Neuenahr gehört nach den radiometrischen Datierungen auch noch zum Vulkanfeld der Hocheifel.

Eine starke Hebungs- und Verwerfungsphase liegt am Beginn des Oberoligozäns. Gerade aus dieser Zeit (vor ca. 28 Mio. J.) liegen keine Altersangaben von Vulkaniten vor. Der Vulkanismus des Siebengebirges hat seinen Schwerpunkt am Ausgang des Oligozäns bzw. in der Übergangszeit zum Miozän (24–26 Mio. J.), das ist wieder eine Zeit tektonischer Ruhe. In dieser zweiten vulkanischen Phase sind auch Basalte nordöstlich des Ahrtales aufgedrungen (Americh bei Nierendorf, Dächelsberg bei Niederbachem) und im Brohltalgebiet (Kahlenberg, Steinbergskopf bei Niederlützingen).

Die K/Ar-Datierungen zeigen aber auch, dass es im Vulkanfeld der Hocheifel nach den Hauptphasen noch vereinzelte Aktivitäten gegeben hat, etwa gleichzeitig mit der Hauptförderphase im Siebengebirge: Bränkekopf bei Welcherath 26 Mio. J., 2. Ausbruch am Arensberg bei Zilsdorf 24 Mio. J. (Cantarel & Lippolt 1977), bzw. sogar noch später: Bocksberg bei Müllenbach 18 Mio. J. (Lippolt & Fuhrmann 1980).

10.7.2 Ausdehnung und Orientierung der Vulkanfelder

Da die mindestens 400 Vulkanitvorkommen (darunter 25 intermediäre Gesteine) der Hocheifel und der Osteifel durchschnittlich die gleiche Förderleistung haben, denn größere Lavaströme fehlen, kann der Versuch unternommen werden, die Verteilung von Schwerpunkten des Vulkanismus dadurch zu bestimmen, dass die Einzelvorkommen wie Punkte im Gefügediagramm in Vulkan pro Flächeneinheit ausgezählt werden. Eine solche Auszählung (Abb. 67) ergibt, dass ein Maximum der tertiären Vulkantätigkeit in der Hocheifel deutliche Nord-Süd-Ausdehnung zwischen Ulmen und dem Hochthürmen-Gebiet bei Kirchsahr hat. Innerhalb dieser Zone liegen die nichtbasaltischen Differentiate wiederum in einer Nord-Süd gestreckten Ellipse. Dieses Hocheifel-Vulkanfeld mit Nord-Süd-Orientierung weist K/Ar-Alter mit einem Schwerpunkt zwischen 34 und 42 Mio. J. auf, wie im vorigen Abschnitt erläutert wurde.

Das Vulkanfeld des Siebengebirges und seiner südlichen Umgebung (bis in die Umgebung von Waldbreitbach) hat im Großen eine deutliche NW-SE-Erstreckung. Diese Richtung ist auch im Streichen einiger Gänge und Vulkanreihen (Basaltlinien) präsent. Die nichtbasaltischen Differentiate (Latite, Trachyte) liegen auch innerhalb eines in NW-SE- Richtung gestreckten Ovals, das über den Dächelsberg, in dessen Untergrund Trachyt ansteht, eine Ausstülpung nach SW bis ins Gebiet von Berkum hat. Die radiometrisch bestimmten Alterswerte gruppieren sich hier um ein Alter von 25 Mio. J. (TODT & LIPPOLT 1980, LIPPOLT & FUHRMANN 1980), das ist ca. 10–15 Mio. J. später als bei dem Nord-Süd-Feld der Hocheifel. Die Grenze zwischen dem älteren Hocheifel-Vulkangebiet und dem jüngeren NW-SE-Vulkanfeld verläuft nach den Altersdaten nördlich von Bad Neuenahr. Nach TODT & LIPPOLT (1980) und LIPPOLT & FUHRMANN (1980) hat der Neuenahrer Berg ein Alter von 35 Mio. J.; der knapp 6 km davon entfernte Americh ist 26 Mio. J. alt. Er gehört damit zum Vulkanbereich Siebengebirge-Westerwald, ebenso die im Laacher Vulkangebiet liegenden tertiären Basalte Steinbergskopf bei Niederlützingen (22 Mio. J.) und Kahlenberg bei Burgbrohl (24 Mio. J.).

10.7.3 Petrographischer Überblick

Die im Geländeeindruck als dichte Basalte zu bezeichnenden Gesteine lassen sich nach mikroskopischer und chemischer Untersuchung (VOGELSANG 1890, L. KOCH 1933, HUCKENHOLZ 1965a, 1965b, 1966, 1983, CHAUDHURI 1970, HUCKENHOLZ & BÜCHEL 1988, VIETEN et al. 1988) in verschiedene Typen unterteilen, die eine Differentiationsreihe bilden, welche von Alkali-Olivin-Basalt über Hawaiit und Mugearit zu Trachyt führt. Unabhängig von den Differentiationsprozessen haben sich im Magma Akkumulationen von Mineralen gebildet, aus denen nephelinreichere Gesteinstypen entstanden (Nephelinbasanite). Aus anderen, olivin-reicheren Akkumulationsprodukten außerhalb der Differentiationsreihe entstehen Ankaramite und Olivinnephelinite.

Die nichtbasaltischen Gesteine finden sich im Vulkanfeld der Hocheifel innerhalb einer schmalen N-S gestreckten Ellipse zwischen Mosbruch und Quiddelbach. Wieder im Zentrum dieser Ellipse sind innerhalb eines E-W-Streifens zwischen Kelberg und Reimerath die sauersten Gesteine, nämlich Leukotrachyte aufgedrungen. Dadurch ergibt sich in der Karte das Bild eines großen Auges. Die nichtbasaltischen Gesteine sind nach GRÜNHAGEN (1964) durch gravitative Differentiation aus einem alkalibasaltischen Magma entstanden. Dabei dürften die Leukotrachyte aus dem höchsten Teil der Magmenkammer stammen, während die weniger sauren Oligoandesite und die anderen Trachyte aus etwas tiefer gelegenen Zonen aufgestiegen sind. Diese höchsten Teile der Magmenkammer müssen eine Zeitlang bis in das Gneisstockwerk der Kruste hinaufgereicht haben; dafür sprechen Einschlüsse von Gneisen, die von der Schmelze z. T. schlierenartig resorbiert wurden, wie es VOGELSANG (1890, 25ff) vom Bocksberg-Andesit beschreibt (eine moderne Untersuchung der Einschlüsse in den Hocheifel-Vulkaniten ist dringend erforderlich).

Nach den radiometrischen Altersbestimmungen von CANTAREL & LIPPOLT (1977) scheint der Hocheifel-Vulkanismus mit der Förderung der Andesite und Trachyte in dem Zeitraum vor 42–44 Mio. J. begonnen zu haben, die ältesten datierten basaltischen Gesteine sind erst 39,1 Mio. J. alt (Raustert südlich Meuspath). Die wenigen Beispiele, an denen das Altersverhältnis im Gelände zu beobachten ist, zeigen auch, dass die Basalte jünger als die saureren Gesteine sind: bei Reimerath drang Basalt auf einer den Trachyt zerschneidenden Störung auf (nach CANTAREL & LIPPOLT ca. 6 Mio. J. nach dem Trachyt); ein Alkalitrachyt-Brocken am Steinkäulchen östlich Hünerbach steckt nach GRÜNHAGEN (1964) wahrscheinlich als Xenolith in Basalttuff; HUCKENHOLZ (in CANTAREL & LIPPOLT 1977) beobachtete trachytische Xenolithe in Basalttephra am Maihöchsten östlich Köttelbach.

Wie zu erwarten, finden sich Vorkommen der beiden anderen Glieder der Differentiationsreihe, nämlich Hawaiit und Mugearit innerhalb der sauren Aureole (Hawaiit bei r 6650 h 7698 innerhalb der Südschleife des Nürburgrings; Mugearit am Gewaderköpfchen bei Reimerath) oder dicht außerhalb davon (Hawaiit am Metzgesfeld südwestlich Breitscheid und an der Schildwacht östlich Hünerbach, Mugearit nördlich vom Metzgesfeld-Hawaiit). Die beiden Vorkommen am Metzgesfeld verlängern dadurch die nordsüdlich gestreckte Ellipse der sauren Differentiate noch etwas nach N.

Die Verteilung der durch Akkumulationen von Klinopyroxenen entstandenen Basanite und durch Akkumulationen von Olivin und Klinopyroxenen gebildeten Ankaramite ist unabhängig von der Differentiationsaureole. Solche Akkumulationen erfolgten also an verschiedenen Stellen, vielleicht sogar überall innerhalb des großen Magmenkörpers. Basanite wurden besonders im Südteil des Vulkanfeldes festgestellt: Kleiner Bermel, Hochbermel, Vorkommen zwischen Höchstberg und den Kölnischen Höfen, 2 Vorkommen westlich Gefell, Ehlert nördlich Darscheid, Höhe 543,9 östlich Darscheid, Maibusch bei Berenbach; sie fanden sich aber auch nordöstlich von Adenau (r 6750 h 8375), an der Nürburg und Lützelacht. Ein größerer Körper von Akkumulationen aus Olivin und Klinopyroxenen dürfte unter dem Gebiet des Hochkelbergs liegen; das zeigen die Ankaramitvorkommen vom Hochkelberg, dem Maihöchsten und einem Vorkommen ostsüdöstlich davon, vom Holzberg und einem Vorkommen südlich davon an. Außerdem wurde als Gestein der Hohen Acht und des Arembergs Ankaramit nachgewiesen.

Für viele der Basaltvorkommen der Hocheifel sind noch keine genauen petrographischen Untersuchungen veröffentlicht worden, deshalb sind leichte Verschiebungen an dem geschilderten Verteilungsbild noch möglich. Jedoch dürfte der größte Teil der in den vorangegangenen Zeilen nicht erwähnten Vorkommen der Hocheifel, das ist das Gros der Basalte, zum Typ der Alkali-Olivin-Basalte gehören. Es sei noch auf die geochemischen Untersuchungen des Hocheifel-Vulkanismus von C. Jung (2003) hingewiesen.

Nördlich von Daun und am Buerberg bei Schutz finden sich Reste von hellen, vielleicht trachytischen Tuffen, für die auch tertiäres Alter wahrscheinlich ist (S. 394 und S. 388). Nördlich des eozänen Eckfelder Maares, dessen Seeablagerungen sich auch mit intermediären Bimstephren verzahnen, findet sich ein intermediäres Diatrem (Pirrung 1992). Hier haben also im Südwesten des Hocheifel-Vulkanfeldes ebenfalls Differentiationsprozesse stattgefunden.

10.7.4 Form der Vulkane

Zum Unterschied zu den quartären Vulkanen hat keiner der tertiären Schlote einen Lavastrom geliefert. Auch die größten Basaltmassen, wie z. B. Höchstberg und Schildwacht stellen keine Lavaströme dar, sondern Kuppen, die von mehreren Schloten gespeist wurden; vielleicht ist der Schildwacht-Vulkan auch ein gangartiges Vorkommen. Auch der Steineberg (Bl. 5807 Gillenfeld), der ebenfalls zu den größten Basaltvorkommen gehört, dürfte seine über einen halben Kilometer lange Nord-Süd-Erstreckung durch gangartiges Aufdringen von Basalt erhalten haben. Er dürfte auf einer Nord-Süd-Störung liegen, die im Quartär auch die Aufstiegswege kanalisiert hat, denn genau in südlicher Fortsetzung liegen Demerather und Ellscheider Maar, Pulvermaar, Strohner Maar und der ebenfalls langgestreckte Wartgesberg-Rücken (vgl. S. 370–372).

Am häufigsten sind bei den Basalten keulenartige Formen von kreisrundem bis elliptischem Umriss in der Horizontalen bei Durchmessern von höchstens 100 m. Oft bilden mehrere dieser kleinen Vorkommen geradlinige Ketten, was anzeigt, dass die Schmelze darunter gangförmig aufgedrungen ist. Diese Vulkanketten folgen teils dem variszischen Faltenstreichen, wie z. B. bei der Gruppe zwischen dem Hochkelberg und dem Maihöchsten (Bl. 5707 Kelberg) oder wie zwischen Müllenbach und Nürburg (Bl. 5607 Adenau), teils der Richtung senkrecht dazu, wie bei der Gruppe nordwestlich von Krälingen (Bl. 5407 Altenahr). Jedoch treten auch andere Richtungen auf. Die Vulkanketten sind in der Eifel jedoch nicht so lang und dicht besetzt wie im Vulkanfeld des Siebengebirges, auch fehlen die dort verbreiteten langen Eruptivgänge. Im Eifeler Vulkangebiet fehlen die jungen NW-SE-Störungen, welche im Siebengebirgsbereich die aufdringenden Schmelzen nahe der Oberfläche gelenkt haben.

Viele der Basaltkuppen sind von Tephren umgeben. Der Lavaförderung dürften in den meisten Fällen Explosionen vorausgegangen sein, welche die Schlote ausräumten. Die Lava breitete sich oberhalb des festen Devongesteins in den Tephrakegeln als Keule oder Scheibe aus und erstarrte hier relativ langsam, wie die regelmäßigen Säulen zeigen, die bei vielen Vorkommen zu beobachten sind, besonders schön z. Z. am Hoffelder Kopf (Burgkopf), am Gewaderköpfchen bei Reimerath und am Höchstberg. Die tertiären Laven sind relativ dicht, nicht blasenreich wie die quartären Laven.

Reine Tephraschlote oder Maare sind relativ wenig bekannt geworden. Das mag zum Teil daran liegen, dass eventuell vorhandene Tephrawälle oder -kegel in der langen Zeit abgetragen wurden, und die schmalen Schlote nur in Taleinschnitten gefunden werden können. Auf den Hochflächen wären sie nur durch eine engmaschige magnetische Kartierung zu orten. Am meisten tertiäre Tephraschlote sind nahe dem Rheintal bekannt geworden (Blätter 5409 Linz, 5408 Ahrweiler, 5309 Königswinter, 5308 Godesberg).

10.7.5 Modell für die Entstehung des tertiären Vulkanismus

Die geometrische Anordnung der rheinischen Vulkanfelder reizt dazu, ein Bild von den Entstehungsvorgängen in der Tiefe zu entwerfen. Die Beobachtungen lassen sich gut erklären durch das Modell für die Entstehung kontinentaler Deckenbasalte, das COX (1980) entwickelt hat. Danach finden Aufschmelzungsvorgänge von Mantelgestein in Tiefen von 100–150 km statt (Asthenosphäre). Geschmolzenes Material steigt von dort auf, wenn in der Lithosphäre Schwächezonen (Frakturen) entstehen. Die Schmelzen breiten sich im Grenzbereich zwischen Mantel und Kruste oder in den tiefen basischen Partien der Kruste lager- oder kissenartig aus, da ihre hohe Dichte (2,7–3,0 g/cm^3) einen weiteren Aufstieg durch die wesentlich leichtere Kruste unmöglich macht. Sie differentiieren sich hier in eine Schicht von alkalibasaltischer Zusammensetzung und eine ultrabasische Bodenschicht. Die alkalibasaltischen Schmelzen sind leichter und dadurch eruptionsfähig. Das Vulkanfeld an der Erdoberfläche zeichnet also ein Magmenreservoir im Grenzbereich Mantel/Kruste nach. Im Zentrum der Vulkanfelder Hocheifel und Siebengebirge/Westerwald finden außerdem noch weitere Differentiationen bis zu trachytischen Schmelzen statt. Dadurch wird hier eine kissenartige Form der Magmenreservoire wahrscheinlich, die im Bereich der sauren Differentiate bis in das Gneisstockwerk der Kruste hinaufreicht, wie die stark assimilierten Gneiseinschlüsse in einigen der intermediären Laven zeigen. An den Rändern der Vulkanfelder dünnen die Kissen wahrscheinlich bis zu einer geringmächtigen Lage aus. Deshalb treten hier nur noch vereinzelte Vulkane auf.

Es stellt sich die Frage, ob das auffällige N-S-Muster des älteren Vulkanfeldes (Hocheifel) und die NW-SE-Orientierung des Siebengebirgsfeldes nur die Ausdehnung der Magmenkissen im Grenzbereich Kruste/Mantel abbildet oder Frakturzonen in tieferen Teilen der Lithosphäre nachzeichnet. Die zweite Möglichkeit ist für unser Gebiet wahrscheinlicher, und zwar aus folgenden Gründen: In Abschnitt 10.7.1 wurde geschildert, dass der Entstehung beider Vulkanfelder tektonische Bewegungen vorausgingen. Deren Orientierung lässt sich für die ältere Phase nicht mehr sicher rekonstruieren. Bei der zweiten aber ist sicher, dass sie die NW-SE-Orientierung des Siebengebirgs-Vulkanfeldes vorwegnimmt durch die Absenkung des NW-gestreckten Bruchfeldes der Niederrheinischen Bucht. Nehmen wir an, dass im tieferen Teil der Lithosphäre eine NW-SE streichende Bruchzone entsteht, so wird sich diese Bewegung sofort auf die Kruste übertragen, und sie wird sich dort in entsprechenden Frakturen abbilden. Das geschmolzene Mantelmaterial kann auf dieser Bruchzone aus der Asthenosphäre bis an die Basis der Kruste aufsteigen, wo es ein langgestrecktes Reservoir bildet, in dem Differentiationen vor sich gehen, bis schließlich eruptionsfähige Magmen entstanden sind. So kommt es, dass der Vulkanismus hier die verzögerte Antwort, gleichsam das Echo auf die Bewegungen der Lithosphärenplatten ist. BÜCHEL (1992) nimmt an, dass außer dem hier vorgeschlagenen Magmenkissen noch eine höher gelegene Magmenkammer im Zentrum des Vulkanfeldes existiert (bis 10 km Tiefe hinaufreichend), da im Kruste-Mantel-Bereich wegen Überschreitung der Curie-Temperatur eine Anomalie wie das Kelberger magnetische Hoch nicht erzeugt werden kann.

Die Orientierung der Vulkanfelder als Spur großer Frakturen oder eines Schollenbaus im tieferen Teil der Lithosphäre gibt uns einen Hinweis auf einen Wechsel im großtektonischen Kräfteplan. Ein Nord-Süd-Muster, das bis in den Jura hinein durch Senkungsbewegungen in der Eifeler Nord-Süd-Zone nachweisbar ist und vielleicht bei den ersten Aufstiegsphasen der Rheinischen Masse gegen Ausgang der Kreidezeit noch wirksam war, wird im Laufe des Oligozäns abgelöst durch einen NW-SE orientierten Beanspruchungsplan. Mit dieser Umorientierung ist der Beginn des starken Aufstiegs der Rheinischen Masse und des Einbruchs der Niederrheinischen Bucht verbunden. Der Aufstieg und die Aktivität von NW streichenden Störungen hält bis heute an, der Kräfteplan im Untergrund besteht also heute noch unverändert. Das zeigt auch die deutliche NW-SE-Orientierung der quartären Vulkankette der Westeifel.

10.7.6 Die Einzelvorkommen der Basalte

Die bekanntgewordenen Vorkommen von Basalten und Basalttephren („Basalt" als feldgeologischer Begriff) können hier nur in Form einer Liste, geordnet nach Messtischblättern von Norden nach Süden, aufgeführt werden. Ausführlichere Beschreibungen werden nur bei wenigen Vulkanen vorgenommen. Genauere Kartierungen führen in fast allen Gebieten der Osteifel und Hocheifel immer wieder zu Neufunden von Basalten, so dass unser Katalog nur einen vorläufigen Charakter haben muss, ohne dass sich allerdings an dem in den vorangegangenen Seiten entwickelten großräumigen Verteilungsbild etwas ändern wird.

10.7.6.1 Bl. 5208 Bonn, linksrheinisch (1 Vorkommen)

WILCKENS (1927, 77) gibt an, dass die alte Kirche von Bonn-Kessenich auf einem Basaltstock stehen soll. Das wurde dadurch bestätigt, dass 1983 in einer Baugrube Nikolausstraße 21–22 Basalt gefunden wurde, nach VIETEN et al. (1988) ein Alkali-Olivinbasalt.

10.7.6.2 Bl. 5308 Bad Godesberg (15 Vorkommen)

Die Basaltkuppe mit der Godesburg (RAUFF & KEGEL 1923, WILCKENS 1927, 77) reichte vor dem Bau der Burg bis etwa 95–100 m NN hinauf, das ist tiefer als die Landoberfläche zur Zeit der Vulkanentstehung. Eine vielleicht vorhanden gewesene Trichterkuppe ist also durch den Rhein erodiert worden bis in den Schlotbereich. Das Gestein ist nach VIETEN et al. (1988) ein Nephelinbasanit.

Im Godesberger Ortsteil Schweinheim 3 Vorkommen: RAUFF & KEGEL (1923), WILCKENS (1927, 77). Ein großes Vorkommen 400 m nordöstlich von Gut Marienforst. Ein kleines nordöstlich davon; ein weiteres nördlich davon bei der Godeshöhe. Vielleicht hängen die drei Vorkommen zusammen.

Muffendorf, 2 Vorkommen: RAUFF & KEGEL (1923), WILCKENS (1927, 76). Ein in N-S-Richtung langgestrecktes Vorkommen baut die Höhe mit dem Bismarckturm auf, nach VIETEN et al. (1988) ein Olivinbasalt. Ein weiteres, NW streichendes Vorkommen an der Cäcilienhöhe, nach VIETEN (in BURRE 1995) ein Hawaiit des SiO_2-untersättigten Typs.

Lyngsberg (Lyhnsberg, Lühnsberg): RAUFF & KEGEL (1923), WILCKENS (1927, 75–76). Über tertiären Schottern und Tonen Trachyttuff, in den eine Apophyse des Basaltes eingedrungen ist (SCHÜRMANN 1912). Basaltische Grenztephra. Gangartiges Vorkommen, Profil bei BRINKMANN (1957, 537). Nach VIETEN (in BURRE 1995) Hawaiit vom SiO_2-untersättigten Typ.

Villip: RAUFF & KEGEL (1923), WILCKENS (1927: 75; Taf. III). Eine große Basaltmasse, die von dem von Holzem kommenden Bach umflossen wird. Ein durch Erosion abgetrennter Basaltflecken nördlich von Burg Gudenau. Nach VIETEN et al. (1988) ein Nephelinbasanit.

Wachtberg zwischen Holzem und Berkum: RAUFF & KEGEL (1923), WILCKENS (1927, 75). Etwas Tephra am SE-Rand. Nach VIETEN et al. (1988) ein Alkaliolivinbasalt.

Stumpe-Berg (Stumprich) nordwestlich Berkum: RAUFF & KEGEL (1923), WILCKENS (1927, 75). Nach VIETEN et al. (1988) ein Alkaliolivinbasalt.

Arzdorf: RAUFF & KEGEL (1923), WILCKENS (1927, 75). Nach FRECHEN & VIETEN (1970, 373) ein Nephelin-Sanidinbasanit. In NW-Richtung über 500 m langgestrecktes Vorkommen, am Südrand mit Tephra. Nordwestlich davon 200 m jenseits der Straße nach Berkum noch ein kleines isoliertes Vorkommen, ebenfalls ein Nephelinbasanit (VIETEN et al. 1988).

Südlich Ödingen: RAUFF & KEGEL (1923), WILCKENS (1927, 74). NW streichender Basaltgang. r 8226 h 0775. Nach VIETEN et al. (1988) ein Nephelinbasanit.

In der Flur Erlenmaar südwestlich Berkum finden sich auf den Feldern Basalt- und Olivinbomben (r 7900 h 0900), so dass dort ein Tephraschlot zu vermuten ist, wobei offen bleibt, ob er tertiäres oder quartäres Alter hat.

10.7.6.3 Bl. 5309 Königswinter, linksrheinisch (14 Vorkommen)

Dächelsberg zwischen Ober- und Niederbachem: Der jetzt stillgelegte große Steinbruch zeigt sehr schön den Bau eines Subvulkans, wie er bei vielen anderen Vulkanen wohl auch vorgelegen hat, aber durch Abtragung inzwischen unkenntlich geworden ist. KUREISCHIE & STETS (1979) haben die Entstehung dieser Trichterkuppe rekonstruieren können (Abb. 68, 69): Dem Aufdringen des Basalts ist die Förderung von Trachyttuffen vorausgegangen. Da die Trachyttuffe einen unter das Talniveau hinabziehenden Trichter ausfüllen, müssen sie hier gefördert worden sein; sie enthalten bis 30 cm große Trachytbruchstücke. In die Trachyttuffe ist dann Basalt eingedrungen und hat sich darin pilzförmig ausgebreitet; an der Steinbruchswand ist zu sehen, wie an der Ostseite des Instrusivkörpers der Basalt sich mit den Tuffen verfingert. Da sich in Resten auch Basalttephra findet, hat es über dem Subvulkan vielleicht auch einen Vulkan an der Oberfläche gegeben. Die Lava ist nach VIETEN et al.

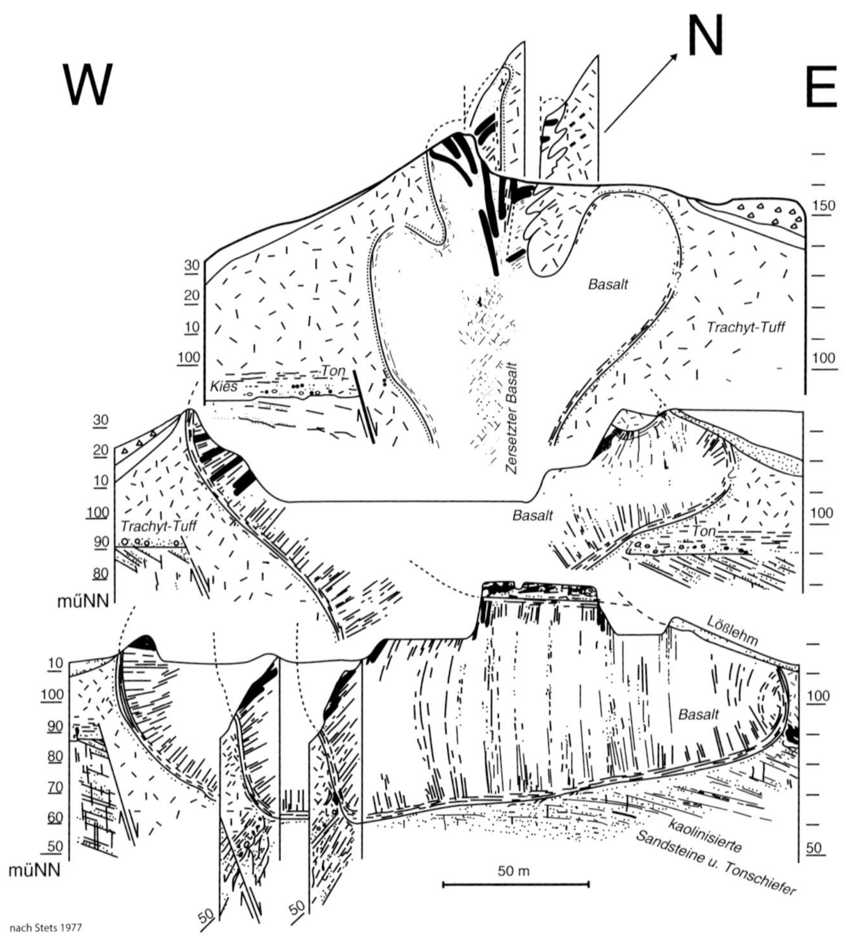

Abb. 68. Rekonstruktion der Trichterkuppe des Dächelsberges bei Niederbachem. Die Lage der Basaltsäulen durch schwarze Streifen verdeutlicht. KUREISCHIE & STETS (1979).

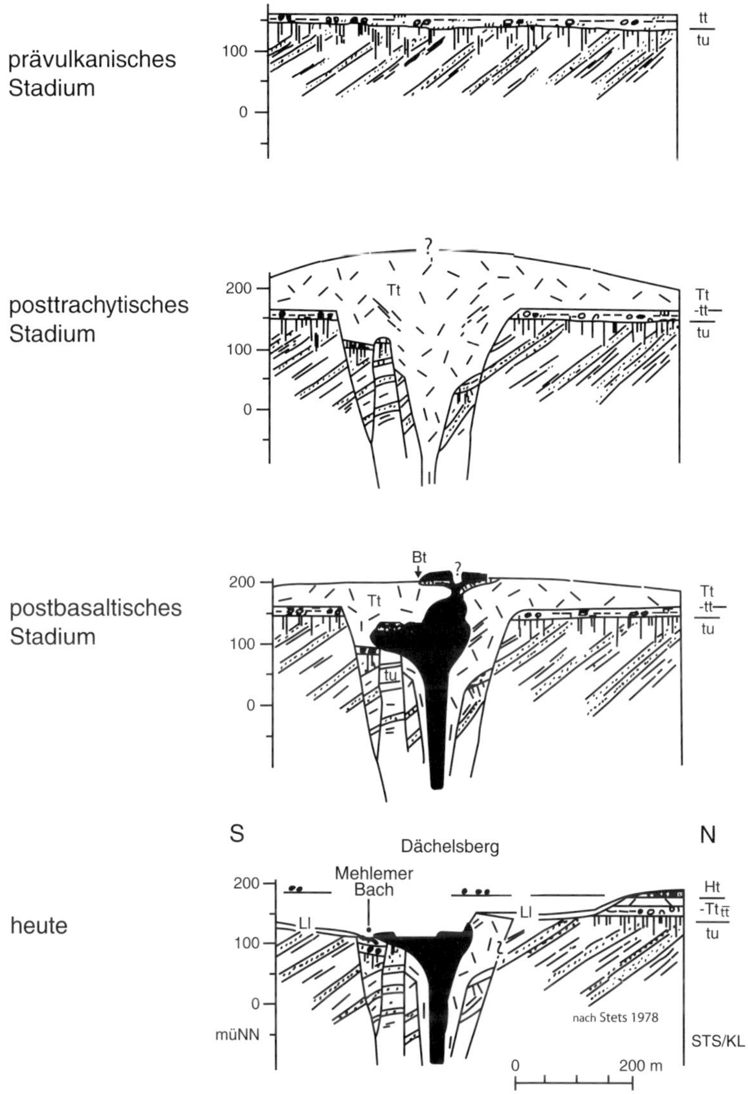

Abb. 69. Die Entstehung des Dächelsberg-Vulkans. tu: Unterdevon, tt: Tertiär-Sedimente, Tt: Trachyttuff, Ll: Löss, Lösslehm, schwarz: Basalt. KUREISCHIE & STETS (1979).

(1988) ein Alkaliolivinbasalt. Sie enthält als Xenolithe kopfgroße granitähnliche Gesteine und bis 15 cm große Trachytstücke. TODT & LIPPOLT (1980) haben ein K/Ar-Alter von 25,1 ± 1,3 Mio. Jahren bestimmt.

Rolandsbogen: BERG & BURRE (1938). Der Rolandsbogen steht auf einem Basaltstock, der an der Ostseite bis zur Talsohle freigelegt ist, nach VIETEN et al. (1988) ein Alkaliolivinbasalt. Er ist auf der Bergseite ringsum von Basalttephra umgeben, die im Süden 100 m mächtig wird. Sie enthält Bruchstücke von Trachyttuff, Trachyt und kopfgroße Basaltbomben.

Heldenköpfchen bei Oberwinter: BERG & BURRE (1938), SCHMIDT-BASLER (1974); r 8530 h 1030, nach VIETEN et al. (1988) ein Nephelinbasanit. Im Ostabhang ein Basalttuff-Vorkommen, das vielleicht einen Schlot darstellt.

Bonn-Hardt südlich vom Heldenköpfchen: BERG & BURRE (1938), SCHMIDT-BASLER (1974), r 8530 h 1010.

Birgeler Kopf südlich Oberwinter: BERG & BURRE (1938), SCHMIDT-BASLER (1974). Bildet vielleicht eine mit dem Unkelstein in nicht großer Tiefe zusammenhängende Gruppe. Ein Vorkommen bildet die Kuppe und die nördlich anschließende Nebenkuppe (nach VIETEN et al. 1988 ein Alkaliolivinbasalt); ein zweites liegt südöstlich davon bei r 8550 h 0800, es enthält auch Basalttephra.

Unkelstein: BERG & BURRE (1938), WILCKENS (1927: 72–73, 215–216), J. FRECHEN & VIETEN (1970, 393–396), SCHMIDT-BASLER (1974). Das gegenüber Unkel liegende Vorkommen reicht bis an den Rhein hinunter, aus dem bei Niedrigwasser eine Basaltklippe herausragt; sie war früher größer und ist der eigentliche Unkelstein. Der Basalt war früher auch im Talhang großflächig aufgeschlossen und wurde deshalb seit dem 18. Jahrhundert abgebaut. Durch den Abbau wurde die Basaltwand soweit geschwächt, dass die dahinterliegenden Tuffe, vielleicht vermischt mit Löss, ins Rutschen kamen und große Teile des Steinbruchs am 20.12.1846 morgens um 5 Uhr, als die Schnellpost Koblenz-Köln die Stelle gerade passiert hatte, auf die Rheinuferstraße schoben. An dem nicht abgebauten Basaltteil am Ufer staute sich die Rutschmasse in die Höhe. Das Vorkommen hat eine wichtige Rolle gespielt im Neptunismus-Plutonismus-Streit; denn A.V. HUMBOLDT (1790) beschrieb aus der Steinhöhle am Unkelstein tonige Ablagerungen in Klüften und Hohlräumen und deutete sie als Beweis für eine Entstehung des Basaltes aus dem Wasser; das gab den Anhängern einer „neptunistischen“ Basaltentstehung großen Auftrieb. Nach VIETEN et al. (1988) ist die Lava ein Nephelinbasanit, sie enthält faustgroße Agglomerate aus Klinopyroxen und Olivin. In der Basalttephra des alten Steinbruchs fand SCHMIDT-BASLER bis 60 cm große Trachytbomben.

Die Kuppe des Himbrich 2 km westlich Oberwinter (BERG & BURRE 1938, SCHMIDT-BASLER 1974) hat an der Südseite einen tiefen Steinbruch, das Material ist nach VIETEN et al. (1988) ein Nephelinbasanit. Unmittelbar nördlich ein kleines Nebenvorkommen.

Die kuppige Anhöhe Kleinhämperich zwischen Himbrich und der Kaolingrube stellt ein Basaltvorkommen dar (r 8315 h 0945); es ist nicht zu erkennen, ob es sich aus mehreren Körpern zusammensetzt (SCHMIDT-BASLER 1974).

Nördlich davon ist ein größeres Vorkommen in der Kuppe 242,4 und südlich davon aufgeschlossen. Es ist unsicher, ob es aus zwei getrennten Vorkommen besteht. Die Basaltstöcke der Kuppe 242,4 und des Kleinhämperich stecken in einem größeren Basalttephrakomplex.

Es fanden sich in jüngster Zeit mehrere Basalttephra-Schlote im Gebiet Oberwinter – Remagen. Dabei zeigt der kreisförmige Umriss der Vorkommen, die Größe der Bomben und die tiefe Lage in Tälern, dass es sich nicht um Erosionsreste größerer Decken, sondern um selbständige Diatreme handelt: Der Schlot am Osthang des Heldenköpfchens wurde schon erwähnt. Einer findet sich im Unterlauf des Rolandswerther Baches, 450 m südwestlich der Mündung: r 8518 h 1145 (SCHMIDT-BASLER 1974), ein weiterer im Tal südlich vom Berschberg westlich Oberwinter; r 8435 h 0980 (SCHMIDT-BASLER 1974), ein weiterer an der Südseite des Unkelbachtals gegenüber der Mündung des von Bandorf herabkommenden Tals; r 8515 h 0772 (Kartierungsübung des Geolog. Inst. Univ. Bonn).

10.7.6.4 Bl. 5406 Bad Münstereifel (4 Vorkommen)

2 Basaltvorkommen beim Witscheider Hof südwestlich Eicherscheid: v. DECHEN (1886, Nr. 148, S. 287); SCHERP in KNAPP (1978, 111); südlich vom Witscheider Hof nach SCHERP Nephelinbasanit, r 5274 h 9848; östlich vom Witscheider Hof gangartiges NW-SE streichendes Vorkommen, nach SCHERP Olivin-Nephelinit, r 5210 h 9870.

2 Basaltvorkommen am Michelsberg bei Mahlberg: die 588 m hohe Hauptkuppe mit der Kapelle (v. DECHEN 1886, Nr. 146, S. 287), r 5844 h 9775; nach MÜLLER-SOHNIUS et al. (1989) ein Olivinnephelinit mit einem K-Ar-Alter von 35,8 ± 0,7 Mio Jahren und eine Kuppe 170 m südwestlich davon (r 5828 h 9756), ebenfalls ein Olivinnephelinit, mit einem K-Ar-Alter von 32,1 ± 1,2 Mio Jahren. Nach HUCKENHOLZ (1983) am Michelsberg Olivinknollen.

10.7.6.5 Bl. 5407 Altenahr (22 Vorkommen)

Tomberg südwestlich Wormersdorf: EBERT (1939a); Basaltkuppe auf der E- und S-Seite von Tephra umgeben; nach LIPPOLT & FUHRMANN (1980, 542) ein Nephelinbasanit mit einem K/Ar-Alter von 30 ± 1 Mio. Jahren.

1 km südwestlich von Tomberg: nach EBERT (1939a) ein SW-NE streichendes gangartiges Vorkommen, das von der Forststraße Wormersdorf – Todenfeld gequert wird; r 6840 h 0630.

Östlich Hummerzheim: v. DECHEN (1886, Nr. 175, S. 292); EBERT (1939a); r 6225 h 9632.

Hochthürmen-Berg nordöstlich Kirchsahr: EBERT (1939a); der mächtige Berg besteht nur im engsten Gipfelbereich aus anstehendem Basalt; LIPPOLT & FUHRMANN (1980: 542) haben ein K/Ar-Alter von 29 ± 1 Mio. J. ermittelt; r 6442 h 9952.

Nahe westlich des Hochthürmen-Schlotes liegt nach EBERT (1939a) ein Nord-Süd-Basaltgang, der sich von r 6430 h 9910 bis r 6433 h 9998 verfolgen lässt.

Nördlich vom Hochthürmen: nach EBERT (1939a) Ost-West-Gang; LIPPOLT & FUHRMANN (1980: 542) haben ein K/Ar-Alter von 33 ± 1 Mio. J. bestimmt.

Südlich vom Hochthürmen ein kleines Vorkommen: EBERT (1939a); r 6450 h 9916.

Südöstlich vom Hochthürmen 2 gangförmige NW-SE streichende Vorkommen: EBERT (1939a); r 6488 h 9920 und r 6480 h 9930.

Östlich vom Hochthürmen 3 in SW-NE-Richtung aufgereihte, SW-NE streichende gangartige Vorkommen, das östlichste biegt in NW-SE-Richtung um: EBERT (1939a); r 6472 h 9943; r 6490 h 9948; r 6506 h 9956.

Gang südlich Häselingen, E-W streichend: EBERT (1939a); r 6580 h 9907.

Hasenberg bei Oberkrälingen: EBERT (1939a); LIPPOLT & FUHRMANN (1980: 542) bestimmten ein K/Ar-Alter von 37 ± 2 Mio. J.; r 6637 h 9922.

Hamet nordwestlich vom Hasenberg: EBERT (1939a); LIPPOLT & FUHRMANN (1980: 542) ermittelten ein K/Ar-Alter von ebenfalls 37 ± 2 Mio. J., r 6612 h 9945.

Basalt am Wasserbehälter südöstlich Vellen: EBERT (1939a); LIPPOLT & FUHRMANN (1980, 542) bestimmten ein K/Ar-Alter von 38 ± 2 Mio. J.; r 6600 h 9952.

2 Basaltvorkommen in Vellen: EBERT (1939a); eines in Fortsetzung der Kette Hasenberg – Hamet – Wasserbehälter (r 6592 h 9966), eines nördlich davon (r 6590 h 9976).

Westlich Vellen: EBERT (1939a); r 6566 h 9966.

Kotzhard westlich Kreuzberg: EBERT (1939a); 2 E-W streichende Gangzonen, eine im Bereich der Kuppe 388,0, eine parallel dazu am Nordabhang (r 6800 h 9766).

Sahrtal nordwestlich Kreuzberg: OLLIG (1975); LIPPOLT & FUHRMANN (1980: 542) haben ein K/Ar-Alter von 44 ± 7 Mio. J. bestimmt; r 6882 h 9780.

10.7.6.6 Bl. 5408 Ahrweiler (16 Vorkommen)

Americh östlich Nierendorf: EBERT (1939b); nach LIPPOLT & FUHRMANN (1980: 542) ein Nephelin-Basanit mit einem K/Ar-Alter von 26 ± 2 Mio. J.; r 8154 h 0555.

2 Basaltvorkommen nordwestlich Gimmingen: THON (1981); Gang (r 8218 h 0345) und von Löss überdecktes Vorkommen (r 8225 h 0335).

Östlich von Bengen, unter der Autobahnbrücke am Nordhang des Tales: THON (1981); r 8095 h 0415.

Nordhang des Tritschkopfes nördlich Bad Neuenahr: EBERT (1939b); r 8020 h 0251.

In der 1975–76 in Bad Neuenahr, Stiftstraße abgeteuften Thermalbrunnen-Bohrung wurde in 290–300 m Tiefe ein hydrothermal zersetzter Basaltgang durchteuft (FRICKE 1977); r 8089 h 0122.

Basaltgang südlich der Lochmühle bei Mayschoß, durch die Verwitterung turmartig herauspräpariert: v. DECHEN (1886, S. 297: Kucklei); EBERT (1939b); nach LIPPOLT & FUHRMANN (1980: 542) ein Nephelin-Basanit mit einem K/Ar-Alter von 46 ± 2 Mio. J.; r 7190 h 9820.

Nördlich davon ein Gang im Straßendurchbruch, ohne direkte Verbindung zu dem vorigen Vorkommen: LIPPOLT & FUHRMANN (1980); KINKEL (1849, 289): „Auch der Nichtkundige wird in diesem Durchbruch mit Interesse sehen, wie hier der Basalt einen zwei Schuh starken, schräg in den älteren Fels gerissenen Spalt ausgefüllt hat". r 7195 h 9834.

Basaltgang südöstlich Rech: EBERT (1939b); NW-SE streichend; r 7430 h 9765.

Kalvarienberg südlich Ahrweiler: EBERT (1939b); LIPPOLT & FUHRMANN (1980, 542) haben ein K/Ar-Alter von 36 ± 3 Mio. J. bestimmt; r 7740 h 0050.

Alte Mauer nördlich Ramersbach: EBERT (1939b); am Nordrand Tephra; nach LIPPOLT & FUHRMANN (1980, 542) ein Nephelin-Basanit mit einem K/Ar-Alter von 36 ± 1 Mio. J.; r 7800 h 9715.

Südöstlich der Alten Mauer an der Straße Ahrweiler – Ramersbach: EBERT (1939b); gangförmig; r 7868 h 9686.

Neuenahrer Berg: EBERT (1939b); nach LIPPOLT & FUHRMANN (1980, 542) ein Nephelin-Basanit mit einem K/Ar-Alter von 35 ± 2 Mio. J.; r 8045 h 0018.

Südlich davon ein größeres Basaltvorkommen, das nach EBERT (1939b) noch von der prä- bis frühtertiären Verwitterung erfasst wurde und z. T. zu einer bauxitartigen Masse zersetzt wurde, r 8050 h 9980.

Östlich dieses Vorkommens noch ein kleineres, wohl eine Apophyse: EBERT (1939b); r 8069 h 9976.

Südlich der Idyllenhöhe südöstlich Heppingen: nach EBERT (1939b) ist das Nebengestein dort von zahlreichen Basaltgängchen durchschwärmt; der Basalt enthält größere Olivinnester, auch Tephra ist vorhanden; r 8229 h 0123.

10.7.6.7 Bl. 5409 Linz, linksrheinisch (13 Vorkommen)

Landskrone bei Heppingen: KAISER & HOFFMANN (1939); aus den steilstehenden Unterdevon-Schichten als markante Kuppe herauspräpariert; ringsum von Tephra umgeben.

Scheidskopf nordöstlich Kirchdaun: WILCKENS (1927, 71); KAISER & HOFFMANN (1939); Trichterkuppe, an den Grenzflächen etwas Tephra.

Nordöstlich davon selbständige Kuppe mit Tephra: KAISER & HOFFMANN (1939); r 8328 h 0536.

Dungkopf südlich Unkelbach: KAISER & HOFFMANN (1939); WILCKENS (1927, 71–72); in NNW-SSE-Richtung langgestrecktes, aus mehreren Körpern, die z. T. durch Tephra getrennt sind, bestehendes Vorkommen.

Lohkopf südsüdöstlich vom Dungkopf: KAISER & HOFFMANN (1939); r 8416 h 0635.

Nordwestlich Haus Ernich bei Unkelbach: KAISER & HOFFMANN (1939); NNE streichender Basaltgang, r 8510 h 0755.

Steinberg südwestlich Löhndorf: KAISER & HOFFMANN (1939): r 8370 h 9850.

Höhe 259,6 nordöstlich Königsfeld: KAISER & HOFFMANN (1939); r 8435 h 9714.

Hombüchel nördlich Franken: KAISER & HOFFMANN (1939); r 8720 h 9795.

Ein basaltischer Tephraschlot befindet sich am Westhang der Höhe 210,4 nördlich Plattborn (westlich Remagen), r 8460 h 0560 (Kartierungsübung des Geolog. Inst. Univ. Bonn).

Basalttuff am Forsthaus Dachsbach nordnordwestlich Franken: KAISER & HOFFMANN (1939); verfestigter Tuff, wohl selbständiger Vulkan; r 8702 h 9818.

Sinzigkopf südwestlich Koisdorf: KAISER & HOFFMANN (1939); r 8716 h 9920.

10.7.6.8 Bl. 5506 Aremberg (3 Vorkommen)

Höhe 528,9 (Alte Burg) südöstlich Rohr: v. DECHEN (1886, Nr. 144, S. 287); r 5270 h 9015. Nach MÜLLER-SOHNIUS et al. (1989) ein Olivinnephelinit mit einem K/Ar-Alter von 41,3 ± 0,8 Mio. Jahren.

Aremberg: v. DECHEN (1886, Nr. 139, S. 287); der vollkommen isolierte, 623 m hohe Berg ist fast aus dem ganzen Eifelgebiet sichtbar, aber auch z. B. vom Siebengebirge und dem Bergischen Land her. Das Gestein ist nach HUCKENHOLZ (1966, 80) ein Ankaramit (Nephelin-Analcim-Melasanidinbasalt); es enthält Olivinknollen. Von der Kuppe ziehen sich Basaltschuttdecken bis ins Eichenbachtal und ins Ahrtal hinab, an der Ost und Nordseite zu einem Blockmeer verdichtet; aus ihm stößt nach Norden eine Zunge vor (BREITBACH 1989, 100–101, 120, 167–170).

Basaltvorkommen in Hümmel: v. DECHEN (1886, Nr. 145, S. 287); nach HUCKENHOLZ (1983) Olivinknollen enthaltend.

10.7.6.9 Bl. 5507 Hönningen (14 Vorkommen)

Südlich Insul: v. DECHEN (1886, Nr. 173, S. 292); nicht wiedergefunden.

Basalt-Tephraschlot im Wiersseifen südwestlich Lind: FORSBACH (1976); r 6605 h 9493.

Basaltgang westlich Liers: FORSBACH (1976); r 6695 h 9194.

Nordabhang des Hünnertsbüsch westlich Ahrbrück: v. DECHEN (1886, Nr. 174, S. 292); FORSBACH (1976); r 6748 h 9505.

Katzberg südlich Ahrbrück: ERANIL (1975); r 6925 h 9413.

Basaltgang 160 m nordwestlich davon: v. DECHEN (1886, Nr. 171, S. 292); ERANIL (1975, 46); r 6916 h 9426.

Ostabhang des Katzbergs: v. DECHEN (1886, Nr. 172, S. 292); ERANIL (1975: 46); gangartiges Vorkommen; r 6977 h 9380.

Ramsley südlich Denn: ERANIL (1975: 46); gangartiges Vorkommen; r 6955 h 9320.

Bei Denn, südlich des Kesselinger Bachs: v. DECHEN (1886, Nr. 170, S. 292); konnte nicht gefunden werden (ERANIL 1975).

Weierscheid ostsüdöstlich Hönningen (Höhe 441,3): ERANIL (1975, 46); teilweise schichtparallel in NW-fallende Devon-Schichten eingedrungen; r 6935 h 9245.

Höhe 551,0 nördlich der Hohen Warte: v. DECHEN (1886, Nr. 76, S. 282); ERANIL (1975: 45); r 6885 h 8788.

Höhe 554,1 an der Algenbachshardt: ERANIL (1975, 45); r 7045 h 8818.

Südabhang der Höhe 620,8 (südlich vom Kirschthal, nordöstlich vom Adorfer Hof): v. DECHEN (1886, Nr. 75, S. 282); ERANIL (1975: 45); NE streichendes 200 m langes und 100 m breites Vorkommen; r 6950 h 8637.

Basaltgang am Osthang von Auf Reiseck östlich Adorfer Hof: v. DECHEN (1886, Nr. 4, S. 295); KNETSCH (1959, 126); ERANIL (1975, 44); 40–50° streichend; r 6970 h 8535.

10.7.6.10 Bl. 5508 Kempenich (19 Vorkommen)

Westlich Kesseling südlich vom Kesselinger Bach: v. DECHEN (1886, Nr. 169, S. 291–292); ERANIL (1975, 46); r 7184 h 9461.

Lanzerter Köpfchen, 1,2 km nordöstlich Staffel: v. DECHEN (1886, Nr. 168, S. 291); r 7538 h 9593.

Dedenheck nordwestlich Weidenbach: ERANIL (1975, 45); 30 m mächtiger, 130° streichender nach SW einfallender Gang; r 7200 h 9227.

2 Basaltvorkommen östlich von Weidenbach: v. DECHEN (1886, Nr. 166 und 167, S. 291); ERANIL (1975, 45); ein ca. 100 m langes, 10–15° streichendes gangartiges Vorkommen (r 7266 h 9145); wird von SCHNÜTGEN (in MITTMEYER et al. 1982) zu den quartären Basaniten gezählt. Das andere Vorkommen nicht lokalisiert.

2 Basaltvorkommen westlich Watzel: v. DECHEN (1886, Nr. 163 u. 164, S. 291); von ERANIL (1975) nur eins davon wiedergefunden: r 7478 h 9125.

Bei Watzel südlich des Heckenbachs: v. DECHEN (1886, Nr. 165, S. 192); nicht genau lokalisiert.

Nordwesthang der Kirschhardt südöstlich Herschbach: ERANIL (1975, 44); 100 m langes, 120° streichendes gangartiges Vorkommen; r 7385 h 8820.

Westlich Försterei Langhardt nordöstlich Kaltenborn: v. DECHEN (1886, Nr. 59, S. 282); ERANIL (1975, 44); 100 m langes, 145° streichendes gangartiges Vorkommen; r 7340 h 8756.

Westhang des Schellkopfes nordwestlich Hohenleimbach: v. DECHEN (1886, Nr. 60, S. 282); ERANIL (1975: 44); 60 m langes, ca. 60° streichendes Vorkommen; r 7478 h 8773.

Westabhang des Herrenbergs südwestlich Hohenleimbach: v. DECHEN (1886, Nr. 57, S. 281); ERANIL (1975, 44); 150 m langes, 60 m breites, ca. 40° streichendes Vorkommen; r 7365 h 8545.

Nördlich von Hohenleimbach: v. DECHEN (1886, Nr. 58, S. 281); r 7550 h 8745.

Südlich vom Lärchenhof östlich Lederbach; r 7770 h 8728; SCHMINCKE & MERTES (1979) geben ein K/Ar-Alter von 35,2 ± 0,5 Mio. J. an.

Nördlich davon zwei kleinere Vorkommen (r 7753 h 8762 und r 7760 h 8738).

Steinberg östlich Oberdürenbach; großes Vorkommen an der Blattgrenze; der tiefe Steinbruch mit Wasser gefüllt („Königssee").

3 Vorkommen östlich Ramersbach (SCHNÜTGEN in MITTMEYER et al. 1982): r 7886 h 9530, r 7890 h 9550.

10.7.6.11 Bl. 5509 Burgbrohl (8 Vorkommen)

2 Basaltvorkommen südlich Königsfeld (Steinbüschelchen): AHRENS (1936b); r 8300 h 9560 und r 8283 h 9554.

Nordöstlich vom Leyerhof nördlich vom Vinxtbachtal: AHRENS (1936b); r 8575 h 9636.

Kahlenberg nördlich Burgbrohl: AHRENS (1936b); TODT & LIPPOLT (1980) haben ein K/Ar-Alter von 24,4 ± 1,2 Mio. J. bestimmt; r 9090 h 9230.

Steinbergskopf westlich Niederlützingen: AHRENS (1936b); TODT & LIPPOLT (1980) haben ein K/Ar-Alter von 22,3 ± 1,0 Mio. J. bestimmt; r 9150 h 9410. Südlich davon 2 weitere Vorkommen: r 9175 h 9360 und r 9166 h 9375.

Basaltgang südlich Rheineck: MEYER (1965b); NW-streichend, r 9278 h 9570.

10.7.6.12 Bl. 5605 Stadtkyll (3 Vorkommen?)

Das Basaltvorkommen Hochfuß südwestlich Waldorf hat mit 90,2 Mio Jahren Oberkreidealter (vgl. S. 273).

Stromberg bei Ripsdorf: v. DECHEN (1886: 289, NR. 143), SCHERP & WOLFF (1964), v. ZEZSCHWITZ (1969, 1970). Gangartiges Vorkommen, von dem eine Verkieselung des Buntsandsteins ausging, die diesen härtete und verwitterungsresistent machte.

Alendorf: KUCKELKORN & VORSTER (1926) geben für den SW-Teil von Alendorf auch ein Basaltvorkommen an, das nicht gefunden werden konnte.

Griesheuel zwischen Alendorf und Waldorf: SCHERP & WOLFF (1964) haben hier ein großes Basaltvorkommen eingetragen. Dieser Bereich besteht aber aus Mittlerem Buntsandstein. Nördlich des Buntsandstein-Vorkommens liegt ein kubikmetergroßer Basaltblock, vielleicht der Rest eines kleinen Basaltvorkommens.

v. DECHEN (1886: 288, Nr. 141) nennt je ein Basaltvorkommen vom „Weg von Schloss Jünkerath nach Esch“ und westlich „des Weges von Feusdorf nach Schmidtheim“. Die Vorkommen sind in der Karte von KUCKELKORN & VORSTER (1926) nicht verzeichnet; ihre genaue Lage ist unbekannt, nach W. LÖHNERTZ (briefl. 2011) wohl zu streichen.

10.7.6.13 Bl. 5606 Üxheim (3 Vorkommen)

Hoffeld: v. DECHEN (1886: 287, Nr. 136 u. 137). Das größere Vorkommen der Burgkopf (Hoffelder Kopf), früher durch seine regelmäßigen Säulen berühmt; großer Steinbruch, jetzt voll Wasser. Nach MÜLLER-SOHNIUS et al. (1989) Nephelinbasanit mit einem K-Ar-Alter von 34,2 ± 0,7 Mio Jahren. 500 m weiter westlich die kleinere Basaltkuppe der Düngerley, ebenfalls ein Nephelinbasanit.

Heyerberg südwestlich Borler: v. DECHEN (1886: 283, Nr. 86). Auf der Basaltkuppe die Borler Kapelle.

10.7.6.14 Bl. 5607 Adenau (77 Vorkommen)

Südöstlich Rodder: FUCHS (1974, Kte.); r 6210 h 8365.

Zersetzter Gang, Straße Antweiler – Rodder; ca. r 5960 h 8500.

Alte Burg südlich Reifferscheid: v. DECHEN (1886, Nr. 138, S. 288); nach HUCKENHOLZ (1965b, 1966) Basanit; mit Olivinknollen und bis zu 4 cm großen Hornblende-Einschlüssen und Devon-Xenolithen; r 6345 h 8488.

Dreimüllerhof östlich Wirft: v. DECHEN (1886, Nr. 5, S. 295), r 6145 h 8210; 600 m lang.

Westlich der Barweilerer Mühle nordöstlich Barweiler (Fuchslei): v. DECHEN (1886, Nr. 134, S. 287); nicht genau lokalisiert.

Östlich Barweiler: v. DECHEN (1886, Nr. 133, S. 287); r 6240 h 8065.

Südöstlich Honerath: v. DECHEN (1886, Nr. 135, S. 287); r 6430 h 8280.

5 Basaltvorkommen südwestlich von Adenau: v. DECHEN (1886, Nr. 64–68, S. 282); r 6580 h 8350; r 6615 h 8320, r 6585 h 8300; r 6585 h 8280; r 6630 h 8290 (P. 361,0).

2 Basaltvorkommen nordöstlich von Adenau (Mittelhardt): v. DECHEN (1886, Nr. 62 u. 63, S. 282); r 6750 h 8375 (Nitzbach Steinchen bei VOGELSANG 1890; nach HUCKENHOLZ 1965a, 1966: Basanit); etwa r 6730 h 8355.

Ostabhang der Mittelhardt nordöstlich Adenau: r 6822 h 8422, nach MÜLLER-SOHNIUS et al. (1989) Nephelinbasanit.

Östlich Breitscheid: v. DECHEN (1886, Nr. 61, S. 282); etwa r 6830 h 8280.

Südwestlich Breitscheid, Metzgesfeld, westl. P. 380,9: nach HUCKENHOLZ (1965a, 150) Hawaiit; r 6678 h 8155.

Nördlich von diesem Vorkommen (südl. P. 458,0): nach HUCKENHOLZ (1965a, 150) Mugearit; nicht genau lokalisiert.

Südlich des Trierbaches zwischen Bauler und Senscheid: FUCHS (1974, Kte.); r 6092 h 7680.

Nördlich von Bauler: v. DECHEN (1886, Nr. 132, S. 287); r 6244 h 7700.

Südwestlich von Wiesemscheid: FUCHS (1974, Kte.); r 6250 h 7785.

Nordöstlich der ehem. Schwerspatgrube „Rosalie“ nördlich von Müllenbach: FUCHS (1974, Kte.); r 6566 h 7755.

Basaltvorkommen zwischen Bocksberg und Scharfem Kopf innerhalb der Südschleife des Nürburgrings: FUCHS (1974, Kte.); 3 davon bei v. DECHEN (1886, Nr. 30–32); r 6610 h 7650; r 6614 h 7680; r 6600 h 7700; r 6645 h 7690 (nach HUCKENHOLZ 1965a, 148: gangartiges NW streichendes Vorkommen in Tuff, Gestein Hawaiit); r 6766 h 7710 (nach MÜLLER-SOHNIUS et al. 1989 ein Hauyn-Nephelintephrit mit einem K-Ar-Alter von 33,5 ± 1,2 Mio. Jahren).

Bränkekopf (Brinkenkopf) nordwestlich Welcherath: v. DECHEN (1886, Nr. 33, S. 279); nach HUCKENHOLZ (1965b, 1966) basanitischer Alkali-Olivin-Basalt; K/Ar-Alter nach CANTAREL & LIPPOLT (1977) 25,8 ± 1,0 Mio. J.; r 6760 h 7710.

Basaltvorkommen am Scharfen Kopf zwischen Müllenbach und Nürburg: FUCHS (1974, Kte.); bei v. DECHEN (1886, Nr. 29) als ein Vorkommen aufgefasst; r 6662 h 7750 (nach HUCKENHOLZ 1965a, 146: Alkali-Olivinbasalt); r 6672 h 7750; r 6680 h 7752.

Basaltvorkommen zwischen dem Scharfen Kopf und dem Pastorat Nürburg: v. DECHEN (1886, Nr. 35–38, S. 279); r 6705 h 7785; r 6719 h 7807; r 6736 h 7855; r 6750 h 7874.

Felsnase im Buchental südwestlich der Nürburg: r 6756 h 7914, nach MÜLLER-SOHNIUS et al. (1989) ein Nephelinbasanit mit einem K/Ar-Alter von 34,4 ± 1,2 Mio. Jahren.

Gang südlich davon im Buchental: r 6750 h 7912, nach MÜLLER-SOHNIUS et al. (1989) ein Olivinbasalt mit einem K/Ar-Alter von 33,2 ± 1,2 Mio. Jahren.

2 Basaltvorkommen beiderseits des Nürburgrings zwischen Start und Ziel und der Quiddelbacher Höhe: r 6658 h 7844; r 6688 h 7855.

Westlich des Selbergs bei Quiddelbach: v. DECHEN (1886, Nr. 41, S. 279); nicht genau lokalisiert.

Nordabhang der Höhe 591,1 südöstlich des Selbergs: FUCHS (1974, Kte.): r 6734 h 7900.

Nördlich der Kirche von Nürburg: v. DECHEN (1886, Nr. 39, S. 279); r 6774 h 7890.

2 Basaltvorkommen zwischen dem Pastorat Nürburg und dem Bränkekopf (Balkhausen): FUCHS (1974, Kte.); r 6785 h 7780 (Cotenickelchen); r 6806 h 7810.

Raustert zwischen Meuspath und Welcherath: nach CANTAREL & LIPPOLT (1977) ein Alkali-Olivin-Basalt mit einem K/Ar-Alter von 39,1 ± 1,2 Mio. J.; r 6910 h 7792. v. DECHEN (1886, Nr. 150 u. 151) gibt noch westlich und östlich des Oligoandesits am Rengersfeld (Raustert) je ein Basaltvorkommen an; bislang nicht bestätigt.

Nürburg: v. DECHEN (1886, Nr. 2, S. 271–274); KNETSCH (1959, 128); nach HUCKENHOLZ (1965b, 1966) ein Basanit; Olivinknollen kommen vor; CANTAREL & LIPPOLT (1977) haben ein K/Ar-Alter von 33,6 ± 1,0 Mio. J. bestimmt.

Vogelsherdchen nördlich der Nürburg: v. DECHEN (1886, Nr. 44, S. 280); KNETSCH (1959: 128–130); das Vorkommen enthält relativ viel Tephra, r 6812 h 7980. Nach MÜLLER-SOHNIUS et al. (1989) ein Nephelinbasanit mit einem K-Ar-Alter von 35,5 ± 1,3 Mio. Jahren.

Zwischen Quiddelbach und Vogelsherdchen: r 6754 h 7974, Nach MÜLLER-SOHNIUS et al. (1989) ein Olivinnephelinit mit einem K/Ar-Alter von 32,7 ± 1,2 Mio. Jahren.

Zwischen Quiddelbach und der Nürburg: r 6753 h 7960, nach MÜLLER-SOHNIUS et al. (1989) ein Hawaiit mit einem K/Ar-Alter von 36,3 ± 1,3 Mio. Jahren.

Westlich der Nürburg: r 6750 h 7940, nach MÜLLER-SOHNIUS et al. (1989) ein Hawaiit mit einem K/Ar-Alter von 36,2 ± 1,3 Mio. Jahren. – Die drei letztgenannten Vorkommen bilden zusammen mit den beiden im Buchental eine Nord-Süd-Reihe.

Steinchen südöstlich vom Vogelsherdchen: v. DECHEN (1886, Nr. 43, S. 279–280); r 6845 h 7970.

Nordhang von Höhe 630,1 östlich Nürburg; r 6852 h 7964; nach MÜLLER-SOHNIUS et al. (1989) ein Nephelinbasanit mit einem K-Ar-Alter von 35,9 ± 1,3 Mio. Jahren.

Alte Burg an der Straße Döttinger Höhe – Breitscheid: v. DECHEN (1886, Nr. 45, S. 280); r 6888 h 8055.

Höhe 463,0 westlich Haus Brigitte südwestlich Herschbroich: MITSCHERLICH (1865, Kte.); r 6848 h 8086. Nach MÜLLER-SOHNIUS et al. (1989) Nephelinbasanit mit K-Ar-Alter von 38,4 ± 0,8 Mio. Jahren und Nephelintephrit von 38,9 ± 0,8 Mio. Jahren.

Galgenkopf nordöstlich Meuspath: v. DECHEN (1886, Nr. 46, S. 280); r 6994 h 8030. Nach MÜLLER-SOHNIUS et al. (1989) ein Nephelintephrit mit einem K-Ar-Alter von 39,1 ± 1,4 Mio. Jahren.

2 Basaltvorkommen südöstlich Herschbroich: MITSCHERLICH (1865, Kte.); etwa r 6970 h 8105 und r 6982 h 8120.

Basaltvorkommen bei Herschbroich: v. DECHEN (1886, Nr. 47 und 48, S. 280); südlich der Kapelle: etwa r 6920 h 8135; nördlich der Kapelle (Höhe 516,0): etwa r 6930 h 8175.

3 Basaltvorkommen östlich von Zermüllen: v. DECHEN (1886, Nr. 17–20, S. 278); r 6615 h 7415; r 6624 h 7446; r 6680 h 7460.

Eisberg nördlich von Zermüllen: v. DECHEN (1886, Nr. 26, S. 278); nicht in den Karten von MITSCHERLICH (1865) und FUCHS (1974); Vorkommen fraglich.

2 Basaltvorkommen im Bereich der Roten Heck westlich Reimerath: nach HUCKENHOLZ (1965a: 146) Alkali-Olivin-Basalte, r 6705 h 7563, r 6702 h 7550 (Gipfel der Roten Heck).

2 Basaltvorkommen südwestlich der Roten Heck: FUCHS (1974, Kte.); r 6690 h 7530; r 6698 h 7520.

Gewaderköpfchen südwestlich Reimerath und 2 benachbarte Basaltvorkommen: v. DECHEN (1886, S. 278), KNETSCH (1959, 131–133), FUCHS (1974, Kte.); das Gestein des Gewaderköpfchens nach HUCKENHOLZ (1965a, 150) ein Mugearit; CANTAREL & LIPPOLT (1977) haben daran ein K/Ar-Alter von 33,2 ± 1,6 Mio. J. bestimmt; nach KNETSCH kugelförmiger Basaltkörper, der an der Ostseite die Devonschichten beim Nachsinken während der Abkühlung abgeknickt hat. Die beiden anderen Vorkommen: r 6750 h 7420 und r 6774 h 7465.

Vorkommen unter dem Damm des Kitzenweihers südlich Reimerath: sitzt nach RAHM (unveröff. 1963) auf einer Störung, die das Trachytvorkommen zerschneidet; nach CANTAREL & LIPPOLT (1977) ein Alkali-Olivin-Basalt mit einem K/Ar-Alter von 35,3 ± 0,7 Mio. J.; r 6844 h 7470.

Südöstlich von diesem Vorkommen: FUCHS (1974, Kte.); r 6865 h 7464.

Östlich von Reimerath: v. DECHEN (1886, Nr. 23, S. 290); r 6922 h 7550.

2 Basaltvorkommen südlich bzw. südöstlich von Brücktal: v. DECHEN (1886, Nr. 24 u. 25, S. 278), r 7000 h 7600; r 7015 h 7615.

Nordöstlich Kirsbach: v. DECHEN (1886, Nr. 152, S. 290); etwa r 710 h 7740.

Westliche Umwallung des westlichen Booser Maars: findet sich als Xenolith auch in den Maartephren, ist also z. T. weggesprengt worden; r 7067 h 7522; SCHMINCKE & MERTES (1979) geben ein K/Ar-Alter von 37,2 ± 0,5 Mio. Jahren an. Nach MÜLLER-SOHNIUS et al. (1989) ein Nephelinbasanit mit einem K/Ar-Alter von 37,0 ± 1,3 Mio. J.

10.7.6.15 Bl. 5608 Virneburg (29 Vorkommen)

Lützelacht: v. DECHEN (1886, Nr. 54, S. 281: Kaltenborner Kopf); nach MITTMEYER (1997) Nephelinbasanit; r 7145 h 8508. Die in NNW-Richtung langgestreckte Kuppe von 100 mal 200 m Durchmesser wird von einer Blockbestreuung umgeben, von der eine Zunge besonders weit nach Osten hinabzieht; auf der geologischen Karte (MITTMEYER 1997) werden anstehendes Gestein und Blockbestreuung mit einheitlicher Signatur dargestellt. Südwestlich der Kuppe findet sich ein Vorkommen von säuligem Nephelintephrit mit Schlacken (r 7125 h 8492), südöstlich von ihr ein Rest von quartärer Basalttephra.

Hohe Acht: v. DECHEN (1886, Nr. 53, S. 281); nach HUCKENHOLZ (1966: 80) Ankaramit, nach HUCKENHOLZ & BÜCHEL (1988) mafischer Nephelinbasanit. CANTAREL & LIPPOLT (1977) haben ein K/Ar-Alter von 37,9 ± 1,1 Mio. J. bestimmt. Bei diesem mit 746,9 m höchsten Berg der Eifel muss das Bild korrigiert werden, das sich aus der geologischen Karte (MITTMEYER 1997) ergibt: Wie bei der Lützelacht wird in der Karte anstehender Basalt und Blockbestreuung nicht unterschieden, so dass sich der Eindruck eines ausgebreiteten Lavastroms bietet, wobei die 37,9 Millionen Jahre alte Lava die pleistozäne Tallandschaft bis hinunter nach Jammelshofen bedeckt; an einer Stelle wird sie nach der Darstellung sogar von Unterdevon-Gestein überlagert. In Wirklichkeit besteht nur die Kuppe aus Basalt, die Bergflanken werden aus Unterdevongesteinen aufgebaut, die bis 690 m NN hinaufreichen, dieser Sockel überragt also um 60 m die 630 m hohe R2-Fläche, weil er durch die Basaltkappe vor Abtragung geschützt wurde (vgl. auch S. 303, QUITZOW 1982, 183). PIRRUNG & BÜCHEL (1994, 49) gehen von einem tieferen Basisniveau aus und kommen dann auf einen Abtragungsbetrag von mindestens 150 m. Besonders nach Osten ziehen sich Blockströme bis nach Jammelshofen hinab, nach Südosten ein schmaler Strom bis weit südöstlich der Bundesstraße 412.

400 m nordöstlich Jammelshofen: nach MITTMEYER (1997) ein Alkaliolivinbasalt; r 7355 h 8465.

Pflanzgarten nördlich Döttingen, an der Bundesstraße 412: nach MITTMEYER (1997) ein Nephelinbasanit; r 7125 h 8129.

NE-SW-Gang 900 m westlich Siebenbach, r 7297 h 8313; bei MITTMEYER (1997) als Picro-Basalt bezeichnet.

2 Vorkommen südwestlich Siebenbach: v. DECHEN (1886, Nr. 55, S. 281); r 7325 h 8254 und r 7285 h 8295; nach MITTMEYER (1997) beides Nephelinbasanite.

Westlich vom Raßberg (Harzberg) nordwestlich Arft: v. DECHEN (1886, Nr. 56, 281); r 7524 h 8626, nach MITTMEYER (1997) Nephelintephrit.

Zwischen Herresbach und der Bundesstraße 258, nach MITTMEYER (1997) Nephelinbasanit; r 7274 h 8028.

Östlich P. 441,9 bei Oberbaar: v. DECHEN (1886, Nr. 156, S. 290); r 7370 h 7985. Fehlt bei MITTMEYER (1997).

900 m südwestlich Oberbaar: nach MITTMEYER (1997) Hawaiit; r 7275 h 7926.

Nordhang des Eichelsnick nördlich Wanderath: R. MOTZKA (unveröff.); r 7485 h 8062.

200 m östlich Wanderath: nach MITTMEYER (1997) Nephelinbasanit; r 7501 h 8035.

Südlich Engeln: v. DECHEN (1886, Nr. 160, S. 290); r 7495 h 8110.

Nördlich Oberwelschenbach: v. DECHEN (1886, Nr. 161, S. 290); r 7560 h 8160, nach MITTMEYER (1997) Nephelinbasanit.

Welschenbachtal unterhalb Büchel, 200 m nordwestlich P. 452,7: v. DECHEN (1886, Nr. 159, S. 290); r 7685 h 8033; nach MITTMEYER (1997) Nephelintephrit.

Südlich der Hohen Warte bei Freilingen: v. DECHEN (Nr. 158, S. 290); r 7642 h 7985, nach MITTMEYER (1997) Nephelinbasanit.

1 km westlich Virneburg: v. DECHEN (1886, Nr. 157, S. 290); r 7598 h 7907, nach MITTMEYER (1997) Nephelintephrit.

Remmknipp nordnordöstlich Hirten: MEYER (1965b); r 8020 h 8000, nach MITTMEYER (1997) Nephelinbasanit.

Südhang des Remmknipp, nach MITTMEYER (1997) Nephelinbasanit, r 8017 h7988; vielleicht kein selbständiges Vorkommen, sondern herabgerutschte Blöcke.

Kasbachtal südöstlich Hirten, r 8030 h 7692, nach MITTMEYER (1997) Hawaiit.

Höhe 455,7 westlich Nitz: v. DECHEN (1886, Nr. 154, S. 290); r 7212 h 7788 nach MITTMEYER (1997) Alkalibasalt.

Östlich der Bauermühle bei Nitz: v. DECHEN (1886, Nr. 153, S. 290); r 7270 h 7776, nach MITTMEYER (1997) Alkalibasalt.

Nördlich P. 495,8 1,7 km südwestlich Nitz, r 7126 h 7734, nach MITTMEYER (1997) Nephelintephrit, in den Alkaliolivinbasalt kreisförmig eingedrungen ist.

600 m östlich Nitz: r 7348 h 7810, nach MITTMEYER (1997) Hawaiit.

Hügelgrab nördlich Boos: r 7261 h 7655, nach MITTMEYER (1997) Nephelinbasanit.

Westlich des Schneeberges zeigt die geologische Karte (MITTMEYER 1997) im Osthang des östlichen Booser Maares zwei als tertiärzeitlich eingestufte kleine Nephelinbasanit-Vorkommen.

Schießstand südsüdöstlich Münk: nach MITTMEYER (1997) Hawaiit; r 7440 h 7450.

10.7.6.16 Bl. 5609 Mayen (1 Vorkommen)

Burgkopf westlich Trimbs: AHRENS (1936a); r 9135 h 7690.

10.7.6.17 Bl. 5706 Hillesheim (4 Vorkommen)

Zwischen Kirchweiler und Gees südöstlich des quartären Vulkans Geißhecke gibt MERTES (1983) zwei tertiäre Basaltvorkommen an.

Anhöhe Kopp östlich der Straße Daun – Dockweiler: V. DECHEN (1886: 94 und Nr. 125, S. 287); RAHM (1956); r 5830 h 6515, nach MÜLLER-SOHNIUS et al. (1989) ein Nephelinbasanit mit einem K/Ar-Alter von 30,5 ± 1,1 Mio. Jahren.

Arensberg bei Zilsdorf: V. DECHEN (1886: 114–115); RAHM (1956); FUCHS (1965, 1969a, b); HENTSCHEL (1973, 1978b); BEYER (1980).

Etwa 1200 m nordnordwestlich von Zilsdorf erhebt sich eine mit Buchenwald bestandene sanfte Erhebung, der Arensberg (Ahrensberg, Arnulphusberg). Früher war die Kuppe höher, auf ihr stand eine St.-Arnulphus-Kirche, die allerdings schon im 19. Jahrhundert Ruine war, sowie ein kleiner Friedhof, der nach V. DECHEN trotz seiner schwer zugänglichen Lage bis 1843 benutzt wurde. Nach dem Abbau der Kuppe folgte ein großer Steinbruch dem Schlot in die Tiefe.

Der Basalt wird ringsum von Tephra umgeben. An der Südseite ist dieser Ring am breitesten und zeigt folgenden Aufbau: Die tiefsten, am weitesten außen liegenden Partien sind feine Aschen; darüber folgen Lapillitephren. Darauf liegt nahe dem Basaltkern grobe Blocktephra, die reich an großen Nebengesteinsfragmenten ist. Am Kontakt zum Basalt folgen dann Schlacken. Die Nebengesteinsfragmente geben Auskunft über die ehemalige Verbreitung der Trias: Es finden sich bis kubikmetergroße Blöcke von Buntsandstein, nach FUCHS auch Stücke, die wahrscheinlich zum Muschelsandstein (Unterer Muschelkalk) gehören. Heute liegt das nächste Buntsandstein-Vorkommen (westlich Hillesheim) etwa 4 km, das nächste Muschelkalk-Vorkommen (westlich Niederbettingen) über 7 km vom Arensberg entfernt. Außerdem finden sich Auswürflinge mitteldevonischer Kalke und unterdevonischer Schiefer und Sandsteine. Das Einfallen der Tephra ist zum Basaltschlot hin gerichtet, versteilt sich jedoch mit Annäherung an den Kontakt sehr rasch bis zur Seigerstellung. In Nähe des Basaltes sind in die Tephra schichtparallel Apophysen von Basalt (Mantelgänge) eingedrungen.

Der Basalt selbst ist am Kontakt plattig, im Übrigen aber säulig ausgebildet. Nach der Stellung der relativ dünnen Säulen lassen sich mehrere Schübe unterscheiden. Der Basalt ist wohl innerhalb der Tephrahülle erstarrt und hat wahrscheinlich keine an der Oberfläche ausfließenden Lavaströme gehabt. Die Lava hat beim Aufstieg am Rande Schollen der Tephra und des Nebengesteins aufgenommen und hochgeschleppt. An der NE-Seite des Bruches finden sich sehr große Kalkschollen aus dem mitteldevonischen Untergrund. In der Reaktionszone zwischen Basalt und Kalk entstanden Kalksilikate. In der Nähe dieser einschlussreichen Zone finden sich im Basalt viele Hohlräume, in denen sich Zeolithe gebildet haben. Die Lava ist als Nephelinbasanit zu bezeichnen.

Die Geschichte des Vulkans lässt sich folgendermaßen rekonstruieren: Zuerst brachen mit relativ wenig Energie Gase zur Oberfläche durch, es lagerte sich die feinkörnige Tephra ab. Der Schlot wurde dann erweitert, es entstand die Blocktephra mit vielen Nebengesteinsfragmenten. Dabei brechen vom Rand Schollen der zur Eruptionszeit hier noch vorhandenen Triasdecke, die vielleicht durch die Ausbrüche der feinen Tephra schon durchlöchert worden war, ein. Dann werden Schlacken ausgeworfen, und schließlich steigt Lava empor. Der Vulkan ist dann wahrscheinlich eine Zeit erloschen gewesen, bis später noch einmal Lava aufdrang.

Schon NOSE (1789, 336) machte auf den Unterschied des „vollkommen gesunden" Arensberg-Basalts zu den benachbarten Laven aufmerksam. Auch VAN DER WYCK (1826, 56, 59) ordnet den Vulkan den Hocheifel-Basalten zu. Seitdem bestand an der Einstufung ins Tertiär kein Zweifel mehr. Eine Bestätigung gaben radiometrische Datierungen: nach CANTAREL &

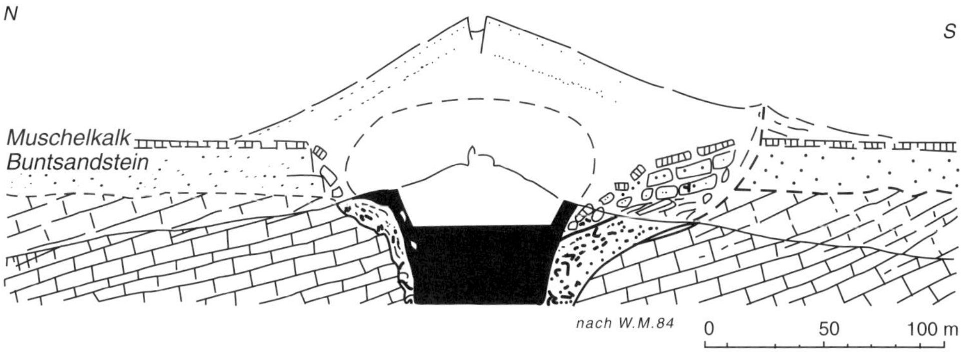

Abb. 70. Der Arensberg bei Zilsdorf. Der Vulkanbau kurz nach der Eruption, vor dem Steinbruchsbetrieb (mit der Arnulphuskapelle) und im heutigen Zustand. Unter Verwendung der Kartierungen von G. FUCHS (1965, 1969).

LIPPOLT (1977) hat der Nebengesteinseinschlüsse führende Basalt ein K/Ar-Alter von 32,2 ± 0,9 Mio. J., ein jüngerer Nachschub (nach MÜLLER-SOHNIUS et al. 1989 ebenfalls ein Nephelinbasanit) eines von 23,9 ± 1,2 Mio. J. Aus den Buntsandstein- und Muschelkalkeinschlüssen kann man errechnen, dass seit der ersten Phase des Vulkans, also in etwa 32 Mio. Jahren hier 30–50 m abgetragen wurden (FUCHS 1969b: 143). Die letzten Reste von Buntsandstein sind erst im Quartär verschwunden; FUCHS erwähnt Buntsandstein-Auswürflinge in den Lockermassen des quartären Vulkans Beuel (S. 404) südlich vom Arensberg.

Der Vulkan ist auf einer N-S-Störung aufgedrungen, die eine Randstörung des Oberbettinger Grabens darstellt. Ihre W-Scholle ist abgesunken, dadurch wird hier der Südrand der Hillesheimer Mulde nach S verschoben (FUCHS 1965). Der quartäre Vulkan Beuel liegt auch auf dieser Störung.

10.7.6.18 Bl. 5707 Kelberg (83 Vorkommen)

Barsberg bei Bongard: V. DECHEN (1886, Nr. 85, S. 283). Nach MÜLLER-SOHNIUS et al. (1989) ein NW-SE-Gang aus Nephelinbasanit mit einem K/Ar-Alter von 26,7 ± 1,0 Mio. Jahren.

Nück südwestlich Gelenberg: V. DECHEN (1886, Nr. 84, S. 283); r 6128 h 7305.

Nördlich Boxberg: V. DECHEN (1886, Nr. 83, S. 283); nicht bei FUCHS (1974) und nicht genau lokalisiert.

Südlich Boxberg: BREMER, SCHNÜTGEN & SPÄTH (1978); r 6240 h 7075.

7 Basalte im Bereich von Suhrbüsch und Neichnerberg zwischen Kelberg und Boxberg: z. T. bei V. DECHEN (1886, Nr. 77–81, S. 283, die Karte gibt hier auch ein Trachytvorkommen an, das nicht bestätigt werden konnte); FUCHS (1974, Kte.); r 6380 h 7200; r 6390 h 7195; r 6420 h 7178; r 6435 h 7185, r 6432 h 7160; r 6430 h 7145; r 6438 h 7130.

Westlich Kelberg: V. DECHEN (1886, Nr. 28, S. 278 u. Kte.); nicht bei FUCHS (1974); nicht genau lokalisiert.

Südlicher Ortsausgang von Kelberg: FUCHS (1974, Kte.); r 6560 h 7248.

Südlich von Kelberg zwischen alter und neuer Straße nach Ulmen: FUCHS (1974, Kte.); r 6565 h 7208.

Westabhang des Kortenbüsch zwischen Beinhausen und Köttelbach: FUCHS (1974, Kte.); r 6512 h 7090.

Hähnchen südwestlich Köttelbach: V. DECHEN (1886, Nr. 82, S. 283); r 6612 h 7155.

Südost-Ortsausgang von Köttelbach: FUCHS (1974, Kte.); r 6674 h 7168.

Höhe 592,0 südsüdöstlich von Köttelbach (Brinkenköpfchen); nach MÜLLER-SOHNIUS et al. (1989) Mugearit mit einem K/Ar-Alter von 43,0 ± 0,9 Mio. Jahren.

SE-Abhang des Schwarzenbergs östlich Kelberg: V. DECHEN (1886, Nr. 27, S. 278); r 6622 h 7310.

Maihöchsten östlich von Köttelbach: V. DECHEN (1886, Nr. 8, S. 276); nach HUCKENHOLZ (1966: 80) Ankaramit; r 6695 h 7200.

Nordöstlich des Maihöchsten: FUCHS (1974, Kte.); r 6710 h 7210.

2 Basalte ostsüdöstlich des Maihöchsten: FUCHS (1974, Kte.); r 6740 h 7185; r 6748 h 7194.

Südsüdöstlich des Maihöchsten: HUCKENHOLZ (1966: 81): Ankaramit; r 6715 h 7176.

Nordwesthang des Hochkelbergs: FUCHS (1974, Kte.); r 6765 h 7153.

Hochkelberg: V. DECHEN (1886, Nr. 5, S. 276); dieser weithin sichtbare Berg enthält mehrere kleinere Intrusionen, die von Basalttephra umgeben sind und Olivinknollen enthalten. Die höchste Kuppe (674,6 m) hat nach MÜLLER-SOHNIUS et al. (1989) einen Olivinnephelinit mit einem K/Ar-Alter von 31,7 ± 1,1 Mio. Jahren, r 6799 h 7132. Unterhalb des Sendemasts (r 6799 h 7116) nach MÜLLER-SOHNIUS et al. ein Olivinnephelinit mit einem K/Ar-Alter von 36,4 ± 1,3 Mio. Jahren.

Ostabhang des Hochkelbergs: FUCHS (1974, Kte.); r 6830 h 7127.

Bittberg (Höhe 580,1) östlich Mosbruch, r 6856 h 6982; nach MÜLLER-SOHNIUS et al. (1989) Olivinnephelinit mit einem K/Ar-Alter von 35,8 ± 1,3 Mio. Jahren.

Hochberg südlich Hünerbach: V. DECHEN (1886, Nr. 6, S. 276); nicht bei FUCHS (1974) und RESCH (1966), deshalb wohl zu streichen.

Nördlich des Hochbergs südöstlich Hünerbach: FUCHS (1974, Kte.); r 6775 h 7257.

Südöstlich von Hünerbach, nahe südlich der Straße nach Boos: V. DECHEN (1886, Nr. 10, S. 277), FUCHS (1974, Kte.); r 6772 h 7290.

Schildwacht östlich Hünerbach: V. DECHEN (1886, Nr. 16, S. 277–278: Donnerschlagsberg); RESCH (1966); ein fast 1000 m langer NW streichender Basaltrücken; seine Ausdehnung wurde magnetisch kartiert; nach HUCKENHOLZ (1965a, 148–149): Hawaiit.

Jonashübel nördlich der Straße Hünerbach-Boos: RESCH (1966); FUCHS (1974, Kte.); r 6870 h 7325.

Südwestlich vom Jonashübel: FUCHS (1974, Kte.); r 6854 h 7285.

Rothbusch westlich Bereborn (Höhe 560,2): V. DECHEN (1886, Nr. 7, S. 276); r 6845 h 7229.

Westlich Bereborn im Elztal: V. DECHEN (1886, Nr. 9, S. 276); nicht zu lokalisieren.

Beilstein nördlich Bereborn: V. DECHEN (1886, Nr. 11, S. 277); r 6920 h 7277.

Geisberg nordwestlich Mannebach: V. DECHEN (1886, Nr. 12, S. 277); r 6975 h 7287.

2 Vorkommen nordöstlich vom Jonashübel, nördlich der Straße Boos – Hünerbach: FUCHS (1974, Kte.); r 6920 h 7395; r 6944 h 7370.

Holzberg nordnordwestlich Mannebach: HUCKENHOLZ (1966, 81): Ankaramit; r 6960 h 7400.

Kuppe südlich vom Holzberg, nordwestlich P. 465,1: nach HUCKENHOLZ (1966, 80) Ankaramit, r 6962 h 7386.

Steinkäulchen nordnordöstlich Bereborn: nach BÜCHEL & PIRRUNG (1993) ausgedehntes Diatrem mit Basalt-, Benmoreit- und Trachyt-Intrusionen; r 6958 h 7356.

Nordöstlich Mannebach: FUCHS (1974, Kte.); r 7120 h 7318.

Südhang der Unterhardt gegenüber der ehem. Schwerspatgrube Bergkrone bei Uersfeld: FUCHS (1974, Kte.); r 7070 h 6895.

Südsüdöstlich Neichen an der Straße nach Sarmersbach: FUCHS (1974, Kte.); r 6230 h 6925.

Südsüdöstlich Neichen: BREMER, SCHNÜTGEN & SPÄTH (1978); r 6230 h 6940.

Dicht nördlich der Kirche Hilgerath: r 6282 h 6936, nach MÜLLER-SOHNIUS et al. (1989) Nephelinbasanit mit einem K/Ar-Alter von 36,5 ± 0,7 Mio. Jahren.

Steinnick (Höhe 556,3) zwischen Ueß und Beinhausen: V. DECHEN (1886, Nr. 87, S. 283); nach CHAUDHURI (1970) Alkali-Olivin-Basalt; r 6535 h 6970.

2 Vorkommen zwischen Nerdlen und Sarmersbach: FUCHS (1974, Kte.); r 6192 h 6735; r 6214 h 6766.

Nordwestlich Sarmersbach: FUCHS (1974, Kte.); r 6248 h 6770.

Nördlich vom Hohlenseifen nordwestlich Gefell: FUCHS (1974, Kte.); r 6415 h 6833.

Südlich vom Hohlenseifen: BREMER, SCHNÜTGEN & SPÄTH (1978); r 6420 h 6800.

2 Basaltvorkommen westlich Gefell: FUCHS (1974, Kte.); r 6462 h 6736; r 6480 h 6735 (nach CHAUDHURI 1970: Basanit).

Südlich Gefell: FUCHS (1974, Kte.); r 6506 h 6705.

Südöstlich Gefell: FUCHS (1974, Kte.); r 6530 h 6724.

2 Basaltvorkommen zwischen Hörschhausen und Katzwinkel: FUCHS (1974, Kte.); r 6644 h 6835; r 6660 h 6815.

Nordöstlich Hörschhausen: V. DECHEN (1886, Nr. 88, S. 284); r 6720 h 6826.

Klopp südöstlich Hörschhausen: V. DECHEN (1886, Nr. 89, S. 284); r 6714 h 6785.

Nordöstlich des Klopp: FUCHS (1974, Kte.); r 6730 h 6793.

Zwischen Hörschhausen und Horperath: v. DECHEN (1886, Nr. 90, S. 284); r 6746 h 6811.

Kastelberg (Horperather Kopf) südlich Horperath: v. DECHEN (1886, Nr. 91, S. 284); nach CHAUDHURI (1970) Alkali-Olivin-Basalt; r 6810 h 6747.

Nach FUCHS (1974, Kte.) nordöstlich davon ein isolierter Durchbruch, r 6820 h 6760.

2 Vorkommen südöstlich von Kötterichen: MITSCHERLICH (1865, Kte.); nicht genau lokalisiert.

Östlich Rengen: FUCHS (1974, Kte.); r 6066 h 6578.

Im Bahneinschnitt östlich des Bahnhofs Darscheid fanden MÜLLER-SOHNIUS et al. (1989) einen Tephraschlot nephelinbasanitischer Zusammensetzung und bestimmten ein K/Ar-Alter von 39,9 ± 0,8 Mio. Jahren.

Steiler Nück südlich Sarmersbach: FUCHS (1974, Kte.); r 6274 h 6646.

Kapp südöstlich Sarmersbach: FUCHS (1974, Kte.); r 6366 h 6649.

Südlich der Kapp: FUCHS (1974, Kte.); r 6364 h 6648.

Halbenwegs zwischen Kapp und Ehlert: FUCHS (1974, Kte.); r 6383 h 6633.

Ehlert nördlich Darscheid: FUCHS (1974, Kte.); nach CANTAREL & LIPPOLT (1977) ein Basanit mit einem K/Ar-Alter von 39,9 ± 0,8 Mio. J.; r 6390 h 6600.

2 Basaltvorkommen nördlich der Straße Schönbach – Darscheid: v. DECHEN (1886, Nr. 126 u. 127, S. 287); r 6558 h 6528 (FUCHS 1974, Kte.); das zweite nicht lokalisiert.

Basaltgang nordwestlich Utzerath: BREMER, SCHNÜTGEN & SPÄTH (1978); etwa r 6600 h 6600, 200 m lang.

Südlich der Straße Schönbach – Darscheid (Höhe 543,9): v. DECHEN (1886, Nr. 128, S. 287); nach CHAUDHURI (1970) ein Basanit; r 6515 h 6465.

Im Maibusch südöstlich Berenbach: v. DECHEN (1886, Nr. 92, S. 284); nach CHAUDHURI (1970) Basanit; r 6875 h 6575.

Westlich davon: v. DECHEN (1886, Nr. 93, S. 284); nach CHAUDHURI (1970) Alkali-Olivin-Basalt; r 6845 h 6566.

Branderbusch südöstlich Berenbach: GEDIK (1965); r 6924 h 6616.

Ueßbachtal oberhalb Meiserich: v. DECHEN (1886, Nr. 115, S. 286); r 6815 h 6340.

2 Vorkommen im Wehrholz westlich Ulmen: v. DECHEN (1886, Nr. 113 u. 114, S. 286); r 6886 h 6440; r 6910 h 6425.

Südlicher Ortsausgang von Ulmen: v. DECHEN (1886, Nr. 116, S. 286); nicht genau lokalisiert.

Östlich Ulmen an der alten Straße nach Cochem: v. DECHEN (1886, Nr. 117, S. 286); r 7098 h 6395.

Ollebachtal südlich Ulmen: v. DECHEN (1886, Nr. 118, S. 286); nicht genau lokalisiert.

10.7.6.19 Bl. 5708 Kaisersesch (22 Vorkommen)

Etscheid nordöstlich Mannebach, 2 Vorkommen: Fuchs (1974, Kte.); r 7135 h 7325; r 7150 h 7350.

Kleiner Bermel: v. Dechen (1886, Nr. 109, S. 285); nach Müller-Sohnius et al. (1989) ein Nephelinbasanit mit einem K/Ar-Alter von 31,7 ± 1,1 Mio. Jahren.

Hochbermel (570,2 m): v. Dechen (1886, Nr. 108, S. 285); nach Müller-Sohnius et al. (1989) ein Nephelinbasanit; mit einem K/Ar-Alter von 32,3 ± 1,2 Mio. Jahren.

Westliche Kuppe am Schälskopf östlich Fensterseifen: H.-J. Schulz (unveröff.); r 7936 h 7284.

Südhang des Elztals westlich Niederelz: H.-J. Schulz (unveröff.); r 7930 h 7330.

Steimelskopf südlich Höchstberg: r 7175 h 6680, nach Müller-Sohnius et al. (1989) ein Nephelinbasanit mit einem K/Ar-Alter von 39,4 ± 1,4 Mio. Jahren.

Kuppe zwischen Steimelskopf und Höchstberg: v. Dechen (1886, Nr. 101, S. 284); nicht genau lokalisiert.

Höchstberg: v. Dechen (1886, Nr. 102, S. 284), Breitbach (1989, 65–67); das größte der tertiären Basaltvorkommen der Hocheifel, nach Huckenholz & Büchel (1988) Nephelinbasanite mit drei Förderzentren; nach Lippolt & Fuhrmann (1980) K/Ar-Alter von 34,7 ± 1,3 Mio. Jahren (unklar, von welchem Förderzentrum); der 616 m hohe Berg ist von vielen Punkten fast aus der ganzen Eifel zu sehen. Lorenz & Lutz (2004) geben intermediäre Tephra vom Höchstberg an.

Zwischen dem Höchstberg und den Kölnischen Höfen: v. Dechen (1886, Nr. 103, S. 285); nach Chaudhuri (1970) ein Basanit; r 7360 h 6645.

Groberlen südwestlich Eppenberg: r 7742 h 6836, nach Müller-Sohnius et al. (1989) ein Nephelinbasanit mit einem K/Ar-Alter von 31,9 ± 1,1 Mio. Jahren.

Höhe 569,0 südwestlich Eppenberg: H.-J. Schulz (unveröff.); r 7600 h 6800.

Kuppe 600 m ostsüdöstlich Eppenberg: H.-J. Schulz (unveröff.); r 7742 h 6835.

Rothläufchen nordwestlich Bhf. Laubach – Müllenbach: nach Chaudhuri (1970) Basanit: r 7610 h 6755.

Gallberg westlich Masburg: H.-J. Schulz (unveröff.); r 7865 h 6759.

Kuppe westlich des Gallbergs: H.-J. Schulz (unveröff.); r 7841 h 6752.

Nordabhang des Schirm nordöstlich Hauroth: H.-J. Schulz (unveröff.); r 7911 h 7015.

Südwestlich vom Schuwenackerhof bei Urmersbach: H.-J. Schulz (unveröff.); r 8020 h 6985.

Stellbachtal am Südhang des Urmersbacher Kopfes: H.-J. Schulz (unveröff.); r 8021 h 7030.

Wolfsberg südöstlich Laubach: v. Dechen (1886, Nr. 107, S. 285); r 7818 h 6580.

10.7.6.20 Bl. 5709 Kaifenheim (3 Vorkommen)

Vom Nordhang des Nebentälchens der Elz zwischen Kaifenheim und der Kehriger Mühle („südlich des Wüsterather Hofes") gibt v. DECHEN (1886, Nr. 111 u. 112) zwei Basaltvorkommen an, eines westlich unterhalb Wüsterath, das andere östlich unterhalb Wüsterath. Das eine r 8736 h 6955 (RAUFUSS 1966), das andere nicht genau lokalisiert.

Am NW-Rand von Mertloch ist bei DAHLGRÜN (1939) eine in E-W-Richtung langgestrecktes Tertiärbasalt-Vorkommen eingetragen.

10.7.6.21 Bl. 5804 Schönecken (1 Vorkommen)

Beim Bau der Bahnlinie Pronsfeld – Waxweiler wurde im Mündungsbereich des Bierbaches in das Prümtal südlich Pronsfeld ein 0,50–0,75 cm dicker Basaltgang aufgeschlossen. Er liegt in der nach SE fallenden Schichtung der Klerf-Schichten und gehört wahrscheinlich zu den tertiären Vorkommen (LEPPLA 1920).

10.7.6.22 Bl. 5806 Daun (4 Vorkommen)

2 km westnordwestlich von Eckfeld liegt im Pellenbachtal kurz vor dessen Einmündung in die Lieser ein Kessel von 400–500 m Durchmesser, der ein mit Seesedimenten gefülltes basaltisches mitteleozänes Maar darstellt (LUTZ et al. 2010). Eine ^{40}Ar ^{39}Ar-Datierung ergab ein Alter von 44,3 ± 0,2 Mio. Jahren (MERTZ et al. 2000). Näheres in 10.2.3.

Knapp 1 km nördlich davon in der Flur Hillscheid ein basaltischer Schlackenkegel; r 5870 h 5420 (J. M. SCHMIDT 1982, PIRRUNG 1992). Er hat nach einer ^{40}Ar ^{39}Ar-Datierung ein Alter von 43,7 ± 0,4 Mio. Jahren (MERTZ et al. 2000).

Nördlich dieses Schlackenkegels fand sich ein weiteres Basaltvorkommen (PIRRUNG 1992).

100 m südlich des Hillscheid-Schlackenkegels liegt ein tertiäres Diatrem mit intermediären Förderprodukten (FRANKENHÄUSER et al. 2009), die bis in den Bereich des Eckfelder Maares verbreitet sind.

10.7.6.23 Bl. 5807 Gillenfeld (6 Vorkommen)

Bei der Steineberger Ley handelt es sich nach RAHM (1958: 27) um eine in N-S-Richtung langgestreckte Kuppe eines dichten Basaltes, an deren Rändern Basalttephra hervorkommt. Auf der Kuppe ein vorgeschichtlicher Ringwall aus Basaltblöcken, wohl die Ursache für den Ortsnamen Steineberg. Der Wall stammt aus der Zeit der Hunsrück-Eifel-Kultur (um 500 v. Chr., Ende der Hallstattzeit), die man nach Funden gerade aus diesem Gebiet der Eifel früher als „Mehrener Kultur" bezeichnete. Das Gestein der Kuppe (557,6 m) nach MÜLLER-SOHNIUS et al. (1989) ein Nephelinbasanit mit einem K/Ar-Alter von 41,5 ± 0,8 Mio. Jahren.

Westlich der Straße Demerath – Meiserich am NE-Hang von Auf der Scheid: v. DECHEN (1886: 287, Nr. 123), RAHM (1958: 27), r 6782 h 6180.

Zwischen diesem Vorkommen und dem Hölzcheskӧppchen: RAHM (1958: 27), r 6810 h 6214.

Höhe 467,3 nördlich vom Nollenberg östlich des Üßtales: V. DECHEN (1886: 286), RAHM (1958: 27), r 6975 h 6195.

Klippe an der Auderather Mühle, Nollenbachtal: V. DECHEN (1886, Nr. 119); r 7070 h 6180, nach MÜLLER-SOHNIUS et al. (1989) ein Nephelinbasanit mit einem K/Ar-Alter von 37,5 ± 1,4 Mio. Jahren.

Der Kaiserkopf (Alteburg) auf der Grenze zu Bl. Cochem nördlich der neuen Straße Ulmen – Cochem (B 259) ist ein größeres Basaltvorkommen, bis in den Schlot hinein abgebaut. Im Steinbruch jetzt ein kleiner See. Tephrareste in der Schlotwandung erhalten; r 7140 h 6284 (V. DECHEN 1886: 286, Nr. 120; RAHM 1958: 27–28).

10.7.6.24 Bl. 5808 Cochem (1 Vorkommen)

Tonnhügel (Tonhügel) unmittelbar nördlich der Straße Ulmen-Cochem: V. DECHEN (1886: 286, Nr. 121), r 7400 h 6190. Nach CHAUDHURI (1970) ein Alkali-Olivin-Basalt.

10.7.7 Die intermediären Vulkane der Hocheifel

Bei der vorausgegangenen Auflistung (10.7.6) sind alle feldgeologisch als „Basalt“ anzusprechenden Gesteine aufgeführt worden. Dabei waren Differentiate wie Mugearite und Hawaiite mit eingeschlossen. Im Folgenden sind die Gesteine zu behandeln, die schon ohne Mikroskop als intermediäre Gesteine zu erkennen sind. Die Vorkommen dieser Gesteine innerhalb des Vulkanfeldes der Hocheifel hat GRÜNHAGEN (1964) bearbeitet. Wir folgen hier seiner Beschreibung und verwenden auch seine Gesteinsbezeichnungen. Es sei darauf hingewiesen, dass bei den Petrologen diese Gesteinsnamen einem lebhaften Wechsel unterworfen sind; so müssten z. B. jetzt die Andesite als Benmoreite bezeichnet werden. Nach der Klassifikation von GRÜNHAGEN treten in der Hocheifel die folgenden „nichtbasaltischen“ Typen auf: Oligoandesit, Trachyt, Calcitrachyt, Alkalitrachyt, Analcim-Alkalitrachyt und Leukotrachyt. Wir behandeln die Vorkommen in dieser Reihenfolge von basisch nach sauer.

Oligoandesite in der Umgebung des Brinkenköpfchens zwischen Köttelbach und Mosbruch: An der Nordseite des Brinkenköpfchens ist ein dunkler, relativ grobkörniger Oligoandesit in alten Steinbrüchen aufgeschlossen (r 6684 h 7120). Er enthält bis 2 cm große Hornblende- und selten bis 1 cm große Magnetkieskristalle, außerdem faustgroße Agglomerate aus Hornblende, Pyroxen und Plagioklas. In den Brüchen sind in Meilerstellung angeordnete Säulen zu beobachten, was auf eine Trichterform des Vulkans hinweist. CANTAREL & LIPPOLT (1977) haben nach der K/Ar-Methode ein Alter von 41,1 ± 0,8 Mio. Jahren bestimmt. Vollkommen gleiche Gesteine treten auch in der Höhe Kranickelchen südwestlich vom Brinkenköpfchen auf (r 6671 h 7103). Eine K/Ar-Altersbestimmung ergab hier ein Alter von 42,0 ± 1,4 Mio. Jahren (CANTAREL & LIPPOLT 1977). Auch eine kleine Kuppe südöstlich (r 6707 h 7114) und das sog. Büschel nordwestlich des Brinkenköpfchens (r 6648 h 7132) bestehen aus diesem Gestein.

Oligoandesit des Bocksbergs bei Müllenbach: Die bewaldete Kuppe enthält mehrere Steinbrüche; in Müllenbach sind viele Häuser aus dem blaugrauen harten Oligoandesit erbaut. In den Steinbrüchen sind dicke Säulen erkennbar, die zum Innern des Berges hin einfallen, was auf eine keulenartige Form des Vorkommens hinweist. Neben bis 2 cm großen Hornblendenadeln sind im Gestein auch Plagioklase erkennbar. Auffallend ist der Reichtum an Xenolithen aus dem Devon sowie von Metamorphiten und basischen Magmatiten. CANTAREL & LIPPOLT (1977) haben ein K/Ar-Alter von 42,6 ± 1,1 Mio. Jahren bestimmt. Entlang von einigen Klüften hat wohl durch hydrothermale Prozesse eine Zersetzung des Gesteins zu einer graugrünen Masse stattgefunden. Nach GRÜNHAGEN besteht das Zersetzungsprodukt hauptsächlich aus Montmorillonit. Gegenüber der Südseite des Bocksberges streicht außerhalb des Nürburgringes am N-Abhang des Eisberges bei r 6582 h 7604 ein schmaler Gang eines stark zersetzten Vulkanits aus, vielleicht eine Apophyse des Bocksberg-Körpers.

Oligoandesit am Südabhang des Raustert zwischen Meuspath und Welcherath: Hier ist durch vier Steinbrüche an der Nordseite des Kirsbaches ein Gestein aufgeschlossen, das dem des Bocksberges sehr ähnelt; allerdings sind die Hornblenden im Gestein des Raustert nicht länger als 0,5 cm. Auch hier finden sich viele Xenolithe. Das Gestein ist in dicke senkrechte Säulen gegliedert. Der Oligoandesit des Raustert ist das älteste datierte Gestein des Hocheifel-Vulkangebietes, CANTAREL & LIPPOLT (1977) ermittelten ein K/Ar-Alter von 44,5 ± 1,0 Mio. Jahren. Unmittelbar östlich der Kuppe des Raustert findet sich ein Alkali-Olivin-Basalt-Vorkommen. Die frühgeschichtliche Kasselsburg auf der anderen Seite der Straße ist aus dem Oligoandesit aufgeschichtet worden.

Freienhäuschen nördlich Mosbruch: r 6700 h 7085, nach MÜLLER-SOHNIUS et al. (1989) ein Benmoreit mit einem K/Ar-Alter von 39,0 ± 0,8 Mio. Jahren. Das durch drei Steinbrüche aufgeschlossene Vorkommen ist in E-W-Richtung 150 m lang.

Trachyt vom Nordabhang des Brinkenköpfchens südöstlich Köttelbach: r 6692 h 7145. Südlich Köttelbach nach BÜCHEL & PIRRUNG (1993) Tephra, Mugearit und mehrere Benmoreitkörper. Calcitrachyt nordöstlich des Beilsteins nördlich Bereborn: zwischen dem Beilstein und dem Steinkäulchen ist in einer kleinen Grube (r 6936 h 7300) das blaugraue Gestein aufgeschlossen.

Alkalitrachyt des Steinkäulchens nordnordwestlich Mannebach: auf der Basaltkuppe des Steinkäulchens liegt an einer Stelle bei r 6954 h 7358 ein großer Block eines dunklen Alkalitrachytes, es ist unklar, ob er hier in größerer Masse ansteht oder nur einen Auswürfling in der Basalttephra darstellt.

Analcimalkalitrachyt des Selbergs und der Grader Seife bei Quiddelbach: Das früher als „Phonolith“ bezeichnete Gestein des Selbergs an der Straße Adenau-Kelberg bildet eines der bekanntesten Gesteinsvorkommen der Hocheifel. Dazu tragen die großen Steinbrüche mit den weithin sichtbaren dicken, regelmäßigen, senkrechten Säulen bei. Das graue Gestein enthält Hornblendenadeln von mehreren cm Länge; daneben sind Plagioklase und Noseane zu erkennen. Von CANTAREL & LIPPOLT (1977) wurde ein K/Ar-Alter von 30,0 ± 0,8 Mio. Jahren bestimmt. An der Grader Seife 1 km nordöstlich Quiddelbach findet sich in Lesesteinen ein dem Selberg-Gestein ähnliches Material, das nach GUTBERLETT & HUCKENHOLZ (1965) gleiche chemische und mineralogische Zusammensetzung wie das des Selbergs hat. Es findet sich zwischen r 6780 h 8086 und r 6770 h 8074.

Von den sauersten Gliedern der Gesteinsreihe, den Leukotrachyten, ist das größte und bekannteste Vorkommen das südöstlich Reimerath. Es besteht aus zwei Körpern, die in der Karte eine in NE-Richtung liegende 8 darstellen. Der Trachyt, der bis 8 cm große Sanidintafeln enthält, ähnelt makroskopisch dem des Drachenfelses im Siebengebirge und wurde deshalb gelegentlich zu Ausbesserungsarbeiten am Kölner Dom abgebaut, da der Drachenfels unter Naturschutz steht. Von CANTAREL & LIPPOLT (1977) wurde ein K/Ar-Alter von 40,8 ± 1,0 Mio. Jahren bestimmt.

Ein kleines Vorkommen von Leukotrachyt findet sich östlich von Zermüllen am Fuß der Höhe 569,4 bei r 6662 h 7416.

Südlich des Jonashübels nördlich Bereborn ist ein grünlicher Leukotrachyt südlich der Straße Kelberg – Boos in einem verwachsenen Steinbruch aufgeschlossen; r 6887 h 7298. Östlich davon kleine Vorkommen des gleichen Gesteins bei r 6890 h 7292, r 6895 h 7308 und r 6902 h 7296.

Westlich Hünerbach südlich der Straße nach Kelberg findet sich ein verwitterter Leukotrachyt bei r 6704 h 7305.

Nordwestlich Kelberg liegt im Fronfeld eine flache Erhebung, in der früher mehrere Steinbrüche bestanden. Das Material ist nach MÜLLER-SOHNIUS et al. (1989) ein Trachyt mit einem K/Ar-Alter von 36,1 ± 0,7 Mio. Jahren; etwa r 6530 h 7320.

Der trachytische Anteil des Hocheifel-Vulkanismus hat bei weitem nicht so viel Tuff geliefert wie etwa das Vulkangebiet des Siebengebirges, das mehrere sehr mächtige Trachyttuffdecken produzierte. Doch fanden sich am Westrand des Hocheifel-Vulkanfeldes unter der Basalttephra des quartären Buerberg-Vulkans bei Schutz „trassähnliche", also wohl intermediäre Tuffe, die wegen ihrer Flora ins Tertiär einzustufen sind. Tuffe mit tertiären Pflanzenresten fanden sich auch an der Straße Daun – Dockweiler am Fuchskopf östlich Neunkirchen. Sie können auch basaltische Zusammensetzung haben, da sie nach HUSSAK (1878, 22) u. a. Augit, Olivin und Sanidin enthalten. Beide Vorkommen sind heute nicht aufgeschlossen; vgl. auch KRÄUSEL & WEYLAND (1942, 26–27). Nördlich des eozänen Eckfelder Maares, das basaltische Zusammensetzung hat, gibt es in der Flur Hillscheid ein tertiäres intermediäres Diatrem, von dem wohl auch die intermediären Tephralagen stammen, die sich im Randbereich des Eckfelder Maares finden (PIRRUNG 1992, vgl. S. 336).

10.7.8 Trachyte und Trachyttuffe in Nähe des Rheintals

Trachytlaven und -tuffe finden sich nicht nur im Siebengebirge und Westerwald, sondern auch im linksrheinischen Vulkangebiet etwa zwischen Remagen, Niederbachem und Berkum. Die größten Trachytvorkommen gibt es südöstlich von Berkum. Innerhalb dieser Gruppe ist das Vorkommen der Hohenburg (Hohenberg) das größte. Es zieht sich im N bis ins Ortsgebiet Berkum und bildet eine bewaldete Kuppe, die durch mehrere überwachsene Steinbrüche zerschnitten wird. Das Material wurde schon von den Römern abgebaut. Ab 1837 wurde der Trachyt auch zum Bau des Kölner Doms verwendet, wo er den leicht verwitternden Drachenfels-Trachyt ablösen sollte; er ließ sich aber auch nicht für Außenpartien verwenden. Der Domsteinbruch liegt an der NE-Ecke des Vorkommens. Das Gestein ist nach FRECHEN &

VIETEN (1970) ein Arfvedsonit-Alkalitrachyt. Eine K/Ar-Datierung ergab ein Alter von 24,2 ± 0,3 Mio. Jahren (W. TODT 1971). Südlich der Hohenburg findet sich südlich des Tälchens ebenfalls Trachyt, bei dem unklar ist, ob er ein selbständiges Vorkommen ist oder mit dem Hohenburg-Trachyt zusammenhängt. Ein selbständiges Trachyt-Vorkommen liegt zwischen Züllighoven und Berkum nördlich von Punkt 194,0.

Der Irrberg südlich Niederbachem ist eine in Trachyttuffe eingedrungene Trachytkuppe (KUREISCHIE 1971, SCHMIDT-BASLER 1974). Im Untergrund muss in diesem Gebiet Trachyt noch weiter verbreitet sein, da er als Auswürfling an mehreren Vulkanen zu finden ist, so am Dächelsberg und am Unkelstein.

Die Trachyttuffe des linksrheinischen Gebietes entstammen wohl z. T. dem Siebengebirge, besonders in Nähe des Rheins. Jedoch gehen sie z. T. auch auf eigene Ausbruchszentren zurück. So dürfte die ausgedehnte Trachyttuffdecke um den Irrberg-Trachyt in dessen Nähe gefördert worden sein. Auch die Trachyttuffe, in die der Basalt des Dächelsbergs eindrang, sind dort gefördert worden, da sie einen Trichter ausfüllen, der unter das Talniveau hinabreicht (KUREISCHIE & STETS 1979). Einen weiteren Tuffschlot hat KUREISCHIE (1971) an der Straße zwischen Züllighoven und Schießgraben gefunden. Nach RAUFF & KEGEL (1923) war in dem ehemaligen Quarzitabbau „Rolandsgrube“ südsüdwestlich des Irrberg-Trachyts eine Ausbruchstelle von Trachyttuff zu beobachten. SCHMIDT-BASLER (1974) fand dort im Trachyttuff noch Devonxenolithe von 60 cm Größe; ca. r 8370 h 0965. Einen mit Trachyttuff gefüllten kleinen Schlot hat WILCKENS (1927 b) in der ehemaligen Ton- und Quarzitgrube „Gute Jette“ etwa 300 m nördlich vom Dächelsberg-Steinbruch westlich Niederbachem nachgewiesen (Bl. 5309 Königswinter, r 8270 h 1230). Nordöstlich vom Wirtshaus Waldschlösschen nordwestlich Remagen finden sich zersetzte Trachyttuffe, die wegen der Größe der Auswürflinge wahrscheinlich einem eigenem Eruptionszentrum entstammen und nicht Teil der großen Ignimbritdecke des Siebengebirges sind.

Dort, wo Trachyttuff zusammen mit Basalt auftritt, ist immer der Basalt das jüngere Förderprodukt. Die Basaltschmelze wurde offenbar zum Aufstieg angeregt durch die Inhomogenität, die durch die Trachytvulkane in der Kruste verursacht worden ist.

10.8 Postvariszische Vererzungen (vgl. Abb. 53, S. 226)

Ein Teil der gangförmigen Erzvorkommen der Osteifel wird ähnlich wie die Vererzungen im Siegerland oder im Raum Koblenz dem variszischen Zyklus zugeordnet (5.7). Zuerst hatte man dieses Alter auf alle Gangerze der Eifel übertragen. Für die Vererzungen im Buntsandstein der Nordeifel kam nur ein postvariszisches Alter in Frage. Auch für die Blei-Zink-Erze in Kalken des Aachen-Stolberger Bezirks wurde ein junges Alter für wahrscheinlich gehalten, da sie an postvariszische Störungen gebunden sind (GUSSONE 1961). Die Schwerspatgänge des Gebietes um Kelberg und Uersfeld wurden mit dem tertiären Vulkanismus der Hocheifel in Verbindung gebracht (WEISSER 1965). Nach heutiger Auffassung ist auch ein Teil der Gangvererzungen der Osteifel erst nach der variszischen Faltung entstanden, wie sich aus der Paragenese und Isotopen-Untersuchungen ergeben hat (KRAHN 1988, REPPKE 1993). Ein Modell für die Entstehung dieser jungen Mineralisationen wird im Anschluss an die Besprechung der Vorkommen vorgestellt werden (10.8.5).

10.8.1 Die gangförmigen Vererzungen in der Westeifel

Südwestlich des Nordeifeler Triasdreiecks findet sich ein über Rescheid, Wischeid, Bleialf bis zur Burg Reuland (Belgien) in NE-SW-Richtung langgestreckter Streifen, in dem zahlreiche kleine gangartige Vorkommen von Blei- und Zinkerzen auftreten (Bleialf-Rescheider Gangzug).

Die bedeutendsten Vorkommen sind die von Bleialf (KULMS & FRIEDRICH 1970): Im wesentlichen wurden zwei NNW streichende Gangzonen zwischen Bleialf, Brandscheid und Büchel abgebaut. Der Bergbau lässt sich bis ins 11. Jahrhundert zurückverfolgen, die letzte Phase lag zwischen 1840 und 1888. Die Einstellung des Abbaus erfolgte nicht wegen Erschöpfung der Lagerstätte, von der bei Stilllegung nur etwa 20% abgebaut gewesen sein sollen, sondern wegen starker Wasserzuflüsse, ungünstiger Verkehrslage und dem raschen Vertauben der Gänge nach der Teufe. Selbst bei den wichtigsten Gängen, dem Richelberger Gang (1800 m lang) und dem Heinrich-Gang (500 m lang) setzte die Erzführung in etwa 200 m Tiefe aus. Dadurch war man gezwungen, viele kleine Schächte abzuteufen.

In nördlicher Fortsetzung der Bleialfer Gänge wurden beiderseits des Ourtales westlich und nördlich von Wischeid N bis NW streichende Blei-Zink-Gänge zeitweilig abgebaut. Die Gänge der Grube „Schwalenbach" südöstlich von Kamberg streichen NNW bis NW, die der Grube „Wohlfahrt" südlich von Rescheid NW (RIBBERT 1993, 61–63). Einen NW streichenden Blei-Zink-Gang baute die Grube „Silberberg" nördlich von Schmidtheim ab.

Auf der Südflanke des Venn-Sattels sind innerhalb eines NE-SW streichenden Streifens zwischen der Kall-Talsperre und Maubach zahlreiche Eisenspat- und Blei-Zink-Gänge bekanntgeworden, die von A. VOIGT (1951) als Brandenberger Gangzug zusammengefasst wurden. Allen Vorkommen gemeinsam ist die geringe streichende Erstreckung der Erzführung. Die bedeutendsten unter den Gängen streichen etwa 100–110°. Zumindest ein Teil der „Eisenspatgänge" sind quarzige Störungsbrekzien, die sekundär durch Eisenspat verkittet wurden. Der Bergbau wandte sich in diesem Revier zuerst den Nichteisenerzen zu und erlebte schon in der Zeit vom 15. bis zum 17. Jahrhundert eine Blüte. Die Pb-Zn-Cu-Erzvorräte waren spätestens in der Mitte des 19. Jahrhunderts erschöpft. Zu Ende des 18. Jahrhunderts konzentrierte sich das Interesse des Bergbaus auf die Eisenspatvorkommen, dadurch entstand eine Grundlage für die bedeutende Hüttenindustrie z. B. im Raum Gemünd.

Am bedeutendsten war die Grube „Niederlage" (Bergwerk am Klingenpütz, Altes Froitscheider Bergwerk) bei Zweifallshammer im Kallbachtal. Es wurde ein 105–135° streichender und mit 75° nach NE fallender Blei-Zink-Erzgang von einigen Hundert m Länge abgebaut. Die Geschichte dieses Bergwerks hat VOIGT (1951) rekonstruiert. Er wies nach, dass in Zweifallshammer im 16. Jahrhundert kaum weniger gefördert wurde als im berühmten Rammelsberg im Harz. Noch Mitte des 19. Jahrhunderts fanden sich bis zu 300 kg schwere Bleiglanzstufen; jedoch war im Großen und Ganzen der Gang um 1840 ausgeerzt.

10.8.2 Blei-Zink-Erzlagerstätten in der Trias der Nordeifel

Die Sandsteine und Konglomerate des Mittleren Buntsandsteins sind im Triasdreieck der Nordeifel an mehreren Stellen durch Blei- und Zinkerze in bauwürdiger Menge imprägniert worden. Am ausgedehntesten sind die Vererzungen am SE-Rand des Triasdreiecks, wo sie die

Mechernicher Flexur in einem breiten Streifen von Keldenich über Dottel, Scheven, Strempt, Mechernich bis zum Griesberg südlich Kommern begleiten. Ein kleineres Erzvorkommen findet sich im Zentrum des Triasdreiecks zwischen Bleibuir und Bescheid. In der äußersten NW-Ecke liegt bei Maubach wieder eine bedeutende Lagerstätte.

Von der Mineralisation her haben alle diese Erzvorkommen gemeinsame Züge (SCHACHNER 1961): Die Mineralisation beginnt an einigen Stellen mit einer karbonatischen Verkittung der Sandsteine durch Dolomit, untergeordnet auch Siderit. Mit dem Karbonat, z. T. sogar vor ihm, kristallisiert Bravoit aus, ein Co- und Ni-haltiger Pyrit, der früher auch den Namen Mechernichit führte. Bravoit ist in Maubach zusammen mit massigem Kupferkies und Karbonaten in NW-SE streichenden gangartigen Zonen angereichert, besonders in den Randbereichen zu den Unterdevon-Gesteinen. Es folgt eine Silifizierung, die auch während der folgenden Erzausscheidung, in der sich zuerst honiggelbe Zinkblende bildet, noch andauert. Zuletzt kristallisiert das häufigste Erz, der Bleiglanz. Er füllt alle übriggebliebenen Porenräume im Sandstein aus sowie Zwickel zwischen den Geröllen, die er mit einer Schale umgibt. Besonders in Mechernich bildet er im Sandstein bis zu 1 cm große Flecken und Knoten (Knotten-Erz). Mit dem Bleiglanz kann auch in geringen Mengen Fahlerz, Bournonit und eine zweite Generation Kupferkies vergesellschaftet sein. Die Erze sind praktisch silberfrei.

Die Genese der Vererzungen ist schwer zu erklären. Zuerst nahm SCHNEIDERHÖHN (1928) eine synsedimentäre Entstehung in Form von „Konzentrationslagerstätten in Schuttgesteinsbecken mit arider Umgebung (Red bed Typus)“ an, hat diese Vorstellungen aber selbst 1955 (S. 237) wieder aufgegeben, da für eine solche Konzentration die in der Eifel anzunehmenden Abtragungsvorgänge nicht ausreichten. ELBERSKIRCH (1937) und KRAPP (1944) hatten auf die Bevorzugung der Bereiche um die NE streichenden sog. Mechernicher Störungen durch die Vererzung hingewiesen, was für eine aszendente Metallzufuhr spricht. Am SW-Ende des Mechernicher Vererzungs-Streifens am Tanzberg bei Keldenich (Grube „Kaller Stollen“) treten im Liegenden des mit Erz imprägnierten Buntsandsteins in mitteldevonischen Dolomiten Bleiglanz führende Gänge auf, die als Zufuhrspalten für die Vererzung aufgefasst werden können (BEHREND 1950). Der NE-SW-Streifen mit den Vererzungen von Mechernich – Kommern und Bescheid setzt sich außerhalb des Triasdreiecks in südwestlicher Richtung im Bleialf-Rescheider Gangzug fort (10.8.1). Das Maubacher Erzgebiet liegt in der Fortsetzung des SW-NE streichenden Brandenberger Gangzugs. In den Paragenesen bestehen Gemeinsamkeiten zwischen den Erzimprägnationen im Buntsandstein und den gangförmigen Vorkommen im Sockel; z. B. ist der Bleiglanz hier wie dort silberarm (sog. Glasurerz).

Es liegt nahe, diese geometrische und mineralogische Zusammengehörigkeit auch auf eine gemeinsame Genese zurückzuführen (BEHREND 1950, VOIGT 1951). Dabei bestehen zwei Möglichkeiten: Entweder die Gänge im Sockel sind während der variszischen Oogenese aufgedrungen, und aus ihnen wurden dann später die Erze mobilisiert und drangen in den überlagernden Buntsandstein ein. Oder die gangförmigen Vorkommen im Sockel und die Imprägnationen im Buntsandstein sind gleichzeitig entstanden, also Produkte derselben Mineralisation. Diese zweite Möglichkeit dürfte zutreffen, da z. B. das Blei im Buntsandstein und in den beiden Gangzügen die gleichen Isotopenverhältnisse aufweist, was für gleichzeitige Entstehung spricht (LARGE et al. 1983). Die aufsteigenden Lösungen konnten sich im porenreichen Mittleren Buntsandstein ausbreiten; durch die überlagernden tonigen Sedimente des Oberen Buntsandsteins wurden sie gestaut.

Die Erze der Mechernich-Kommerner Lagerstätte treten im Bereich der Mechernicher Flexur mehrfach zutage und sind deshalb hier schon in der Römerzeit, vielleicht sogar davor abgebaut und verhüttet worden (SCHALICH et al. 1986). 1869 entstand eine große Bleihütte mit einem 134,6 m hohen Kamin. Von 1937 bis zum Ende der Förderung 1958 hat die Preußische Bergwerks- und Hütten AG. (Preussag) Abbau und Verhüttung betrieben. Der Abbau fand hauptsächlich in Tagebauen statt, aber auch untertage. Die wichtigsten Gruben bzw. Grubenabteilungen waren (von SW nach NE): Westfeld, Kallmuther Berg, Tagebau Virginia und Bachrevier (östlich Strempt). Die Vererzung ist im Mittleren Buntsandstein an die Sandsteinpakete gebunden; sie tritt zurück in den Konglomeratlagen, die deshalb von den Bergleuten als „taube Wackendeckel" bezeichnet wurden. Durch die Konglomeratlagen werden im größten Teil des Reviers 4 Erzflöze getrennt, von denen das oberste (das sog. 1. Flöz) am mächtigsten und am gleichmäßigsten vererzt ist. Auch das darüberliegende oberste Konglomerat ist besonders bei Dottel und Kallmuth vererzt. Die tieferen Sandsteinlagen zeigen eine unregelmäßig streifige oder fleckige, in der Nähe von Störungen gangförmige Vererzung. Die tieferen Konglomeratlagen sind kaum vererzt. Die Erzanreicherung in den obersten Partien des Mittleren Buntsandsteins geht offensichtlich auf die Stauwirkung durch den überlagernden Oberen Buntsandstein zurück. Die Durchschnittsgehalte des Roherzes lagen zwischen 1 und 1,5% Pb.

Westlich des Mechernich-Kommerner Erzgebietes findet sich zwischen Bleibuir und Bescheid eine isolierte Vererzungszone innerhalb eines 30–50 m breiten und 1000 m langen E-W-Streifens. Vererzt sind zwei Sandsteinlagen im oberen Teil des Mittleren Buntsandsteins. Die Grube „Gute Hoffnung" hat hier zeitweilig abgebaut (BEHREND 1950, 331–333).

Die Lagerstätte Maubach liegt innerhalb eines viel kleineren Areals als die Mechernicher Lagerstätte. Die Vererzungen sind hier beschränkt auf den SW-Teil des NE-SW streichenden Kufferather Grabens, in dem südöstlich von Straß sich Buntsandstein gegen das Unterdevon vorschiebt. Der Bereich ist durch NE-SW-Störungen, NW-SE-Störungen und N-S-Störungen stark zerstückelt. An diesen Störungen ist die Vererzung oft gangartig angereichert, hier ist auch der Bravoit besonders häufig. Die Störungen sind also teilweise von den aufsteigenden Erzlösungen benutzt worden (SCHACHNER 1961). Bewegungen auf den Störungen gab es aber auch noch nach der Vererzung. Abbau ist seit Beginn des 16. Jahrhunderts betrieben worden, ruhte dann aber seit dem 30-jährigen Krieg. Im 19. Jahrhundert fand geringfügig Bergbau statt. Nach mehrfach unterbrochenen Untersuchungsarbeiten wurde mit dem systematischen Abbau in einem großen Tagebau bei Horm begonnen. Die Förderung wurde 1969 hauptsächlich wegen Erschöpfung der Vorräte eingestellt. Das Maubacher Erz hat Durchschnittsgehalte von 2,5% Pb, 0,8% Zn und etwa 0,2% Cu (SCHACHNER 1961). Im Unterschied zu Mechernich sind in Maubach die Vererzungen an die Konglomeratpartien innerhalb des Mittleren Buntsandsteins gebunden, weniger an die Sandsteine. Die vererzten Partien sind durchschnittlich 20 m mächtig.

10.8.3 Die Erzlagerstätten im Gebiet von Stolberg und Aachen

In den dem Venn-Sattel nordwestlich vorgelagerten kalkigen Schichten des Mitteldevons bis Unterkarbons finden sich auf etwa 30 km Länge Blei-Zink-Lagerstätten zwischen Eupen im SW und Eschweiler im NE. Dieses Lagerstättengebiet wird auch als Aachen-Stolberger Galmeibezirk bezeichnet. Einen zusammenfassenden Überblick gibt GUSSONE (1961, 1964), auf den wir uns hier stützen.

Die Erzlagerstätten bilden Reihen und Ketten, die zum größten Teil auf Querstörungen liegen, und zwar meist an den Stellen, an denen diese die Massenkalke des höheren Givet und des tieferen Frasne und die Kohlenkalke des höchsten Devons und des Dinant queren. Die dazwischen liegenden Schieferzüge sind nicht vererzt. Längere Gänge sind kaum vorhanden, sondern es finden sich kurze oft unregelmäßige Spalten, die wie Perlen auf einer Schnur aufgereiht erscheinen. Neben diesen gangförmigen Vererzungen gibt es, besonders in den höheren Stockwerken, unregelmäßige Erzkörper mit schlauch- oder zahnähnlichen Formen, die also das für Verdrängungslagerstätten typische Bild zeigen. Sie finden sich häufig da, wo das Gebirge an Gesteinsgrenzen stärker aufgelockert ist. Örtlich sind ausgedehnte Erzkörper entstanden, die wie ein Schwamm im Gebirge liegen und aus einem feinen Netzwerk von Erzadern bestehen. Die Bergleute nannten diese ausgedehnten Körper „Stockwerke“ Das „Brennesselstockwerk“ der Grube Diepenlinchen südöstlich Stolberg hat bei 180 m Teufenerstreckung eine Ausdehnung von maximal 60 x 150 m.

An einigen großen Verwerfungen fanden sich schwache Blei-Zink-Vererzungen auch noch im Steinkohlengebirge, so bei der Feldbiß-Störung in Limburger Zechen, bei der Sandgewand-Störung auf Zeche Adolf bei Merkstein (nordwestlich Alsdorf). Wir müssen also in diesen NW-Störungen die Aufstiegswege für die Erzlösungen sehen. Zur Erzausfällung ist es dann immer dort gekommen, wo die Lösungen auf Kalk trafen, wo dann Metasomatose (Verdrängung) stattfinden konnte. Da auf den großen NW-Störungen noch erhebliche Bewegungen beim Einbrechen der Niederrheinischen Bucht stattgefunden haben, sie aber die Erzkörper nicht zerschneiden, ist für die Vererzung ein alttertiäres Alter wahrscheinlich.

Räumlich lassen sich zwei Vererzungs-Schwerpunkte unterscheiden, das Stolberger Gebiet, in dem neben den schon erwähnten Gangzügen Feldbiß und Sandgewand noch kleinere Züge vorkommen, und das Gebiet nördlich von Eupen, dessen wichtigste Gangzüge sind (von SW nach NE): Welkenraedter Gangzug, Mützhagener Gangzug, Gangzug von Schmalgraf, Bleyberger Gangzug. Der Bleyberger Gangzug zeigt auch im Steinkohlengebirge noch reiche Vererzungen.

Der Mineralbestand der primären, also noch nicht oxidierten Vererzungen ist folgender: Das Zinksulfid ist das wichtigste Erz, und zwar tritt es meist als konzentrisch-schalige, oft gebänderte Schalenblende auf, die aus Zinkblende und Wurtzit besteht. Eisensulfid tritt als Pyrit und Markasit auf; beide Mineralien sind meist auch lagig und schalig ausgebildet. Charakteristisch ist das Abwechseln von Lagen von Zinksulfid, Eisensulfid und Bleiglanz in den „Schalenblenden“. Kupferkies, Fahlerz und Boulangerit kommen an einigen Stellen vor, Bravoit ist häufig. Reihenfolge der Ausscheidung und relativer Anteil der Einzelminerale wechseln oft von Aufschluss zu Aufschluss, so dass für das ganze Revier kein allgemeingültiges paragenetisches Schema aufzustellen ist. Als Gangarten treten auf: Kalkspat, Dolomit, Ankerit und Siderit. Oft enthalten die Erze auch Nebengesteinsstücke, die stark zersetzt sind, so dass sie zu Sand oder Letten umgewandelt sind. In den Karbonaten sind selten kleine Quarzkristalle zu finden.

In der Oxidationszone bildet sich aus dem Siderit der Gangart Brauneisen, das meist zellig-kavernös ausgebildet ist. In den Hohlräumen finden sich Cerussit-Kristalle, Gips-Kristalle, Pyromorphit-Kristalle und Galmei. In den „Stockwerken“ finden sich alle Übergänge von reinem Galmei zu zink- und eisenschüssigem Kalkstein.

Der Galmei wurde schon zur Römerzeit abgebaut; in Halden bei Gressenich und Breinigerberg fanden sich römische Münzen und Gerätschaften. Im Mittelalter war das Zink vor allem zur Messingherstellung sehr gesucht. Dadurch wurde der Grundstock für die Aachener Nadelindustrie gelegt; Nadeln wurden vor der Verwendung von Stahl aus Messing gefertigt.

Zuerst wurden die oxidischen Lagerstättenteile im Bereich des Grundwasserspiegels und darüber abgebaut. Diese Lagerstätten hatten als Taschen und Nester erheblich größere Ausdehnung als die schmalen Zufuhrspalten. Das musste man zu Anfang des 19. Jahrhunderts enttäuscht feststellen, als man von den riesigen Pingen aus erwartungsvoll in die Tiefe vorstieß und unterhalb des Grundwasserspiegels bestenfalls nur dünne Sulfidgängchen fand. Die Form der Erztaschen und -nester bedingte eine bergrechtliche Besonderheit, nämlich die sogenannte Packenberechtigung. Dabei wurde in der Mitte des begehrten Feldes ein Pfahl eingeschlagen und um diesen mit einer knapp 9 m langen Schnur ein Kreis beschrieben. Darauf wurde in Feldesmitte ein kleiner Schacht geteuft. Von dem aus wurde in kleinen Strecken und Weitungen das Feld ausgeerzt, bis das Grubengebäude zu Bruch ging, wobei es häufig genug die Bergleute unter sich begrub. Der Grundwasserspiegel stellte die untere Abbaugrenze dar; in trockenen Jahren konnte man z. B. auf dem Breinigerberg bis 45 m unter die Tagesoberfläche kommen. Unterhalb des Grundwasserspiegels war ein Bergbau nur durch den Einsatz dampfgetriebener Pumpen möglich, die Wässer mussten durch lange Stollen abgeleitet werden. Das erforderte den Zusammenschluss der Kleinbetriebe zu größeren Firmen. So entstanden in diesem Raum im 19. Jahrhundert die Stolberger Zink AG. und die Societé de la Vieille Montagne (Ges. des Altenbergs). Wegen der Erschöpfung der Erzvorräte unterhalb der metasomatischen großen Erzkörper sind die letzten Gruben kurz nach dem 1. Weltkrieg aufgegeben worden. Der Bergbau hatte außerdem sehr stark mit Wasserschwierigkeiten zu kämpfen. Die Kalke und Dolomite enthalten riesige mit Wasser erfüllte Hohlräume, die starke und unregelmäßige Wasserzuflüsse bedingten. Dieser Raum dient heute der Wasserversorgung für das dicht besiedelte Gebiet von Stolberg und Aachen. Zu den Mineralien der Halden vgl. BEYER (1961).

Den Botaniker interessieren auf den Halden die Schwermetall-Pflanzengesellschaften mit dem gelbblühenden Galmeiveilchen (*Viola calaminaria* LEJ.), das außer im Aachen-Stolberger Gebiet nur an sehr wenigen Stellen in Mitteleuropa vorkommt.

10.8.4 Gangvererzungen der Osteifel

Die Einzelvorkommen werden im folgenden aufgelistet und kurz charakterisiert; ausführliche Informationen zu Lagerstätte und Bergbaugeschichte bei V. REPPKE (1993), von dort ist auch die Einstufung als postvariszisch übernommen worden. Die nicht-datierten Vorkommen wurden hier den postvariszischen Fundpunkten zugeordnet, wenn sie benachbart zu ihnen liegen. Damit besteht die Gefahr, dass sie eventuell falsch eingeordnet sind. Denn variszische und postvariszische Vererzungen können auch dicht beieinander liegen (vgl. 5.7).

10.8.4.1 Bl. 5407 Altenahr

Bei Kurtenberg an der Straßenkreuzung Vierwinden sind im Feld „Emma Carolina“ zwei Nord-Süd streichende Kupferkies führende Gänge abgebaut worden. Postvariszische Mineralisation ist belegt.

Südwestlich von Berscheid (Berscheidt) (Konzession „Blitzhardt I und II“) wurden zwei Nord-Süd-Gänge und ein NE-SW-Gang mit Kupferkies sowie ein NW-SE-Gang mit Zinkblende und Bleiglanz abgebaut, bis ein starker Wolkenbruch 1917 den Schacht zerstörte. Zuvor war das Feld „Blitzhardt“ mit „Emma Carolina“ zur Konzession „Hedwigsglück“ vereinigt worden. Die Kupferkiesgänge haben postvariszische Paragenese, die Zn-Pb-Gänge könnten variszisch sein.

Am Südhang des Viehbachbergs, 1200 m westlich Holzem (bei Effelsberg) Schwerspat postvariszischer Mineralisation (EBERT 1939). Am Osthang des Girmscheid westlich des Liersbachtales zwischen Hummerzheim und Hürnig nach EBERT NW streichender Schwerspatgang gleichen Alters.

In dem hauptsächlich variszischen Erzgebiet am Sahrbachtal südlich des Hochthürmenbergs ist an drei Stellen nach REPPKE auch postvariszische Mineralisation nachzuweisen: Grube „Burgsahr“ westlich Burgsahr, Grube „Silberbusch“ südwestlich Binzenbach, „Alter Stolln“ bei Haus Hupperich am Ginsterberg südöstlich Binzenbach.

Auch in dem Ganggebiet „Saarsegen“ östlich Plittersdorf und auf Grube „Klappertshardt“ westlich Hummerzheim gibt es neben variszischen auch postvariszische Paragenesen.

10.8.4.2 Bl. 5506 Aremberg

Beim Bau der Autobahn 1 westlich Tondorf wurden Bleivererzungen in Mitteldevon-Kalken angeschnitten, die nach KRAHN (1988, 68) postvariszisches Alter haben.

Im Eisenerzbergwerk östlich Lommersdorf wurden in Kalken an drei Stellen Bleiglanznester oder -Gängchen angeschnitten (Konzessionen „Emma“, „Alwine“, „Auguste“), sie dürften ebenfalls auf postvariszische Mineralisation zurückgehen.

In der Konzession „Bergsegen I“ bei Aremberg erschlossen drei lange Stollen am Westhang des Aremberges einen NW-SE streichenden Bleierzgang mit postvariszischer Paragenese. Westlich davon („Aremberg“) und nördlich davon („Eichenbach I“) wurden Felder verliehen, in denen aber kein Bergbau stattfand.

10.8.4.3 Bl. 5507 Hönningen

Grube „Glücksthal“ östlich Willerscheid baute bis 1941 zwei NW-SE-Bleierzgänge ab, Paragenese postvariszisch.

Das Vorkommen „Jonastal“ südöstlich Plittersdorf hat eindeutig postvariszische Paragenese (Pb, Cu).

Von der Konzession auf Bleierz „Wensburg“ bei Obliers ist die Lage des Vorkommens unbekannt.

In Konzession „Auf Glück“ nordöstlich des Kapellenbergs östlich Obliers gibt es Pingen mit Bleiglanz, Fahlerz und Kupferkies von postvariszischem Alter.

Am Starkusberg östlich Lind ein E-W-Kupfererzgang, ein Glasurerzgang (Elisabether Gang) südlich Lind mit postvariszischer Paragenese und ein Bleierzgang westlich des Elisabether Ganges sind mehrfach bis 1921 abgebaut worden.

1000 m nordwestlich Liers wurde ein N-S-Bleierzgang abgebaut, postvariszisches Alter belegt.

Nördlich Insul wurde in einem N-S streichenden Quarzgang mit einer Parallelkluft Kupferkies abgebaut (Feld „Kupferberg“); postvariszisches Alter.

Im Sandsteinsteinbruch an der Straße Schuld – Winnerath fanden sich Sulfiderze in postvariszischer Paragenese.

Im Ommelbachtal nordöstlich Dümpelfeld sind Verleihungen auf Cu und Pb erfolgt („Bergmannsglück“, „Gute Hoffnung“).

Im Hang südlich des unteren Dreisbachtals nordwestlich Fuchshofen sind im Feld „Dorothea“ Ost-West und NE-SW streichende Gänge auf Pb, Zn, Cu abgebaut worden; postvariszische Paragenese.

Westlich Reifferscheid wurde in der Konzession „Reiferscheid“ ein NE-SW streichender Bleierzgang mit postvariszischer Paragenese abgebaut; nordwestlich von Reifferscheid fanden sich im Hang zur Ahr noch weitere Bleierzvorkommen.

Im Feld „Ahrglück“ im Limbachtal 1300 m östlich Antweiler wurde ein E-W-Gang mit Baryt, Kupferkies und Bleiglanz untersucht; postvariszische Paragenese. Nordwestlich von „Ahrglück“ liegen westlich des unteren Limbachtales die beiden Gänge der Grube „Wilhelm“, der ESE streichende Kupferkies-Gang und 300 m südwestlich davon parallel dazu der Fahlerz-Gang, der vom Bombachtal und aus dem Bereich des ehemaligen Bahnhofs Antweiler her aufgefahren wurde. Beide werden als postvariszisch eingestuft.

Nordwestlich Leimbach wurde ein NE-SW streichender Bleiglanz-Kupferkies-Gang abgebaut und ein N-S-Gang, u. a. mit Siderit. Beide werden als postvariszisch eingestuft.

1500 m westlich Leimbach und 750 m südöstlich Lückenbach wurden Barytfunde gemacht, die zur postvariszischen Generation gehören.

Nordöstlich Gilgenbach sind Verleihungen auf Bleiglanz- und Kupferkiesvorkommen erfolgt. Das Alter dieser Vererzungen ist unbekannt.

10.8.4.4 Bl. 5606 Üxheim

Südlich von Müsch wurde ein NE-SW streichender Gang mit Baryt und Bleiglanz gefunden, der beim Bau der Eisenbahn 1910 am Bahnhof angeschnitten wurde (Konzession „Dorothea“), postvariszische Paragenese. Auch auf der Ostseite des Trierbachtals fand sich Bleiglanz.

10.8.4.5 Bl. 5607 Adenau

Südöstlich von Antweiler sind, z. T. im Hüttenseifen, auf NE-SW streichende Gängchen mit Bleiglanz die Felder „Gertrud I-VIII“ verliehen worden, z. T. mit Glasurerz, deshalb wahrscheinlich postvariszisch.

Nordöstlich Kirmutscheid fand sich Kupferkies und Baryt in einem Steinbruch, als postvariszisch anzusehen.

Östlich Wimbach liegt im Distrikt Gringesseifen die Bleierzgrube „Hirtenstein“ mit einem NNW streichenden Gang. Alter unbekannt.

Die Bleierzgrube „Hochstaden“ südöstlich Wimbach baute zwei N-S-Gänge und einen E-W-Gang, nach der Paragenese postvariszisch. Die Streckenbezeichnung „Fuchsröhre“ am Nürburgring bezieht sich auf einen der alten Stollen.

Östlich von Breitscheid südöstlich Adenau ist ein NW-SE streichender Quarzgang mit Kupferkies abgebaut worden, postvariszische Vererzung.

Östlich davon liegt ein weiterer NW streichender Kupferkies führender Gang, der vom Exbachtal aus angefahren wurde (Streckenbezeichnung „Bergwerk“ am Nürburgring), ebenfalls postvariszisch.

Am südwestlichen Ortsausgang von Breitscheid ist ein Barytgang erschürft worden (FRECHEN, HOPMANN, KNETSCH 1967).

Im Distrikt Steiniger Rod ca. 1600 m nordöstlich Breitscheid ist ein N-S streichender Bleierzgang gefunden worden.

Nördlich Herschbroich nahe der alten Mühle wurde ein NE streichender Quarzgang mit Kupferkies untersucht.

2000 m östlich Herschbroich wurde ein NE streichender Kupferkiesgang postvariszischer Paragenese abgebaut, 300 m nordöstlich davon ein weiterer Gang mit Kupferkies und Bleiglanz.

10.8.4.6 Bl. 5608 Virneburg

Im oberen Nettetal fanden sich in der Umgebung von Netterhöfe Quarzgängchen mit Kupferkies und Bleiglanz, Schwerspatgänge und Fluorit (BEYER 1970). Das spricht für postvariszische Mineralisation.

10.8.4.7 Bl. 5708 Kaisersesch

Westlich der Straße vom Elztal nach Weiler (westlich Monreal) baute die Grube „Herfeldt“ in mehreren Stollen zwei E-W-Gänge ab, einen mit Kupferkies, einen mit Bleiglanz; nach der Paragenese postvariszisch.

10.8.4.8 Bl. 5806 Daun

Die Grube „Goldglück“ im Distrikt Grolsbüsch südlich Niederstadtfeld baute einen E-W-Gang mit Bleiglanz, untergeordnet auch Kupferkies und Zinkblende ab, postvariszische Paragenese.

10.8.4.9 Bl. 5807 Gillenfeld

In der „Götterkehl-Schlucht“ 1500 m nordöstlich Wollmerath ist ein NE-SW streichender Gang mit Bleiglanz, Kupferkies und Bitterspat und ein N-S-Gang mit Bleiglanz untersucht worden; wegen der Bitterspatkristalle wahrscheinlich postvariszischer Entstehung.

10.8.4.10 Bl. 5907 Hasborn und Bl. 5908 Alf

Ob die Kupferkiesgänge in der Umgebung von Bad Bertrich und die der Grube „Neuglück“ südöstlich Hasborn (KIENOW 1938) variszisch oder jünger sind, bleibt offen. Die Barytvorkommen in diesem Raum sind postvariszisch.

10.8.5 Die Schwerspatgänge der Hocheifel

In der Hocheifel treten im Raum Müllenbach – Kelberg – Uersfeld – Ulmen innerhalb eines 11 km langen NW-SE verlaufenden Streifens Barytgänge auf, die alle NNE („rheinisch“) streichen und zur variszischen Tektonik ihrer Umgebung keine Beziehung erkennen lassen. Sie wurden von WEISSER (1965) untersucht. Danach lassen sich die Einzelvorkommen folgendermaßen beschreiben:

Auf der Grube „Rosalie“ nordnordöstlich Müllenbach wurde bis 1937 auf etwa 300 m Länge ein stellenweise über 4 m mächtiger NNE streichender Barytgang abgebaut, der von einem Schwefelkiestrum begleitet war. Auf einer Halde unmittelbar westlich von Breitscheid bei Adenau findet sich ebenfalls Schwerspat. Westlich und nordöstlich von Hünerbach wurden mehrere bis 1 m mächtige Barytgänge Mitte der 1930iger Jahre abgebaut. Auf der Grube „Georgine“ südöstlich von Berenbach wurden bis etwa 1930 zwei parallele NNE streichende Barytgänge von 1–1,5 m Mächtigkeit und etwa 1000 m Länge gebaut. Zwischen Berenbach und Gunderath gibt es weitere Barytgänge, deren genaue Lage jedoch unbekannt ist.

Die größte Lagerstätte findet sich in den Gängen südwestlich von Uersfeld. Hier wurden Bergbauversuche 1840, 1904 und 1918 betrieben. Von 1932 bis ca. 1965 baute die Grube „Bergkrone“ einen 950 m langen, 1–4 m mächtigen Gang bis in 220 m Teufe ab (Gang 4). Durch Übertageschürfe und Untersuchungsarbeiten von untertage aus ließen sich noch 7 weitere Barytgänge finden, davon zwei in Länge und Mächtigkeit dem Gang 4 vergleichbar. Alle Gänge treten innerhalb eines Areals von 1 km^2 zwischen dem von Kötterichen herabkommenden Bach und dem Uersfelder Bach auf. Die größten von ihnen streichen NNE, einige kleinere auch N bis NNW. Eine Beziehung zur variszischen Faltentektonik ließ sich nicht erkennen. Da die Gänge Schollen von bereits deformierten Gesteinen enthalten, muss die Mineralisation nach der Faltung erfolgt sein.

Kleinere Schwerspatvorkommen treten auch in anderen Bereichen der Osteifel auf, besonders im Ahrgebiet.

WEISSER hat schon auf die Möglichkeit hingewiesen, dass die Baryt-Mineralisation der Hocheifel durch den tertiären Vulkanismus verursacht wurde, da auch an anderen Stellen Mitteleuropas ein genetischer Zusammenhang zwischen basischem Vulkanismus und Barytlagerstätten besteht, z. B. bei Baumholder mit dem permischen Vulkanismus des Nahegebietes, bei Schmalkalden mit dem tertiären Vulkanismus der Rhön. Die Barytvorkommen der Hocheifel liegen dort, wo die tertiären Vulkane am dichtesten auftreten. Ihr Verbreitungsareal fällt mit dem Gebiet zusammen, in dem es im Vulkanfeld zu den nichtbasaltischen Differentiationen (Trachyte usw.) gekommen ist (Abb. 66), in dem also magmatisches Material am höchsten in die Kruste aufgestiegen ist und hier die Mineralisation ausgelöst haben kann.

10.8.6 Modell zur Genese der postvariszischen Vererzungen

Zur Genese haben A. GERMANN & G. FRIEDRICH (1999) für die Nordwesteifel und das angrenzende Ardennengebiet folgendes Modell veröffentlicht, das hier etwas verkürzt dargestellt werden soll: Unterhalb der großen variszischen Überschiebungsbahnen dieses Gebietes haben sich Fluidreservoire mit erhöhten Temperaturen angesammelt, in denen sich Metalle aus variszischen Vererzungen und aus den Nebengesteinen anreicherten. Aus Salinaren im Kohlenkalk haben sie hohe Salinität erworben. Die Lösungsprozesse haben über lange Zeiten gewirkt. Erst während der Jurazeit konnten durch eine von der Öffnung des Nordatlantiks ausgelösten Bruchphase diese Fluidsysteme angezapft werden. Querstörungen des variszischen Gebirgsbaus wurden aktiviert und Nord-Süd-Verwerfungen öffneten sich. Dadurch konnten Metallchlorid-Lösungen in die Bereiche über den Überschiebungsbahnen aufsteigen und dort das Nebengestein aufheizen. Sie vermischten sich mit sulfathaltigen Lösungen meteorischen Ursprungs, deren Schwefelgehalt z. T. aus dem Pyrit der Devongesteine stammt, und das führte zur Ausfällung der Metallsulfide.

Erste radiometrische Datierungen scheinen in dieses Bild zu passen: SCHNEIDER & HAACK (2000) haben von einer Zinkblende-Vererzung im Buntsandstein der Nordeifel ein Rb/Sr-Alter von 170 ± 4 Mio. Jahren (Mittlerer Jura) veröffentlicht. Nach GERMANN & FRIEDRICH (1999, 532) fanden sich in einer Forschungsbohrung bei Bürvenich Sulfidvererzungen in einer Brekzie mit Keupergesteinen, woraus sich ein Nach-Keuper-Alter ableiten lässt. Auch W. ROTTKE & L. STROINK (1999) kommen auf Grund von Untersuchungen der Diagenese in den Sedimenten im Aachener Raum zur Vorstellung von zwei hydrothermalen Phasen, einer schwachsalinaren variszischen und einer stärker salinaren postvariszischen. Sie machen ein nach der Fission-Track-Methode an detritischen Apatiten durch U. GLASMACHER und M. ZENTILLI aus der Umgebung des Hilltal-Tonalits im Stavelot-Massiv ermitteltes Alter von 159 ± 10 Mio. Jahren (oberer Mittel-Jura) für die zweite Hydrothermalphase bekannt. Dabei muss die Mineralisation nicht auf einen phasenhaften kurzen Zeitraum beschränkt gewesen sein, sondern sie kann sich mit mehreren Mobilisationen auch über längere Zeiträume hingezogen haben. Man darf diese Alterseinstufungen wohl vorläufig auf die postvariszischen Erze der Osteifel übertragen, solange sich dort keine Hinweise zur Datierung finden.

11. Quartär

Die erdgeschichtliche Entwicklung während des Quartärs lässt sich einigermaßen vollständig nur am Rande der Eifel rekonstruieren, in den Braunkohlentagebauen der Niederrheinischen Bucht und in den Deckschichten der Tongrube Kärlich im Neuwieder Becken, etwas lückenhafter an einigen anderen Stellen am Mittelrhein. Noch sind viele Datierungsfragen ungelöst, aber es wäre noch schlimmer, wenn nicht während des mittleren und jungen Quartärs an vielen Stellen der Eifel lebhafter Vulkanismus stattgefunden hätte, dessen Aschen in den Terrassenschottern enthalten sind, dessen Förderprodukte radiometrische Datierungen ermöglichen oder dessen Kegel und Lavaströme sich für die Datierung morphologischer Prozesse verwenden lassen. Die Eifel war während aller pleistozäner Kaltzeiten Periglazialgebiet. Das Schiefergebirge hat kein eigenes Vereisungszentrum ausgebildet. Das nordische Inlandeis ist während der ausgedehntesten Vereisung, der Saale-Eiszeit nur bis in den Raum Düsseldorf gekommen (THOME 1959). Da die Eifel als Teil der Rheinischen Masse während des Quartärs relativ stark aufstieg, wurden die meisten quartären Ablagerungen abgespült.

11.1 Gliederung des Quartärzeitalters

Die Einordnung einzelner im Rheinland erkennbarer vorwürmzeitlicher Warm- und Kaltzeiten in ein internationales stratigraphisches Schema oder die alte alpine Gliederung (Günz, Mindel, Riss) ist meist nicht mit Sicherheit durchzuführen. Denn es zeigte sich, dass vor der Günz-Kaltzeit noch einige weitere Kalt- und Warmzeiten miteinander abwechselten und dass die Warm- und Kaltzeiten nicht so homogen waren, wie man zuerst annahm, sondern sich z. T. in einen mehrfachen Wechsel von Warm- und Kaltperioden auflösen. Dabei lässt sich schwer angeben, wieweit solche Perioden nur Interstadiale innerhalb größerer Kalt- und Warmzeiten waren oder längere Abschnitte repräsentieren. Von K. BRUNNACKER und Mitarbeitern werden deshalb im Rheinland entweder neutrale Bezeichnungen verwendet wie „drittletzte Kaltzeit" usw., oder es werden Abschnitte, die über mehrere Profile zu korrelieren sind, mit Lokalnamen belegt (z. B. „Leutesdorfer Interglazial").

Als Produkte der Kaltzeiten gelten neben Eiskeilen (Abb. 71, 72) und Solifluktionserscheinungen (Abb. 92) hauptsächlich die Lössablagerungen, die besonders in Nähe der Niederrheinischen Bucht und der Täler von Rhein und Mosel mächtige Decken bilden.

Der Löss ist vor allem aus den vegetationslosen weiten Schotterflächen der Täler ausgeblasen worden. Auch die mächtigen Schotterkörper der Terrassen sind in der Hauptsache kaltzeitliche Bildungen, die abgelagert wurden, als die wasserarmen Flüsse sie nicht weitertransportieren konnten. Klimaindikatoren sind dabei Eiskeile, die in Sedimentationspausen während der Ablagerung von Schotterkörpern entstanden sind („synchrone Eiskeile" nach K. KAISER 1960). In den Schmelzperioden nach den Kaltzeiten waren die Flüsse wasserreich und schnitten sich in die Schotterflächen ein, da sie sich auch auf die in der Zwischenzeit erfolgte Hebung einstellen mussten, deren Beträge sehr groß sein konnten, da nach BRUNNACKER (in VEIL 1978) die Kaltzeiten sich über viel längere Zeiträume erstreckten als die Warmzeiten.

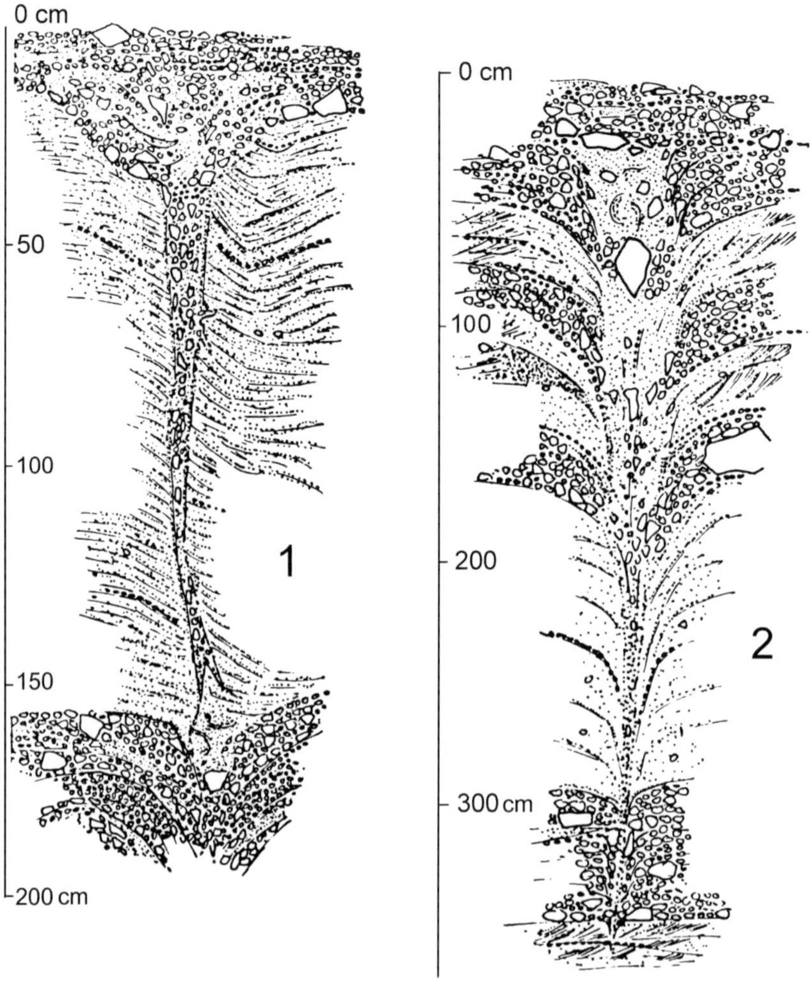

Abb. 71. Eiskeil-Pseudomorphosen (synchrone Eiskeile). Untere Mittelterrasse. 1: Kiesgrube westlich des Engeldorferhofes (Bl. 5107 Brühl), 2: Kiesgrube südöstlich Sechtem (Bl. 5207 Bornheim). K.-P. WINTER (1968).

In den Warmzeiten bildeten sich Bodenhorizonte aus, die in den Lössprofilen als Braunerdestreifen erkennbar sind. Sie ermöglichen es, die mächtigen Lössfolgen zu gliedern, wobei bei schwächeren Bodenbildungen die Fragen bestehen, ob es sich um Bildungen echter Warmzeiten (Interglaziale) oder nur um Interstadialbildungen innerhalb von Kaltzeiten handelt. Organische Reste aus Warmzeiten sind vor allem aus dem Rheingebiet und dem Neuwieder Becken bekannt, hervorgehoben seien die Profile von Kärlich, Leutesdorf (BRUNNACKER et al. 1974) und Ariendorf (BRUNNACKER et al. 1975). Ein warmzeitlicher Kalktuff ist am Kartstein bei Weyer (Sötenicher Kalkmulde) untersucht worden (13.5.1.1). Zur Gliederung des Quartärs im mitteleuropäischen Periglazialraum vgl. noch B. URBAN (2007) und W. v. KOENIGSWALD & W.-D. HEINRICH (2007), für das Spätglazial T. LITT & M. STEBICH (1999).

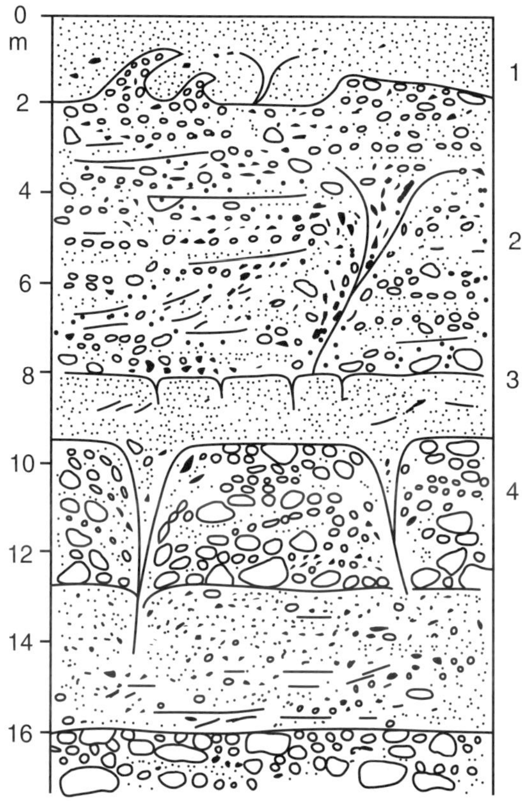

Abb. 72. Vier Eiskeil-Stockwerke in Schottern der Unteren Mittelterrasse östlich Sechtem (Bl. 5207 Bornheim). K.-P. WINTER (1968).

11.1.1 Zur Grenzziehung zwischen Tertiär und Quartär

Für die Grenze zwischen Tertiär und Quartär existieren zwei Alterswerte: Die International Union of Geological Sciences (IUGS) hat 1984 an einem Profil in Vrica, Süditalien nach der Entwicklung mariner Foraminiferen den Beginn des Quartärs an die Obergrenze der paläomagnetischen Olduvai-Periode (normal) gelegt, was einem Alter von 1,77 Millionen Jahren entspricht und der Grenze zwischen der Gelasium- und der Calabrium-Stufe. In der Niederrheinischen Bucht zeigt die Reuver-Formation (Pliozän) noch warm-gemäßigtes Klima und enthält in der Flora noch typische Tertiärformen (G. HEUMANN & T. LITT 2002). Die darüber liegende Pretiglium-Formation ist nach der Flora aber als erste Glazialperiode einzustufen (ZAGWIJN 1992). Deshalb wurde hier die Tertiär-Quartär-Grenze zwischen Reuverium und Pretiglium gelegt, was einem Alter von 2,5–2,6 Mio. Jahren entspricht. Die Internationale Quartär-Kommission für Stratigraphie (INQUA) schlug vor, die Grenze etwas hinunter zu ziehen und sie an die Grenze zwischen der paläomagnetischen Gauss- (normal) und der Matuyama-Periode (revers) zu legen, die 2,6 Mio. Jahre alt ist und sowohl im festländischen als auch marinen Bereich zu beobachten ist. Für uns spielt die Diskrepanz keine Rolle, da in der Eifel zwischen den Kieseloolith-Schottern und der Älteren Hauptterrasse keine datierbaren Ablagerungen vorhanden sind.

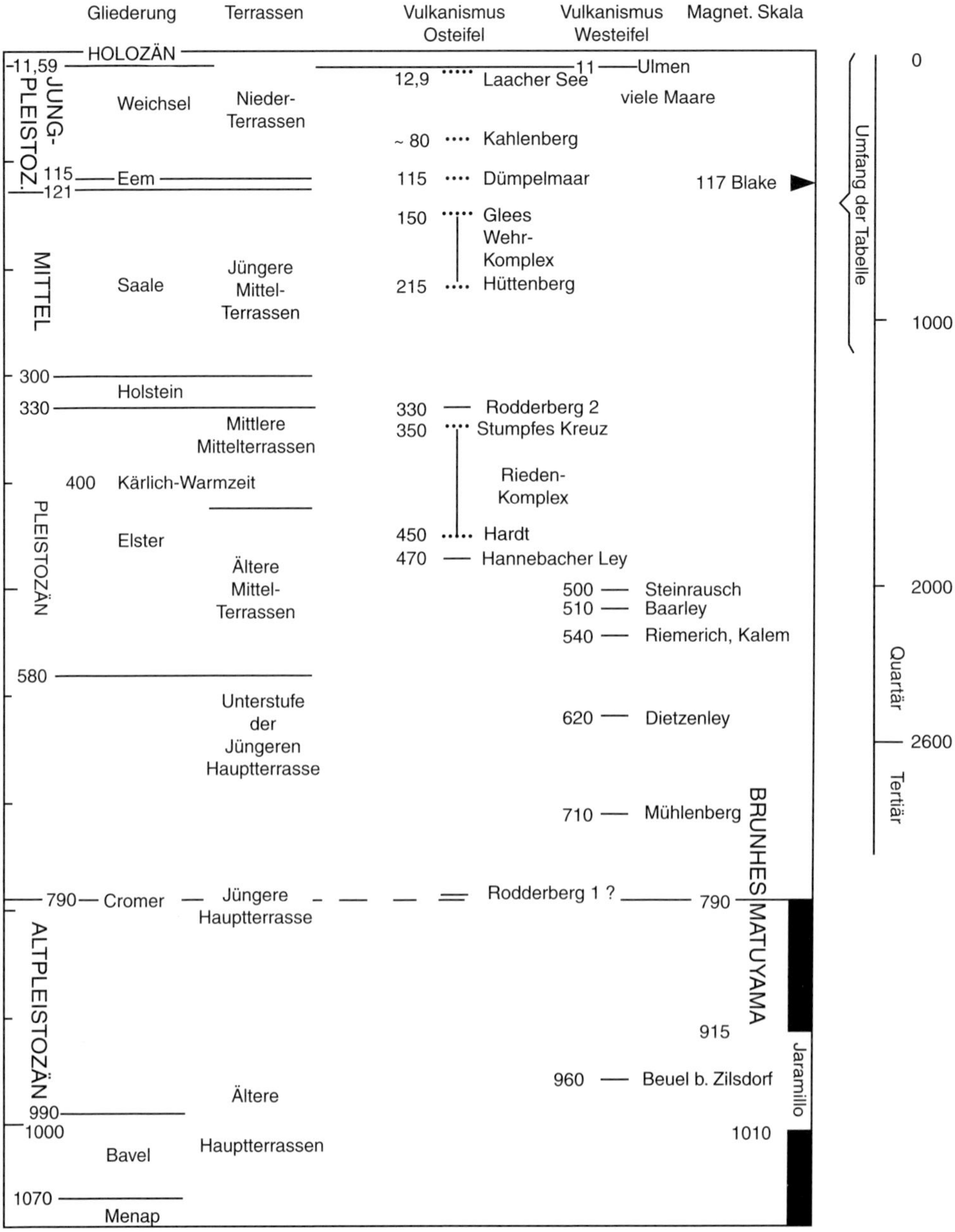

Abb. 73. Gliederung des Quartärs von der Menap-Zeit an mit den magnetischen Epochen (weiß = normal, schwarz = revers magnetisiert) und einigen Daten des Vulkanismus nach v. d. Bogaard et al. (1989), Bosinski (1983), Fuhrmann (1983), Fuhrmann & Lippolt (1986), Lippolt (1961, 1983), Litt et al. (2001); punktiert = Phonolith, durchgehende Linie = Basalt. Zeitskala maßstäblich. Zeitangaben in Jahrtausend (ka), bei den stratigraphischen Abschnitten nach Geologie von Rheinland-Pfalz, Anl. 3 (2005).

11.1.2 Die älteren Quartärsedimente in der Tongrube Kärlich

Außerhalb der Niederrheinischen Bucht ist das vollständigste Quartärprofil über der tertiärzeitlichen Tonlagerstätte von Kärlich im Neuwieder Becken erhalten geblieben. Der Abbau begann dort 1902 am SE-Hang des Kärlicher Berges, verlagerte sich dann nach N und später nach NW; der heutige Abbau ist von dem von 1902 mehr als 800 m weit entfernt (vgl. Abb. 2 bei v.D. BOGAARD et al. 1989). Die ständig wechselnden Anschnitte sind immer wieder untersucht worden, aus der Fülle der Veröffentlichungen seien genannt: J. FRECHEN (1959a, 1975), J. FRECHEN & VILLWOCK (1959), BRUNNACKER (1968, 1978), KOČI, SCHIRMER & BRUNN-

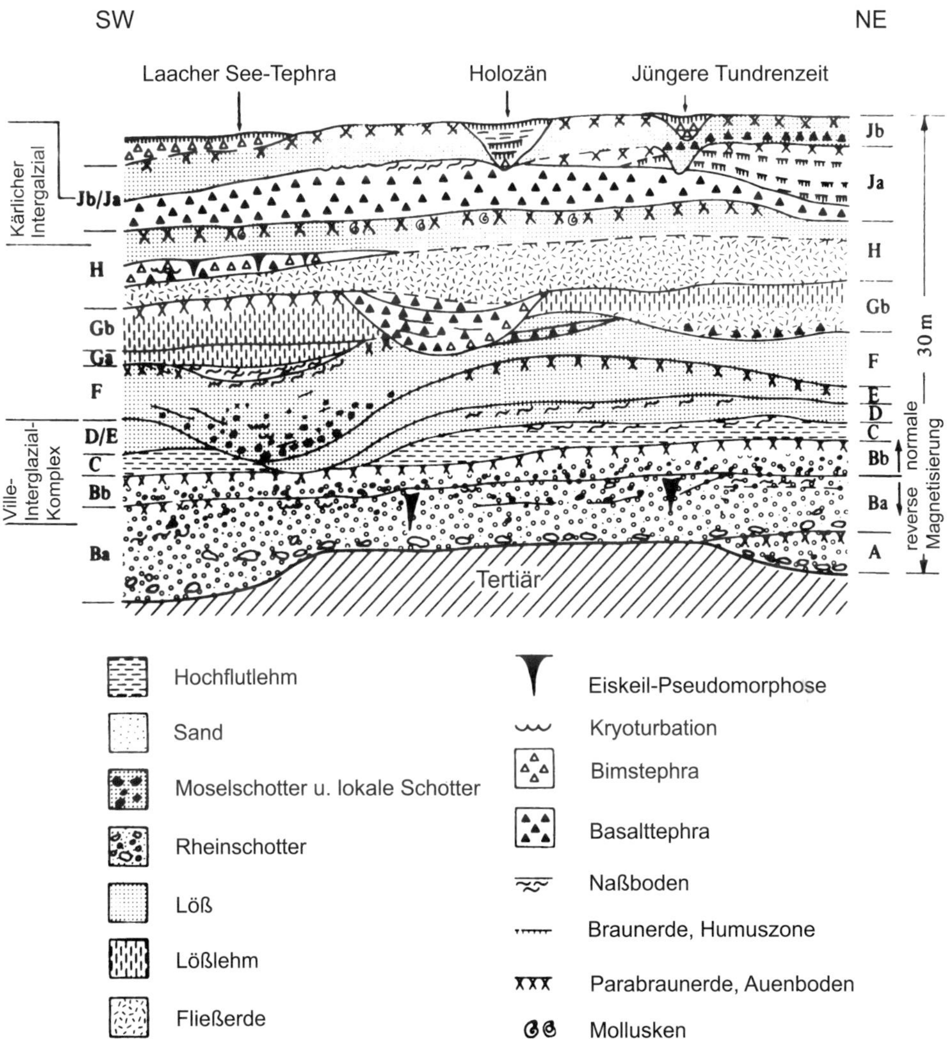

Abb. 74. Schematisches Profil durch die Quartärablagerungen der Tongrube Kärlich. Nach BRUNNACKER (1978).

ACKER (1973), BRUNNACKER, STREIT & SCHIRMER (1978), BOSINSKI, BRUNNACKER, LANSER, STEPHAN, URBAN & WÜRGES (1980), C. V. D. BOGAARD, P. V. D. BOGAARD & SCHMINCKE (1989), SCHIRMER (1990, 60–67), BOENIGK & M. FRECHEN (1998, 2001).

Die ältesten quartären Sedimente sind Schotter, Sand und Lehm als fluviatile Ausfüllung einer Rinne (A in Abb. 74). Sie werden von einer warmzeitlichen Bodenbildung überprägt. Sie sind vorwiegend revers magnetisiert, gehören damit in die Matuyama-Periode und dürften etwa 1 Million Jahre alt sein. In ihr sind die ältesten Artefakte gefunden worden (WÜRGES 1986). Darüber liegt ein weitübergreifendes 8–10 m mächtiges Schotterpaket (Abschnitt B); der untere Teil (Ba) enthält hauptsächlich Rheinschotter, er schließt mit einer Bodenbildung ab, enthält auch Eiskeilpseudomorphosen. Der obere Teil (Bb), der erosiv über den Ba-Schotter greift, enthält Material aus dem Einzugsgebiet der Mosel (u. a. viel Buntsandstein) und wird durch einen Auenboden abgeschlossen. Zwischen Ba und Bb liegt die paläomagnetische Matuyama-Brunhes-Grenze, der ein Alter von 780 000 Jahren zugesprochen wird (SPELL & MCDOUGALL 1992). Zu dieser Zeit floss also die Mosel durchs Neuwieder Becken und breitete hier einen Schotterfächer aus. Darüber folgt Hochflutlehm und Löss (Abschnitte C, D und E). Den ganzen Komplex von der Bodenbildung des Abschnittes Ba bis zum Löss E inklusive fassen BRUNNACKER et al. als Bildung einer durch kleine Kaltzeiten gegliederten Warm-Periode auf und parallelisieren sie mit dem Ville-Interglazial-Komplex, der in den unteren Bereich des Cromer-Komplexes gestellt wird. Davor muss eine Kaltzeit angenommen werden, wie die Eiskeile in den Rheinschottern von Ba zeigen.

Von den Rheinschottern des Abschnittes Ba an aufwärts finden sich von Vulkanen stammende Minerale in den Sedimenten. In den Schottern der Rinnenfüllung A fehlen sie. Damit sind erste Äußerungen des quartären Eifelvulkanismus wohl etwas älter als 800 000 Jahre; es sei darauf hingewiesen, dass es in der Westeifel schon einen K/Ar-Alterswert von 970 000 ± 100 000 Jahren gibt (Beuel bei Zilsdorf, CANTAREL & LIPPOLT 1977). Deutliche Tephralagen, die also von Vulkanen der Osteifel stammen, tauchen zum ersten Mal in Abschnitt F auf, dann in den jüngeren Partien des Kärlichprofils mehrfach bis schließlich zum Bims des Laacher-See-Vulkans. Außerdem entstand im Bereich der Tongrube ein basaltischer Tephravulkan mit mehreren Ausbruchszentren, aus denen der sog. „Kärlicher Brockentuff" gefördert wurde. Deshalb werden die höheren Teil des Kärlicher Quartärprofils beim Vulkanismus beschrieben. Zur Mollusken- und Säugerfauna vgl. VAN KOLFSCHOTEN, ROTH & TURNER in SCHIRMER (1990, 70–74), zur Archäologie KRÖGER in SCHIRMER (1990, 75–80).

11.2 Das quartäre Vulkangebiet der Westeifel

11.2.1 Übersicht

Zwischen Bad Bertrich im SE und Ormont im NW erstreckt sich eine fast 50 km lange Reihe von quartären Vulkanen, die als Vulkanfeld vom ebenfalls quartären Laacher Vulkangebiet deutlich abgegrenzt ist. Sie bestimmt mit etwa 100 Tephra- und Schlackenkuppen und etwa 70 Maarkesseln, von denen 8 mit Wasser gefüllt sind, das Landschaftsbild der Westeifel. Die Vulkanberge sind oft aus mehreren Ausbruchszentren zusammengesetzt, viele Schlote haben keine Vulkanbauten oder Krater und lassen sich nur mit vulkanologischen Spezialkartierungen oder geophysikalischen Messungen lokalisieren. Deshalb liegt die Zahl der bekannten Ausbruchspunkte im Vulkanfeld der Westeifel wesentlich höher, und zwar bei etwa 230 (BÜCHEL & MERTES 1982).

Zwischen Hillesheim, Dockweiler, Daun und Gerolstein liegt der Schwerpunkt des Vulkanfeldes. Hier ist Kuppe neben Kuppe gesetzt und der vorvulkanische Untergrund (Unterdevon, Mitteldevon, Buntsandstein) durch Tephra und Lavaströme weitgehend verdeckt. Die Maare finden sich mehr in den Randbereichen des Vulkanfeldes, besonders zahlreich im Gebiet zwischen Daun, Strotzbüsch und Eckfeld. Nach E verzahnt sich das quartäre Vulkangebiet mit dem tertiären Hocheifel-Vulkanfeld zwischen Ulmen und Kelberg; die östlichsten Quartärvulkane bei Döttingen und Drees und die Booser Vulkangruppe, liegen schon östlich von dessen Schwerpunkt. Im SW ist das Vulkanfeld schärfer begrenzt; der Rand verläuft etwa entlang der Linie Steffeln – Duppach – Müllenborn – Oberstadtfeld – Brockscheid –Strohn – Bad Bertrich. Dem geschlossenen Vulkanfeld ist die Mosenberg-Kette mit dem Meerfelder Maar und der Buerberg bei Schutz vorgelagert und westlich vom Kylltal die Vulkangruppe von Mürlenbach und Birresborn.

Von den zahlreichen geologischen, petrographischen und mineralogischen Arbeiten über das Vulkangebiet seien nur einige genannt, die das ganze Vulkanfeld oder große Teile davon behandeln: STEININGER (1820, 1853), VOGELSANG (1864), MITSCHERLICH (1886; Übersichtskarte 1: 80 000), v. DECHEN (1886), RAHM (1956, 1958), J. FRECHEN (1959c, 1976), GÜTEBIER (1965), BÜCHEL & MERTES (1982), MERTES (1983), HENTSCHEL (1987), BÜCHEL (1994), BAUMGÄRTL & CRUSE (2007), BLASZ (2008 mit Tabelle der Mineralfunde an den wichtigsten Fundorten), LUTZ & LORENZ (2009). Speziell sich mit den Maaren beschäftigende Arbeiten werden in 11.2.4 genannt.

DUNCAN et al. (1972) nehmen eine seit etwa 35 Mio. Jahren aktive stationäre Schmelzanomalie im Mantel an, über die sich die nach E driftende europäische Platte hinwegbewegt, so dass sich der große mitteleuropäische Ost-West-Vulkangürtel bilden konnte. Heute soll die Westeifel über diesem „hot spot“ angekommen sein, was zu dem jungen Vulkanismus geführt hat. Die inzwischen ermittelten Alter in dem Vulkangürtel zeigen aber kein kontinuierliches Jüngerwerden zur Eifel hin, so dass dieses Modell nicht zutrifft.

11.2.2 Das Alter

Die Vulkantätigkeit findet gleichzeitig mit der starken Hebung der Rheinischen Masse nach der Bildung der Hauptterrassen statt, die meisten Vulkane dürften nicht älter als die Hauptterrassenfolge sein. Ein von CANTAREL & LIPPOLT (1977) bestimmter K/Ar-Alterswert von 970000 ± 100 000 Jahren vom Beuel bei Zilsdorf liegt in der Zeitskala isoliert und zeigt vielleicht etwa den Beginn des vulkanischen Geschehens an. Die nächstjüngeren radiometrisch bestimmten Alter sind (LIPPOLT & FUHRMANN 1980, LIPPOLT 1983): 620 000 ± 110 000 Jahre für die Lava der Dietzenley bei Gerolstein, 600 000 ± 140 000 Jahre für die Lava des Firmerich bei Daun, unter die sich der Oberlauf der Lieser 50 m tief eingeschnitten hat, und 540 000 ± 180 000 Jahre für die Lava des Kalem, die auf der Oberen Hauptterrasse der Kyll liegt. Es wurden außerdem K/Ar-Alter von quartären Vulkaniten der Westeifel durch SCHMINCKE & MERTES (1979) veröffentlicht; sie liegen aber z. T. um ein Mehrfaches über den aus den geologischen Geländebefunden abzuleitenden Altern. So sind wir für die meisten Vulkane darauf angewiesen, geologische Kriterien zur Alterseinstufung zu suchen, was hier jeweils bei den Einzelbeschreibungen diskutiert wird. Die wenigen bisher vorliegenden radiometrischen Daten und die aus geologischen Befunden abzuleitenden Alterswerte zeigen eine Phase, die älter als etwa 500 000 Jahre ist und durch Vulkantätigkeit im Zentralteil und im nördlichen Abschnitt gekennzeichnet ist. Im Südosten des Vulkangebietes (Manderscheid, Gillenfeld, Bad Bertrich) sind die Vulkane meist jünger als 100 000 Jahre. Es ist möglich, dass zwischen diesen beiden Vulkanphasen eine etwa 400 000 Jahre dauernde Pause eingetreten ist. Vielleicht gestattet ein z. Z. unter Leitung von D.F. MERTZ (Universität Mainz) laufendes Programm mit zusätzlichen ^{40}Ar-^{39}Ar-Datierungen bald präzisere Aussagen.

Der jüngeren Vulkanphase gehören viele der Maare an. Mit Hilfe der Pollenanalyse wurde zuerst von FRECHEN & STRAKA (1950) eine Anzahl von ihnen datiert und in den Ausgang der Würm-Eiszeit bzw. das Postglazial eingestuft; letzte Übersicht bei STRAKA (1975). Daraus entstand zuerst das Bild, dass der Maarvulkanismus die Schlussphase des Westeifel-Vulkanismus darstellt. Dafür sprach auch, dass in aus mehreren Vulkantypen zusammengesetzten Gruppen die Maare oft die jüngsten Vulkane sind. Seit LORENZ & BÜCHEL (1980a) besteht bei allen Bearbeitern die Auffassung, dass während des ganzen vulkanischen Geschehens sich Maare gebildet haben, der Maarvulkanismus also keine Abschlussphase bildet.

Schließlich haben sich bei einigen dieser pollenanalytischen Datierungen Widersprüche zu den geologischen Befunden ergeben: So wurde im Hinkelsmaar-Krater eine 10 cm mächtige Tephralage erbohrt, die dem Meerfelder Maar zugeschrieben wurde und sich im Pollenprofil mit etwa 11 350 Jahren v. h. datieren ließ. Dieses Alter wurde auf das Meerfelder Maar übertragen. Dessen Tuffe sind aber in der nächsten Umgebung des Hinkelsmaars 0,5–1 m mächtig, sie sollten deshalb im Krater in vor Abtragung geschützter Position mehr als 10 cm mächtig sein. Die datierte Tephralage geht also auf einen späteren Ausbruch, oder, was wahrscheinlicher ist, auf Umlagerung zurück, und das Meerfelder Maar muss noch älter sein. Von einigen Maaren wurde das Alter dadurch bestimmt, dass eine Pioniervegetation über Tuffen datiert wurde (Boos W, Mosbruch, Schalkenmehren E). Hier ist nicht mit Sicherheit auszuschließen, dass die Vegetation fremde Tephraeinschüttungen besiedelt hat. Für einige Maare konnte STRAKA nur Mindestalter angeben, wenn eine Pioniervegetation auf der Maartephra nicht durch die Bohrungen erreicht wurde. Hinter solchen Mindestangaben können u.U. erhebliche Zeiträume stecken.

Es wurde auch versucht, mit Hilfe von Radiokarbon-Bestimmungen die Maare zu datieren, und zwar an Material aus den Bohrungen für die Pollen-Analysen. Die gewonnenen Daten weichen oft von den pollenanalytisch bestimmten Werten in Richtung auf höhere Alter ab. ERLENKEUSER et al. (1972) weisen daraufhin, dass durch magmatische Kohlensäure, die während der Tätigkeit der Maare und danach in großen Mengen in die Atmosphäre entwich, der C^{14}-Gehalt verfälscht wurde, so dass die pollenanalytisch ermittelten Daten die zuverlässigeren sind. Da auch hier das Problem der Zuordnung der datierten Tephralagen zum Maarvulkan besteht, ist der von BÜCHEL & LORENZ (1982) eingeschlagene Weg, C^{14}-Datierungen an organischen Resten, die von den Maartephren an der Basis eingeschlossen sind, vorzunehmen, erfolgversprechender: Aber die vorgelegten Alterswerte sind auch vieldeutig, sie streuen z. B. für das Ulmener Maar zwischen 7335 und 10 920 Jahren, für das Booser Maar E zwischen 6275 und 35 240 Jahren.

NEGENDANK et al. (1990) haben im Pulvermaar, Holzmaar und im Weinfelder, Gemündener, Schalkenmehrener und Meerfelder Maar subaquatische Terrassen 10–12 m unter den heutigen Seespiegeln festgestellt, was eine extreme Trockenphase anzeigt, für die wohl nur das letzte Hochglazial, also der Zeitraum vor etwa 20 000 Jahren in Frage kommt. Deshalb müssen alle diese Maare, für die bisher Alter zwischen 10 000 und 12 000 Jahren angenommen wurden (STRAKA 1975) älter sein als 20 000 Jahre. Bisher jüngstes Eifelmaar ist das Ulmener

Maar, dessen Aschen Bimslagen des Laacher-See-Vulkans überdecken, damit ist es nach 9080 v. Chr. entstanden.

Mit der Altersdiskussion ist die Frage verbunden, ob der Vulkanismus endgültig erloschen ist oder wir nur in einer vorübergehenden Ruhepause leben. Die Entstehung des Ulmener Maares liegt nur knapp 11 000 Jahre zurück. In dem über 600 000 Jahre dauernden vulkanischen Geschehen hat es in der Eifel wahrscheinlich Pausen in der Vulkantätigkeit gegeben, die länger gedauert haben, das spricht dafür, dass wir noch in der Vulkanperiode leben, auch wenn es zur Zeit keine Anzeichen für ein Wiederaufleben der Aktivität gibt.

11.2.3 Petrographie

Erste chemische Analysen von Laven der Westeifel teilt MITSCHERLICH (1866) mit. Mikroskopische Untersuchungen in größerem Umfang führten ZIRKEL (1870, 1873), HUSSAK (1978) und BUSZ (1885) durch. Fast 100 Jahre vergingen, ehe wieder zusammenfassend über die Petrographie und Geochemie des Vulkangebietes eine Arbeit vorgelegt wurde. FRECHEN &

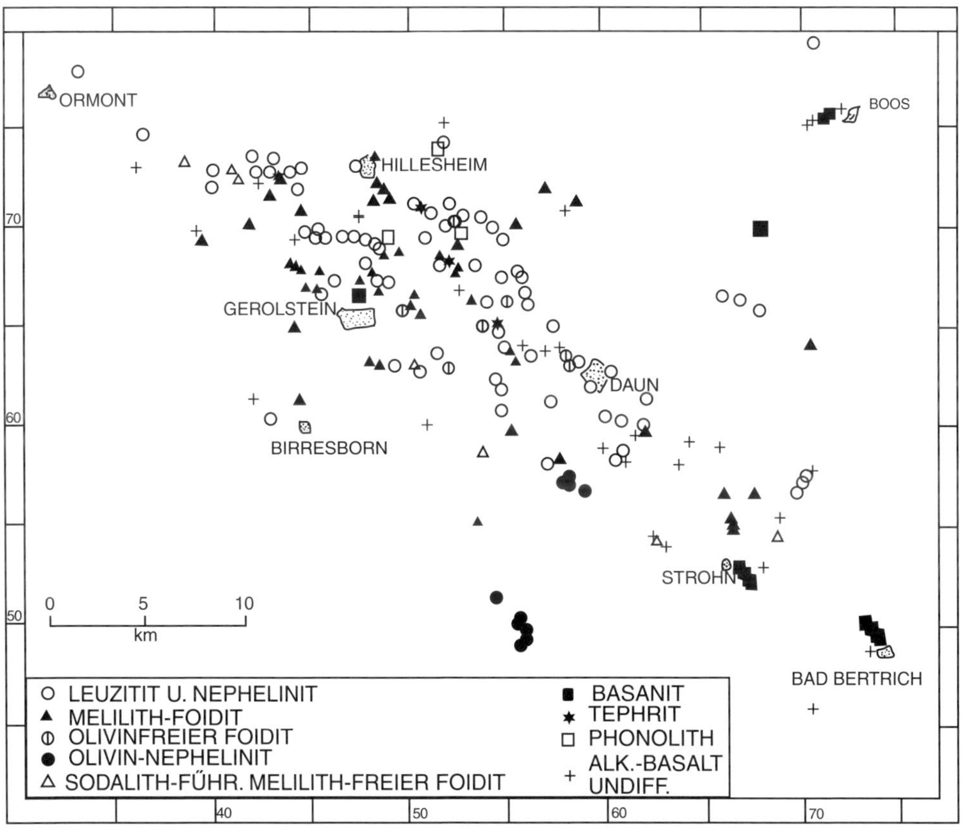

Abb. 75. Petrographische Zusammensetzung der quartären Vulkane in der Westeifel. Umgezeichnet und verändert nach MERTES (1983).

THIELE (1979) teilten von 23 Vorkommen chemische Analysen und Modalanalysen mit. Die Verbesserung der analytischen Methoden ermöglichte es MERTES (1983), 114 weitere Vulkanite chemisch analysieren zu lassen. In Verbindung mit Dünnschliffuntersuchungen konnte MERTES daraus folgende Charakterisierung ableiten: Die Westeifel-Vulkanite sind SiO_2-untersättigt, alkalireich und gehören im Quarz-Alkalifeldspat-Plagioklas-Foid-Diagramm von STRECKEISEN (1979) in die Felder Nr. 11 (Phonolithe), 14 (Basanite und Tephrite) und 15c (Foidite). Die Foidite (Nephelinite und Leuzitite) machen 89% der untersuchten Gesteine aus. Die Verbreitung der Gesteinstypen zeigt Abb. 75. Dem einheitlichen Feld der Foidite im ganzen Vulkangebiet steht im SE (Wartgesberg-Gruppe bei Strohn und Bad Bertricher Vulkane) ein Bereich mit Basaniten gegenüber; auch ganz im E bei der Booser Vulkangruppe und vielleicht am Mosbrucher Maar kommen Basanite vor. Im Zentrum des Vulkanfeldes liegen die seit HOPMANN (1922) bekannten Phonolithe von Rockeskyll. MERTES (1983) hat östlich davon im Schlot Auf Dickel (nordöstlich des Kyller Kopfes) und am Nordrand des Vulkanfeldes im Kerpener Maar ebenfalls Phonolith nachgewiesen. Im Vulkan Auf Dickel fand sich auch Karbonatit (RILEY et al. 1996). Ebenfalls als Differentiationsprodukte sind Tephrite aufzufassen, die MERTES in den Schlacken des Walsdorfer Maares und des Ringseitert (östlich vom Scharteberg) nachweisen konnte.

Seit Jahrzehnten werden die Auswürflinge ultrabasischer Gesteine (z. B. Dunite, Harzburgite, Wehrlite, Lherzolithe, Pyroxenite, Peridotite), die besonders in Tephren einiger Maare häufig sind, untersucht, da sie in der Diskussion um Genese und Aufstieg der Magmen eine wichtige Rolle spielen. CHUBODA & FRECHEN (1941) und FRECHEN (1962, 1963) haben die Mafitite des Dreiser Weihers bearbeitet und deuten sie als Kristallisationsprodukte einer nephelinitischen Magmenkammer. Zu ähnlichen Vorstellungen kamen AOKI & KUSHIRO (1968) und PAUL (1971) nach chemischen Analysen und Isotopen-Untersuchungen; sie nehmen an, dass die Auskristallisation innerhalb der Kruste in 20–30 km Tiefe erfolgte. BECKER (1977) vermutet aufgrund von Untersuchungen von Pyroxenit- und Hornblendit-Auswürflingen der Dauner Maare und des Pulvermaars auch eine komagmatische Bildung der Ultrabasite.

Seit DE ROEVER (1963) und DEN TEX (1963) besteht die Auffassung, dass die Mafitit-Bomben Fragmente des Erdmantels sind, die beim Magmenaufstieg mitgerissen wurden. LLOYD & BAILEY (1969) leiten einen Teil der Klinopyroxenit-Auswürflinge aus einem durch H_2O- und Alkali-Zufuhr metasomatisch veränderten Mantelgestein ab. Auch STOSCH & SECK (1980) und SACHTLEBEN (1980) halten die Mafitit-Auswürflinge für Xenolithe aus dem Erdmantel. SACHTLEBEN konstruierte sogar mit Hilfe der Peridotit-Auswürflinge einen Mantel-Diapir, der unter der Westeifel aufgestiegen sein soll und dessen Randzone im NW durch die stärker deformierten Peridotite von Steffeln und Schönfeld angezeigt sein soll. Jedoch sind solche Deformationsstrukturen auch bei anderen Stellen des Vulkanfeldes an Peridotit-Auswürflingen zu beobachten (MERTES 1983, 153), so dass die Konstruktion dieses Mantel-Diapirs fragwürdig ist.

11.2.4 Zur Entstehung der Maare

Das Vulkangebiet der Westeifel ist weltberühmt wegen des hier besonders häufigen Vulkantyps der Maare. Die Eifeler Bezeichnung „Maar“ kennzeichnet inzwischen in der ganzen internationalen Fachliteratur diesen Vulkantyp. Der Volksmund bezeichnet im Rheinland seit Jahrhunderten kleine Weiher oder feuchte Stellen als Maare, vgl. z. B. die „Maare“ im Kottenforst bei Bonn. BACH (1953) leitet das Wort vom lateinischen mare = Meer ab. Auch die vulkanisch bedingten Gewässer der Eifel wurden so genannt; Sebastian MÜNSTER wendet in seiner „Cosmographia“ 1544 (S. 341) die Bezeichnung „Marh“ auf den Laacher See und das Ulmener Maar an. STEININGER (1819, 1820) übertrug den Begriff auf den ganzen Vulkantyp. A.v. HUMBOLDT machte durch eine ausführliche Diskussion in seinem „Kosmos“ 1858 die Eifelmaare allen naturwissenschaftlich Gebildeten bekannt. Zahlreiche Arbeiten beschäftigten sich in der Folgezeit mit diesen Vulkanen,z. B. v. DECHEN (1865, 1886), FRECHEN (1959c, 1976), NOLL (1967a), RAHM (1958), LORENZ & BÜCHEL (1980b), BÜCHEL (1984), MEYER (1985a), LORENZ & ZIMANOWSKI (2000).

Der Begriff kann folgendermaßen definiert werden: Maare sind durch vulkanische Explosionen entstandene Trichter, die in den Untergrund eingetieft sind. Meist werden sie von einer Decke oder einem Wall von Auswurfprodukten umgeben, die überwiegend aus Fragmenten des herausgesprengten Nebengesteins bestehen. Sie bilden sich, wenn empordringendes heißes Gestein mit Oberflächenwasser oder Grundwasser in Kontakt kommt, wobei heftige Wasserdampf-Explosionen ausgelöst werden, die den Schlot trichterartig erweitern (phreatomagmatische Vulkantätigkeit). Wenn diese in Tiefen von einigen Hundert Metern stattfinden, können Hohlräume ausgesprengt werden, in die von oben her große Schollen einsinken. Die größeren Maarkessel sind demnach häufig sowohl Explosions- als auch Einbruchsstrukturen. Die Durchmesser der Maare liegen meist zwischen 50 und 2000 m, es sind auf der Erde auch größere Maare bekannt. Zentralkegel können auch auftreten, fehlen aber bei den Maaren der Eifel. Wenn im Laufe der Eruptionen die Wasserzufuhr nachlässt, kann auch Schmelze an die Oberfläche dringen, ohne dass es zu phreatischen Explosionen kommt. So finden sich am Westrand des Weinfelder Maares Basaltschlacken und am Südrand des Pulvermaares tritt sogar Basaltlava auf. Im Maartrichter kann sich später Wasser zu einem Maarsee ansammeln.

Der Begriff Maar ist abzugrenzen gegen andere vulkanische Hohlformen: Trichterförmige Senken im Schlotbereich von Schlacken- oder Tephrakegeln sind Krater. Sie können sich mit Wasser füllen und einen Kratersee enthalten; ein Beispiel ist der Windsborn in der Manderscheider Vulkangruppe.

Tephraringe entstehen, wenn aufsteigendes Magma mit Oberflächenwasser oder Grundwasser relativ dicht unter der Oberfläche in Berührung kommt und durch Wasserdampfexplosionen Nebengestein und magmatisches Material zertrümmert und flach nach außen geworfen wird. Es entsteht ein Trichter, der nicht so tief eingesenkt ist wie bei den Maaren und meist von flachen Tephrawällen umgeben ist. Die Förderprodukte enthalten mehr magmatisches Material als Nebengestein und unterscheiden sich dadurch von denen der Maare. Wenn sie verfestigt sind, spricht man von Tuffringen, wenn sie überwiegend aus Schlacken bestehen, von Schlackenringen. Beispiele: ein Tephraring ist in der Grube Burgschafstall zwischen Kempenich und Weibern (Osteifel) angeschnitten; ein Tuffring, durch Palagonit verfestigt, findet sich östlich Steffeln; das Hinkels„maar“ in der Manderscheider Vulkangruppe ist ein Schlackenring.

Mit Pyroklastika gefüllte Röhren und Spalten von cm- bis km-Größe nennt man Diatreme (griech. diatreo = zerstieben). Oft nennt man so die Zufuhrschlote von Tephravulkanen oder Maaren, wenn eventuelle Bauten oder Trichter durch die Erosion beseitigt sind. Manche Diatreme schlagen nicht bis zur Erdoberfläche durch, sondern enden blind. Beispiele waren in der Osteifel am Herchenberg und nordwestlich Bell zeitweilig angeschnitten.

Von den oft ähnlich geformten, aber meist größeren Calderen, die durch das Einbrechen der Kruste oder des Vulkanbaus über dem stark entleerten Herd gebildet werden, unterscheiden sich die Maare vor allem durch ihre Genese. Der Kessel, in dem sich der Laacher See befindet, ist eine solche Caldera, also kein Maar.

FISHER & WATERS (1969) und BAUDRY & CAMUS (1970) haben erstmals phreato-magmatische Prozesse, also die heftigen Reaktionen aufdringender heißer Schmelzen und Gase mit Oberflächenwasser für die Maarbildung verantwortlich gemacht. NAKAMURA & KRÄMER (1970) fanden in den Aschen der Dauner Maare Hinweise dafür, dass solche Prozesse bei der Entstehung der Eifelmaare auch stattgefunden haben. Das Konzept ist dann von LORENZ (zuerst 1973) weiter ausgebaut und auf die Westeifel angewandt worden. Er hat später auch Experimente durchführen lassen, um die physikalischen Grundlagen dieser Prozesse zu klären, eine neuere Übersicht dazu geben LORENZ & ZIMANOWSKI (2000).

In den letzten Jahren konnten phreatische Prozesse bei der Bildung von Maaren im zirkumpazifischen Raum unmittelbar beobachtet werden (SEIF et al. 1980, LORENZ & BÜCHEL 1980b, 91 u. a.). Viele der dort beschriebenen Ablagerungsformen der Förderprodukte, so die Ringdünen (antidunes) und spezielle Formen der Lapilli und Bomben ließen sich auch in den Pyroklastika der Eifelmaare finden. Bei den rezenten Maaren zeigte sich, dass die phreatischen Explosionen schon durch verhältnismäßig kleine Rinnsale ausgelöst werden können, die z. T. nur aus den mit der Vulkantätigkeit verbundenen Gewitterregen gespeist werden. Da diese Rinnsale aber nicht tief in den Schlot eindringen können, ohne zu verdampfen, finden die phreatischen Explosionen nur wenige Hundert Meter tief statt, wo sie den Schlot trichterartig erweitern. Die Maartephren bestehen deshalb meist überwiegend aus den Fragmenten oberflächennaher Nebengesteine. Das im Schiefergebirge vorhandene Grundwasser dürfte nicht ausreichen, um phreatische Prozesse auszulösen. Bei aufsteigendem heißem vulkanischem Material (Gase oder Schmelzen) wird das Nebengestein so stark aufgeheizt, dass das darin enthaltene Wasser verdampft. Die Wasserzufuhr muss demnach hauptsächlich durch Bäche erfolgen, deshalb liegen die meisten Maare in Tälern. Darauf hat schon LORENZ (1973) hingewiesen. Die bei aufsteigenden größeren Lavamengen stärkere Aufheizung des Nebengesteins schafft eine Dampfhaube, die verhindert, dass Grundwasser oder Oberflächenwasser mit dem Magma in Berührung kommt. Deshalb können sich lavafördernde Vulkane sogar in wasserreichen Tälern entwickeln (Fischbachvulkan in einem pleistozänen Nebental des Kylltals, Strohner Lavaströme im Alftal u. a.), ohne dass Maare entstehen. Phreatische Explosionen, die zur Maarbildung führen, dürften nur in Explosivvulkanen möglich sein, da sich dabei relativ rasch ein Schlot oder eine Spalte nach oben öffnet, so dass Oberflächenwasser hinab fließen kann.

Wenn nur wenig Wasser zuläuft, etwa durch kleine Bäche oder Gewitterfluten, finden die Explosionen nahe der Erdoberfläche statt, vielleicht in 100 m Tiefe. Sie schaffen Hohlformen von höchstens einigen Hundert Metern Durchmesser. Dabei entspricht das Volumen der ausgeworfenen Tephra etwa der Dimension des trichterförmigen Kessels. Hierher gehören u. a. Gemündener und Weinfelder Maar, Ulmener Maar und die Maargruppe Holzmaar, Dürres Maar, Hitsche (Abb. 76).

Anders verläuft die Maarbildung, wenn wasserreichere Bäche, vielleicht noch verstärkt durch Eruptionsregen, in Explosionsschlote gelangen (Abb. 77). Das Wasser kann tiefer hinab fließen, und es kommt mehr Wasser mit mehr heißem Gestein in Berührung. Die Explosionen werden heftiger, können aber oft nicht einen Trichter nach oben durchbrechen. Das Nebengestein wird in der Explosionskammer zertrümmert und vom Überdruck durch enge Kanäle in mehreren Strahlen hinausgepresst, so dass kilometerweite schmale Tephrabahnen um das Maar herum entstehen. In den dadurch entstehenden Hohlraum brechen anschließend große Schollen aus dem Dach ein. Durch die heftigen Explosionen kann ein Sog den Schlot hinab entstehen, der sich in große Tiefen fortpflanzt, so dass ultrabasische Gesteine mit nach oben gerissen werden. Das Gestein unter der Explosionskammer wird auch zerrüttet und teilweise

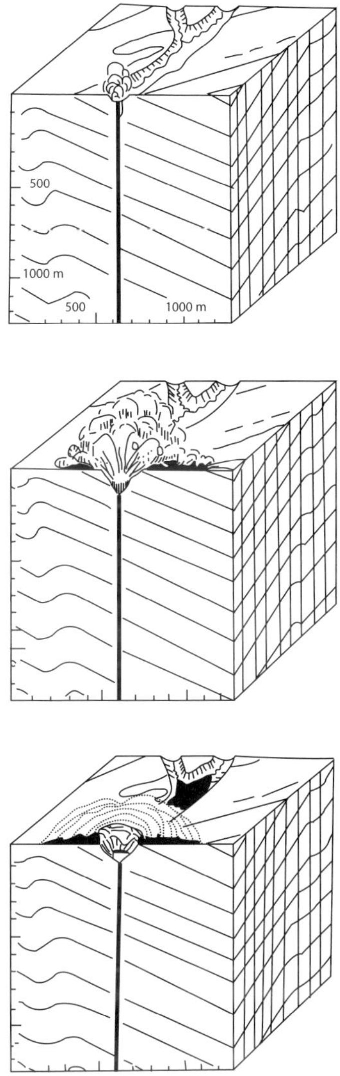

Abb. 76. Entstehung von Maaren bei geringer Wasserzufuhr. Maßstäblich entsprechend den Verhältnissen am Ulmener Maar, nicht überhöht. Oben: in einem Tal mit kleinem Bach bildet sich ein Tuffschlot. Mitte: das Bachwasser läuft in den Schlot; es kommt in etwa 50 m Tiefe zu phreatischen Explosionen, die einen Trichter aussprengen. Unten: der wassergefüllte Maartrichter ist von einem regelmäßigen Tuffwall umgeben, der das Tal aufstaut (Jungfernweiher).

durch den Sog nach oben gebracht. Die Auswürflinge können dann eine tiefere Lage des Explosionspunktes vortäuschen. Es ist wahrscheinlich, dass die Explosionen bei diesem Maartyp in der Eifel nicht tiefer als 500 m unter der Erdoberfläche erfolgten, denn man kann das für die phreatischen Reaktionen notwendige Wasser nicht tiefer hinableiten, ohne dass es vorher verdampft. Durch die heftigen Explosionen kann Druckentlastung im System entstehen, so dass sich Explosionen in große Tiefe fortpflanzen können. Zu diesem durch Tuff-Förderung und Einbrechen des Nebengesteins gekennzeichneten Typ gehören Maare mit über 1000 m Durchmesser wie Meerfelder Maar, Dreiser Weiher, westliches Schalkenmehrener Maar, vielleicht auch das Mosbrucher Maar. Meerfelder Maar und Dreiser Weiher liegen in größeren Tälern (Meerbach, Ahbach), so dass hier mehr Wasser zur Verfügung gestanden haben dürfte als bei den anderen Maaren. Beim westlichen Schalkenmehrener Maar ist ein größerer Bach nicht

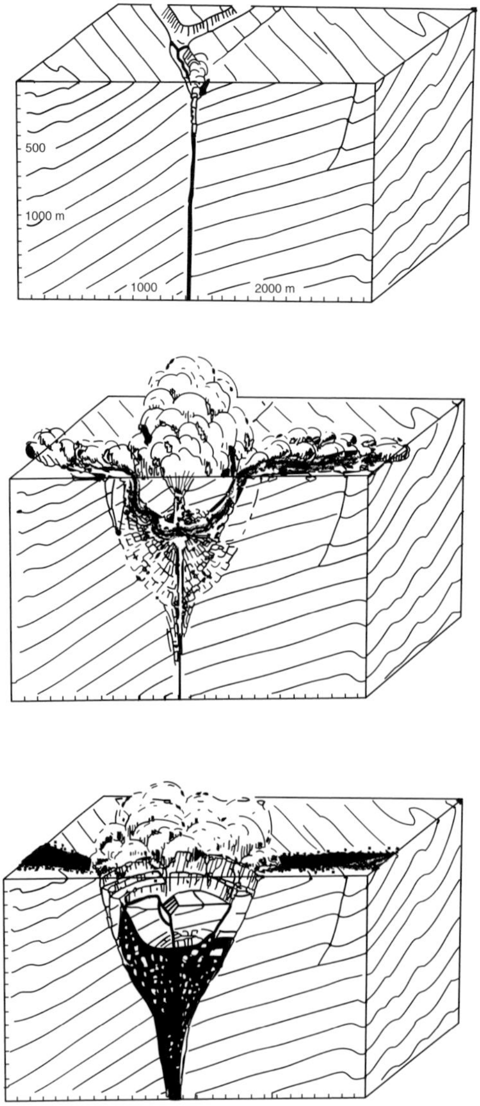

Abb. 77. Entstehung von Maaren bei stärkerer Wasserzufuhr. Maßstäblich entsprechend den Verhältnissen am Meerfelder Maar, nicht überhöht. Oben: im Tal eines relativ wasserreichen Baches entsteht ein Tephraschlot. Mitte: das Bachwasser läuft in den Schlot, und es kommt in ca. 300 m Tiefe (500 m unter den Hochflächen außerhalb des Tales) zu phreatischen Explosionen; wegen der Auflast kann der Überdruck nicht nach oben entweichen, und das Nebengestein wird zertrümmert und durch enge Kanäle hinausgepresst. Unten: über der durch die Explosionen entleerten Kammer bricht das Dach in großen Schollen ein.

nachweisbar. Das Maar entstand aber, nachdem östlich davon schon ein Maar entstanden war, das nach STRAKA (1952, 41) einen See mit einer reichen Schwimmblatt-Vegetation (*Nuphar, Nymphaea, Potamogeton*) enthielt. Dessen Wasser lief in den sich öffnenden neuen Schlot hinein.

Im Vulkangebiet der Westeifel gibt es einige runde Senken bzw. kesselartige Erweiterungen von Tälern in der Größe der Maare, jedoch ohne Tephra und mit stärker verwaschenen Formen. Diese sog. Kesseltäler wurden schon bei NÖGGERATH (1823, anonymer Brief auf S. 214) als Maarvulkane gedeutet, die aber älter als die bekannten Maare sein sollten. VAN DER WYCK (1836, 53–55) und STEININGER (1853, 113) sahen in ihnen vulkanisch bedingte Einbruchsbecken. Jedoch wird von einigen Autoren auch die vulkanische Natur der Kesseltäler bezweifelt, z. B. von MITSCHERLICH (1866, 7) und noch von RAHM (1956, 44). Inzwischen ist bei vielen Kesseln die vulkanische Natur durch Bohrungen und den Nachweis von kreisförmigen magnetischen Anomalien bewiesen worden (LORENZ & BÜCHEL 1980a), sie sind dann als Maare einzustufen. Sie dürften älter sein als die morphologisch scharf konturierten Maartrichter mit Tephrawällen, und ihre Aschen sind durch die Erosion beseitigt worden. Sie stellen in der Eifel wichtige Trinkwasserreservoire dar (H. WEILER 2002).

An den Maarseen der Eifel wurde die Wissenschaft von der Ökologie von Binnengewässern dadurch begründet, dass der Zoologe August THIENEMANN zwischen 1910 und 1914 ihre Biologie und Chemie untersuchte. Die trichterartig tiefen Seen (Weinfelder, Gemündener Maar, Pulvermaar) sind von Natur aus oligotroph, die flacheren (Schalkenmehren, Meerfeld) meso- bis eutroph, wobei durch die nahen Ortschaften in neuerer Zeit zusätzliche Eutrophierung – z. T. in gefährlichem Ausmaß – erfolgte.

11.2.5 Die Einzelvorkommen

11.2.5.1 Das Vulkangebiet um Bad Bertrich (Abb. 121)

V. DECHEN (1886, 19–40), FRECHEN (1959, 73–82), GREBE (1886, 168–177, 1894), KETIN (1939), KIENOW (1939), QUITZOW (1971a, 350–357), H. MEERHEIM (1980).

Die südöstlichsten Ausläufer der westeifeler Vulkankette liegen im unteren Üssbachtal bei Bad Bertrich und bauen hier ein Massiv auf, in dem auf engem Raum alle Vulkantypen der Westeifel vertreten sind. Von den Eruptivzentren im Raum Gillenfeld ist es durch eine 6 km breite vulkanfreie Zone getrennt. Ein Teil der Vulkane liegt im Üsstal, ein Teil auf der Hochfläche zwischen dem Üsstal und Kennfus und bildet hier zusammen mit dem Maarvulkan Hardt eine NW-SE ausgerichtete Kette. Die Bertricher Vulkane liegen alle auf dem Messtischblatt 5908 Alf. Petrographisch tendieren die Förderprodukte zu Basaniten (W. THIELE 1976). Die Vulkane sind alle während der Würm-Kaltzeit tätig gewesen, zu einer Zeit, als das Üssbachtal fast schon seine heutige Tiefe erreicht hatte.

Das Seesenflürchen („Elfenmaar") und seine Lavaströme

Westlich von Bertrich liegt zwischen dem Elbesbach und dem Hesselbach ein jetzt weitgehend abgetragener Schlackenkegel. Die flache Einmuldung etwa im Bereich des ehemaligen Kraters wurde früher als Maar gedeutet, daher die Bezeichnung „Elfenmaar" (die Nähe des Kurortes machte aus „Elbes" Elfen). Dieser Teil wird auch Seesenflürchen genannt. In der Mitte des Seesenflürchens dürfte die Ausbruchsstelle gelegen haben; hier finden sich grobe Blöcke, sie werden von Lapillitephra umgeben. Durch erdmagnetische Vermessungen konnte KIENOW nachweisen, dass zwei ausgedehnte Basaltströme im Seesenflürchen ihren Ursprung haben. Einer ist in Richtung auf die Elfenmühle ins Üsstal und hier abwärts bis in den Talkessel unterhalb von Bad Bertrich (sog. Römerkessel) geflossen. Ein zweiter Strom ist über den Bereich der Käsegrotte talaufwärts bis in die Gegend der Müllischwiese geflossen. Ein Seitenarm ist in das Elbesbachtal hineingeflossen. Die Käsegrotte (Käsekeller) ist ein seit den Anfängen geologischer Forschung berühmtes Beispiel für Absonderungsformen von Basalt: die senkrecht stehenden Säulen sind durch Abkühlungsklüfte parallel zur Stromoberfläche gegliedert. Durch Verwitterung entstanden innerhalb eines Abbaustollens daraus abgerundete Einkerbungen, so dass die Säulen nun wie aus Käserollen zusammengesetzt erscheinen. Der Lavastrom hat mit 22 m an der Käsegrotte seine größte Mächtigkeit. Talaufwärts nimmt die Mächtigkeit bald ab, damit werden die Säulen niedriger und breiter, d. h. die Abkühlung ging hier in dem flacheren Strom rascher vor sich. Diese Beobachtung lässt sich auch an dem südlichen Strom machen, wo die Säulen am Alleegarten schon sehr dick sind. Das Stromende im Römerkessel zeigt blockige stark poröse Lava. Nach THIELE (1976, 20) ist die Lava der Käsegrotte als basanitischer Leuzit-Nephelinit einzustufen. Jedoch ist auch Lava von den Schlackenkegeln Hüstchen, Falkenley, Facher Höhe und Dachslöcher ins Üsstal geflossen; ihre Anteile an der Gesamtfüllung des Tales lassen sich nur zum Teil unterscheiden.

Im Elbesbachtal 30 m oberhalb der Käsegrotte findet sich ein 80 cm breiter Basaltgang unmittelbar in Kontakt mit einem Quarzgang. Beide streichen NW-SE. GREBE (1886) erwähnt einen 3 m mächtigen Basaltgang auf der nördlichen Seite des Üsstales gegenüber der Elfenmühle („am Ökonomiegebäude der Elfenmühle"); er ist heute nicht mehr aufgeschlossen.

Hüstchen

Südwestlich von Kennfus ist der Tephradecke, die dem Falkenlay-Vulkan entstammt, der kleine Schlackenkegel des Hüstchens aufgesetzt. Seine Förderprodukte beginnen mit rotbraunen kleinen Wurfschlacken, die nach oben größer werden und schließlich von einer Lage von Schweißschlacken überdeckt werden. Der Schlot des Vulkans wurde zuletzt durch poröse Lava gefüllt. Die Schlacken enthalten Stücke rotgefritteter Tonschiefer und glasierter Sandsteine des Unterdevons und Gangquarz-Brocken. Südwestlich vom Hüstchen liegt der kleine Schlackenkegel Tümmelbusch (r 7273 h 5018).

Falkenlay

Südöstlich vom Hüstchen findet sich der stark abgetragene Schlackenkegel der Falkenlay. Er wird randlich von den Tephren des Hüstchens überlagert. Im zentralen Teil des Vulkans steht innerhalb des Schlackenbaus poröse Lava in dicken Pfeilern an. Von hier geht ein Lavastrom durch das Tal der Falkenkaule bis zur Müllischwiese hinab. Sein oberstes Stück ist durch die Erosion weitgehend entfernt worden. Die Lava ist nach FRECHEN (1959c. 72) als Olivin-Nephelinit einzustufen.

Hardt

Die Basalttuffe und -schlacken der Höhenvulkane zwischen Bad Bertrich und Kennfus werden überlagert von roten Pyroklastika, die überwiegend aus Devonfragmenten bestehen. Die Einschlagsrichtungen der großen Blöcke in ihnen weisen zu dem Talkessel zwischen Dachskopf und Falkenlay hin, der als die Hardt bezeichnet wird. Hier haben wir also einen Maarvulkan zu vermuten. Er liegt in einem alten Tälchen, das er erweitert hat. Seine vulkanologischen Abmessungen betragen nach NOLL (1967a, 11) 300 mal 210 m bei 30 m Tiefe. Die Tephradecke des Hardt-Maares ist ausgedehnter als die der anderen Bertricher Vulkane. Der Basaltanteil in dieser Tephra ist gering, Devonfragmente machen etwa 90% der Komponenten aus. Die magnetische Kartierung durch KIENOW ergab im Bereich der Hardt eine NW-SE gestreckte relativ schwache positive Anomalie, was für einen nordwestlich gestreckten elliptischen Umriss des Maares spricht.

Dachskopf und Lava der Müllischwiese

Die als Dachslöcher bezeichneten Basaltfelsen gehören zu einem NW-SE gestreckten Lavastrom, der sich im Bereich der Müllischwiese verbreitert und bis ins Üssbachtal geflossen ist. Er entstammt dem Kegel des Dachskopfes, der im Kern aus Schweißschlacken und Basaltblöcken besteht. Außen wird er von schlackenreicher Lapillitephra umgeben. Im Bereich der Müllischwiese hat der Lavastrom eine weite Talung ausgefüllt. Er wird durch einen Devonrücken, der vielleicht einen alten Umlaufberg darstellt, geteilt und fließt dann noch etwa 200 m im Üssbachtal abwärts. Das Stromende ist oberhalb der Elfenmühle an der NE-Seite des Tales aufgeschlossen. Durch den Gehalt an großen Augiteinsprenglingen und Olivinnestern lässt sich die Lava, die nach THIELE (1976: 21) ebenfalls als basanitischer Leuzit-Nephelinit anzusprechen ist, von der der Käsegrotte unterscheiden. Die Lava der Käsegrotte zieht sich auf der SW-Seite des Üssbachtales talaufwärts. In das Becken der Müllischwiese floss auch ein vom Falkenlay-Vulkan gespeister Lavastrom, wie schon erwähnt. Jedoch dürfte nach FRECHEN der größte Teil der Lava in der Müllischwiese dem Dachskopf-Vulkan entstammen.

Facher Höhe

Unmittelbar südöstlich vom Dachskopf-Vulkan liegt der Schlackenkegel der Facher Höhe. Die Tuffe und Wurfschlacken dieses Vulkans sind rotbraun und lassen sich daher von den schwarzen Förderprodukten des Dachskopfes gut unterscheiden. Im Kern des Kegels findet sich wie bei den anderen Bertricher Vulkanen ebenfalls Lava in groben Pfeilern. Von hier ist ein Lavastrom in dem Facher Kaule genannten Tälchen einige Hundert m weit hinabgeflossen. Der Vulkan Facher Höhe ist etwas jünger als der benachbarte Dachskopf.

Lava vom Alten Schießplatz

Talaufwärts im Üsstal liegt am Alten Schießplatz (Im Strasses) ein weiteres Lavavorkommen. Eine Verbindung zur Lava der Müllischwiese ließ sich auch erdmagnetisch nicht nachweisen. Südwestlich vom Üssbach finden sich im Tal nur zwei isolierte Lava- und Tuffvorkommen. Der von der Wilhelmshöhe ins Tal hinab ziehende Devonsporn hat wohl die Lava der Müllischwiese daran gehindert, talaufwärts zu fließen, so dass die Lava vom Alten Schießplatz vielleicht einem selbständigen Ausbruchszentrum entstammt. Es ist auch denkbar, dass das Tal durch den Strom der Müllischwiese rasch verstopft wurde und die nachdringende Lava gezwungen wurde, talaufwärts bis zum Alten Schießplatz zu fließen. Die Schießplatz-Lava liegt auf einer 0,5–1 m mächtigen Tephraschicht und wird von 2–2,5 m mächtiger Tephra überdeckt. Die magnetische Kartierung durch KIENOW ergab, dass die Lava eine alte Talschlinge ausfüllt und einen Umlaufberg umfließt. Ihre Mächtigkeit schätzt KIENOW im Bereich der alten Talschlinge auf 1 m. Sie nimmt im heutigen Üssbachtal rasch auf 6–8 m zu. Demnach muss der Üssbach zur Entstehungszeit des Lavastroms schon unter das Niveau der alten Talschlinge eingetieft gewesen sein, so dass diese damals schon stillgelegt war (QUITZOW).

11.2.5.2 Die Vulkane im Raum Gillenfeld (Abb. 78)

CIPA (1953, 1956, 1958, 676–683), V. DECHEN (1886, 40–58), ERLENKEUSER, FRECHEN, STRAKA & WILLKOMM (1972), FRECHEN (1959c, 96–106, 1976, 187–191), STRAKA (1975, 26–33), WIENECKE (1979a, b).

In der weiteren Umgebung von Gillenfeld liegt vornehmlich in der Südhälfte des Messtischblattes 5807 Gillenfeld eine ebenfalls sehr junge Vulkangruppe (Würm-Kaltzeit bis Postglazial), in der Maare sehr häufig sind; das Wispelter Maar liegt auf Bl. 5907 Hasborn. Zwischen dem Alftal und dem Üsstal sind große Flächen von Maartephra bedeckt. Relativ isoliert liegt westlich des Alftales die genau NW-SE orientierte Maarreihe mit Holzmaar, Dürrem Maar und Hitsche.

Wetschert

Etwa 1,5 km nordöstlich von Immerath liegt am westlichen Talhang des Üssbaches 350 m unterhalb der Einmündung des Rüsselbaches ein kleiner Vulkanwall, den schon MITSCHERLICH (1866) und V. DECHEN (1886) unter dem Namen Wetchert erwähnen, dessen deutliche Ringform aber bislang nicht auf dem Messtischblatt dargestellt wurde, hier findet sich die Flurbezeichnung Weidgert. Eine erste topographische und geologische Kartendarstellung erfolgte durch CIPA (1953, 1956). Durch die Eruptionstätigkeit wurde am Talhang eine schüsselartige Vertiefung aus dem Devon herausgesprengt, die zum Tal einen natürlichen Abfluss hat, der von Menschenhand noch vertieft wurde. Der Schlot wird von einem kreisrunden Wall von Schlacken und Tephra umgeben, der etwa 300 m Durchmesser hat. MERTES (1983) stuft ihn als Schlackenring ein mit der Zusammensetzung eines Leuzit-Nephelinits. An der Seite zum Üssbach enthält er viele Schweißschlacken. Eine Tephradecke ist von CIPA noch einen halben Kilometer weit nach W und SW verfolgt worden. Nach QUITZOW (1971) hat der Vulkan das schon fast bis zum heutigen Niveau eingetiefte Üssbachtal über 5 m hoch mit Schlacken und Tephra aufgefüllt, er war also während der Würm-Kaltzeit tätig.

Wollmerather Kopf (Roter Berg)

RAHM (1956, 39–40, 1958, 40), QUITZOW (1971, 352).

Südwestlich von Wollmerath liegt auf der Hochfläche am Rande zum Üssbachtal der hauptsächlich aus Schlacken bestehende Wollmerather Kopf. Der kleine Vulkan ist heute weitgehend abgebaut, war aber auch vorher niedriger als der aus Unterdevongesteinen bestehende Großkopp südlich Wollmerath. Unten findet sich blauschwarze Lapillitephra mit sehr schaumigen fladenförmigen Wurfschlacken. Darüber liegen rote Wurfschlacken und Schweißschlacken. Der Abbau legte einen steilstehenden gangartigen Lavakörper frei. Er besteht unten aus kompakter Lava und endet oben diffus in den Schlacken, wobei die Umrisse eingeschmolzener Bomben noch erkennbar sind. Hier ist also keine offene Spalte ausgefüllt worden, sondern die Lava hat die Lockermassen infiltriert und teilweise eingeschmolzen. Im Übergangsbereich

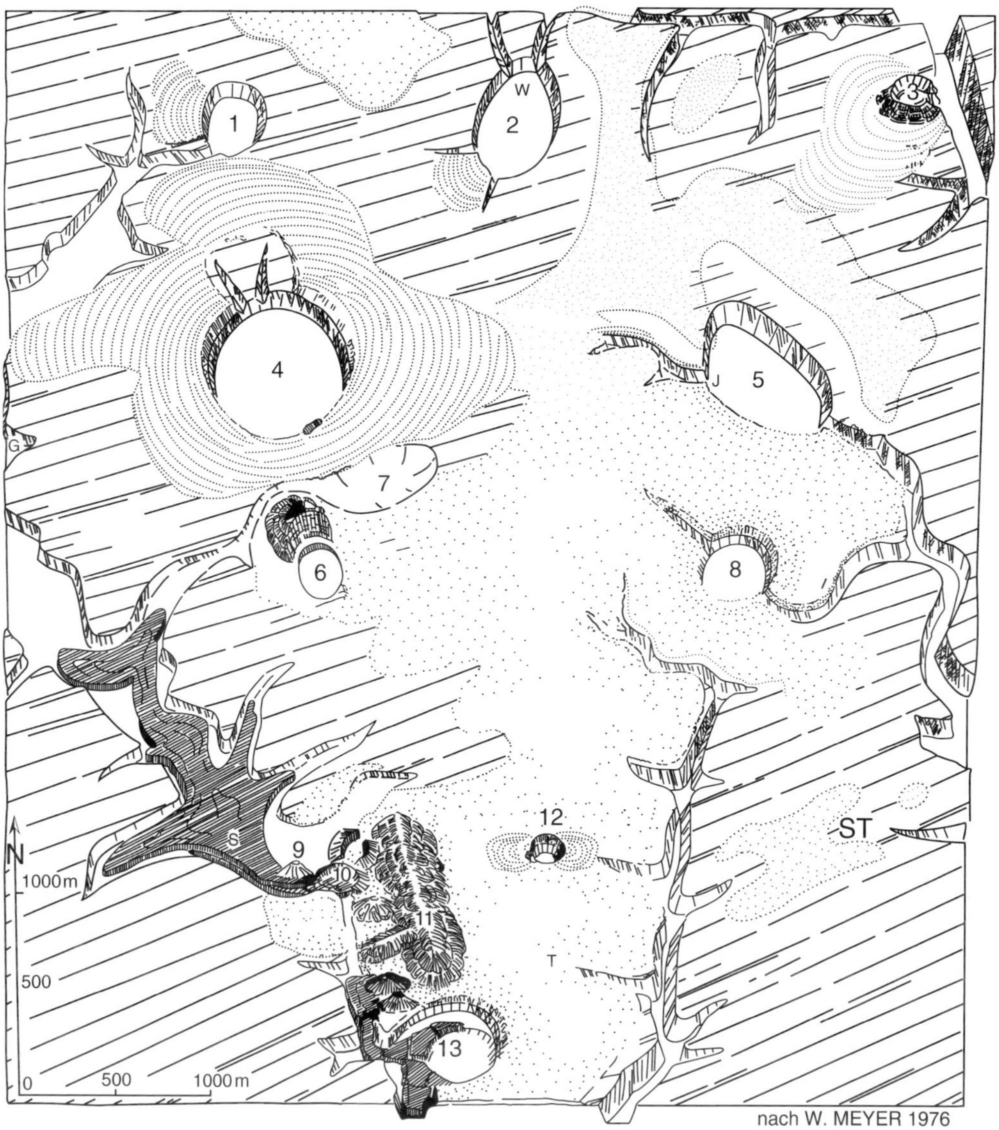

Abb. 78. Die Vulkane im Raum Gillenfeld; nach Kartierungen von CIPA (1956) und WIENECKE (1979). 1 Ellscheider Maar, 2 Maar von Oberwinkel, 3 Wetschert, 4 Pulvermaar, 5 Immerather Risch, 6 Strohner Maarchen mit Römerberg, 7 Rott (nichtvulkanische Senke), 8 Immerather Maar, 9 Körperichberg, 10 Lange Klopp, 11 Wartgesberg, 12 Trautzberger Maar, 13 Sprinker Maar. G Gillenfeld, I Immerath, S Strohn, ST Strotzbüsch, T Trautzberg, W Winkel.

zwischen Lava und Schlacken fanden sich dichte Rasen von Eisenglanzkristallen. Im Talhang nördlich vom Wollmerather Kopf findet sich Lava, ebenso im Üssbachtal westlich des Berges. Ein Zusammenhang mit dem Schlackenkegel ist wahrscheinlich, wenn auch nicht nachzuweisen.

Quitzow (1971) weist darauf hin, dass die Dörfer Wollmerath und Wagenhausen in runden Vertiefungen liegen, die als vulkanische Kesseltäler angesehen werden könnten. Lorenz & Büchel (1980a) fassen den Wollmerather Kessel als Maar auf, konnten aber dort keine magnetische Anomalie feststellen.

Strohner Maarchen mit Römerberg und Rott

Der Römerberg östlich von Gillenfeld bildet einen halbkreisförmigen Schlackenwall, der nach SSE offen ist. Das Strohner Maarchen wird von einem flachen Wall von hauptsächlich aus Devongesteinen bestehenden Pyroklastika umgeben. Cipa (1958) hat aus magnetischen Kartierungen folgenden Werdegang abgeleitet: Aus dem Bereich des Maarchens wurden einseitig nach N Schlacken ausgeworfen, aus denen der Römerberg aufgeschichtet wurde. Daran schloss sich eine Maarphase an, in welcher der flache Wall aus Devonfragmenten entstand. Für diese Deutung als schräger Schlot würde der nach NNW gestreckte elliptische Umriss des Maarchens mit längsten und kürzesten Achsen von 210 und 140 m sprechen. Jedoch lassen die Aufschlussverhältnisse auch die Deutung von Lorenz & Büchel (1980a) und Mertes (1983) zu, dass das Strohner Maarchen ein Maarvulkan ist und der Römerberg ein selbständiger Schlackenkegel. Das Strohner Maarchen wird von einem Hochmoor eingenommen, dessen Geschichte Straka (zuletzt 1975) beschrieben hat: in 9 m Tiefe wurde unter den organischen Bildungen Tephra erbohrt, die neben Devonfragmenten nur Augit und Magnetit enthält und als Produkt des Strohner Maarchens angesehen wird, ihre Zusammensetzung spricht für einen Maarvulkan. Dann bildete sich zuerst hier ein kleiner See, der aber bald verlandete und in ein Hochmoor überging. In dessen Ablagerungen fand sich in 8,5 m Tiefe eine zweite Tephraschicht von 15 cm Dicke, die Augit, braune Hornblende, Biotit, Plagioklas und Sanidin enthält. Nach ihrer Lage im Pollenprofil schätzt Straka (1975, 100) ihr Alter auf 10 050 Jahre. Es ist wegen der geringen Mächtigkeit unwahrscheinlich, dass sie vom nahen Pulvermaar stammt, wie Frechen zuerst annahm. Viel eher könnte sie vom Ulmener Maar stammen, dessen Tephra im nahen Holzmaar von Litt et al. (2009) in einer Altersposition von etwa 11 000 Jahren B.P. nachgewiesen wurden. Das Strohner Maarchen wird auf Karten auch als „Dürres Maar“ bezeichnet (nicht zu verwechseln mit dem Dürren Maar am Holzmaar).

Südöstlich vom Pulvermaar liegt eine längliche Senke, aus deren sumpfigen Wiesen der Erlbach entspringt. Diese Rott genannte Wanne halten Mitscherlich (1866, 36) und v. Dechen (1886, 48) für ein Maar. Sie wird von umgelagerter Tephra umgeben, die dem Pulvermaar und dem Strohner Maarchen entstammen dürfte. Die schüsselartige Form kann auch dadurch entstanden sein, dass die breite Mulde des Erlbachtales durch die Tephren des Römerberges und Pulvermaares abgeschnürt wurde. Eine erdmagnetische Vermessung durch Wienecke ergab keine Anomalien.

Wartgesberg-Gruppe mit ihren Lavaströmen

Östlich von Strohn erhebt sich ein in NNW-Richtung langgestreckter Bergrücken, der im Wesentlichen aus Basaltschlacken besteht. Der nördliche höchste Teil dieses Bergzuges heißt Wartgesberg. Die geologische Kartierung durch Cipa (1956) und Wienecke (1979b) ergab, dass ein wahrscheinlich aus 7 Einzelvulkanen zusammengesetzter Vulkankomplex vorliegt, von dem aus 2 große Lavaströme nach N und einer nach S in das Alftal geflossen sind.

Der Wartgesberg ist ein Schlackenrücken, der aus einer NNW streichenden Spalte gefördert hat. Die Schlacken- und Tephralagen mit dazwischengeschalteten Basaltfladen fallen etwa parallel zur Oberfläche des langgestreckten Berges ein. Auffällig ist in dem großen Steinbruch an der Nordseite (südlich der Straße Strohn – Trautzberg) die Größe der Basaltbomben. Von hier stammt auch eine Basaltkugel von 4 m Durchmesser, die am südlichen Ortsausgang von Strohn aufgestellt ist. Sie ist wohl dadurch entstanden, dass eine Bombe immer wieder in die Schmelze gefallen ist und dabei nach dem Schneeballprinzip immer wieder eine neue Rinde bekommen hat. Der Abbau hat auch eine Spalte freigelegt, deren Wände mit Lavastalaktiten sowie Lavavorhängen und -zungen bedeckt ist. Ein 6 mal 4 m^2 großes Stück konnte herausgesägt werden und ist seit 2002 in dem kleinen Museum „Vulkanhaus Strohn" zu besichtigen. In den Schlacken finden sich u. a. große Eisenglanzkristalle. Der Schlackenwurftätigkeit ging die Förderung von blauschwarzer Lapillitephra voraus. Diese findet sich in weitem Umkreis um den Wartgesberg; nach E ließ sie sich bis Strotzbüsch verfolgen. Sie überlagert die Tephra des Trautzberger Maars.

Dem Wartgesberg ist im W der Körperichberg vorgelagert. Er steht auf der Talaue der Alf und bildet einen regelmäßig gebauten Schlackenkegel. Ihm entstammt ein Lavastrom, der an seinem Nordwestfuß bis zu den ersten Häusern von Strohn aufgeschlossen ist, dann unter den Talalluvionen verschwindet. Wasserbohrungen in der Talaue nördlich von Strohn ergaben, dass dieser Lavastrom dort unter einer 6,4–7,7 m mächtigen Decke von Alluvionen und Tephra in einer Dicke von 2,6–3,8 m noch vorhanden ist. Er wird dort in einer Tiefe von 10,3–11,1 m unterlagert von einem zweiten Lavastrom, der weitaus mächtiger ist und vom Vulkan Lange Klopp abgeleitet wird. Als Lange Klopp wird eine nach S offene halbkreisförmige Erhebung südöstlich vom Körperichberg bezeichnet; sie liegt nördlich des Alfbaches an den Strohner Mühlen und besteht aus einem nach S geöffneten Schlackenwall. CIPA nimmt wegen der Struktur dieses Walles an, dass er durch einen schrägstehenden Schlot aufgebaut wurde, den er im Tal bei der oberen Strohner Mühle vermutet. Hier steht auch Lava auf beiden Talseiten und im Bachbett an. Dieser Schlot ist also auch wohl der Ursprung des Lavastroms, der im Alftal den Strom des Körperichberges unterlagert und bis etwa 1 km oberhalb Strohn zu verfolgen ist, wie CIPA (1958) durch magnetische Kartierung nachweisen konnte. Die Lava wird von THIELE (1976) als basanitischer Leuzit-Nephelinit bezeichnet. Man muss sich fragen, warum die beiden Strohner Lavaströme talaufwärts geflossen sind: Durch die Förderprodukte des Wartgesberg-Vulkans dürfte das Alftal an der als „Strohner Schweiz" bezeichneten Engstelle zeitweise abgeriegelt gewesen sein, so dass die vom Oberlauf des Tales herangeführten Lockermassen sich zu einer breiten Schotterplattform aufstauten, auf der die Lavaströme wie auf einer Ebene fließen konnten. Vgl. auch PIRRUNG et al. (2007).

Schon V. DECHEN (1886, 42) erwähnte aus dem Alftal mehrere Kilometer südlich vom Wartgesberg einige isolierte Lavavorkommen, deren Herkunft er aber nicht klären konnte. WIENECKE (1979a) wies durch magnetische Kartierungen nach, dass diese Vorkommen alle zu einem Lavastrom gehören, der dem Wartgesberg entstammt und 5 km lang das Alftal abwärts geflossen ist. Dieser sog. Sprinker Lavastrom hat auch den Unterlauf einiger Seitentäler ausgefüllt, besonders deutlich erkennbar am Diefenbachtal. Die im Alfdurchbruch an der SW-Ecke der Wartgesberg-Gruppe anstehende Lava gehört zu diesem Strom, dessen Ausbruchsstelle hier etwa gelegen haben dürfte. Die Lava kommt ebenfalls an den Sprinker Höfen zutage. Sie bildet innerhalb der Talerweiterung südlich der Straße Strotzbüsch – Oberscheidweiler zwei kleine 4 m hohe Kuppeln aus sehr porösem Basalt; sie sind vielleicht entstanden beim Fließen der Lava über mooriges Gelände, wobei Wasserdampf die Stromoberfläche aufgewölbt hat. Am Stromende südlich des Mühlenbergs westlich Hontheim

(Bl. 5907 Hasborn r 6905 h 4775) ist die Lava auf etwa 100 m Länge noch 3–4 m mächtig am Bach sichtbar.

Maar von Oberwinkel

Südlich von Oberwinkel liegt eine in N-S-Richtung langgestreckte Wanne, die als Maar anzusehen ist. Ihre vulkanologischen Durchmesser betragen nach NOLL (1967a, 11) 700 und 900 m, ihre Tiefe zwischen 45 und 50 m. Im südwestlichen Teil finden sich zwei Talanfänge. Basaltlapilli-Tephra sind fast ringsum verbreitet. Auf dem SE-Hang werden nach FRECHEN schwarze Aschen und Lapilli von geschichteten aus Devonfragmenten bestehender Tephra überlagert, in der sich südwestlich von Niederwinkel Auswürflinge alkalisierter Glimmerschiefer finden. SCHABER & SIROCKO (2005) haben an Sedimenten der Maarfüllung C^{14}-Alter zwischen 22 950 und 52 590 Jahren B.P. bestimmt.

Ellscheider Maar

Dieses Maar stellt eine flache kreisrunde Wanne von 700 m Durchmesser und 35 m Tiefe dar (NOLL 1967a, 11). Es liegt südöstlich von Ellscheid im Tal des Ellscheider Baches, dessen Erosion die vulkanischen Formen auch schon stark verwischt hat. Tephra des Ellscheider Maars finden sich im N, die im W und S stammen aus dem Pulvermaar, dessen Aschen nach FRECHEN auch den Boden des Ellscheider Maars teilweise bedecken. Im E werden die Tephren des Ellscheider Maares von schwarzgrauer basaltreicher Tephra überlagert, die nach CIPA wahrscheinlich aus dem Maar von Oberwinkel stammt. SCHABER & SIROCKO (2005) haben an Sedimenten der Maarfüllung ein C^{14}-Alter von 26 930 Jahren B.P. bestimmt. Bei v. DECHEN führt das Ellscheider Maar die Bezeichnung „Maar der Kratzheck“.

Mürmes

Das flache, in NW-SE-Richtung gestreckte Wiesenbecken Mürmes nördlich von Saxler hat schon v. DECHEN für eine vulkanische Senke gehalten. Nach RAHM (1958, 26) sind aus der Mürmes, die als Maar anzusprechen ist, drei Würfe erfolgt: zwei schwache nach SW und NE und ein stärkerer, dessen Ablagerungen beim Bau der Autobahn angeschnitten wurden, nach NW. Die Tephra besteht überwiegend aus Devonfragmenten. Die vulkanologischen Abmessungen dieses Maars betragen nach NOLL (1967a, 11) 1200 mal 700 m bei einer Tiefe von 45 m. Nach pollenanalytischen Untersuchungen ist die Mürmes älter als etwa 12 500 Jahre (STRAKA 1975, 97).

Sangweiher

Auch die auffällige Talverbreiterung eines westlichen Nebentales des Alfbaches, der sog. Sangweiher etwa auf der Mitte zwischen Udler und Schalkenmehren, dürfte ein Maar darstellen. RAHM (1958) fand Lapillitephra südöstlich und basaltische Schlacken nördlich davon und leitet daraus nach N und SE gerichtete Ausbrüche ab. Die vulkanologischen Abmessungen betragen nach NOLL (1967: 11) 600 mal 500 m.

Tephra bei Steiningen

Etwa 1 km südwestlich von Steiningen wurde an der W-Seite des Alftales durch den Autobahnbau ein kleines Tephravorkommen freigelegt, das vielleicht auf eine selbständige Eruption in diesem Bereich zurückgeht (RAHM 1958, 26).

Demerather Maar

Unmittelbar nördlich der Abzweigung der Straße nach Steineberg von der Straße Mehren – Strotzbüsch liegt 1,8 km südwestlich Demerath eine kreisrunde Senke, die eine starke negative magnetische Anomalie aufweist und deshalb auch ein Maar sein dürfte (LORENZ & BÜCHEL 1980a, WIENECKE 1979b), bei MERTES (1983) Steineberger Maar.

Pulvermaar

Das Pulvermaar ist gemessen an der Wasserfläche das größte der Eifelmaare, die Wasseroberfläche misst 680 mal 735 m. Die vulkanologischen Abmessungen des Kessels betragen 950 mal 900 m, und es gibt viele Maare, bei denen diese Werte erheblich größer sind. Charakteristisch für das Pulvermaar ist die fast kreisrunde Form und die trichterförmig steilen Wände. Die Wassertiefe beträgt 74 m, damit ist das Pulvermaar der tiefste natürliche See Deutschlands, abgesehen vom Bodensee und den Voralpenseen (HALBFASS 1896). Das Maar entstand in einem Tälchen, zwei flache Täler sind noch im Norden des Trichters zu erkennen. Das Pulvermaar hat im Vergleich zu anderen Maaren viel Tephra gefördert. Sein Rand ist von einer geschlossenen Tephradecke umgeben, die bis 10 m mächtig werden kann. Es lassen sich keine einzelnen Wurffächer unterscheiden, deshalb wurde die Tephra wahrscheinlich aus dem zentralen Teil des Trichters in kleinen Stößen nach allen Richtungen ausgeworfen. Die Wurfbahnen waren dabei relativ flach, auch große Bomben haben ihre Unterlage kaum eingedrückt. Dass auch am Rand Ausbrüche erfolgten, zeigt der von CIPA (1956) nachgewiesene schwache Tephrawurf, der vom N-Rand nach NW erfolgte. Am inneren Südrand des Maars ist außerdem Basaltlava aufgedrungen, und zwar wahrscheinlich während der Maarbildung. Nach FRECHEN handelt es sich um einen Melilith-Nephelinit mit Olivin, Augit, Melilith, Nephelin, Hauyn, Magnetit und Apatit. Die Pulvermaar-Tephra enthält neben Devonauswürflingen Bomben mit Olivin, Augit, Hornblende, Biotit und Feldspäten sowie Fragmente von kristallinen Schiefern.

Der Wasserspiegel des abflusslosen Maares ist sehr konstant und sinkt auch in Trockenperioden nur um wenige Zentimeter. Der Boden ist gegen die lockere Tephra durch eine Schlammschicht abgedichtet. Das zeigte sich, als bei Unterwassersprengungen der Kriegsmarine 1942 diese Schicht verletzt wurde und der Wasserspiegel um 2,55 m absank (FRECHEN 1959c, 101). Dass in früheren Zeiten aber höhere Wasserstände geherrscht haben, zeigen Terrassenreste, die CIPA auf der W-Seite über dem heutigen Wasserspiegel finden konnte.

Immerather Risch

Das Immerather Risch liegt in einem Seitentälchen des Üssbaches. Das Dorf Immerath liegt an der SW-Seite des von Wiesen eingenommenen Maarkessels, der in der NW-SE-Richtung 1 300 m lang ist bei einer Breite von 900 m und einer Tiefe von 70–90 m. Die Innenwände des Kessels sind mit umgelagerter Tephra bedeckt. Da sie am SW-Hang bis zu 2 m mächtig wird und Rutscherscheinungen zeigt, vermutet CIPA, dass sie vom nahen Immerather Maar ausgeworfen wurde, auf dem Steilhang jedoch abrutschte. Wenn das zutrifft, wäre das Risch älter als das Immerather Maar. Petrographisch lassen sich die Tephren beider Maare nicht voneinander unterscheiden. Devongesteine reichen am SE-Ende des Rischs bei Nieder-Immerath bis an den Maarboden hinab. Die vulkanische Ausweitung des Tals erfolgte nicht symmetrisch zum Tal, sondern an der NE-Flanke stärker als an der SW-Seite. Unter den Auswürflingen in der Tephra finden sich wie beim Immerather Maar nach FRECHEN Sanidinite, die z. T. noch Lagen von angeschmolzenem Glimmer enthalten oder von dunklem Glas, das von Glimmern stammt; WIENECKE fand auch Gneis-Auswürflinge. Nach CIPA findet sich innerhalb der Tephra nordwestlich vom Immerather Risch eine 2–3 cm dicke Aschenlage, die der Wartgesberg-Vulkangruppe entstammt. Demnach waren beide Vulkane gleichzeitig tätig, wenn auch der Wartgesberg-Vulkan den Risch-Vulkan überdauert haben dürfte, wie ein von WIENECKE (1979b) aus Strotzbüsch (r 6919 h 5292) beschriebenes Tephraprofil zeigt.

Immerather Maar

Auch dieses Maar entstand in einem Nebental des Üssbachtales. Durch den Oberlauf des Baches wurde ein Teil des Maarkessels zugeschüttet, so dass der Maarboden nur zur Hälfte mit Wasser bedeckt ist. Ein größerer Wurf erfolgte in südwestlicher Richtung. Die Tephra, die westlich der Straße nach Strotzbüsch beim Punkt 439,6 in Gruben aufgeschlossen ist, besteht fast nur aus Devonmaterial, darunter auch metergroße Blöcke. Sehr vereinzelt finden sich wie beim Immerather Risch Sanidinite und Einzelkörner von Sanidin. Selten sind auch echt magmatische Bestandteile wie blasiger Basalt oder Bomben aus Augit, Hornblende oder Biotit. Nach FRECHEN entspricht die Menge des ausgeworfenen Devonmaterials etwa dem Inhalt der beiden runden Nischen beiderseits des Tales, die den Maarkessel bilden. Nach NOLL (1967a, 11) hat das Maar im Niveau der Devonoberkante die Abmessungen 700 mal 600 m und eine maximale Tiefe von 60 m. Das Maar ist um 1870 durch Vertiefung der Bachschlucht trockengelegt worden. Die heutige Wasserfüllung geht auf eine Vernachlässigung des Abflussgrabens in den Jahren nach 1900 zurück (CIPA 1956, 73).

Trautzberger Maar

Etwa 400 m nördlich von Trautzberg liegt am Oberlauf eines Nebenbaches des Diefenbaches ein kleiner kreisrunder Maarkessel, dessen vulkanologische Abmessungen nach NOLL (1967a, 11) 100 m Durchmesser und 20 m Tiefe sind. Damit ist das Trautzberger Maar das zweitkleinste Maar der Westeifel. Seine Tephra ist rotgefärbt und besteht vorwiegend aus rötlichen Sandstein- und roten Tonschiefer-Brocken des Unterdevons. Die Tephra umgibt das Maar ringsum. Sie wird überlagert von der schwarzen Basalttephran der Wartgesberg-Gruppe. Nach CIPA war das Trautzberger Maar früher mit Wasser gefüllt und diente als Fischteich. In den zwanziger

Jahren des 19. Jahrhunderts wurde es durch einen Graben nach E trockengelegt. STRAKA (1975, 98–99) hat im Maarkessel zwei Tephralagen erbohrt, von denen die untere älter als 13 000 Jahre ist, während die obere etwa 11 100 Jahre alt sein soll. Wegen der Überlagerung durch die Tephra des Wartgesberges, dessen Lavaströme schon vom Alfbach stark zerschnitten wurden und vor allem deshalb, weil die Maartephra in Trautzberg lange Eiskeil-Pseudomorphosen zeigt, ist das Maar wahrscheinlich älter als das Hochglazial, also älter als 20 000 Jahre.

Sprinker Maar

Südlich vom Wartgesberg findet sich bei den Sprinker Höfen eine elliptische Verbreiterung des Alftales. Sie geht auf die Tätigkeit eines Maarvulkans zurück, denn die Abhänge des Kessels werden von Tephra bedeckt, die hauptsächlich aus Devon-Gesteinen besteht; es finden sich auch kubikmetergroße Blöcke, die aus dem hier durchschlagenen Sprinker Lavastrom stammen. Am Südabhang des Wartgesberges überdeckt die Tephra dessen Schlacken und Tephren. Die vulkanologischen Abmessungen des Sprinker Maars betragen nach NOLL (1967a, 11): Durchmesser 470 m, Tiefe etwa 60 m.

SCHABER & SIROCKO (2005) haben an Sedimenten der Maarfüllung ein C^{14}-Alter von 24 080 Jahren B. P. bestimmt.

Holzmaar

Das etwa auf halbem Wege zwischen Gillenfeld und Eckfeld gelegene Holzmaar ist nach S durch Dämme künstlich aufgestaut worden, um die südlich davon liegende Holzmühle mit Wasser zu versorgen. Zufluss bekommt der Maarkessel durch einen Bach von Nordwesten her. Die vulkanologischen Abmessungen betragen nach NOLL (1967a, 11): Durchmesser 450 mal 300 m, Tiefe 51–26 m. Tephra ist nur wenig gefördert worden, eine Tatsache, die STEININGER (1853, 124) noch an der vulkanischen Natur des Beckens hat zweifeln lassen. Jedoch hatte schon V. DECHEN auf den Innenwänden des Maars Schlackenstücke und Auswürflinge mit Augit, Hornblende und Sanidin beobachtet. Tephrawürfe lassen sich nach NE und SW verfolgen. RAHM (1958, 17) erwähnt Tephrareste etwa 2 km nordöstlich vom Holzmaar (etwa 1 km westlich Gillenfeld), die wahrscheinlich vom Holzmaar stammen. Mit Hilfe von Bohrungen wurde die Sedimentfüllung des Holzmaares untersucht (NEGENDANK et al. 1990, LITT & STEBICH 1999, LITT et al. 2009): Die jahreszeitlich geschichteten Sedimente ermöglichten nach Warvenzählung und Pollenanalyse eine Rekonstruktion der Klimageschichte des ausgehenden Pleistozäns und des Holozäns. Tephralagen vom Laacher-See-Vulkan und dem Ulmener Maar sind in ihnen erhalten geblieben (vgl. 11.7).

Dürres Maar (Torfmaar)

400 m nordwestlich vom Holzmaar liegt ein fast kreisrundes Maar, das von einem noch wachsenden Hochmoor bedeckt ist und daher als Dürres Maar (Dürres Maarchen) oder Torfmaar bezeichnet wird. Der Zentralteil des Moores wächst „uhrglasförmig“ in die Höhe. Er wird bei hohen Grundwasserständen von einem schmalen Wasserring umgeben, der den Außenrand des Maars sehr schön nachzeichnet. Dieser wassergefüllte Randsumpf wird mit dem schwedi-

schen Wort Lagg bezeichnet. Die vulkanologischen Abmessungen sind nach NOLL (1967a, 11): Durchmesser 270–300, Tiefe etwa 20 m. Obgleich dieses Maar kleiner ist als das Holzmaar, hat es erheblich mehr Tephra gefördert als dieses. Die Gruben an der Abzweigung zum Holzmaar von der Straße Brockscheid – Gillenfeld schließen die mehrere Meter mächtige Folge auf. Die magmatischen Auswürflinge haben die gleiche Zusammensetzung wie am Holzmaar. Zahlreiche Devonauswürflinge, z. T. mit Spuren von Hitzeeinwirkung kommen vor, unter ihnen beobachtete V. DECHEN einen Block von 1 mal 2 m Größe. Das Alter des Dürren Maares konnte STRAKA (1975) pollenanalytisch mit „älter als 11 000 Jahre" bestimmen. Die Tephra des Holzmaars überlagert die des Dürren Maars an der erwähnten Straßenabzweigung (RAHM 1958, 17).

Hitsche (Hütsche)

140 m nördlich vom Dürren Maar liegt das kleinste der Eifelmaare, die Hitsche. Seine vulkanologischen Ausmaße sind nach NOLL (1967a, 11) 60–70 m im Durchmesser bei einer Tiefe von 5 m. Es ist als kreisförmige, mit Simsen und Seggen bestandene Senke zwischen den Feldern zu erkennen. RAHM nimmt an, dass die Hitsche von der Tephra des Dürren Maars überdeckt wurde, wodurch die Austrocknung beschleunigt wurde. Damit wird innerhalb der streng NW-SE ausgerichteten Maarreihe die Vulkantätigkeit von NW (Hitsche) nach SE (Holzmaar) immer jünger. Die mit Hilfe der Pollenanalyse von STRAKA (1975) ermittelten Altersdaten stützen diese Einstufung: danach ist die Hitsche älter als 12 400 Jahre. Im Bohrprofil der Hitsche fand sich noch eine höhere Tuffschicht, deren Alter 10 750 Jahre beträgt. Sie wurde früher auf einen 2. Ausbruch der Hitsche zurückgeführt, jedoch ist ihre Herkunft von der Hitsche nicht zu beweisen. Sie stammt nach FRECHEN (in STRAKA 1975, 96) von einer anderen Stelle aus der Maargruppe.

Wispelter Maar

Vollkommen isoliert im SW des Vulkanfeldes liegt im Oberlauf des Salzbachtales 0,5 km südwestlich von Wispelt ein Maarkessel, 6,5 km vom Sprinker Maar entfernt, 4 km von den Bertricher Vulkanen. Es wird bei LORENZ & BÜCHEL (1980a) aufgeführt; THON (1984) hat auch Tephra im Anschnitt des Salzbaches gefunden.

11.2.5.3 Die Vulkane im Raum Daun–Schalkenmehren (Abb. 80)

BÜCHEL & KRAWCZYK (1986), V. DECHEN (1886, 61–71; 76–82), FRECHEN (1959c, 90–96; 1976: 169–181), JASMUND & SCHREIBER (1964), RAHM (1958, 12–16), SCHREIBER (1964), SCHULTE (1891; 1893), STRAKA (1975, 21–23).

Diese Gruppe wird nach Südosten vom Gillenfelder Vulkangebiet durch eine vulkanarme Region getrennt. Nordwestlich von Daun beginnt aber die dichte Vulkanzone, die sich in Richtung Hillesheim und Gerolstein fortsetzt, schon auf der Höhe von Neunkirchen. Eine Abgrenzung ist hier willkürlich, d. h., man könnte dieses Zentralstück der Westeifel-Vulkankette mit der größten Dichte der Ausbruchspunkte auch schon an den Schalkenmehrener Maaren begin-

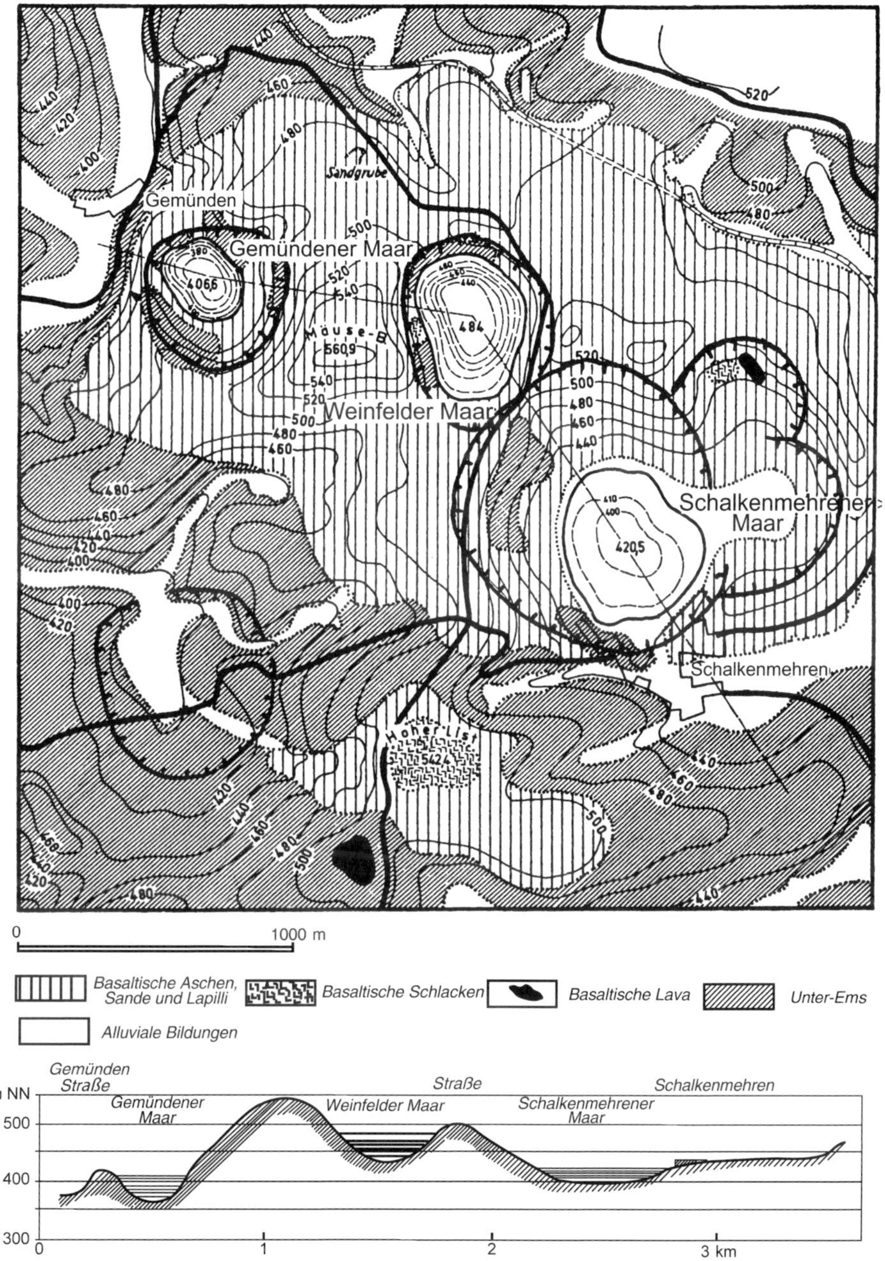

Abb. 79. Die Dauner Maare, nach SCHULTE (1891) und J. FRECHEN (1976), mit den Begrenzungen der Maarkessel nach der Darstellung von BÜCHEL & KRAWCZYK (1986) und einem überhöhten morphologischen Schnitt.

nen lassen. Das Dauner Gebiet ist berühmt wegen seiner Maare, die vollkommen verschiedene Landschaftstypen aufweisen: das Gemündener Maar ist ein tiefer bewaldeter Trichter, das Weinfelder Maar (auch Totenmaar genannt) wird von Ginsterheiden umgeben, die Schalkenmehrener Gruppe besteht aus drei Maarkesseln, im Osten aus einem Doppelmaar, dessen größter Kessel ein locker bebuschtes Flachmoor enthält, westlich davon liegt ein Maar mit einem flachen Seebecken, umgeben von Dorf und Feldern. Außerdem finden sich einige kleine Basaltvulkane im Gebiet, die jedoch wenig Lava gefördert haben. Der größte Teil der Vorkommen liegt auf Bl. 5807 Gillenfeld, der Firmerich auf Bl. 5707 Kelberg, der Wehrbüsch auf Bl. 5806 Daun.

Firmerich und Burgberg Daun

Der Firmerich-Berg östlich vom Bahnhof Daun ist ein Schlackenkegel, der nach Nordwesten geöffnet wurde. Hier ist ein Lavastrom in ein altes hochgelegenes Tal geflossen. Er ist an der Westseite des Berges in langer Front durch Steinbrüche erschlossen. Auch südwestlich vom Krater steht Lava an. Stellenweise drang sie auch in die Lockermassen gangartig ein. Schon v. DECHEN hat die Vermutung ausgesprochen, dass die Lava, auf der die Burg Daun steht, ein durch Erosion abgetrennter Teil des Firmerichstroms ist. Zwischen dem Burgberg und dem Firmerich fand sich Lava noch in zahlreichen Blöcken. SCHREIBER (1964) bestätigte durch chemische Untersuchungen den Zusammenhang von Burgberglava und Firmerichlava, nach MERTES (1983) ein Nephelin-Leuzitit (vgl. auch JASMUND & SCHREIBER 1964). Die Lieser hat den Lavastrom durchsägt und sich außerdem noch etwa 50 m tief in das Devon eingeschnitten. Deshalb muss der Firmerich zu den ältesten der quartären Vulkane gehören. Das von FUHRMANN (1983) angegebene Ar^{40}/Ar^{39}-Alter von 600 000 Jahren bestätigt diese Vermutung.

Wehrbüsch

Die 492 m hohe Kuppe des Wehrbüsch im SW von Daun besteht aus Lava, die nach FRECHEN (1959c: 72) als Olivin-Nephelinit zu bezeichnen ist. Ein kleiner Lavastrom ist nach NE geflossen. Am Osthange des Berges ist Tephra aufgeschlossen, die von Schlacken überlagert wird.

Hardt bei Mehren

Die nördlich der Straße Daun – Mehren gelegene 568 m hohe Hardt ist von geschichteter Tephra bedeckt. Ein halbkreisförmiges Lavavorkommen, nach FRECHEN (1959) aus Olivin-Nephelin-Leuzitit bestehend, liegt nordöstlich der Kuppe. Ein größeres Schlackenvorkommen findet sich nördlich der Kuppe. Es enthält große Glimmertafeln und zahlreiche glasierte Devon-Auswürflinge. Lava und Schweißschlacken zeigen an, dass die Hardt ein selbständiger Vulkan ist.

Hoher List

Der Hohe List, auf dem sich die Sternwarte der Universität Bonn befindet, ist ein Basaltschlackenkegel. An seiner W-Seite sind an der Straße Daun – Brockscheid die Schlacken in einer Grube aufgeschlossen. Sie enthalten viele glasierte Devonbruchstücke. Eine Tephradecke reicht vom Hohen List nach SW bis an den Basalt der Altburg und bedeckt im Osten den Johannisberg. Durch einen Wasserleitungsgraben war 1978 die Basis des Vulkans an seiner Ostseite aufgeschlossen; die ältesten Förderprodukte sind hier nebengesteinsreiche Lapillitephren.

Altburg

Die Kuppe der Altburg (auch Alte Burg) südwestlich vom Hohen List ist ein Schlackenkegel mit Lava, nach MERTES (1983) ein Leuzit-Nephelinit. Ein Blockstrom zieht den NW-Hang hinab.

Die Schalkenmehrener Maargruppe

Der östliche Teil besteht nach BÜCHEL & KRAWCZYK (1986) aus zwei Maarkesseln, von denen der nördliche das älteste aller Dauner Maare ist. Er zeigt sich als eine nach Süden offene Nische, in der Reste eines Schlackenkegels mit Schlacken und Basaltlava erhalten geblieben sind. Hier hatte die Wasserzufuhr offenbar nachgelassen, so dass Schmelze an die Oberfläche dringen konnte, ohne dass es zu phreatischen Explosionen kam. Als nächstes bildete sich südlich davon ein Maarkessel, der sich nach STRAKA (1952, 41) mit Wasser füllte, in dem eine reiche Schwimmblatt-Vegetation mit Laichkräutern und Seerosen existierte. Die Tephra des als Drittes entstehenden westlichen Schalkenmehrener Maars hat diesen See zugeschüttet, so dass in ihm ein Moor wuchs, dessen Torffüllung an der Ostseite nach STRAKA 8 m tief hinabreicht. Hier wurde ein Pollenprofil untersucht und eine erste Datierung der Dauner Maare vorgenommen (STRAKA 1975); danach wurde für Schalkenmehren-West ein Alter von 11 000 und für das Weinfelder Maar als jüngstem in der Gruppe eines von 10 500 Jahren angenommen. Das Gemündener Maar liegt im Alter dazwischen. Da BÜCHEL & KRAWCZYK (1986) unter den Maarpyroklastika an mehreren Stellen vegetationsfreien Solifluktionsschutt fanden, halten sie die ganze Dauner Maargruppe für älter, also während der Würm-Kaltzeit entstanden, sind aber wie STRAKA der Auffassung, dass die Zeiträume zwischen der Entstehung der einzelnen Maare relativ kurz waren. Die vulkanologischen Abmessungen betragen nach NOLL (1967): Durchmesser des westlichen Maars 700 mal 900 m, bei dem kreisrunden östlichen Maar mit dem Moor 700 m, Tiefe des westlichen Maars 100–121 m, des östlichen 28–63 m; das Maar nördlich des Moors war noch nicht als solches erkannt. Der See ist maximal 21 m tief (HALBFASS 1896). Er hat nach S einen Abfluss, der unterhalb der Mehrener Mühle in den Alfbach mündet. Ende 1978 waren in einem Wasserleitungsgraben, der von Schalkenmehren zum Hohen List führt, meterbreite, mit zersetzter Basalttephra (nach Untersuchung durch J. FRECHEN, Bonn) erfüllte Spalten aufgeschlossen. An ihnen ließen sich Verkippungen des devonischen Untergrundes beobachten. Es handelt sich wahrscheinlich um Randbrüche des westlichen Maarkessels und damit auf Hinweise, dass während der Maarentstehung sich große Schollen von der Wand lösten und absanken, wie wir es auch vom Meerfelder Maar (S. 385) kennen.

Mit letzterem hat das Maar auch weitreichende Tephrawürfe gemeinsam, wenn die Vermutung von NAKAMURA & KRÄMER (1970) richtig ist, dass die unterste, Ringdünen enthaltende Tephraeinheit in der 1,5 km weit in nordwestlicher Richtung entfernten Tuffgrube MERTENS aus dem westlichen Schalkenmehrener Maar stammt.

Gemündener Maar

Das Gemündener Maar liegt am Ostabhang des Liesertals und wird von der Talsohle nur durch einen schmalen Grat getrennt, der aus Unterdevon-Gesteinen besteht. Mehrere engbegrenzte Tephrafächer gehen von diesem Maar aus: einer ist nach NW gerichtet und liegt auf dem Riegel zwischen dem Maar und dem Ort Gemünden. Ein zweiter ist nach NE zu verfolgen. Die nach SW ausgeworfene Tephra wird von der des Weinfelder Maars am Mäuseberg überdeckt. Die nach NE geworfene Tephra ist in der Tuffgrube MERTENS an der Straße nördlich vom Weinfelder Maar aufgeschlossen.

Die vulkanologischen Abmessungen des Maars sind nach FRECHEN (1976): Durchmesser 560 mal 675 m, Tiefe 53–154 m; der See ist etwa 39 m tief. STRAKA (1975, 98) schätzt das Alter des Gemündener Maars aus der Position zwischen den datierten Maarausbrüchen Weinfeld und Schalkenmehren-West auf etwa 10 750 Jahre.

Weinfelder Maar (Totenmaar)

Das Weinfelder Maar mit dem Kirchlein und dem Friedhof ist wegen des düsteren Charakters des von Ginsterheiden umgebenen kleinen Sees das berühmteste der Eifelmaare, erinnert sei hier nur an die Gemälde von Fritz VON WILLE. VAN DER WYCK (1826, 70) schreibt: „Das Wasser des Weinfelder Maares ist von einer außerordentlichen Klarheit. In der Tiefe erblickt man die nackten Grauwackenschiefer-Felsen, um welche die Fische schwimmen, und worauf die Krebse herumkriechen. Beide führen ein sieches Leben und sind deshalb nicht gut zu genießen;..." Die Bezeichnung Totenmaar bezieht sich wohl auf den kleinen Friedhof, vielleicht aber auch darauf, dass auf den Aschen nur spärliche Vegetation möglich ist und einige Stellen kahl bleiben, weil die Tephra in Bewegung ist und keine Bodenbildung möglich ist.

Tephrawürfe sind nach E, nach S und nach W in Richtung auf den Mäuseberg erfolgt. Am Mäuseberg wird die Tephra des Gemündener Maars, am Maarkreuz die der Schalkenmehrener Maare von der des Weinfelder Maars überlagert. Schon daraus geht hervor, dass von allen Dauner Maaren das Weinfelder Maar das jüngste ist. Im östlichen vermoorten Schalkenmehrener Maar ist eine 10 cm dicke Tephraschicht im Torfprofil an einer Stelle eingelagert, die nach STRAKA (1975) etwa 10 500 Jahre alt ist. Sie stammt nach FRECHEN wahrscheinlich vom Weinfelder Maar. Am W-Rand des Maarkessels ragt eine Felspartie heraus, der Pilatusfelsen; er besteht aus Unterdevon-Schiefern, nördlich davon finden sich Schlacken. Der vulkanologische Durchmesser beträgt nach FRECHEN (1976) 575 mal 625 m bei einer Tiefe zwischen 67 und 87 m. Der See ist nach HALBFASS (1896) 51 m tief.

Für die Tephren der Dauner Maare stellt z. Z. die Grube MERTENS 400 m nordwestlich vom Weinfelder Maar den besten Aufschluss dar. Nach NAKAMURA & KRÄMER (1970) lassen sich hier drei Einheiten unterscheiden: Die unterste ist relativ feinkörnig und zeigt Ringdünen (antidunes), die auf Transport von SE hinweisen, wobei das westliche Schalkenmehrener Maar als Ursprung in Frage kommen könnte. Darüber liegt über einer Erosionsdiskordanz und einer Verwitterungszone eine Tephraeinheit, bei der die Mächtigkeiten der Einzelschichten in südwestlicher Richtung zunehmen; auch Einschlagsmarken größerer Bomben weisen auf eine Herkunft von SW, also vom Gemündener Maar hin. Die oberste Einheit beginnt, ebenfalls über einer Verwitterungszone, mit sehr groben, z. T. fossilreichen Devonfragmenten (bis 3 m Durchmesser); das deutet auf geringe Transportweiten und damit auf das zunächst gelegene Weinfelder Maar. Diese Zuordnung, die petrographisch noch abgesichert werden müsste, entspricht der durch FRECHEN und STRAKA erkannten Förderfolge innerhalb der Maargruppe.

Maare westlich und südlich vom Hohen List

Die runde Senke westnordwestlich vom Hohen List (r 5960 h 5885) ist ein Maarvulkan (BÜCHEL 1984, MERTES 1983). In den Sedimenten der Füllung haben SCHABER & SIROCKO (2005) ein C^{14}-Alter von 43 600 Jahren BP. ermittelt und eine 20 cm dicke Tephralage des phonolithischen Dümpelmaar-Vulkans (Brohltal, Osteifel) gefunden.

Ein weiteres Maar haben BÜCHEL (1984) und MERTES (1983) südlich vom Hohen List nachgewiesen (r 6077 h 5823), auch heute nur ein Kesseltal.

Mehrener Maar

LORENZ & BÜCHEL (1980a) bekamen durch magnetische Messungen für die neben der Autobahn 1,5 km südöstlich von Mehren gelegene Wiesensenke Hinweise auf einen Maarvulkan. Brunnenbohrungen haben nach WEILER (1987) dort im Untergrund Basalt und bis 80 m tief Pyroklastika erbohrt, so dass mit Sicherheit ein Maar vorliegt. SCHABER & SIROCKO (2005) haben in den Sedimenten der Maarfüllung ein C^{14}-Alter von 32 120 Jahren BP. ermittelt.

11.2.5.4 Die Vulkangruppe westlich Manderscheid und der Buerberg (Abb. 80 bis 82)

AHRENS (1930a), V. DECHEN (1886, 202–217), FRECHEN (1959c, 84–89; 1976, 181–187), GREBE (1886), HUNSCHE (1973), IRION & NEGENDANK (1984), KOHNEN, KÜPPERS & LOHMANN (1976), MASBERG (1985), MEYER & STETS (1979), MURAWSKI (1965, 362–369), STRAKA (1960, 1975, 33–35).

Die isolierte langgestreckte Vulkangruppe westlich Manderscheid ist weit sichtbar, da sie sich über die Rumpffläche des Schiefergebirges um 85–90 m erhebt. Die Vulkane waren bis zu Beginn unseres Jahrhunderts unbewaldet und boten mit ihren schwarzen Schlackenabhängen einen düsteren Anblick. So ist die Bemerkung von AHRENS (1930a: 114–115) zur Aufforstung des Mosenbergs nur zu gut verständlich: „Leider scheint es der Forstverwaltung zu gelingen, den ganzen Mosenberg, nicht nur den Abhang zum Johannistal hin, aufzuforsten. Dies ist vom Standpunkt des Geologen und Naturfreundes aus bei einem Berg wie dem Mosenberg außerordentlich zu bedauern. Es ist, um ein Wort Goethes zu gebrauchen, das er zu dem Plan einer Aufforstung der Jenaer Muschelkalkberge gesagt haben soll, tatsächlich dasselbe, wie wenn man der Venus von Milo Kleider anzöge." Inzwischen ist wenigstens der Wall des Windsborn-Vulkans wieder etwas lichter geworden. Der Vulkankomplex besteht aus 6 Ausbruchstellen, von denen die drei mittleren exakt auf einer NW-SE verlaufenden Linie liegen, auf der sich

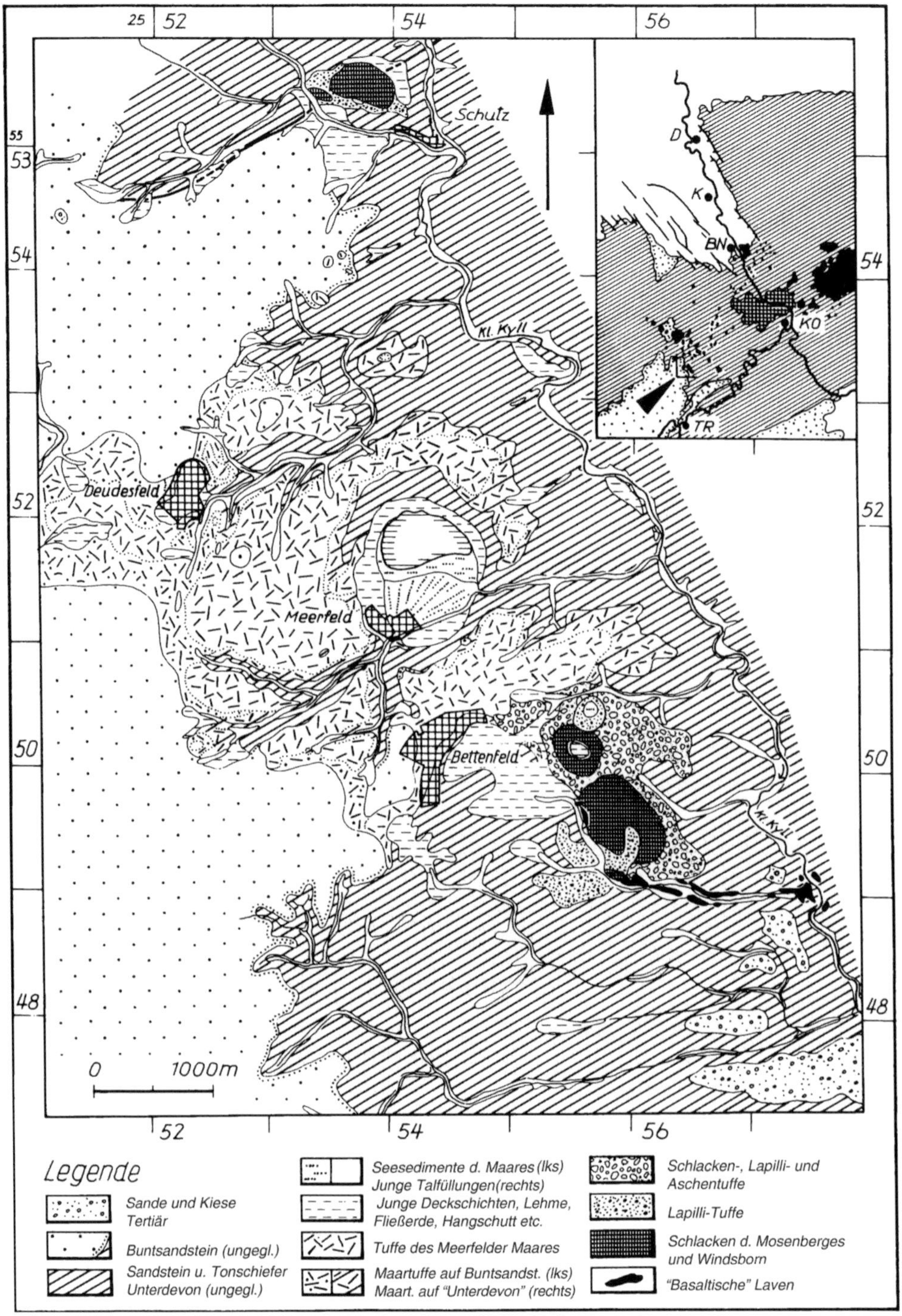

Abb. 80. Geologische Karte der Vulkangruppe von Manderscheid. MEYER & STETS (1979). In der Legende muss „Tuff" durch „Tephra" ersetzt werden.

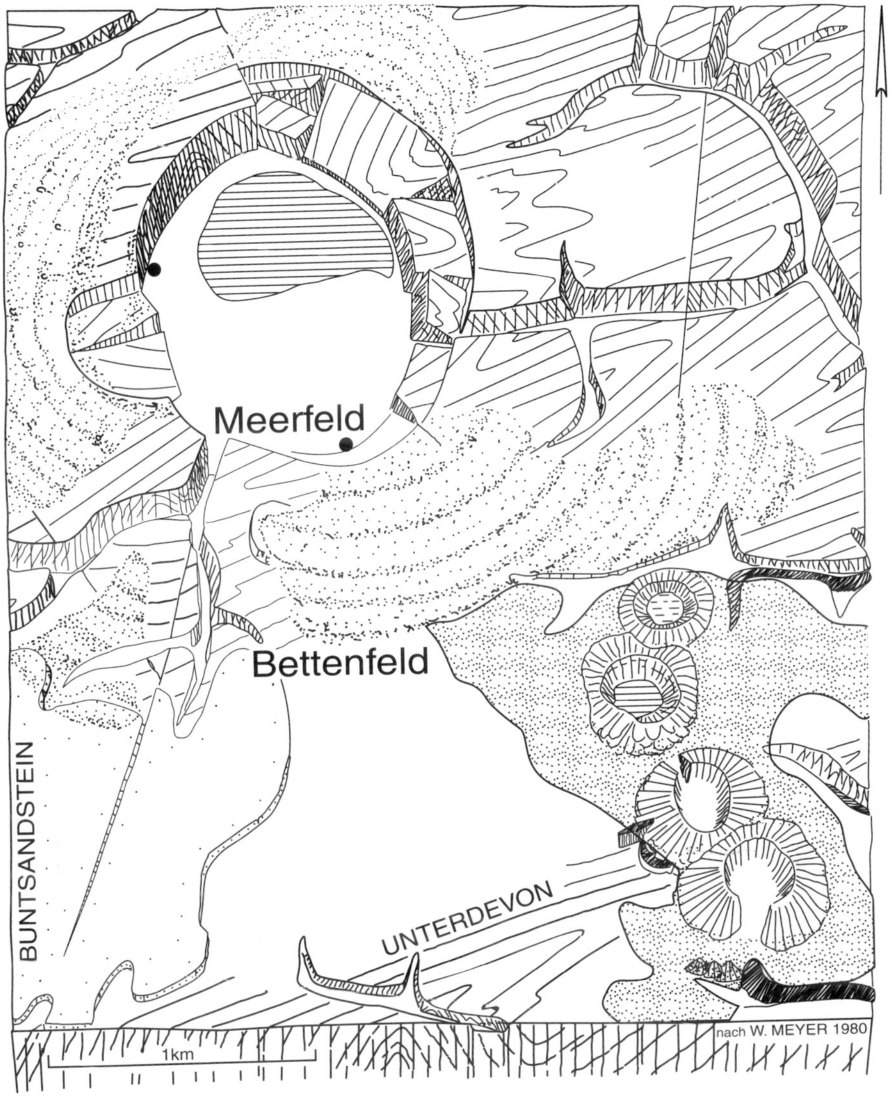

Abb. 81. Blockbild der Vulkangruppe von Manderscheid nach Unterlagen von MEYER & STETS (1979). Schwarze Punkte im Meerfelder Maar: vermutliche Ausbruchsstellen der Tephrafächer. Vgl. auch Anlage.

1,8 km entfernt auch das Meerfelder Maar befindet. 3 km nordnordwestlich davon liegt gänzlich isoliert der Basalttuffkegel Buerberg bei Schutz. Die Manderscheider Vulkankette hat also die gleiche Orientierung wie die Hauptvulkankette der Westeifel, ist von ihr aber durch eine über 7 km breite vulkanfreie Zone getrennt (= Entfernung zur Holzmaargruppe).

Strukturkartierungen ergaben, dass die Vulkanlinie Mosenberg – Meerfelder Maar einer Querstörung des variszischen Faltengebirges aufsitzt (MEYER & STETS 1979). Wenn diese Störung auch nicht bis in die Herdbereiche oder gar bis zum Erdmantel hinabreicht, so dürfte sie das aufsteigende Magma in den obersten Kilometern doch soweit kanalisiert haben, dass die streng lineare Anordnung der Einzelvulkane entstand. Ob das Abweichen des südlichsten Ausbruchspunktes und des Hinkelsmaar-Vulkans von dieser Linie auf NNE streichende Störungen, die sich ebenfalls aus der Strukturkartierung ergaben, zurückgeht, muss noch offen bleiben (Abb. 49).

Mosenberg-Gruppe

Die Mosenberg-Gruppe besteht aus fünf Förderzentren, die sich in Form und Typ sehr voneinander unterscheiden.

Das südlichste Förderzentrum (bei MASBERG: Wiesental-Vulkane) ist erst vor einigen Jahren ans Tageslicht gekommen, da es von Lapillitephra, die den Mosenbergkratern entstammt, vollkommen überdeckt war. Erst nach dem Abbau dieser Tephra in einer Grube (r 5590 h 4915) kamen darunter mehrere flache Schlackenkegel (nach LORENZ 1973, Abb. 3 sind es vier) zum Vorschein; sie repräsentieren also das älteste Förderzentrum.

Der südlichste Krater des eigentlichen Mosenbergs ist nach S geöffnet; ein Lavastrom, der durch das Horngraben-Tal bis ins Tal der Kl. Kyll geflossen ist, hat den Schlackenwall durchbrochen. Nach den magnetischen Messungen (HUNSCHE 1973, Abb. 24; MURAWSKI 1965, Abb. 10) dürfte im Krater und unmittelbar südlich davon keine Lava mehr vorhanden sein. Es ist wahrscheinlich, dass wegen des starken Gefälles der Lavastrom hier abgerissen ist. Rein geometrisch käme auch das südlichste Förderzentrum als Ursprungsort der Lava in Frage, wegen der geringen Größe dieser Schlackenkegel ist das jedoch unwahrscheinlich. Der Horngraben-Lavastrom ist im Tal der Kl. Kyll z. T. über 30 m mächtig. Er hat hier den Bach ursprünglich aufgestaut; dieser hat ihn schließlich durchschnitten und sich darunter 5–10 m in den Schiefer eingesägt. Lavareste finden sich auch am östlichen Talhang. Das Gestein ist nach MASBERG als Olivin-Nephelinit zu bezeichnen.

Ebenfalls aus Schlacken besteht der nordwestlich anschließende Krater, der stark verwaschene Formen zeigt und die Andeutung einer Öffnung nach NW. Sein Wall bildet den 517 m hohen Gipfel des Mosenbergs. An der Westseite ist an der Basis des Schlackenkegels eine kleine Lavazunge ausgetreten. Nördlich davon findet sich ein Radialgang aus Basaltlava. Der Basaltstrom, der nach den geomagnetischen Messungen im Johannistal liegen muss, dürfte auch aus diesem Krater stammen; vielleicht geht die nordwestliche Öffnung im Wall auf ihn zurück.

Durch eine deutliche Einsattelung von diesem Krater getrennt ist der vollkommen erhaltene wassergefüllte Ringwall des Windsborn. Er wird aus einer Wechselfolge von Schlacken, Lapilli und Lavafetzen aufgebaut. Im vorigen Jahrhundert wurde das Wasser des Kratersees durch einen Graben, von dem noch Reste an der niedrigsten Stelle des Walles im W zu erkennen sind, in die Schlacken geleitet und so zum Versickern gebracht, um den bis zu 7,5 m mächtigen Torf zu gewinnen.

Das Hinkelsmaar ist kein Maarvulkan, sondern ein Schlackenring. Der Wall besteht aus Schlacken, Tephra und Lavafetzen. Früher bestand hier dauernd ein Kratersee. Nach V. DECHEN (1886, 205) wurde er 1840 mittels eines in den Wall führenden Stollens trockengelegt, um Torf zu gewinnen. In feuchten Jahreszeiten, häufig im Frühjahr, steht wieder Wasser im Kraterboden. STRAKA (1960) hat das Vegetationsprofil im Krater des Hinkelsmaar-Vulkans untersucht: von 4,80 bis 9,50 m Tiefe wurde Tephra, die dem Hinkelsmaar-Vulkan zugeordnet wurde, erbohrt, der dann älter als 17 000 Jahre sein müsste. Darüber folgen die organischen Ablagerungen des kleinen Seebeckens. Zwischen 4,15 und 4,25 m Tiefe liegt im Bohrprofil eine Tephraschicht, die zuerst dem Meerfelder Maar zugesprochen wurde. Nach ihrer Lage im Pollenprofil müsste sie etwa 11 350 Jahre alt sein (ERLENKEUSER et al. 1972). Jedoch ist die Tephra des Meerfelder Maars in der Umgebung des Hinkelsmaars z. T. noch meterdick, und es ist unwahrscheinlich, dass im Kessel in vor Abtragung geschützter Position nur 10 Zentimeter abgelagert worden sein sollen. Demnach geht diese Lage wahrscheinlich auf Umlagerung zurück. LORENZ & BÜCHEL (1978) geben für das Meerfelder Maar aufgrund von C^{14}-Datierungen ohnehin ein viel höheres Alter an (s. u.). Innerhalb der Mosenbergreihe ist der Hinkelsmaar-Vulkan am jüngsten, denn er hat aus dem Wall des Windsbornkraters eine Nische herausgesprengt (dort, wo jetzt der große Parkplatz liegt). Der Windsborn-Vulkan ist wegen seines frischen Erhaltungszustandes jünger als die drei südlichen Krater.

Schon v. DECHEN und GREBE berichteten von Lavablöcken im Ellbachtal. MURAWSKI konnte hier auch eine positive magnetische Anomalie nachweisen, welche die Existenz eines Basaltstroms wahrscheinlich macht. Dieser magnetisch positive Streifen knickt in Höhe des km 68 der Straße Bettenfeld – Manderscheid plötzlich nach S ab, also in Richtung Windsborn oder Mosenberg. D. h. der Ursprung dieses Lavastroms, an dessen Existenz kein Zweifel besteht, ist am Windsborn oder am südöstlich folgenden Mosenberg-Krater zu suchen.

Meerfelder Maar (Abb. 82)

Das Meerfelder Maar hat den größten Maarkessel der Westeifel. Er ist in SE-NW-Richtung 1480 m lang und quer dazu 1 200 m, seine vulkanologische Tiefe beträgt z. T. über 160 m. Er ist nur am Nordrand mit Wasser gefüllt, der halbmondförmige See ist 17 m tief. Das Maar entstand in dem Tal des Meerbaches. Dieses Tal war zur Zeit der Maarentstehung schon etwa bis zu seiner heutigen Form eingetieft. Aus seinem Oberlauf wurde viel Tuffmaterial in den Kessel eingeschwemmt und dadurch die Wasserfläche nach N abgedrängt. Auf dem Schwemmkegel steht das Dorf Meerfeld. Durch einen Abzugsstollen nach SE wurde im 19. Jahrhundert der Seespiegel um einige Meter gesenkt, um Wiesen- und Ackerland zu gewinnen.

Das Meerfelder Maar ist das einzige Eifelmaar, bei dem das Devongestein fast in der ganzen Umrandung und an den Innenwänden des Kessels aufgeschlossen ist. Das reizte dazu, nachzuprüfen, ob der Einbruch des Maarkessels ein glattes rundes Loch in die alte Landoberfläche geschlagen hat oder ob dabei randliche Zonen verstellt wurden. Die Strukturaufnahme zeigte, dass die Wände des Kessels beim Einbruch des Maartrichters in große Schollen zerlegt und aus dem ursprünglichen Verband herausgedreht wurden (MEYER & STETS 1979). Der Vergleich von Schichtlagerung und Faltenachsenlage im Kessel mit den Strukturen außerhalb des Kessels lässt Bereiche erkennen, in denen Rotationen um 30° in der Vertikalen und bis zu 90° in der Horizontalen erfolgt sind. Die Schollen selbst blieben trotz dieser erheblichen Kippbewegungen vollkommen intakt, so dass ihre unnormale Lage erst durch vergleichende Messungen der tektonischen Daten erfasst werden kann. Die Randstörungen der Schollen sind an wenigen Stellen als schwacher morphologischer Knick angedeutet, die oberen Randstörungen in der NE-Umrandung des Kessels werden von mächtiger Tephra überdeckt. Das zeigt, dass die Explosionen den Einbruch des Kessels noch überdauerten.

Für die Tephra sind die vielen großen Olivinbomben charakteristisch. Daneben treten auch Basaltbomben auf. Diese magmatischen Komponenten sind jedoch relativ selten, denn die Tephra besteht hauptsächlich aus Unterdevon-Fragmenten, die ziemlich fossilreich sind. Buntsandstein-Fragmente sind charakteristisch für einen Teil der Meerfelder Tephra. Es müssen mindestens zwei Ausbruchsstellen existieren: die Tephra eines westlichen, bis Meisburg

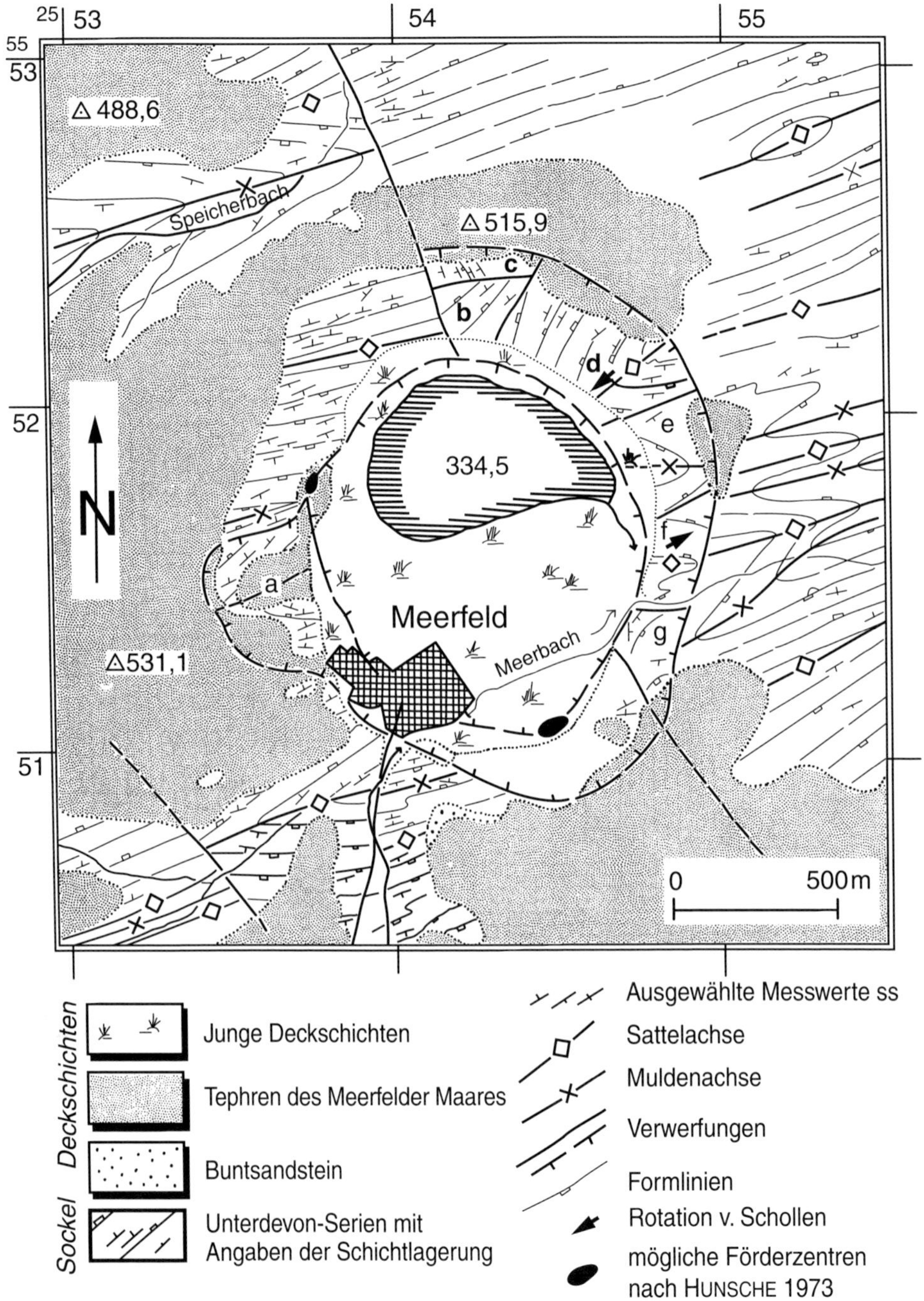

Abb. 82. Geologische Karte des Meerfelder Maares. MEYER & STETS (1979).

zu verfolgenden Fächers enthält kaum Buntsandstein-Fragmente; sie müssen dem Westteil des Maars entstammen, in dem zur Zeit der Maarentstehung der Buntsandstein schon abgetragen war. Die Tephra des östlichen, bis Manderscheid verfolgbaren Fächers enthält dagegen viel Buntsandstein; sie muss aus dem südöstlichen Teil des Kessels hergeleitet werden, in dem an einer NNE-Störung die Devonoberfläche 50 m abgesenkt war, so dass hier noch eine Buntsandsteindecke erhalten geblieben ist. Am oberen Maarrand zwischen Bettenfeld und Meerfeld finden sich noch Reste dieser Buntsandsteindecke. Die magnetischen Vermessungen durch HUNSCHE (1973) bestätigen die Annahme zweier Förderzentren durch die Fixierung von zwei eng begrenzten Anomalien am westlichen und südöstlichen Innenrand des Maares. Die Tephra wurde durch sehr heftige Eruptionen ausgestoßen, das zeigt die Länge der schmalen Wurffächer: 5 km für den westlichen, 3,5 km für den östlichen Fächer. Außerdem zeigt das die Größe der Blöcke, die in der Tuffgrube südöstlich Deudesfeld (westlicher Fächer), 1 km vom Ausbruchszentrum entfernt noch Kubikmetergröße erreichen. Sie zeigen hier keine Einschlagsmarken, sind also nicht in ballistischer Kurve durch die Luft geflogen, sondern durch horizontale Eruptionsstöße (base surges) transportiert worden (vgl. Abb. 77).

Auf die Probleme der Datierung der Meerfelder Tephra im Pollenprofil des Hinkelsmaar-Vulkans (11 350 Jahre nach ERLENKEUSER et al. 1972) wurde schon im vorigen Abschnitt hingewiesen. LORENZ & BÜCHEL (1978) geben einen Alterswert von 28 750 Jahren an, der auf C^{14}-Bestimmungen an Holzresten unmittelbar unter den Meerfelder Tuffen in der Grube Deudesfeld zurückgeht. SCHABER & SIROCKO (2005) geben von hier an Holzkohle ein C^{14}-Alter von 41 290 Jahren B.P. an.

Im Meerfelder Maar wurde die Sedimentfüllung und ihre Jahreszeiten-Schichtung mit darin eingeschalteten Tephralagen (vom Laacher-See-Vulkan und dem Ulmener Maar) untersucht (NEGENDANK et al. 1990, LITT et al. 2009). Diese Bohrprofile sind wie die des Holzmaars für die Rekonstruktion der spät- und nacheiszeitlichen Klimageschichte wichtig. Der ökologische Zustand des flachen Sees ist vor einigen Jahren durch Nährstoffzufuhr aus dem Siedlungsbereich Meerfeld sehr gefährdet gewesen.

Buerberg

Nordwestlich von Schutz erhebt sich 50 m über die Rumpffläche des Schiefergebirges der Buerberg als Kegel aus verfestigten Basalttuffen. Die Gipfelregion wird aus Felsbastionen gebildet, die ebenfalls aus Tuffen bestehen. Sie liegen überall dem Berghang parallel und zeichnen damit den Bau eines regelmäßigen Vulkankegels nach. An der Südwestseite des Berges reichen die Tuffe bis auf die Sohle des Maarscheider Baches hinunter. Basaltlapilli bilden die Hauptbestandteile, eingeschaltet sind Lagen von Bomben und Wurfschlacken. Zentimetergroße Biotittafeln finden sich häufig. Fremdbestandteile sind relativ selten. Unter ihnen sind Buntsandsteinfragmente bemerkenswert, denn heute liegt der Nordrand der Buntsandsteindecke südlich vom Maarscheider Bach. Aus der Tatsache, dass die Tuffe im Südwesten bis ins heutige Talniveau hinabreichen, ergibt sich ein sehr junges Alter des Vulkans. Beim Buerberg liegt einer der wenigen Fälle vor, bei denen sich ein Zusammenhang zwischen Vulkan und posttriadischer Störungstektonik nachweisen lässt: der Vulkan liegt genau auf einer NNE streichenden bedeutenden Abschiebung, die das südwestlich gelegene Buntsandsteinareal im Nordwesten abschneidet.

Unter den Basalttuffen des Buerberges sind Reste eines tertiären intermediären Tuffes erhalten geblieben. Sie enthalten Pflanzenreste (Artenliste bei V. DECHEN 1886, 203). Der Fundpunkt ist seit langem verschüttet, das Fundmaterial bis auf ein Blatt des Zimtbaums *Cinnamomum polymorphum* A. BR. ebenfalls verloren. Dieses Blatt belegt aber einwandfrei das tertiäre Alter (R. KRÄUSEL & H. WEYLAND 1942, 26–27 und Taf. 9, Fig. 9).

11.2.5.5 Die Vulkangruppe im Raum Üdersdorf

V. DECHEN (1886, 71–76), SCHULTE (1891, 180–182).

Diese auf Bl. 5806 Daun gelegene Gruppe ist auch relativ stark isoliert; am nächsten liegt sie den Vulkanen im Raum Gemünden – Schalkenmehren.

Hasenberg bei Trittscheid

Nach V. DECHEN und KUSS & RAHM (1967) ist der Hasenberg ein flacher Schlackenkegel. Im N und E des Vorkommens finden sich in den Schlacken, die nach MERTES (1983) die Zusammensetzung eines Olivin-Nephelinits haben, relativ häufig glasierte Devongesteine. In der NE-Ecke des Berges (vor dem Abbau als Deulkaul bezeichnet) wurden Schweißschlacken abgebaut. Hier ist nach RAHM der Schlot zu suchen, der demnach eine exzentrische Lage in dem ganzen Vorkommen hat. Wahrscheinlich dehnte sich der Kegel einst auch nördlich des Schlotes weiter aus, ist hier aber abgetragen worden durch ein Nebentälchen der Lieser, die heute 100 m unterhalb der Basis des Vulkans vorbeifließt. Im Schlotbereich fanden sich beim Abbau Knochen, u. a. vom Maulwurf (*Talpa* sp.), Nashorn (*Rhinoceros* sp.) und Mammut (*Mammuthus primigenius*). Sie lassen eine genaue Datierung nicht zu, gehören nach KUSS aber mit gewisser Wahrscheinlichkeit in den Übergangsbereich zwischen Riss-Kaltzeit und Eem-Warmzeit. Die Tiere haben auf dem schon erloschenen Vulkan gelebt, der demnach weitaus älter sein kann, was nach dem fortgeschrittenen Erosionszustand auch wahrscheinlich ist.

Emmelberg

Der Emmelberg ist ein Schlackenkegel, von dem ein Lavastrom nach Osten geflossen ist, nach MERTES (1983) ein Olivin-Nephelinit. In ihm fand seit langer Zeit Abbau statt (Mühlenkaul). Südwestlich von Weiersbach liegt ein Schlackenkegel, der seit V. DECHEN (1886) Liley genannt wird (bei Mineraliensammlern heute Löhley). Von ihm ist ein Lavastrom nach Süden geflossen, nach MERTES (1983) ein Melilith-Nephelinit. Er wird durch große Steinbrüche abgebaut. Die verschiedenen Basaltvulkane um Üdersdorf zeigen auf Klüften und in Drusen eine Vielfalt von Mineralien, über die u. a. G. HENTSCHEL (1989) eine Übersicht gibt.

Aarlei

Die Aarlei ist ein flacher Schlackenkegel, an dessen Ostseite Lava ausgeflossen ist, nach MERTES (1983) ein Nephelin-Leuzitit. Lose Blöcke der Lava sind von seinem Ende in südlicher Richtung bis Üdersdorf gerollt. Die Lava enthält Leuzit und Nephelin.

11.2.5.6 Die Vulkane im Raum Birresborn

v. DECHEN (1886, 194–202), GREBE (1886, 166–168), FRECHEN (1959, 107–108), RAHM (1963), STEINBACH (1954, 26–30).

Die südwestlichsten Vulkane der Westeifeler Vulkanprovinz liegen westlich des Kylltales bei Birresborn (Bl. 5705 Gerolstein, Bl. 5805 Mürlenbach). Die Basaltvulkane gehören ihrer Lage zum heutigen Talsystem nach zu den ältesten quartären Vulkanen der Westeifel. Das Maar Eigelbach lässt sich nicht genau datieren.

Kalem

Der 509 m hohe Kalem (bei v. DECHEN auch Kollem) nördlich von Birresborn besteht aus basaltischen Sanden, Lapillitephra, Schlacken- und Bomben. Durch natürliche Abtragung und Schlackenabbau ist die ursprüngliche Form des Vulkans stark verwischt. Es lässt sich jedoch noch ein nach E geöffneter Ringwall erkennen. Aus der Öffnung hat sich ein mächtiger Lavastrom über das Plateau östlich des Kalem bis in ein altes Bett der Kyll ergossen. Auf der Oberen Hauptterrasse der Kyll ist er als schmaler Strom talaufwärts fast bis nach Lissingen zu verfolgen. Daraus ergibt sich ein relativ hohes Alter der Lava. Dafür spricht auch die Tatsache, dass der verhältnismäßig schmächtige Hundsbach die 30 m mächtige Basaltplatte bis auf das Devon hinunter durchgesägt hat. LIPPOLT (1983) hat einen Ar^{40}/Ar^{39}-Alterswert von 540000 ± 180000 Jahren bekannt gemacht; daraus ergibt sich auch ein Mindestalter für die Obere Hauptterrasse.

Zwischen den Hauptterrassenschottern und der Stromunterfläche liegt feinkörnige Basalttephra. Nach RAHM erreichte der Lavastrom, der an der Stirn große Mengen von Schlacken und Tephra aus dem durchbrochenen Kraterwall mitschleppte, zuerst das Kylltal und erstarrte hier rasch. Dadurch war der nachdringenden Lava der Weg talabwärts versperrt, und sie wurde nach Norden 3 km weit aufgestaut. Der bis 40 m mächtige Strom lässt sich nach der Ausbildung der Säulen vertikal in drei Zonen gliedern (RAHM): Unten stehen in 15–18 m Höhe bis zu 1 m dicke Säulen vollkommen saiger, nur über Unebenheiten der Unterfläche gelegentlich etwas auffächernd (Kolonnaden). Darüber folgt eine bis zu 15 m hohe Partie von dünnen, 20–40 cm dicken Säulen, die schräge Lage, sigmoidale Krümmungen oder Fächer aufweisen (Entablatur). Darüber liegt in 2–5 m Mächtigkeit wieder eine Kolonnaden-Partie mit meterdicken Säulen, die senkrecht stehen. Die Lava enthält faustgroße Einschlüsse von grüner Glasmasse, die umgewandelten unterdevonischen Quarziten entstammt. Im südöstlichen Teil des Lavastroms finden sich auf dessen Oberfläche mehrere kleine Tephra- und Schlackenhügel. Sie gehen vielleicht auf Entgasungen über feuchten Stellen unter dem Lavastrom zurück. Petrographisch ist die Lava nach FRECHEN (1959c, 72) als Melilith-Nephelinit zu bezeichnen.

Nach RAHM stieg kurze Zeit nach der Erstarrung des großen Lavastroms noch einmal Basalt in dem Kalem-Vulkan auf. Da der Weg nach E durch Lava versperrt war, floss die neue Lava nach S in das alte Fischbachtal. Ein Rest dieses kurzen Stromes ist das durch Erosion isolierte Basaltvorkommen des Leyenhäuschens nordwestlich Birresborn. Eine Verbindung der Leyenhäuschen-Lava mit dem Kalem wird auch durch die von H. SCHMIDLIN 1948 durchgeführte magnetische Kartierung des Gebietes um Birresborn bestätigt (Karte 2 bei RAHM). Petrographisch besteht auch Übereinstimmung.

Fischbach-Vulkan

Der Fischbach-Vulkan entstand in einem alten hochgelegenen Talbett, wohl dem Vorläufer des Fischbachtales und hat durch seine Lavaströme dieses Talbett ausgefüllt. Der Vulkan tritt deshalb morphologisch nicht in Erscheinung, obwohl er früher aus dem Tal heraus die Devonoberfläche weit überragt haben dürfte. Wegen seines hohen Alters ist er stark abgetragen worden. Die Ausbruchsstelle ist ein großer Schlackenkegel in der Flur „Auf der Huck“ zwischen Kopp und Birresborn. Die Schlacken sind bis in die Mitte des vorigen Jahrhunderts als Rohmaterial für Mühlsteine für Papier- und Lohmühlen abgebaut worden. Dieser Abbau erfolgte teilweise in Steinbrüchen, teilweise aber auch unterirdisch. Die unterirdischen Abbaue sind als die „Eishöhlen“ heute unter Naturschutz gestellt. Durch die porösen Schlacken dringt Wasser in die Höhlen, dadurch entsteht Verdunstungskälte, die bis in den Sommer hinein Eiszapfen wachsen lässt. Da die Höhlenausgänge nach oben führen, kann im Sommer die leichtere Warmluft nicht in die Höhlen eindringen.

Durch häufigen Besuch der Höhlen findet heute stärkerer Luftaustausch statt, der die Unterkühlung abschwächt. Vergleichbare Eishöhlen finden sich am Rother Kopf (nordwestlich Gerolstein) und bei der Dornburg im Westerwald.

Ein Lavastrom floss von hier in dem alten Tal etwa 1,2 km weit nach E, also talabwärts. Ein zweiter Lavaausfluss fand den Weg talabwärts durch diese Lava versperrt und suchte sich zunächst einen Weg nach SE, das Lavavorkommen südöstlich der Ausbruchsstelle führt RAHM darauf zurück. Dann staute sich die Lava in dem alten Tal etwa 1 km weit aufwärts und folgte östlich von Kopp dem Talhang nach SE, in Richtung auf den Daxberg. Das Basaltvorkommen im Ostteil der Ortschaft Kopp geht nach RAHM auf einen selbständigen Ausbruch zurück. Allerdings dürfte es in der Tiefe mit dem Fischbachvulkan zusammenhängen, da es die gleiche petrographische Zusammensetzung hat wie dessen Lava. Die beiden Lavaströme des Fischbachvulkans und die Lava von Kopp bestehen nach RAHM aus Olivin-Leuzit-Nephelinit. Ein Nebental des Fischbaches hat den östlichen Lavastrom durchschnitten. Die magnetische Kartierung von SCHMIDLIN hat auch den Fischbachvulkan mit seinen Lavaströmen sowie das Vorkommen von Kopp erfasst (RAHM 1963, Karte 2).

Eigelbach-Maar

Zwischen Kopp und Eigelbach liegt in einem Seitental des Fischbachtales am Eigelbacher Hof eine sumpfige runde Ausweitung des Tälchens, das Eigelbach-Maar oder, wie die Eifler sagen, die Eigelbach. Sie hat nach NOLL (1967, 11) folgende vulkanologische Abmessungen: Durchmesser 975 bis 1125 m, Tiefe 65 bis 105 m. Tephra findet man nur im westlichen Teil der Maarumrandung, und zwar geschichtet auf dem Zanderberg, und an dessen Ostabhang eine dünne Bestreuung von Basaltauswürflingen sowie Augit- und Biotitkristallen. FRECHEN weist darauf hin, dass die Bomben und Kristalle teilweise auf tiefgründig verwittertem Buntsandstein liegen, also wahrscheinlich nicht Erosionsreste einer größeren zusammenhängenden Tephradecke sind, sondern auf einen nach NW gerichteten Wurf zurückgehen. Die magnetische Kartierung nach SCHMIDLIN (RAHM 1963, Karte 2) ergab im Bereich des Maarbodens zwei in NE-SW-Richtung langgestreckte Anomalien, was auf spaltenartige Ausbruchskanäle parallel zum Schiefergebirgsstreichen schließen lässt. In einer Bohrung im Maarkessel haben SCHABER & SIROCKO (2005) eine 13 cm dicke Lage der phonolithischen, 116 000 Jahre alten Dümpelmaar-Tephra (Brohltal, Osteifel) angetroffen.

11.2.5.7 Die Vulkane zwischen Daun, Büscheich, Hillesheim und Brück

v. Dechen (1886, 82–151), Frechen (1959c, 112–115), G. Fuchs (1965, 426–432, 1969), Rahm (1956), Wienecke (1984).

Dieser Bereich ist das Kernstück der quartären Westeifel-Vulkankette. Viele große Vulkankomplexe liegen so dicht beieinander, dass der präquartäre Untergrund großflächig von Tephra, Schlacken und Lavaströmen verdeckt ist. Der Bereich ist im Süden undeutlich gegen die Vulkangruppe um Daun abgesetzt. Im NW geht er über in das Vulkangebiet um Gerolstein, hier wurde bei unserer Gliederung als relativ willkürliche Grenze das Kylltal gewählt. Im Raum Dreis – Brück und bei Hillesheim liegen die nordöstlichsten Vulkane der quartären Kette. Fast alle Vulkane liegen auf dem Bl. 5706 Hillesheim; die Vorkommen von Neroth und Oberstadtfeld liegen auf BI. 5806 Daun, die bei Bolsdorf, Dohm und der Steinrausch bei Hillesheim auf Bl. 5705 Gerolstein.

Maare und Schlackenkegel im Raum Oberstadtfeld, Niederstadtfeld, Wallenborn

Vom Bereich südlich der Straße Oberstadtfeld – Pützborn gibt die Karte von Mitscherlich (1865) drei Tephravorkommen an, von denen K. Ochel (1985) zwei als selbständige Schlackenkegel identifizieren konnte: einer am W-Hang der Höhe 565 östlich Oberstadtfeld (r 5565 h 6010), der andere südwestlich von Pützborn (r 5725 h 6135).

Unmittelbar südöstlich von Oberstadtfeld findet sich eine in NNW-Richtung gestreckte runde Senke, für die Lorenz & Büchel (1980b) vermuten, dass sie ein Maar darstellt. Das konnte K. Ochel (1985) bestätigen durch die Beobachtung einer deutlichen magnetischen Anomalie im Kessel und von nebengesteinsreicher typischer Maartephra auf dem Rücken südwestlich von Oberstadtfeld; sie enthält basaltische Bomben von 70 cm Durchmesser.

Westlich von Niederstadtfeld liegt nach Büchel & Mertes (1982) ebenfalls ein Maar (r 5375 h 5890).

Nach Büchel (1984) ist die kleine Senke etwa 2,5 km nordnordwestlich von Wallenborn auch als Maarkessel einzustufen (r 5113 h 6010).

Nordnordwestlich von Oberstadtfeld liegt östlich des Tales der Kl. Kyll ein flacher Tephrarücken, der in den oberen Partien aus Lapillitephra besteht. Es lassen sich drei Ausbruchszentren erkennen: eines im N des Rückens hat Lapilli gefördert; südlich davon sind durch den Abbau zwei flache Schlackenkegel freigelegt worden, die auf selbständige Ausbrüche zurückgehen (Ochel 1985).

Schlackenkegel der Höhe 636 südöstlich Neroth

Dieser Berg besteht nach K. Ochel (1985) aus Schlacken, die von Lapillitephra überlagert werden, die auch die Kuppe bedeckte (jetzt abgebaut). In den Schlacken finden sich einige Basaltlavagänge. Die Tephra und die Schweißschlacken-Lagen ziehen unter die des Nerother Kopfes, sind also älter.

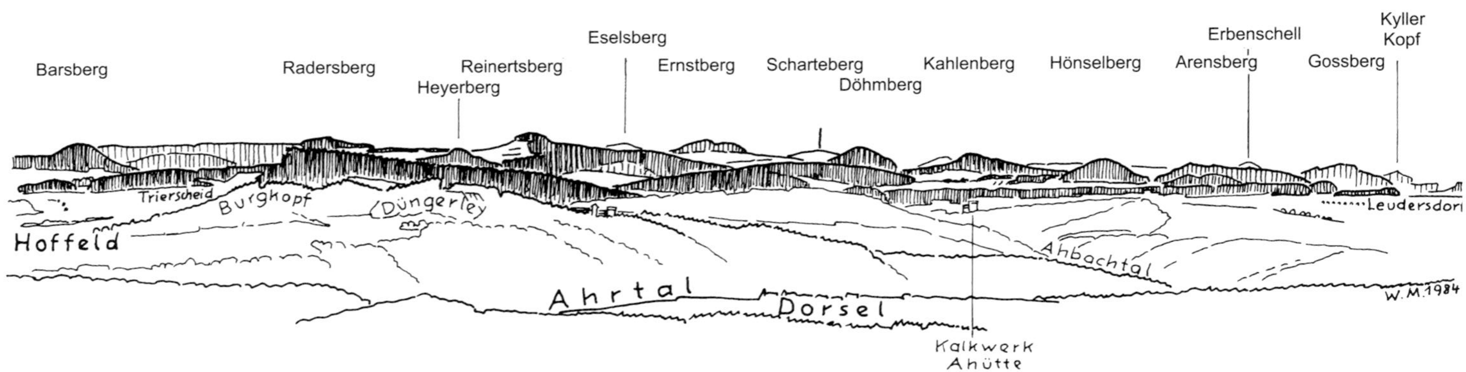

Abb. 83. Der Zentralteil der quartären Vulkankette von Aremberg (Straßenabzweigung zum Schullandheim) aus gesehen. Barsberg, Heyerberg, Arensberg, Burgkopf und Düngerley sind tertiäre Vulkane, der Hönselberg ein Kalkrücken in der Hillesheimer Mulde.

Nerother Kopf

Der charakteristische asymmetrische Schlackenkegel ist als südwestlicher Eckpfeiler des Daun-Hillesheimer Vulkanfeldes weithin sichtbar. Auf der Kuppe finden sich in den Schlacken und Bombentephren Abbaugruben und -höhlen. Am Westfuß des Vulkans ist Lava ausgeflossen, nach MERTES (1983) ein Leuzit-Nephelinit. Die Basis des Lavastroms liegt hier etwa 70 m über der Talsohle des Nerother Baches, der sich erst später eingetieft hat; sonst wäre die Lava talabwärts geflossen. Der Vulkan ist also relativ alt. Ein Blockmeer zieht sich unterhalb des Lavastromes ins Tal hinab.

Tephraschlot östlich vom Nerother Kopf

Auf Feldern östlich des Nerother Kopfes entdeckte K. OCHEL (1985) ein kreisförmiges Tephravorkommen, das durch seinen Reichtum an Pyroxenkristallen auffällt (r 5475 h 6220).

Held bei Neunkirchen

Auf der als Held bezeichneten Anhöhe nordwestlich Neunkirchen liegt eine Decke von Palagonittuffen, aus denen früher Fenstersimse und Backofensteine gefertigt wurden, nach MITSCHERLICH (1866, 26) sogar Wassergefäße, v. DECHEN erwähnt meterlange gerade Röhren aus den Tuffen, möglicherweise auf Baumstämme zurückzuführen. Die Ausbruchsstelle vermutet RAHM östlich vom Gipfel der Held. Von hier ist nach NE auch ein kleiner Lavastrom geflossen. Ob die Lavainsel, auf der Kirche und Friedhof von Neunkirchen stehen, als Erosionsrest eines größeren Stromes oder als selbständiger Lavapfropf angesehen werden muss, ist nicht zu entscheiden. Die Palagonittuffe werden von Basalttephra unbekannter Herkunft unterlagert. Die Tephra der benachbarten Vulkane Goosberg und Riemerich ist jünger als die Palagonittuffe.

Goosberg

Westlich von Steinborn liegt die bewaldete Kuppe des Goosberges, nach RAHM ein Schlackenkegel, bei dem zuerst im Südosten Basalt aufdrang, den Krater füllte und etwas nach Südosten ausfloss. Eine zweite Eruption fand den Schlot verstopft und drang deshalb weiter im Nordwesten, im Bereich des heutigen Gipfels auf. Auch hier füllte die Lava den Krater, floss aber außerdem auf der Devonoberfläche nach Süden. Die beiden Kraterfüllungen sind jetzt durch die Erosion weitgehend freigelegt worden. Nach MERTES (1983) ist der Goosberg ein Nephelinit.

Zwischen dem Goosberg und Steinborn liegt an der Südseite des Hippersbachtales ein Tephraring (LORENZ & BÜCHEL 1980b, 35).

Riemerich

Südöstlich vom Goosberg liegt westlich von Neunkirchen der 601 m hohe Schlackenkegel Riemerich. Seine Aschen überdecken die Palagonittuffe der Held. Ein nach Westen geöffneter Kraterwall ist noch erkennbar. Hier ist nach Westen Lava hervorgequollen, die dann aber ringförmig nach Osten um den Berg geflossen ist. Sie ist porös und wurde deshalb zeitweilig als Werkstein abgebaut. Nach FRECHEN (1959c, 72) ist sie als Melilith-Nephelinit zu bezeichnen. FUHRMANN (1983) gibt ein Ar^{40}/Ar^{39}-Alter von 540 000 ± 30 000 Jahren an.

Fuchskopf und Kreuzberg

Die Straße von Daun nach Dockweiler führt nordwestlich von Daun über einen Tephrarücken, dessen höchste Partie der Fuchskopf ist. Er setzt sich nach MERTES (1983) aus drei Schlackenkegeln zusammen: r 5775 h 6379 (fraglich), r 5787 h 6342 und r 5790 h 6331. Östlich des Fuchskopfes liegen unter den quartären Vulkaniten pflanzenführende Tuffe tertiären Alters. Denn in ihnen fand C.E. WEISS (1862) *Sequoia langsdorfii* BRGT. und als wahrscheinlich *Rhamnus decheni* WEBER. Allerdings ist das Material nicht mehr auffindbar (R. KRÄUSEL & H. WEYLAND 1942, 27).

Der 505,0 m hohe Kreuzberg unmittelbar nordwestlich von Daun ist ein selbständiger Schlackenkegel, nach MERTES (1983) ein Leuzit-Nephelinit.

Asseberg

Nordöstlich von Steinborn liegt der bewaldete Schlackenkegel Asseberg, der nach MERTES (1983) zu den Nepheliniten gehört. Tephra ist wenig vorhanden, sie überdeckt z. T. die Lava. Das Devongestein zieht sich an den Berghängen relativ hoch hinauf, ist also durch den Basalt vor der Abtragung geschützt worden. Daher dürfte dieser Vulkan der älteren Gruppe der Quartärvulkane angehören.

Steinborner Maar

Die Senke unmittelbar östlich von Steinborn ist nach BÜCHEL & MERTES (1982) ein Maarkessel. SCHABER & SIROCKO (2005) haben in den Sedimenten der Füllung ein C^{14}-Alter von 43 500 Jahren B.P. ermittelt.

Scharteberg und Ringseitert

Dieser ausgebreitete Vulkankomplex baut einen der höchsten Berge der Eifel auf, der Gipfel ist 691,4 m hoch. Der Aufbau dieses Schlackenkegels ist relativ schlecht erschlossen, da hier bisher nur wenig Abbau stattgefunden hat. Eine Sendeanlage schützt ihn heute besser als Naturschutztafeln vor der Abtragung durch Bagger. Der Gipfel besteht aus Schweißschlacken, hier scheint das Eruptionszentrum zu liegen. Auch die beiden übereinander liegenden kleinen Lavaströme an der Ostseite kommen nach RAHM von dort, ebenso das Gangvorkommen südwestlich des Gipfels. Nach THIELE (1976, 17–18) ist die untere Lava als olivinführender Leuzit-Melilith-Nephelinit, die obere als olivinführender Hauyn-Melilith-Leuzit-Nephelinit einzustufen. Nördlich und westlich vom Gipfel finden sich außerdem noch Basaltgänge. 500 m östlich vom Gipfel liegt eine kleine Kuppe (P 650,0), die einen selbständigen Schlackenkegel darstellt. Basalt floss hier nach SE in einem kleinen Lavastrom aus. Nordöstlich vom Scharteberg liegt der 628,9 m hohe Ringseitert, der aus Tephra besteht. RAHM vermutet den Ausbruchspunkt für diese Tephra, die weder vom Scharteberg noch von der Höhe 650,0 zu kommen scheint, in dem Kesseltal nordöstlich des Schartebergs, westlich vom Ringseitert; vielleicht ist der Ringseitert selbst ein Schlackenkegel.

Dauner Heck und Beuel bei Kirchweiler

Auf dem Gipfel des Schlackenkegels Dauner Heck (bei V. DECHEN „Dungerheck") finden sich Schlacken, an der Westseite kommt Basaltlava vor, entweder ein kleiner Lavastrom oder ein gangähnliches Vorkommen. V. DECHEN sieht das Basaltvorkommen des Beuel in Kirchweiler als Erosionsrest eines vom Dauner Heck stammenden Lavastroms an; nach MERTES (1983) handelt es sich jedoch um einen selbständigen Schlackenkegel. THIELE (1976, 17–18) stuft das Gestein des Beuel als Olivin-Leuzit-Nephelinit, das von der Dauner Heck als olivinführenden Nephelin-Leuzitit ein.

Ernstberg

Der Schlackenkegel Ernstberg südöstlich von Hinterweiler ist mit 698,8 m der höchste der Westeifelvulkane und der zweithöchste Berg der Eifel überhaupt. Der Gipfel besteht aus Schweißschlacken, die einen nach Osten offenen Kraterwall aufbauen. Hier sind die Basaltmassen ausgeflossen, die am Osthang des Berges einen Halbkreis bilden. Die Lava ist nach THIELE (1976, 19) als Leuzit-Nephelinit einzustufen.

Auf der Wacht und In der Boos

Der Schlackenkegel Auf der Wacht (bei V. DECHEN „Wahshübel") nordwestlich von Waldkönigen wird von MERTES (1983) als Nephelin-Leuzitit eingestuft. In der Tephra finden sich pyroxenreiche Tiefengesteinsfragmente und Sanidinbruchstücke. Der Ausbruchspunkt liegt nach RAHM etwa im Bereich des Gipfels; westlich davon steht auch Lava an. Am SW- und N-Abhang des Berges treten gangförmig noch Basalte auf. Die Basaltgänge im Devon westsüdwestlich von Waldkönigen hängen nach RAHM vielleicht mit dem Vulkan Auf der Wacht zusammen.

Die Senke bei der Flur In der Boos nordnordwestlich von Auf der Wacht (r 5558 h 6725) ist nach BÜCHEL & MERTES (1982) ein Maarvulkan. Seine nebengesteinsreichen Pyroklastika überlagern die Schlackenkegel Hangelsberg, In der Eyd und Eselsberg südlich Dockweiler.

Eselsberg, In der Eyd und der Lavastrom von Dockweiler

Im Schlackenkegel In der Eyd westnordwestlich des Eselsberges werden grobe rote Basaltschlacken von einem Lavagang durchbrochen. Hier ist nach RAHM auch der Ausbruchspunkt des Lavastromes von Dockweiler zu suchen. Das bestätigen auch erdmagnetische Vermessungen (CIPA 1958: 671–676). Die Eselsbergtephra, deren genaue Ausbruchsstelle unbekannt ist, und der Schlackenkegel In der Eyd repräsentieren wohl zwei verschiedene Vulkane. Das zeigt auch die petrographische Zusammensetzung: die Vulkanite vom Eselsberg sind nach FRECHEN (1959c, 72) als Olivin-Nephelin-Leuzitit, die Lava von Dockweiler nach THIELE (1976, 16) als Leuzit-Nephelinit anzusprechen. Der Lavastrom von Dockweiler ist etwa 1,5 km lang; an seinem Ende ist er in der Flur Steinlai südlich von Dreis in alten Steinbrüchen aufgeschlossen. Im Ort Dockweiler tritt er an mehreren Stellen zutage. Die magnetische Vermessung ergab nach CIPA, dass der Lavastrom südöstlich von Dockweiler eine kleine Ausbuchtung nach S hat, wohl bedingt durch das vom Bahnhof Dockweiler herunterkommende Tälchen. Sie zeigen auch eine schwache Verbreiterung an der Stirn des Stroms, die wohl auf ein altes Quertälchen zurückgeht.

Hangelberg

Der Hangelberg ist ein Schlackenkegel, nach MERTES (1983) ein Leuzitit. FRECHEN (1959c, 61) erwähnt einen durch den Tuffabbau mauerartig freigelegten Lavagang. Nordnordöstlich vom Hangelberg findet sich nach MERTES (1983) ein weiterer Schlackenkegel (r 5465 h 6751).

Nohn bei Betteldorf

Ein Tephravorkommen in der Flur Nohn südwestlich von Betteldorf (r 5353 h 6820) gehört nicht zum nahe gelegenen Feuerberg-Vulkan, sondern ist nach MERTES (1983) wahrscheinlich ein Schlackenring mit Förderprodukten von Nephelin-Leuzitit-Zusammensetzung. Die Korngröße nimmt nach oben zu, grobe poröse Schlacken werden ebenfalls nach oben häufiger und größer. Bei MITSCHERLICH (1866) und v. DECHEN (1886, 121) wird das Vorkommen auch als selbständig aufgefasst und unter der Bezeichnung „Kellert“ beschrieben.

Die Senke, in welcher der Römerhof liegt (r 5312 h 6800), ist nach BÜCHEL & MERTES (1982) wahrscheinlich ein Maarvulkan.

Feuerberg und Schlackenkegel Auf Winkel

Der Feuerberg südlich von Hohenfels (RAHM 1960) ist einer der größten Schlackenvulkane der Westeifel; er bildet einen 1 km langen und bis 500 m breiten Rücken. Es lassen sich zwei Tätigkeitsphasen unterscheiden: die ältere hat feinkörnige Tuffe geliefert und einen Kegel aufgebaut, der etwa die Höhe des heutigen Berges gehabt haben muss. Nach einer Ruhepause wurde der größte Teil des Aschenkegels weggesprengt. Diskordant lagerte sich darüber gröbere Tephra ab und baute einen neuen Kegel auf. Im Verlauf dieser Fördertätigkeit drang Magma im Schlot auf, die Größe und Anzahl von Basaltschlacken nimmt nach oben zu. Schließlich steigt Lava empor, dringt gangartig in die Tephra und tritt in zwei kleinen Strömen an der

Südseite des Kegels aus. Der Schlot ist westlich vom heutigen Gipfel zu suchen. Die Erosion durch den Hohenfelser Bach hat große Teile des Vulkans bereits entfernt, seine Nordflanke ist dadurch versteilt worden. Der Vulkan ist also relativ alt. Er hat das Grundgebirge im Grenzbereich zwischen Unter- und Mitteldevon durchschlagen, seine Tephra enthält als Fragmente sowohl Kalke als auch Sandsteine. Die Lava ist nach THIELE (1976, 24) als Olivin-Melilith-Nephelinit einzustufen.

Südlich vom Feuerberg liegt in der Flur Auf Winkel nach MERTES (1983) ein selbständiger Schlackenkegel, dessen Material ein Nephelinit ist.

Alter Voss und Bickenberg

Der bewaldete Schlackenkegel des Alten Voss (mit dem Naturdenkmal Befreiungsbuche) bildet mit 588,3 m die höchste Erhebung in dem Vulkanmassiv zwischen Hohenfels und Berlingen. In die Pyroklastika ist Lava eingedrungen, und zwar gangartig im Gipfelbereich und als 1 km breiter Strom an der Südseite. Der Lavastrom ist als scharfe Kante deutlich zu verfolgen, der Berlinger Bach hat ihn unterschnitten. Die Lava ist nach FRECHEN (1959c, 72) als Olivin-Leuzit-Nephelinit zu bezeichnen. In der Basalttephra fanden sich Pflanzenreste, die nach KRÄUSEL & WEYLAND (1942, 5–6) der Alge *Chara foetida* A. BR. nahe stehen; das spricht für die Existenz von Gewässern zur Ausbruchszeit.

Der nördlich gelegene Bickenberg ist ein Schlackenkegel, dessen Schlot mit Basalt (nach MERTES 1983 ein Melilith führender Nephelinit) gefüllt wurde.

Sassenberg und Kirchweiler Maar

Der südöstlich von Berlingen gelegene Sassenberg (Beuel bei V. DECHEN) ist ein Schlackenkegel, aus dem nach W Lava (nach MERTES 1983 Leuzitit) geflossen ist. Kleinere Lavavorkommen finden sich auch am NW-Hang.

Östlich vom Sassenberg findet sich eine rundliche sumpfige Talung, die vielleicht als ein vulkanisch bedingtes Kesseltal anzusehen ist, V. DECHEN (1886, 127) weist schon darauf hin. BÜCHEL & MERTES (1982) haben die Maarnatur dieses Kirchweiler Maares nachgewiesen. Südöstlich von Kirchweiler findet sich ebenfalls eine solche auffällige Senke, V. DECHEN erwähnt für das Gebiet zwischen dem Kylltal, Dockweiler und Waldkönigen insgesamt 12 solcher rundlichen Senken und bezeichnet sie als Kesseltäler. Ob sie alle als Maare anzusehen sind, lässt sich einstweilen nicht nachweisen. Zumindest ein Teil von ihnen dürfte dadurch entstanden sein, dass durch die Vulkanite die Täler zeitweise abgeriegelt waren, wodurch breite Staubecken entstanden.

Sellbusch und Bungerberg

Am Schlackenkegel Sellbusch östlich von Pelm traten zwei Lavaströme im Gipfelbereich aus, und zwar zuerst ein kurzer mächtiger nach SW; danach floss einer 700 m lang nach E. Dieser östliche Strom bildet auf dem Bungerberg (Bongsberg) eine geringmächtige Basaltdecke. An der Eruptionsstelle beider Lavaströme finden sich Schweißschlacken. Die Lava des Bungerberges ist nach FRECHEN (1959c, 72) als Melilith-Nephelinit zu bezeichnen.

Baarley und Geißhecke

Auf dem Bergrücken zwischen Gees und Pelm treten zwei Schlackenkegel-Komplexe auf, die Baarley (Baarlei, Aarley bei MITSCHERLICH 1866, Geeserberg bei v. DECHEN 1886) im W, die Geißhecke im E. Nach magnetischen und geologischen Aufnahmen von UTTER & GROTJOHANN (1976) bildeten sich zuerst zwei maarähnliche Tephraschlote, einer zwischen Baarley und Geißhecke und einer im SE der Geißhecke. Der Schlot der Geißhecke war schräggestellt und warf Tephra nach W aus. Die Tephra der Baarley überlagert im N Palagonittuffe unbekannter Herkunft. Schließlich drangen mehrere Basaltgänge im Bereich der Geißhecke und der Baarley in die Tuffe ein, an der Baarley floss nach W sogar Lava aus (nach THIELE 1976, 14 ein Leuzit-Nephelinit). In einer Erosionsrinne an der NW-Flanke der Baarley lagerte sich als letztes ein vulkanischer Schlammstrom (Lahar) ab, vielleicht durch heftige Regenfälle während einer Eruption ausgelöst. In dem zementartig dichten Gestein sind chaotisch Blöcke vulkanischer und devonischer Gesteine verbacken. Der Schlammstrom ist als Rücken bis vor die Ortschaft Pelm zu verfolgen; dort liegt seine tiefste Stelle bei etwa 410 m NN, reicht also mindestens bis ins Niveau der Unteren Hauptterrasse der Kyll hinab (ZEPP 1933, GEBHARDT 1963). FUHRMANN (1983) gibt für die Baarley-Lava ein Ar^{40}/Ar^{39}-Alter von 510 000 ± 20000 Jahren an.

Daasberg

Auf dem Daasberg (Dachsberg) südwestlich von Pelm befindet sich eine kleine Basaltkuppe. v. DECHEN sah in dem Vorkommen einen Erosionsrest der östlich gelegenen Baarley-Lava; jedoch handelt es sich nach MERTES (1983) um einen selbständigen Schlackenkegel.

Krekelsberg

Der Krekelsberg südlich Gerolstein (r 4810 h 6338) ist nach MERTES (1983) ein Schlackenkegel von Nephelinit-Zusammensetzung. Nach W ist ein kurzer Lavastrom ausgeflossen.

Dietzenley und Vorkommen östlich davon

Der Gipfel der Dietzenley nördlich Büscheich besteht aus Basalt, der in grobe senkrechte Pfeiler gegliedert ist. Er ist wahrscheinlich in einen Schlackenkegel eingedrungen, der inzwischen erodiert ist. Südlich des Gipfels kommt umgelagerte Tephra vor. FUHRMANN & LIPPOLT (LIPPOLT 1983) haben an der Lava der Dietzenley ein K/Ar-Alter von 620 000 ± 110 000 Jahren ermittelt.

Die Höhe 560,7 ostnordöstlich der Dietzenley dürfte ein Schlackenkegel sein, im Osten mit Basaltlava. Die Anhöhe nahe ostsüdöstlich davon (r 4940 h 6326), westsüdwestlich vom Jagdhaus Flemmingshöh ist nach MERTES (1983) ebenfalls ein Schlackenkegel, ein Nephelinit. Südöstlich vom Jagdhaus bei r 5020 h 6326 findet sich nach BÜCHEL & MERTES (1982) ein Nephelinit-Schlackenkegel. Südlich davon im Norden der Flur Hirzheck fanden BÜCHEL & MERTES (1982) bei r 5042 h 6318 einen Tephraschlot.

Geeser Maar und Hengstweiler-Maar

Das Tal, in dem die Straße von Gees nach Neroth führt, zeigt an zwei Stellen breite Ausweitungen, die durch Erosion allein nicht zu erklären sind. Die eine liegt 1,5 Straßenkilometer südwestlich Gees und wird zum größten Teil von Wiesen eingenommen. Die andere liegt einige Hundert Meter weiter oberhalb in der Flur Hengstweiler dort, wo das Tal aus der E-W-Richtung in die NW-Richtung schwenkt. Sie ist von LIPPERT (1937b) schon als Eruptionszentrum für die talabwärts gelegenen isolierten Tephravorkommen angesehen worden. KRÄMER (1957) konnte nachweisen, dass es sich um ein Maar handelt, das er Hengstweiler-Maar nannte. Es hat die vulkanologischen Abmessungen: Durchmesser 800 mal 650 m, Tiefe 60 m (NOLL 1967a, 11). Tephra findet sich westlich, nordöstlich und nordwestlich des Hengstweiler-Maars in isolierten Flecken. In der Sandgrube 200 m nördlich P.567,6 wird die flach nach E fallende Basaltlapilli-Tephra diskordant von helleren stärker verfestigten Tuffen überlagert. Von dem nordwestlichen Tephravorkommen, das unterhalb der Straßenbrücke durch einige Gruben aufgeschlossen ist, beschrieb LIPPERT (1937b) Rutschfalten; die Rutschung erfolgte in nordwestlicher Richtung. GREINER & KRÄMER (1972) sehen aufgrund der Korngrößen- und Mächtigkeitsverteilung der Tephra auch die nördliche der beiden Talausweitungen, die den Punkt 451,2 umgibt, als Maar an. Sie konnten dieses Geeser Maar auch durch eine magnetische Kartierung belegen, denn sie fanden hier eine rundliche Anomalie mit einem Maximum von 1500 nT. Das Hengstweiler-Maar zeigt nach dieser Kartierung eine kreisförmige positive Anomalie mit über 400 nT.

Kyller Kopf (Rockeskyller Kopf) und Giesenheld

Der ganze Vulkankomplex wird von Palagonittuffen unbekannter Herkunft unterlagert. Darüber liegt am Osthang des Kyller Kopfes Tephra, die neben Sanidinbruchstücken viele Auswürflinge kristalliner Schiefer enthält. Sie entstammen mehreren räumlich und zeitlich getrennten Eruptionen. Eine Ausbruchsstelle gibt RAHM in der Flur Auf Dickel nordöstlich des Rockeskyller Kopfes an. Unter den Förderprodukten finden sich hier nach MERTES (1983, 121) auch Phonolith und syenitische Subvulkanite, nach RILEY et al. (1996) auch Karbonatite. Die sanidinführende Tephra weiter im S (Flur Auf dem Tommel) entstammt einem eigenen Ausbruch. Mit den Auswürflingen kristalliner Schiefer hat sich HAARDT (1916, 226–251) beschäftigt: er konnte fünf Stadien der Beeinflussung durch den vulkanischen Herd an ihnen feststellen. Das 1. Stadium zeigt regionalmetamorphe Gesteine (hauptsächlich Biotitschiefer, daneben Gneise und Phyllite) ohne Beeinflussung durch den Herd. Das 2. Stadium zeigt Neubildungen von Andalusit, Granat und Sillimanit; dadurch entstehen Gesteine wie Andalusit-Phyllit, granatführender Andalusit-Glimmerschiefer, Granatquarzit. Das 3. Stadium zeigt erhöhte Temperatur und Stoffzufuhr an, es kristallisieren Korund, Spinell, Sillimanit, Cordierit, Quarz, Sanidin und Biotit, außerdem findet sich Glas. Das 4. Stadium ist durch Verdrängung des Quarzes durch Sanidin und des Biotits durch Ägirinaugit gekennzeichnet. Durch verstärkte Injektion entstehen brekziös aussehende Mischgesteine. Im 5. Stadium verschwindet die schiefrige Textur des Ausgangsgesteins, und es entsteht ein richtungslos körniges oder radialstrahliges Gefüge; die Gesteine bestehen fast nur aus Sanidin und Ägirinaugit. EL-KALUOBY (1981) hat die Glimmerschiefer-Auswürflinge erneut untersucht und vermutet, dass sie alle etwa aus 15 km Tiefe stammen, wobei die Ausgangsgesteine auch Vulkanite enthalten, was Funde von Diorit und Keratophyr zeigen. Außer den Metamorphiten finden sich unter den

Auswürflingen Sandsteine der Klerf-Schichten und milde Tonschiefer, die nach G. Fuchs (1965, 431) vielleicht dem älteren Unterdevon entstammen.

Über der sanidinführenden Tephra liegt der Schichtvulkan des Rockeskyller Kopfes, der aus Basalttephra mit zwischengeschalteten Lavaströmen aufgebaut wird. Es lassen sich zwei Basalte unterscheiden: ein älterer olivinführender Nephelin-Leuzitit (Thiele 1976) und ein jüngerer Olivin-Melilith-Nephelinit. Die ältere Lava tritt an den südlichen, westlichen und nordwestlichen Abhängen des Rockeskyller Kopfes zutage. Lava gleicher Zusammensetzung steht noch am Mäuseberg (zwischen Rockeskyller Kopf und Giesenheld), am West- und Südabhang der Giesenheld (bei Haardt Hofacker genannt) und im Ort Dohm an. Deshalb liegt die Vermutung nahe, dass alle die genannten Vorkommen Erosionsreste eines einzigen Basaltstromes seien, dem man auch die Lava vom Steinberg auf der anderen Seite der Kyll zurechnen könnte. Rahm hält jedoch alle diese Vorkommen für selbständige Vulkane. Für die Giesenheld wird das auch dadurch bestätigt, dass dort nach Frechen (1959 c, 115) die untere Lava faustgroße Olivinknollen enthält, die den Laven des Kyller Kopfes fehlen. Die jüngere Lava des Rockeskyller Kopfes, der Olivin-Melilith-Nephelinit, bildet nur eine Schlotfüllung und baut die Kuppe des Berges auf.

Palagonittuffe zwischen Rockeskyll und Essingen

Am Südabhang des Gyppenbergs sind Palagonittuffe diskordant auf älteren gleichartigen Tuffen liegend aufgeschlossen. Die jüngeren Palagonittuffe gehören nach Rahm zur Tephradecke von Rockeskyll. Für die älteren vermutet Rahm die Ausbruchsstelle im Tal von Essingen. An der Ostseite der Tuffdecke finden sich wie am Kyller Kopf Durchbrüche von jüngerer Basalttephra und Basalten: so findet sich bei P. 491,7 östlich Rockeskyll Basalttephra; an der Straße Pelm – Essingen werden die Palagonittuffe von Basalttephra durchschlagen, in die eine kleine Basaltkuppe eingedrungen ist. Die Palagonittuffdecke von Rockeskyll dürfte in einem Seebecken abgelagert worden sein, das vielleicht zwischen den Vulkanmassiven zeitweilig aufgestaut wurde.

Phonolith-Tephra von Rockeskyll

Nach Hopmann (1922) finden sich am Fuße des Schießberges, auf den Feldern südöstlich vom Nonnental bei Rockeskyll und am Weg von der Rockeskyller Mühle zum Kyller Kopf Brocken von hellgrünem bis gelbgrauem dichtem Noseanphonolith. Sie stammen wohl aus einer leuzitführenden bimssteinartigen Phonolithtephra, von der Hopmann bei Rockeskyll Reste gefunden hat. Offenbar ist phonolithisches Magma hier bis dicht unter die Oberfläche aufgestiegen und in schwachen Ausbrüchen durchgebrochen. Das Phonolith und Karbonatit führende Eruptionszentrum Auf Dickel nordöstlich des Kyller Kopfes liegt nicht weit östlich davon. Die aus größeren Tiefen aufsteigenden basaltischen Vulkanite haben diesen phonolithischen Herd durchschlagen.

Gyppenberg und Köpfchen

Am Gyppenberg zwischen Rockeskyll und Essingen sind der Palagonittuffdecke nach MERTES (1983) Basaltschlackenkegel aufgesetzt, so ostnordöstlich vom Gyppenberg (r 5079 h 6875) und am Köpfchen (r 5088 h 6940), wo auch Lava ausgeflossen ist.

Mühlenberg und Nachbarvulkane

Auf dem Mühlenberg nördlich von Hohenfels findet sich eine riesige Basaltlava-Platte, die an ihrem Südrand und NW-Rand durch Steinbrüche angeschnitten wurde. Unter der Lava liegen einige Meter Tephra. Die Lava ist besonders im oberen Teil so porös, dass sie als Werkstein verarbeitet werden kann. RAHM beschreibt Laminierungserscheinungen in einer Lage etwa 3 m über der Strombasis. Das Gestein ist nach THIELE (1976, 15) als olivinführender Melilith-Nephelinit einzustufen. An der Westseite des Vorkommens liegen zwei Schlackenkegel, einer auf der Höhe Krümmel (r 5250 h 6920), einer südwestlich davon bei r 5240 h 6900 (MERTES 1983). In diesem Raum könnte also das Ausbruchszentrum für die Lava gelegen haben. Die Unterkante der Lavaplatte liegt heute 50 m über der Talsohle, die Abtragung hat wahrscheinlich erhebliche Mengen davon entfernt, die Talhänge sind von einem Blockmeer bedeckt. Der Vulkan muss also relativ alt sein. FUHRMANN (1983) gibt ein K/Ar-Alter von 710 000 ± 150 000 Jahren an.

Im Ostteil liegt auf dem Mühlenberg-Basalt und seinen Tuffen eine Decke von sanidinführender Basalttephra. In gleicher Ausbildung findet sich diese sanidinführende Tephra auch südöstlich der Flur Gonnenstall (s. u.), so dass mit RAHM die Ausbruchsstelle dieser Tuffe etwa in dem Tälchen zwischen Mühlenberg und Gonnenstall zu suchen ist. MERTES (1983) nimmt hier ein phonolithisches Maar an, das Essinger Maar (r 5275 h 6975). Südwestlich des Mühlenbergs liegt nach MERTES das Hohenfelser Maar, das die Bahnlinie in einem Bogen umrundet.

Gonnenstall

Südlich von Zilsdorf liegt südlich der alten Straße Hillesheim – Dreis eine flache Kuppe (Höhe 600,9) in der Flur Gonnenstall, ein Schlackenkegel. Aus den Schlacken wurden früher sogar Mühlsteine gewonnen (V. DECHEN). Nordöstlich davon liegt nach MERTES (1983) bei r 5255 h 7050 ein weiterer Schlackenkegel.

Kahlenberg

Der 629 m hohe Kahlenberg (er ist z. Z. nicht kahl, sondern bewaldet) zwischen Betteldorf und Zilsdorf ist ein Schlackenkegel, in den Basaltlava eingedrungen ist, nach MERTES (1983) ein Nephelin-Leuzitit. Ein kleiner Lavastrom ist in nordwestlicher Richtung ausgeflossen.

Die kleinen Basaltvorkommen südlich und südöstlich von Zilsdorf hängen nach der Kartierung von RAHM nicht mit dem Kahlenberg zusammen, sondern sind selbständige gangartige Vorkommen.

Döhmberg und Schwammert

Der bewaldete Döhmberg westlich vom Dreiser Weiher ist ein Schlackenkegel, in den südwestlich vom Gipfel Basaltlava gangartig eingedrungen ist. Südöstlich vom Döhmberg liegt in der Flur Schwammert schon im Bereich des Tephrawalles des Dreiser Weihers ebenfalls ein Basaltvorkommen, nach MERTES (1983) vielleicht ein Schlackenkegel.

Dreiser Weiher

CIPA (1958, 692–695), FRECHEN (1948, 1963, 1976, 164–169, 1984), PAUL (1971), DE ROEVER (1963), DEN TEX (1963), STOSCH & SECK (1980).

Nördlich von Dockweiler und westlich von Dreis liegt eine rundlich-ovale Senke, die in N-S-Richtung etwa 1360 m, in E-W-Richtung 1180 m breit ist, der Dreiser Weiher. Früher bestand hier auch ein kleiner See, der Anfang des 19. Jahrhunderts trockengelegt wurde (STRAKA 1952, 20). Heute wird die Senke durch künstliche Gräben zum Ahbach hin entwässert. Der Höhenunterschied zwischen Maarboden und vorvulkanischer Landoberfläche beträgt 36–120 m, d. h. es bestand schon ein starkes Relief zur Entstehungszeit des Dreiser Weihers. Das Ahbachtal war zu dieser Zeit schon fast wie heute entwickelt, so dass wie für die meisten anderen Maare eine relativ junge Entstehung angenommen werden muss (FRECHEN 1976, 168–169). Genauere Datierungen ließen sich am Dreiser Weiher bisher nicht vornehmen, da er kein Moor enthält, das eine pollenanalytische Untersuchung ermöglicht hätte. Das Maar ist jünger als die umgebenden Vulkane, da seine Tephra sowohl auf den Vulkaniten des Döhmbergs als auch auf dem Lavastrom von Dockweiler liegt.

Die Abhänge und der Boden des Maarkessels sind mit umgelagerter Tephra großenteils bedeckt. Tephra in ursprünglicher Lagerung findet sich auf den Höhen ringsum, in besonders weiter Verbreitung in nordöstlicher Richtung, wo sie bis in das Tälchen östlich des Struthberges nachzuweisen ist. Nach FRECHEN lassen sich nach der Korngröße 5 Wurffächer unterscheiden, deren Förderfolge sich aus den Überlagerungsverhältnissen ergibt. In Abb. 84 sind nur die Tufffächer I–IV dargestellt, Tephra V überdeckt II, III und IV. Aus der Anordnung der Tephrafächer schloss FRECHEN, dass deren Ausbruchspunkte nicht im Zentrum des Maares, sondern an der Peripherie gelegen haben müssen. Das bestätigte die durch CIPA durchgeführte Vermessung der magnetischen Vertikalintensität: es ergaben sich in der Randzone des Maarkessels an 4 Stellen eng begrenzte Anomalien, die genau an den von FRECHEN vermuteten Ausbruchsstellen der Tephren liegen. Die breite positive Anomalie im Maarboden wird durch zusammengeschwemmte Tephra, vielleicht auch durch basaltisches Material in größerer Tiefe verursacht. Bohrungen zur Erweiterung der Kohlensäurequelle ergaben, dass im Maarzentrum unter einer geringmächtigen Tephradecke nicht zerrüttetes Devon vorhanden ist (FRECHEN 1976, 165). Auch das spricht dafür, dass der Dreiser Weiher nicht durch einen Zentralausbruch ausgesprengt wurde. Die einzelnen kleinen Tephrafächer weisen auf randliche Ausbrüche in mehreren Etappen. Das Volumen der ausgeworfenen Tephra, auch wenn man das abgeschwemmte Material berücksichtigt, ist viel geringer als die Hohlform des Maarkessels. Diese geht also im Wesentlichen auf das Einbrechen des zentralen Teils zurück.

Die Tephra des Dreiser Weihers ist berühmt wegen ihres Reichtums an ultrabasischen Auswürflingen, die z. T. fast nur aus Olivin bestehen („Olivinbomben"). Als Einzelminerale finden sich nach FRECHEN (1976, 168–169) Olivin, Enstatit, diopsidischer und salitischer Au-

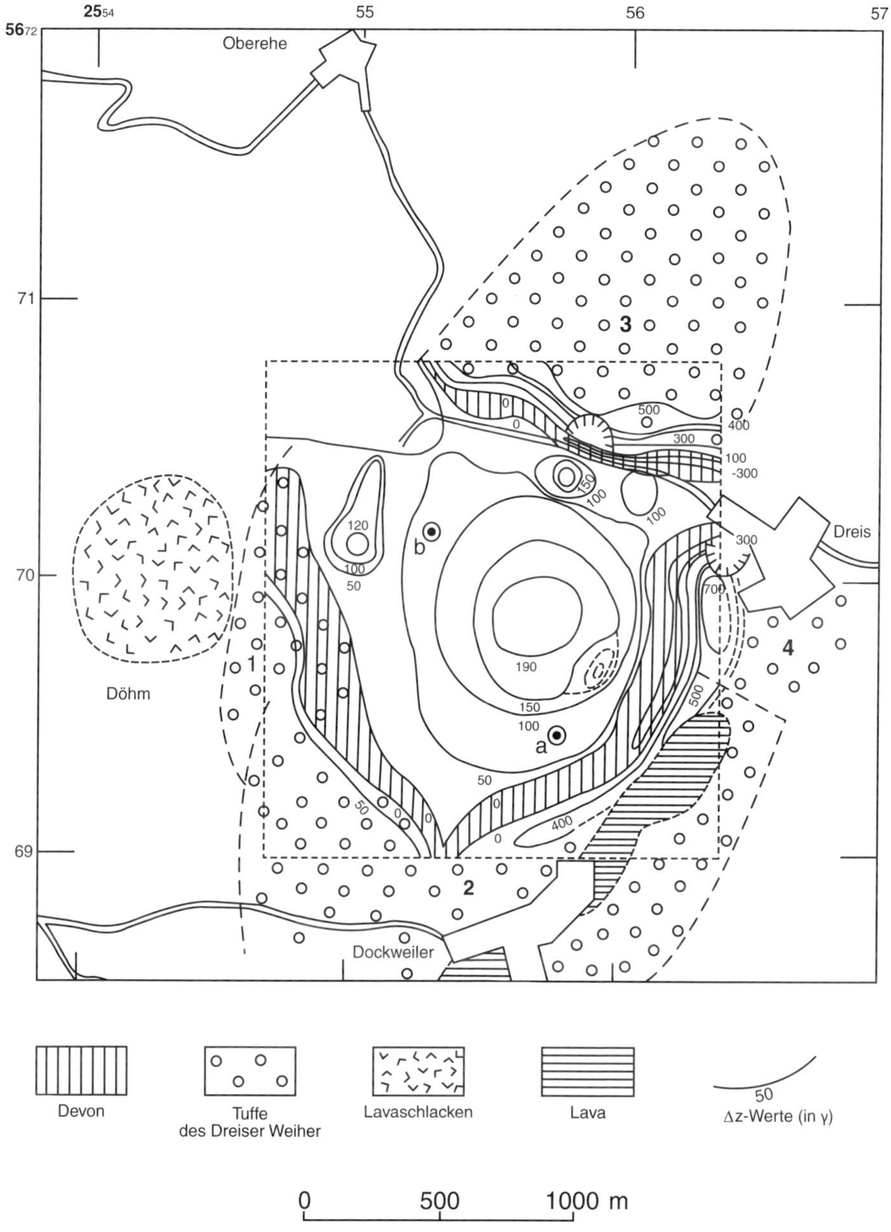

Abb. 84. Die Tephrafächer am Dreiser Weiher. Erdmagnetische Isanomalen nach CIPA (1958); a und b: Lage der von STRAKA durchgeführten Bohrungen. FRECHEN (1984).

git, Titanaugit sowie Augit mit höheren Anteilen an Tschermaks-Molekülen, basaltische Hornblende, Phlogopit, Plagioklas, Sanidin, Skapolith, Picotit, Magnetit, Apatit und Titanit. Von Gesteinen finden sich unter den Auswürflingen Mafitite wie Dunite, Lherzolithe, Wehrlite, Klinopyroxenite, Hornblendite und Phlogopit-Hornblendite, ferner Gabbros und Plagioklasfelse, verglaste kristalline Schiefer und Metasomatite. Diese Kontaktmetasomatite enthalten Augit, Plagioklas, Granat (mit etwa 50 Mol.-% Pyrop), Korund, Rutil, Magnetit. Außerdem finden sich unter den Auswürflingen noch kompakte Alkalibasalte, u. a. Olivin-Melilith-Nephelinite und Leuzit-Nephelinite.

FRECHEN (1962, 1963, 1984) hat darauf aufmerksam gemacht, dass sich die Zusammensetzung der ultrabasischen Auswürflinge von Wurf zu Wurf in charakteristischer Weise ändert, was so gedeutet werden kann, dass die Auswürflinge Produkte von Differentiationen in einer Magmenkammer sind. Andererseits sehen viele Petrologen die Ultrabasite, oder zumindest einen Teil davon (DE ROEVER 1963) als unveränderte Fragmente des Erdmantels an und glauben auf dessen Zustand dadurch schließen zu können, dass sie deren Bildungsbedingungen rekonstruieren. So haben z. B. STOSCH & SECK (1980) die Gruppe der Spinell-Lherzolithe aus dem Dreiser Weiher phasenpetrologisch und geochemisch untersucht. Sie haben dabei als Bildungstemperaturen für einen Amphibol-führenden Typ ca. 950 °C und für einen Amphibol-freien Typ ca. 1150 °C ermittelt.

Radersberg und Brücker Maar

Der 636,8 m hohe Radersberg östlich von Brück ist ein Schlackenkegel. In den Pyroklastika finden sich neben Augiten und Biotiten als Besonderheit Hornblendekristalle. Größerer Tephraabbau auf der Südseite hat den Berg stark abgetragen. Die runde Senke südlich von Brück ist nach BÜCHEL (1984) ein Maarkessel. In seiner Füllung haben SCHABER & SIROCKO (2005), die diese Struktur als Schlackenring bezeichnen, an Sedimenten ein C^{14}-Alter von 45 120 Jahren B.P. bestimmt.

Reinertsberg

Nordwestlich von Brück liegt der 609,5 m hohe Reinertsberg (bei RAHM Reinartsberg). Er besteht aus einem Schlackenkegel, in den im Gipfelbereich stockförmig Basaltlava eingedrungen ist.

Beuel bei Zilsdorf

Südwestlich von Zilsdorf liegt in der Flur „Auf dem Beuel" eine flache Kuppe. Es handelt sich um einen Schlackenkegel mit Lavaergüssen, die besonders an den westlichen und südlichen Abhängen zutage treten. Schon V. DECHEN (1886, 143) fand in den Pyroklastika Buntsandsteinbrocken, ein Zeichen dafür, dass zur Entstehungszeit des Vulkans hier noch Buntsandsteinreste anstanden, ähnlich wie an dem nahen tertiären Basaltvulkan Arensberg. Die Mitteldevon-Fragmente in der Tephra lassen sich nach FUCHS (1965, 342 u. 428) den Oberen Nohn-Schichten (Dankerath-Horizont) zuordnen. Wenn man mit dem Schichtenverband des Gebietes östlich von Zilsdorf vergleicht, so dürften hier so junge Schichten nicht erscheinen, sondern der Vulkan müsste, wie schon V. DECHEN vermutete, im Grenzbereich von Unter- zu Mitteldevon liegen. Man muss deshalb annehmen, dass die N-S-Störung, auf welcher der Arensberg sitzt, auch noch zwischen Zilsdorf und dem Beuel wirksam ist; und zwar verwirft sie den Rand der Hillesheimer Mulde auf der Westscholle nach S. Das Beuel gehört zu den ältesten quartären Vulkanen der Westeifel: CANTAREL & LIPPOLT (1977, 607) haben an der Lava (nach MERTES, 1983 ein Nephelin-Leuzitit) ein Alter von 960 000 ± 100 000 Jahren nach der K/Ar-Methode bestimmt.

Basaltvorkommen in der Umgebung von Zilsdorf

Östlich und südlich von Zilsdorf finden sich viele große Brocken von Basaltlava. Früher war jedoch östlich von Zilsdorf mehr aufgeschlossen, MITSCHERLICH (1866, 34) und V. DECHEN (1886, 114) berichten von einem Steinbruch. Tephra fehlt hier. FUCHS (1965, 427) beschreibt von einer Stelle 250 m nordwestlich von P. 518,5 nördlich der Straße Zilsdorf – Walsdorf Tephra und einige Blöcke von Basaltlava.

Nordspitze des Büchenbüschs

FUCHS (1965, 427) beschreibt von den Wiesen und Äckern um die Nordspitze des NE-Ausläufers des Büchenbüsch westlich von Loogh basaltische Aschen und Lapillitephra mit einem kleinen Basaltvorkommen.

Basalttephra westlich Kerpen

Auf der kleinen Anhöhe unmittelbar westlich von Kerpen (gegenüber der Burg) findet sich Basalttephra, die nach W. STRUVE (in FUCHS 1965, 427) dort auf mehreren kleinen Spalten aufgedrungen ist.

Kerpener Maar

Von BÜCHEL & MERTES (1982) wurde südwestlich von Kerpen ein kleines Maar nachgewiesen, dessen Förderprodukte nach MERTES (1983) neben Basalt auch Phonolith enthalten, was angesichts der Randlage zum Vulkanfeld besonders auffällig ist; r 5158 h 7418.

Walsdorfer Maar

Südlich von Walsdorf liegt eine große rundliche Senke, die in den Karten den Namen „Schilierwiese“ trägt. Schon STEININGER (1820, 53) hatte erkannt, dass es sich hier um ein Maar handelt. Der gleichmäßig runde Kessel hat nach NOLL (1967, 11) in allen Richtungen den vulkanologischen Durchmesser von 1000 m und Tiefen zwischen 30 und 75 m. Das Maar hat relativ viel Tephra gefördert. Nach RAHM lassen sich zwei Ausbrüche in der Ostumrandung feststellen. Da die Verbreitung des Grundgebirges in der Umgebung des Maars gut bekannt ist, gelang es FUCHS (1969a), mit Hilfe der Devon-Auswürflinge die Ausbruchsstellen zweier Tephrafächer zu lokalisieren: Der ältere enthält Auswürflinge der Klerf-Schichten, untergeordnet auch Kalke des unteren Mitteldevons; demnach muss seine Ausbruchsstelle am Nordfuß des Berges Erbenschell gelegen haben. Die jüngere Tephra enthält nur mitteldevonische Kalke, die FUCHS zu verschiedenen Gliedern der Ahrdorf-Schichten stellen konnte. Aus der Verbreitung dieser Schichten ergibt sich eine Ausbruchsstelle am SW-Fuß des Orenberges. Die Streufächer und die Korngrößenverteilung bestätigen diese Lokalisierung. Die Erbenschell-Tephra wurde nach SE ausgeworfen, die Orenberg-Tephra nach NE und N. Die Orenberg-Tephra enthält außerdem Basaltlava als Auswürflinge, muss dort also ein Lavafeld durchschlagen haben. In den Sedimenten der Maarfüllung haben SCHABER & SIROCKO (2005) ein C^{14}-Alter von 50 700 Jahren B.P. bestimmt.

Goßberg mit Heidberg und Pferdskopf

Südwestlich von Walsdorf erhebt sich der 614 m hohe Schlackenkegel des Goßberges. Er besteht hauptsächlich aus Basalttephra, die in riesigen Gruben an der NE-Flanke abgebaut wird, dadurch ist der Berg stark zerstört worden. Der Gipfel besteht aus Schweißschlacken, hier lag die Ausbruchsstelle. Eingeschaltet sind außerdem mehrere Basaltgänge und nach N und SW kleine Lavaströme, es handelt sich also um einen gemischten Schichtvulkan. Die Lava ist nach FRECHEN (1959c) als Olivin-Nephelin-Leuzitit zu bezeichnen. Die Tephra nordöstlich des Heidberges und am Pferdskopf stammt nach FUCHS (1969a) wohl ebenfalls vom Goßberg.

Kyllerhöhe, Graulei und Lierwiese

Südlich von Hillesheim findet sich ein großer Vulkankomplex. Er besteht aus einem weiten runden Kessel, der sog. Lierwiese, der ringförmig von Anhöhen umgeben wird, die nur nach NW eine Öffnung freilassen. Der 535 m hohe Rücken im E heißt Kyllerhöhe, die 514 m hohe Kuppe im S Graulei (Grauley). Nach der Auffassung von RAHM (1956) ist die Lierwiese weder eine maarähnliche Einsenkung noch ein Krater. Selbständige Vulkane sollen nur Graulai und Kyllerhöhe darstellen; es sind Schlackenkegel, von denen mehrere kleine Lavaströme und -gänge ausgehen. An der nordwestlichen Öffnung der Lierwiese stoßen Lavaströme der Graulei und Kyllerhöhe fast zusammen. An der Graulei findet sich südlich der Öffnung Tephra, die reich an Auswürflingen ultrabasischer Gesteine und an Augit- und Biotitkristallen ist. Das sind Bestandteile, die in den Tephren von Maaren besonders häufig sind, deshalb hat ein Lierwiesen-Maar, wie es MERTES (1983) annimmt, doch einige Berechtigung.

Nördlich des Lierwiesen-Maars liegt ein Schlackenkegel, der nach MERTES (1983) als Hauyn-führender Melilith-Nephelinit einzustufen ist; r 4835 h 7225.

Höhe 427,6 westlich Bolsdorf

Nach FUCHS (1965) sind die basaltischen Schlacken und Tephren der Anhöhe 427,6 westlich von Bolsdorf ein eigenständiger Schlackenkegel; das Tephravorkommen nördlich davon ist nur durch Erosion davon abgetrennt worden. Die Tephra ist nach FUCHS älter als die Obere Mittelterrasse der Kyll, da sie in ihren Schottern schon aufgearbeitet vorkommt, teilweise auch von diesen Schottern überlagert wird.

Dohm

Die Kirche von Dohm steht auf einem Basaltfelsen, nach MERTES (1983) ein Leuzit-Nephelinit, vielleicht der Rest eines durch die Kyll erodierten Schlackenkegels; r 4715 h 6965.

Steinrausch bei Hillesheim

Der Schlackenkegel Steinrausch nordwestlich von Hillesheim ist durch zahlreiche Steinbrüche, aus denen schon seit Jahrhunderten das Baumaterial für Hillesheim gewonnen wurde, stark zerstört. Eine Tephradecke ist in N-S-Richtung langgestreckt, sie reicht nach N bis an den Fuß des Kuhls. Die Lava des Steinrauschs füllt nur ein kleines Areal aus, vielleicht ist hier nur die Schlotfüllung erhalten geblieben. Das Gestein ist nach FRECHEN (1959c) als Leuzitit zu bezeichnen. Die Tephra des Steinrauschvulkans scheint der Oberen Mittelterrasse der Kyll aufzuliegen. Für die Lava gibt FUHRMANN (1983) ein Ar^{40}/Ar^{39}-Alter von 500 000 ± 30 000 Jahren an.

Buch

Der Buch nordöstlich Hillesheim zeigt den Rest eines kleinen, nach NW geflossenen Basaltstromes und Tephra. Die Lava ist nach HUSSAK (1878, 5) und BUSZ (1885, 437–438) als Olivin-Melilith-Nephelinit einzustufen. Sowohl Tephra als auch Lava enthalten Fragmente des Givet-Dolomits der Unterlage.

11.2.5.8 Die Vulkane im Raum Gerolstein, Oberbettingen und Steffeln

v. DECHEN (1886, 151–191), WIENECKE (1984, 59–73).

Die Vulkane häufen sich in diesem Abschnitt an drei Stellen: im Raum Gerolstein – Roth, im Raum zwischen Nieder- und Oberbettingen und im Raum Auel – Steffeln. Die meisten Vulkane sitzen im Gebiet der Oberbettinger Buntsandstein-Senke und gehen nach W hier nicht über das Buntsandstein-Areal hinaus. Das Vulkanfeld setzt sich nach E über das Kylltal, das die Grenze zu den im Abschnitt 11.2.6.7 besprochenen Vulkanen darstellt, fort. Mit Ausnahme der Vulkane Kreuzkaul, Kasselburger Hahn, Steinberg und Borlich, die auf Bl. 5706 Hillesheim liegen, befinden sich alle Vorkommen auf dem Bl. 5705 Gerolstein.

Papenkaule, Hagelskaule und Sarresdorfer Lavastrom

CIPA (1958, 683–687), FRECHEN (1959c, 111), RAHM (1956, 19–20).

Die Papenkaule nördlich von Gerolstein ist eine in NW-SE-Richtung langgestreckte Senke, die nach NOLL (1967a, 11) die folgenden vulkanologischen Abmessungen hat: Durchmesser 80–140 m, mittlere Tiefe 30 m. Sie ist von einem niedrigen Tephrawall umgeben und könnte deshalb nach ihrer Form als Maar angesehen werden. Nach der Entstehungsgeschichte handelt es sich jedoch nicht um einen reinen Gasvulkan, denn nur aus morphologischen Gründen ist

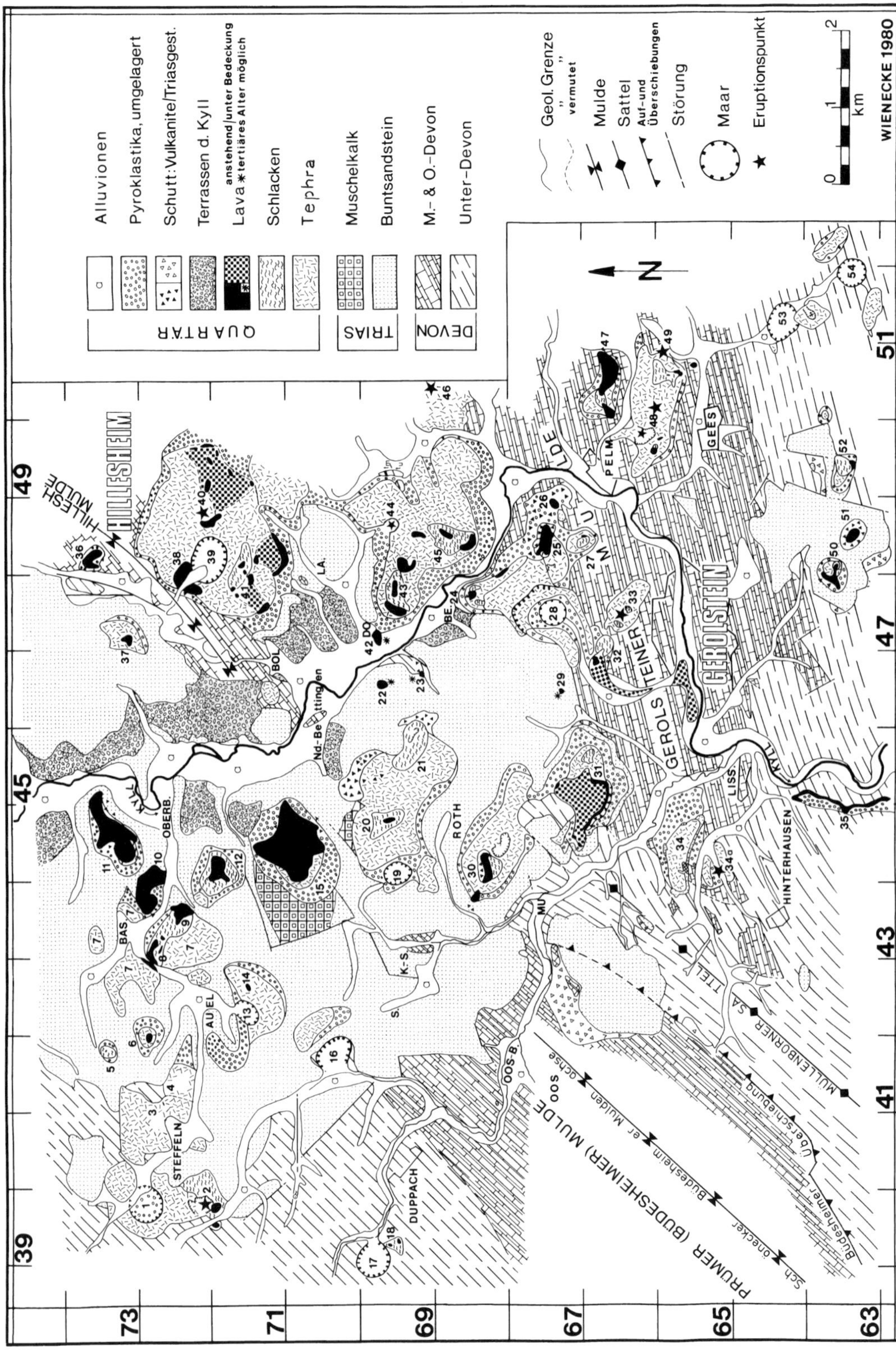
QUARTÄR
Alluvionen
Pyroklastika, umgelagert
Schutt: Vulkanite/Triasgest.
Terrassen d. Kyll
Lava anstehend/unter Bedeckung ✱ tertiäres Alter möglich
Schlacken
Tephra
TRIAS
Muschelkalk
Buntsandstein
DEVON
M.- & O.-Devon
Unter-Devon
Geol. Grenze
" " vermutet
Mulde
Sattel
Auf- und Überschiebungen
Störung
Maar
Eruptionspunkt
0 1 2 km
WIENECKE 1980
N
HILLESHEIM
HILLESH. MULDE
GEROLSTEIN
GEROLSTEINER MULDE
PRÜMER (BÜDESHEIMER) MULDE
MÜLLENBORNER SATTEL
Büdesheimer Überschiebung
STEFFELN
DUPPACH
AUEL
KYLL
OBERB.
BAS.
ROTH
Nd.-Bettingen
BOL.
LA.
DO.
BE.
PELM
GEES
LISS
HINTERHAUSEN
OOS-B.
MU
K.-S.
S.
39 41 43 45 47 49 51
73 71 69 67 65 63

aus der Papenkaule keine Lava ausgeflossen. Erste Gasexplosionen schufen den Krater der Papenkaule; die Tephra in der Umrandung des Kraters enthält neben z. T. glasierten Fragmenten aus dem Unterdevon und mitteldevonischen Dolomiten Basaltschlacken (z. T. zu Bänken miteinander verschweißt), Olivinbomben und Sanidinite. Danach drang gasärmere Lava im Schlot auf. Sie fand in den klüftigen, von Höhlen durchzogenen Dolomiten jedoch einen tiefer gelegenen Ausfluss nach Norden und brach am Nordrand der Munterley an der sog. Hagelskaule ins Freie. An der Austrittsstelle erheben sich beiderseits des Lavastroms und oberhalb davon Mauern von Wurf- und Schweißschlacken und bilden ein großes Tor. Beim Ausströmen ins Freie entgaste also der Lavastrom so stark, dass kleine Lavafontänen ausgeworfen wurden. Der Strom floss in dem Tal zwischen der Auburg und der Munterley nach S ins Kylltal und breitete sich hier noch etwa 700 m weit talabwärts aus. Er liegt hier auf einer Oberen Niederterrasse der Kyll. Der Fluss wurde gezwungen, sich südlich des Stromes ein neues Bett zu graben. Der Vulkankomplex ist also relativ jung.

Nach dem an der Mündung des Tales gelegenen Ort Sarresdorf, der jetzt in der Gemeinde Gerolstein aufgegangen ist, war schon seit MITSCHERLICH (1866) und V. DECHEN (1886) die Bezeichnung Sarresdorfer Lavastrom gebräuchlich. Die Vermutung von RAHM, dass der Lavastrom an der Engstelle zwischen Munterley und Auburg abgerissen ist, fand durch die von CIPA durchgeführte erdmagnetische Vermessung eine Bestätigung. Die Lava ist nach SCHMINCKE & MERTES (1979) ein Nephelinit.

Papenkaule und Hagelskaule gehören also zu einem seiner Förderfolge nach normalen Schlackenkegel, bei dem sich während der Tätigkeit durch besondere karstmorphologische Bedingungen der Ausbruchspunkt seitlich verlagerte, dadurch wurde der Oberteil des Schlotes in einem maarähnlichen Stadium stillgelegt, so dass es nicht zum Aufbau eines Kegels kommen konnte (Abb. 86).

Gerolsteiner Maar

Nördlich von Gerolstein, im Gebiet zwischen Hagelskaule und Steinberg liegt eine flache Geländedepression von etwa 900 m Durchmesser. Sie ist als Maar anzusehen (LORENZ & BÜCHEL 1980a). Die folgende Beschreibung stützt sich auf Untersuchungen von WIENECKE (1984, 65).

Abb. 85. Der Zentralteil und Nordwestteil der quartären Vulkankette. WIENECKE (1984), etwas verändert. Die Ausbruchspunkte: 1 Laach-Maar, 2 Steffelner Kopf, 3 Palagonittuff-Decke von Steffeln, 4 Killenberg, 5 Vulkan westlich vom Lindenhof, 6 Steinbeuel, 7 Tuffdecke um Basberg (Katzenberg u. a.), 8 Mühlenberg, 9 Wetschberg, 10 zwischen Müllenberg und Ruderbüsch (Meyerhof), 11 Ruderbüsch, 12 Lühwald, 13 Aueler Maar, 14 Geisberg, 15 Roßbüsch, 16 Duppacher Weiher, 17 Duppacher Maar, 18 Schlacken mit Lavaintrusionen südlich vom Duppacher Maar, 19 Rother Maar, 20 Lohscheid, 21 Wolfsbeuel, 22 u. 23 zwei Vorkommen im Beilstein zwischen Niederbettingen und Bewingen, 24 Borlich, 25 Kasselburger Hahn, 26 Kasselburg (vielleicht Erosionsrest von 25), 27 Kreiskaul, 28 Gerolsteiner Maar, 29 Lavavorkommen östlich Schießstand, 30 Rother Kopf, 31 Rother Hecke, 32 Hagelskaule, 33 Papenkaule, 34 Wöllersberg (sein Eruptionszentrum: 34a), 35 Lavastrom des Kalem, 36 Buch, 37 Steinrausch, 38 Basalt am Lier, 39 Maar Lierwiese, 40 Kyller Höhe, 41 Graulei, 42 Dohm, 43 Giesenheld, 44 Eruptionszentrum westlich „Auf Dickel", 45 Rockeskyller Kopf, 46 Gyppenberg, 47 Sellbusch, 48 Baarley, 49 Geißhecke, 50 Krekelsberg, 51 Dietzenley, 52 Vulkan ostnordöstlich der Dietzenley, 53 Geeser Maar, 54 Hengstweiler Maar. BAS Basberg, BE Bewingen, BOL Bolsdorf, K-S Kalenborn-Scheuern, LA Lammersdorf, LISS Lissingen, MU Müllenborn, OBERB Oberbettingen, S Scheuern.

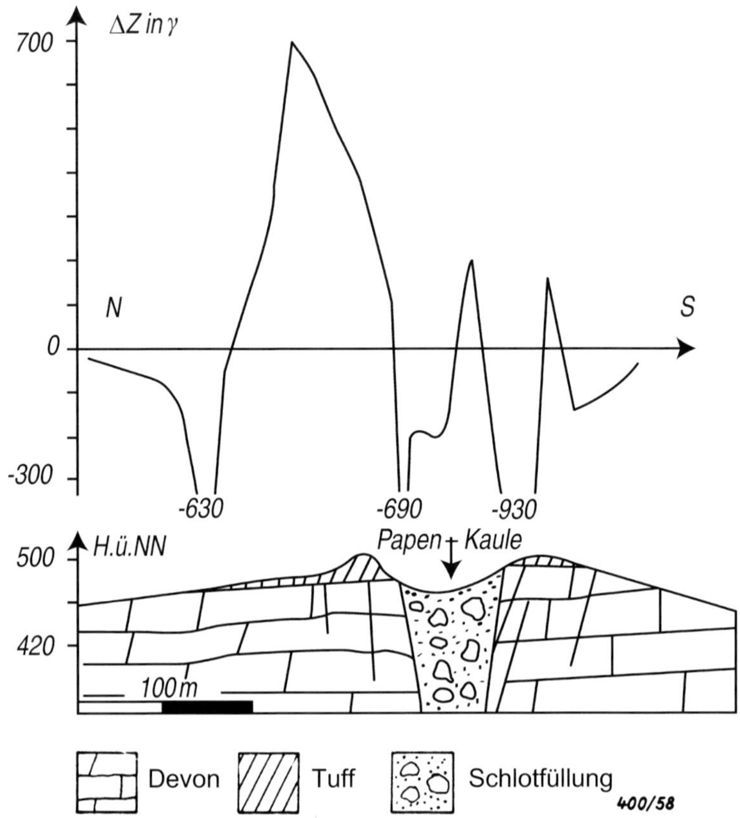

Abb. 86. Magnetisches Nord-Süd-Profil über die Papenkaule bei Gerolstein. CIPA (1958). In der Legende muss es statt Tuff Tephra heißen.

Das morphologisch Tiefste weist eine magnetische Anomalie von maximal + 1800 nT auf. Die Tephra des Maares zieht als Streifen vom Beginenhof nach NE über P. 436,0 zur Straßenkreuzung (P. 461,6), umgibt also die S- und E-Seite des Maares. Sie liegt auf dem Steinberg und bedeckt die Tephra der Kasselburger Hahn; dieses diskordante Auflager ist in einer Grube südwestlich des Gipfels der Hahn an der Straße von der Kasselburg zum P. 461,6 zu beobachten. Die Tephra der Kasselburger Hahn führt neben verhältnismäßig vielen magmatogenen Anteilen Auswürflinge von Mitteldevon-Gesteinen und Buntsandstein, während die Tephra des Gerolsteiner Maares nur Unterdevon- und keine Buntsandstein-Xenolithe enthält. Das Gerolsteiner Maar liegt somit direkt nördlich der Gerolsteiner Mulde. Der Erosionsrand des Buntsandsteins liegt heute nur 200 m nordwestlich vom Maarrand. Wegen des Fehlens von Buntsandstein-Auswürflingen in der Tephra muss man demnach das Maar als sehr jung ansehen, denn zu seiner Entstehungszeit hatte der Erosionszustand schon etwa den heutigen Betrag erreicht.

Kreuzkraul und Kasselburger Hahn

FRECHEN (1959c, 111–112), RAHM (1956, 20–21).

Nordwestlich von Pelm liegt ein größerer Tuff- und Schlackenkomplex, in dem sich mehrere Ausbruchsstellen lokalisieren lassen. Die höchsten Erhebungen sind die bewaldete Kasselburger Hahn (545,0 m) und die größtenteils kahle Kreuzkraul (520,2 m), die auch Kreuzkaul oder Kreiskaul genannt wird, obgleich ein Bergkegel ja das Gegenteil einer „Kaul“ (= Grube) ist. Der Gipfel der Kreuzkraul besteht aus Schweißschlacken; in sie ist an der Ostflanke des Berges gangartig Lava eingedrungen.

Die Kasselburger Hahn baut sich aus bis 35 m mächtiger Tephra auf, die im unteren Teil feinkörnig und teilweise verfestigt ist, in den oberen Partien in stärkerem Maße Bruchstücke des durchschlagenen Gebirges enthält. Diese Tephra wird am SW-Hang von der des Gerolsteiner Maars überlagert. Der Gipfel wird aus Schweißschlacken aufgebaut, hier ist auch Lava ausgeflossen. Ähnlich wie beim Vulkan Papenkaule-Hagelskaule ist hier schon in tieferem Niveau ein Strom durch den Dolomit geflossen, und zwar nach Osten. Der Basalt, auf dem die Ruine Kasselburg steht, ist entweder ein Erosionsrest des Lavastroms der Kasselburger Hahn oder ein selbständiger Vulkan.

Steinberg und Borlich

FRECHEN (1959c, 112), RAHM (1956, 20–21).

Der kahle 471,3 m hohe Steinberg südöstlich von Bewingen wird von Tephra bedeckt, die dem Gerolsteiner Maar entstammt. Östlich vom Steinberg steht am Hang zum Kylltal in 420–430 m Höhe NN Basaltlava an. Sie lagert über Palagonittuffen, die zu der Palagonittuff-Decke des Kyller Kopfes auf der anderen Talseite gehören. Auch am Kyller Kopf liegt über dem Palagonittuff Lava. Da die Laven östlich und westlich des Kylltales sich petrographisch nicht unterscheiden lassen (exakte petrographische Untersuchungen stehen allerdings noch aus), wurde schon von MITSCHERLICH (1866) und V. DECHEN (1886) angenommen, dass die Lavavorkommen beiderseits der Kyll ursprünglich zusammengehangen hätten und durch spätere Erosion getrennt worden wären. RAHM hält es für unwahrscheinlich, dass der Fluss sich durch den harten Basalt gefressen hat und an der Westseite nur kleine Reste davon stehengelassen hat, während wenige Meter daneben ein viel leichterer Weg durch lockere Tephra möglich gewesen wäre. Wenn der Basalt auf der Westseite des Kylltales jedoch vom Steinberg stammen soll, so kann es sich wegen der tiefen Lage ähnlich wie beim Vulkan Papenkaule-Hagelskaule nur um einen seitlichen Ausfluss handeln.

Der nördlich vom Steinberg gelegene Kegel des Borlich (Burlich) mit Tephra und Schweißschlacken stellt ein eigenes Eruptionszentrum dar. An seiner NW-Seite ist etwas Lava ausgeflossen. Die Tephra ist teilweise so stark verfestigt, dass sie nach V. DECHEN früher sogar für Backofensteine abgebaut wurde.

Wöllersberg (Abb. 87, 88).

CIPA (1958, 687–692), FRECHEN (1959c, 108–110: Willersberg), HAPPEL & REULING (1937, 47: Wüllersberg).

Der Wöllersberg bei Lissingen besteht aus basaltischer Tephra, die einer isolierten Buntsandsteinplatte aufliegt. Der Buntsandstein überlagert mitteldevonische Dolomite. Die Schlacken- und Bombentephra enthält als Auswürflinge Kalke und Dolomite des Mitteldevons und auch unterdevonische Sandsteine, aber keine Buntsandsteinstücke. Diese Tatsache war schon v. DECHEN aufgefallen (1886, 176): „Der Mangel an Stücken von Buntsandstein in dieser Lage zeigt, daß die Ausbruchsstelle dieses Tuffes unbedeckt von Buntsandstein im Bereiche des Eifelkalksteins liegt, dieselbe hat aber bis jetzt nicht ermittelt werden können." Die Einschlagsrichtungen vieler Bomben weisen auf die Herkunft von S. Eine durch CIPA durchgeführte Vermessung der magnetischen Vertikalintensität erbrachte Klarheit. Sie zeigte, dass die Ausbruchsstelle südlich der Straße Gerolstein – Prüm gelegen haben muss. Nach den Anomalien ist es wahrscheinlich, dass der Schlot schwach nach S geneigt ist und dass er an seinen Rändern mit Lava oder zumindest mit Schlacken infiltriert ist. Der Kraterrand ist vollkommen

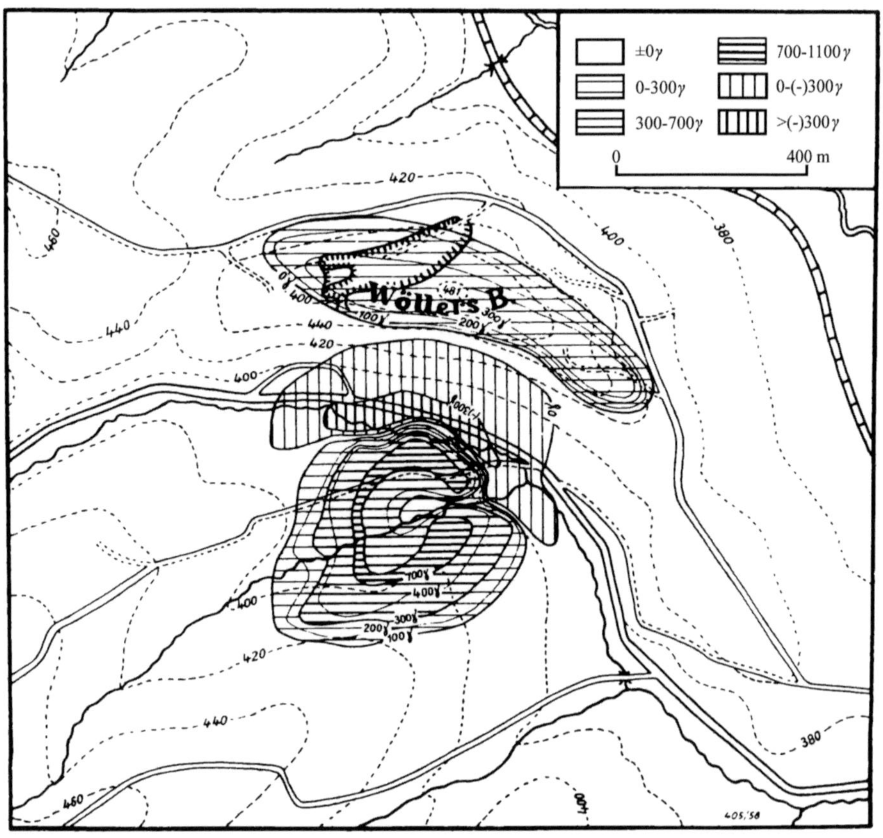

Abb. 87. Magnetischer Isanomalenplan des Wöllersberges bei Lissingen. CIPA (1958).

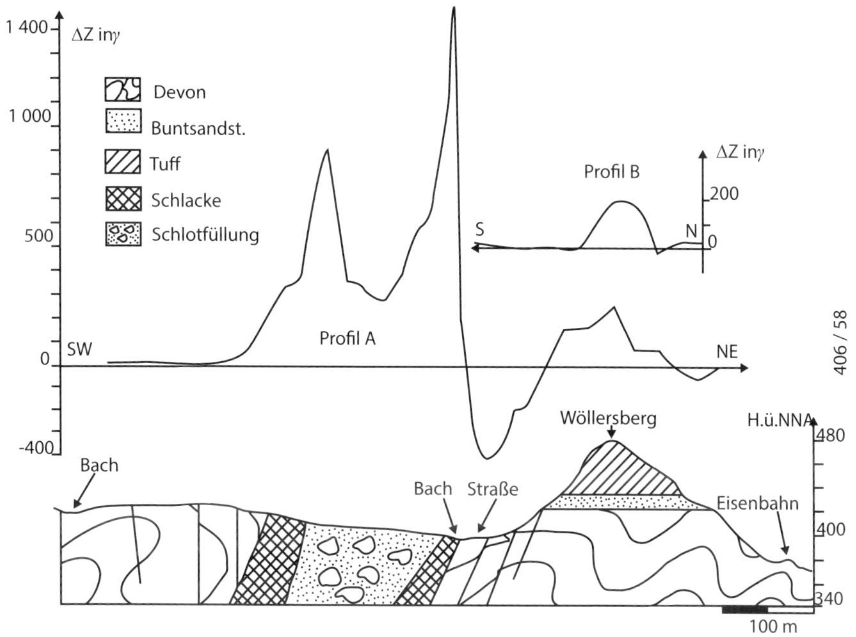

Abb. 88. Magnetisches Nordost-Südwest-Profil durch den Wöllersberg und sein Ausbruchszentrum. Cipa (1958). Legende: statt Tuff muss es Tephra heißen.

erodiert worden, zwischen der Ausbruchsstelle und dem Wöllersberg hat sich das Dreisbachtal eingeschnitten. Der Vulkan gehört somit zu den älteren der Westeifeler Vulkankette. Nur ein kleiner Tephrarest steht südlich des Dreisbaches an, und zwar westlich der Mineralquelle. Im Bereich des magnetisch lokalisierten Schlotes finden sich vereinzelte Tuffstücke. Auf der Südseite des Wöllersberges kommen in Abbaugruben gelegentlich mehrere etwa E-W streichende Abschiebungen von über 10 m Sprunghöhe zutage. Sie verwerfen die Buntsandsteinscholle, scheinen aber wenigstens z. T. in der überlagernden Tephra zu verklingen. Sie sind demnach wahrscheinlich durch die mit den Tephraeruptionen verbundenen Erschütterungen ausgelöst worden.

Rother Hecke

Dieser bei v. Dechen Schocken genannte Berg nordwestlich von Gerolstein ist ein Tephra- und Schlackenvulkan, an dessen W-Seite Lava ausfloss und eine ausgedehnte Decke bildete (Rauff 1911, Karte). Im Abhang zum Oostal ist sie 80 m über der heutigen Talsohle angeschnitten. Das Oostal dürfte deshalb zur Ausbruchszeit noch nicht vorhanden gewesen sein; mithin ist der Vulkan relativ alt.

Rother Kopf

Der südlich Roth gelegene Vulkan wird bei v. DECHEN auch Rother Höheberg, Himmerich oder Hommerich genannt. Es handelt sich um einen in NW-Richtung gestreckten Doppelkegel. Der nördliche Kegel wird aus groben Schlacken aufgebaut, an der Nordseite wurden früher Mühlsteine abgebaut. In den dadurch entstandenen Höhlen ist die durch herabsickerndes Wasser entstehende Verdunstungskälte so stark, dass sich Eis bis in den Sommer hinein hält (Rother Eishöhlen), ähnlich wie an den Höhlen des Fischbachvulkans bei Birresborn. Die Temperaturverhältnisse der Rother Eishöhlen hat STEINBACH (1954, 26–30) untersucht. Aus diesen Schlacken ist in nordöstlicher Richtung ein Lavastrom geflossen, der im W bis auf ein Niveau von 525 m NN hinabreicht. Der südliche Kegel besteht aus biotitreichen Schlacken und Lapillitephren, die in großen Gruben abgebaut werden. Grobe Schlacken und Diskordanzen zeigen an, dass hier mehrere Ausbruchszentren vorhanden sind.

Lohscheid, Rother Maar und Wolfsbeuel

Die 517,8 m hohe Kuppe Lohscheid zwischen Roth und Niederbettingen ist ein Schlackenkegel, dessen Förderspalte von der Straße Roth – Niederbettingen angeschnitten wird. Etwas Lava ist auch gefördert worden.

Für die flache Senke zwischen Lohscheid und dem westlich davon gelegenen P. 478,4 konnte K. WIENECKE durch magnetische Messungen nachweisen, dass es sich um ein Maar handelt. Seine Tephra findet sich im S (Straßenknick nördlich Roth) und E (W-Abhang des Lohscheid). In den Sedimenten der Maarfüllung haben SCHABER & SIROCKO (2005) ein C^{14}-Alter von 44 660 Jahren B.P. bestimmt.

Südöstlich des Lohscheid befindet sich in der Höhe Wolfsbeuel ein weiterer Schlackenkegel, aus dem nach N ein heute stark erodierter Lavastrom hangabwärts gegen Niederbettingen zu geflossen ist.

Rossbüsch

FUCHS (1969a, 12–16; 1973, 1980).

Die bewaldete Vulkankuppe des Rossbüsch (Rusbüsch) liegt etwa im Zentrum des Oberbettinger Buntsandsteingrabens. Ihre Förderprodukte liegen im W auf Unterem Muschelkalk, im E auf Oberem Buntsandstein. Die Tätigkeit begann mit der Förderung feinkörniger Aschentephra. Darüber folgt Lapillitephra mit bis kubikmetergroßen Auswürflingen. Die Förderenergie lässt nach oben nach, die groben Bestandteile treten zurück. Schließlich tritt eine Ruhepause ein, während der eine lebhafte Erosion erfolgt. In einer zweiten Eruptionsphase legen sich diskordant feine Aschen auf den zerfurchten Kegel. Nach einer weiteren Ruhepause wird Basaltlava (nach FRECHEN 1959c, 72 ein Olivin-Melilith-Nephelinit) gefördert, die in zwei Strömen nach N und NE abfließt. Damit erlischt der Vulkan endgültig.

Die Tephra der ersten Eruptionsphase ist durch die Auswürflinge devonischer und mesozoischer Sedimente bemerkenswert: Für einen Großteil der Kalk- und Dolomitfragmente konnte FUCHS mit Fossilien Givet-Alter nachweisen. Damit wird die Vermutung von HAPPEL & REULING (1937) bestätigt, dass Hillesheimer und Prümer Mulde ineinander übergehen und ein einziges Synklinorium bilden. Unter den Triasgesteinen kommen neben Buntsandsteinstücken auch Sandsteine und Karbonatgesteine des Unteren Muschelkalks vor, in denen sogar Fossilien gefunden wurden (FUCHS 1980).

Die Vulkanreihe Lühwald, Wetschberg und Mühlenberg

FUCHS (1969a, 16–19).

Westlich von Oberbettingen liegen fünf Eruptionspunkte genau auf einer NW-SE ausgerichteten Linie, die durch eine Störungszone in der mesozoischen Decke gekennzeichnet ist. Die Eruptionszentren liegen jeweils nur 250–400 m voneinander entfernt, es ist also denkbar, dass im Untergrund eine gangartige Intrusion vorliegt.

Der südlichste Vulkan liegt in der bewaldeten Anhöhe Lühwald südsüdwestlich von Oberbettingen. Es lassen sich zwei Ausbruchsphasen unterscheiden. Zuerst wurde rotbraune Tephra gefördert, die reich an Auswürflingen ist, und zwar hauptsächlich von Buntsandstein und Muschelsandstein. Diese Auswürflinge sind oft zu Kugeln abgerundet, radial zerklüftet und randlich gefrittet, sind also im Schlot lange bewegt worden, ehe sie ausgeschleudert wurden. Die jüngere Tephra liegt vielfach diskordant auf dieser ersten Tephra. Ihr fehlen die Sedimentauswürflinge weitgehend. Nach oben werden Basaltschlacken häufiger, d. h. der Magmenspiegel steigt im Schlot langsam auf. Zuletzt tritt Lava aus und fließt in südöstlicher bis südlicher Richtung den Bergabhang hinab. Gleichzeitig dringt auch ein Basaltgang in die Tephra ein. Mit einem Streichen von 120° und einem Einfallen von 85° nach NE liegt er genau parallel zur von FUCHS angenommenen Eruptionsspalte.

250 m nordwestlich vom Lühwaldvulkan liegt eine kleine Kuppe, die schlackenreiche Tephra enthält. Möglicherweise bestand hier ein eigener Eruptionspunkt, der dann auch genau auf der Spalte liegen würde.

Am Wetschberg westlich von Oberbettingen floss nach der Förderung von Lapillitephra Lava aus. Ob das nördlich des Tiefenbachtals gelegene Lavavorkommen (Birlshardt bei BUSZ 1885, 441) nur ein durch Erosion abgetrennter Teil der Laven von Wetschberg oder gar Ruderbüsch ist oder ein selbständiges Vorkommen, muss noch untersucht werden.

Am Mühlenberg südlich von Basberg wurde zuerst in mehreren Phasen Tephra gefördert. Es folgte Schlacken- und Bomben-Wurftätigkeit. Schließlich drang Lava auf und floss in mehreren Schüben nach N hinab. Unmittelbar südwestlich von Basberg findet nordwestlich vom Tiefenbachtal sich ebenfalls ein Tephra- und Schlackenvorkommen mit Lava; es ist unklar, ob es sich um einen selbständigen Vulkan oder um einen Erosionsrest der Mühlenberg-Lava handelt. Südlich des Mühlenbergs wird auf der Karte von FUCHS (1969a, 17) ein weiteres Schlackenvorkommen verzeichnet. Es geht wohl auch auf einen selbständigen Ausbruch zurück.

Die Laven vom Wetschberg, von der Birlshardt und vom Mühlenberg sind ebenso wie die des Ruderbüsch reich an Augit-Einsprenglingen.

Schlackenkuppe zwischen Mühlenberg und Ruderbüsch

Etwa auf halbem Wege zwischen Basberg und Oberbettingen findet sich südlich der Straße eine kleine Kuppe mit Schlacken und etwas Lava (FUCHS 1969a, 17). Es ist möglich, dass die Lava der Birlshardt gegenüber dem Wetschberg von hier stammt.

Ruderbüsch

RAHM (1956, 36–37).

Der Ruderbüsch (Roderkopf) nördlich Oberbettingen ist ein Schlackenkegel. Später ist an der Basis des Vulkans Basalt zuerst nach NE hervorgedrungen und dann bis ans Kylltal geflossen. Nach GEBHARDT (1963, 187) liegt die Lava hier auf einer oberen Mittelterrasse, ist also älter als RAHM vermutet, der sie mit der Gerolsteiner Lava parallelisiert, andererseits aber viel jünger als der von SCHMINCKE & MERTES (1979) mitgeteilte Alterswert (941 000 ± 20000 J.). Sie ist nach SCHMINCKE & MERTES als Leuzit-Nephelinit zu bezeichnen und reich an Augit-Einsprenglingen. Ein Werkplatz für Getreidereibsteine aus der älteren Eisenzeit konnte hier nachgewiesen werden (F. HÖRTER 1994).

Katzenberg

Nördlich von Basberg erhebt sich der Tephrakegel des Katzenberges. Die Tephra enthält zahlreiche ultrabasische Bomben und Augitkristalle.

Steinbeuel und Kuppe westlich vom Lindenhof

Die Kuppe des Steinbeuels (Steinbühl bei v. DECHEN) nördlich von Auel ist ein Schlackenkegel mit einem Basaltgang.

Nach MERTES (1983) stellt die Kuppe westlich vom Lindenhof nördlich Auel auch einen selbständigen Schlackenkegel dar, in den ein kleiner Lavagang eindrang.

Geisberg

Der Geisberg (bei v. DECHEN Geisbühl) südöstlich von Auel ist ein Schlackenkegel, in den auch etwas Lava eingedrungen ist. Er wird von der Tephra des Aueler Maares eingehüllt.

Aueler Maar

Einen halben Kilometer südöstlich von Auel findet sich eine runde Senke, die im S von einem Ringwall gut verfestigter Tuffe umgeben ist. Sie sind an der Höhe Auf der Acht (P. 502,8) am mächtigsten. Nach BÜCHEL & MERTES (1982) ist es ein Maarvulkan. In den Sedimenten seiner Füllung bestimmten SCHABER & SIROCKO (2005) ein C^{14}-Alter von 44 660 Jahren B.P.

Killenberg

Am Südhang des Killenbergs nordwestlich Auel liegt nach MERTES (1983) das Eruptionszentrum für gut geschichtete Lapillituffe, die palagonitisiert und dadurch so stark verfestigt sind, dass sie als Bausteine benutzt werden konnten. Im N liegen die rotbraunen Tuffe auf

Unterdevon-Schichten, im E auf Buntsandstein. Sie enthalten auch Auswürflinge aus beiden Formationen.

Tuffring östlich Steffeln

Östlich von Steffeln findet sich ein Ring von Palagonittuffen, die wegen ihres Verfestigungsgrades einen deutlichen Wall bilden. Die Kirche von Steffeln steht darauf. Sie führen viele Nebengesteinsauswürflinge (u. a. Unterdevon-Gesteine, Milchquarzstücke), aber auch Olivinbomben. Das Ausbruchszentrum liegt in dem weiten Kessel (Abzweigung der Straße nach Lissendorf von der Straße Steffeln – Auel), wie RAHM (1956) schon vermutete. Ob während der Tuffablagerung hier ein flacher See bestanden hat (vgl. auch die Tuffe des Killenbergs) oder reichliches Grundwasser, bleibt offen.

Laach-Maar

Nordwestlich von Steffeln findet sich eine rundliche Senke, die als Laach bezeichnet wird. Es handelt sich nach MERTES (1983) um einen Maarvulkan. In der lockeren Tephra finden sich bis zu 3 m hohe Ringdünen. Die Tephra ist reich an Nebengestein und enthält u. a. Brocken der Palagonittuffe; das Laach-Maar ist also nach dem Palagonittuff-Ring entstanden. Bemerkenswert sind große Olivinknollen. Das Maar zeigt auch eine magnetische Anomalie (WIENECKE 1984).

Steffelner Kopf

Die Tephra des Laach-Maares wird von den Schlacken und Tephren des Steffelner Kopfes überlagert. An der SW-Flanke dieses Schlackenkegels ist etwas Lava ausgeflossen. Nach MERTES (1983) befindet sich südwestlich der Hauptkuppe auf der gegenüberliegenden Seite vom Oosbachtal ein weiteres Ausbruchszentrum. Der Steffelner Kopf ragte früher als bewaldete Kuppe weit über die flache Umgebung empor; er ist inzwischen durch Schlackenabbau fast ganz abgetragen worden.

Duppacher Weiher

Nordwestlich von Scheuern liegt östlich neben dem Oostal ein kreisförmiger Wiesenkessel, der Duppacher Weiher; Anfang des 19. Jahrhunderts bestand nach der TRANCHOT-MÜFFLING'schen Karte dort ein Weiher. Die vulkanologischen Abmessungen dieses Maares betragen nach NOLL (1967, 11) 800 mal 650 m bei 40–50 m Tiefe. Die durch viele Buntsandstein-Fragmente rötliche Tephra bildet besonders im E und N eine mächtige Decke, in der auch Gruben angelegt sind. H. REBSKE, Bergisch-Gladbach entdeckte dort einen großen Eiskeil, was anzeigt, dass das Maar älter als das Postglazial ist. Das zeigt auch ein C^{14}-Alter von 26 060 Jahren B.P. aus der Sedimentfüllung (SCHABER & SIROCKO 2005).

Duppacher Maar

Der kreisrunde, 750 m durchmessende Kessel westlich von Duppach, in dem sich die Mineralquelle befindet, ist auch ein Maarvulkan (NOLL 1967, STRAKA 1975, 18). Südlich davon findet sich ein kleines Vorkommen von Schlacken, durch das Lava emporgestiegen und an der Oberfläche ein kurzes Stück nach N geflossen ist (K. WIENECKE).

Nach BÜCHEL (1984) gibt es auf halbem Weg zwischen Steffeln und Duppach ein weiteres Maar, den Guss-Weiher.

11.2.5.9. Die nordwestlichsten Vulkane

Goldberg

Der nordwestlichste Vulkan der Westeifel ist der Goldberg, 1 km nordöstlich von Ormont (Bl. 5604 Hallschlag). Ein in NE-SW-Richtung langgestreckter Rücken wird durch einen Schlackenkegel gebildet. Schlackenabbau hat ihn inzwischen weitgehend verändert. RAHM (1961) beschreibt den Aufbau des Vulkans: Es lassen sich zwei Eruptionsphasen unterscheiden. Die Masse des Berges wird von einer älteren Tephraserie gebildet. In einer zweiten Eruptionsphase wurde der Zentralteil dieses alten Aschenkegels weggesprengt, und es bildete sich ein neuer Schlackenkegel. Die jüngere Schlotfüllung ist in der flachen Einsattelung zwischen den beiden Kuppen des Goldbergmassivs erschlossen. Sowohl die ältere als auch die jüngere Tephra enthält außer Lapilli auch kleine Schlackenstücke; seltener sind Bomben von kompaktem Basalt. Neben Augitkristallen finden sich vor allem große Biotittafeln, die zu goldgelber Farbe ausbleichen und dem Berg und dem Dorf den Namen gegeben haben. Die ältere Tephra ist reich an Nebengestein, die jüngere schlackenreicher.

Schönfelder Maar und Dehner

In Schönfeld (Bl. 5605 Stadtkyll) und südwestlich davon findet sich eine Decke von basaltischer Schlacken- und Bombentephra, die reich an Olivinbomben und Augitkristallen ist. Nach THIELE (1976, 12) bestehen die Basaltbomben aus olivinführendem Leuzit-Nephelinit. Die Tephra entstammt wahrscheinlich dem kreisrunden Kessel, der sich einen halben Kilometer westsüdwestlich von Schönfeld findet und der vom Wirftbach durchflossen wird. K. WIENECKE (1984) konnte in ihm eine deutliche magnetische Anomalie feststellen, so dass es sich ohne Zweifel um ein Maar handelt. In seiner Sedimentfüllung haben SCHABER & SIROCKO (2005) an organischen Makroresten ein C^{14}-Alter von 38 840 Jahren B.P. bestimmt.

2 km südlich von Schönfeld liegt im Oberlauf des Reuther Baches eine weitere auffallende rundlich-elliptische Senke, der Dehner (Bl. 5705 Gerolstein). Es handelt sich wahrscheinlich auch um ein Maar, wenn auch Tuffe nicht aufgeschlossen sind (LORENZ & BÜCHEL 1980a). Hier haben sich im Kessel umgelagerte Tertiärtone mit mittel- bis oberoligozänen marinen Mikrofaunen erhalten (SONNE u. WEILER in NEGENDANK 1983, 108). In seiner Füllung haben SCHABER & SIROCKO (2005) an organischen Makroresten ein C^{14}-Alter von 46 110 Jahren B.P., am Gesamtsediment zwischen 25 080 und 37 370 Jahren B.P. bestimmt.

Zwischen dem Dehner und Steffeln liegt bei r 3843 h 7310 nach BÜCHEL & MERTES (1982) ein weiteres Maar im Oosbachtal, das Merscheider Maar. In seiner Sedimentfüllung haben SCHABER & SIROCKO (2005) ein C^{14}-Alter von 37 300 Jahren B.P. bestimmt.

11.2.5.10 Die Vorkommen östlich der Vulkankette

Im Osten der Vulkankette finden sich vereinzelte Maare, Tephra- und Schlackenkegel, jedoch ohne nennenswerte Lavaförderung. Es ergibt sich räumlich ein Übergang zu dem quartären Laacher Vulkangebiet.

Ulmener Maar (Abb. 76)

v. DECHEN (1886, 229–238), FRECHEN (1976, 191), STRAKA (1975, 18).

Das Ulmener Maar weicht relativ stark von der Kreisform ab. Sein in NW-SE-Richtung liegender längster Durchmesser beträgt 510 m, der kürzeste senkrecht dazu 350 m, seine maximale Tiefe 86 m (vulkanologische Abmessungen, nach NOLL 1967, 11). Die Wassertiefe erreicht 36 m, die Wasseroberfläche hat Durchmesser von 225–325 m. Im Kessel sind fast in der ganzen Umrandung Unterdevon-Gesteine aufgeschlossen. Darüber liegt ein fast geschlossener Tephrawall, der im N bis 20 m mächtig wird und im Dorf nördlich der Kirche und östlich vom Parkplatz am Maar gut aufgeschlossen ist. Er ist dort beim Bau der Autobahn abgetragen worden. An der Basis der Tephra finden sich verkohlte Pflanzenreste; Baumstämme und Abdrücke von deren Rinde zeigen an, dass das Gebiet damals bewaldet war. An solchen Resten sind nach LORENZ & BÜCHEL (1982) C^{14}-Alter zwischen 7335 ± 810 und 10 920 ± 385 J. B. P. veröffentlicht worden und die Beobachtung, dass Laacher-See-Bims unter derTephra des Ulmener Maars liegt. Damit ist dieses Maar also der jüngste Eifel-Vulkan und der jüngste Vulkan Mitteleuropas überhaupt. Seine Aschen bilden eine Lage in den Seesedimenten von Holzmaar und Meerfelder Maar und konnten hier durch Warvenauszählung einem Alter von 11 000 Jahren B.P. zugeordnet werden (LITT et al. 2009).

Die untersten Partien der Maartephren enthalten neben Devongesteinen basaltische Schlacken und Lapilli. Diese magmatischen Anteile treten nach oben zugunsten des Devonanteils zurück. Dabei nimmt generell die Korngröße nach oben zu, wobei ein ständiger Wechsel zwischen feinen und blockreichen Lagen zu beobachten ist. Die Korngröße nimmt im höchsten Teil des Profils wieder ab, damit nimmt der Anteil an magmatischen Gesteinen hier zu. Das Volumen der geförderten Tephramenge entspricht etwa dem der Hohlform. Das Maar liegt am Osthang des Ollenbachtales. Durch den Aschenwall des Maares ist der Ulmener Weiher (Jungfernweiher) aufgestaut worden.

Jungfernweiher-Maar

Der flache Jungfernweiher hatte früher eine größere Ausdehnung. Durch einen Stollen, das sog. Maarloch, wird ein Teil des Wassers in das Ulmener Maar geleitet; zeitweise war der Weiher sogar ganz trockengelegt. Die breite Senke, in der er liegt, geht auf einen älteren und größeren Maarvulkan zurück, wie SCHABER & SIROCKO (2005) durch seismische Untersuchungen und Bohrungen nachweisen konnten. Es ergab sich, dass Seesedimente bis maximal etwa 180 m tief hinunterreichen; darunter liegt Gesteinsschutt mit Vulkaniten. In 139 m Tiefe fand sich eine mehrere cm dicke phonolithische Tephralage, die von den Autoren mit der Dümpelmaar-Tephra nahe dem Herchenberg im Brohltal (33 km entfernt) parallelisiert wird. Da der Dümpelmaar-Vulkan ein Alter von etwa 116 000 Jahren hat (V. D. BOGAARD et al. 1987), ergibt sich mindestens die Eemwarmzeit für die Entstehung des Jungfernweiher-Maares, dessen Durchmesser auf etwa 1500 m geschätzt wird.

Kreuzberg

V. DECHEN (1886, 238–239), RAHM (1961).

Auf halbem Wege zwischen Utzerath und dem Üssbachtal liegen zwei unbewaldete gleichhohe Kuppen, der 516 m hohe Kreuzberg und die Höhe 515 nördlich davon. Beide Kuppen und der dazwischen liegende Sattel gehören zu einem Tephravulkan. Es lassen sich zwei Phasen unterscheiden: Zuerst bildete sich ein weiter Tephrawall mit flach periklinal nach außen fallender Schichtung. Teile dieses älteren Aschenwalls bilden heute die beiden Kuppen, der Schlot muss zwischen ihnen gelegen haben. Aus diesem Schlot erfolgte später ein erneuter Ausbruch. Diese jüngere Schlotfüllung zeigt konzentrisch nach innen fallende Tephralagen. Da der Vulkan schon stark erodiert ist, gehört er wohl zu den älteren Quartärvulkanen. Der Abbau hat das Werk der Abtragung weitergetrieben. Der Kreuzbergvulkan zeigt viel Ähnlichkeit mit dem Goldberg bei Ormont: Hier wie dort ein reiner Tephravulkan ohne Lavaförderung, wobei ein älterer Aschenwall jeweils durch einen erneuten Ausbruch teilweise zerstört wurde; beide Vulkane haben Randposition zur quartären Vulkankette.

Utzerather Hummerich

V. DECHEN (1886, 239–240), RAHM (1961, 57).

Zwischen Utzerath und dem Bahnhof Utzerath liegt der 536 m hohe Hummerich als waldbestandene Kuppe. Er besteht hauptsächlich aus Basalttephra, seine Gipfelpartie wird von Basaltschlacken aufgebaut. In der Tephra stecken am Nordwestabhang sowie an der Ost- und Südseite kleine Basaltlava-Intrusionen.

Mosbrucher Maar

V. DECHEN (1886, 241–242), FRECHEN (1976, 192), STRAKA (1975, 18).

Das Mosbrucher Maar ist das drittgrößte der Westeifel-Maare, seine vulkanologischen Abmessungen betragen nach NOLL (1967a, 11): kürzeste und längste Durchmesser 1050 und 1300 m, geringste und größte Tiefe 77 und 97 m. Bei diesem Maar ist extrem wenig Tephra erhalten; entweder ist nur wenig gefördert worden, oder es ist viel abgetragen worden. Ein kleiner Wurf ist nach E hin erfolgt, an der Straße nach Sassen ist diese Tephra aufgeschlossen. Auch an der SW-Seite ist südlich des Ortsteils Zumried ein geringfügiges Tephravorkommen erschlossen. Auf der übrigen Umrandung liegt nur ein dünner Tephraschleier. STRAKA (1952) konnte nachweisen, dass der von einem Hochmoor überdeckte Maarboden nach E absinkt, nahe dem Ostrand sind also die Moorablagerungen am mächtigsten. Nach der pollenanalytischen Datierung durch STRAKA (1975) ist das Mosbrucher Maar etwa 9000 v. Chr. entstanden. Ob die Vermutung von B. URBAN und F. GULLENTOPS (Exkursionsführer Tagung Deutsche Quartär-Vereinigg. Aachen 1980), dass das Maar wesentlich älter sei, zutrifft, müssten tiefere Bohrungen im Maarboden erweisen.

Der westliche Teil des Kessels war lange Zeit durch einen Damm zu einem Fischteich aufgestaut, der von dem Prämonstratenser-Kloster Niederehe genutzt wurde. Im östlichen Teil des Maarkessels befindet sich ein mit einem Ohrweide-Faulbaum-Gebüsch bestandenes Seggenmoor, in dem vor Jahrzehnten Torf gestochen wurde.

Booser Doppelmaar

Westlich von Boos liegen dicht nebeneinander zwei große, kreisrunde Kessel, die von Tuffwällen umgeben sind (Blätter 5607 Adenau und 5608 Virneburg). Sie bilden zusammen eine WSW-ENE verlaufende Linie, die also parallel zum variszischen Streichen des Untergrundes liegt. Ihre vulkanologischen Abmessungen betragen nach NOLL (1967, 11) für das westliche Maar: Durchmesser gleichmäßig nach allen Seiten 700 m, Tiefe zwischen 30 und 60 m; für das östliche: Durchmesser zwischen 650 und 700 m, Tiefe zwischen 50 und 87 m. Beide sind also etwa gleichgroß und annähernd kreisrund. Tephragruben finden sich südlich vom westlichen Maar nördlich der Straße Kelberg – Mayen und am Süd- und Ostwall des östlichen Maares. Die Basaltbomben enthalten u. a. neben stark veränderten Nebengesteinseinschlüssen viele relativ große Olivinaggregate. In Bohrproben aus dem westlichen Maar fanden sich nach FRECHEN (in ERLENKEUSER et al. 1972, 118) Kristalltephra und Lapilli, die als Einschlüsse u. a. Fragmente von Wehrlit und Syenit enthalten. Es ist unbekannt, ob sie aus dem westlichen oder östlichen Maar stammen. Aus der pollenanalytischen Datierung der Kristalltephra ergibt sich ein Alter von etwa 10 150 Jahren, C^{14}-Bestimmungen ergaben „älter als 10 900 Jahre" (ERLENKEUSER et al. 1972). C^{14}-Bestimmungen an organischer Substanz an der Basis der Tephra des östlichen Maars ergaben nach LORENZ & BÜCHEL (1978, 30) ein Alter von 14 160 Jahren. Nach BÜCHEL & LORENZ (1982) hat ein Baumstamm ein C^{14}-Alter von etwa 35 000 Jahren ergeben. Nach LORENZ (1973) ist aufgrund der Lagerungsverhältnisse das östliche Maar älter als das westliche. In der Westwand des westlichen Maars ist ein tertiärer Basaltstock durch die Maareruptionen teilweise weggesprengt worden (S. 327).

Nach LORENZ (1973) sind in die Tephrawälle beider Maare Lavagänge eingedrungen, und die Maare bilden mit kleinen Schlackenkegeln, die nordöstlich und südwestlich davon liegen, eine NE streichende Vulkanreihe. Der größte ist der des Schneeberges am Ostrand des östlichen Kessels, nach BÜCHEL (in MITTMEYER 1997) ein Nephelinbasanit. Die beiden kleinen Nephelinbasanit-Vorkommen westlich von ihm (im Innenhang des Maares) werden von BÜCHEL ins Tertiär gestellt. 800 m nordöstlich vom Schneeberg liegt auf dieser Linie das tertiäre Basaltvorkommen bei den Hügelgräbern. Zwischen den beiden Maarkesseln liegt nach BÜCHEL ein tertiäres Diatrem. Diese Linie ist also über lange Zeiten immer wieder zum Magmenaufstieg benutzt worden. Von dem südwestlichsten der quartären Kegel ist ein Lavastrom nach W bis ins Nitztal geflossen. Die phreatischen Explosionen, durch welche die Maarkessel entstanden, können von einem kleinen Seitenbach der Nitz ausgelöst worden sein, und zwar dort, wo er die Vulkankette kreuzt.

Die Maarkessel enthielten früher Fischweiher; sie waren in der Zwischenzeit von Wiesen und sogar Äckern bedeckt. Z. Z. ist im westlichen Kessel wieder eine Wasserfläche aufgestaut worden.

Niveligsberg

v. DECHEN (1886, 247–249).

Der großenteils bewaldete Niveligsberg nördlich von Drees stellt einen völlig isolierten quartären Tuffvulkan dar, der vom Laacher Vulkangebiet wie von der Vulkankette der Westeifel etwa gleichweit entfernt liegt, 15 km vom Radersberg bei Brück, 13 km vom Riedener Kessel. Er liegt fast im Zentrum des tertiären Hocheifel-Vulkanismus.

Der Vulkan ist an seiner Südseite durch mehrere Schlackengruben aufgeschlossen. Er zeigt hier in seinen tiefsten Teilen hellbraune Palagonittuffe, die so dicht und hart sind, dass sie als Bausteine für viele Häuser in Drees verwendet wurden. Darüber liegen Schlacken mit bis metergroßen Bomben in Wechsellagerung mit feinkörniger brauner Tephra. Die Basaltschlacken enthalten als Einschlüsse Olivinnester und angeschmolzene Devonfragmente. In der feinkörnigen Tephra finden sich oft rot gefrittete Tonschieferstücke und Biotittafeln bis zu 5 cm Durchmesser. In den Schlacken werden durch den Abbau gelegentlich Höhlen von mehreren Kubikmetern Größe freigelegt. Etwa in der Mitte des Berges wird diese generell nach Süden einfallende Folge diskordant von mittelsteil nach Norden fallenden groben Schlacken überlagert. In diese ist in den oberen Partien schaumige Basaltlava als 2 m dicker Lagergang eingedrungen. Die Geschichte verlief also ähnlich wie bei vielen Schlackenkegeln der Eifel: zuerst, in einer Maarphase, entstanden nebengesteinsreiche Palagonittuffe. Dann wurden Schlacken ausgeworfen, schließlich fließt Lava in östlicher Richtung aus. Die gut geschichteten Palagonittuffe werden von Abschiebungen in Horste und Gräben zerlegt, die Störungen bilden jetzt z. T. bis 10 m tiefe Spalten. Diese Bruchtektonik ist vielleicht auf Setzungserscheinungen im Vulkan zurückzuführen. So ist denkbar, dass im Untergrund sich Sumpfgelände befand (auf nasses Milieu deutet Gesteinsglas, die Voraussetzung für die Bildung von Palagonit), das unter der Belastung durch die Vulkanite nachgab. Beim Abräumen der Bodenschicht fanden sich nach Angaben der Arbeiter unmittelbar über den Tuffen „riesengroße Knochen“, die aber leider vernichtet wurden. Die Pyroklastika des Niveligsberg-Vulkans reichen bis auf den Boden des benachbarten Döttinger Maares, das demnach älter sein muss.

Nach MÜLLER-SOHNIUS et al. (1989) gibt es westlich vom Niveligsberg im Quakbachtal bei r 3 7013 h 7914 eine kleine Kuppe eines Olivinnephelinits, an der ein K/Ar-Alter von 430 000 ± 20 000 Jahren bestimmt wurde.

Döttinger Maar und Herresbacher Diatrem

Die breite Senke südlich von Döttingen ist nach gravimetrischen und magnetischen Messungen und drei Wasserbohrungen ein Maarkessel (BÜCHEL in MITTMEYER 1997). Da er keine Pyroklastika mehr aufweist, muss er relativ alt sein, jedenfalls älter als der benachbarte Niveligsberg-Vulkan. Deshalb haben STACHEL & BÜCHEL (1989) zuerst ein tertiäres Alter für möglich gehalten, das scheint aber nicht zuzutreffen. In der Sedimentfüllung des Maarkessels haben SCHABER & SIROCKO (2005) ein C^{14}-Alter von 58 080 Jahren B.P. bestimmt.

Die Pyroklastika am Ostrand des Kessels gehören zu einem quartären Diatrem von 600 m Durchmesser, das zwischen Herresbach und der Bundesstraße 258 liegt (BÜCHEL 1984, BÜCHEL in MITTMEYER 1997). Es besteht aus Lapillitephren und Schlacken und ist vielleicht der Schlot eines Schlackenkegels, der vollkommen erodiert ist. Er wurde schon von L. KOCH (1933) entdeckt.

Niveligsberg, Döttinger Maar und Diatrem von Herresbach liegen auf einer SW-NE-Linie, die also der Faser des Faltengebirges parallel läuft. Es fällt auf, dass die beiden quartären Vulkangruppen im Zwischenfeld zwischen den Westeifel- und den Osteifel-Vulkanen (diese hier und die Vulkanreihe um die Booser Maare) beide diese Ausrichtung zeigen.

11.3 Das quartäre Vulkangebiet der Osteifel
(Abb. 157 auf Beilage am Schluss des Bandes)

Im Mittelpleistozän, wohl vor mehr als einer halben Million Jahren, begann westlich des heutigen Laacher Sees eine lebhafte vulkanische Tätigkeit, die sich in der Folgezeit nach Osten bis ans Rheintal, nach Süden bis in das Neuwieder Becken ausdehnte. Zum vorläufigen Abschluss kam der Vulkanismus vor 13 000 Jahren mit gewaltigen Eruptionen im Gebiet des Laacher Sees. Heute tritt an zahlreichen Stellen noch Kohlensäure zutage.

Die Ausbruchsstellen liegen innerhalb eines etwa 600 km großen Vierecks, dessen Eckpunkte im NW durch den Basaltvulkan Teufelsburg bei Oberheckenbach und den Phonolith bei Ramersbach, im E durch Basalte bei Caan und Grenzhausen im Westerwald, im SE durch den Basaltvulkan Beuelskopf bei Winningen und im SW durch den Basaltvulkan Hochsimmer markiert werden. Außerhalb dieses Areals finden sich in der Osteifel quartäre Vulkane westlich Virneburg, bei Mertloch und Düngenheim auf dem Maifeld und, völlig isoliert, am Rodderberg bei Mehlem. Mit den Booser Maaren und den Vulkanen bei Döttingen und Drees rücken die östlichsten Ausbruchspunkte des quartären Westeifel-Vulkanzuges relativ nahe an das Osteifel-Vulkangebiet heran. Dieses verzahnt sich räumlich mit den Arealen des tertiären Vulkanismus besonders zwischen Vinxtbachtal und Brohltal und im W, wo westlich von Kempenich, im unteren Nitztal (Remmknipp) und bei Trimbs im Nettetal tertiäre Basalte auftreten.

Die bis ins 18. Jahrhundert zurückreichende Geschichte der geologischen und mineralogischen Erforschung des Vulkangebietes schildert HOPMANN (1954). Aus dem 19. Jahrhundert seien die Monographien von v. DECHEN (1864) und DRESSEL (1871) genannt. Wichtige Grundlagen stellen die geologischen Karten 1 : 25 000 dar (AHRENS 1936a, b, AHRENS in QUIRING 1936b, QUIRING & ZIMMERMANN 1936, SCHNÜTGEN in MITTMEYER 1982), ebenso die geologische Karte 1 : 100 000 von AHRENS (1928). Auf zahlreiche Arbeiten von W. AHRENS wird im folgenden hingewiesen werden; hier sei das Geologische Wanderbuch durch das ganze Vulkangebiet (AHRENS 1930b) besonders hervorgehoben. Neuere Gesamtdarstellungen geben HOPMANN (1959), J. FRECHEN (1976) und SCHMINCKE (1977b, 1986), W. MEYER (1999); die an den Vulkanen auftretenden Mineralien behandelt HENTSCHEL (1975,1983).

Den Zeitablauf der vulkanischen Vorgänge konnten J. FRECHEN und Mitarbeiter zuerst klären, indem sie das Auftreten der verschiedenen vulkanischen Produkte in den Terrassenschottern des Rheins untersuchten. Die bisher vorliegenden radiometrischen Datierungen bestätigten und ergänzten das Bild vom Ablauf des vulkanischen Geschehens (FRECHEN &

LIPPOLT 1965, FUHRMANN & LIPPOLT 1985, 1986, V. D. BOGAARD et al. 1989). Mit der Stratigraphie der quartären Sedimente unmittelbar an den Vulkanbauten hat sich WINDHEUSER (1977) beschäftigt.

Zu dem Vulkanfeld der Westeifel, das überwiegend aus Basalt besteht mit nur geringfügigen Vorkommen intermediärer Gesteine, dafür aber mit vielen Maarvulkanen, bestehen deutliche Unterschiede. Vom Beginn der Vulkantätigkeit bis in die Würm-Kaltzeit fand im ganzen Gebiet Basaltvulkanismus statt, der viele Schlackenkegel, zum Teil mit kilometerlangen Lavaströmen produziert hat. Dagegen fehlt der Typ des Maarvulkans fast völlig. Das Vulkangebiet der Osteifel enthält außer Basaltvulkanen drei Komplexe, in denen aus hoch in der Kruste gelegenen Magmenreservoiren reichlich phonolithisches Material gefördert wurde. Zuerst bildete sich im Raum Rieden – Bell – Weibern – Kempenich in etwa 5 km Tiefe ein Magmenreservoir, in welchem sich phonolithische Schmelzen entwickelten. Aus mehreren Schloten wurden mächtige Decken von Phonolithtuffen gefördert. Über dem entleerten Herd brach der Riedener Kessel als Caldera ein, die zeitweise mit Wasser gefüllt war. Die Tätigkeit in diesem Komplex liegt zwischen 450 000 und 350 000 Jahren zurück, dauerte also fast 100 000 Jahre. Zwischen Rieden und dem oberen Brohltal erstarrten in dieser Zeit mehrere phonolithische Dome. Etwa 130 000 Jahre später bildete sich im Raum Wehr erneut ein phonolithisches Magmenreservoir, aus dem mehrmals Eruptionen erfolgten, die dünne Bimsdecken produzierten. Zwischen den Eruptionen brach der Wehrer Kessel als Caldera ein. Kleinere Bimseruptionen fanden nördlich des Brohltals am Herchenberg und am Kahlenberg bei Burgbrohl statt.

Schließlich entwickelte sich gegen Ende der letzten Kaltzeit noch einmal ein großer phonolithischer Herd in der oberen Kruste, der sich in gewaltigen Bimseruptionen entleerte. Sie begannen im Gebiet von Mendig und verlagerten sich mit zunehmender Heftigkeit rasch nach Norden, wo schließlich aus einem Schlot im Nordteil des späteren Laacher Sees ein großes Volumen an Bims und Asche ausgeworfen wurde. Über dem entleerten Herd brach eine Caldera ein, in der sich dann der Laacher See bildete.

Auch in der Altersverteilung bestehen Unterschiede zum Westeifel-Vulkanfeld, der Beginn der Vulkantätigkeit in der Westeifel liegt etwa doppelt so weit zurück wie in der Osteifel, wo der älteste sicher datierte Vulkan die Hannebacher Ley (494 000 Jahre, FUHRMANN & LIPPOLT (1986) ist. Möglicherweise gibt es noch ältere nichtdatierte Vorkommen. Jedoch dürften sie nicht viel älter sein, denn nach HOSELMANN (1994) gibt es in den Schottern der Jüngeren Hauptterrasse des Rheins noch keine vulkanischen Schwerminerale; sie treten erst in geringer Menge (so dass sie auch aus der Westeifel stammen könnten) in der Unterstufe der Jüngeren Hauptterrasse auf, die ein Alter von etwa 600 000 Jahren haben könnte, dann aber sehr deutlich in den Mittelterrassen, die jünger als 580 000 Jahre sein dürften (vgl. Geologie von Rheinland-Pfalz 2005). In dieses Bild passt auch, dass BÖHNEL et al. (1982) bei paläomagnetischen Studien in der Osteifel keine Vorkommen mit reverser Magnetisation fanden, was für Alter jünger als die Brunhes-Matuyama-Grenze spricht.

Ein direkter Zusammenhang zwischen den Störungen des Neuwieder Beckens und der Lage der Vulkane besteht nicht. Die Störungen, die maximal 100 m Sprunghöhe aufweisen, reichen nicht tief genug hinab, um aufsteigende Schmelzen beeinflussen zu können. Schließlich begann der Einbruch des Neuwieder Beckens schon im Alttertiär, also lange vor dem Laacher Vulkanismus, der außerdem erst in seinen letzten Stadien auf das Becken übergreift. Eine Rolle spielen die jungen Brüche heute nur beim Aufstieg der Kohlensäure. Zur variszischen Tektonik bestehen folgende Beziehungen: die ältesten Vulkane liegen im Gebiet Kempenich, Brenk, Rieden genau auf der großen Faltenachsen-Kulmination der Osteifel.

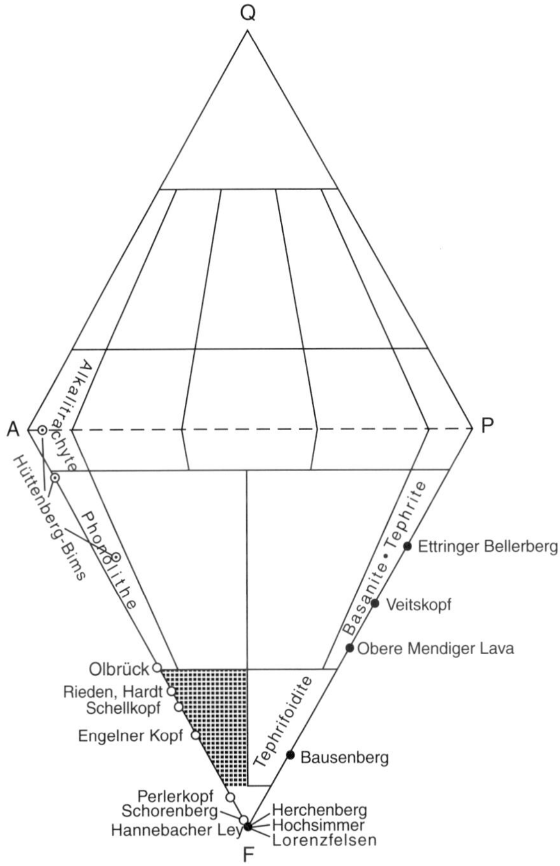

Abb. 89. Einige Vulkanite des Osteifel-Vulkangebietes im STRECKEISEN-Diagramm zwischen den Eckpunkten Alkalifeldspat (A), Foide (F), Plagioklas (P) und Quarz (Q). Umgezeichnet nach FRECHEN (1976). Gerasterte Fläche: Phonolithische Foidite, früher in der Osteifel als Selbergite bezeichnet.

Dass die Magmen dem Erdmantel entstammen, wird nicht bezweifelt. Es gilt ebenfalls als sicher, dass beim Laacher Vulkangebiet auch Differentiationen innerhalb der Kruste stattgefunden haben. Die Magmen sind also nicht direkt vom Mantel bis an die Erdoberfläche aufgestiegen. Sie haben vielmehr innerhalb der Kruste eine Zeitlang verweilt und hier Differentiationsprozesse durchlaufen (FRECHEN 1976, 41–50, DUDA & SCHMINCKE 1978, 24–29). Damit müssen wir unter der Osteifel mehrere Herde wohl unterschiedlicher Tiefenlage annehmen. Sowohl mehrere Basaltlaven als auch die phonolithischen Pyroklastika enthalten Einschlüsse bzw. Auswürflinge von regionalmetamorphen Gneisen und anderen Metamorphiten, die aus Tiefen von mindestens 10 km kommen müssen. Nach Untersuchungen von VOLL (1983) an metamorphen Auswürflingen des Laacher-See-Vulkans und des Wehrer Komplexes ist es wahrscheinlich, dass auch Eruptionen aus den Basisregionen der Kruste (etwa 30 km Tiefe) erfolgten.

11.3.1 Die basaltischen Vulkane

Alkalibasaltische Laven und Tuffe wurden während der gesamten quartären Vulkanperiode gefördert: z. B. waren die Basaltvulkane Leilenkopf, Hochstein und Sulzbusch schon während der Tätigkeit der Phonolithvulkane von Rieden und dem oberen Brohltal aktiv. Es gab jedoch auch noch während der Würm-Kaltzeit Basaltvulkane (z. B. den Alte Burg-Vulkan). Sowohl in der Form der Vulkane als auch in der petrographischen Zusammensetzung lassen sich keine Gruppierungen vornehmen, die bei der Besprechung der Einzelvorkommen zu berücksichtigen wären. Deshalb werden hier die Vulkane nach Meßtischblättern geordnet und dann jeweils zu geographischen Gruppen zusammengefasst behandelt.

11.3.1.1 Basaltische Lapillitephren im Westen des Vulkangebietes

An einigen Stellen, wie am Nordfluß des Lehrenkopfes bei Engeln, nördlich von Volkesfeld und oberhalb des Nettetals südlich von Rieden, bildet basaltische Tephra die Basis der Vulkanitfolge. Wechsellagerung zwischen basaltischer und phonolithischer Tephra ist in einer Grube westlich vom Hochstein, auch am Weg von den Rodder-Höfen nach Westen zum Thürer Wald, am Weg von Bell zum Gänsehals, an der Straße Weibern – Kempenich und an anderen Stellen zu beobachten. Sie gehören zu den beiden basaltischen Einschaltungen (Riedener Foiditische Tephra 1 & 2), die nach VIERECK (1984) in die Phonolith-Tuffdecken des Riedener Komplexes eingelagert sind. Ihre Ausbruchszentren werden östlich von Rieden vermutet. Die Lapillitephra in der Grube westlich des Hochstein dürfte dem Hochstein-Vulkan entstammen; FRECHEN (1976, 53) nimmt für sie wegen der Überlagerung durch datierte Phonolithtephra ein Alter von 350 000 Jahren an. Die Basalttephren innerhalb der Phonolithtuffe an den Rodderhöfen entstammen entweder dem Hochstein oder dem nahen Sulzbusch. Nach VIERECK (1984, 90) liegt auf halbem Wege zwischen Rieden und Weibern unter den Weiberner Phonolithtuffen und den Riedener Phonolithtuffen 3 ein Olivin-Nephelinit-Komplex, den VIERECK Bräuning-Vulkan nennt.

Ein ausgedehntes Basalttephra-Areal findet sich nördlich und nordöstlich von Kempenich. Hier sind auf Feldern zwischen Engeln, Hannebach und Wollscheid Peridotit-Auswürflinge zusammen mit Metamorphiten verbreitet, die aus Almandin, Plagioklas und Pyroxen bestehen, aber auch Hornblende und Quarz enthalten können. Sie sind nach OKRUSCH et al. (1979) als Granat-Pyriclasite, Granat-Pyribolite und Amphibolite anzusprechen und unter den Bedingungen der Granulit-Fazies in tiefen Teilen der Kruste gebildet worden. Vielleicht müssen wir die Förderung dieser Tephren, deren Ausbruchszentren noch nicht ermittelt werden konnten, als den Startschuss zum Laacher Vulkanismus ansehen. Ihr Vorkommen liegt genau auf der oben erwähnten großen Achsenkulmination der Osteifel, die vielleicht eine den Magmenaufstieg begünstigende Tiefenstruktur nachzeichnet.

11.3.1.2 Bl. 5508 Kempenich

Basalttephren westlich Kempenich

Östlich vom Heidnerhof bei Kempenich (r 7858 h 8441) war in dem Graben für die Pipeline Wesseling – Ludwigshafen ein 15 m breiter Basaltephraschlot aufgeschlossen, 20 m südlich davon in 2 m Breite noch einmal eine Tephrabrekzie. Westlich und südwestlich vom Kalvari-

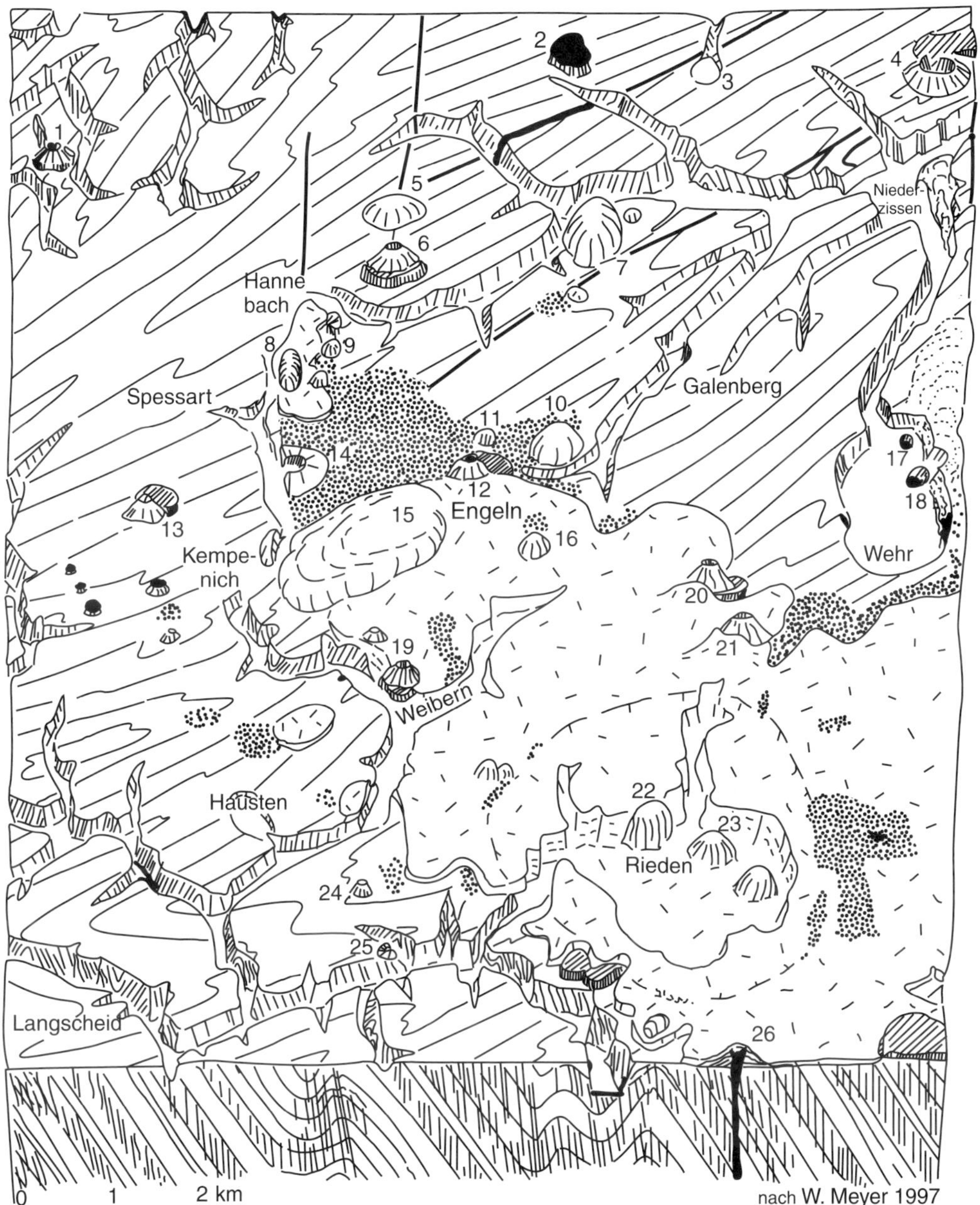

Abb. 90. Der Nordwestteil des Osteifel-Vulkangebietes. 1 Teufelsburg, 2 Steinberg (tertiärer Basalt), 3 Roddermaar (wahrscheinlich Meteoritenkrater), 4 Bausenberg, 5 Perlerkopf, 6 Hannebacher Ley, 7 Olbrück, 8 Steinfeld, 9 Haweybüsch, 10 Schellkopf, 11 Schellköpfchen, 12 Schorberg, 13 Steinrausch, 14 Palagonit-Tuffring, 15 Engelner Kopf, 16 Lehrenkopf, 17 Hüttenberg-Bimsschlot, 18 Schlot des Gleeser Bims (17 und 18 im Wehrer Kessel), 19 Humersberg, nördlich davon Katzenkopf, 20 Meirother Kopf, 21 Tiefenstein, 22 Phonolithintrusionen Riedener Hardt, 23 Schorenberg, 24 Norberg, 25 Basalt westlich des Volkesfelder Sauerbrunnens, 26 Sulzbusch.

enberg von Kempenich schloss der Graben mehrfach Erosionsreste einer Decke von basaltischer Tephra auf. Unmittelbar nordwestlich vom Punkt 509,5 nördlich Hausten war im Graben in 160 m Länge Basalttephra mit bis zu 10 cm großen Devonfragmenten aufgeschlossen; die Ausbruchsstelle dürfte nicht weit entfernt liegen. Der Pipeline-Graben zeigte ferner, dass die Höhe 493,6 und vielleicht auch die Höhe 510,7 nordöstlich Hausten von einem ca. 350 m breiten Tephraschlot aufgebaut wird; neben Basaltlapilli finden sich Basaltschlacken und bis 40 cm große Schieferfragmente. Dieser Vulkan wird von phonolithischer Bimstephra überlagert. Im Bereich der Höhe 481,2 östlich Hausten fand sich im Graben Basalttephra, die von grober Bimstephra mit bis 20 cm großen Devonfragmenten überlagert wird. Die Ausbruchstelle dieser Bimstephra muss in der Nähe gelegen haben.

Palagonittuffring von Kempenich

Die älteren alkalibasaltischen Tuffe sind z. T. in kleinen Seen und Sümpfen abgelagert worden. Wenn heiße basaltische Schmelztropfen in Wasser fallen, erstarren sie durch Abschreckung rasch zu Glas, das man Sideromelan nennt. Das wandelt sich durch Wasseraufnahme (Hydratisation) zu einer hellbraunen Substanz um, die man nach dem Ort Palagonia auf Sizilien als Palagonit bezeichnet. Diese Palagonitisierung kann schon im noch warmen Milieu einsetzen, kann aber auch lange nach dem Erkalten erfolgen. Durch Neubildung von Zeolithen und Karbonaten werden die einzelnen Lapilli verkittet, deshalb sind die Palagonittuffe meist relativ fest, so dass sie in der Eifel oft als Bausteine verwendet werden. Palagonit besitzt in hohem Grad die Bereitschaft zu Ionenaustausch und wird deshalb zur Herstellung von Wasserfiltern benutzt (vgl. dazu W. LUTZE 1967).

Palagonittuffe finden sich in einem größeren Komplex nördlich von Kempenich, ferner am Lehrenkopf bei Engeln. Auswürflinge palagonitischer Tuffe enthalten die Phonolithtuffe an den Rodderhöfen und an der Grapseley bei Bell und die Bimstephra am Ostrand des Wehrer Kessels (FRECHEN 1976: 35); diese Gesteine scheinen also im Westteil des Laacher Vulkangebietes unter der Bedeckung jüngerer Vulkanite noch weiter verbreitet zu sein.

Nördlich von Kempenich bildet die Höhe 479,4 den Erosionsrest eines kleinen alkalibasaltischen Tuffvulkans. Es ist noch ein halbkreisförmiger Ring morphologisch zu erkennen, in dem die Tuffschichtung flach nach außen einfällt, d. h. in den alten Brüchen nördlich der Anhöhe nach NE, auf der Kuppe nach E und auf dem Rücken, der z. Z. abgebaut wird, größtenteils nach S. Der ganze Westteil ist durch das von Hannebach kommende Tal abgetragen worden. FRECHEN (1976, 66–71) unterscheidet drei petrographisch verschiedene Palagonittuff-Folgen innerhalb dieses kleinen Vulkans: Der älteste Tuff dürfte der am Nordabhang der Anhöhe sein (Palagonittuff 1). FRECHEN (1976, 67–68) gibt folgende Beschreibung: „Das Gestein ist im frischen Bruch bräunlichgrau. Dichte und poröse Partien wechseln lagenweise. Die Hauptmasse des Tuffes besteht aus unregelmäßig rundlichen alkalibasaltischen Glaslapilli. Der Glasanteil der Lapilli schwankt von etwa 70 bis über 95 Vol.-%. Die glasreicheren Lapilli sind in der Regel etwas poröser als die glasärmeren. Im Dünnschliff ist das Glas bräunlichgelb bis lichtgelb, stellenweise auch kräftig braun oder fast farblos. Sichere Anzeichen einer Entglasung lassen sich röntgenographisch nicht feststellen. Das Glas enthält Kristalle von korrodiertem Olivin, der randlich von grünlichem Klinopyroxen umwachsen ist, diopsidischen, salitischen, titanhaltigen und ägirinhaltigen Augit, Biotit, Melilith, Nephelin, Hauyn und Magnetit. Ehemalige Poren sind mit Phillipsit, Chabasit und stellenweise noch mit Calcit... gefüllt. In den porösen Tuffpartien befindet sich auf den Wandungen der zwischen den

Lapilli offen gebliebenen Räume vielfach ein Belag aus Phillipsit, Chabasit und Calcit." Die Zeolithe sind gegenüber Calcit die älteren Minerale. Der Tuff enthält auch Bruchstücke von olivinführendem Hauyn-Melilith-Nephelinit und vereinzelt von Devon-Gesteinen.

Der südliche Tuffrücken, an dem die Filterfabrik LÖSCH arbeitete, wird nach FRECHEN vom Palagonittuff 2 aufgebaut. Die Schichtung fällt im Süden des Rückens nach S ein und biegt im Kammbereich um, so dass sie am Nordabhang nach N einfällt; z. T. überlagert sie diskordant die südfallenden Partien. Vom Palagonittuff 1 unterscheidet sich dieser Tuff nach FRECHEN dadurch, dass der Anteil der feinkörnigen Zwischenmasse zwischen den Lapilli deutlich höher ist. Es finden sich im Palagonittuff 2 ferner rein sedimentäre tonige Einlagerungen. Die Hydratisierung ist hier stärker fortgeschritten als in den anderen Tuffen, dementsprechend ist der Anteil der Zeolithe und des Calcits hier am größten. Das Ionenaustauschvermögen des Tuffs ist hier am stärksten, deshalb ist das Material für den Filterbau am besten geeignet. FRECHEN vermutet, dass der Bach hier durch den Engeln-Kempenicher Phonolithrücken längere Zeit aufgestaut gewesen ist. Der Palagonittuff 2 enthält Auswürflinge von dunkelgrauem Palagonittuff (wohl Palagonittuff 1), ferner von Alkalibasalten, welche die Zusammensetzung von Hauyn-Melilith-Nepheliniten haben. Ferner treten Fragmente von Olivin und diopsidischem Augit auf, sowie vulkanisch veränderte kristalline Schiefer und unterdevonische Gesteine (FRECHEN).

Die durch alte Steinbrüche unmittelbar östlich der Höhe 479,4 erschlossenen Tuffe fasst FRECHEN als Palagonittuffe 3 auf. Sie sind weniger verfestigt als die Tuffe 1 und 2 und enthalten Fragmente der älteren Tuffe. Auswürflinge von Alkalibasalten sind häufiger, und zwar haben diese nach FRECHEN eine Zusammensetzung von Olivin-Leuzit-Nepheliniten oder von Olivin-Nephelin-Leuzititen. Der Anteil an Devon-Fragmenten ist höher als in den älteren Tuffen. Der Palagonittuff 3 baut auf der Anhöhe den äußersten Mantel des Vulkankegels auf, auch deshalb ist seine Einstufung als jüngster Tuff gerechtfertigt.

Teufelsburg und kleinere Basanit-Vorkommen

Die Teufelsburg östlich Oberheckenbach ist ein Schlackenbau, in den poröse Lava eingedrungen ist. Im Nordwesten ist ein NW-streichender Lavagang herauspräpariert; das ist die „Teufelsburg". Das Gestein wird von BRAUNS (1928, 477–478) als Leuzitbasalt bezeichnet, von SCHNÜTGEN als Basanit. Auf Bl. Kempenich finden sich noch weitere kleine basanitische Schlote und Gänge (SCHNÜTGEN in MITTMEYER 1982, 64): Nordwestlich Kaltenborn (r 7155 h 8685), am Herrenberg südöstlich Kaltenborn (r 7370 h 8550), südöstlich Herschbach (r 7396 h 8820), südöstlich Weidenbach (r 7264 h 9145), westlich von Vinxt (7930 h 9595), Stucksberg südlich Schalkenbach (r 8234 h 9516 – r 8262 h 9535). Basanitblöcke finden sich in Tuffen der Phonolithe Rabenkopf und Steinfeld südlich Hannebach.

Steinrausch

Die bewaldete Anhöhe Steinrausch nordwestlich von Kempenich ist ein basaltischer Schlackenkegel mit dem Ausbruchszentrum im Bereich der höchsten Stelle. Von hier ist Lava nach Südosten geflossen. Sie liegt am Ostrand der Kuppe in großen Blöcken im Wald und ist an einigen Stellen auch abgebaut worden. Im Süden reichen Lapilli und Schlacken unter Lehmbedeckung bis an die Einmündung der Straße von Kempenich auf die Bundesstraße 412

(200 m östlich des Heidnerhofes). Im Nordwesten nahe der Straße nach Cassel stößt die Lava unmittelbar gegen Devongestein, ohne dass Pyroklastika zwischengeschaltet sind, das war in dem den Steinrausch querenden Pipeline-Graben gut zu sehen. Die Lava, die R. BRAUNS (1922) zu den Tephriten stellt, enthält als Einsprenglinge Titanaugit, diopsidischen Augit, Biotit und Olivin. Westlich der Hauptkuppe liegen noch drei kleine Schlote mit Material von gleicher Zusammensetzung wie der Lavastrom (A. SCHNÜTGEN in MITTMEYER 1982).

Perlerkopf

AHRENS (1930b, 81), v. DECHEN (1864, 215–221), DRESSEL (1871, 35–36), FRECHEN (1976, 72–73), HENTSCHEL (1975, 81), HOPMANN (1959, 46), MEYER (1999, 17–18), SCHNÜTGEN (in MITTMEYER 1982).

Mit 579,1 m ist der Perlerkopf die zweithöchste Kuppe des Osteifel-Vulkangebietes und als dessen nordwestlicher Eckpfeiler weithin sichtbar. Zuerst wurde feinkörnige graugrüne Tephra gefördert, die z. T. verfestigt ist. In sie ist Lava eingedrungen, die vielleicht eine Trichterkuppe bildete. In mehreren Steinbrüchen sieht man sie in große Pfeiler gegliedert, teilweise auch massig ausgebildet. Sie enthält nur wenige große unregelmäßige Blasen. In dem schmalen Steinbruch, der den Westteil der Kuppe durchschneidet, sieht man, dass die Lava nach außen schlackig wird und im Süden von Schlackenbänken überlagert wird, die hangabwärts einfallen. Das grünlichgraue Gestein lässt makroskopisch als Einsprenglinge Ägirinaugit, Hauyn und Melanit erkennen; von den herauswitternden dunklen Granatperlen soll der Berg seinen Namen haben. Die Grundmasse besteht aus Leuzit, Ägirinaugit und Sanidin; Titanit und Apatit sind weitere Einsprenglinge. Das Gestein steht zwischen den Phonolithen und den basischsten Laven des Gebietes. BRAUNS (1922) bezeichnete es als Leuzitophyr, FRECHEN (1976) als Leuco-Hauyn-Nephelin-Leuzitit. Altersbestimmungen nach der K/Ar-Methode ergaben nach FRECHEN & LIPPOLT (1965) ein Alter von 320 000 ± 30000 Jahren, nach SCHMINCKE & MERTES (1979) eines von 432 000 ± 40 000 Jahren.

Hannebacher Ley

v. DECHEN (1864: 221–226), DRESSEL (1871: 34), FRECHEN (1976: 71–72), HENTSCHEL (1975: 81), HOPMANN (1959: 43), GRIMM (1990, Nr. 036), MEYER (1999, 19), SCHNÜTGEN in MITTMEYER (1982).

Südlich des Perlerkopfes liegt eine flache bewaldete Anhöhe, die von Süden her durch tiefe Steinbrüche angeschnitten und weitgehend abgebaut ist. Es handelt sich um eine trichterförmige Basaltlavakuppe. Zwischen ihr und der Devonoberfläche finden sich geschichtete Pyroklastika sowie Schlacken- und Sprengtephren mit groben Fragmenten devonischer Gesteine. Sie gehen auf die erste Tätigkeitsphase zurück und sind teilweise wie auch das darunter liegende Devongestein rot gefrittet. Die in dicke Pfeiler gegliederte dunkelgraue bis graugrüne Lava ist blasenreich und lässt sich deshalb gut behauen. Die Blasen sind oft horizontal ausgelängt und zu Zügen angeordnet. Die Lava enthält als makroskopisch erkennbare Einsprenglinge Ägirinaugit. Mikroskopisch sind zu erkennen: Leuzit, Nephelin, Hauyn, Melilith, Ägirin- und Titanaugit, Perowskit, Magnetit, Apatit und Calcit. Sie ist nach FRECHEN als Melilith-Nephelin-Leuzitit zu bezeichnen. Auf Kluftflächen und in Blasen findet man Kristalle von Nephelin, Melilith, Leuzit, Augit, Apatit, Perowskit, Hämatit, Calcit und das kürzlich hier entdeckte Mineral Hannebachit. Die Hannebacher Ley gehört zu den ältesten Vulkanen des Vulkangebiets. Nach FUHRMANN & LIPPOLT (1986) hat die Lava ein Ar^{40}/Ar^{39}-Alter von 470 000 ± 50 000 Jahren. Das Brohltal gab es damals noch nicht, sonst wäre die Lava hineingeflossen.

Schorberg und Tephraring westlich davon

V. DECHEN (1864: 204), DRESSEL (1871: 36–37), SCHNÜTGEN (in MITTMEYER, 1982), VIERECK (1984), MEYER (1999, 29–30).

Der 549 m hohe Schorberg (bei V. DECHEN Schörchen) nordöstlich von Engeln ist nach VIERECK ein leuzititischer Schlackenkegel. Nach Osten ist Lava ausgeflossen südlich von dem nach Fußhölle hinabführenden Tälchen; ihre Basis steht 30 m über dessen Talsohle an. Der Strom reicht bis etwa 450 m NN hinunter. Nach VIERECK (1984, 91, 114) ist der Vulkan zwischen der Förderung der Riedener Phonolithtuffe 3 und 5 tätig gewesen. SCHMINCKE & MERTES (1979) geben einen K/Ar-Alterswert von 494 000 ± 40 000 Jahren an.

Die Schlacken des Schorbergs überlagern im Westen die mit 30° nach Osten einfallenden Basaltlapilli-Tephren, die dort abgebaut werden. Sie gehören zu einem Tephraring, dessen Basis in der 30 m tiefen Grube noch nicht erreicht ist.

Humersberg und Vulkane nördlich davon

AHRENS (1930b, 79), DRESSEL (1871, 37: „namenloser Vulkanrücken“), VIERECK (1984), MEYER (1999, 34–35, 2007, 81–83).

Unmittelbar nördlich von Weibern liegt der Humersberg, ein Basaltschlackenkegel mit Agglutinaten. Die 500 m nordwestlich davon gelegene Anhöhe Katzenkopf stellt einen weiteren Schlackenkegel dar. Beide Vulkane haben leuzititische Zusammensetzung und werden von den Riedener Phonolith-Tuffen 4–5 eingedeckt. Östlich der Bernhardskapelle liegt nach VIERECK ein basaltischer Tuffring. Er ist in einer alten Grube („Burgschafstall“) angeschnitten, wo unter einer Phonolithtuffdecke sogar der Kamm des Ringwalles erhalten geblieben ist.

11.3.1.3 Bl. 5509 Burgbrohl

Bausenberg

AHRENS (1929d, 1930b, 35–36), V. DECHEN (1864: 300–304), DRESSEL (1871, 37–38), J. FRECHEN (1976, 85–87), HOPMANN (1959, 32), Noll (1975), WINDHEUSER (1977, 72–80), MEYER (1999, 14–17).

Einen der am besten erhaltenen Ringwälle der Eifel hat der Vulkan Bausenberg nördlich von Niederzissen. Er ist aus basaltischen Lapilli, Wurfschlacken und Bomben aufgebaut, auch Lavafetzen kommen vor. Diese Lockermassen führen Olivin, Augit (z. T. in idiomorphen Kristallen), Biotit und Hornblende. Die Schlacken enthalten neben Devongesteinen relativ viele Einschlüsse kristalliner Schiefer.

Der Ringwall ist im Norden durch einen Lavastrom, der 3,6 km weit bis ins Vinxtbachtal geflossen ist, durchbrochen worden. Nordöstlich der Durchbruchsstelle ragen beiderseits des Stromes Lava- und Schlackenfelsen auf. Die dünnflüssige Lava war hier in der Mitte des Stro-

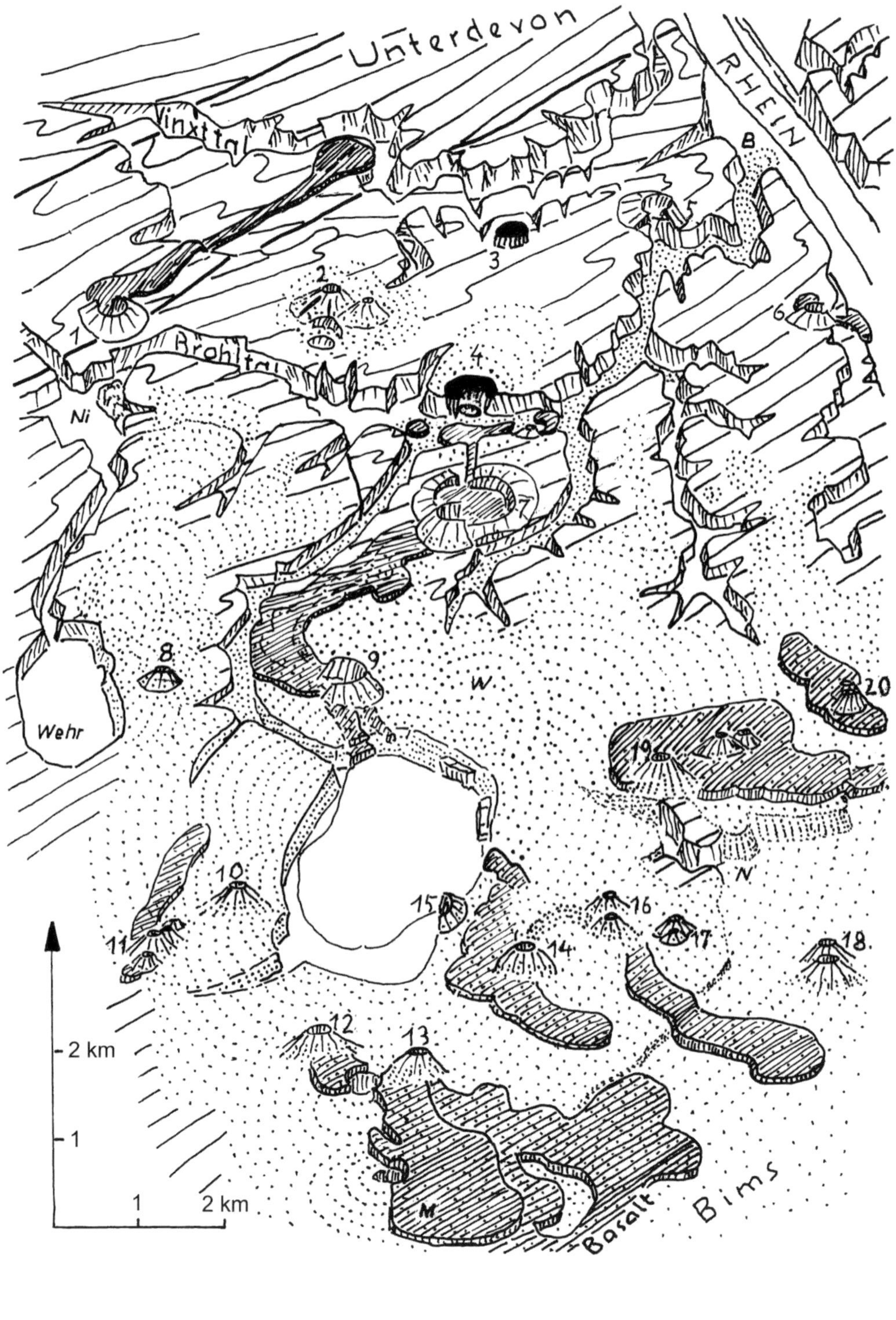
Unterdevon
Vinxttal
RHEIN
B
1
2
3
4
5
6
7
Brohltal
Ni
8
9
W
Wehr
19
20
N
10
11
15
16
17
18
14
12
13
M
Basalt
Bims
2 km
1
1
2 km

mes noch weiter geflossen, während die Flanken schon erstarrt waren. Die Lava gehört zu den Tephrifoiditen. Größere Einsprenglinge sind Augit, seltener auch Olivin und Biotit; Nephelin findet sich gelegentlich in kleinen Hohlräumen. Der Lavastrom floss in einem Seitental des Vinxttales abwärts; der Bach musste sich südöstlich des Lavastroms ein neues Bett graben, in dem jetzt der Saatenbach fließt. Das Stromende liegt in Gönnersdorf nach NOLL 42 m über der heutigen Talsohle des Vinxtbaches auf einer Verebnung, die zu den jüngeren Mittelterrassen gehören muss. Die Stirn des Lavastroms hängt etwas über den Terrassenrand ins Tal hinein. FRECHEN & LIPPOLT (1965) haben K/Ar-Alter der Lava von 140 000 ± 30 000 und 150 000 ± 40 000 Jahren veröffentlicht. Die Bausenbergaschen enthalten im untersten Teil zahlreiche Pflanzenabdrücke, die ein dem heutigen ähnliches Klima anzeigen (NOLL 1975, 20–23). Die Vulkantätigkeit fällt also in eine Warmzeit; wobei die Eem-Warmzeit in Frage kommt. Der Kraterboden des Ringwalles, der sog. Eulenkessel, ist heute mit Löss ausgefüllt.

An der Südseite des Berges liegen am Fahrweg zum Eulenhof zwei alte Gruben. Hier fand sich in mindestens 2 m Mächtigkeit unter den Bausenberg-Pyrklastika ein gelbbrauner Tuff mit phonolithischen und basaltischen Fragmenten. Er lässt sich der Hüttenberg-Tephra des Wehrer Kessels zuordnen (AHRENS 1936b, NOLL 1975).

Herchenberg

AHRENS (1930b, 33–35, 1936 b, 20), BEDNARZ (1982), BEDNARZ & SCHMINCKE (1990), BIBUS (1980), BRANDES (in RAUFF 1906), V. DECHEN (1864, 296–300), DRESSEL (1871, 38), J. FRECHEN (1976, 81–85), HENTSCHEL (1975, 82), HOPMANN (1959: 31–32), NOLL (1967b), SCHMINCKE (1977a, 25–30), STRAUBE (2003), WINDHEUSER (1977, 21–44).

Der Herchenberg nördlich von Weiler ist ursprünglich als waldfreie flache Kuppe von 324,1 m Höhe der Hochfläche aufgesetzt gewesen. Sie ist durch Schlackenabbau inzwischen zu einer tiefen Grube geworden, die schon wieder teilweise aufgefüllt wurde.

Der Herchenberg gehört zu den wenigen Vulkanen, bei denen die Ausbrüche durch eine lange Ruhephase getrennt waren. Das war im Südostteil des Komplexes früher sichtbar. Hier lagen über den tertiären Tonen, Sanden und Kieseloolith-Schottern grobe Eruptivbrekzien und darüber Basaltlapilli und -schlacken, die nach Norden einfallen. Die mit 30–40° nach Norden geneigten Wände eines Kraters waren früher angeschnitten (H. RAUFF 1906). Da in den Schlacken auch Lösskindl eingeschlossen waren, muss über den Tertiärschichten noch Löss gelegen haben.

In der nun folgenden Ruhepause legte sich zunächst Löss über die Vulkanite. Darüber liegt basaltisches Lockermaterial, das wahrscheinlich umgelagert ist, dann folgen Bimslagen, die nach FRECHEN aus dem Wehrer Komplex stammen. WINDHEUSER wies nach, dass nach Ablagerung der Bimslagen eine intensive Bodenbildung stattgefunden hat. Dass während dieser Vorgänge zumindest keine Kaltzeit-Bedingungen herrschten, zeigt der Fund von *Galium*

Abb. 91. Das zentrale Osteifel-Vulkangebiet. 1 Bausenberg, 2 Herchenberg mit Dümpelmaar, 3 Steinbergkopf (tertiärer Basalt), 4 Kahlenberg (tertiärer Basalt, quartärer Bimsschlot), 5 Leilenkopf, 6 Fornicher Kopf (Hohe Buche), 7 Kunkskopf und Lummerfeld, 8 Dachsbusch, 9 Veitskopf, 10 Laacher Kopf, 11 Rothenberg, 12 Thelenberg, 13 Wingertsberg mit beiden Niedermendiger Lavaströmen, 14 Krufter Ofen, 15 Alte Burg, 16 Heidekopf und Roter Berg, 17 Eppelsberg, 18 Nickenicher Weinberg, 19 Nickenicher Hummerich, 20 Nastberg. B Brohl, M Niedermendig, N Nickenich, Ni Niederzissen, W Wassenach.

aparine L. in Nachbarschaft der Bimslagen (KRÄUSEL & WEYLAND 1942, 32). Eine reiche Molluskenfauna in den Zwischenschichten ist leider nicht genau horizontiert gesammelt worden (Liste bei WÜST in RAUFF 1906, 270–272 und bei WINDHEUSER 1977, 30–31), gehört aber wohl auch etwa in dieses Niveau. Auch sie zeigt gemäßigtes Klima an; das Vorkommen der Sumpfschnecken *Lymnaea truncidata* (MÜLLER) und *L. palustris* (MÜLLER) deutet darauf hin, dass zeitweise hier ein Kratersee bestanden hat. Nach WINDHEUSER dokumentiert die Schichtenfolge in der fossilen Kratermulde eine Kaltzeit und eine darauffolgende Warmzeit. Über der Humuszone liegt eine Wechselfolge von Löss und Basalttephra unbekannter Herkunft, die in einer zweiten Kaltzeit abgelagert worden sein muss. Sie zeigt Eiskeile und Kryoturbationserscheinungen. Nach BIBUS sind sie von einer warmzeitlichen Bodenbildung überprägt. Damit umfasst die Pause nach der ersten Tätigkeit wenigstens teilweise zwei Kaltzeiten und zwei Warmzeiten. BEDNARZ & SCHMINCKE (1990) gehen auf die Zwischenschichten und die Unterbrechung der Vulkantätigkeit nicht ein.

In der zweiten Tätigkeitsphase des Herchenbergs wurden große Teile des älteren Vulkans mitsamt den Zwischenschichten weggesprengt. Es wurde zuerst auswürflingsreiche grobe Tephra gefördert; darüber folgen Lapilli und Schlacken wechsellagernd. Sie werden überlagert von mehrere Meter mächtigen Partien mit Kugellapilli, das sind bis 10 cm große blasenarme Basaltkugeln, manchmal um ein Nebengesteinsfragment agglomeriert. SCHMINCKE (1977a) hält es für wahrscheinlich, dass neben der Zurundung im Schlot durch pulsierenden Gasstrom auch phreatische Prozesse mit geringen Mengen von Oberflächenwasser an der Entstehung mitgewirkt haben. Darüber folgen mächtige grobe Schlacken. Es entstanden nach U. BEDNARZ (vgl. BEDNARZ & SCHMINCKE 1990) im Abstand von 300 m in einer Ostwestlinie zwei Schlackenkegel. Der östliche, der sich aus zwei Kegeln zusammensetzt, ist der größere und jüngere. In den westlichen, älteren Kegel, über dem der höchste Punkt (329,1 m) lag, sind drei radial vom Schlot ausgehende steilstehende Lavagänge eingedrungen. Ihr Material wird von FRECHEN als Melilith-Nephelinit eingestuft. In den Schlacken des Gipfelbereichs sind in geringem Umfang Mühlsteine gewonnen worden (K. DEGEN 2001). Dadurch entstanden als „Herchenbergkeller" bezeichnete Grotten.

Die beiden Kegel werden gemeinsam eingehüllt von einer Decke von Löss und einer pyroklastischen Folge, die 8 m mächtig werden kann. In ihr fallen meterdicke helle Tephralagen auf, die aus weißen Bimsstücken, grauen, dichten Phonolithbrocken und devonischen und tertiären Nebengesteinsfragmenten bestehen. W. AHRENS (1930b, 1931, 1936b) hat sie zuerst vom Bimsvulkan am Kahlenberg hergeleitet, der 1,5 km südöstlich vom Herchenberg entfernt liegt (S. 474). H. NOLL (1967b) wies darauf hin, dass dem Bims am Herchenberg die für den Kahlenberg-Bims typischen Brocken von dichtem Tertiärbasalt fehlen, und wegen der Größe der Auswürflinge ein näher gelegenes Herkunftsgebiet wahrscheinlicher ist. Das konnte U. BEDNARZ (1982) nun nahe südwestlich vom Herchenberg lokalisieren: Dort gibt es eine kleine flache Senke, die Im Dümpel heißt. Hier muss ein phonolithischer Maarvulkan bestanden haben. Die Einschlagsrichtung von Bomben und Brocken und Schrägschichtungsgefüge in den Bimslagen weisen eindeutig auf dieses Dümpelmaar hin. Die Bimslagen über dem Herchenberg wechseln ab mit basaltischen Lapilli- und Schlackenpaketen, das zeigt, dass die Maarexplosionen den Fuß des westlichen Herchenberg-Kegels teilweise weggesprengt haben. Ein anderer Hinweis auf die Tätigkeit dieses Explosivvulkans sind mehrere mit Bims gefüllte Spalten, auf die zuerst NOLL (1967b) aufmerksam gemacht hat. Er hat sie im westlichen Kegel, der dem Dümpelmaar am nächsten liegt, beobachtet. Die dezimeterbreiten steilen Spalten sind mit phonolithischem Bims, Devon- und Tertiärfragmenten gefüllt. Zum Teil enden sie nach oben blind. Es sind offenbar Begleitspalten des Maarvulkans. V. D. BOGAARD et al.

(1987) haben nach der Ar^{40}/Ar^{39}-Laser-Methode am Dümpelmaarbims ein Alter von ca. 116 000 Jahren ermittelt. Damit hat man ein Mindestalter für die zweite Phase des Herchenberg-Vulkans. In der Füllung des Dümpelmaars wurden in 18 m Tiefe unbestimmbare Ostracoden erbohrt (C. SEIDEL 1993), es hat also vielleicht hier ein kleiner Maarsee existiert. Die Aschen des Dümpelmaar-Vulkans sind weit verbreitet; sie fanden sich in der Westeifel z. B. im Jungfernweiher-Maar bei Ulmen, im Eigelbach-Maar bei Birresborn, im Maar südlich vom Hohen List bei Daun in den Maarfüllungen (SCHABER & SIROCKO 2005).

Leilenkopf

BIBUS & DRAFEHN (1978), BRAUNS (1909), DANNENBERG (1892), v. DECHEN (1864, 289–292), J. FRECHEN (1976, 78–81, 1980), HENTSCHEL (1975, 82), HOPMANN (1959, 31), MEYER (1999, 9–10), WINDHEUSER (1977, 45–71).

An dem basaltischen Tephra- und Schlackenvulkan Leilenkopf (Leitenkopf auf den amtlichen Karten, auch Leizenkopf, Leylerkopf) bei Niederlützingen (Brohl-Lützing) lassen sich zwei durch eine Ruheperiode getrennte Ausbruchsphasen unterscheiden. Dieser Vulkankomplex ist durch das tief eingeschnittene Brohltal stark abgetragen worden. Der Abbau hat in den letzten Jahrzehnten das Werk der Erosion fortgesetzt, so dass heute nur noch eine ausgehöhlte Vulkanruine vorhanden ist. Ein imposanter Vulkanbau hat hier auch vor der Tephragewinnung nicht bestanden, nach DANNENBERG erhob sich damals der flache Kegel nur 30–35 m über die umgebende Hochfläche.

Die Unterlage der Leilenkopf-Vulkanite bildet eine etwa 245 m NN liegende Felsterrasse. Auf den eingeebneten Unterdevon-Schichten liegen bis 16 m mächtige Terrassenablagerungen; sie bestehen unten aus Schottern, darüber liegt Hochflutlehm, darüber Löss. Die Schotter dieser „Leilenkopf-Terrasse“ (BIBUS & DRAFEHN) gehören aufgrund ihrer Zusammensetzung nicht zur pliozänen Kieseloolith-Terrasse, wie von AHRENS (1936b) zuerst vermutet wurde, sondern zu einem ältesten Hauptterrassenniveau, haben also pleistozänes Alter. Sie enthalten frische phonolithische Tuffe unbekannter Herkunft. Der Hochflutlehm ist nach BIBUS & DRAFEHN nicht einheitlich sedimentiert worden, sondern umfasst einen Zeitraum über mindestens eine Warmzeit hinweg, was durch interglaziale Mollusken belegt ist (vgl. auch PUISSÉGUR & WINDHEUSER 1979). Im Löss über dem Hochflutlehm tritt nach FRECHEN (1980) basaltische Tephra unbekannter Herkunft auf.

Die ersten Ausbrüche des Leilenkopf-Vulkans förderten Lapillituffe, die durch Aragonit, Calcit und Natrolith so stark verfestigt sind, dass sie in Niederlützingen und Brohl als Bausteine verwendet wurden. Diese gut geschichteten Tuffe enthalten als Auswürflinge rotgebrannte Devongesteine, z. T. glasierte Gerölle aus der Hauptterrasse, kristalline Schiefer, Biotit- und Augitkristalle sowie größere Stücke von angeschmolzenem oder durch Reibung im Schlot zugerundetem Sanidin. Der Sanidin muss aus alkalisyenitischen oder foyaitischen Magmenkörpern in der Tiefe stammen (BRAUNS 1909). WINDHEUSER hat unter den Auswürflingen auch Lössbrocken gefunden. An den Sanidin-Auswürflingen wurde ein K/Ar-Alter von 405 000 ± 20 000 Jahren bestimmt (FRECHEN & LIPPOLT 1965). Alle diese Tuffe sind wohl nicht aus einem zentralen Schlot, sondern aus mehreren Ausbruchsstellen gefördert worden.

Nach dieser ersten Vulkanphase trat eine längere Ruhepause ein. In einer flachen Kratermulde fand zuerst lebhafte Fumarolentätigkeit statt, welche die obersten Schlackenlagen bleichte oder rot und gelb färbte. Danach wurde in die Kratermulde Sand, vulkanischer Staub und Löß eingeweht. Der untere Teil dieser äolischen Folge zeigt starke Kryoturbationserscheinungen.

Nach einer Pause von etwa 180 000 Jahren lebte die vulkanische Tätigkeit am Leilenkopf wieder auf, es wurden Aschen- und Lapilli-Tephren gefördert; dabei fallen Partien voller Kugelbomben auf, ähnlich wie beim Herchenberg. Im unteren Teil dieser jüngeren Leilenkopf-Tephren findet sich nach FRECHEN eine Lage einer phonolithischen Tephra. Diese phonolithische Tephra findet sich in Schottern der mittleren Mittelterrasse bei Breisig, Ariendorf und Leubsdorf dicht unter der Schotteroberfläche. Wenn man für die Bildung dieser Schotter das Ende der drittletzten Kaltzeit annimmt, wäre nach KUKLA (1977) dafür ein mittleres Alter von 240 000 (–20 000, +10 000) Jahren anzusetzen. Das stimmt etwa mit dem von FRECHEN & LIPPOLT (1965) an einer Basaltbombe aus der obersten Partie der jüngeren Leilenkopf-Tephren mitgeteilten Alter von 220 000 ± 40 000 Jahren (K/Ar-Datierung) überein.

Petrographisch sind nach FRECHEN die Wurfschlacken der ersten Vulkanphase wahrscheinlich zu den Melilith-Nepheliniten zu stellen. Sie enthalten Olivin, Augit, Biotit, Melilith, Nephelin und Hauyn.

Die jüngere neu entstandene Kratermulde wurde wieder von Löss bedeckt, mit Einschaltungen von Bimstephra vom Typ des Wehrer Bims (FRECHEN) und von basaltischen Aschen. Kryoturbationserscheinungen und Eiskeile treten hier wieder auf.

Zur Zeit der Förderung der älteren Tuffe und Schlacken war das Tal noch nicht vorhanden oder es lag viel weiter südlich, denn der südliche Kraterwall des älteren Ausbruchs sitzt einer Ebene auf und ist erst durch das Brohltal später angeschnitten worden. Das kleine Wolfental hat sogar den Eruptionstrichter unterhalb der Devonoberfläche freigelegt.

Lummerfeld, Kunksköpfe und Lavavorkommen bei Burgbrohl

AHRENS (1930b, 31–32, 1936b, 20–21), V. DECHEN (1864, 279–285), DELFS (1986, 33–48), DRESSEL (1871, 47–48), J. FRECHEN (1976, 87–89), HENTSCHEL (1975, 82), HOPMANN (1959, 30–31), MEYER (1999, 49–51), WINDHEUSER (1977, 81–95).

Der flache, weitgerundete Schlackenwall des Lummerfeldes und der steile Doppelkegel der Kunksköpfe (der Schlackenabbau hat jetzt nur noch eine Ruine übriggelassen) sind kein einheitlicher Vulkanbau.

Aus dem Basaltschlacken- und Lapilliwall des Lummerfeldes(Kunksboden) ist nach Norden ein Lavastrom ins Brohltal geflossen. Eine von P. DELFS (1986) durchgeführte magnetische Kartierung hat ergeben, dass ein relativ schmaler Lavastrom unmittelbar östlich der heute bestehenden Lücke im Wall unter jüngeren Deckbildungen begraben liegt. Er hat wohl ein Nebentälchen des Brohltales ausgefüllt und es gezwungen, sich westlich von ihm erneut einzutiefen, dabei ist dann auch die Lücke im Schlackenwall entstanden. Im Brohltal hat sich die Lava ausgebreitet, ihre Basis liegt südlich Burgbrohl ca. 50 m über der heutigen Talsohle über Terrassenschottern, die zu den Mittleren Mittelterrassen gehören müssen. Die 5–7 m dicke Lava ist nach DUDA & SCHMINCKE (1978) ein Phlogopit-Leuzit-Basanit und wurde in mehreren kleinen Brüchen abgebaut.

Östlich dieser Lava findet sich ein jüngerer Basaltlavastrom, dessen Basis 25 m tiefer liegt Er stammt von einem eigenen Eruptionszentrum, und zwar von der kleinen flachen Schlackenkuppe, die westlich der Nonnsmühle an der oberen Talschulter sichtbar ist (r 9168 h 9186). Ein Erosionsrest dieses jüngeren Lavastroms dürfte der Tauber genannte Basaltfelsen auf dem

Sporn zwischen Nonnsmühle und Jägerheim auf der anderen Seite des Brohlbaches sein, der ihn also durchschnitten hat. Ebenfalls auf einen selbständigen Vulkan muss die Basaltlava zurückgehen, auf der die Burg von Burgbrohl steht, denn sie liegt tiefer als der Lummerfeld-Lavastrom.

Die Lapilli und Schlacken des nach Osten offenen Schlackenkegels der Kunksköpfe überlagern nach FRECHEN Löss und Gleeser Bims; sie sind auch jünger als die Veitskopflava. FRECHEN stuft den Vulkan in die Würm-Kaltzeit ein, von WINDHEUSER wird er für wesentlich älter angesehen. Die Altersfrage ist im Augenblick schwer zu entscheiden, auch die Frage, ob der Lummerfeld-Vulkan älter ist als der Kunkskopf-Vulkan (FRECHEN) oder jünger (SCHMINCKE 1977a, 21). Das Gestein des Kunkskopfs ist nach FRECHEN ein Nephelin-Leuzit-Basanit. Der Abbau hat im Schlotbereich des Kunkskopfes an mehreren Stellen Lava freigelegt.

Veitskopf

V. DECHEN (1864, 57–67), DRESSEL (1871, 40–41), J. FRECHEN (1976, 90), HENTSCHEL (1975, 82), HOPMANN (1959, 42–43), F. MANGARTZ in MEYER (2007, 46–52), MEYER (1999, 52–53), WINDHEUSER (1977, 96–100).

Der schön erhaltene Kraterwall ist im Westen durch herausfließende Lava durchbrochen worden. Drei Lavaströme entstammen dem Veitskopf: der größte von ihnen hat sich auf der sanft nach Norden geneigten Hochfläche nordwestlich des Vulkans ausgebreitet. Das Gleeser Tal dürfte damals noch nicht existiert haben, sonst hätte es den Lavastrom aufgenommen. Die Westflanke des Stroms steht als sog. „Mauerley“ 25–30 m über der heutigen Talsohle an. Im Nordwesten verschwindet dieser Basaltstrom unter den Schlacken der Kunksköpfe. Die südlichen Lavaströme sind weniger umfangreich; ihr Verlauf ließ sich unter der mächtigen Bimsüberdeckung nur mühsam durch magnetische Vermessung verfolgen (AHRENS 1932d). Die eine Lavazunge ist 375 m südwestlich des Hotels „Waldfrieden“ an der Straße aufgeschlossen, die andere 130 m nordöstlich von Punkt 286,5 nur etwa 10 m über dem heutigen Seespiegel. Diese tiefe Lage geht auf spätere Absenkung durch eine Randstörung des Laacher Kessels zurück. Die Zusammensetzung aller Lavaströme ist gleich: sie enthalten als größere Einsprenglinge Olivin, Augit und Biotit. Nach ihrem Mineralbestand ist die Lava als Nephelin-Leuzit-Basanit zu bezeichnen (FRECHEN). Da die Lava z. T. blasig ausgebildet ist, wurde sie im Bereich der Mauerley seit der Römerzeit auch als Werkstein abgebaut (F. MANGARTZ).

Angesichts der Erosionsleistung des Gleeser Bachs 25–30 m unterhalb der Basis des Lavastroms an der Mauerley muss der Vulkan vor der Würm-Kaltzeit tätig gewesen sein, vielleicht vor etwa 200 000 Jahren.

Rothenberg

AHRENS (1936b, 21), V. DECHEN (1864, 68–70), DRESSEL (1871, 46), HENTSCHEL (1975, 82), HOPMANN (1959, 30), HOUGHTON & SCHMINCKE (1986, 1989), KARAKUZU (1982), WINDHEUSER (1977, 108–112).

Das aus zwei Kuppen zusammengesetzte Massiv bildete einst mit 486 m den höchsten Vulkan in der Umgebung des Laacher Sees. Nach HOUGHTON & SCHMINCKE dürfte der Komplex von 6 Schloten aus aufgebaut worden sein. Zuerst entstand ein Tuffring, dann dicht nördlich davon ein Schlackenkegel. Schließlich bildete sich 300 m weiter südlich ein weiterer Schlackenkegel, in den zuletzt Basaltgänge eindrangen. Am Beginn der einzelnen Förderabschnitte dieser und noch weiterer Kegel standen jeweils phreatomagmatische Phasen, auf die dann strombolianische Tätigkeit folgte. AHRENS hat durch magnetische Kartierung für einen kurzen nach W geflossenen Lavastrom Hinweise gefunden und für einen längeren nördlich des Massivs (um den Punkt 354,7), der nach WINDHEUSER auch beim Bau der Autobahnzufahrt freigelegt gewesen ist. Nach J. FRECHEN (1976, 110) liegen die Pyroklastika des Rothenbergs auf Wehrer Bims und sie werden von Gleeser Bims überlagert, der nach V.D. BOGAARD et al. (1989) etwa 150 000 Jahre alt ist, daraus ergibt sich das Mindestalter für den Rothenberg. Petrographisch beginnt bei ihm die Förderung mit phlogopitreichen Tephriten und entwickelt sich zu basanitischer Zusammensetzung (SCHMINCKE 1977a). Nach dem Schlackenabbau stehen heute nur noch Reste des Vulkanmassivs.

Meirother Kopf und Tiefenstein

AHRENS (1936b, 21), v. DECHEN (1864, 131–132), DRESSEL (1871, 39–40), MEYER (1999, 41–43), VIERECK (1984, 92).

AHRENS sah in Tiefenstein (Difelder Stein) und Meirother Kopf nördlich von ihm einen zusammenhängenden Vulkan, der durch das nach Wehr hinabführende Tal später zerschnitten wurde. Es handelt sich jedoch um zwei selbständige Kegel, wobei der Tiefenstein der jüngere sein dürfte, da seine Förderprodukte tiefer hinabreichen als die des Meirother Kopfes. Beide Vulkane sitzen auf einer Decke von gut verfestigten Basalttuffen unbekannter Herkunft, vielleicht aus dem Bereich des Tiefensteins stammend. Zwei Steinbrüche 600 bzw. 700 m südwestlich der Kirche von Wehr zeigen diese Tuffe, die in Wehr umfangreich als Bausteine verwendet wurden, in 15 m Mächtigkeit und mit bis 20 cm großen Blöcken. Im westlichen der beiden Brüche sind mehrere Lagen von weißem Bims unbekannter Herkunft eingeschaltet.

Der etwa 517 m hohe Tiefenstein besteht aus Schlacken und Lapilli mit Agglutinat-Einschaltungen. An seinem Südosthang sind sie früher in einer großen Grube abgebaut worden. Nach VIERECK ist das Gestein des Tiefensteins und des Meirother Kopfes ein Leuzitit. Der 516 m hohe Meirother Kopf (bei DRESSEL Manglibcher Kopf) besteht überwiegend aus Lava, die sich als breiter Strom nach Norden bis östlich vom Steinbergerhof erstreckt, wo sie bis 450 m NN hinabreicht. Der 10 m dicke, nicht in Pfeiler oder Säulen gegliederte Lavastrom ist durch einen Steinbruch angeschnitten. FUHRMANN & LIPPOLT (1986) haben am Meirother Kopf ein K/Ar-Alter von 420 000 ± 30 000 Jahren bestimmt.

Dachsbusch

BRAUNS (1916, 445–456), v. DECHEN (1864, 128–129), DRESSEL (1871, 39), J. FRECHEN (1976, 112), MEYER (1979b, 97–98), WINDHEUSER (1977, 105–107).

Östlich des Wehrer Kessels findet sich im Dachsbusch ebenfalls ein basaltischer Vulkankegel, der Lapillitephra und Schlacken gefördert hat. Er enthält als Auswürflinge Stücke von rotgebranntem Tertiärton. Die Westflanke des Kegels ist mit rötlicher Basalttephra bedeckt. Diese ist zu einer riesigen Rutschfalte verbogen worden, die dadurch entstanden sein dürfte, dass während einer Kaltzeit über dauernd gefrorenem Boden die obersten Tuffschichten zeitweise auftauten und allmählich bergab rutschten. Darüber liegt Löss, in dem einige Basaltbrocken

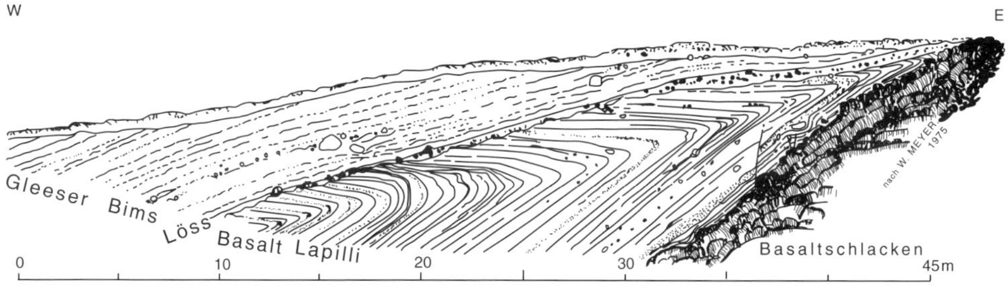

Abb. 92. Periglaziale Rutschfalte am Westhang des Schlackenkegels Dachsbusch zwischen Wehr und Glees.

vom Gipfel des Dachsbuschvulkans hinuntergeflossen sind. Darüber liegt dann geschichtete Bimstephra vom Typ des Gleeser Bims. Sie hat ein vulkanologisches und klimageschichtliches Naturdenkmal vor der Abtragung bewahrt (Abb. 92).

Laacher Kopf

Ahrens (1936b, 21), v. Dechen (1864, 70), Dressel (1871, 41), Meyer (1999, 63), Windheuser (1977, 124–125).

Der Gipfel des Laacher Kopfs besteht aus basaltischen Schweißschlacken, die früher sogar zur Mühlsteingewinnung abgebaut wurden. Am Ostfuß des Vulkans reicht Basaltlapillitephra nördlich vom Kloster bis ans Seeniveau hinab, wo sie von Löss überlagert wird. Hier bestand während der Tätigkeit dieses Vulkans wohl ein Tal.

Es ist möglich, dass etwa auf halbem Wege zwischen Laacher Kopf und Veitskopf noch ein weiterer Basaltvulkan unter der mächtigen Bimstephra verborgen liegt. Die von Ahrens (1936b, Karte) festgestellten großen Blöcke von Basaltschlacken in dem Tälchen südlich Punkt 400,1 deuten darauf hin; allerdings ist hier z. Z. nichts zu finden.

Alte Burg

Ahrens (1930b, 46), J. Frechen (1976, 155), Meyer (1999, 60), Windheuser (1977, 115).

Im Niveau des Seespiegels oder sogar noch tiefer liegt die Basis des Schlackenkegels Alte Burg an der Südostseite des Laacher Sees. Auf dem Bergvorsprung, den dieser Vulkan bildet, stand einst die Burg des Pfalzgrafen Heinrich II. bei Rhein, des Stifters der Abtei Maria Laach. Der Vulkan besteht aus roten Basaltschlacken, in die graue Schweißschlacken-Fladen eingeschaltet sind. Der seewärts gelegene Teil des Vulkans ist erodiert, abgesunken oder durch die Bims-Ausbrüche weggesprengt worden. Auf dem Alte-Burg-Vulkan liegt Löss, der nicht jünger als die Würm-Kaltzeit sein kann. Darüber liegt dann Weiße Laacher Bimstephra.

Krufter Ofen, Heidekopf, Roter Berg

AHRENS (1930b, 57), V. DECHEN (1864, 101–108), DRESSEL (1871, 42–44), WINDHEUSER (1977, 134–135).

Südöstlich vom Laacher See bestimmen bewaldete Basaltschlackenkegel das Landschaftsbild. Der höchste ist der rundliche Krufter Ofen. Seine Ostflanke ist besonders steil, weil sie zu einer ovalen kesselartigen Einsenkung abfällt, die durch einen schmalen Durchlass, den sog. Halsgraben, ins Neuwieder Becken entwässert. Auf der Ostseite dieser auffälligen Depression liegt die Gruppe der Schlackenkegel Heidekopf (im N) und Roter Berg (im S). Sowohl diese Vulkane als auch der Krufter Ofen sind Ausbruchszentren von Lavaströmen gewesen, die unter der mächtigen Bimsüberdeckung von AHRENS (1936b) durch magnetische Vermessung verfolgt werden konnten. Ob der im Autobahneinschnitt nördlich der Ausfahrt Kruft zutage kommende Lavastrom von der Gruppe Heidekopf – Roter Berg oder vom Eppelsberg stammt, ist noch ungewiss.

Lorenzfelsen

AHRENS (1930b, 45–46), DRESSEL (1871, 44–45), J. FRECHEN (1976,155–156), HENTSCHEL (1975, 83), WINDHEUSER (1977, 115–117).

Dem Lavafeld um den Krufter Ofen gehört vielleicht die Basaltzunge des Lorenzfelsens an, die unter den Seespiegel hinabreicht, also entweder in ein dort vor der Entstehung des Laacher Kessels vorhandenes Tal geflossen ist oder beim Einbruch der Caldera abgesenkt wurde. Das dichte Gestein des Lorenzfelsens ist nach FRECHEN ein Leuzit-Nephelinit. Aus dem dichten und zähen Gestein wurden in der Steinzeit Werkzeuge geschlagen, mit denen man die weicheren blasenreichen Basaltlaven bearbeiten konnte (F. HÖRTER 1994).

Die seit langem wegen der cm-großen Biotit- und Augitkristalle berühmten Auswürflingsblöcke der sog. Rubellan-Lava nördlich des Lorenzfelsens sind nach FRECHEN ebenfalls als Leuzit-Nephelinit einzustufen. Sie sind Auswürflinge im Weißen Bims, ihr Anstehendes muss demnach im nördlichen Teil des Laacher Kessels liegen.

Nickenicher Hummerich und Nickenicher Sattel

AHRENS (1932a, 1936b, 22), V. DECHEN (1864, 117–121), DRESSEL (1971, 57), HENTSCHEL (1975, 83–84), HOPMANN (1959, 38), MEYER (1999, 54–56), WINDHEUSER (1977, 136–139).

Nördlich von Nickenich findet sich eine aus von einem Lavafeld umgebenen Schlackenkegeln zusammengesetzte große Vulkangruppe, deren höchste Erhebung mit dem Nickenicher Hummerich im Westen liegt. Die zweithöchste Kuppe ist der sog. Nickenicher Sattel. Von ihm geht ein Lavastrom aus, der sich über 5 km lang bis nach Andernach verfolgen lässt. Seine Stirn liegt dort nach AHRENS auf der jüngsten Mittelterrasse des Rheins. Die von AHRENS als Leuzit-Basanit bezeichnete Lava ist z. Z. aufgeschlossen an der Straße Andernach – Nickenich im Kreuzungsbereich mit der Bundesstraße 9. Der altsteinzeitliche Fundplatz Martinsberg liegt auf dem sich hier verbreiternden Lavastrom.

Eppelsberg

MEYER (1999, 54–56), SCHMINCKE (2009, 42–46).

Der Eppelsberg südwestlich Nickenich war vor dem Abbau ein flacher in Nord-Süd-Richtung gestreckter Rücken. Durch die Schlackengrube ist im Norden unter gelbbrauner pflanzenführender Tephra eine Folge von Basaltschlacken und -bomben freigelegt worden. Im Ausbruchszentrum des Schlackenkegels zeigten sich Lavazungen und -gänge. Nach B. REINGEN (1993) bestehen sie aus Leuzit-Nephelin-Tephrit. Dieser Vulkan hat eine ältere Kuppe aus Lapillitephren und Aschen teilweise weggesprengt. Im Süden des Rückens ist noch ein weiterer älterer Aschenkegel freigelegt worden. So stellt sich der Eppelsberg als eine Nord-Süd-Eruptionsspalte dar, auf der es zu mehreren Eruptionen kam. Mehrere Pflanzenlagen innerhalb der Tephrafolgen zeigen, dass die Eruptionen von Ruhezeiten unterbrochen wurden, innerhalb derer sich die Vulkanbauten bewaldeten. Noch unklar ist, ob die Lava, die von der Autobahn nördlich der Ausfahrt Kruft angeschnitten wird, vom Eppelsberg oder von den Vulkanen Heidekopf und Roter Berg stammt.

11.3.1.4 Bl. 5510 Neuwied

Nickenicher Weinberg

AHRENS (1930b, 54–55), v. DECHEN (1864, 117–118), HENTSCHEL (1975, 84), MEYER (1999, 85–86), MOSES (1978), QUIRING (1936b, 39).

Der Nickenicher Weinberg (Sattelberg, Rabenbüsch) südöstlich von Nickenich ist ein relativ isolierter Vulkan, der wohl keinen größeren Lavastrom geliefert hat. Es handelt sich um einen Schlackenkegel, der wahrscheinlich zwei Förderzentren besitzt. Bevor der Berg durch den Schlackenabbau abgetragen wurde, erschien er als Doppelgipfel, was ihm die Bezeichnung Sattelberg eingetragen hat. Die Förderprodukte haben nach MOSES basanitische Zusammensetzung. In steilen Spalten finden sich u. a. Eisenglanzkristalle in zentimetergroßen Blättchen.

Nastberg

AHRENS (1930b, 56), v. DECHEN (1864, 111), DRESSEL (1871, 57–58), HOPMANN (1959, 28–29), QUIRING (1936b, 37–38), W.F. SCHMIDT (1941), WINDHEUSER (1977, 144–146).

Den Aufbau des Schlackenvulkans Nastberg bei Eich hat W.F. SCHMIDT zu einem Zeitpunkt untersucht, als noch nicht soviel abgebaut war wie heute. Er schildert den Ablauf der vulkanischen Prozesse folgendermaßen: Zuerst wurde feinkörnige Basalttephra gefördert. Nach einer Abtragungsperiode legten sich diskordant darauf Lagen von Schlacken und Aschen. Nach einer erneuten Pause baut sich in rhythmischem Wechsel von Aschen- und Schlackenförderung der Kegel auf. Der Schlot muss nordöstlich des heutigen Berges gelegen haben, das lässt sich aus dem Einfallen der Schichtung rekonstruieren. Danach erfolgte noch einmal eine Verlegung des Schlotes, denn es wird viel rotgefritteter Tonschiefer ausgeworfen. Es folgt eine rege Schweißschlacken-Förderung. An der Nordseite des Berges waren früher drei flache Schweißschlacken-Kuppeln von 30–40 m Durchmesser aufgeschlossen, Reste kleiner Nebenkegel, vielleicht bei zeitweilig verstopftem Schlot entstanden. Die kleinen Schweißschlacken-Ströme sind an der Westseite zu einem kleinen wurzellosen „Lavastrom" zusammengerutscht und verbacken. AHRENS (1932a) konnte durch magnetische Vermessungen aber auch einen richtigen, nach Westen aus dem Vulkan geflossenen kurzen Lavastrom nachweisen. Wahrscheinlich ist die ganze Nordosthälfte des Schlackenkegels nicht erodiert worden, sondern nach unten, vielleicht in den Schlot, eingebrochen.

Unter den Schlacken des Nastberges liegt 1,3 m mächtige Bimstephra, die von mit Bims durchsetztem Löss überlagert wird. Nach J. FRECHEN (1976, 111) gehört der Bims zum Wehrer Bims. Daraus ergibt sich nach WINDHEUSER als Mindestalter für den Vulkan die drittletzte Kaltzeit. Die Schlacken und Tephren des Nastberges werden überweht von Löss. STEININGER (1853: 96) erwähnt aus diesem Löss den Fund eines Mammut-Stoßzahns („*Elephas primigenius*"). Darüber liegt der Laacher Bims, der den Vulkan wie mit einer Schneedecke überzogen hat.

Nördlich vom Nastberg (nördlich der Straße) treten noch einmal Schlacken und Tephra mit einer 30 cm dicken Lage gefritteter Tonschieferstücke auf, als Förderprodukte eines kleinen selbständigen Vulkans.

Hohe Buche (Fornicher Kopf)

V. DECHEN (1864, 292–296: Wasserburger Kopf, Waghübel, Warshübel), DRESSEL (1871, 64), HÖRTER (1977), MANGARTZ (1998), QUIRING (1936b, 37), WINDHEUSER (1977, 101–102).

Der Basaltvulkan Hohe Buche ist außer dem Rodderberg bei Mehlem der einzige der Quartärvulkane, der unmittelbar am Rheintal entstanden ist. Der aus Lapillitephra und Schlacken bestehende Ringwall ist nach Osten geöffnet, hier ist ein Lavastrom bis ins Rheintal geflossen. Zur südlichen Umwallung gehört die Höhe 318,4 mit dem Stamm der alten mächtigen Buche, die der Anhöhe den Namen gegeben hat. Der nördliche Wall ist im Wasemer Kopf 265 m hoch. Hier ist ein kurzer Lavastrom nach Norden ausgeflossen; ein Blockfeld zieht sich den Hang hinab. Der östliche Lavastrom ist an dem vom Rheintal zum Alker-Hof führenden Weg als schmales und geringmächtiges Band mehrfach aufgeschlossen. Im Rheintal, das damals bis zum Niveau der jüngeren Mittelterrasse eingeschnitten war, staute er sich zu einer 300 m breiten und 8 m hohen Lavawand auf. Beim Bau der Eisenbahnlinie wurden unter der Lava erstmalig Terrassenschotter beobachtet, wie V. DECHEN berichtet. Kürzlich wurde der Lavastrom erneut angeschnitten, um die Bahntrasse zu begradigen; an den Neuaufschlüssen lag die Lava teils auf Hangschuttmaterial, teils auf Devon, teils auf Terrassenschottern.

Da die Lava porös ist, lässt sie sich als Werkstein verwenden, auch die Verkehrslage nahe dem Rhein ist günstig. So konnte HÖRTER (1977) nachweisen, dass schon die Römer in den Lavaströmen und Blockfeldern Werksteine gewannen und z. B. die Pfeiler der Moselbrücke in Trier aus diesem Material errichteten. Auch nach der Römerzeit fand umfangreicher Steinbruchsbetrieb statt, vgl. dazu F. MANGARTZ (1998). In den Hohlräumen der Lava, die nach SCHMINCKE (1977b: 2) als Phlogopit-Leuzit-Basanit einzustufen ist, ist Epidot häufig.

Abb. 93. Der Fornicher Lavastrom; rechts (= N) die Häuser von Fornich. Kupferstich aus NOSE (1789).

Schlotfüllung Am guten Mann

Bei Baugrunduntersuchungen für das Kernkraftwerk ist in der Flur Am guten Mann zwischen Weißenthurm und Urmitz eine quartäre Schlotfüllung basaltischer Pyroklastika erbohrt worden.

11.3.1.5 Bl. 5511 Bendorf

Das Vulkangebiet der Osteifel endet nicht am Rhein, sondern greift mit einigen Basaltvorkommen auf den Westerwald über. Das größte ist die kilometergroße Basaltlavadecke des Pfahlbergs östlich von Caan (R. KRÄMER, 1989); an ihm haben LIPPOLT & TODT (1978) ein K/Ar-Alter von 810 000 ± 260 000 Jahren bestimmt. Bei zwei weiteren Basaltvorkommen mit Verdacht auf jüngeres Alter wurden von U. FUHRMANN (1983) Datierungen vorgenommen. Sie ergaben für den Basalt des Scheidberges in Grenzhausen 510 000 ± 190 000 Jahre (Biotit) bzw. 340 000 ± 30 000 Jahre (Gesamtgestein) und für einen Basaltgang in einer Tongrube auf halbem Wege zwischen Grenzhausen und Sayn (1 km östlich des Meisenhofs) 420 000 ± 120 000 Jahre (Biotit) bzw. 310 000 ± 90 000 Jahre (Gesamtgestein). Für diesen Basaltgang hatte QUIRING (1931) bereits ein jüngeres Alter für möglich gehalten, da er jünger sei als die

Kieseloolith-Schotter. Alle diese Gesteine ähneln durch ihren Porenreichtum mehr den quartären Laven als den dichten Tertiärbasalten.

11.3.1.6 Bl. 5608 Virneburg

Im unteren Nitztal und dem Gebiet nördlich davon finden sich mehrfach geschichtete Basalttuffe, die offenbar Erosionsreste größerer Tephradecken sind (MEYER 1967).

Eine interessante Ausbruchsstelle basaltischer Tephra hat ein Pipeline-Graben westlich von Volkesfeld zwischen den Höhenpunkten 531,1 und 487,1 vorübergehend sichtbar gemacht (r 8066 h 8423): Hier fand sich eine 120 m breite Zone, innerhalb derer die Unterdevongesteine von kleinen Tephragängen gleichsam durchsiebt sind. Im Zentrum dieser Zone liegt in 15 m Breite der Haupt-Schlot mit einer ungeschichteten Basalttephra mit 1–2 cm großen Lapilli und dezimetergroßen Basaltbomben und Devonfragmenten. Die Abb. 94 zeigt einen Ausschnitt aus der an den Zentralschlot nach Süden anschließenden Partie: Innerhalb des Tephraschlotes (links) nehmen die Devonfragmente zum Rand hin an Größe und Zahl zu, bis schließlich am Schlotrand größere zusammenhängende Devonschollen in der Tephra gleichsam schwimmen. Die Tephragänge durchschlagen das Devon-Gestein nicht nur in vertikaler Richtung, sondern auch parallel zur flach liegenden Schichtung. Zwischen den Metern 6 und 21 sind große Schieferschollen in situ zerrüttet und zeigen damit die Anfangsstadien der Tephrabildung. Die Tephragänge außerhalb des Zentralschlotes bestehen zum überwiegenden Teil aus Schieferbruchstückchen, so dass sie mit Störungsbrekzien verwechselt werden können. Erst nach langem Suchen fanden sich auch vereinzelte Basaltlapilli, welche die vulkanische Natur belegen. Das Gas hat sich allmählich auf Kluft- und Schichtflächen des Devons schmale Kanäle freigeschossen, wobei es einige Partien zertrümmern und z. T. mitreißen konnte. Daneben blieben größere Schollen fast ungestört. In den Randpartien erfolgten reine Gaseruptionen, basaltisches Material ist in größerer Menge nur in dem 15 m breiten zentralen Schlot gefördert worden.

Der 487,5 m hohe Norberg westlich Volkesfeld ist ein selbständiger Schlackenkegel, der aus gut geschichteten verfestigten Lapilli- und Schlackenlagen besteht. Nach VIERECK (1984) haben sie nephelinitische Zusammensetzung.

Westlich des Volkesfelder Sauerbrunnens fand F. HÖRTER, Mayen, kürzlich einen Basalt-Lavastrom (r 8098 h 8380), von dem ein Blockstrom ins Tal hinabzieht.

Am Westrand des Osteifel-Vulkanfeldes liegt ein Maarvulkan: die breite Senke mit den Ortschaften Morswiesen und Hausten (ihr Nordteil liegt auf Bl. 5508 Kempenich) hat sich nach magnetischen und gravimetrischen Vermessungen und Wasserbohrungen als Maarkessel herausgestellt, der in NW-Richtung etwa 1500 m, quer dazu etwa 1200 m breit ist; die vulkanologischen Abmessungen sind etwas kleiner, lassen sich aber nur ungenau ermitteln (BÜCHEL in MITTMEYER 1997). Der Südteil des Maarkessels wird vom Tal des Weiberner Baches angeschnitten. Die postvulkanische Kraterfüllung soll Bildungen von mindestens einer Warmzeit enthalten. An ihren Sedimenten haben SCHABER & SIROCKO (2005) ein C^{14}-Alter von 24 720 Jahren B.P. bekanntgemacht.

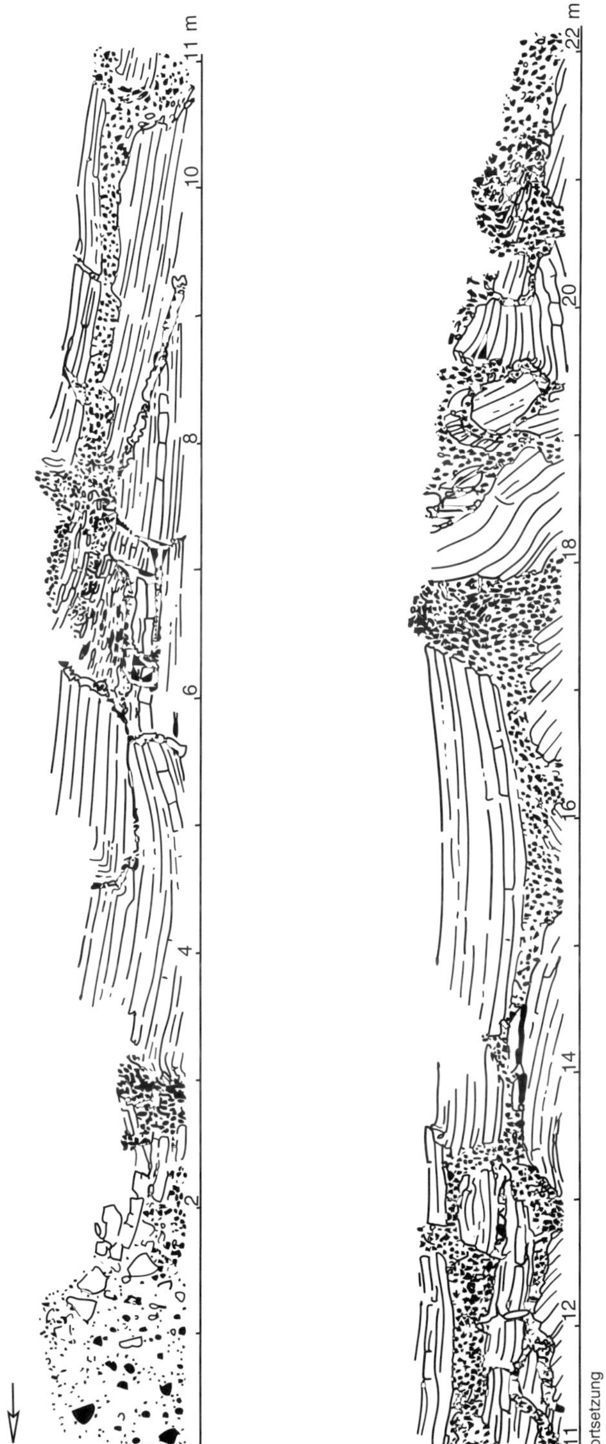

Abb. 94. Tephraschlot und Tephragänge in Siegen-Schichten westlich von Volkesfeld. Graben für eine Pipeline. MEYER (1967).

11.3.1.7 Bl. 5609 Mayen

Basalttephren im Raum Rieden – Bell

In weitem Umkreis um Rieden findet sich basaltische Lapillitephra, z. T. wechsellagernd mit den Phonolithtuffen, z. T. sogar in deren Liegendem. Sie gehört zum größten Teil zu zwei Folgen (Riedener Foiditischer Tuff 1 und 2 nach VIERECK 1984), deren Eruptionszentren nahe östlich von Rieden vermutet werden.

Sulzbusch

AHRENS (1936a, 21), V. DECHEN (1864, 339–343), DRESSEL (1871, 48–49), MEYER (1999, 72–73), VIERECK (1984, 89).

Dem Schlackenkegel des Sulzbusch südöstlich von Rieden entstammen zwei Lavaströme. Einer ist nach Westen geflossen, wo er oberhalb des Nettetals bis nahe an die Riedener Mühlen zu verfolgen ist. Ein zweiter ist von einem östlichen Nebenkegel aus nach Südosten geflossen, wo er u. a. am Ettringer Heuweg aufgeschlossen ist. Der Sulzbusch wird an seiner Nordseite von Phonolithtuffen überdeckt; eine Altersbestimmung nach der K/Ar-Methode ergab ein Alter von 620 000 ± 50 000 Jahren (VIERECK). Der Sulzbusch und seine Lavaströme werden nach VIERECK sowohl von den ältesten Riedener Phonolithtuffen als auch Foidtuffen bedeckt. Die Lavaströme füllen vielleicht einen erst schwach eingetieften Vorläufer des Nettetals aus. Die Lava wird von SCHMINCKE (1977b, 2) als Leucit-Tephrit, von VIERECK als Leuzitit eingestuft.

Forstberg (Hochstein) und Thürer Lavastrom

AHRENS (1930b, 69–70, 1936a, 21–22), BÖMERICH & MANGARTZ (1993), V. DECHEN (1864, 304–311), DRESSEL (1871, 54–55), J. FRECHEN (1976, 52–54), HENTSCHEL (1975, 84), HÖRTER (1985), LAUMANNS (1987, 97–102 mit Grundriss der Genovevahöhle), MEYER (1999, 77–80), WINDHEUSER (1977, 179–181).

Der 563,0 m hohe, früher Forstberg genannte Hochstein bildet eine runde, aus basaltischen Schlacken und Lapilli aufgebaute Kuppe. Die flache, nach Norden geöffnete Kratermulde wird hufeisenförmig von einem ebenfalls nach Norden offenen Kranz von Schweißschlacken umgeben, dessen Südteil den Gipfel bildet. An seinem Ostflügel sind im Mittelalter Mühlsteine abgebaut worden, dieser Bereich heißt „Schafstall“. Noch umfangreicher ist der mittelalterliche Abbau an der Westseite des Schlackenwalls gewesen; hier sind Steinbruchsschluchten entstanden mit einer Felsmauer, auf der eine Aussichtsplattform errichtet wurde. Durch unterirdischen Abbau ist eine etwa 19 m lange Höhle entstanden. Sie wird seit K. SIMROCK (um 1850) mit der Genoveva-Sage in Verbindung gebracht und heißt deshalb heute Genoveva-Höhle. Die hoch aufragenden Schlackenfelsen führten zu dem Namen Hochstein.

Drei Lavaströme sind vom Hochstein ausgegangen: Eine kurze, aber mächtige Zunge ist nach Nordnordosten geflossen; in ihr hat in der Flur Auf dem Sprung Abbau durch die Firma F.X. MICHELS stattgefunden. Ein 2,5 km langer Lavastrom ist in einem damals vorhandenen Tälchen nach Osten geflossen. Im Ortsgebiet von Obermendig (der Ort liegt zum größten Teil auf dem Strom) verbreitert er sich und bildet nördlich von Thür eine breite Zunge, welche die Eisenbahnstrecke zwingt, einen weiten Bogen zu machen. Dort, wo dieser Lavastrom am Fuß des Hochsteins austritt, ist in der Bergflanke eine Nische zu sehen, dort ist wohl ein Teil der Schlacken mitgerissen worden. Es fragt sich, warum ein so großer Lavastrom nicht den ganzen Kegel aufgerissen hat, wie das am Bausenberg, Veitskopf, Hochsimmer oder Bellerberg geschehen ist. Vielleicht ist die Lava am Hochstein als relativ schmales Rinnsal ausgetreten und hat sich erst weiter entfernt verbreitert. Nach Westen ist ein dritter Lavastrom ausgeflossen; der oberhalb des Ettringer Heuwegs (Straße von Ettringen ins Nettetal) angeschnitten ist. W. BÖMERICH hat die Verbindung zum Hochstein nachgewiesen, was wichtig ist, da die Lava hier ja auch vom Sulzbusch stammen könnte.

In einer verlassenen Grube am Südwestfuß des Hochsteins (unterhalb der Straße nach Bell) wechseln Basaltlapilli-Schichten, die wohl vom Hochstein stammen, mit phonolithischen Tuffen des Riedener Komplexes ab. Nach VIERECK sind die Hochsteintephren älter als der Ettringer Tuff (= Riedener Phonolith-Tuff 2). Damit steht in Einklang eine Ar^{40}/Ar^{39}-Altersbestimmung an der Lava vom Heuweg mit 350 000 ± 50 000 Jahren (FUHRMANN & LIPPOLT 1986). Die Förderprodukte des Hochsteins haben nach BRAUNS (1916) die Zusammensetzung eines Leuzit-Basanits.

Hochsimmer

AHRENS (1930b,: 66–69, 1936a, 21), v. DECHEN (1864, 343–349), DRESSEL (1871, 49–50), J. FRECHEN (1976, 94–96), GEBHARDT (1963), HENTSCHEL (1975, 84), HOPMANN (1939), MEYER (1999, 74–77).

Der Hochsimmer, mit 583 m der höchste Vulkan des Laacher Seegebietes, bildet einen Basalt-Schlackenkegel, der an seiner Südseite durch einen ausfließenden Lavastrom geöffnet wurde. Dadurch ist nur ein halbkreisförmiger Wall erhalten geblieben, der sich aber trotzdem noch 120 m über die Rumpffläche des Schiefergebirges erhebt. Die Höhe 515,1 (Kleiner Simmer) südwestlich der Hauptkuppe ist ein zweiter kleinerer Schlackenkegel. Der mehr als 3,5 km lange Lavastom ergoss sich in ein altes Bett der Nette, das sich 80–90 m über der heutigen Talsohle befand. Dadurch wurde das Flüsschen gezwungen, vor der SE-Flanke des Lavastromes ein neues Tal einzusägen. Über den Schottern dieses alten Nettelaufs findet sich Basalttephra, die in Löss eingeschaltet ist. Sie stammt wohl vom Hochsimmervulkan und zeigt den Beginn von dessen Tätigkeit an. Dafür spricht auch die Tatsache, dass westlich St. Johann drei Teilströme durch Solifluktionsschutt und Löss voneinander getrennt werden (FRECHEN). Bei dem Dorf St. Johann ragt ein Devonhärtling etwas höher hinauf, er wurde von der Lava auf beiden Seiten umflossen. Im nördlichen Nettehang oberhalb von Mayen (der sog. Ahl) zeigt die Unterkante des Lavastroms wechselnde Höhenlage, es wurden hier also auch alte Nebentälchen ausgefüllt. Die Lava ist in grobe vertikale Pfeiler gegliedert, die sich unten verjüngen. Die obersten Partien zeigen dünne Säulen. Parallel zur Stromoberfläche finden sich Absonderungsflächen, die auf laminare Gleitbewegungen in der schon erstarrenden Lava zurückgehen (HOPMANN 1939). Auf diesen Scherflächen wanderten teilweise noch Restlösungen, dadurch fand dort eine Bleichung des Gesteins statt. Wenn dabei Spalten offen blieben, kristallisierten hier oft Sanidin, grüner Augit, vereinzelt auch Sodalith aus. Die Lava selbst ist nach FRECHEN (1976, 94) als Nephelin-Leuzitit zu bezeichnen.

Auf dem Lavastrom gab es in der Ahl südlich St. Johann zwei Lavaschornsteine (Hornitos) dort, wo vielleicht an der Mündung von Nebentälchen wasserreiche Stellen von der Lava überflossen wurden. Das waren die etwa 10 m hohen Felstürme Dicke Trein und Johannesknecht, die aber leider trotz des Protestes einer Bürgerinitiative 2007 dem Abbau zum Opfer

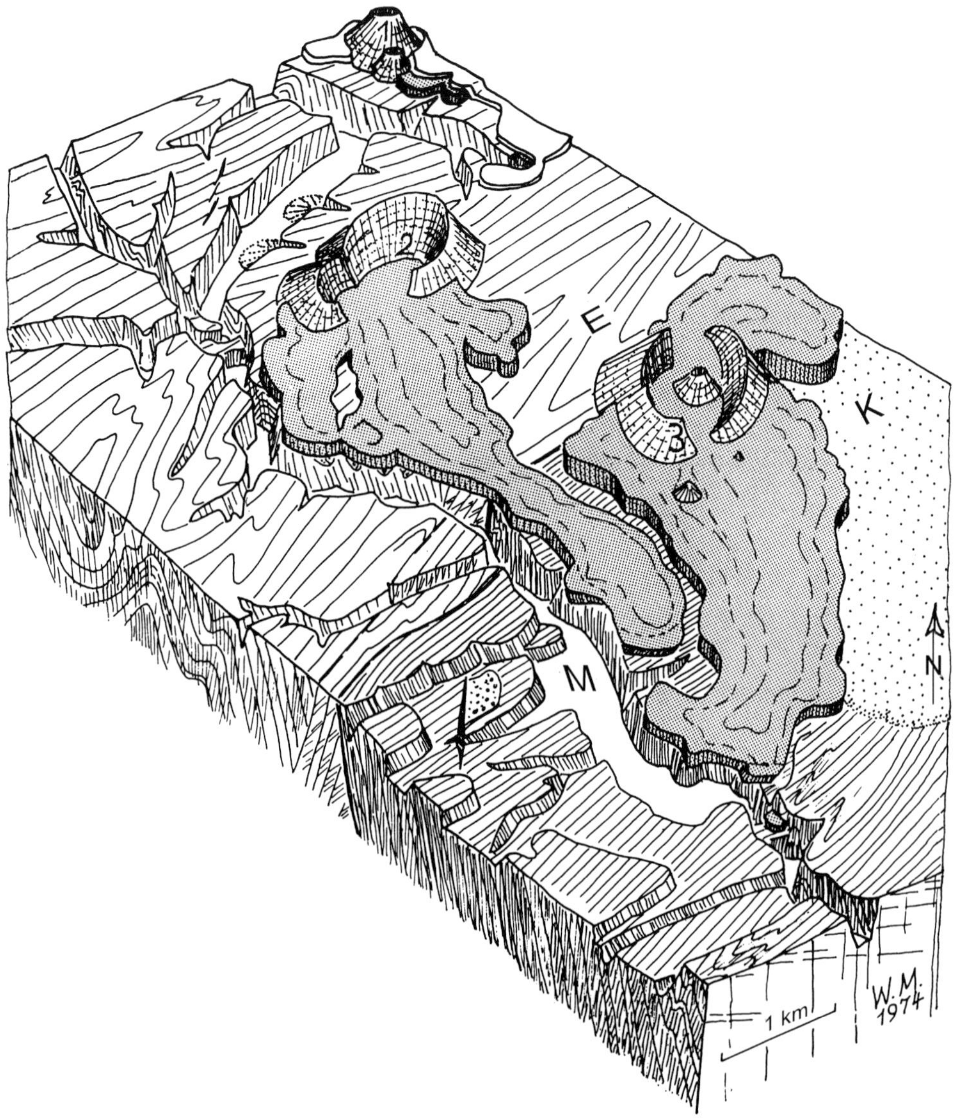

Abb. 95. Die Mayener Vulkane. Oben (=N): Sulzbusch, Mitte links: Hochsimmer und Lavastrom, Mitte rechts: Ettringer Bellerberg (links) und Kottenheimer Büden (rechts) mit Lavaströmen. Punktiert: Tertiärsedimente. E Ettringen, J St. Johann, K Kottenheim, M Mayen.

gefallen sind; das Landesamt für Geologie und Bergbau in Mainz hat diese Partie mit der Einstufung „keine außergewöhnliche geologische Besonderheit" für den Abbau freigegeben, obgleich sie unter Naturschutz stand. Es war die einzige Stelle in der Eifel, wo Lavaschornsteine zu sehen waren.

Aus der Erosionsleistung der Nette nach Erstarrung der Hochsimmerlava (80–90 m) muss man auf ein hohes Alter des Vulkans schließen. FUHRMANN & LIPPOLT (1986) haben nach der

K/Ar-Methode ein Alter von 410 000 ± 30 000 Jahren für die Lava bestimmt. Nach FRECHEN finden sich in den alten Netteschottern unterhalb der Hochsimmerlava Gerölle des Leuzitits des Sulzbuschs, der nach VIERECK (1984) ein K/Ar-Alter von 620 000 ± 50 000 Jahren hat. Die Hochsimmer-Tephra unter der Lava ist in Löss eingeschaltet. Westlich von St. Johann werden drei Teilströme des Lavastroms jeweils durch Solifluktionsschutt und Löss voneinander getrennt. Die Hochsimmer-Minerale treten nach FRECHEN & VAN DEN BOOM (1959) erstmalig in den Rheinschottern der Älteren Mittelterrasse auf. Über den Einfluss der Vulkantätigkeit auf die Talentwicklung der Nette berichtet I. GEBHARDT (1963).

Da die Lava nur unregelmäßige Hohlräume enthält, lässt sie sich nicht als Werkstein benutzen wie die des Bellerbergs oder des Oberen Niedermendiger Stroms, sondern nur für Schotter oder große Blöcke, die als sogenannte Senksteine in der Zuidersee oder zur Befestigung von Küstenbauten verwendet werden. Oberhalb des Nettetals (in der Ahl) liegen große Steinbrüche.

Ettringer Bellerberg und Kottenheimer Büden

AHRENS (1930b, 61–65), v. DECHEN (1864, 350–363), DRESSEL (1871, 50–54), J. FRECHEN (1976, 93–94), HENTSCHEL (1961, 1964, 1975, 84), JASMUND & HENTSCHEL (1964), MEYER (1975, 286–287, 1999, 80–85), SCHOTTLER (1897), WINDHEUSER (1977, 176–178).

Die Schlackenbauten des Ettringer Bellerberges (auch Bellberg genannt) und des Kottenheimer Büden bilden die Reste eines großen Ringwalles, der nach Norden und Süden von Basaltströmen durchbrochen wurde. Der halbmondförmige Schlackenwall des Ettringer Bellerberges mit regelmäßig aufsteigender Kegelfläche und steil abfallender Innenseite ist einer der eindruckvollsten Eifelvulkane. Innerhalb des zerstörten Ringwalles entstand noch ein Zentralkegel, der allerdings heute abgebaut ist. Nach Norden ist der Lavastrom des Winfeldes geflossen, der zwar nur etwa einen Kilometer lang, dafür aber bis 60 m dick ist. Nach Süden hat sich der sogenannte Mayener Lavastrom bis ins Nettetal unterhalb von Mayen ergossen. Hier steht die Stirn des Lavastroms 8–10 m über der heutigen Talsohle an, das Nettetal war demnach während seiner Erstarrung noch nicht so stark eingetieft wie heute, wenn auch erheblich mehr als zur Entstehungszeit des Hochsimmer, dessen Lava einen alten Nettelauf 80–90 m über dem heutigen Talniveau ausgefüllt hat. Bis zur Entstehung des Ettringer Lavastroms ist die Nette nach QUITZOW (1982) von Mayen in Richtung Kottenheim und Fraukirch in die Pellenz geflossen. Dieser Lauf wurde ihr nun durch die Lava versperrt. Sie staute sich zu einem See auf, der das ganze Mayener Becken angefüllt hat. In ihm lagerten sich Tone ab, welche den Rohstoff für die vorgeschichtliche und mittelalterliche Töpferei in Mayen bildeten. Der Fluss hat, nachdem er den Lavastrom durchschnitten hatte, sich ein neues Bett geschaffen, das er rasch schluchtartig eintiefte, da seine Erosionsbasis im Neuwieder Becken ständig absank.

Der Mayener Lavastrom ist in seinen zentralen Partien 15–20 m mächtig. Im NW, westlich der Straße Ettringen – Mayen, ist sein Rand durch ein starkes altes Relief bestimmt: auf den Feldern unmittelbar neben den 20 m tiefen Lavasteinbrüchen werden unterdevonische Schiefer herausgepflügt. Er hat den Schlackenkegel des Kleinen Bellerberges (Mayener Bellerberg) anscheinend umflossen. An der Südseite des Kleinen Bellerberges hat AHRENS unter den Schlacken noch Tertiärton nachgewiesen. Zwischen den unregelmäßig übereinander getürmten Schlacken finden sich mehrere Höhlen. Auf den Lavaströmen liegen vereinzelt kleine Schlackenreste. Es handelt sich wohl um aus dem Kraterwall fortgerissene Stücke, es können aber auch selbständige kleine Spratzkegel gewesen sein. Letzteres scheint der Fall bei dem kleinen, Hufnagel genannten Kegel südöstlich des Kottenheimer Büden gewesen zu sein. Der Spitzberg, ein dem Wall des Büden nördlich vorgelagerter Schlackenkegel geht nach AHRENS wohl auf einen selbständigen jüngeren Ausbruch zurück. Ein isolierter Schlackenhügel 300 m westlich vom Spitzberg ist dagegen vielleicht ein Teil des zerstörten großen Schlackenwalls.

Die Lavaströme zeigen von unten nach oben folgende Absonderungsformen: zuunterst liegt der plattig abgesonderte, unregelmäßig geklüftete sog. „Dielstein“, der selten aufgeschlossen ist, da die Steinbrüche oberhalb dieses technisch wertlosen Materials bleiben. Er enthält auch schlackige Partien und viele Einschlüsse von Gesteinen des Unterlagers. Darüber bauen sich 3 m dicke Pfeiler auf, die „Schienen“ der Steinhauer. Dieses 10–15 m hohe Stockwerk lieferte hauptsächlich den gesuchten Werkstein, die sog. Mayener Mühlsteinlava. Den Abschluss bildet oben der dünnsäulige „Deckstein“ oder das „Siegel“. Auf dem Lavastrom liegt örtlich Löss und geringmächtiger Laacher Bims. Zeugnis der starken Entgasung ist die schaumige Beschaffenheit der Lava, die sie zu dem schon seit dem Altertum geschätzten Werkstein machte. Die Lava ist petrographisch nach FRECHEN als Leuzit-Tephrit zu bezeichnen. Von den gesteinsbildenden Mineralien ist makroskopisch nur Augit erkennbar. Jedoch finden sich zahlreiche Einschlüsse der beim Aufstieg durchbrochenen Gesteine. Neben Gesteinen des Unterdevons kommen metasomatisch veränderte kristalline Schiefer vor. Die vereinzelt in der Lava auftretenden Korundkristalle entstammen diesen vordevonischen Metamorphiten. An den Kontakten um die Einschlüsse finden sich oft grüne Augitkristalle. Tridymit und Cristobalit können auch auftreten. Außerdem finden sich Subvulkanite von der Zusammensetzung Foyait, Foidit und Alkalisyenit-Syenit-Monzonit-Sanidingabbro. Aus den Subvulkaniten stammen die in der Lava zahlreichen Haupteinschlüsse sowie die wesentlich selteneren Kristalle von Sanidin, Plagioklas und Zirkon. Berühmt ist die Lava des Ettringer Vulkans wegen der Einschlüsse von tertiären Mergeln, Kalken und Tonen. Denn die kalkigen Einschlüsse enthalten eine Reihe von seltenen Mineralparagenesen, die durch Reaktion mit der Tephrit-Schmelze entstanden sind. JASMUND & HENTSCHEL (1964) haben zuerst eine umfangreiche Liste mit seltenen Mineralen veröffentlicht, die auch zwei enthielt, die nach diesem Vorkommen ihren Namen erhalten haben: Mayenit ($12\ CaO \cdot 7\ Al_2O_3$) und Ettringit ($Ca_6Al_2[(OH)_4/SO_4]_3 \cdot 26\ H_2O$). Inzwischen sind durch Sammler weitere Funde gemacht worden, was dazu geführt hat, dass der Bellerberg (das ist vor allem der Steinbruch im Zentralkegel) zu dem Eifelvulkan mit den meisten Typmineralen, also bislang unbekannten Mineralen geworden ist; darunter gibt es nun auch einen Bellbergit (ein Zeolith, RÜDINGER et al. 1993). Mehr dazu und vollständige Liste bei SCHÜLLER (2007) und BLASS (2008).

Da die poröse Lava des Ettringer Bellerberg-Vulkans sich gut bebauen lässt, aber gegen Verwitterung sehr widerstandsfähig ist, stellt sie einen idealen Werkstoff dar. Das Vorkommen ist in Mitteleuropa ohne Parallele (der gleichartig ausgebildete Mendiger Tephrit liegt unter mächtiger Bimstephra begraben) und ist deshalb schon in vorgeschichtlicher Zeit abgebaut worden. Aus der Mayener Lava sind zuerst Mahlsteine (Reibsteine) hergestellt worden, die in Europa weit verhandelt wurden, in der Bronzezeit u. a. bis nach England, in der Römerzeit bis in den Donauraum, im Frühmittelalter bis in die Ukraine. Die Abbaumethoden haben sich von der Römerzeit bis gegen Ausgang des 19. Jahrhunderts kaum verändert, erst Pressluftbohrer und elektrische Kräne brachten wesentliche Änderungen. Das Material begünstigte auch die Bildhauer-Tätigkeit, einige Hundert z. T. vielleicht 1000 Jahre alte Wege- und Grabkreuze in der Osteifel zeugen von dieser Steinmetzkunst. Mühlsteine bildeten bis vor wenigen Jahrzehnten die wichtigsten Produkte. Sie wurden in Andernach auf Schiffe verladen und weit exportiert; der kräftige alte Kran steht dort noch am Rheinufer. Die Mühlsteine aus Lava sind durch Stahlwalzen abgelöst worden. Der Abbau im Mayener Grubenfeld ruht also, die tiefen Steinbrüche sind verlassen. Über die interessante Geschichte dieser Basaltlava-Industrie unterrichten F. HÖRTER, F.X. MICHELS & J. RÖDER (1950/51,1954/55), V. HOLTMEYER-WILD (2000).

Thelenberg

v. DECHEN (1864, 77), DRESSEL (1871, 46), WINDHEUSER (1977, 126).

Dieser Schlackenkegel ist durch mächtige Bimstephra verhüllt. AHRENS (1932d) konnte durch magnetische Kartierung am Südfuß eine mehrere Hundert Meter lange Basaltzunge nachweisen, die von MICHELS (1952) durch einen kleinen Schacht auch ergraben wurde, die Lava ist ein Nephelin-Leuzit-Basanit.

Wingertsberg und Niedermendiger Lavaströme

AHRENS (1930b,: 49–51, 1932c), v. DECHEN (1864, 311–339), DRESSEL (1871, 79–82), J. FRECHEN (1976, 91–93), HENTSCHEL (1975, 84–85), HÖRTER, MICHELS & RÖDER (1950/51, 1954/55), HOPMANN (1959, 38–42), MEYER & SCHUMACHER (2004), MICHELS (1952), WEHINGER (2004), WINDHEUSER (1977: 127–133).

Beim Wingertsberg war früher ein flacher 322 m hoher Schlackenkegel durch eine mächtige Bimsdecke verhüllt. Wie der Name verrät, wurde hier Wein angebaut. Der Schlackenabbau hat den Berg inzwischen tief ausgehöhlt. Dabei kommt unter den Schlacken jetzt Lava zum Vorschein, die der des oberen der beiden Lavaströme entspricht, die sich im Untergrund von Niedermendig ausbreiten und von denen nur der obere, kleinere in seiner genauen Ausdehnung bekannt ist. Einen Fördergang für den oberen Niedermendiger Lavastrom konnte SCHMINCKE (2009, Abb. 76–78) nachweisen. Damit ist für die obere Niedermendiger Lava der Wingertsberg der Ursprungsort. Beide Lavaströme sind von Löss und mächtigen Bimsschichten bedeckt, deshalb ließ sich ihre Verbreitung nur durch magnetische Vermessungen feststellen. Dabei konnte AHRENS (1932c, 1932d) auch für den unteren Lavastrom eine Herkunft vom Wingertsberg wahrscheinlich machen, wobei nicht auszuschließen ist, dass diese Basaltmasse, die sich bis in die Gegend von Kruft erstreckt, noch von weiteren Ausbruchstellen östlich vom Wingertsberg gefördert wurde.

Der untere Niedermendiger Lavastrom ist im Gegensatz zu der porösen Lava des oberen Stromes relativ arm an Gasblasen und wird deshalb als „Hartbasalt" bezeichnet. Nach F.X. MICHELS (1952 ist er in der Hauptmasse ein Leuzit-Nephelin-Tephrit, im unteren Teil hat er durch Anreicherung von Olivin Leuzit-basanitische Zusammensetzung. Er war früher nur durch einige tiefe Brunnen bekannt, durchteuft hatte ihn nur der Brunnen der Brauerei SCHAAF. Seit kurzer Zeit wird er im Tagebaubetrieb am Ostrand von Niedermendig abgebaut. Er ist im Gebiet von Niedermendig mindestens 20 m dick und wird nach WINDHEUSER von einer etwa 2 m dicken Lehmschicht und darüber etwa 2 m gelben Phonolithtuffen überdeckt. Darauf liegt dann der obere Lavastrom, dessen Flächenausdehnung nur ein Viertel bis ein Drittel von der des unteren Stromes beträgt. Die den unteren Strom überlagernden Phonolithtuffe sind wohl an die Tuffdecke im Raum Bell anzuschließen und gehören damit zum Riedener Komplex,

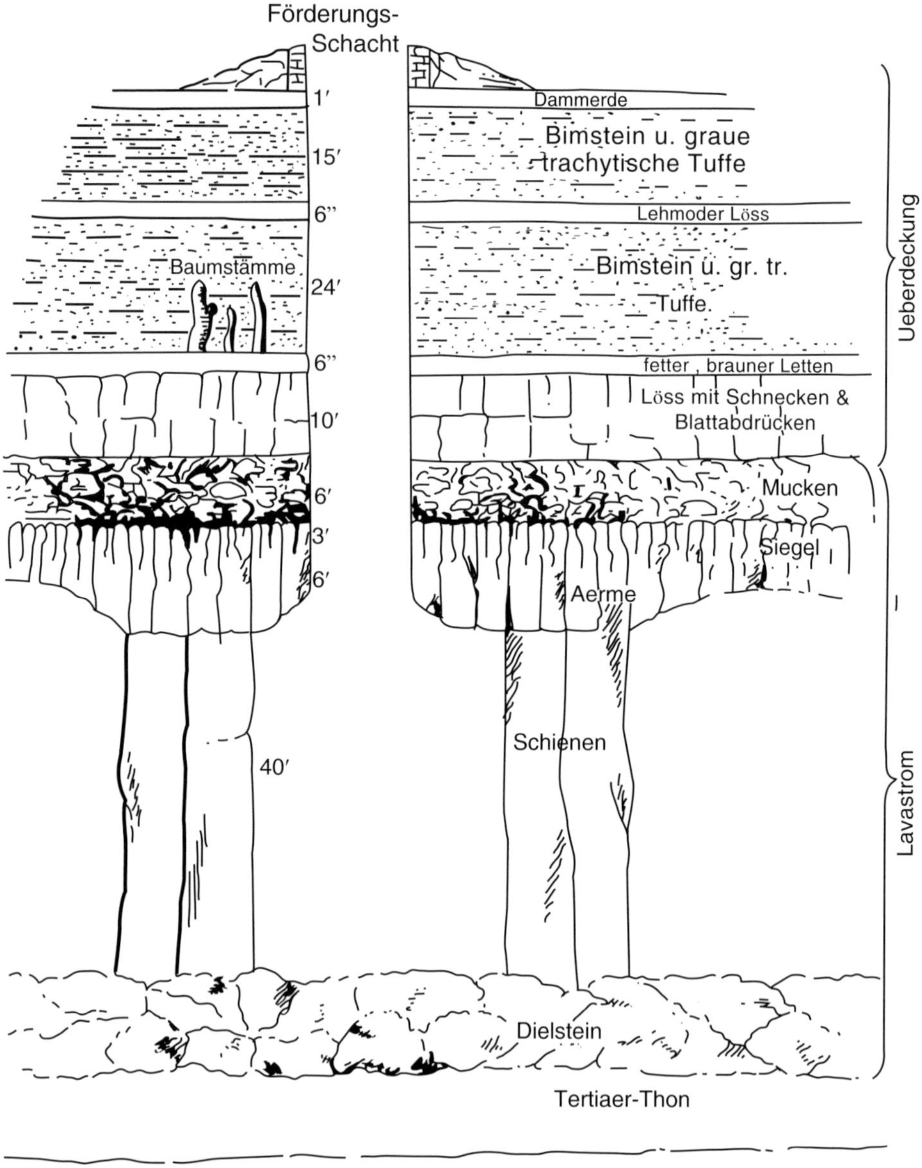

Abb. 96. Querschnitt durch den Oberen Niedermendiger Lavastrom mit den Bezeichnungen der Steinhauer. Mächtigkeitsangaben in Fuß (' = 31 cm) und Zoll (" = 2,6 cm). L. DRESSEL (1871). Der „Tertiaer-Thon" gehört ins Quartär.

dessen jüngste Förderprodukte ein Alter von etwa 300 000 Jahren haben. Deshalb muss der untere Niedermendiger Lavastrom mindestens 300 000 Jahre alt sein.

Der obere Lavastrom ist durch zahlreiche Steinbrüche und unterirdische Abbauräume aufgeschlossen. Im Stadtgebiet von Niedermendig ist er 15–20 m mächtig. Er zeigt von unten nach oben folgende Absonderungsformen: die Basis des Stroms bildet über einer schlackigen

Lage unregelmäßig zerklüftete bis plattige fast dichte Lava, der „Dielstein“ oder „Framm“ der Grubenarbeiter. Da er technisch unbrauchbar ist, bildet er die Sohle der Gruben. Darüber liegt die poröse „Niedermendiger Mühlsteinlava“ Sie zeigt unten 1–2 m hohe Pfeiler von 2–3 m Durchmesser, überlagert von etwas dünneren Pfeilern, den sog. „Schienen“. Diese 10–15 m hohen Schienen sind der Hauptgegenstand des Abbaus. Den oberen Abschluss des Stromes bildet kleinsäulige Lava („Deckstein“ oder „Siegel“), die nicht abgebaut wird (Entablatur). Der Deckstein ist fest verschränkt und bildet in den Untertage-Abbauen ein tragfähiges Dach, das nur von stehengebliebenen Pfeilerbündeln gestützt wird. Die Stromoberfläche ist schlackig („Mucken“). Es gibt auch eng begrenzte Partien, in denen der ganze Strom von unten bis oben hindurch schlackig ausgebildet und damit unbrauchbar ist. Diese schornsteinartigen Gebilde sind wohl dadurch entstanden, dass die Lava Wasserstellen überflossen hat, wodurch plötzlich Wasserdampf erzeugt wurde. Das Gestein ist als Nephelin-Leuzit-Tephrit zu bezeichnen (FRECHEN). Berühmt ist die Lava auch wegen ihres Reichtums an Einschlüssen: Nach FRECHEN finden sich Subvulkanite der Reihen Foyait – Foidit und Alkalisyenit – Syenit – Monzonit – Sanidingabbro. Ferner kommen metasomatisch beeinflusste Metamorphite aus dem vordevonischen Untergrund vor. In Hohlräumen um diese Metamorphite und um Devonfragmente haben sich oft lebhaft grüne Augitkristalle gebildet, vereinzelt auch Tridymit und Cristobalit. Die häufigen Hauyneinsprenglinge entstammen den Subvulkaniten, ebenso die selteneren Kristalle von Sanidin, Plagioklas oder Zirkon. Korund als Abkömmling der Metamorphite findet sich auch.

Der obere Lavastrom wird von Löss überdeckt. Durch Frost abgesprengte Lavastücke sind durch Kryoturbation bis zu einer Höhe von einem Meter in den Löss hineingeknetet worden. Die Stromoberfläche zeigt keine Spuren von Verwitterung oder Bodenbildung. Sie muss also bald nach dem Erstarren von Löss überdeckt worden sein, dürfte also während einer Kaltzeit erstarrt sein. In den Deckbildungen finden sich auch Sande und Schotter und nach WINDHEUSER ein Streifen mit Humus und braunem entkalktem Löss, also Anzeichen einer Warmzeit. Damit ist wahrscheinlich, dass die obere Niedermendiger Lava während der vorletzten Kaltzeit erstarrte, demnach ein Alter von etwa 150 000 Jahren haben muss. Über diesen Sedimenten liegen über 10 m allerödzeitliche Bimsschichten aus dem Laacher-See-Vulkan und seinen Begleitschloten. Da der mindestens 300 000 Jahre alte untere Lavastrom und der etwa 150 000 Jahre alte obere Strom beide aus dem Wingertsberg stammen, ist dieser Vulkan zu unterschiedlichen, durch eine lange Pause getrennte Zeiten aktiv gewesen.

Wegen der Überlagerung durch 10–20 m mächtige Deckschichten wurde die Mendiger Lava erst in der Zeit nach Christi Geburt in kleinem Umfang abgebaut, im Gegensatz zu der freiliegenden Mayen-Ettringer Lava, die schon seit der Jungsteinzeit gewonnen wurde. Im Laufe des Mittelalters ging man zum Untertagebau über und durchteufte die Deckschichten mit Schächten, durch welche die Werkstücke mit Winden heraufgezogen wurden. Die durch den Abbau entstandenen großen Hallen bildeten ideale Lagerräume, z. B. für Bier, da sie durch die großflächige Verdunstung des auf der schaumigen Lava sich ausbreitenden Sickerwassers ständig kühl sind. Deshalb waren im Gebiet von Mendig zeitweilig 23 Brauereien tätig, das „Niedermendiger Felsenbier“ war berühmt. Mühlsteine stellten die wichtigsten Produkte aus Mendiger Lava dar. Seit sie durch Stahlwalzen ersetzt wurden, ist der Abbau wie im Mayener Grubenfeld stark zurückgegangen; die Lava wird aber noch heute zu Verkleidungsplatten an Bauten, zu Treppenstufen und zu Tür- und Fenstereinfassungen verarbeitet. Die unterirdischen Abbauräume stellen inzwischen eine wichtige touristische Attraktion dar. Außerdem sind sie Überwinterungsquartiere für Tausende von Fledermäusen.

11.3.1.8 Bl. 5610 Bassenheim

Korretsberg

AHRENS (1932b, 854–855), v. DECHEN (1864, 365–369), DRESSEL (1871, 59–60: Krufter Hummerich), HENTSCHEL (1975, 85), MEYER (1999, 90–92), MOSES (1978, 47–50), QUIRING (1930b), WINDHEUSER (1977, 168–170).

Der südöstlich von Kruft gelegene stattliche Kegel besteht aus Schlacken, Bomben und Lapilli. An seinem NW-, W- und S-Fuß ist Lava ausgeflossen, die den Berg wie eine Terrasse umgibt. An der Degensmühle ist sie bis unter das heutige Niveau des Bahner Baches hinabgeflossen, dessen Bett heute auf dem Nettetal-Aschenstrom liegt. Die Lava sowie die Schlacken haben nach MOSES basanitische Zusammensetzung. Der Kegel wird von Löss und einer mächtigen Bimsdecke verhüllt. Der Bims ist inzwischen abgeräumt worden, so dass der Berg trotz seines Naturschutz-Status nicht mehr die natürliche Oberfläche besitzt.

Zwischen Löss und Bims fanden sich am NW- und W-Hang des Berges Basaltschlacken und -lapilli und bis 30 cm große Ton- und Devongesteins-Fragmente, die einem nahe gelegenen unbekannten Eruptionszentrum entstammen müssen. Zwei weitere dem Korretsberg benachbarte Schlackenkuppen haben nach MOSES Tephrit-Zusammensetzung, ebenso Schlacken und Agglutinate im Tal des Bahner Baches südlich von Kruft. Eine dieser selbständigen Kuppen liegt am SW-Fuß des Korretsberges bei r 9597 h 8335, die andere 1 km südwestlich des Korretsberg-Gipfels bei r 9596 h 8226.

Plaidter Hummerich und Kollert

AHRENS (1932b, 856–857), BOSINSKI et al. (1986), v. DECHEN (1864, 369–370), DRESSEL (1871, 60), HENTSCHEL (1975, 85), MEYER (1999, 93–95), MOSES (1978, 33–46), WINDHEUSER (1977, 171–174).

Der Plaidter Hummerich ist zweigipflig und hat deshalb auch wie andere Berge der Osteifel den Namen Sattelberg. Mit seinen relativ steilen Abhängen bildete er einen der schönsten Vulkanberge des Neuwieder Beckens, deshalb ist sehr zu bedauern, dass er jetzt durch Schlackenabbau zerstört wurde. Im Gipfelbereich wurde eine Jagdstation des Neandertal-Menschen ausgegraben (BOSINSKI et al.). Der Vulkan besteht hauptsächlich aus Lapillitephra, in die Lagen mit Wurfschlacken und Bomben eingeschaltet sind. Darüber liegt Löss, der einige Lapillilagen enthält. Diese sind dadurch entstanden, dass vom Kegel bei starkem Wind Aschenmaterial hinuntergerollt ist und sofort von Löss überweht wurde. Über dem Löss liegt Bimstephra, die den ganzen Berg überzieht.

400 m südwestlich des Gipfels liegt eine kleine Kuppe (Punkt 218,7) mit gröberen Lapilli, kleinen Schlacken und Bomben. Es handelt sich wohl um einen Nebenkegel. In gleicher Richtung folgt eine zweite Kuppe, der Kollert. Er wurde durch selbständige Ausbrüche aufgebaut. Es findet sich grobe Schlackentephra mit bis metergroßen Bomben und Lavafetzen bis zu 4 m Länge, die nach AHRENS ausgeflossen, nicht ausgeworfen sind. Diese groben Förderprodukte werden oben durch feinere Lapillitephra abgedeckt. MOSES kann drei Förderzentren unterscheiden, wobei zuerst im Süden des Vulkans Tephrite gefördert wurden, später im Norden basanitische Laven. SCHMINCKE (1977a) erwähnt den Kollert unter dem Namen „Nachtheim-Vulkan“.

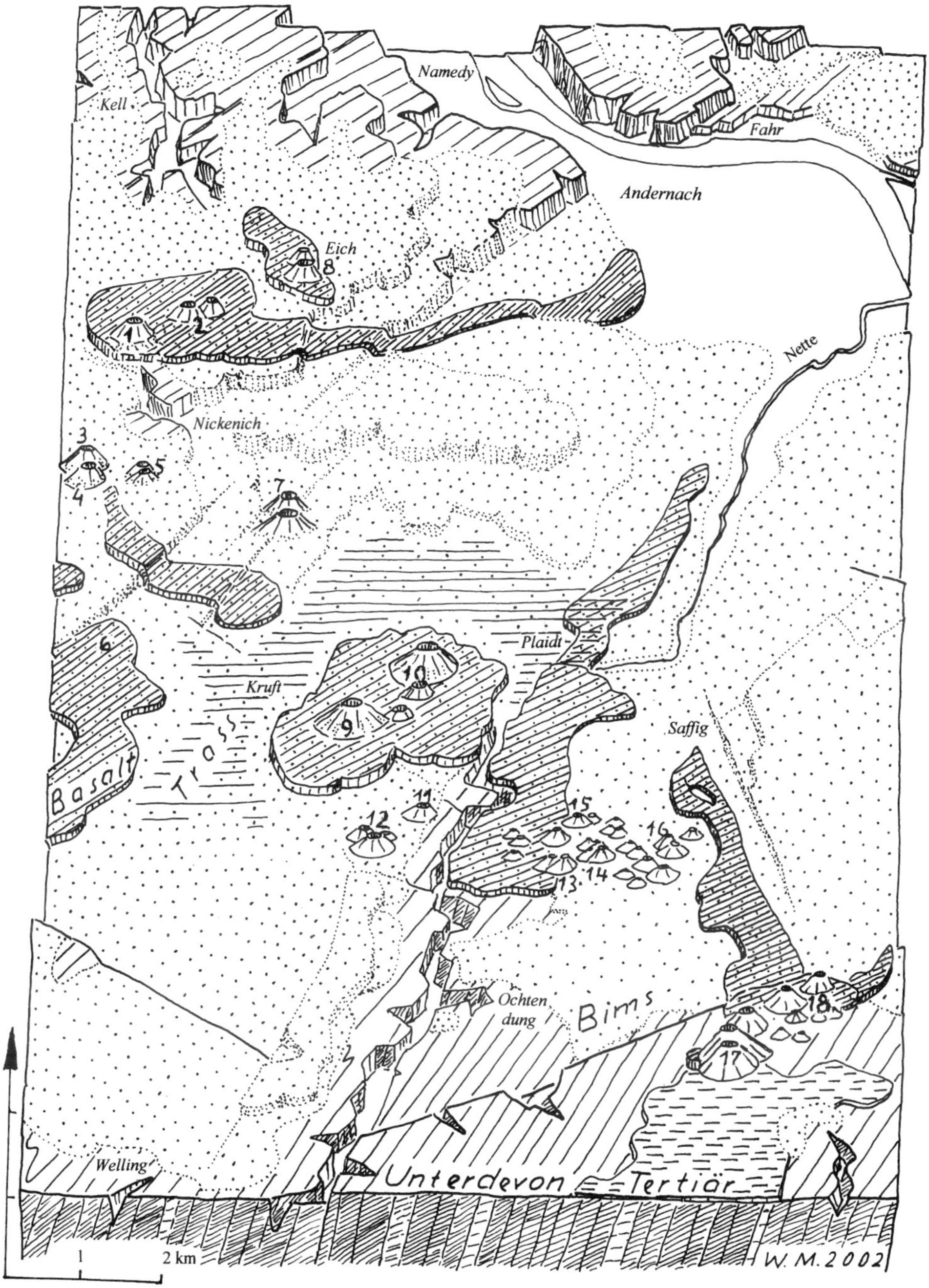

Abb. 97. Der Südostteil des Osteifel-Vulkangebietes. 1 Nickenicher Hummerich, 2 Nickenicher und Eicher Sattelberg, 3 Heidekopf, 4 Roter Berg, 5 Eppelsberg, 6 Unterer Niedermendiger Lavastrom, 7 Nickenicher Weinberg, 8 Nastberg, 9 Korretsberg, 10 Plaidter Hummerich, 11 Reifenacker, 12 Tönchesberg, 13 Michelberg, 14 Langenberg, 15 Eiterköpfe, 16 Wannenköpfe, 17 Karmelenberg, 18 Oberholz-Gruppe.

Auch aus den Tuff- und Schlackenbauten des Hummerich und Kollert sind unten besonders nach Osten Lavazungen geflossen, die unterhalb der Haagsmühle sogar das Nettetal erreichten. Die Lava des Hummerich hat sich hier fast mit der Lava, die nach AHRENS der Wannengruppe entstammt und am östlichen Talhang über weite Strecken aufgeschlossen ist, getroffen. Nördlich der Haagsmühle ist der Lavastrom des Hummerich ca. 18 m mächtig. Er überlagert hier Basalttephra unbekannter Herkunft, die vielleicht den Anfangsphasen der Tätigkeit am Hummerich-Vulkan entstammt. Auch an der Nord- und Nordostseite (am Autobahnparkplatz) findet sich Lava. Die Gesteine des Plaidter Hummerich sind nach MOSES Basanite. Sie unterscheiden sich petrographisch nicht von den Laven der Wannengruppe auf der Ostseite des Nettetales. MOSES konnte aber signifikante chemische Unterschiede zwischen beiden Laven nachweisen und damit die von AHRENS vorgenommene Zuordnung bestätigen.

Tönchesberg und Reifenacker

AHRENS (1932b, 857–858), V. DECHEN (1864, 371–373), DRESSEL (1871, 60–61), M. FRECHEN (1994), HENTSCHEL (1975, 85), WINDHEUSER (1977, 166–167).

Die Tönchesberg-Gruppe zwischen Kruft und Ochtendung besteht aus einem Schlacken- und Tephrakegel mit zwei Nebenkegeln, einer an der kleinen Kuppe an der NW-Seite des Massivs, der andere an der NE-Seite. In den z. T. sehr groben Schlacken finden sich neben devonischen Einschlüssen auch Brocken von rotgebranntem Tertiärton. Lavaströme gibt es nicht, selbst im Schlotbereich fehlen die an anderen Vulkanen häufigen Infiltrationen. Der Berg ist heute sehr stark abgebaut. WINDHEUSER beschreibt aus dem die Schlacken überdeckenden Löss einen starken Parabraunerde-Horizont. M. FRECHEN (1994) stuft den Vulkan in die vorletzte Kaltzeit (Saale-Kaltzeit) ein, dabei wird der Tönchesberg für etwas älter als die ebenfalls saalezeitlichen Vulkane Plaidter Hummerich und Korretsberg angesehen, da deren Tephra die des Tönchesbergs überdeckt. ZÖLLER, CONARD & HAHN (1991) haben für die älteste Lössschicht über dem Tönchesberg nach Thermolumineszenz-Datierungen ein Alter von mindestens 129 000 ± 12 000 Jahren angegeben. Durch detaillierte magnetische Kartierung konnten Y. YOO & M. FRECHEN (1999) fünf Förderzentren im Tönchesberg und drei in dessen näherer Umgebung finden.

Etwa 700 m ostnordöstlich vom ehemaligen Tönchesberggipfel liegt ein flacher Hügel, der aus Schlacken und grober Lapillitephra besteht. Dieses Vorkommen (Punkt 244,6 auf der Karte, westlich von Ruine Wernerseck) erwähnt schon V. OEYNHAUSEN (1847, 28) unter der Bezeichnung Reifenacker (vgl. auch AHRENS, 1932b, 858), es fehlt jedoch auf der geologischen Karte Bl. Bassenheim. Es handelt sich um einen selbständigen Schlackenkegel.

Eiter- und Wannenköpfe mit Plaidter Lavastrom

AHRENS (1932b, 858–866), V. DECHEN (1864, 396–418), DRESSEL (1871, 61–63), M. FRECHEN (1995), M. FRECHEN & A. JUSTUS (1998), GEBHARDT (1963, 167–170), GRIMM (1990, Nr. 035), HENTSCHEL (1975, 85), HOPMANN (1959, 36–37), C. PRANGE (1984), STRITZKE (1994), WINDHEUSER (1977, 155–165).

Östlich der Burgruine Wernerseck ragen zwischen Plaidt und Ochtendung aus der mächtigen Bimsdecke viele basaltische Schlackenkegel auf, insgesamt sind hier etwa 50 Ausbruchspunkte nahe beieinander. Die östlich der Straße Ochtendung – Saffig gelegenen Kuppen sind die

Wannenköpfe, die westlich von ihr die Eiterköpfe mit Michelberg und Langenberg an ihrer Südflanke. Westlich der Eiterköpfe breitet sich ein mächtiger Lavastrom aus, der von hier über Plaidt bis Miesenheim zu verfolgen ist. Seine Ausbruchsstelle ist wahrscheinlich der aus zwei Kegeln zusammengesetzte Michelberg, der unter Naturschutz steht und vielleicht einmal der einzige Berg sein wird, der von dem Vulkanfeld erhalten bleibt. Der östlich benachbarte Langenberg, der ebenfalls aus zwei Eruptionszentren zusammengesetzt ist, stand ursprünglich auch unter Schutz, der aber 1987 aufgehoben wurde (vgl. H. STRAUBE 1995). Ob für den Lavastrom außer dem Michelberg noch weitere Ausbruchsstellen im Bereich der Eiterköpfe existieren, ist noch ungewiss. Die Lava, die als Basanit einzustufen ist (SCHMINCKE 1977a), floss nach AHRENS wohl in mehreren Teilströmen zuerst nach Westen und breitete sich in 150–160 m Höhe aus, bis sie das Nettetal erreichte, das sich damals bis ins Niveau der Unteren Mittelterrasse eingeschnitten hatte und wurde hier nach Norden abgeleitet, wo sie 5 km weit bis nördlich von Miesenheim floss. Das kleine isolierte Lavavorkommen nordwestlich der Ruine Wernerseck westlich der Nette gehört auch noch zu diesem Lavastrom und nicht zu dem des nahegelegenen Plaidter Hummerich. Südlich Plaidt reicht die Basis des Stroms zwischen Noldensmühle und Rauschermühle bis unter das heutige Niveau des Nettetals. Bei der Rauschermühle liegt sie bei 85–90 m NN, die heutige Nette hat den Strom noch nicht durchschnitten. Unmittelbar südlich davon hat die Strombasis eine Höhenlage von 100–105 m NN. Dieses plötzliche Absinken des Niveaus nach Norden wird von einer jungen Störung des Neuwieder Beckens verursacht. Auch die unterschiedliche Höhenlage der Lava über der heutigen Talsohle ist tektonisch bedingt; westlich vom Michelberg liegt die Lava z. B. 35 m über der heutigen Nette. Aus der Erosionsleistung des Baches muss man annehmen, dass die Lavaförderung schon vor der Würm-Kaltzeit stattgefunden hat, sie erfolgte aber nach der Bildung der Unteren Mittelterrasse.

Selbst mikroskopisch lässt sich die Lava nicht von der des Plaidter Hummerich unterscheiden, es bestehen nach MOSES (1978) aber erhebliche Unterschiede in der chemischen Zusammensetzung beider Laven. Als Einschlüsse treten ähnlich wie bei den Förderprodukten der Karmelenberg-Gruppe (s. u.) Gneise auf. Das Liegende des Lavastromes ist nördlich der Rauschermühle durch den 1852–59 getriebenen sog. BIANCHI'schen Wasserlösungsstollen erschlossen worden: Unmittelbar unter der Lava fand sich hier in etwa 0,5 m Mächtigkeit lockere Basalttephra, die einer pleistozänen Ausbruchstelle der Umgebung entstammen muss. Darunter liegt dunkelbraune Basalttephra, die reichlich Pflanzenreste enthält (C.O. WEBER 1861, MÜHLEIS 1936). Die von KRÄUSEL & WEYLAND (1942, 28) revidierte Pflanzenliste zeigt eine quartäre Flora, die unter gemäßigten Klimabedingungen wuchs, also in einer Warmzeit entstanden ist. Die Flora von Plaidt wurde früher ins Tertiär gestellt wegen des vermeintlichen Vorkommens von *Cinnamonum polymorphum* A. BR. (Zimtbaum), das nach KRÄUSEL & WEYLAND aber mit dem Seifenkraut *Saponaria officinalis* L. verwechselt worden war. Der Lavastrom wird von Löss überlagert, der im unteren Teil ein Band von Basaltaschen enthält. Darüber liegt Bims. Im Ortsgebiet von Miesenheim ist die Überdeckung durch Löss und Bims stellenweise über 10 m mächtig, wie Brunnenbohrungen ergaben. Südlich von Miesenheim fanden sich über der Lava auch Schotter, die nach AHRENS einer Niederterrasse der Nette angehören.

Die Nette wurde durch den Basaltstom aus ihrem Bett verdrängt und hat sich westlich des Stroms ein neues Bett gegraben. Bei Plaidt stieß sie in das schon vorhandene Tal des Bahner Baches und wurde nach Osten abgelenkt, da der Weg nach Norden durch den Horst des Burgerhaus nördlich Plaidt versperrt war. Dadurch wurde sie gezwungen, sich zwischen Noldensmühle und Rauschermühle durch den Lavastrom hindurchzusägen.

Die Eiterköpfe bestehen nördlich von Langenberg und Michelberg aus 13 mittleren Schlackenkegeln, daneben gibt es noch 4 kleinere Eruptionspunkte mit Schlacken und Lapilli auf dem Lavastrom. Im Westen liegen 3 mittlere Schlackenkegel und 9 kleinere Eruptionspunkte auf dem Lavastrom. Die Förderprodukte der Eiterköpfe haben nach PRANGE basanitische bis tephritische Zusammensetzung. Unter den Vulkaniten liegen mächtige Tertiärtone, das zeigte sich beim Ausschachten der großen Mülldeponie auf dem Areal.

Bei den Wannenköpfen ließen sich 20 Ausbruchspunkte feststellen, die 8 größere Kegel aufbauen. Nur bei zwei Kegeln ist geringfügig Basaltlava ausgeflossen, sonst besteht das Areal aus Schlacken und Lapilli. Viele der Wannenvulkane haben als erste Förderprodukte xenolithreiche chaotische Pyroklastika mit großen Brocken von devonischen Gesteinen und Tertiärtonen, was phreatomagmatische Tätigkeit anzeigt. M. FRECHEN (1995), der sich mit den Wannenköpfen und ihren Deckschichten beschäftigt hat, spricht von einer Maarphase. Ergänzungen wurden von M. FRECHEN & A. JUSTUS (1998) vorgelegt, hier werden die Eruptionen der Wannengruppe in den Zeitraum vor etwa 160 000–200 000 Jahren eingestuft, d. h. zu Beginn oder während des vorletzten Frühglazials, wobei die Aktivität im Osten der Gruppe begann. In den mächtigen Lössablagerungen, welche die Wannenvulkane bedecken, fanden sich Lagen, in denen Molluskenschalen und Kleinsäugerreste angereichert sind (D.C. KALTHOFF et al. 2007) sowie Reste eines Paläobodens. In den Kratermulden fanden sich steinzeitliche Artefakte. Besonderes Aufsehen hat der Fund eines Stückes einer Menschenschädel-Kalotte in einer der Kratermulden ganz am Ostrand der Vulkangruppe erregt (A. v. BERG 1997). Dieser als Neandertaler eingestufte Mensch hat in der vorletzten Kaltzeit vor 120 000–200 000 Jahren hier gelebt.

Karmelenberg-Gruppe

AHRENS (1932b, 866–871), BOSINSKI et al. (1986), M. FRECHEN (1999), HOPMANN (1959, 26–27), PIER (1978), WINDHEUSER (1977, 149–154).

Der Hauptkegel dieses aus mehreren Einzelvulkanen zusammengesetzten Massivs ist der Karmelenberg selbst. Der 372 m hohe Gipfel mit der Eremitenkapelle ist inzwischen unter Schutz gestellt worden. Deshalb wird uns seine charakteristische asymmetrische Silhouette, die weit vom Westerwald und Hunsrück her diesen Südostpfeiler des Laacher Vulkangebietes erkennen lässt, hoffentlich erhalten bleiben. Der Schlackenkegel zeigt regelmäßig periklinale Schichtung, die durch den Wechsel von groben Lapilli und Schlacken und 2–3 m langen ausgeworfenen Lavafetzen gut markiert ist. Der hohe Anschnitt an der Südseite zeigt den 50 m breiten Schlot, der an seinen Rändern steilstehende feine Aschen- und Lapilli-Tuffe, in der Mitte wirr durcheinanderliegende Schlacken erkennen lässt.

Die unmittelbar nach Nordosten anschließende niedrigere Kuppe, der Schweinskopf, ist ebenfalls aus Schlacken und Lavafetzen aufgebaut. Die Schichtung dieses selbständigen Kegels ist flacher als beim Hauptkegel. Nordöstlich vom Karmelenberg zieht sich ein Tuff- und Schlackenkomplex durch das Gebiet des Oberholzes (bei AHRENS Oberwald) hangabwärts. In diesem, jetzt durch große Gruben aufgerissenen Komplex hat PIER 8 Eruptionszentren lokalisiert; in den Basispartien fand er Pflanzenreste. Bei einigen Kegeln hat M. FRECHEN phreatomagmatische Initialphasen festgestellt. Die Oberholz-Vulkankegel sitzen an einer NE-SW streichenden Störung, auf deren NW-Scholle die Tertiärbasis um etwa 100 m abgesunken ist und die als der südöstliche Haupt-Randbruch des Neuwieder Beckens gelten muss.

Drei Lavaströme sind von der Karmelenberg-Gruppe ausgeflossen: eine kleine Zunge findet sich am Fuß des Hauptkegels in Richtung auf die Sackenheimer Höfe zu, sie ist z. Z. nicht aufgeschlossen. An der Ostseite der Oberholz-Gruppe ist ein etwa 1,5 km langer Lavastrom ausgeflossen, der bis zur Straße Ochtendung – Bassenheim (westlich Bassenheim) zu verfolgen ist. Durch Aufschlüsse an seiner Südostflanke und an der ihn querenden Bahnlinie ist sein Verlauf schon in großen Zügen bekannt gewesen. Die genaue Ausdehnung konnte von AHRENS (1932d) durch magnetische Kartierung festgestellt werden. Der Strom hat ein altes Tälchen ausgefüllt, deshalb tritt er morphologisch nicht hervor und konnte von Löss und Bims vollkommen zugedeckt werden. Nach AHRENS hatte dieses Tal und damit die Basis des Basaltstroms ein Gefälle von 35 m auf 1,2 km Länge. Der Bach hat sich südöstlich des Lavastroms ein neues Bett gegraben und von hier aus den Strom seitlich anerodiert.

Von der Oberholz-Gruppe ist auch der weitaus längere Lavastrom ausgeflossen, der nach Norden bis Saffig zu verfolgen ist. In dem Tälchen oberhalb Saffig ist seine Ostflanke aufgeschlossen, durch Brunnenbohrungen im Ort Saffig ist er mehrfach durchteuft worden. Man hat diesen Saffiger Basalt zuerst aus den Wannenköpfen hergeleitet. AHRENS (1932d) konnte durch magnetische Messungen den Lavastrom an den Wannenköpfen vorbei weiter nach Süden bis zum Oberholz verfolgen. Südlich von Saffig machen die magnetischen Messungen das Vorhandensein einer kleinen Insel innerhalb des Lavastroms wahrscheinlich. Auch der Saffiger Strom hat ein altes Tal ausgefüllt. Das Wasser versickert heute in der Bimstephra und der klüftigen porösen Lava und tritt an der Stirn des Lavastroms in Saffig als starke Quelle über den liegenden Tertiärtonen aus. Der Saffiger Strom ist etwa 3 km lang. Seine Höhenlage beträgt im Oberholz 225 m NN, an seinem Ende in Saffig 130 m. AHRENS weist darauf hin, dass dieses Gefälle etwa dem des Saffiger Baches entspricht, dass also tektonische Verstellungen quer zur Fließrichtung nicht vorliegen.

Die Schlacken und Laven der Karmelenberg-Gruppe sind nach PIER teils als Leuzit-Basanite, teils als Leuzit-Tephrite einzustufen. Die einzelnen Eruptionszentren zeigen in der petrographischen Zusammensetzung keine Unterschiede. Alle Förderprodukte enthalten als Einschlüsse bis dezimetergroße Gneisbrocken, die als „Quarz-Feldspat-Gesteine“ seit langem bekannt sind.

WINDHEUSER fand in einem Lössprofil über den Schlacken im Oberholz eine als Warmzeitbildung gedeutete Parabraunerde und leitet daraus als Mindestalter für die Karmelenberg-Gruppe die vorletzte Kaltzeit ab. M. FRECHEN bestätigt das als „frühsaalezeitlich“. Besonders in dem zeitweise mit Wasser gefüllten Krater des Schweinskopfes sind umfangreiche altsteinzeitliche Funde gemacht worden (BOSINSKI et al.).

Birkenkopf

AHRENS (1932b, 872), V. DECHEN (1864, 424), DRESSEL (1871, 64), HENTSCHEL (1975, 85), PIER (1978, 75–78), WINDHEUSER (1977, 147–148), WIRTGEN (1847: Wirzenwäldchen).

Südlich von Bassenheim liegt der Schlackenkegel des Birkenkopfes, der sich 40 m über seine Unterlage erhebt. Oben steht Tephra an, in tieferen Regionen Schlacken, wobei unten in zunehmendem Maße Lavafetzen und -ströme in die Schweißschlacken eingeschaltet sind. Nach DRESSEL hat hier früher umfangreicher Abbau stattgefunden, da große Quader der im 19. Jahrhundert gebauten Moselbrücke in Trier vom Birkenkopf stammen sollen. Das Gestein ist nach PIER als Leuzit-Nephelin-Tephrit einzustufen. Devoneinschlüsse erreichen 30 cm Größe, sie zeigen z. T. glasierte Oberflächen. Auch Sanidinite und Gerölle aus Schottern der Hauptterrasse werden in den Schlacken gefunden. Der Vulkan ist also jünger als die Hauptterrasse, der er aufsitzt, er wird von Löss überlagert.

ZIMMERMANN (1931, 603) erwähnt aus einem Hohlweg östlich des Parkes von Bassenheim eine etwa 30 cm mächtige Basalttephra-Einschaltung im Löss.

Die Tephraeinschaltungen in der Tongrube Kärlich

Die große Tongrube auf der Kettiger Höhe westlich Kärlich ist außer durch ihr Tertiär-Profil auch durch ihren quartären Anteil sehr interessant. Hier finden sich einerseits Ausbruchsstellen von basaltischer Tephra, andererseits sind hier verschiedene Tephren aus dem gesamten Vulkangebiet in nichtvulkanische Sedimente eingelagert, was für die Datierung der vulkanischen Ereignisse im Laacher See-Gebiet sehr wichtig ist. Das hat zuerst MORDZIOL (1914, 1930a, 1930b) erkannt. Das Quartär der Tongrube Kärlich ist in den vergangenen Jahrzehnten nach verschiedenen Gesichtspunkten gründlich untersucht worden: J. FRECHEN (1959), HEIDE (1955), FRECHEN & VAN DEN BOOM (1959), FRECHEN & ROSAUER (1959), FRECHEN & VILLWOCK (1959). FRECHEN (1975) konnte mikroskopisch nachweisen, dass neben den makroskopisch sichtbaren Tephralagen im Löss vulkanogene Mineralien und Xenolithe zu weiteren Horizonten angereichert vorkommen. Datierung und Gliederung der sedimentären Anteile nahmen u. a. MÜCKENHAUSEN (1959) und H. REMY (1959) vor.

Inzwischen kam es aufgrund der Interpretation fossiler Bodenhorizonte und nach paläomagnetischen Untersuchungen zu einer Umdatierung des Kärlicher Quartärprofils und der eingeschalteten Vulkanite (BRUNNACKER 1968, BRUNNACKER, STREIT & SCHIRMER 1969, KOČI, SCHIRMER & BRUNNACKER 1973). Die quartäre Folge wurde in die Einheiten A–J untergliedert, die teilweise weiter unterteilt wurden (Abb. 74, S. 355).

In der Rinnenfüllung A sind noch keine Minerale vulkanischer Herkunft zu finden. Sie treten erst in Abschnitt Ba auf, der älter ist als die magnetische Matuyama-Brunhes-Grenze, also älter als 780 000 Jahre. Es sei daran erinnert, dass es im quartären Westeifel-Vulkangebiet schon einen K/Ar-Alterswert von 970 000 Jahren gibt (Beuel bei Zilsdorf, CANTAREL & LIPPOLT 1977). Die erste deutliche basaltische Tephralage findet sich in Abschnitt F, leider so stark zersetzt, dass keine radiometrische Datierung vorgenommen werden konnte. Darüber treten weitere Basalttephra-Horizonte auf, einer in Abschnitt G, fünf in Abschnitt H, wobei der oberste am mächtigsten ist und als „Kärlicher Brockentuff" sein Ausbruchszentrum in der Nähe hat (J. FRECHEN 1959a, SCHIRMER 1990). Die Tephralagen außer dem „Brockentuff" stammen von Schlackenkegeln der Osteifel, ließen sich aber bestimmten Vulkanen nicht zuordnen. Besonders haben zwei Lagen mit phonolithischem Bims in Abschnitt H Aufsehen erregt, eine untere etwa 12 cm und eine obere etwa 1 m mächtig. Diese beiden Bimslagen wurden von FRECHEN (1975) vom Wehrer Bims hergeleitet; diese Einstufung wurde von BRUNNACKER et al. (1979), WINDHEUSER et al. (1982) und BOSINSKI et al. (1986) übernommen. V. D. BOGAARD et al. (1989) zeigten, dass nach der chemischen Zusammensetzung aber beide Bimslagen so große Unterschiede zu den Förderprodukten des Wehrer Vulkans (Hüttenberg- und Glees-Tephra, vgl. S. 471) aufweisen, dass diese Herleitung nicht zutrifft. Für die obere mächtige Bimsschicht DT 2 (DT = differenzierte Tephra) liegen sichere Alterswerte vor: nach V. D. BOGAARD et al. (1989) eine Ar^{40}/Ar^{39}-Laserdatierung mit 452 000 ± 8000 Jahren, nach LIPPOLT et al. (1986) eine Ar^{40}/Ar^{39}-Stufenheizungsdatierung, die 453 000 ± 7000 Jahre ergeben hat. Bei der älteren Bimslage (DT 1) haben V. D. BOGAARD et al. (1989) bei einer Ar^{40}/

Ar^{39}-Laserdatierung den Wert von 618 000 ± 13 000 Jahren ermittelt. Das bereitet Schwierigkeiten im Vergleich zur stratigraphischen und Säugetier-paläontologischen Entwicklung zwischen der Matuyama-Brunhes-Grenze und dieser Tephralage, die nach SCHIRMER (1990, 65) 4–5 Interglaziale umfassen müsste, wozu bei dem 618 000-Alter kein Platz bleibt. Möglicherweise muss also dieser Alterswert korrigiert werden.

Beide Bimslagen (DT 1 und DT 2) müssen von bisher unbekannten Eruptionszentren stammen und sind Reste größerer Decken. Für den unteren Horizont DT 1 haben V. D. BOGAARD et al. nach Zusammensetzung und Lage im Profil vergleichbare Lagen von der Grabung Miesenheim und vom Norberg westlich des Riedener Kessels beschrieben, vielleicht sind das weitere Erosionsreste einer ausgedehnten Tephradecke. Zu den Phonolithtephren des Riedener Komplexes (S. 463 ff) bestehen nach V. D. BOGAARD et al. für beide Kärlicher Bimshorizonte Unterschiede. Es ist aber möglich, dass ihre Ausbruchsstellen irgendwo unter den mächtigen Tephradecken des Riedener Komplexes verborgen liegen. Der Alterswert für die mächtige DT 2-Lage fällt auch in die Aktivitätsperiode der Phonolith-Vulkane im Raum Rieden – oberes Brohltal.

Über dem DT 2-Bimshorizont liegt 1,2 m Löss, der oben mit einem Parabraunerde-Horizont abschließt. Darüber liegt eine auffällige, bis 6 m mächtige Basalttephra, die seit langem als „Kärlicher Brockentuff“ bezeichnet wird, da sie bis metergroße Blöcke hauptsächlich von tertiärem Blauton enthält, daneben auch Terrassenschotter, Lösskonkretionen, Trachyttuffe. Unterdevongesteine sind selten. Diese Basalttephra, in vielen Arbeiten als BT 4 (BT = basaltische Tephra) bezeichnet, ist im Bereich der Tongrube Kärlich gefördert worden. Seit 1928 sind durch den Abbau in der jetzt zugeschütteten Karl-Heinrich-Grube in Nachbarschaft der Kapelle und von Punkt 178,0, also südöstlich des jetzigen Tagebaus mehrere Diatreme freigelegt worden. Nach J. FRECHEN (1975) waren die ersten Ausbrüche reine Gaseruptionen, die den überlagernden Löss ausbliesen. Dadurch entstanden flache Wälle, die aus dem ausgeblasenen Löss mit einzelnen Schottern der Hauptterrasse und Tertiärton-Fragmenten bestanden. Diese aus nicht-vulkanischen Anteilen bestehenden Wälle blieben dadurch erhalten, dass sie bald von basaltischem Material, das aus der Schlotreihe im SE-Teil der Grube ausgeworfen wurde, eingedeckt wurden. Dessen magmatische Bestandteile sind Lapilli und Schlacken von glasigem Alkalibasalt mit Einsprenglingen von Olivin, basaltischem Augit (z. T. mit Ägirinaugit als Kern), basaltischer Hornblende, Biotit (vereinzelt mit Olivineinschlüssen) und Magnetit (FRECHEN 1976). In der Tephra überwiegen aber die Fremdgesteine gegenüber den magmatischen Komponenten, die nach V. D. BOGAARD et al. (1989) leuzititischen Chemismus haben.

Neben diesen Diatremen muss noch ein größerer Vulkan bestanden haben, aus dem die Hauptmasse des „Brockentuffs“ gefördert wurde. Nach V. D. BOGAARD et al. hat dieses Hauptförderzentrum nordwestlich der Tongrube gelegen, also in Richtung Kettig, das zeigt sich durch Mächtigkeitszunahme der Tephra, durch Korngrößenzunahme sowie auch durch die Orientierung von Impaktstrukturen von Blöcken und Bomben.

Der „Brockentuff“ wurde zuerst für würmzeitlich angesehen (J. FRECHEN 1959, 1975). Die Bearbeitung der Mikro- und Makroflora der humosen Zonen in seinem Liegenden und Hangenden und der Molluskenfauna in seinem Liegenden ergab jedoch, dass es sich um Warmzeitbildungen handelt. Da in der Flora u. a. die heute nur in Südeuropa heimischen Gattungen *Pterocarya* und *Celtis* und das heute in Europa nicht mehr heimische Seerosengewächs *Euryale* vorkommen, werden die Bildungen für älter als die letzte Warmzeit angesehen (URBAN 1978b). Damit ist als Entstehungszeit des „Kärlicher Brockentuffs“ die Holstein-Warmzeit wahrscheinlich. Da die Warmzeitbildungen aus diesem Bereich im mitteleuropäischen

Quartärprofil zuerst nicht mit Sicherheit fixiert werden konnten, wurden sie von BRUNNACKER (z. B. 1978) als Bildungen eines „Kärlicher Interglazials" bezeichnet. V. D. BOGAARD et al. (1989) haben für den „Brockentuff" eine Ar^{40}/Ar^{39}-Laserdatierung vorgelegt, die ein Alter von 396 000 ± 20 000 Jahren ergeben hat, was für ein Interstadial im Elster-Komplex sprechen würde.

J. FRECHEN (1959a) und SCHÖNHALS (1959) glaubten den „Kärlicher Brockentuff" in zahlreichen Würm-Profilen bis weit nach Hessen verfolgen zu können. Diese Parallelisierung trifft wegen des höheren Alters der Kärlicher Tephra nicht zu. Daher wird die Basalttephra in den würmzeitlichen Ablagerungen nach Funden im Rheingau als „Eltviller Tephra" (LÖHR & BRUNNACKER 1974) bezeichnet. Sie dürfte auch aus der Eifel stammen, ohne dass die genauere Herkunft zu ermitteln ist. Das Tephraband, das im Löss unter der Magdalénien-Siedlungsschicht in Feldkirchen-Gönnersdorf auf der rechten Rheinseite auftritt, wird auch als Eltviller Tephra eingestuft (BRUNNACKER et al. 1979).

11.3.1.9 Bl. 5611 Koblenz

Beuelskopf bei Winningen

AHRENS (1932b, 872), v. DECHEN (1864, 427–431), DRESSEL (1871, 64), KAYSER (1892, 22), v. OEYNHAUSEN (1847, 32), SCHMIERER & QUIRING (1933, 30).

Auf der Bisholder Höhe findet sich eingeschaltet in den jüngeren Löss eine Basalttephra, die Auswürflinge aus Moselterrassen-Schottern enthält (u. a. Buntsandsteingerölle). Die Ausbruchsstelle dürfte deshalb nicht weit entfernt sein.

Etwa 1300 m nordöstlich von Winningen (zwischen Winningen und Bisholder) fanden sich früher gleich oberhalb der Weinbergslage Brückstück (Beuelskopf bei DRESSEL) Partien von porös-schlackigem Nephelinbasalt. Anstehend ist dieses Vorkommen schon seit dem 19. Jahrhundert nicht mehr nachweisbar. Wegen der günstigen Verkehrslage nahe der Mosel ist das Vorkommen wahrscheinlich restlos abgebaut worden. Nach V. DECHEN soll das Material beim Bau der unter Erzbischof BALDUIN im Jahre 1344 erbauten Moselbrücke in Trier verwendet worden sein. Durch den angegebenen Nephelingehalt wird die Zuordnung dieses Lavavorkommens, dessen Ausbruchsstelle in der Nähe gelegen haben muss, zum Osteifel-Vulkanismus wahrscheinlich.

11.3.1.10 Bl. 5709 Kaifenheim

Tephraschlote von Mertloch und Düngenheim

Über 10 km weit von den südwestlichsten Ausbruchspunkten des Laacher Vulkangebietes entfernt sind zwei Tephraschlote bekannt geworden.

Beim Bau der Bahnstrecke Polch – Münstermaifeld ist zwischen Mertloch und Naunheim dort, wo die Straße zwischen beiden Orten die Bahn überquert, ein Tephraschlot angeschnitten worden, der bis 3 cm große Stücke eines meist porösen Leuzitbasalts und bis 3 m große Blöcke von Hunsrückschiefer enthält (r 9373 h 7042). Wegen der Zusammensetzung des Basalts ist nach AHRENS (1932e) quartäres Alter des von Löss überdeckten Vorkommens anzunehmen.

Wegen seines ähnlichen Aufbaus ist ein Tephraschlot, der an der alten Landstraße Koblenz – Trier im Steilanstieg zwischen der Elzbrücke und Düngenheim unterhalb des Km-Steins 45,0 (r 8516 h 7065) aufgeschlossen ist, wahrscheinlich auch ins Quartär zu stellen. Es findet sich hier innerhalb eines kreisförmigen Areals von 50 m Durchmesser Tephra, die neben Basaltlapilli, Pyroxen- und Biotitkristallen bis zu 30 cm große Bruchstücke von Hunsrückschiefer enthält (MEYER 1967). Dieses Vorkommen ist auf der Karte von STEININGER (1853) schon verzeichnet, fehlt aber auf allen jüngeren geologischen Karten. Die Straße war zu STEININGERs Zeit die wichtigste Verbindung zwischen Koblenz und Trier; im Steilanstieg gingen die meisten Passagiere wohl neben dem Wagen, so dass sie Zeit zu geologischen Beobachtungen hatten.

11.3.2 Phonolithische Vulkane und Vulkankomplexe

Dreimal haben sich während der Vulkantätigkeit der Osteifel in der Kruste Magmenreservoire gebildet, aus denen phonolithische Aschen und Bimstephren gefördert wurden, zuerst im Raum Rieden – Weibern, dann bei Wehr, im kleineren Umfang mit zwei Ausbruchspunkten im mittleren Brohltal und zuletzt im Gebiet des Laacher Sees. Die erste phonolithische Phase ist auch mit dem Aufdringen phonolithischer Schmelzen im Westen des Vulkangebietes verbunden. In den quartären Deckschichten der Tongrube Kärlich gibt es zwei Tephralagen mit phonolithischem Bims, die sich an diese intermediären Komplexe nicht anschließen lassen und die vielleicht von weiteren, bisher noch unbekannten Ausbruchsstellen stammen (vgl. S. 461).

Vielfach wurde in der Literatur besonders in Arbeiten von J. FRECHEN für die Laven des Riedener Komplexes und des oberen Brohltals die Bezeichnung Selbergit benutzt, bzw. Selbergittuff für entsprechende Pyroklastika. Denn in den meisten dieser Gesteine ist der Gehalt an Alkalien zu hoch für reine Phonolithe. Nur das Gestein der Olbrück liegt im STRECKEISEN-Diagramm noch auf der unteren Grenze des Phonolithfeldes. R. BRAUNS (1922, 47) hatte den Namen Selbergit für ein Ganggestein vorgeschlagen, das am Selberg nordwestlich Rieden zutage tritt. Im internationalen Schrifttum hat sich dieser Gesteinsname nicht durchgesetzt. So wird im amerikanischen Glossary of Geology (5. Aufl. 2005) der Name als „obsolete", bei LE MAITRE (1989) als außerhalb der 297 „root names" geführt und als eine feinkörnige Varietät eines Nosean-Leuzit-Syenits definiert. VIERECK (1984) schlägt vor, den Begriff „Selbergit" durch „Nosean-Leuzitphonolith" zu ersetzen und „Selbergittuff" durch „Leuzitphonolith-Tuff", dem wir hier folgen wollen, meist durch die vereinfachte Bezeichnung „Phonolith". Im Diagramm von STRECKEISEN (1976) wird das Feld, in das die meisten Osteifel-Vorkommen fallen, als „phonolithische Foidite" bezeichnet (Abb. 89, S. 425).

11.3.2.1 Der Riedener Phonolithkomplex

Zwischen Weibern, Kempenich, Engeln, Wehr, Bell, Ettringen und Volkesfeld bilden phonolithische Tuffe eine zusammenhängende Decke, die nordöstlich Weibern über 165 m, im Gebiet des Gänsehalsrückens über 100 m mächtig wird, wie wir durch Wasserbohrungen wissen. Isolierte Tuffvorkommen finden sich im SE bis nördlich Kottenheim und auf dem Scheidskopf nordöstlich Kürrenberg, im N bis an das obere Brohltal. Es sind z. T. Erosionsreste einer größeren Decke, z. T. aber auch selbständige Vorkommen mit eigenen Ausbruchszentren. So ist am Schellkopf bei Brenk der Lavaförderung die Eruption von Tephra vorausgegangen; selbständige Ausbruchsstellen phonolithischer Tephren ließen sich ferner ca. 500 m südlich der Olbrück am Weg von Hain nach Engeln und (als gangförmiger Durchbruch) etwa auf halbem Wege zwischen Kempenich und Hannebach beobachten (AHRENS 1929a).

Die detaillierte vulkanologische Bearbeitung des Gebietes um den Riedener Kessel durch VIERECK (1984) hat die mächtige Phonolithtuff-Decke des Raumes Weibern – Rieden – Bell gliedern und mehrere Ausbruchszentren ermitteln können. Dabei wurden auch mehrere über 100 m tiefe Wasserbohrungen ausgewertet.

Die Tuffe dieses Komplexes bestehen nach FRECHEN (1976, 36) aus Glasbruchstücken, glasreichem Bimsstein und Einzelkristallen von Sanidin, Leuzit, Nosean, Olivin, salitischem Augit, Ägirinaugit, brauner Hornblende, Biotit, Magnetit, Titanit und Apatit, vereinzelt auch Melanit. Der Leuzit ist häufig pseudomorph in Analcim umgewandelt. Aus der Glassubstanz können sich Chabasit und Philippsit bilden. Die Verteilung dieser magmaeigenen Minerale ist in allen Phonolithtuffen relativ einheitlich, jedoch konnte VIERECK (1984) einige Unterschiede im Modalbestand zwischen einzelnen Einheiten feststellen. Die ursprüngliche chemische Zusammensetzung lässt sich in vielen Partien nicht mehr ermitteln, da viele Stoffe inzwischen herausgelöst worden sind; das Glas der Bimssteine ist stark hydratisiert. Die Tuffe enthalten als Xenolithe in wechselnder Menge Bruchstücke von phonolithischen und basaltischen Vulkaniten und Subvulkaniten, Metamorphiten und vor allem von unterdevonischen Gesteinen des Untergrundes.

Auf der Grundlage der lithologischen Gliederung von VIERECK, die hier durch weitere Beobachtungen zur Alterseinstufung ergänzt wird, kann der Rieden – Weiberner Tuffkomplex folgendermaßen beschrieben werden:

Die älteste Tuffeinheit, der Riedener Leuzitphonolith-Tuff 1 ist östlich des Riedener Kessels aufgeschlossen, im Gebiet zwischen dem Rothenberg, Bell, dem Hochstein und Obermendig. Die Tuffgruben In der Erle südwestlich Bell und Im Meitloch liegen in dieser Einheit, die nach VIERECK im Meitloch (nördlich vom Hochstein) 70 m mächtig erbohrt ist. Die Förderung erfolgte in einer Warmzeit. Denn in einem von F. HÖRTER, Mayen entdeckten Fundpunkt in einem Versorgungsgraben zwischen Bell und dem Distrikt Meitloch fand sich u. a. sehr viel *Buxus sempervirens* L., der heute hier nicht wild vorkommt, weil er ein etwas wärmeres Klima bevorzugt.

Die nächstjüngere Einheit ist der Riedener Foiditische Tuff 1. Er bildet die Decke von dunkelgrauen Aschen, Lapilli- und Schlackenlagen, die von AHRENS (1936) als „Basalttuff' ausgehalten wurde. Die feinkörnigeren Partien sind verfestigt. Dünenstrukturen sprechen für die Beteiligung von base surges am Transport der Aschen. Das Eruptionszentrum kann nach VIERECK im Ostteil des Riedener Kessels gelegen haben.

Der Riedener Leuzitphonolith-Tuff 2 ist in einem schmalen Streifen am Osthang des Gänsehalsrückens und in der Senke zwischen den Basaltvulkanen Hochstein und Sulzbusch verbreitet. Er hat diese Senke bis zu einer Ebene aufgefüllt. Hier, in der Umgebung der Rodderhöfe, wird er seit langer Zeit als „Ettringer Tuffstein" abgebaut. Unter den Riedener Tuffen hat dieses Material die größte Druckfestigkeit. Es ist in feuchtem Zustand grünlich gefärbt und wird beim Trocknen gelbbraun, wobei die vielen bunten Xenolithe auffallen. Es gibt einige Rinnen mit unverfestigtem grünlichem Material, in dem die Bimskörper noch glasig frisch sind. Unter den Xenolithen fallen karbonatische Nosean-Syenite und Karbonatite auf. Die Mächtigkeit dürfte in der Senke südlich der Rodderhöfe 50 m erreichen.

Die Weiberner Leuzitphonolith-Tuffe sind nicht die ältesten Tuffe, da sie als Xenolithe schon andere Leuzitphonolith-Tuffe enthalten, jedoch ist ihre genaue stratigraphische Stellung innerhalb des Tuffkomplexes nicht festzulegen, da sie nur im Raum Weibern verbreitet sind. Sie werden von den Riedener Leuzitphonolith-Tuffen 3 überlagert. Unmittelbar nordöstlich Weibern sind sie nach VIERECK mit über 165 m am mächtigsten. Nach der Lage der Einschlagstrichter ballistisch transportierter Schieferblöcke vermutet VIERECK das Ausbruchszentrum südlich der Hohen Ley ungefähr 1,7 km nordwestlich der Kirche von Rieden. Entgasungskanäle treten nordöstlich von Weibern auf.

Der Riedener Leuzitphonolith-Tuff 3 ist zwischen dem Gänsehals und Volkesfeld großflächig verbreitet und baut auch die Hänge nördlich von Rieden auf. Die Folge ist meist weniger als 10 m mächtig. Sie überlagert Löss oder Schotter, d. h. ihre Ablagerung erfolgte nach einer Förderpause. In dieser Pause konnte sich Wald entwickeln, denn in den Gruben In der Erle südwestlich Bell, wo diese Tuffe die Riedener Phonolithtuffe 1 überlagern, enthalten sie Hohlräume von Baumstämmen und Ästen. An Sanidinen wurde hier ein K/Ar-Alter von 350 000 ± 20 000 Jahren bestimmt (FRECHEN & LIPPOLT 1965). Die Tuffe sind im mm- bis cm-Bereich geschichtet; sie enthalten viele etwa 10 cm dicke Lagen von grauweißen Bimslapilli. Diese Einheit wurde deshalb in den Steinbrüchen als Abraum behandelt. VIERECK vermutet das Ausbruchszentrum nach Anlagerungsgefügen und Orientierung der Einschlagstrichter wie bei den älteren Riedener Phonolithtuffen unmittelbar nördlich von Rieden. Jedoch dürften das nicht die einzigen Förderkanäle gewesen sein: in Basaltephragruben 1 km nordwestlich von Bell (Bl. 5609 Mayen r 8674 h 8522) waren etwa 20 nur wenige Dezimeter dicke Phonolithtuff-Gänge aufgeschlossen, die den Riedener Foiditischen Tuff 1 durchschlagen und in den ihn überlagernden Leuzitphonolith-Tuff 3 münden. Die Tuffgänge durchädern das Nebengestein in unregelmäßigem Verlauf, die Eruptionen müssen hier relativ gewaltlos erfolgt sein.

Die nächstjüngere Einheit ist der Riedener Foiditische Tuff 2. Er bildet einen Ring, der vom Gänsehals über den Osthang des Schmitzkopfes nach Süden zieht und nördlich vom Sulzbusch in Ostwestrichtung umbiegt. In großer Verbreitung steht er zwischen Hoher Ley, Appentalerhof und Meirother Kopf an. Die Mächtigkeit dieser braungrauen plattig-bankigen Wechselfolge von basaltischen Aschen und Lapillilagen beträgt maximal 11 m. Das Eruptionszentrum vermutet VIERECK aufgrund der Orientierung von Dünengefügen und Einschlagstrichtern ebenso wie bei den älteren Foiditischen Tuffen dicht östlich von Rieden.

Nach der Förderung der Foiditischen Tuffe 2 tritt wahrscheinlich eine längere Pause ein. Die bisher beschriebenen Riedener Tuffeinheiten sind alle in der Hauptsache in der näheren Umgebung des Dorfes Rieden gefördert worden, wenn auch weiter davon entfernt ebenfalls kleinere Förderspalten aktiv waren, wie an dem Beispiel der Leuzitphonolith-Tuffe 3 gezeigt wurde. Durch den Ausstoß der großen Tuffmassen ist wahrscheinlich in der Kruste ein Massendefizit entstanden, das zum Einbruch einer großen Caldera führte. Dieser große Kessel ist nun während der Unterbrechung der Vulkantätigkeit voll Wasser gelaufen. Die Uferlinie dieses Sees lag nach der Rekonstruktion von VIERECK etwa im heutigen Niveau 440–460 m üb. NN. Die Breite betrug auf der Höhe von Rieden etwa 2 km (in SW-NE-Richtung), die Länge (in NW-SE-Richtung) knapp 3 km. Der See ist hauptsächlich mit umgelagertem Tuffmaterial aufgefüllt worden. An der Südseite des Riedener Kessels liegen die Seeablagerungen dem devonischen Untergrund auf. Die tiefste Stelle des trichterförmigen Kessels ist nördlich von Rieden zu vermuten, wo nach VIERECK auch ein Fördertrichter für phonolithische Tuffe liegt. Nach Brunnenbohrungen muss dort die Mächtigkeit der Seesedimente mindestens 150 m betragen. Wasserschnecken wie *Tropidiscus carinatus* MÜLLER und *Lymnaea* sp. waren in diesen Ablagerungen schon früher gefunden worden (HOPMANN 1925, AHRENS 1930b, 76); auch warmzeitliche Pflanzenreste finden sich in den limnischen Sedimenten. Die von KRÄUSEL & WEYLAND (1942, 29) revidierte sog. Riedener Flora entstammt nach VIERECK z. T. diesen Seeablagerungen.

Die Seesedimente werden von einer weiteren, nun wieder vulkanischen Einheit überdeckt, dem Riedener Leuzitphonolith-Tuff 4. Seine Förderung erfolgte ebenfalls in einer Warmzeit, da an seiner Basis Pflanzenreste, auch Ast- und Stammreste zu finden sind. Ein Teil der von KRÄUSEL & WEYLAND (1942) beschriebenen Flora stammt auch aus dieser Folge. Die meist beige-grauen Tuffe treten überwiegend im Riedener Kessel auf und können 22 m mächtig werden. Das Eruptionszentrum vermutet VIERECK unmittelbar westlich von Rieden.

Die jüngste Tuffeinheit im Bereich des Riedener Kessels ist der Riedener Leuzitphonolith-Tuff 5. Er baut die Kammpartien der Kesselumrandung auf, zieht also über die Hohe Ley und das Stumpfe Kreuz auf den Gänsehalsrücken und ist südlich davon in einzelnen Erosionsresten am Schorenberg, Schmitzkopf, Eselsmorgen und im Thürer Wald (nördlich vom Sulzbusch) erhalten geblieben. Es handelt sich um meist gelbbraune, in unzeolithisierten Partien graugrüne, bankige bis massige Tuffe, die oft 25 m hohe Wände bilden, z. B. an der Hohen Ley. In einem Paläotal am Eselsmorgen südöstlich Rieden werden sie nach VIERECK 100 m mächtig. Das Ausbruchszentrum wird von VIERECK südlich von Rieden vermutet; hier ist als letztes Förderprodukt die Kraterfüllung erhalten geblieben in den sog. Riedener Sanden. Es sind unverfestigte aschearme Lapilli-Schichten, die radial zum Zentrum des Kraters einfallen.

Die Hauptmasse der Riedener und Weiberner Phonolithtuffe ist durch plinianische Eruptionen gefördert und aus pyroklastischen Strömen abgelagert worden. Daneben gibt es auch Anzeichen für ballistischen Transport oder pyroklastische Bodenwolken (base surges). In die ganze Abfolge sind mehrere Bimspakete eingeschaltet. So finden sich welche südlich des Appentalerhofes im Bereich der neuen Straße zum Nürburgring; sie werden von VIERECK als Förderprodukte eines hier bestehenden maarähnlichen Vulkans angesehen. Ein eigenes Eruptionszentrum für Bims muss auch nördlich Volkesfeld bestanden haben; die Bimsfolge enthält sehr große Sanidinkristalle. Von den anderen Bimsabfolgen sei nur die erwähnt, die in der Umgebung des Stumpfen Kreuzes in mindestens 6 m Mächtigkeit aufgeschlossen ist. Sie überlagert den Riedener Leuzitphonolith-Tuff 5 und ist damit das jüngste pyroklastische Produkt des Riedener Kessels. Von LIPPOLT (1961) wurden an Sanidinen K/Ar-Alter von 352 000 ± 15 000 und 345 000 ± 15 000 Jahren bestimmt.

Nach radiometrischen Altersbestimmungen (FRECHEN & LIPPOLT 1965, FUHRMANN & LIPPOLT 1986) sowohl an Tuffen als auch an Laven erstreckte sich im Bereich um Rieden die vulkanische Aktivität über einen Zeitraum von etwa 100 000 Jahren, nämlich zwischen den Alterswerten 450 000 (Riedener Hardt) und 345 000 Jahre (Bims Stumpfes Kreuz). Für größere Pausen in der Fördertätigkeit spricht auch die mehrfache Bewaldung des Gebietes (jeweils vor der Förderung der Riedener Leuzitphonolith-Tuffe 3 und 4) und die Entwicklung des Sees in der Caldera. In den Schottern der mittleren Mittelterrassen bei Breisig, Ariendorf und Leubsdorf am Rhein findet sich Bimsstein eingeschaltet, von dem es nach FRECHEN (1976, 31) nicht ausgeschlossen ist, dass er dem Riedener Vulkankomplex entstammt. Sollte sich diese Vermutung bestätigen und sicher sein, dass hier nicht umgelagerte ältere Bimsschichten vorliegen, so hätte die vulkanische Aktivität im Riedener Kessel noch länger angedauert. Weil sich zur Zeit die in den Terrassensedimenten des Rheins auftretenden Bimslagen aber nicht einer der eben geschilderten Förderphasen des Komplexes Rieden – Weibern zuordnen lassen, ja vielfach die Herleitung von diesem Komplex sogar unsicher ist, sind sie für eine genauere Datierung der Terrassen nicht heranzuziehen.

Dass die Caldera bei Rieden nicht so deutlich ist wie bei den beiden anderen sauren Explosivkomplexen der Osteifel (Wehrer Kessel und Laacher Kessel), dürfte daran liegen, dass sie durch die Seesedimente bis zu beträchtlicher Höhe aufgefüllt wurde. Dieses umgelagerte Material unterscheidet sich nur undeutlich von den primären Tuffen; deshalb blieb das Seestadium lange Zeit unentdeckt, und es entwickelte sich eine Diskussion darüber, ob hier eine Caldera, also ein Riedener Kessel überhaupt existiere (vgl. AHRENS 1930c, 664, FRECHEN 1976, 55, WINDHEUSER 1977, 189). Der See hat zwischen den Tuffwällen wahrscheinlich ein Areal ausgefüllt, das größer war als das Einbruchsbecken; deshalb überdecken seine Sedimente dessen Randstörungen.

Östlich des Riedener Kessels baut die Phonolithtuff-Decke hohe Bergrücken auf mit dem 570 m hohen Schmitzkopf und dem 575 m hohen, weithin sichtbaren Gänsehalsrücken.

Die technische Verwendung der Phonolith-Tuffe

Die Phonolithtuffe sind bei Weibern schon seit der Römerzeit als Werkstein abgebaut worden, da sie sich in bergfeuchtem Zustand leicht schneiden lassen, beim Trocknen aber erhärten. Man hat die Weiberner und Riedener Tuffe später auch für das feine Maßwerk gotischer Kirchen verwendet. Als Baustein prägen sie besonders die Orte Rieden, Weibern und Kempenich durch ihr hell-braungraues Aussehen. Der Ettringer Tuffstein, also die Ablagerungen des Riedener Leuzitphonolith-Tuffzyklus 2 im Gebiet der Rodderhöfe wird in tiefen Tagebauen seit langer Zeit als Werkstein abgebaut und ist als Baustein in Ettringen, Bell und Maria Laach zu sehen. Wegen seiner hydraulischen Eigenschaften wird das Gestein ähnlich wie der Laacher-See-Trass heute auch als Zuschlag für schnell abbindenden Zement verwendet. Das Material der Riedener Leuzitphonolith-Tuffeinheit 1 wurde im Distrikt Meitloch und im oberen Erlenbachtal (In der Erle) westlich bzw. südwestlich von Bell abgebaut. Da es sich in bergfeuchtem Zustand gut in Platten schneiden lässt, andererseits aber hochgradig hitzebeständig ist, wurde es früher zum Bau von Backöfen verwendet („Beller Backofenstein"). In Bell hat sich in den letzten Jahrhunderten das spezialisierte Gewerbe der weitbekannten Beller Backofenbauer entwickelt. Heute ist der Phonolithtuff im Backofenbau durch anderes Material verdrängt worden.

Auch die Werksteingewinnung aus den Phonolithtuffen ist heute stark zurückgegangen, und die um Rieden und Weibern angelegten Steinbrüche mit ihren großen Halden sind großenteils verlassen.

Phonolithische und foiditische Laven im Bereich des Riedener Kessels

Im Riedener Kessel stecken in mehreren Gängen und kleinen Domen phonolithische und foiditische Laven in den Tuffen.

Dazu gehört auch das Vorkommen, an dem BRAUNS (1922, 48) den Namen Selbergit eingeführt hat. An der Südseite des Selbergs nordwestlich Rieden tritt es in zwei kleinen Flecken im Phonolithtuff auf, ist jedoch wegen „der guten und großen Ausbildung der Gemengteile, der Frische und Schönheit des Gesteins, der ungewöhnlichen Mineralkombinationen und der Mannigfaltigkeit der Mineralien..." schon seit der Mitte des 19. Jahrhunderts „zu einem der anziehendsten Studienobjekte" geworden. Die Grundmasse dieses Phonoliths besteht hauptsächlich aus Sanidin und Nephelin, als Einsprenglinge finden sich Leuzit, Nosean und Ägirin-

Augit am häufigsten. Vereinzelt treten mehrere Zentimeter große Einzelkristalle von Sanidin, Nosean, Biotit und Ägirinaugit, selten auch Xenolithe von körnigen Gesteinen der Reihe Foyait-Foidit auf.

Phonolith ähnlicher Ausbildung findet sich auch noch am Südhang der Hardt (nördlich Rieden), südöstlich der Trennhäusers Mühle (südwestlich von Rieden) und beim Punkt 491,9 auf dem Schmalberg südlich Rieden. BRAUNS fasste diese Vorkommen alle als Gänge auf. AHRENS (1936a, 18) hält sie für kuppenartige Ausläufer einer in der Tiefe steckenden größeren Intrusivmasse, da sie im ganzen Riedener Kessel als z. T. große Auswürflinge im Phonolithtuff auftreten. FUHRMANN & LIPPOLT (1986) haben vom Gestein der Hardt ein K/Ar-Alter von 450 000 ± 20 000 Jahren bestimmt. Dieser Intrusivmasse gehört wohl auch die Kuppe eines feinkörnigen Phonoliths an, die am Osthang der Hardt aufgeschlossen ist. BRAUNS (1922, 11) bezeichnete dieses Gestein als „phonolithoiden Tinguait" Nach FRECHEN (1976, 60) ist es seiner Zusammensetzung nach eine feinkörnige Varietät der porphyrischen Riedener Phonolithe. Das graugrüne Gestein ähnelt makroskopisch einer Grauwacke. Seine Grundmasse besteht aus Sanidin, Nephelin, Nosean und Ägirinaugit; die Einsprenglinge werden von Leuzit gebildet, sind aber nicht größer als 1,5 mm.

Ob das auf Bl. Mayen als Nosean-Phonolith bezeichnete Gestein des Burgberges östlich von Rieden auch zu dem Phonolithkörper unter dem Riedener Kessel gehört, ist noch ungewiss. Es ist graubraun mit braunen Flecken und bricht scharfkantig. Nach FRECHEN (1976, 55) besteht die Grundmasse aus Sanidin, Leuzit, Nosean, Nephelin, Ägirinaugit und Glas; Einsprenglinge sind Nosean und vereinzelt Sanidin. FUHRMANN & LIPPOLT (1986) haben ein Ar^{40}/Ar^{39}-Alter von 426 000 ± 12 000 Jahren ermittelt.

AHRENS (1936a, 18) macht darauf aufmerksam, dass unter der Kuppe 559,1 (halbwegs zwischen den Rodderhöfen und dem Burgberg) wahrscheinlich auch ein „Phonolith oder ein phonolithisches Gestein" im Tuff dicht unter der Oberfläche steckt, denn dort finden sich große Brocken eines solchen Gesteins. Westlich des Sulzbusch ist nördlich der Brachemsmühle ein großes Vulkanitvorkommen im Phonolithtuff aufgeschlossen. Es wird von AHRENS (1936a) als Nosean-Phonolith bezeichnet. Eine genaue petrographische Untersuchung der beiden letztgenannten Vorkommen steht noch aus. Nach SCHNÜTGEN (in MITTMEYER et al. 1982) finden sich zwei größere Phonolithkuppen auf dem Gipfel des Riedener Berges östlich von Weibern.

Am Osthang des Schorenberges bei Rieden steht in kleinen Aufschlüssen ein dunkelblaugraues, leuzitreiches körniges Gestein an, das FRECHEN (1976, 57) als porphyrischen bis glomerophyrischen Leuco-Nephelin-Nosean-Leuzitit einstuft. BRAUNS (1922, 46) hatte ihm nach dem Fundort den Namen Schorenbergit gegeben. Schorenbergite kommen nach FRECHEN auch als Auswürflinge in Phonolithtuffen vor.

Die Subvulkanit-Auswürflinge in den Tuffen und Laven des Riedener Komplexes

Die phonolithischen Tuffe und Laven des Riedener Komplexes enthalten als Auswürflinge bzw. Einschlüsse Magmatite, die im Mineralbestand Verwandtschaft zu ihnen zeigen, jedoch die Textur von Tiefengesteinen besitzen. Deshalb ist anzunehmen, dass sie aus den subvulkanischen Herden stammen, in denen auch das Material der Tuffe und Laven gebildet wurde.

Petrographisch werden diese sehr alkalireichen Gesteine von FRECHEN (1976) als Nosean-Foyaite, Nephelin-Foyaite, Cancrinit-Foyaite, Riedenite und Augitite eingestuft. BRAUNS (1922, 12) hatte vollkommen feldspatfreie Varietäten eines Nephelin-Syenits als Riedenit bezeichnet. Die chemischen Analysen dieser Subvulkanite wurden von BRAUNS (1922) und

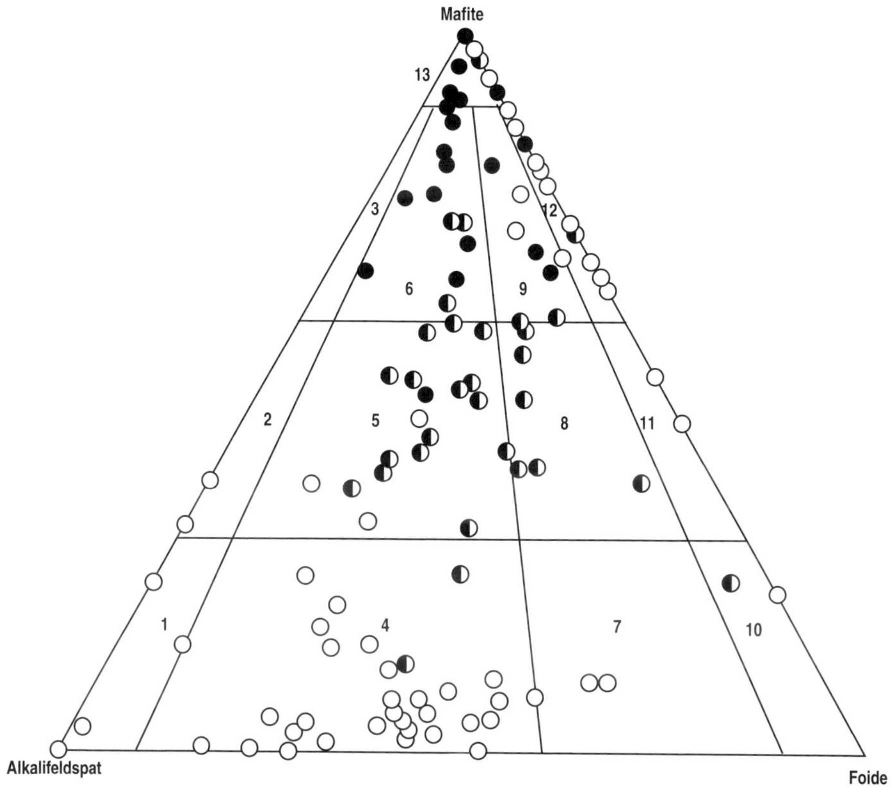

Abb. 98. Die Mineralzusammensetzung von calcitfreien Subvulkaniten im Bereich des Riedener Kessels: 1 Alkalisyenit, 2 Mela-Alkalisyenit, 3 Lusitanit, 4 Nosean-Foyait, 5 Mela-Nosean-Foyait, 6 Boderit, 7 Sanidin-Noseanolith, 8 Mela-Sanidin-Noseanolith, 9 Rodderit, 10 Noseanolith, 11 Mela-Noseanolith, 12 Riedenit, 13 Augitit. Schwarze Kreise: Gesteine mit salitischem Augit; halbgefüllte Kreise: Gesteine mit Pyroxen, dessen Kern aus salitischem Augit und dessen breite Randzone aus ägirinhaltigem salitischem Augit besteht; ungefüllte Kreise: Gesteine mit ägirinhaltigem salitischem Augit. FRECHEN (1976).

BRAUNS & UHLIG (1912) zusammengestellt. Der Mineralbestand geht aus Tabellen bei FRECHEN (1976, 43) und HAMM (1970, 8) hervor. Über die Systematik dieser Gesteinsgruppe gibt das Diagramm der Abb. 98 Auskunft. Zur Nomenklatur führt FRECHEN (1976, 44) folgendes aus: „Die Gesteinstypen Noseanolith, Mela-Noseanolith und Riedenit weisen dieselben Anteilverhältnisse von Foid zu Mafiten auf wie Urtit, Ijolith und Melteigit oder Italit, Fergusit und Missourit. Sie enthalten aber Nosean statt Nephelin oder Leucit und erhielten daher eigene Namen. Analog werden die Gesteine des Feldes 6 [in Abb. 98] statt als Shonkinit als Boderit bezeichnet. Für Gesteine des Feldes 9 existierte noch kein Name. Sie erhielten die Bezeichnung Rodderit. Die Namen Boderit und Rodderit sind von den Fundstellen solcher Gesteine im Distrikt Boder bei Bell und an den Rodder Höfen hergeleitet.“

Viele der subvulkanischen Auswürflinge enthalten Calcit, der vielleicht primär-magmatischen Ursprungs ist, da aus dem Bereich der Magmenkammern und ihrem Dach einstweilen keine Karbonatgesteine bekannt geworden sind. Nach FRECHEN (1976, 46–47) enthalten einige Auswürflinge soviel Calcit, dass sie als Karbonatite zu bezeichnen sind. Unter diesen Karbonatiten können noch folgende Gesteine unterschieden werden: Sövit (der Name wurde von BRÖGGER für einen Gesteinstyp mit 74% Calcit im Fengebiet in Südnorwegen geprägt), Sanidin-Sövit, Nephelin-Sövit, Nosean-Sövit, Cancrinit-Sövit, Skapolith-Sövit, Biotit-Sövit und Augit-Sövit.

11.3.2.2 Phonolithe im Gebiet Kempenich – oberes Brohltal

Im Gebiet zwischen Rieden und Kempenich – Engeln finden sich keine Phonolithkörper. Phonolith-Auswürflinge sind in den Tuffen zwischen dem Stumpfen Kreuz, Weibern und Kempenich auch selten.

Der **Schellkopf** bei Brenk (CRUSE 1986) besteht aus einer Phonolithkuppe, die wegen des hohen Kalium-Gehaltes (nach ZÄNTINI 1914 9,1 Gew.-% K_2O) des Gesteins für die Glasherstellung abgebaut wird. Die seitlichen Kontakte des Domes stehen im Devon und zeigen nur mechanische Zerrüttungszonen, keine Spuren von thermischer Veränderung. Im Vulkan haben zuerst Tuffexplosionen stattgefunden; die Lava hat dann den Phonolithtuff vor sich hergestoßen und an manchen Stellen umflossen. Man findet also im Phonolith tiefreichende taschenförmige Einschlüsse, die aus einer Brekzie von Phonolithtuff, Phonolith und Unterdevongesteinen bestehen. In diesen Brekzien sind alle Bestandteile gefrittet, die Phonolithbrocken sind oft bimssteinartig aufgebläht. Gleiche Eruptivbrekzien finden sich örtlich auch stellenweise am Außenkontakt. Die Phonolithkuppe überragte vor dem Abbau die Devonoberfläche um etwa 50 m (ZÄNTINI 1914). Das Schellkopf-Gestein galt bisher als das älteste Gestein des Vulkangebietes, da FRECHEN & LIPPOLT (1965) ein K/Ar-Alter von 570 000 ± 40 000 Jahren mitgeteilt haben. Erneute Datierungen machen ein Alter von 380 000 ± 20 000 Jahren wahrscheinlicher (FUHRMANN & LIPPOLT 1985). Die Farbe des Gesteins umfasst die Skala zwischen hellgelbgrau und grünblau. Einsprenglinge sind Nosean, seltener Sanidin und Leuzit. Auf den Klüften finden sich u. a. als Sekundärbildungen Augit, Calcit, Thomsonit, Ettringit, Zeophyllit; kürzlich ist hier ein neues Mineral Brenkit entdeckt worden, ein Calcium-Fluor-Karbonat (HENTSCHEL, LEUFER & TILLMANNS 1978).

Westlich vom Schellkopf befindet sich eine kleine Phonolithkuppe, die von Basalttephra ummantelt wird, das Schellköpfchen.

Die Burgruine **Olbrück** bei Hain steht auf einem Phonolithdom. Das grünliche bis gelblichgraue Gestein ist dicht und bricht scharfkantig. Makroskopisch sind als Einsprenglinge nur Nosean und Sanidin zu beobachten. Bei der Intrusion dieser regelmäßig aufgebauten Quellkuppe war das Brohltal dort noch nicht eingeschnitten, denn sonst wäre die Lava dort hineingeflossen. Die Erosion hat den Intrusivkörper erst nachträglich an seiner Nordseite entblößt. Das Alter des Phonoliths wurde nach der K/Ar-Methode am Gestein mit 410 000 ± 30 000 Jahren bestimmt (FRECHEN & LIPPOLT 1965). Damit standen für das Eintiefen des Brohltales um 50–60 m höchstens 410 000 Jahre zur Verfügung. Knapp 200 m östlich vom Ostkontakt des Olbrückphonoliths ist nördlich von Hain ein kleines Phonolithvorkommen in rundlicher Ausdehnung aufgeschlossen. Es hat die gleiche Zusammensetzung wie die Hauptkuppe. 500 m südlich des Südkontakts liegt ein rundes kleines Vorkommen von Phonolithtuff als Schlotfüllung (AHRENS 1929a).

Vom **Engelner Kopf** zieht sich ein 600 m breiter Phonolithrücken 2 km lang bis nach Kempenich. Der Kempenicher Bach durchschneidet ihn hier, so dass das westliche Ende abgetrennt ist. Ob es sich um einen vom Engelner Kopf in Richtung Westen geflossenen Lavastrom handelt oder um eine nach den Seiten übergeflossene Eruption aus einer E-W streichenden Spalte (AHRENS 1930b) oder um eine von mehreren Ausbruchspunkten gespeiste Platte (SCHNÜTGEN 1970), lässt sich noch nicht mit Sicherheit entscheiden; die letzte Möglichkeit ist am wahrscheinlichsten. Bei dem Gestein sind nach FRECHEN (1976, 65) mikroskopisch in der Grundmasse Leuzit, Ägirinaugit, Sanidin, Olivin, Augit und Biotit zu erkennen. Einsprenglinge sind vor allem Nosean mit weißlichen Verwitterungsrinden und Biotit, der oft von einem Saum von Ägirinaugit und Magnetit umgeben ist; als kleinere Einsprenglinge treten Leuzit, Ägirinaugit und Sanidin auf. Als Einschlüsse finden sich kaum veränderte Devonschiefer und dunkle Knollen, die aus reichlich Biotit, ferner Olivin, Titanaugit, Magnetit, Titanit, Apatit und zu Zeolithen und Calcit verändertem Nosean bestehen. Diese Einschlüsse sieht FRECHEN als frühe Ausscheidungen des Magmas an. FRECHEN & LIPPOLT (1965) haben eine K/Ar-Datierung am Gestein mit 320 000 ± 40 000 Jahren bekannt gemacht.

Der **Lehrenkopf** südöstlich der Endstation der Brohltaleisenbahn bei Engeln ist ein Phonolithdom, der im Norden und Westen von Basalttephra umgeben wird; bei r 8267 h 8830 sind Palagonittuffe abgebaut worden.

Auf der kleinen Kuppe mit dem alten Steinbruch östlich von **Ramersbach** (nördlich der Straßenabzweigung ins Vinxtbachtal) findet sich ein Phonolith mit makroskopisch erkennbarem Sanidin, Nosean und Biotit.

SCHNÜTGEN (in MITTMEYER et al. 1982) hat weitere Phonolith-Vorkommen bekannt gemacht: Das größte ist das des Steinfeldes (Stevelskopf) südlich von Hannebach. Kleine Phonolithstöcke finden sich am nordwestlichen Ortsende vom Heulingshof (r 8068 h 8998), am Haweybüsch nordwestlich vom Heulingshof (r 8045 h 9005 – r 8054 h 9005) und am Rabenkopf (r 8055 h 8979) südwestlich vom Heulingshof. Östlich der Straßenabzweigung nach Spessart nimmt SCHNÜTGEN noch zwei kleine Phonolithstöcke an, da hier Lavastücke zu finden sind (r 7980 h 8950).

11.3.2.3 Der Wehrer Phonolithkomplex

Das Dorf Wehr liegt im südlichen Teil einer großen ovalen Senke. Sie ist wie der Riedener Kessel und das Laacher-See-Becken über einem durch Tephra-Förderung stark entleerten in der Kruste gelegenen Herd als Caldera eingebrochen. Ihre an der Oberkante 2000 m lange Längsachse verläuft in SE-NW-Richtung, also quer zum Streichen der variszischen Faltenachsen; die Breite beträgt maximal 1750 m. Durch das Wirrbachtal wird der Kessel zum Brohltal hin entwässert.

Im Nord- und Ostteil des heutigen Kessels bestanden mehrere Eruptionszentren, aus denen große Mengen von phonolithischer Tephra ausgeworfen wurden, denn dezimeterdicke Bimsdecken reichten nach Osten über den Rhein hinaus und nach Norden mindestens bis ins Ahrtal. Ähnlich wie beim Riedener Komplex erstreckte sich im Wehrer Vulkan die Tätigkeit über einen langen Zeitraum, die Ausbruchsstellen liegen aber enger beieinander als dort. Nach ihrer Zusammensetzung hat J. FRECHEN (1975, 1976) drei Tephrafolgen unterschieden, die er zeitlich unterschiedlichen Eruptionen zuordnete. Die älteste, die er nur noch in Resten im oberen Gleesbachtal fand, nannte er Wehrer Bims. Von ihr ist ungewiss, ob sie dem Wehrer Vulkan entstammt, vgl. die ausführliche Diskussion dazu bei V. D. BOGAARD et al. (1989, 82), so dass die darüber liegende Folge, die etwa 213 000 Jahre alte rötliche Hüttenberg-Tephra wohl den Beginn in diesem Komplex anzeigt. Durch ihre Förderung wurde der Herd so stark entleert, dass der Wehrer Kessel als Caldera einbrach. Nach einer Ruhephase von mehr als

60 000 Jahren wurde überwiegend grauer Bims gefördert, der als Gleeser Tephra bezeichnet wird.

Von der Bohrung auf Kohlensäure „Wehr III“ nahe dem Ostrand des Kessels (r 8664 h 8894) wurde zwischen 76 und 375 m Teufe ein Phonolithkörper durchbohrt, der aus dem grünen Gestein besteht, das als Auswürfling in der Hüttenberg-Tephra häufig vorkommt. Darunter liegen im Bohrprofil Unterdevon-Gesteine (Aufnahme der Bohrung Dr. REE, Geolog. Landesamt Rheinland-Pfalz). Es steckt im Nordostteil des Wehrer Kessels also ein Phonolithdom von vielleicht pilzförmiger Ausdehnung im Untergrund. Nach WÖRNER et al. (1988, 81) ist dieser Dom noch von weiteren CO_2-Bohrungen im Ostteil des Kessels nachgewiesen worden.

Im Nordteil des Wehrer Kessels treten heute noch starke Kohlensäurequellen aus, an denen sich Eisenhydroxide abgeschieden haben, die an der Welschwiesenmühle zeitweilig abgebaut wurden. Zusammenfassende Übersichten über den Wehrer Komplex geben WÖRNER et al. (1982, 1988) und MEYER (1999, 44–48), für die Mineralienfunde E. KRATZSCH (2006).

Hüttenberg-Tephra

Am Hüttenberg nördlich des Wehrer Kessels und in seiner Umgebung tritt schwach rötlich gefärbte Bimstephra auf, deren hellgrauen Körnern im Gegensatz zu der Laacher-See-Tephra der Hauyn fehlt. Der Name wurde von AHRENS (1931, 521) vorgeschlagen. Die Größe der Bomben nimmt zu in Richtung auf den Wehrer Kessel, in dessen Nähe das Ausbruchszentrum zu suchen ist. Die Tephra enthält in der Grube der Höhe 371 Ringdünen (Antidunes). Vom Hüttenberg zieht sich die Tephradecke bis ans Brohltal zwischen Niederzissen und Niederoberweiler. Nördlich des Brohltals finden sich innerhalb kleiner Areale westlich des Bausenbergs und westlich des Beunerhofs bei Niederoberweiler dünne Bestreuungen von kristallinen Schiefern, vielleicht Erosionsreste der auskeilenden Hüttenberg-Tephra (HOPMANN 1959, 24).

In der alten Bimsgrube der Höhe 371 südöstlich vom Hüttenberg fand P. DELFS (1986) über dem Hüttenberg-Bims einen Bodenhorizont mit Pflanzenresten, in den eine Eiskeil-Pseudomorphose hineingreift. Darüber liegt Basalttephra des nahen Dachsbusch-Vulkans, die überlagert wird von Gleeser Tephra. Daraus ergibt sich als Mindestalter für die Hüttenberg-Tephra die letzte Warmzeit. V. D. BOGAARD et al. (1987) haben den Hüttenberg-Bims nach Ar^{40}/Ar^{39}-Laser-Methode datiert und ein Alter von 213 000 ± 4000 Jahren ermittelt, die Eruption fällt also in die Saale-Kaltzeit.

Vom Hüttenberg zieht in einem Tälchen ein gelblicher verfestigter Schuttstrom nach Niederzissen hinunter, wo seine Basis 7 m über der heutigen Sohle des Brohlbaches aufgeschlossen ist. Er enthält die gleichen Komponenten wie der Hüttenberg-Bims, u. a. die grünen Phonolithe. Er dürfte bei starken Regenfällen mit Löss vermischt als Lahar bald nach der Eruption zu Tal geflossen sein. Während des Krieges haben die Bürger von Niederzissen in den verfestigten Laharablagerungen ein Stollensystem als Schutz vor Bombenangriffen angelegt.

Der Bimsstein besteht aus Glasmasse mit folgenden Einsprenglingen (FRECHEN 1976, 113): Na-Sanidin, vereinzelt Plagioklas (Oligoklas – Andesin), diopsidischer Augit, braune Hornblende, Biotit, Magnetit, Titanit, Apatit und Zirkon. Diese Minerale treten in der Tephra auch als Einzelkörner auf. Es finden sich auch kompakte Gesteine gleicher Zusammensetzung. Charakteristisch für die Hüttenberg-Tephra sind Stücke eines dunkelgrünen Nosean-Phonoliths. Außerdem finden sich Subvulkanite der Gesteinsreihe Alkalisyenit, Syenit, Monzonit, Monzodiorit, Sanidingabbro, Hornblendit und Augitit, die FRECHEN (1976) als Abkömmlinge des Magmas, dem auch der Bimsstein entstammt, ansieht.

Neben diesen Gesteinen finden sich in der Hüttenberg-Tephra noch zahlreiche Auswürflinge, die nicht von diesem Magma herzuleiten sind. Neben unterdevonischen Gesteinen sind es nach FRECHEN Nosean-Foyaite, Karbonatite, die dunkelgrünen Noseanphonolithe, Palagonittuff, Alkalibasalte und vor allem regionalmetamorphe Gesteine verschiedener Metamorphosegrade bis zu Granuliten (VOLL 1983). Teilweise sind diese Metamorphite im Herdbereich durch Alkali-Calcium-Metasomatose umgewandelt worden. Außerdem treten als Seltenheiten Auswürflinge von Nephelin-Phonolith und nephelin- und noseanführendem Alkalitrachyt auf. Viele der Bomben sind mit rotbraunen Eisenoxidkrusten überzogen, vielleicht eine Wirkung von Fumarolen-Tätigkeit.

Gleeser Tephra

Diese Tephra ist in größerer zusammenhängender Verbreitung nur in der östlichen Umgebung des Wehrer Kessels bis an das Gleeser Tal zu finden. Sie muss aber einstmals eine sehr weite Verbreitung gehabt haben, die sich noch über den Rhein hinaus nach Osten ausgedehnt hat, wie Erosionsreste unter jüngeren Vulkaniten oder Löss zeigen: FRECHEN (1975, 1976) konnte sie im Krater des Leilenkopfes, im Herchenberg, an den Kunksköpfen, unter den Schlacken des Nastberges (in 1,3 m Mächtigkeit!), in der Grube „Weiler" der Wannengruppe, in der Tongrube Kärlich, unter der Magdalénien-Fundstelle Feldkirchen-Gönnersdorf, bei Ariendorf am Rhein, am Johannisberg bei Bad Neuenahr und sogar bei Bergheim an der Eder nachweisen. Unmittelbar südöstlich vom Wehrer Kessel wird die Tephra vom Bims des Laacher-See-Vulkans überdeckt.

Dass die Förderung der Gleeser Tephra in mehreren Würfen erfolgte war nach FRECHEN in einer jetzt durch Müll zugeschütteten Grube am Waldrand an dem alten Weg, der von der Straßenkreuzung am Dachsbusch nach Glees führt, sichtbar. Hier ist eine Verlehmungszone im unteren Teil der Tephrafolge aufgeschlossen gewesen. Das weist auf eine längere Unterbrechung der Förderung hin. Auch auf der W-Seite des Schlackenkegels Dachsbusch lassen sich zwei Generationen von Gleeser Tephra feststellen: nach FRECHEN (1976, 112) kommen Fragmente einer älteren Gleeser Tephra in den oberen basaltischen Feinschlacken und Lapillilagen des Dachsbusch-Vulkans vor. Diese Lapillilagen sind durch Solifluktion deformiert und von Löss überlagert worden (S. 439, Abb. 92). Die zweite Generation von Gleeser Tephra überlagert diese Bildungen. Westlich des Wehrer Kessels ist die Gleeser Tephra nicht nachzuweisen. Die Ausbruchsstelle muss also im Kessel liegen, vielleicht an dessen Ostrand. Die Würfe waren nach E bis SE gerichtet, das zeigt die oben geschilderte Verbreitung der Tuffe und die Einschlagsrichtung der Bomben.

Die Gleeser Tephra ist nach FRECHEN (1976) folgendermaßen zusammengesetzt: Es wechseln Lagen von weißem und grauem Bims miteinander ab. Im Glas des Bimssteins finden sich als Einsprenglinge Na-Sanidin, Nephelin, Plagioklas, Ägirinaugit, braune Hornblende, Biotit, Magnetit, Titanit und Apatit. Diese Minerale kommen auch als Einzelkristalle in der Tephra vor. Die einzelnen Bimskörner sind kleinporiger als der Laacher Bims. Einige Lagen sind so stark verfestigt, dass sie als Bausteine verwendet wurden. Der Chemismus der Bimssteine ist nach FRECHEN nephelin-phonolithisch. Als Xenolithe finden sich grauer noseanführender Alkalitrachyt, graugrüner bis grüner Nosean-Phonolith, Alkalibasalt, Palagonittuff, kristalline Schiefer, Devongestein und wohl tertiäre Quarzite. Unter den Basaltauswürflingen finden sich auch Schlacken, die denen des Dachsbuschvulkans gleichen. Dessen Basis muss also von der jüngeren Generation des Gleeser Bims durchschlagen worden sein, ein weiterer Hinweis dafür, dass die Ausbruchsstelle im Bereich des Ostrandes des Wehrer Kessels gelegen haben muss. Wie schon erwähnt, enthält die oberste Dachsbuschtephra Fragmente einer älteren Generation von Gleeser Bims.

Nach v. d. Bogaard et al. (1989) hat die Gleeser Tephra aufgrund von Ar/Ar-Datierungen ein Alter von etwa 150 000 Jahren.

11.3.2.4 Kahlenberg-Tephra und Dümpelmaar-Tephra

Nördlich von Burgbrohl findet sich innerhalb eines 2 km breiten Areals eine graue unverfestigte Bimstephra, die nach Ahrens (1930b) „trachytoid-phonolithische" Zusammensetzung hat. Sie enthält im Gegensatz zu den älteren phonolithischen Tuffen keinen Leuzit. Die Ausbruchsstelle vermutet Ahrens (1930b) in der Nähe des tertiären Basaltvorkommens Kahlenberg und wählte daher den Namen. Im E ihres Verbreitungsgebietes wird die Kahlenberg-Tephra von Laacher Bims überlagert. Bei Burgbrohl finden sich auch südlich des Brohltales Phonolithbomben und bis 1 m große Blöcke von dichtem Tertiärbasalt (Delfs 1986). Der Bimsvulkan hat Teile des tertiären Kahlenberg-Basalts weggesprengt. Als Xenolithe treten auch Kieseloolith-Gerölle auf. In den Quartärprofilen von Koblenz-Metternich (Bl. 5611 Koblenz) und Ariendorf (Bl. 5409 Linz) fand sich in Schichten, die in die frühe Würm-Kaltzeit zu stellen sind, eine bimsführende Phonolithtephra-Lage, die man zuerst nicht einem Vulkan zuordnen konnte und deshalb als „Metternicher Tuff" bezeichnete (Löhr & Brunnacker 1974). Nach Windheuser & Brunnacker (1978) ist eine Parallelisierung mit der Kahlenberg-Tephra sehr wahrscheinlich, die man auf diese Weise zeitlich einordnen könnte. Chemische und petrologische Vergleiche wurden noch nicht durchgeführt.

Früher hatte man auch die Bimslagen, die den Herchenberg-Vulkan bei Burgbrohl bedecken, dem Kahlenberg-Bims zugeordnet. Diese Bimslagen entstammen aber einem weiteren Bimsvulkan, der am Südwestfuß des Herchenbergs gelegen hat und als Dümpelmaar bezeichnet wird (Bednarz & Schmincke 1990). Er ist etwa 118 000 Jahre alt (v. d. Bogaard et al. 1989); näheres bei der Behandlung des Herchenbergs (S. 434).

11.3.2.5 Der Laacher-See-Vulkan

Die letzten vulkanischen Ereignisse haben das Neuwieder Becken und Teile von Westerwald und östlicher Eifel mit einer mehrere Meter dicken Bimstuffdecke überschüttet. Diese gut geschichteten Ablagerungen haben bis zum Ausgang des vorigen Jahrhunderts einige Forscher zu der Ansicht verleitet, es handle sich um Absätze aus Wasser. So hat Angelbis noch 1892 die Auffassung vertreten, die Bimsablagerungen des Neuwieder Beckens seien umgelagerte tertiäre Trachyttuffe. Jedoch haben viele Wissenschaftler schon Jahrzehnte vorher erkannt, dass der rheinische Bimsstein das unmittelbare Ablagerungsprodukt sehr junger vulkanischer Vorgänge ist; wir erwähnen nur Alexander v. Humboldt und Heinrich v. Dechen und verweisen auf die Schilderung der Erforschungsgeschichte des Laacher Vulkangebietes von Hopmann (1954).

In Bimsprofilen des Neuwieder Beckens gliedert sich die Abfolge grob in eine weiße mächtige Partie unten und eine geringmächtigere graue oben. Der weiße Bims wird durch ein

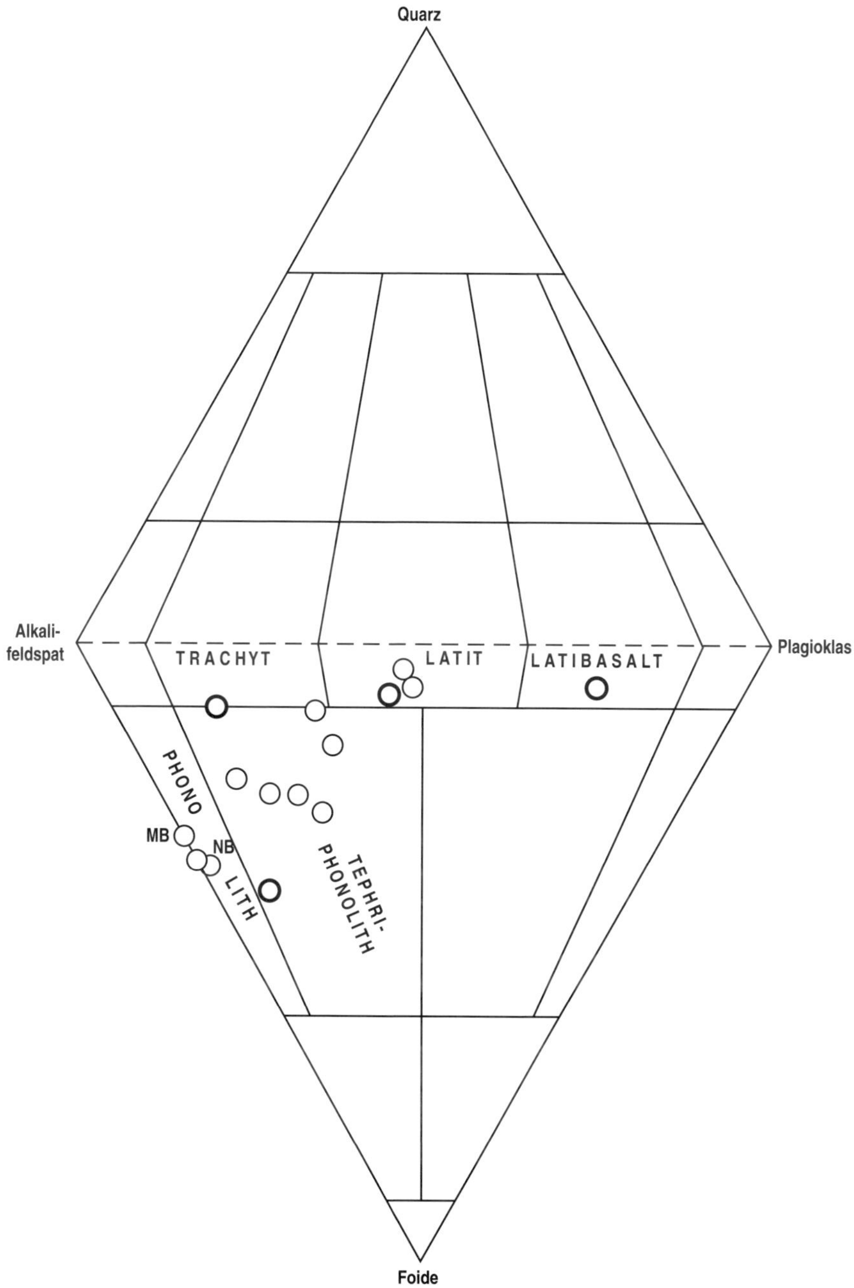

Abb. 99. STRECKEISEN-Diagramm der comagmatischen Gesteine der Laacher-See-Tephra, der Meerboden-Tephra (MR) und der Niedermendiger Tephra (NB). Dicke Kreise: Subvulkanite, schwache Kreise: Vulkanite. FRECHEN (1976), etwas verändert.

braunes feinkörniges Aschepaket in einen „Unterbims“ und einen „Oberbims“ geteilt. Das feinkörnige Aschematerial ist reich an zerriebenem Devongestein und wird von den Bimsarbeitern abwertend „Britz“ genannt, da es nicht zur Bausteinherstellung geeignet ist. Das mächtige Aschenpaket zwischen Unter- und Oberbims wird nach MORDZIOL (1909) als Hauptbritzbank bezeichnet. Im Oberbims ist eine dünne Aschenlage eingeschaltet, die sog. Obere Britzbank.

Die magma-eigenen Bestandteile der Bims-Schichten sind zum größten Teil glasige Bimssteine, die nach FRECHEN (1953, 19) als Einsprenglinge Na-Sanidin, Anorthoklas, Plagioklas (Oligoklas bis Labrador), Hauyn, Ägirinaugit (seltener auch Augit, Titanaugit), basaltische bis barkevikitische Hornblende, Biotit, Magnetit, Apatit, Titanit und Zirkon enthalten. Diese Minerale finden sich auch als Einzelkristalle in der Sandfraktion. Das Bimsglas hat nephelinphonolithische Zusammensetzung (FRECHEN 1976). Die Anteilverhältnisse der Einsprenglingsminerale bleiben in jeder Tephraschicht konstant und ermöglichen es, auch die Hunderte von Kilometern entfernten Reste noch exakt ins Laacher Bimsprofil einzuordnen. Innerhalb dieses Profiles nehmen die mafischen Minerale nach oben zu, zugleich auch der Anorthitgehalt der Plagioklase, der Anteil von Plagioklas überhaupt und innerhalb der dunklen Mineralien die Hornblende. Das gilt sowohl für die Einsprenglinge im Bimsstein als auch für die Einzelkörner der Sandfraktion.

Eine erste exakte Gliederung der Förderprodukte des Laacher-See-Vulkans hat J. FRECHEN (1953) veröffentlicht. Ihm standen unmittelbar nach dem Krieg viele Bimsprofile zur Verfügung, die bei dem rasanten Abbau bald danach verschwunden sind. Auf Grund der Größenverteilung der Auswürflinge und der Mächtigkeitsverteilung einzelner Schichten kam er zu der Auffassung, dass neben dem Hauptförderzentrum im heutigen Laacher See, dem der Weiße Bims als Hauptmasse und der Graue Bims, mit dem die Eruptionen ihren Abschluss fanden, entstammten, weitere Eruptionszentren südlich davon bestanden haben, deren Aktivität den Haupteruptionen voranging. Dabei bildeten den Anfang schwache Eruptionen in Raum südöstlich Obermendig (Obermendiger Bims). Es folgten etwas stärkere aus einem Schlot in der Senke Meerboden zwischen Nieder- und Obermendig (Meerboden-Bims). Noch stärkere kamen aus einem Zentrum zwischen Thelenberg und Wingertsberg nördlich Niedermendig; hier konnte FRECHEN sich auf Untersuchungen von F.X. MICHELS (1952) stützen. Unmittelbar vor den Ausbrüchen aus dem Hauptschlot im Laacher See soll noch ein Eruptionszentrum im Gebiet der Frauenkirch (Fraukirch) östlich Thür aktiv gewesen sein, das Bims und den Aschestrom bei Kruft gefördert haben soll. H.-U. SCHMINCKE (1977b) vertrat dem gegenüber die Ansicht, dass die gesamte Bimsfolge nur aus einem Eruptionszentrum im heutigen Laacher See stammt und die Förderzentren südlich davon nicht existierten. Darauf hat FRECHEN (1981) zusätzliches Material dazu veröffentlicht und seine Auffassung untermauert. Inzwischen hatten MEYER & STETS (1981) die Xenolithe in den Bimsablagerungen untersucht und festgestellt, dass die Einheiten Obermendiger Bims, Meerboden-Bims und Niedermendiger Bims überwiegend Hunsrückschiefer-Brocken enthalten, die darüber liegenden Bimsschichten, für die eine Herkunft aus einem Schlot im Laacher Seebecken unbestritten war, dagegen Gesteine aus Siegen-Schichten in der sandigen „Normalfazies“. Diese beiden Gesteinstypen werden in diesem Raum durch die Siegener Hauptüberschiebung getrennt, die durch den Südteil des Laacher-See-Beckens verlaufen muss, denn der südliche der beiden Unterdevon-Aufschlüsse am Ostufer des Sees muss nach seinen Lagerungsverhältnissen in den Bereich unmittelbar im Liegenden dieser Großstörung gehören. Die Bimsschichten mit Hunsrückschiefer-Fragmenten müssen also von Eruptionszentren im Hangenden der Siegener Hauptüberschiebung stammen, damit aus dem Gebiet südlich des Laacher Beckens. Das spricht für die Vorstellungen von FRECHEN, dass den Haupteruptionen des Laacher Vulkans schwächere Eruptionen südlich davon vorausgingen. 1984 haben V. D. BOGAARD & SCHMINCKE die Argumente für das Modell „aller Bims aus dem Laacher Kessel“ ausführlich dargestellt, glauben damit einen Schlussstrich unter die Diskussion gezogen zu haben und bemühten sich in späteren Arbeiten nicht mehr um geologische Beweise. Deshalb brauchen wir uns hier nur mit den in dieser Arbeit vorgetragenen Argumenten zu beschäftigen.

Als positives Ergebnis der Diskussion um die Eruptionszentren seien zwei ihrer Ergebnisse vorangestellt, die inzwischen von allen Bearbeitern anerkannt werden: 1. Gleichgültig, ob aller Bims aus dem Laacher Kessel gefördert wurde oder ob außerdem noch andere Eruptionszentren zu postulieren sind, besteht Einigkeit darüber, dass die gesamte Tephra aus einem Magmenreservoir stammt. Von WÖRNER & SCHMINCKE (1984) und in anderen Arbeiten ist gezeigt worden, dass die Ablagerungen des Laacher Vulkans von unten nach oben, also im Laufe des ganzen Eruptionszyklus eine Entwicklung durchmachen von gasreichen, kristallreichen Bimssteinen unten, die aus der Dachregion der Magmenkammer kommen, zu feldspatreicheren aus dem Mittelteil und schließlich basischeren, die zuletzt gefördert wurden und die tieferen Teile der Kammer repräsentieren. 2. Ein Eruptionszentrum, das FRECHEN bei der Fraukirch vermutete, existiert nicht, und der Nettetal-Aschenstrom entstammt dem Hauptschlot im Laacher Kessel, wie es bei V. D. BOGAARD & SCHMINCKE (1984, Fig. 11) vorgeschlagen wird. Damit finden auch die zahlreichen Basaltauswürflinge im Nettetal-Aschenstrom ihre Erklärung, denn im Gebiet um die Fraukirch gibt es keine Basalte.

Was also in der Diskussion bleibt, sind die Eruptionszentren „Obermendiger Bims“, „Meerboden-Bims“ und „Niedermendiger Bims“ in der Gliederung von FRECHEN (1953, 1981). Dem entsprechen bei V. D. BOGAARD & SCHMINCKE die Einheiten: LLST (Lower Laacher See Tephra) = Meerboden-Bims, MLST (Middle Laacher See Tephra, unterteilt in die Abschnitte A, B und C), MLSTA = Niedermendiger Bims, MLSTB und C = Weißer Laacher-See-Bims, ULST (Upper Laacher See Tephra) = Grauer Laacher-See-Bims. Äquivalente des Obermendiger Bims tauchen in den Profilen von V. D. BOGAARD & SCHMINCKE nicht auf. Wir müssen vorausschicken, dass aus geologischer Sicht keine stichhaltigen Argumente gegen die Existenz der drei Eruptionszentren im Raum Mendig außerhalb des Laacher Kessels vorliegen. Dagegen lässt sich ein Eruptionszentrum im Gebiet der Fraukirch nicht beweisen, wie oben schon angedeutet. Deshalb behalten wir bei der Besprechung der älteren Tephra-Einheiten, also LLST und MLSTA in der Nomenklatur der Arbeitsgruppe SCHMINCKE, eine Unterteilung in Obermendiger Tephra, Meerboden-Tephra und Niedermendiger Tephra bei. Dabei wird natürlich besonderes Gewicht auf die Argumente für oder gegen die Existenz dieser umstrittenen Eruptionszentren gelegt werden.

Obermendiger Tephra

In Bimsgruben zwischen Nieder- und Obermendig fand J. FRECHEN (1953) unter den von ihm als Meerboden-Bims eingestuften Bimsschichten maximal 4 m mächtige Partien von weißem Bims, dem auffällig viele Brocken von Tertiärton beigemengt waren, außerdem Stücke des Basanitlavastroms von Obermendig – Thür. In Chemismus und Mineralbestand bestehen zum überlagernden Meerboden-Bims nach FRECHEN keine signifikanten Unterschiede. Die Folge ist jahrzehntelang nicht mehr aufgeschlossen gewesen und fehlt deshalb in den Profilen von V. D. BOGAARD & SCHMINCKE (1984). Erst Bauarbeiten nach 1990 erlaubten wieder Beobachtungen, nun auch zu den Ausbruchsstellen, über die vorher nichts bekannt war:

So war eine Eruptionsspalte mit einem Gemenge aus zersetzten Bimsstücken, Hunsrückschieferblöcken und Blöcken von Thürer Basaltlava beim Bau der Verbindungsstraße (B 262) nördlich des Umspannwerks bei r 9058 h 8190 im Januar 1978 aufgeschlossen.

Im Oktober 1994 war vorübergehend ein mindestens 24 m breiter Schlot angeschnitten zwischen dem Umspannwerk nördlich Thür und der B 262 (r 9048 h 8184), auf den uns W. BÖMERICH, Obermendig und F. MANGARTZ, Köln dankenswerterweise aufmerksam machten. Eine Schlotwand war am Südende des Anschnitts sichtbar, hier wurden gut geschichtete zersetzte braune Phonolithtuffe von der Schlotfüllung, die aus einem Gemenge von Bimsstücken, Basaltbrocken und Schollen der braunen Phonolithtuffe bestand, abgeschnitten (Foto auf S. 31 bei MEYER & SCHUMACHER 2004). Die Basaltbrocken mit cm-großen Olivinnestern erreichten 80 cm Größe und glichen makroskopisch dem Basanit des Obermendig-Thürer Lavastroms. Im Bims ist Sanidin und Hauyn zu erkennen gewesen.

Eine dritte Ausbruchsstelle hat die 1977 durchgeführte Bohrung 7/1 nördlich der Überführung der Straße Thür – Obermendig über die B 262 (südöstlich des Friedhofs Obermendig) bei r 9038 h 8210 angetroffen: bis zur Endteufe von 25,10 m wurde ein Gemenge von Sand, Kies, Bims, Tertiärton und mehreren etwa 1 m dicken Basaltstücken erbohrt, offenbar in einem schmalen Schlot, denn die Bohrungen 7/2, 7/3, 7/4 und 7/5 auf der Südseite der Überführung stehen schon im Basaltlavastrom (Bohrarchiv Landesamt für Geologie und Bergbau Rheinland-Pfalz).

MEYER & STETS (1981, 47) hatten die Vermutung geäußert, dass die kreisförmige Senke in der Flur Auf Schruf mit der Tennisanlage südwestlich Niedermendig, die wie hineingeschnitten in den Basanitstrom wirkt, ein Eruptionszentrum sein könnte, das wäre dann das vierte und größte. Eine Arbeitsgruppe von Prof. Dr. L. VIERECK-GÖTTE, Jena führt z. Z. hier Untersuchungen durch.

1992 waren in Baugruben südlich der Tennisanlage (r 9051 h 8212) Bimsschichten mit bis 50 cm großen Basaltbrocken angeschnitten, für die Dr. B. REINGEN, Koblenz, durch chemische Analysen nachweisen konnte, dass sie aus dem Basanitstrom von Obermendig – Thür stammen. Ein 3,5 m langer Basaltbrocken, der ca. 250 m östlich vom Friedhof Obermendig liegt (r 9051 h 8213), stammt nach J. FRECHEN (unveröff. 1981) ebenfalls aus diesem Basanitstrom.

Es kann also kein Zweifel an der Existenz der von FRECHEN geschilderten Einheit Obermendiger Bims bestehen, und es haben sich mindestens 3 voneinander getrennte Ausbruchsstellen nachweisen lassen.

Meerboden-Tephra

J. FRECHEN (1953) hatte diese Einheit aus der früher als „Weißer Bims" zusammengefassten Folge ausgeschieden und nach der Mächtigkeitsverteilung der Schichten und der Größenverteilung der Auswürflinge Eruptionszentren in der Senke Meerboden zwischen Nieder- und Obermendig angenommen. Er konnte darin 4 Eruptionsfolgen unterscheiden (Meerboden-Bims 1–4). Von V. D. BOGAARD & SCHMINCKE (1984) wird eine Herkunft dieser Bimseinheit, die sie als Lower Laacher See Tephra (LLST) bezeichnen, vom Meerboden bestritten, deshalb soll ihre Argumentation hier diskutiert werden:

Mächtigkeitsverteilung: V. D. BOGAARD & SCHMINCKE weisen mit Recht darauf hin, dass die Mächtigkeitsverteilung in der Darstellung von FRECHEN (1981, Abb. 6 u. 7) auch auf ein Eruptionszentrum im Südteil des Laacher Kessels hinweisen könnte. Sie erklären aber

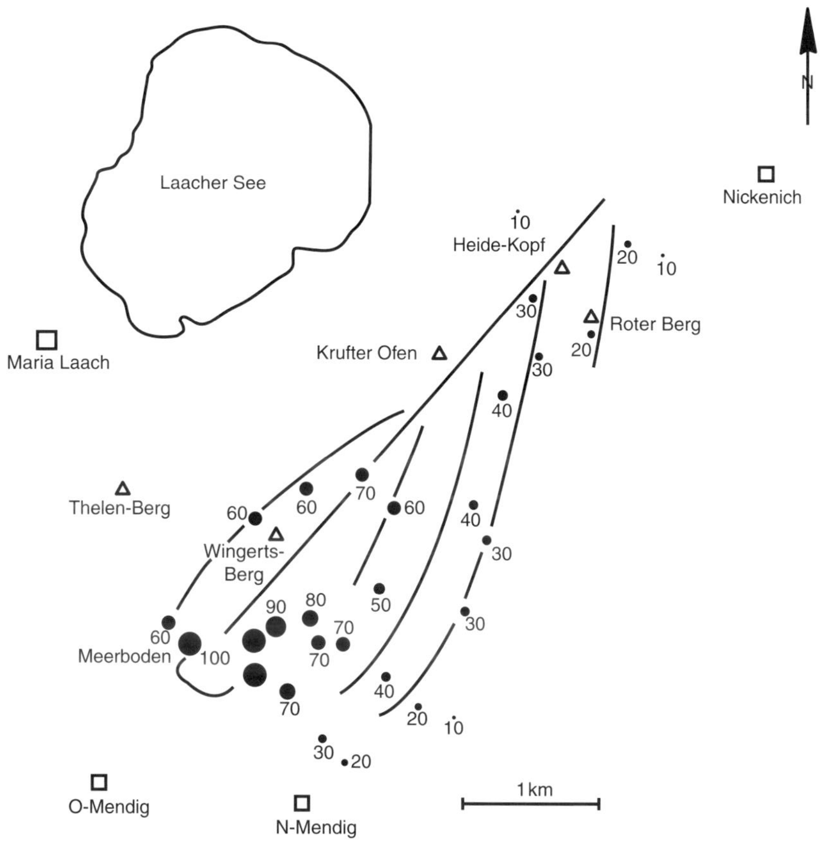

Abb. 100. Größe der Auswürflinge vom Oberen Niedermendiger Tephrit in der Meerboden-Tephra. Zahlen geben Mittelwerte aus den drei größten Durchmessern in cm an, die SW-NE-Linie die Achse eines möglichen Wurffächers. J. FRECHEN (1981).

nicht die großen Mächtigkeiten (mehr als 9 m) in der Umgebung des Meerbodens und die Mächtigkeitsabnahme von dort in Richtung auf den Laacher See hin. Leider geben V. D. BOGAARD & SCHMINCKE nur kleine schematische Karten der Mächtigkeit ohne Hinweise auf die Datengrundlage; sie wirken neben den detaillierten Karten von FRECHEN wie Skizzen.

Verteilung der **Blockgrößen**: Sowohl die Fig. 18 bei V. D. BOGAARD & SCHMINCKE als auch die Abb. 5 bei FRECHEN (1981) zeigen ein Maximum südlich des Laacher Sees.

Einschlagsmarken: FRECHEN hat dazu keine Daten vorgelegt. V. D. BOGAARD & SCHMINCKE (Fig. 21) haben eine Karte mit 5 Werten aus der Umgebung des Wingertsbergs veröffentlicht. Sie sollen Mittelwerte aus 180 Messungen darstellen; es wird nicht mitgeteilt, wie diese Mittelung erfolgte. Drei von ihnen zeigen auf ein Zentrum nahe südlich des Laacher Sees, zwei auf eines östlich des Sees.

Zusammensetzung der **Auswürflinge**: Auf die Hunsrückschieferstücke wurde schon hingewiesen. Ferner sind Blöcke aus dem Oberen Niedermendiger Tephritstrom häufig; dieser Lavastrom umgibt den Meerboden im Norden und Osten. Es gibt untergeordnet in dieser Einheit auch Basaltblöcke unbekannter Herkunft. Es finden sich auch Stücke von Phonolithtuffen, große Brocken von Tertiärton und Fluss-Schotter.

Morphologie: Die Meerboden-Senke setzt sich aus mehreren Kesseln zusammen, in denen FRECHEN die Ausbruchskrater sieht. Es ist unwahrscheinlich, dass es ältere Formen sind, wie SCHMINCKE (1977) vermutet, da der relativ junge Obere Niedermendiger Lavastrom am Ostrand der Senke noch fast 10 m dick ist und in eine schon vorhandene Senke hineingeflossen wäre.

Lässt sich aus allen diesen Indizien die Annahme von Bimseruptionen im Bereich des Meerbodens nicht widerlegen, so hat eine der 1979 durchgeführten Bohrungen zur Vorbereitung der Bundesstraße 262 („Verbindungsspange Mendig") einen Schlot hier sogar nachgewiesen; Die Bohrung B9 auf der Trasse der Bundesstraße 45 m südlich der Einmündung der Straße von Niedermendig (L 113) hat von 19,9–29,0 m Tiefe den Oberen Niedermendiger Lavastrom durchteuft, der dort also 9,1 m dick ist. Dagegen hat die Bohrung B3 nur 43 m südlich dieser Bohrung (auf der B 262 knapp 90 m südlich der Straßeneinmündung) bis zur Endteufe von 30,0 m nur ein Gemenge von Bims mit verschiedenen Gesteinsbrocken (meist Basalt) erbohrt, steht also mitten in einem Schlot (Bohrarchiv des Landesamtes für Geologie und Bergbau Rheinland-Pfalz).

Niedermendiger Tephra

Diese Einheit, die bei V. D. BOGAARD & SCHMINCKE unter der Bezeichnung MLSTA (Middle Laacher See Tephra A) behandelt wird, ist zuerst von F.X. MICHELS (1952) ausgeschieden worden aus der Bimsfolge, welche die Mühlsteinlava von Niedermendig überlagert, daher die Bezeichnung Niedermendiger Bims. FRECHEN hat dann die Einheit in einem größeren Areal verfolgt und darin zwei Eruptionszyklen unterschieden. Nach der Mächtigkeitsverteilung und der Zusammensetzung und Größe der Auswürflinge haben MICHELS und FRECHEN ein Eruptionszentrum zwischen Thelenberg und Wingertsberg, also im Bereich der Laacher Mühle für wahrscheinlich gehalten. Auf Bimskörnern und Auswürflingen finden sich gelegentlich gelbe bis braune Überzüge des Sulfatminerals Jarosit (Gelbeisenerz) (G. HENTSCHEL 1975). Die Schwerminerale des Feinanteils unterscheiden sich von denen der Meerboden-Tephra nach FRECHEN (1953, 43) durch einen wesentlich höheren Hornblendegehalt. Die Argumente, die V. D. BOGAARD & SCHMINCKE (1984) gegen die Existenz dieser Einheit und ihres Eruptionszentrums vorgebracht werden, sollen im Folgenden diskutiert werden:

Für die **Mächtigkeitsverteilung** lassen die Karten von MICHELS (1952, Taf. 9) und FRECHEN (1981, Abb. 10) eine Entscheidung darüber nicht zu, ob das Eruptionszentrum an der Laacher Mühle gelegen hat oder weiter nördlich, aber auch nicht die Fig. 10 bei V. D. BOGAARD & SCHMINCKE, aus der die Datengrundlage nicht hervorgeht.

Die Karte mit der Verteilung der **Blockgrößen** von FRECHEN (1981, Abb. 9) zeigt deutlich, dass die größten Blöcke zwischen Wingertsberg und Laacher Mühle vorkommen und dass die Blockgröße in Richtung Laacher See abnimmt (vgl. hier Abb. 101 mit hinzugefügten Linien gleicher Blockgröße). V. D. BOGAARD & SCHMINCKE (fig. 19) haben eine Karte abgebildet, die hauptsächlich die Daten von FRECHEN zur Grundlage hat, mit dem Unterschied, dass die Werte am Thelenberg weggelassen wurden, denn sie seien „not considered representative" (S. 967). Durch diesen Kunstgriff wurden die Daten, die eine Abnahme der Blockgröße zum Laacher See hin zeigen, eliminiert.

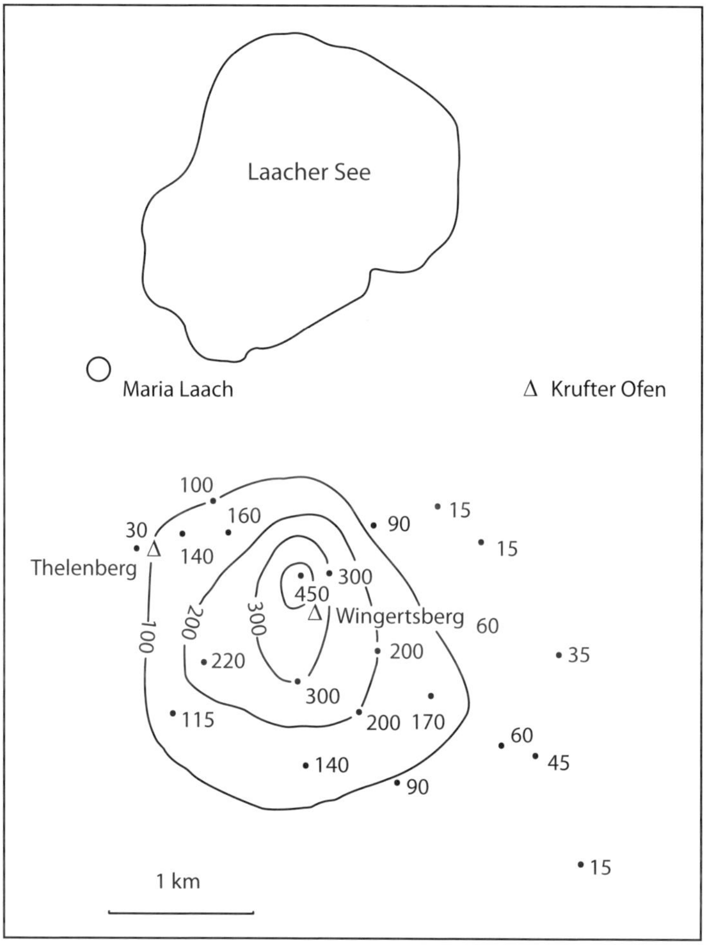

Abb. 101. Verteilung der Größe von Lavablöcken in der Niedermendiger Tephra. Mittel der drei größten Durchmesser in cm. Nach Daten von J. FRECHEN (1981).

Über die **Einschlagsmarken** der Bomben und Blöcke liegt eine Karte von V. D. BOGAARD & SCHMINCKE vor (fig. 21), die auf 10 Messungen zurückgehen soll. Sie zeigt aber nur 3 Werte, von denen einer auf den Südteil des Laacher Sees zeigt, die anderen beiden auf das Gebiet um den Krufter Ofen. Es ist nicht zu verstehen, warum die anderen 7 Werte nicht auch präsentiert wurden, schon um dem Vorwurf zu begegnen, dass hier nicht in das Konzept passende Daten herausgefiltert wurden.

Die **Fremdgesteine** in dieser Einheit bestehen aus Hunsrückschiefer, Tertiärton, Flussgeröllen und Basaltlaven. Die Basaltauswürflinge lassen sich folgenden Typen zuordnen: Tephrit des Oberen Niedermendiger Lavastroms und des Unteren Niedermendiger Lavastroms, porenarmer bis dichter Basanit, wie ihn MICHELS am Südfuß des Thelenbergs erschürft hat, grobporiger Basanit, der von der Lava des Veitskopfes nicht zu unterscheiden ist. MICHELS nahm deshalb an, dass ein Strom vom Veitskopf bis in die Gegend der Laacher Mühle geflossen ist. Er müsste dann mindestens 4 km lang sein. Die magnetische Karte des Laacher Kessels von LORENZEN & BERCKHEMER (1976) lässt aber keine Hinweise darauf erkennen, so dass diese Zuordnung offen bleiben muss. Die Niedermendiger Laven, die vom Thelenberg und der Hunsrückschiefer sprechen eindeutig für eine Herkunft von außerhalb des Laacher Sees, die anderen Komponenten nicht. Die **Morphologie** zwischen Thelenberg und Wingertsberg gibt keine Hinweise auf eine Kraterform.

Zusammenfassung der Diskussion um die Ausbruchszentren

Aus der vorgehenden Schilderung geht hervor, dass die Behauptung von SCHMINCKE (2000, 173), dass „die Vorstellungen von mehreren Eruptionszentren spätestens seit Mitte der siebziger Jahre widerlegt waren“ in keiner Weise zutrifft und dass eine solche Widerlegung auch der Arbeit von V. D. BOGAARD & SCHMINCKE (1984) nicht gelungen ist. Deshalb sind die vielen Folgearbeiten der Arbeitsgruppe SCHMINCKE an manchen Stellen zu korrigieren. Um die vielen Hunsrückschiefer-Xenolithe in den Bimseinheiten LLST und MLSTA zu erklären, haben V. D. BOGAARD & SCHMINCKE (1984) zuerst ein zweites Eruptionszentrum im Südteil des Seebeckens angenommen, das südlich der Siegener Hauptüberschiebung gelegen haben könnte, haben aber in späteren Arbeiten diese Hypothese wieder aufgegeben zugunsten eines einzigen Eruptionszentrums.

Deshalb kann man die ersten Phasen des Laacher-See-Vulkan-Systems vielleicht folgendermaßen schildern: Als in dem Magmenreservoir der Gasdruck so stark angestiegen war, dass ihm das Dach nicht mehr standhielt, platzte es im Raum südwestlich Niedermendig an mehreren Stellen im Bereich des Obermendig-Thürer Basanitstromes auf. Das geschah dort, wo das Dach durch die nördlichen Randverwerfungen des Neuwieder Beckens geschwächt war. Aus mehrere Meter breiten Spalten oder Schloten wurden geringe Mengen Bims ausgeworfen, daneben Stücke des devonischen Daches (Hunsrückschiefer), von tertiärem Ton, Phonolithtuffen und Basanit (Obermendiger Tephra). Das führte zu einer Druckentlastung, die ein weiteres Aufschäumen der Schmelze verursachte. Es fanden weitere Explosionen in einer nach Norden zunehmenden Heftigkeit und Fördermenge statt (Meerboden-Tephra und Niedermendiger Tephra), bis schließlich die weitgehende Entleerung des Herdes aus dem Hauptschlot im Nordteil des heutigen Laacher Sees erfolgte (Weiße und Graue Laacher-See-Tephra).

Für den Beginn der Haupteruption im Nordteil des heutigen Laacher Sees sind folgende Beobachtungen interessant: Über der Niedermendiger Tephra liegt die Hauptbritzbank, die besonders in Nähe des Laacher Sees aus mehreren Lagen zusammengesetzt ist. Hierzu schreibt SCHMINCKE (2009, 98): „Die erste große Unterbrechung in der Eruptionsgeschichte des Laacher See-Vulkans ist markiert durch zwei (örtlich eine) an devonischen Schieferstückchen angereicherte Lagen und sehr sauberen, eckigen Bimslapilli. Sie sind im ganzen Neuwieder Becken verbreitet. Ich habe sie Big-Bang-Schichten (BB1 und BB2) genannt, weil sie offensichtlich bei besonders explosiven Eruptionen aus dem Krater herausgeschleudert wurden. Die scharfe Basis der Schicht BB1 zeigt, dass die unterliegenden Bimse wahrscheinlich durch eine Druckwelle, die der Ablagerung von BB1 voranging, erodiert wurden“. Es liegt nahe, in diesen Big-Bang-Ereignissen die Öffnung des Schlotes im Nordteil des Seebeckens, aus dem dann die Hauptmasse des Bims (Weiße Laacher-See-Tephra LST1-4 bei FRECHEN, MLSTB und MLSTC bei SCHMINCKE) ausgeworfen wurde, zu sehen.

Die Hauptbritzbank besteht hauptsächlich aus braungelben feinen Tephralagen, die viel zerriebenes Nebengestein enthalten, das sind die bräunlichen eisenschüssigen Sandsteine und Schiefer der Siegen-Schichten in der sandigen Normalfazies, die beim Öffnen des Schlotes im

Nordteil des Seebeckens zertrümmert wurden. Zwischengeschaltet sind aber noch mehrere grüngraue Aschebänder, die nach FRECHEN (1976) reich an Chlorit und Serizit sind und hauptsächlich aus zertrümmertem Hunsrückschiefer bestehen. Das bedeutet, dass während der Öffnungsphase des Laacher-See-Schlotes noch Eruptionen an Zentren im Hunsrückschiefer-Areal südlich des Seebeckens erfolgten. FRECHEN hatte dafür ein Ausbruchszentrum im Bereich der Frauenkirch verantwortlich gemacht, aus dem er auch den Nettetal-Aschenstrom herleitete. Für den Aschenstrom ist aber die Herkunft aus dem Laacher-See-Schlot wahrscheinlicher, wie V. D. BOGAARD & SCHMINCKE (1984) zeigten und ein Frauenkirch-Eruptionszentrum ist nicht wahrscheinlich. So kamen diese Eruptionen vielleicht aus einem der oben geschilderten Schlote von Niedermendiger Tephra, Meerboden-Tephra oder Obermendiger Tephra, die damals wohl noch offen standen. SCHMINCKE (2009, 99–103) sieht in der Hauptbritzbank in starkem Maße das Produkt feuchter Aschewolken; dafür sprechen auch akkretionäre Lapillikugeln, die er in einzelnen Lagen nachweisen konnte.

Weiße Laacher-See-Tephra

Mit der eben geschilderten Hauptbritzbank beginnt diese mächtigste Einheit (LST 1–4 bei FRECHEN, MLSTB und MLSTC in der Arbeitsgruppe SCHMINCKE). Der Komplex der Hauptbritzbank wird von FRECHEN als Laacher-See-Tuff 1 (LST 1) zusammengefasst. Innerhalb der über der Hauptbritzbank liegenden Tephrafolge nimmt sowohl die Fördermenge als auch die Ausbruchsenergie zu, was an der Zunahme der Schichtdicke und der Kornvergröberung zeigt. Zwischen den einzelnen Schichten fehlen alle Anzeichen einer längeren Unterbrechung der

Abb. 102. Die Laacher Caldera (rechts unten) im Größenvergleich zu der auf Hawaii (rechts oben) und der Somma-Caldera am Vesuv. Dreiecke: am Vesuv und auf Hawaii Vulkanobservatorien, am Laacher See „Hotel Waldfrieden“. Kreuz: Kloster.

Fördertätigkeit, wie Bodenbildungen, Vegetationsspuren oder Erosionserscheinungen. Die Weiße Laacher-See-Tephra ist also in kurzer Zeit gefördert worden. Durch den raschen Ausstoß von Bims und Gas muss der Herd teilweise entleert worden sein, so dass sein Dach als große Caldera einbrach; so entstand der Laacher Kessel.

Solche Vulkanausbrüche nennt man nach dem Vorschlag von WALKER (1981) plinianisch. PLINIUS D.J. hatte den großen Vesuv-Ausbruch des Jahres 79, der viele Parallelen zu dem Ausbruch des Laacher-See-Vulkans aufweist, zuerst beschrieben. Dieser Ausbruchstyp ist gekennzeichnet durch den raschen Ausstoß großer Tephramengen, wobei Eruptionssäulen mehrere Zehner von Kilometern hoch aufsteigen. Deshalb finden sich feine Aschen oft über Hunderte von Kilometern weit verteilt. Die sauren bis intermediären Förderprodukte sind in Korngröße und Zusammensetzung über das ganze Tephraprofil relativ gleichmäßig, wenn man von feinkörnigen Ascheströmen absieht, die sich um das Ausbruchszentrum ausbreiten. Die Tätigkeit erstreckt sich nur über wenige Stunden oder Tage (der Vesuvausbruch von 79 dauerte zwei Tage). Durch die ergiebige und rasche Förderung wird der Herd so stark entleert, dass sein Dach in einer Caldera einbricht (beim Vesuv entstand so die Somma-Caldera). Dass auch die für plinianische Ausbrüche typischen Aschenströme während der Förderung der Weißen Laacher-See-Tephra produziert wurden, zeigt der nächste Abschnitt.

Aschenströme des Laacher-See-Vulkans

Während der Förderung der Weißen Laacher-See-Tephra sind nach allen Seiten aus dem Vulkan Ascheströme ausgeflossen. Kürzere und geringmächtige finden sich an vielen Stellen in die Bimsfolge eingeschaltet. Dazu gehört auch der rötliche „Laacher Tuffstein", der im Osthang des Kessels östlich der Alten Burg abgebaut wurde. Das Aschenstrom-Material wird im Rheinland seit Jahrhunderten als „Trass" bezeichnet; das Wort wird von DRESSEL (1871) von dem holländischen „Tyrass, Tiras, Tras" = Kitt, Mörtel hergeleitet. Zwei besonders mächtige und lange Aschenströme fallen auf, einer ist nach Norden über mehrere Seitentäler und das Brohltal ins Rheintal, einer nach Süden bis ins Nettetal bei Plaidt geflossen. Nach FREUNDT & SCHMINCKE (1986) sind diese großen Aschenströme wahrscheinlich dadurch entstanden, dass aschereiche hohe Eruptionssäulen durch Abkühlung kollabiert sind, so dass die Asche sich um den Schlot ausbreitete, wobei sie durch Täler gelenkt wurde.

Brohltal-Aschenstrom: Die nach N durch das Wassenacher und Gleeser Tal hinabgeflossenen Aschemassen haben sich zu einem mächtigen Strom vereinigt, der das Brohltal bis zum Rhein hin erfüllte. Er hat das Brohltal an der Mündung des Wassenacher Tals bis zu einer Höhe von 60 m ausgegossen. Bei Brohl war er noch über 20 m mächtig. Ein Strom ist vielleicht auch durch das Pönterbachtal hinuntergeflossen. Vielfach lässt sich eine untere hellere Partie von einer oberen dunkleren unterscheiden. Die oberen Lagen sind meist weniger stark verfestigt und konnten als sogenannter „Tauch", „wilder Trass" oder „Bergtrass" nicht zur Zementherstellung benutzt werden. K. VÖLZING (1906) hat in seiner Monographie über den Brohltaltrass dessen Entstehung durch „absteigende Glutwolken" (nuées ardentes) diskutiert, wie man sie 1902 durch den verheerenden Ausbruch der Montagne Pelée auf der Antilleninsel Martinique gerade kennen gelernt hatte. Heute spricht man von pyroklastischen Strömen.

Die bei erstem Hinsehen einheitliche weiße Tuffmasse hat sich bei einer genauen vulkanologischen Analyse, wie sie A. FREUNDT & H.-U. SCHMINCKE (1985, 1986) vorgelegt haben, als zusammengesetzt aus etwa 30 Fließeinheiten herausgestellt. Sie lassen sich zu drei größeren Einheiten anordnen, die sich in der chemisch-mineralogischen Zusammensetzung

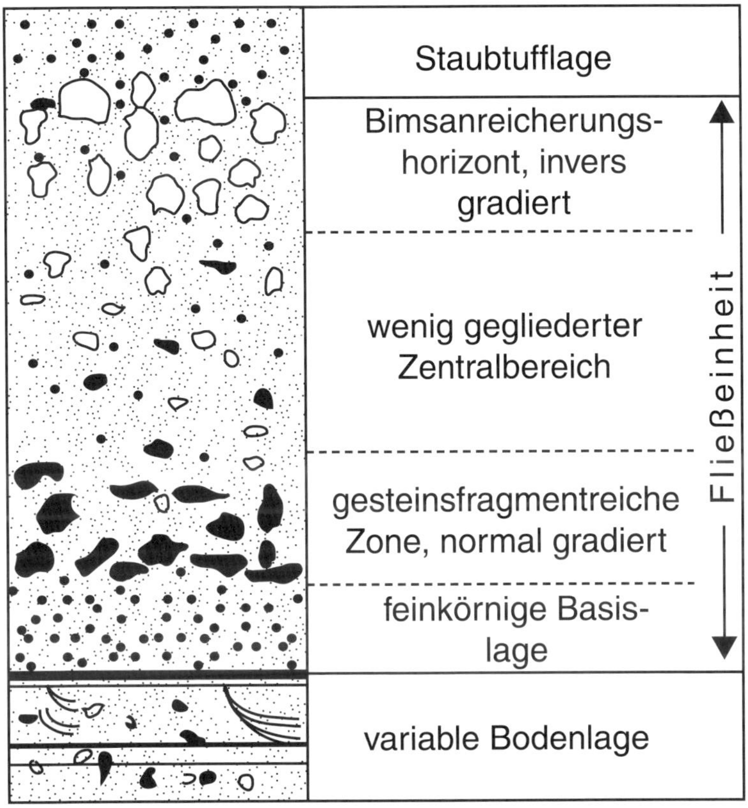

Abb. 103. Aufbau einer Fließeinheit im Aschenstrom. REINGEN (1993) nach Unterlagen von FREUNDT & SCHMINCKE (1986).

unterscheiden und auf verschiedene Phasen während der Eruption zurückgeführt werden können. Die Fließeinheiten bestehen aus einer staubförmigen dünnen Basisschicht und darüber einer an schwereren Nebengesteinsstücken (Basalt, Devongestein, Metamorphite) reichen Partie. Der Zentralbereich enthält weniger Gesteinsbruchstücke, dagegen reichern sich in der Dachpartie die leichteren phonolithischen Bimsstücke an, die hier gewissermaßen schwimmen. Deshalb kann man das Gestein als Ignimbrit bezeichnen; bei den Ignimbriten des Laacher-See-Vulkans sind die Bimsstücke nicht miteinander verschweißt, sie waren bei der Ablagerung schon weitgehend erstarrt. Die Fließeinheiten werden in den schlotnäheren Partien mehrere Meter dick, in den entfernteren Abschnitten des Stromes dagegen nur wenige Zentimeter. Die Temperaturen in den Aschenströmen müssen 300–500 °C betragen haben, oberhalb der Entzündungstemperatur für lebendes Holz, das zeigen Einschlüsse von verkohlten Pflanzenresten. In den schlotferneren und oberen Bereichen der Ströme war sie etwas niedriger.

Als Einsprenglinge im Bims und Einzelkristalle im Ignimbrit finden sich nach FRECHEN (1953) Sanidin, Plagioklas, Hauyn, Augit, Ägirinaugit, Hornblende, Biotit, Apatit, Titanit, Magnetit und Zirkon. Die Schwerminerale wie auch die Gesamtzusammensetzung stimmen nach FRECHEN mit den Werten für die Laacher-See-Tephra 1 (LST 1) im Wesentlichen überein. Vielfach findet man unter dem Trass eine ca. 15 cm dicke Staublage, die gegen ihre Unterlage (Löss oder Devonschiefer) scharf abgesetzt ist, nach oben gegen den Trass Übergänge zeigt (VÖLZING 1907). In ihr finden sich nach SCHWEITZER (1958) Pflanzen in Lebendstellung, die durch die Asche wie durch eine Schneedecke eingehüllt wurden. Sie gehört nach FRECHEN auch zur Laacher-See-Tephra 1; daraus ergibt sich, dass der Brohltal-Trass in einem relativ frühen Stadium des Ausbruchs der Weißen Laacher-See-Tephra gefördert wurde. Ob die Förderung von Aschen, die den Brohltalstrom speisten, auch während der Entstehung der LST 2- bis 4-Schichten vor sich ging, lässt sich nicht angeben.

Die Stromoberfläche ist im Brohltal vielfach nicht horizontal, sondern sie reicht auf gegenüberliegenden Talflanken verschieden hoch hinauf. So liegt sie z. B. am Kahlenberg bei Burgbrohl 30–40 m höher als auf der südlichen Talflanke. Das zeigt, dass hier der Aschenstrom an den Prallhängen etwas hangaufwärts kroch. Die Asche ist unmittelbar nach ihrer Ablagerung stark erodiert worden. Es wurden Rinnen und tiefe Schluchten eingeschnitten, die fluviatil transportierte Basaltschlacken-, Schiefer-, Bims- und Trassstücke enthalten. Da sie nach FRECHEN (1976) auch Bestandteile der Grauen Laacher-See-Tephra führen, müssen sie wenigstens teilweise nach oder während deren Förderung abgelagert worden sein. Diese Bachsedimente wurden beim Trassabbau als unbrauchbare sogenannte „Sandköpfe" ausgespart. Die Bäche führten während der Tätigkeit des Laacher Vulkans viel mehr Wasser als heute, da die Eruptionsgewitter wohl gewaltige Unwetter ausgelöst haben. Zwischen dem Trass und der fluviatilen Folge fehlen Spuren von Vegetation oder Bodenbildung.

Der Aschenstrom reicht an der Mündung ins Rheintal noch bis in 120 m NN hinauf, das lässt sich im Talhang nördlich Schloss Augustaburg erkennen. Er hat demnach im Rheintal eine mächtige Barriere gebildet, die bis ans andere Ufer reichte und den Fluss aufstaute. Denn die Asche hat hydraulische Eigenschaften und wird für einen Zement, der unter Wasser abbindet, benutzt, so konnte ein fester Damm entstehen. A. FREY (1996) hat bei geologischen Kartierungsarbeiten in Niederhammerstein (Bl. 5510 Neuwied) 15 m über dem heutigen Rhein-Mittelwasser einen Hochflutlehm gefunden, der mit faustgroßen Bimsstücken durchsetzt ist, ein Zeugnis dafür, dass hier zeitweilig ein mindestens 15 m tiefer Stausee bestanden hat, der das Tal bis weit oberhalb von Andernach gefüllt haben muss. Der Damm aus Vulkanasche dürfte nicht lange dem Wasserdruck Stand gehalten haben, vielleicht wurde er auch durch Treibeis beschädigt. Sein Zusammenbruch muss dann rasch erfolgt sein, so dass eine Flutwelle sich bis ins Niederrheingebiet ergossen hat. Ein großer Teil der fluviatilen bimsführenden Folge der Jüngeren Niederterrasse am unteren Mittelrhein und im Kölner Raum dürfte auf diese Flutkatastrophe zurückgehen.

Nach SCHWEITZER (1958) ergibt die Auswertung der Pflanzenfunde aus den Basispartien des Brohltaltrasses, dass zur Ausbruchszeit dort ein lichter, mit Traubenkirschen und Zitterpappeln durchsetzter Birken-Kiefern-Wald mit einer von hochwüchsigen Stauden gebildeten Krautschicht bestanden hat. Auffällig ist das Vorherrschen von Arten, die heute mehr dem kontinentalen Verbreitungsbereich angehören. Das Klima war erheblich kühler als heute; es sei darauf hingewiesen, dass sich bisher keine Eichen nachwiesen ließen. Andererseits würde man die im Trass vorkommenden Arten *Galium boreale* und *Salix repens* heute in der weiteren Umgebung des Brohltals vergeblich suchen. Die Pflanzenfunde erlauben es, die Jahreszeit zu bestimmen, in der die Asche-Eruptionen erfolgten: Bäume und Sträucher hatten ihr Laub voll entfaltet; die Seggen waren gerade verblüht, ihre Früchte aber noch nicht ausgereift, die Traubenkirschen hatten noch unreife Früchte. Wenn wir mit den heutigen Verhältnissen vergleichen, so müssten wir den Zustand der Trass-Vegetation in die erste Juni-Hälfte einstufen. Es ist jedoch geboten, die klimatischen Verhältnisse zur Zeit der Trassentstehung (Alleröd-Zeit) mit denen zu vergleichen, die heute etwa in Lappland herrschen; dann ist die Eruption in die zweite Juli-Hälfte zu legen.

Der Abbau des Trass im Brohltal geht bis in die Römerzeit zurück (J. RÖDER 1959, WOLF 1923). Da der gemahlene Trass mit Kalk vermischt einen Mörtel ergibt, der unter Wasser erhärtet, haben sich schon früh die hafenbauenden Holländer für dieses Material interessiert und die ersten Trassmühlen im Brohltal im 16. Jahrhundert errichtet. Der Tuff muss beim Mahlen lufttrocken sein; man hat deshalb das gebrochene Gestein in langen Haufen (sog. Arken) zum Trocknen aufgeschichtet. Das Material wurde im Rheinhafen von Brohl weiterverfrachtet. Der Brohltal-Trass wurde auch als Werkstein benutzt; er ist leicht zu bearbeiten und doch widerstandsfähig, ähnlich wie der Weiberner Phonolithtuff. Die Römer haben den Trass in Form von Tuffziegeln zu ihren Bauten verwandt, sie nannten das Gestein „tophus“. Die Verwendungsmöglichkeit zu hydraulischem Mörtel kannten sie auch schon. Im Mittelalter hat man den Brohltal-Trass hauptsächlich zu Gewölbesteinen in Kirchen verwendet, zuletzt wohl 1843 in der Apollinariskirche oberhalb Remagen. Heute ist er bis auf durch Einschwemmungen verunreinigte Partien, die als Mauern und Türme stehen geblieben sind, abgebaut.

Nettetal-Aschenstrom: Ein Aschestrom lässt sich aus dem Gebiet des Reginaris-Brunnens an der Frauenkirch, wo er mehrfach erbohrt wurde, über Kruft, Kretz und Plaidt bis ins Nettetal bei Miesenheim verfolgen; daher auch die Bezeichnung Nettetal-Trass. Er hat das Tal

Pl. II. Pag. 15.

TUFFA VOLCANIQUE, OU TRASS, DES ENVIRONS DE PLEYT, À 3 LIEUES D'ANDERNACK.

Abb. 104. Abbau im Nettetal-Aschenstrom bei Plaidt. Kupferstich aus „Memoire sur le Trass ou Tuffa volcanique des environs d'Andernach“ von FAUJAS-SAINT-FOND in Ann. du Muséum National d'Histoire Naturelle, 1 Paris 1802. Die knieende Person oben misst die Mächtigkeit der überlagernden Bimsdecke.

des Krufter Baches und einen Teil des Nettetals etwa 20 m hoch ausgegossen. Die Stromoberfläche ist nahezu horizontal; sie steigt nach den Talhängen zu ganz leicht an. An den auskeilenden Rändern lässt sich die Position des Nettetal-Trasses innerhalb der Bimsfolge gut beobachten: Der Aschestrom überlagert die Laacher-See-Tephra LST 1, welche die alte Talmorphologie nachzeichnet. Auf die Trassoberfläche legt sich die Laacher-See-Tephra 2 (FRECHEN 1976).

FRECHEN (1953) hat den Nettetal-Aschenstrom von einem Ausbruchszentrum in der Nähe der Frauenkirch hergeleitet. Er ist gleich alt mit dem Brohltal-Aschenstrom und hat gleiche Zusammensetzung wie dieser. Deshalb trifft die Auffassung von SCHMINCKE (1977b) und V. D. BOGAARD & SCHMINCKE (1984) zu, dass der Aschenstrom aus dem Laacher-See-Vulkan stammt, wenn auch keine Verbindung zum Laacher See nachzuweisen ist. Damit würde sich auch die Häufigkeit von Basaltstücken im Nettetal-Trass erklären lassen, denn im Frauenkirch-Gebiet sind keine Basaltvulkane bekannt.

Der Aufbau des Aschenstroms lässt sich in den Gruben der Firma MEURIN nordöstlich von Kruft gut studieren, weil der Trass hier etwa 20 m mächtig aufgeschlossen ist. Er wird zur Herstellung von hydraulischem Zement abgebaut. Im Profil wechseln Partien aus zu „Trassstein" verfestigter Asche mit lockerer Asche ab. Nach FRECHEN (1976, 132–137) besteht folgende Gliederung: Zuunterst liegt der über 6 m mächtige Trassstein, der früher als der eigentliche Nettetaltrass bezeichnet wurde. Er reicht nach oben etwa bis in das Niveau des Grundwasserspiegels. Nach der Farbe kann man von unten nach oben den blauen, gelben und grauen Trassstein unterscheiden. Der blaue Trass enthält als Basisbildung des Stromes sehr viele Fragmente von Devongesteinen und teilweise zersetzten Basalten. Die Blaufärbung geht auf Infiltrationen von Fe-Mn-Oxidhydraten zurück. Die Farbe des gelben Trasssteins wird durch in Chabasit umgewandelte Bimskörner verursacht.

Über dem Trassstein folgen 6 m mächtig unverfestigte Aschen, die Bims in Einzelkörnern und in Lagen und Linsen enthalten.

Sie werden überlagert von einer zweiten Trassstein-Partie, dem 3 m mächtigen sogenannten Römertrass. Er enthält an der Basis auch eine Anreicherung von Xenolithen (Devon und Basalt). Dieses Material ist schon zur Römerzeit abgebaut worden, und zwar hier im Tiefbau, an anderen Stellen bei Kruft auch im Tagebau. Ein weitverzweigtes Streckennetz und auch die Schächte, die durch die hangenden Trass- und Bimsschichten nach oben führen, wurden durch den modernen Abbau freigelegt (J. RÖDER 1957, 1959), sie sind jetzt überdacht und als Museum zugänglich („Römerbergwerk MEURIN" in Kretz). Der Römertrass wird von einer etwa 1,20 m mächtigen Lage von lockerer Asche überlagert. Darüber folgt noch einmal eine knapp 0,5 m mächtige, xenolithreiche verfestigte Trasslage, die schließlich von 0,7 m mächtiger lockerer Asche überlagert wird. Damit schließt das Trassprofil ab; es wird von Laacher-See-Bims überlagert.

Diese drei Zyklen mit jeweils schweren Auswürflingen an der Basis gehen wohl auf drei Auswürfe zurück. In den Trasssteinlagen hat sich das vulkanische Glas zu Analcim und Chabasit umgewandelt. Diese Minerale sind in den lockeren Aschen nicht nachzuweisen. FRECHEN (1976) erwägt die Möglichkeit, dass in der mächtigen untersten Trasssteinpartie nach dem Einfließen des Stromes eine Zeitlang hydrothermale Bedingungen geherrscht haben könnten, die eine Umbildung zu Analcim und später zu Chabasit ermöglichten. Die beiden oberen Trasssteinlagen liegen über dem Grundwasserspiegel, so dass hier nur eventuell gestautes Niederschlagswasser zur Verfügung stand. Die oberste Trasssteinlage enthält nach FRECHEN zwar Analcim, aber fast keinen Chabasit.

Graue Laacher-See-Tephra

Nach der Förderung der Weißen Laacher-See-Tephra ist wohl eine Pause eingetreten. Sie dürfte nicht lang gewesen sein, da der Schlot noch heiß gewesen sein muss, damit die für die Graue Laacher-See-Tephra typischen phreatischen Explosionen ausgelöst werden konnten. Zwischen den Weißen und den Grauen Laacher-See-Tephren fehlt jede Spur von Vegetation und Bodenbildung. Aber eine Pause von mindestens einigen Tagen dürfte doch zwischen beiden Ereignissen bestanden haben. Denn auf der Regentropfeneindrücke zeigenden, hier nur 40 cm dicken Bimsdecke wurden südlich des St.-Georgen-Baches in der Gemarkung Mertloch südlich Polch Tierfährten gefunden (Auerhuhn, Birkhuhn, Braunbär, Pferd, Hirsch oder Reh) (BAALES & V. BERG 1997). Sie wurden von Grauer Laacher-See-Tephra eingedeckt. Das setzt voraus, dass die dünne Bimsdecke wenigstens in Bachtälern weggespült gewesen sein muss, so dass die Tiere Weidegrund fanden.

Die heiße Eruptionssäule während der Förderung der Weißen Laacher-See-Tephra hatte in der Atmosphäre Gewitter ausgelöst, die zu heftigen Regenfällen führten. Die mächtigen Gerölleinschaltungen im Brohltal-Traß zeigen, dass damals die Bäche Hochwasser führten. So dürfte auch im Bereich des Bimsschlotes und in der jetzt vorhandenen Caldera sehr viel Wasser von den Abhängen zusammengelaufen sein. An Spalten, die der Caldera-Einbruch hinterlassen hat oder im noch offenen Schlottrichter müssen größere Wassermengen in die Tiefe gelangt und hier mit heißem Gesteinsmaterial im Schlot und an seinen Wänden in Kontakt gekommen sein. Dadurch wurden sehr heftige Dampfexplosionen ausgelöst, die Gestein aus den Wänden des Schlotes sprengten und ihn so erweiterten. Auf diese Weise wurde die Grauen Laacher-See-Tephra (LST 5) gefördert, die überwiegend aus Bruchstücken des devonischen Untergrundes besteht.

Charakteristisch sind u. a. metergroße Dünenstrukturen, die sich im Kammbereich und auf den Außenhängen bis 3 km weit vom Ausbruchszentrum finden; weiter außen und im Innern des Kessels fehlen sie. SCHMINCKE (1970) und SCHMINCKE, FISHER & WATERS (1973) haben zuerst darauf hingewiesen, dass diese Ablagerungsstrukturen mit den bei phreato-magmatischen Vulkanausbrüchen (z. B. Taal auf den Philippinen 1965, Capelhinos auf den Azoren 1957, Surtsey südlich Island 1963) gebildeten sog. antidunes identisch sind, dass die Graue Laacher-See-Tephra also großenteils auf phreato-magmatische Aktivität zurückgeht. Die Bezeichnung „antidunes“ leitet sich davon her, dass diese Schrägschichtungsstrukturen im Gegensatz zu äolischen Dünen steile Luvseiten und flache Leeseiten haben. MEYER, STETS & WURSTER (1974) wiesen nach, dass die Dünenkämme konzentrisch zum etwa im Bereich der tiefsten Stelle des Laacher Sees gelegenen Ausbruchszentrum angeordnet sind und schlugen deshalb die Bezeichnung „Ringdünen“ für diese Strukturen vor. Aus der dachziegelartigen Anordnung plattiger Gesteinsstücke und aus der Anordnung von Erosionsflächen in den Steilhängen der Dünen lassen sich die Transportvektoren radial vom Ausbruchszentrum nach außen eindeutig bestimmen. Diese phreato-magmatischen Explosionen, die wahrscheinlich auch flach sich rasch ausbreitende Eruptionswolken (base surges) ausgelöst haben, sind auch der Grund dafür, dass die Graue Laacher-See-Tephra in größerer Mächtigkeit nur auf die engere Umgebung des Laacher Beckens beschränkt ist.

Es muss aber auch während der Förderung der Grauen Laacher-See-Tephra feines Material bis in die höhere Atmosphäre hinaufgeschleudert worden sein, denn in den Moorprofilen sowohl im Osten als auch im Süden über 100 km weit vom Ausbruchszentrum entfernt findet sich über der Lage von Weißer Tephra auch eine solche der Grauen Tephra.

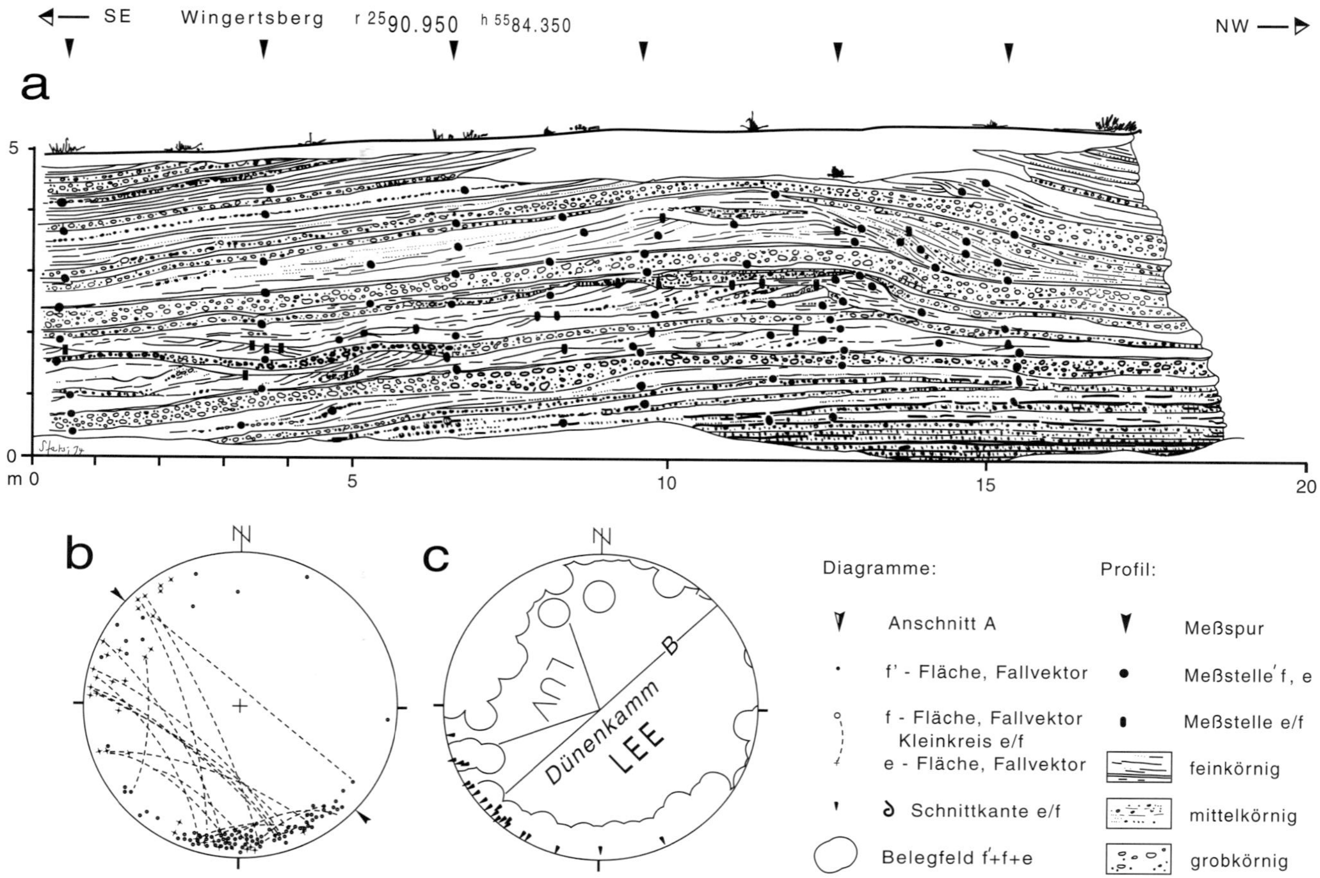

Abb. 105. Ringdünen in Grauer Laacher-See-Tephra. Rekonstruktion von Orientierung der Einzeldünen und Transportrichtung durch Messung von allgemeinen Anlagerungsflächen (f'-Flächen), Erosionsflächen (e-Flächen) und den von den e-Flächen unmittelbar angeschnittenen f'-Flächen (f-Flächen) und Auswertung im SCHMIDTschen Netz. Nördlich vom Wingertsberg. MEYER, STETS & WURSTER (1974).

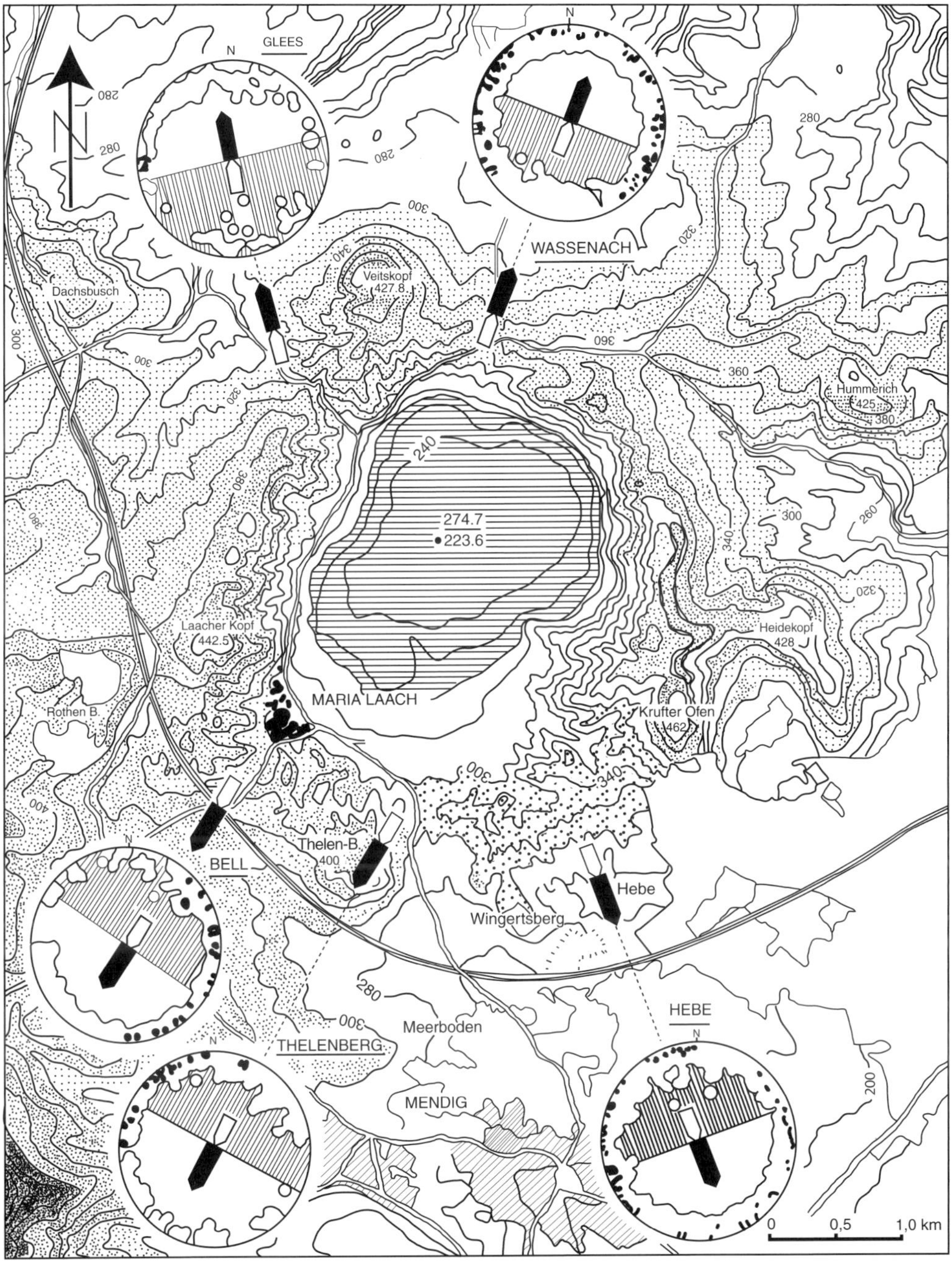

Abb. 106. Die Transportvektoren in der Grauen Laacher-See-Tephra, abgeleitet aus den Anlagerungsgefügen. Die Doppelpfeile markieren die Lage der Messstellen, die zugehörigen Diagramme (SCHMIDTsches Netz, schraffiert die Luvbereiche) sind nach außen gerückt. MEYER, STETS & WURSTER (1974).

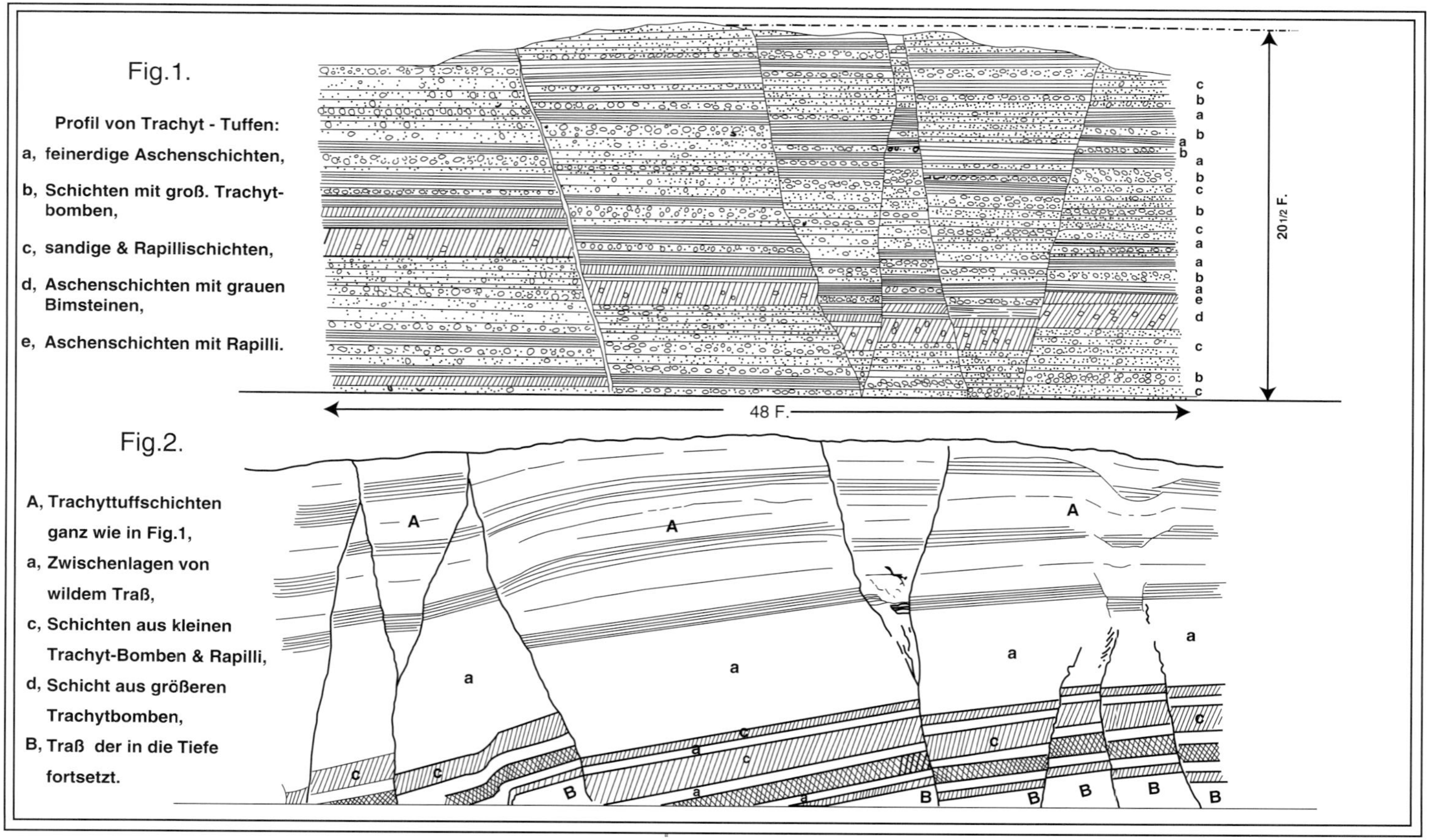

Abb. 107. Zwei Anschnitte in Grauer Laacher-See-Tephra südlich vom Kloster, heute im Bereich der Straße nach Bell. Dehnungstektonik wegen des Nachsackens und schlotwärtigen Zurückgleitens der Tephra. Oberes Profil etwa 15 m lang; rechts Westen. Verändert nach DRESSEL (1871).

Die Graue Laacher-See-Tephra bestimmt in der engeren Umgebung des Laacher Kessels die heutige Morphologie. Die südliche Umwallung des Kessels wird großenteils von ihr allein aufgebaut. So reicht sie nach AHRENS (1930b) bis mindestens ins Niveau des Abzugsstollens hinab, ist dort also über 35 m mächtig. Der Chemismus der magmaeigenen Komponenten der Grauen Laacher-See-Tephra nähert sich nach FRECHEN (1976) einer tephritischen Zusammensetzung.

Diese Tephra enthält mannigfaltige Auswürflinge, die als „Laacher Lesesteine" seit langem berühmt sind; sie lassen sich unter folgenden Gruppen zusammenfassen (FRECHEN 1976, 148): Comagmatische Vulkanite von latitischer bis tephritischer Zusammensetzung; comagmatische Subvulkanite der Reihe Hauyn-Foyait, Hauyn-Syenit, Hauyn-Monzonit, Hauyn-Monzodiorit, Hauyn-Sanidin-Gabbro; comagmatische basische Cumulate aus Klinopyroxen, Hornblende, Biotit, Magnetit, Apatit, Titanit; Subvulkanite der Reihe Alkalisyenit, Syenit, Monzonit, Monzodiorit, Sanidin-Gabbro (ob sie auch comagmatisch sind, ist unsicher); Subvulkanite des altquartären Foyaitmagmas (Nosean-, Nephelin- und Cancrinit-Foyait); regionalmetamorphe Gesteine, z. T. durch das Magma alkalisiert, Sanidinite und Ägirinsanidinite; devonische und tertiäre Sedimente, Basaltlaven.

Diese Auswürflinge sind in der Grauen Laacher-See-Tephra besonders häufig, treten jedoch zum größten Teil auch in der Weißen Laacher-See-Tephra schon vereinzelt auf. Die Häufigkeit regionalmetamorpher Gesteine und der basischen Subvulkanite zeigt, dass während der Förderung der Grauen Tephra auch Eruptionen aus sehr tiefen Teilen des Herdes erfolgten, aus Bereichen, die mindestens in 10 km Tiefe liegen.

Den Abschluss der Fördertätigkeit bildet sehr feine graue Kristalltephra, die sog. „Grauen Laacher Sande" Sie enthalten stets Hauyn und folgende Schwerminerale (nach FRECHEN in ERLENKEUSER et al. 1972): Klinopyroxene (basaltischer Augit, Titanaugit, Ägirinaugit), Hornblende, Glimmer, Titanit, Apatit und relativ viel Magnetit (ein Viertel der gesamten Schwerminerale).

WINDHEUSER (1977, 120–123) beschreibt einen grauen Tephrasand über der Grauen Laacher-See-Tephra vom Südfuß des Kottenheimer Büden bei Mayen. Diese Tephra ist abgelagert worden, nachdem in der Grauen Laacher-See-Tephra eine Erosionsphase stattgefunden hat. WINDHEUSER nimmt deshalb für den Tephrasand als Mindestalter das Ende der Allerödzeit an, hält aber auch den Beginn der Jüngeren Tundrenzeit für möglich. Auch am Meerboden bei Mendig sind sie diskordant über Grauer Laacher-See-Tephra beobachtet worden (WINDHEUSER & BRUNNACKER 1979).

Die obersten Partien der Grauen Laacher-See-Tephra, also zum größten Teil auch der eben geschilderte Graue Tephrasand, sind unmittelbar nach der Ablagerung teilweise abgeschwemmt und abgeweht worden. Am Außenhang der Seeumwallung finden sich radiale Fließrinnen, z. T. mit umgelagertem Material ausgefüllt. Südlich Glees, wo Felder bis fast zur Kammlinie hinaufreichen, sind diese Rinnen morphologisch gut sichtbar. Das Gefälle der Rinnen läuft der heutigen Hangneigung und der Tephraschichtung vielfach etwa parallel. Deshalb dürften die jüngsten Abtragungsvorgänge kein landschaftsveränderndes Ausmaß gehabt haben, d. h. der Wall ist nach den letzten Eruptionen weitgehend erhalten geblieben.

Die Verbreitung der Laacher-See-Tephren in Mitteleuropa

Wie bei allen Eruptionen des plinianischen Typs müssen während der Tätigkeit des Laacher Vulkans Gassäulen mindestens 10 km hoch bis in Bereiche der höheren Atmosphäre aufgestiegen sein. Hier konnte von Luftströmungen das feine Material weit verfrachtet werden.

So fand man zuerst in Seeablagerungen des Luttersees auf dem Eichsfeld nordöstlich von Göttingen, 230 km vom Laacher See entfernt, eine 4 cm dicke helle Bimslage und unmittelbar darüber eine 1,5 cm dicke Schicht von Grauer Tephra (AHRENS & STEINBERG 1943). Bald kamen ähnliche Funde bei Wallensen im Hils (1,5 cm Graue Tephra) hinzu (FIRBAS 1954), sowie im Aschersleben er See (bis 10 cm Weiße Tephra, 0,4 cm Graue Tephra), bei Frankleben im Geiseltal (3 cm Weiße Tephra, 0,7 cm Graue Tephra) und im Erlenbruckmoor bei Hinterzarten (0,8 cm Weiße Tephra) sowie bei St. Blasien im Schwarzwald (FIRBAS 1953, FRECHEN 1966: 61–64). Später kamen weitere Funde in Niedersachsen, Anhalt, Brandenburg, Mecklenburg, Vorpommern mit der Insel Rügen und schließlich sogar auf Bornholm (USINGER 1978) hinzu (JUVIGNÉ 1980). Nach FRECHEN (1976, 122) handelt es sich bei diesen weit transportierten Aschen neben der Grauen Laacher-See-Tephra (LST 5) um die Weiße Laacher-See-Tephra LST 3. Nördlich von Bornholm lassen sich die Aschen nicht nachweisen, da damals dieser Bereich noch von Eis bedeckt war und es dort noch keine Moore gab, die sie vor Abtragung hätten schützen können.

Die Aschen können durch in nordöstlicher Richtung verlaufende Luftströmungen, vergleichbar den heute in ähnlicher Orientierung wirkenden Jetstreams, transportiert worden sein. Dass außerdem Tephra in östlicher Richtung durch gerichtete Würfe ausgestoßen wurde, zeigt die kartierbare Verbreitung der Tephra über den Westerwald und das östliche Schiefergebirge hinweg bis in die Gegend von Marburg. Schwerer erklärbar bleiben die Transportmechanismen, die feine Asche nach S in das Gebiet des Schwarzwaldes, der Vogesen, des Bodensees und des Schweizer Mittellandes, sogar bis in das Gebiet des Genfer Sees und die Westalpen bei Grenoble befördert haben (WEGMÜLLER & WELTEN 1973, FRECHEN 1976, JUVIGNÉ 1978).

Wir müssen also mit zwei zur gleichen Zeit fast entgegengesetzt wirkenden Luftströmungen rechnen, denn die vulkanische Energie reicht auch bei gerichteten Würfen nicht aus, um das Material in beiden Richtungen über 500 km weit zu schleudern. Es können aber Strömungen unterschiedlicher Orientierung in verschiedenen Stockwerken der Atmosphäre gleichzeitig auftreten. So wurden z. B. die Aschen des isländischen Hekla-Vulkans während eines Ausbruchs 1947 in 5 km Höhe durch Wind nach S und SW, in 9 km Höhe nach SE bis E verfrachtet (SALMI 1948).

Nach Westen ist der Laacher-See-Bims als bis meterdicke Decke bis Mayen zu verfolgen, in kleineren Erosionsresten bis ins Achter Tal nördlich von St. Jost (Bl. 5608 Virneburg), weiter westlich treten sie in kartierbarer Mächtigkeit nicht mehr auf. Sie sind aber als zentimeterdicke Lagen in den Füllungen der Eifelmaare überall nachzuweisen und bilden hier eine wichtige Zeitmarke (NEGENDANK et al. 1990, ZOLITSCHKA 1990). Zuerst hatten JUNGERIUS, RIEZEBOS & SLOTBOOM (1968) sie in einigen Maarfüllungen gefunden. Inzwischen ist die Laacher-See-Tephra auch an verschiedenen Bodenprofilen in Belgien, so in den Hochmooren des Hohen Venns nachgewiesen (JUVIGNÉ 1980, 1990).

Das Alter der Laacher-See-Bimstephra

Die Vorkommen der Laacher-See-Tephra in den Hochmooren ermöglichten schon früh eine genaue zeitliche Fixierung der Eruptionen. Im Profil von Wallensen im Hils wurden von dem Torf unmittelbar über der Tephraschicht C^{14}-Altersbestimmungen durchgeführt, die ein Durchschnittsalter von rund 11 000 Jahren ergaben: 11 044 ± 500 Jahre die Bestimmung durch W.F. LIBBY, Chicago und 10 910 ± 330 Jahre die durch H. LEVY und N.R. TAUBER, Kopenhagen (FRECHEN 1959b, 367). Nach pollenanalytischen Befunden stuft FIRBAS (1953) diese Tephralagen in die mittlere Alleröd-Zeit ein. Nach einer Neuinterpretation der Radiokarbon-Datierungen liegt die Vulkankatastrophe etwa 12 880 Jahre zurück (STREET, BAALES & WENINGER 1994, LITT et al. 2009).

Dieser Zeitraum fällt in die Magdalénien-Stufe der ausgehenden Altsteinzeit. Der Mensch dürfte also im Rheinland Zeuge dieser Naturkatastrophe gewesen sein. Jedoch war das Neuwieder Becken zur Alleröd-Zeit wohl nicht sehr stark besiedelt; erst in jüngster Zeit fanden sich spärliche Siedlungsspuren direkt unter der Laacher-See-Tephra (BOSINSKI 1983a; vgl. auch 11.9). Nur an einer Stelle bei Weißenthurm fand sich in den Basisschichten der Bimsablagerungen ein menschliches Skelett (GÜNTHER 1924).

Der Laacher Kessel

Der Laacher Kessel mit den umgebenden, von mehreren Basaltvulkanen besetzten Höhen ist kein einheitlicher Krater. Die Basaltvulkane und ihre Lavaströme sind alle älter als die Laacher-See-Tephra. Am Veitskopf ist ein Lavastrom dicht über dem Niveau des heutigen Seespiegels zu finden. Der Lavastrom des Lorenzfelsens reicht sogar noch tiefer hinab. Der Schlackenkegel Alte Burg hat seine Basis im Niveau des Seespiegels oder noch tiefer. Nördlich davon findet man horizontal liegende Basalttephra nur wenige Meter über dem Seespiegel. Auch am W-Rand des Beckens reicht am Ostfuß des Laacher Kopfes nördlich vom Kloster Basalttephra bis fast ins Seeniveau hinab und wird von Löss überlagert.

Aus der tiefen Lage aller dieser Vulkanite muss man den Schluss ziehen, dass entweder der Laacher Kessel schon während ihrer Entstehungszeit, also lange vor der Förderung der Bimstephren bestanden habe oder dass hier damals tiefe Täler existierten.

Den Einbruch eines Kessels auf die Wegfuhr von Basaltlava im Untergrund zurückzuführen, wie es gelegentlich in der Literatur vorgeschlagen wurde, scheidet als Möglichkeit aus, da die Basaltvulkane im Umfeld zu unterschiedlichen Zeiten tätig waren und die Laven aus so großen Tiefen gefördert wurden, dass dadurch Einbrüche an der Erdoberfläche nicht ausgelöst werden können.

So bestand vor dem Ausbruch des Laacher-See-Bimsvulkans hier wahrscheinlich eine von Tälern zerfurchte Ebene, die von Höhen um 320 m NN nach SE, zum Neuwieder Becken hin, geneigt war. Ihr waren Basaltvulkane, z. T. mit Lavaströmen aufgesetzt (Veitskopf, Laacher Kopf, Thelenberg, Wingertsberg, Krufter Ofen, Heidekopf, Roter Berg, Eppelsberg, Nickenicher Hummerich). Eine Vulkangruppe bestand auch im Nordteil des heutigen Sees; denn nach FRECHEN (1981) enthält die Bimstephra Fragmente von Basaltlaven, von denen das Anstehende nicht bekannt ist. Es gab damals wohl zwei Täler, die vielleicht diese Vulkangruppe auf beiden Seiten umflossen und sich im Süden vereinigt haben könnten. Eines verlief nahe dem Westrand des heutigen Kessels, in ihm hat sich in Nähe des Laacher Kopfes Basalttephra abgelagert. Es kommt vielleicht aus der Gegend des Gleeser Sattels und hat hier den südwestli-

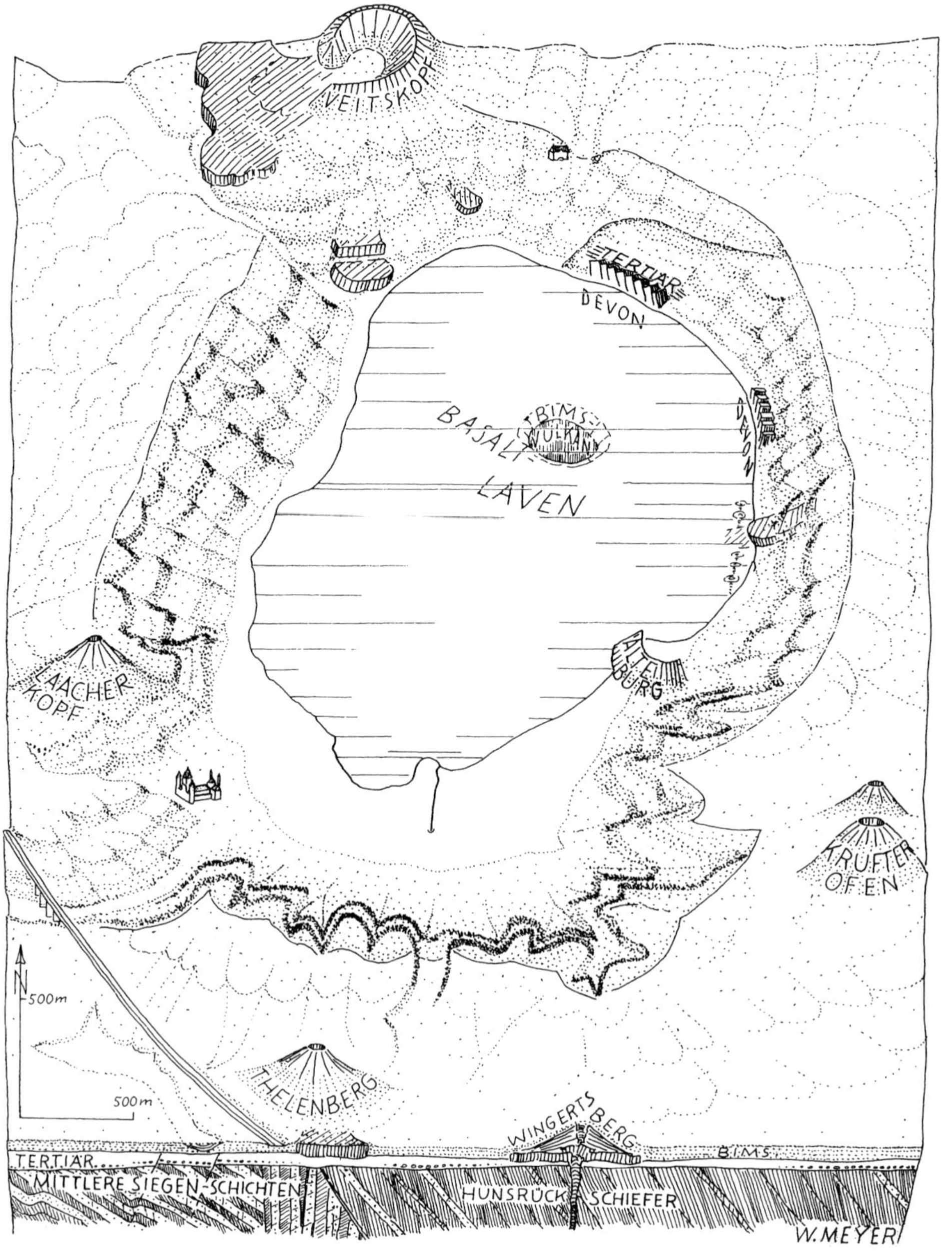

Abb. 108. Das Laacher-See-Becken. Zur Orientierung sind Hotel Waldfrieden, Kloster und Autobahn eingetragen.

chen Lavastrom des Veitskopfes zerschnitten. In das Tal am heutigen Ostrand des Kessels floss die Lava des Lorenzfelsens, in ihm lagerte sich südlich davon Basalttephra ab und entstand der Alte-Burg-Vulkan. Auf der Linie zwischen dem Gleeser Sattel und dem Hotel Waldfrieden verlief auch damals schon die Wasserscheide zwischen dem Brohltal und dem Neuwieder Becken. Dieses Landschaftsbild bleibt aber wegen der Überdeckung durch Bims und Seeablagerungen stark hypothetisch. Es sei noch angefügt, dass SCHMINCKE (1977b, 17) die Existenz eines basanitischen Maares vor der Öffnung des Bimsvulkans für wahrscheinlich hielt.

Dass der Laacher See einen Vorläufer-See gehabt haben muss, ergibt sich aus folgendem Befund (A. BRAUN & W. MEYER 1996): Im Tönissteiner Tal im Aschestrom des Laacher-See-Vulkans fand sich etwa 10 m über der Strombasis als Xenolith eine metergroße Kieselgurscholle (Bl. 5509 Burgbrohl, r 9183 h 9067). Die Diatomeenflora enthält viele Arten, die tieferes Wasser mit erhöhtem Elektrolytgehalt bevorzugen, also in einem See mit Zuflüssen durch Mineralquellen gelebt haben müssen. Ob es ein Maarsee war oder ein anders entstandener See, bleibt offen; der obere Niedermendiger Lavastrom könnte z. B. den Abfluss nach Süden versperrt und einen See aufgestaut haben. Die Kieselgurscholle zeigt aber auch, dass unmittelbar vor der Öffnung des Bimsvulkans hier keine Wasserfläche bestand, denn sie ist in trockenem Zustand ausgeworfen worden. Nach SCHMINCKE (2009, 98) ist es wahrscheinlich, dass vor den Bimsexplosionen hier der steigende Druck im Herd das Dach aufgewölbt hat, wie es bei vergleichbaren Vulkanen immer wieder zu beobachten ist. Diese Aufwölbung ließ unmittelbar vor der Eruption das Seewasser ablaufen. Während der Entleerung des Herdes sackte diese Kuppel wieder zusammen, dabei entstand die Grabentektonik in den Bimsablagerungen, die in der näheren Umgebung des Laacher Beckens zu beobachten ist, SCHMINCKE (2009, Abb. 126–128) zeigt eindrucksvolle Beispiele. In der Grauen Laacher-See-Tephra hatte schon DRESSEL (1871) Verwerfungen südlich der Wirtschaftsgebäude des Klosters beobachtet (Abb. 107), Dehnungstektonik ist auch in der kleinen Grube zwischen der Straße nach Bell und den Laacher Fischteichen zu sehen. Die Diatomeenflora ließ leider keine Datierung der Kieselgur zu.

Im Anschluss an die rasche Förderung der Weißen Laacher-See-Tephra muss über dem weitgehend entleerten Herd eine große Caldera eingebrochen sein, damit entstand der Laacher Kessel. Wenn dieser Einbruch schon während der Förderung der Weißen Bims-Tephra stattgefunden hätte, wäre in deren oberen Partien eine plötzliche Zunahme von Nebengestein zu erwarten, die aber nicht zu beobachten ist.

Die Ringstörungen der Caldera müssen nördlich einer von AHRENS (1937) beschriebenen Brunnenbohrung im Abhang unterhalb des Hotels Waldfrieden liegen (r 9050 h 8825), da dort die Basis der tertiären Kiese und Tone tiefer liegt als 265 m NN, also etwa 50 m tiefer als an den Stellen außerhalb des Kessels, an denen sie in 310–320 m Höhe liegt. Das 300 m südwestlich vom „Waldfrieden" in 315 m Höhe unterhalb der Straße angeschnittene Basaltvorkommen dürfte schon außerhalb der Ringstörung liegen; es zeigt einen Lavastrom des Veitskopfes auf der alten Landoberfläche. Das Vorkommen von Veitskopflava 100 m nordöstlich der Straßenabzweigung nach Glees dürfte aber nicht in ursprünglicher Höhe liegen. Seine Basis reicht bis in das 285 m-Niveau hinab, das ist 20–30 m tiefer als bei den anderen Lavavorkommen südlich des Veitskopfs. Die Lava zieht von der Straße 150 m weit am Fuß des Hanges nach NW und bricht hier plötzlich ab, zieht also nicht soweit nach NW wie auf der geologischen Karte (AHRENS 1936b) dargestellt. Es ist wahrscheinlich, dass dieses plötzliche Abreißen auf eine der Caldera-Störungen zurückgeht, dieses Lavavorkommen wäre demnach in die Caldera abgesunken. Die beiden von AHRENS (1936b) kartierten Lavavorkommen südwestlich der Straße nach Glees liegen in 315 und 325 m Höhe außerhalb der Caldera. Damit ist der westli-

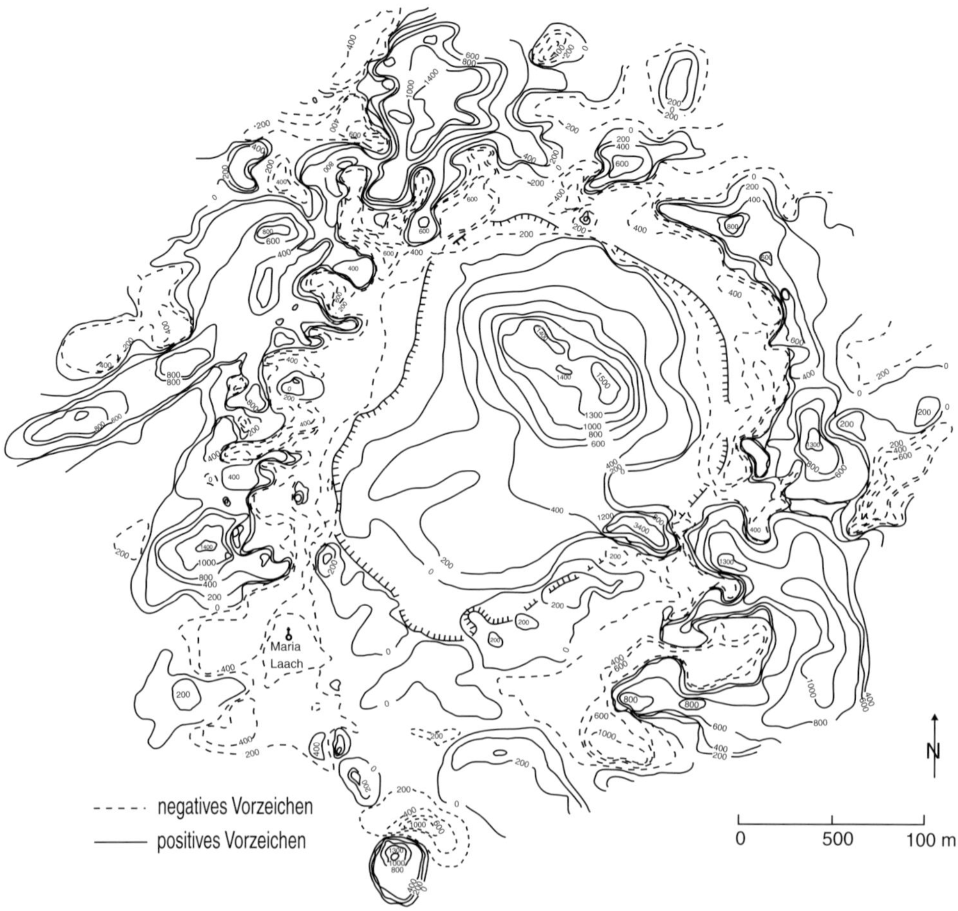

Abb. 109. Das geomagnetische Feld im Gebiet des Laacher Sees. Nach LORENZEN (unveröff.) und LORENZEN & BERCKHEMER (1976) aus FRECHEN (1981).

che Randbruch des Kessels hier festgelegt, er kreuzt die Straße nach Glees etwa 100 m nordwestlich vom Punkt 286,5 (Abzweigung). Von hier zieht der Randbruch etwa im Bereich der Straße nach Maria Laach nach SSW, so dass die Basalttephra östlich und nordöstlich vom Laacher Kopf schon außerhalb der Caldera liegt. Der weitere Verlauf nach S ist wegen der mächtigen Überdeckung durch die Graue Laacher-See-Tephra nicht zu rekonstruieren.

Auf der Ostseite des Sees dürfte die Randstörung dicht westlich des heutigen Ufers verlaufen. Die in einer Reihe angeordneten Kohlensäurequellen zu beiden Seiten des Lorenzfelsens steigen wahrscheinlich in dem Randbruch auf. Der Alte-Burg-Vulkan wird durch die Randstörung zerschnitten, der westliche Teil des Kegels ist unter den Seespiegel abgesunken. Der weitere Verlauf der Caldera nach S ist auch hier nicht zu rekonstruieren. Südlich der Alten Burg weitet sich das Becken wieder etwas, so dass denkbar ist, dass der ganze Laacher Kessel sich aus zwei kreisförmigen Depressionen zusammensetzt.

Die geomagnetische Vermessung des Laacher Sees und seiner Umgebung (LORENZEN & BERCKHEMER 1976) ergab im Nordteil des Sees, wo das Eruptionszentrum zu vermuten ist,

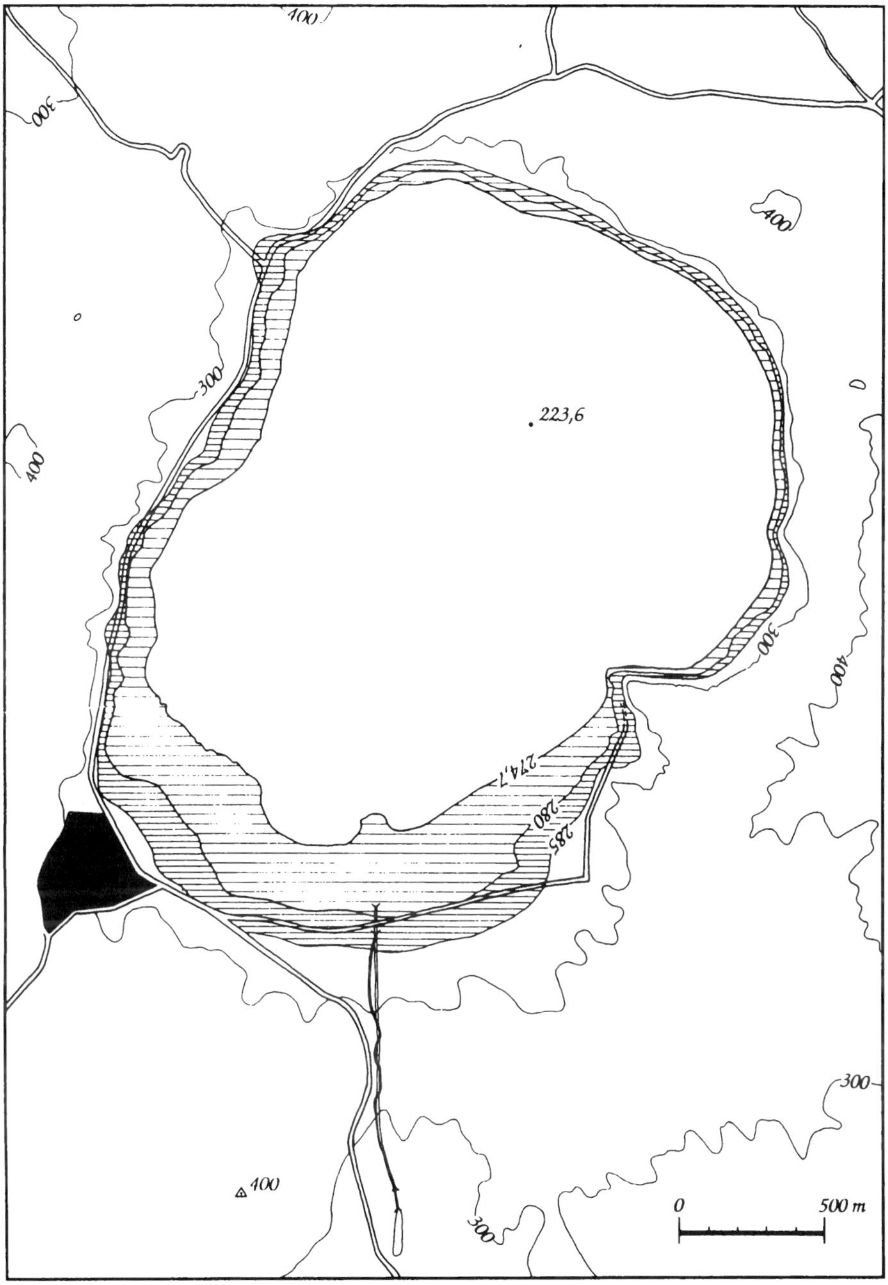

Abb. 110. Ausdehnung des Laacher Sees vor der zweimaligen künstlichen Absenkung. Lage der Abflussstollen nach K. GREWE. Tiefster Punkt des Sees bei 223,6 m.

eine in NW-SE-Richtung langgestreckte positive Anomalie, was dafür spricht, dass im Schlot noch Basalt aufgedrungen ist. Es sei daran erinnert, dass die letzte Tephra des Laacher Vulkans (LST 5) schon Übergänge zu tephritischer Zusammensetzung zeigt.

Letzte Äußerungen vulkanischer Tätigkeit im Becken sind die starken Kohlensäureaustritte, die zwischen der Alten Burg und der NE-Ecke, am stärksten in der Umgebung des Lorenzfelsens im ufernahen Wasser an sprudelnden Gasblasen erkennbar sind. Im Nordteil des Sees gibt es weitere CO_2-Austritte im Wasser.

Der Seespiegel war ursprünglich etwa 10 m höher als heute und reichte im SE bis fast an die Klostergebäude. Um diese vor Wasserschäden zu bewahren, ließ der zweite Abt des Klosters, FULBERT, zwischen 1152 und 1177 einen Stollen durch die Südumwallung bauen und dadurch den Seespiegel um ca. 5 m absenken. Um Acker- und Weideland zu gewinnen, wurde zwischen 1842 und 1845 der Seespiegel noch einmal gesenkt, und zwar durch einen 950 m langen Stollen, an dessen Mündung die Laacher Mühle das abfließende Wasser nutzt. Nach MIEGEL (1964) und GREWE (1979) lag der mittlere Seespiegel vor der 1. Absenkung bei etwa 285,0 m über NN, bis zur 2. Absenkung bei 280,0 m; heute liegt er 274,7 m hoch. An der flachen Südseite des Sees wurden dadurch große Landflächen gewonnen. In dem mergeligen Boden dieses Bereiches findet man noch massenhaft Schalen der Schnecke *Bithynia tentaculata* L. Der See hat keinen natürlichen Abfluss, obgleich die niedrige Südumwallung aus lockerer Bimstephra besteht. Der mergelige Schlamm hat den Seeboden weitgehend abgedichtet. Die alten Wasserspiegel-Stände werden noch durch ehemalige Strandterrassen 5 und 10 m über dem heutigen Seespiegel besonders am Ostufer nachgezeichnet.

Zur Technologie der Bimsverarbeitung

Die mit Bims bedeckten Landstriche galten lange Zeit wegen der Trockenheit der sandartigen Böden als minderwertig. Da entwickelte im Jahre 1845 der Bauinspektor Ferdinand NEBEL in Koblenz ein Verfahren, nach dem man aus dem Bims unter Zusatz von Kalkmilch Bausteine herstellen kann. Diese leichten porösen Bausteine setzten sich im Mittelrheingebiet allmählich gegen die Ziegelsteine und Bruchsteine durch.

Der Rohbims wird gebrochen und gesiebt, mit zementartigen Bindemitteln versetzt und zu den Hohlblocksteinen oder anderen Bauelementen ausgeformt; die Steine erhärten beim Trocknen an der Luft. Diese sogenannten Schwemmsteine haben relativ geringes Gewicht, sind dank ihrer Größe schnell zu vermauern und außerdem gut temperaturisolierend. In den Jahren stärkster Bautätigkeit nach dem Kriege sind große Mengen dieser Steine per Bahn, Lastauto und Schiff über ganz Westdeutschland verteilt worden. Zeitweise kamen 40% der in der Bundesrepublik hergestellten Bausteine aus dem Neuwieder Becken. Inzwischen sind die Vorräte im eigentlichen Becken erschöpft, und der Abbau nähert sich nun den Ausbruchszentren, wo das Material jedoch schlechter sortiert ist und mehr Beimischungen devonischer und basaltischer Auswürflinge enthält. Für die Schwemmstein-Fabrikation ist nur die Weiße Laacher-See-Tephra geeignet, ebenfalls Niedermendiger Tephra und Meerboden-Tephra. Nicht geeignet ist die Graue Laacher-See-Tephra, die hauptsächlich aus Devongesteinen besteht. In der näheren Umgebung des Laacher Sees überdeckt sie in großer Mächtigkeit die Weiße Bimstephra als Abraum.

11.3.3 Quartäre Vulkane nördlich des Vulkanfeldes der Osteifel

Das Laacher Vulkangebiet mit seiner dichten Besetzung von Einzelvulkanen endet ziemlich unvermittelt an der ENE verlaufenden Linie Perlerkopf – Bausenberg – Herchenberg – Leilenkopf. Dic Teufelsburg bei Oberheckenbach ist ein nach NW vorgeschobener Vorposten. Vollkommen isoliert, fast schon im Zentrum des tertiären Vulkanfeldes des Siebengebirges, liegt bei Mehlem der quartäre Rodderbergvulkan, 20 km von der eben genannten Nordbegrenzung des Laacher Vulkangebietes entfernt. Es stellt sich die Frage, ob in dem Zwischenstück sich noch weitere quartäre Vulkane finden, ob sich also das Vulkanfeld wenigstens in ausgedünnter Form bis an den Rodderberg nach N fortsetzt.

Für diese Annahme sprechen zwei Beobachtungen: Östlich von Ramersbach findet sich ein phonolithisches Gestein, das auch zum Laacher Vulkangebiet gehört (S. 471). Und in der Fangogrube am Nordhang des Johannisberges südöstlich von Bad Neuenahr ist unter einer mächtigen Folge von Fließerden, Schottern, Löss und Phonolithtephren eine etwa 4 m mächtige Basalttephra mit 2 cm großen Schlacken, Lapilli und Schieferstücken aufgeschlossen. Sie gehört nach Bibus (1980) und Brunnacker et al. (1979) in den Mittelterrassenbereich. Wegen der Größe dieser Auswürflinge ist eine Herleitung dieser groben Tephra von den mindestens 10 km weit entfernten Basaltvulkanen Bausenberg, Herchenberg usw. nicht möglich. Der Rodderberg liegt etwa gleichweit entfernt und scheidet deshalb als Lieferant wohl auch aus. Die Basalttephra muss also einem bisher unbekannten Eruptionszentrum nahe dem Johannisberg entstammen, das wahrscheinlich in der weiten Talung von Bad Neuenahr liegt, da es außerhalb der Talschotter schon entdeckt worden wäre. Es existiert damit auf halbem Wege zwischen dem Laacher Vulkangebiet und dem Rodderberg zumindest noch ein quartärer Vulkan; der Phonolith von Ramersbach ist ein weiterer Verbindungspunkt.

11.3.3.1 Rodderberg

Direkt gegenüber dem tertiären Vulkanmassiv Siebengebirge liegt oberhalb des Rheintales ein quartärzeitlicher Krater bei Bonn-Mehlem. Ein 50 m tiefer runder Kessel, in dem der Broichhof liegt, wird umgeben von einem niedrigen Wall aus basaltischen Schlacken und Aschen, dessen höchste Stelle der Rodderberg ist (195,3 m). Die Vulkanite liegen teils auf Unterdevongesteinen, teils auf Schottern der Jüngeren Hauptterrasse. Es existiert eine genaue Beschreibung und Kartierung durch M. Richter (1942). Kürzlich wurden Eruptionsgeschichte und Alter durch H. Paulick et al. (2008) erneut diskutiert.

Während der Bildung der Jüngeren Hauptterrasse, d. h. vor etwa 800 000 Jahren, entstand mitten im Rheinsystem ein Maarvulkan, der einen tiefen Kessel aussprengte. Von den stark verfestigten Tuffen, die Terrassenmaterial und Unterdevongesteine enthalten, sind nur spärliche Reste erhalten geblieben. Diese Vulkantätigkeit ist damit erheblich älter als die ältesten datierten Vulkane im Laacher-See-Gebiet.

Nach langer Pause öffneten sich auf dem schmalen Rücken nördlich des Maarkessels mehrere Schlote, aus denen zuerst unter Einwirkung von Oberflächenwasser geringmächtige Aschen gefördert wurden (die 15–25 cm mächtige Initialtephra). Es schloss sich strombolianische Schlackenwurftätigkeit an, die mehrere flache Schlackenkegel und Rücken aufwarf. Diese Tätigkeit ist nicht von Oberflächenwasser beeinflusst, da auf dem schmalen Rücken die wasserführenden Hauptterrassen-Schotter nur noch geringmächtig sind. So konnte sogar Basaltschmelze in Form von vier Gängen in die Schlacken eindringen. Der größte ist in der

Schlackengrube nördlich des Kessels noch sichtbar, nach J. FRECHEN (1976) ein Leuzit-Nephelinit. PAULICK et al. (2008) haben aus den Schlacken Thermolumineszenz-Alter von 321 000 ± 37 000 Jahren und 334 000 ± 59 000 Jahren ermittelt. Die Ausbrüche müssen sich nach SW verlagert haben und erreichten den Maarkessel, der wahrscheinlich viel Grundwasser oder sogar einen Maarsee enthielt. Es kam zu phreato-magmatischen Explosionen, die in flachen Stößen (base surges) bis metergroße Unterdevonblöcke und Basaltbomben auswarfen. Damit erfolgte der Wechsel zu gut geschichteten Aschen und Lapilli, die zu etwa 80 % aus Basalt bestehen, deshalb zum Typ des Aschenrings gehören. Diese letzte Phase muss sehr explosiv gewesen sein und das ganze Bonner Gebiet mit Asche überdeckt haben. Denn BARTELS & HARD (1973) fanden sie am Hardtberg in Bonn-Lengsdorf dezimeterdick in Löss eingeschaltet, der mindestens einen interglazialen Boden enthielt, was mit dem Thermolumineszenz-Alter von etwa 300 000 Jahren gut übereinstimmt. R. PUCHER (2003) hat eine schon 1981 erstellte aeromagnetische Karte und den Nachweis, dass an dem Basaltgang die abweichende Magnetisierung durch Blitzschlag verursacht wurde, veröffentlicht. Eine magnetische Anomalie ist in NNW-SSE-Richtung ausgelängt, das spricht dafür, dass das Rodderberg-System auf einer NNW-Verwerfung aufgedrungen ist.

11.4 Mineralwässer und Gasaustritte

Im allgemeinen werden als Mineralwässer natürliche Wässer bezeichnet, die mindestens 1 g gelöste feste oder gasförmige Stoffe im kg Wasser enthalten; wenn sie therapeutisch besonders wirksame Bestandteile enthalten (Radon, Jod u. a.), werden sie auch hierzu schon bei geringeren Konzentrationen gezählt, in der Eifel gibt es aber solche Quellen nicht. Die meisten Mineralwässer der Eifel gehören zur Gruppe der Hydrogenkarbonat-Wässer. Auf die meisten trifft außerdem die Bezeichnung Säuerling zu, da sie mehr als 1 g CO_2 pro kg Wasser gelöst enthalten. Sie treten besonders dicht in den beiden jungen Vulkanfeldern auf, wodurch ihre Abhängigkeit vom Vulkanismus augenfällig wird. Jedoch gibt es verstreut auch welche abseits der Vulkangebiete, bei denen die Genese schwerer zu erklären ist. Chlorid- und Sulfatwässer lassen sich auf Stoffaufnahme aus Sedimenten zurückführen; sie treten weniger häufig auf.

Die folgende Übersicht geht hauptsächlich auf Arbeiten von CARLÉ (1975), HEYL (1972), LANGGUTH & PLUM (1984) und PLUM (1989) zurück. Mit der Genese der Mineralquellen des Rheinischen Schiefergebirges hat sich F. MAY (1994) beschäftigt, speziell mit denen der West- und Südeifel MAY (2002). In diesen Arbeiten findet man weitere Informationen, die in unserer kurzen Übersicht nicht gegeben werden können. Die Quellen von Aachen werden hier nicht behandelt, sondern in 13.1.

11.4.1 Hydrogenkarbonat-Wässer (Säuerlinge) und Mofetten

Die von den Magmenkörpern in der Tiefe abgegebenen CO_2-Gase wandern bis in die oberste Kruste, in unserem Falle das Schiefergebirgsstockwerk. Hier benutzen sie zum weiteren Aufstieg oft Störungsfugen; ein Teil der Kohlensäure-Austritte lässt sich auf größere Störungen beziehen. Beispiele sind die Aufreihung von Säuerlingen an der Wittlicher Hauptverwerfung oder die Aufreihung von Quellen im Rheintal zwischen Bonn und Brohl, wo Störungen, die aus der Niederrheinischen Bucht ins Schiefergebirge schneiden, die Auf-

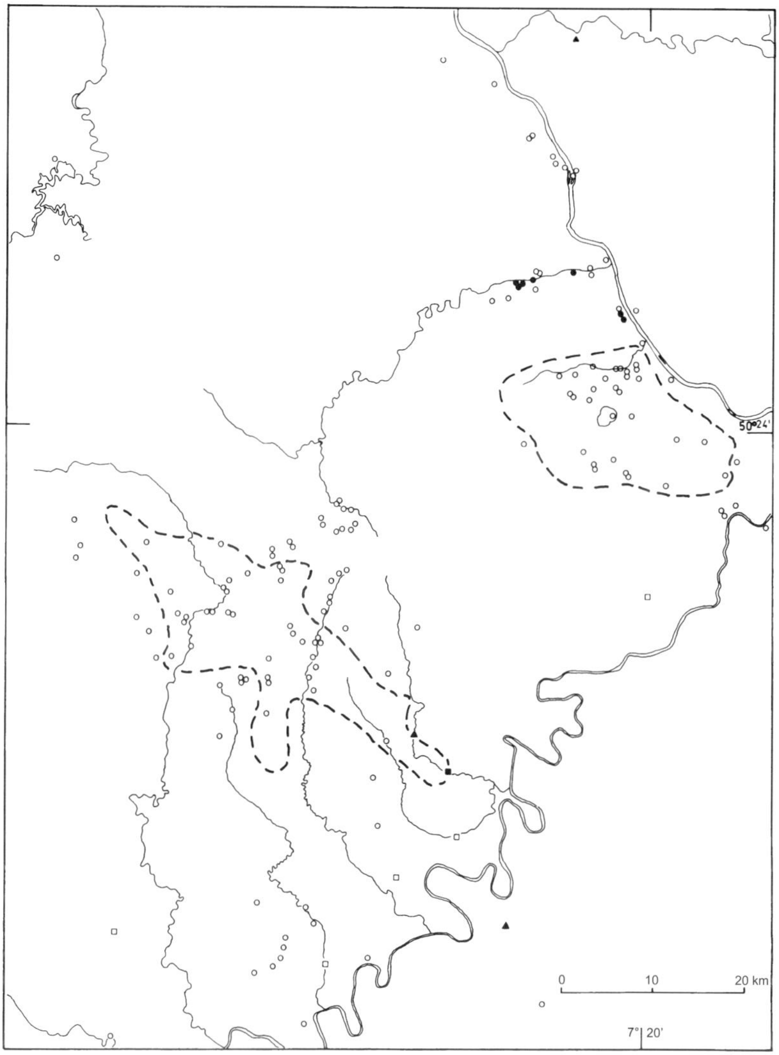

Abb. 111. Karte der Mineralquellen der Eifel. Kreise: Kohlensäuerlinge, Dreiecke: Mineralwässer, Vierecke: Sulfatwässer. Schwarz: Thermalwässer (über 20 °C, bei Strotzbüsch 19,5 °C). Gestrichelt: Umrandung der Felder mit besonders hoher Quartärvulkan-Dichte.

stiegswege bilden. In Gebieten mit vielen Kohlensäureaustritten liegt die Versuchung nahe, die Quellen auf „Kohlensäure-Linien" aufzureihen; jedoch lassen sich oft nicht zufällige geometrische Konfigurationen oder die Abhängigkeit vom Grundwasser von tektonischen Ursachen unterscheiden.

Wo das Gas die Grundwasserbereiche erreicht, wird es mehr oder weniger vollständig gelöst. So sind die Kohlensäureaustritte an Quellen gebunden, liegen also meist in Tälern. In der Westeifel nennt man sie Dreis oder Drees; sie werden seit Jahrhunderten von der Bevölkerung genutzt, u. a. beim Backen zum Auflockern des Teigs.

Es gibt aber auch trockene Kohlendioxid-Austritte (Mofetten), besonders in der Nähe von starken Säuerlingen. So ist der Bergbau in der Eisenerzgrube am Wehrer Kessel durch solche Gasaustritte behindert worden. Am Ostufer des Laacher Sees perlt Kohlendioxid in langen Spaltenreihen aus dem Wasser; VAN DER WYCK (1826, 65) und V. DECHEN (1864, 82) erwähnen Mofetten in einem Loch nördlich davon einige Meter über dem Seespiegel. Wenn die Quellen viel CO_2-Gas gelöst enthalten, entweicht im Quellbereich viel Gas in die Atmosphäre; so ist die Bemerkung von VAN DER WYCK (1826, 64–65) über einen „Brunnen im Keller zu Daun" zu verstehen: „das Gas tödtet hier die Mäuse, bei Wetterveränderung erhöht sich seine Schädlichkeit; Lichter erlöschen und Menschen, die sich nicht in Acht nehmen, fallen in Ohnmacht." H. PFANZ (2008) hat u. a. an Mofetten der Osteifel nachgewiesen, dass starke trockene CO_2-Austritte den Pflanzenwuchs beeinflussen.

PUCHELT (1983) schätzt die Menge des in der Eifel jährlich zutage tretenden CO_2 auf 0,5–1 Millionen Tonnen. Das CO_2 dürfte in der Eifel nach PUCHELT ausschließlich magmatischer Herkunft sein, wie C-Isotopen-Untersuchungen ergeben haben. Intermittierende Förderung tritt nur bei zwei erbohrten Quellen (Namedy und Wallenborn) auf.

Im Folgenden wird eine Liste der Einzelvorkommen gegeben; chemische Analysen bei CARLÉ (1975), soweit nicht anders angegeben. Die Zahlen geben die Tiefe unter Gelände an, aus der das Mineralwasser gefördert wird.

11.4.1.1 Osteifel

Rheintal:

Bonn: Ca-Na-Hydrogenkarbonat-Sulfat-Chlorid-Mineralwasser und Säuerling, 16 m.

Bad Godesberg: Gartenstraße (Na-Hydrogenkarbonat-Chlorid-Säuerling, 137 m), Draitschbrunnen (Na-Mg-Hydrogenkarbonat-Chlorid-Säuerling, 35 m). In Mehlem sind auch zwei Säuerlinge erbohrt worden (FRICKE 1960).

Kripp: Marie-Luisen-Quelle (Na-Hydrogenkarbonat-Chlorid-Säuerling, 90 m und tiefer).

Sinzig: nördlich der Ahr (Kessel 17 m, Barbarossa 12 m, Hohenstaufen 23 m): einfache Säuerlinge.
Unmittelbar südlich der Ahr (Fontinalis 251 m): Mg-Na-Hydrogenkarbonat-Säuerling.

Bad Breisig (Niederbreisig): früher traten u. a. in Kellern Mofetten auf. 6 Bohrungen fördern jetzt Mineralwasser, z. T. mit erhöhter Temperatur: Geyer (Na-Mg-Ca-Hydrogenkarbonat-Thermal-Säuerling, sprang bei der Erschließung in 70 m hoher Fontäne; 605 m, 34 °C); Bronni-Quellen (Rudolphus, 33 m und Michaelis, 25 m: Mg-Na-Ca-Hydrogenkarbonat-Chlorid-Wasser); Gertrudis (98 m, eisenhaltiger Mg-Na-Ca-Hydrogenkarbonat-Säuerling); Marien (630 m, 25,5 °C, Na-Mg-Ca-Hydrogenkarbonat-Thermal-Säuerling; sprang bei Erschließung in 45 m hoher Fontäne); Ludgerus (608 m, 27 °C, Mg-Na-Ca-Hydrogenkarbonat-Thermal-Säuerling).

Brohl: 5 Brunnen der Oranienquelle zwischen 40 und 630 m: Na-Mg-Hydrogenkarbonat-Chlorid-Säuerling.

Namedy: auf der Insel der Insel-Sprudel; Bohrung erhielt in 200, 350 und 587 m Tiefe Zufluss; Quelle sprang im 3–4 Stunden-Rhythmus intermittierend 40 m hoch. Auf dem benachbarten linken Ufer Augustinus-Sprudel (360 m). Eisenhaltiger Na-Hydrogenkarbonat-Chlorid-Säuerling (ALTFELD 1914). Man lässt neuerdings die Quelle als Touristen-Attraktion wieder auf Anforderung springen („Geysir von Andernach“).

R. KRÖLL (2010) beschreibt Kohlensäureaustritte im Rhein östlich des Südendes des Hammersteiner Werths und gegenüber nahe dem linken Ufer sowie in der Wied bei Datzeroth (Bl. 5410 Waldbreitbach). Alle diese Gasaustritte liegen unmittelbar im Liegenden der Siegener Hauptüberschiebung, die offensichtlich als Stau gewirkt hat.

Unteres Ahrgebiet

Im unteren Ahrtal waren schon seit längerer Zeit CO_2-Austritte und warme Quellen bekannt: warmes Wasser und Gasblasen traten in Neuenahr und unterhalb davon in der Ahr auf. Unterhalb Neuenahr wurden in Weinbergen, an deren Fuß ein dem Hl. Apollinaris geweihter Bildstock steht, seit langer Zeit Vegetationsschäden festgestellt. Durch Georg KREUZBERG (Weingutbesitzer in Neuenahr) und Gustav BISCHOF (Professor der Chemie und Geologe in Bonn) wurde nachgewiesen, dass sie auf das Ausströmen von Kohlendioxidgas zurückgehen; das führte ab 1853 zur Entwicklung des Apollinaris-Brunnens durch Bohrungen. 1818 machte der Arzt Dr. VELTEN in Ahrweiler die Regierung auf Mineralquellen in Beul (dem südlich der Ahr gelegenen Teil von Neuenahr, das spätere Kurviertel) aufmerksam. Die dort austretenden Thermalquellen konnten durch relativ flache Bohrungen gefasst werden: Augusta-Quelle (20 m, 34 °C), Victoria-Quelle (20 m, 36 °C) und der Kleine Sprudel (40 m, 29 °C). Später wurden durch tiefere Bohrungen weitere Quellen erschlossen: Großer Sprudel (88 m, 36 °C, springt ungedrosselt in 15 m hoher Fontäne), Willibrordus-Sprudel (377 m, 34 °C) und eine 1975/76 im Kurpark abgeteufte Thermalbohrung, bei der in 359 m Tiefe 52 °C gemessen wurden; sie durchteufte in 300 m Tiefe einen zersetzten, wohl tertiären Basaltgang (FRICKE 1977). Die 40 m tiefe Bohrung des Marien-Sprudels wurde wieder verschlossen. Die Wässer sind als Na-Mg-Hydrogenkarbonat-Thermal-Säuerlinge einzustufen (SCHWILLE 1958).

Der Apollinaris-Sprudel wird aus einer 55 m tiefen Bohrung gefördert (Neue Apollinaris-Quelle, 26 °C), er ist auch ein Na-Mg-Hydrogenkarbonat-Thermal-Säuerling. Auf dem Gelände der Apollinaris-AG wird in mehreren Stollen auch Kohlendioxidgas gewonnen. Außerdem besitzt diese Firma noch die Alte Apollinaris-Quelle, den Georg-Kreuzberg-Brunnen und den Barbarossa-Brunnen.

Östlich von Heppingen am Fuß des Basaltstocks Landskrone sind zwei Quellen erschlossen, der 50 m tiefe Landskron-Brunnen, unmittelbar daneben der 25 m tiefe Heppinger Brunnen. Es sind Na-Mg-Hydrogenkarbonat-Säuerlinge.

In Bodendorf ist früher eine Quelle als „Matthäus-Sauerbrunnen“ oder „Ahrquelle“ von der Bevölkerung genutzt worden. Seit 1899 wurden Bohrungen durchgeführt, 120 m tief der Sprudel im Badehaus, 150 m tief der neue St. Josefs-Sprudel (28,5 °C, eisenhaltiger Na-Mg-Hydrogenkarbonat-Thermal-Säuerling).

Außer diesen ergiebigen, z. T. intensiv genutzten Mineralquellen gibt es im Gebiet noch verschiedene kleinere Sauerbrunnen, so im unteren Idienbachtal südlich Neuenahr, im Bachemer Tal und im Wingsbachtal südwestlich Ahrweiler.

Nordteil des Laacher Vulkangebietes (Brohltal)

Im Brohltal und den südlichen Seitentälern finden sich viele Mineralquellen. Sie sind im Gegensatz zu den Quellen im Ahrtal und bei Bad Breisig keine Thermalquellen; das gilt auch für die anderen Quellen der Osteifel. Die Mineralquellen von Brohl wurden schon oben genannt. Eine Übersicht geben STOFFELS & THEIN (2000).

Im Pönterbachtal stehen innerhalb der untersten 2 km vier Bohrungen, die aus Tiefen zwischen 90 und 665 m Mineralwasser fördern. Der Heilborn, an dem sich jetzt die Fabrik des Tönissteiner Sprudels befindet, ist schon in der Römerzeit genutzt worden. Es ist ein eisenhaltiger Na-Mg-Hydrogenkarbonat-Chlorid-Säuerling. Auch oberhalb der Pöntermühle findet sich eine CO_2-Quelle, ein Mg-Ca-Hydrogenkarbonat-Säuerling.

Im Wassenacher Tal sind zwei Sauerbrunnen in dem vom P. 262,7 nach NW verlaufenden Talabschnitt nordöstlich Wassenach vorhanden. Bei Bad Tönisstein nahe dem Talausgang ist in 80 m Tiefe die Kurfürstenquelle und in 102 m Tiefe die Angelica-Quelle (Na-Mg-Hydrogenkarbonat-Säuerling) erbohrt worden.

Im Brohltal sind in der Ortslage Burgbrohl mehrere CO_2-Quellen erbohrt worden, die seit 1832 industriell genutzt werden (Bleiweiß-Fabrikation, flüssige Kohlensäure u. a.). Der Gemeinde-Brunnen ist ein stark eisenhaltiger Mg-Ca-Hydrogenkarbonat-Säuerling, der Fehlenborn ein stark eisenhaltiger Na-Mg-Ca-Hydrogenkarbonat-Säuerling. Auch im Gleeser Tal werden CO_2-Quellen industriell genutzt, so oberhalb von Glees und an der Buchholzermühle; auch an der Degensmühle und oberhalb vom Sportplatz gibt es Kohlensäurequellen. Säuerlinge gibt es auch im Brohltal in Niederoberweiler, im Wirrbachtal am südlichen Ortsende von Niederzissen sowie in Oberzissen.

Mittleres und südliches Laacher Vulkangebiet

Im Nordteil und Ostteil des Wehrer Kessels treten an mehreren Stellen Kohlensäurequellen aus; die größtenteils industriell genutzt werden. Es hat sich viel Eisenocker aus den Quellen abgeschieden, der zeitweilig abgebaut wurde.

Auf die Kohlensäureaustritte am Ostufer des Laacher Sees beiderseits des Lorenzfelsens wurde schon hingewiesen (vgl. auch S. 500), ebenso auf die Mofetten außerhalb des Sees südlich des tertiären Tonvorkommens. Sie liegen unmittelbar unter der Siegener Hauptüberschiebung, die offenbar stauend gewirkt hat. Auch nahe dem Nordufer gibt es Gasaustritte im See. In Nickenich gibt es Kohlensäurequellen.

Am Westrand des Vulkangebietes liegt der Mineralbrunnen von Volkesfeld, der in einer 30 m tiefen Bohrung gefasst ist und als Ca-Mg-Hydrogenkarbonat-Säuerling einzustufen ist. Gefasst ist auch der Säuerling des Erlenbrunnens südlich von Bell. Genutzt werden der Elisabeth-Brunnen und die Siegfried-Quelle südlich von Obermendig, die in 40 m tiefen Bohrungen gefasst sind; der Elisabeth-Brunnen ist ein eisenhaltiger Säuerling, enthält aber viel CO_2-Gas.

Auch im Stadtgebiet von Niedermendig sind mehrfach Kohlensäurequellen erbohrt worden. 2 km südöstlich von Niedermendig liegen mit dem Genofevabrunnen und dem Reginarisbrunnen sehr reiche Mineralquellen vor, die dort genutzt werden. Der Reginarisbrunnen ist ein

Abb. 112. Kohlensäurequellen am Ostufer des zugefrorenen Laacher Sees. Februar 1980.

eisenhaltiger Na-Mg-Ca-Hydrogenkarbonat-Säuerling; in der 245 m tiefen Bohrung wurden in 118 und 137 m Tiefe gangartige Basaltvorkommen angetroffen.

An der Burgquelle im Nettetal dicht oberhalb Plaidt ist in 50 m Tiefe ein Na-Mg-Ca-Hydrogenkarbonat-Säuerling gefasst worden. Eine weitere CO_2-Quelle liegt 1 km östlich vom Nettetal nordöstlich Saffig. Südlich der Flöcksmühle im Nettetal, dort, wo dieses von der Straße Ochtendung – Mayen überquert wird, liegt eine durch eine 120 m tiefe Bohrung gefasste Quelle eines eisenhaltigen Na-Hydrogenkarbonat-Säuerlings. Im Mühlental 2 km nordöstlich von Bassenheim findet sich ein Säuerling. Ein weiterer liegt am Südrand von Bassenheim im Tal (Bur, Martinus-Quelle; Mg-Ca-Hydrogenkarbonat-Säuerling).

Im Tal des bei Kobern in die Mosel fließenden Hohesteinsbachs findet sich ein Sauerbrunnen etwa 1,5 km oberhalb der Mündung, ein zweiter östlich der Matthiaskapelle. Im Belltal südlich Wolken ist in 30 m Tiefe ein eisenhaltiger Na-Ca-Mg-Hydrogenkarbonat-Säuerling erbohrt worden; einige Hundert m unterhalb tritt ein Säuerling im Belltal aus.

11.4.1.2 Westeifel

Zwischen dem quartären Vulkangebiet der Osteifel mit der westlichsten Mineralquelle bei Volkesfeld und dem um die Westeifel-Vulkankette angeordneten Mineralquellen-Areal, das im Trierbachtal seine östlichsten Vorkommen hat, besteht eine breite Lücke in der Mineralquellen-Verbreitung. Dadurch wird die Bindung des CO_2-Aufstiegs an die Vulkangebiete deutlich. Nach PLUM (1981) haben die meisten Mineralquellen der Westeifel Austrittstemperaturen zwischen 7,9 und 11,9 °C, sind also kalte Wässer. Als leicht erhöhte Austrittstemperaturen gelten die zwischen 11,9 und 15,9 °C: Hierher gehören u. a. zwei Quellen in Pelm (13,0 und 13,6 °C) und die Adelheidquelle in Daun (12,7 °C). Temperaturen über 15,9 °C wurden nur an der Bergquelle in Bad Bertrich (32,0 °C), an der Quelle der Strotzbüscher Mühle (19,2 °C) und an der Quirinusquelle im Dreiser Weiher (18,9 °C) gemessen. Die folgende Auflistung hauptsächlich nach ULRICH (1958) und CARLÉ (1975).

Die **östlichsten Mineralquellen** hat KNETSCH (1959) lokalisiert: Auf der Nordseite des Trierbachtals finden sich eine Mineralquelle in Bauler, eine westlich Bauler an der Mündung des von Wiesemscheid herabkommenden Nebenbaches und zwei in dem Tälchen westlich des Mühlenberges. Südlich Rothenbach liegt eine Mineralquelle in dem Tälchen, dessen Ursprung ebenfalls eine Mineralquelle (Dreis) darstellt. Im Ursprungsgebiet des Bodenbach-Tales (südöstlich vom Ahrberg) liegen zwei weitere Mineralquellen. Westlich von Bodenbach liegt eine im Tal westlich der Höhe 504, eine weitere unterhalb der Mündung dieses Tales in den Bodenbach. Am westlichen Ortsausgang von Neichen gibt es eine Mineralquelle, eine weitere zwischen Beinhausen und Neichen. Im Ulmener Maar dringt Kohlensäure auf. 1 km südwestlich von Darscheid befindet sich ein Sauerbrunnen. Auch in Rengen, Kradenbach und Nerdlen (2 Quellen westlich vom Ort) treten Sauerbrunnen aus.

Im **Nordostteil des Vulkangebietes** sind in der Umgebung des Dreiser Weihers zahlreiche Kohlensäurequellen bekannt. Im Dreiser Weiher wird die aus Bohrungen erschlossene Nürburg-Quelle für Tafelwasser genutzt, ein Mg-Ca-Na-Hydrogenkarbonat-Säuerling; es gibt hier außerdem die Quirinus-Quelle (mit 18,9 °C fast eine Thermalquelle) und Hofquelle. Ferner kommen Säuerlinge in Dockweiler, westlich Oberehe (2 Quellen) und im Rudersbachtal (2 Quellen) zwischen Heyroth und Oberehe vor. Auch zwischen Walsdorf und Hillesheim tritt eine Mineralquelle auf (Niederborn).

Im **Zentralteil des Vulkanfeldes** gibt es Mineralquellen bei Rockeskyll (mehrere 30 m tiefe Bohrungen, Ca-Mg-Hydrogenkarbonat-Säuerlinge), Essingen, Pelm (Gerolsteiner Schlossbrunnen 46 m tief, 2 Wiesenquellen 40 m, Hofquelle 33 m, zwei weitere Brunnen 40 und 98 m; Na-Ca-Mg-Hydrogenkarbonat-Säuerlinge), Gees (2 Quellen), Steinborn (2 Quellen), Pützborn, Neunkirchen, Oberstadtfeld, Niederstadtfeld (2 Quellen) und Gemünden. In Daun sind erbohrt und teilweise in Nutzung die Adelheid-Quelle (51 m, Na-Ca-Hydrogenkarbonat-Säuerling), Badehaus-Quelle (12 m), Barbarossa-Quelle, Gisela-Quelle und Dunaris-Quelle (12 m, Na-Mg-Hydrogenkarbonat-Säuerling). Die Dauner Quellen sind so reich an CO_2-Gas, dass Übergänge zu Mofetten bestehen (vgl. Einleitung zu 11.4.1); In Gerolstein fördern mehrere Tiefbohrungen Mineralwasser und CO_2-Gas; die meisten Quellen fördern Ca-Mg-Hydrogenkarbonat-Säuerlinge, eine (Brunnen 11) einen Ca-Mg-Na-Hydrogenkarbonat-Säuerling.

Im **Nordwesten bis Westen des Vulkangebietes** sind Säuerlinge von Neuenstein, Neuendorf, Olzheim, Steffeln, vom Duppacher Maar, von Büdesheim, Müllenborn, östlich vom Apert östlich Wallersheim, vom Dreisbachtal südlich des Wöllersberges bei Lissingen, von Lissingen (2 weitere Quellen) und Kopp bekannt. Mehrere Kohlensäurequellen wurden bei Birresborn erbohrt: Adonis (99 m), Fischbach (17 m), Linden (6,5 m, Na-Mg-Hydrogenkarbonat-Säuerling), Phönix (57 m), außerdem gibt es Mofetten.

Im **Südwesten des Vulkangebietes** sind Mineralquellen bei Salm, Weidenbach, Meisburg, Schutz, Üdersdorf und Trittscheid bekannt. Besonders stark sind sie in Wallenborn konzentriert, wo allein sechs Mineralquellen zutage treten. Eine davon ist eine intermittierende

Quelle mit Eruptionszyklen von etwa 56 Minuten Dauer, seitdem sie im Jahre 1933 in 38 m Tiefe erbohrt wurde. Es ist möglich, dass sich in der Tiefe ein Gaspolster aus CO_2 bildet, das eruptiert, sobald der Gasdruck den hydrostatischen Druck der Wassersäule übersteigt (WEILER 1981, HEINZ & PLUM 1983). Südlich Bettenfeld findet sich im oberen Brembachtal ein Säuerling (Dreisborn).

Im **Südosten des Vulkangebietes** finden sich Mineralquellen an folgenden Stellen: westlich Schalkenmehren (Winkelbach), im Sammetbachtal nordöstlich Hasborn, zwischen Demerath und Ellscheid und im Sprinker Maar. Im Üssbachtal 200 m nördlich der Strotzbüscher Mühle tritt ein Na-Hydrogenkarbonat-Chlorid-Mineralwasser zutage, das mit 19,5 °C überdurchschnittlich hohe Temperatur aufweist. Die wärmste Quelle der Westeifel ist die Bergquelle in Bad Bertrich mit 32,9 °C, ein Na-Hydrogenkarbonat-Sulfat-Thermalwasser („Glaubersalz-Thermalwasser"); zur tektonischen Lage der Bertricher Quellen (dicht neben der Bergquelle die Gartenquelle) vgl. DILLMANN & KRAUTER (1972). Der Sulfatgehalt wird neuerdings von Gips des Wittlicher Rotliegenden hergeleitet, nicht, wie man früher annahm, von Sulfiden in Gangvererzungen.

11.4.1.3 Südeifel

Es gibt einige CO_2-Quellen außerhalb des quartären Vulkangebietes, bei denen die Zuordnung zum Vulkanismus nicht ganz eindeutig ist. Dieser Quellenbereich setzt sich in den südwestlichen Hunsrück hinein fort, wo die Herkunft des CO_2 noch schwerer zu bestimmen ist.

An der nördlichen Randverwerfung der Wittlicher Senke finden sich Säuerlinge bei Flussbach, westlich Dörbach im Salmtal, 300 m nordöstlich Heckenmünster, zwischen Erlenbach und Heckenmünster (Victoriaquelle), 1 km westlich Erlenbach, 2 km südwestlich Erlenbach und 1,3 km südwestlich Naurath (KLEIN 1937). Die stärkste Quelle entspringt in Dreis (18 m, Na-Ca-Hydrogenkarbonat-Säuerling). 200 m nördlich der Victoriaquelle bei Heckenmünster tritt eine Schwefelwasserstoff führende Quelle aus. Bei Piesport und westlich Ensch an der Mosel finden sich auch Sauerbrunnen. Am Rand der Trierer Bucht liegt nordöstlich Niersbach ein Sauerbrunnen; im Zentrum der Triasbucht tritt im Sauertal unterhalb von Ralingen ein Säuerling zutage. Am Winterbach südlich Rodt ist stark CO_2-haltiges Wasser erbohrt worden (H. WEILER briefl.).

11.4.1.4 Nordwesteifel

An der Südflanke des Vennsattels entspringen zwei Kohlensäurequellen relativ weit vom Vulkanfeld der Westeifel entfernt. Im Sauertal nördlich von Dreiborn wird an der Sauermühle (Heilstein) aus einer 55 m tiefen Bohrung ein Na-Ca-Hydrogenkarbonat-Säuerling gefördert. In Wollseifen (Gemeinde Schmidt) nördlich des Rurstausees entspringt auch ein Säuerling („Saurer Pütz").

11.4.2 Sulfatwässer

In Nähe der Südrandstörung der Wittlicher Senke treten einige sulfathaltige Wässer zutage, deren Sulfatgehalt aus Gipslagen der Rotliegendsedimente hergeleitet wird (GEIB & HEYL 1963). Sie wurden erbohrt zwischen Kinderbeuren und Bengel (Ca-Mg-Sulfat-Mineralwasser) und kommen auch östlich Wengerohr sowie zwischen Esch und Rivenich vor. Die Gipsmengen im Rotliegenden sind allerdings nur gering.

Noch schwieriger ist die Herkunft des Sulfats für die isoliert liegende Ottilien-Quelle von Sevenich (zwischen Pillig und Münstermaifeld) zu erklären; sie ist vielleicht in der Oxidation sulfidischer Gangerze zu suchen. Eine 71 m tiefe Bohrung hat dieses Na-Sulfat-Hydrogenkarbonat-Mineralwasser erschlossen (HEYL 1970).

Die sulfatreiche Quelle von Esslingen südlich Bitburg dürfte ihren Sulfatgehalt aus den Gipslagen des Mittleren Muschelkalks beziehen.

11.5 Tektonik und Geophysik

Der heutige tektonische Zustand des Gebietes wird durch das Aufsteigen der Rheinischen Masse bestimmt, das seit dem Oligozän in ungleichmäßiger Intensität vor sich geht. Die Ursachen dieses Aufstiegs sind nach wie vor unbekannt und wohl in Vorgängen innerhalb des Erdmantels zu suchen. Die Rheinische Masse ist Teil der Europäischen Platte, die jedoch oben aus Stücken verschiedenen Verfestigungsalters zusammengesetzt ist, wie eine Tischplatte, die eine dünne, aus verschiedenen Hölzern zusammengefügte Intarsienauflage hat. Auf der Westseite dieser Platte, die durch das Bild der Intarsienplatte nur geometrisch, nicht genetisch beschrieben wird, liegt der sich ständig weiter öffnende Nordatlantik, an ihrer Südseite das durch den Zusammenstoß dieser Platte mit einer von Süden herandriftenden Platte entstandene junge Faltengebirge der Alpen.

Eine tiefreichende Fraktur teilt die Rheinische Masse zwischen der Grabenstruktur der Niederrheinischen Bucht, die sich nach N im Holländischen Zentralgraben bis in die Nordsee fortsetzt, und dem Oberrheingraben. Sie lässt sich im südlichen Schiefergebirge nicht sicher durch Verwerfungen lokalisieren, wohl aber im Neuwieder Becken, das Teil dieser Bruchzone ist, und zwischen ihm und der Niederrheinischen Bucht. Die Verwerfungen dieses Streifens sind schon während des Tertiärs angelegt worden. Nur im Neuwieder Becken lässt sich nachweisen, dass die Störungen teilweise noch während des Quartärs aktiv sind. Ebenfalls sind quartäre Bewegungen an vielen der aus der Niederrheinischen Bucht ins Schiefergebirge ziehenden Verwerfungen belegt (AHORNER 1962). Die seismische Aktivität zeigt aber, dass die ganze das Schiefergebirge querende Bruchzone bis heute noch in Bewegung ist.

Diese heute durch das Rheintal eingenommene Zone hat schon während des Tertiärs zwei Bereiche mit unterschiedlichem Hebungsverhalten voneinander getrennt. Die westliche Scholle mit der Eifel lag während des Tertiärs mehrfach im Meeresspiegelniveau, so dass es sogar zu marinen Überflutungen kam, die östliche Scholle (Westerwald und Taunus) hat immer höher gelegen (MEYER et al. 1983). Im Gegensatz dazu ist die quartäre Hebung nach der Entstehung der Jüngeren Hauptterrasse im Eifelgebiet mindestens doppelt so stark wie im Westerwald (MEYER & STETS 2002, 2007); sie verläuft synchron mit dem jungen Eifelvulkanismus.

11.5.1 Erdbeben

Die seismische Aktivität zeichnet dieses tektonische Bild nach. Die südliche Niederrheinische Bucht bis an den Eifelnordrand ist eines der erdbebenreichsten Gebiete Mitteleuropas. Von der

Südspitze der Niederrheinischen Bucht zieht die seismisch aktive Zone in einem Streifen entlang dem Rheintal nach SE quer über das Schiefergebirge und deutet damit eine tektonische Verbindung zwischen Niederrheinischer Bucht und Oberrheingraben an, die sich an Störungen nur im Neuwieder Becken und nördlich davon erkennen lässt. Im ganzen Neuwieder Becken verteilt sind Erdbebenherde registriert worden. Eine Häufung von Herden meist schwächerer Beben findet sich im Vennsattel; vielleicht gehört dieser Bereich zu einer in E-W-Richtung durch Belgien ziehenden Erdbebenzone, die etwa dem Südrand des Brabanter Massivs folgt (Brabanter Erdbebenzone bei AHORNER 1968). Im Moselgebiet treten gelegentlich auch schwächere Beben auf, vielleicht ein Hinweis darauf, dass hier die während des Tertiärs zu beobachtenden Senkungsbewegungen („Bitburg-Kasseler Senkungsfeld" nach PFLUG 1959) noch nicht zur Ruhe gekommen sind.

Die Eifel wird also nur an ihren Rändern von diesen Erdbebenstreifen erfasst, und die Herde von stärkeren Schadenbeben liegen außerhalb von ihr. Das schließt nicht aus, dass im ganzen Eifelgebiet deutlich spürbare Beben, die sogar Schäden verursachen können, auftreten, denn die schwersten Erdbeben in der Nachbarschaft haben eine makroseismische Reichweite (sie umfasst das ohne Instrumente wahrnehmbare Schüttergebiet) von mehr als 300 km gehabt (AHORNER 1968).

Die Zusammenhänge zwischen Bruchtektonik und Seismizität im Rheinland sind schon seit längerer Zeit diskutiert worden, so z. B. von SIEBERG (1926) und SCHWARZBACH (1951). Erst mit der Einrichtung der Erdbebenwarte in Bensberg bei Köln durch M. SCHWARZBACH im Jahre 1951 wurde eine moderne seismologische Erforschung möglich. Ihre Ergebnisse sind u. a. in den Arbeiten von L. AHORNER (1967, 1968, 1970, 1972, 1983) präsentiert worden, die den folgenden Ausführungen zugrunde liegen.

Die stärksten aus historischer Zeit überlieferten Schadenbeben im Eifelgebiet oder in unmittelbarer Nachbarschaft waren die folgenden (nach AHORNER 1968 und AHORNER, MURAWSKI & SCHNEIDER 1970). Die Zahl in Klammern gibt die geschätzte makroseismische Intensität auf der 12-teiligen MERCALLI-Skala an:

1565 Zell (Mosel): Kaminschäden (7?);
1595 Alf (Mosel: Bodenrisse, Bergstürze (7?);
1640 Düren: Mauern gespalten, in Köln Kaminschäden (7–8);
1673 Mehlem (Rhein): Kaminschäden (7);
1690 Aachen: Kaminschäden, Mauerrisse (7);
1755 Gressenich: zahlreiche Mauerrisse (7);
1755 Raum Gressenich; zahlreiche Kaminschäden, Mauerrisse, Einsturz von Gebäuden, 1 Toter in Aachen (7–8);
1756 Düren: starke Gebäudeschäden, auch in Köln und Aachen, 2 Tote in Aachen (8);
1759 Aachen: Gebäudeschäden (7);
Düren: Gebäudeschäden (7);
Braubach (Rhein): Kaminschäden, Mauerrisse (7);
1828 Aachen: Mauerrisse, Kaminschäden (7);
1869 Engers (Rhein): Kaminschäden und Mauerrisse an mehreren Orten; Herdtiefe 9 km (7);
1873 Herzogenrath: Mauerrisse und Kaminschäden vor allem in Herzogenrath; Herdtiefe 4 km (7);

1877 Herzogenrath: Mauerrisse und Kaminschäden an mehreren Orten; Herdtiefe 2 km (8);

1892 Boppard: Mauerrisse und Kaminschäden an mehreren Orten (7);

1950 Euskirchen: Kaminschäden an mehreren Orten, besonders in Billig; Herdtiefe 7 km (7);

1951 Euskirchen: Giebeleinstürze; Kaminschäden und Mauerrisse an zahlreichen Orten, 11 Verletzte; Herdtiefe 8–9 km (7–8);

8.11.1983 Lüttich: Gebäudeschäden (7), AHORNER (1985);

13.04.1992 Roermond: Schäden an Hunderten von Gebäuden, viele Verletzte; Herdtiefe 14 km, AHORNER (1992).

Neben diesen starken Schadenbeben, die in einem Umkreis von mindestens 150 km um den Herd noch von vielen Menschen wahrgenommen werden, gibt es in den angegebenen Erdbebenzonen noch zahlreiche Beben, die innerhalb von Arealen von mehreren Zehnern von Kilometern auch deutlich gespürt werden, aber keinen Schaden anrichten. Diese Beben mit Stärken unterhalb von 6 auf der Mercalli-Skala und die Kleinbeben mit einer maximalen Mercalli-Stärke von 4, die makroseismisch bis 20 km weit vom Herd noch wahrgenommen werden können, und die oft nur mikroseismisch, also mit Seismographen erfassbaren Lokalstöße geben uns aber über die räumliche Verteilung der seismischen Aktivität wichtige Informationen. Da diese kleinen Beben viel häufiger auftreten als die schweren Schadenbeben, können durch Auswertung der Seismogramme zahlreiche Daten über Lage, Herdtiefe und die Bewegungen im Herdbereich gewonnen werden. So konnte AHORNER (1983) Beobachtungen an mehreren mobilen Seismographen in Nähe seismisch aktiver Zonen wie z. B. im Neuwieder Becken über einige Jahre hinweg durchführen und dadurch auch die sogenannten Mikrobeben erfassen, die makroseismisch nicht spürbar sind, aber so häufig stattfinden, dass sie gewissermaßen die kontinuierlichen Bewegungen an Störungen sichtbar machen. Es sind in den letzten Jahren zahlreiche Beben im Raum Kruft aufgetreten, die meist nur in Seismogrammen beobachtet werden konnten (Vortrag Prof. Dr. K.-G. HINZEN, Erdbebenstation Bensberg in Mendig am 15.01.2011). Sie dürften durch Bewegungen auf der NW streichenden Verwerfung, die aus dem Gebiet der Ruine Wernerseck in Richtung Kruft zieht, ausgelöst werden (Bl. 5610 Bassenheim).

Aus den zwischen den Jahren 1750 und 1970 vorliegenden Daten über Erdbeben im Rheinland haben AHORNER & ROSENHAUER (1975) Karten über die mögliche Erdbebengefährdung dieses Gebietes konstruiert. Die meisten Beben haben Herdtiefen von ca. 5 km; viele liegen auch in Bereichen zwischen 5 und 10 km, jedoch haben einige schwere Beben der Niederrheinischen Bucht auch Herdtiefen von etwa 25 km gehabt, was zeigt, dass dort die Bewegungsflächen fast die ganze Kruste durchsetzen. In einigen Fällen ließen sich Erdbeben auf Bewegungen an den großen Störungszonen der Niederrheinischen Bucht zurückführen, besonders am Erftsprung-System und am Rurrandbruch. Die Herde der Beben von 1873 und 1877 in Herzogenrath liegen genau auf der Feldbiss-Verwerfung.

Rekonstruktionen des Bewegungssinnes im Herd, sogenannte Herdflächenlösungen, lassen sich an den Seismogrammen vornehmen. Sie ergeben für das nördliche Rheinland, dass dort bei Erdbeben hauptsächlich Vertikalbewegungen mit seitlicher Dehnung in NE-SW-Richtung vor sich gehen, wie man es aus dem tektonischen Bild der Niederrheinischen Bucht mit ihren antithetischen Abschiebungen auch erwartet. Die ostwestlich verlaufende Bebenzone in Belgien zeigt hauptsächlich Seitenverschiebungen in den Herden, aus denen eine rechtshändige Verschiebung abgeleitet werden kann, bei der sich also das Brabanter Massiv gegenüber seiner südlichen Nachbarschaft nach E bewegt (AHORNER 1975). AHORNER leitet aus den Bebenmechanismen für das westliche Mitteleuropa eine heute in NW-SE-Richtung wirkende Kompressionsbeanspruchung ab, die noch vom Alpen-Orogen ausgehen soll.

11.5.2 In-situ-Spannungsmessungen

Während die Bewegungen in den Erdbebenherden Spannungszustände tief in der Kruste widerspiegeln, erfassen in-situ-Spannungsmessungen die Spannungen in der obersten Haut der Kruste. In den letzten Jahrzehnten wurden Methoden entwickelt, durch welche mit Hilfe von Bohrverfahren der mechanische Spannungszustand im anstehenden Gestein (in situ = lat.: in der Lage) gemessen werden kann. Geeignet sind dafür massige Kalke. In der Eifel wurden solche in-situ-Spannungsmessungen bei Gressenich (Inde-Mulde), Keldenich (Sötenicher Mulde) und Pelm (Gerolsteiner Mulde) durchgeführt (BAUMANN 1981, 1982, ILLIES & BAUMANN 1982). Es ergab sich für alle drei Stellen ein Vorherrschen von Zugspannungen, und zwar für Gressenich und Pelm in NW-SE-Richtung, für Keldenich in N-S-Richtung. Die NW-Richtung ist auch im südöstlichen Schiefergebirge festgestellt worden, sowie in Süddeutschland und Nordostfrankreich und wird hier auf vom Westalpenbogen auf die mitteleuropäische Platte ausgehende Kompression zurückgeführt; es wurde in diesen Gebieten auch überall Kompression festgestellt. Im Schiefergebirge herrscht Kompressions-Spannung heute nur am Südrand. Im Lahn-Synklinorium und an den Messpunkten in der Eifel liegt heute Zugspannung vor, was wahrscheinlich auf die Hebung der Rheinischen Masse zurückgeht. Wieweit hier das Spannungsfeld noch von den Westalpen beeinflusst wird, muss offen bleiben.

11.5.3 Rezente Höhenänderungen

Heute ablaufende tektonische Vertikalbewegungen können durch Wiederholung von Präzisionsnivellements in größeren Zeitabständen lokalisiert und in ihren relativen Bewegungsbeträgen quantifiziert werden. Solche 1933 (im östlichen Teil 1921) auf einem Profil vom Hohen Venn über Düren und Köln bis weit ins Bergische Land durchgeführten Feinnivellements konnten 1952 wiederholt werden und ergaben, dass die Niederrheinische Bucht gegenüber den beiden sie flankierenden Schiefergebirgsarealen um deutliche Beträge absinkt. Das Maximum liegt in der Rurscholle bei Düren mit Absenkungsbeträgen von 2,7 mm pro Jahr (QUITZOW & VAHLENSIECK 1955).

Auch vom Schiefergebirgsanteil der Eifel sind die gegenwärtigen Höhenänderungen untersucht worden (MÄLZER & ZIPPELT 1979): Die Messungen wurden in der Zeit 1951/54 vorgenommen und 1969/73 wiederholt. Auf den Profilen Meckenheim – Daun und Daun – Prüm ist nur eine schwache gleichmäßige Aufstiegstendenz festzustellen. Jedoch zeigt das Profil Prüm – Gemünd deutlich, dass der Bereich Schleiden/Gemünd ungewöhnlich stark aufsteigt mit Raten von mindestens 1 mm pro Jahr. Die stärksten Aufstiegsbeträge wurden auf dem Profil Gemünd – Euskirchen entlang der Bundesstraße 266 gemessen, und zwar im Raum Mechernich mit Raten von 2 mm pro Jahr. Dieser Bereich liegt nahe den ersten größeren Randstörungen der Niederrheinischen Bucht, hier in der nordwestlichen Fortsetzung der Antweilerer Senke. Die Niederrheinische Bucht sinkt gerade in dem nahegelegenen Rurgraben gegenwärtig besonders stark ab (s. o.). Es ist denkbar, dass dieses starke Absinken hier ein Aufsteigen der Grabenschultern verursacht, wie wir es von vielen aktiven Grabenzonen, z. B. vom Oberrheingraben oder vom ostafrikanischen Grabensystem kennen. Am Neuwieder Becken scheinen ähnliche Bewegungen abzulaufen. In Bezug auf rezente Höhenänderungen gibt es auch eine „Rheinlinie": das Westerwaldgebiet sinkt ab, das Eifelgebiet steigt auf (MÄLZER et al. 1983). Die Tendenz, wie sie von MEYER & STETS (2002, 2007) für den Zeitraum der letzten 800 000 Jahre (nach der Bildung der Hauptterrassen) ermittelt wurde, setzt sich also bis in die Gegenwart fort (vgl. dazu Abb. 116).

11.5.4 Magnetik

Die Karte der erdmagnetischen Totalintensität (Abb. 113) zeigt die Eifeler Nord-Süd-Zone als Bereich geringerer magnetischer Intensität zwischen einem mit ständig ansteigenden Werten

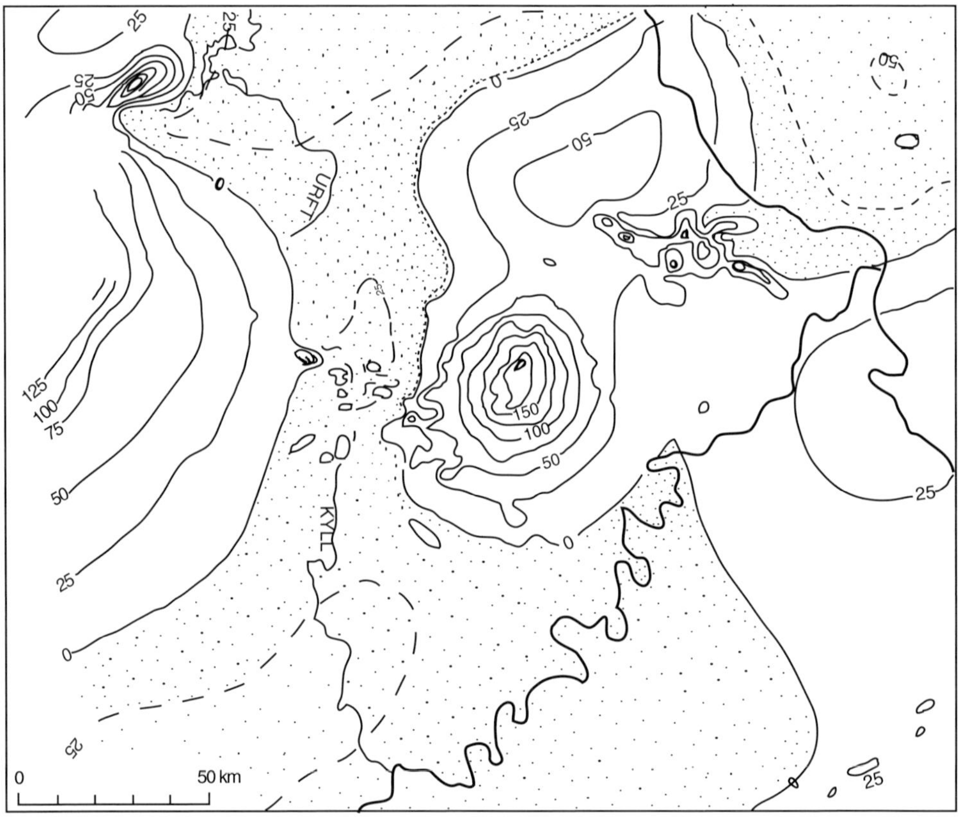

Abb. 113. Die Verteilung der erdmagnetischen Totalintensität, dargestellt durch Linien gleicher Abweichung von einem Reverenzfeld. Punktiert: Bereiche negativer Abweichung. Umgezeichnet nach einer von der Bundesanstalt für Geowissenschaften und Rohstoffe, Hannover 1976 herausgegebenen Karte, die aufgrund von vom Flugzeug aus durchgeführten Messungen hergestellt wurde. Im hier dargestellten Bereich betrug die Flughöhe 1000 m NN.

im W (Ardennen) und einem mit gleichfalls höherer Intensität in der Osteifel. Die quartären Vulkangebiete der Osteifel und Westeifel ergeben wegen der Menge an basaltischen Gesteinen positive Anomalien. Beim Laacher Vulkangebiet fällt eine deutliche NW-SE-Auslängung der Anomalien auf, die sich in der Oberflächenverteilung der Ausbruchsstellen nicht erkennen lässt. Das Vulkanfeld hat also in der Tiefe eine ähnliche Orientierung wie die NW streichende Vulkankette der Westeifel.

Zwei auffällige magnetische Anomalien sind schon seit den Beobachtungen von REICH (1932) bekannt: eine schwächere liegt im Bereich des unteren und mittleren Ahrtals; die Längsausdehnung dieses sog. Ahrweilerer Hochs folgt etwa dem variszischen Streichen. Die Ursache ist unbekannt, sie könnte in einem basaltischen Herd in der Tiefe zu suchen sein, von dem dann jedoch nur wenig Material bis zur Oberfläche aufstieg. Wahrscheinlicher ist die folgende Erklärung: Die Anomalie liegt im Bereich des Ahrtalsattels, in dem der prädevonische Untergrund relativ hoch hinaufreichen muss. Sie kann also durch fein verteilten Eisengehalt in prädevonischen Sedimenten (wie am Vennsattel, s. u.) verursacht werden.

Die zweite magnetische Anomalie lässt sich auf den tertiären Basaltvulkanismus beziehen. Denn dieses sehr starke sog. Kelberger Hoch liegt im Zentrum des Vulkanfeldes der Hocheifel. Das Maximum magnetischer Totalintensität ist deutlich N-S gestreckt und liegt etwa in dem Areal, das die nichtbasaltischen Differentiate enthält, in dem also die Magmenkammer am höchsten hinaufreicht. Das Kelberger magnetische Hoch wird deshalb wahrscheinlich durch einen kissenartigen basaltischen Körper, der den Herd des tertiären Hocheifel-Vulkanismus darstellen kann, verursacht. Wegen der Steilheit der Gradienten dieser Anomalie ist es wahrscheinlich, dass der magnetische Störkörper in der Kruste liegt und nicht im Erdmantel. Das spricht für einen Zwischenherd, vgl. auch BÜCHEL (1992).

Auf der SE-Flanke des Venn-Sattels stellte REICH (1932) auch eine starke magnetische Anomalie fest. Diese sog. Anomalie von Lammersdorf wurde dann von WOLFF & HAHN (1954) detailliert untersucht. Es zeigte sich, dass sie als ein unregelmäßiges Band etwa die Basis des Devons auf dem SE-Flügel des Venn-Sattels sowohl im deutschen als auch belgischen Gebiet begleitet. Die Schärfe der Anomalien weist auf eine oberflächennahe Lage der Störkörper hin. Es werden dafür Magnetkies-Anreicherungen, die durch die hier stärkere Metamorphose aus dem Pyritgehalt in Revin-5-Schichten entstanden sind und der Magnetitgehalt von Salm-Schichten verantwortlich gemacht (vgl. R. WALTER 2010a). E. SCHNEPP (1992) hat an Westeifelvulkaniten das Verhalten des erdmagnetischen Feldes während der frühen Brunhes-Epoche studieren können.

11.5.5 Geothermischer Zustand

In einem Gebiet mit fast rezentem Vulkanismus kann man erwarten, dass von in der Tiefe steckenden Herden noch Wärme an das Nebengestein abgegeben wird. Um zu prüfen, ob in der Eifel technisch verwertbare Erdwärme vorhanden ist, wurde an mehreren etwa 50 m tiefen Bohrungen der Wärmefluss gemessen. Bei Ochtendung wurde sogar eine 700 m tiefe Bohrung im steilstehenden Hunsrückschiefer abgeteuft, um den Wärmefluss zu untersuchen. Es ergab sich jedoch, dass in den jungen Vulkangebieten der Eifel die Erdwärme nicht höher ist als in anderen mitteleuropäischen Mittelgebirgsgebieten (HAENEL 1983): Auch nach Einführung eines Korrekturfaktors, der „Kältereste", welche nach den pleistozänen Kaltzeiten noch in der Kruste blieben, berücksichtigt, hat die Bohrung Ochtendung nur einen Wärmefluss von 68,3

Milliwatt pro m² ergeben, der Laacher See 75,7 mWm^{-2}, das Pulvermaar 66,0, Weinfelder Maar 64,0, Gemündener Maar 65,0. Ein schmaler Streifen mit Werten über 80 mWm^{-2} zieht von Bonn in SW-Richtung durch die nördliche Eifel (Hillesheim 81,0, Schmidtheim 76,0, Rheinbach 89,0 mWm^{-2}). Das Verteilungsbild des Wärmeflusses ist also vom jungen Vulkanismus unabhängig.

11.5.6 Aufbau von Kruste und Mantel

Aus den Kristallin-Auswürflingen in der Grauen Laacher-See-Tephra, der Hüttenberg-Tephra, Gleeser Tephra, den Phonolithtuffen der Kappiger Ley, Basalttephren von Kempenich und Einschlüssen in Basaltlaven vom Thelenberg, von Niedermendig, Ettringen/Mayen und vom Karmelenberg im Osteifel-Vulkangebiet sowie aus Auswürflingen in Tephra am Kyller Kopf (Westeifel-Vulkangebiet) und an Einschlüssen in der Lava des tertiären Finkenberg-Vulkans in Bonn-Beuel hat VOLL (1983) für die Eifel folgendes Krustenprofil konstruiert (Abb. 114):

Die Gesteine lassen sich in eine Reihe zunehmender Metamorphose (vom Barrow-Typ) und Durchbewegung ordnen, denn Anzeichen für Diaphtorese oder retrograde Metamorphose fehlen. Das aus devonischen Gesteinen aufgebaute Faltenstockwerk reicht nach MEYER & STETS (1975) am Rhein und in der Osteifel 4–5 km tief hinab. Es schließt sich eine 10 km dicke Zone an, die unter Bedingungen der Grünschiefer-Fazies metamorphosiert ist und aus Phylliten, Grünschiefern und rekristallisierten klastischen Sedimenten besteht. Es lassen sich alle Übergänge vom kaum metamorphen Schiefergebirgsstockwerk bis zur Metamorphose in Amphibolit-Fazies in Auswürflingen belegen. Eine zweite Schieferung entwickelt sich in diesem Bereich. Es schließt sich unten eine etwa 5 km dicke Zone mit Glimmerschiefern an, die unter Bedingungen der niedrig-temperierten Amphibolit-Fazies metamorphosiert wurde. Daran schließt sich ein 5–10 km breiter Streifen an, in dem die Metamorphose von mittlerer zu höher temperierter Amphibolit-Fazies zunimmt, wobei Gneise, Amphibolite, Kalksilikate und im unteren Teil auch Migmatite vorkommen. VOLL erkennt in diesem Bereich zwei weitere Schieferungssysteme. Postkristalline Knickfalten sind in Glimmerschiefern, die in 15–18 km Tiefe anstehen müssen, ausgebildet. Man fand nur einen Granit-Auswürfling (Kappiger Ley), aber viele Xenolithe von Metadioriten und Quarzdioriten, die vor der variszischen Regionalmetamorphose intrudiert sein müssen.

Der kontinuierlichen Metamorphosereihe wird von VOLL ein variszisches Alter zugesprochen. Mit den Migmatiten waren dabei Temperaturen von 650–670 °C bei Drucken von 7–8 kbar erreicht worden. Es finden sich unter den Auswürflingen auch Metamorphite in Granulit-Fazies, besonders in Basalttephra nordöstlich Kempenich (OKRUSCH et al. 1979). Sie müssen bei 850 °C und etwa 12 kbar entstanden sein. Es ergibt sich dadurch ein erheblicher Sprung zu den Werten der anderen Metamorphite. VOLL nimmt deshalb an, dass die Metamorphite in Granulit-Fazies die Reste einer älteren Metamorphoseserie sind, die bis fast auf die Kruste-Mantel-Grenze hinab abgetragen wurde. Sie muss dann von einer mächtigen Sedimentserie zugedeckt worden sein, die in der variszischen Orogenese metamorphosiert wurde. Diese überwiegend klastische Sedimentserie muss zum größten Teil präkambrisches Alter haben. Nach Vergleichen mit dem rechtsrheinischen Schiefergebirge und dem Stavelot-Massiv dürfte der altpaläozoische Anteil unter dem devonischen Stockwerk nur wenige 1000 m mächtig sein und höchstens die obere Hälfte der Grünschiefer-Zone aufbauen. Wegen der Vollständigkeit des Metamorphose-Profils in den Auswürflingen der Tuffe des Wehrer Kessels hält

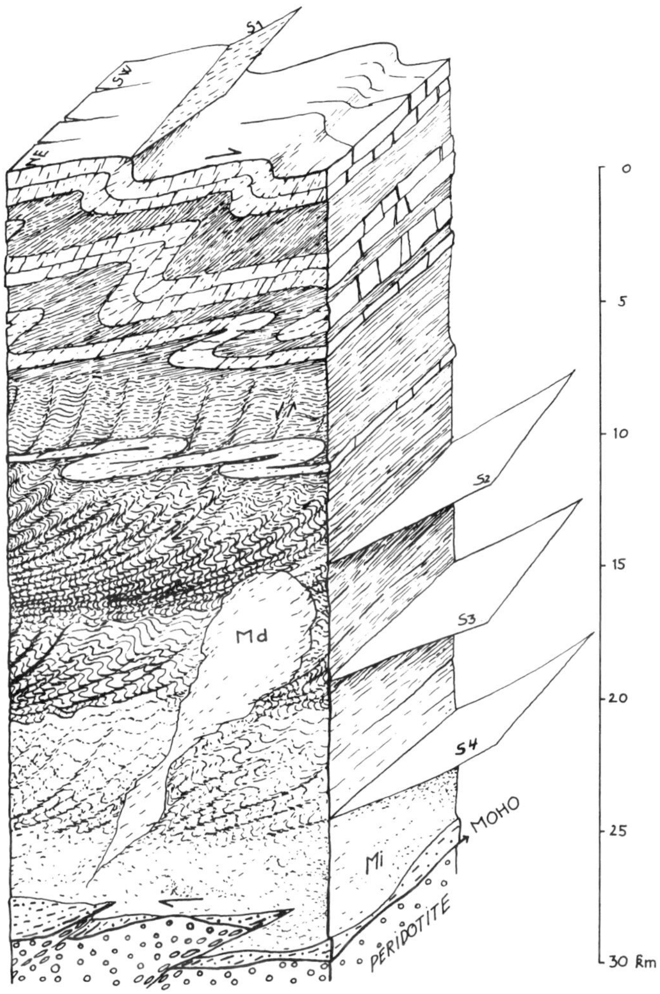

Abb. 114. Krustenprofil in der Eifel, konstruiert nach den Auswürflingen quartärer Vulkane. s1, s2, s3, s4: 1., 2., 3. und 4. Schieferung; Md: Prävariszische Metadiorite; Mi: Migmatite. Nach VOLL (1983), geringfügig vereinfacht.

VOLL eine größere Überschiebung im Untergrund, wie sie WÖRNER et al. (1982) dort annehmen, für unwahrscheinlich.

Das Krustenprofil in der hier vorgestellten Detailliertheit lässt sich wegen der Vielfalt der Kristallin-Typen in den Tephren nur im Osteifel-Vulkangebiet rekonstruieren. Die spärlichen Auswürflinge in Vulkaniten der Westeifel lassen sich gut in dieses Profil einordnen, so dass es wohl für das ganze Eifelgebiet gelten dürfte. Basische Gesteine (etwa aus einer „basischen Unterkruste") spielen beim Aufbau der Kruste hier offenbar keine Rolle.

Die refraktionsseismischen Profile im Eifelgebiet (MOONEY & PRODEHL 1978, MECHIE et al. 1983) lassen sich in mehrere Zonen unterschiedlicher Wellen-Geschwindigkeiten gliedern, jedoch ist daraus nicht eine kontinuierlich nach unten zunehmende Metamorphose abzulesen.

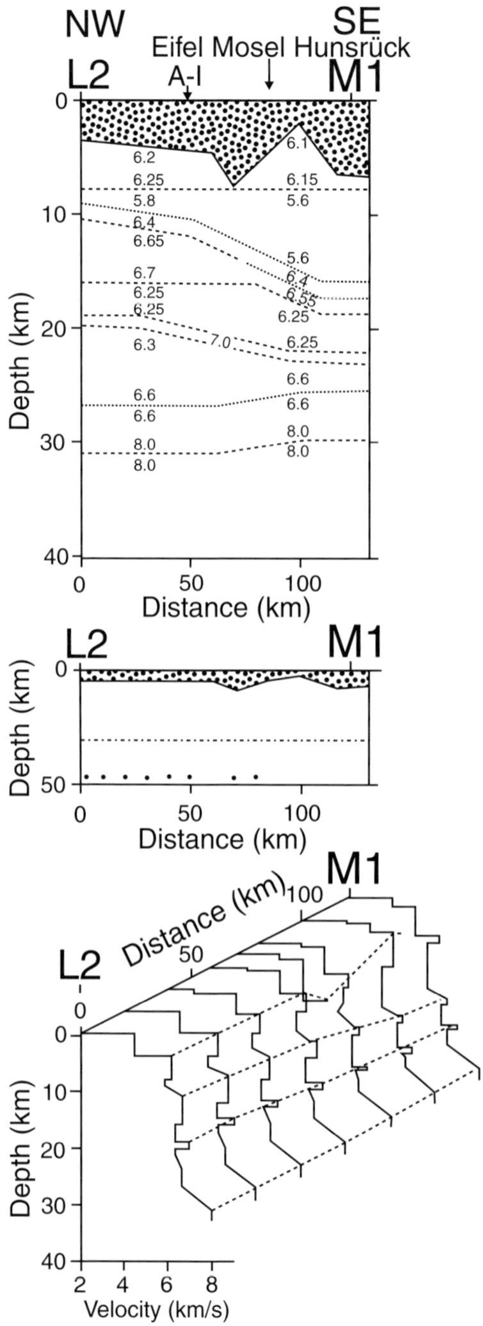

Abb. 115. Die Geschwindigkeitsverteilung der P-Wellen nach refraktionsseismischen Untersuchungen im Profil Schleiden (L2) Idar-Oberstein (M1). Oben: 5-fach überhöht, Mitte: nicht überhöht, Unten: mehrere Profile Geschwindigkeit pro Tiefe, in räumlicher Darstellung aneinandergereiht. Der punktierte Geschwindigkeitsbereich (weniger als 6 km/s) entspricht dem Devon-Stockwerk. MECHIE, PRODEHL, K. FUCHS (1983), etwas ergänzt.

Die einzelnen Zonen lassen sich im Augenblick noch nicht irgendwelchen geologisch-petrologischen Grenzflächen zuordnen, mit zwei Ausnahmen: Die Fläche, an der die Geschwindigkeiten der P-Wellen den Wert von 6 km pro s überschreiten, hat im Profil Schleiden – Idar-Oberstein (Abb. 115) die gleiche Lage wie die im Rheinprofil konstruierbare Untergrenze des Devonstockwerks in 4–5 km Tiefe. Im Bereich der Moselmulde reicht diese Fläche mehrere Kilometer tief hinab, ein Befund, der auch mit der Konstruktion des Rheinprofils von MEYER & STETS (1975) in Einklang steht. Die zweite deutliche Fläche ist die Mohorovicic-Diskontinuität (Moho), also die Kruste-Mantel-Grenze. Sie hat unter der Eifel im SW eine Tiefe von etwa 32 km und steigt zum Rhein auf 30 km an.

Die Auswertung der Seismogramme von Erdbebenwellen, deren Herde Tausende von Kilometern entfernt liegen, deren Wellenstrahlen also fast senkrecht an die Erdoberfläche treten, ergab, dass es unter der Westeifel eine Zone gibt, in der die Geschwindigkeit der P-Wellen etwas verringert wird (RAIKES 1980, RAIKES & BONJER 1983). Um zu überprüfen, ob hier wie unter einigen anderen kontinentalen Vulkangebieten eine diapirartige Wärmeanomalie im Erdmantel vorliegt, die man nach dem englischen Wort für Federbusch „Plume" nennt, wurden vom November 1997 bis Juni 1998 in der Eifel und ihrer Umgebung, also auch in den Beneluxstaaten und in Nordfrankreich, die dort vorhandenen Erdbebenstationen durch 158 vorübergehend installierte Seismographen ergänzt. So konnten viele der den Erdball durchlaufenden Wellen registriert werden. Es stellte sich durch dieses von der Deutschen Forschungsgemeinschaft finanzierte Projekt „Eifelplume" heraus, dass unter der Eifel mit Zentrum etwa in Daun eine ungefähr 100 km breite und mehr als 400 km tief hinabreichende Zone existiert, in der sich die Geschwindigkeit der P-Wellen verringert. Daraus kann man schließen, dass dort die Temperatur um 100–150 °C höher ist als in den umgebenden Partien des Erdmantels. Ein anderer Typ von Erdbebenwellen, der sich nur in festem Material fortbewegen kann, dringt in diese Zone nicht ein, woraus man den Schluss ziehen muss, dass ein kleiner Anteil des Gesteins in flüssigem Zustand vorliegt oder Flüssigkeiten enthält. Diese Anomalie (also ein Plume) reicht nicht bis zur Kruste hinauf, sondern nur bis etwa 50 km Tiefe, endet also 20 km unterhalb der Kruste-Mantel-Grenze (RITTER et al. 2001, RITTER 2007). Die Temperaturerhöhung ist mit einer Volumenzunahme des Gesteins verbunden, das erklärt die starke junge Hebung des Eifelgebietes (vgl. 11.6). Ob die Wärmeanomalie mit dem bisher abgelaufenen quartären Eifelvulkanismus verbunden ist oder künftige Aktivität anzeigt, muss offen bleiben. Eine ähnliche, aber nicht so ausgedehnte Wärmeanomalie wurde bei dem Forschungsprojekt auch unter dem tertiären Vulkankomplex Vogelsberg festgestellt.

Die Untersuchung der von den Fernbeben ausgehenden Wellen im Rheinischen Schiefergebirge ergab außerdem, dass der Erdmantel sich hier in bezug auf die Fortpflanzungsgeschwindigkeiten der Wellen nicht gleichmäßig verhält, also offenbar nicht homogen aufgebaut ist. Besonders auffällig sind Unterschiede zwischen rechts- und linksrheinischem Schiefergebirge (RAIKES & BONJER 1983, 320). Das kann ein Hinweis darauf sein, dass der aus dem tektonischen Verhalten während des Känozoikums abgeleiteten „Rheinlinie" (12.1) auch in der Zusammensetzung des Erdmantels eine Grenzlinie entspricht. Auch in der Bouguer-Schwerekarte trennt das Mittelrheintal zwei unterschiedliche Bereiche, einen linksrheinischen mit –10 bis –20 mgal und einen rechtsrheinischen mit +10 mgal (JACOBY et al. 1983, 249). Diese geophysikalischen Beobachtungen lassen sich im Augenblick noch nicht geologischen und petrographischen Verteilungsmustern zuordnen.

11.6 Die Entwicklung der Landschaft

Die seit dem Alttertiär aufsteigende Rheinische Masse hat in den letzten etwa 800 000 Jahren eine besonders starke Hebung erfahren, die relativ plötzlich einsetzte und noch heute fortdauert. Dadurch wurden die weiten und flachen tertiären und altpleistozänen Plateautäler jetzt von tiefen, engen Talschluchten (Engtälern) abgelöst. Die meisten quartär-morphologischen Arbeiten beschäftigten sich deshalb mit der Bildungsgeschichte der Täler und ihrer Terrassen, die auch hier im Vordergrund stehen soll.

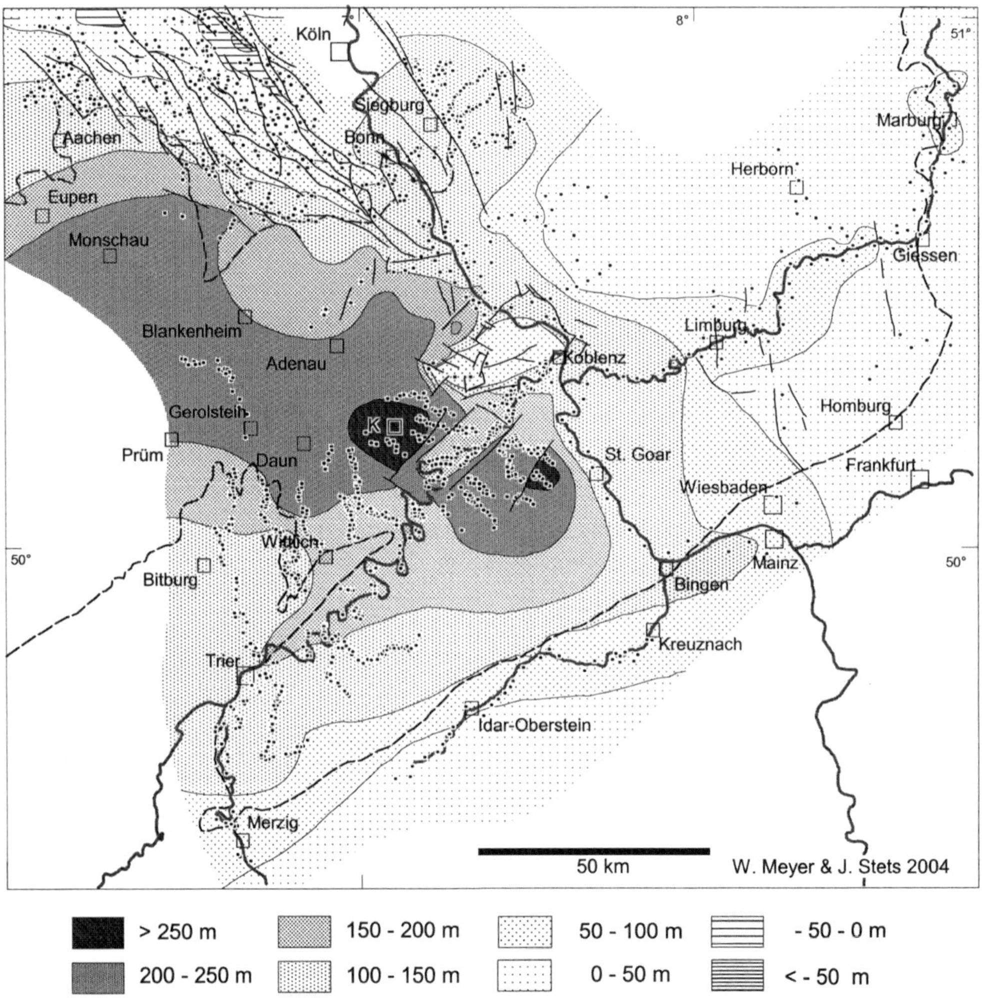

Abb. 116. Hebung in der Rheinischen Masse in den letzten 800 000 Jahren, dargestellt durch die Höhendifferenz zwischen der Jüngeren Hauptterrasse und dem Boden der heutigen Flussläufe. Punkte: Beobachtungsstellen, unterbrochene Linie: Außengrenze des Schiefergebirges, K: Kaisersesch. MEYER & STETS (2007) unter Verwendung von Daten von BIBUS, GEBHARDT, R. HOFFMANN, LAFRENZ, PLOSCHENZ, D. RICHTER, I. STRITZKE (unveröff.) und ZAPP.

Die letzte Plateautal-Terrasse vor der Phase starker Hebung ist die Jüngere Hauptterrasse, welche sich im Zeitraum der paläomagnetischen Matuyama-Brunhes-Grenze bildete, die nach SPELL & MCDOUGALL (1992) etwa 800 000 Jahre alt ist. Die Jüngere Hauptterrasse ist mit scharfer morphologischer Kante gegen das Engtal abgegrenzt, begleitet die Haupttäler in breiten Flächen und lässt sich weit in die Nebentäler hinein verfolgen. Sie bildet ein markantes Flächensystem, das über das ganze Schiefergebirge hinweg identifiziert werden kann (PLOSCHENZ 1994, HOFFMANN 1996, MEYER & STETS 1998). Die Höhendifferenz zwischen dem Talboden der Jüngeren Hauptterrasse und der heutigen Fluss-Sohle ist ein Maß für die Hebung in den letzten 800 000 Jahren, die auf diese Weise für weite Teile des Schiefergebirges quantifiziert werden konnte (MEYER & STETS 2002). Es ergibt sich für das zentrale und westliche Schiefergebirge folgendes Bild (Abb. 116): Westerwald und Taunus haben sich in diesem Zeitraum um durchschnittlich 50 m gehoben. Das linksrheinische Gebiet hat demgegenüber etwa doppelt so große Hebungsraten. Und darin zeichnet sich ein Bereich mit besonders starker Hebung ab, in dem sogar Beträge von über 200 m erreicht werden. Das Hebungsmaximum liegt zwischen Kelberg und Kaisersesch, also zwischen den beiden quartären Vulkanfeldern. Es setzt sich in den nordwestlichen Hunsrück fort, wobei es im Untermoselgebiet durch eine Grabenstruktur im Randbereich des Neuwieder Beckens unterbrochen wird. Die möglichen Ursachen für diese Hebungsanomalie liegen vielleicht in einer durch einen Wärmediapir hervorgerufenen Volumenzunahme des Gesteins, wie im vorigen Kapitel schon angedeutet.

Die im Tertiär angelegten Hochflächen wurden durch die intensive Zertalung während des Pleistozäns weiter zerschnitten und verkleinert. Die pleistozäne Formung auf den Hochflächen hat STRUNK (1982) an einem Streifen der Nordabdachung der Eifel zwischen Blankenheim und Euskirchen untersucht. Er fand, dass dort weitflächig noch die Basis der vorquartären Verwitterungszone erhalten geblieben ist, was dafür spricht, dass das Relief während der pleistozänen Kaltzeiten nur geringfügig durch die Bildung von Frostschutt und durch Solifluktion, weniger durch Abspülung überprägt wurde.

11.6.1 Rhein

Über die Terrassen und ihre Sedimente im Bereich des Mittelrheins gibt es eine Fülle von Beschreibungen. Wir verweisen auf die Literaturangaben bei GURLITT (1949), K. KAISER (1961) und QUITZOW (1959, 1974). Speziell mit den Terrassen am Unteren Mittelrhein, also dem Gebiet zwischen dem Neuwieder Becken und Bonn, haben sich JUNGBLUTH (1918), BIBUS (1980) und SCHIRMER (1990) ausführlicher beschäftigt.

Wenn schon in der Tongrube Kärlich nur etwa die jüngere Hälfte der Quartärzeit dokumentiert ist (11.1.2), so sieht es an den Terrassen des Mittelrheins für die alten Quartärablagerungen noch viel schlechter mit einer Einstufung und Parallelisierung aus. Hier lassen sich die fossilfreien Ablagerungen des jüngsten Tertiärs von denen des Altpleistozäns noch nicht mit Sicherheit trennen. In großen Zügen gilt, dass die vorwiegend aus Quarzgeröllen bestehenden Schotter noch ins Tertiär gestellt werden, während die bunten Schotter (die also neben Quarz hauptsächlich verschiedene Schiefergebirgsgesteine enthalten, daneben auch Buntsandstein, junge Vulkanite und Gesteine aus dem Oberlauf von Rhein und Mosel) ins Quartär gehören.

11.6.1.1 Die Zusammensetzung der Rhein-Schotter

Die Zusammensetzung der Terrassenschotter des Rheins wurde von VAN ANDEL (1950), FRECHEN & VAN DEN BOOM (1959), VINKEN (1959), FRECHEN & HEIDE (1969), RAZI RAD (1976) und BIBUS (1980) beschrieben. Speziell für die Hauptterrassen haben SCHNÜTGEN (1974) und HOSELMANN (1994), für die Untere Mittelterrasse K.-P. WINTER (1968) und für die Niederterrassen THOSTE (1974) Untersuchungen durchgeführt. Über die Vielfalt des Geröllspektrums gibt ALTMEYER (1982a) einen Überblick.

Generell nimmt der Anteil der verwitterungsresistenten Komponenten (Gangquarz, Quarzit, Lydit) mit steigendem Alter der Schotter zu. Zu Beginn des Quartärs haben bei zunehmenden Niederschlägen die Flüsse wahrscheinlich zuerst Lesedecken dieser Gesteine abgespült. Im großen und ganzen war das Einzugsgebiet des Rheins zu Beginn des Quartärs schon fast so groß wie heute, so dass im Laufe des Quartärs nur wenig neue Gesteine hinzukamen. Die wichtigste pleistozäne Veränderung im Einzugsgebiet war der Zugewinn der Aare mit der ihr damals noch tributären Walliser Rhône; er vollzog sich zwischen der Bildung der Älteren und der Jüngeren Hauptterrasse, wie sich an dem Auftreten einiger neuer alpiner Geröllptypen nachweisen lässt (QUITZOW 1974, 58).

Die wichtigsten Schotterkomponenten sind am unteren Mittelrhein folgende: Gangquarze aus dem ganzen Einzugsgebiet des Rheins; Quarzite aus dem Paläozoikum und Tertiär des Schiefergebirges; Sandsteine, Grauwacken, Siltsteine und Tonschiefer aus dem Schiefergebirge (seltener auch aus Vogesen, Schwarzwald und Frankenwald); Kieselschiefer aus Schiefergebirge, Frankenwald und Vogesen; Buntsandstein aus dem Einzugsgebiet der Mosel oder aus

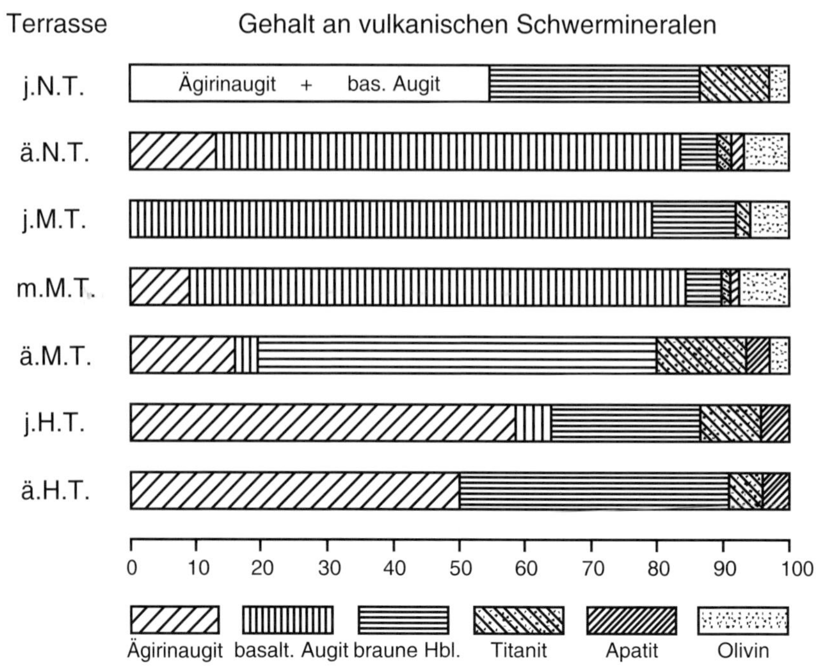

Abb. 117. Vulkanische Schwerminerale in den Rheinterrassen-Sedimenten. J. FRECHEN (1976).

Süddeutschland; Hornsteine hauptsächlich aus dem lothringischen Jura. Außer diesen Gesteinen treten als seltene Beimengungen paläozoische und känozoische Vulkanite (selten auch Achate), verschiedene Metamorphite aus den oberrheinischen Massiven und den Alpen oder verschiedene Kalke und andere Gesteine auf. Die einzelnen Komponenten kommen in den einzelnen Terrassen in unterschiedlichen Anteilen vor. Das ist besonders deutlich an der Häufigkeit der Quarzgerölle zu sehen, die nach SCHNÜTGEN (1974) in den tertiären Schottern 80–90%, in den ältesten pleistozänen Schottern 60–70%, in den Hauptterrassen 50–60%, in den Mittelterrassen 30–40% und in den Niederterrassen 20–35% am Gesamtgeröllbestand ausmachen.

Im Schwermineralbestand werden drei Mineralgruppen unterschieden: 1. die „stabilen Mineralien", die gegen mechanische und chemische Verwitterung sehr beständig sind: Zirkon, Rutil, Turmalin. 2. Die „instabilen Mineralien", die leichter verwittern: Granat, Epidot, Alterit, Grüne Hornblende. 3. Mineralien aus den pleistozänen Vulkanen: Ägirinaugit, Basaltischer Augit, Braune Hornblende, Titanit, Apatit, Olivin. Die einzelnen Terrassensedimente haben charakteristische Anteile dieser Mineralgruppen (VINKEN 1959). Die pliozänen Sedimente enthalten fast ausschließlich Komponenten der stabilen Mineralgruppe, die pleistozänen in zunehmendem Maße auch die der instabilen Gruppe (BOENIGK 1978).

Die Mengenverhältnisse der Mineralien vulkanischen Ursprungs geben nach FRECHEN & HEIDE (1969) weitere charakteristische Kennzahlen für die einzelnen Terrassen. Diese Minerale spiegeln die petrologische Entwicklung des Vulkangebietes der Osteifel wider. So kann man den hohen Gehalt an Ägirinaugit und brauner barkevikitischer Hornblende in den Sedimenten der Älteren Hauptterrasse auf phonolithische Tephra von bislang noch unbekannter Herkunft zurückführen. In der Jüngeren Hauptterrasse tritt neben der phonolithischen Mineralparagenese noch basaltischer Augit auf, ein Zeichen dafür, dass auch die Förderung von Basalttephra eingesetzt hat; man kann z. B. an die Basalttephren in der Umrandung des Riedener Kessels denken. Auch aus dem Mineralspektrum der Älteren Mittelterrasse lässt sich die Tätigkeit phonolithischer und basaltischer Vulkane ablesen; auffällig ist der hohe

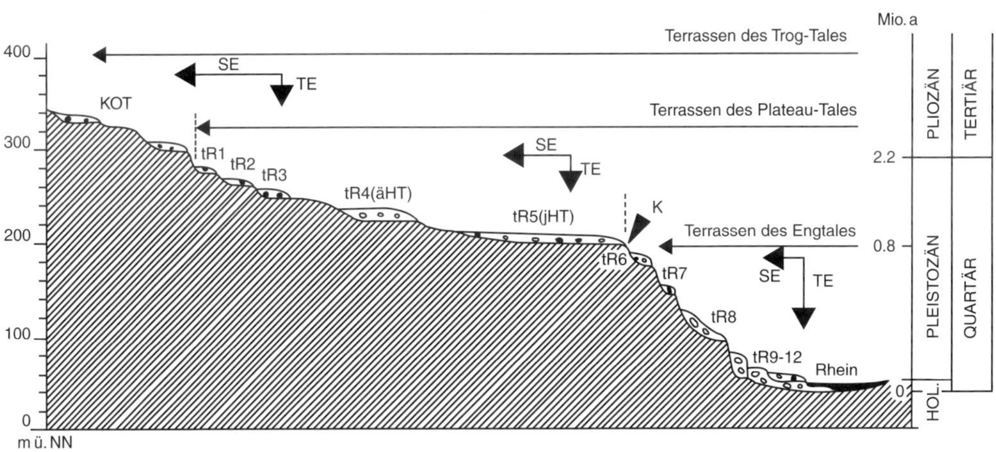

Abb. 118. Die Terrassen-Treppe des Mittelrheins. MEYER & STETS (1998). SE: Seitenerosion, TE: Tiefenerosion, K: morphologische Kante zwischen Plateau- und Engtal, KOT: Kieseloolith-Terrassen (Pliozän), tR_{1-3}: Höhenterrassen, tR_4 (äHT): Ältere Hauptterrassen, tR_5 (jHT): Jüngere Hauptterrasse, tR_6: Unterstufe der jHT, tR_{7-12}: Mittel- und Niederterrassen. Gliederung tR_{1-12} nach BIBUS (1980).

Gehalt an brauner Hornblende, der nach J. FRECHEN von hornblendereichen Spätphasen der phonolithischen Förderung etwa des Riedener Kessels stammen könnte. Der basaltische Augit hat das gleiche Aussehen wie der in feinen Basalttuffen des Hochsimmer. In den Schottern der Mittleren Mittelterrasse am Weg zum Hotel „Klein-Petersberg“ nördlich Niederbreisig finden sich mehrere Lagen von Basalttephra, die vom nahen Leilenkopf (11.3.1.3, Leilenkopf) stammen dürften. In den Sedimenten der Jüngeren Mittelterrasse geben die vulkanischen Minerale (vor allem basaltischer Augit und Olivin) Hinweise auf die Tätigkeit von Basaltvulkanen. In der Älteren Niederterrasse treten daneben wieder phonolithische Paragenesen auf, wie u. a. das Erscheinen von Ägirinaugit zeigt. Das geht auf die Tätigkeit der Bimsvulkane des Wehrer Kessels zurück. Der lebhafte Würm-zeitliche Basaltvulkanismus hat den hohen Gehalt an basaltischem Augit in den Sedimenten der Älteren Niederterrasse verursacht. Die Schotter der Jüngeren Niederterrasse enthalten viele Bimskörner und Bimslagen, z. T. fluviatil umgelagert, die von den allerödzeitlichen Eruptionen des Laacher-See-Vulkans stammen (AHRENS 1928, FRECHEN & VAN DEN BOOM 1959). Danach lässt sich schon im Gelände eine „bimsfreie“ (= Ältere) von einer „bimsführenden“ (= Jüngeren) Niederterrasse unterscheiden.

11.6.1.2 Höhenterrassen

Das Mittelrheintal wird oberhalb der Hauptterrassengruppe von Verebnungen begleitet, die mit sehr quarzreichen Schottern bedeckt sind, aber jünger sein dürften als die tertiären Kieseloolith-Terrassen. Welche dieser Schotterflächen, die besonders weite Verbreitung westlich von Remagen haben, ins Tertiär gehören und welche als quartäre Höhenterrassen einzustufen sind, ist schwer zu bestimmen. Gerade westlich von Remagen lässt sich eine Parallelisierung nach der Höhenlage nicht durchführen, da die Vorkommen im Raum Plattborn – Köhlerhof schon im jungen Bruchfeld des unteren Ahrgebietes liegen und z. T. tektonisch verstellt sind. Bis sedimentpetrographische Arbeiten vorliegen, von denen eine bessere Einstufung und Gliederung der Terrassen im Grenzbereich zwischen Tertiär und Quartär zu erwarten ist (LANGER & BRUNNACKER 1983), muss hier eine Diskussion zurückgestellt werden.

11.6.1.3 Hauptterrassen

Die Verebnungen der Hauptterrassen bilden zwischen dem Neuwieder Becken und Bonn einen Trog, der auf der linken Rheinseite weiter reicht als auf der rechten. Es lässt sich hier eine Ältere (Obere) Hauptterrasse (ÄHT) von einer Jüngeren (Unteren) Hauptterrasse (JHT) trennen (HOSELMANN 1994, 1996).

Die Ältere Hauptterrasse liegt zwischen Brohltal und Vinxttal in 230–235 m Höhe (BIBUS & DRAFEHN 1978). Sie senkt sich allmählich nach N bis auf 210 m NN im Bereich von Scheidskopf und Dungkopf westlich Remagen. Weiter nördlich ist sie am Rhein nicht mehr erhalten, aber westlich von Gimmersdorf und in Merl (Bl. 5308 Bad Godesberg) finden sich in etwa 195 m Höhe Schotter, die auch zur Älteren Hauptterrasse gestellt werden (QUITZOW 1959, 1978, BIBUS 1980). Gelegentlich finden sich unterhalb der Jüngeren Hauptterrasse noch Verebnungen, die ebenfalls noch zum Plateautal gehören und als Unterstufe der Jüngeren Hauptterrasse (bei BIBUS tR_6) bezeichnet werden.

Die Jüngere Hauptterrasse senkt sich von 220 m NN südlich vom Brohltal in nördlicher Richtung: 200 m NN bei Remagen, 180 m NN südlich vom Rodderberg bei Mehlem, 170 m

NN auf dem Venusberg bei Bonn. Sie ist dadurch besonders prägnant, dass sie bis an den Abhang zum Engtal heranreicht. Unmittelbar nördlich vom Neuwieder Becken ist das Hauptterrassental nur etwa 3 km breit, und die höheren tertiären Flächen rücken nahe an das Engtal heran. Diese Erhebung wird von AHRENS (1952) als Brohl-Hammersteiner Riegel bezeichnet. Nördlich vom Brohltal weiten sich die Hauptterrassen auf 7 km aus; der Anstieg zu den tertiären Verebnungen liegt hier nördlich Burgbrohl. Weiter nördlich weitet sich die Hauptterrassenfläche noch stärker und ist südlich der Ahr etwa auf der Linie nördlich Schalkenbach – Koisdorf – Leubsdorf 14 km breit. Die im Gebiet des unteren Ahrtales häufigen Störungen, welche die tertiären Ablagerungen versetzen, scheinen die Hauptterrassen nicht zu verwerfen, jedenfalls nicht um Beträge von mehr als ca. 5 m. Weiter nördlich, etwa auf der Linie Meckenheim – Bonn kommt man in den Bereich stärkerer quartärer Bruchtektonik, die auch noch die Basis der Jüngeren Hauptterrasse um Beträge von 10 m und mehr verwirft (AHORNER 1962).

Die Unterstufe der Jüngeren Hauptterrasse konnte HOSELMANN (1994, 120) auf der Eifelseite des Rheins nur am Rolandsbogen östlich des Rodderbergs nachweisen, mit einer Höhenlage der Basis bei 161,7 m NN.

11.6.1.4 Mittelterrassen

Zwischen den breiten Hauptterrassenflächen und den ebenfalls ausgedehnten Arealen der Niederterrassen gibt es in den Steilhängen einige relativ schmale Leisten von Verebnungen, die als Mittelterrassen zusammengefasst werden.

In etwa 140 m Höhe auftretende Verebnungen, die hauptsächlich auf der rechten Rheinseite zu beobachten sind, aber auch östlich Unkelbach und beiderseits des Godesberger Baches, können nach BIBUS (1980) – wegen des Mangels an Sedimenten mit Vorbehalt – zu einer Oberen Mittelterrasse vereinigt werden, die dann zwischen Neuwieder Becken und Bad Godesberg nur etwa 6 m Gefälle hätte, nicht mehr als der Rhein heute. Eine von BURRE (1932) ausgehaltene „Muffendorfer Terrasse“ gehört vielleicht auch hierher, ist aber nach BIBUS zweifelhaft.

Etwa in halber Höhe der Abhänge im Engtal sind Terrassen ausgebildet, deren Basis bei 100 m NN liegt, deren Aufschüttungsflächen aber bis 130 m NN hinaufreichen (BIBUS 1980) und die als Mittlere Mittelterrassen einzustufen sind. Die Terrassenschotter am Hotel Kleinpetersberg nordwestlich von Niederbreisig enthalten Basalttephralagen, die auch helle, bimsähnliche Körner führen. Sie stammen von Vulkanen im Laacher Vulkangebiet, wobei der Leilenkopf, dessen Tephren auch Bimslagen enthalten, wegen der räumlichen Nähe und der mineralogischen Zusammensetzung in erster Linie als Lieferant in Frage kommt (FRECHEN & HEIDE 1969, FRECHEN 1975). Tephra findet sich auch in gleich alten Terrassensedimenten bei Ariendorf und Leubsdorf auf der anderen Rheinseite (BRUNNACKER et al. 1975, BIBUS 1980). Bei Remagen treten in diesem Niveau schmale Terrassen auf, von denen eine die Apollinaris-Kirche trägt. JUNGBLUTH (1918) hat hier deshalb eine „Apollinaris-Terrasse“ ausgeschieden, die aber zum Komplex der Mittleren Mittelterrasse gehört. Die Apollinaris-Kirche steht auf einer Felsterrasse; Schotter finden sich in der Zufahrt zu den im Hang liegenden Häusern nordwestlich davon (r 8630 h 0590). Auch sie enthalten Basalttephra und Bimslagen (BIBUS 1980), ebenso die südlich der Apollinaris-Kirche im Blankertshohlweg (r 8647 h 0555).

Etwa 20 m tiefer liegt ein schmaler Terrassenstreifen, die Untere Mittelterrasse, auch Talwegterrasse genannt, weil auf diesem die Niederterrassen wenig überragenden Saum oft die Straßen bzw. die Eisenbahntrassen liegen. Die Schotter am S-Hang des Schwalbenbergs südlich Remagen gehören hierher, ebenso wahrscheinlich die Schotter unter der Stirn des Fornicher Lavastroms südlich Brohl. In Bonn-Duisdorf weitet sich die Untere Mittelterrasse zu einer kilometerbreiten Ebene aus (K.-P. WINTER 1968).

11.6.1.5 Niederterrassen

Speziell mit den Niederterrassen des Unteren Mittelrheins hat sich THOSTE (1974) beschäftigt; weitere Beobachtungen werden von BIBUS (1980) mitgeteilt. Die Niederterrassen reichen bis 15 m über den mittleren Wasserspiegel des Rheins hinauf und kommen dann mit ihren höchsten Partien in das Niveau der Unteren Mittelterrasse. Eine Unterteilung der Niederterrassen allein nach der Höhenlage ist schwer durchzuführen, da in Rheinnähe durch alte Flussschlingen und Sedimentation von Hochflutlehmen Areale entstehen, in denen verschieden alte Ablagerungen nebeneinander liegen. Seit den Arbeiten von AHRENS (1928, 1930d) lassen sich die Niederterrassen-Sedimente des unteren Mittelrheintales nach ihrer Lage zu einem Paket von größtenteils zusammengeschwemmter Laacher-See-Bimstephra gliedern in Sedimente, die jünger sind als der Laacher Bims, also jünger als die mittlere Alleröd-Zeit (Jüngere Niederterrasse) und solche, die darunter liegen (Ältere Niederterrasse), also im Wesentlichen in die Würm-Kaltzeit gehören. Dass die in der Jüngeren Niederterrasse bei Sinzig verbreitete Laacher-See-Tephra hier nicht aus den Eruptionen direkt abgelagert wurde, sondern durch den Rhein zusammengeschwemmt ist, sieht man am Schwemmkegel der Ahr, auf dem diese Bimsschicht fehlt. Nach dem Zusammenbruch des Staudamms, der aus dem Brohltal-Aschestrom des Laacher-See-Vulkans im Rhein entstanden war (11.3.2.5, Ascheströme des Laacher-See-Vulkans), hat sich eine Flutwelle weit talabwärts bewegt, die viel Bims mitgeführt hat. So beschreibt KLOSTERMANN (1992, 149) von Kamp-Lintfort am Niederrhein eine Rinnenfüllung mit bis zu 5 cm großen Bimsstücken aus der Jüngeren Niederterrasse. Der größte Teil der Bimseinschaltungen in den Niederterrassenschottern am unteren Mittelrhein dürfte auf diese Flutkatastrophe zurückgehen. In einer Kiesgrube südöstlich von Sinzig war innerhalb der Sedimente der Jüngeren Niederterrasse sowohl eine bis 15 cm dicke Lage von primär abgelagertem Laacher-See-Bims als auch darüber eine bimsführende fluviatile Folge, die auf die Flutwelle zurückgeht, angeschnitten. Die primäre Bimslage schloss eine reiche Fauna und Flora ein, die WALDMANN (1996) freigelegt und untersucht hat. SCHIRMER (1995) und WALDMANN haben aus diesem Profil zwei verschiedene Bimseruptionen abgeleitet, die sich aber nicht bestätigen ließen.

Nach BIBUS hat sich der Rhein seit der Alleröd-Zeit im Raum Hönningen – Linz 13,5 m tief in die Niederterrasse eingeschnitten. Ein tiefstes Terrassen-Niveau, das in Nähe des Flusses und auf den Strominseln sichtbar ist, wurde von JUNGBLUTH (1918) als „Inselterrasse“ bezeichnet, wobei aber nicht sicher ist, ob diese Reste überall gleichen Aufbau und gleiches Entstehungsalter haben. Der Rhein kann bei Hochwasser große Teile der Niederterrasse überfluten, so z. B. im Februar 1784, als das Wasser bis ins Bonner Münster vordrang (dort Hochwassermarke). W. SCHIRMER (vgl. SCHIRMER et al. 2005, 206) hat die holozänen Terrassen an süddeutschen Flüssen noch in mehrere Einheiten unterteilt, die er durch C^{14}-Datierungen, archäologische und historische Funde in mehreren Flüssen und auch am Niederrhein parallelisieren konnte. Diese Gliederung wird sich nach entsprechenden Untersuchungen vielleicht auch auf den Unteren Mittelrhein übertragen lassen.

11.6.2 Nette

Von allen Eifelflüssen ist die Nette durch die tektonischen und vulkanischen Vorgänge während des Quartärs am stärksten beeinflusst worden, da sie aus dem Schiefergebirge in das ständig absinkende Neuwieder Becken fließt und zu verschiedenen Zeiten des Pleistozäns an vielen Stellen des Tales durch Tuffe und Lavaströme in ihrem Lauf gehindert wurde. Diese Verhältnisse sind von GEBHARDT (1963) gründlich untersucht worden. Die Längsprofile der Terrassen zeigen deutlich, dass nach der Bildung der Höhenterrassen und Hauptterrassen im Raum Mayen noch Absenkungsbewegungen zum Neuwieder Becken hin erfolgten; die Mittelterrassen zeigen diese Verbiegungen nicht mehr.

Der Lavastrom des Hochsimmer (11.3.1.7, Hochsimmer) hat im Niveau der Hauptterrassen ein altes Bett der Nette ausgefüllt und den Fluss gezwungen, sich südwestlich davon ein neues Bett zu schaffen, das er seitdem 80–90 m tief eingeschnitten hat. Die Tätigkeit des Hochsimmer-Vulkans fällt in eine Kaltzeit, das zeigt der schlechte Rundungsgrad der unter der Lava liegenden Schotter und die Wechsellagerung von Tephra, die wahrscheinlich den Beginn der Tätigkeit des Vulkans anzeigt, mit Löss. Die Hauptterrassen bildeten sich erst nach der Erstarrung der Hochsimmerlava.

Der Mäanderlauf des Tales war schon vor der Bildung der Mittelterrassen angelegt gewesen, wie GEBHARDT an den Resten von Unteren und Oberen Mittelterrassen zeigen konnte. So liegt Schloss Bürresheim auf einer Fläche der Oberen Mittelterrasse. Der Nitzbach mündete ursprünglich etwa 200 m unterhalb vom Schloss und ist erst während der Niederterrassen-Bildung nordwestlich vom Schloss angezapft worden.

Der südliche Lavastrom des Ettringer Bellerberg-Vulkans hat das Nettetal unterhalb von Mayen erreicht; hier steht seine Stirn 8–10 m über der heutigen Talsohle an im Niveau einer älteren Mittelterrasse. Nach QUITZOW (1982) ist die Nette bis zu dieser Zeit noch in Richtung Kottenheim und Frauenkirch in die Pellenz hineingeflossen; AHRENS (1936a) beschreibt aus diesem Raum Schotter im Hauptterrassen-Niveau, die er der Nette zuordnet. Dieser Weg durch die Pellenz ist dem Fluss nach QUITZOW durch die Bellerberg-Lava versperrt worden, so dass er sich unterhalb von Mayen ein neues Bett suchen musste, das er rasch schluchtartig eintiefte. In diesem steilen Talabschnitt bis Wernerseck finden sich keine Hauptterrassen, sondern nur Reste von Mittelterrassen. Südlich Hausen gibt es zwischen dem Mosellaschacht und der Zährensmühle eine erst in der Würm-Kaltzeit abgeschnittene Flussschlinge. Durch die Lavabarriere muss im Mayener Kessel ein See aufgestaut worden sein. In ihm lagerten sich etwa 10 m über dem heutigen Flussniveau mächtige Tone ab, die so rein sind, dass sie in der Römerzeit und im frühen Mittelalter den Rohstoff für eine bedeutende Töpferindustrie bildeten. Das Ausgangsmaterial für diese Seetone stammt aus der Verwitterungsrinde der Devonschiefer und aus tertiären Tonen der Umgebung.

Der Lavastrom aus den Wannenköpfen hat das Tal ebenfalls blockiert, und zwar im Niveau der Unteren Mittelterrassen; das geschah wahrscheinlich während der Eem-Warmzeit. Die Nette wurde dadurch aus ihrem Bett verdrängt und hat sich westlich des Lavastromes eingeschnitten. Bei Plaidt stieß sie in das schon vorhandene Tal des Krufter Baches und wurde nach E abgelenkt, da der Weg nach N durch den Riegel des Burgerhauses versperrt war. Dadurch wurde sie gezwungen, sich zwischen Noldensmühle und Rauschermühle durch den Lavastrom hindurchzusägen. Der mächtige Nettetal-Aschenstrom des Laacher-See-Vulkans (11.3.2.5, Aschenströme des Laacher-See-Vulkans), der das Tal des Krufter Baches ausfüllt, erreicht das Nettetal bei Miesenheim. Das Mündungsgebiet bei Weißenthurm im Zentrum des Neuwieder Beckens hat sich am stärksten abgesenkt, hier liegt der Fluss auf mächtigen Schottern.

In der archäologischen Grabung Miesenheim I wurden über einem durch mehrere Abschiebungen gestörten Profil mit Löss, Bims- und Basalttephralagen unbekannter Herkunft und dem altsteinzeitlichen Warmzeit-Horizont mit Säugetierresten und Artefakten Bachschotter beobachtet, die zu einer der Mittelterrassen der Nette gehören dürften und viel gelbbraune Kreidefeuersteine führen (02.04.1986). Der Fundhorizont könnte nach BOSINSKI (1992, 31) gleich alt mit dem Sauerstoff-Isotopen-Stadium 13 sein, was einem Alter von etwa 500 000 Jahren entspricht. Das zeigt, dass noch während des Mittelpleistozäns im Ursprungsgebiet der Nette Reste einer Oberkreide-Bedeckung vorhanden waren.

11.6.3 Brohlbach und Vinxtbach

Wir besprechen hier nicht den Brohlbach, der bei Düngenheim auf dem Maifeld entspringt und bei Karden in die Mosel fließt, sondern den, der bei Hannebach entspringt und bei Brohl in den Rhein mündet. Beide Bäche sind etwa gleichlang, jedoch durchquert das letztgenannte Tal fast das ganze quartäre Vulkangebiet der Osteifel und lässt deshalb seine Entwicklungsgeschichte besser erkennen als das nur in Unterdevon-Gesteinen angelegte Brohltal der Südeifel.

Der Oberlauf des Tales hat die Phonolithkuppe der Olbrück an ihrer N-Seite freigelegt. Bei deren Intrusion war das Tal noch nicht vorhanden, sonst wäre Lava dort hineingeflossen. Aus dem Alter des Olbrück-Gesteins von 410 000 ± 30 000 Jahren (FRECHEN & LIPPOLT 1965) läßt sich also der Maximalzeitraum für die Taleintiefung, die dort 50–60 m beträgt, ableiten. Die Basaltlava des Lummerfeldes (11.3.1.3, Lummerfeld, Kunksköpfe und Lavavorkommen bei Burgbrohl) liegt auf Schottern des Brohltales, die mit der Mittleren Mittelterrasse parallelisiert werden. Ein Maximalalter für die Eintiefung des unteren Brohltales lässt sich am Vulkan Leilenkopf (11.3.1.3, Leilenkopf) ermitteln: während dessen erster Förderphase, für die ein Alter von 405 000 ± 20 000 Jahren bestimmt wurde (FRECHEN & LIPPOLT 1965), existierte das Tal noch nicht oder war nur sehr schwach eingetieft. Der Wert stimmt mit dem an der Olbrück überein, so dass man für die Bildung des Tales rund 400 000 Jahre ansetzen kann. Ein ähnlicher Wert dürfte auch für das etwa gleichlange Vinxtbachtal gelten. Das ist kürzer als die Zeit, die der Rhein brauchte, um nach der Ausbildung der Hauptterrassen sein Engtal einzutiefen, die also die starke jüngste Aufstiegsphase des Schiefergebirges anzeigt. Der untere Teil des Brohltales wurde durch Ascheströme aus dem alleröd-zeitlichen Laacher-See-Bimsvulkan bis zu einer Höhe von 60 m ausgefüllt (Brohltaltrass, 11.3.2.5, Aschenströme des Laacher-See-Vulkans). Die weichen Tuffablagerungen wurden vom Bach rasch bis zur Talsohle durchschnitten.

Der zum Brohltal parallele Vinxtbach hat sein Tal schon außerhalb des quartären Vulkangebietes eingesägt. Nur der Lavastrom des Bausenbergs ist bis in das Tal geflossen, wo er bei Gönnersdorf auf einer Verebnung liegt, die der Mittleren Mittelterrasse des Rheins entsprechen kann (11.3.1.3, Bausenberg).

11.6.4 Ahr

Die Ahr als einer der größten Eifelflüsse entwässert große Teile der Kalkmuldenzone, der Hocheifel und der nördlichen Osteifel. Sie entspringt mitten in Blankenheim in der Blankenheimer Kalkmulde, durchquert die Kalkmulden von Dollendorf und Ahrdorf mit den dazwischenliegenden Unterdevon-Sätteln und tritt dann in den Unterdevonbereich der Osteifel ein, dessen Faltenbau sie bei Schuld und in dem Steilabschnitt zwischen Kreuzberg und Walporzheim in eindrucksvollen Anschnitten freigelegt hat. In seinem Unterlauf wird das Ahrtal durch junge Tektonik in dem Bruchfeld zwischen Niederrheinischer Bucht und Neuwieder Becken beeinflusst.

Die Ahr entwässert den breiten Trog, der von den über 550 m liegenden Hochflächenregionen (R2-Flächen) der Hocheifel und des Urftgebietes eingefasst wird. Das Tal hat sich in seinem ganzen Verlauf tief in die um 500 m hoch liegende jüngere R1-Rumpffläche eingeschnitten, nur das Quellgebiet liegt auf ihr (QUITZOW 1982, Abb. 2). Vom Gebiet um Ahrhütte abwärts wird der Fluss von mehreren Terrassen begleitet, die LAFRENZ (1933) untersucht hat. In Resten begleiten das Tal Verebnungsflächen mit einer Quarz- und Quarzit-Geröll-Bestreuung. Sie gehören wahrscheinlich ins Tertiär und wurden von LAFRENZ vom Raum Ahrhütte, wo sie 405–410 m NN liegen, über Ahrdorf (380–390 m), Antweiler (360–370 m), Fuchshofen (365 m), Schulder Hardt und südwestlich von Schuld (360–365 m), Hohns Köpfchen südwestlich Dümpelfeld (355 m), bis südlich Hönningen (340–350 m) und in Andeutungen bis Brück verfolgt. Talabwärts fehlen diese Verebnungen, vielleicht mit Ausnahme von Ümerich und Teufelsley bei Laach (311 und 313 m). Erst unterhalb von Dernau finden sich wieder tertiäre Terrassen, die dann in Höhe von Neuenahr in die des Rheins einmünden. In diesen vorquartären Ahrschottern nördlich von Müsch in 350–380 m Höhe und östlich Vellerhof fanden sich schwach abgerollte Feuersteine, was anzeigt, dass die Ablagerungen der Obermaastricht-Transgression bis in das Quellgebiet der Ahr gereicht haben müssen (ALTMEYER 1982b).

Nach EBERT (1939b) und QUITZOW (1978) floss die Ahr bis zum Beginn des Quartärs unterhalb von Dernau direkt nach N in die Niederrheinische Bucht in der Talung, die heute im Raum Holzweiler und Vettelhoven vom Swistbach benutzt wird. Tektonische Absenkungen im Raum Neuenahr mögen das ostwärtige Gefälle verstärkt haben, das ein Anzapfen bei Dernau ermöglichte. Nach QUITZOW muss dieses Umlenken des Ahrlaufes erst im Pleistozän stattgefunden haben, denn die Ältere Hauptterrasse zieht nördlich Dernau nur wenige Meter unter der in 265 m Höhe liegenden Wasserscheide zwischen Ahr und Swist, die etwa dem alten Ahrtalboden entsprechen muss, hindurch. Dieser alte Nordsüdlauf dürfte durch eine Verwerfung vorgezeichnet sein, die auch den geradlinigen Talverlauf zwischen Rech und Dernau bedingt. An ihrer Ostseite, wo offenbar die Hochscholle liegt, springen höhere Bergrücken nach N vor.

Eine ähnliche Bruchlinie, NNE streichend, ebenfalls mit der Hochscholle im E, macht QUITZOW für den Talverlauf zwischen Dümpelfeld und Kreuzberg verantwortlich. Diese Verwerfung kann noch über Dümpelfeld hinaus nach SSW ziehen, wie der auffällig geradlinige Verlauf des Adenauer Bachtales unterhalb von Leimbach wahrscheinlich macht. In der geradlinigen Ahrstrecke fehlen größere Bögen, mit Ausnahme des von Hönningen und Pützfeld („Ahrbogen"), die Talflanken sind nicht steil, der Talboden weit. Wo das Tal bei Kreuzberg diese Störungszone verlässt, beginnt die steile Mäanderstrecke, die sich bis Rech hinzieht. Von hier bis Dernau folgt das Tal der schon erwähnten N-S-Verwerfung mit geradlinigem Verlauf, breitem Talboden und relativ flachen Hängen. Eine kurze steile Mäanderstrecke schließt sich bis Walporzheim an. Das Tal weitet sich hier sehr stark, es folgt dabei E-W streichenden Verwerfungen. Die Morphologie wird außerdem durch die jungen Störungen der Ringener Senke, die bis ans Ahrtal heranreichen, beeinflusst. Unerklärbar ist die Verengung des Tals unterhalb Lohrsdorf; es ist möglich, dass die Ahr zur Hauptterrassenzeit über Löhndorf und Westum durch die Senke des Hellenbaches zum Rhein floss und erst später das heutige Tal über Bodendorf geschaffen hat, in dem ein Hauptterrassen-Niveau nicht durchzuverfolgen ist. Jedoch lässt sich diese Vermutung einstweilen nicht beweisen.

Im Flusslauf fallen zwei Abschnitte auf, in denen die Ahr stark mäandriert: der eine liegt zwischen Fuchshofen und Dümpelfeld mit der eindrucksvollen Schleife von Schuld, der zweite ist die berühmte Felsstrecke zwischen Kreuzberg und Rech. Diese beiden Mäanderstrecken müssen auf Schollen liegen, in denen das Gefälle verringert wurde. Beide Schollen werden im Osten durch die oben erwähnten NNE streichenden Bruchlinien mit geradem Talverlauf begrenzt, zum einen die von Leimbach – Dümpelfeld – Kreuzberg, zum andern die von Rech – Dernau. Die Mäanderschleifen müssen schon vor der jungen starken Hebung angelegt worden sein, waren dann beim raschen Aufstieg in den Talwänden gefangen und mussten so das Schlingenmuster tief einfräsen.

LAFRENZ (1933) konnte neben der Niederterrasse eine Untere und Obere Mittelterrasse sowie eine Untere und Obere Hauptterrasse auskartieren, abgesehen von den schon erwähnten tertiären Terrassenflächen. Im Längsprofil zeigt sich, dass das Gefälle der Nieder- und Mittelterrassen etwa dem heutigen Flusslauf parallel geht, während das der Hauptterrassen deutlich schwächer ist, so dass die Hauptterrassen gegen die jüngeren Terrassen zur Mündung hin deutlich divergieren. Einige Flussschlingen sind erst während oder nach der Bildung der Niederterrasse abgeschnitten worden, so an den Umlaufbergen von Altenburg und Insul (Burgberg). Nach QUITZOW (1978) zeigt die Obere Hauptterrasse eine 1,5 km weit nach N in den Ringener Wald vordringende Flussschleife nördlich von Marienthal.

Auf die Niederterrasse der unteren Ahr sind in historischer Zeit aus den Seitentälern bedeutende Schuttströme geflossen, die bei Neuenahr Weingärten aus der Römerzeit 6 m hoch überschotterten (LAFRENZ 1933) und bei Ahrweiler eine römische Villa verschütteten.

11.6.5 Mosel

Das Moseltal setzt sich zusammen aus der durch das Neuwieder Becken beeinflussten Untermosel bis etwa Cochem, der steil in die Unterdevongesteine eingeschnittenen Mittelmosel bis Schweich und der breiten Trierer Talung am Rande des Mesozoikums der Südeifel. Mit dem Unterlauf haben sich BORGSTÄTTE (1910) und OSMANI (1976), mit dem Mittelteil WANDHOFF (1914) und QUITZOW (1969), mit dem Teil oberhalb A. DIETRICH (1910), KREMER (1954), M.J. MÜLLER (1976) und WEIDENFELLER (2003) ausführlicher beschäftigt. Die Entwicklung des ganzen Flusslaufs schildert QUITZOW (1974, 76–78). Die Lage der Hauptterrassen der Mosel und ihrer Seitenflüsse hat R. HOFFMANN (1996) untersucht. Wir halten bei der Beschreibung eine Zweiteilung des Flusslaufes für günstig; die Grenze zwischen beiden Abschnitten liegt an der Mündung der Lieser.

Die Moselschotter enthalten neben Komponenten aus dem Devonstockwerk von Hunsrück und Eifel vor allem Material aus dem luxemburgisch-lothringischen Mesozoikum. Die häufigen Gangquarzstücke stammen wohl zum größten Teil aus dem Schiefergebirge und tertiären Schottern, aber auch aus den Vogesen. Schwarze Lydite und Kieselschiefer und als große Seltenheiten Granite und Gneise kommen auch von den Vogesen.

Eine Unterscheidung der verschiedenen Terrassen nach dem Geröllbestand oder nach dem Schwermineralspektrum ist im Augenblick nicht möglich (LEPPLA 1911, KREMER 1954, MÜLLER & NEGENDANK 1974, OSMANI 1976). Die Abtragung innerhalb des von der oberen Mosel durchflossenen mesozoischen Schichtstufenlandes erfasste während des Jungtertiärs und Quartärs stets die gleiche Schichtenfolge. Eine Verlagerung des Liefergebietes hat nur im Quellbereich in den Vogesen stattgefunden: Nach KREMER (S. 5) war im Altpleistozän die Meurthe der Quellfluss; das heutige Quellgebiet in den Südvogesen, das erst mit der Maas verbunden war, wurde spätestens während der Bildung der Unteren Mittelterrasse an die Mosel angeschlossen (vgl. auch QUITZOW 1974). Im Meurthe-Gebiet dürfte damals das Stockwerk der Gneise und Granite noch nicht freigelegt gewesen sein; das spätere Einzugsgebiet in den Südvogesen liegt aber in einem ausgedehnten Gneis- und Granitareal. Dadurch sind die Voraussetzungen für einen Wechsel in den Schotterkomponenten gegeben. Da kristalline Vogesengesteine aber nur äußerst selten in den Schottern der mittleren und unteren Mosel sind, lassen sie sich kaum als Leitgerölle verwenden; KREMER (S.25) fand in den Schottern der Unteren Mittelterrasse zwischen Maring und Noviand bei Geröllzählungen 1 Granitgeröll auf 200–300 andere Gerölle.

Etwa von der Einmündung der Kyll an abwärts nehmen Basaltstücke und die vulkanischen Minerale Titanomagnetit, Titanit, Klinopyroxen, Hornblende und Biotit in den Terrassensedimenten zu. Diese auf den quartären Eifelvulkanismus zurückgehenden Komponenten treten zuerst deutlich in den Sedimenten der Unteren Hauptterrasse auf (OSMANI 1976).

Nach MÜLLER & NEGENDANK (1974) ist das Schwermineralspektrum der Moselsedimente durch einen sehr hohen Anteil an Brauneisenooiden, die aus der lothringisch-luxemburgischen Minette stammen, charakterisiert. Dadurch ergibt sich eine Unterscheidungsmöglichkeit zu den Sedimenten der aus der Eifel zufließenden Bäche; das ist wichtig für die Zuordnung der Schotterfluren in der Wittlicher Senke. Die Eisenooide sind bis in die Niederrheinische Bucht nachweisbar. Ihr erstes Auftreten dort liegt direkt über der von BOENIGK, KOWALCZYK & BRUNNACKER (1972) schwermineralogisch definierten Tertiär-Quartär-Grenze (NEGENDANK 1977). Demnach wären die über den Hauptterrassen liegenden Höhenterrassen der Mosel auch schon ins Quartär zu stellen, denn NEGENDANK fand in ihnen einen hohen Gehalt an den Minette-Ooiden, die den Kieseloolith-Schottern fehlen.

11.6.5.1 Die Mosel zwischen den Mündungen von Sauer und Lieser

Die Begrenzung dieses Abschnittes wurde deshalb gewählt, weil hier die Frage erörtert werden muss, ob die Mosel zeitweise durch die Wittlicher Senke geflossen ist und bei Lieser – Mülheim etwa in ihr heutiges Tal einmündete.

Die ältesten Flächensedimente sind die Höhenterrassen (HöT). Sie sind im Trierer Raum in 300–320 m Höhe erhalten, jedoch nach KREMER (1954) und MÜLLER (1976) bis auf einen Rest nördlich von Zewen hauptsächlich in einigen Flecken auf der Hunsrückseite. Eine größere Fläche findet sich noch nordöstlich Klüsserath. Nur selten sind noch Schotter erhalten. Sie zeigen schon das bunte Schotterspektrum, können aber noch über 70 % Gangquarze enthalten.

Für die Hauptterrassen, die im Trierer Raum zwischen 245 und 270 m NN liegen, hat KREMER (1954) eine Dreiteilung in Untere, Mittlere und Obere Hauptterrasse verfolgt. Nach MÜLLER (1976) sind Mittlere und Obere Hauptterrasse nicht zu trennen, in den Karten von MÜLLER wurde die Hauptterrasse überhaupt nicht unterteilt. Das Moseltal verlief zur Hauptterrassenzeit zwischen Sauer- und Saarmündung nördlich des heutigen Tales, bildete im Be-

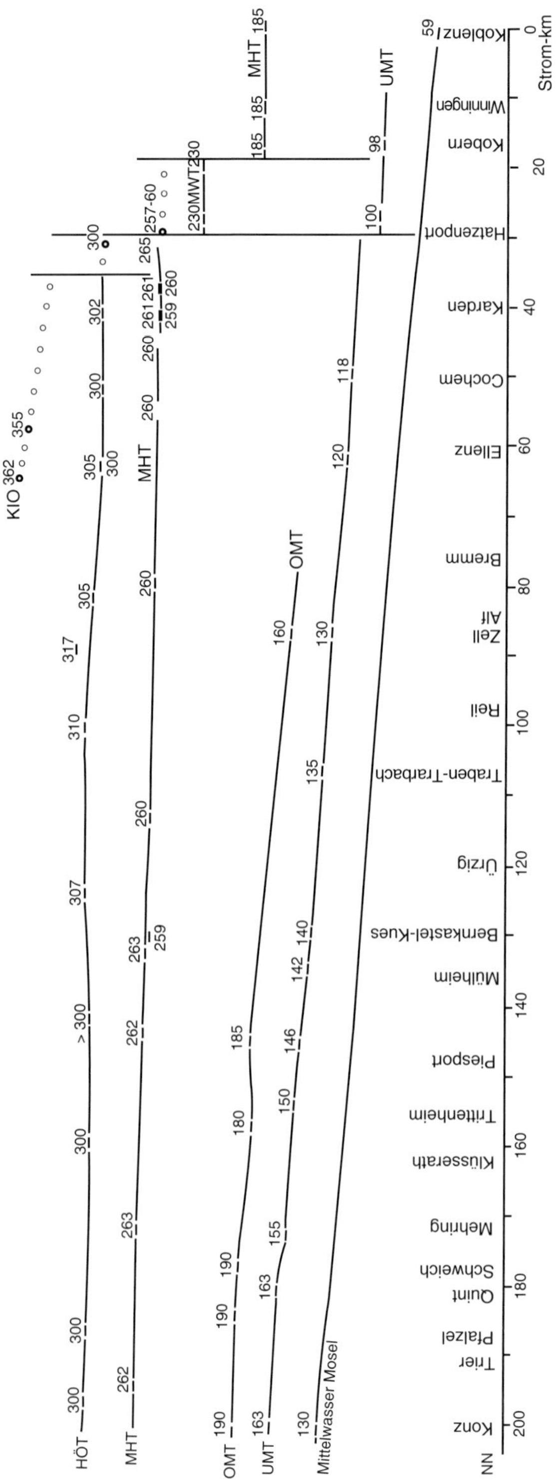

Abb. 119. Längsprofil durch die Moselterrassen unterhalb der Saarmündung. KIO Kieseloolith-Terrasse, HÖT Höhenterrasse, MHT Mittlere Hauptterrasse, OMT Obere Mittelterrasse. Konstruiert aus Werten von KREMER (1954), OSMANI (1976) und BORGSTÄTTE (1910).

reich der Saarmündung eine weit auf den Hunsrück ausbiegende Schleife und verlief dann bis Mehring südlich vom heutigen Tal.

Für die Talgeschichte im Bereich der Wittlicher Senke ist wichtig, dass eine größere Hauptterrassenfläche mit Schottern auf dem Rudemberg zwischen Bekond und Klüsserath in 272 m Höhe eine Verbindung zwischen Moseltal und Wittlicher Senke darstellt. Dass es sich um Moselschotter handelt und nicht um eine Salmterrasse, konnten MÜLLER & NEGENDANK (1974) durch den Gehalt an Minette-Eisenooiden nachweisen. Diesen Nachweis führten sie auch für die zweite Hauptterrassen-Verbindung von der Mosel zur Wittlicher Senke in der Umlaufbergregion von Mülheim – Noviand – Osann (Sedimente der Mittleren Hauptterrasse vom Rücken zwischen Osann und der Lieser).

Die Mittelterrassen lassen sich in eine Obere (190–200 m NN) und Untere Mittelterrasse (160–180 m) unterteilen (KREMER 1954, MÜLLER 1976). Eine breite Fläche mit Schottern der Oberen Mittelterrasse zieht bei Schweich in die Wittlicher Senke hinein und bedeckt große Areale bis etwa zur Linie Salmrohr – Pohlbach. Da auch das Moseltal unterhalb von Schweich von Flächenresten der Oberen Mittelterrasse begleitet wird, ergibt sich das Bild, dass bis gegen Pohlbach zwei parallele Flussläufe existieren. Wegen dieser Konfiguration hatte schon GREBE (1890) vermutet, dass zu dieser Zeit im Raum Schweich eine „Bifurcation", also eine Teilung des Stroms stattgefunden habe. Er diskutierte 5 Verbindungen zwischen beiden Moselarmen: 1. am Rudemberg bei der Salmmündung, 2. in der Umlaufbergregion von Osann – Noviand – Mülheim, 3. bei Zeltingen, 4. bei Ürzig und 5. am Reiler Hals bei Pünderich. Die drei letztgenannten Örtlichkeiten liegen etwas zu hoch für eine Verbindung zwischen Wittlicher Senke und Moseltal im Mittelterrassen-Niveau (Reiler Hals 204 m, Ürzig 207 m, zwischen Zeltingen und Platten 215 m). Außerdem haben die in der Wittlicher Senke nordöstlich der Lieser vorhandenen Schotter nicht das Schwermineralspektrum der Moselsedimente, stammen also von den Eifelflüssen wie Lieser und Salm (MÜLLER & NEGENDANK 1974). Bei den beiden anderen Stellen (Unterlauf der Salm, Umlaufregion bei Osann) ist eine Verbindung vom Moseltal zur Wittlicher Senke für Hauptterrassen und Obere Mittelterrasse gut zu verfolgen. Wenn die Mosel sich also bei Schweich geteilt hat, dann ist ihr nördlicher Arm entweder nur um das breite Bergmassiv von Hummelsberg und Mehringer Berg geflossen und mündete bei Klüsserath wieder ins Haupttal, oder er folgte der Wittlicher Senke etwa 20 km lang und vereinigte sich im Bereich der heutigen Liesermündung mit dem Haupttal.

Die Vorstellungen GREBEs von einer Stromspaltung sind von den meisten späteren Bearbeitern abgelehnt worden (historischer Überblick bei MÜLLER 1976, 102–111). Die ausgedehnten Schotterfluren im Westteil der Wittlicher Senke wurden dabei auf die Eifelflüsse Lieser, Salm und Kyll zurückgeführt. Deshalb erhielt die Stromspaltungs-Theorie wieder neuen Auftrieb durch den von MÜLLER & NEGENDANK (1974) geführten Nachweis, dass die meisten der Schotter zwischen Bekond – Hetzerath und Pohlbach sowie im Raum – Maring – Noviand – Osann von der Mosel stammen. So wurde von NEGENDANK (1974), MÜLLER & NEGENDANK (1974) und MÜLLER (1976) angenommen, dass die Mosel sich in der Hauptterrassen-Zeit bis zur Zeit der Oberen Mittelterrasse bei Schweich gespalten habe in einen südlichen Arm im Bereich des heutigen Moseltals und einen, der durch die Wittlicher Senke floss und sich im Raum Mülheim mit dem südlichen wieder vereinigte. NEGENDANK ist 1977 wieder von dieser Vorstellung abgerückt, denn nach wie vor sprechen gegen einen von Schweich nach Altrich durchziehenden Flusslauf der Rücken südlich von Föhren (das sog. Bohnenfeld) und der bis 242 m Höhe aufragende Rücken zwischen dem Salmtal und Altrich (der sog. Hauen). Beide Erhebungen wurden von MÜLLER und NEGENDANK zuerst als jüngere Schwemmkegel angesehen, die nach Beendigung der Stromspaltung aufgeschüttet worden

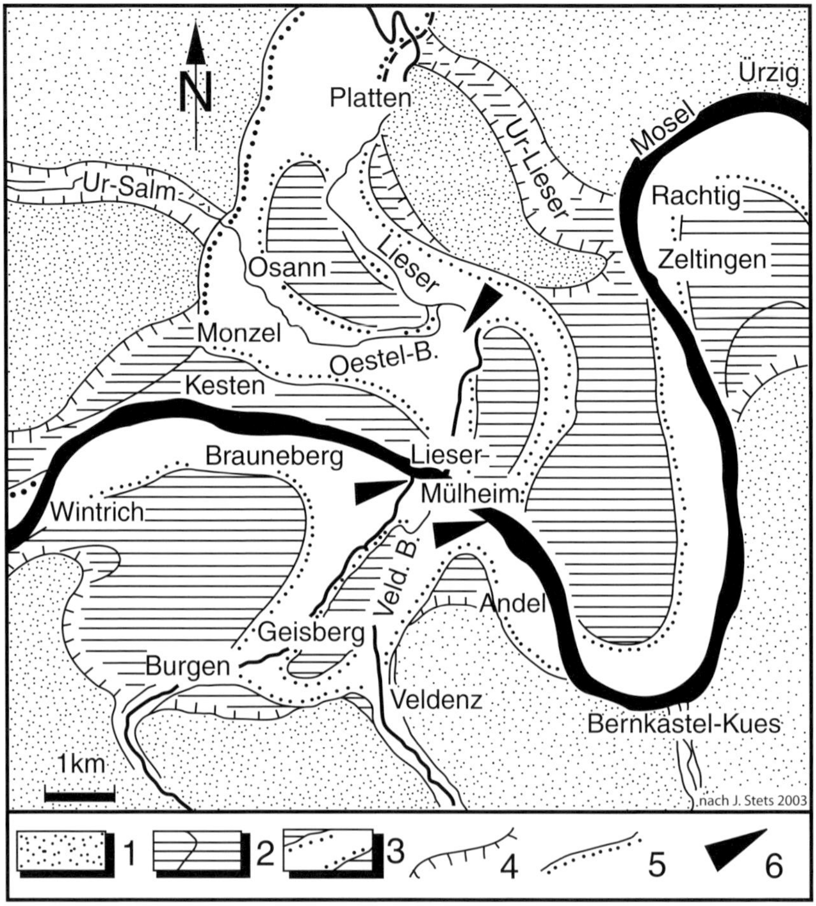

Abb. 120. Die Umlaufberg-Region der Mosel im Raum Mülheim – Veldenz – Osann. SPIES & STETS (2004), verändert. Legende: 1 Bergland, 2 Plateau- oder Hochtal, 3 Tal zur Mittelterrassen-Zeit, 4 Uferlinie des Plateautals, 5 Uferlinie des Mittelterrassentals, 6 Mäanderdurchbrüche.

sein sollen; jedoch reicht in ihnen das Rotliegende bis über das Mittelterrassen-Niveau hinauf.

Die ausgedehnten Moselschotter der Oberen Mittelterrasse in der Wittlicher Senke bei Bekond, Hetzerath, Pohlbach hält NEGENDANK (1977) für die Absätze aus einem von Thörnich über Bekond weit in die Wittlicher Senke vorgestoßenen Mäander, der durch das spätere untere Salmtal wieder ins Haupttal zurückfloss. Auch die Umlaufberglandschaft um Veldenz, Mülheim, Maring, Osann muss damit durch weit ausgreifende Mäander erklärt werden, etwa nach den Vorschlägen von KREMER (1954) (Abb. 120).

Die Untere Mittelterrasse lässt sich nicht mehr in die Wittlicher Senke hinein verfolgen. Es hat also nicht mehr der große Mäander von Bekond bestanden, und bei Mülheim wird nur eine Mäanderschleife über Maring, Siebenborn, den Brückgraben und Lieser angenommen (MÜLLER 1976).

Die Niederterrasse bildet zwischen der Saarmündung und Schweich eine sehr breite Senke als morphologische Fortsetzung der Wittlicher Senke. Sie begleitet auch unterhalb von Schweich den Flusslauf, wo sie in Gleithangpositionen besonders breit wird. Eine Unterteilung wie am Rhein in Untere und Obere Niederterrasse ließ sich nicht durchführen.

11.6.5.2 Die Mosel von der Lieser-Mündung bis Koblenz

Die einzelnen Terrassen-Niveaus sind auch in diesem Teil des Tales zu finden. Doch lässt sich die Obere Mittelterrasse mit Sicherheit nur bis in die Gegend von Zell nachweisen. Ob Verebnungen im 140 m-Niveau im Cochemer Krampen auch dazu gehören, ist fraglich, da dann der Abstand zur Unteren Mittelterrasse nur 20 m betragen würde, während er sonst 30–40 m groß ist. Besonders deutlich tritt in diesem Abschnitt das Divergieren der Hauptterrassen von Mittelterrassen, Niederterrassen und der Talsohle zutage:

Zwischen der Trierer Gegend und dem Rand des Neuwieder Beckens etwa bei Hatzenport senken sich die tieferen Terrassen bis einschließlich der Oberen Mittelterrasse im gleichen Sinne wie der heutige Flusslauf allmählich ab. Die Hauptterrassen behalten in diesem Abschnitt aber eine konstante Höhenlage bei. Die Mittlere Hauptterrasse, die am besten zu verfolgen ist, hat z. B. ihre Basis immer etwa in 260 m Höhe. Dadurch vergrößert sich der Vertikalabstand zwischen Unterer Mittelterrasse und Mittlerer Hauptterrasse von 100 m im Bereich der Saarmündung auf knapp 150 m an der Elzmündung unterhalb Karden. Auch die von KREMER (1954) auskartierte Höhenterrasse zeigt, wenn man sie mit der „Älteren Hauptterrasse" von OSMANI (1976) gleichsetzt, zwischen Trier und Karden eine konstante Höhenlage von 300 m und wenig darüber; jedoch ist das Einstufen dieses nur in Resten vorhandenen Terrassenniveaus nicht so sicher wie bei der Mittleren Hauptterrasse. Das Gefälle in dem weiten Hauptterrassental war wahrscheinlich viel geringer als im Kerbtal, in dem sich Mittel- und Niederterrassen bildeten. Deshalb wird nicht der gesamte Divergenzbetrag der Terrassen (fast 50 m am W-Rand des Neuwieder Beckens) auf tektonische Verstellung zurückgehen. Die trotz dieser Einschränkung noch bedeutende Hebung zum Beckenrand hin, also eine Schrägstellung des Mittel- und Untermoselgebietes nach der Bildung der Hauptterrassen kann mit dem Aufsteigen der Grabenschultern am Oberrheingraben vielleicht verglichen werden.

Die Divergenz zwischen dem Gefälle der Hauptterrassen und dem der Mittel- und Niederterrassen ist schon seit Jahrzehnten bekannt und mit Aufstiegsbewegungen eines sog. „Cochemer Gewölbes" erklärt worden (zuletzt NEGENDANK 1978). Dabei hat die Beobachtung den Ausschlag gegeben, dass die tertiären Ablagerungen der SW-Eifel zum Cochemer Krampen ausheben und erst östlich von Cochem im Randbereich des Neuwieder Beckens wieder einsetzen. Jedoch zeigt das Längsprofil der quartären Terrassen (Abb. 119) keinen Gewölbescheitel im Raum Cochem, sondern eine Zunahme des Divergierens bis an den ersten Randbruch des Neuwieder Beckens, der im Bereich des Schrumpfbachtales bei Hatzenport das Moseltal erreicht. An diesem Bruch wird die Mittlere Hauptterrasse um mehr als 30 m abgesenkt, die Untere Mittelterrasse um etwa 15 m; die Kieseloolithterrasse wird um 40 m verworfen. Die Störung war also über längere Zeiten hinweg wirksam. An einer weiteren Verwerfung, die etwa bei Lehmen das Moseltal erreicht, wird die Mittlere Hauptterrasse um über 40 m abgesenkt; die Untere Mittelterrasse lässt keinen Verwurf erkennen, die Störung scheint deshalb nach der Bildung der Mittelterrassen nicht mehr aktiv gewesen zu sein.

In Annäherung an das Neuwieder Becken weitet sich unterhalb von Klotten die Talfläche der Hauptterrassen trompetenförmig aus (OSMANI 1976, HOFFMANN 1996), was zeigt, dass der Fluss vom Becken angezogen wurde, eine mit dem Eintritt der Terrassenlandschaft des Rheins in die Niederrheinische Bucht vergleichbare Situation.

11.6.5.3 Die Sauer und ihre Nebenflüsse

Das untere Sauertal verläuft innerhalb der flachliegenden mesozoischen Schichtenfolge. Die einzelnen Verebnungen zu beiden Seiten des Tales sind großenteils Schichtstufen. Über die Morphologie des unteren Talabschnittes gibt es keine neueren Untersuchungen.

Das Ourtal verläuft zum größten Teil im Schiefergebirge; erst südlich von Vianden werden seine Talflanken von Buntsandstein aufgebaut. Bei Gentingen, also nur 5 km oberhalb der Mündung tauchen die devonischen Schichten unter die Talsohle. Die Terrassen des Ourtales werden von WIESE (1969) beschrieben: es lassen sich je zwei Niederterrassen, Mittelterrassen und Hauptterrassen unterscheiden und eine ebenfalls quartäre Höhenterrasse. Die Mittelterrassen nehmen im Unter- und Mittelabschnitt des Tals größere Flächen ein; die Hauptterrassen und Höhenterrassen sind nur in kleinen Resten vorhanden. Im Längsprofil zeigen die Terrassen im Raum Vianden, also in Annäherung an das Mesozoikum des Gutlands, eine leichte Versteilung, was quartäre Absenkungsbewegungen des mesozoischen Areals gegenüber dem Eifel-Ardennen-Gebiet anzeigt.

Bei Minden fließt die wasserreiche Prüm in die Sauer. Ihr fließt nur 3 km oberhalb der Mündung die Nims zu. Das Prümtal ist zwischen Holsthum und Irrel bis 160 m tief in das Plateau des Luxemburger Sandsteins (8.2) eingeschnitten und begrenzt so das Ferschweiler Plateau im E. Zwischen Nims und Prüm ist das schmale Plateau mit der Irreler Heide (Heiderücken, Wolsfelder Plateau) erhalten geblieben. Die Sandsteinblöcke sind auf den Keupertonen in die Täler gerutscht. Zwischen Prümzurlay und Irrel hat ein solcher Bergschlipf das Prümtal blockiert, so dass der Fluss sich rauschend zwischen den Sandsteinblöcken hindurchzwängen muss (Irreler „Wasserfälle“, DITTRICH et al. 1997). Die Prüm entspringt am NE-Ende des Schneifelrückens und fließt dann hauptsächlich auf unterdevonischen Gesteinen. Die Prümer Mitteldevonmulde durchfließt sie nur ein kurzes Stück an deren SW-Rand. Zwischen Lünebach und Waxweiler durchquert sie mehrere Abschnitte der Daleider Muldengruppe. Bei Biersdorf tritt der Fluss in das mesozoische Schichtstufenland der Trierer Bucht ein. Die Nims, die bei Rommersheim in der Prümer Mulde entspringt, erreicht schon nördlich von Seffern den Buntsandsteinrand der Trierer Bucht. Zum Oberlauf von Prüm und Nims vgl. HAPPEL & REULING (1937, 80–86) und PFEFFER (1978).

11.6.5.4 Kyll

Wie kein anderer Eifelbach durchfließt die Kyll in bunter Folge verschiedene geologische Landschaften: Sie entspringt in 670 m Höhe am Losheimergraben im Unterdevongebiet der Ardennen, fließt durch die Gebiete der Blankenheimer, Dollendorfer, Hillesheimer, Gerolsteiner Kalkmulden und der Salmerwald-Mulde und die umgebenden Unterdevon-Gebiete und tritt bei St. Thomas in das mesozoische Schichtstufenland der Trierer Bucht ein, das sie tief anschneidet, so dass nördlich Kordel sogar ein Rücken mit Unterdevon-Gesteinen freigelegt wird. An der Mündung bei Ehrang verläuft die Kyll in der Wittlicher Rotliegendsenke. Oberhalb von Gerolstein liegt das Tal am Ostrand des Buntsandsteinareals im Oberbettinger Graben. An mehreren Stellen des Kylltals sind zu verschiedenen Zeiten des Quartärs Lavaströme in die Talsohle geflossen, dadurch ergeben sich wie an keinem anderen Eifeltal Möglichkeiten zur Datierung der vulkanischen und talbildenden Vorgänge.

Wir kennen die morphologische Entwicklung des Kylltales durch die Untersuchungen von J. ZEPP (1933), die für den mittleren, durch junge Vulkane beeinflussten Teil von GEBHARDT (1963) ergänzt wurden. Im Kylltal unterhalb von Birresborn findet sich eine Höhenterrasse („Oberterrasse" bei ZEPP). Sie zeigt noch keine Beeinflussung durch den Vulkanismus, dürfte also älter sein als dieser. Neben dem bunten Geröllspektrum zeigen ihre Schotter einen hohen Gehalt an gut gerundeten Quarzen. Es werden zwei Hauptterrassenstufen unterschieden, von denen die obere die größte Flächenausdehnung hat. Auf der Fläche der Oberen Hauptterrasse hat sich der Lavastrom des Kalem ausgebreitet, und zwar ist er talaufwärts bis fast nach Lissingen geflossen, ein Zeichen dafür, dass die Hauptterrassentäler kaum Gefälle hatten. Nach GEBHARDT ist die Lava des Fischbach-Vulkans auch bis ins Kylltal geflossen, dessen Unterer Hauptterrasse sie in 380 m Höhe auflagert. Es lassen sich auch zwei Mittelterrassen unterscheiden. Die Obere Mittelterrasse ist im Raum von Nieder- und Oberbettingen sehr ausgedehnt; der Lavastrom des Ruderbüsch liegt auf ihr. Auch zwei Niederterrassen sind auszuhalten; auf die obere von ihnen ist der Sarresdorfer Lavastrom in Gerolstein geflossen.

11.6.5.5 Salm und Lieser

Das Salmtal ist zwar nicht durch den jungen Vulkanismus beeinflusst, durchquert aber unterschiedliche geologische Einheiten wie Schiefergebirgssockel, Buntsandsteinplatte der nördlichen Trierer Bucht, danach wieder Unterdevongesteine, dann die Wittlicher Rotliegendsenke und in den Moselbergen noch einmal Unterdevon-Gesteine. Die Terrassen hat BÖHLER (1934) beschrieben.

Die Lieser durchquert in ihrem Oberlauf das quartäre Vulkangebiet in der Umgebung von Daun und gibt hier z. T. Anhaltspunkte zur Festlegung des relativen Alters der Vulkane. So hat der Fluss in Daun den vom Firmerich-Vulkan nach W geflossenen Lavastrom durchsägt, damit das Lavavorkommen, auf dem die Burg steht, abgetrennt und sich noch etwa 50 m tief in das darunterliegende Devon eingeschnitten. Da die Lieser hier im Oberlauf noch nicht viel Erosionskraft gehabt haben kann, dürfte für diese Leistung erhebliche Zeit benötigt worden sein; die Firmerich-Lava muss deshalb zu den ältesten Quartärvulkanen gehören. Als Nebenfluss der Lieser kann auch die Kleine Kyll mit ihren Zuflüssen an mehreren Stellen zur zeitlichen Einstufung von Quartärvulkanen benutzt werden, so am Nerother Kopf, Buerberg und am Horngraben-Lavastrom östlich vom Mosenberg, der den Fluss zeitweilig aufgestaut hat; unterhalb dieser Barriere finden sich Strudellöcher im Flussbett.

Die Lieser hat im Raum Wittlich-Wengerohr ausgedehnte Schotterflächen der Unteren Mittelterrasse hinterlassen. Der Fluss quert den Schieferriegel der Moselberge in einem breiten Tal bis zu seiner Mündung oberhalb vom Ort Lieser. Er hat diese letzte Wegstrecke jedoch von der Mosel geerbt und benutzt ihre alten Schlingen aus dem zur Zeit der Oberen Mittelterrasse hier bestehenden großen Mäandersystem, in das er damals im Raum Platten, also am Südrand der Wittlicher Senke einmündete (Abb. 120). Die Terrassen von Lieser und Kl. Kyll werden von BÖHLER (1934) beschrieben.

11.6.5.6 Alf

Das Alftal wurde gegen Ende der Würm-Kaltzeit durch die Wartgesberg-Vulkangruppe versperrt, so dass sich oberhalb dieser Sperrstelle seine Sedimente zu einer weiten Schotterebene aufstauten. Dadurch wurde das Talgefälle so stark ausgeglichen, dass die beiden Lavaströme von Strohn sich talaufwärts ausbreiten konnten. Das Tal hat oberhalb der Wartgesberg-Gruppe auf etwa 7 km Länge bis zur Einmündung des Schalkenmehrener Bachs nur ein Gefälle von 2–4‰ (RÜBENS 1922) und einen breiten kastenförmigen Querschnitt. Unterhalb der Wartgesberg-Gruppe beträgt das Gefälle bis zu 2%. Ein der Wartgesberg-Vulkangruppe entstammender Lavastrom ist 5 km lang das Alftal abwärts geflossen. Sein Ende liegt südlich des Mühlenberges westlich Hontheim (WIENECKE 1979a). Das Tal zeigt im Bereich dieses Lavastroms auch eine breite Sohle. Der Bach fließt zum größten Teil auf der Lava, die auch den Unterlauf des Diefenbachtales ausgefüllt hat. Unterhalb des Lavastromes ist das Tal fast immer V-förmig tief eingeschnitten.

Der Talverlauf unterhalb von Bausendorf, in dem sich die Alf nach ihrem Lauf durch die Wittlicher Senke am Reiler Hals der Mosel auf 0,5 km nähert, sich dann aber nach N wendet, wobei sie die harten Devongesteine des Kondelwaldes in der Höllenthal-Schlucht durchsägen muss, ist oft diskutiert worden. Seit DIETRICH (1910) wurde die Möglichkeit erörtert, dass die Alf von Bausendorf aus vor der Bildung der Mittelterrassen direkt nach S geflossen sei und sich im Raum Platten mit der Lieser vereinigt habe. Der heutige Talverlauf der unteren Alf muss dann dadurch entstanden sein, dass ein durch das Höllenthal fließender Bach dieses System anzapfte. Jedoch hat BÖHLER (1934) nachgewiesen, dass schon vor dieser Zeit das untere Alftal in großer Breite bestanden hat und z. B. auf Stahlberg und Dennkopf eine Obere Hauptterrasse ausbildete. Diese breite Terrassenlandschaft und die tiefe Schlucht durch den Kondelwald konnte nur ein Fluss mit großem Einzugsgebiet schaffen, ein Anzapfbach wäre dazu nicht in der Lage gewesen (vgl. auch QUITZOW 1969, 69).

11.6.5.7 Uess

Das Uesstal hat QUITZOW (1971a) untersucht: Hier lassen sich pleistozäne Terrassen erst von Berenbach abwärts verfolgen, zuerst als obere und untere Hauptterrasse; ab Meiserich sind auch Mittelterrassen zu unterscheiden. Noch weiter abwärts sind auch Reste von Niederterrassen 1–2 m über der Talsohle festzustellen. Die Terrassen haben im ganzen Talverlauf etwa gleiche Abstände, sie konvergieren erst nahe dem Quellgebiet. Die Eintiefung hat also das Tal immer in seiner ganzen Länge betroffen. Es gibt damit keinen pleistozänen Schollenbau, abgesehen von einer schwachen Terrassenverbiegung bei Wagenhausen.

Bei Wagenhausen beginnt die tiefeingeschnittene Talstrecke mit stark mäandrierendem Flussverlauf. Dadurch ist die heutige Flussstrecke viel länger (sie beträgt 46 km bis zur Mosel) als die Mittellinie des Hauptterrassentals (35,5 km). Bei Wagenhausen werden die pliozänen Terrassen sowie die Hauptterrassen deutlich nach S abgebogen. Nach QUITZOW (1969, 1971) liegt diese Flexur in der Zone, an der die jüngere Rumpffläche der Eifel zur Moselsenke hin abbiegt. Bei der starken Aufwärtsbewegung des Schiefergebirges nach der Bildung der Hauptterrassen war also diese Flexur noch wirksam, d. h. der Moseltrog behielt noch seine Senkungstendenz.

Durch den würmzeitlichen Vulkan Wetschert bei Wagenhausen wurde die Talsohle für eine kurze Zeit durch Tephra und Schlacken aufgeschüttet, aber bald wieder freigeräumt. Im

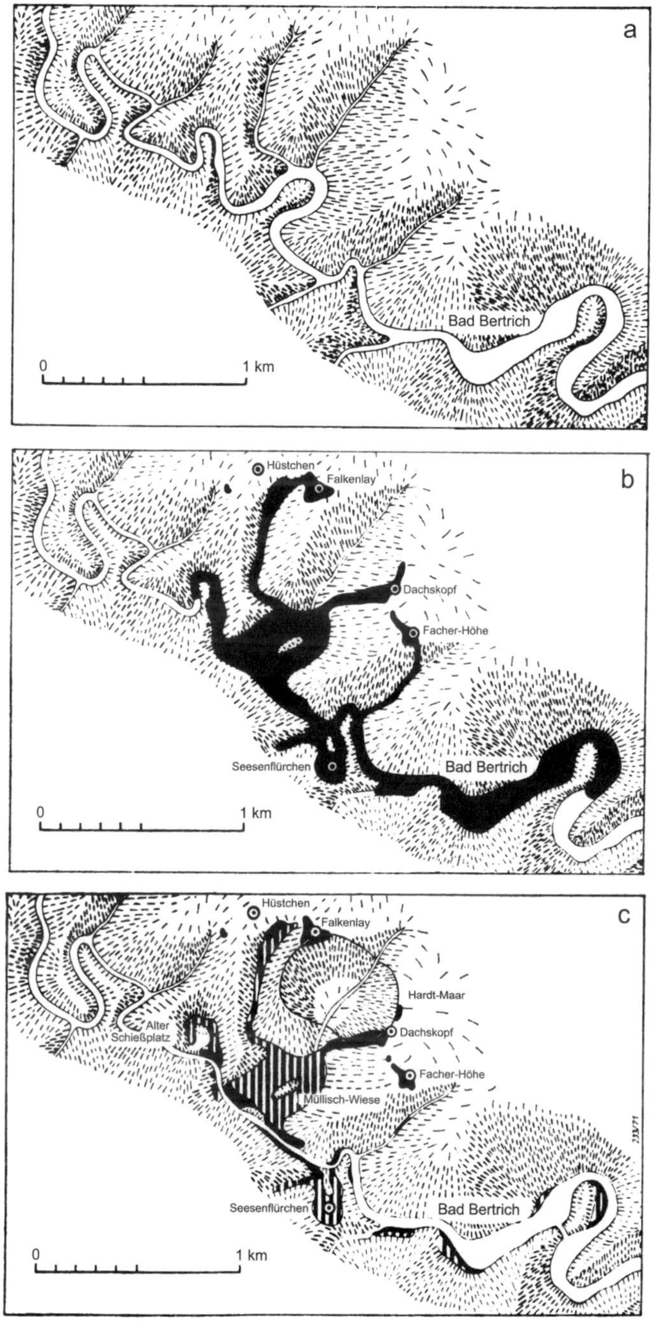

Abb. 121. Die würmzeitliche Verschüttung des Uesstales bei Bad Bertrich durch Basaltlava. a: Vor der Vulkantätigkeit. b: Unmittelbar danach; schwarz : Basaltlava. c: Heutiger Zustand; schraffiert: Lava unter Fließerde- oder Tephrabedeckung. QUITZOW (1971).

Bertricher Vulkangebiet konnte QUITZOW eine deutliche Aufwölbung der Haupt- und Höhenterrassen feststellen, die wohl durch eine Intrusion im Zusammenhang mit der Vulkantätigkeit verursacht wurde. Die Vulkane haben hier während der Würmzeit das Tal und seine Nebentäler vom Alten Schießplatz bis in den Römerkessel mit Lava ausgegossen. Der Uessbach hat die mit Lava gefüllten Mäander am Alten Schießplatz und der Müllischwiese nicht wieder benutzt, sondern konnte auf der Lavaoberfläche den 850 m kürzeren Weg nehmen, wobei das Gefälle versteilt wurde und Katarakte und Wasserfälle entstanden. Der Bach hat sich inzwischen rückwärts durch die Lava hindurchgesägt und die Versteilung hier ausgeglichen. Die Versteilung findet sich heute bei der Entersburg etwa 1 km oberhalb der sie verursachenden Laufverkürzungen. Der schwächere, von SW zufließende Elbesbach hatte nicht die Kraft, die Lava in seinem Unterlauf durchzusägen; er fließt in Kaskaden über sie hinunter ins Uesstal. Eine weitere Laufverkürzung des Uessbaches wurde 1841 durch einen künstlichen Durchstich durch den Mäanderbogen am Römerkessel verursacht (Abb. 121).

11.6.5.8 Die anderen Nebenflüsse der Mosel

Enderttal und Elztal und die dazwischen liegenden Täler von Pommerbach und Brohlbach verlaufen ausschließlich in unterdevonischen Gesteinen; sie haben sich tief in die Hochfläche eingeschnitten, besonders das mäanderreiche Elztal unterhalb von Monreal. Nach QUITZOW (1982) ist die Elz wahrscheinlich zuerst südwestlich von Berresheim (Alzheim) in das Neuwieder Becken geflossen und erst im jüngsten Tertiär von einem Nebenbach der Mosel angezapft und umgelenkt worden, vielleicht, weil der Rand des einsinkenden Beckens aufstieg und dadurch dem Fluss den Weg verlegte.

11.6.6 Rur

Das Rurtal unterhalb von Monschau sowie seine wichtigsten Seitentäler Urft und Olef bilden tiefe Schluchten, bedingt durch den raschen Abfall zur Niederrheinischen Bucht. Der Fluss mündet hier in den am tiefsten absinkenden Teil der nach NE gekippten Rurscholle. Mit den Terrassen des Rursystems und den Flächen in seiner Nachbarschaft haben sich u. a. KURTZ (1914), QUAAS (1917), D. RICHTER (1962b), ZEESE (1978) und R. MÜLLER (1983) beschäftigt. Nach RICHTER wird das höhere Niveau der Hauptterrasse bei Hausen, Untermaubach und Kreuzau noch von NW streichenden Abbrüchen zur Niederrheinischen Bucht versetzt. Der Oberlauf des Tales ist flach und nur wenig in die Hochflächen eingeschnitten. Zwischen Reichenstein und Monschau versteilt sich das Gefälle, und der Fluss schneidet sich in eine tiefe Schlucht ein. Bei Monschau nimmt das Gefälle plötzlich ab, und es entwickelt sich ein mehrere hundert m breiter Talboden. Bis zu diesem Gefällsknick bei Monschau ist heute die Tiefenerosion von der Niederrheinischen Bucht her hinaufgelangt. Seit der Bildung der Hauptterrassen hat sich unterhalb vom Rurstausee der Fluss stellenweise über 100 m tief eingeschnitten.

11.6.7 Erft

Im Quellgebiet der Erft bis etwa Eicherscheid hat H. ZEPP (1983) mehrere Terrassen auskartiert, die bis zu 80 m über der heutigen Talsohle liegen und etwa gleiches Gefälle wie diese haben. Da die meisten dieser Verebnungen noch Reste der mesozoischen bis tertiären Graulehm-Verwitterungsrinde tragen, nimmt ZEPP für sie tertiäres Alter an, was bedeutet, dass das Tal im Wesentlichen schon vor dem Pleistozän eingetieft war. Nur die untersten 30–40 m des Talquerschnitts wären dann Äquivalente der nach den Hauptterrassen entstandenen Niveaus anderer Flüsse. Das steht in Übereinstimmung mit Terrasseneinstufungen im Gebiet der Antweilerer Senke (STRUNK 1983) und zeigt, dass während des Pleistozäns die Erosionsbasis am Rande der Niederrheinischen Bucht für den Fluss relativ hoch gelegen hat. Denn der Fluss tritt auf den hohen Teil der nach NE geneigten Erft-Scholle aus, deren Kippbewegungen noch über die Hauptterrassen-Zeit hinaus andauerten (AHORNER 1962, 69), so dass das Mündungsgebiet der Erft in die Niederrheinische Bucht seine Hochlage beibehielt. Erst außerhalb des Schiefergebirges fließt die Erft unterhalb von Euskirchen in Richtung auf den am stärksten absinkenden NE-Teil der Scholle. Im Gegensatz dazu mündet das Rurtal, das nach der Bildung der Hauptterrassen z. T. tiefer als 100 m eingeschnitten ist, in den am stärksten absinkenden Teil der ebenfalls nach NE abkippenden Rurscholle.

Im Einzugsgebiet der Erft am Kamm der Wasserscheide kann sich bei schweren Gewittern rasch viel Wasser sammeln, was oft zu verheerenden Überflutungen geführt hat; z. B. stieg am 14.7.1416 das Hochwasser in Münstereifel 14 m hoch an, es ertranken mehr als 1500 Menschen und 3000 Stück Vieh. Ein Rückhaltebecken zwischen Eicherscheid und Schönau soll jetzt ähnliche Katastrophen verhüten.

11.7 Vegetation und Klima

Der Übergang vom Pliozän zum Quartär ist durch das Verschwinden eines Großteils der wärmeliebenden tertiären Pflanzenarten gekennzeichnet, was auf Klimaverschlechterungen zurückgeht. Jedoch dürfte der Klimawechsel nicht sehr schroff gewesen sein. Denn die wärmeliebenden Arten treten in den untersten Quartärfolgen zwar zurück; in der Schicht D des Tagebaus Frechen dicht unter den Hauptterrassen-Schottern tauchen aber noch einmal jungtertiäre Florenelemente wie z. B. *Decodon, Eucommia* (ein heute in China vorkommendes Rosengewächs), *Phellodendron* (Korkbaum, heute Ostasien), *Pterocarya* (Flügelnuss, heute Mittel- und SE-Asien) auf (BOENIGK et al. 1972, URBAN 1978a). Wenn es also vor Ablagerung der Schicht D Kaltzeiten gegeben hat, z. B. die von BRUNNACKER vermuteten drei „Frechen-Kaltzeiten“, so haben diese die Tertiärflora nicht völlig vertreiben können.

Vom Eifelgebiet gibt es keine Überlieferungen aus diesem Zeitraum. Wir müssen aber annehmen, dass tertiäre Formen sich noch lange gehalten haben. Denn in der Flora des sog. Kärlicher Interglazials, das vielleicht mit dem Holstein-Interglazial zu parallelisieren ist, fand URBAN (1978b) neben quartären Warmzeitarten noch Reste von *Celtis* (Zürgelbaum, heute Mittelmeergebiet), *Euryale* (Seerosengewächs, heute Ostasien), *Brasenia* (Seerosengewächs, heute Ostasien und Nordamerika) und *Pterocarya*, also alles Gattungen, die der heutigen mitteleuropäischen Flora fremd sind. In der interglazialen Flora aus dem Travertin des Kartsteins bei Weyer (Sötenicher Kalkmulde), die ebenfalls dem Kärlicher Interglazial entsprechen kann, aber vielleicht

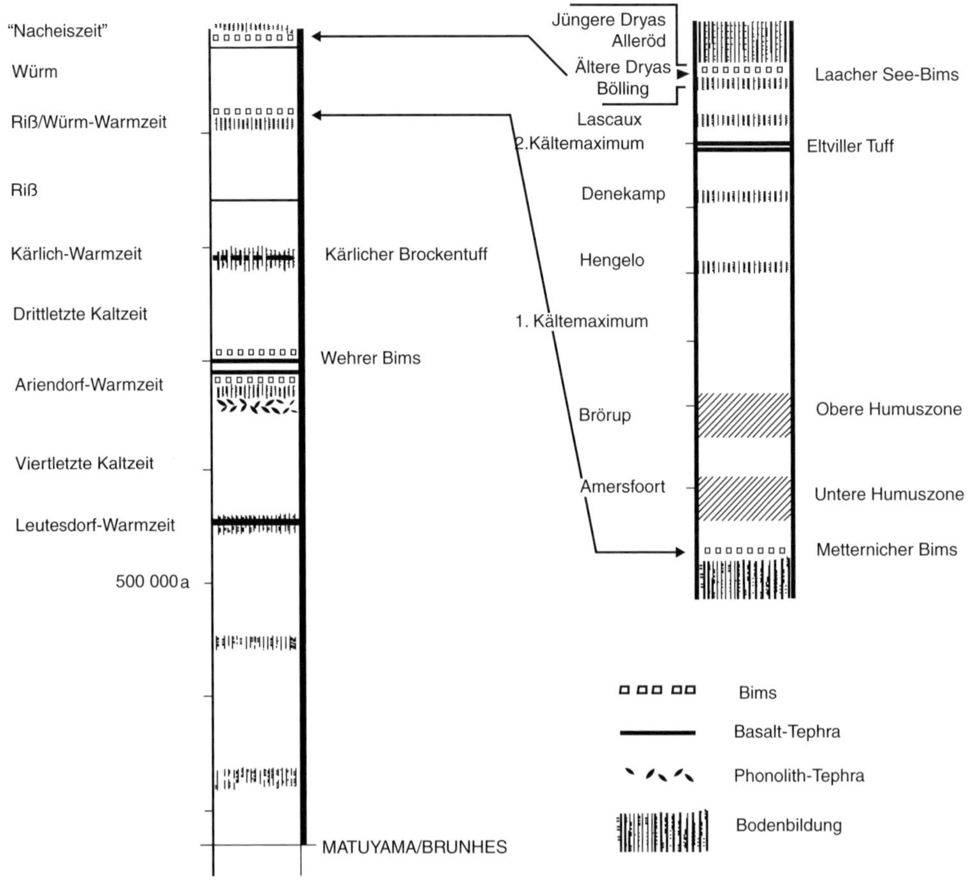

Abb. 122. Die aus fossilen Bodenhorizonten im Mittelrheingebiet und Neuwieder Becken für das Mittel- und Jungpleistozän abgeleiteten Warmzeiten im Profil mit Vulkaniteinschaltungen. MEYER & STETS (1996) nach BOSINSKI (1983). Für den rechten Ausschnitt (Würm-Kaltzeit) vgl. als Ergänzung Abb. 126 mit archäologischen Fundhorizonten.

auch in das nächstältere Interglazial (Ariendorfer Interglazial) gehört, tritt neben auch heute hier verbreiteten Gattungen ebenfalls *Pterocarya* auf (BRUNNACKER et al. 1982). In den warmzeitlichen Floren in den Phonolithtuffen von Rieden und Bell (11.3.2.1) im Laacher Vulkangebiet, die nach den radiometrischen Daten (FRECHEN & LIPPOLT 1965) mit 350 000 Jahren noch älter sein müssen als Kärlicher und Ariendorfer Interglazial, fehlen nach den Listen von KRÄUSEL & WEYLAND (1942) solche tertiären Elemente. Die Tuffe müssen in einem Klima abgelagert worden sein, das geringfügig milder war als das heutige; das zeigt die Menge an *Buxus* in ihnen.

Für die letzten Abschnitte des Pleistozäns, also für die Würm-Kaltzeit und die ihr vorausgehenden Klimaperioden, wissen wir noch zu wenig über die Vegetation der Eifel. Sporadisch finden sich Pflanzenreste in Tephren der Vulkangebiete (z. B. am Bausenberg, 11.3.1.3, Bausenberg). Vielleicht lassen sich aus älteren vulkanischen Depressionen der Westeifel noch tiefer in die Würm-Kaltzeit und die davor liegenden Klimaabschnitte hinabreichende Pollenprofile erbohren.

Gut bekannt ist die Vegetations- und Klimageschichte vom Ausgang der Würm-Kaltzeit an durch Pollenuntersuchungen in den Maarkesseln der Westeifel. Zuerst wurden erbohrte Profile in vermoorten Maaren untersucht, ausführlichere Darstellungen gab STRAKA (1952 und 1975, vgl. Abb. 123). Der Zeitraum wurde von OVERBECK in 12, von FIRBAS in 10 Pollenzonen gegliedert und einer im südskandinavischen Raum entwickelten Stratigraphie zugeordnet. Die Datierung und Korrelation mit anderen mitteleuropäischen Gliederungen des Spätquartärs machte jedoch Schwierigkeiten, die auch durch zunehmenden Einsatz von Radiocarbon-Datierungen nicht behoben werden konnten (vgl. dazu LITT et al. 2001, 1234–1236). Neue Chancen ergaben sich durch die Untersuchung von im Meerfelder Maar und Holzmaar erbohrten Warvenfolgen verbunden mit einer fein auflösenden Pollenanalyse dieser Profile (NEGENDANK et al. 1990, LITT & STEBICH 1999, KUBITZ 2000, LITT et al. 2001, 2009). Die Korrelation wurde dadurch erleichtert, dass sowohl im Holzmaar als auch im Meerfelder Maar Tephralagen des Laacher-See-Ausbruchs (12 880 Jahre B.P.) und des Ulmener Maares (11 000 Jahre B.P.) gefunden wurden. B.P. (before present) bedeutet „vor 1950“, da durch Atombombenexplosionen nach 1950 viel zusätzliches C^{14} in der Atmosphäre erzeugt wurde und die C^{14}-Datierungen nur bis zu diesem Zeitpunkt berechnet werden konnten. Auch bei Zeitangaben, die nicht auf Radiocarbon-Datierungen basieren, wird dieser Fixpunkt wegen der Vergleichbarkeit verwendet. Manchmal muss zwischen Warvenjahren und Kalenderjahren unterschieden werden, denn die Warvenskalen lassen sich oft nicht exakt bis zur Jetztzeit zurück verfolgen.

Nach der Untersuchung der erbohrten Sedimentsäulen aus dem Meerfelder Maar ergibt sich für die **spätglaziale** Vegetations- und Klimageschichte der Eifel folgendes Bild (LITT et al. 2001): Der Übergang vom Hochglazial (Pleniglazial) der letzten Eiszeit zu einer ersten deutlichen Erwärmung, damit zum Spätglazial liegt hier etwa 14 450 Jahre B.P. zurück. Diese erste spätglaziale Einheit wird als **Meiendorf-Interstadial** (Biozone 1) bezeichnet (nach Hamburg-Meiendorf) und wird dadurch markiert, dass die kaltgeprägte Steppen- bzw. Tundrenvegetation durch Bebuschung mit Weiden, Birken und Wacholder abgelöst wird. Im Zeitraum von 12 800 bis 13 670 erfolgt ein kurzes Kälteintermezzo, in dem die Baumpollen abnehmen zugunsten von Kräutern, die **Älteste Dryaszeit** (2. Älteste Tundrenzeit), nach der Silberwurz *Dryas octopetala*. Es schließt sich eine wärmere Periode an, die **Bölling-Zeit** (3a), die bis vor 13 540 Jahren B.P. andauerte (nach einem Ort in Nordjütland). Birken nehmen wieder zu (u. a. nachgewiesen *Betula pubescens*), aber auch Nichtbaumpollen mit *Artemisia* (Beifuß) sind verbreitet, was einen offenen Birkenwald anzeigt. Es folgt wieder ein Kälterückschlag, die **Ältere Dryaszeit** (3b, Ältere Parktundrenzeit); dieser Abschnitt dauert bis vor 13 350 Jahren. Die Birkenpollen gehen zurück, Gräser und *Artemisia* nehmen zu. Danach folgt eine Periode, die nach einem Ort bei Kopenhagen als **Alleröd-Zeit** (3c) bezeichnet wird und nach dem Profil im Meerfelder Maar 670 Jahre gedauert hat. Sie ist durch relativ warmes Klima gekennzeichnet, was sich darin ausprägt, dass Birke und gegen Ende zunehmend Kiefer vorherrschen. Auch Zitterpappel (*Populus tremula*) tritt auf, während Nichtbaumpollen zurückgehen. STRAKA (1975) vergleicht das Klima mit dem heutigen im mittleren Skandinavien. Unmittelbar vor der Ablagerung des Laacher-See-Bims haben LITT et al. (2001) eine kurzfristige Zunahme der Nichtbaumpollen beobachtet und halten es für möglich, dass sich darin die südlich von Bern zuerst beobachtete sog. Gerzensee-Kälteschwankung zeigt. In den niedrigeren Regionen um den Laacher See (Brohltal, Thür, Kruft, Miesenheim) wurde an verschiedenen Stellen direkt unter dem Bims eine reichere Hochstaudenflora gefunden mit viel *Prunus padus* (Traubenkirsche) und *Populus tremula* (SCHWEITZER 1958, IKINGER 1990, WALDMANN 1996). Die Lage mit Laacher-See-Bims lässt sich im Meerfelder Maar 200 Jahre vor dem Ende

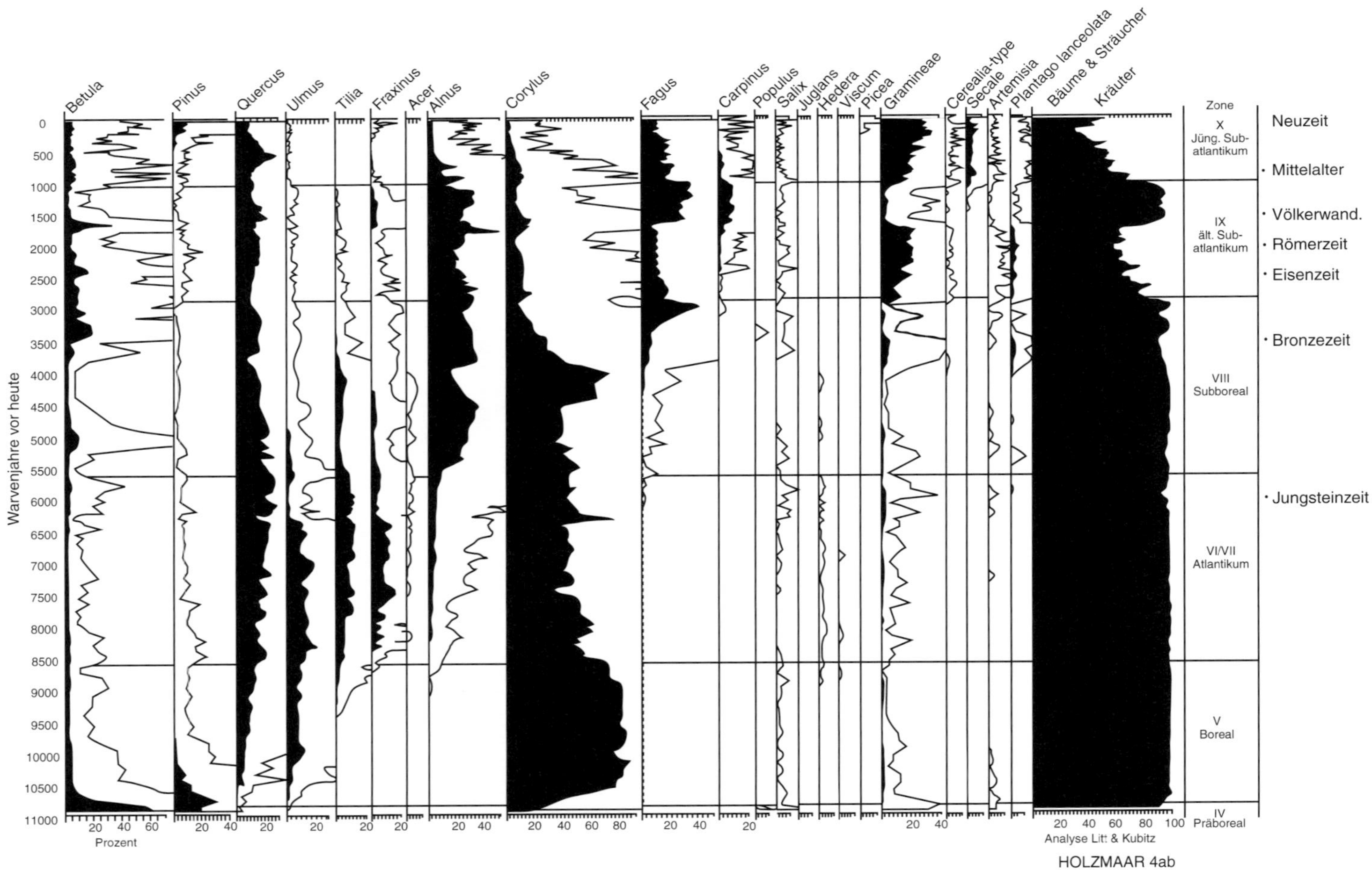

Abb. 123. Die Vegetationsentwicklung der letzten 11 000 Jahre nach Warvenzählung und detaillierter Pollenanalyse an den Bohrungen 4a und 4b im Holzmaar. Th. LITT (unveröff.) unter Verwendung der Pollendiagramme in LITT et al. (2009).

der Alleröd-Zeit datieren, das vor 12 680 Jahren B.P. anzusetzen ist. Es besteht also Übereinstimmung mit der C^{14}-Datierung der Eruption. Es folgt wieder Abkühlung in der Periode, die als Jüngere Dryaszeit (4, Jüngere Parktundrenzeit) bezeichnet wird. Der spärliche Wald wird wieder verdrängt, Nichtbaum-Arten nehmen zu, aber auch Weiden (*Salix*), so dass eine Parktundra sich noch einmal ausbreitet. Das Klima war in der Eifel subarktisch kalt und wird von STRAKA mit dem verglichen, das heute im nördlichen Skandinavien im Bereich der Baumgrenze herrscht. Dieses ist der letzte Klimaabschnitt, den man noch zum Spätglazial rechnet; mit der Obergrenze der Jüngeren Dryaszeit, die im Meerfelder Maar ein Alter von 11 590 Jahren B.P. hat, beginnt das Holozän. Nach LITT et al. (2001) konnten aus einem See in Niedersachsen und mehreren Seen in Polen in Warvensedimenten auch Alter für die Unter- und Obergrenze der Jüngeren Dryaszeit, damit also auch für den Beginn des Holozäns ermittelt werden. Sie haben ähnliche Werte wie in Meerfeld, sind aber geringfügig älter, das gleiche gilt für die aus dem grönländischen Eis ermittelten Daten. Die in vorstehendem Text genannten genauen Altersangaben haben also nur für das Meerfelder Maar Gültigkeit.

Für das **Holozän** konnten LITT et al. (2009) die Klimaentwicklung der Westeifel dadurch erfassen und datieren, dass sie Bohrungen durch die jahreszeitlich geschichteten Sedimente im Holzmaar und Meerfelder Maar durch Warvenzählung und detaillierte Pollenanalyse untersuchten. Die beiden 9 km voneinander entfernt liegenden Maare zeigen in den Pollenprofilen bis ins Kleinste Übereinstimmung, in beiden bildet die Tephralage vom 11 000 Jahre alten Ulmener Maar eine Zeitmarke. Es ergab sich für die Vegetationsentwicklung, auf die nun in zunehmendem Maße der Mensch Einfluss nimmt, folgendes Bild (LITT et al. 2009 mit Ergänzungen aus STRAKA 1975):

Der erste holozäne Klimaabschnitt wird als **Präboreal** bezeichnet, nach FIRBAS (1949) **Zone IV** (Vorwärmezeit, Kiefern-Birken-Zeit). Die Wiederbewaldung der Westeifel nimmt zu, zuerst mit Kiefern und Birken, im jüngeren Teil der Zone zögernd auch mit den mehr wärmeliebenden Haseln und Eichen. Nach den Warvenprofilen liegt dieser Abschnitt 11 570–10 800 Jahre B.P. zurück. Er ist durch Sommertemperaturen ähnlich wie heute, aber kalte Winter und relativ wenig Niederschläge gekennzeichnet. In diese Zeit fällt die Eruption des Ulmener Maares (11 000 B.P.). In der folgenden **Boreal-Zeit** (FIRBAS V, Frühe Wärmezeit, Hasel-Zeit) ist eine plötzliche Zunahme der Hasel zu beobachten. Birke und Kiefer gehen rasch zurück, dafür nehmen Eiche und Ulme zu, gegen Ende des Boreals auch Linde. Die Winter werden etwas milder. Etwa 8550 Jahre B.P. beginnt die **Atlantische Zeit** (FIRBAS VI und VII, Eichenmischwald-Zeit), die das Klimaoptimum darstellt. Eiche, Ulme, Linde und Esche nehmen zu, allmählich auch Ahorn und Erle. Mistel und Efeu sind weitere Wärmezeiger. Etwa um 6500 B.P. tauchen erste spärliche Getreidepollen auf sowie der Siedlungsbegleiter Spitzwegerich (*Plantago lanceolata*), Anzeichen für einen ersten Einfluss des neolithischen Menschen auf die Eifelvegetation. Etwa 5600 B.P. setzt der nächste Abschnitt ein, die **Subboreal-Zeit** (FIRBAS VIII). Er ist in seiner jüngeren Hälfte durch die Zunahme der Rotbuche (*Fagus*) bestimmt, wogegen Hasel zurückgeht, Erle und Eiche bleiben stark verbreitet. Der nächste Abschnitt, die **Ältere Subatlantische Zeit** (FIRBAS IX, Buchenzeit) beginnt etwa 2700 Jahre B.P. Er ist zu Beginn durch einen starken Rückgang von *Fagus* gekennzeichnet und die Zunahme waldfreier Areale. Das geht auf die Rodungstätigkeit des Menschen zurück und umfasst einen Zeitraum von 1000 Jahren, welcher die Eisenzeit (Hunsrück-Eifel-Kultur) und die Römerzeit einschließt. Danach, während der Völkerwanderungs-Zeit verödeten die Siedlungsflächen teilweise und es setzte Wiederbewaldung mit Rotbuchen und nun auch Hainbuchen (*Carpinus*) ein. Erst im 10. nachchristlichen Jahrhundert wird durch die sogenannte „karolingische Rodung“ der Wald wieder zurückgedrängt, was im Pollen-Diagramm deutlich erkennbar ist, ebenso die Zunahme von Roggen (*Secale*) und Buchweizen (*Fagopyrum*). STRAKA konnte auch die Verwüstungen des dreißigjährigen Krieges durch Zunahme von *Calluna* und *Vaccinium* im Pollendiagramm erkennen. Diese etwa mit dem Jahr 1000 n. Chr. beginnende letzte Periode wird als **Jüngere Subatlantische Zeit** (FIRBAS X) bezeichnet. NEGENDANK et al. (1990) konnten die verschiedenen Rodungsphasen auch an jeweils erhöhtem Sedimenteintrag in den Füllungen von Holzmaar und Meerfelder Maar nachweisen.

11.8 Fauna

Unsere Kenntnis der pleistozänen Faunen ist größtenteils an die Untersuchung eiszeitlicher Siedlungsplätze des Menschen geknüpft, hier stehen Säugetiere im Vordergrund. Viele kommen sowohl in Warmzeit- als auch Kaltzeitablagerungen vor, einige Arten sind stärker klimatisch fixiert, wie z. B. die größten Arten: Südelefant, *Elephas meridionalis* (Warmzeit); Waldelefant, *Palaeoloxodon antiquus* (Warmzeit); Steppenelefant, *Mammuthus trogontherii* (Kaltzeit); Mammut, *Mammuthus primigenius* (Kaltzeit); Wollnashorn, *Coelodonta antiquitatis* (Kaltzeit); Moschusochse, *Ovibos moschatus* (Kaltzeit); Höhlenbär, *Ursus spelaeus* (Kaltzeit).

Über die reiche Fauna der pleistozänen Warmzeiten wissen wir wenig, da in der Eifel Sedimente aus diesen Perioden kaum erhalten sind. Am Rhein und im Neuwieder Becken sieht es etwas besser damit aus. So wurden in der Tongrube Kärlich (11.1.2) Reste von Steppenelefanten, vielleicht auch Südelefanten, von Kleinsäugern wie *Chletrionomys* (Rötelmaus) und von warmzeitlichen Mollusken in älteren Warmzeitablagerungen (Abschnitte B-G in Abb. 74) gefunden (BRUNNACKER in VEIL 1978, 18). Bei Miesenheim im Neuwieder Becken fand sich an einem altpaläolithischen Siedlungsplatz eine Säugerfauna aus der drittletzten Warmzeit (Ariendorf-Warmzeit) mit Elefanten, Hirsch, Reh, Biber und Stachelschwein (BOSINSKI 1983a).

Nur selten sind an damals tätigen oder gerade erloschenen Vulkanen, die aus den Wäldern wohl als kahle Hügel herausragten und so für Steppentiere Biotope boten oder durch heiße Quellen für die Tierwelt attraktiv waren, Reste von pleistozänen Wirbeltieren gefunden worden: KUSS & RAHM (1967) beschreiben eine Säugetierfauna wohl aus der Übergangszeit von Riss-Kaltzeit zu Eem-Warmzeit vom Schlotbereich des Schlackenkegels Hasenberg bei Trittscheid (südlich Daun). Und jüngst wurde im Schlotbereich des Plaidter Hummerich (11.3.1.8, Plaidter Hummerich und Kollert) eine reiche Fauna entdeckt, die vom Neandertal-Menschen bejagt wurde. Reiche Kleinsäugerfaunen in den Begleitsedimenten von Schlackenkegeln wie z. B. in der Wannengruppe wurden von KALTHOFF et al. (2007) aus der Übergangszeit zwischen Eem-Warmzeit und letzter Eiszeit untersucht. Eine warmzeitliche Molluskenfauna u. a. mit Sumpfschnecken (*Lymnaea truncculata, L. palustris*) lebte in einem Kratersee des Herchenberg-Vulkans (S. 433–435) zwischen zwei Ausbruchsphasen.

Im ältesten Travertin des Kartsteins bei Weyer (Bl. 5405 Mechernich) sind unbestimmbare Knochenreste warmzeitlicher Säugetiere eingeschlossen, ebenso Gastropodenschalen (Artenliste bei SOMMERMEIER 1913); der Travertin gehört nach BRUNNACKER et al. (1982) wahrscheinlich in die vorletzte Warmzeit.

Von der Fauna der Kaltzeiten sind nur aus der Würm-Zeit Reste bekannt. Auch hier liegen an Rhein und Mosel mit dem Neuwieder Becken die wichtigsten Fundgebiete etwa für Mam-

Abb. 124. In eine Schieferplatte eingeritzte Zeichnung eines Mammuts. Magdalénien-Fundplatz Gönnersdorf bei Neuwied. Länge der Mammut-Darstellung ca. 6 cm. BOSINSKI (1983).

mutreste. Großes Aufsehen hat die Entdeckung eines Mammutskeletts im Jahre 1936 am südlichen Hang des Nettetals zwischen Ruitsch und Welling erregt, weil sich um dieses „Mammut von Polch" in der Tagespresse und der Fachliteratur eine heftige Kontroverse entwickelte (vgl. u. a. MAUZ, MORDZIOL, MÜLLER-DEILE 1939). Ein Teil der Bearbeiter vertrat die auch heute anerkannte Ansicht, das Tier sei dort auf natürliche Weise umgekommen. Dem stand die damals von den staatlichen Stellen sehr unterstützte Auffassung gegenüber, das Tier sei hier in einer Fallgrube vom Eiszeitmenschen erlegt worden (vgl. W. V. KOENIGSWALD 1989).

Das Mammut ist erst nach der Zeit um 10 500 v. Chr. bei uns verschwunden, denn dieses Alter hat der Magdalénien-Siedlungsplatz von Gönnersdorf im Neuwieder Becken (BOSINSKI 1983a), in dem noch Ritzzeichnungen von Mammuten gefunden wurden (Abb. 124). Die Fundschicht von Gönnersdorf, die stratigraphisch an den Ausgang der Bölling-Zeit gehört, zeigt, dass damals im Neuwieder Becken noch eine Fauna lebte, die uns exotisch anmutet: Mammut, Wollnashorn, Wildpferd, Hirsch, Elch, Ren, Gämse, Saigaantilope, Wisent, Wolf, Eisfuchs, Großkatzen (Löwe? nur als Abbildung auf Steinplatten), Schwan, Gans, Enten, Schneehuhn u. a. m.

In den Terrassenschottern finden sich vor allem Reste von größeren Tieren, wie z. B. Mammut, Wollnashorn, Wisent, die den fluviatilen Transport überstanden (WILCKENS 1927, 174). An den Talhängen fanden sich dort viele Säugerreste, wo sie von Löss eingedeckt und geschützt wurden und erst durch die Anlage von Steinbrüchen oder Baugruben ans Tageslicht kamen. So ist unter Löss im Basaltsteinbruch am Unkelstein zwischen Remagen und Oberwinter eine reiche Fauna mit Mammut, Wollnashorn, Elch, Hirsch, Wisent, Pferd u. a. m. gefunden worden (SCHWARZE 1879). Mammutreste unter Löss gibt WILCKENS (1927, 186) noch von Rolandseck, Oberwinter, Duisdorf und Witterschlick an. Mit den kleinen Landschnecken im Löss beschäftigten sich REMY (1959) und REMY & PAAS (1959); diese Schnecken lassen sich aber leider nicht zur Unterscheidung von Lössfolgen verschiedener Kaltzeiten verwenden.

Im Bergland der Eifel finden sich Tierreste aus der Würm-Kaltzeit nur in Höhlen wie in denen des Kartsteins in der Sötenicher Kalkmulde oder in Dolomitfelsen bei Gerolstein. Im Höhlenkomplex des Kartsteins (Kakushöhlen) fanden sich u. a. Reste von Höhlenbär, Braunbär, Höhlenhyäne, Höhlenlöwe, Wolf, Mammut, Wollnashorn, Pferd, Ren, Rothirsch, Riesenhirsch, Steppenbison, Moschusochse, Saigaantilope, Schneehase, Murmeltier, Biber, Stachelschwein, Schneehuhn neben endpaläolithischen Artefakten. Sie stammen aus verschiedenen Klimaphasen der Würmzeit; es fanden sich auch in den Höhlen Tierreste aus dem Postglazial, wie Marder, Luchs, Dachs, Igel, Wildschwein, Reh, Gämse, Steinbock u. a. (JOACHIM et al. 1998). In der Buchenlochhöhle am Westabhang der Munterley bei Gerolstein fanden sich neben mittelpaläolithischen Artefakten u. a. Reste von Höhlenbär, Mammut, Wollnashorn, Pferd, Auerochs, Ren, Riesenhirsch, Pfeifhase *(Ochotona)*, Halsbandlemming *(Dicrostonyx)*, Eisfuchs und Wolf (BRACHT 1883). In der Magdalenahöhle, der östlichsten der kleinen Höhlen in der Südwand der Munterley, fand sich eine würmzeitliche Fauna mit viel Ren. Sie begleitet Artefakte, die z. T. aus Mammutelfenbein hergestellt wurden und in das frühe oder mittlere Jungpaläolithikum, vielleicht das Gravettien, einzustufen sind (WEISS in VEIL 1978), also jünger sind als die meisten Funde der Buchenlochhöhle. HUTTERER & MIEBACH (2011) beschreiben auch Raubtiere (Braunbär, Höhlenbär, Hyäne u. a.) von hier.

11.9 Der Mensch

Auch über den Aufenthalt des Menschen in der Eifel während der ersten anderthalb Jahrmillionen des Quartärs wissen wir noch nichts. Nach BOSINSKI (1983) lassen sich die frühesten Stadien der Besiedlung folgendermaßen beschreiben:

Die derzeit ältesten Spuren des Menschen stammen aus der Tongrube Kärlich, in der K. WÜRGES 1982 auf den Moselschottern Bb (Abb. 74) ein im Fluss transportiertes Quarzit-Artefakt fand. Es zeigt, dass vor etwa 800 000 Jahren (in der Nähe der paläomagnetischen Matuyama-Brunhes-Grenze; BRUNNACKER, STREIT & SCHIRMER 1969) im Neuwieder Becken oder im unteren Moselraum Menschen lebten (*Homo erectus*, Altpaläolithikum). Aus der Ariendorf-Warmzeit, also dem drittletzten Interglazial (vor 300 000–350 000 Jahren) sind Siedlungsplätze von Ariendorf am Rhein und Miesenheim am Nettetal sowie Geräte aus der Grube Kärlich bekannt. Von K. WÜRGES getätigte Funde von Artefakten im Löss der drittletzten Kaltzeit (Schicht H in Abb. 74) in der Grube Kärlich sind vielleicht ein Zeichen, dass der Mensch sich nicht nur in den Warmzeiten im Neuwieder Becken aufhielt; seine Begleiter waren hier damals u. a. Steppenelefant, Rind und Pferd. Aus der nächsten Warmzeit, dem Kärlicher Interglazial (vor 200 000–250 000 Jahren) gibt es aus dem Kärlicher Profil reiche Funde (BOSINSKI et al. 1980). Für diese Zeit gibt es nun auch aus dem Bergland der Eifel die ersten Hinweise auf den Aufenthalt des Menschen: Im ältesten Travertin des Kartstein (Sötenicher

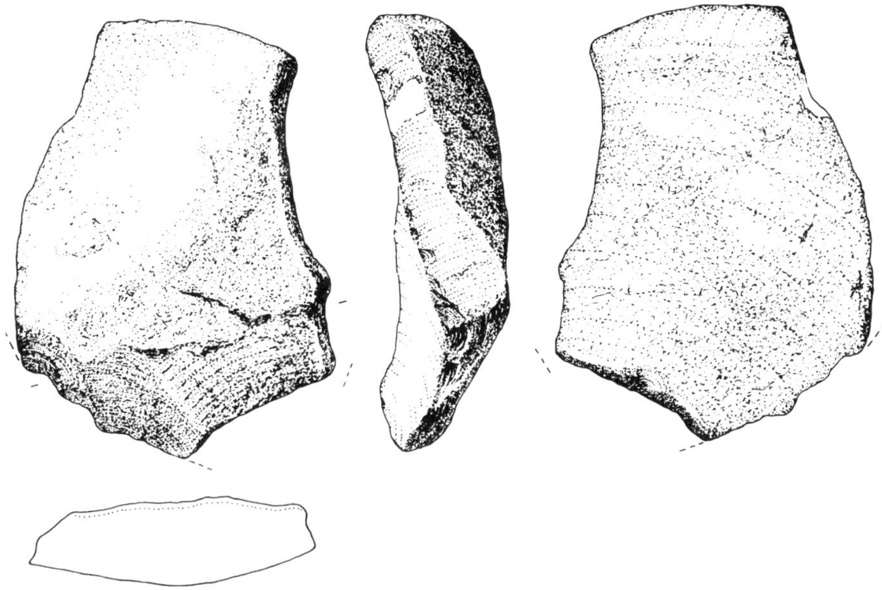

Abb. 125. Bisher ältestes Artefakt aus der Tongrube Kärlich. Quarzit-Artefakt von der Oberkante der Moselschotter (Bb in Abb. 74). Länge des Querschnitts unten links 7,5 cm. BOSINSKI (1983).

Kalkmulde), der wahrscheinlich während der Kärlicher Warmzeit entstand, finden sich grob behauene Gerölle eingeschlossen, die vom Typ her den noch viel älteren „pebble tools“ gleichen, also viel primitiver sind als die vermutlich gleichalten Geräte aus Kärlich; das liegt wahrscheinlich aber daran, dass hier kein besser spaltbares Material vorhanden war (BRUNNACKER et al. 1982).

Weil das alles nur Werkzeuge waren, hat der Fund einer menschlichen Schädelkalotte in einer Kratermulde am Ostrand der Wannengruppe großes Aufsehen erregt. Dieser Mensch hat nach V. BERG et al. (2000) im Frühglazial bzw. im älteren Abschnitt der vorletzten Kaltzeit gelebt und wird als „Spät-Präneanderthaler“ eingestuft, er müsste dann älter als 200 000 Jahre sein. Die Vulkankegel waren bei den Steinzeitjägern als relativ trockene Aufenthalts- und Beobachtungspunkte beliebt.

Der Mensch der vorletzten Kaltzeit gehört bereits zu einer Frühform des Neandertalers (*Homo sapiens neanderthalensis*) (BOSINSKI 1983a): Reiche Funde sind im Risslöss des Profils von Ariendorf gemacht worden; neben Steinwerkzeugen wurden u. a. Hirschgeweihe als Geräte verwendet. In der Grube Kärlich hat K. WÜRGES im Risslöss einen Faustkeil vom Acheuléen-Typ gefunden. Aus der letzten Warmzeit (Eem-Warmzeit) gibt es erstaunlicherweise selbst aus dem Rheingebiet bislang keine archäologischen Funde.

Die Siedlungsspuren aus der Würm-Kaltzeit sind im Rheingebiet innerhalb der mächtigen Lössprofile meist an die Bodenhorizonte, also an interstadiale Bildungen gebunden (Abb. 126). Nach BOSINSKI (1983) lässt sich die Entwicklung folgendermaßen zusammenfassen: Bei Ariendorf fanden sich Siedlungsspuren in der untersten Bodenzone, die wohl dem Amersfoort-Interstadial entspricht. In der zweiten Humuszone, die dem Brörup-Interstadial entsprechen dürfte, fanden sich Siedlungen in Koblenz-Metternich (Ziegeleigrube Friedhofen südl.

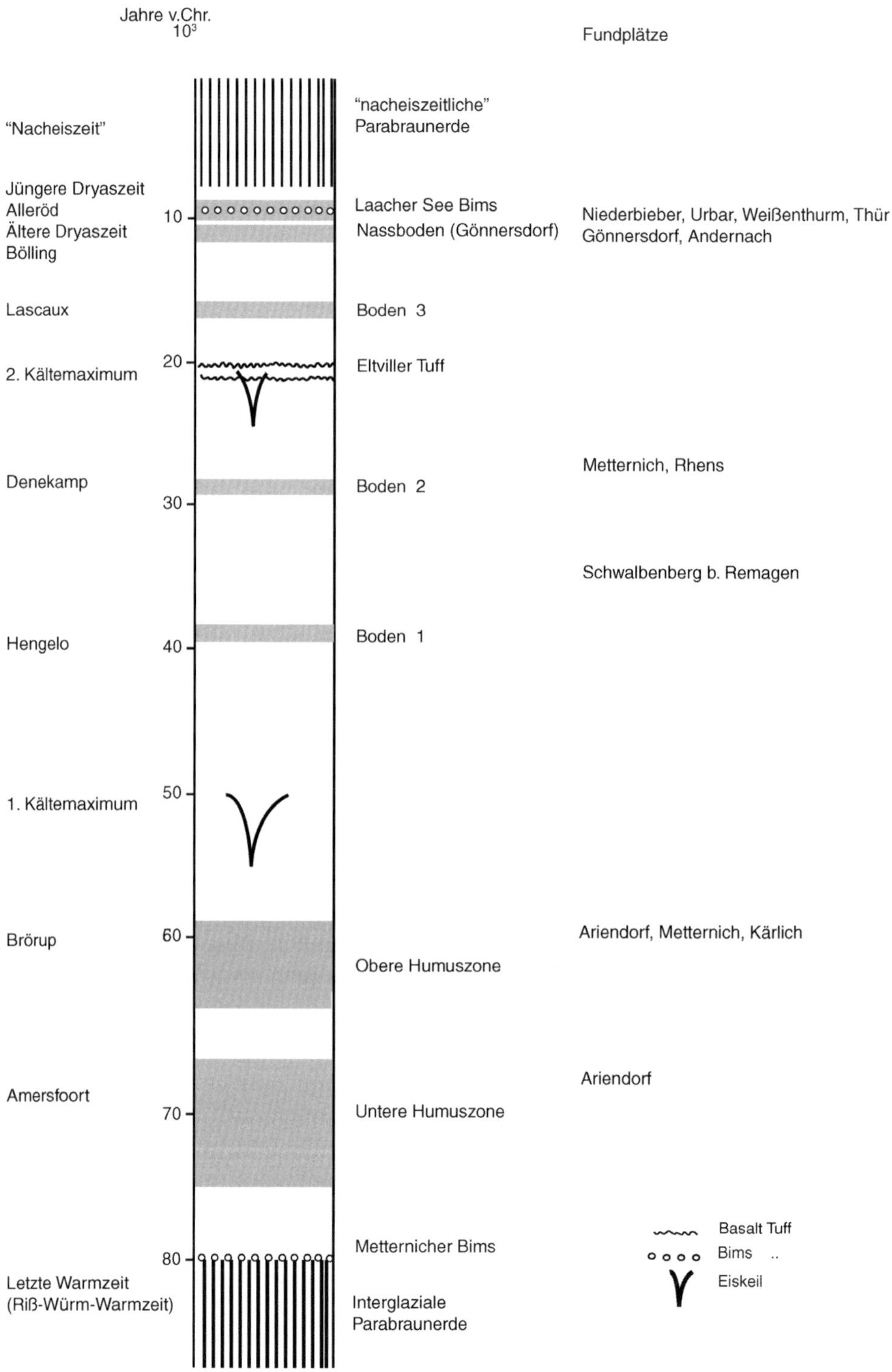
Jahre v.Chr.
10³
Fundplätze
"Nacheiszeit"
"nacheiszeitliche" Parabraunerde
Jüngere Dryaszeit
Alleröd
Ältere Dryaszeit
Bölling
10
Laacher See Bims
Nassboden (Gönnersdorf)
Niederbieber, Urbar, Weißenthurm, Thür
Gönnersdorf, Andernach
Lascaux
Boden 3
2. Kältemaximum
20
Eltviller Tuff
Denekamp
Boden 2
30
Metternich, Rhens
Schwalbenberg b. Remagen
Hengelo
40
Boden 1
1. Kältemaximum
50
Brörup
60
Obere Humuszone
Ariendorf, Metternich, Kärlich
Amersfoort
70
Untere Humuszone
Ariendorf
80
Metternicher Bims
Letzte Warmzeit
(Riß-Würm-Warmzeit)
Interglaziale Parabraunerde
Basalt Tuff
Bims ..
Eiskeil

Metternich, Ziegeleigrube Weglau am Osthang des Kimmelbergs), Ariendorf und Kärlich. Die Funde dieser zweiten Humuszone zeigen zum ersten Mal nichteinheimisches Material, nämlich Feuersteine aus der Oberkreide des Maasgebietes oder Westfalens. In den Beginn der Würm-Kaltzeit dürfte auch der kürzlich entdeckte Jagdplatz des Neandertalers auf dem Plaidter Hummerich zu stellen sein (BOSINSKI et al. 1986). Nach dem Brörup-Interstadial, das vor etwa 60 000 Jahren anzusetzen ist, folgte eine etwa 20 000 Jahre dauernde sehr kalte Periode, aus der es keine Funde gibt, die also wohl zu einem Unterbrechen der Besiedlung im Rheinland geführt hat.

Danach trat wieder Erwärmung ein, die sich in zwei Bodenbildungen manifestiert, dem etwa 38 000 Jahre alten 1. Boden, der dem Hengelo-Interstadial entsprechen kann, und dem 2. Boden, der mit dem 27 000–30 000 Jahre alten Denekamp-Interstadial parallelisiert wird. Das Hengelo-Interstadial ist die Zeit der Ablösung des Neandertal-Menschen durch Menschen, die sich im Körperbau nicht mehr von uns unterscheiden. Aus dieser Zeit dürfte ein Fundplatz am Südhang des Schwalbenbergs südlich Remagen stammen, dessen Werkzeuge einen Übergang von Mittel- zu Jungpaläolithikum zeigen. Aus der Zeit zwischen dem Denekamp-Interstadial und dem Beginn des zweiten Kältemaximums stammen reiche Funde aus dem Löss der Ziegeleigrube Weglau südlich Koblenz-Metternich. Sie gehören in einen frühen Abschnitt des Mittleren Jungpaläolithikums. Vielleicht sind Funde aus dem Löss von Unkelbach etwa gleichalt.

Ebenso kann die Besiedlung der Magdalena-Höhle nördlich von Gerolstein auch in diesen Zeitraum fallen. Die Artefakte lassen sich vielleicht in das Gravettien einordnen; eine C^{14}-Datierung (SCHARPENSEEL, Bonn) an Rengeweih ergab den Alterswert von 23 590 ± 720 v. Chr. (WEISS in VEIL 1978).

Es folgte vor etwa 20 000 Jahren eine zweite, kurze aber heftige Kältephase, die für die Würm-Zeit das Maximum der Eisausdehnung brachte (das sog. Hochglazial) und wohl in ganz Mitteleuropa die Besiedlung unterbrochen hat. Auch aus dem nachfolgenden Lascaux-Interstadial (Boden 3 in Abb. 126) vor etwa 18 000 Jahren fehlen Funde aus dem Rheinland. Vielleicht gehören die Werkzeugfunde aus der Nähe von Muffendorf im Tal des Godesberger Baches bei Gut Marienforst hierher. Es sind Oberflächenfunde, die z. T. aus dem nahe dieser Stelle anstehenden tertiären Süßwasser-Halbopal (10.4.1) hergestellt wurden. Ihre Alterseinstufung ist nicht gesichert; ein Teil der Funde gehört schon ins Mittelpaläolithikum, ein Teil ins Jungpaläolithikum älter als Magdalénien, vermutlich ins Gravettien (VEIL 1978).

Gesichert ist die Besiedlung im Rheinland für die Bölling-Zeit etwa 13 670–13 540 vor heute (B.P.). Das Neuwieder Becken enthält reiche Fundplätze, die jetzt nach dem Abbau der Bimstephra an mehreren Stellen zutage kommen. Schon 1883 wurden auf dem Basaltlavastrom am Martinsberg in Andernach unter dem Laacher-See-Bims steinzeitliche Geräte entdeckt, was als Nachweis, dass vor den großen Bimsausbrüchen hier am Rhein schon Menschen lebten, großes Aufsehen erregte. Eine ähnliche Fundstelle wurde in einem Neubaugebiet in Feldkirchen-Gönnersdorf auf der anderen Rheinseite von 1968 bis 1976 ausgegraben (BOSINSKI 1979). Hier konnte die stratigraphische Position der Siedlungsschicht, die u. a. wegen ihres Reichtums an Ritzzeichnungen in Schieferplatten (Abb. 124) überregionale Beachtung gefunden hat, genau festgelegt werden. Die Siedlung wurde nicht unmittelbar von Bims verschüttet, sondern es liegen zwischen ihr und der Bimstephra noch 20–40 cm Löss. Das Alter

Abb. 126. Gliederung der Würm-Kaltzeit am Mittelrhein mit den Bodenbildungen in den Lössprofilen und archäologischen Fundhorizonten. BOSINSKI (1983).

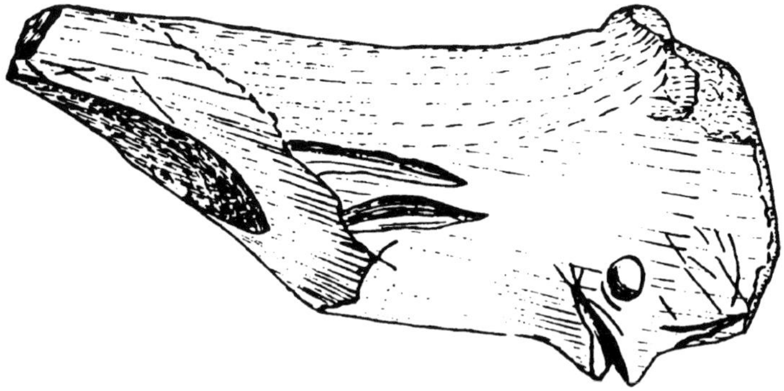

Abb. 127. Vogelkopf aus einem Rengeweihstück. Magdalénien-Fundplatz Martinsberg in Andernach. Länge 9,5 cm. VEIL (1978).

der Gönnersdorfer Siedlung wurde nach pollenanalytischen Untersuchungen und C^{14}-Daten mit 10 500 v. Chr. bestimmt, sie ist damit ca. 1500 Jahre älter als der Laacher-See-Bimsausbruch. Nach neueren Untersuchungen der Andernacher Fundstelle ist diese etwa gleichalt mit der Gönnersdorfer Siedlung, beide gehören zur gleichen Entwicklungsstufe des Magdalénien (BOSINSKI 1983, VEIL 1979). Die Bewohner beider Plätze haben also vielleicht gegenseitig über den Rhein hinweg den Rauch der Lagerfeuer aufsteigen sehen. Zur Begleitfauna vgl. 11.8; wichtigste Jagdbeute war das Pferd.

Die beiden Magdalénien-Siedlungen gehören an das Ende des Bölling-Interstadials, an das sich der kältere jüngere Abschnitt der Älteren Dryaszeit anschloss. Bislang haben sich aus diesem Abschnitt im Neuwieder Becken keine Besiedlungsspuren finden lassen. Die Siedlungsplätze Gönnersdorf und Andernach wurden verlassen und von Löss eingedeckt; es ist denkbar, dass die lästigen Staubstürme die Magdalénien-Jäger vertrieben haben.

Eine deutliche Klimaverbesserung erfolgte erst wieder in der Alleröd-Zeit. In neuester Zeit sind im Neuwieder Becken direkt unter dem Bims auch Funde gemacht worden, welche die Anwesenheit des Menschen kurz vor den katastrophalen Bimsausbrüchen belegen (BOSINSKI 1983): Die Artefakte sind ins Endpaläolithikum einzustufen. Ein Siedlungsplatz in Niederbieber liegt auf der Allerödoberfläche direkt unter der Bimsdecke. Etwas älter ist der endpaläolithische Fundplatz Urbar, bei dem unter dem Bims noch Schwemmlöss liegt (LOHR in VEIL 1978). Auch am Martinsberg bei Andernach findet sich über der Magdalénien-Fundschicht noch eine spätpaläolithische Kulturschicht. Bei Thür und Miesenheim fanden sich in von dem Bims verschütteten Birkenwäldern Artefakte, bei Thür auch an einem Stamm vom Menschen angebrachte Einkerbungen (STREET 1986). Bei Weißenthurm kamen an der Basis der Bimsdecke Teile eines menschlichen Skeletts zum Vorschein (GÜNTHER 1924).

Nach dem großen Vulkanausbruch war das Neuwieder Becken und seine Umgebung eine wohl für Jahrzehnte oder Jahrhunderte unbewohnbare Bimswüste. Über die Wiederbesiedlung wissen wir noch nichts.

Im Bergland der Eifel finden sich würmzeitliche Siedlungsspuren entweder in Höhlen oder unter schützenden Felsvorsprüngen. Mittelpaläolithische Reste etwa vom Beginn der Würm-Kaltzeit enthielten die Kartsteinhöhlen (Sötenicher Mulde) und die Buchenlochhöhle bei Gerolstein (BOSINSKI in VEIL 1978). Jünger sind die schon erwähnten Funde aus der Magdalenahöhle bei Gerolstein. In Buntsandsteinarealen konnte der eiszeitliche Mensch unter ausladenden Felsvorsprüngen (sog. Abris) Schutz finden. Spätpaläolithische Artefakte enthielt ein Abri an der Buntsandstein-Felsgruppe Katzensteine zwischen Mechernich und Satzvey (LOHR in VEIL 1978). Die Voraussetzungen für solche Abri-Fundplätze sind auch an den Buntsandsteinrändern oberhalb des Rurtales bei Nideggen und im unteren Kylltal und an den Rändern der Areale von Luxemburger Sandstein in der Südeifel gegeben, jedoch liegen hier noch keine archäologischen Untersuchungen vor.

Auf die Entwicklung nach der Altsteinzeit soll hier nicht mehr eingegangen werden.

12. Mesozoische und känozoische Tektonik

Die tektonischen Ereignisse nach der Lias-Zeit lassen sich in der Eifel schwer datieren. In großen Teilen der Nord-Süd-Zone lässt sich die Tektonik nur als „Post-Buntsandstein“ einstufen, weil jüngere Schichten fehlen. Außerhalb der Nord-Süd-Zone fehlt auch der Buntsandstein als Bezugshorizont, so dass die Unterscheidung von variszischer und post-variszischer Tektonik sehr erschwert ist. Wo tertiäre Sedimente vorhanden sind, wie in der Nordeifel und in Nähe des Rheintales, lassen sich oft die tertiären und quartären Anteile an der Tektonik nicht auseinanderhalten. Das gelingt besser nur im Neuwieder Becken und in den mächtigen tertiären und quartären Folgen der Niederrheinischen Bucht.

12.1 Die postvariszische tektonische Entwicklung

Noch während der Ablagerung des Buntsandsteins sind zwei aus der variszischen Orogenese stammende Richtungen wirksam. Es ist einmal die SW-NE-Richtung, also die der variszischen Faltenachsen, welche den Ablagerungsraum bestimmt. Dabei handelt es sich zum größten Teil nicht mehr um fortwirkende tektonische Aktivität, sondern um durch die Faltung geschaffene Inhomogenitäten, welche die Einebnung des Gebirges modifizierten. Das hat MADER (1979) z. B. für den Gerolsteiner und Hillesheimer Raum gezeigt, wo Dolomitriegel inmitten weicherer Gesteine in den Ablagerungsraum des Buntsandstein hineinragen. Jedoch gibt es auch noch NE-SW streichende Zonen, die während der Trias noch absinken, z. B. das Trierer Becken über dem variszischen Mosel-Synklinorium und der Wittlicher Rotliegendsenke und in schwächerem Maße auch das Bitburger Becken.

Die zweite schon im Paläozoikum angelegte tektonische Richtung ist die Nord-Süd-Orientierung. Sie formt den Ablagerungsraum während der Trias und des Lias in der Nord-Süd-Zone, die seit dem Mitteldevon eingefasst wird vom Siegerländer Block im E und dem Brabanter Massiv mit der Ardennen-Masse im W.

Die frühmesozoischen Vertikalbewegungen sowohl in der SW-NE-Richtung als auch in der N-S-Richtung waren aber relativ schwach und dürften bruchlos vor sich gegangen sein. Der Bereich des Schiefergebirges war als „Rheinisch-Ardennische Insel“ zwar zwischen Lias und oberster Kreide Landgebiet, dürfte jedoch als morphologisch kaum gegliederte Tiefebene den Meeresspiegel nur wenig überragt haben, so dass eine tiefreichende Gesteinszersetzung stattfinden konnte. Erste Aufwärtsbewegungen, die schließlich zum Herausheben des Rheinischen Massivs führten, sind im Aachener Raum aus den Schichtenfolgen der Oberkreide abzulesen an Schichtlücken, schwachen Winkeldiskordanzen und Transgressions-Konglomeraten. Besonders stark waren Abtragungsvorgänge während des Zeitraums oberstes Campan und unteres Unter-Maastricht (9.3.2), in den wohl eine erste stärkere Hebungsphase fällt. Die weit nach SE vorgeschobenen Oberkreide-Vorkommen von Embken, Bürvenich und Irnich sprechen dafür, dass hier ein Meeresarm bestand, der einer Depression folgt, die sich später zum Rurgraben entwickelt. Vielleicht kann man erste Absenkungsstadien der Niederrheinischen Bucht also schon in der höchsten Oberkreide vermuten, und zwar in der nördlichen Fortsetzung der Eifeler Nord-Süd-Zone, die ihre Senkungstendenz offenbar noch nicht aufgegeben hat. Eine N-S orientierte Anomalie im Erdmantel lässt sich noch aus der Verteilung der Hocheifel-Vulkane ableiten, die nach CANTAREL & LIPPOLT (1977) und LIPPOLT & FUHRMANN (1980) hauptsächlich im Ober-Eozän und Unter-Oligozän entstanden sind (Schwerpunkt der Alterswerte: 35–40 Mio. J.).

Dieses N-S-Muster im Untergrund wird danach abgelöst von einer NW-SE ausgerichteten Orientierung. Das zeigt die Anordnung der Vulkane im Bereich des unteren Mittelrheins und des Siebengebirges. Diese Vulkane sind durchschnittlich 25 Mio. Jahre alt, also im jüngsten Oligozän entstanden (TODT & LIPPOLT 1980). Die Ausrichtung zeigt sich besonders deutlich im Umriss und in der Schollengliederung der Niederrheinischen Bucht. Sie setzt sich nach NW in den Holländischen Zentralgraben hinein fort. Nach SE schneiden viele der Brüche in den Sockel hinein. Sie zerlegen das Aachener Steinkohlengebirge in Horste und Gräben, sie bestimmen den NW-SE verlaufenden Nordrand der Eifel zwischen Langerwehe und Ginnick sowie zwischen Wollersheim und Satzvey, und sie schneiden schmale NW-SE streichende Gräben oder Halbgräben in das Schiefergebirge wie in der Senke von Antweiler oder der von Meckenheim – Ringen. Paläomagnetische Messungen und die Interpretation des tertiären Vulkanismus des Westerwaldes geben Hinweise darauf, dass das nordöstliche Schiefergebirge seit dem Oberoligozän um 10–16° im Uhrzeigersinn rotierte, mit dem Drehpunkt bei Bingen (SCHREIBER & ROTSCH 1998). Dadurch öffnete sich die NW streichende Trennfuge, in der sich das Rheintal entwickelt, V-förmig nach Norden.

Diese NW-SE-Tektonik mag schon Vorläufer in flachen Einsenkungen während der höchsten Oberkreide im Bereich der Nord-Süd-Zone gehabt haben, wie oben angedeutet wurde. Eine deutliche Störungstektonik mit großen Absenkungsbeträgen in Grabenschollen ist erst seit dem Oberoligozän nachzuweisen (HERBST 1958, PFLUG 1958, QUITZOW 1971b). Diese Beanspruchung wird also in dem 10–15 Mio. Jahre langen Zeitraum zwischen dem Entstehen des N-S-Vulkanfeldes der Hocheifel und dem des NW-SE-Vulkanfeldes Siebengebirge und nördlicher Westerwald wirksam.

Für die nordwestliche Trierer Bucht, also das Gebiet zwischen Kyll und Sauer hat D. DITTRICH (2008, 2009) in der triassischen Sedimentdecke ein Störungsmuster lokalisiert. Es zeigt hauptsächlich NE-SW, daneben auch NNE-SSW streichende Störungen, die meisten sind Abschiebungen. Daneben fallen auch N-S-Abschiebungen auf, die westlich Bitburg die sogenannte Echternacher Grabenzone bilden. Untergeordnet treten auch NW-SE-Brüche auf. Hervorzuheben ist der Nachweis von dextralen Seitenverschiebungen auf N-S-Störungen und von sinistralen Seitenverschiebungen an NE-SW-Störungen. Für die N-S-Störungen wird oberoligozänes Alter angenommen, die NE-SW-Seitenverschiebungen versetzen sie und werden ins Untermiozän gestellt. Diese Bewegungen laufen also synchron zur ersten stärkeren tektonischen Aktivität in der Niederrheinischen Bucht und zeigen, dass der Raum während des Tertiärs nicht nur einer an den Aufstieg der Rheinischen Masse gebundenen Vertikaltektonik unterworfen war sondern auch seitlicher Kompression.

Das Mittelrheintal ist auch in einer NW-SE verlaufenden grabenartigen Einsenkung angelegt worden, dem Rheintrog, der nicht allein durch Erosion entstanden sein kann (10.6.3). Wo sich der Rheintrog mit dem NE-SW streichenden Moseltrog kreuzt, addieren sich die Absenkungsbeträge beider Tröge zum Neuwieder Becken (13.8). Der Moseltrog ist etwa über dem variszischen Mosel-Synklinorium entstanden und hat ein Senkungsfeld als Vorläufer, das für Perm und Buntsandstein als Sedimentationsbecken nachweisbar ist. Er ist auch schon während des Eozäns und frühen Oligozäns als Teil des Bitburg-Kasseler Senkungsfeldes (PFLUG 1959) Ablagerungsgebiet. Der Moseltrog ist also älter als der Rhein-

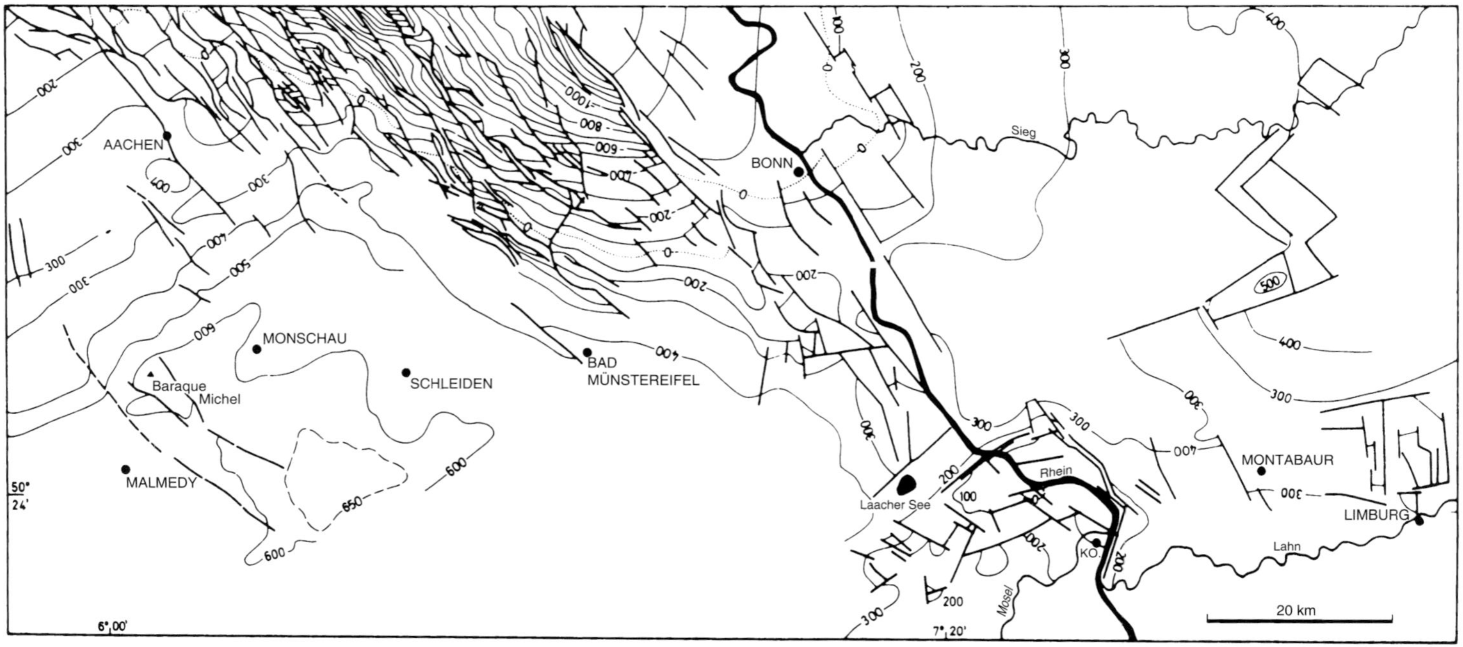

Abb. 128. Tiefenlinienplan für die Basis der Tertiärablagerungen. Nach Aufnahmen von H.J. ALBERS, D. GLATTHAAR und W. MEYER und Darstellungen von HAGER (in KNAPP 1978) aus MEYER et al. (1983).

trog, der erst nach dem oberoligozänen tektonischen Umbruch in einer NW streichenden Schwächezone einsank.

Eine NW-SE streichende tektonische Verbindung über das Schiefergebirge hinweg zum Oberrheingraben hin ist schon von M. RICHTER (1934) angenommen worden. Einige vereinzelte Grabenbrüche lassen sich zwischen dem Neuwieder Becken und der Niederrheinischen Bucht erkennen (Abb. 128). Größere Seitenverschiebungen fehlen, wie man an den variszischen Strukturen beweisen kann, die sich ungestört über das Rheintal und die ganze Trogregion hinweg verbinden lassen. Dass aber das Mittelrheintal einer tektonisch aktiven Zone folgt (wir können leider im Augenblick nur einen so verschwommenen Begriff dafür einsetzen), zeigt sich einmal an der Entwicklung des Rheintroges, ferner daran, dass die kurzzeitige oligozäne Meeresüberflutung, die für weite Teile der Eifel angenommen werden muss (10.3.4), die Ostflanke des Rheintroges nicht überschritten hat, ferner an einzelnen NW streichenden Störungen und Vulkanlinien (10.7.2) und schließlich an einer bis heute noch lebhaften seismischen Aktivität entlang dieser Zone (11.5.1). Außerdem geht der quartäre Vulkanismus der Osteifel bis dicht an das Rheintal, überschreitet es aber nur geringfügig. Nach den Wiederholungen von Fein-Nivellements steigt das Eifelgebiet heute auf, das Gebiet östlich des Rheins aber nicht (MÄLZER & ZIPPELT 1979).

Daraus muss man den Schluss ziehen, dass im Jungtertiär und Quartär rechts- und linksrheinisches Schiefergebirge durch eine „Rheinlinie“ getrennt werden und am Aufstieg der Rheinischen Masse als selbständige Schollen teilnehmen. Dass in der Eifel NW-SE-Frakturen wahrscheinlich heute noch bis in den Erdmantel hinabreichen bzw. dass dort in dieser Erstreckung Aufschmelzungen erfolgten, zeigt die junge Vulkankette zwischen Bad Bertrich und Ormont.

12.2 Großtektonische Zusammenhänge

Die beiden großen Strukturen, Nord-Süd-Zone und Rheinlinie sind offensichtlich von Vorgängen im Erdmantel beeinflusst oder sogar verursacht worden. Das zeigt die Verbindung mit vulkanischer Aktivität im Tertiär und Quartär. Denn, dass für den Vulkanismus dieses Typs Aufschmelzungsvorgänge im Mantel die Voraussetzung sind, daran besteht kein Zweifel, wenn auch verschiedene Auffassungen darüber bestehen, ob der Magmenaufstieg direkt vom Mantel an die Oberfläche erfolgt oder über Zwischenherde in der Kruste (vgl. 10.7.5). Wir können hier nicht die Ursachen für die Vorgänge im Erdmantel diskutieren, wollen aber auf die zeitliche Übereinstimmung der tektonischen und vulkanischen Aktivität im Rheinland mit großtektonischen Ereignissen in der weiteren Umgebung hinweisen.

Die Lithosphärenplatte, zu der das außeralpine Mittel- und Westeuropa gehört, wird an ihrem Südrand vom Alpenorogen in der Kollisionszone zwischen der afrikanischen und europäischen Platte gebildet, an ihrem Westrand von der sich öffnenden Fuge, in der sich das Becken des Nordatlantiks entwickelt. Ein Maximum in der Faltung der Alpen am Ende des Eozäns hat in der mitteleuropäischen Platte an vielen Stellen vulkanische und tektonische Aktivität ausgelöst: in diesen Zeitraum fällt ein erstes Maximum in der Absenkung des Rheingrabens (ILLIES 1975) sowie Vulkantätigkeit in Odenwald, Vorspessart, Sprendlinger Horst, Taunus und Hocheifel (LIPPOLT 1983). In der Eifel ist damals zum letzten Mal die Nord-Süd-Zone aktiv gewesen, wie sich an dem N-S-Vulkanfeld der Hocheifel zeigt, das sie im E begleitet.

Die nächste tektonische Phase im Oberoligozän, mit der das NW-SE-System aktiv wird und die Niederrheinische Bucht einbricht, läuft etwa synchron zu einer starken Öffnungsphase des Nordatlantik-Beckens (36 Mio. J.; SCLATER et al. 1977), der wohl eine starke Bewegung der ganzen Platte entsprochen hat. Welche Vorgänge im Erdmantel diese Bewegungen und den ihnen folgenden Vulkanismus ausgelöst haben könnten oder wieweit lokal aufsteigende Manteldiapire („Eifelplume") eine Rolle gespielt haben, ist noch Gegenstand geophysikalischer Diskussionen.

13. Beschreibung der einzelnen Regionen

13.1 Nordwesteifel nördlich vom Venn-Sattel

Das hier dargestellte Gebiet umfasst den Bereich zwischen der Venn-Überschiebung im SE und der Aachener Überschiebung im NW, das ist die Großstruktur der Inde-Mulde. Der paläozoische Anteil enthält auf engem Raum Gesteine, deren Alter vom tiefsten Devon (Gedinne) bis zum Oberkarbon (Westfal) reicht. Dass hier innerhalb eines nur 15 km breiten Streifens z. B. die komplette Schichtenfolge des Devons aufgeschlossen ist, obgleich mehrere tektonische Wiederholungen durch Schuppenbau auftreten, kommt daher, dass die Mächtigkeiten hier am Nordrand des Ablagerungsraumes schon stark reduziert sind (etwa 1500 m für das gesamte Devon gegenüber etwa 10 000 m z. B. im Raum Prüm). Außerdem stehen im SE-Flügel der Inde-Mulde bzw. im NW-Flügel des Venn-Sattels die Schichten in fast 3 km Breite mehr oder weniger senkrecht, so dass z. B. im Vichtbach-Profil innerhalb eines 5 km breiten Streifens alle Schichtglieder vom Gedinne bis zum Oberkarbon nebeneinander aufgeschlossen sind.

Das Achsengefälle ist im ganzen Bereich des Inde-Syklinoriums nach NE gerichtet, ein Zeichen dafür, dass die Achsendepression der Eifeler Nord-Süd-Zone sich über Zülpich hinaus im Untergrund der Niederrheinischen Bucht weiter nach N fortsetzt. Im Einzelnen lassen sich folgende Strukturen unterscheiden (KNAPP 1978, 122–125 und Strukturkarte; WALTER et al. 1985, WALTER 2010a):

Der Hauptmulde ist südöstlich die Burgholzer Mulde vorgelagert. Sie enthält im Kern Schichten des Namur. Dieser oberkarbonische Kern hebt bei Breinigerheide östlich Kornelimünster nach SW aus. Sein südwestlichster Abschnitt ist nur etwa 1,5 km lang, da er im E durch eine antithetisch zum Achsengefälle wirkende Querstörung herausgehoben wird. Erst an der zwischen Stolberg und Büsbach hindurchstreichenden Querstörung Münstergewand setzt das Oberkarbon wieder im Muldenkern ein und verbreitert sich aufgrund des Achsengefälles nach NE stark, so dass die Oberkarbon-Areale von Burgholzer Mulde und Inde-Mulde sich östlich von Eschweiler an der Oberfläche vereinigen. Die Burgholzer Mulde ist nur bis etwa zur Linie Kornelimünster – Walheim nachweisbar und glättet sich hier aus.

Dafür entwickelt sich zwischen Büsbach und Freund eine weitere Mulde, die Oberforstbacher Mulde. Sie verläuft erst neben der Burgholzer Mulde, hält aber dann viel weiter nach SW aus, wo ihre oberkarbonische Füllung bis auf die Höhe von Eupen zu verfolgen ist. Sie nähert sich allmählich dem Venn-Sattel dort, wo die Burgholzer Mulde nicht mehr existiert. Burgholzer und Oberforstbacher Mulde werden durch den Hammerberg-Sattel getrennt, in dem Famenne-Schichten zutage treten. Er verschwindet im SW etwa auf der gleichen Höhe wie die Burgholzer Mulde; nach NE ist er fast bis Langerwehe zu verfolgen (vgl. z. B. das Vichtbach-Profil bei SCHMITZ 1958). Der Oberdevon-Kern taucht südöstlich von Eschweiler unter die Oberfläche.

Südöstlich an die Burgholzer Mulde und, wo sie nicht mehr vorhanden ist, an die Oberforstbacher Mulde schließt sich der einheitlich aufgebaute Steilflügel des Venn-Sattels an, in dem die gesamte Devon-Folge bis hinunter zu den Gedinne-Schichten mehr oder weniger senkrecht steht. Unter den zahlreichen streichenden Störungen, von denen die meisten in Karte und Profil nicht darstellbar sind, ist nur eine hervorzuheben: Sie ist von Raren bis nördlich

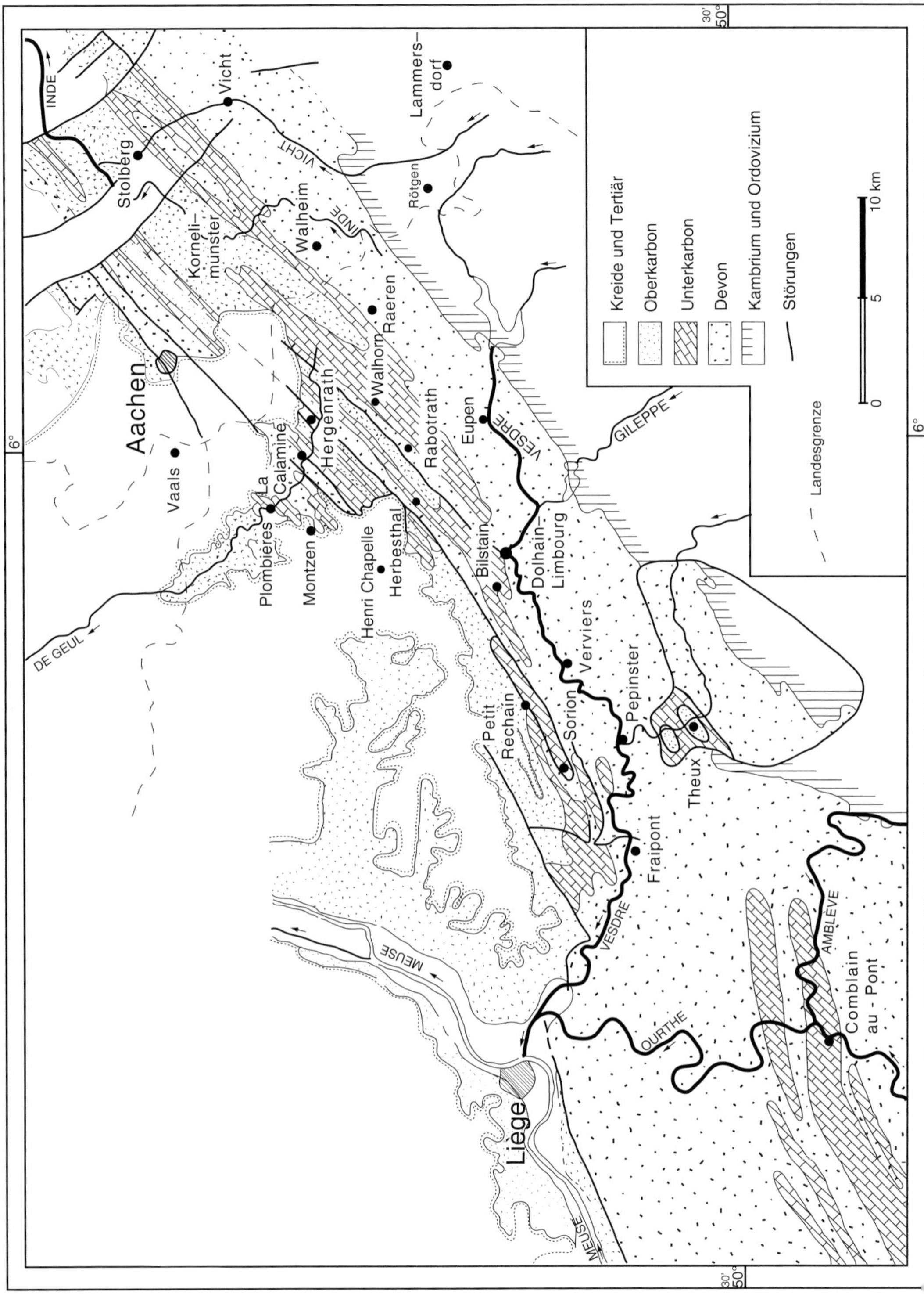
Kreide und Tertiär
Oberkarbon
Unterkarbon
Devon
Kambrium und Ordovizium
Störungen
Landesgrenze
0
5
10 km
Aachen
Vaals
Stolberg
Vicht
Korneli-
münster
Walheim
Raeren
Walhorn
Hergenrath
La
Calamine
Plombières
Montzen
Henri Chapelle
Herbesthal
Rabotrath
Eupen
Rötgen
Lammers-
dorf
Bilstain
Dolhain-
Limbourg
Verviers
Pepinster
Petit
Rechain
Sorion
Theux
Fraipont
Comblain
au - Pont
Liège
INDE
VICHT
VESDRE
GILEPPE
DE GEUL
MEUSE
OURTHE
AMBLÈVE
6°
50°
30'

von Vicht zu verfolgen und von KNAPP (1978, 123) mit dem Namen Breinigerberg-Störung versehen worden. Sie dürfte nach KNAPP in einem frühen Stadium der Faltung als südostwärtige Aufschiebung im Massenkalk angelegt worden sein. Bei zunehmender Einengung ist sie zusammen mit dem Steilflügel aufgerichtet worden, so dass sie heute nahezu saiger steht.

Der Zentralteil des Inde-Synklinoriums wird im NE-Teil durch eine große, einheitlich gebaute Mulde bestimmt, die Inde-Mulde im engeren Sinne. In ihr sinkt der Faltenspiegel am tiefsten ab, deshalb enthält sie in ihrem Kern auch die flözführenden Schichten des höheren Namur und Westfal A. Bis 1944 fand dort Steinkohlenbergbau statt, die wichtigsten Zechen waren „Birkengang" östlich Stolberg (bis 1889), „Vereinigte Zentrum" westlich Eschweiler (bis 1891) und „Eschweiler Reserve" östlich Eschweiler (bis 1944) (RODE 1964). Den tektonischen Bau dieses Steinkohlengebietes im Kern der Inde-Mulde hat HERBST (1962b) beschrieben. Bei Eschweiler reichen die Westfal A-Schichten mehr als 1200 m tief unter die Grundgebirgsoberfläche hinab. 10 km weiter südwestlich (südöstlich von Eilendorf) streichen sie schon in die Luft aus. Daran wird das steile NE-Achsengefälle in diesem Bereich deutlich. Auf der Höhe von Eilendorf verschwindet die Inde-Mulde i. e. S. Sie spaltet sich hier auf in die Oberforstbacher Mulde (SE) und die Hiffelder Mulde (NW); beide werden durch den Eicher Kohlenkalk-Sattel voneinander getrennt. Der Kohlenkalk taucht in Brand unter Oberkarbon-Schichten unter. Der NW-Flügel des Eicher Sattels überfährt mit der Eicher Aufschiebung, die sich als Walhorner Aufschiebung weit nach SW fortsetzt, die Hiffelder Mulde.

Der NW-Flügel der Inde-Mulde i.e. S. bzw. der Hiffelder Mulde ist im deutschen Gebiet durch drei Überschiebungen in Schuppen zerlegt worden. Die südöstlichste ist die Eilendorfer Aufschiebung; sie setzt sich nordöstlich von Eschweiler noch weiter unter der Niederrheinischen Bucht fort (Strukturkarte in KNAPP 1978), auch nach SW ist sie weit zu verfolgen (Fosseyer Aufschiebung). Im südlichen Stadtgebiet von Aachen ist eine weitere Aufschiebung zu lokalisieren, die Burtscheider Aufschiebung. Sie schiebt einen schmalen Streifen von Frasnes-Schichten auf Condroz-Sandstein auf, ist aber seitlich nicht weit zu verfolgen. In Aachen bilden in mehr als 1 km Breite Oberdevon-Schichten (Frasnes und Famenne) den NW-Saum der Inde-Mulde. Deshalb hat man diesen Bereich zwischen den Oberkarbon-Arealen von Inde- und Wurm-Mulde als Aachener Sattel bezeichnet (z. B. BEISSEL 1886). Im Stadtgebiet von Aachen sind die oberdevonischen Schichten an mehreren Stellen aufgeschlossen; am bekanntesten sind die Felsen mit gefältelten und geschieferten Tonschiefern, Sandsteinen und Kalken aus der Condroz-Folge unterhalb der St. Adalbert-Kirche am Kaiserplatz (FURTAK 1966).

In tektonischer Hinsicht ist der „Aachener Sattel" jedoch auch nur eine Schuppe, die im NW von einer großen Störung, der Aachener Überschiebung begrenzt wird. An ihr werden Frasnes-Schichten auf Namur-Schichten geschoben, was einer Überschiebungsweite von 1400 m entspricht (HERBST 1962a). Die Schubweite der Aachener Überschiebung lässt in südwestlicher Richtung nach und wird von den südöstlich anschließenden Aufschiebungen übernommen, besonders von der Eicher Aufschiebung, die in Belgien als „Faille de Walhorn" bezeichnet wird. Nach GRAULICH (1962) hat die Aufschiebung von Walhorn im Profil Eupen – Welkenraedt den Charakter einer flachen Überschiebung, so dass dort ein kleines tektonisches Fenster entstanden ist.

Gleichgültig, welche der Störungen im NW-Flügel der Inde-Mulde jeweils die größte Schubweite aufweist, der ganze Schuppenbereich setzt sich weit nach W fort in der Über-

Abb. 129. Geologische Übersichtskarte des Raumes Lüttich – Aachen. Unter Verwendung der geologischen Übersichtskarte von Belgien 1 : 500 000. BOONEN & KASIG (1979).

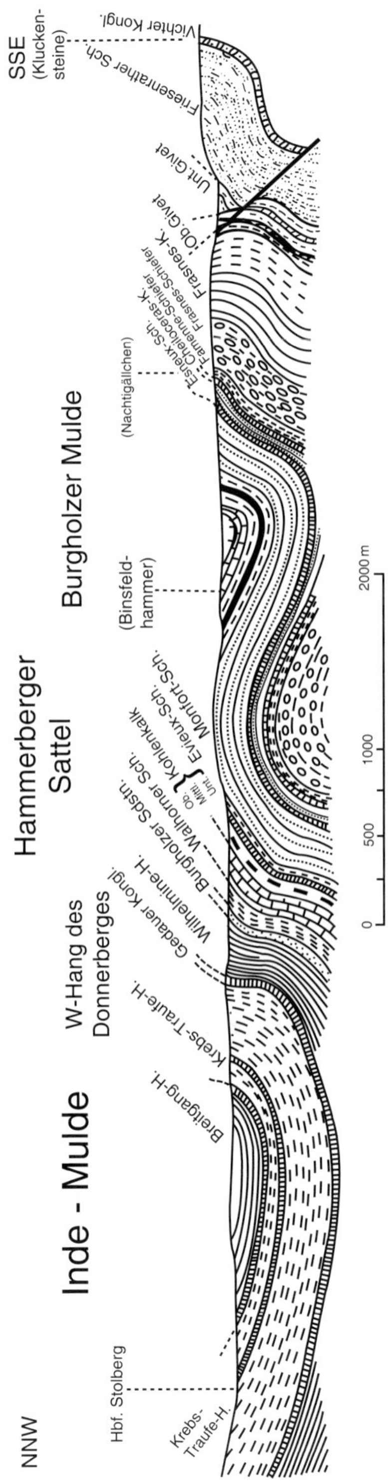

Abb. 130. Das Vichttal-Profil vom Hauptbahnhof Stolberg bis zu den Kluckensteinen bei Vicht. SCHMIDT & SCHRÖDER (1962).

schiebungszone der „Faille du Midi“, die durch Belgien und Nordfrankreich bis südlich von Calais zu verfolgen ist. In den belgischen und französischen Steinkohlengebieten sind an dieser Überschiebung ältere (unterkarbonische und devonische) Gesteine auf die ober-karbonischen Steinkohlenfolgen überschoben worden und begrenzen so deren Ausstrich im Süden, daher der Name „Südverwerfung“ Inzwischen haben Bohrungen ergeben, dass in Frankreich und Belgien die Überschiebungsweiten 30–40 km betragen und die Mulde von Dinant als „Dinanter Decke“ die Mulde von Namur und das südliche Brabanter Massiv teilweise überfahren hat (Übersicht bei Bless, Boeckaert & Paproth 1980). Breddin (1973) hatte schon aufgrund tektonischer Beobachtungen an tiefen Bohrungen einen solchen Deckenbau auch für das Gebiet des nördlichen Massivs von Stavelot angenommen und eine Verbindung der Überschiebungen des Aachener Raums mit der Faille du Midi vermutet.

Reflexionsseismische Messungen auf einem 30 km langen Profil von Aachen aus in südöstlicher Richtung bis zur SE-Flanke des Venn-Sattels stellten einen sehr ausgeprägten Reflexionshorizont fest, der aus dem Aachener Gebiet 30 km weit bis unter das Hohe Venn zieht, wo er in einer Tiefe von 4 km liegt (Meissner, Bartelsen & Murawski 1981). C. v. Winterfeld (1992) hat durch die Konstruktion bilanzierter Profile den tektonischen Bau dieses Raumes in die Tiefe verfolgt und wahrscheinlich gemacht, dass die Dinanter Decke bis in dieses Gebiet reicht, also Inde-Mulde und Venn-Sattel allochthon liegen. Da im rechtsrheinischen Schiefergebirge ein vergleichbarer Deckenbau im Fortstreichen nicht nachzuweisen ist, muss der Deckenschub in dem durch die Ablagerungen der Niederrheinischen Bucht verdeckten Abschnitt vollkommen ausklingen. Damit steht in Einklang, dass das Brabanter Massiv, an dessen Südrand die Überschiebung gebunden ist, westlich von Aachen abtaucht.

Das Gebiet der Inde-Mulde wird durch zahlreiche Querstörungen in Horste und Gräben zerlegt und schließlich nach E zur Niederrheinischen Bucht abgesenkt. Sie sind besonders häufig zwischen Aachen und Langerwehe. Die meisten sind Abschiebungen, z. T. nach den Harnischen Schrägabschiebungen.

Einige wenige sind Seitenverschiebungen. Diese Querstörungen dürften wenigstens zum größten Teil während der variszischen Faltung angelegt worden sein. Das gilt auf alle Fälle für die, welche auf beiden Seiten unterschiedliche Faltenformen zeigen, wie es W.-H. Grebe (1957b) für den Bereich der Wurm-Mulde beschreibt. Da aber die meisten der Querstörungen beim Einbruch der Niederrheinischen Bucht im Tertiär und Quartär wieder betätigt wurden, lassen sich die variszischen Anteile an den Bewegungen in vielen Fällen nicht mehr rekonstruieren, und es bleibt auch unbekannt, welche Störungen erst während des Tertiärs entstanden sind.

Außerdem waren die Bewegungen an den Störungen in variszischer und postvariszischer Zeit nicht überall gleichsinnig. Knapp (1978, 126) erwähnt Bewegungsumkehr zwischen variszischer und oberkretazischer bis tertiärer Verschiebungsrichtung für die Sandgewand-Störung und für die Richterichter Störung sogar eine Umkehr zwischen oberkretazischer und postoligozäner Verschiebungsrichtung. Diese beiden Beispiele liegen zwar in der Wurm-Mulde, zeigen aber, dass man auch im Bereich der Inde-Mulde mit ähnlichen Vorgängen rechnen muss.

Kürzlich wurde im Südteil der Wurm-Mulde eine 2544 m tiefe Thermalbohrung niedergebracht, die im Stadtgebiet von Aachen etwa 500 m nordwestlich der Aachener Überschiebung angesetzt wurde und in Unterdevon-Gesteinen (Zweifall-Schichten) endete. U. a. brachte sie das Ergebnis, dass mitteldevonische Schichten und der unterkarbonische Kohlenkalk hier schon fehlen, wobei eine tektonische Unterdrückung auszuschließen ist (Trautwein-Bruns et al. 2011).

Da die Querstörungen die Steinkohlengebiete der Inde- und Wurm-Mulde zerstückeln, haben sie schon früh Namen durch die Bergleute bekommen. Da sie die Flöze „abbissen“ oder vor eine Wand von taubem Gestein setzten, wurden sie „Biss“ oder „Wand“ bzw. „Gewand“ genannt. Von W nach E sind in der Inde-Mulde die folgenden größeren Querstörungen bekannt (vgl. die Strukturkarte bei KNAPP 1978): Laurensberger Störung, Haarbacher Störung (spaltet sich südlich der Aachener Überschiebung auf in die Richterichter Störung und den Großen Biss), Münster-Gewand (setzt sich nach NW in den Feldbiss fort), Ewige Gewand, Zitter-Gewand, Sandgewand, Omerbach-Sprung, Hörschberg-Sprung, Weisweiler-Sprung, Sürbach-Sprung, Meroder Sprung. Zwischen Haarbach-Störung und Münster-Gewand liegt der Verlautenheider Horst, zwischen Münster-Gewand und Ewiger Gewand der Stolberger Graben, zwischen Ewiger Gewand und Sandgewand der Auer-Horst, zwischen Sandgewand und Omerbach-Sprung der Hastenrather Graben; die Hochscholle östlich des Weisweiler-Sprunges ist der Weisweiler-Horst.

Ein Teil dieser Querstörungen bildete Aufstiegswege für die metallhaltigen Lösungen, die dort, wo die Störungen devonische bis unterkarbonische Kalkzüge schnitten, die Blei-Zink-Verdrängungslagerstätten der Aachen-Stolberger Erzprovinz bildeten.

Von NW her reicht die Limburger Kreidetafel bis in das Gebiet der westlichen Inde-Mulde (vgl. Kap. 9). Hier beginnt die geschlossene Kreidedecke sich in einzelne Flecken aufzulösen. Über lange Strecken wird das geschlossene Kreide-Areal im E von der Laurensberger Störung begrenzt. Nur zwischen Beverau und Eich reicht die Kreideverbreitung in zwei kleinen Lappen über diese Störung nach E. Südwestlich von Lichtenbusch findet sich der letzte Zipfel des geschlossenen Kreidegebietes. Einzelne Erosionsflecken kommen nach E bis nahe ans Vichtbachtal vor und nach S bis hinauf auf den Bereich des Venn-Sattels. Diese am weitesten vorgeschobenen Inseln des Kreide-Areals gehören der Basisfolge der Aachen-Limburger Kreide an, den Hergenrath-Schichten (Formation von Aachen). Die weiteste Ausdehnung hatte das Oberkreidemeer während der Ablagerung der Orsbach-Feuersteinkreide (9.3.3). Jedoch sind die weichen Mergel schnell abgetragen worden, so dass sie außerhalb des geschlossenen Kreidegebietes nur noch durch die Feuersteine, die bei der Abschwemmung zurückblieben, festzustellen sind. Am vollständigsten ist die Oberkreide-Folge im Aachener Wald etwa zwischen Vaals und Hauset erhalten. Jüngstes Schichtglied ist hier die Orsbach-Feuersteinkreide, jedoch nur noch in Form der durch eine postoligozäne Subrosion entstandenen Feuerstein-Lehmdecken („Feuerstein-Eluvium“, HOFFMANN 1957, ALBERS & FELDER 1979b) auf den höchsten Partien und durch pleistozänes Bodenfließen auch hangabwärts umgelagert. Das jüngste Oberkreide-Schichtglied des Aachener Gebietes, der Vetschau-Kalk, findet sich in größerer Verbreitung nur nordwestlich Aachen. Auch der Laurensberg gehört zu diesem Areal; auf dem Lousberg am nördlichen Stadtrand von Aachen bildet der Vetschau-Kalk die Kappe.

In Annäherung an die Niederrheinische Bucht werden die Flächen tertiärer Sedimente immer größer. Es sind Sande und Tone meist oligozänen, aber auch miozänen Alters. In kleinen Resten finden sich tertiäre Sedimente jedoch bis hinauf in Höhen von 670 m NN (Baraque Michel), was für die Ermittlungen der postoligozänen Hebungsbeträge des Venn-Gebietes wichtig ist.

Die quartären Ablagerungen bestehen, abgesehen von Terrassenschottern in den Tälern, im Wesentlichen aus Löss oder umgelagertem Löss. Im Aachener Stadtgebiet finden sich unter dem jüngsten Schwemmlöss meterdicke Decken von eckigem Feuersteinschutt, die nach BREDDIN, BRÜHL & DIELER (1963) durch Solifluktion von den Hängen des Kreideplateaus des Aachener Waldes und vom Lousberg wahrscheinlich während der Würm-Kaltzeit hinabgeflossen sind.

In der Aachener Innenstadt entspringen innerhalb eines etwa 200 m breiten Streifens im Hangenden der Aachener Überschiebung aus mehreren Kalklagen innerhalb der Frasnes-Schichten zahlreiche Thermal-Mineral-Quellen. Das Mineral- und Thermal-Wasser ist bei den meisten von ihnen durch Grundwasser stark verdünnt. Die Hauptquellen – es sind von SW nach NE: Dom-, Quirinus-, Kaiser- und Rosenquelle – entspringen aus einem einzigen, 6 m oder etwas mehr mächtigen Kalksteinpaket, das als sog. „Quellenkalk" über 1 km durch die Innenstadt zu verfolgen ist. Eine Beschreibung der weltberühmten Quellen geben u. a. BEISSEL (1866), BREDDIN (1963) und POMMERENING (1993). Die Hauptquellen haben Temperaturen bis zu 55 °C. Nach BREDDIN entstammen die Thermalwässer einem sehr tief liegenden Wasserspeicher im Kavernensystem der Kalke und Dolomite innerhalb der Aachener Schuppenzone. Die wasserführende Kalk- und Dolomitfolge setzt sich unter der Indemulde fort bis in den steilen Nordflügel des Venn-Sattels. Hier im regenreichen Nordabfall des Venns liegt das Einzugsgebiet etwa 100 m höher als im Austrittsgebiet, dadurch entsteht in dem wannenförmigen Speicher ein Gefälle. Da die wasserführenden Karbonatfolgen im Untergrund der Indemulde 2000–3000 m tief hinabreichen, wird das Wasser allein wegen der normalen Erdwärme dort aufgeheizt. Die Schwefelwasserstoff-Führung der Quellen entstammt dem hohen Pyrit-Gehalt der Schiefer und Flaserkalke in der Nachbarschaft der Quellenkalke. Der Gehalt an NaCl und anderen Salzen kommt auch aus dem Nebengestein. Nach BREDDIN (1963) findet sich Sole in den Grubenwässern des Aachen-Limburger Steinkohlengebirges. Für die Frage nach der Herkunft dieses Salzgehaltes ist wichtig, dass im Untergrund von Belgien kürzlich Evaporite nachgewiesen werden konnten. Es wurde hauptsächlich Anhydrit gefunden, seltener sind auch Steinsalz-Pseudomorphosen, und zwar in Frasnes-Sedimenten der Bohrung Soumagne in NE-Belgien (GRAULICH 1977) und in Dinant-Schichten des Synklinoriums von Namur (HANCE & HENNEBERT 1980). Der hohe CO_2-Gehalt der Quellen stammt z. T., aber nicht ausschließlich, von der Auflösung von Kalk. Vulkanogene Herkunft ist bei den Entfernungen zu den jungen Vulkanen fraglich. Im Massiv von Stavelot treten starke Kohlensäure-Quellen bei Spa auf.

Die heißen Quellen von Burtscheid haben eine ähnliche Genese wie die der Aachener Innenstadt (Burtscheid ist heute ein Stadtteil von Aachen). Sie treten in einem ca. 30 m breiten Streifen unmittelbar im Hangenden der Burtscheider Überschiebung aus, und zwar aus einem etwa 20 m mächtigen Paket dickbankiger Kalke mit Lagen von Flaserkalken, das zur Frasnes-Folge gehört. Die Quellen sind heißer als die der Aachener Innenstadt (bis 74 °C). Das wird darauf zurückgeführt, dass in den dickbankigen und mächtigeren Kalken die wassergefüllten Kavernen größere Querschnitte haben als die im Aachener Quellenkalk und dadurch nicht soviel Wärme an das Nebengestein abgeben (HERBST 1955, BREDDIN 1963).

Die Morphologie des Gebietes der Indemulde ist im Gebiet um Kornelimünster und um das Vichtbachtal durch die steilstehenden Schichten unterschiedlicher Härte (Massenkalkzüge in Schieferfolgen) bestimmt, d. h. durch NE-SW streichende Rücken und Senken. In Annäherung an das Wasserscheidengebiet, das sich von Aachen aus nach S ausdehnt und auf dem die Straße nach Eupen verläuft, verblassen diese Reliefunterschiede. Im Kreideareal des Aachener Waldes ist eine Schichtstufenlandschaft angedeutet. Südöstlich von Aachen wird besonders deutlich sichtbar, dass sich der Anstieg zum Venn nicht kontinuierlich vollzieht, sondern in mehreren Stufen, zwischen denen Verebnungsflächen liegen; diese sog. „Himmelsleiter" ist sehr deutlich zu sehen, wenn man vom Münsterbildchen bei Roetgen die Straße in Richtung Walheim hinabblickt. D. RICHTER (1962b) hat die Verebnungstreppe untersucht. Er fasst die einzelnen Flächen zu drei Gruppen zusammen: Das Altflächen-System ist schon vor der Ablagerung der Oberkreide-Schichten entstanden. Jünger (wahrscheinlich post-oligozän) ist die

Bildung des Jungflächen-Systems, das am Nordabfall des Venn-Rückens in 250–300 m Höhe NN liegt (nach KIRCHBERGER 1917 „Fußflächen", da am Fuße des Venns gelegen). In diese Fußflächen sind die steilen Täler von Inde und Vicht eingeschnitten. Zwischen dem Jungflächen-System und dem Altflächen-System unterscheidet RICHTER an manchen Stellen noch ein Zwischenflächen-System, das möglicherweise im ältesten Tertiär angelegt wurde.

Durch die NW-SE streichenden großen Störungen wird der nordwestliche Teil des Gebietes in langgestreckte Höhenrücken, die in die Tiefebene hineinragen, gegliedert. Die Rücken selbst werden durch den Wechsel zwischen Kohlenkalkzügen und oberdevonischen und karbonischen Schiefern morphologisch gegliedert. Der Rücken des Verlautenheider Horstes begrenzt den Aachener Kessel im E. Die Eisenbahn muss ihn von Köln her in Tunnels durchqueren, ehe sie in den Kessel gelangt. Im S wird der Kessel durch den Anstieg zum Venn begrenzt, im W durch die Kreidetafel des Aachener Waldes, im N durch den Kreidestapel des Lousberges. Der Aachener Kessel ist durch den Wurm-Bach ausgeräumt worden. Zwischen Verlautenheider Horst und Auer-Horst bildet der Stolberger Graben wieder eine Senke. Eschweiler liegt in der Senke zwischen Auer-Horst und Weisweiler-Horst, deren W-Teil der Hastenrather Graben ist. Ingenieurgeologische Probleme beim Umbau des Nirmer Eisenbahntunnels schildert G. SCHNEIDER (1978).

13.2 Venn-Sattel

Das Massiv von Stavelot besteht aus zwei großen Antiklinorien, dem Sattel von Grand Halleux im SW und dem Venn-Sattel im N. Der Venn-Sattel reicht mit seinem NE-Teil auf deutsches Gebiet. In unserer Beschreibung wird darunter der Bereich vordevonischer Gesteine mit dem Saum von Gedinne-Schichten verstanden. Zusammenfassende Darstellungen dieses Gebietes geben W. SCHMIDT (1956), D. RICHTER (1975), KNAPP (1978) und WALTER (2010a). Danach lässt sich der geologische Aufbau folgendermaßen schildern (Abb. 4):

Die Kernschichten bestehen überwiegend aus Quarziten und phyllitischen Tonschiefern. Man unterscheidet die hellgrauen, quarzitreichen Revin-Schichten (2.2), die ins Kambrium gestellt werden, und die bunt gefärbten, mehr tonigen Salm-Schichten, die ins Ordoviz gehören (2.3). Der Kern wird ummantelt von einem meist weniger als 1 km breiten Saum von Schichten des Oberen Gedinnium. Sie bestehen aus grauen Sandsteinen, Konglomeraten und Tonschiefern (3.1). Im ganzen NE-Teil des Venn-Sattels, besonders häufig an seiner SE-Flanke zwischen Lammersdorf und der Katzenhard bei Vossenack treten kleine, meist gangartige Intrusivkörper auf (2.5). Die meisten sind Tonalitporphyrite und Metabasalte; Tonalite treten nur an zwei Stellen auf, am Herzogenhügel im Hilltal (Helle) in Belgien und nordwestlich von Lammersdorf. Sie sind auf das Areal der prädevonischen Gesteine beschränkt, aber wenigstens z. T. erst im Mitteldevon intrudiert. Diese „Venn-Porphyre" häufen sich in zwei Gangzügen, die dem generellen NE-Streichen folgen. Der nordwestliche verläuft etwa im Zentralbereich des Venn-Sattels und enthält die Metabasalt-Vorkommen. Der südöstliche liegt im Randbereich des prädevonischen Areals und enthält die Tonalitporphyrite und Tonalite.

Die Bezeichnung Venn-Sattel beschreibt die Lagerung der devonischen Ummantelung der kambro-ordovizischen Kernschichten. Sie bildet einen stark NW-vergenten Sattel, der teilweise auf die Indemulde aufgeschoben ist. Er taucht nach NE hin ab, daher verschmälert sich der Ausstrich der prädevonischen Kernschichten, der im Bereich der deutsch-belgischen Grenze bei Roetgen 12 km beträgt, ständig in nordöstlicher Richtung. Westlich von Jüngersdorf verschwinden die kambro-ordovizischen Gesteine völlig unter Gedinne-Schichten, kurz bevor das alte Gebirge von der tertiären und quartären Füllung der Niederrheinischen Bucht verdeckt wird.

Im Großen wird dieser Sattelbau auch durch die Verteilung der Kern-Schichten nachgezeichnet mit den ältesten Schichten (Revin 3) im Sattelkern dort, wo aufgrund des Achsenabtauchens die tiefsten Partien zu erwarten sind. Die variszische Faltung hat also im NE-Teil des Venn-Sattels gleichermaßen den vordevonischen Kern wie die devonischen und karbonischen Mantelschichten erfasst und zu einer einheitlichen Struktur geformt. Dass die kambrischen und ordovizischen Schichten aber schon vor dem Devon eine beträchtliche Deformation erfahren haben müssen, zeigen die Diskordanzen zwischen Devon und Prädevon, die schon aus der geologischen Karte (z. B. KNAPP 1978) abzulesen sind: Es gibt mehrere Stellen, an denen eine lebhafte Faltung der Revin- und Salm-Schichten gegen einen ungefalteten Verlauf der Gedinne-Schichten stößt; das ist besonders deutlich im NE-Zipfel des Venn-Sattels westlich des Katzenknipp bei Großhau und östlich Schevenhütte und Wenau.

Da die Gedinne-Schichten an den Flanken des nordöstlichen Venn-Sattels überall mehr oder weniger parallel zu den Unteren Salm-Schichten streichen, ist hier der diskordante Charakter der Basisfläche schwer festzustellen. Das ist nur dann der Fall, wo, wie südöstlich Lammersdorf oder westlich Kalterherberg, Streifen von Oberen Salm-Schichten unter der Gedinne-Basis auftauchen. Deutlich ist die diskordante Auflagerung, wenn man die Unterlage der Erosionsreste von Gedinne-Gesteinen auf dem Venn-Sattel zwischen Eupen und Roetgen vergleicht: westlich von Roetgen liegen innerhalb eines nur 2 km langen Streifens die Basisbildungen des Gedinnes auf Oberen Salm-Schichten, Revin 5- und Revin 4-Schichten, sie überdecken also Gesteine, die im stratigraphischen Profil über 1000 m weit auseinanderliegen. Damit muss die Einmuldung von Salm-Schichten im Eschbachtal westlich Roetgen schon während der kaledonischen Faltung erfolgt sein. Wegen der Diskussion um das Ausmaß der kaledonischen Faltung und kleintektonischer Hinweise auf kaledonische Deformationen vgl. Kap. 2.6 und THOME (1955), PLESSMANN (1959), R. VOIGT (1968A), ALBRECHT (1971), WALTER & WOHLENBERG (1985).

Die heute zu beobachtende Metamorphose ist während der variszischen Faltung entstanden; das zeigt das Verhältnis der neugebildeten Minerale zur Deformation (KRAMM 1982: 158–162). Zwischen dem vordevonischen Kern und den Mantelschichten des Stavelot-Venn-Massivs bestehen nach KRAMM keine Unterschiede im Metamorphosegrad. Das hatten auch die Untersuchungen des Inkohlungsgrades (M. & R. TEICHMÜLLER 1979) und der Illit-Kristallinität (KASIG & SPAETH 1975) bereits gezeigt, ebenfalls die Studien an Geröllen in Gedinne-Konglomeraten (SCHREYER 1975). Wenn es also eine kaledonische Metamorphose gegeben hat, so war sie höchstens so stark wie die variszische.

Der Metamorphosegrad ist nicht im ganzen Venn-Gebiet gleichmäßig: Die Verteilung der Illit-Kristallinität (KASIG & SPAETH 1975) und des Inkohlungsgrades organischer Substanzen (M. & R. TEICHMÜLLER 1979) lassen erkennen, dass auf dem SE-Flügel des Venn-Sattels ein etwas stärker metamorpher Streifen existiert. Bei den Schiefern des Oberen Salm wird diese höhere Metamorphose sogar im Aufschluss sichtbar durch die auffällige dunkelviolette, graugrün gebänderte Färbung und einen fettigen Glanz wie bei Phylliten. Die Temperaturen, welche diese erhöhte Metamorphose verursacht haben, lassen sich bislang nur an Gesteinen des Oberen Salm ermitteln, da nur sie den Stoffbestand für charakteristische Mineralneubildungen enthalten. Nach SCHREYER (1975) haben sie für den Südrand des Stavelot-Massivs im Raum Salmchâteau 400–450 °C betragen, bei Drucken von etwa 2 kbar (KRAMM 1982).

Diese metamorphe Zone von Lammersdorf, wie sie bei KNAPP genannt wird, zieht sich etwa von der Kalltalsperre bei Lammersdorf entlang der Grenze Gedinne-Prädevon nach SW. Sie umfasst neben den kambrischen und ordovizischen Schichten mitsamt den darin steckenden Intrusivgesteinen auch die unterdevonischen Gesteine bis hinauf zu den tiefsten Siegen-Schichten. Sie ist also während der variszischen Faltung entstanden und auf die starke Überlagerung gerade in diesem Streifen während der Deformation zurückzuführen (vgl. 5.5).

Die Zone stärkerer Metamorphose fällt mit einem Areal erhöhter magnetischer Vertikalintensität zusammen, das sich also auch von dem Gebiet um Lammersdorf aus über dem Streifen von Salm-Gesteinen und den angrenzenden Gedinne- und Revin-Partien in südwestlicher Richtung ausdehnt (REICH 1932, HÖGE 1935, WOLFF & HAHN 1954). Diese magnetische Anomalie geht nicht auf einen in geringer Tiefe steckenden Intrusivkörper zurück, wie man zuerst annahm, sondern auf den Gehalt an Magnetit und Magnetkies in den kambro-ordovizischen Sedimenten. Diese Mineralien sind durch die erhöhte Metamorphose aus dem in den Gesteinen fein verteilten Eisengehalt entstanden (W. SCHMIDT 1956: 118 ff, KNAPP 1978: 121). Das erklärt die Bindung der Anomalie an den Streifen erhöhter Metamorphose.

Der tektonische Aufbau des Venn-Sattels lässt sich folgendermaßen schildern: Der Kern des nordöstlichen Venn-Sattels ist der Fringshaus-Sattel. Er bringt die ältesten Gesteine an die Oberfläche. Es sind Revin-3-Schichten, die an der Straße Konzen – Roetgen nördlich vom Fringshaus etwa 1800 m breit ausstreichen und 4 km nordöstlich im Distrikt Finkenbur (nordwestlich Lammersdorf) abtauchen. Der Fringshaus-Sattel ist nur bis in die Umgebung von Raffelsbrand nach NE zu verfolgen. Der Kern des Venn-Sattels verlagert sich hier nach NW und bildet ein aus vielen Einzelfalten zusammengesetztes Antiklinorium. Das wird auf der geologischen Karte daran deutlich, dass Gesteine des Revin 4 bis auf den Rücken zwischen Rotem und Weißem Wehbach nahe dem Zusammenfluss ziehen. Hier staffelt sich der Kern des Venn-Sattels wieder nach NW. Das zeigt sich daran, dass nordwestlich vom Roten Wehbach noch einmal eine Aufsattelung von Revin-4-Schichten zutage tritt. Sie wird an einer Überschiebung auf Revin-5-Gesteine gesetzt, die wieder den Kern eines Antiklinoriums bilden, das im NW an die Venn-Überschiebung stößt, aber schon westlich vom Wehbachtal abtaucht. Nordöstlich davon findet sich ein spezialgefaltetes Areal mit Salm-Gesteinen, das mit der Thönbach-Mulde das Revin-5-Antiklinorium im SE begrenzt. In dem sich schon stark verschmälernden nördlichen Zipfel des Venn-Sattels treten in zwei Sätteln noch einmal Revin-Schichten zutage: im S liegt der aus vielen Einzelfalten zusammengesetzte Hüttenhau-Sattel, im N der Wenauer Sattel.

Das Areal mit vordevonischen Gesteinen hat in seinem NE-Teil eine NNE-SSW-Längung, da seine Begrenzungsflächen (die Venn-Überschiebung und die Transgressionsfläche des Gedinne) etwa an der Linie Zweifall – Dreikaisereichen – Vossenack in die NNE-Richtung einschwenken. Die Strukturen innerhalb des Prädevon-Areals behalten jedoch die SW-NE-Richtung bei, verlaufen also in diesem Zipfel des Venn-Sattels schief zu dessen Begrenzungslinien. Die Venn-Überschiebung schneidet die Innenstrukturen, die auch hauptsächlich während der variszischen Faltung geprägt wurden, muss also in einem späten Stadium der Orogenese wirksam gewesen sein. Sie schiebt bei der Försterei Jägersfahrt südöstlich Zweifall Untere Salm-Schichten auf Gedinne-Gesteine. In nordöstlicher Richtung nimmt die Überschiebungsweite rasch zu, so dass der nordöstlichste Fleck mit vordevonischen Gesteinen Untere Salm-Schichten auf oberdevonischen Oberen Massenkalk überschoben zeigt. Dass dieser deckenartig flach nach NW vorgreifende Überschiebungslappen hier erhalten ist, dürfte auf das starke NE-Abtauchen des Venn-Sattels in diesem Raum zurückgehen, das steiler ist als die morphologische

Abdachung. Auch das Umschwenken der Gedinne-Basis am SE-Rand in ein mehr nördliches Streichen dürfte auf das stärkere Abtauchen zurückzuführen sein.

Die Venn-Überschiebung besteht besonders im NE aus mehreren Schubbahnen; das war früher südöstlich vom Wehebachtal bei Schönthal aufgeschlossen. Wegen der großen Schubweite (am Rand der Niederrheinischen Bucht bei Jüngersdorf liegen Gedinne-Gesteine auf Stolberg-Schichten) muss sich die Überschiebung im Bereich der Niederrheinischen Bucht weiter nach NE fortsetzen. Nach SW nimmt der Verschiebungsbetrag rasch ab, und die Störung verschwindet südöstlich von Rott. Statt dessen entwickelt sich östlich von Rott eine weitere Überschiebung, welche dann den NW-Rand des vordevonischen Kerns bestimmt, die Lensbach-Überschiebung. Sie liegt flach wie eine Deckenbahn, auch dort, wo sie nur Revin-Schichten auf Salm-Gesteine schiebt, wie es zwischen Rott und dem Vesdretal unterhalb des Stausees von Eupen der Fall ist. Das zeigt sich u. a. an einem kleinen Fenster von Salm-Schichten südwestlich von Rott und an dem stark nach S zurückweichenden Verlauf nahe der Gileppe-Talsperre. Nach GEUKENS (1957, 188 ff.) und KNAPP (1978, 120) ist die Bahn der Lensbach-Überschiebung gefaltet, was auf eine kaledonische Anlage der Störung hinweist.

Das Revin-4-Areal im Hangenden der Lensbach-Überschiebung wird zwischen Rott und Roetgen durch die sog. Struffelt-Störung begrenzt, eine nach GEUKENS (1956) mit 30° nach SE einfallende Störung, die heute die Geometrie einer Abschiebung hat, denn ihre Hangendscholle besteht nordwestlich von Roetgen aus Gesteinen des Unteren und Oberen Salm, die zu den teils eingeschuppten, teils eingefalteten Vorkommen des Salm-Synklinoriums von Roetgen gehören. Dieses Synklinorium (die Roetgener Mulde) besteht aus einer kleinen und einer größeren, Gesteine des Oberen Salm enthaltenden Mulde im Ortsbereich von Roetgen und einem zwischen Störungen eingeschuppten 5 km langen Streifen von Salm-Gesteinen zwischen Roetgen und dem Eupener Stausee. Dieser Streifen wird im NW durch die schon erwähnte Struffelt-Störung begrenzt, die z. T. Schichten des Oberen Salm gegen Gesteine des Revin 4 und 5 setzt, was Abschiebungsbeträge von etwa 1000 m erfordert. Diese nördliche Schuppe wird im SE von einer Aufschiebung begrenzt, die Schichten des Revin 4 und 5 bzw. des Unteren Salm aufschiebt. Die Unteren Salm-Schichten der südlichen Schuppe werden teilweise von einer Aufschiebung gegen Revin-5-Gesteine abgegrenzt; im SW ist der Kontakt zu den Revin-Schichten ungestört und zeigt die muldenartige Lagerung der Salm-Schichten an.. Zwischen der Roetgener Mulde und der Lensbach-Überschiebung liegt innerhalb der Revin-4-Schichten der Münsterbildchen-Sattel (Venn-Vorsattel bei ALBRECHT 1971).

Die zahlreichen NW-SE-Störungen von Inde- und Wurm-Mulde erreichen den Venn-Sattel nicht mehr, dessen Strukturlinien nur selten von Querstörungen unterbrochen werden. Nur die nordöstlichsten 5 km des Sattels werden im Randbereich der Niederrheinischen Bucht von Querstörungen wie Sandgewand, Sürbach-Störung und Meroder Sprung geschnitten. Eine größere Querstörung schneidet den Südrand des Venn-Sattels südlich von Lammersdorf.

Die Schieferflächen sind im Venn-Sattel parallel zu den Achsenflächen der variszischen Falten angeordnet. Am Südrand hat die Schieferung im Bereich der metamorphen Zone von Lammersdorf ein relativ flaches Einfallen sowohl in Salm- als auch in Gedinne-Gesteinen, wahrscheinlich bedingt durch die besonders tiefe Lage dieses Streifens während der Deformation. Im Kern des Venn-Sattels hat sie eine normal steile Lage, zeigt aber am NW-Rand im Bereich des Stausees von Eupen wieder flaches Einfallen (45–50° nach ALBRECHT 1971), das hier vielleicht auf die flache Überschiebungstektonik zurückzuführen ist (BREDDIN 1973).

Reste von Sedimenten der Oberkreide finden sich als größere Flecken nur im belgischen Teil des Venn-Sattels, so nordwestlich und westlich Mützenich und um die Baraque Michel zwischen Eupen und Malmédy. Es handelt sich dabei um durch post-oligozäne Subrosion entstandene lehmige Zersetzungsprodukte der Orsbach-Feuersteinkreide (9.3.3), die man als „Feuerstein-Eluvium" bezeichnet. Ihre Lage auf der Kammregion des Venns (bei Baraque Michel 670 m NN) demonstriert sehr eindrucksvoll die tertiäre und quartäre Hebung des Schiefergebirges, denn im nahen Aachener Wald z. B. liegt die Orsbach-Feuersteinkreide in 340 m Höhe. Dass die Hauptbeträge dieser Hebung ins Jungtertiär, wenn nicht sogar ins Quartär fallen, zeigen Reste von Sandablagerungen, die sich ebenfalls nordwestlich von Mützenich in der Kammregion finden. Sie lassen sich nicht datieren, gehören aber in Analogie mit den Sanden der Niederrheinischen Bucht wahrscheinlich ins Oligozän bis Miozän. BOURGUIGNON (1954) stuft Tertiärreste in der Nähe von Baraque Michel und Mont Rigi nach sedimentologischen Kriterien als oligozäne Meeressande ein; HAGER (in KNAPP 1978) hält sie eher für Äquivalente der Köln-Schichten und für nicht unbedingt marin.

Die junge Hebung lässt sich auch an den Verebnungsflächen ablesen, die wir schon am Nordabhang des Venns kennengelernt haben (13.1). Die höchste findet sich in Resten in der Kammregion. Sie trägt stellenweise noch Reste einer Bedeckung durch Oberkreidesedimente, wie z. B. bei Baraque Michel, ist also schon vor deren Ablagerung vorhanden gewesen (nach D. RICHTER 1962b: Altflächen-System). Sollte bei Baraque Michel tatsächlich marines Oligozän vorhanden sein, wie eben angedeutet, so darf dieser Bereich bis zum Ende des Oligozäns nicht gehoben worden sein. Hier sind noch Fragen offen, die auch den im Folgenden geschilderten Ablauf modifizieren können. Nach einer wohl zu Beginn des Tertiärs erfolgten Hebung wurden erneut Verebnungsflächen geschaffen. Nach RICHTER (1962) finden sich diese vielleicht eozänen Flächen in Niveaus von 490–520 m NN heute in größerer Ausdehnung z. B. südlich Roetgen und auf dem Birkhahnskopf östlich Roetgen (sog. Zwischenflächen-Gruppe). Auf dem Venn-Rücken nordöstlich der Linie Lammersdorf – Roetgen, ebenso auf beiden Seiten neben dem Venn-Rücken gibt es tiefer gelegene Verebnungsflächen, die RICHTER unter der Bezeichnung Jungflächen-System zusammenfasst. Sie sind wahrscheinlich entstanden, nachdem im Oligozän die Niederrheinische Bucht eingebrochen war, können also etwa gleich alt sein wie die Rheinischen Braunkohlenflöze. Jedoch ist die zeitliche Einstufung der postkretazischen Verebnungsflächen, vielfach auch die Parallelisierung einzelner Flächenreste nicht mit Sicherheit vorzunehmen, deshalb sind auch tektonische Rückschlüsse aufgrund rein morphologischer Kriterien in diesem Gebiet fragwürdig (vgl. dazu BREMER 1978, ZEESE 1978).

Eine verstärkte Hebung, die zum Entstehen der tiefen Talschluchten an den Rändern des Venn-Rückens führte, fand im Quartär statt, vielleicht begann sie schon während des Pliozäns. Zum Venn-Massiv heben diese Täler steil heraus, so dass dieses als breiter Schild nur von flachen Talmulden gegliedert wird. In den Tälern lässt sich eine Obere Terrassengruppe, deren Schotter z. B. im Wesertal bis zu 60 m hoch über der Talsohle liegen (CHAPELIER 1957), von einer Mittelterrassengruppe und den Niederterrassen unterscheiden (KNAPP 1978, 102). Die Obere Terrassengruppe ist der Hauptterrassenfolge der Niederrheinischen Bucht und der Rhein- und Maas-Systeme äquivalent.

Während der pleistozänen Kaltzeiten entstanden Frostschuttböden, die durch eingewehten Löss oft zu lehmigen Massen wurden, die dann hangabwärts rutschten. Solche Fließerden und Hanglehme bedecken im Venn-Gebiet große Areale; sie können große Blöcke von paläozoischen Quarziten (sog. Venn-Quarziten) enthalten. Auf den höchsten Partien des Venn-Rückens kam es auf der Kammlinie und südöstlich davon zu ausgedehnten Vermoorungen, die dem Gebirge seinen Namen gegeben haben: Venn, im Niederdeutschen Fehn, im Belgischen Fagne (vgl. *Sphagnum* = lat. Torfmoos) bedeutet Moor. Die größten Moorflächen finden sich zwischen Lammersdorf und der Gegend um die Botrange. Von W nach E sind die größten Moorareale das Große Venn (Grande Fagne) nordwestlich Baraque Michel, das Hohe Venn i. e. S.

(Hautes Fagnes) östlich davon, das Wallonische Venn (Fagne Wallonne) östlich der Botrange, das Hattlicher Venn westlich Mützenich und das nördlich anschließende Brack-Venn und das Hoscheit-Moor südwestlich Lammersdorf.

Die Moore sind niederschlagsbedingte Hochmoore. Auf dem höchsten Teil des Venn-Rückens westlich Monschau beträgt nach den Klimadaten im Deutschen Planungsatlas, Nordrhein-Westfalen (1976) das Jahresmittel der Niederschläge 1400 mm. Die tonigen Schichten des Revin und Salm im Untergrund sind schon primär wenig wasserdurchlässig; sie werden noch durch die tonige mesozoische bis tertiäre Verwitterungsrinde zusätzlich abgedichtet.

Das sich dort stauende Niederschlagswasser wird am Abfluss gehindert durch das flache Relief und Hunderte von runden oder länglichen Depressionen von 30–100 m Durchmesser und manchmal 8 m Tiefe. Sie bilden örtlich ein dichtes Netz von Senken und dazwischen stehenden Randwällen. In den Senken, die als „viviers“ (= Fischteiche) bezeichnet werden, bleibt meist das Wasser stehen. Diese Senken sind im Kammbereich des Venns mehr rundlich, auf den nach SE geneigten Flächen in Gefällsrichtung langgestreckt (Abb. 131, 132). Sie wurden zuerst von PISSART (1956) für Pingos gehalten, d. h. von mächtigen Eislinsen im Periglazialbereich, die durch Wasserzufuhr von unten wuchsen, verursachte Aufbeulungen der Erdoberfläche, die nach dem Auftauen zusammenfallen und -rutschen und dadurch Ringwälle erzeu-

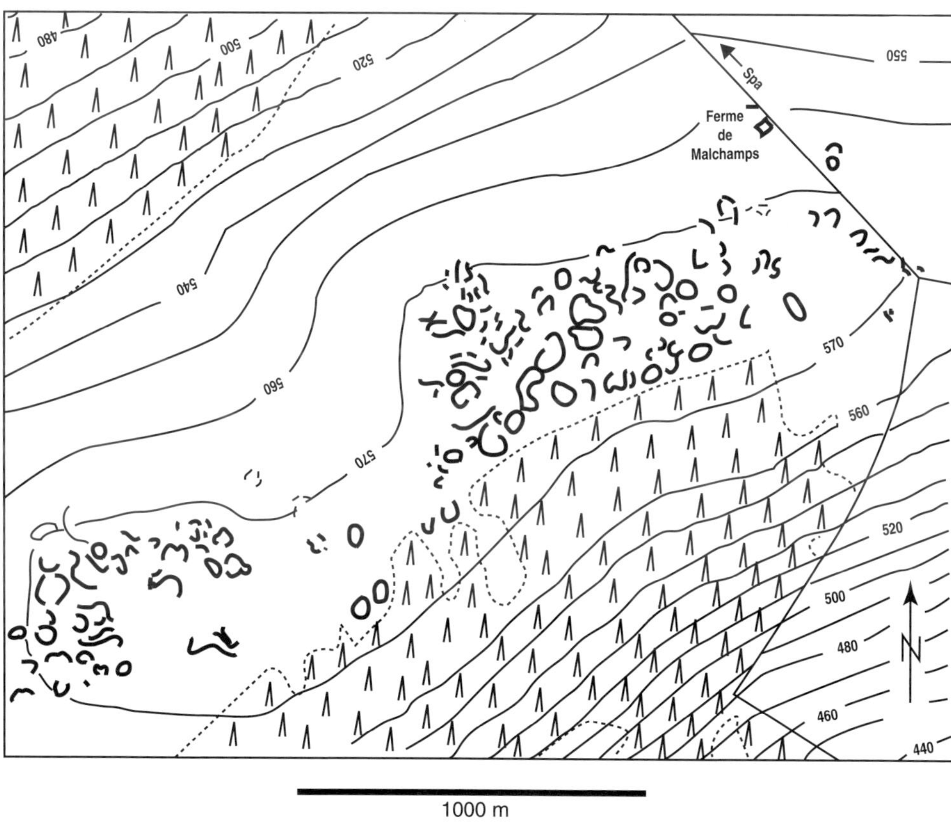

Abb. 131. Wälle von Palsen mit kreisförmigen Umrissen im Kammbereich des Venns bei Malchamps. Kartiert nach Luftbildern. Umgezeichnet nach PISSART (1965).

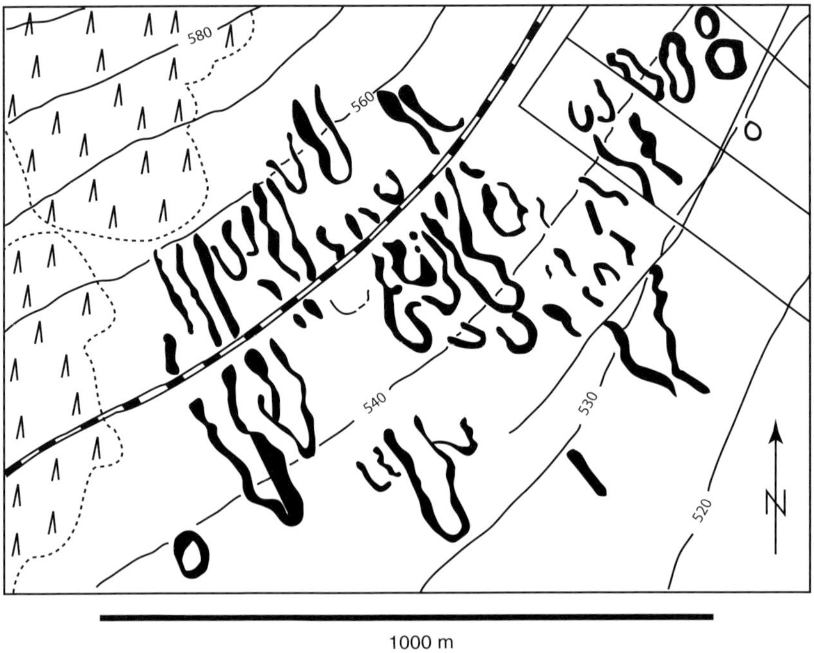

Abb. 132. Wälle von Palsen mit länglichen Umrissen am Südhang des Venns östlich Hoscheid; Bahnlinie folgt der deutsch-belgischen Grenze. Kartiert nach Luftbildern. Umgezeichnet nach PISSART (1965).

gen. Spätere Untersuchungen machten wahrscheinlich, dass diese Formen im Hohen Venn nicht als Hydrolakkolithen, denen Wasser von unten zugeführt wurde, entstanden sind, wie es bei den klassischen Pingos der Fall ist. Sondern sie gehen auf Eislinsen zurück, die sich in der Verwitterungsdecke relativ oberflächennah bildeten und die Wälle beim seitlichen Wachstum z. T. aufstauchten, werden deshalb als Palsen, in neuer Zeit als Lithalsen bezeichnet (MÜCKENHAUSEN 1960, BASTIN et al. 1974, PISSART 2000). Nach MÜCKENHAUSEN sind bei den langgestreckten Senken auf etwas geneigtem Gelände die Eislinsen durch von oben zufließendes Wasser hangaufwärts gewachsen. Es lag also während der Bildung dieser Gebilde in der Würm-Kaltzeit kein geschlossener Dauerfrostboden vor. In den „viviers“ begann das Wachstum von Torfmoosen. Wegen der Nährstoffarmut des Untergrundes und des Regenwassers herrschten oligotrophe Bedingungen, wie sie für die Entwicklung von Hochmooren typisch sind. Später überwucherte das Moor z. T. die Wälle um die „viviers“ Meist erheben sich die Wälle noch etwas über die Mooroberfläche. Das Moorwachstum in den „viviers“ begann nach pollenanalytischen Untersuchungen während der Präboreal-Zeit, also 8000–7000 v. Chr. (PISSART 1974), die Formen selbst sind schon älter, da in einigen sich die allerödzeitlichen Laacher-See-Aschen fanden (PISSART & JUVIGNÉ 1980). Die nacheiszeitliche Waldgeschichte konnte PERSCH (1950) nach dem Polleninhalt der Torfprofile für das Venn rekonstruieren. Einige kleine Moore sind durch Gräben teilweise entwässert und aufgeforstet worden; in einigen Mooren fand umfangreiche Torfgewinnung statt.

13.3 Nordwesteifel südlich des Venn-Sattels

Dieses Gebiet ist im NW begrenzt durch die Basislinie der Siegen-Schichten im Südflügel des Venn-Sattels. Im E geht es bis an den W-Rand des Nordeifeler Triasdreiecks, dann bis an den NW-Rand der Sötenicher Kalkmulde und dann bis etwa zur Linie Reifferscheid – Kronenburg, wobei gerade hier keine geologisch sinnvolle Abgrenzung gegen das Unterdevongebiet zwischen Sötenicher und Blankenheimer Kalkmulde vorzunehmen ist. Diese Schwierigkeit besteht auch, wenn man das hier zu behandelnde Gebiet nach S begrenzen will; wir wählen dafür den Oberlauf der Kyll bis zur Quelle bei Losheimergraben. Im W schließt das Gebiet mit der Grenze zu Belgien ab.

Zusammenfassende Darstellungen des Gebietes finden sich bei W. SCHMIDT (1956), KNAPP (1978), WALTER (2010a) und vor allem RIBBERT (1983, 1993, 1994), der die geologischen Blätter 5404 Schleiden, 5504 Hellenthal und 5505 Blankenheim vorgelegt hat. Vom Rest des Gebietes, es ist im Wesentlichen die als Zitterwald bezeichnete Landschaft, sind bislang wenig geologische Untersuchungen veröffentlicht worden.

Zwischen dem Venn-Sattel und der Sötenicher Mulde ist der Faltenspiegel trotz zahlreicher Spezialfalten und einiger größerer Störungen gleichmäßig nach SE geneigt. Unmittelbar an der Flanke des Venn-Sattels ist dieses Absinken nach SE relativ steil, so dass die Ausstrichbreite der Gedinne-Schichten und der tiefen Siegen-Schichten (Monschau-Schichten, 3.2.2.1) relativ schmal ist. Das ist außerdem auch auf die geringe Mächtigkeit dieser Schichtglieder zurückzuführen. In südwestlicher Richtung nimmt die Mächtigkeit und damit die Ausstrichbreite zu. In der Umgebung von Monschau sind die Monschau-Schichten innerhalb eines in Streichrichtung etwa 3 km breiten Streifens 3–4 mal so mächtig wie normal, nämlich etwa 1300 m. So werden in der Umgebung von Monschau die Höhen beiderseits von Rurtal, Perlenbachtal und Laufental von den sandigen Monschau-Schichten aufgebaut (Abb. 11). Diese Faziesänderung geht vielleicht auf verstärkte Sandschüttungen vor einer Flussmündung zurück.

Die Rurberg-Schichten (3.2.2.2) haben südöstlich vom Venn stellenweise, so in der Umgebung von Rur- und Urft-Stausee, eine Ausstrichbreite von 10 km. Das ist z. T. auf die größere Mächtigkeit dieser Serie (bis zu 4000 m) zurückzuführen, aber zum überwiegenden Teil darauf, dass der Faltenspiegel sich wegen zahlreicher Spezialfalten in einiger Entfernung vom Venn-Sattel stark verflacht.

Der oberste Teil der Rurberg-Schichten wird westlich vom Urft-Stausee durch eine monotone, überwiegend aus Tonschiefern bestehende Folge ersetzt, die sog. Wüstebach-Schichten (3.2.2.3). Diese an den Hunsrückschiefer erinnernde Fazies setzt am Helingsberg südlich vom Urft-Stausee ein und umfasst in südwestlicher Richtung immer größere Anteile der Oberen Rurberg-Schichten, so dass die Wüstebach-Schichten an der belgischen Grenze südöstlich von Höfen etwa 600 m mächtig sind (W. SCHMIDT 1956). Ob die Fazies der Wüstebach-Schichten auch Teile der Heimbach-Schichten erfasst, also in das Unter-Ems hinaufreicht, ist unbekannt.

Südöstlich der Linie Schwammenauel – Wollseifen – Forsthaus Wahlerscheid treten Gesteine des Unter-Ems zutage. Wegen des steilen Achsenabtauchens zur Nord-Süd-Zone hin zieht die Untergrenze der Ems-Schichten von Schwammenauel aus in nördlicher Richtung auf Untermaubach zu, so dass das Rurtal unterhalb Heimbach fast ganz in Unter-Ems-Gesteine eingeschnitten ist. Es lässt sich innerhalb des rein klastisch ausgebildeten Unter-Ems ein unterer Teil mit überwiegend grauen Gesteinen (Heimbach-Schichten) von einem oberen mit rotgefärbten Gesteinen (Klerf-Schichten) unterscheiden (3.3.2; KNAPP & RICHTER 1980).

Die Heimbach-Schichten finden sich vorwiegend nordwestlich der Großstörung von Malsbenden-Troisvierges. Südlich dieser Störung streichen hauptsächlich Klerf-Schichten aus; Heimbach-Schichten treten nur in einigen Sätteln (z. B. dem Gemünder Sattel) als schmale Streifen zutage. Das Areal der Klerf-Schichten reicht bei flachem Faltenspiegel im S noch weit über das Kylltal hinaus. Nach der Geologischen Übersichtskarte (DAHLGRÜN 1939) tritt zwischen Udenbreth, Kamberg, Rescheid und Schnorrenberg ein kleines Areal mit Heimbach-Schichten auf, vielleicht kommt hier in einer Sattelstruktur zwischen Sötenicher und Blankenheimer Mulde die Unterlage der Klerf-Schichten zutage. Andererseits dürften auch schmale Einmuldungen oder Einschuppungen von Ober-Ems-Gesteinen die Fläche der Klerf-Schichten unterbrechen: Die erwähnte Übersichtskarte verzeichnet ein kleines Vorkommen von Emsquarzit auf dem 630 m hohen Herrend nordöstlich Giescheid. Es liegt zwar in der südwestlichen Fortsetzung der Sötenicher Mulde, andererseits aber sehr dicht an dem eben erwähnten Areal von Heimbach-Schichten bei Rescheid, so dass die Mächtigkeit der Klerf-Schichten dort stark verringert sein müsste, wenn die Quarzite nicht eine Einlagerung innerhalb der Klerf-Schichten sind (Vorläufer-Quarzit, Billigerwald-Quarzit, vgl. 3.3.2). Ein größeres Vorkommen von Ober-Ems-Gesteinen gibt die Karte von KUCKELKORN & VORSTER (1926) westlich von Berk als eingeschuppt an. In den südwestlichen Umrandungen der Blankenheimer und Sötenicher Mulde werden die Klerf-Schichten von Emsquarzit überlagert.

Im tektonischen Bau lassen sich zwei Bereiche unterscheiden: ein nordwestlicher mit relativ steil nach SE abfallendem Faltenspiegel markiert deutlich die SE-Flanke des Venn-Sattels. Etwa im Bereich von Rur- und Urftstausee verflacht sich der Faltenspiegel deutlich, so dass die Rurberg-Schichten und die darüber liegenden Heimbach- und Klerf-Schichten breit ausstreichen.

Ein deutliches Absinken des tektonischen Niveaus nach SE wird durch die Großstörung von Malsbenden verursacht. Sie wird als nach SE gerichtete Aufschiebung gedeutet (BREDDIN 1973, KNAPP 1978, KNAPP & RICHTER 1980). Sie lässt sich über Hergarten, Malsbenden, Schöneseiffen nach SW verfolgen und dürfte sich in die in Belgien und Luxemburg auskartierte Großüberschiebung von Troisvierges fortsetzen (FURTAK 1965, BRÜHL 1966). Wieweit sie sich unter dem Buntsandstein des Mechernicher Triasdreiecks fortsetzt, ist unbekannt. Sie hat damit eine Länge von mindestens 100 km. Im Urfttal oberhalb von Malsbenden lässt sich bei r 3308 h 0444 die Störung zwischen den harten, blaugrauen bis grauen Tonschiefern und Quarziten im NW (Rurberg-Schichten, Heimbach-Schichten) und den weichen rötlichgrauen bis blassvioletten Tonschiefern im SE (Klerf-Schichten) gut einengen (KNAPP & RICHTER 1980: 350–351). Aus dem Geländebefund ist ein Einfallen nach NW wahrscheinlich. Der Verschiebungsbetrag muss hier mindestens 1000 m betragen, was dadurch verdeutlicht wird, dass auf der NW-Scholle eine viel intensivere Deformation zu beobachten ist als auf der SE-Scholle. Es wurde also ein tieferes Deformationsstockwerk auf ein höheres aufgeschoben, die Aufschiebung fand demnach in einem späten Stadium der Deformation statt. Unmittelbar südöstlich der Störung ist westlich von Malsbenden ein etwa 500 m breiter extrem südostvergenter Streifen, in dem die Schieferflächen mit nur 20–50° nach NW einfallen, zu beobachten. Dieser SE-vergente Streifen dürfte die Störung auf der ganzen Länge begleiten, da er in Belgien und Luxemburg auch vorhanden ist, wo östlich auch die Hangendscholle NW-fallende Schieferung aufweist. Die SE-Vergenz in der Liegendscholle der Störung kann aus ehemals NW-vergenten Bereichen durch Schleppung entstanden sein.

Innerhalb eines 2–3 km breiten Streifens unmittelbar südöstlich des Ausstreichens der Devonbasis ist das Einfallen der Schieferung auffallend flach (bis hinunter zu 30° Einfallen), das Streichen aber stärker nordnordöstlich orientiert als normalerweise, also parallel zur SE-

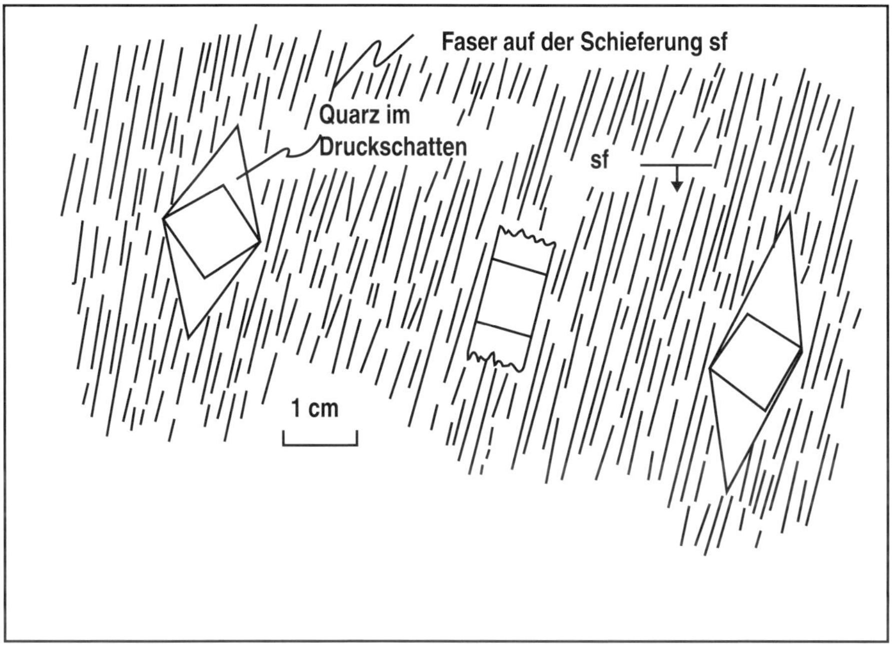

Abb. 133. Heterokinetische Höhe parallel zur Feinlineation um Pyritblasten; Darstellungsebene ist die Schieferung. Gedinne-Tonschiefer am Lönsfelsen bei Lammersdorf. SPAETH (1979).

Grenze des Venn-Sattel-Kerns. Innerhalb dieses Streifens ist häufig auf den Schieferflächen eine Feinlineation (Faser) zu beobachten, der die mit Quarz gefüllten heterokinetischen Höfe (Streckungshöfe) um Pyritkristalle parallel liegen, wie es z. B. die Gedinne-Tonschiefer des Lönsfelsens bei Lammersdorf sehr schön zeigen (Abb. 133). Diese Faser liegt hier nicht in der Fallinie der Schieferflächen, sondern schräg dazu in SSE-NNW-Richtung (SPAETH 1979), ihr entspricht auch eine Regelung der Glimmerblättchen im Korngefüge (SPAETH 1971). Der Streifen unmittelbar südöstlich des prädevonischen Anteils des Venn-Sattels zeigt außerdem ein ungewöhnliches Achsenstreichen der Kleinfalten: sie streichen hier E-W, z. T. sogar WNW-ESE und tauchen nach E ab. HOFFMANN (1961) hat die abnorme Lage der Schiefer-Flächen und Faltenachsen auf eine Rotation dieses Bereiches mit ursprünglich steilerer Schieferung um ostnordöstliche Rotationsachsen erklärt. Nach SPAETH sind die E-W-Kleinfalten durch Ablenkung an dem schon durch die kaledonische Faltung konsolidierten Venn-Massiv entstanden. Dabei wurde der tektonische Transport durch den nach NNE abtauchenden Störkörper in eine mehr nördliche Richtung abgelenkt, was zur Ausbildung der deckenartigen Überschiebungen am NW-Rand des Venn-Sattels und der E-W-Achsen am SE-Rand führte. FIELITZ (1987, 1992) hat am Südostrand des Venn-Sattels zwei variszische Schieferungen unterscheiden können.

Die Sandsteinbänke zeigen oft Kleinfältelung (selektive Kleinfalten), um die durch die Schieferung in den tonigen Gesteinen erfolgte Einengung zu kompensieren. Dickere Bänke zerreißen dabei, und es entstehen Boudins, die hier meist Einengungsstrukturen sind. Auch die Strukturen bei Bastogne in Belgien, also in der westlichen Fortsetzung dieser Zone, an denen durch LOHEST, STAINIER & FOURMARIER (1909) der Begriff Boudinage geprägt wurde, sind

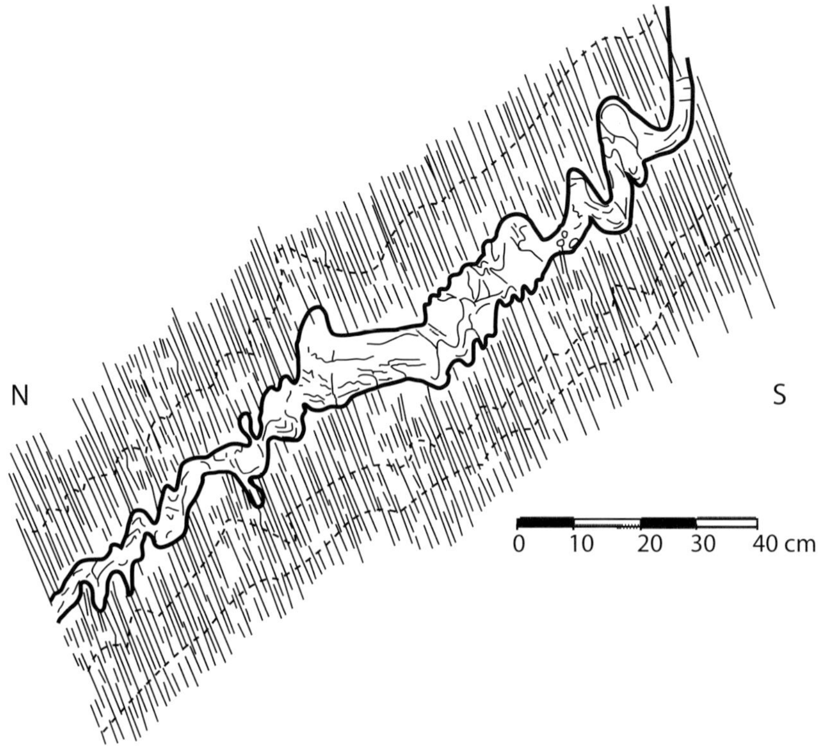

Abb. 134. Durch Kleinfältelung verkürzte Quarzitlage in stark geschieferten Tonschiefern des Obersiegen bei Ourthe. BRÜHL (1966).

solche Einengungsboudins. Die von PILGER & SCHMIDT (1957) von Dedenborn im Rurtal als Mullion-Strukturen beschriebenen Deformationen an Sandsteinbänken innerhalb geschieferter Folgen können auch als Einengungsboudins aufgefasst werden (BRÜHL 1969, URAI et al. 2001); eine Verbreitungskarte dieser Vorkommen findet sich bei SCHMINCKE (1961). Bankzerreißungen als Folge von Dehnung (Dehnungsboudinagen nach BRÜHL) treten im Gebiet auch auf. Vgl. zur Tektonik auch KNAPP (1962) (Abb. 135).

Zwischen dem SE-Rand des prädevonischen Kerns des Venn-Sattels und der Störung von Troisvierges-Malsbenden treten in einem Streifen zwischen der Kalltalsperre und Maubach gangförmige Blei-, Zink- und Eisenspat-Vererzungen auf. A. VOIGT (1951) hat die Vorkommen, auf denen bis ins vorige Jahrhundert Bergbau betrieben wurde, unter der Bezeichnung „Brandenberger Gangzug“ (nach der Ortschaft westlich Nideggen) zusammengefasst. Die Vererzungen sind zum größten Teil als quarzreiche Störungsbrekzien, die sekundär vererzt wurden, anzusprechen. Sie führen vielfach auch Störungsletten mit Sphärosiderit-Knollen. Nach WUNSTORF (1943) sind einige dieser Vererzungen an junge Verwerfungen, die das Gebiet zur Niederrheinischen Bucht bzw. zum Nordeifeler Triasdreieck absenken, gebunden. Es dürfte sich nicht um variszische, sondern um mesozoische oder känozoische Vererzungen handeln. Möglicherweise ist dieser jungen Mineralisation auch der 3 km lange N-S streichende, bis 6 m mächtige Quarzgang der Mausley bei Heimbach zuzurechnen.

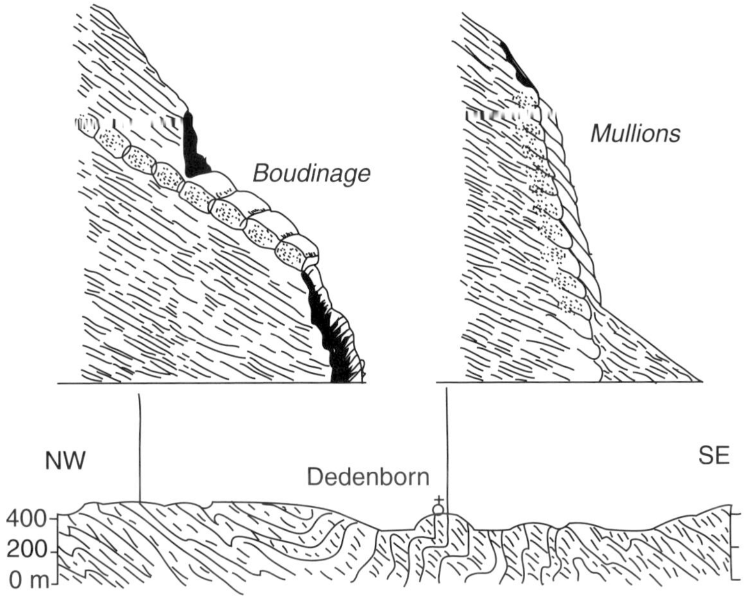

Abb. 135. Mullion- und Dehnungsboudins im Faltenprofil bei Dedenborn. WALTER (2010a).

Morphologisch gehört der größte Teil des Gebietes zum Bereich der tertiären älteren Rumpfflächenlandschaft (R2 nach STICKEL 1927). Die 600 m hohe Verebnung wird von dem bis 690 m hohen Weißenstein-Massiv überragt. Die Entwässerung erfolgt durch Urft, Olef und Kyll. Nördlich etwa der Linie Nettersheim – Hellenthal – Monschau schließt sich ein Hochflächenareal an, das zur R1-Verebnung STICKELs gestellt wird und etwa 520 m hoch liegt. Es wird im W vom Anstieg zum Hohen Venn begrenzt, im N etwa an der Linie Heimbach – Germeter vom Absinken zur Niederrheinischen Bucht (Trogflächen bei STICKEL). Es sei bezüglich der Morphologie der sogenannten Rureifel, also des Rurtales oberhalb Untermaubach mit Kall- und Urfttal auf D. RICHTER (1962), ZEESE (1978) und R. MÜLLER (1983) verwiesen, ferner auf 11.6.6. Die Wasserscheide zwischen Rur und Kyll liegt auf der Linie Weißer Stein – Neuhaus – Dahlemer Binz.

13.4 Westeifel westlich der Nord-Süd-Zone

Das hier zu behandelnde Gebiet umfasst die Westeifel bis zur belgischen bzw. luxemburgischen Grenze zwischen dem Oberlauf der Kyll, den Mitteldevon-Mulden und dem Nordwestrand der Trias-Decke der Südeifel etwa zwischen Mürlenbach und Vianden. In diesem Areal streichen hauptsächlich Unter-Ems-Gesteine zutage, über deren Gliederung und Struktur noch wenig bekannt ist. Schichten Klerfer Fazies dürften den größten Anteil stellen. Die Unter-Ems-Areale werden unterbrochen von zwei Muldenzügen, in denen Ober-Ems-Gesteine aufgeschlossen sind, der Zug der Neuensteiner Mulde und der Schneifel und die Daleidener Muldengruppe (13.4.1).

Der nördliche Muldenzug entwickelt sich etwas versetzt in der südwestlichen Fortsetzung der Blankenheimer Mulde und enthält in der schmalen Neuensteiner Mulde im oberen Prümtal zwischen Ormont und Reuth sogar Mitteldevon-Gesteine bis hinauf zur Ahrdorf-Formation (KUCKELKORN & VORSTER 1926, SASSMANNSHAUSEN 1953, STRUVE et al. 2008). Diese gehört tektonisch zu dem etwa 15 km langen Emsquarzit-Zug des Schneifel-Rückens, der am Steinberg nahe seinem NE-Ende das Unterlager des Neuensteiner Mitteldevons bildet. An einer Aufschiebung sind Stadtfeld-Schichten von SE her auf den Emsquarzit bzw. auf die Mitteldevon-Gesteine überschoben. Wiltz-Schichten sind außer an der Neuensteiner Scholle nordwestlich von Punkt 580,2 (1,5 km nordwestlich Hontheim) durch Fauna nachgewiesen (BECKER & MENTZEL 1961); lithologisch den Wiltz-Schichten ähnliche Gesteine treten in Resten unter der Überschiebung noch an einigen anderen Stellen zutage.

Der höchstens 1 km breit ausstreichende Emsquarzit des Schneifel-Rückens ist nach VIËTOR (1918) arm an Fossilien; er fällt überwiegend nach SE ein. Zwischen den mehr tonigen Klerf-Schichten in seinem Liegenden und den ebenfalls weicheren Stadtfeld-Schichten, die von SE her auf ihn aufgeschoben sind, bildet er einen imposanten Härtlingsrücken, nur von Wald bedeckt und im SW-Teil bis fast in 700 m Höhe aufsteigend (Schwarzer Mann 698 m NN).

In der Hangendscholle der sog. Schneifelüberschiebung streichen fossilführende Stadtfeld-Schichten etwa 2 km breit aus (R. RICHTER 1919, BECKER & MENTZEL 1961). Sie werden überlagert von Klerf-Schichten, die einen noch breiteren Streifen aufbauen, der bis an den Emsquarzit-Zug der Prümer Mulde heranreicht. Dieser Unter-Ems-Bereich zwischen dem Schneifel-Emsquarzit und der Prümer Mulde wird als Hontheimer Sattel bezeichnet, obgleich die Schichtenfolge, von wenigen kleinen Spezialfalten abgesehen, einheitlich nach SE einfällt.

Im Liegenden des Emsquarzit-Zuges der Schneifel streichen in breitem Areal Klerf-Schichten aus, die nach FURTAK (1965) bis in den Raum Winterspelt, Winterscheid, Bleialf, Oberlascheid zu verfolgen sind. Hier werden sie von grauen Unter-Ems-Schichten unterlagert, die etwa den Stadtfeld-Schichten entsprechen können (Einheit C bei FURTAK). Diese grauen Unter-Ems-Folgen hat FURTAK in einem lebhaft gefalteten Areal bis an die Überschiebung von Troisvierges-Malsbenden verfolgt. Hier werden sie von älteren Gesteinen (vielleicht Siegen-Schichten, Einheit B bei FURTAK) überfahren.

Südwestlich des Trias-Dreiecks der Nordeifel finden sich Blei-Zink-Vererzungen in einem Streifen, der über Rescheid, Bleialf in südwestlicher Richtung bis zur Burg Reuland zieht. Die bedeutendsten Erzanreicherungen innerhalb dieses Bleialf-Rescheider Gangzugs finden sich in der Umgebung von Bleialf. Es handelt sich nach heutiger Auffassung um postvariszische Vererzungen (10.8.1).

Die quartäre Vulkankette hat mit dem imposanten Tuffvulkan Goldberg ihren nordwestlichen Eckpunkt. Zwischen ihm und den Vulkanbauten im Raum Steffeln finden sich bei Schönfeld und Reuth Maarvulkane. Das westlichste Vulkanvorkommen der Eifel beschreibt LEPPLA (1920) aus dem Mündungsbereich des Bierbaches in das Prümtal südlich Pronsfeld. Es handelt sich um einen 0,50–0,75 m dicken Basaltgang, der parallel zur nach SE einfallenden Schichtung der Klerf-Schichten liegt. Es dürfte sich um einen tertiären Basalt handeln.

13.4.1 Daleidener Muldengruppe

Die Schneifel-Überschiebung hat ein stärker nordsüdliches Streichen als die südlichen Kalkmulden und nähert sich deshalb der Prümer Mulde und dem Ober-Ems-Muldenzug von Daleiden – Dasburg. Dieser ist von LIPPERT (1939) untersucht worden. Die meisten der schmalen und relativ kurzen Muldenabschnitte enthalten nur Emsquarzit und Wiltzer Schichten. Nur das östlichste Muldenstück, das von Gesotz, reicht so tief hinab, dass Wetteldorf-Schichten und Heisdorf-Schichten darin enthalten sind; LIPPERT fand hier auch einen Kalkbrocken mit *Tropidocoryphe*, vielleicht ein Hinweis darauf, dass noch ein Erosionsrest von Lauch-Schichten vorhanden ist.

Die einzelnen Muldenabschnitte heben nach kurzer Erstreckung aus, weil der ganze Bereich der Daleidener Muldengruppe von drei Achsenkulminationen gequert wird; es sind nach LIPPERT von E nach W die Krautscheid-Deusterwalder, die Emmelbaum-Sengericher und die Sevenig-Dahnener Achsenflexur (Abb. 136). Es lassen sich im Prümtal drei Muldenzüge unterscheiden. Weiter westlich, bei Irrhausen vereinigen sich der nördliche mit dem mittleren Zug an der Stelle, an der sich aus der Muldengruppe eine Störung entwickelt, an der die Ober-Ems-Schichten gegen Stadtfeld-Schichten grenzen. Ob es sich um eine Aufschiebung handelt, wie LIPPERT annimmt (Reiffer Überschiebung), die sich in die Schneifel-Überschiebung fortsetzt (wobei sich ihre Bewegungsrichtung umkehren müsste), können nur Strukturkartierungen in dem Abschnitt zwischen der Daleidener Muldengruppe und dem Schneifel-Zug überprüfen. Ebenfalls muss noch offen bleiben, ob ein Zusammenhang zwischen dem auffälligen NNE-Streichen dieser Störung und dem Verbreitern des südwestlichen Stavelot-Massivs am Großsattel von Grand-Halleux besteht, wie LIPPERT vermutet. Es spricht für solche Zusammenhänge, dass auch die Überschiebung von Troisvierges-Malsbenden besonders westlich von Reuland und Clervaux ein solches NNE-Streichen zeigt, das schief zu den Faltenachsen verläuft, so dass der Großsattel von Bastogne abgeschnitten wird (BRÜHL 1966).

Nach SW verschwinden die Unter-Ems-Sättel zwischen den einzelnen Muldenzügen, so dass die Ober-Ems-Streifen sich in der Wiltzer Mulde zusammenschließen. Nach NE setzt sich der nordwestliche Muldenzug in die zentrale Prümer Mulde fort, der mittlere in die Seiwerather Teilmulde, und der südöstliche kann etwa in der Gerolsteiner Mulde oder der Salmerwald-Mulde seine Fortsetzung haben. Die Ober-Ems-Mulden der Daleidener Gruppe sind in Klerf-Schichten eingefaltet, mit Ausnahme des NW-Randes der Irrhauser Teilmulde, an dem die Reiffer Störung Stadtfeld-Schichten mit den Ober-Ems-Gesteinen in Kontakt bringt. Die Klerf-Schichten sind nördlich von Waxweiler in großen Steinbrüchen aufgeschlossen; zu Fauna, Flora und Fazies vgl. SCHWEITZER (1983). Zwischen einzelnen Muldenabschnitten gibt es schmale Quarzitrücken, die auch zum Emsquarzit gehören können, was zahlreiche streichende Aufschiebungen erforderlich macht und Querstörungen, welche diese Züge wieder abschneiden. Die Darstellung von LIPPERT (Abb. 136) hat diese Möglichkeit zugrundegelegt. Es ist auch möglich, dass diese Quarzitpakete wenigstens z. T. Einlagerungen in den Klerf-Schichten sind (sog. Vorläufer-Quarzite), was das Strukturbild wesentlich vereinfachen würde.

1–2 km südlich des südlichsten Muldenzuges treten Stadtfeld-Schichten zutage, die von hier bis an den nahen Buntsandstein-Rand der Trierer Bucht das Kartenbild bestimmen. Ob kleinere Einmuldungen von Klerf-Schichten in diesem noch geologisch wenig untersuchten Gebiet vorhanden sind, ist unbekannt.

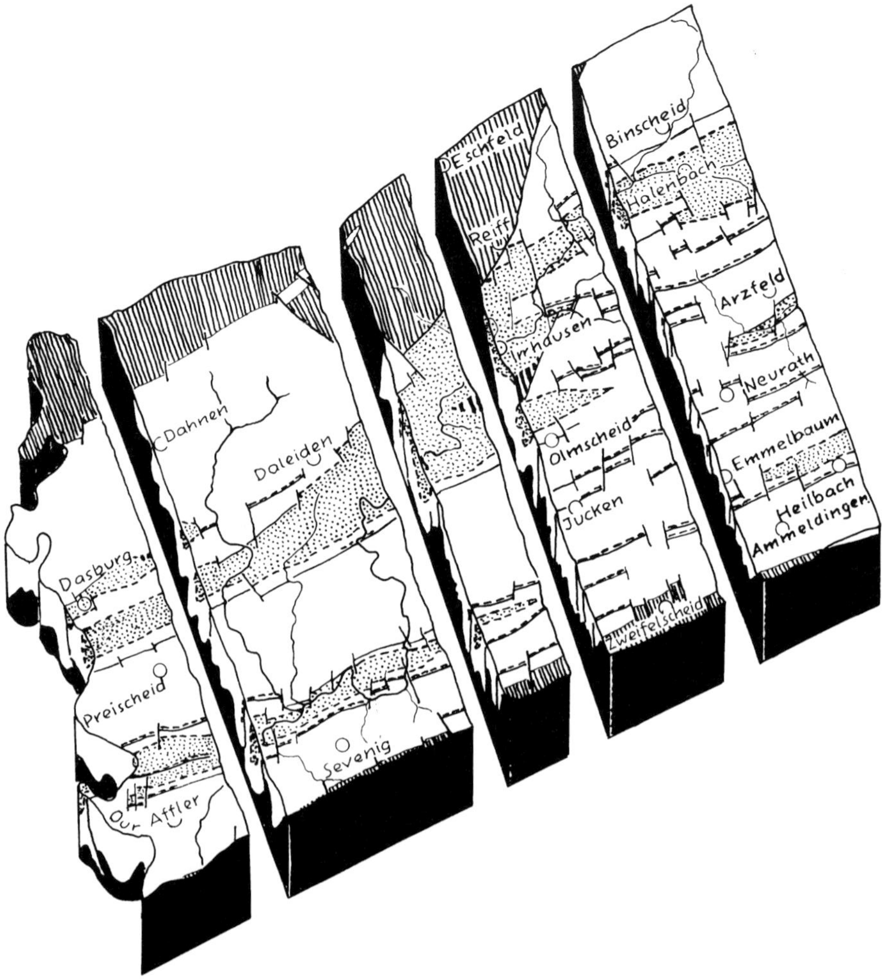

Abb. 136. Blockbildreihe der Daleidener Muldengruppe. Umgezeichnet nach LIPPERT (1939).

Größere Erosionsreste von Buntsandstein finden sich noch im Ostteil der Daleidener Muldengruppe (z. B. Lascheider Kopf) und am SW-Ende der Prümer Mulde (Euelsberg zwischen Heisdorf und Matzerath).

13.5 Die Eifeler Nord-Süd-Zone

Der variszische Faltengürtel wird in Mitteleuropa von zwei Nord-Süd-Depressionen unterbrochen, der Hessischen Senke zwischen dem Rheinischen Schiefergebirge und Harz sowie Thüringer Wald und der schmäleren Eifeler Nord-Süd-Zone, die zwischen Trier und Zülpich das

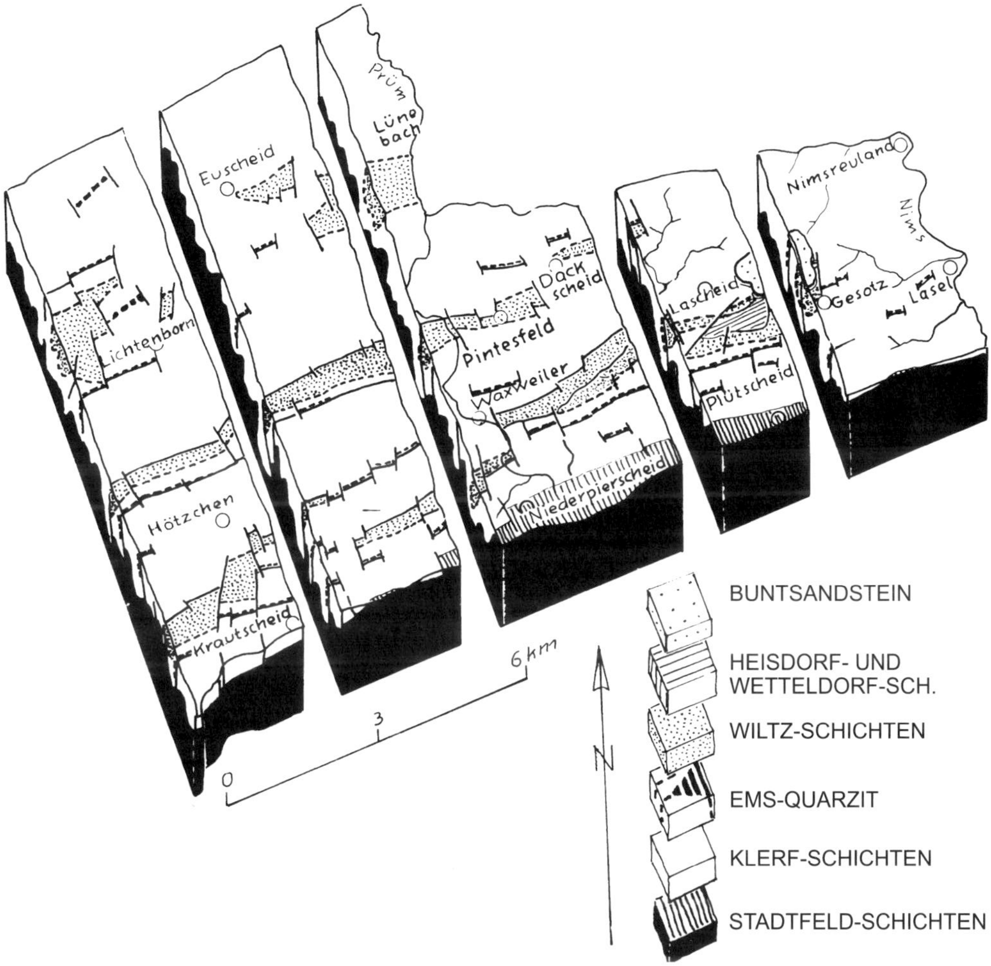

Abb. 136. Fortsetzung

linksrheinische Schiefergebirge quert. Die Entwicklung beider Senken lief in großen Zügen gleichzeitig ab.

Die Eifeler Nord-Süd-Zone ist zuerst während der Ober-Ems-Zeit dadurch erkennbar, dass hier ein nordsüdlich verlaufender Abhang zwischen einem Gebiet geringer Sedimentation im E und einem mit stärkeren Mächtigkeiten im W liegt (Abb. 21). Dieses N-S-Muster wird aber während des Mitteldevons wieder undeutlicher (Abb. 27, 34), obgleich hier der Siegener Block nach W abtauchte. Die paläogeographische Konstellation während des älteren Unterdevons lässt eine Nord-Süd-Zone nicht erkennen. Das seit LUCIUS (1950) immer wieder vermutete Vorhandensein der Nord-Süd-Zone (bei LUCIUS als „Eifeler Quersenke" bezeichnet) schon vor dem Devon ist nicht zu belegen und wegen der Verhältnisse zu Beginn des Devons unwahrscheinlich. Es handelt sich also um ein Element, das erst gegen Ende des variszischen Zyklus entstanden ist; es ist jedenfalls deutlich vorhanden während der Faltung. Denn es entsteht dabei eine breite Achsendepression, deren Längserstreckung nicht quer zu den Faltenachsen, sondern in N-S-Richtung verläuft (SCHENK 1938). Es ist der Streifen, in dem die Mitteldevon-Kalkmulden erhalten geblieben sind. Wieweit sich dieser Streifen im Faltengebirge nach N und S über das Eifelgebiet hinaus fortsetzt, ist ungewiss. Im Hunsrück setzt er sich jedenfalls nicht fort. Im Trierer Gebiet tritt im Bereich der Moselmulde in der Fortsetzung der Nord-Süd-Zone eine auffällige Massierung von Diabasgängen auf.

Die Nord-Süd-Zone behält ihre Senkungstendenz während des Mesozoikums bis ins Alttertiär bei und ist damit ein Element, das auf eine Fraktur oder Schollengrenze im tieferen Untergrund zurückgehen dürfte. Der Senkungsstreifen liegt zwischen den Hochgebieten der Ardennen-Masse einerseits und der Rheinischen Masse andererseits. Besonders offenkundig wird das während der Ablagerung des Buntsandsteins: es lassen sich nun zwei von S nach N führende Schuttströme im westlichen Mitteleuropa feststellen; einer floss durch die Hessische Senke ins Niedersächsische Becken, ein schmälerer zog aus dem Saargebiet durch die Eifeler Nord-Süd-Zone bis ins Niederrhein-Gebiet. Das heutige tektonische Bild der Basis des Buntsandsteins gibt noch hauptsächlich den Bau des Ablagerungsraums wieder: Die Mächtigkeitsverteilung zeigt, wie der schmale Senkungsraum rasch aufgefüllt wurde. Das tektonische Bild ist beim späteren Aufstieg der Rheinischen Masse nur geringfügig überprägt und verändert worden. Störungstektonik spielt nur im Trias-Dreieck der Nordeifel im Randbereich der Niederrheinischen Bucht eine Rolle. Von einem „Trias-Graben" kann also nirgends die Rede sein, auch nicht im Zentralteil der Nord-Süd-Zone, den man früher als „Oberbettinger Trias-Graben" bezeichnete. Die Trias-Gesteine sind innerhalb der Nord-Süd-Zone in drei größeren Arealen verbreitet, im Trias-Dreieck der Nordeifel, im Trias-Gebiet von Gerolstein/Oberbettingen und in der Trierer Bucht. Nach WIENECKE (1984) werden diese drei Areale durch schon während der Sedimentation des Buntsandstein vorhandene Schwellen, die beim Aufstieg der Rheinischen Masse wie Scharniere wirkten, getrennt. Die Nettersheimer Schwelle bzw. Flexur liegt zwischen der Nordeifel-Trias-Senke und dem Trias-Gebiet von Gerolstein/Oberbettingen, das durch die Birresborner Schwelle bzw. Flexur von der Bitburger Trias-Senke getrennt wird.

Nach der Zeit des Mittleren Buntsandsteins weitet sich der Ablagerungsraum besonders nach E aus, so dass die Rheinische Masse wohl vom Meer des Oberen Muschelkalks auch überflutet wurde. Aus paläontologischen Gründen bestand zu Beginn des Jura eine Meeresverbindung zwischen dem Niederrhein-Gebiet und dem Lothringischen Becken; es lässt sich nicht angeben, ob diese Verbindung durch die Nord-Süd-Senke erfolgte oder durch eine Überflutung größerer Areale des Schiefergebirges. Für den höheren Jura, die Kreide und das Alttertiär lässt sich eine Senkungstendenz der Nord-Süd-Zone nicht belegen, ist aber auch nicht auszuschließen. Als eine letzte Äußerung dieser tiefreichenden Nord-Süd-Struktur muss man den starken Vulkanismus der Hocheifel während Eozän und Unteroligozän ansehen. Er bildet ein deutlich N-S gestrecktes Vulkanfeld, das die Eifeler Nord-Süd-Zone im E begleitet.

Danach wird das Nord-Süd-Muster abgelöst von NW streichenden Strukturen, was sich im nun entstehenden Bruchfeld der Niederrheinischen Bucht und in der NW-Ausrichtung des jüngeren Vulkanfeldes (Siebengebirge und Umgebung) deutlich zeigt. Dabei entsteht auch die tektonische Schwächezone, in der sich das untere Mittelrheintal bildet. Diese NW streichende „Rheinlinie" spielt nun als paläogeographische Grenze und tektonische Schwächezone eine wichtige Rolle (10.6.3), während die Nord-Süd-Zone im Jungtertiär und Quartär inaktiv wird.

Man hat darüber diskutiert, ob die Nord-Süd-Zone Teilstück einer größeren mitteleuropäischen Struktur sein könnte (z. B. MURAWSKI 1964), jedoch lässt sich eine eindeutige paläogeographische oder tektonische Fortsetzung außerhalb der Eifel nicht belegen. Nach S ist es sogar schwer, die Nord-Süd-Zone bis an die Moselmulde zu verfolgen. Während des Perms, des Mesozoikums und des Känozoikums finden im Moselgebiet Absenkungen in einem NE-SW streichenden Streifen statt. Der nordsüdlich orientierte Ablagerungsbereich lässt sich nach S nur bis in den Raum Bitburg verfolgen, wo er schon mit dem Bitburger Buntsandstein-Becken in die NE-SW-Richtung umbiegt.

Paläogeographische und paläotektonische Karten von Westeuropa (z. B. P.A. ZIEGLER 1982) zeigen, dass die Eifeler Nord-Süd-Zone im Jungpaläozoikum und Mesozoikum zwischen zwei stabilen Hochgebieten liegt, aber nicht oder jedenfalls nicht ständig an deren Aufstieg teilnimmt; dadurch erscheint sie als Senkungsgebiet. Die beiden Hochschollen sind das London-Brabanter Massiv mit den Ardennen auf der einen Seite und die Rheinische Insel, die vom rechtsrheinischen Schiefergebirge bis in die Osteifel hineinreicht, auf der anderen Seite.

Durch die Nord-Süd-Zone zieht sich eine fast 50 km lange Reihe von quartären Vulkanen zwischen Bad Bertrich im Südosten und Ormont im Nordwesten. Dieses als quartäres Vulkanfeld der Westeifel bezeichnete System besteht aus etwa 230 Ausbruchspunkten, die meisten sind basaltische Schlackenkegel, z. T. mit Lavaströmen. Darunter befinden sich etwa 70 Maarkessel, von denen 8 mit Wasser gefüllt sind. Das Zentrum dieses Vulkanfeldes liegt in seinem Nordwestteil zwischen Hillesheim und Gerolstein. Hier finden sich auch drei Phonolithvorkommen, sonst sind ausschließlich Basalte gefördert worden, auch die Maare sind Basaltvulkane. Das Vulkanfeld endet im Südwesten mit den Vulkangruppen von Manderscheid und Birresborn abrupt. Nach Osten ist die Verbreitung diffuser, hier liegt der jüngste Vulkan Deutschlands, das Ulmener Maar, und bei Boos, Drees und Döttingen sind Ausbruchspunkte näher den quartären Vulkanen des Osteifelfeldes als dem Zentrum der Westeifel-Kette. Die noch spärlichen Altersdaten zeigen, dass die ältesten Vulkane mit Altern zwischen 500 000 und einer Million Jahren im Norden und Zentralteil der Vulkanzone liegen (allerdings gibt es bei Gerolstein mit der Sarresdorfer Lava den jüngsten Lavastrom). Im Südosten und Osten sind die Vulkane überwiegend jünger als 100 000 Jahre; viele der Maare gehören auch dieser jüngeren Generation an. In dem Zeitraum zwischen 500 000 und 100 000 Jahren v. h. scheint eine Pause in der Vulkantätigkeit eingetreten zu sein. Viele Mineralquellen treten im Vulkangebiet der Westeifel auf, bei Bad Bertrich auch Thermalquellen.

13.5.1 Die Zone der Eifelkalkmulden

13.5.1.1 Sötenicher Kalkmulde

Die nördlichste der Kalkmulden, die Sötenicher Mulde ist von QUIRING (1914a) als Ganzes dargestellt worden. Im Zuge der Neubearbeitung der Eifel-Kalkmulden wurde der NE-Teil von NOWAK (1956), der mittlere Teil von PAULUS (1959, 1961a, b) und der südwestliche Teil von DICKFELD (1969) aufgenommen. Der größte Teil der Sötenicher Mulde wird bei KNAPP (1978) 1 :100 000 dargestellt, vgl. auch RIBBERT (1985).

Die Mulde wird in ihrem SW-Teil und im mittleren Abschnitt durch eine große NE streichende Aufschiebung zweigeteilt. Diese Zentralaufschiebung liegt im SW der Mulde nahe dem nordwestlichen Muldenrand, nördlich von Weyer etwa im Muldenzentrum. Im NE-Abschnitt nähert sie sich dem südöstlichen Muldenrand und verschwindet östlich der Antweilerer Senke in dessen Schuppenzone. Die nach NW gerichtete Zentralaufschiebung verhindert, dass im Muldenkern jüngste Mitteldevon-Schichten oder gar Oberdevon-Gesteine ausstreichen,

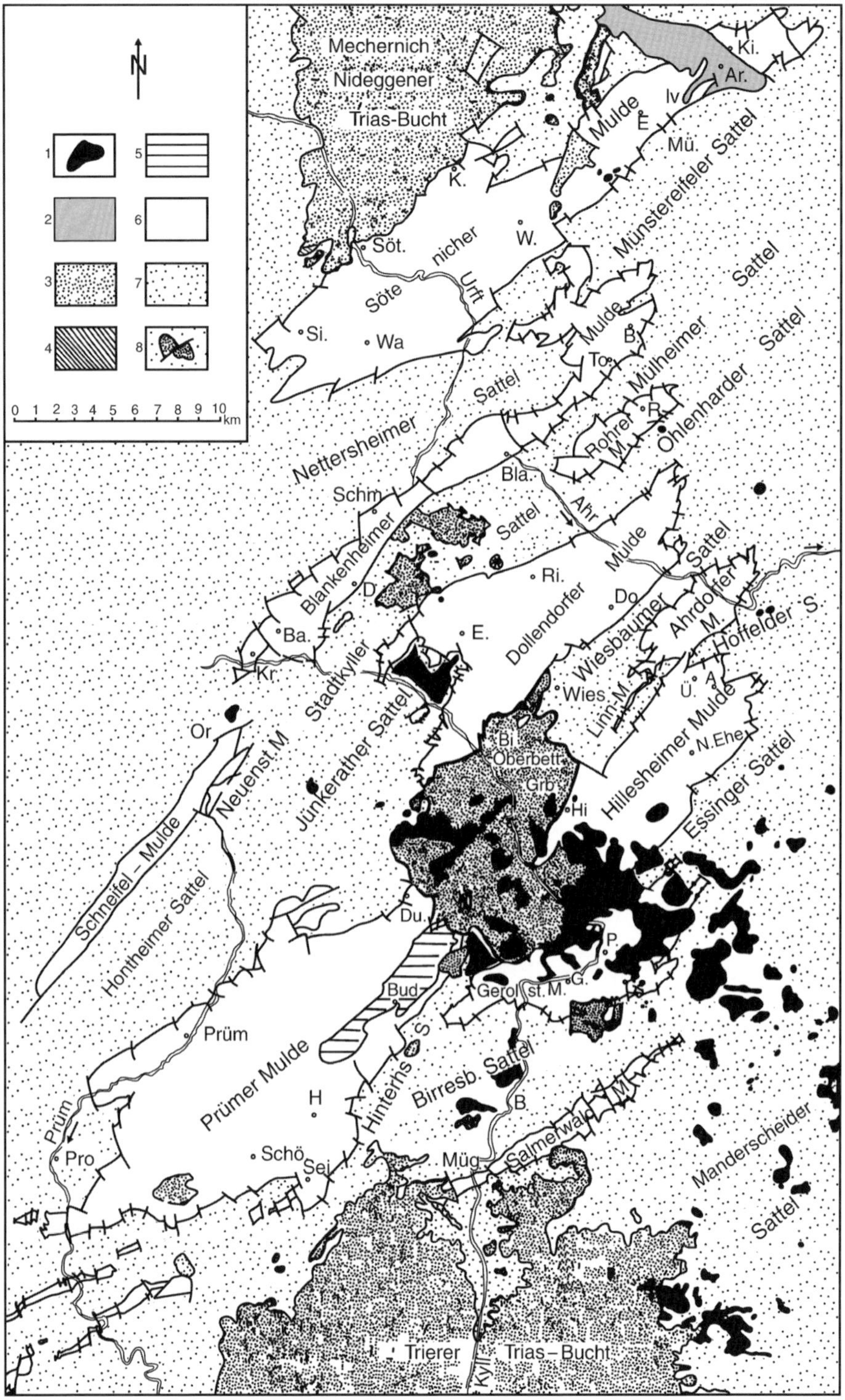

Abb. 137. Geologische Übersichtskarte der Kalkmuldenzone. Legende: 1 tertiäre und quartäre Vulkanite, 2 tertiäre und quartäre Sedimente des Antweiler-Grabens, 3 Trias (überwiegend Buntsandstein), 4 Perm, 5 Oberdevon der Prümer Mulde, 6 Oberems- und Mitteldevon-Schichten, 7 Siegen- und Unterems-Schichten, 8 Verwerfungen. STRUVE in ZIEGLER & WERNER (1982).

was bei der Breite der Mulde sonst möglich wäre. Wie hoch die Schichtenfolge in der Hangend-Scholle hinaufreicht, lässt sich wegen der ausgedehnten Dolomitisierung nicht angeben; angesichts der Mächtigkeit des Muldenkern-Dolomits ist nicht auszuschließen, dass hier noch Oberdevon-Anteile vorhanden sind. Im Urftprofil schiebt die Aufschiebung Junkerberg-Schichten auf Dolomit, bei Dreimühlen Obere Nohn-Schichten, bei Eschweiler Ahrdorf-Schichten. Nur in der nördlichen Teilmulde sind bei Sötenich und Rinnen und südlich von Keldenich givetische Schichten (bis hinauf zu den Kerpen-Schichten) von der Dolomitisierung verschont geblieben; hier liegen große Steinbrüche, die z. T. heute noch in Betrieb sind. An den anderen Stellen sind alle Schichten jünger als Freilingen-Schichten dolomitisiert. Im Abschnitt östlich des Holzheimer Sprunges sind in der Hangend-Scholle der Aufschiebung Freilingen-Schichten die jüngsten Schichtglieder, hier fehlt der Muldenkern-Dolomit.

Wegen der Lage der Sötenicher Mulde relativ nahe zur Nordküste des Ablagerungsraumes sind besonders die älteren Mitteldevon-Schichten so stark klastisch ausgebildet, dass eine lithologische Unterscheidung von den Unterdevon-Gesteinen schwer ist (PAULUS 1961a), wobei wegen der Fossilarmut auch oft eine biostratigraphische Einstufung nicht möglich ist. Ober-Ems-Schichten älter als Heisdorf-Schichten lassen sich nur in der westlichen Umrandung der Mulde westlich etwa der Linie Vussem – Pesch nachweisen. Der Rest der Mulde lag damals wohl im Bereich der Mitteleifel-Schwelle, so dass hier Klerf-Schichten unter Heisdorf-Schichten liegen.

Die Mulde ist zwischen Urfttal und Veytal am breitesten und tiefsten. Der Zentral-Aufschiebung sind hier nordwestlich zwei Spezialmulden vorgelagert, die Urfeyer Mulde im SE und die breitere Kallmuther Mulde im NW; beide werden durch den Vollemer Sattel voneinander getrennt. Das Muldentiefste liegt südöstlich der Zentral-Aufschiebung in der Weyerer Mulde. Der SE-Rand der Sötenicher Mulde wird besonders im südwestlichen Abschnitt durch Aufschiebungen bestimmt, wobei die untersten Mitteldevon-Schichten überkippt nach SE einfallen. Bei Nettersheim zweigt vom SE-Rand eine Teilmulde ab, die Mitteldevon-Schichten bis einschließlich der Oberen Nohn-Schichten enthält, aber östlich des Schellgesberges von einer Querstörung herausgehoben wird. Die Teilmulde liegt in der Fortsetzung der Engelgauer Mulde.

Die Kalkmulde wird mehrfach geschnitten von NW-SE streichenden Abschiebungen, deren SW-Scholle abgesunken ist. Die Sprunghöhe nimmt von SW nach NE zu vom Kallmuther Sprung über den Holzheimer Sprung bis zum Kirspenicher Sprung. Diese Störungen versetzen alle den Buntsandstein noch. Der Holzheimer Sprung begrenzt das kleine Buntsandstein-Becken von Holzheim-Harzheim. Die Hauptbewegungen auf ihnen sind im Känozoikum erfolgt. Denn der Holzheimer Sprung versetzt die morphologischen Einebnungsniveaus. Der Kirspenicher Sprung grenzt die Antweilerer Tertiärsenke gegen den Billiger-Wald-Horst ab, auf ihm ereignen sich bis in jüngste Zeit Erdbeben. Neben diesen großen Störungen haben die Kartierungen zahlreiche kleinere Quer- und Diagonalstörungen sowie streichende Aufschiebungen lokalisieren können, die der variszischen Faltung zuzuordnen sind; die Zentralaufschiebung und die Aufschiebung am SE-Rand der Mulde wurden schon erwähnt.

Das Gebiet wurde nach der Faltung rasch bis etwa auf das heutige Niveau eingeebnet. Das zeigen die Vorkommen von Gesteinen wahrscheinlich permischen Alters bei Golbach und Rissdorf auf Klerf-Schichten nahe nordwestlich der Mulde und die Buntsandstein-Bedeckung der nordwestlichen Randpartien der Mulde zwischen Rinnen und Kallmuth sowie im Buntsandstein-Becken von Harzheim – Holzheim und bei Gilsdorf. Am westlichen Ortsausgang von Gilsdorf findet sich Buntsandstein als Füllung einer Karstschlotte, also haben vor der Zeit des Mittleren Buntsandsteins auch schon Verkarstungsvorgänge stattgefunden. Alttertiäre Schichten bedecken das variszische Stockwerk im Bereich der Tertiärsenke von Antweiler.

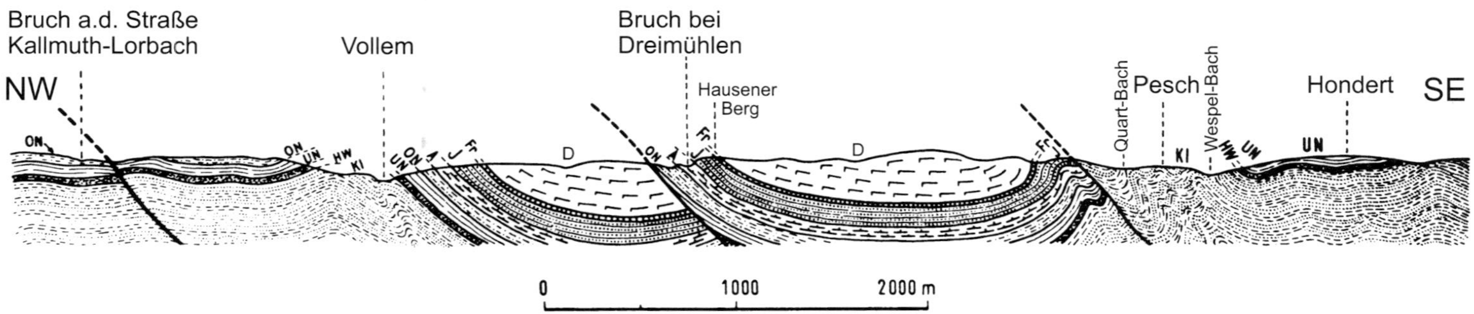

Abb. 138. Profil durch den mittleren Abschnitt der Sötenicher Kalkmulde und die Frohngauer Nebenmulde des Blankenheimer Synklinoriums. D Muldenkerndolomit, Fr Freilingen-Schichten, J Junkerberg-Schichten, A Ahrdorf-Schichten, ON Obere Nohn-Schichten, UN Untere Nohn-Schichten und Lauch-Schichten, HW Heisdorf-Schichten und Wetteldorf-Schichten, Kl Klerf-Schichten. SCHMIDT & SCHRÖDER (1962).

Als quartäre Sedimente bilden die Travertin- und Kalktuff-Vorkommen aus der Umgebung von Weyer schon seit langem Anziehungspunkte für geowissenschaftliche Untersuchungen. Fossile Kalktuff-Vorkommen finden sich zwischen Vollem und Urfey und im Kartstein nordöstlich Weyer. Der Kartstein mit seinen Höhlen ist bei Geologen und Prähistorikern weitbekannt und unter verschiedenen Gesichtspunkten untersucht worden (SOMMERMEIER 1913, BRUNNACKER et al. 1982, JOACHIM et al. 1998):

Die Travertin-Bildung begann in der Talsohle des Weyerer Baches, die damals noch 20 m höher lag als heute und muss wohl an Quellaustritten erfolgt sein, die heute nicht mehr vorhan-

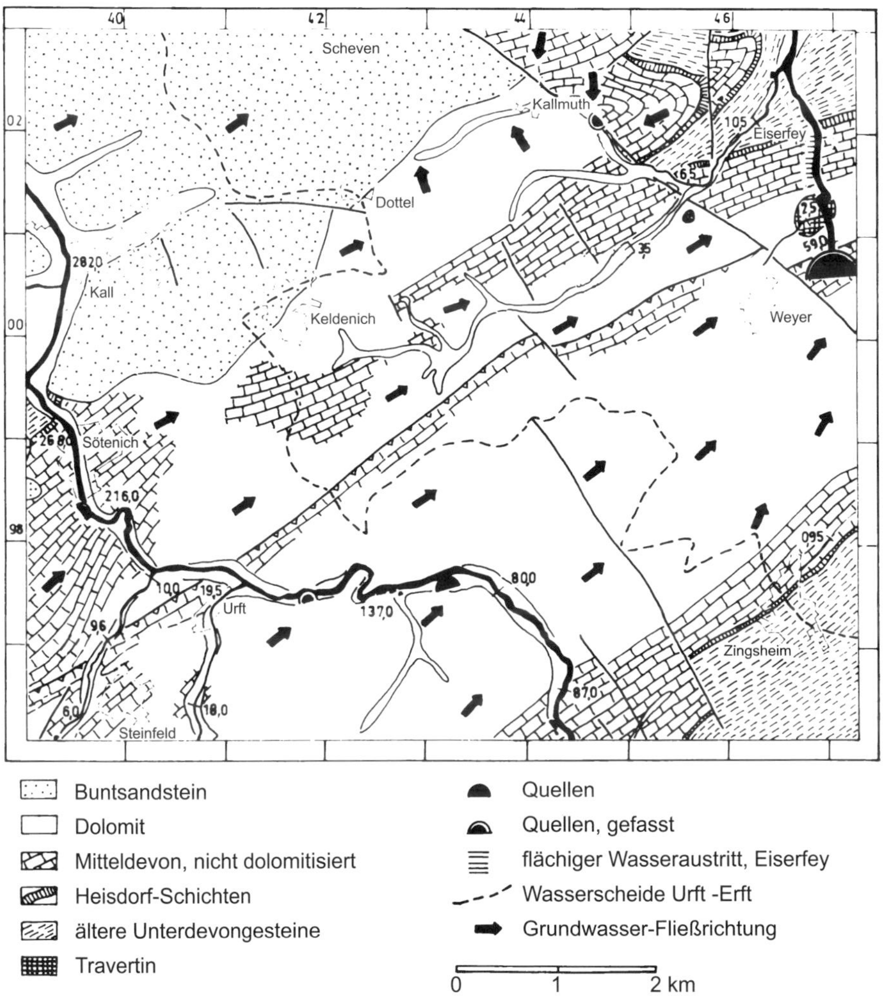

Abb. 139. Hydrogeologische Karte des Zentralteils der Sötenicher Kalkmulde. Umgezeichnet nach STOLTIDIS & KRAPP (1977). Die Zahlen geben Abflussmengen der Bäche an, gemessen zwischen dem 8. und 12.9.1975. Breite der Bäche und Radien der Halbkreise für Quellen proportional den Abflussmengen und Schüttungen (l/sec).

den sind, da der Karstwasserspiegel sich inzwischen gesenkt hat. An der Basis schließt der 18 m mächtige älteste Travertin Schotter ein (u. a. Limonit-Bruchstücke, Bohnerze, Quarzgerölle). In den höheren Partien treten ebenfalls Geröllhorizonte auf. Man nimmt vorläufig für den Beginn der Travertinbildung die Warmzeit zwischen Elster- und Saale-Kaltzeit an, also einen Zeitraum, der etwa 300 000 Jahre zurückliegt. Gleiches Alter dürften auch altpaläolithische Werkzeuge haben, die vom Travertin umschlossen wurden. Nach SOMMERMEIER (1913, 1919) enthält der Travertin Ooide mit bis zu zentimetergroßen Durchmessern, außerdem Strukturen, die auf Kalkalgen hindeuten und Schnecken, aus denen sich nur quartäres Alter ableiten lässt. Es finden sich im Travertin auch vulkanische Minerale eingeschlossen, die aus den Eifeler Vulkangebieten stammen.

Der älteste Travertin, der das Massiv des Kartsteins aufbaut, ist im E durch den Hausener Bach angeschnitten worden, hat deshalb hier einen Steilhang, an dessen Fuß Bergsturzmassen liegen. Durch den Weyerer Bach sind im Ostteil des Kartsteins mehrere Höhlen ausgewaschen

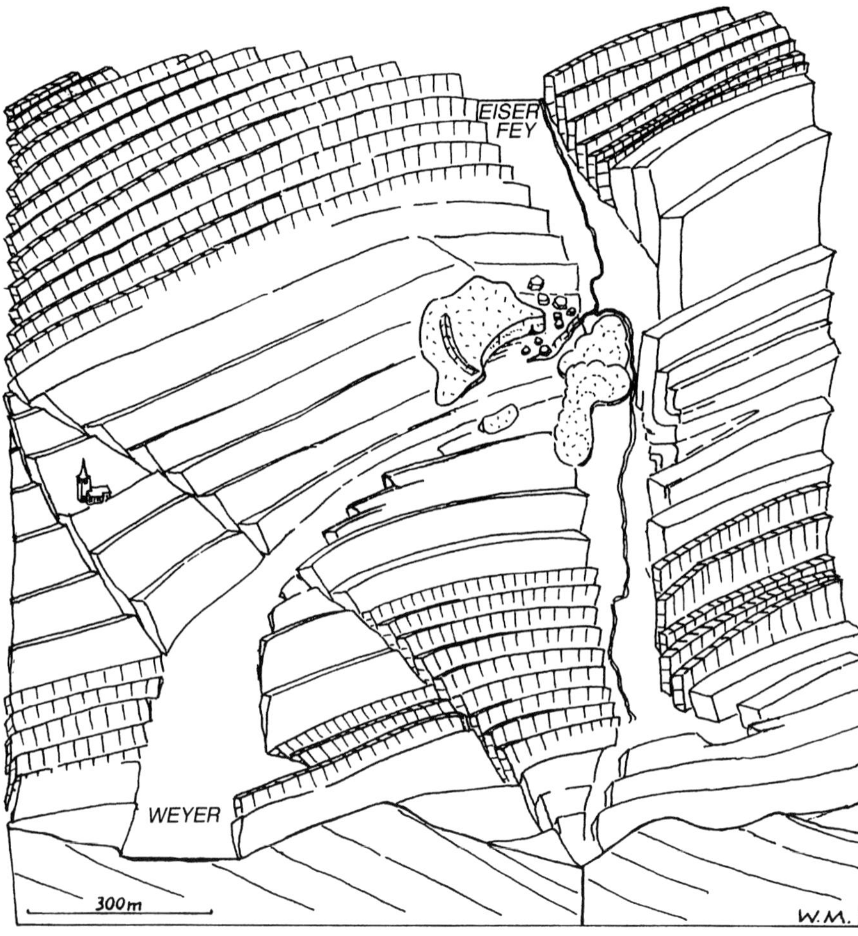

Abb. 140. Raumbild der Umgebung des Kartsteins bei Weyer. Unterschieden sind kalkige Mitteldevon-Schichten (Mauersignatur), Mitteldevon-Dolomit (grobkantig), Travertin (punktiert) und Talauen (ohne Signatur). Zur Orientierung sind der frühgeschichtliche Abschnittswall und die Kirche von Weyer eingetragen.

worden (Kakushöhlen). In ihren Sedimenten (Bachschotter, Frostschuttmaterial, Schwemmlöss) fanden sich Reste von kaltzeitlichen Säugetieren (Höhlenbär, Höhlenhyäne, Wollnashorn, Mammut, Ren) und Pferden sowie Kulturreste, die vom Micoquien (Mittelpaläolithikum, frühe Würmzeit) mit Unterbrechungen bis ins Spät-Paläolithikum reichen (BOSINSKI und LÖHR in VEIL 1978); auch aus der Latène-Zeit und der Römerzeit gibt es Besiedlungsspuren.

Jüngere Kalktuff-Massen finden sich südöstlich vom Kartstein in Dreimühlen dort, wo sich das Gefälle des Hausener Baches versteilt und so eine Barre bildet, und in Eiserfey, wo in großer Fläche viel Wasser im Talboden austritt. Diese Kalktuffe gehören ins Holozän; der in Eiserfey ist nach pollenanalytischen Untersuchungen von URBAN (1978) hauptsächlich im Atlantikum entstanden; heute bildet sich keiner mehr.

Das Wasser der starken Quellen in diesem Gebiet (Weyerer Pütz, mehrere Quellen südlich Dreimühlen, die großen Quellen in Eiserfey u. a.) kommt z. T. aus dem Urfttal, wo unterhalb Nettersheim viel Wasser versickert und im Karsthohlraumsystem bis hierher fließt, wie Färbeversuche ergeben haben (STOLTIDIS & KRAPP 1977; zur Hydrologie vgl. auch SEMMLER 1931 und HENNICKE 1972). An der Quelle Grüner Pütz im Urfttal unterhalb von Nettersheim begann eine 105 km lange Wasserleitung, durch die zur Römerzeit Wasser nach Köln geführt wurde. Trockentäler, Bachschwinden (z. B. am Fischbach bei der Flur Mönchfeld nördlich Krekel) und zahlreiche Dolinen zeigen die tiefe Lage des Grundwassers an. Dass der Karstwasserspiegel früher höher gelegen hat, zeigen die mehr als 15 m über der heutigen Talsohle des Urftbaches liegenden Karsthöhlen unterhalb von Nettersheim (Mannenberg-Höhlen) und oberhalb Dalbenden (Achenloch). Hier wie am Kartstein ist die Absenkung des Karstwasserspiegels eine Folge der Hebung des Schiefergebirges.

In dem südöstlich anschließenden Areal des Münstereifeler Sattels streichen großflächig Klerf-Schichten aus. Zwischen Pesch und Buir wird der Sattelbereich zwischen Sötenicher und Blankenheimer Mulde von einer Achsendepression gequert, in der die Frohngauer und Engelgauer Teilmulden liegen (13.5.1.2). Der Sattel südwestlich von dieser Achsendepression wird von RIBBERT (1983) als Sattel von Milzenhäuschen (nach der Straßenkreuzung südlich von Marmagen) bezeichnet. Hier haben sich in erosionsferner Lage noch fossile Verwitterungsrinden (Grauplastosol-Stagnogleye) erhalten, auf denen sich eine Bestreuung von Mineralien quartärer Tephravulkane findet (V. ZEZSCHWITZ 1970). Es gibt hier auch kleine Hochmoore, so östlich der Straße Engelgau – Zingsheim und in der Sistig-Krekeler Heide.

13.5.1.2 **Blankenheimer Kalkmulde** (Abb. 141 farbig am Schluss des Bandes)

Eine erste genauere Karte legten KUCKELKORN & VORSTER 1926 vor. Eine Neubearbeitung erfolgte durch OCHS & WOLFART (1961) und für den auf Bl. 5505 Blankenheim liegenden Teil durch RIBBERT (1983).

Die Blankenheimer Mulde stellt ein 25 km langes Synklinorium dar, das von Kronenburg bis Tondorf einen relativ schmalen Muldenzug bildet, sich aber an seinem Ostende in mehrere flache Teilmulden aufspaltet. Dadurch verbreitert sich hier im Kartenbild der Mitteldevon-Ausstrich zu einer schmetterlingsartigen Figur. Deren südlichster Abschnitt, das Buirer Muldenstück, liegt in der Fortsetzung der Hauptachse der Blankenheimer Mulde. Durch den Unterdevon-Sattel von Holzmülheim wird es von der Frohngauer Mulde getrennt. Diese ist flach und einheitlich gebaut. Die Frohngauer Mulde wird nördlich durch einen Unterdevon-Sattel begrenzt, dessen Achse nördlich Roderath liegt. Nördlich davon liegt wieder ein flacher Mul-

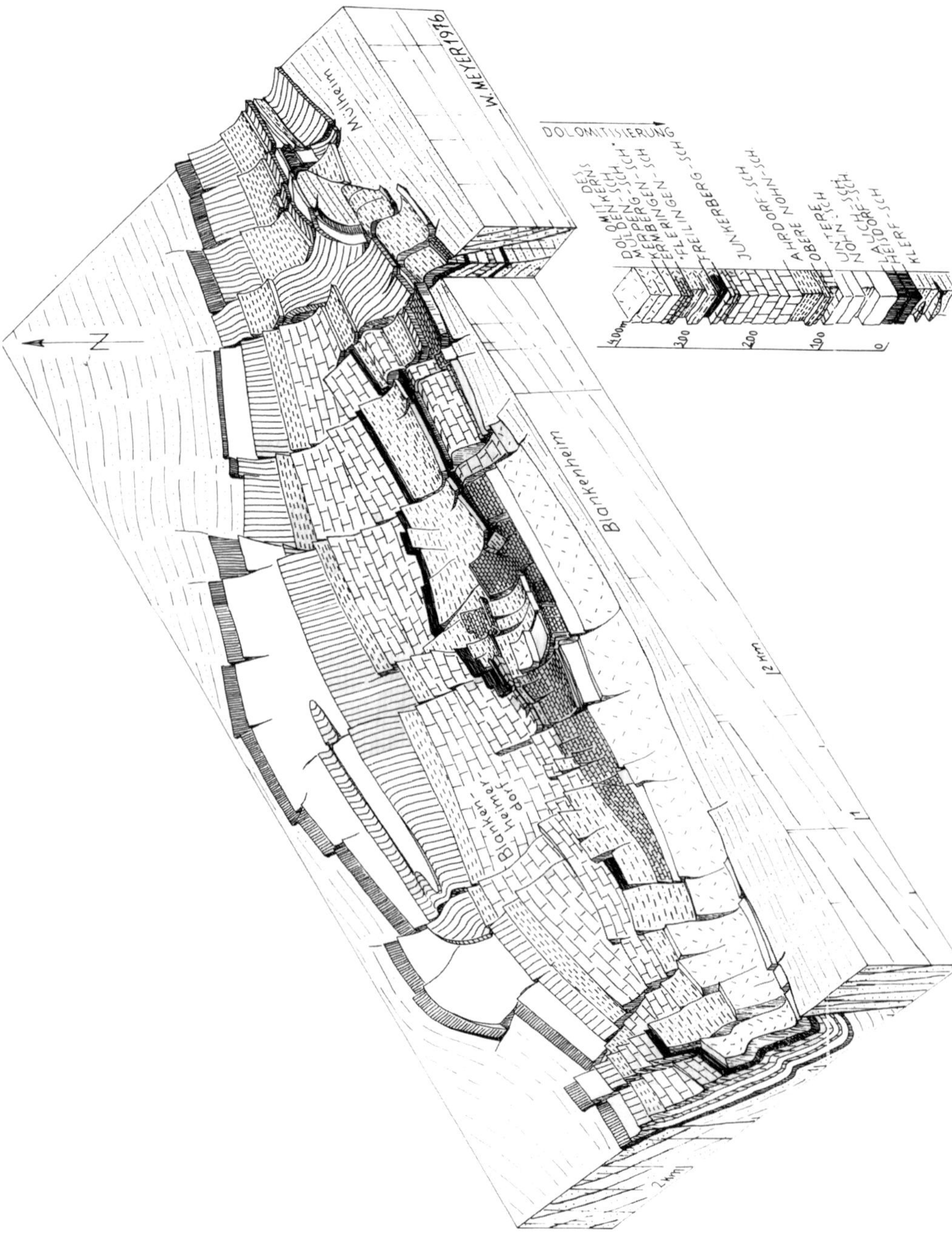
W. MEYER 1976
Mülheim
N
Blankenheim
Blankenheimerdorf
12 km
2 km
DOLOMITISIERUNG
DOLOMIT DES DOLDEN-KERNS
JUNKERBERG-SCH
AHRDORF-SCH
OBERE NOHN-SCH
UNTERE NOHN-SCH
LAUCH-SCH
HEISDORF-SCH
KLERF-SCH
400m
300
200
100
0

denkomplex. Dessen westlicher Abschnitt ist die Engelgauer Mulde, von der sich in Richtung Pesch ein nördlich streichender Ast absondert, die Hondert-Mulde. Sie hat im W ein fast vollkommen von Störungen begrenztes Anhängsel, die Traubenberg-Nebenmulde. Auch im E finden sich in einem kleinen Graben noch Helsdorf-Schichten bis Untere Nohn-Schichten erhalten. Diese Verteilung zeigt, dass hier eine flachgewellte Platte von Kalken (Crinoiden-Kalke und Riffkalke der Unteren Nohn-Schichten) sich disharmonisch von den enger und steiler gefalteten Ems-Schichten gelöst hat. Ihre heutige Ausdehnung wird also nicht so sehr durch das Faltenstreichen bestimmt, sondern durch die kleineren Störungen, zwischen denen die Kalkplatten wie in Gräben erhalten geblieben sind. Im Buirer Muldenstück ist der Mittelteil der Unteren Nohn-Schichten nicht so kompakt als Riffkalk ausgebildet wie bei Frohngau und Engelgau, sondern enthält mehr Mergel. Das ist vielleicht die Ursache für den engwelligen Faltenbau (der außerdem stark gestört ist) in der Buirer Mulde.

Nach neuen Fossilfunden geht die Schichtenfolge in der Frohngauer und Engelgauer Mulde bis mindestens zum *latestriatus*-Horizont der Junkerberg-Schichten hinauf (FISCHER & PAULUS 1969).

Im Gebiet Tondorf – Buir zeigt die Kartierung von OCHS & WOLFART (1961) zahlreiche Diagonalstörungen. Sie streichen meist ESE und sind nach dem Kartenbild keine Seitenverschiebungen, sondern Abschiebungen mit wechselndem Verschiebungssinn, die Horst- und Grabenstrukturen erzeugen.

Zwischen Tondorf und Mülheim nimmt der Überschiebungsbetrag der südöstlichen Randstörung stark zu. Diese Störung bildet bis zum Kylltal hin die SE-Begrenzung der Blankenheimer Mulde. Ihre größten Aufschiebungsbeträge hat sie zwischen Mülheim und Dahlem, wo über große Strecken an ihr die Eifel-Schichten unterdrückt sind. Südwestlich Dahlem und nordöstlich Mülheim nehmen die Verschiebungsbeträge allmählich ab, im Buirer Muldenstück verklingt die Störung vollständig, östlich von Blankenheim und bei Mülheim ist der Randaufschiebung nordwestlich eine Parallelstörung vorgelagert, deren NW-Scholle höher gelegen ist, so dass bei Mülheim sogar Unterdevon-Gesteine an die Oberfläche kommen. Sie ist ebenso wie die Randaufschiebung nach der Trias örtlich wieder aufgelebt, das zeigt der kleine Buntsandstein-Graben nordöstlich von Mülheim. Nach RIBBERT (1983) endet auch das große Buntsandstein-Vorkommen südöstlich Schmidtheim an der Randaufschiebung der Mulde.

Zwischen Schmidtheim und Blankenheimerdorf und östlich Mülheim zeigt der Muldenkomplex zwei Einschnürungen: hier liegen zwei große Achsenkulminationen (Schmidtheimer und Mülheimer „Quersättel" bei OCHS & WOLFART). Dadurch werden drei tiefe und breite Muldenabschnitte abgeschnürt, Buirer Muldenstück, Blankenheimer Muldenstück und Baasemer Muldenstück. Die jüngsten Schichtglieder (Kerpen-Schichten und jüngere Schichten) sind nur in diesen drei Muldenteilen erhalten geblieben. Im Bereich der Schmidtheimer Achsenkulmination wird die Mulde durch einen Sattel, in dessen Kern Klerf-Schichten breit ausstreichen, in zwei Teilmulden gespalten. Der Unter-Ems-Sattel taucht im Ortsgebiet von Schmidtheim nach SW ab. In seiner südwestlichen Fortsetzung tritt nach RIBBERT (1983) im Bereich des Wachheckelchen noch Emsquarzit zutage. Nahe dem SE-Rand treten südöstlich Schmidtheim innerhalb der Mitteldevon-Gesteine an einer Schuppe noch einmal Klerf-Schichten auf.

Abb. 141. Der Zentralteil der Blankenheimer Kalkmulde, konstruiert nach der Karte von OCHS & WOLFART (1961). Die Abbildung ist farbig am Ende des Buches zu finden.

Zur Hydrologie der Blankenheimer Mulde vgl. SEMMLER (1931), HEITFELD, KRAPP & STOLTIDIS (1974) und BALI (1969). Eine der berühmtesten Quellen der Eifel, die Ahrquelle in Blankenheim, entspringt nahe der südöstlichen Randstörung der Kalkmulde; nach RIBBERT (1983) betrug im Oktober 1978 ihre Schüttung 11,9 l/s.

13.5.1.3 Rohrer Kalkmulde

In der südlichen Fortsetzung der Engelgau-Frohngauer Muldenzone liegt zwischen den NE-Enden der Blankenheimer und Dollendorfer Kalkmulde die nur 6 km lange Rohrer Kalkmulde. Sie ist also Teil der N-S streichenden Achsendepression, die etwa zwischen Pesch und Reetz verläuft. Eine erste Karte legten KUCKELKORN & VORSTER (1926) vor, eine ausführliche Beschreibung mit Karte hat GLINSKI (1961) veröffentlicht.

Das SW-Ende der symmetrisch gebauten Mulde wird durch die Fortsetzung der Mülheimer Achsenkulmination bestimmt. Eine größere Aufschiebung am südöstlichen Muldenrand ist nicht vorhanden, so dass auch dort die Heisdorf-Schichten fast überall ausstreichen. Die jüngsten Schichten („Fleringen-Schichten“) finden sich in der NE-Hälfte der Mulde südlich Rohr. Sie werden im SW von einer Querstörung abgeschnitten, auf deren SW-Scholle Junkerberg-Schichten den Muldenkern bilden; hier liegt auch der namengebende Junkerberg. Die breit ausstreichenden Junkerberg-Schichten werden im SW wieder an einer Querstörung herausgehoben, so dass im südwestlichen Muldenabschnitt „Auf Hoch“ nördlich Reetz Ahrdorf-Schichten im Muldenkern erhalten geblieben sind. Das NE-Ende der Mulde wird bei Lindweiler auch durch eine Querstörung bestimmt. Die Mulde ist morphologisch nicht stark gegliedert, da sie im Wasserscheidengebiet zwischen den Oberläufen von Erft und Ahr liegt. Sie wird entwässert durch den Reetzer Bach, den Freilinger Bach und den Werthsbach mit seinen Nebentälern. Am nördlichen Ortsende von Rohr erhebt sich der bewaldete Kalkfelsen des Antoniusbüsch; an seiner W-Seite ist ein fast lückenloses Profil von den Heisdorf-Schichten bis in die höheren Ahrdorf-Schichten untersucht worden (HOTZ & KRÖMMELBEIN 1951). Die Schichtenfolge der Rohrer Mulde ist im Gegensatz etwa zur Sötenicher und Dollendorfer Mulde kaum dolomitisiert.

Mehrere große Quellen liegen nahe dem südöstlichen Muldenrand, so in Reetz und östlich von Rohr. Nordwestlich von Reetz liegt außerhalb des Muldenrandes noch ein Erosionsrest von Buntsandstein. Die Höhe 529 im Distrikt Alte Burg südöstlich Rohr außerhalb der Kalkmulde wird von einem tertiären Basalt gebildet.

Die Klerf-Schichten des südöstlich anschließenden Ohlenharder Sattels enthalten relativ viel Einlagerungen weißer Quarzite, wie Straßenbauaufschlüsse nördlich Lommersdorf zeigten. Südöstlich Reetz ist in die Klerf-Schichten ein schmaler Streifen von Heisdorf-Schichten eingemuldet, es ist der südlichste Teil der Engelgau-Rohrer Achsendepression.

13.5.1.4 Dollendorfer Kalkmulde

Von dieser großen, regelmäßig gebauten Kalkmulde gibt es noch keine neuere Beschreibung, die geologische Karte 1 : 50 000 von KUCKELKORN & VORSTER (1926) bleibt einstweilen die einzige Gesamtdarstellung. Der in mehrere Zipfel aufgelöste SW-Teil wurde von METJE (1963) neu bearbeitet; in anderen Partien haben verschiedene Diplomarbeiten (Frankfurt a. M., Heidelberg, Bonn) die moderne stratigraphische Gliederung verfolgt, jedoch bestehen noch Lücken und Unstimmigkeiten.

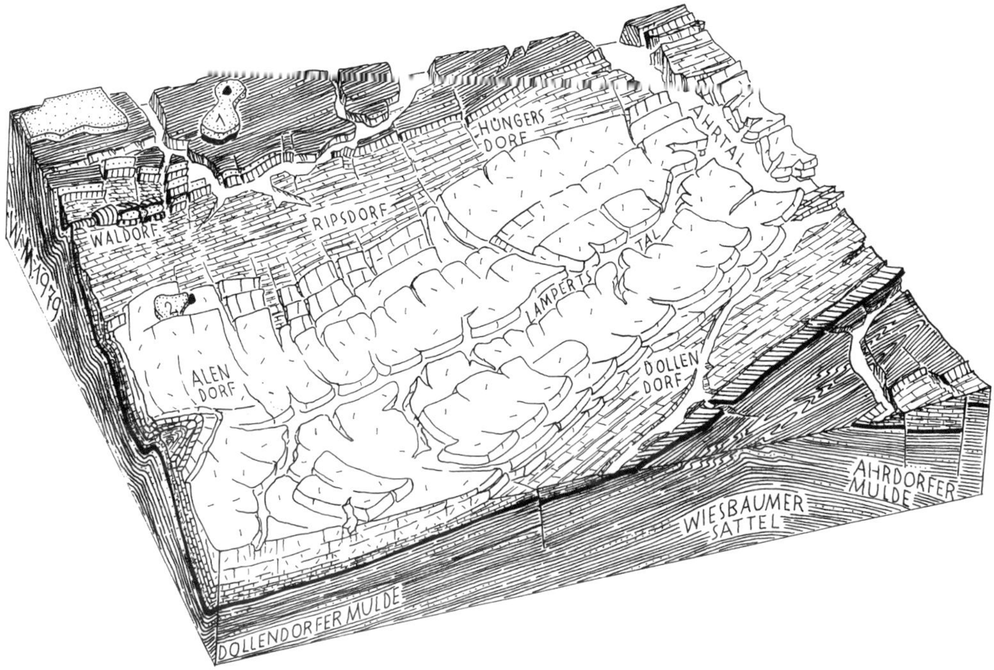

Abb. 142. Blockbild des Mittelteils der Dollendorfer Kalkmulde. Dargestellt sind Klerf-Schichten (lange Striche), Emsquarzit (Punkte, nur im Raum Waldorf), Heisdorf-Schichten (schwarz bzw. Querstriche), mitteldevonische Kalke und Mergel (Mauersignatur), mitteldevonischer Dolomit (kurze Striche), Buntsandstein (Punkte), tertiärer Basalt (schwarz). 1 = Stromberg, 2 = Griesheuel. Nach geologischen Aufnahmen von W. Kräusel, L. Kuckelkorn, W. Meyer, R. Schlüter, C. Vorreyer und H. Vorster.

Die flache breite Wanne wird nicht von größeren Störungen zerschnitten. Auch die bei den anderen Kalkmulden verbreiteten Aufschiebungen am südöstlichen Muldenrand fehlen weitgehend, so dass die Heisdorf-Schichten in der ganzen Umrandung zutage treten. Sie liegen meist auf Klerf-Schichten, da die mittlere und nordöstliche Dollendorfer Mulde im Bereich der Mitteleifel-Schwelle liegt. Emsquarzit ist in geringer Mächtigkeit am SW-Ende der Mulde anzutreffen und im südwestlichen Abschnitt des NW-Flügels, wo er auf der Höhe von Ripsdorf auskeilt. Das NE-Ende der Mulde bei Lommersdorf und Freilingen ist relativ gleichmäßig mit breitem Ausstrich der Heisdorf-Schichten, deren Eisenerze östlich Lommersdorf bis 1928 abgebaut wurden. Bei Ahrhütte stößt am SE-Flügel eine Teilmulde in das Unterdevon-Areal vor. Der Zentralteil der Mulde südlich des Ahrtals ist wie eine breite Wanne mit flachwelligem Boden gebaut. Nahezu der ganze givetische Anteil der Muldenfüllung ist hier dolomitisiert. Nichtdolomitisierte Givet-Gesteine bis hinauf in die Cürten-Schichten finden sich großflächig hier nur südlich Ripsdorf oder in kleinen Streifen wie am Höneberg zwischen Ripsdorf und dem Lampertstal.

Bei Alendorf entwickelt sich im Zentralteil ein Sattel, der schließlich die Dollendorfer Mulde in zwei Zipfel, die Waldorfer und Gönnersdorfer Teilmulden, aufspaltet. Die Gönnersdorfer Teilmulde ist am breitesten und tiefsten; in ihrem Kern reicht der givetische Dolomit bis

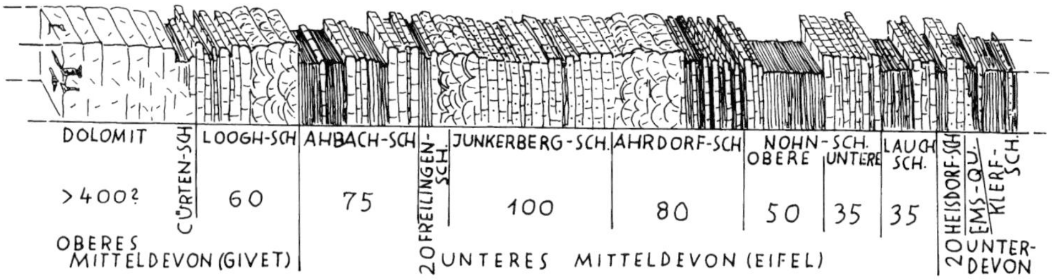

Abb. 143. Schichtenfolge in der mittleren Dollendorfer Mulde; Mächtigkeiten (in m) nach VORREYER (1964) und SCHLÜTER (1976).

über das Kylltal hinüber nach SW. In streichender Fortsetzung des Sattels (Hülsen-Sattel) nördlich der Gönnersdorfer Mulde liegt südwestlich der Kyll noch eine Mitteldevon-Mulde, die Teilmulde von Schüller, deren Schichtenfolge bis in die Ahrdorf-Schichten hinaufreicht. Die Waldorfer Teilmulde ist relativ flach. Im SW wird sie durch den Hargarten-Sattel noch einmal in zwei kleinere Mulden, die Escher und Glaadter Teilmulde, gegliedert. Die Glaadter Teilmulde ist die größere von beiden, in ihr reichen Mitteldevon-Schichten bis auf die SW-Seite des Kylltals hinüber.

Der Buntsandstein des Oberbettinger Trias-Gebietes reicht auf die südöstlichen Randbereiche der Gönnersdorfer Mulde hinauf. In einem Erosionsfenster am Wurmberg zwischen Birgel und Wiesbaum ist der südöstliche Muldenrand sichtbar. Ein dünner Buntsandstein-Rest ist am Griesheuel zwischen Alendorf und Waldorf erhalten geblieben. Von N her reicht die Buntsandstein-Decke des Eichholzes mit den Heidenköpfen nahe an die Mulde heran. Nahe liegt auch der durch einen tertiären Basalt verkieselte Buntsandstein-Rest des Strombergs bei Ripsdorf (v. ZEZSCHWITZ 1969, 1970, WOLFF & SCHERP 1964). Das Basaltvorkommen Hohfuß südwestlich Waldorf hat Oberkreide-Alter (MÜLLER-SOHNIUS et al. 1989).

Der Gesteinsaufbau bedingt die morphologische Gliederung und die hydrologischen Verhältnisse und dadurch auch die landwirtschaftliche Nutzung und die Besiedlung. Der Zentralteil der Mulde mit den verkarsteten Dolomiten ist unbesiedelt und bewaldet bzw. von Wacholdertriften bedeckt. Die Dörfer liegen auf den Kalk-Mergel-Wechselfolgen des Unteren Mitteldevons der Randbereiche, wo mehr Wasser zur Verfügung steht und Ackerbau besser möglich ist: am NW-Flügel Freilingen, Hüngersdorf, Ripsdorf, Waldorf, am SE-Flügel Lommersdorf, Ahrhütte, Dollendorf, Mirbach, im Bereich des Hülsen-Sattels Alendorf, Esch, Glaadt, Feusdorf, Gönnersdorf. Der zentrale Dolomitteil wird durch das Lampertstal entwässert, das jedoch oft kaum Wasser führt und viele Trockentälchen aufnimmt. Im verkarsteten Dolomit versickern die oberirdischen Zuflüsse, die dem Tal aus dem Unterdevon-Areal zugeführt werden. Zur Hydrogeologie vgl. HIGAZI (1974) und STOLTIDIS & KRAPP (1977).

13.5.1.5 Hillesheimer Kalkmulde

Die Hillesheimer Mulde ist Teil eines etwa 36 km langen Mitteldevon-Muldenzuges, der von Matzerath bis östlich Nohn reicht. Durch das Oberbettinger Buntsandstein-Areal und quartäre Vulkanbauten und Tuff-Decken werden weite Teile im Gebiet des Kylltales überdeckt, und man nennt den Teil östlich des Buntsandstein-Gebietes Hillesheimer Mulde, den westlich gelegenen Prümer Mulde. Das Mitteldevon der Hillesheimer Mulde ist im Kartenbild über eine schmale Brücke verbunden mit dem der Ahrdorfer Mulde. Diese Brücke ist jedoch ein nur etwa 300 m breiter grabenähnlicher Streifen, in dem zwischen ENE streichenden Störungen Nohn-Schichten und Ahrdorf-Schichten erhalten geblieben sind. Der Hoffelder Sattel, der Hillesheimer und Ahrdorfer Mulde voneinander trennt, ist beiderseits der Brücke erkennbar. Der kleine verbindende Graben liegt innerhalb einer etwa N-S streichenden Achsendepression, auf der die Ahrdorfer Mulde am tiefsten eingemuldet ist und die Niedereher Mulde ihre größte Breite hat. Der Ostteil der Hillesheimer Mulde und die Ahrdorfer Mulde wurde von HOTZ, KRÄUSEL & STRUVE (1955) beschrieben, die westliche Hillesheimer Mulde von FUCHS (1965); beide Arbeiten veröffentlichten genaue geologische Karten.

In der Ahrdorfer Mulde sind tiefe Junkerberg-Schichten die jüngsten Gesteine, und zwar der Klausbach-Horizont und vielleicht auch der Mussel-Horizont. Das Muldentiefste liegt südwestlich von Ahrdorf in einem bis 500 m breiten Streifen innerhalb der erwähnten N-S streichenden Depression. Die Junkerberg-Schichten werden im W von der Üdelhovener Störung begrenzt, im E von der Ahbach-Störung, die verhindert, dass sie nördlich des Ahrtales noch zutage treten. In der nordöstlichen Fortsetzung dieser Ahrdorfer Hauptmulde liegt ein kleiner sattelartiger Aufbruch, in dem unter den Schichten der Niederehe-Folge die des Flesten-Horizontes (Betterberg-Folge) an die Oberfläche kommen. Das Ostende der Mulde zeigt wieder eine grabenartige N-S streichende Einsenkung, in der sich ein schmaler Streifen von Heisdorf- und Lauch-Schichten zwischen den sandigen Unterdevon-Gesteinen weit nach N erstreckt.

Die Ahrdorfer Mulde hat südwestlich von Leudersdorf eine etwa 3 km lange schmale Fortsetzung in der Linn-Spezialmulde. Nach STRUVE (in PAULUS 1959, 346, Fußnote) treten in dem Wiesenstreifen Auf Linn (Lende) nordwestlich Flesten inmitten der Klerf-Schichten noch einmal Ober-Ems-Gesteine und vermutlich auch Lauch-Schichten auf.

Die Ahrdorfer Mulde ist spezialgefaltet durch Sättel und Mulden mit Spannweiten von etwa 0,5 km, dadurch bekommt sie nicht so großen Tiefgang wie z. B. die Hillesheimer Mulde. Der Nordflügel hat etwas steileres Einfallen als der Südflügel. Der Muldenrand ist über große Strecken gestört, jedoch sind meistens Heisdorf- und Lauch-Schichten noch aufgeschlossen. Die Verschiebungsbeträge der Randstörungen sind nicht so groß wie in der Hillesheimer Mulde, weil die Ahrdorfer Mulde kleiner ist, also der Ausgleichsbetrag der disharmonischen Tektonik zwischen starrer Muldenfüllung und leicht faltbarem Unterdevon geringer ist.

Die Hillesheimer Mulde bildet im Ostteil eine regelmäßig gebaute Wanne, deren Südflanke mit etwa 30°, deren Nordflanke mit 40° einfällt. Die Achse dieser Mulde verläuft von südlich Kerpen in nordöstlicher Richtung und kreuzt nördlich der Ruine Dreimühlen den Ahbach, wo das umlaufende Streichen gut auszukartieren ist. Diese sog. Niedereher Hauptmulde (FUCHS 1965), bei HOTZ et al. (1955) „Niedereher Achsenmulde“, lässt sich nicht bis zum östlichen Muldenrand verfolgen, wo etwa in ihrer Fortsetzung ein Unterdevon-Sattel in die Mulde eingreift. Zwischen Nohn und Ahütte ist flache Lagerung verbreitet, das Verhalten der Mulde ist hier unklar. Der am weitesten nach E ragende Mitteldevon-Zipfel östlich von Nohn liegt nicht in Fortsetzung der Niedereher Hauptmulde. Deren westliche Fortsetzung biegt auf der Höhe von Kerpen unvermittelt um in ein südsüdwestliches bis südliches Streichen und endet dann südlich des Büchenbüsch (westlich des Arensberges bei Zilsdorf). Als Ursache für dieses Verhalten nimmt FUCHS eine Vorzeichnung während der Sedimentation an, die aber wegen der schlechten Aufschlussverhältnisse nicht näher zu fixieren ist. Auffällig ist, dass in diesem Bereich auch N-S-Störungen vorhanden sind. Auf einer von ihnen sitzen der tertiäre

Basalt des Arensberges und der altquartäre Basalt des Beuel; diese Störung verursacht ein Verspringen des Muldenrandes nach S, d. h. die Westscholle ist abgesunken. Noch auffälliger ist das durch N-S-Störungen bewirkte Ausbiegen des Muldensüdrandes nördlich von Stroheich. Im Gebiet um Hillesheim kommen ebenfalls solche N-S-Störungen vor; nach der Kartierung von FUCHS durchschlagen sie hier den Buntsandstein nicht.

Am Südrand bei Zilsdorf und südöstlich von Hillesheim treten Spezialfalten auf. Im Zentralteil des westlichen Muldenabschnittes, also im Gebiet nördlich von Walsdorf herrscht über weite Strecken extrem flache Lagerung vor, die fast eine Schichtstufen-Landschaft entstehen lässt. Der Nordteil der Hillesheimer Mulde in Nähe des Übergangsstückes zur Ahrdorfer Mulde zeigt einige Spezialfalten, unter denen die Üxheimer Mulde die größte ist. Sie verursacht das östliche Ausbiegen des Muldenrandes nördlich von Ahütte. Die enger gefaltete Zone zieht sich von Üxheim über Flesten weiter nach SW, wobei einzelne Spezialfalten einander ablösen. Durch die auf der Höhe von Kerpen auftretenden N-S-Störungsbündel und einige Querstörungen wird das Kartenbild zusätzlich kompliziert. Aus diesen den nordwestlichen Muldenrand begleitenden Spezialfalten entwickelt sich südöstlich von Berndorf die Hillesheimer Hauptmulde (FUCHS 1965, 327), die nun den Kern der Gesamtmulde bildet. Sie verläuft unter der Stadt Hillesheim und enthält nördlich von Bolsdorf die jüngsten Schichten (Bolsdorf-Schichten, die hier noch höher hinaufreichen als in der Niedereher Hauptmulde). Die Hillesheimer Hauptmulde verschwindet im W unter Buntsandstein und Terrassenschottern des Kylltals.

Die Grenze zwischen klastischen Unterdevon-Gesteinen und Heisdorf-Schichten wird fast überall durch Störungen bestimmt, sowohl am SE-Rand als auch am NW-Rand der Mulde. Besonders groß sind die Verschiebungsbeträge dieser Randstörungen, die wohl Aufschiebungen darstellen, am NW-Rand bei Hillesheim, wo Gesteine des höheren Givets unmittelbar an Klerf-Schichten stoßen. Heisdorf- und Lauch-Schichten treten am ganzen NW-Rand nur bei Flesten und Leudersdorf auf, oft sind große Teile der Eifel-Schichten an der Randstörung unterdrückt. Am SE-Rand haben die Randstörungen geringere Beträge, sind aber überall vorhanden. Streichende Aufschiebungen sind in der Kalkmulde auch vorhanden, wenn auch ohne größere Verwerfungsbeträge. Bei einigen größeren Querstörungen im NW-Teil der Mulde sind nach FUCHS jeweils die W-Schollen abgesunken.

Die Hillesheimer Mulde hat keine ausgeprägte Vergenz. Wie die Randstörungen und das generelle Schichteinfallen zeigen, tendiert sie im großen zur SE-Vergenz. Einige Spezialfalten südwestlich von Kerpen sind jedoch NW-vergent.

Der Ostteil der Mulde zeigt deutlich eine morphologische Gliederung in einen äußeren Ring, der hauptsächlich durch die mergeligen Gesteine des Unteren Mitteldevons aufgebaut wird und den Kernbereich der Mulde, der aus givetischen massigen Kalken und Dolomiten gebildet wird. Der äußere Saum wird intensiv landwirtschaftlich genutzt, hier liegen viele Orte (Flesten, Leudersdorf, Üxheim, Ahütte, Nohn). Der Muldenkern ist stark verkarstet und nur in flacheren Teilen waldlos; die Talhänge und der äußere Steilabhang des Schüsselrandes sind bewaldet. Zwischen dem flachen äußersten Saum und dem Kernbereich befindet sich noch ein Höhenzug, den Kalke des Oberen Eifeliums und Unteren Givetiums aufbauen. Er ist teilweise bewaldet wie am Hönselberg bei Loogh und im Bereich des Ahbaches, der ihn an der Nohner Mühle in engem Durchlass durchbricht. Die großen Steinbrüche südlich Ahütte sind in ihm angelegt.

Der Ostteil der Hillesheimer Mulde ist auf seine Eignung für eine geplante zentrale Wasserversorgung großer Teile der Kreise Ahrweiler, Daun und Cochem-Zell hydrogeologisch untersucht worden (BODEN et al. 1980). Das Grundwasser ist in zwei stratigraphischen Niveaus innerhalb der nach E heraushebenden Mulde angereichert: Der untere Aquifer umfasst die Schichtenfolge von den Junkerberg-Schichten bis inklusive zum Marmorwand-Horizont der Cürten-Schichten. Durch die mergeligen Partien der Cürten-Schichten wird er getrennt vom oberen Aquifer, der das Muldeninnere (Dreimühlen- bis Bolsdorf-Schichten) umfasst.

Im Abhang zum Ahbachtal tritt an der Basis des oberen Aquifers in breiter Front Wasser aus, das in vielen Rinnsalen dem Ahbach zustrebt und dabei in Nähe der Talsohle massenhaft Kalktuff abgelagert hat. Auf den Kalktuff-Hügeln steht die Ruine Dreimühlen. Beim Bau der Eisenbahn 1912 wurden diese Bäche vereinigt und in einer künstlichen Rinne unter den Schienen hindurchgeführt, so dass sie als „Nohner Wasserfall" oder „Spreuz" in den Ahbach stürzen. Dabei scheiden sie Kalktuff ab, der inzwischen eine 12 m lange und 5 m hohe Mauer gebildet hat. Die Kalkabscheidung erfolgt hauptsächlich über das Laubmoos *Cratoneuron* (*Palustriella*) *commutatum*. Nach Stoltidis (in Meyer et al. 1977) hat das Quellwasser erhöhten CO_2-Gehalt, was die Fähigkeit zur Kalklösung steigert und auch die rasche Kalkausfällung beim Überfließen des Mooses erklärlich macht. Jedoch sind noch keine Analysen des Wassers veröffentlicht worden. Vgl. auch Sommermeier (1913) und Bernstein (1977).

13.5.1.6 Prümer Kalkmulde

Die Prümer Mulde ist die breiteste und tiefste der Eifel-Kalkmulden mit einer relativ mächtigen oberdevonischen Schichtenfolge in ihrem Kern. Sie ist Teilstück des längsten Mitteldevon-Muldenzuges, da sie die südwestliche Fortsetzung der Hillesheimer Mulde darstellt. Das Verbindungsstück zwischen beiden Mulden ist zwischen Oostal und Kylltal durch Trias-Sedimente und quartäre Vulkane verdeckt. Die Vulkane haben jedoch mitteldevonische Gesteine verschiedener stratigraphischer Niveaus als Auswürflinge, dadurch ist die Verbindung gut zu belegen (Fuchs 1969a). Nach SW setzt sich dieser Zentralteil des Eifel-Synklinoriums über die Prümer Mulde hinaus fort in den Ober-Ems-Einmuldungen der Daleider Muldengruppe und schließlich der Wiltzer Mulde.

Der Bau der Prümer Mulde ist von Happel & Reuling (1937) dargestellt worden (SW-Teil: Happel, NE-Teil: Reuling). Spätere Arbeiten haben kleinere Teilstücke neu kartiert und die stratigraphischen Gliederungen revidiert, u. a. Krebs (1962), Struve (1961, 1964), Schwenzer (1965), Clausen (1966), Lutz (1969), Werner (1969, 1973, 1975). Das von Happel und Reuling entworfene Bild, das alle geologischen Erscheinungen, wie auch Hydrologie, Morphologie etc. schildert, ist aber auch heute noch in vielen Punkten nicht übertroffen.

Die Mulde wird nordöstlich der Linie Schwirzheim-Büdesheim von einer einzigen Muldenstruktur gebildet, der Büdesheimer Mulde. Sie ist deshalb örtlich weniger als 4 km breit, hat aber wegen der Einheitlichkeit der Flügel so starken Tiefgang, dass oberdevonische Schichten in ihrem Kern erhalten geblieben sind. Südwestlich von Schwirzheim entwickeln sich vor allem im NW-Flügel der Prümer Mulde mehrere Spezialfalten; dadurch verbreitert sich der Mitteldevon-Ausstrich sehr. Auf der Höhe von Prüm hat die Mulde mit 8 km die größte Breite. Die Büdesheimer Mulde verengt sich südwestlich von Büdesheim durch eine Achsenkulmination. In der Fortsetzung weitet sie sich in einer Achsendepression wieder zur Wallersheimer Mulde. Sie setzt sich in dem südwestlich anschließenden Muldenkern-Dolomit fort als Schönecker Mulde, schwenkt westlich von Schönecken in E-W-Richtung um und verlässt westlich von Matzerath die Prümer Mulde. Nordwestlich dieses Muldenzuges finden sich neben zahlreichen kleineren Falten noch folgende, länger durchhaltende Strukturen: Weinsheimer Sattel, Weinsheimer-Held-Mulde, Rommersheimer-Held-Sattel und Weinsfelder Mulde.

Auf der Höhe von Weinsheim verlassen Weinsheimer-Held-Mulde und Weinsfelder Mulde den Mitteldevon-Bereich, setzen sich aber als Emsquarzit-Mulden noch weiter nach NE fort. Zwischen Weinsheim und der Büdesheimer Mulde hat REULING noch 6 Spezialsättel mit dazugehörigen Mulden auskartieren können. Südlich der Büdesheim-Schönecker Mulde findet sich bei Dingdorf noch ein größerer Sattel und eine Mulde. Am SE-Rand der Prümer Mulde bringt östlich vom Nimstal der Reulander Sattel Klerf-Schichten an die Oberfläche. Es schließt sich im SE die Seiwerather Mulde an, in der Mitteldevon-Schichten als ein Anhängsel dem Muldenrand angesetzt sind.

Alle Spezialfalten zeigen ein lebhaftes Auf und Ab der Faltenachsen, was zu einem komplizierten Verbreitungsmuster der einzelnen Schichten führt. Das Achsenstreichen ist nicht parallel ausgerichtet wie in den Unterdevon-Arealen, sondern besonders im südwestlichen Muldenabschnitt stark gekrümmt. Eine Vergenz ist bei den Spezialfalten genauso wenig wie bei der ganzen Prümer Mulde festzustellen. Stellenweise ist schwache NW-Vergenz sichtbar. Deutlicher wird sie da betont, wo der Unterdevon-Rahmen nach NW auf die Mulde aufgeschoben ist. Das ist im nordöstlichen Muldenabschnitt der Fall, wo sich aus dem Reulander Sattel eine Überschiebung entwickelt, deren Schubweite nach NE zunimmt, so dass sie am Oostal Klerf-Schichten auf den Schönecken-Dolomit des Muldenkerns schiebt. Die Kartierungen haben in der Prümer Mulde noch zahlreiche kleinere Quer- und Diagonalstörungen lokalisieren können.

Die Verteilung der Gesteine zeichnet den tektonischen Bau deutlich nach: Dem Muldenbau entspricht schon im Großen die Form einer riesigen Wanne, deren Ränder die widerstandsfähigen Gesteine des sandigen Unterdevons bilden. Der mächtige Emsquarzit baut die bewaldeten Höhen am NW-Flügel zwischen Prüm und Duppach auf. Auf dem SE-Flügel ist er geringmächtiger, deshalb ist der Muldenrand hier durchschnittlich niedriger. Die Schichten der Eifel-Stufe und des unteren Givets sind in der Prümer Mulde in der landfernen, stark tonigen Fazies ausgebildet, bestehen also überwiegend aus leicht ausräumbaren mergeligen Gesteinen. In der so entstandenen Mergelwanne bilden einige härtere Schichtglieder, wie z. B. die sandigen Oberen Nohn-Schichten oder die Riffkalke des Wotan-Horizontes (Loogh-Schichten) Rippen.

Das Südende der Mulde ist relativ wenig gestört, deshalb lassen sich hier die Übergangsschichten zwischen Unter- und Mitteldevon gut untersuchen. Hier liegen die international bekannten stratigraphischen Richtschnitte von Wetteldorf und Dingdorf (S. 87) und namengebende Orte wie Heisdorf und (Ober- und Nieder-)Lauch.

Der obergivetische Schönecken-Dolomit (3.9.1.1) bildet im Innern der Wanne ein Bergmassiv: „Wie ein Schiff ragt der Dolomit aus der umgebenden, tieferen Fläche auf" (REULING). Seine Ränder zeigen Steilabstürze und Felstürme (Schönecker Schweiz). Das verkarstete unebene Dolomit-Areal mit vielen Felsköpfen trägt hauptsächlich Gebüsche, Wälder oder Wacholderheiden. In das Dolomit-Gebiet eintretende Bäche versickern (Verlierbäche), so dass Trockentäler hier verbreitet sind. Von den vielen Höhlen sei die Tropfsteinhöhle nördlich Niederhersdorf genannt. Auf dem Dolomit-Plateau sind hintereinander zwei Wannen eingesenkt, die in den oberdevonischen Kalken und Mergeln der Büdesheimer und Wallersheimer Mulden entstanden sind. Besonders eindrucksvoll wird der Bau der Büdesheimer Mulde durch die Morphologie nachgezeichnet, östlich Oos wird der östliche Muldenrand durch einen breiten Buntsandstein-Tafelberg überdeckt (Ooser Nase).

Die Prümer Mulde wird zum größten Teil durch die Prüm und ihre Nebenbäche, von denen der Nimsbach am größten ist, entwässert, im NE durch den Oosbach und seine Nebentäler. Weitere Informationen zu Morphologie und Hydrologie gibt die hauptsächlich vegetationskundliche Arbeit von KERSBERG (1968); vgl. auch WALDECK (1975). Die Morphologie des NW-Randes der Mulde wurde auf dem Kalvarienberg westlich Prüm verändert durch einen riesigen Krater, der bei der Explosion eines Munitionslagers am 15.7.1949 entstand (RODE 1952). In der Größe entspricht er der Papenkaule bei Gerolstein.

13.5.1.7 Gerolsteiner Kalkmulde

Im tiefsten Teil der Nord-Süd-Zone ist dem Muldenzug der Prümer und Hillesheimer Mulde südlich noch eine 7 km lange und maximal 4 km breite Mitteldevonmulde vorgelagert, die Gerolsteiner Mulde. Ihr Bau ist schwer erkennbar, da sie großflächig durch den Buntsandstein des Oberbettinger Trias-Gebietes und vor allem durch die Förderprodukte der quartären Vulkane, die hier ihre stärkste Besetzungsdichte aufweisen, verdeckt wird. Eine erste geologische Karte 1 : 25 000 hat RAUFF (1911) mit einem geologischen Führer veröffentlicht: vgl. auch H.L.F. MEYER & RAUFF (1912). Die moderne stratigraphische Gliederung ist von KRÖMMELBEIN (1957) auf die Gerolsteiner Mulde übertragen worden. Sie ist auf geologischen Karten jedoch nur für den givetischen Kernbereich (J. WINTER 1965) und für den Randsaum (Ober-Ems und Lauch-Schichten, HEIBEL 1969) dargestellt worden.

Gegen die Hillesheimer Mulde wird die Gerolsteiner Mulde durch den schmalen Essinger Sattel getrennt. Er dürfte sich nach SW in den Müllenborner Sattel fortsetzen, dessen NW-Flanke zur Prümer Mulde einfällt. Zwischen Rockeskyll und dem Oosbachtal ist der nördliche Muldenrand und der Unterdevon-Sattel vollständig verdeckt. Im W verengt sich im Dreisbachtal zwischen dem Wöllersberg und Lissingen das Mitteldevon-Areal und setzt sich als schmale Mulde über Hinterhausen 3 km weit nach SW fort; ihre äußerste SW-Spitze wird an der Höhe 534 von Buntsandstein überdeckt. Südlich von Gerolstein stößt noch einmal eine Spezialmulde nach SW in das Unterdevon-Gebiet vor; von hier verläuft der Muldenrand etwa geradlinig bis Kirchweiler. Zwischen Kirchweiler und der Geißhecke greift ein schmaler Unterdevon-Sattel in den Muldenrand ein. Nördlich von Betteldorf liegt das nordöstliche Muldenende. Der Muldenrand wird nach der Karte von HEIBEL häufig durch Querstörungen zerstückelt; streichende Aufschiebungen sind auch verbreitet.

Die sandigen Ober-Ems-Schichten (Berle- und Wetteldorf-Schichten) haben bei Hinterhausen noch 45 m Mächtigkeit, die sich in nordöstlicher Richtung bis zum Muldenende bei Betteldorf auf etwa die Hälfte reduziert. Auch hier ist also der Anstieg zur Mitteleifel-Schwelle festzustellen.

Bei den Eifel-Schichten, die in größeren Flächen vor allem im Oosbachtal nordwestlich Lissingen und im Südteil der Mulde aufgeschlossen sind, galt den Ahrdorf-Schichten (Gees-Schichten) besondere Aufmerksamkeit wegen ihres Reichtums an gut erhaltenen Trilobiten (S. 130–131). Nach WINTER sind Rodert-Schichten die jüngsten in der Gerolsteiner Mulde erhaltenen Devon-Schichten.

Die Grenzschichten zwischen Eifel und Givet sind dolomitisiert worden, und zwar besonders stark nördlich von Gerolstein. Aber diese Dolomitplatte, die nach dem Bergmassiv nördlich Gerolstein Munterley-Dolomit genannt wird (D.K. RICHTER 1974), reicht bis in die Prümer und Hillesheimer Mulde hinein. Sie wird von nicht-dolomitisierten Schichten (vom oberen Teil des Wotan-Horizontes der Loogh-Schichten aufwärts) überlagert. Die Dolomitisierung muss also kurz nach der Ablagerung der Kalke vor sich gegangen sein (3.9.1.2). Wenn die dolomitisierte Schichtenfolge auch einen stratigraphisch eng begrenzten Schichtenstapel umfasst, so bildet die etwa 100 m mächtige Dolomitplatte doch eine bedeutende Erhebung mit

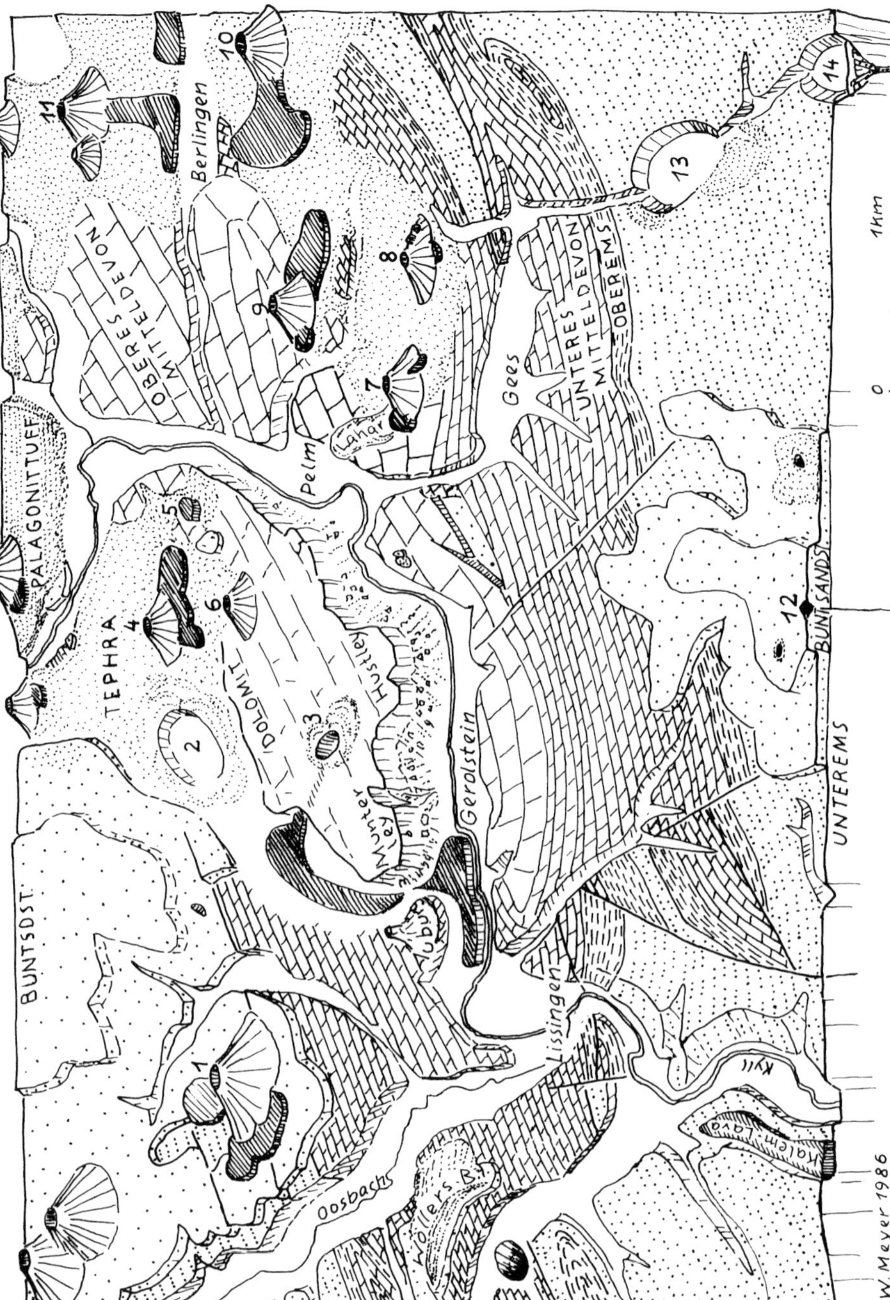
Rother Kopf
Borlich
Kyller Kopf
Bickenberg
BUNTSDST.
PALAGONITTUFF
TEPHRA
DOLOMIT
OBERES MITTELDEVON
Berlingen
Pelm
Lahar
Hustley
Munterley
Gerolstein
Gees
UNTERES MITTELDEVON
OBEREMS
Lissingen
Oosbachs
Wöllers B.
Kyll
Kalem-Lava
BUNTSANDS.
UNTEREMS
0
1km
W. Meyer 1986
1
2
3
4
5
6
7
8
9
10
11
12
13
14

steilen Wänden zum Kylltal hin. Als isolierter Kegel ist der westlichste Teil in der Auburg herauspräpariert. Er wird durch ein steiles Tal von dem geschlossenen Dolomit-Massiv getrennt, dessen Westseite die Munterley ist. Weiter östlich springt die Hustley gegen das Kylltal vor. Das Dolomit-Plateau ist von Karsthöhlen durchzogen, eine wurde von dem Lavastrom, der an der Hagelskaule ausfloss, benutzt. Weitere sind das Buchenloch an der Westseite der Munterley und die kleinere Magdalenahöhle an ihrer Südseite; die Höhlen sind als Siedlungsplätze des Eiszeitmenschen und wegen ihrer Säugetierreste bekannt geworden (11.8; 11.9). Zwischen Munterley und Hustley liegt der Krater Papenkaule. Die Gerolsteiner Mulde liegt im Zentrum des quartären Vulkanfeldes, enthält deshalb noch weitere Vulkanbauten.

Im Kylltal treten reiche Kohlensäurequellen aus, so an der scharfen Talbiegung nordöstlich Pelm (Schlossbrunnen) und vor allem in Gerolstein (Gerolsteiner Sprudel). Zur Entwicklung des Kylltals vgl. ZEPP (1933) und GEBHARDT (1963). Eine geologische Neuaufnahme, speziell mit Untersuchungen zur Hydrologie hat K.-H. KÖPPEN (1987) vorgelegt.

13.5.1.8 Salmerwald-Mulde und Manderscheider Sattel

Die Salmerwald-Mulde ist von KRÖMMELBEIN (1955) aufgenommen worden. Durch das Birresborner Antiklinorium wird sie von der Gerolsteiner und Prümer Mulde getrennt. Südöstlich von ihr steigt der Faltenspiegel zum Manderscheider Antiklinorium an.

Die 9 km lange und maximal 1 km breite Mitteldevon-Mulde zwischen Mürlenbach und dem Kitzborn westlich Neroth ist eine regelmäßige spindelförmige Struktur. Der Mitteldevon-Kern wird von einem breiten Saum von Ober-Ems-Gesteinen umgeben, der an den beiden Enden die Mulde noch um jeweils 2 km verlängert. Er enthält Emsquarzit, Wetteldorf-Schichten und Heisdorf-Schichten. Wiltz-Schichten sind nur westlich Mürlenbach geringmächtig nachzuweisen; sie keilen nach E aus und werden vielleicht teilweise auch von „Wetteldorf-Schichten" vertreten. Trotz ihres geradlinigen Verlaufs wird die Mulde nicht von einer einzigen Achse durchzogen, sondern setzt sich aus drei fiederartig gegeneinander abgesetzten Teilmulden zusammen (in Abb. 145 mit I, II und III bezeichnet). Im Mitteldevon-Anteil der Mulde, der hauptsächlich durch das Remelbachtal aufgeschlossen wird, hat KRÖMMELBEIN Lauch-Schichten sowie Untere und Obere Nohn-Schichten unterschieden. Er erwog die Möglichkeit, dass die obersten Partien der von ihm als Obere Nohn-Schichten auskartierten Wechselfolge noch Äquivalente der Ahrdorf-Schichten enthalten. Das wurde bestätigt durch den Nachweis von Schichten des Bildstock-Horizonts durch J. WINTER (1971, 121) in dieser Folge.

Da der Emsquarzit nur höchstens 30 m, oft aber weniger als 10 m mächtig ist, tritt er in der Umrandung der Mulde morphologisch kaum in Erscheinung. Dagegen enthalten die Klerf-Schichten in ihrem oberen Teil mehrere Quarzitpakete, die lithologisch vom Emsquarzit nicht zu unterscheiden sind. Diese sog. Vorläufer-Quarzite sind besonders in der Umrandung der

Abb. 144. Geologisches Blockbild der Umgebung von Gerolstein. Nach Unterlagen von W. CIPA, G. FUCHS, B. HEIBEL, H. MERTES, G. RAHM, H. RAUFF, K. WIENECKE und J. WINTER. 1 Rother Hecke (Schlackenkegel mit Lavaströmen), 2 Gerolsteiner Maar, 3 Papenkaule (Ursprungskrater für den Sarresdorfer Lavastrom), 4 Hahn (Schlackenkegel mit Lavastrom), 5 Kasselburg (Lava), 6 Kreuzkraul (Schlackenkegel), 7 Baarley (Schlackenkegel mit Lavastrom und Lahar), 8 Geißhecke (Schlackenkegel mit Gang und Lava), 9 Sellbusch (Schlackenkegel mit Lavastrom), 10 Sassenberg (Schlackenkegel mit Lavastrom), 11 Alter Voss (Schlackenkegel mit Lavastrom), 12 Dietzenley (Erosionsrest eines Basaltvulkans), 13 Geeser Maar, 14 Hengstweiler-Maar.

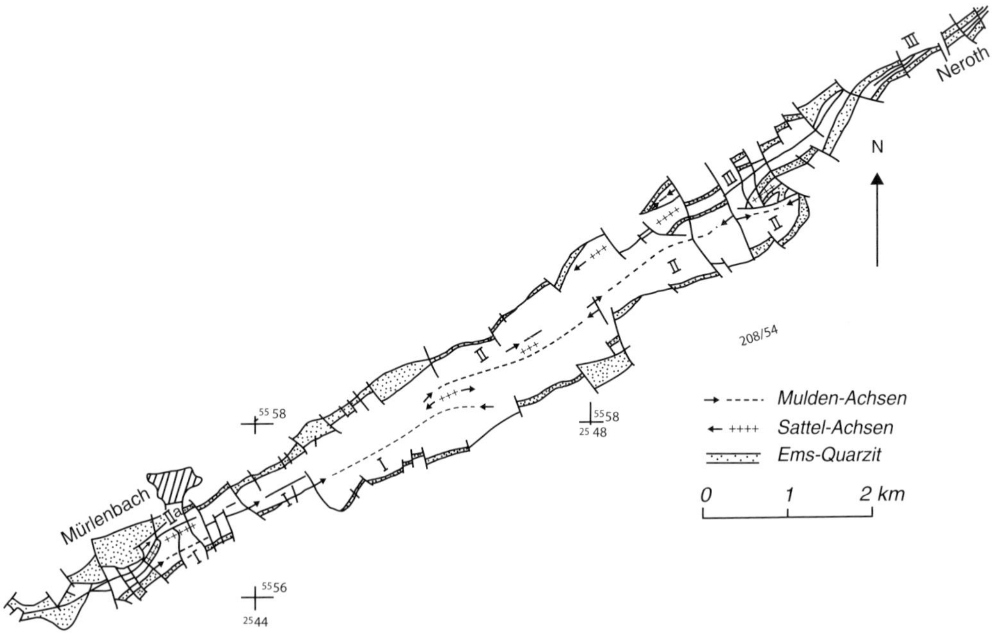

Abb. 145. Tektonische Übersichtskarte der Salmerwald-Mulde. KRÖMMELBEIN (1955).

mittleren Salmerwald-Mulde viel mächtiger als der Emsquarzit und treten als Rücken hervor. Die höchste Erhebung im Gebiet, die 675 m hohe Prümscheid nordöstlich Salm, wird von einer solchen Quarziteinlagerung der Klerf-Schichten gebildet.

An den Streifen mit Klerf-Schichten schließt sich im SE ein breiter Streifen mit Schichten des grauen fossilreichen Unter-Ems an, die man als Stadtfeld-Schichten bezeichnet hat, weil in der Umgebung von Oberstadtfeld seit dem 19. Jahrhundert reiche Fossilfundpunkte ausgebeutet werden. Zur Erforschungs-Geschichte der Stadtfelder Faunen vgl. KOWALSKI (1976) und FUCHS & PLUSQUELLEC (1982). Der Faltenspiegel in dem durch zahlreiche, meist schwach NW-vergente Spezialfalten bestimmten Bereich steigt langsam nach SE zum Manderscheider Antiklinorium an. So treten südlich Wallenborn tiefere Unter-Ems-Schichten (Eckfeld-Schichten) zutage. Zwischen Salmerwald-Mulde und Manderscheider Sattel liegt aber noch die breite Bleckhauser Mulde, in der Stadtfeld-Schichten (Beinhausen- und Gladbach-Schichten) erhalten geblieben sind (SCHMIDT 1982).

Es schließt sich im Raum Manderscheid ein Streifen an, in dem Siegen-Fossilien gefunden werden. Er liegt etwa in der Fortsetzung der Siegen-Vorkommen von Saxler und vom Pulvermaar (THON 1984), die andererseits im Bereich des westlichen Verklingens der Siegener Hauptüberschiebung liegen. Im Kern des Manderscheider Antiklinoriums bauen im Liesertal durch Fossilien belegte Siegen-Schichten einen knapp über 3 km breiten Streifen südlich von Manderscheid auf (KÖLSCHBACH et al. 1993, MEYER et al. 1994). Die Faltenachsen liegen im Raum Manderscheid nahezu horizontal, bzw. sie tauchen nach beiden Richtungen ab. Dieser Bereich gehört also in tektonischer Hinsicht noch zur Nord-Süd-Zone.

Südwestlich von Manderscheid greift der Buntsandstein-Rand weiter nach E aus und verdeckt die südliche Fortsetzung der Nord-Süd-Zone. Nach N reicht er auf beiden Seiten des Kylltales bis an die Salmerwald-Mulde heran, in deren mittlerem Teil noch mehrere Erosionsreste von Buntsandstein liegen. Westlich der Kyll wird in der Fortsetzung der Salmerwald-Mulde im Kylltal der devonische Untergrund großflächig von Buntsandstein überdeckt. Hier sind im Wasserscheidenbereich zwischen Nims und Kyll auf tonigen Klerf-Schichten und Buntsandstein kleine Moore entstanden, z. B. das Truffvenn südlich Weißenseifen (KERSBERG & PETERS 1967). In neuer Zeit ist das eozäne Eckfelder Maar durch die Ausgrabungen in seiner Sedimentfüllung berühmt geworden, es gehört inzwischen zu den großen tertiären Fossillagerstätten Mitteleuropas (10.2.3). Nördlich von ihm gibt es weitere Tertiärvulkane.

13.5.2 Mechernicher Trias-Dreieck

Hier soll das große Dreieck behandelt werden, in dem in der Nordeifel der devonische Sockel weitgehend von Trias-Sedimenten verdeckt ist. Der nördliche Eckpunkt des Dreiecks liegt bei Birgel südwestlich Düren. Von hier zieht der Rand der Trias-Decke geradlinig nach SSE bis Obergolbach; nur wenige Erosionsreste von Buntsandstein sind ihm westlich vorgelagert (Abb. 146). Die SE-Seite des Trias-Dreiecks ist stärker in Flecken und Buchten aufgelöst; der geschlossenen Buntsandstein-Verbreitung sind größere Inseln vorgelagert im Gebiet der Katzensteine südwestlich Satzvey und bei Rissdorf. Weiter nach SE entfernt liegt das kleine Buntsandstein-Becken von Holzheim und Harzheim. Unter der dünnen Buntsandstein-Decke tritt an zwei Stellen im E des Dreiecks der devonische Untergrund zutage, nämlich im Bleibachtal südlich Kommern und bei Schaven. Im NE verschwinden die Trias- und Lias-Sedimente unter den tertiären und quartären Tonen, Sanden und Schottern der Niederrheinischen Bucht bzw. der Senke von Antweiler.

Der devonische Untergrund wird im äußersten NW von Rurberg-Schichten gebildet (3.2.2.2). Oberhalb von Untermaubach treten unter dem Buntsandstein-Rand im Rurtal Heimbach-Schichten zutage . Sie sind über Heimbach hinaus nach S zu verfolgen bis an die Großstörung von Troisvierges-Malsbenden, an welcher sie auf Klerf-Schichten aufgeschoben werden. Diese Störung verschwindet südwestlich von Hergarten unter dem Buntsandstein. Die Klerf-Schichten bilden von hier ab den Rahmen der Trias-Verbreitung bis zur Linie Sötenich – Frohnrath, an der sie von jüngeren Unterdevon-Schichten (Emsquarzit und Heisdorf-Schichten) und Mitteldevon-Gesteinen der Sötenicher Kalkmulde überlagert werden. Bis zum Pflugberg nördlich Kallmuth liegt der Trias-Rand auf Gesteinen der Sötenicher Mulde. Von hier ab in nordöstlicher Richtung bis an den Graben von Antweiler treten unter der Trias nur Klerf-Schichten zutage. Auch die beiden Unterdevon-Erosionsfenster innerhalb des Trias-Dreiecks zeigen Gesteine in Klerf-Fazies; in dem Vorkommen südwestlich Kommern fand sich eine reiche marine Fauna (SAUER 1968). Es ist möglich, dass sich der N-S-Streifen der Kalkmulden noch weiter nach N fortsetzt und dass unter der Trias und der nördlich anschließenden känozoischen Überdeckung noch weitere Mitteldevon-Mulden liegen. Nach der Karte von KNAPP (1978) deutet sich in der Verbreitung der Heimbach-Schichten südwestlich von Nideggen eine größere Mulde an. Es ist denkbar, dass in ihrer Fortsetzung noch einmal mitteldevonische Schichten an die prätriadische Oberfläche kommen.

An der Südspitze des Trias-Dreiecks bei Obergolbach, in der NE-Ecke östlich und südöstlich Rissdorf und in einigen Bohrungen treten zwischen dem devonischen Sockel und dem Buntsandstein grobe, mit rotem Kalkzement verbackene Konglomerate auf, deren schlecht

Abb. 146. Blockbild der Sötenicher Kalkmulde, der Engelgauer Teilmulde und des Mechernicher Triasdreiecks. Legende: u Siegen- und Unterems-Schichten, q Emsquarzit, e Eifel-Schichten, d dolomitisierte Mitteldevon-Schichten, s Buntsandstein, m Muschelkalk, k Keuper. 1 pleistozäner Travertin Kartstein, 2 Geotop Katzensteine (Buntsandstein). Farbige Version auf Beilage am Schluss des Bandes.

gerundete Komponenten überwiegend aus mitteldevonischen Karbonaten bestehen. Diese Gesteine werden als permische Schuttbildungen angesehen (6.2).

Im Mechernicher Trias-Dreieck streicht hauptsächlich Buntsandstein aus. Die Basis bildet der Mittlere Buntsandstein (Mechernich-Formation, 7.1.2.1), der oft Pakete von Konglomeraten enthält, aufgeschlossen z. B. im Urfttal am nordwestlichen Ortsausgang von Kall und an verschiedenen Stellen am Erosionsrand über dem Rurtal, wo ein Teil der Schichten ungleichmäßig verkieselt wurde, wodurch Hohlkehlen, überhängende Gesimse und Felstürme herauswittern konnten, was den Talhängen zwischen Hausen und Untermaubach ihren malerischen Aspekt gibt. Als schräggeschichtete Folge mit dünnen Konglomeratlagen ist der Mittlere Buntsandstein an der Felsgruppe der Katzensteine im Veybachtal zwischen Mechernich und Satzvey aufgeschlossen. Am SE-Rand des Trias-Dreiecks ist der Mittlere Buntsandstein im Raum Kallmuth nicht nachzuweisen. Er ist hier auf der sog. Kallmuther Schwelle nicht abgelagert worden, so dass hier der Obere Buntsandstein den Rand der Trias-Verbreitung bildet. Auch in der Senke von Harzheim und Holzheim ist der Mittlere Buntsandstein geringmächtig oder fehlt vielleicht stellenweise sogar. Der Umriss dieser kleinen Senke ist nur z. T. durch Störungen bedingt; während der Sedimentation des Buntsandsteins bestand hier ein unregelmäßiges Relief mit in den Ablagerungsraum hineinragenden Dolomitrücken. Die Areale des Mittleren Buntsandsteins sind wegen der ungünstigen Bodenverhältnisse (nährstoffarm und trocken) meist bewaldet. Im Mittleren Buntsandstein liegen die bedeutenden Blei- und Zinkvererzungen, die hauptsächlich im Raum Mechernich und bei Maubach abgebaut wurden (10.8.2).

Der Obere Buntsandstein zeigt dagegen mehr landwirtschaftlich genutzte Flächen. Er bildet innerhalb der Trias-Bucht wieder ein Dreieck etwa zwischen Kufferath, Bleibuir und Eicks, außerdem eine größere Fläche südlich einer von Kallmuth über Wallenthal verlaufenden antithetischen Störung, tritt ferner bei Kommern in einer grabenartigen Struktur zwischen den beiden Unterdevon-Inseln auf und bildet schließlich in der Senke von Harzheim und Holzheim den Hauptanteil des Buntsandsteins.

Der Muschelkalk bildet einen breiten, durch antithetische NW-SE streichende Abschiebungen mehrfach gestörten Streifen an der NE-Seite des Trias-Dreiecks zwischen Kreuzau und der Linie Schwerfen – Kommern. Am Ostrand dieses Streifens bei Kommern hebt sich der Muschelkalk an einer NE-SW streichenden Flexur heraus. Im Kern dieser sog. Mechernicher Flexur liegen die erwähnten Unterdevon-Fenster im Bleibachtal. In den schmalen Kippschollen am NE-Rand des Trias-Dreiecks treten die höhenbildenden Kalk- und Dolomit-Pakete des Oberen Muschelkalks mehrmals zutage. Die Landschaft zwischen Thum, Berg, Vlatten, Schwerfen und Bürvenich wird daher durch kurze NW streichende Rücken und Tälchen bestimmt. Östlich von Scheven sind im Bereich des geringmächtigen Buntsandsteins auf der Kallmuther Schwelle auf der Südscholle des Kallmuther Sprunges zwei kleine Flecken von Muschelsandstein erhalten geblieben.

Die mehr tonigen Gesteine des Keupers (7.3) bilden ein relativ schmales Band am Saum der Niederrheinischen Bucht. Ein größeres Areal findet sich zwischen Thum und Ginnick, die anderen Keupervorkommen bilden schmale Streifen innerhalb der Kippschollen, die zwischen Kommern und Schwerfen besonders eng und zahlreich angeordnet sind.

Sedimente des Lias (8.1) sind in dem Streifen zwischen Kreuzau und Bürvenich mehrfach unter der quartären Bedeckung erbohrt und erschürft worden, treten aber nirgends flächenhaft zutage.

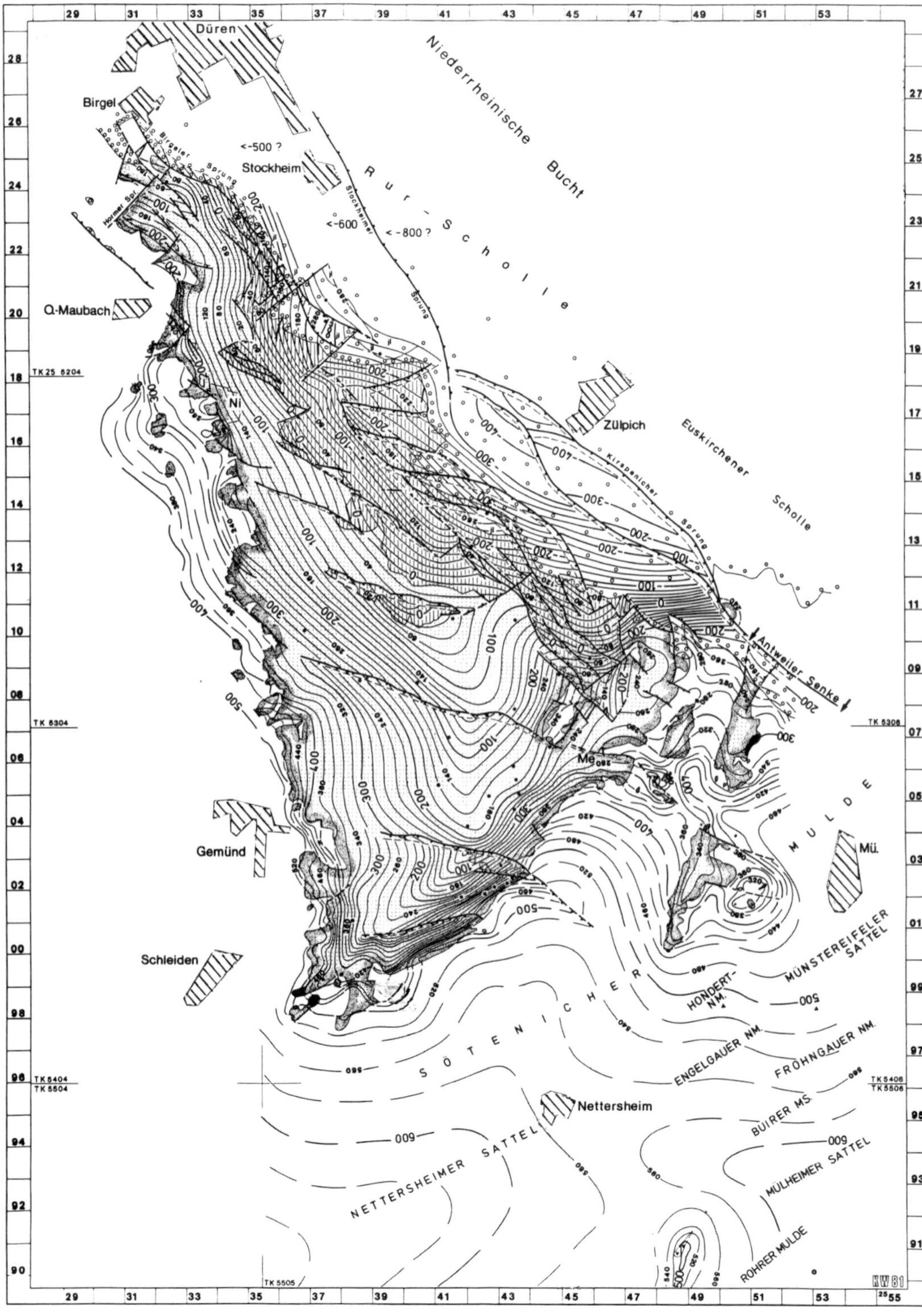
Düren
Birgel
Stockheim
Niederrheinische Bucht
Rur - Scholle
Q-Maubach
Zülpich
Euskirchener Scholle
Antweiler Senke
Gemünd
Mü.
Schleiden
SÖTENICHER MULDE
MÜNSTEREIFELER SATTEL
HONDERT-NM.
ENGELGAUER NM.
FRÖHNGAUER NM.
Nettersheim
BUIRER MS.
NETTERSHEIMER SATTEL
MÜLHEIMER SATTEL
ROHRER MULDE
KW 81

Die **Tektonik** wird durch NW-SE streichende Abschiebungen bestimmt. Sie häufen sich am Rand zur Niederrheinischen Bucht, die ein gleich orientiertes Störungsmuster aufweist. Es ist deshalb wahrscheinlich, dass die Störungen der Trias-Senke gleich alt mit den Brüchen der Niederrheinischen Bucht sind, d. h. frühestens im Mitteloligozän gebildet wurden. Bei Firmenich liegen Kölner Schichten nach KNAPP (1978) diskordant über solchen NW-Störungen, die damit hier schon vor dem späten Oligozän vorhanden gewesen sein müssen. Es gibt schwache Hinweise dafür, dass die Tertiär-Senke von Antweiler schon während des Eozäns bestanden haben könnte (10.2.2). Das macht wahrscheinlich, dass zumindest ein Teil der Störungen auch schon älter als mitteloligozän ist. Ob es auch welche gibt, die sogar vor dem Tertiär angelegt wurden, bleibt ungewiss. Da die NW-Störungen z. T. genau senkrecht zu den variszischen Faltenachsen verlaufen, besteht auch die Möglichkeit, dass einige von ihnen als variszische Querstörungen angelegt wurden und durch die jüngere Tektonik nur wiederbelebt worden sind. Das kann z. B. bei der großen Abschiebung der Fall sein, die von Breitenbenden in südöstlicher Richtung westlich von Stockert und Hirnberg entlangzieht, das Buntsandstein-Becken von Holzheim scharf begrenzt, aber auch die Sötenicher Mulde stark heraushebt. Der ebenfalls NW streichende Kirspenicher Sprung, der die Senke von Antweiler im NE begrenzt, ist schließlich heute noch aktiv, wie Erdbebenherde zeigen. NE-SW streichende Verwerfungen treten seltener auf, besonders im Raum Mechernich an der SE-Seite des Trias-Dreiecks, in dem die Mechernicher Flexur, an der die Trias nach SE heraushebt, auch NE-SW orientiert ist. An dieser Flexur fallen die Buntsandstein-Schichten mit 15–20° nach NW ein. Die Flexur ist in abgeschwächter Form schon während der Trias vorhanden gewesen, da an ihr der Mittlere Buntsandstein auskeilt (Kallmuther Schwelle). Ihre heutige Steilheit ist aber durch posttriadische Bewegungen bedingt. Das gilt auch für die Lagerung des gesamten Trias-Dreiecks, in dem die Schichten mit 3–8° geneigt sind zur Beckenachse, die etwa auf der Linie Kall – Hergarten – Vlatten liegt. Die Buntsandstein-Mächtigkeiten zeigen, dass die Senke ihre spätere Konfiguration schon während der Trias gehabt hat, die dann später nur noch etwas versteilt wurde. Vgl. auch RIBBERT (1985, 2010), WALTER 2010b).

13.5.3 Die Trias-Gebiete zwischen Blankenheim und Gerolstein

Das Gebiet von Blankenheimer, Dollendorfer, Hillesheimer, Prümer und Gerolsteiner Mulde trägt größere Flecken, die überwiegend aus Mittlerem Buntsandstein bestehen. Die Basis des Buntsandsteins liegt in dem Verbindungsstück zwischen Hillesheimer und Prümer Mulde südwestlich von Hillesheim am tiefsten. An dieser Stelle, die das Zentrum des Oberbettinger Buntsandstein-Areals bildet, liegt sie nach WIENECKE (1984) tiefer als 260 m NN. Hier findet sich auch das etwa 1 km^2 große, teilweise an Störungen abgesenkte Areal von Unterem Muschelkalk (FUCHS 1980). Dicht südlich davon steigt die Basis des Buntsandsteins rasch auf über 400 m NN an über einer aus dem devonischen Untergrund in den Ablagerungsraum hineinragenden Dolomitrippe.

Der Buntsandstein ist im Oberbettinger Gebiet sehr stark von quartären Vulkaniten bedeckt, die Westeifeler Vulkankette hat in diesem Gebiet ihren Schwerpunkt. Durch die Vulka-

Abb. 147. Tiefenlinien der Basis des Mittleren Buntsandsteins im Trias-Dreieck der Nordeifel. Mü Bad Münstereifel, Sö Sötenich. WIENECKE (1984). Legende in Abb. 148.

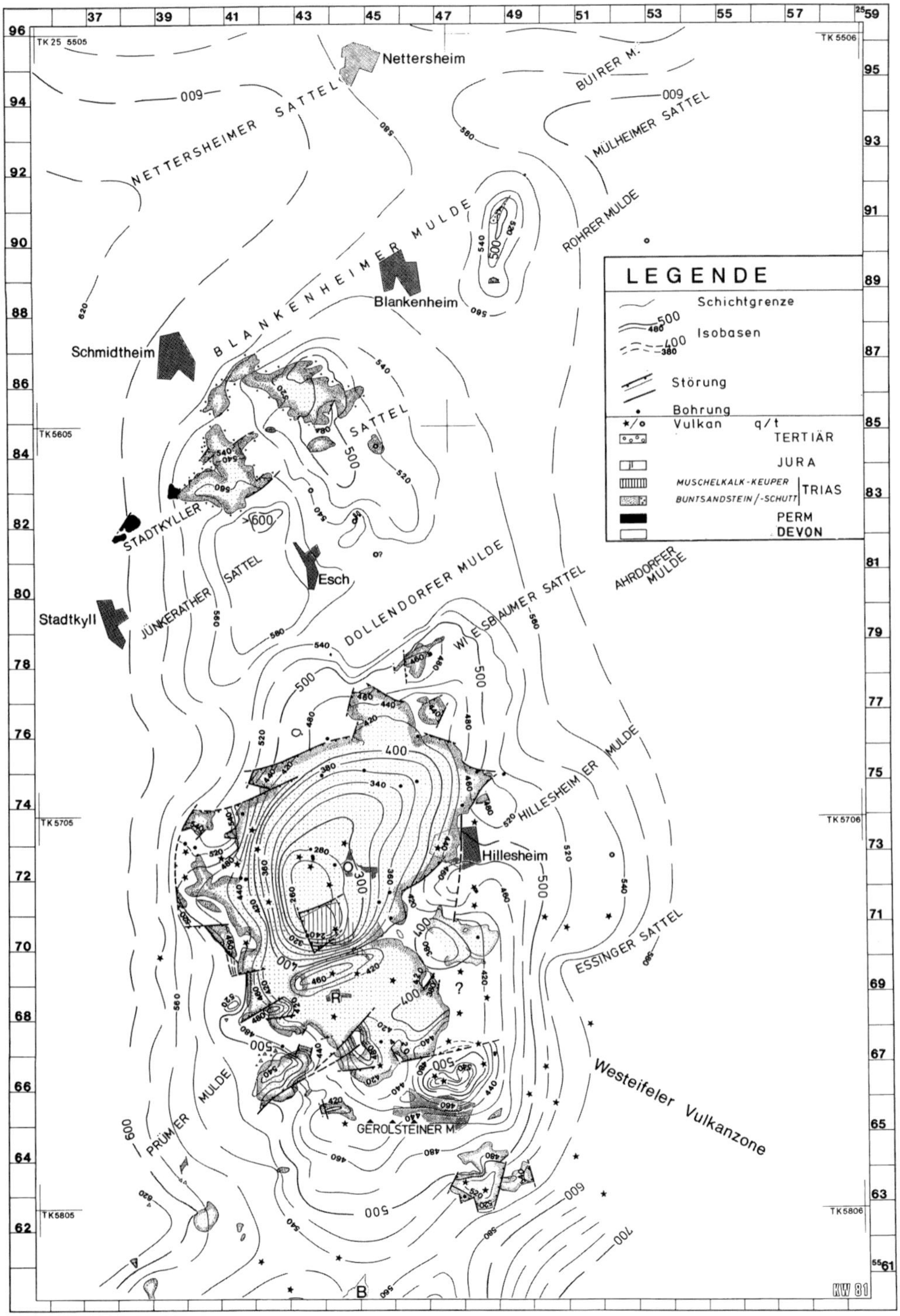
LEGENDE
Schichtgrenze
Isobasen
Störung
Bohrung
Vulkan q/t
TERTIÄR
JURA
MUSCHELKALK-KEUPER
BUNTSANDSTEIN/-SCHUTT
TRIAS
PERM
DEVON
Nettersheim
Blankenheim
Schmidtheim
Stadtkyll
Esch
Hillesheim
NETTERSHEIMER SATTEL
BUIRER M.
MÜLHEIMER SATTEL
BLANKENHEIMER MULDE
ROHRER MULDE
SATTEL
STADTKYLLER
JÜNKERATHER SATTEL
DOLLENDORFER MULDE
WIESBAUMER SATTEL
AHRDORFER MULDE
HILLESHEIMER MULDE
ESSINGER SATTEL
PRÜMER MULDE
GEROLSTEINER M.
Westeifeler Vulkanzone
TK 25 5505
TK 5506
TK 5605
TK 5705
TK 5706
TK 5805
TK 5806
KW 81

nite ist der Buntsandstein hier vor der Abtragung weitgehend geschützt worden. Denn diese Abtragung ging zu großen Teilen erst während des Quartärs vor sich. Das zeigen durch quartäre Tuffe geschützte Buntsandstein-Inselberge wie der Wöllersberg bei Lissingen oder der altquartäre Basalt Beuel bei Zilsdorf, der mehr als 5 km östlich des geschlossenen Buntsandstein-Areals liegt. Der nördlich vom Beuel liegende tertiäre Basalt des Arensberges enthält in seinen Tuffen große Buntsandstein- und möglicherweise sogar Muschelsandstein-Brocken. Hier muss offen bleiben, welcher Abtragungsanteil noch ins Tertiär fällt und welcher ins Quartär. Die Umrandung des Oberbettinger Trias-Areals ist also im Wesentlichen durch Erosionsränder gekennzeichnet und kein „Buntsandstein-Graben". In geringem Umfang treten auch Abschiebungen geringer Sprunghöhe auf; sie streichen entweder nordsüdlich oder parallel zur Faser des Untergrundes, also NE-SW. Ein größerer isolierter Buntsandstein-Rest findet sich südöstlich von Gerolstein um die Dietzenley. Er reicht bis in 530 m Höhe hinauf und ist durch einen quartären Basalt vor der Abtragung geschützt worden, so dass der Buntsandstein hier 60 m mächtig erhalten blieb (WIENECKE 1984). Südlich dieses Vorkommens steigt die Basis des Buntsandsteins auf Höhen über 600 m an, deshalb ist hier im Bereich der Salmerwald-Mulde der Buntsandstein bis auf einzelne Flecken erodiert (Birresborner Flexur nach WIENECKE).

Größere Buntsandstein-Areale sind zwischen Stadtkyll, Schmidtheim und Blankenheim im Bereich des Stadtkyller Sattels erhalten geblieben. Sie liegen auf einem unruhigen Relief und enthalten grobe Konglomerate. Ihre Basis reicht auf engem Raum von 480 bis 560 m NN hinauf, ohne dass Störungen eine Rolle spielen (WIENECKE 1984). Östlich davon ist am Stromberg bei Ripsdorf eine Buntsandstein-Scholle erhalten geblieben, weil sie während des Tertiärs durch eindringenden Basalt verkieselt wurde (SCHERP & WOLFF 1964, V. ZEZSCHWITZ 1969). An der Westseite der Buntsandstein-Flecken auf dem Stadtkyller Sattel finden sich zwischen Stadtkyll und Dahlem noch Reste vermutlich permischer Gesteine (6.2). Der größte Teil der Blankenheimer Mulde und des Nettersheimer Sattels enthalten keine Buntsandstein-Reste, sie liegen auf der Nettersheimer Schwelle, die nach WIENECKE (1984) den Zentralteil der Eifeler Nord-Süd-Zone vom Trias-Gebiet der Nordeifel trennt.

13.5.4 Trierer Bucht

Als Trierer Bucht wird der große Rhombus mesozoischer Gesteine verstanden, der sich von Luxemburg her bis in die Gegend von Mürlenbach erstreckt, wo seine Nordspitze durch das Kylltal in zwei Zipfel aufgespalten wird. Es handelt sich um eine nur dünne Sedimentplatte, da die mesozoische Schichtenfolge hier am Rand des germanischen Beckens nur geringmächtig ist. Sie liegt auf der eingeebneten, aber noch schwach welligen Schiefergebirgs-Oberfläche. Dieses Relief zeichnet noch das NE streichende Muster des variszischen Faltenbaus nach, ebenfalls die beiden Buntsandsteinbecken, das Trierer Becken im S, das über der Wittlicher Rotliegend-Senke bzw. über ihrer südwestlichen Fortsetzung entstand, und das Bitburger Becken im N. Das Trierer Becken ist relativ schmal und wird außerdem am Hunsrückrand durch NE-SW-Störungen begrenzt. Das breite Bitburger Becken vertieft sich allmählich nach SW und enthält deshalb dort größere Areale von Lias-Sedimenten. Die Ränder dieser großen

Abb. 148. Tiefenlinien der Basis der Mittleren Buntsandsteins im Zentralteil der Eifeler Nord-Süd-Zone. WIENECKE (1984), etwas verändert.

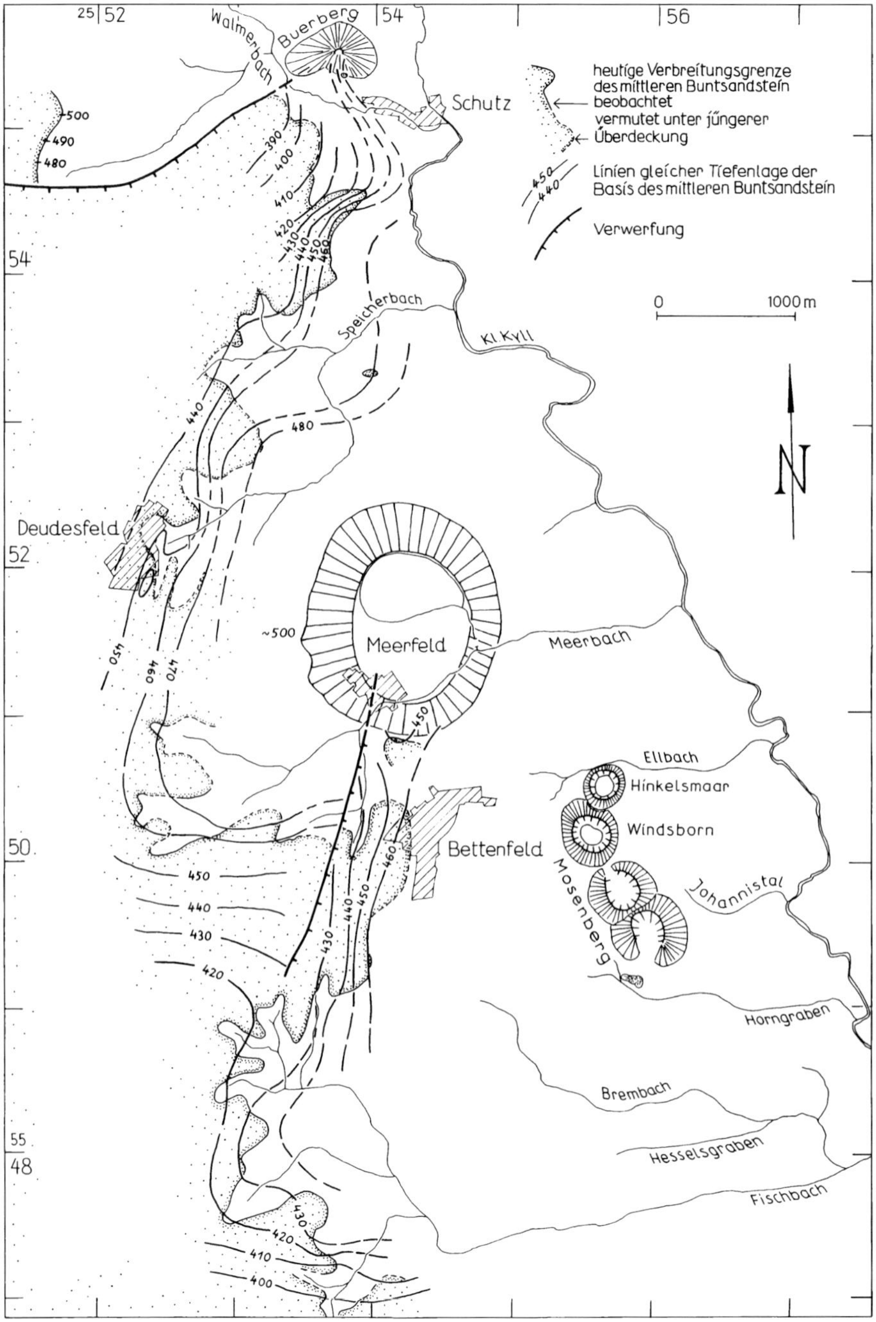

Abb. 149. Tiefenlinien der Basis des Mittleren Buntsandsteins westlich von Manderscheid. MEYER & STETS (1979).

Schüssel sind sehr flach gegeneinander geneigt, deshalb wird auch gelegentlich von der „Bitburger Mulde“ gesprochen.

Der Südwestrand der Trias-Decke überquert im Bereich der Saarmündung das Moseltal und bildet eine imposante Buntsandstein-Steilstufe gegenüber Trier auf dem linken Moselufer. Bei Quint trennt er sich vom Moseltal, weil er seine NE-Richtung beibehält und bis in die Gegend von Heckenmünster in der Wittlicher Senke zieht. Hier löst sich die Buntsandstein-Decke in einzelne Flecken auf, die im Schutze des steilen NW-Randes der Wittlicher Senke z. B. bei Dreis vor der Abtragung verschont bleiben. Der geradlinige Verlauf dieses SW-Randes der Trias-Decke wird durch eine Störung bedingt, an welcher bei Trier die Hunsrückscholle um mindestens 300 m herausgehoben wurde. Das Moseltal verläuft zwischen Konz und Quint vor dieser Bruchstufe und biegt nach E in die Hunsrückscholle ab. Auf dem westlichen Moselufer konnten von DEGEN et al. (1980) im Buntsandstein und Muschelkalk mehrere NE streichende Horst- und Grabenstrukturen auskartiert werden, außerdem zwischen der Universität und Biewer im Steilufer eine Reihe von NNE streichenden, meist zum nach NW gerichteten Schichteinfallen antithetisch orientierte Abschiebungen.

Der generell N-S ausgerichtete Ostrand der Trias-Bedeckung zeigt im Kartenbild einen zerschlitzten, buchtigen Verlauf, also einen Erosionsrand, der nur an einigen Stellen durch kleinere Störungen beeinflusst wird. Teilweise wird der Ostrand auch durch Unebenheiten des Untergrund-Reliefs geprägt, denn zumindest für den Mittleren Buntsandstein lag die Grenze des Ablagerungsraumes nicht weit östlich des Ostrandes der heutigen Trias-Verbreitung; Beispiele für den Einfluss der Untergrund-Morphologie auf das Verbreitungsbild des Buntsandsteins bei WEILER (1972) und MEYER & STETS (1979).

In den Ostrand des Buntsandstein-Areals der Südeifel schiebt sich bei Naurath ein schmaler Streifen des unterdevonischen Sockels vor. Dieser sog. „Naurather Horst“ zeichnet deutlich das variszische Streichen nach. In seiner südwestlichen Fortsetzung treten innerhalb des Buntsandstein-Gebietes des unteren Kylltales an der Deimlinger Mühle auch Unterdevon-Gesteine zutage. Der „Naurather Horst“ ist mindestens teilweise eine in den Ablagerungsraum des Buntsandstein hineinragende Schwelle, kein tektonischer Horst. Diese Naurath-Deimlinger Schwelle[5] trennt das Bitburger Becken vom Trierer Becken. Sie trennt auch die Wittlicher Rotliegend-Senke von dem kleineren und flacheren Rotliegend-Becken von Gladbach, das von ASHRAF & STETS (1978) beschrieben wurde; vgl. auch LICHTENSCHEIDT (2003).

Der Ostrand der Südeifeler Trias-Platte zieht von Gladbach in buchtigem Verlauf nach N bis in den Bereich des Kunowaldes nördlich von Großlittgen. Hier schwenkt er nach W zurück und zieht dann westlich von Bettenfeld und Meerfeld vorbei bis südwestlich von Schutz. Hier springt er dann wieder scharf nach W zurück, was wahrscheinlich zwischen Schutz und Weidenbach durch eine ENE streichende Störung bedingt wird. Dem Buntsandsteinrand sind am Meerfelder Maar, südlich vom Speicherbach und am Buerberg noch Erosionsreste von Buntsandstein vorgelagert (Abb. 149). Nördlich von Kloster Himmerod findet sich im Backenbachtal eine schmale nordsüdlich verlaufende Aufragung unterdevonischer Gesteine, die durch einen Rücken in der vortriadischen Landoberfläche bedingt wird, östlich des Kylltales zieht eine schmale Buntsandstein-Zunge nach N bis ins Gebiet der Salmerwald-Mulde.

Westlich des Kylltales, das den Buntsandstein bis südlich von St. Thomas unterschnitten hat, springt die Buntsandstein-Decke in einem schmalen Zipfel zwischen Weißenseifen und Niederhersdorf bis an den Rand der Prümer Mulde vor. Von hier zieht der Rand in südwestlicher Richtung weiter und überquert die luxemburgische Grenze südlich von Vianden. Er wird

5 Einen Ort Deimlingen gibt es nicht, nur die Deimlinger Mühle

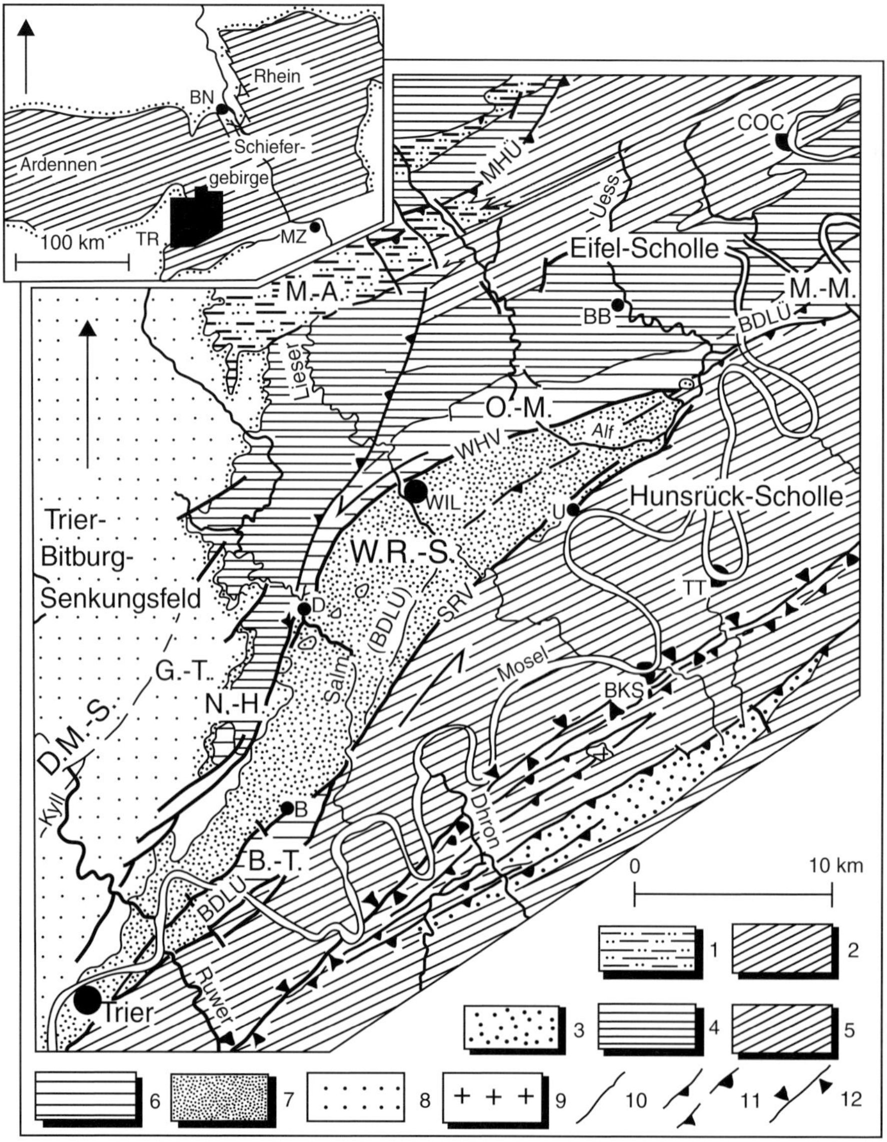

Abb. 150. Geologische Übersichtskarte der Südwesteifel. J. STETS (2004) unter Verwendung von Unterlagen von KÖLSCHBACH (1986), WILDBERGER (1992) und ZITZMANN & GRÜNIG (1987). MHÜ Mayener (Siegener) Hauptüberschiebung, M.-A Manderscheid-Antiklinorium, O.-M. Olkenbach-Mulde, M.-M. Moselmulde, BDLÜ Boppard-Dausenau-Longuich-Überschiebung, WHV Wittlicher Hauptverwerfung, W.R.-S. Wittlicher Rotliegend-Senke, SRV südöstliche Randverwerfung, G.-T. Gladbach-Trog, N.-H. Naurath-Horst, D.M.-S. Deimlinger Mühle-Schwelle, B.-T. Bekond-Teilscholle. Bd Bekond, BB Bad Bertrich, BKS Bernkastel-Kues, BN Bonn, COC Cochem, D Dreis, MZ Mainz, TR Trier, TT Traben-Trarbach, Ü Ürzig. 1 Siegen, Normalfazies, 2 Siegen, Hunsrückschiefer s.l., 3 Siegen, Dhrontal-Schichten, 4 Unterems, Normalfazies, 5 Unterems, Hunsrückschiefer s.str. und jünger, 6 Oberems bzw. Mitteldevon, 7 Rotliegendes, 8 Buntsandstein, 9 Rhyolith von Gornhausen, 10 Verwerfung, 11 Überschiebung, 12 Vergenzfächer.

durch die von NW herabkommenden Täler eingekerbt, besonders tief durch Nims- und Prümtal. Der nordsüdliche Verlauf des Trias-Randes nördlich vom Prümtal wird teilweise auch durch N-S-Störungen bedingt; dadurch rückt bei Biersdorf sogar Muschelkalk bis nahe an den Rand. Südöstlich vom Nimstal ist der Mittlere Buntsandstein so geringmächtig, dass er nur in schmalen Streifen das Trias-Areal umsäumt. Westlich von Niederweidingen (Bl. 5904 Waxweiler) tritt kein Mittlerer Buntsandstein mehr auf, sondern der Obere Buntsandstein greift auf das Grundgebirge über.

Das Areal des Muschelkalks und jüngerer Schichten liegt innerhalb des folgenden Gebietes: Von westlich Igel im Moseltal bis Lorich wird es durch eine NE streichende Linie begrenzt, die z. T. durch NE streichende Brüche gebildet wird. Die Ostgrenze des Muschelkalk-Gebietes verläuft stark buchtig bis etwa Oberkail. Die Kyll hat von dem Hauptareal einige Muschelkalk-Inseln abgetrennt, so bei Speicher, Hosten und Scheidweiler. Die Kyll hat sich mit Ausnahme der Strecke zwischen Erdorf und Hüttingen, die im Unteren Muschelkalk verläuft, bis auf den Buntsandstein hinunter eingeschnitten. Die Nordgrenze verläuft etwa zwischen Oberkail und Oberweiler mit einem tiefen Dreiecksausschnitt im Bereich des Kylltales. Zwischen Oberweiler und Wiersdorf wird der Muschelkalk durch eine N-S streichende Störung begrenzt. Von Wiersdorf aus verläuft die Grenze in südwestlicher Richtung gegen Gentingen im Ourtal, wobei SW-NE streichende Störungen stellenweise den Ausstrich begrenzen. Im Sauertal bei Bollendorf tritt in einer flachen Aufwölbung Oberer Muschelkalk zutage (W. WAGNER 1983).

Gesteine des Keupers bilden im Bitburger Becken beiderseits der Nims zwei große Flächen, die sich bei Messerich vereinigen und von hier über das Sauertal hinweg bis ins luxemburgische Gutland ziehen. Das Sauertal verläuft zwischen Wallendorf und der Senke von Echternacherbrück in Keuper-Gesteinen, abgesehen von der Muschelkalk-Aufwölbung bei Bollendorf. Südlich des Bitburger Beckens sind in dem Bereich, in dem sich die Täler von Kyll und Sauer einander stark nähern, Keuper-Gesteine in kleinen Erosionsflecken vorhanden. Im Areal der schmalen Leistenschollen zwischen unterer Sauer und Mosel nördlich und nordöstlich Liersberg sind auch Keuper-Sedimente erhalten geblieben.

Sedimente des Lias sind nur im Zentralteil des Bitburger Beckens vorhanden. Wegen der Widerstandsfähigkeit des Luxemburg-Sandsteins bilden sie ausgedehnte Plateaus mit steil abfallenden Wänden. Da die Basis des Lias und große Teile des Keupers tonig entwickelt sind, kommt es an den Flanken dieser Plateaus oft zu Rutschungen und Felsstürzen. Durch die Nebentäler der Sauer sind folgende Lias-Plateaus isoliert worden: Ferschweiler-Plateau, Wolfsfelderberg-Plateau (Heiderücken), das Plateau nordwestlich Bollendorf und das kleine Plateau des Hartberges nördlich Schankweiler. Zwischen Nims- und Prümtal finden sich westlich Bitburg auf der Bedhard noch zwei kleine Erosionsreste von Lias-Sedimenten. Der Luxemburg-Sandstein des Ferschweiler-Plateaus ist schwach nach S geneigt, so dass er bei Echternach fast ins Tal hinabreicht. So kommt er dort westlich der Sauer in den Einflussbereich der Nebentäler, die ihn zu der malerischen Erosionslandschaft der „Luxemburger Schweiz" zerschlitzten.

Im Raum von Binsfeld und Speicher finden sich eozäne Tone in größerer Verbreitung. Weiter südöstlich finden sich breite Streifen von alttertiären weißen Sanden und Kiesen, die sich zu mehreren alten Talzügen verbinden lassen (10.2.5). Diese Vallendar-Schotter haben wahrscheinlich eozänes Alter (B. NICKEL 1994). Ein solcher Schotterstreifen lässt sich aus dem Trierer Raum über Arenrath und Niederkail bis nach Großlittgen verfolgen. Hier spaltet er auf in einen nach N bis Manderscheid verfolgbaren Zug und einen, der über Hasborn hinaus nach NE zieht. Es hat den Anschein, dass im Moselgebiet ein Hauptfluss existierte, dem der Manderscheider und vielleicht auch der Hasborner Flusslauf zuflossen.

Bei den Störungen in der Trierer Bucht überwiegt die NE-Richtung sehr deutlich, und zwar im Südwestteil (zwischen unterer Sauer und Kyll) stärker nordnordöstlich orientiert, im nördlichen Gebiet mit durchschnittlichem Streichen von 45° also genau NE-SW. Untergeordnet treten auch N-S-Störungen und NNE-SSW-Störungen auf. Die Lagerung ist nicht überall vollkommen horizontal, so dass LUCIUS (1948) im Luxemburger Gutland eine Anzahl von flachen „Sätteln" und „Mulden" herausarbeiten konnte. Sie sind zum größten Teil an Schwellen und Becken im Ablagerungsraum des Buntsandsteins gebunden. Das ist besonders deutlich beim „Sattel von Sierck", der auf der Siercker Schwelle liegt.

Ähnlich liegen die Verhältnisse beim „Sattel von Born", der in die Südeifel hineinzieht. Im unteren Sauertal ist er dadurch markiert, dass nördlich Born unter dem Muschelkalk ein schmaler Streifen mit Gesteinen des Oberen Buntsandsteins auftaucht. In nordöstlicher Richtung dieser Struktur findet sich die Schwelle an der Deimlinger Mühle im Kylltal, auf welcher der Mittlere Buntsandstein nur 20 m mächtig ist. Man kann jedoch die flachen, in NE-Richtung streichenden faltenförmigen Verbiegungen nicht nur auf das prämesozoische Relief zurückführen, da dieses mit dem Oberen Buntsandstein weitgehend ausgeglichen wurde, aber die jüngeren mesozoischen Schichten auch von den Verbiegungen betroffen wurden. Das Verwerfungsmuster der nordwestlichen Trier-Bitburger Bucht, in dem sogar Seitenverschiebungen nachgewiesen werden konnten, beschreibt D. DITTRICH (2008, 2009).

In morphologischer Hinsicht gehören die nördlichsten Buntsandstein-Areale nordwestlich von Manderscheid noch zur jüngeren Rumpfflächenregion (R1 bei STICKEL 1927) mit Höhen um 500 m NN. Etwa entlang der Linie Wagenhausen – Gillenfeld – Manderscheid – Oberkail – Kyllburg – Sinspelt – Vianden biegt die Rumpfflächenregion zur durchschnittlich nur 400 m Höhe erreichenden Trogregion hinab. An dieser Flexurzone finden noch bis in die Quartärzeit hinein Bewegungen statt, wie Verbiegungen an den Hauptterrassen von Alf und Uess zeigen (QUITZOW 1971). In die Trogregion ist die jungtertiäre und quartäre Ausräumzone des Moseltals eingegraben. Zur morphologischen Gliederung des Moseltals und seiner Nebentäler vgl. 11.6.5, zur Genese der Flächensysteme der Südeifel PFEFFER (1978) und LÖHNERTZ (1994).

Die Buntsandstein-Decke besonders der Bitburger Senke stellt heute ein wichtiges Grundwasserreservoir dar (KLEIN 1937, WEILER 1972, KRIEGER 1978). Eine Karte der Wald- und Feldflächen der Südeifel zeichnet den geologischen Aufbau deutlich nach: Der Mittlere Buntsandstein ist bewaldet (vgl. z. B. die ausgedehnten Wälder im Raum Salm, Meisburg, Eisenschmitt, Himmerod), die Flächen mit den jüngeren mesozoischen Gesteinen werden intensiv landwirtschaftlich genutzt, abgesehen von den steilen Talhängen.

13.6 Wittlicher Senke und Umgebung (Moselmulde)

Die Wittlicher Rotliegend-Senke und ihre Umgebung ist das erste Gebiet der Eifel, das schon seit der Jahrhundertwende im Maßstab 1 : 25 000 geologisch kartiert ist. Eine neuere Bearbeitung dieses Gebietes legte KOPP (1955) vor; wichtige Ergänzungen und eine detaillierte Karte hat SOLLE (1976) veröffentlicht. Eine neue geologische Karte 1 : 50 000 mit Beschreibung hat J. STETS (2004) publiziert, vgl. auch BINOT & STETS (1982), BONN & STETS (2000), KOZEL & STETS (1989), STETS (1990).

Die Rotliegend-Senke zeichnet in ihrer NE-SW-Erstreckung den variszischen Faltenbau nach. Sie wird im SW von den triadischen Sedimenten der Trierer Bucht überlagert; etwa an der Linie Erlenbach – Föhren – Quint verschwinden die permischen Sedimente unter Buntsandstein. Im Unterlauf des Quintbaches streichen Rotliegend-Sedimente noch einmal breit aus. Als schmaler Streifen treten sie unter der Buntsandstein-Decke südwestlich Ehrang zutage. An SW-NE streichenden Störungen werden Rotliegend-Gesteine noch einmal nördlich von Biewer und am Südfuß des Fichtenberges gegenüber Trier an die Oberfläche gehoben (DEGEN et al. 1980). Das südwestlichste Rotliegend-Vorkommen findet sich in Trier-West im Balduinstälchen (NEGENDANK 1983).

Nach NE hebt sich die Wittlicher Senke heraus, deshalb treten hier die ältesten Schichten der Füllung zutage. Die Senke ist im NE flach muldenförmig gebaut; im SW stellt die Beckenfüllung eine nach NW geneigte Platte dar. Sie wird im NW von einer steilen Abschiebung, der Wittlicher Hauptverwerfung, begrenzt. Diese Störung hat zwischen Hecken-

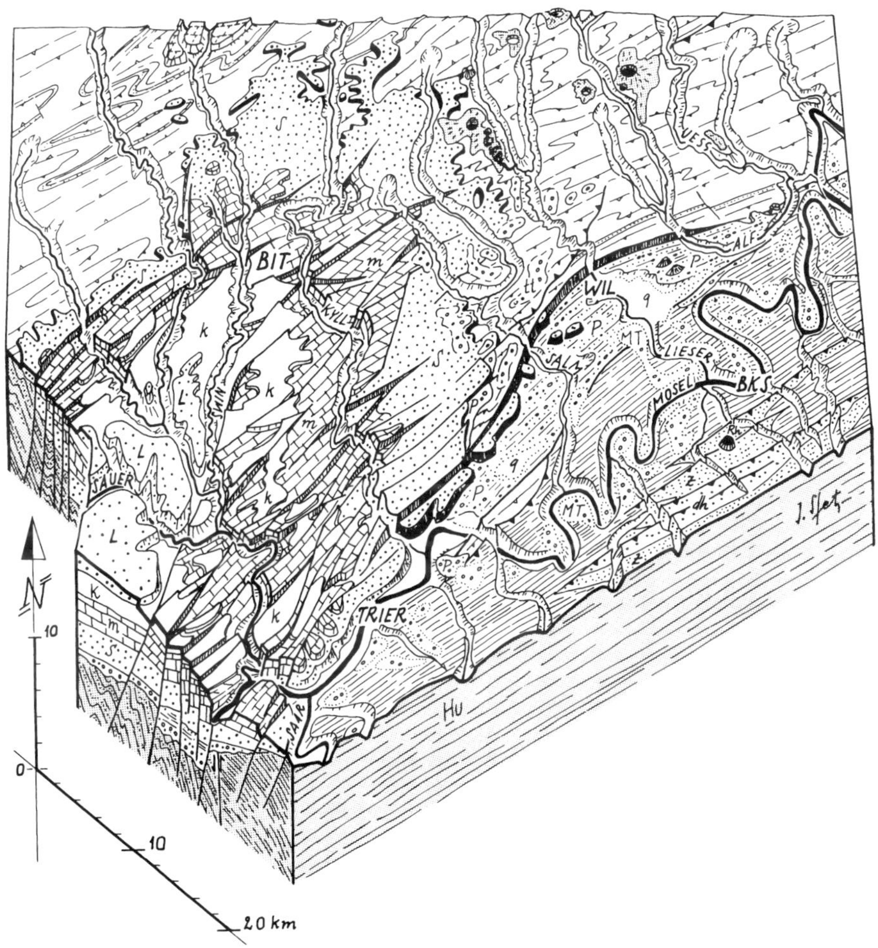

Abb. 151. Die Trierer Bucht und ihre Umgebung im Raumbild. Zeichnung von J. STETS, Bonn. dh Dhroner Quarzite, Hu Hunsrückschiefer, Z Zerf-Schichten, P Perm-Schichten, Rh Rhyolith, s Buntsandstein, m Muschelkalk, k Keuper, L Lias, tt Tertiär-Schichten, MT Moselterrassen, q Quartär-Ablagerungen; BIT Bitburg, BKS Bernkastel, WIL Wittlich.

münster und Naurath wohl 700–900 m Sprunghöhe. Nach NE nimmt der Verwerfungsbetrag allmählich ab, und die Störung löst sich bei Hetzhof wahrscheinlich in Einzelstörungen auf (frdl. Mitt. J. STETS). Auch im SW, etwa auf der Höhe von Naurath, löst sie sich in mehrere Abschiebungen auf. In Nähe der Wittlicher Hauptverwerfung sind die Wissenbach-Schiefer stark gebleicht; örtlich treten hier auch Mineralisationen (Siderit, Ankerit) auf, wie südlich von Olkenbach und in der Wittlicher Ziegeleigrube (KOPP 1955, 135). Die Beckenachse fällt im Bereich der größten Sprunghöhe mit der Wittlicher Hauptverwerfung zusammen. Nach NE verlagert sie sich mehr in die Mitte der Rotliegend-Senke. Nach KOPP hat eine Bohrung bei Altrich, also bereits weit südlich der Beckenachse, in 537,5 m Teufe das Rotliegende noch nicht durchbohrt. Auch der SE-Rand der Rotliegend-Senke wird von Abschiebungen geformt, die allerdings viel geringere Verwerfungsbeträge aufweisen als die Wittlicher Hauptverwerfung (BINOT 1980). Die Wittlicher Senke ist also in ihrer heutigen Struktur ein asymmetrischer Graben, in der Form spricht vieles dafür, dass es sich um ein Pull-apart-Becken handelt (STETS 1990).

Die Rotliegend-Senke ist in ihrem Hauptteil über einem Abschnitt der Moselmulde, nämlich der Olkenbacher Mulde entstanden, also in einem Bereich, der über lange Zeiträume immer wieder Senkungstendenz gehabt hat. Das lässt sich schon an der Mächtigkeitsverteilung des Unterdevons ablesen. Denn auch die sonst geringmächtigen und lückenhaften Ober-Ems-Schichten sind hier im Moseltrog am mächtigsten. Die Senkungstendenz zeigt sich auch daran, dass hier während des Unterdevons und unteren Mitteldevons immer die tiefsten Partien des marinen Ablagerungsraumes lagen, in denen mächtige tonige Folgen zum Absatz kamen (Hunsrückschiefer, Schieferfolgen der Kondel-Schichten, Wissenbach-Schiefer). Über das Verhalten dieses Raumes während des höheren Mitteldevons, Oberdevons und Karbons ist nichts bekannt. Jedoch muss er während der variszischen Faltung ebenfalls stark abgesunken sein; das zeigt die tief hinabreichende Struktur der Moselmulde, die von den Rändern her überschoben wird. Während des Perms entsteht hier die Rotliegend-Senke. Während der Buntsandstein-Zeit sinkt das Gebiet weiter ab, es bildet sich das Trierer Becken mit starken Mächtigkeiten. Auch die post-triadische Tektonik lässt die Senke weiter einbrechen: an der wohl schon während der Rotliegend-Zeit aktiven Wittlicher Hauptverwerfung wird der Buntsandstein nordwestlich Erlenbach um ca. 150 m abgesenkt (SCHRADER 1990). Dass die Absenkung auch noch bis ins Tertiär hinein vor sich geht, zeigt sich daran, dass die eozänen Vallendar-Schotter an der Wittlicher Hauptverwerfung bei Heckenmünster noch um etwa 20 m verworfen wurden (SCHRADER 1990). NEGENDANK (1983, 123) hält auch beckenwärtige Absenkungen in den alten Moselschleifen bei Osann und Bekond nach der Ablagerung der Mittelterrassen um Beträge zwischen 5 und 15 m für wahrscheinlich, was bedeutet, dass die Absenkung bis fast in die Gegenwart andauert.

Aus der Lage im Zentralbereich der Moselmulde ergibt sich der Aufbau des devonischen Rahmens der Wittlicher Senke: Der NW-Rand wird vom Ostende bei Kloster Springiersbach bis nach Dreis von den Wissenbach-Schiefern der Olkenbacher Mulde aufgebaut. Ihr Ausstrich verschmälert sich westlich von Wittlich stark. Auch die unter den Wissenbach-Schiefern liegenden Ober-Ems-Gesteine sind östlich von Wittlich sehr breit aufgeschlossen, am breitesten im Alftal bei Olkenbach. Westlich von Wittlich verschmälert sich der Ober-Ems-Streifen rasch, weil ihn eine Störung abschneidet, an der Unter-Ems-Gesteine auf die Olkenbacher Mulde aufgeschoben werden. Die komplizierten tektonischen Verhältnisse sind hier jedoch noch ungeklärt. Südwestlich von Dreis bilden Klerf-Schichten den Rahmen der Senke; nur bei Naurath treten am Rande der Buntsandstein-Überdeckung noch einmal Ober-Ems-Gesteine zutage. Die Strukturen im Randstreifen der Senke sind NW-vergent. Jedoch wird der Ostteil der Senke dicht nördlich der Randverwerfung begleitet von dem großen Vergenzmeiler, der von Lahnstein an dicht nordwestlich der Achse der Moselmulde verläuft und bei Alf-Bullay in die Südeifel übertritt. Vom Sternenwald nördlich Pünderich zieht er in ost-westlicher Richtung bis nördlich von Wittlich, wo der SE-vergente Bereich der Südeifel sich auflöst.

Der Kernbereich der Moselmulde wird von SE her durch Hunsrückschiefer überschoben. Die Überschiebung („Hunsrück-Überschiebung“ bei KOPP) überquert bei Bullay die Mosel und verschwindet nordöstlich Springiersbach unter den Rotliegend-Sedimenten; sie muss von hier ab relativ nahe dem SE-Rand der Senke verlaufen. So besteht das Areal zwischen der Wittlicher Senke und der Mosel bis zum unteren Salmtal ausschließlich aus NW-vergent gefalteten und geschieferten Hunsrück-Schiefern. Zwischen dem Salmtal und Bekond verlässt die Hunsrück-Überschiebung die Rotliegend-Senke in südöstlicher Richtung; südöstlich von Schweich überquert sie das Moseltal. So treten in ihrem Liegenden im Raum Bekond – Schweich noch einmal Ober-Ems-Gesteine und in den Bekond-Schichten auch vielleicht Mitteldevon-Schichten (3.4.3.2) zutage, also der Kern der Moselmulde.

Die Moselmulde wird auf ihrer SE-Flanke begleitet von einem Schwarm von gang- oder schlotartigen Diabas-Vorkommen. GREBE (1892g, 6) erwähnt aus dem Gebiet zwischen Saar und Ruwer fast 300 Vorkommen. In dem Hunsrückschiefer-Areal zwischen Wittlicher Senke und Moseltal gibt es drei größere Diabas-Vorkommen: auf dem Sterresberg südöstlich Pohlbach, dem Thomasberg südöstlich Krames und dem Karmel zwischen Dhron und Rivenich. Die Diabas-Gesteine sind teilweise am Rand noch geschiefert (J. STETS mündl.), sind demnach vor der Faltung aufgedrungen. Ob sie unterkarbonisches Alter haben, wie GUNDLACH (1933) vermutet, oder noch älter sind, ist unbekannt. Im Ober-Ems-Areal bei Schweich finden sich „Keratophyr“-Gänge bei der ehemaligen Grube „Schweicher Morgenstern“ und Keratophyr-Tuffite im Hang des Moseltals südöstlich Schweich (MARTIN 1979) (3.8.1).

Die Wittlicher Senke enthält auch jüngere Vulkane, nämlich die Berge Neuerburger Kopf und Lüxemberg zwischen Bombogen und Neuerburg. Die markanten Kuppen bestehen nur zum geringen Teil aus vulkanischem Material. Die basaltische Lava ist nur gangartig vorhanden, beim Neuerburger Kopf ist außerdem eine Schlotbrekzie aufgeschlossen. Die beiden Berge bestehen hauptsächlich aus dem permischen Neuerburg-Sandstein, der durch die Vulkanite z. T. verkieselt und dadurch verwitterungsresistent gemacht wurde. So entstanden die Kegel, die Musterbeispiele für aufgesetzte Vulkanbauten vortäuschen. Eine Überraschung brachten mehrere nach der K/Ar-Methode durchgeführte Altersbestimmungen: sie ergaben durchschnittliche Alter von 108 Mio. Jahren, was eine Einstufung in die ausgehende Unterkreide (Albien) erfordert (LIPPOLT 1983) (Abb. 63).

Die Vulkane zeigen, dass seit dem Ende der Unterkreide-Zeit in diesem Teil der Wittlicher Senke etwa 100 m Rotliegend-Schichten erodiert wurden, denn am Neuerburger Kopf findet sich der Neuerburg-Sandstein heute 100 m über dem Boden der Senke. Die Ausräumung der z. T. nur schwach verfestigten Rotliegend-Gesteine dürfte hauptsächlich während des Jungtertiärs und Quartärs erfolgt sein, d. h. zur Zeit, als das nahe Moseltal sich eintiefte. Wenn aber ein von NEGENDANK (1983) zwischen Pohlbach und Salmtal (Salmrohr) aus 220 m Höhe angegebenes Vorkommen von Quarzschottern zu den Vallendar-Schottern gehört, was nicht mit Sicherheit zu belegen ist, so wäre das ein Hinweis dafür, dass schon im Alttertiär die Ausräumung wenigstens begonnen hatte.

Ein großer Teil der Ausräumung erfolgte während des Pleistozäns, wobei die durch die Wittlicher Senke ziehenden Eifelflüsse Salm, Lieser und Alf eine wichtige Rolle spielten, vgl. 11.6.5.5 und 11.6.5.6. Da sich auch Moselschotter in der Senke finden, wurde die Möglichkeit diskutiert, dass die altpleistozäne Mosel sich bei Schweich gespalten haben könnte, wobei der nördliche Arm bis Platten durch die Wittlicher Senke geflossen sein sollte. Heute sind diese Vorstellungen einer sog. Bifurkation aufgegeben worden. Die Moselschotter in der Senke werden auf zwei Moselmäander, die zur Hauptterrassenzeit bei Bekond – Pohlbach – Klüsserath und bei Mülheim – Osann – Altrich – Maring bestanden, zurückgeführt (vgl. Abb. 120).

An der Wittlicher Hauptverwerfung treten heute im Salmtal und südwestlich davon mehrere Kohlensäurequellen auf; die stärkste findet sich bei Dreis. Andere kommen nach KLEIN (1937) 2,5 km westlich Dörbach, 300 m nordöstlich von Heckenmünster, 1,2 km südlich Heckenmünster (Victoriaquelle), 1 km westlich Erlenbach, 2 km südwestlich Erlenbach (Tal des Reinbaches) und 1,3 km südwestlich Naurath (im Föhrenbachtal) vor. 200 m nördlich der Victoriaquelle bei Heckenmünster tritt eine Schwefelwasserstoff-führende Quelle aus. An der südöstlichen Randverwerfung der Senke treten starke Quellen auf, so oberhalb von Ürzig, südlich von Neuenhof (südlich Altrich) und nordwestlich von Pohlbach (KLEIN 1937). Einige sind reich an Sulfaten.

13.7 Osteifel

13.7.1 Der Sockel

Dieses Gebiet wird durch Unterdevon-Gesteine (Siegen- und Unter-Ems-Schichten) aufgebaut, die im E durch die tief eingeschnittenen Täler von Rhein, Nette, Nitz, Brohl, Vinxtbach und besonders Ahr gut aufgeschlossen sind, im S durch die Mosel und ihre mäanderreichen tiefen Seitentäler.

Der tektonische Bau der Nordosteifel wird bestimmt durch ein großes Antiklinorium, den Osteifeler Hauptsattel. Er setzt sich zusammen aus zwei Großsätteln, dem Sattel von Hönningen-Seifen im SE und dem Ahrtalsattel im NW. Der Sattel von Hönningen-Seifen quert das Rheintal bei Hönningen und Niederbreisig und lässt sich als durch mehrere große Überschiebungen gegliederte Sattelstruktur bis in den Raum nördlich Kempenich verfolgen. Hier löst er sich in Einzelfalten auf, die aber noch ein großes Antiklinorium bilden, das sich bis in die Gegend nördlich von Adenau fortsetzt. Weiter westlich, in Annäherung an die Zone der Kalkmulden, lassen sich keine solchen Großsättel mehr feststellen; die Mitteldevon-Mulden und die dazwischen liegenden Unterdevon-Sättel haben etwa gleiche Spannweite. Der Ahrtalsattel lässt sich vom Rhein bei Remagen als geschlossener Sattel bis westlich von Altenahr verfolgen, wo er sich in Einzelfalten auflöst. Das tief eingeschnittene Ahrtal zwischen Altenahr und Walporzheim verläuft im Steilflügel dieses Sattels. Das Achsengefälle ist östlich der Linie Rheinbach – Dernau – Kempenich – Ettringen – Hatzenport mit durchschnittlich 10° nach NE gerichtet. Diese Linie bezeichnet die große Achsenkulmination der Osteifel. Es gibt aber beiderseits der Achsenkulmination auch unregelmäßig verteilt kleinere Flecken, in denen das Achsengefälle entgegengesetzt zum generellen Abtauchen gerichtet ist, dadurch kommt oft ein zopfartiges Ineinandergreifen von Falten zustande. Im Bereich des NE-Achsengefälles formieren sich im Bereich des Rheintals schmale, quer zum Streichen orientierte Streifen mit Gegenabtauchen; sie sind für den Baustil großer Teile des vorderen Westerwaldes charakteristisch.

Westlich der Achsenkulmination tauchen die Faltenachsen relativ steil (durchschnittlich mit 15°) nach SW, zur großen Achsendepression der Nord-Süd-Zone ab. In Nähe der Kalkmuldenzone gibt es schmale Zonen, in denen das SW-Achsengefälle sich bis zu etwa 30° versteilt (sog. Achsenrampen). Wie schon SCHENK (1937) erkannte, haben diese Zonen N-S-Streichen, verlaufen also nicht quer zum Achsenstreichen. Ein solcher N-S-Streifen mit versteiltem Achsengefälle verläuft z. B. entlang der Linie Wershofen – Eichenbach – Müsch – Kirmutscheid. Diese rampenartigen Streifen haben an einigen Stellen keine Falten, sondern biegen dadurch zur Nord-Süd-Zone hinab, dass die Schichten NW-SE (also quer zu den Faltenachsen) streichen und mit 30–40° nach SW abtauchen. Diese faltenlosen Flexuren streichen NW-SE und sind fiederartig innerhalb der N-S-Streifen gestaffelt.

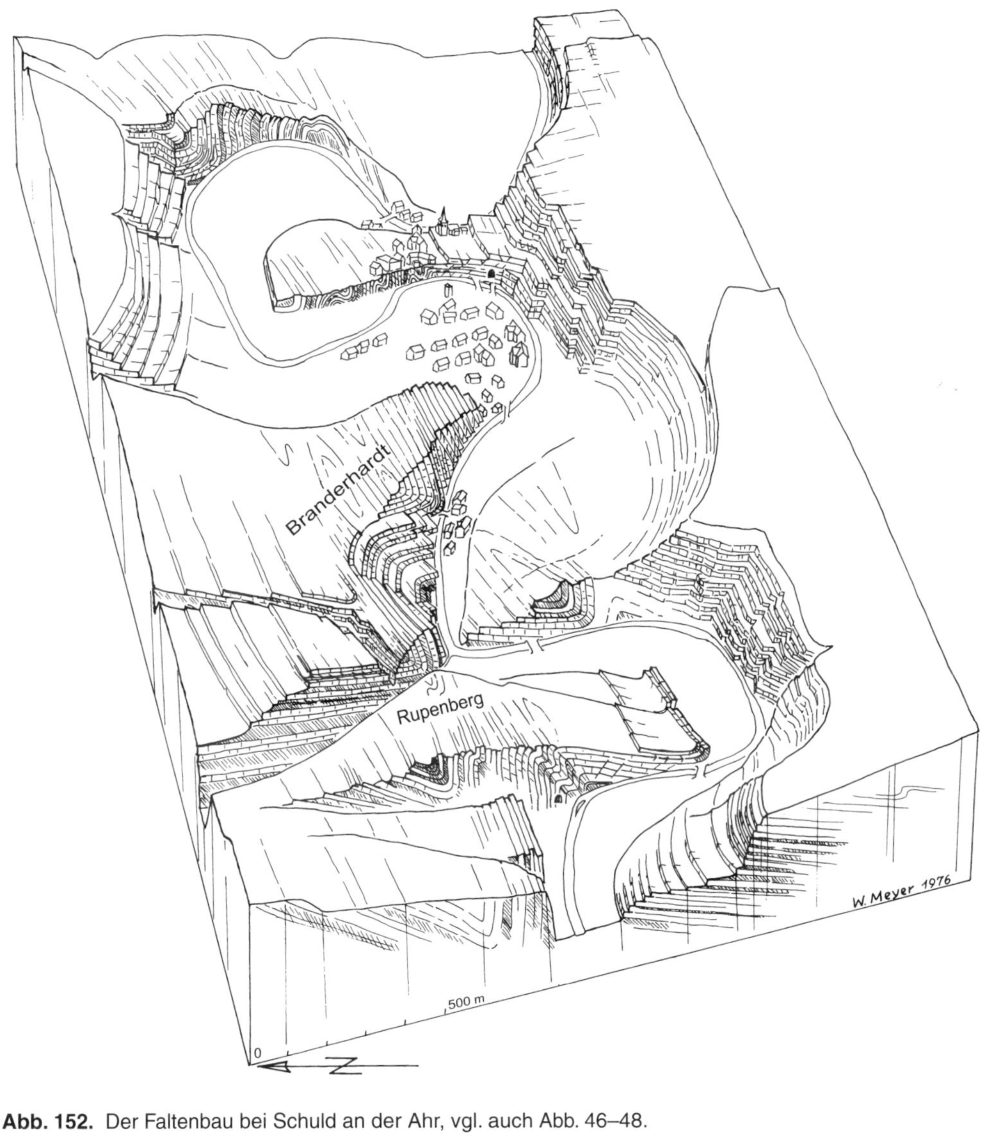

Abb. 152. Der Faltenbau bei Schuld an der Ahr, vgl. auch Abb. 46–48.

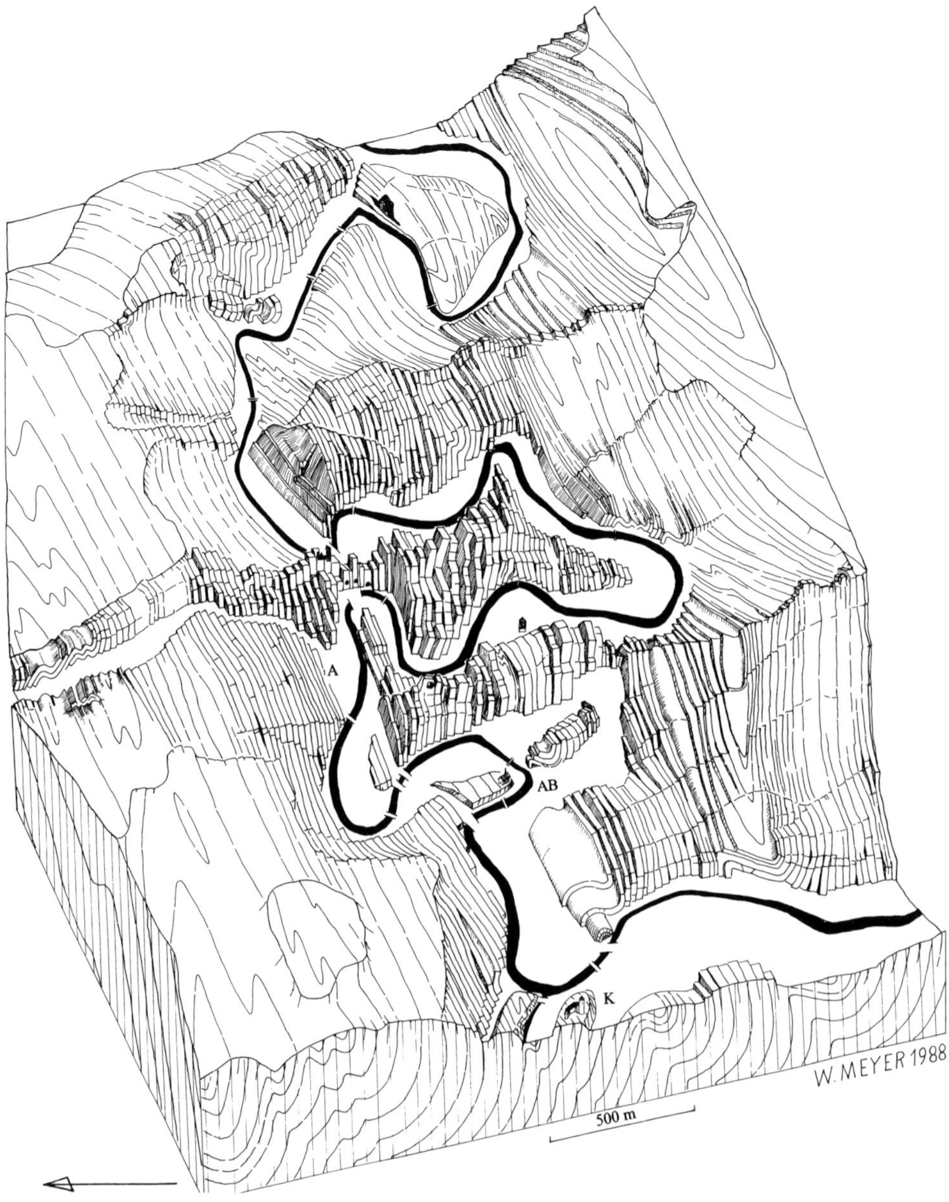

Abb. 153. Der Faltenbau im Raum Altenahr. A Altenahr, AB Altenburg, K Kreuzberg; südlich Altenahr ist die Jugendherberge eingetragen.

Der steile Ostrand der Nord-Süd-Zone muss über einem Abbruch oder einer rampenartigen Struktur des Untergrundes liegen, die schon während der Faltung wirksam war: Denn die Eifel-Kalkmulden von der Hillesheimer bis zur Blankenheimer Mulde heben alle an einer N-S verlaufenden Linie aus. Die Muldenstrukturen setzen sich nicht in das östlich anschließende

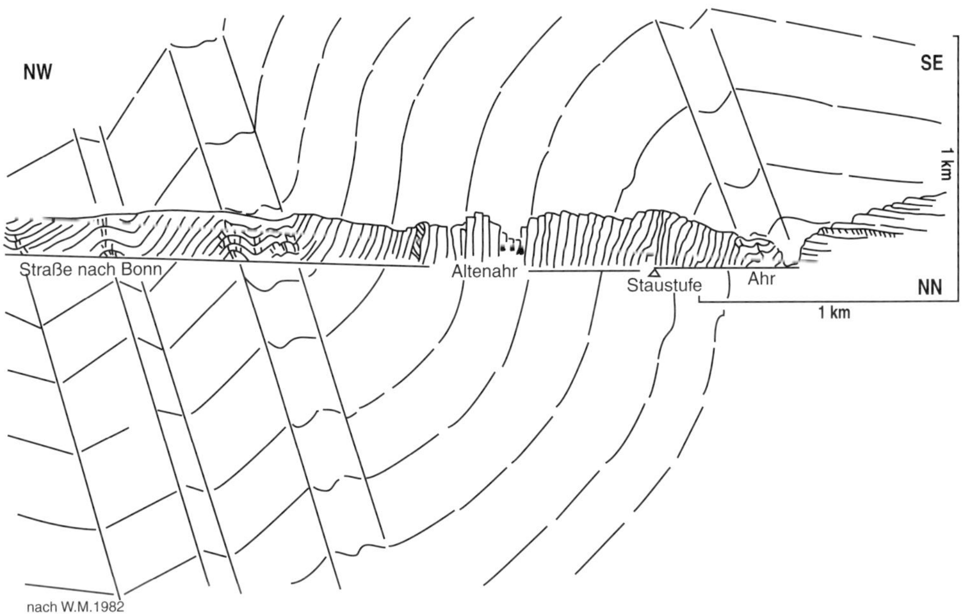

Abb. 154. Schnitt durch den Ahrtalsattel bei Altenahr; im NW z. T. nach Aufnahmen von G. HAHN (1980).

Unterdevon-Areal fort. Das ist besonders auffällig am Ostende der Hillesheimer Mulde, das zugleich das Ende des über 80 km langen Muldenzuges Wiltzer Mulde – Daleidener Muldengruppe – Prümer und Hillesheimer Mulde darstellt. In streichender Fortsetzung dieses Zentralteils des Eifel-Synklinoriums liegt der Osteifeler Hauptsattel! Der Ostrand der Nord-Süd-Zone stellt also eine Schollengrenze dar, die zwei Bereiche unterschiedlichen Faltenbaus voneinander trennt.

Die SE-Flanke des Osteifeler Hauptsattels wird am Rhein durch eine große Überschiebung begrenzt, die sich von Siegen bis in die Südosteifel über 120 km Länge erstreckt. Diese sog. Siegener Hauptüberschiebung überquert den Rhein bei Namedy und lässt sich über Mayen bis in die Gegend von Manderscheid verfolgen. Sie findet ihre südwestliche Fortsetzung wohl im Manderscheider Antiklinorium. Innerhalb einer schmalen Zone, die etwa 5 km südöstlich der Hauptaufschiebung verläuft, d. h. etwa auf der Linie Andernach – Hausen – Düngenheim – Gillenbeuren, schlägt die in der Eifel vorherrschende NW-Vergenz in SE-Vergenz um, die für die Südosteifel und das untere Moselgebiet den Bau bestimmt und erst auf der Höhe der Lahnmündung, also nahe dem Zentrum der Moselmulde, wieder von NW-Vergenz abgelöst wird. Innerhalb dieser südostvergenten Zone fallen große Teile der Schichtenfolgen überkippt steil nach NW ein. Die flach nach NW einfallenden Gegenflügel sind nur kurz und treten seltener auf, so dass der Faltenspiegel steil nach SE absinkt. Westlich vom Uessbachtal schwächt sich die SE-Vergenz ab, und die langen überkippten Faltenflügel lösen sich in Einzelfalten auf. Die SE-vergente Zone verschmälert sich von hier ab in westlicher Richtung, wobei NW-vergente und SE-vergente Bereiche sich miteinander verzahnen. Westlich des Lieserprofils nördlich Wittlich verschwindet die SE-Vergenz schließlich vollständig. Zwischen Hontheim und Beuren hat THON (1984) innerhalb eines 6 km langen und 1,5 km breiten Streifens extrem SE-vergente Falten entdeckt mit Achsen- und Schieferflächen, die flacher als mit

30° nach NW einfallen. Diese Antivergenz kann vielleicht durch Stauwirkung an der Nordflanke der tief hinabreichenden Moselmulde gegen eine rampenartige Schwelle im Liegenden der Siegener Hauptüberschiebung erklärt werden. Andere strukturelle Eigentümlichkeiten im NW-Flügel der Moselmulde sind die Bereiche, in denen das Achsenstreichen aus der SW-NE-Richtung in eine mehr nordsüdliche Richtung ausbiegt. Eine solche Flexurzone findet sich bei Treis (GASSER 1978), eine weitere bei Dreis am Nordrand der Wittlicher Senke. Vielleicht gehen diese Flexurzonen auf während der Faltung wirkende Verschiebungen an Schollengrenzen zurück. Der Graben für eine Gasfernleitung erschloss ein fast lückenloses Profil durch das Unterdevon der Südeifel (ELKHOLY 2000).

Die tektonische Konstellation bestimmt die Verbreitung der Unterdevon-Gesteine in der Osteifel: Der Osteifeler Hauptsattel wird von Siegen-Schichten in der sandigen sog. Normalfazies aufgebaut. Untersiegen-Gesteine treten im Sattel von Hönningen-Seifen und im Ahrtalsattel zutage. Sie lassen sich vom Rheinprofil bis westlich von Kaltenborn verfolgen, wo sie achsial unter Mittelsiegen-Schichten untertauchen. Mittelsiegen-Schichten bauen den größten Teil des Gebietes zwischen Ahr und Nette auf. Obersiegen-Schichten treten im Rheinprofil auf der SE-Flanke des Osteifeler Hauptsattels nicht mehr auf, da sie von der Siegener Hauptüberschiebung überdeckt werden. Sie erscheinen erst südlich von Bell unter der Hauptüberschiebung, wobei ihr Ausstrich sich in Richtung Mayen rasch verbreitert, da dort das mehr ostwestlich orientierte Streichen der Falten gegen das SW-NE-Streichen der Hauptaufschiebung divergiert. So kommt es, dass im Raum Monreal sogar Unter-Ems-Schichten unter der Störung zutage treten. Die Obersiegen-Gesteine ummanteln das große Osteifel-Antiklinorium, ziehen also in breitem Streifen über Virneburg, Adenau, Schuld, Lind, Bengen nach Remagen. Sie bauen im Rheinprofil den Untergrund bis Bonn auf. Es ist unsicher, ob der Mittelsiegen-Sattel von Menzenberg südlich des Siebengebirges noch auf das linksrheinische Gebiet zieht, wo er etwa bei Oberwinter zu erwarten wäre. Die Siegen-Schichten werden von Unter-Ems-Schichten ummantelt. Deren Untergrenze hat sich in der Osteifel mangels brauchbarer Fossilien an vielen Stellen noch nicht fassen lassen; sie dürfte etwa von Monreal über Boos, Müllenbach nach Fuchshofen verlaufen, von hier etwa über Reckerscheid in Richtung Hilberath. Gerade auf der NW-Flanke des Osteifeler Antiklinoriums ist die Grenzziehung besonders schwierig, da hier die Einflüsse des Nordkontinents so stark sind, dass sowohl das höchste Siegen als auch das Unter-Ems nicht-marin entwickelt sind. Auch auf der Nordwestflanke des Osteifel-Antiklinoriums treten mehrere große Überschiebungen auf.

Die Siegener Hauptüberschiebung trennt am Rhein und in der Osteifel zwei Faziesbereiche. Ihre Liegend-Scholle enthält, wie eben geschildert, Siegen- und Ems-Schichten der sandigen Normalfazies, also Ablagerungen eines relativ flachen Meeres, in dem es zeitweilig zu Verlandung und Aussüßung kam. Die unterdevonischen Schichten im Hangenden der Hauptaufschiebung sind in der Fazies des Hunsrückschiefers ausgebildet, sie sind unter ständig marinen Bedingungen abgelagert worden. Der Hunsrückschiefer-Zug der SE-Eifel taucht im Nettetal bei Wernerseck unter den tertiären und quartären Deckschichten des Neuwieder Beckens auf, ist in den tiefen Talschluchten von Nette-, Elz- und Endert-Tal gut aufgeschlossen und lässt sich bis ins Üssbachtal verfolgen, wo er sich mit Unter-Ems-Schichten in sandiger Normalfazies verzahnt. Der Hunsrück-Schiefer am Rhein und bei Mayen vertritt nicht nur das tiefe Unter-Ems, sondern auch das Siegen. ELKHOLY & GAD (2006) ersetzen den Ausdruck Hunsrückschiefer für den Siegen-Anteil der Schichtenfolge durch den Begriff Wied-Gruppe, da geringfügige fazielle Unterschiede zum klassischen Hunsrückschiefer des Südhunsrücks bestehen. Der Hunsrückschiefer wird im südlichen Maifeld und im Moselgebiet überlagert von Unter-Ems-Schichten der Singhofen- und Vallendar-Unterstufe. Leithorizonte in der schwer zu gliedernden Schichtenfolge bilden die Porphyroid-Tuffite der Singhofen-Schichten, die sich vom Bubenheimer Berg am Rhein über das Gebiet nördlich von Kobern bis nach Cochem nachweisen ließen. An der unteren Mosel im Raum Kobern – Winningen reichen Ober-Ems-Gesteine in schmalen Streifen gerade noch auf das Eifelgebiet hinauf. Hier treten in Unter-Ems- und Ober-Ems-Gesteinen einige vielleicht oberdevonische oder unterkarbonische Diabas-Gänge auf.

Die Achse des Mosel-Synklinoriums verläuft etwa entlang der Linie Longuich – Bekond – Bengel – Alf – Senheim – Buchholz – Braubach. Am Rhein und auf dem Hunsrück bilden Ober-Ems-Gesteine den Kern des Synklinoriums, mit Ausnahme eines kleinen Vorkommens Kalkknollen-führender mitteldevonischer Tonschiefer südöstlich von Beilstein (SOLLE 1942b). Im Eifelabschnitt des Synklinoriums treten in der Olkenbacher Mulde zwischen Alf und Dreis mitteldevonische Wissenbach-Schiefer zutage.

13.7.2 Die postvariszischen Bildungen

Die während der Jura-, Kreide- und Alttertiär-Zeit entstandene Verwitterungsrinde des Schiefergebirges ist nördlich des unteren Ahrtales noch örtlich erhalten geblieben, ebenso im Neuwieder Becken, wo sie durch tektonische Absenkung vor der Abtragung bewahrt wurde. Bei Ödingen (Bl. 5309 Königswinter) werden verwitterte Obersiegen-Schichten zur Kaolingewinnung abgebaut. Bei dem vom Oligozän an stärkeren Aufstieg des Schiefergebirges wurden die tonigen Zersetzungsprodukte abgeschwemmt. Sie lagerten sich in kleinen, meist tektonisch entstandenen Senken wieder ab. Solche oligozänen bis miozänen Tonlagerstätten finden sich außer im Neuwieder Becken in kleinen tektonischen Senken am Südrand der Niederrheinischen Bucht (Antweiler, Witterschlick, Röttgen, Lengsdorf, Adendorf, Birresdorf, Ringen u. a.). Sie führen oft Braunkohlenlagen, nähere Beschreibungen bei 10.2–10.4. Während des höheren Oligozäns wurden in einer breiten Senke zwischen Neuwieder Becken und Niederrheinischer Bucht Tone und Feinsande abgelagert. Sie sind am Fuß einiger quartärer Vulkane vor der Abtragung geschützt worden. Vielfach sind sie verkieselt („Süßwasserquarzite“). Im Bonner Raum reichen die südlichsten Ausläufer der niederrheinischen Braunkohlenflöze bis auf das Eifelgebiet hinauf. Auf den Höhen an Mosel und Rhein finden sich in der Osteifel vielfach Reste der Kieseloolith-Terrassen (10.5).

Im Tertiär war die Osteifel Schauplatz eines lebhaften, vorwiegend basaltischen Vulkanismus (10.7). Das Zentrum des Vulkanfeldes wird durch Vorkommen intermediärer Vulkanite im Raum zwischen Quiddelbach und Mosbruch markiert. Die meisten der etwa 350 tertiären Vulkane treten heute nur als mit Gebüsch bestandene kleine Kuppen in der Landschaft hervor. Die größeren Vulkane bilden jedoch weithin sichtbare Berge, wie Hohe Acht (mit 747 m höchster Berg der Eifel), Nürburg (678 m), Hochkelberg (674 m), Höchstberg (616 m) und Aremberg (623 m). Die tertiären Vulkane sind nicht auf die Hocheifel beschränkt, sondern finden sich vereinzelt oder in kleinen gangartig aufgereihten Gruppen in der ganzen Osteifel, so dass ein Übergang zu dem tertiären Vulkangebiet des nördlichen Westerwaldes und der Umgebung des Siebengebirges besteht. Auch innerhalb des quartären Vulkangebietes um den Laacher See gibt es einige tertiäre Basalte (Kahlenberg bei Burgbrohl, Steinbergskopf bei Niederlützingen u. a.). Auch mit dem quartären Vulkangebiet der Westeifel verzahnt sich das tertiäre Vulkanfeld. So liegen einige tertiäre Vulkane bei Manderscheid, von denen das Eckfelder Maar wegen der mitteleozänen Fossillagerstätte in seiner Sedimentfüllung berühmt wurde (10.2.2). Die nordwestlichsten Vulkane sind die am Witscheiderhof (südwestlich Bad Münstereifel), am Michelsberg (Wasserscheide zwischen Erft und Ahr) und der Tomberg mit seiner Nachbarkuppe (südlich Rheinbach).

Während des Pleistozäns entstand in der Osteifel ein Vulkanfeld, in dem heute der Laacher See liegt, daher wird es oft Laacher Vulkangebiet genannt. Die Vulkantätigkeit begann vor etwa 650 000 Jahren im Gebiet um Kempenich mit der Förderung basaltischer Pyroklastika und Laven. Sie dehnte sich in der Folgezeit nach Osten und Süden ins Neuwieder Becken und sogar über das Rheintal hinweg aus. 57 Vulkanberge entstanden, die z. T. von mehreren Schloten aus aufgebaut wurden. Die meisten sind basaltische Schlackenkegel, teilweise mit ausgedehnten Lavaströmen, 7 sind Phonolithdome. Im Gegensatz zum quartären Vulkangebiet der Westeifel haben sich hier in größerem Umfang in der Kruste phonolithische Schmelzen entwickelt. Von ihnen gingen heftige Explosionen aus, die das Gebiet mit Bims- und Aschendecken überzogen. Über den stark entleerten Herden brachen kilometergroße Calderen ein. Zuerst entstand ein solches phonolithisches Reservoir im Raum Rieden – Weibern – Bell, aus dem von mehreren Schloten aus mächtige Phonolithtuffe gefördert wurden, in welche in kleinen Kuppen phonolithische Laven eindrangen. Als Caldera brach der Riedener Kessel ein, der zeitweise mit Wasser gefüllt war. Die Tätigkeit in diesem Komplex liegt 490 000 bis 300 000 Jahre zurück. Etwa 100 000 Jahre später entwickelte sich im Raum Wehr wieder ein phonolithischer Herd, aus dem hauptsächlich nach Osten Bims ausgeworfen wurde, der in Quartärprofilen am Rhein und der unteren Ahr in mächtigen Lagen zu finden ist. Als Caldera brach der Wehrer Kessel ein. Ein letzter Bimsausbruch erfolgte hier vor 150 000 Jahren. Danach waren zwei phonolithische Explosivvulkane nördlich des Brohltals tätig (Dümpelmaar- und Kahlenberg-Schlot). Schließlich entwickelte sich gegen Ende der letzten Eiszeit noch einmal ein großes phonolithisches Magmenreservoir in der oberen Kruste, das sich in gewaltigen Bimseruptionen entleerte. Sie begannen im Gebiet von Mendig und verlagerten sich mit zunehmender Heftigkeit rasch nach Norden, wo schließlich von einem Schlot im Nordteil des späteren Laacher Sees große Mengen von Bims ausgeworfen wurden, so dass das Neuwieder Becken und seine Umgebung mehrere Meter hoch damit überzogen wurde. Aschenwolken flossen in Tälern nach außen und häuften besonders im Brohltal und im Tal des Krufter Baches mächtige Tuffe („Trass") auf. Über dem rasch entleerten Herd brach der Laacher Kessel als Caldera ein, in ihm bildete sich der See. Im Vulkangebiet und seinem Umfeld gibt es viele Mineralquellen, Thermalquellen treten im unteren Ahrtal und bei Bad Breisig auf.

20 km nördlich des Laacher Vulkangebietes liegt völlig isoliert der quartäre basaltische Vulkan Rodderberg bei Bonn-Mehlem (11.3.3.1).

Die Terrassenlandschaft des Rheins und seiner Nebenflüsse greift weit auf die Osteifel über; der Anstieg zu den Rumpfflächen der Eifel liegt unmittelbar westlich die Linie Löhndorf – Franken – Niederzissen – Wehr. Am Nordrand des Neuwieder Beckens tritt der Rhein an der Andernacher Pforte in ein Engtal ein, das bis fast nach Bonn die Morphologie bestimmt. Die breite Senke zwischen Niederbreisig und Remagen, die sog. Goldene Aue, ist wahrscheinlich ein schmales tektonisches Becken bzw. ein Graben. Dafür spricht der gerade verwerfungsähnliche NW-Rand der Senke; auf der anderen Rheinseite gibt es einen ähnlichen Steilrand bei Erpel und Unkel. Jedoch lässt sich die tektonische Natur dieser Talweitung bisher nur vermuten, aber nicht beweisen.

Im Nordwestteil des jungen Vulkangebietes der Osteifel liegt zwischen Niederdürenbach und Rodder eine in NNE-Richtung gestreckte ovale, z. Z. wassergefüllte Senke von 350 mal 250 m Durchmesser, das sog. Roddermaar (Bl. 5509 Burgbrohl). Sie ist oben mit tonigen Sedimenten gefüllt, vulkanische Gesteine fehlen; auch magnetische Vermessungen geben keine

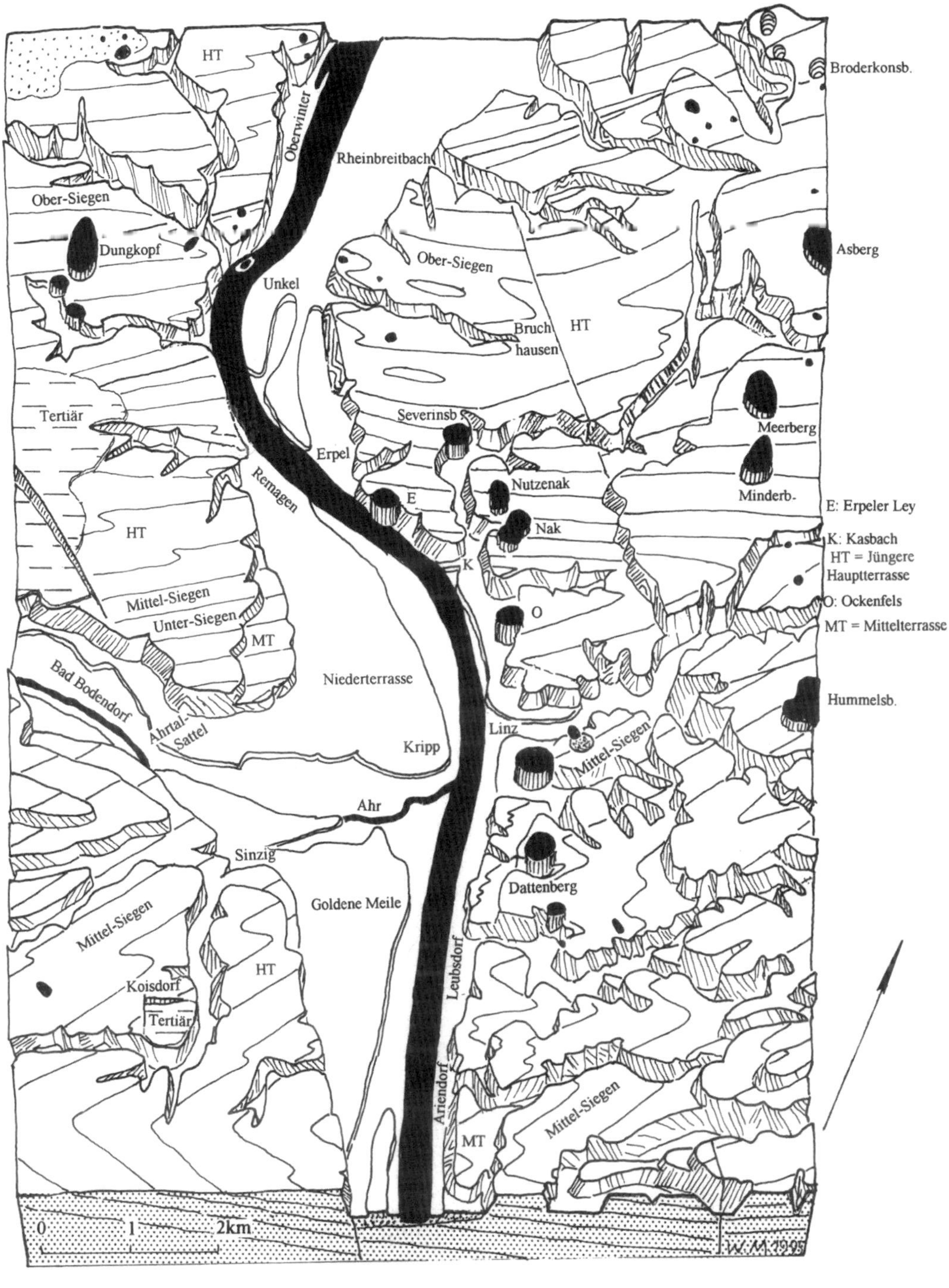

Abb. 155. Das Rheintal im Bereich der Ahrmündung. Strukturlinien der Siegen-Schichten, tertiäre Sedimente (waagerechte Striche), tertiäre Trachyttuffe (punktiert), tertiäre Basalte (schwarz) und Latite (Nordostecke: Broderkonsberg und Nachbarvulkane), quartäre Terrassen-Landschaft. MEYER & STETS (1996), etwas verändert.

Hinweise darauf. Es wird diskutiert, ob das Roddermaar durch einen quartärzeitlichen Meteoriteneinschlag entstanden ist, was sich aber nur durch eine tiefere Bohrung beweisen ließe (MEYER 1999b).

13.8 Neuwieder Becken

Zwischen Koblenz und Andernach weitet sich das Engtal des Rheins unvermittelt aus zu einer breiten Senke, die als das Koblenz-Neuwieder Becken oder Mittelrhein-Becken bezeichnet wird. Es handelt sich um eine tektonische Depression, deren Entwicklung im Eozän begann und heute noch nicht abgeschlossen ist, wie gelegentliche Erdbeben zeigen und die Tatsache, dass viele Störungen noch jungquartäre Ablagerungen verwerfen. Das Becken ist dort entstanden, wo sich der seit mindestens dem Eozän absinkende Moseltrog mit dem seit dem Oligozän einbrechenden Rheintrog kreuzt (10.6.3). Beide Tröge sind um Beträge von jeweils 100–200 m abgesunken; das addiert sich im Neuwieder Becken zu einer maximalen Absenkung von 350 m.

Die ältesten Ablagerungen sind limnische Tone, Sande mit Braunkohlenflözchen („Braunkohlentone") und fluviatile Quarzschotter (Vallendar-Schotter). Sie liegen auf devonischen Schichten (in den größten Teilen des Areals Hunsrückschiefer), die mehrere Zehner Meter tief durch eine Kaolinisierung zersetzt sind (10.1). Diese Verwitterungsrinde ist hier erhalten geblieben, weil die Gesteine abgesenkt und von Tertiärschichten bedeckt wurden. Die eozänen Braunkohlentone sind nicht im ganzen Becken nachweisbar. Es entsteht vielmehr der Eindruck, dass in dieser ersten Absenkungsphase an mehreren Stellen kleine, von Seen erfüllte Depressionen sich bildeten, die dann vermoorten, wodurch es zur Kohlebildung kam (10.2.5). Die Vallendar-Schotter dürften aus dem Bereich des Moseltals in das Becken geschüttet worden sein; sie sind im südlichen Teil einige Meter mächtig. Eine dünne Bestreuung von Quarzschottern findet sich jedoch im ganzen Becken und seiner Umgebung. Ob Teile dieser Schotterdecke zu den als jünger angesehenen weniger gerundeten Arenberg-Schottern gehören, ist bei der Dürftigkeit der Aufschlüsse nicht zu entscheiden. Diese Basisfolgen (Braunkohlentone und Vallendar-Schotter) sind maximal 20 m mächtig. Sie dürften bis ins Unteroligozän hinaufreichen.

Den Hauptanteil der Füllung stellen mittel- bis oberoligozäne, vorwiegend tonige Schichten dar. Sie erreichen 70 m Mächtigkeit und sind im ganzen Becken und seiner Umgebung vorhanden. Im Neuwieder Becken ist der untere, mächtigste Teil dieser Schichtenfolge stellenweise etwas kalkig ausgebildet und zeigt in der Fauna marine Einflüsse (KADOLSKY 1975; Maifeld-Schichten). Aus dem oberen Teil, der aus reinen dunklen Tonen besteht, werden bei Kruft und Kärlich feuerfeste Tone abgebaut (Kärlicher Blauton). Der Blauton wird in der Tongrube Kärlich überlagert von Trachyttuffen, die wahrscheinlich zur oberoligozänen Tuffdecke des Siebengebirges gehören, denn die sie überlagernde, als „Knubb" bezeichnete klastische Folge hat wegen ihrer Kleinsäugerfauna auch oligozänes Alter (HEIZMANN & MÖRS 1994). Auf den Höhen, welche Untermosel und Rhein begleiten, finden sich die miozän-pliozänen Kieseloolith-Schotter (10.5). Sie bedecken große Flächen in Höhenlagen zwischen 270 und 330 m im Gebiet zwischen Ochtendung, Lonnig und Minkelfeld. In den zentralen Teilen des Beckens sind sie durch die quartäre Bruchtektonik über 100 m tief abgesenkt worden.

Bei den meisten Störungen lässt sich eine genaue Datierung nicht vornehmen. Erste Absenkungsbewegungen müssen in Eozän erfolgt sein, wie die Braunkohlentone zeigen. Diese

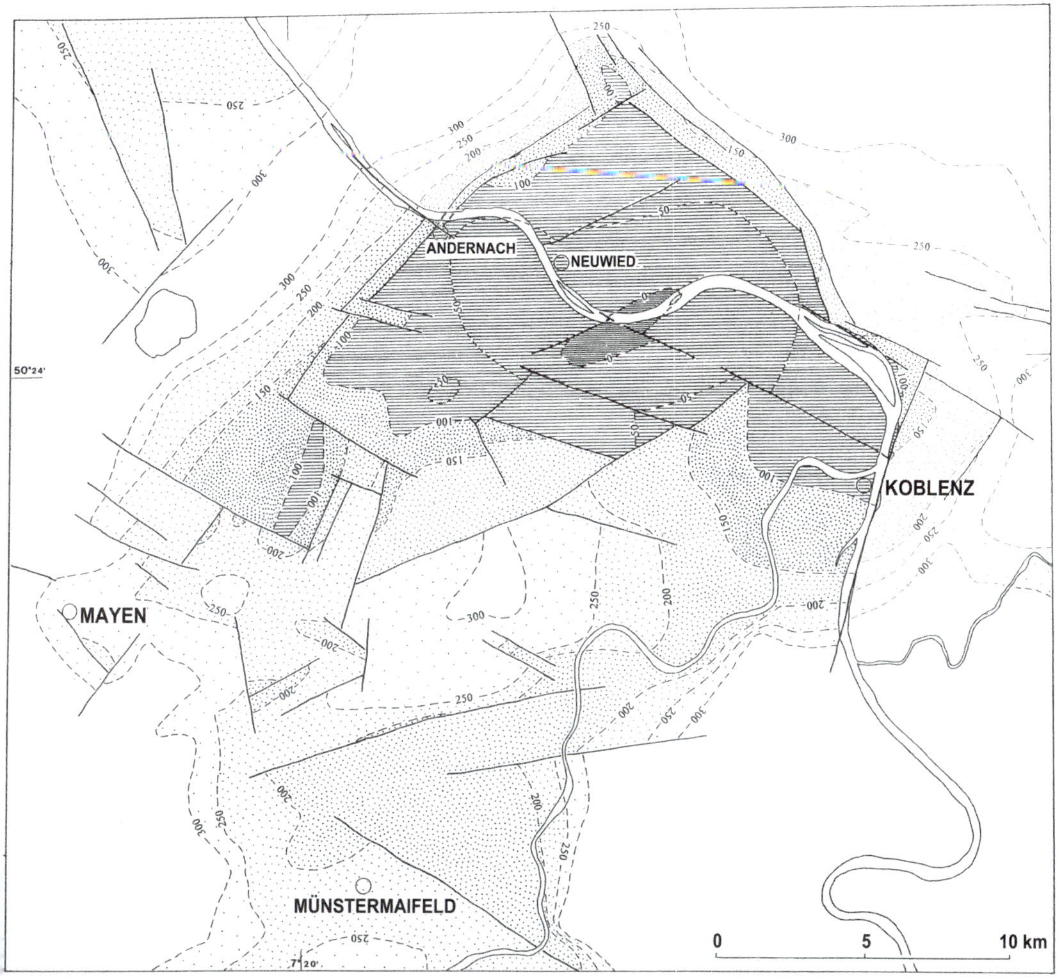

Abb. 156. Neuwieder Becken und Umgebung. Höhenlage der Basis der Tertiär-Ablagerungen, konstruiert nach den amtlichen geologischen Karten 1 : 25 000, Unterlagen von HEINRICH (1994), HOFFMANN (1995), dem Bohrarchiv des Landesamtes für Geologie und Bergbau Rheinland-Pfalz und dem des Straßenneubauamtes Vallendar. MEYER & STETS (1996).

Bewegungen dürften bis zum Ausgang des Oligozäns in einem Streifen zwischen Koblenz und Weißenthurm und im Raum nördlich Plaidt Beträge von etwa 100 m erreicht haben, wie sich aus der Mächtigkeit der abgelagerten Folgen ablesen lässt. Zumindest einige der heute kartierbaren Verwerfungen müssen also damals schon bestanden haben. Die quartären Deckschichten werden von einigen der Störungen nicht mehr versetzt. Ein großer Teil der Verwerfungen ist jedoch bis ins jüngste Quartär hinein aktiv, einige Störungen sind wohl heute noch tätig, wie gelegentlich Erdbeben zeigen. Beobachtungen über Mikroseismizität (Registrierung von schwachen, nur instrumentell nachweisbaren Beben) haben eine Häufung solcher Mikrobeben im SW-Teil des Beckens ergeben (AHORNER 1983). Die quartären Absenkungen des Beckens lassen sich auch an den Verstellungen der quartären Rheinterrassen ablesen: die Jüngere

Hauptterrasse liegt im Becken etwa 30 m tiefer als außerhalb des Beckens (WINDHEUSER et al. 1982). Die Niederterrassen sind nicht merkbar versetzt, für die Mittelterrassen fehlen eindeutige Bezugsflächen.

In der Orientierung der Störungen sind die NE-SW-Richtung und die senkrecht dazu stehende NW-SE-Richtung dominierend. Sie zeichnen die Richtung der variszischen Faltenachsen mit der Schieferung und die der Querstörungen nach. Andererseits weisen Moseltrog und Rheintrog, in deren Kreuzungsbereich das Becken einbrach, auch diese Orientierung auf. Die Störungen mit den größten Abschiebungsbeträgen gehören hierher, der NE streichende Andernacher Sprung und der NW streichende Sayner Sprung. Diese beiden Störungszonen – sie bestehen jeweils aus mehreren Störungsflächen – bestimmen das Kartenbild des großen Bruchdreiecks, dessen rechter Winkel bei Melsbach liegt. Die Bruchstufe des Sayner Sprunges hat eine Verwurfshöhe von mehr als 200 m, die des Andernacher Sprunges von 100 m. Die anderen Störungen im Neuwieder Becken haben Sprunghöhen, die 100 m nicht überschreiten. Deshalb treten Süd- und Westrand des Beckens im Kartenbild nicht so deutlich hervor. Von den NW-Störungen sei der Sprung, der von der Fraukirch bis ins Gebiet von Obermendig zu verfolgen ist und auf dem der Reginaris-Kohlensäurebrunnen aufsteigt, erwähnt. Die Störung, die am Rhein den Andernacher Sprung versetzt, kann nach der Geometrie auch als rechtshändige Seitenverschiebung gedeutet werden, was aber nicht mit Sicherheit zu beweisen ist (MEYER & STRIEM 1983). Störungen anderer Streichrichtungen treten auch auf, jedoch nur untergeordnet (Abb. 156).

Die zahlreichen quartären Schlote des Laacher Vulkangebietes sind nicht an die jungen Störungen gebunden. Wenn ein Vulkan einer solchen Störung aufsitzt, dürfte es bei dem dicht besetzten Vulkanfeld und dem engen Störungsmuster Zufall sein. Die einzelnen Verwerfungen werden auch nicht tief in die Kruste hinabreichen, so dass sie die Aufstiegswege der Vulkane nicht beeinflussen konnten. Wohl nur der Sayner und Andernacher Sprung durchschlagen vielleicht das Schiefergebirgsstockwerk.

Wie bei anderen Grabenstrukturen ist auch beim Neuwieder Becken mit dem Einsinken ein Aufsteigen der Ränder verbunden. Das zeigt sich am Andernacher Sprung durch den für Tertiär und Quartär nachzuweisenden Aufstieg des Brohl-Hammersteiner Riegels. Im W des Beckens hat eine den Beckenrand begleitende Aufwölbung den Elzbach zur Mosel hin abgedrängt (11.6.5.8). Zur Hydrogeologie vgl. GIEBEL et al. (1990).

Literaturverzeichnis

ADLER, R. (1957): Feinstratigraphische Gliederung der unteren Siegener Schichten im engeren Siegerland und ihre paläogeographische und tektonische Ausdeutung. – Geol. Jb., **73**: 357–388; Hannover.

AHORNER, L. (1962): Untersuchungen zur quartären Bruchtektonik der Niederrheinischen Bucht. – Eiszeitalter u. Gegenwart, **13**: 24–105; Öhringen.

AHORNER, L. (1967): Herdmechanismen rheinischer Erdbeben und der seismotektonische Beanspruchungsplan im nordwestlichen Mitteleuropa. – Sonderveröff. Geol. Inst. Univ. Köln, **13**: 109–130, Köln.

AHORNER, L. (1968): Erdbeben und jüngste Tektonik im Braunkohlenrevier der Niederrheinischen Bucht. – Z. dt. geol. Ges., **118**:150–160; Hannover.

AHORNER, L. (1970): Seismo-tectonic relations between the Graben Zones of the Upper and Lower Rhine Valley. – In: ILLIES & MÜLLER: Graben Problems: 155–166; Stuttgart (Schweizerbart).

AHORNER, L. (1972): Erdbebenchronik für die Rheinlande 1964–70. – Decheniana, **125**: 259–283; Bonn.

AHORNER, L. (1975): Present-Day stress field and seismotectonic block movements along major fault zones in Central Europe. – Tectonophysics, **29**: 233–249; Amsterdam.

AHORNER, L. (1983): Historical Seismicity and Present-Day Microearthquake Activity of the Rhenish Massif, Central Europe. – In: FUCHS, K. et al. (Hrsg.): Plateau Uplift: 198–221; Berlin/Heidelberg (Springer).

AHORNER, L. (1985): The General Pattern of Seismotectonic Dislocations in Central Europe as the Background for the Liège Earthquake on November 8, 1983. – In: MECHIOR, P. (ed.): Seismic Activity in Western Europe: 41–56; Dordrecht (Reidel).

AHORNER, L. (1992): Das Erdbeben bei Roermond am 13. April 1992 und die daraus zu ziehenden Lehren für das Erdbebengefährdungspotential im Rheinland. – Mitt. dt. Geophys. Ges., 1–2, **1992**, 51–57; Münster.

AHORNER, L., MURAWSKI, H. & SCHNEIDER, G. (1970): Die Verbreitung von schadenverursachenden Erdbeben auf dem Gebiet der Bundesrepublik Deutschland. – Z. Geophysik, **36**: 313–343; Würzburg.

AHORNER, L. & ROSENHAUER, W. (1975): Probability distribution of earthquake accelerations with applications to sites in the Northern Rhine Area, Central Europe. – J. Geophys., **41**: 581–594; Würzburg.

AHRENDT, H., HUNZIKER, J.C. & WEBER, K. (1978): K/Ar-Altersbestimmungen an schwach-metamorphen Gesteinen des Rheinischen Schiefergebirges. – Z. dt. geol. Ges. **129**: 229–247; Hannover.

AHRENS, W. (1928): Die Entstehung des Laacher Sees und die Ausbruchstelle der weißen Bimssteine des Neuwieder Beckens. – Jb. preuß. geol. L.-A., **49**: 339–369; Berlin.

AHRENS, W. (1929): Phonolithische Tuffschlote im Laacher See-Gebiet. – Jb. preuß. geol. L.-A., **50**: 720–732; Berlin.

AHRENS, W. (1929): Die Verbreitung des mittelrheinischen alluvialen Bimssteins und daraus folgende Rückschlüsse auf den Eruptionsmechanismus. – Cbl. Min. Geol., Abt. B, **1929**: 288–296; Stuttgart.

AHRENS, W. (1929): Das Tertiär im nördlichen Laacher See-Gebiet. Mit einem paläobotanischen Beitrag von W. GOTHAN. – Jb. preuß. geol. L.-A., **50**: 322–370; Berlin.

AHRENS, W. (1929): Der Vulkan Bausenberg, ein Naturdenkmal im Laacher See-Gebiet. – Der Naturforscher, **5**: 424–428; Berlin. Berichtigung: ebenda S. 536.

AHRENS, W. (1930a): Der geologische Bau des Mosenberges bei Manderscheid. – Verh. naturhist. Ver. Rheinld. Westf., **86**: 111–128; Bonn.

AHRENS, W. (1930b): Geologisches Wanderbuch durch das Vulkangebiet des Laacher Sees in der Eifel. – 87 S., Stuttgart (Enke).

AHRENS, W. (1930c): Neuwieder Becken und Laacher See. – In: Bericht über die Begehungen der Hauptversammlung in Koblenz. – Z. dt. geol. Ges., **82**: 661–665; Berlin.

AHRENS, W. (1930d): Die Trennung der Niederterrasse am Mittel- und Niederrhein in einen diluvialen und einen alluvialen Teil auf Grund der Geröllführung. – Z. dt. geol. Ges., **82**: 129–141; Stuttgart.

AHRENS, W. (1931): Altersfolge und Kennzeichnung der verschiedenen Trachyttuffe des Laacher See-Gebietes. – N. Jb. Miner., BB **64A**: 517–548; Stuttgart.

AHRENS, W. (1932a): Die Ausbruchsstelle des Andernacher Lavastroms. – Jb. preuß. geol. Landes-Anst., **53**: 805–812; Berlin.

AHRENS, W. (1932b): Die Basaltvulkane des südöstlichen Laacher See-Gebietes und ihre Lavaströme. – Jb. preuß. geol. L.-Anst., **53**: 851–878; Berlin.

AHRENS, W. (1932c): Ergebnisse neuer Forschungen an Lavaströmen des Laacher See-Gebietes. – Verh. naturhist. Ver. preuß. Rheinld. Westf., **89**: 138–143; Bonn.

AHRENS, W. (1932d): Ergebnisse magnetischer Untersuchungen im Vulkangebiet des Laacher Sees in der Eifel. – Gerlands Beitr. z. Geophysik. Erg.-Hefte, **2**: 320–326; Stuttgart.

AHRENS, W. (1932e): Ein isolierter Tuffdurchbruch im südlichen Maifeld und die Herkunft des vulkanischen Sandes auf den Hochflächen der Eifel und des Hunsrücks. – Jb. preuß. geol. L.-A., **53**: 813–818; Berlin.

AHRENS, W. (1936a): Erläuterungen zur Geol. Kte. v. Preußen u. benachb. dt. Ländern. Bl. Mayen. – 47 S.; Berlin.

AHRENS, W. (1936b): Erläuterungen zur Geol. Kte. v. Preußen u. benachb. dt. Ländern. Bl. Burgbrohl. – 51 S.; Berlin.

AHRENS, W. (1937): Zur Entstehung des Laacher Sees. – Jb. preuß. geol. L.-A., **58**: 273–275; Berlin.

AHRENS, W. (1939): Erläuterungen zur Geol. Kte. v. Preußen u. benachb. dt. Ländern. Bl. Linz. – 47 S.; Berlin.

AHRENS, W. (1952): Bau und Entstehung des Neuwieder Beckens. – Z. dt. geol. Ges., **104**: 152–153; Hannover.

AHRENS, W. & STEINBERG, K. (1943): Jungdiluvialer Tuff im Eichsfeld. – Ber. Reichsamt Bodenforschg, **1943**: 17–30; Wien.

Akademie für Raumforschung und Landesplanung (Hrsg.) (1976): Geologie. – Dt. Planungsatlas, **1**, Nordrhein-Westfalen, 62 S.; Hannover.

ALBERS, H.J. (1976): Feinstratigraphie, Faziesanalyse und Zyklen des Untercampans (Vaalser Grünsand = Hervien) von Aachen und dem niederländisch-belgischen Limburg. – Geol. Jb., **A 34**: 3–68; Hannover.

ALBERS, H.J. (1976): Analyse campaner Zyklen von Aachen und dem niederländisch-belgischen Limburg. – Nachr. dt. geol. Ges., **15**: 7–8; Hannover.

ALBERS, H.J. (1978): Die Sande von Aachen und Hauset (Äquivalente der Halterner Sande Westfalens), Sedimentologie, Faziesanalyse und hydrogeologische Bedeutung. – Nachr. dt. geol. Ges., **19**: 2–3; Hannover.

ALBERS, H.J. & FELDER, W.M. (1979): Litho-, Biostratigraphie und Palökologie der Oberkreide und des Alttertiärs (Präobersanton-Dan/Paläozän) von Aachen-Südlimburg. Aspekte der Kreide Europas. – IUGS, Ser. A, **6**: 47–84; Stuttgart.

ALBERS, H.J. & WEILER, W. (1964): Eine Fischfauna aus der oberen Kreide von Aachen und neuere Funde von Fischresten aus dem Maastricht des angrenzenden belgisch-holländischen Raumes. – N. Jb. Geol. Paläont. Abh, **120**: 1–33; Stuttgart.

ALBERTI, G.K.B. (1978): Tentaculiten (Dacryoconarida) und Trilobiten aus den Wissenbacher Schiefern und aus dem Ballersbacher Kalk (Devon, Rheinisches Schiefergebirge). – N. Jb. Geol. Paläont. Mh., **1978**: 257–266; Stuttgart.

ALBRECHT, K. (1960): Geologische Beobachtungen im Süden des Ost-Teils der Salmerwald-Mulde (Eifel). – 149 S., unveröfftl. Dipl.-Arb.; Frankfurt/Main.

ALBRECHT, K. (1971): Quantitativ-geometrische Untersuchung des Faltenbaues im Massiv von Stavelot-Venn bei Eupen (Belgien). – Geol. Mitt., **11**: 1–136; Aachen.

ALTFELD, E. (1914): Die physikalischen Grundlagen des intermittierenden Kohlensäuresprudels von Namedy bei Andernach. – Z. prakt. Geol., **22**: 164–170; Berlin.

ALTMEYER, H. (1982a): Rheingerölle und ihre Herkunft. – Rhein. Landsch., **22**: 1–21; Neuß.

ALTMEYER, H. (1982b): Feuersteinfunde in der südlichen und östlichen Eifel. – Aufschluß, **33**: 241–244; Heidelberg.

ANDEL, T.H. VAN (1950): Provenance, Transport and Deposition of Rhine Sediments. – 129 S., Diss.; Wageningen.

ANGELBIS, G. (1883): Das Alter der Westerwälder Bimssteine. – Jb. kgl. preuß. geol. L.-A, **1882**: 3–9; Berlin.

AOKI, K. & KUSHIRO, I. (1968): Some clinopyroxenes from ultramafic inclusions in Dreiser Weiher, Eifel. – Contrib. Miner. Petr., **18**: 326–337; Heidelberg.

ASHRAF, A.R, & STETS, J. (1978): Das Oberrotliegende und der Mittlere Buntsandstein bei Gladbach in ihren Beziehungen zum paläozoischen Sockel und zur Wittlicher Senke (SW-Eifel, Rheinisches Schiefergebirge). – Mainzer geowiss. Mitt. **6**: 5–34; Mainz.

ASHRAF, A.R. & UTESCHER, T. (1991): Sporen-Assoziationen aus dem Oberems der mittleren Eifel (Rheinisches Schiefergebirge). – Palaeontographica Abt. B, **221**: 153–170; Stuttgart.

ASSELBERGHS, E. (1912): Contribution à l'étude du Dévonien inferieur du Grand-Duché de Luxembourg. – Ann. Soc. Géol. Belg., **39**: M 25–112; Liège.

ASSELBERGHS, E. (1928): Le Dévonien inférieur de la Prusse Rhénane à l'Ouest des Bassins calcaires de l'Eifel. – Mém. Inst. géol. Univ. Louvain, **5**: 1–44; Louvain.

ASSELBERGHS, E. (1943): L'Arkose de Weismes, le Grès de Gdoumont et leur Faune (Gédinnien Supérieur). – Bull. Mus. roy. Hist. nat. Belgique, **19**: Nr. 47, 12 S.; Bruxelles.

ASSELBERGHS, E. (1944): L'éodévonien de la bande de la Vesdre. – Mém. Inst. géol. Univ. Louvain, **13**: 143–212; Louvain.

ASSELBERGHS, E. (1946): L'Éodévonien de l'Ardenne et des Regions voisines. – Mém. Inst. géol. Univ. Louvain, **14**: 598 S.; Louvain.

ASSELBERGHS, E., HENKE, W., SCHRIEL, W. & WUNSTORF, W. (1936): Über eine gemeinsame Exkursion durch die Siegener Schichten des Rheinischen Schiefergebirges und der Ardennen. – Jb. preuß. geol. L.-A. **56**: 324–370; Berlin.

BAALES, M. & BERG, A. V. (1997): Tierfährten in der Allerödzeitlichen Vulkanasche des Laacher-See-Vulkans bei Mertloch, Kreis Mayen-Koblenz. – Archäolog. Korrespondenzbl., **27**: 1–12; Mainz.

BACH, A. (1953): Deutsche Namenskunde, Bd. 2,1: Die deutschen Ortsnamen. – 451 S.; Heidelberg.

BACHMANN, M. (1965): Das Unter- und Mitteldevon im Latroper und Züschener Sattel zwischen Winterberg und Berleburg im südöstlichen Sauerland. – Fortschr. Geol. Rheinld. Westf., **9**: 539–588; Krefeld.

BACHMANN, M., HERBST, G. & KIMPE, W.F.M. (1970): Derzeitiger Stand der Flözparallelisierung zwischen den Steinkohlenrevieren der Niederlande, von Aachen-Erkelenz und vom Niederrheingebiet. – C. R. Congr. Strat. Geol. Carbonif, Sheffield 1967, **2**: 445–452; Maastricht.

BAECKEROOT, G. (1929): Sur la présence de fossiles d'âge aquitanien dans des grès quartzites épars à la surface du plateau mosellan. – C. R. hebd. séance Acad. Sci., **189**: 804–805; Paris.

BALI, K.S. (1969): Hydrogeologie und Grundwasserkontamination in landwirtschaftlich genutzten Kalkgebieten (dargestellt am Beispiel der Blankenheimer und der Rohrer Kalkmulde). – Geol. Mitt., **4**: 389–460; Aachen.

BARTELS, C. & LUTZ, H. (1997): Schatzkammer Dachschiefer. – 82 S., Mainz (Naturhist. Mus.), Bochum (Dt. Bergbau-Mus.).

BARTELS, G. & HARD, G. m. Beitr. v. J. FRECHEN u. S. STEPHAN (1973): Rodderbergtuff im Rheinischen Quartärprofil, zur zeitlichen Stellung des Rodderberg-Vulkanismus. – Catena, **1**: 31–56; Gießen.

BASSE, M. (2002): Eifel-Trilobiten. 1. Proetida. – 152 S.; Korb (Goldschneck).

BASSE, M. (2003): Eifel-Trilobiten. 2. Phacopida (1): Cheiruriden / Acasten / Asteropygen. – 200 S.; Korb (Goldschneck).

BASSE, M. (2006): Eifel-Trilobiten. 4. Proetida (3), Phacopida (3). – 305 S.; Wiebelsheim (Quelle & Meyer).

BASSE, M. & MÜLLER, P. (2004): Eifel-Trilobiten. 3. Corynexochida, Proetida (2), Harpetida, Phacopida (2), Lichida. – 261 S.; Wiebelsheim (Quelle & Meyer).

BASTIN, B., JUVIGNÉ, E., PISSART, A. & THOREZ, J. (1974): Étude d'une coupe dégagée a travers un rempart d'une cicatrice de pingo de la Brackvenn. – Ann. Soc. géol. Belg. **97**: 341–358; Liège.

BAUDRY, D. & CAMUS, G. (1970): Les maars de la châine des Puys (formations volcaniques du Massif Central français). – Bull. Soc. Géol.France, (7) **12**: 185–189; Paris.

BAUER, G. (1955): Tektonik der Siegener Schichten im mittleren Wiedtal (Westerwald). – Geol. Rdsch., **44**: 193–208; Stuttgart.

BAUER, H.J., MEYER, W. & SCHUMACHER, W. (1981): Das Naturschutzgebiet Lampertstal bei Blankenheim (Ahr). – Rhein. Landschaften, **19**: 28 S.; Neuß.

BAUM, F. (1955): Tektonische Untersuchungen am Westrand der Eifeler Nord-Süd-Zone zwischen Untermaubach und Heimbach. – Geol. Rdsch., **44**: 148–167; Stuttgart.

BAUMANN, H. (1981): Regional Stress Field and Rifting in Western Europe. – Tectonophysics, **73**: 105–111; Amsterdam.

BAUMANN, H. (1982): Spannung und Spannungsumwandlung im Rheinischen Schiefergebirge. – 232 S.; Koblenz (Numismat. Verl.).

BAUMGÄRTL, U. & CRUSE, B. (2007): Die Mineralien der Vulkaneifel. – Aufschluss, **58:** 258–400; Heidelberg.

BECKER, G. (1981): Ostracoden im Devon Europas – Paläökologische, paläogeographische und biostratigraphische Aspekte. – Natur u. Museum, **111**: 378–383; Frankfurt/Main.

BECKER, G. & MENTZEL, R. (1961): Untersuchungen im Unter-Devon des Hontheimer und Stadtkyller Sattels/Eifel. – Notizbl. hess. L.-Amt Bodenforsch., **89**: 134–169; Wiesbaden.

BECKER, H.J. (1977): Pyroxenites and Hornblendites from the Maar-Type Volcanoes of the Westeifel, Federal Republic of Germany. – Contrib. Mineral. Petrolog., **65**: 45–52; Heidelberg.

BEDNARZ, U. (1982); Geologie und Petrologie der spätquartären Vulkane Herchenberg, Leilenkopf und Dümpelmaar (nördliches Laacher-See-Gebiet). – 297 S., unveröff. Diplomarbeit Ruhr-Universität Bochum.

BEDNARZ, U. & SCHMINCKE, H.-U. (1990): Evolution of the Quarternary melilite-nephelinite Herchenberg vulcano (East Eifel). – Bull. Volcanol., **52**: 426–444; Berlin.

BEHREND, F. (1950): Die Blei- und Zinkerz führenden Imprägnations-Lagerstätten im Buntsandstein am Nordrand der Eifel und ihre Entstehung. – Int. Geol. Congr., 18 (1948), VIII: 325–339; London.

BEISSEL, I. (1886): Der Aachener Sattel und die aus demselben vorbrechenden Thermalquellen. – 337 S.; Aachen.

BEISSEL, I. (1891) (mit Einl. von E. HOLZAPFEL): Die Foraminiferen der Aachener Kreide. – Abh. preuß. geol. L.-Anst. N.F., **3**: 78 S.; Berlin.

BERG, A. v., CONDEMI, S. & FRECHEN, M. (2000): Die Schädelkalotte des Neanderthalers von Ochtendung/ Osteifel – Archäologie, Paläoanthropologie und Geologie. – Eiszeitalter u. Gegenwart, **50:** 56–68; Hannover.

BERGER, L. (1909): Die Nordwesthälfte der Sötenicher Mulde; ihre Ausbildung in streichender Richtung von Sistig bis Keldenich auf der Grundlage des Urft-Profils. – Verh. naturh. Ver. Rheinl. Westf., **66**: 1–28; Bonn.

BERNSTEIN, S. (1977): Der Dreimühlener Wasserfall bei Ahütte, ein Kleinod auf Zeit. – Rhein. Heimatpflege N.F., **14**: 86–90; Köln.

BEUSHAUSEN, L. (1896): Über einige Ergebnisse seiner vorjährigen Aufnahmen im Oberharz. – Z. dt. geol. Ges., **48**: 223–226; Berlin.

BEUSHAUSEN, L. (1900a): Über den Nachweis des Kellwasserkalkes mit *Buchiola angulifera* A. ROEM. bei Büdesheim in der Eifel. – Z. dt. geol. Ges., **52** (Nachr.): 14–16; Berlin.

BEUSHAUSEN, L. (1900b): Das Devon des nördlichen Oberharzes mit besonderer Berücksichtigung der Gegend zwischen Zellerfeld und Goslar. – Abh. preuß. geol. L.-A., N.F., **30**: 383 S.; Berlin.

BEYER, H. (1961): Die Mineralien im Hohen Venn und auf dem Nordabfall der Eifel. – Aufschluß, Sonderheft **10**: 67–80; Heidelberg.

BEYER, H. (1970): Über einen Flußspatfund im oberen Nettetal in der Eifel. – Aufschluß, **21**: 239–240; Heidelberg.

BEYER, H. (1978): Über Haldenfunde aus den Antimonitgängen von Ahrbrück (Eifel), insbesondere über einen Cabreritfund. – Aufschluß, **29**: 401–408; Heidelberg.

BEYER, H. (1980): Eine Magnesium-Mineralgenese als Folge primärer biologischer Stoffanlage und sekundärem vulkanischem Erhitzungsprozeß am Arensberg/Eifel. – Aufschluß, Sonderbd. **30**: 45–56; Heidelberg.

BIBUS, E. (1980): Zur Relief-, Boden- und Sedimententwicklung am unteren Mittelrhein. – Frankfurter geowiss. Arb., Ser. **D, 1**: 296 S.; Frankfurt a. M.

BIBUS, E. & DRAFEHN, R. (1978): Das Gebiet des Leilenkopf-Vulkans (Bl. 5509 Burgbrohl) und seine Bedeutung für die Reliefentwicklung und Gliederung des älteren Pleistozäns am unteren Mittelrhein. – Mainzer geowiss. Mitt., **6**: 35–53; Mainz.

BIBUS, E. & SEMMEL, A. (1977): Über die Auswirkung quartärer Tektonik auf die altpleistozänen Mittelrhein-Terrassen. – Catena, **4**: 385–408; Gießen.

BINOT, F. (1980): Zur Geologie der Umgebung von Ürzig (Mosel, Rheinisches Schiefergebirge), mit einem Beitrag zur Genese der Rotliegendsedimente in der Wittlicher Senke. – Dipl.-Arb. (unveröff.), 115 S.; Bonn.

BINOT, F. & STETS, J. (1982): Die Rotliegend-"Porphyrtuffe" von Ürzig/Mosel und ihre Xenolithe (Wittlicher Senke, Rheinisches Schiefergebirge). – Mainzer geowiss. Mitt., **11**: 15–28; Mainz.

BIRENHEIDE, R. (1962): Siedlungs- und Wuchsformen mitteldevonischer Korallen in der Eifel. – Natur u. Museum, **92**: 21–28; Frankfurt a. M.

BIRENHEIDE, R. (1963): Standortwechsel von Korallen aus dem Eifelmeer. – Natur u. Museum, **93**: 405–409; Frankfurt a. M.

BIRENHEIDE, R. (1978): Rugose Korallen des Devon. – Leitfossilien, **2**: 265 S.; Berlin, Stuttgart (Borntraeger).

BIRKENHAUER, J. (1965): Zur älteren Talentwicklung beiderseits des Rheins zwischen Andernach und Bonn. – Erdkunde, **19**: 58–66; Bonn.

BISAT, W.S. (1928): The Carboniferous Goniatite zones and their continental equivalents. – Congr. Strat. Carbonif. Heerlen **1927**: 117–133; Liège.

BLANCKENHORN, M. (1885): Die Trias am Nordrande der Eifel zwischen Commern, Zülpich und dem Roerthale. – Abh. geol. Spezialkt. Preußen u. Thüring. Staaten, **6** (2): 135 S.; Berlin.

BLANCKENHORN, M. (1886): Die fossile Flora des Buntsandsteins und des Muschelkalks der Umgebung von Commern. – Palaeontographica, **32**: 117–154; Stuttgart.

BLASS, G. (2008): Die wichtigsten Mineralien der Eifel. – extraLapis, **34**: 29–65; München (Weise).

BLESS, M.J.M., BOUCKAERT, J. & PAPROTH, E. (1980): Tektonischer Rahmen und Sedimentationsbedingungen im Prä-Perm einiger Gebiete NW-Europas. – Z. dt. geol. Ges., **131**: 699–713; Hannover.

BLESS, M.J.M. & STREEL, M. (1976): The occurrence of reworked miospores in a Westphalian C microflora from South Limburg (the Netherlands) and its bearing on paleogeography. – Meded. Rijks geol. Dienst, N.S., **27**: 1–39; Maastricht.

BODEN, M., DIETTRICH, T., GRONEMEIER, K. & PEKDEGER, A. (1980): Strukturanalyse, Hydrochemie und Grundwasserhydraulik. Ein Konzept zur Erschließung der Grundwasservorkommen in der Hillesheimer Mulde (Eifeler Nord-Süd-Zone). – Z. dt. geol. Ges., **131**: 235–254; Hannover.

BÖGER, H. (1966): Paläoökologische Untersuchungen an gebankten Kalken. – Geol. Foren. Förh., **88**: 307–326; Stockholm.

BÖGER, H. (1978): Methoden und Konsequenzen einer Tephrostratigraphie im Unterdevon des Sauerlandes und des Bergischen Landes (Rheinisches Schiefergebirge). – Z. dt. geol. Ges.,**129**: 171–180; Hannover.

BÖHLER, J. (1934): Morphologie der südlichen Eifel. Die Formengeschichte der Salm, Lieser, Alf und Üß. – Rhein-Mainische Forsch. **11**: 53 S.; Frankfurt a. M.

BÖHNEL, H., KOHNEN, H., NEGENDANK, J. & SCHMINCKE, H.-U. (1982): Palaeomagnetism of Quaternary Volcanics of the East-Eifel, Germany. – J. Geophys., **51**, 29–37; Heidelberg.

BÖMERICH, W. & MANGARTZ, F. (Hrsg.) (1993): Der Hochstein. Führer zu einem Vulkan der Osteifel. – Schr. Förderver. Kultur- u. Heimatmuseum Mendig, **1**, 98 S.; Mendig.

BOENIGK, W. (1978): Die flußgeschichtliche Entwicklung der Niederrheinischen Bucht im Jungtertiär und Altquartär. – Eiszeitalter u. Gegenwart, **28**: 1–9; Öhringen.

BOENIGK, W., BRELIE, G. v. d., BRUNNACKER, K., KOČI, A., SCHLICKUM, W.R. & STRAUCH, F. (1974): Zur Pliozän-Pleistozängrenze im Bereich der Ville (Niederrheinische Bucht). – Newsl. Stratigr. **3**: 219–241; Leiden.

BOENIGK, W. & FRECHEN, M. (1998): Zur Geologie der Deckschichten von Kärlich/Mittelrhein. – Eiszeitalter u. Gegenwart, **48**: 38–49; Hannover.

BOENIGK, W., HEYE, D., SCHIRMER, W., & BRUNNACKER, K. (1974): Paläomagnetische Messungen an vielgliedrigen Quartär-Profilen (Kärlich/Mittelrhein und Bad Soden i. Taunus). – Mainzer Naturwiss. Arch., **12**: 159–168; Mainz.

BOENIGK, W. & HOSELMANN, C. (2003): Tertiäre und unterpleistozäne Terrassenablagerungen am Mittelrhein. – In: SCHIRMER (Hrsg.): Landschaftsgeschichte im europäischen Rheinland. – GeoArchaeoRhein, **4**, 193–243; Münster.

BOENIGK, W.,KOWALCZYK, G. & BRUNNACKER, K. (1972): Zur Geologie des Ältestpleistozäns der Niederrheinischen Bucht. – Z. dt. geol. Ges., **123**: 119-161; Hannover.

BOGAARD, Ch. v. d., BOGAARD, P. v. d. & SCHMINCKE, H.-U. (1989): Quartärgeologisch-tephrostratigraphische Neuaufnahme und Interpretation des Pleistozänprofils Kärlich. – Eiszeitalter und Gegenwart, **34**: 62–86; Hannover.

BOGAARD, P. v. d., HALL, C.M., SCHMINCKE, H.-U. & YORK, D. (1987): $^{40}Ar/^{39}Ar$ laser dating of single grains: ages of Quaternary tephra from the East Eifel Volcanic Field, FRG. – Geophys. Research Letters, **14**, Nr. 12: 1211–1214.

BOGAARD, P. v. d., HALL, C.M., SCHMINCKE, H.-U. & YORK, D. (1989): Precise single grain $^{40}Ar/^{39}Ar$ dating of a cold to warm climate transition in Central Europe. – Nature, **371**: 503–506; London.

BOGAARD, P. v. d. & SCHMINCKE, H.-U. (1984): The Eruptive Center of the Late Quaternary Laacher See Tephra. – Geol. Rundsch., **73**: 933–980; Stuttgart.

BOONEN, P. & KASIG, W. (1979): Das Dinantium zwischen Aachen und Lüttich. – Z. dt. geol. Ges., **130**: 123–143; Hannover.

BORGSTÄTTE, O. (1910): Die Kieseloolithschotter- und Diluvialterrassen des unteren Moseltales. – 54 S., Diss. Gießen; Bonn.

BOSINSKI, G. (1979): Die Ausgrabungen in Gönnersdorf 1968–1976 und die Siedlungsbefunde der Grabung 1968. – Der Magdalénien-Fundplatz Gönnersdorf, **3**; Wiesbaden (Steiner).

BOSINSKI, G. (1983a): Eiszeitjäger im Neuwieder Becken. – 2. Aufl.; Koblenz (Landesamt f. Denkmalpflege). – 3. Aufl., 148 S., 1992.

BOSINSKI, G., BRUNNACKER, K., LANSER, K.P., STEPHAN, S., URBAN, B. & WÜRGES, K. (1980): Altpaläolithische Funde von Kärlich, Kreis Mayen-Koblenz (Neuwieder Becken). – Archäolog. Korrespondenzbl., **10**: 295–314; Mainz.

BOSINSKI, G., KRÖGER, K., SCHÄFER, J. & TURNER, E. (1986): Altsteinzeitliche Siedlungsplätze auf den Osteifel-Vulkanen. – Jb. Röm.-Germ. Zentralmus. Mainz, **33**: 97–130; Mainz.

BOUCKAERT, J. & HERBST, G. (1960): Zur Gliederung des Namurs im Aachener Gebiet. – Fortschr. Geol. Rheinld. Westf, **3**: 369–384; Krefeld.

BOUCKAERT, J., STREEL, M. & THOREZ, J. (1968): Schema biostratigraphique et coupes de reference du Famennien belge. – Ann. Soc. Géol. Belg. **91**: 317–336; Liège.

BOUCOT, A.J. (1960): Lower Gedinnien Brachiopods of Belgium. – Mém. Inst. géol. Univ. Louvain, **21**: 281–324; Louvain.

BOUCOT, A.J. (1963): The Globithyrid facies of the Lower Devonian. – Senckenbergiana leth., **44**: 79–84; Frankfurt/Main.

BOURGUIGNON, P. (1954): Les sables des Hautes Fagnes. – Ann. Soc. géol. Belg., **77** (B): 201–241; Liège.

BRACHT, E. (1883): Die Ausgrabung des Buchenlochs bei Gerolstein in der Eifel und die quarternären Besiedlungsspuren in demselben. – Festschr. **14**. Versamml. Dt. Anthropol. Ges.; Trier.

BRAUN, A. & MEYER, W. (1995): Ein Kieselgur-Einschluß im allerödzeitlichen Aschestrom des Brohltals (Laacher-See-Gebiet) und seine regionalgeologische Bedeutung. – Decheniana, **149**, 233–246; Bonn.

BRAUNS, R. (1909): Sanidin vom Leilenkopf bei Niederlützingen. – N. Jb. Miner., **I**: 43–59; Stuttgart.

BRAUNS, R. (1916): Der Laacher Trachyt und seine Beziehung zu anderen Gesteinen des Laacher Seegebietes. – N. Jb. Miner, BB. **41**: 420–502; Stuttgart.

BRAUNS, R. (1920): Der Rheinische Traß. – Der Bauingenieur, **1**: 24 S.; Berlin.

BRAUNS, R. (1922): Die phonolithischen Gesteine des Laacher Seegebietes und ihre Beziehungen zu anderen Gesteinen dieses Gebietes. – N. Jb. Miner., BB **46**: 1–116; Stuttgart.

BRAUNS, R. (1928): Die chemische Zusammensetzung der Basaltlaven des Laacher Seegebietes. – N. Jb. Miner., BB **56**(A): 458–498; Stuttgart.

BRAUNS, R. & UHLIG, J. (1912): Cancrinit- und nephelinführende Auswürflinge aus dem Laacher Seegebiet. – N. Jb. Miner. BB **35**: 119–220 u. 723–752; Stuttgart.

BREDDIN, H. (1932): Über die tiefsten Schichten der Aachener Kreide sowie eine senone Einebnungsfläche und Verwitterungsrinde am Nordabfall des Hohen Venn. – Cbl. Mineral. Geol. Paläont, **1932** (B): 593–613; Stuttgart.

BREDDIN, H. (1937): Lehrausflug in das Unterdevon zwischen dem Vennsattel und der Sötenicher Mulde am 28. August 1937. – Z. dt. geol. Ges., **89**: 595–601; Berlin.

BREDDIN, H. (1963): Neue Erkenntnisse zur Geologie der Aachener Thermalquellen. – Geol. Mitt., **1**: 211–238; Aachen.

BREDDIN, H. (1966): Der Schuppenbau der mitteldevonischen Gesteinsfolgen im Gebiet von Lindlar bei Köln (Rheinisches Schiefergebirge). – Geol. Mitt., **7**: 1–44; Aachen.

BREDDIN, H. (1973): Tiefentektonik und Deckenbau im Massiv von Stavelot-Venn (Ardennen und Rheinisches Schiefergebirge). – Geol. Mitt., **12**: 81–130; Aachen.

BREDDIN, H., BRÜHL, H. & DIELER, H. (1963): Das Blatt Aachen-NW der praktisch-geologischen Grundkarte 1 : 5000. – Geol. Mitt., **1**: 251–428; Aachen.

BREDDIN, H. & HELLERMANN, E. (1962): Petrogene Mineralgänge im Paläozoikum der Nordeifel und ihre Beziehungen zur inneren Deformation der Gesteine. – Geol. Mitt., **2**: 197–224; Aachen.

BREIL-SCHOLLMAYER, A. (1989): Zur Geologie des Siegenium und Emsium (Unterdevon) zwischen Aachen und Hellenthal (Nordeifel) unter besonderer Berücksichtigung der faziellen Entwicklung. – 323 S., Diss. RWTH Aachen; Aachen.

BREITBACH, Th. (1989): Basaltschuttdecken in der Hocheifel. Indikatoren pleistozäner Reliefüberprägung – Mit Vergleichsuntersuchungen im Hessischen Bergland. – Kölner Geograph. Arb. **51**, 265 S.; Köln.

BRELIE, G. v. d. (1968): Mikrofloren aus der Tongrube Adendorf (Miozän, Rheinland). – Z. dt. geol. Ges., **118**: 186–191; Hannover.

BRELIE, G. v. d., QUITZOW, H.W. & STADLER, G. (1970): Neue Untersuchungen im Alttertiär von Eckfeld bei Manderscheid (Eifel). – Fortschr. Geol. Rheinld. u. Westf. **17**: 27–40; Krefeld.

BRELIE, G. v. d. & TEICHMÜLLER, R. (1957): Das gefaltete „Eozän" des Antweiler Grabens am Nordabfall der Eifel. – N. Jb. Geol. Paläont., Mh., **1957**: 108–112; Stuttgart.

BREMER, H. (1978): Zur tertiären Reliefgenese der Eifel. – Kölner Geograph. Arb., **36**: 195–225; Köln.

BREMER, H., SCHNÜTGEN, A. & SPÄTH, H. (1978): Altformen an der Eifelhochfläche südlich Kelberg. – Kölner Geograph. Arb., **36**: 187–193; Köln.

BRETZ, C. (1918): Über das Eifelgold und seine Herkunft. – Diss. TH Aachen, 54 S.; Aachen.

BRINKMANN, R. (1957): Kluft- und Korngefügeregelung in Vulkaniten. – Geol. Rundschau, **46**: 526–545; Stuttgart.

BRÜHL, H. (1966): Ein Beitrag zur Geologie der Siegener Schichten im Gebiet von Laroche – Bastogne – Houffalize (Ardennen). – Geol. Mitt., **5**: 301–376; Aachen.

BRÜHL, H. (1969): Boudinage in den Ardennen und in der Nordeifel als Ergebnis der inneren Deformation. – Geol. Mitt., **8**: 263–308; Aachen.

BRUNNACKER, K. (1968): Das Quartärprofil von Kärlich/Neuwieder Becken. – Geologie en Mijnbouw, **47**: 206–208; s'Gravenhage.

BRUNNACKER, K. (1978): Geologischer Überblick. – Der Magdalénien-Fundplatz Gönnersdorf, **4**: 5–34; Wiesbaden (Steiner).

BRUNNACKER, K., BOSINSKI, G. & WINDHEUSER, H. (1979): Bimstuffe als Leithorizonte im Quartär am Mittelrhein. – Mainzer naturw. Arch., **17**: 13–28; Mainz.

BRUNNACKER, K., LÖHR, H., PUISSEGUR, J.J. & POPLIN, F. (1975): Quartäraufschlüsse bei Ariendorf am unteren Mittelrhein. – Mainzer naturwiss. Arch., **14**: 93–141; Mainz.

BRUNNACKER, K., RAZI RAD, M., LOZEK, V. & POPLIN, F. (1974): Das Interglazial von Leutesdorf/unterer Mittelrhein. – Mainzer Naturwiss. Arch., **13**: 197–212; Mainz.

BRUNNACKER, K., STREIT, R. & SCHIRMER, W. (1969): Der Aufbau des Quartär-Profils von Kärlich/Neuwieder Becken (Mittelrhein). – Mainzer Naturw. Arch., **8**: 102–133; Mainz.

BRUNNACKER, K., HENNIG, G.J., JUVIGNÉ, E., LÖHR, H., URBAN, B. & ZEESE, R. (1982): Der Kartstein-Travertin in der nördlichen Westeifel. – Decheniana, **135**: 179–204; Bonn.

BUCH, L. v. (1824): Über das Vorkommen des Dolomits in der Nähe der vulkanischen Gebilde der Eifel. – In: NÖGGERATH: Das Gebirge in Rheinland-Westfalen nach mineralogischem und chemischem Bezuge **3**, 280–283; Bonn.

BÜCHEL, G. (1984): Die Maare im Vulkanfeld der Westeifel, ihr geophysikalischer Nachweis, ihr Alter und ihre Beziehung zur Tektonik der Erdkruste. – 384 S., Diss. Univ. Mainz; Mainz.

BÜCHEL, G. (1992): Das Kelberger Hoch. Tiefenstruktur und Geodynamik einer magnetischen Anomalie in der Eifel. – Geowissenschaften, **10**: 132–142; Weinheim.

BÜCHEL, G. (1994) (Hrsg.): Vulkanologische Karte West- und Hocheifel 1 : 50 000. – Mainz (Inst. f. Geowissenschaften d. Univ.).

BÜCHEL, G. & KRAWCZYK, E. (1986): Zur Genese der Dauner Maare im Vulkanfeld der Westeifel. – Mainzer geowiss. Mitt., **15**: 219–238; Mainz.

BÜCHEL, G. & LORENZ, V. (1982): Zum Alter des Maarvulkanismus der Westeifel. – N. Jb. Geol. Paläont. Abh., **163**: 1–22; Stuttgart.

BÜCHEL, G. & MERTES, H. (1982): Die Eruptionszentren des Westeifeler Vulkanfeldes. – Z. dt. geol. Ges., **133**: 409–429; Hannover.

BÜCHEL, G. & PIRRUNG, B.M. (1993): The Tertiary maars of the Hocheifel. – In: NEGENDANK, J. & ZOLITSCHKA, B. (Ed.): Paleolimnology of maar lakes. Lecture Notes in Earth Sciences, Spec. Publ.; Berlin (Springer).

BURRE, O. (1933): Beiträge zur Kenntnis des Quartärs im Rheintale in Höhe des Siebengebirges. – Jb. preuß. geol. L.-A, **53**: 247–260; Berlin.

BURRE, O. (1939): Erläuterungen zu Bl. Honnef-Königswinter. – Geolog. Kt. v. Preußen u. benachb. dt. Ländern, 84 S.; Berlin.

BURRE, O. & HOFFMANN, A. (1929): Basaltlinien im nördlichen Mittelrheingebiet. – Jb. preuß. geol. L.-A., **49**: 1204–1219; Berlin.

BUSZ, K. (1885): Mikroskopische Untersuchungen an Laven der Vorder-Eifel. – Verh. naturhist. Ver. Rheinld. Westf. **42**: 418–448; Bonn.

CALEMBERT, L. & MEIJER, M. (1956): Sur l'extension d'une lacune stratigraphique dans le Crétacé supérieur du Pays de Herve et du Limbourg hollandais. – Ann. Soc. géol. Belg., **79** (B): 413–423; Liège.

CANTAREL, P. & LIPPOLT, H.-J. (1974): Das Alter der Vulkanite der Hohen Eifel. – Fortschr. Miner., **51**, Beih. 1, 59 S.; Stuttgart.

CANTAREL, P. & LIPPOLT, H.-J. (1977): Alter und Abfolge des Vulkanismus der Hocheifel. – N. Jb. Geol. Paläont. Mh. **1977**: 600–612; Stuttgart.

CARLÉ, W. (1975): Die Mineral- und Thermalwässer von Mitteleuropa. – 643 S.; Stuttgart (Wissensch. Verlagsges.).

CARLS, P., GANDL, J., GROOS-UFFENORDE, H., JAHNKE, H. & WALLISER, O.H. (1972): Neue Daten zur Grenze Unter-/Mittel-Devon. – Newsl. Stratigr., **2**: 115–147; Leiden.

CHAPELIER, A. (1957): Nouvelles observations sur les niveaux de terrasse de la Vesdre. – Ann. Soc. géol. Belg., **80**(B): 379–394; Liège.

CHAUDHURI, S. (1970): Petrographische und geochemische Untersuchungen an den Alkaliolivinbasalten und Basaniten der südlichen Hocheifel. – 55 S., Diss. Univ. Köln; Köln.

CHUBODA, K. & FRECHEN, J. (1941): Die frühmagmatische Bildung der Olivinausscheidungen vom Finkenberg (Siebengebirge) und Dreiser Weiher (Eifel). – Geol. Rundsch., **32**: 257–278; Stuttgart.

CIPA, W. (1953): Über einen wenig bekannten Vulkan in der Vordereifel. – Decheniana, **107**: 123–125; Bonn.

CIPA, W. (1956): Der Vulkanismus in der Umgebung des Pulvermaares. – Decheniana, **109**: 53–75; Bonn.

CIPA, W. (1958): Erdmagnetische Vermessungen einiger Lavaströme und Tuffschlote in der Vorder-Eifel. – Geol. Jb., **75**: 663–698; Hannover.

CLAUSEN, C.-D. (1966): Oberdevonische Cephalopoden aus dem Rheinischen Schiefergebirge. – 264 S., Diss. (unveröff.); Bonn.

CLAUSEN, C.-D. (1968a): Das Nehden in der Büdesheimer Teilmulde (Prümer Mulde/Eifel). – Fortschr. Geol. Rheinld. Westf., **16**: 205–232; Krefeld.

CLAUSEN, C.-D. (1968b): Oberdevonische Cephalopoden aus dem Rheinischen Schiefergebirge. I. Orthocerida, Bactritida. – Palaeontographica A, **128**: 1–86; Stuttgart.

CLAUSEN, C.-D. (1969): Oberdevonische Cephalopoden aus dem Rheinischen Schiefergebirge. II. Gephuroceratidae, Beloceratidae. – Palaeontographica A, **132**: 95–178; Stuttgart.

CLAUSEN, C.-D. (1972): Geologie der Cephalopodenkalk-Sattelaufbrüche und ihrer Hüllsedimente in der Attendorn-Elsper Doppelmulde (Sauerland, Rhein. Schiefergebirge). – N. Jb. Geol. Paläont. Abh., **140**: 146–184; Stuttgart.

CLAUSEN, C.-D. (1978): Erläuterungen zu Blatt 4814 Lennestadt. – Geol. Kt. Nordrh.-Westf. 1 : 25 000, 472 S.; Krefeld.

CLAUSEN, C.-D., RISTEDT, H. & WENDT, A. (1965): Geologie der Ruppichterother und Waldbröler Mulde (Oberbergisches Land). – Fortschr. Geol. Rheinld. Westf., **9**: 449–468; Krefeld.

CLOOS, H. (1941): Bau und Tätigkeit von Tuffschloten. – Geol. Rundsch., **32**: 709–800; Stuttgart.

CLOOS, H. (1950): Gang und Gehwerk einer Falte. – Z. dt. geol. Ges., **100**: 290–303; Hannover.

CLOOS, H. & MARTIN, H. (1932): Der Gang einer Falte. – Fortschr. Geol. Paläont., **11**, H. 33 (Deecke-Festschr.): 74–88; Berlin.

CONIL, R. & PAPROTH, E. (1968): Mit Foraminiferen gegliederte Profile aus dem nordwestdeutschen Kohlenkalk und Kulm (mit einem paläontologischen Anhang von R. CONIL & M. LYS). – Decheniana, **119**: 51–94; Bonn.

CONRADS-BROICHER, R. (1975): Zum Kreide-Vorkommen von Irnich (Vorläufige Mitteilung). – Decheniana, **127**: 264–265; Bonn.

COPPER, R. (1966): Ecological distribution of devonian atrypid brachiopods. – Palaeogeogr., Palaeoclimat., Palaeoecol., **2**: 245–266; Amsterdam.

CORIN, F. (1966): Die magmatischen Gesteine Belgiens. – Geol. Mitt., **6**: 253–258; Aachen.

COX, K.G. (1980): A Model for Flood Basalt Vulcanism. – J. Petrology, 629–650; Oxford.

CRUSE, B. (1986): Der Schellkopf bei Brenk, Eifel. – Aufschluß **37**: 149–161, 189–202; Heidelberg.

DAHLGRÜN, F. (1939): Geologische Übersichtskarte von Deutschland 1 : 200 000. Bl. Cochem. – Berlin

DAHMER, G. (1931): Fauna der belgischen „Quartzophyllades de Longlier" in Siegener Rauhflaserschichten auf Bl. Neuwied. – Jb. preuß. geol. L.-A., **52**: 86–111; Berlin.

DAHMER, G. (1934): Die Fauna der Siegener Schichten in der Umgebung des Laacher Sees. – Jb. preuß. geol. L.-A., **55**: 122–141; Berlin.

DAHMER, G. (1936): Die Fauna der Obersten Siegener Schichten von der Unkelmühle bei Eitorf a.d. Sieg. – Abh. preuß. geol. L.-A, N.F., **168**: 36 S.; Berlin.

DAHMER, G. (1937): Die Fauna der Siegener Schichten im Ahrgebiet. – Jb. preuß. geol. L.-A, **57**: 435–464; Berlin.

DAHMER, G. (1940): Die Fauna der Siegener Schichten (Unter-Devon) zwischen Bürresheim und Kirchesch in der Südost-Eifel. – Senckenbergiana, **22**: 77–102; Frankfurt a. M.

DAHMER, G. (1942): Die Fauna der „Gedinne"-Schichten von Weismes in der Nordwest-Eifel (mit Ausschluß der Anthozoen und Triboliten). – Senckenbergiana, **25**: 111–156; Frankfurt a. M.

DAHMER, G. (1943): Die Mollusken des Wetteldorfer Richtschnittes. – Senckenbergiana, **26**: 325–396; Frankfurt a. M.

DANNENBERG, A. (1892): Der Leilenkopf, ein Aschenvulkan des Laacher-See-Gebietes. – Jb. preuß. geol. L.-A., **1891**: 99–123; Berlin.

DANNENBERG, A. & HOLZAPFEL, E. (1898): Die Granite der Gegend von Aachen. – Jb. preuß. geol. L.-A., **18**: 1–19; Berlin.

DANTZ, C. (1893): Der Kohlenkalk in der Umgebung von Aachen. – Z. dt. geol. Ges., **45**: 594–638; Berlin.

DEBEY, M.H. (1849): Entwurf zu einer geognostisch-geogenetischen Darstellung der Gegend von Aachen. – Verh. dt. Naturforsch, u. Ärzte, geol.-miner. Sekt.; Aachen.

DECHEN, H. v. (1864): Geognostischer Führer zu dem Laacher-See und seiner vulkanischen Umgebung. – 596 S.; Bonn (Cohen).

DECHEN, H. v. (1865): Vergleichende Übersicht der vulkanischen Erscheinungen im Laacher Seegebiet und in der Eifel. – Z. dt. geol. Ges, **17**: 69–156; Berlin.

DECHEN, H. v. (1874): Über die Konglomerate von Fepin und von Burnot in der Umgebung des Silur vom Hohen Venn. – Verh. naturhist. Ver. preuß. Rheinl. Westf., **31**: 99–136; Bonn.

DECHEN, H. v. (1884): Geologische und Paläontologische Übersicht der Rheinprovinz und der Provinz Westfalen. – Erl. Geol. Kte. Rheinprovinz, Prov. Westf., 2 Bde.; Bonn.

DECHEN, H. v. (1886): Geognostischer Führer zu der Vulkanreihe der Vorder-Eifel. – 2. Aufl., 324 S.; Bonn (Cohen).

DEGEN, H., JUNG, L., NEGENDANK, J. & SCHMIDT, R. (1980): Geologische Karte der Umgebung von Trier im Maßstab 1 : 10 000 und 1 : 50 000; Trier.

DEGEN, K. (2001): Geschichte der Bodenschätze im Brohltal. – 255 S.; Burgbrohl (Selbstverl.).

DEJONGHE, L. & MELCHIOR, A. (1996): L'intrusion de la Helle (Hautes Fagnes, Belgique) et la minéralisation cupro-molybdénifère associée: synthèse bibliographique, données des sondages et interprétation global. – Mem. Geol. Surv. Belg. **41**, 94 S.; Bruxelles.

DELFS, P. (1986): Die Geologie des südlichen Brohltals. – Unveröff. Dipl.-Arb., 103 S.; Bonn.

DEMOULIN, A. (1989): Les transgressions oligocènes sur le massif Ardenne-Eifel. – Ann. Soc. Géol. Belg. **112**: 215–224; Liège.

DEWALQUE, G. (1885): Sur les filons granitiques et les poudingues de Lammersdorf. – Ann. Soc. géol. Belgique, 12 Bull.: 158–164; Liège.

DEWEZ, L. & LESPINEUX, G. (1947): Les Minerals du Sol Belge. – Centenaire de l'Assocation des Ingenieurs sortis de l'Ecole de Liège: 73–114, Sect. géol.; Liège.

DICKFELD, L. (1969): Stratigraphie und Fazies im Westteil der Sötenicher Mulde (Devon/Eifel). – Dissertation, Kurzfassung, 18 S.; Frankfurt a. M.

DIETRICH, B. (1911): Morphologie des Moselgebietes zwischen Trier und Alf. – Verh. naturhist. Ver. Rheinld. Westf., **67**: 83–181; Bonn.

DILLMANN, W. & KRAUTER, E. (1972): Beziehungen zwischen Tektonik, Vulkanismus und den warmen Quellen von Bad Bertrich (Eifel, Rheinisches Schiefergebirge). – Mainzer geowiss. Mitt., **1**: 48–58; Mainz.

DITTRICH, D. (1989): Beckenanalyse der Oberen Trias in der Trier-Luxemburger Bucht. Revision der stratigraphischen Gliederung und Rekonstruktion der Paläogeographie. – Publ. Serv. Géol. Lux. **26**, 223 S.; Luxembourg.

DITTRICH, D. (2004): Die ardennische Trias- und Lias-Randfazies in der Trierer Bucht (Exkursionen B1 am 15. und B2 am 16. April 2004). – Jber. Mitt. oberrhein. geol. Ver. N.F., **86**: 49–76; Stuttgart.

DITTRICH, D. (2005): Trias. In: Geologie von Rheinland-Pfalz. – 137–186; Stuttgart (Schweizerbart).

DITTRICH, D. (2008, 2009): Schertektonik im triassischen Deckgebirge der nordwestlichen Trierer Bucht. Teil I. – Mainzer geowiss. Mitt. **36**, 69–104; Mainz. Teil II: Mainzer geowiss. Mitt. **37**, 77–128; Mainz.

DITTRICH, D., BARTELS, L. & VOGEL, K. (1997): Neue Ergebnisse zur Geologie des Ferschweiler Plateaus und des Heiderückens (zentrale Trier-Bitburger Mulde) – Tektonik, Keuper- und Lias-Stratigraphie sowie ein Beitrag zur genetischen Deutung des Naturdenkmals „Irreler Wasserfälle". – Mainzer geowiss. Mitt. **26**, 55–98; Mainz.

DITTRICH, D. & LICHTENSCHEIDT, E. (2007): Buntsandstein des östlichen Bitburger Beckens aus Kernbohrungen bei Spangdahlem (Südeifel). – Mainzer geowiss. Mitt., **35**, 81–134; Mainz.

DITTRICH, D. & SCHOCH, R. (2004): Wirbeltierreste in der ardennischen Unterkeuper-Randfazies – das Bonebed von Irsch (nördlich Bitburg/Südeifel). – Mainzer geowiss. Mitt. **32**, 83–112; Mainz.

DREESEN, R. (1976): Bijdrage tot de biostratigrafische kennis van het Famennian: de Souverain-Pre-Formatie in het Bekken van Dinant en het Vesdermassief. – Diss. Leuven, I: 133 S.; II: 101 S.; Leuven.

DREESEN, R. (1977): La Formation de Souverain-Pre; reconstruction paleogeographique dans le Massif de la Vesdre. – Meded. Rijks geol. Dienst, N.S., **28**: 29–32; Maastricht.

DRESEN, G. (1979): Zur Geologie der Umgebung von Taben/Saar unter besonderer Berücksichtigung des kleintektonischen Gefüges im variscisch geprägten Sockel (SW-Hunsrück/Rheinisches Schiefergebirge). – Dipl.-Arb. unveröff, 95 S.; Bonn.

DRESSEL, L. (1871): Geognostisch-geologische Skizze der Laacher-Vulkangegend. – 64 S.; Münster/W. (Aschendorff).

DREVERMANN, F. (1902a): Zusammenstellung der bei Oberstadtfeld in der Eifel vorkommenden Versteinerungen. – Verh. naturhist. Ver. preuß. Rheinl. Westf., **58**: 168–180; Bonn.

DREVERMANN, F. (1902b): Die Fauna der Unterkoblenzschichten von Oberstadtfeld bei Daun in der Eifel. – Palaeontographica, **49**: 73–119; Stuttgart.

DUDA, A. & SCHMINCKE, H.-U. (1978): Quaternary Basanites, Melilite Nephelinites and Tephrites from the Laacher See Area (Germany). – N.Jb. Miner. Abh, **132**: 1–33; Stuttgart.

DUDA, A. & SCHMINCKE, H.-U. (1985): Polybaric differentiation of alkali basaltic magmas: evidence from green-core clinopyroxenes (Eifel, FRG). – Contrib. Mineral. Petrolog., **91**: 340–353; Heidelberg.

DUMONT, A. (1847): Mémoire sur les terrains ardennais et rhénan de l'Ardenne, du Rhin, du Brabant et du Condroz. I. – Mém. Acad. Roy. Belgique, **20**: 163 S., Bruxelles. II: Terrain rhénan. – Bull. Acad. Roy. Belgique, **22**: 3–451; Bruxelles.

DUNCAN, R.A., PETERSEN, N. & HARGRAVES, R.B. (1972): Mantle plumes, movement of the European plate and polar wandering. – Nature, **239**: 82–86; London.

DUNNET, D. (1969): A technique of finite strain analysis using elliptical particles. – Tectonophysics, **7**: 117–136; Amsterdam.

DVOŘAK, J. (1973): Die Quergliederung des Rheinischen Schiefergebirges und die Tektogenese des Siegener Antiklinoriums. – N. Jb.Geol. Paläont. Abh. 143**:** 133–152; Stuttgart.

EBENSBERGER, H. (1962): Stratigraphische und mikropaläontologische Untersuchungen in der Aachener Oberkreide, besonders der Maastricht-Stufe. – Palaeontographica, A, 120**:** 120 S.; Stuttgart.

EBERT, A. (1939a): Erläuterungen zur Geol. Kte. v. Preußen u. benachb. dt. Ländern. Bl. Ahrweiler. – 60 S.; Berlin.

EBERT, A. (1939b): Erläuterungen zur Geol. Kte. v. Preußen u. benachb. dt. Ländern. Bl. Altenahr. – 55 S.; Berlin.

EBERT, A. (1968): Erläuterungen zu Blatt 4716 Bödefeld. – Geol. Kt. Nordrhein-Westf., 112 S.; Krefeld.

ECKHARDT, F.-J. (1960): Die Veränderungen eines devonischen Tonschiefers durch die Mineralumwandlungen infolge der tertiären Zersetzung. – Z. dt. geol. Ges., 112: 188–196; Hannover.

EHRENBERG, K.-H., KUPFAHL, H.-G. & KÜMMERLE, E. (1968): Erl. z. Geol. Kte. Hessen 1 : 25 000, Bl. 5913 Presberg. – 201 S.; Wiesbaden.

EHRENDREICH, H. (1959): Stratigraphie, Tektonik und Gangbildung im Gebiet der Emser Blei-Zinkerzgänge. – Z. dt. geol. Ges., **110**: 561–582; Hannover.

EINECKE, G., & KÖHLER, W. (1910): Die Eisenerzvorräte des Deutschen Reiches. – Arch. Lagerstättenforsch., **1**: XXII + 767 S.; Berlin.

ELBERSKIRCH, W. (1938): Zur Tektonik der Trias der Eifelsenke. – Jb. preuß. geol. L.-A., **58**: 37–81; Berlin.

EL-KALUOBY, B. (1981): Mineralbestand und Gefüge vulkanischer Glimmerschiefer-Auswürflinge des Kyller Kopfes, Westeifel. – Diss. Univ. Bonn, 178 S.; Bonn.

ELKHOLY (ELKHOLI), H. (1998): Fazies-Untersuchungen im Mittleren Ober-Ems (Laubach-Unterstufe) der Moselmulde (Unterdevon, Rheinisches Schiefergebirge). – Bonner Geowiss. Schr. **27**, 180 S.; Wiehl.

ELKHOLY (ELKHOLI), H. (2000): Geologische Profilaufnahme im Installationsgraben der Gasfernleitung zwischen Dorsel/Eifel und Wickenrodt/Hunsrück. – Mainzer geowiss. Mitt. **29**: 133–208; Mainz.

ELKHOLY, H. & GAD, J. (2006): Die Wied-Gruppe (vormals Hunsrückschiefer): Eine neue lithostratigraphische Einheit am Nordrand der Moselmulde – Untersuchungen zu ihrer faziellen und stratigraphischen Einordnung. – Mainzer geowiss. Mitt., **34**: 49–72; Mainz.

ENGELHARDT, H. (1905): Über tertiäre Pflanzenreste von Vallendar am Rhein. Mit einer Einleitung von H. BEHLEN. – Jb. nass. Ver. Naturkde., **58**: 295–319; Wiesbaden.

ERANIL, Y. (1975): Geologie des Gebietes zwischen Brück, Staffel, Kaltenborn und Leimbach (Osteifel). – Diss. Univ. Bonn, 50 S.; Bonn.

ERBEN, H.K. (1962): Unterlagen zur Diskussion der Unter-/Mitteldevon-Grenze. – Symp. Silur/Devon-Grenze, Bonn – Bruxelles 1960: 62–70; Stuttgart.

ERLENKEUSER, H., FRECHEN, J., STRAKA, H. & WILLKOMM, H. (1972): Das Alter einiger Eifelmaare nach neuen petrologischen, pollenanalytischen und Radiokarbon-Untersuchungen. – Decheniana, **125**: 113–129; Bonn.

ESCHGHI, J. & KASIG, W. (1974): Emsium in Old-Red-Fazies am Nordrand des Stavelot-Venn-Massivs (Deutschland/Belgien). – N.Jb. Geol. Paläont. Abh., **146**: 139–152; Stuttgart.

FABER, P. (1980): Fazies-Gliederung und -Entwicklung im Mittel-Devon der Eifel (Rheinisches Schiefergebirge). – Mainzer geowiss. Mitt., **8**: 83–149; Mainz.

FABER, P., VOGEL, K. & WINTER, J. (1977): Beziehungen zwischen morphologischen Merkmalen der Brachiopoden und Fazies, dargestellt an Beispielen des Mitteldevons der Eifel und Südmarokkos. – N. Jb. Geol. Paläont. Abh., **154**: 21–40; Stuttgart.

FALKE, H. (1968): Gutachten über den Natur- und Landschaftsschutz in der Vulkaneifel. – Beitr. Landespfl. Rheinld.-Pfalz, **2**: 3–106; Kaiserslautern.

FELDER, W.M. (1975): Lithostratigrafie van het Boven-Krijt en het Dano-Montien in Zuid-Limburg en het aangrenzende gebied. – Toelichting Geol. Overzichtskt. Nederland 1 : 600 000, 63–72, Haarlem (Rijks Geol. Dienst).

FELDER, W.M. (1976): Sedimentatie-cyclothemen in de kalkstenen uit het Boven-krijt van Zuid-Limburg. – Grondboor + hamer, **30**: 32–40; Maastricht.

FELIX-HENNINGSEN, P. (1990): Die mesozoisch-tertiäre Verwitterungsdecke (MTV) im Rheinischen Schiefergebirge. – Relief, Boden, Paläoklima **6**, 192 S.; Berlin, Stuttgart.

FELIX-HENNINGSEN, P. (2003): The Mesozoic-Tertiary weathering mantle of the Rhenish Massif – characteristics and genesis. – Géol. France **1/2003**, 71–75; Orléans.

FERGUSON, D.K. (1971): The Miocene flora of Kreuzau, Western Germany, 1. – Verh. kon. nederl. Akad. Wet., Afd. Nat., **60**: 1–279; Amsterdam/London.

FIEGE, K., LAMBRECHT, L. & LECKWIJCK, W. van (1957): Zur Stratinomie des Oberkarbons des Aachener Gebietes und des belgischen Grenzlandes. – N. Jb. Geol. Paläont. Abh. **104**: 299–358; Stuttgart.

FIELITZ, W. (1987): Schieferung und Ausmaß der Innendeformation der paläozoischen Gesteine am Südost-Rand des Stavelot-Venn-Antiklinoriums in der Nordeifel (Rheinisches Schiefergebirge). – Diss. RWTH Aachen, 202 S.; Aachen.

FIELITZ, W. (1992): Variscan transpressive inversion in the northwestern central Rhenohercynian belt of western Germany. – J. Structural Geol., **14**: 547–563; Oxford.

FIRBAS, F. (1953): Das absolute Alter der jüngsten vulkanischen Eruptionen im Bereich des Laacher Sees. – Naturwiss., **40**: 54–55; Berlin.

FIRBAS, F. (1954): Die Vegetationsentwicklung im Spätglazial von Wallensen im Hils. – Nachr. Akad. Wiss. Göttingen, math.-nat. Kl. IIb, biol.-physiol.-chem. Abt. **5**: 37–50; Göttingen.

FISCHER, P. & PAULUS, B. (1969): Spurenfossilien aus den Oberen Nohn-Schichten der Blankenheimer Mulde (Eifelium, Eifel). – Senckenbergiana leth., **50**: 81–101; Frankfurt a. M.

FISHER, R.V. & WATERS, A.A. (1969): Base surge bed forms in maar volcanoes. – Amer. J. Sci., **268**: 157–180.

FLOSS, H. (1989): Bonn-Muffendorf und die Chalcedone des Rheinlandes. Natürliche Vorkommen und paläolithische Nutzung. – Jb. Röm.-German. Zentralmus. Mainz, **36**, 159–177; Bonn.

FOLLMANN, O. (1914): Vulkanwegführer Andernach – Gerolstein. – Eifelverein; Trier.

FOLLMANN, O. (1915): Abriß der Geologie der Eifel. – Die Rheinlande in naturwiss. u. geograph. Einzeldarstellungen, **11**, 90 S.; Braunschweig/Berlin.

FOLLMANN, O. (1925): Die Koblenzschichten am Mittelrhein und im Moselgebiet. – Verh. naturhist. Ver. preuß. Rheinld. u. Westf., **78–79**: 1–105; Bonn.

FORSBACH, H. (1976): Die Geologie des Gebietes zwischen Lind, Brück, Liers und dem Laubachsbusch (Osteifel) – Meßtischblatt 5507 Hönningen. – Dipl.-Arb. (unveröff.), 119 S.; Bonn.

FOURMARIER, P. (1934): Le Problème des Gisements filoniens de la Belgique. – Rev. Universelle des Mines, 8me Sér., **10**: 202–208; Liège.

FOURMARIER, P. (1954): La Tectonique. Prodrome d'une Description géologique de Belgique. – Soc. géol. Belg., 609–744; Liège.

FOURMARIER, P. (1958): Texte explicatif de la feuille Louveigné - Spa. – No. 148: Carte Géol. de la Belgique, 1 : 25 000, 55 S.; Bruxelles.

FRANKE, F. (1965): Mikrofossilien eines unterdevonischen Brandschieferprofils nahe Münstereifel. – Diss. Freie Univ. Berlin, 82 S.; Berlin.

FRANKENHÄUSER, H., FRANZEN, J.L., KAULFUSS, U., KOZIOL, M., LÖHNERTZ, W., LUTZ, H., MERTZ, D.F., MINGRAM, J., WAPPLER, T. & WILDE, V. (2009): Das Eckfelder Maar in der Vulkaneifel – Fenster in einem küstenfernen Lebensraum vor 44 Millionen Jahren. – Mainzer naturwiss. Arch., **47**, 263–324; Mainz.

FRANSOLET, A. M., KRAMM, U. & SCHREYER, W. (1977): Metamorphose und Magmatismus im Venn-Stavelot-Massiv, Ardennen. – Fortschr. Miner., **55**, 2: 75–103; Stuttgart.

FRANSSEN, L. & MICHOT, J. (1969): Étude pétrographique du sondage de Grand-Halleux. – Ann. Soc. Géol. Belg., **92**: 229–240; Liège.

FRANZEN, J.L.(1993): Das biostratigraphische Alter der Fossillagerstätte Eckfelder Maar bei Manderscheid (Eifel). – Mainzer naturwiss. Arch. **31**: 201–214; Mainz.

FRECH, F. (1886): Die Cyathophylliden und Zaphrentiden des deutschen Mitteldevons. – Paläont. Abh., **3**: 117–234; Berlin.

FRECH, F. (1889): Über das rheinische Unterdevon und die Stellung des „Hercyns." – Z. dt. geol. Ges., **41**: 175–287; Berlin.

FRECHEN, J. (1953): Der rheinische Bimsstein. – S. 15–75; Wittlich (Fischer).

FRECHEN, J. (1959a): Die basaltischen „Ausbläser" von Kärlich (Neuwieder Becken) und die Verbreitung ihrer Tuffe. – Fortschr. Geol. Rheinl. Westf., **4**: 301–312; Krefeld.

FRECHEN, J. (1959b): Die Tuffe des Laacher Vulkangebietes als quartärgeologische Leitgesteine und Zeitmarken. – Fortschr. Geol. Rheinl. Westf., **4**: 363–370; Krefeld.

FRECHEN, J. (1959c): Vulkane der Westeifel. – In: HOPMANN, FRECHEN, KNETSCH: Die vulkanische Eifel. – 2. Aufl.: 53–115; Bonn (Stollfuß).

FRECHEN, J. (1962): Führer zu vulkanologisch-petrographischen Exkursionen im Siebengebirge, Laacher Vulkangebiet und Maargebiet der Westeifel. – 146 S.; Stuttgart (Schweizerbart).

FRECHEN, J. (1963): Kristallisation, Mineralbestand, Mineralchemismus und Förderfolge der Mafitite vom Dreiser Weiher in der Eifel. – N. Jb. Min., Mh. **1963**: 205–225; Stuttgart.

FRECHEN, J. (1975):Tephrostratigraphische Abgrenzung des Würmlösses und der älteren Lösse im Quartärprofil der Tongrube Kärlich, Neuwieder Becken. – Decheniana, **127**: 157–194; Bonn.

FRECHEN, J. (1976): Siebengebirge am Rhein, Laacher Vulkangebiet, Maargebiet der Westeifel. – Slg. geol. Führer **56**, 3. Aufl., 209 S.; Stuttgart (Gebr. Borntraeger).

FRECHEN, J. (1980): Stratigraphie und Chronologie des Pleistozäns am Vulkan Leilenkopf, Laacher–See-Gebiet. – N. Jb. Geol. Paläont. Mh., **1980**: 193–214; Stuttgart.

FRECHEN, J. (1981): Herkunft der allerödzeitlichen Bimstuffe des Laacher Vulkangebietes. – Geol. Rundschau, **70**; 1119–1151; Stuttgart.

FRECHEN, J. (1984): Basaltserien und Mafititserien des Maarvulkans Dreiser Weiher in der Westeifel. – N. Jb. Miner. Abh., **150**: 65–93; Stuttgart.

FRECHEN, J. & van den BOOM, G. (1959): Die sedimentpetrographische Horizontierung der Pleistozänen Terrassenschotter im Mittelrheingebiet. – Fortschr. Geol. Rhein. Westf., **4**: 89–125; Krefeld.

FRECHEN, J. & HEIDE, H. (1969): Tephrostratigraphische Zusammenhänge zwischen der Vulkantätigkeit im Laacher See-Gebiet und der Mineralführung der Terrassenschotter am unteren Mittelrhein. – Decheniana **122**: 35–74; Bonn.

FRECHEN, J., HOPMANN, M. & KNETSCH, G. (1967): Die vulkanische Eifel. – 3. Aufl., 143 S., Bonn (Stollfuß).

FRECHEN, J. & LIPPOLT, H.J. (1965): Kalium-Argon-Daten zum Alter des Laacher Vulkanismus, der Rheinterrassen und der Eiszeiten. – Eiszeitalter und Gegenwart, **16**: 5–30; Öhringen.

FRECHEN, J. & ROSAUER, E.A. (1959): Aufbau und Gliederung des Würm-Löß-Profils von Kärlich im Neuwieder Becken. – Fortschr. Geol. Rheinl. Westf., **4**: 267–282; Krefeld.

FRECHEN, J. & STRAKA, H. (1950): Die pollenanalytische Datierung der letzten vulkanischen Tätigkeit im Gebiet einiger Eifelmaare. – Naturwiss, **37**: 184–185; Berlin.

FRECHEN, J. & THIELE, W. (1979): Petrographie der vulkanischen Foidite der Westeifel. – N. Jb. Miner. Abh., **136**: 227–237; Stuttgart.

FRECHEN, J. & VIETEN, K. (1970): Petrographie der Vulkanite des Siebengebirges (Berechneter Modus, Systematik, Nomenklatur). II. Die peralkalische Gesteinsreihe Alkalitrachyt-Sanidinbasanit. – Decheniana, **122**: 357–377; Bonn.

FRECHEN, J. & VILLWOCK, R. (1959): Die ältesten Quartärsedimente der Tongrube Kärlich im Neuwieder Becken. – Fortschr. Geol. Rheinl. Westf., **4**: 83–88; Krefeld.

FRECHEN, M. (1990): Thermolumineszenz-Datierungen an Lössen des Mittelrhein-Gebietes. – Sonderveröff. Geol. Inst. Univ. Köln, **79**, 137 S.; Köln.

FRECHEN, M. (1994): Thermolumineszenz-Datierungen an Lössen des Tönchesberges aus der Osteifel. – Einzeitalter u. Gegenwart **44**, 79–93; Hannover.

FRECHEN, M. (1995): Eruptionsgeschichte und Deckschichtenfolge der Wannenköpfe-Vulkangruppe in der Osteifel. – Eiszeitalter u. Gegenw. **45**: 109–129; Hannover.

FRECHEN, M. (1999): Die spätmittelpleistozäne Karmelenberg-Vulkangruppe in der Osteifel. – Terrestrische Quartärgeologie, 277–309; Köln (v. Loga).

FRECHEN, M. & JUSTUS, A. (1998): Zur Geologie der Wannen-Vulkangruppe in der Osteifel. – GeoArchaeo Rhein **2**, 213–240; Münster Westf.

FREUNDT, A. & SCHMINCKE, H.-U. (1986): Emplacement of small-volume pyroclastic flows at Laacher See (East-Eifel, Germany). – Bull. Volcanol., **48**: 39–59; Heidelberg.

FREY, A. (1996): Geologie des Gebietes um Hammerstein und Rheinbrohl am Rhein. – 58 S., unveröff. Dipl.-Arb.; Univ. Bonn.

FRICKE, K. (1960): Kohlensäure-Linien am Mittelrhein. – Heilbad u. Kurort, **12**: 224–226; Gütersloh.

FRICKE, K. (1963): Geologische, hydrologische und hydrochemische Ergebnisse der Mineralwasserneubohrung der Stadt Köln auf dem Messegelände in Köln-Deutz (Messebrunnen III). – Gas- u. Wasserfach, **104**: 336–341; München.

FRICKE, K. (1977): Zur Hydrologie, Hydrochemie und Geothermik der neuen Thermalbohrung in Bad Neuenahr 1975/76 – unter besonderer Berücksichtigung des angetroffenen Basaltganges. – Heilbad u. Kurort, **77**: 8–19; Gütersloh.

FRICKE, K. & DEUTLOFF, O. (1964): Die geologischen und hydrologischen Ergebnisse der Mineralwasserneubohrung „Gartenstraße" in Bad Godesberg 1961/62. – Gas- u. Wasserfach, **105**: 305–311; München.

FRY, N. (1979): Random point distributions and strain measurement in rocks. – Tectonophysics, **60**: 89–105; Amsterdam.

FUCHS, A. (1907): Die Stratigraphie des Hunsrückschiefers und der Untercoblenzschichten am Mittelrhein nebst einer Übersicht über die spezielle Gliederung des Unterdevons mittelrheinischer Facies und die Faciesgebiete innerhalb des rheinischen Unterdevons. – Z. dt. geol. Ges., **59**: 96–119; Berlin.

FUCHS, A. (1910): Erläuterungen zur Geologischen Karte von Preußen u. benachb. Bundesstaaten. Bl. Rheinbach. – 55 S.; Berlin.

FUCHS, A. (1919): Erläuterungen zur Geologischen Karte von Preußen u. benachb. Bundesstaaten. Blatt Lüdenscheid. – 62 S.; Berlin.

FUCHS, A. (1923): Erläuterungen zur geologischen Karte von Preußen u. benachb. Bundesstaaten. Blatt Altena i. W. – 60 S.; Berlin.

FUCHS, A. & WOLFF, W. (1910): Erläuterungen zur Geol. Kte. v. Preußen u. benachb. dt. Ländern. Bl. Euskirchen. – 48 S.; Berlin.

FUCHS, G. (1965): Geologie des Westteils der Hillesheimer Mulde (Mitteldevon, Eifel). – Fortschr. Geol. Rheinld. u. Westf., **9**: 323–448; Krefeld.

FUCHS, G. (1969a): Wenig bekannte Vulkane der westlichen Eifel. – Aufschluß, **20**: 1–21; Heidelberg.

FUCHS, G. (1969b): Zum Eruptionsmechanismus der tertiären Hocheifel-Basalte: Der Arensberg bei Zilsdorf. – Decheniana, **122**: 129–145; Bonn.

FUCHS, G. (1971): Faunengemeinschaften und Fazieszonen im Unterdevon der Osteifel als Schlüssel zur Paläogeographie. – Notizbl. hess. L.-Amt Bodenforsch., **99**: 78–105; Wiesbaden.

FUCHS, G. (1973): Zur Geschichte eines quartären Westeifel-Vulkans, der Rusbüsch bei Niederbettingen. – Beitr. naturk. Forsch. Südw. Dtl., **32**: 181–193; Karlsruhe.

FUCHS, G. (1974): Das Unterdevon am Ostrand der Eifeler Nordsüd-Zone. – Beitr. naturk. Forsch. Südwest.-Dtl., Beih. **2**: 163 S.; Karlsruhe.

FUCHS, G. (m. Beitr. v. D. MADER 1980): Fossilführender mariner Muschelkalk im Oberbettinger Triasgebiet (Westeifel). – N. Jb. Geol. Paläont. Mh., **1980**: 651–672; Stuttgart.

FUCHS, G. & PLUSQUELLEC, Y. (1982): Pleurodictyum problematicum GOLDFUSS 1829 (Tabulata, Dévonien) Statut, Morphologie, Ontogenie. – Geologica et Palaeontologica, **15**: 1–26; Marburg.

FÜLLING, P. (1968): Geologische und ingenieurgeologische Untersuchungen im Gebiet Kesseling-Weidenbach/Ahr. – Unveröff. Dipl.-Arb. Lehrstuhl Ingenieurgeol. u. Hydrogeologie RWTH Aachen.

FUHRMANN, U. (1983): Kalium-Argon-Untersuchungen an neogenen Vulkaniten des Rheinischen Schildes. – Diss. Univ. Heidelberg, 180 S.; Heidelberg.

FUHRMANN, U. & LIPPOLT, H.J. (1982): Das Alter des jungen Vulkanismus der Westeifel aufgrund von $^{40}Ar/^{39}Ar$-Datierungen. – Fortschr. Miner., **60**, 1: 80–82; Stuttgart.

FUHRMANN, U. & LIPPOLT, H.J. (1985): Excess Argon and Dating of Quaternary Eifel volcanism. I. The Schellkopf phonolite. – N. Jb. Geol. Paläont. Mh. **1985**: 484–497; Stuttgart.

FUHRMANN, U. & LIPPOLT, H.J. (1986): Excess Argon and Dating of Quaternary Eifel volcanism. II. Phonolitic and Foiditic Rocks near Rieden, East Eifel/FRG. – N. Jb. Geol. Paläont. Abh. **172**: 1–19; Stuttgart.

FURTAK, H. (1965): Die Tektonik der unterdevonischen Gesteinsfolgen im deutsch-belgisch-luxemburgischen Grenzgebiet. – Geol. Mitt., **4**: 273–332; Aachen.

FURTAK, H. (1966): Der Aufschluß in den oberdevonischen Famenne-Schichten unterhalb der St.-Adalbert-Kirche (Kaiserplatz) in Aachen. – Geol. Mitt., **6**: 37–42; Aachen.

GAD, J. (2005): Miosporen aus dem Hunsrückschiefer des Westerwaldes (Rheinisches Schiefergebirge, Unterdevon) und die stratigraphische Stellung der Mayen-Formation. – Mainzer geowiss. Mitt. **33**: 167–218; Mainz.

GAD, J. (2006): Was ist eigentlich Hunsrückschiefer ? – Jber. Mitt. oberrhein. geol. Ver. N.F., **88**: 53–65; Stuttgart.

GAD, J. (2009): Kurze Darstellung der Erforschungsgeschichte der Geologie des Mittelrheingebiets (Osteifel – Westerwald) im Bereich der Siegener Hauptaufschiebung. – Mainzer geowiss. Mitt., **37**: 9–22; Mainz.

GASSER, U. (1978): Zur tektonischen Problematik der Moselmulde (Rheinisches Schiefergebirge). – Geotekton. Forsch, **54**: 84 S.; Stuttgart.

GAUDZINSKI, S. (1997): Über die komplexe Genese mittelpleistozäner archäologischer Fundstellen am Beispiel des Platzes Kärlich-Seeufer (Mittelrhein). – Eiszeitalter u. Gegenwart, **47**, 1–27; Hannover.

GEBHARDT, I. (1963): Die Talbildung der Eifel im Ablauf der Klimate, des Vulkanismus und der periglazialen Bodenbildung im Quartär erläutert am Beispiel der Nette, der Kyll und an einigen kleineren Tälern. – Decheniana, **115**: 143–214; Bonn.

GEDIK, I. (1965): Erdmagnetische und geologische Kartierung des SE-Teiles vom Blatt Kelberg (Eifel). – 22 S., Dipl.-Arb. (unveröff.); Bonn.

GEIB, K.W. (1964): Die hydrogeologischen Verhältnisse der inneren Prümer Mulde. – Decheniana, **117**: 215–217; Bonn.
GEIB, K.W. & Heyl, K.E. (1963): Sulfatreiche Wässer und Gips in Sedimenten des Oberrotliegenden der Wittlicher Senke. – N. Jb. Geol. Paläont. Mh., **1963**: 19–25; Stuttgart.
GERHARD, H. (1966): Untermosel-Porphyroid bei Treis/Mosel (Rh. Schiefergeb.). – N. Jb. Geol. Pal. Mh., **1966**: 1–3; Stuttgart.
GEUKENS, F. (1950): Contribution à l'Étude de la Partie Nord-Ouest du Massif Cambrien de Stavelot. – Mém. Inst. géol. Univ. Louvain, **16**: 79–170; Louvain.
GEUKENS, F. (1954): Quelques Remarques au Sujet de la Répartition des Dictyonema flabelliforme dans le Massiv Cambrien de Stavelot (Belgique). – C. R. 19 me Sess. Congr. Geol. Int. Alger, XIII, 3: 45–52; Alger.
GEUKENS, F. (1956): Sur la structure du Cambrien de la feuille Petergensfeld. – Bull. Soc. belge Géol., Paléont., Hydrol., **65**: 199–209; Bruxelles.
GEUKENS, F. (1957): Contribution a l'étude du massif cambro-ordovicien de Stavelot en territoire allemand. – Mém. Inst. géol. Univ. Louvain, **20**: 165–210; Louvain.
GEUKENS, F. (1962): Überblick über die tektonischen Beziehungen zwischen dem Massiv von Stavelot (Hohes Venn), dem Vesdre-Massiv und dem Massiv von Herve. – Fortschr. Geol. Rheinld. u. Westf, **3**, 3: 1145–1154; Krefeld.
GEUKENS, F. (1963): Contact Revinien – Salmien dans le massif de Stavelot. – Bull. Soc. belge Géol. Paléont. Hydrol., **72**: 35–42; Bruxelles.
GEUKENS, F. (1977): L'âge des roches eruptives dans le massif de Stavelot. – Ann. Soc. géol. Belg., **99**: 615–618; Liège.
GEUKENS, F. & SCHMIDT, W. (1953): Über eine gemeinsame Exkursion durch das Kambrosilur des Hohen Venn. – Geol. Jb., **67**: 67–72; Hannover.
GIEBEL, H., GÖTZ, E., THEIS, H.J. & UBELL, K. (1990): Hydrogeologie und Grundwasserhaushalt im Neuwieder Becken. – Besond. Mitt. zum Dt. Gewässerkundl. Jb., **54**, 57 S.; Koblenz.
GITTINGER, K. (1969): Geochemische Faziesuntersuchungen im Oberen Hauptmuschelkalk und Unteren Keuper Luxemburgs. – Veröff. Luxemburger Geol. Dienst, **19**, 109 S.; Luxembourg.
GLINSKI, A. (1953): Die Freilinger Schichten der Rohrer Mulde (Devon, Eifel). – Senckenbergiana, **34**: 149–162; Frankfurt a. M.
GLINSKI, A. (1955): Cerioide Columnariidae (Tetracoralla) aus dem Eifelium der Eifel und des Bergischen Landes. – Senck. leth., **36**: 73–114; Frankfurt a. M.
GLINSKI, A. (1961): Die Schichtenfolge der Rohrer Mulde (Devon der Eifel). – Senck. leth., **42**: 273–289; Frankfurt a. M.
GOETHERT-POLASCHEK, K. (1977): Speicher-Herforst. – Führer zu vor- u. frühgeschichtl. Denkmälern, **33**: 200–207; Mainz (v. Zabern).
GOSSELET, J. (1871): Esquisse géologique du Département du Nord et des contrées voisines. – Bull. Sci. Dép. Nord, **3**; Lille.
GOSSELET, J. (1885): Aperçu géologique sur le terrain dévonien du Grand-Duché de Luxembourg. – Ann. Soc. géol. Nord, **12**: 260–300; Lille.
GOSSELET, J. (1888): L'Ardenne. Mém. pour servir à l'Explication de la Carte géol. dét. de la France. – 890 S.; Paris.
GOTHAN, W. (1938): Über eine Buntsandsteinflorula von Üdingen bei Düren (Rheinland). – Jb. preuß. geol. L.-A., **58**: 352–360; Berlin.
GRABERT, H. (1969): Erläuterungen zu Blatt 4912 Drolshagen. – Geol. Kt. Nordrhein-Westf., 103 S.; Krefeld.
GRABERT, H. & HILDEN, H.D. (1972): Geologische Karte von Nordrhein-Westfalen 1 : 25 000. Erläuterungen Bl. 5012 Eckenhagen. – 143 S.; Krefeld.
GRABERT, H. & STADLER, G. (1981): Eisenerz-führende Konglomerate im Unterdevon der Nordhelle/Ebbe-Gebirge (Rheinisches Schiefergebirge). – Mitt. Geol.Paläont. Inst. Univ. Hamburg, **50**: 123–134; Hamburg.
GRAULICH, J.M. (1954): Le Cambrien-Tremadocien. Prodrome d'une décription géologique de Belgique. – Soc. Géol.Belg., S. 21–38; Liège.
GRAULICH, J.M. (1962): Mise au point au sujet d'une fenêtre reconnue entre Welkenraedt et Eupen. – Bull. Soc. belge Géol., Paléont., Hydrol., **71**: 174–181; Bruxelles.

GRAULICH, J.M. (1977): Le sondage de Soumagne. – Serv. géol. Belgique, Prof. Pap., 1977, **139**, 55 S.; Bruxelles.

GREBE, H. (1886): Neuere Beobachtungen über vulkanische Erscheinungen am Mosenberg bei Manderscheid, bei Birresborn und in der Gegend von Bertrich. – Jb. kgl. preuß. geol. L.-A., **1885**: 165–178; Berlin.

GREBE, H. (1890): Über Tertiär-Vorkommen zu beiden Seiten des Rheines zwischen Bingen und Lahnstein und Weiteres über Thalbildung am Rhein, an der Saar und Mosel. – Jb. kgl. preuß. geol. L.-A., **1889**: 99–123; Berlin.

GREBE, H. (1892a): Erläuterungen zur geolog. Specialkte. v. Preußen u. d. Thüringischen Staaten: Bl. Mettendorf. – 12 S.; Berlin.

GREBE, H. (1892b): Bl. Oberweis. – 18 S.; Berlin.

GREBE, H. (1892c): Bl. Bitburg. – 14 S.; Berlin.

GREBE, H. (1892d): Bl. Wallendorf. – 10 S.; Berlin.

GREBE, H. (1892e): Bl. Welschbillig. – 17 S.; Berlin.

GREBE, H. (1892f): Bl. Pfalzel. – 18 S.; Berlin.

GREBE, H. (1892g): Bl. Trier. – 30 S.; Berlin.

GREBE, H. (1892h): Bl. Schweich. – 17 S.; Berlin.

GREBE, H. (1892i): Bl. Landscheid. – 17 S.; Berlin.

GREBE, H. (1892j): Bl. Bollendorf. – 16 S.; Berlin.

GREBE, H. (1894): Geologische Skizze der Umgegend von Bertrich und über das Alter der Eifeler Lavaströme, sowie einige Mitteilungen über neueste Funde in der vulkanischen Eifel. – 15 S.; Trier (E. Herzig).

GREBE, W.-H. (1957a): Zur Gliederung des oberen Kohlenkalkes (Visé-Stufe) bei Aachen. – Mitt. Geol. Staatsinst., **26**: 45–54; Hamburg.

GREBE, W.-H. (1957b): Zum Gebirgsbau des Steinkohlenbeckens der Wurm (Aachener Steinkohlenbezirk). – Geol. Jb, **73**: 507–556; Hannover.

GREINER, G. & KRÄMER, F. (1972): Nachweis eines neuen Maares südöstlich von Gees (Westeifel) durch erdmagnetische Messungen. – Aufschluß, **23**: 181–185; Heidelberg.

GREWE, K. (2009): Der Fulbert-Stollen am Laacher See. – Rhein. Kunststätten, **513**, 24 S.; Köln (Rhein. Ver. Denkmalpfl. u. Landschaftsschutz).

GRIMM, W.-D. (1990): Bildatlas wichtiger Denkmalgesteine der Bundesrepublik Deutschland. – Bayer. Landesamt f. Denkmalpflege Arbeitsh., **50**, 253 S. Text, 200 S. Bildteil; München.

GRIMM, M.C., PIECHA, M., PRICK, R. & JOACHIMSKI, M.M. (2008): Höheres Mitteldevon und Oberdevon der Prümer Mulde (Givetium bis tiefes Famennium/Eifel). – In: WEDDIGE, K.: Stratigraphie von Deutschland VIII., Schriftenr. Dt. Ges. Geowiss. **52**, 375–391; Hannover.

GRIMM, M.C. & ROTHAUSEN, K. (1992): Fossilinhalt und Biostratigraphie des Oos-Plattenkalks (Frasnium, Büdesheimer Mulde, Eifel, Deutschland). – Mainzer geowiss. Mitt. **21**, 41–54; Mainz.

GRÜNHAGEN, H. (1964): Petrographische und geochemische Untersuchungen an den tertiären Andesiten und Trachyten der Hocheifel. – Dissertation Univ. Köln.

GUNDLACH, K. (1933): Der unterkarbonische Vulkanismus im variskischen Gebirge Mitteldeutschlands. – Abh. preuß. geol. L.-A., N.F., **157:** 59 S.; Berlin.

GÜNTHER, A. (1924): Die Löß- und Bimssandablagerungen des Neuwieder Beckens und ihre Bedeutung für die Urgeschichtsforschung. – Rhein. Heimatbl., 1924**:** 51–56.

GÜTEBIER, R. (1965): Geomagnetische und -elektrische Messungen als Ergänzung zur geol. Kartierung von Vulkanbauten der Westeifel. – Diss. Univ. Köln, 88 S.; Köln.

GURLITT, D. (1949): Das Mittelrheintal. Formen und Gestalt. – Fortschr. z. dtsch. Landes- u. Volkskunde, **46**: 159 S.; Stuttgart.

GUSSONE, R. (1961): Die Blei-Zinkerz-Lagerstätten der Gegend von Aachen. – Aufschluß, Sonderh. **10**: 19–25; Heidelberg.

GUSSONE, R. (1964): Untersuchungen und Betrachtungen zur Paragenesis und Genesis der Blei-Zink-Erzlagerstätten im Raume Aachen-Stolberg. – Diss. RWTH Aachen, 130 S.; Aachen.

GUTBERLETT, H.G. & HUCKENHOLZ, H.G. (1965): Mineralbestand und Chemismus der tertiären Analcimalkalitrachyte vom Selberg und der Grader Seife bei Quiddelbach in der Hocheifel. – N. Jb. Min. Mh., 1965**:** 10–19; Stuttgart.

GWOSDZ, W. & KRÜGER, H. (1972): Meggener Schichten (Devon, Sauerland, Rheinisches Schiefergebirge). Zum geologischen Rahmen schichtgebundener Sulfid-Baryt-Lagerstätten. – Geol. Jb., **A 2**: 71 S.; Hannover.

HAARDT, W. (1916): Die vulkanischen Auswürflinge und Basalte am Killer Kopf bei Rockeskill in der Eifel. – Jb. preuß. geol. L.-Anst., **35**: 177–252; Berlin.

HAENEL, R. (1983): Geothermal Investigations in the Rhenish Massif. – In: FUCHS, K. et al. (ed.): Plateau Uplift, 228–246; Berlin, Heidelberg (Springer).

HAFFNER, A. (1971): Ein hallstattzeitlicher Eisenschmelzofen von Hillesheim, Kreis Daun. – Trierer Z. Gesch. u. Kunst d. Trierer Landes u. seiner Nachbargebiete, **34**: 21–29; Trier.

HAHN, G. (1980): Geologie des Gebietes nordwestlich Altenahr (Osteifel). – Dipl.-Arb. unveröff., 61 S.; Bonn.

HAHNE, C. (1931): Die Stratigraphie der Walhorner und Stolberger Schichten des Indegebietes bei Aachen. – Jb. preuß. geol. L.-Anst., **51**: 759–804; Berlin.

HAHNE, C. (1932): Neue Leithorizonte in den Binnenwerken (Fettkohlenschichten) der Grube Eschweiler Reserve (Indegebiet) bei Aachen. – Z. dt. geol. Ges., **84**: 619–627; Stuttgart.

HAHNE, C. & SEIDEL, G. (1937): Die Schüttung der unternamurischen Konglomerate des Indegebietes bei Aachen. – Z. dt. geol. Ges., **88**: 564–572; Stuttgart.

HALBFASS, W. (1896): Die noch mit Wasser gefüllten Maare der Eifel. – Verh. naturhist. Ver. Rheinld. Westf., **53**: 310–355; Bonn.

HAMM, H.M. (1970): Die mineralchemische Entwicklung der Klinopyroxene in den Subvulkanit-Auswürflingen aus den altquartären Selbergittuffen des Riedener Kessels im Laacher See-Gebiet. – Diss.; Bonn.

HANCE, L. & HENNEBERT, M. (1980): On some Lower and Middle Visean carbonate deposits in the Namur basin, Belgium. – Mededel. Rijks geol. Dienst, **32**: 66–68; Heerlen.

HANNAK, W. (1959): Zur Geologie an der unteren Lahn zwischen Laurenburg und Bad Ems. – Notizbl. hess. L.-Amt Bodenforsch., **87**: 293–316; Wiesbaden.

HAPPEL, L. (1930): Eineisenung und Vereisenung, abgegrenzt am Beispiel der devonischen Roteisenhorizonte der Eifel. – Senckenbergiana, **12**: 76–89; Frankfurt a. M.

HAPPEL, L. (1932): Das Unterdevon der Prümer Mulde. – Senckenbergiana, **14**: 331–358; Frankfurt a. M.

HAPPEL, L. & REULING, H.T. (1937): Die Geologie der Prümer Mulde. – Abh.senckenb.naturf.Ges., **438**: 94 S.; Frankfurt a. M.

HARTUNG, W. (1967): Fossilführung und Stratigraphie im Aachener Steinkohlengebirge. – Fortschr. Geol. Rheinld. Westf., **13**: 339–564; Krefeld.

HEIBEL, B. (1969): Zur Stratigraphie und Sedimentation des Oberemsiums der Gerolsteiner Mulde (Eifel). – Fortschr. Geol. Rheinld. u. Westf. **16**: 529–576; Krefeld.

HEIDE, H. (1955): Aufbau und Entstehung der Kärlicher Tonlagerstätte. – Diss. Univ. Bonn.

HEINRICH, M. (1994): Geologische Untersuchungen im Gebiet Lonnig – Rüber – Dreckenach, südwestlicher Teil des Neuwieder Beckens. – Dipl.-Arb. (Kartierungsteil), unveröff., 30 S.; Univ. Bonn.

HEINZ, H. & PLUM, H. (1983): Zum Fördercharakter der intermittierend gasführenden Quelle von Wallenborn/Eifel. – Z. dt. geol. Ges., **134**: 1069–1079; Hannover.

HEITFELD, K.-H., KRAPP, L. & STOLTIDIS, I. (1974): Die Grundgebirgskarten des Hydrogeologischen Kartenwerks von Nordrhein-Westfalen (Teilbereich Nordeifel und Bergisches Land). – Geol. Mitt., **12**: 413–430; Aachen.

HEIZMANN, E.P.J. & MÖRS, T. (1994): Neue Wirbeltierfunde aus dem Oligozän der Tongrube Kärlich und ihre Bedeutung für die Tertiär-Stratigraphie des Neuwieder Beckens (Rheinland-Pfalz, Deutschland). – N. Jb. Geol. Paläont. Abh. **192**: 17–36; Stuttgart.

HENKE, W. (1933): Verbreitung und Ausbildung der Siegener Schichten in der Osteifel. – Geol. Rdsch., **24**: 187–203; Berlin.

HENKE, W. (1936): Bericht über die Exkursionen durch die südliche Eifel, den Westerwald und das Siegerland. 1. Die Ausbildung der Siegener Schichten im Eifeler Hauptsattel. – Jb. preuß. geol. L.-A., **56**: 330–332; Berlin.

HENNICKE, U. (1972): Hydrogeologie der Sötenicher Mulde (Eifel/Rheinisches Schiefergebirge). – Diss. RWTH Aachen, 163 S.; Aachen.

HENTSCHEL, G. (1973): Begleitmineralien des Basaltes vom Arensberg bei Zilsdorf/Eifel. – Notizbl. hess. L.-A. Bodenf., **101**: 310–316; Wiesbaden.

HENTSCHEL, G. (1975): Die Mineralien der basaltischen Gesteine im Laacher Vulkangebiet. – Aufschluß, **26**: 65–87; Heidelberg.

HENTSCHEL, G. (1978a): Seltene Minerale in Calcium-reichen Auswürflingen vom Bellerberg bei Mayen/Eifel. – Aufschluß, **29**: 77–83; Heidelberg.

HENTSCHEL, G. (1978b): Die Minerale des Arensberges bei Zilsdorf/Eifel. – Aufschluß, **29**: 219–227; Heidelberg.

HENTSCHEL, G. (1983): Die Mineralien der Eifelvulkane. – 152 S.; München (Weise). – 2. Aufl. 1987, 175 S.; München (Weise).

HENTSCHEL, G. (1989): Die Minerale der Üdersdorfer Lava. – Lapis, **14** (11): 14–25; München.

HENTSCHEL, G., LEUFER, U. & TILLMANNS, E. (1978): Brenkit, ein neues Kalzium-Fluor-Karbonat vom Schellkopf/Eifel. – N. Jb. Miner. Mh. **1978**: 325–329; Stuttgart.

HERBST, G. (1955): Untersuchungen an den Burtscheider Thermalquellen bei Aachen. – Z. dt. geol. Ges., **106**: 195–198; Hannover.

HERBST, G. (1958): Das Alter der Bewegungen am Rur-Rand bei Hückelhoven. – Fortschr. Geol. Rheinld. v. Westf., **2**: 641–643; Krefeld.

HERBST, G. (1962a): Ein Aufschluß im Oberkarbon an der Aachener Überschiebung. – Fortschr. Geol. Rheinld. u. Westf., **3**: 1155–1158; Krefeld.

HERBST, G. (1962b): Die Tektonik des flözführenden Oberkarbons in der Inde-Mulde (Aachener Revier), dargestellt an der Karbon-Oberfläche. – Fortschr. Geol. Rheinld. u. Westf., **3**: 1159–1166; Krefeld.

HERBST, G. (1971): Das Revier von Aachen-Erkelenz, a) Stratigraphie und Tektonik. – Fortschr. Geol. Rheinld. v. Westf. **19**: 61–68; Krefeld.

HESEMANN, J. (1975): Geologie Nordrhein-Westfalens. – 416 S.; Paderborn (Schöningh).

HEUMANN, G. & LITT, T. (2002): Stratigraphy and paleoecology of the Late Pliocene and Early Pleistocene in the open-cast mine Hambach (Lower Rhine-Basin). – Geol. en Mijnbouw **81**: 193–199; Utrecht.

HEYEN, F.J. (1957): Jünkerath. – Handb. d. Histor. Stätten Deutschlands, **V**: 138–139; Stuttgart (Kröner).

HEYL, K.E. (1970): Weitere Vorkommen von Sulfatwässern in der Wittlicher Rotliegend-Senke (Südwesteifel). – Notizbl. hess. L.-A. Bodenforsch., **98**: 234–248; Wiesbaden.

HEYL, K.E. (1972): Bäderbuch Rheinland-Pfalz. – 178 S., Bäderarbeitsgemeinschaft Rheinland-Pfalz; Mainz.

HIGAZI, H.M.E. (1974): Hydrogeologie der Dollendorfer Mulde (Nordeifel). – Diss. RWTH Aachen, 163 S.; Aachen.

HODSON, F. & LECKWIJK, W. van (1958): A Namurian Marker-Horizon at Büsbach, near Aachen, Western Germany. – Publ. Ass. Etud. Paleont., **35**: 13 S.; Bruxelles.

HOEGEN, J. v., KRAMM, U. & WALTER, R. (1990): The Brabant Massif as part of Armorica/Gondwana: U-Pb isotope evidence from detrical zircons. – Tectonophysics, **185**: 37–50; Amsterdam.

HOEGEN, J.v., LEMME, B., ZIELINSKI, J. & WALTER, R. (1985): Cambrian and Lower Ordovician in the Stavelot-Venn Massif. A Model for Depositional History. – N. Jb. Geol. Paläont. Abh. **171**: 217–235; Stuttgart.

HOEPPENER, R. (1955): Tektonik im Schiefergebirge, eine Einführung. – Geol. Rdsch., **44**: 26–58; Stuttgart.

HOEPPENER, R. (1957): Zur Tektonik des SW-Abschnittes der Moselmulde. – Geol. Rdsch, **46**: 318–348; Stuttgart.

HOEPPENER, R. (1960): Ein Beispiel für die zeitliche Abfolge tektonischer Bewegungen aus dem Rheinischen Schiefergebirge. – Geologie en Mijnbouw, **39**: 181–188; s'Gravenhage.

HÖRTER, F. (1977): Der Vulkanberg „Hohe Buche“ und seine Steinbrüche. – Rhein. Heimatpflege N.F., **14**: 109–115; Köln.

HÖRTER, F. (1985): Der Hochstein – ein Natur- und Kulturdenkmal der Eifel. – Rhein. Heimatpflege N.F., **22**: 87–89; Köln.

HÖRTER, F. (1994): Getreidereiben und Mühlsteine aus der Eifel. – 192 S.; Mayen (Geschichts- u. Altertumsverein Mayen).

HÖRTER, F. (sen.), MICHELS, F.X. & RÖDER, J. (1950, 1954): Die Geschichte der Basaltlava-Industrie von Mayen und Niedermendig. – I: Jb. f. Gesch. u. Kultur des Mittelrheins, **2/3**: 1–32, Neuwied 1950/51. II: Jb. f. Gesch. u. Kultur des Mittelrheins, **6/7**: 7–32; Neuwied 1954/55.

HOFFMANN, K. (1957): Feuersteineluvium und Tertiär auf der Hochfläche des Aachener Waldes. – Decheniana, **109**: 219–225; Bonn.

HOFFMANN, K. (1959): Die Feuersteine auf der Hochfläche des Aachener Waldes. Eine Typisierung. – N. Jb. Geol. Paläont. Mh., **1959**: 310–327; Stuttgart.

HOFFMANN, K. (1961): Die Tektonik am Südrand des Hohen Venns. – N. Jb. Geol. Paläont. Abh., **111**: 341–367; Stuttgart.

HOFFMANN, K. (Hannover) (1962): Lias und Dogger im Untergrund der Niederrheinischen Bucht. – Fortschr. Geol. Rheinland u. Westf., **6**: 105–184; Krefeld.

HOFFMANN, R. (1996): Die quartäre Tektonik des südwestlichen Schiefergebirges begründet mit der Höhenlage der jüngeren Hauptterrasse der Mosel und ihrer Nebenflüsse. – Bonner Geowiss. Schr. **19**, 156 S.; Wiehl.

HOFKER, J. (1956): Les Foraminiferes de la Zone de contact Maastrichtien-Campanien dans l'est de la Belgique et le sud des Pays-Bas. – Ann. Soc. géol. Belg., **80**(B): 191–233; Liège.

HOFKER, J. (1966): Maestrichtian, Danian and Paleocene foraminifera. – Palaeontographica, Suppl.-Bd. **10**: 376 S.; Stuttgart.

HOGE, E. (1935): Étude des anomalies de la composante verticale du Champ magnétique terrestre dans la région des Hautes Fagnes. – Mem. Acad. roy. Belg., Cl. Sci., **4**(2), **11**: 40 S.; Bruxelles.

HOLL, H.-G. (1995): Die Siliziklastika des Unterdevon im Rheinischen Trog (Rheinisches Schiefergebirge). Detritus-Eintrag und P,T-Geschichte. – Bonner Geowiss. Schr. **18**, 163 S.; Bonn.

HOLLMANN, G. & von WINTERFELD, C. (1999): Laterale Strukturvariationen eines Vorlandsüberschiebungsgürtels. – Z. dt. geol. Ges. **150**: 431–450; Stuttgart.

HOLTMEYER-WILD, V. (2000): Vorgeschichtliche Reibsteine aus der Umgebung von Mayen. – 90 S.; Mainz (Röm.-German. Zentralmuseum).

HOLZAPFEL, E. (1883): Die Lagerungsverhältnisse des Devon zwischen Roer- und Vichtthal. – Verh. naturhist. Ver. preuß. Rheinlande u. Westf., **40**: 397–420; Bonn.

HOLZAPFEL, E. (1887-1889): Die Mollusken der Aachener Kreide. – Palaeontographica, **34**: 29–180; **35**: 139–268; Stuttgart.

HOLZAPFEL, E. (1895): Das Obere Mitteldevon (Schichten mit *Stringocephalus Burtini* und *Maeneceras terebratum*) im Rheinischen Gebirge. – Abh. preuß. geol. L.-A. N.F., **16**: 459 S.; Berlin.

HOLZAPFEL, E. (1899): Die cambrischen und ältesten Devon-Schichten in der Gegend von Aachen. – Jb. preuß. geol. L.-A., **19**: 105–117; Berlin.

HOLZAPFEL, E. (1909): Über die neueren Beobachtungen in den metamorphischen Gebieten der Ardennen. – N. Jb. Miner. **1**: 108–128; Stuttgart.

HOLZAPFEL, E. (1910): Die Geologie des Nordabfalls der Eifel mit besonderer Berücksichtigung der Gegend von Aachen. – Abh. preuß. geol. L.-Anst. N.F., **66**: 218 S.; Berlin.

HOLZAPFEL, E. (1911a): Erläuterungen zu Blatt Stolberg. – Geol. Kt. v. Preußen u. benachb. Bundesstaaten, 87 S.; Berlin.

HOLZAPFEL, E. (1911b): Erläuterungen zu Blatt Aachen. – Geol. Kt. v. Preußen und benachb. Bundesstaaten, 76 S.; Berlin.

HOLZAPFEL, E. (1911c): Erläuterungen zu Blatt Herzogenrath. – Geol. Kt. v. Preußen u. benachb. Bundesstaaten, 78 S.; Berlin.

HOLZAPFEL, E. (1911d): Erläuterungen zu Blatt Lendersdorf. – Geol. Kt. v. Preußen u. benachb. Bundesstaaten, 62 S.; Berlin.

HOPMANN, M. (1922): Spuren eines Phonolithdurchbruches bei Rockeskyll in der Eifel. – Cbl. Miner. etc. **1922**: 565–569; Stuttgart.

HOPMANN, M. (1925): Beobachtungen und Funde im Leucittuffgebiet von Rieden. – Sitz.-Ber. Naturhist. Ver. preuß. Rheinld. Westf. **1923**: 46–48; Bonn.

HOPMANN, M. (1939): Laminite im Laacher Seegebiet. – Zbl. Miner. A, **1939**: 207–212; Stuttgart.

HOPMANN, M. (1954): Die wissenschaftliche Erforschung des Laacher Vulkangebietes. – Geol. Jb., **69**: 379–386; Hannover.

HOPMANN, M. (1959): Vulkane des Laacher-See-Gebietes. – In: HOPMANN, FRECHEN, KNETSCH: Die vulkanische Eifel: 9–52; Bonn (Stollfuß).

HORALEK, U., MULLER, A. & PARTING, H. (1977): Der Buntsandstein der Nordeifel. – Bull. serv. Géol., Luxembourg, **8**: 3–22; Luxemburg.

HORION, C. (1859): Notice sur le terrain crétace de la Belgique, avec Observation de M. MEUGY. – Bull. Soc. géol. France, **10**: 635–667; Paris.

HOSELMANN, C. (1994): Stratigraphie des Hauptterrassenbereiches am Unteren Mittelrhein. – Sonderveröff. Geol. Inst. Univ. Köln **96**, 236 S.; Köln.

HOSELMANN, C. (1996): Der Hauptterrassen-Komplex am unteren Mittelrhein. – Z. dt. geol. Ges. **147**: 481–497; Stuttgart.

HOTZ, E.E. (1951): *Coelotrochium canis* n.sp. und seine Bedeutung für die Stratigraphie des Mittel-Devons der Eifel. – Senckenbergiana, **32**: 31–36; Frankfurt a. M.

HOTZ, E.E, KRÄUSEL, W. & STRUVE, W. (1955): Die Eifel-Mulden von Hillesheim und Ahrdorf. – Beih. Geol. Jb. **17**: 45–192; Hannover.

HOTZ, E.E. & KRÖMMELBEIN, K. (1951): Das „Antoniusbusch-Profil" im Devon der Rohrer Mulde (Eifel). – Abh. senckenberg. naturforsch. Ges., **485**: 67–73; Frankfurt a. M.

HOUGHTON, B.F. & SCHMINCKE, H.-U. (1986): Mixed deposits of simultaneous Strombolian and phreatomagmatic volcanism: Rothenberg Volcano, East Eifel Volcanic field. – J. Volcanol. Geotherm. Res. **30**: 117–130; Amsterdam.

HOUGHTON, B.F. & SCHMINCKE, H.-U. (1989): Rothenberg scoria cone, East Eifel: A complex Strombolian and phreatomagmatic volcano. – Bull. Volcanol. **52**: 28–48; Berlin.

HUCKENHOLZ, H.G. (1965a): Der petrogenetische Werdegang der Klinopyroxene in den tertiären Vulkaniten der Hocheifel. – I. Die Klinopyroxene der Alkaliolivinbasalt-Trachyt-Assoziation. – Beitr. Mineral. u. Petrol., **11**: 138–195; Heidelberg.

HUCKENHOLZ, H.G. (1965b): Der petrogenetische Werdegang der Klinopyroxene in den tertiären Vulkaniten der Hocheifel. – II. Die Klinopyroxene der Basanitoide. – Beitr. Mineral. u. Petrogr., **11**, 415–448; Heidelberg.

HUCKENHOLZ, H.G. (1965c): Hawaiit, ein Gesteinstyp der tertiären Hocheifel-Vulkanite. – N. Jb. Min. Mh., **1965**: 67–74; Stuttgart.

HUCKENHOLZ, H.G. (1966): Der petrogenetische Werdegang der Klinopyroxene in den tertiären Vulkaniten der Hocheifel. III. Die Klinopyroxene der Pikritbasalte (Ankaramite). – Contr. Mineral. Petrol., **12**: 73–95; Heidelberg.

HUCKENHOLZ, H.G. (1983): Tertiary Volcanism of the Hocheifel Area. – In: FUCHS, K. et al. (ed.): Plateau Uplift, 121–128; Berlin, Heidelberg (Springer).

HUCKENHOLZ, H.G. & BÜCHEL, G. (1988): Tertiärer Vulkanismus der Hocheifel. – Fortschr. Miner., **66**, Beih. 2: 43–82; Stuttgart.

HUMBOLDT, A. v. (1790): Mineralogische Beobachtungen über einige Basalte am Rhein. VIII + 126 S. – Braunschweig (Schulbuchhdlg.) (Anonym).

HUMMEL, M. (1949): Zur postglazialen Wald-, Siedlungs- und Moorgeschichte der Vordereifel. – Planta, **37**: 451–497; Berlin.

HUNSCHE, H. (1973): Geomagnetische, geoelektrische und magnetotellurische Messungen im Rahmen einer Exkursion zum Mosenberg und Meerfelder Maar in der Westeifel. – Gamma, **22**: 80 S.; Braunschweig.

HUSSAK, E. (1878): Die basaltischen Laven der Eifel. – Sitz.-Ber. Akad. Wiss. Wien, **77**: 330–336; Wien.

HUTTERER, R. & MIEBACH, A. (2011): Neue Funde von Raubtieren (Mammalia: Carnivora) aus dem Jungpaläolithikum der Eifel. – Decheniana **164**, 105–115; Bonn.

IKINGER, A. (1990): Verschüttete Landschaft: Das Gelände unter dem Bims im Neuwieder Becken. – In: SCHIRMER, W. (Hrsg.): Rheingeschichte zwischen Mosel und Maas, 89–93; deuqua-Führer 1, Hannover (Dt. Quartärvereinigung).

ILLIES, H. (1975): Rheingraben und Alpen: Wechselbeziehungen zwischen Taphrogenese und Orogenese. – Mitt. Geol.-Paläont. Inst. Univ. Hamburg, **44**: 403–409; Hamburg.

ILLIES, H. & BAUMANN, H. (1982): Crustal dynamics and morphodynamics of the Western European Rift System. – Z. Geomorph. N.F., Suppl.-Bd. **42**: 135–165; Berlin, Stuttgart.

IRION, G. & NEGENDANK, J.F.W. (1984): Das Meerfelder Maar – Untersuchungen zur Entwicklungsgeschichte eines Eifelmaares. – Cour. Forsch.-Inst. Senckenberg, **65**: 101 S.; Frankfurt a. M.

JACOBY, W.R., JOACHIMI, H. & GERSTENECKER, C. (1983): The Gravity Field of the Rhenish Massif. – FUCHS, K. et al. (ed.): Plateau Uplift, 247–258; Berlin/Heidelberg.

JAEKEL, O. (1904): Über ein neues Reptil aus dem Buntsandstein der Eifel. – Z. dt. geol. Ges., **56**: 90–94; Berlin.

JANKOWSKY, W. (1955): Schichtenfolge, Sedimentation und Tektonik im Unterdevon des Rheintales in der Gegend von Unkel-Remagen. – Geol. Rdsch., **44**: 59–86; Stuttgart.

JANSEN, H. (1961): Kontaktmetasomatische Gneisbildung im Untergrund der mittelrheinischen Vulkangebiete. – 82 S., Diss.; Bonn.

JASMUND, K. & HENTSCHEL, G. (1964): Seltene Mineralparagenesen in den Kalksteineinschlüssen der Lava des Ettringer Bellerberges bei Mayen (Eifel). – Beitr. Miner. Petr., **10**: 296–314; Berlin.

JASMUND, K. & SCHREIBER, T. (1964): Geochemische und petrographische Untersuchungen an basaltischen Gesteinen der Eifel aus der Umgebung von Daun. – Chemie der Erde, **24**: 27–66; Jena.

JOACHIM, H.-E., v. KOENIGSWALD, W. & MEYER, W. (1998): Kartstein und Katzensteine bei Mechernich in der Eifel. – Rhein. Kunststätten **435**, 32 S., Köln (Rhein. Ver. Denkmalpflege u. Landschaftsschutz).

JUNG, C., JUNG, St., HOFFER, E. & BERNDT, J. (2006): Petrogenesis of Tertiary Mafic Alkaline Magmas in the Hocheifel, Germany. – Journ. Petrology, **47**: 1637–1671; Oxford.

JUNG, H. (1955): Zur Tektonik des Devons im Rheingaugebirge im Rheindurchdruch bei Bingen – Rüdesheim. – Geol. Rundschau, **44**: 223–265; Stuttgart.

JUNGBLUTH, F.A. (1918): Die Terrassen des Rheins von Andernach bis Bonn. – Verh. naturhist. Ver. Rheinld. Westf., **73**: 1–103; Bonn.

JUNGE, H. & TILLMANNS, W. (1984): Eine autochthone Feuersteinlehm-Decke in der Eifeler Nord-Süd-Zone. – Kölner Geograph. Arb., **46**: 317–330; Köln.

JUNGERIUS, P.D., RIEZEBOS, P.A. & SLOTBOOM, R.T. (1968): The Age of Eifel Maars as Shown by the Presence of Laacher See Ash of Allerød Age. – Geol. en Mijnbouw, **47**: 199–205; Leiden.

JUVIGNÉ, E. (1978): Découverte de minéraux volcaniques dans les tourbieres des Vosges (France). – Bull. Soc. Geogr. de Liège, **14**: 205–210; Liège.

JUVIGNÉ, E. (1980): Vulkanische Schwerminerale in rezenten Böden Mitteleuropas. – Geol. Rundsch., **69**: 982–996; Stuttgart.

JUVIGNÉ, E. (1990): About some widespread Late Pleistocen tephra horizons in middle Europe. – N. Jb. Geol. Paläont. Mh. **1990**: 215–232; Stuttgart.

JUX, U. (1960): Die devonischen Riffe im Rheinischen Schiefergebirge. – N. Jb. Geol. Pal. Abh., **110**: 186–392; Stuttgart.

JUX, U. (1962): Zur Altersfrage und Paläogeographie der Nordeifel-Trias. – N. Jb. Geol. Paläont. Mh. **1962**: 632–646; Stuttgart.

JUX, U. (1966): Entwicklungshöhe und stratigraphisches Lager des Mechernicher Stegocephalen. – N. Jb. Geol. Paläont. Mh., **1966**: 321–325; Stuttgart.

JUX, U. (1967): Die Torringer Schichten im Oberen Mitteldevon der Bergisch Gladbach-Paffrather Mulde (Rheinisches Schiefergebirge). – Sonderveröff.Geol. Inst. Univ. Köln, **13**: 3–14; Köln.

JUX, U. (1971): Rheinische Magnafazies im devonischen Weltbild. – Festschr. Kurt Kayser, Kölner Geogr. Arbeiten, 141–157; Wiesbaden (F. Steiner).

JUX, U. (1975): Phytoplankton aus dem mittleren Oberdevon (Nehden-Stufe) des südwestlichen Bergischen Landes (Rheinisches Schiefergebirge). – Palaeontographica B, **149**: 113–138; Stuttgart.

JUX, U. & KRATH, J. (1974): Die Fauna aus dem mittleren Oberdevon (Nehden-Stufe) des südwestlichen Bergischen Landes. – Palaeontographica A, **147**: 115–168; Stuttgart.

JUX, U. & PFLUG, H.D. (1958): Alter und Entstehung der Triasablagerungen und ihrer Erzvorkommen am Rheinischen Schiefergebirge, neue Wirbeltierreste und das Chirotheriumproblem. – Abh. hess. L.-Amt Bodenforsch., **27**: 50 S.; Wiesbaden.

KADOLSKY, D. (1975): Zur Paläontologie und Biostratigrafie des Tertiärs im Neuwieder Becken. – Decheniana, **128**: 113–137; Bonn.

KADOLSKY, D. (1993): Der Gattung *Nystia* zugeordnete Arten im Tertiär des mittleren und westlichen Europas. – Arch. Molluskenkunde **122**: 335–402; Frankfurt a. M.

KADOLSKY, D., LÖHNERTZ, W. & SOULIE-MÄRSCHE, I. (1983): Zur Paläontologie und Geologie fossilführender Hornsteine der S-Eifel (Oligozän, Rheinisches Schiefergebirge). – N. Jb. Geol. Paläont. Abh., **166**: 191–217; Stuttgart.

KAISER, E. & HOFFMANN, A. (1939): Geol. Kt. v. Preußen u. benachb. dt. Ländern. Bl. Linz. Erläuterungen von W. AHRENS. – 47 S.; Berlin.

KAISER, H. (1965): Das Hunsrückschiefer-Profil am Elzbach südlich von Monreal. – 40 S., Unveröff. Dipl.-Arb.; Univ. Bonn.

KAISER, H., MEYER, W. & SCHWEITZER, H.J. (1977): Das pflanzenführende Unterdevon des Rheinlandes. – Bonner paläobot. Mitt., **2**: 25 S.; Bonn.

KAISER, K. (1960): Klimazeugen des periglazialen Dauerfrostbodens in Mittel- und Westeuropa. Ein Beitrag zur Rekonstruktion des Klimas der Glaziale des quartären Eiszeitalters. – Eiszeitalter u. Gegenwart, **11**: 121–141; Öhringen.

KAISER, K. (1961): Gliederung und Formenschatz des Pliozäns und Quartärs am Mittel- und Niederrhein, sowie in den angrenzenden Niederlanden unter besonderer Berücksichtigung der Rheinterrassen. – Köln u. d. Rheinlande. (Festschr. 33. Dt. Geogr.-Tag in Köln): 236–268; Wiesbaden.

KALTHOFF, D.C. (1998): Die Kleinsäuger (Mammalia) der Fundstelle Kettig (Rheinland-Pfalz, Deutschland) im Rahmen der allerödzeitlichen Säugetierfauna Mittel- und Süddeutschlands. – Paläont. Z., **72**: 407–424; Stuttgart.

KALTHOFF, D.C., MÖRS, T. & TESAKOV, A. (2007): Late Pleistocene small mammals form the Wannenköpfe volcanoes (Neuwied Basisn, western Germany) with remarks on the stratigraphic range of *Arvicola terrestris*. – Geobios, **40**: 609–623; Amsterdam.

KAMP, H. v. (1972): Erläuterungen zu Blatt 4611 Hohenlimburg. – 2. Aufl., Geologische Karte Nordrh.-Westf. 1 :25 000,182 S.; Krefeld.

KARAKUZU, F. (1982): Aufbau und Entstehung der spätquartären Vulkane Dachsbusch und Rothenberg in der Osteifel. Petrographie und Geochemie der vulkanischen Gesteine der Vulkane Dachsbusch, Wehr und Rothenberg. – 212 S., unveröff. Dipl.-Arb. Ruhr-Universität Bochum.

KASIG, W. (1968): Biofazielle und feinstratigraphische Untersuchungen im Givetium und Frasnium am Nordrand des Stavelot-Venn-Massivs. – Diss. RWTH Aachen, 177 S.; Aachen.

KASIG, W. (1974): Die Bedeutung der Mikrofossilien für die Klärung von Grenzproblemen im jüngeren Paläozoikum von Aachen. – Int. Symp. Belg. Micropaleont. Limits, Namur, **8**: 1–11; Brüssel.

KASIG, W. (1975): Stratigraphie und Paläogeographie des Devons im Rheinischen Schiefergebirge. (Fortschritte in der geologischen Erforschung 1955–1974). – Zbl. Geol. Paläont. Teil I, **1974**: 312–362; Stuttgart.

KASIG, W. (1980): Dinantian carbonates in the Aachen region, F. R.G. – Meded. Rijks Geol. Dienst, **32**: 44–52; Haarlem.

KASIG, W., DREESEN, R. & BOUCKAERT, J. (1979): Zur Biostratigraphie des Famenniums südlich von Aachen (Deutschland). – Geologica et Palaeontologica, **13**: 165–172; Marburg.

KASIG, W. & NEUMANN-MAHLKAU, P. (1969): Die Entwicklung des Eifeliums in Old-Red-Fazies zur Riff-Fazies im Givetium und Unteren Frasnium am Nordrand des Hohen Venns (Belgien – Deutschland). – Geol. Mitt., **8**: 327–388; Aachen.

KASIG, W. & SPAETH, G. (1975): Neue Ergebnisse über die Geologie der Kern- und Mantelschichten des Hohen Venns aufgrund von Profilaufnahmen bei der Verlegung der Erdgasleitung Aachen – Rheinfelden. – Z. dt. geol. Ges., **126**: 1–14; Hannover.

KAUL, A. (1976): Geologische und paläontologische Untersuchungen im Nordost-Teil der Dollendorfer Mulde. – Unveröff. Dipl.-Arb., 87 S.; Univ. Bonn.

KAYSER, E. (1870): Studien aus dem Gebiete des rheinischen Devon. I. Das Devon der Gegend von Aachen. – Z. dt. geol. Ges., **22**: 841–852; Berlin.

KAYSER, E. (1871): Studien aus dem Gebiete des rheinischen Devon. II. Die devonischen Bildungen der Eifel. – Z. dt. geol. Ges., **23**: 289–376; Berlin.

KAYSER, E. (1873): Studien aus dem Gebiete des rheinischen Devons. IV. Über die Fauna des Nierenkalkes vom Enkeberge und der Schiefer von Nehden bei Brilon, und über die Gliederung des Oberdevons im rheinischen Schiefergebirge. – Z. dt. geol. Ges, **25**: 602–674; Berlin.

KAYSER, E. (1881): Über das Alter des Hauptquarzits, der Wieder Schiefer und des Kahleberger Sandsteins im Harz; mit Bemerkungen über die herzynische Fauna im Harz, am Rhein und in Böhmen. – Z. dt. geol. Ges., **33**: 617–628; Berlin.

KAYSER, E. (1892): Erläuterungen zur geologischen Spezialkarte von Preußen, Bl. Coblenz. – Berlin.

KEGEL, W. (1950): Sedimentation und Tektonik in der rheinischen Geosynklinale. – Z. dt. geol. Ges., **100**: 267–289; Hannover.

KELCH, H.-J. & REIBLE, P. (1976): Beschreibung der Spülproben und Kerne der Bohrung Saar 1. In: Die Tiefbohrung Saar 1. – Geol. Jb., **A 27**: 29–89; Hannover.

KEMPF, E.K. (1968): Die Mastixioideen-Flora von Adendorf (Miozän, Rheinland). – Z. dt. geol. Ges., **118**: 182–185; Hannover.

KEMPF, E.K. (1993): Hydropteriden-Floren als Zeitmarken im Rheinischen Braunkohlen-Tertiär. – Sonderveröff. Geol. Inst. Univ. Köln **70** (Festschr. Jux), 527–596; Köln.

KERSBERG, H. (1968): Die Prümer Kalkmulde (Eifel) und ihre Randgebiete. – Schriftenreihe d. Landesstelle f. Naturschutz u. Landschaftspflege Nordrh.-Westf., **4**: 240 S.; Recklinghausen.

KERSBERG, H. & PETERS, I. (1967): Das Truffvenn im Kyllwald (Südwesteifel). – Decheniana, **118**: 153–179; Bonn.

KETIN, I. (1939): Über die Tektonik und den Vulkanismus der Gegend von Bad Bertrich. – Jb. Reichsst. Bodenforschg., **60**: 49–98; Berlin.

KIENOW, S. (1934): Die innere Tektonik des Unterdevons zwischen Rhein, Mosel und Nahe. – Jb. preuß. geol. L.-A., **54**: 58–95; Berlin.

KIENOW, S. (1938): Geologie der Kupfererzlagerstätte „Neuglück" bei Hasborn/Eifel. – Z. dt.geol. Ges., **90**: 419; Berlin.

KIENOW, S. (1939): Erdmagnetische Vermessung der Basaltvorkommen bei Bad Bertrich. – Jb. Reichsstelle Bodenforschg, **60**: 99–117; Berlin.

KILPPER, K. (1968): Tertiäre Laubblätter aus der Tongrube Adendorf (Miozän, Rheinland). – Z. dt. geol. Ges., **118**: 174–181; Hannover.

KINKEL, G. (1849): Die Ahr. Landschaft, Geschichte und Volksleben. Zugleich ein Führer für Ahrreisende. – 232 S., 2. Aufl., Bonn (Habicht). Nachdruck 1976; Köln.

KIRCHBERGER, M. (1917): Der Nordwestabfall des Rheinischen Schiefergebirges zwischen der Reichsgrenze und dem Rurtalgraben. –Verh. naturhist. Ver. Rheinld. Westf., **74**: 1–102; Bonn.

KIRCHHEIMER, F. (1951): Das Alter des Tertiärs im Graben von Antweiler (Rheinland). – N. Jb. Geol. Paläont. Mh., **1951**: 233–245; Stuttgart.

KIRNBAUER, T. (1991): Geologie, Petrographie und Geochemie der Pyroklastika des Unteren Ems/Unter-Devon (Porphyroide) im südlichen Rheinischen Schiefergebirge. – Geol. Abh. Hessen, **92**, 228 S.; Wiesbaden.

KLEEMANN, O. (1971): Vor- und Frühgeschichte des Kreises Ahrweiler. – Bonn (Habelt).

KLEIN, C. (1937): Quellen und Grundwasser in der SW-Eifel. – Decheniana, **95A**: 41–112; Bonn.

KLITZSCH, E. (1959): Das Mitteldevon am Nordwestrand der Dillmulde. – Z. dt. geol. Ges., **111**: 366–409; Hannover.

KLOSTERMANN, J. (1992): Das Quartär der Niederrheinischen Bucht. – 200 S.; Krefeld (Geol. Landesamt Nordrh.-Westf.).

KLÜPFEL, W. (1942): Zur Gliederung und Altersdeutung des Westdeutschen Tertiärs. – Z. dt. geol. Ges., **94**: 1–18; Berlin.

KNAPP, G. (1962): Zur Stratigraphie und Paläogeographie des Hauptmuschelkalkes der Eifel. – Geol. Mitt., **2**: 107–160; Aachen.

KNAPP, G. (1962): Der varistische Gebirgsbau im Bereich der Oleftalsperre (Eifel). – Geol. Jb. **79**: 399–422; Hannover.

KNAPP, G. (1978): Erläuterungen zur Geologischen Karte der nördlichen Eifel 1 : 100 000. – 2. Aufl., 152 S.; Krefeld. 3. Aufl. 1980.

KNAPP, G. & RICHTER, D. (1980): Gibt es im Gebiet von Gemünd (Nordeifel) Obersiegenium und tiefes Unteremsium in Klerfer Fazies? – N. Jb. Geol. Paläont. Mh., **1980**: 342–360; Stuttgart.

KNAUFF, W. (1974): Das Unterlias-Vorkommen von Bürvenich (Rheinland). – Geol. Jb., **A 25**: 115–122; Hannover.

KNAUFF, W. & SCHRÖDER, E. (1962): Über die Verbreitung des Lias am nördlichen Eifelrande südlich Düren. – Fortschr. Geol. Rheinld. u. Westf., **6**: 231–238; Krefeld.

KNETSCH, G. (1939): Kohlensäure, Vulkanismus und Erzlagerstätten des Rheinischen Schiefergebirges (eine Karte tektonisch-magmatischer Konsequenzen). – Geol. Rundsch., **30**: 777–789; Stuttgart.

KNETSCH, G. (1950): Zur tektonischen Stellung des jungen Vulkanismus in Mitteleuropa. – Abh. Braunschweiger Wiss. Ges., **2**: 92–103; Braunschweig.

KNETSCH, G. (1959): Vulkane der Hohen Eifel. – In: HOPMANN, FRECHEN, KNETSCH: Die vulkanische Eifel: 117–143; Bonn (Stollfuß).

KNOLL, G. (1979): Bergbau im Sahrbachtal. – Heimatbuch Kr. Ahrweiler, 1979**:** 105–112; Ahrweiler.

KNOLL, G. (1981): Das Erzbergwerk bei Kirchdaun und die Geschichte des Bergbaus im Unteren Ahrtal 1739–1793. – Hrsg. Stadt Bad Neuenahr-Ahrweiler, 127 S.; Bad Neuenahr-Ahrweiler.

KNUST, E. & WEBER, D. (1987): Röhrenförmige Strukturen und Röhrenhöhlen im Sandstein. – Karst und Höhle 1986/1987**:** 103–110; München.

KOCH, C. (1881): Über die Gliederung der rheinischen Unterdevon-Schichten zwischen Taunus und Westerwald. – Jb. kgl. preuß. geol. L.-A., **1880:** 190–242; Berlin.

KOCH, L. (1933): Zur Charakteristik der tertiären Eruptivgesteinsvorkommen der Hocheifel. – Zentralbl. Miner. Geol. A, 1933**:** 59–73; Stuttgart.

KOČI, A., SCHIRMER, W. & BRUNNACKER, K. (1973): Paläomagnetische Daten aus dem mittleren Pleistozän des Rhein-Main-Raumes. – N. Jb. Geol. Paläont. Mh., **1973:** 545–554; Stuttgart.

KÖLSCHBACH, K.-H. (1980): Zur Geologie des Nordost-Teiles der Blankenheimer Mitteldevon-Mulde. – 95 S., Dipl.-Arb. unveröff.; Bonn.

KÖLSCHBACH, K.-H. (1986): Tektonische Untersuchungen im Unterdevon der Südwesteifel zwischen dem Manderscheider Sattel und der Wittlicher Senke (Nordwestflanke der Moselmulde. – Diss. Univ. Bonn, 145 S.; Bonn.

KÖLSCHBACH, K.-H. (1986): Eine nach SE gerichtete Aufschiebung auf der NW-Flanke der Moselmulde (Liesertal, SW-Eifel). – N. Jb. Geol. Paläont. Mh., **1986**: 671–680; Stuttgart.

KÖLSCHBACH, K.-H., MEYER, W., STETS, J. & THON, B. (1993): Das Manderscheider Antiklinorium in der Südwest-Eifel (Rheinisches Schiefergebirge). – Decheniana, **146**: 296–314; Bonn.

KOENIGSWALD, W. v. (1989): Das Mammut von Polch bei Mayen (Eifel). – Eiszeitalter u. Gegenwart, **39**: 87–97; Hannover.

KOENIGSWALD, W. v. & HEINRICH, W.-D. (2007): Biostratigraphische Begriffe aus der Säugetierpaläontologie für Pliozän und Pleistozän Deutschlands. – Eiszeitalter u. Gegenwart **56/1–2**, 96–115; Hannover.

KÖPPEN, K.-H. (1987): Geologie und Hydrogeologie der Gerolsteiner Mulde und ihrer Umgebung. – 115 S., Diss. Univ. Trier; Trier.

KOHNEN, H., KÜPPERS, F. & LOHMANN, B. (1976): Geophysikalische Untersuchungen am Lavastrom des Horngrabens in der Westeifel. – N. Jb. Geol. Paläont., Mh., **1976**: 21–30; Stuttgart.

KONRAD, H.J. & WACHSMUT, W. (1973): Zur Lithologie und Tektonik des Unterdevons im südlichen Oesling Luxemburgs. – Publ. serv. géol. Luxembourg Bull., **5**: 1–20; Luxembourg.

KOPP, K.-O. (1955): Die Wittlicher Rotliegend-Senke und ihre tektonische Stellung im Rheinischen Schiefergebirge. – Geol. Rundsch, **44**: 100–147; Stuttgart.

KOPP, K.-O. (1961): Zur oligozänen Aufschüttung im Moselgebiet. – N. Jb. Geol. Paläont. Mh., **1961**: 250–261; Stuttgart.

KOWALSKI, H. (1976): Versteinerungen aus dem unteren Emsium (Unterdevon) von Oberstadtfeld/Eifel. – Aufschluß, **27**: 229–245; Heidelberg.

KOZEL, R. (1984): Zur Geologie der Umgebung von Wittlich-Neuerburg und Bausendorf unter besonderer Berücksichtigung der Faziesverhältnisse des Oberrotliegenden (Wittlicher Senke, Rheinisches Schiefergebirge). – Unveröff. Dipl.-Arb. Geol. Inst. Bonn, 185 S.; Bonn.

KOZEL, R. & STETS, J. (1989): Schwemmfächer-Bildung und fluviatile Sedimente am Nordrand der Wittlicher Senke (Oberrotliegend, Rheinisches Schiefergebirge). – Z. dt. geol. Ges., **140**: 277–293; Hannover.

KRÄMER, F. (1957): Geologische Untersuchungen im Birresborner Sattel (Eifel). Ein Beitrag zur Gliederung der Klerfer Schichten (Unteremsium) und des Buntsandsteins Trias) im Raume Gerolstein. – Dipl.-Arb. unveröff.; Frankfurt a. M.

KRÄMER, R. (1989): Geologische und geomagnetische Untersuchungen am Pfahlberg, einem quartären Vulkan im rechtsrheinischen Schiefergebirge. – Mainzer geowiss. Mitt., **28**: 91–102; Mainz.

KRÄUSEL, R. (1936): Neue Untersuchungen zur paläozoischen Flora: Rheinische Devonfloren. – Ber. dt. Botan. Ges. **54**: 307–328.

KRÄUSEL, R. & WEYLAND, H. (1930): Die Flora des deutschen Unterdevons. – Abh. preuß. geol. L.-A. N.F., **131**: 92 S.; Berlin.

KRÄUSEL, R. & WEYLAND, H. (1937): Pflanzenreste aus dem Devon. X. Zwei Pflanzenfunde im Oberdevon der Eifel. – Senckenbergiana, **19**: 338–355; Frankfurt a. M.

KRÄUSEL, R. & WEYLAND, H. (1942): Tertiäre und quartäre Pflanzenreste aus den vulkanischen Tuffen der Eifel. – Abh. senckenb. naturf. Ges., **463**: 62 S.; Frankfurt a. M.

KRÄUSEL, R. & WEYLAND, H. (1948): Die Devon-Floren Belgiens und des Rheinlandes, nebst Bemerkungen zu einigen ihrer Arten. – Senckenbergiana, **29**: 77–99; Frankfurt a. M.

KRÄUSEL, W. (1953): Zur Geologie des NE-Teiles der Ahrdorfer und Dollendorfer Mulde (Mitteldevon der Eifel). – 99 S., Diss. Univ. Frankfurt; Frankfurt a. M.

KRAHN, L. (1988): Buntmetall-Vererzung und Blei-Isotopie im linksrheinischen Schiefergebirge. – 199 S., Diss. RWTH Aachen; Aachen.

KRAMM, U. (1980): Herkunft und Ablagerungsmilieu der manganreichen ordovizischen Gesteine des Venn-Stavelot-Massivs, Ardennen. – Z. dt. geol. Ges., **131**: 867–888; Hannover.

KRAMM, U. (1982): Die Metamorphose des Venn-Stavelot-Massivs, nordwestliches Rheinisches Schiefergebirge: Grad, Alter und Ursache. – Decheniana, **135**: 121–178; Bonn.

KRATZSCH, E. (2006): Der Wehr-Vulkan in der Eifel und seine Mineralien. – Mineralien-Welt, **17**(5). 12–34; Haltern.

KRAPP, H. (1944): Beiträge zur Erforschung der Mechernicher Bleierzlagerstätte. – Diss. Univ. Bonn.

KRAUSE, P.G. (1922): Ueber das Alter und die Entstehung der roten Kalkkonglomerate in der Eifel. – Verh. geol. Mijnb. Genoot. Ned. Geol. Serie, **VI**: 153–171; s'Gravenhage.

KREBS, W. (1962): Das Oberdevon der Prümer Mulde/Eifel unter Ausschluß der Dolomit-Fazies. – Notizbl. hess. L.-Amt Bodenforsch., **90**: 210–232; Wiesbaden.

KREBS, W. (1969): Über Schwarzschiefer und bituminöse Kalke im mitteleuropäischen Variscikum. – Erdöl u. Kohle, **22**: 2–6, 62–67; Hamburg.

KREBS, W. (1970): Nachweis von Oberdevon in der Schwerspatgrube Eisen (Saargebiet) und die Folgerungen für die Paläogeographie und Lagerstättenkunde des linksrheinischen Schiefergebirges. – N. Jb. Geol. Paläont. Mh., **1970**: 465–480; Stuttgart.

KREBS, W. (1971): Devonian reef limestones in the eastern Rhenish Schiefergebirge. – Sedimentology of parts of Central Europe; Guidebook. – VIII. Internat. Sediment. Congr. 1971, Heidelberg: 45–81; Frankfurt a. M.

KREBS, W. & ZIEGLER, W. (1965): Über die Mitteldevon-/Oberdevon-Grenze in der Riffazies bei Aachen. – Fortschr. Geol. Rheinld. Westf., **9**: 731–754; Krefeld.

KREMB-WAGNER, F. (1996): Zur Geologie und Hydrogeologie der Trier-Bitburger Mulde. – Schriftenr. Schiefer-Fachverb. Deutschld., Sonderb. **1996**, 1–130; Bonn.

KREMER, E. (1954): Die Terrassenlandschaft der mittleren Mosel als Beitrag zur Quartärgeschichte. – Arb. z. Rhein. Landeskunde, **6**: 100 S.; Bonn.

KRIEGER, K.-H. (1978): Hydrogeologische Untersuchungen zur Grundwasserneubildung in der Bitburger Mulde (Kylltal). – Berliner Geowiss. Abh., **A7**: 109 S.; Berlin.

KRÖLL, R. (2001): Zur Stratigraphie, Fazies und Tektonik des Unterdevon zwischen Untermosel und Boppard (Moselmulde, Rheinisches Schiefergebirge). – Bonner Geowiss. Schr. **29**, 261 S.; Nümbrecht.

KRÖLL, R. (2010): Mofetten (trockene CO_2-Exhalationen) im Rhein am Hammersteiner Werth und in der Wied bei Datzeroth. – Mainzer geowiss. Mitt., **38**: 61–72; Mainz.

KRÖMMELBEIN, K. (1952): Zur Geologie der Salmerwald- und Gerolsteiner Mulde (Devon, Eifel). – Z. dt. geol. Ges., **103**: 325–326; Hannover.

KRÖMMELBEIN, K. (1953): Der Horizont mit *Spirifer ostiolatus* in der Schichtfolge der Prümer Mulde (Devon, Eifel). Mit einem Ausblick auf die Mitteldevon-Gliederung des Bergischen Landes. – Senckenbergiana, **34**: 61–72; Frankfurt a. M.

KRÖMMELBEIN, K. (1955): Stratigraphie und Tektonik der Salmerwald-Mulde (Devon, Eifel). – Beih. Geol. Jb., **17**: 7–44; Hannover.

KRÖMMELBEIN, K. (1957): Zur Gliederung des Devons der Gerolsteiner Mulde in der Eifel. – Senck. leth., **38**: 359–367; Frankfurt a. M.

KROLL, J.M. & BORCHERT, W. (1969): Geol.-petrographische Untersuchungen an westdeutschen Kaolinlagerstätten, VI Kaolinlagerstätte Ödingen. – Ber. dt. Keram. Ges., **46**: 322–326; Berlin.

KUBITZ, B. (2000): Die holozäne Vegetations- und Siedlungsgeschichte in der Westeifel am Beispiel eines hochauflösenden Pollendiagramms aus dem Meerfelder Maar. – Dissertationes Botanicae **339**, 1–106.

KUCKELKORN, L. (1925): Die Süd-West-Enden der Blankenheimer und Dollendorfer Mulde in der Hohen Eifel. – Sitz.-Ber. naturhist. Ver. preuß. Rheinl. Westf., **1924**, Abt. C: 78–105; Bonn.

KUCKELKORN, L. & VORSTER, H. (1926): Das Gebiet der Blankenheimer, Rohrer und Dollendorfer Mulde in der Eifel. – Geol. Rundsch., **17a** (Steinmann-Festschr.): 512–543; Berlin.

KUKLA, G.J. (1977): Pleistocene Land-Sea Correlations. I. Europe. – Earth Science Reviews, **13**: 307–374; Amsterdam.

KULMS, M. & FRIEDRICH, G. (1970): Geochemische Untersuchungen der Böden im Lagerstättengebiet Bleialf/Eifel. – Geol. Mitt., **10**: 305–332; Aachen.

KUNERT, N. (1965): Das Untere Mitteldevon zwischen Olpe und Attendorn im südlichen Sauerland. – Fortschr. Geol. Rheinld. Westf., **9**: 485–504; Krefeld.

KUREISCHIE, A. (1971): Zur Geologie des Dächelsberges bei Bonn und seiner Umgebung. – 71 S., Dipl.-Arb. (unveröff.); Bonn.

KUREISCHIE, A. & STETS, J. (1979): Der Dächelsberg bei Bonn – Form, Inhalt und Genese einer Trichterkuppe. – Z. dt. geol. Ges., **130**: 231–261; Hannover.

KURTZ, E. (1914): Die diluvialen Flußterrassen am Nordrand von Eifel und Venn. – Verh. naturhist. Ver. preuß. Rheinld. Westf., **70**: 55–85; Bonn.

KURTZ, E. (1926): Die Leitgesteine der vorpliozänen und pliozänen Flußablagerungen an der Mosel und am Südrande der Kölner Bucht. Ein oberoligozänes Stromsystem. – Verh. naturhist. Ver. Rheinld. Westf., **83**: 97–159; Bonn.

KURTZ, E. (1932): Die Spuren einer oberoligozänen Mosel von Trier bis zur Kölner Bucht. – Z. dt. geol. Ges., **83**: 39–58; Berlin.

KURTZ, E. (1938): Herkunft und Alter der Höhenkiese der Eifel. – Z. dt. geol. Ges., **90**: 133–144; Berlin.

KUSS, S. & RAHM, G. (1967): Eine jungpleistozäne Fauna aus dem West-Eifeler Vulkan Hasenberg bei Trittscheid. – Trierer Z. f. Gesch. u. Kunst d. Trierer Landes u. seiner Nachbargeb, **30**: 5–19; Trier.

KUTSCHER, F. (1941): Die Fauna von Berresheim bei Mayen. – Jb. Reichsstelle Bodenforschg., **60**: 56–67; Berlin.

KUTSCHER, F. (1968): 120 Jahre Taunusquarzit-Forschung. – Mainzer naturwiss. Arch., **7**: 153–167; Mainz.

LAFRENZ, G. (1933): Das Ahrtal und seine Terrassen. – Beitr. Landeskde. Rheinlde., **2**: 76 S.; Bonn, Köln.

LAMENS, J. & GEUKENS, F. (1984): Volcanic Activity in the Lower Ordovician of the Stavelot Massif, Belgium. – Meddelingen Konink. Acad. Wetenschaapen, Letteren en Schonen Künsten van België, Kl. Wetensch., **46**: 1–13; Brüssel.

LANGE, W. (1941): Über das Liasvorkommen von Drove bei Düren, Rheinland. – Z. dt. geol. Ges., **93**: 134–141; Berlin.

LANGER, C. & BRUNNACKER, K. (1983): Schotterpetrographie des Tertiärs und Quartärs im Neuwieder Becken und am unteren Mittelrhein. – Decheniana, **136**: 100–107; Bonn.

LANGER, W. (1972): Tertiäre Mikrofaunen aus dem Neuwieder Becken (Vorläufige Mitteilung). – Decheniana, **125**: 286; Bonn.

LANGER, W. (1991): Beiträge zur Mikropaläontologie des Devons im Rheinischen Schiefergebirge. – Geol. Jb., **A 128**: 35–65; Hannover.

LANGGUTH, H.R. & PLUM, H. (1984): Untersuchung der Mineral- und Thermalquellen der Eifel auf geochemische Indikationen. – Bundesmin. Forsch. u. Technol., Forschungsber. **T 84–019**, 176 S.; Karlsruhe.

LANGSDORF, W. (1974): Geologische Untersuchungen im Unter-Devon der Nordflanke der Moselmulde zwischen Bad Bertrich und Kobern/Mosel (Südost-Eifel, Rheinisches Schiefergebirge). – N. Jb. Geol. Paläont. Abh., **144**: 373–401; Stuttgart.

LANGSDORF, W. (1975): Sedimentologische Untersuchungen im Unter-Devon der Nordflanke der Moselmulde im Gebiet von Cochem/Mosel (Südost-Eifel, Rheinisches Schiefergebirge). – N. Jb. Geol. Paläont. Abh., **149**: 96–111; Stuttgart.

LANNINGER, E.-P. (1968): Sporen-Gesellschaften aus dem Ems der SW-Eifel (Rheinisches Schiefergebirge). – Palaeontographica, B, **122**: 95–170; Stuttgart.

LARGE, D., SCHAEFFER, R. & HÖHNDORF, A. (1983): Lead Isotope Data from Selected Galena Occurrences in the North Eifel and North Sauerland, Germany. – Mineral. Deposita, **18**: 235–243; Berlin/Heidelberg.

LASAULX, A. v. (1884): Der Granit unter dem Cambrium des Hohen Venn. – Verh. naturh. Ver. preuß. Rheinlde. Westf., **41**: 418–450; Bonn.

LAUMANNS, M. (1987): Über Eis- und Mühlsteinhöhlen in der Eifel.– Karst u. Höhle, **1986/87**, 97–102; München.

LAUMANNS, M. & FROHN, K. (1987): Die Höhlen der Eifel. – Karst und Höhle **1986/87**: 29–90; München.

LECKWIJCK, W. van & STOCKMANS, F. (1956): Sur la limite entre les Assises namuriennes d'Andenne et de Chokier (Belgique Orientale et district d'Aix-la-Chapelle). – Bull. Soc. belge Géol., **65**: 292–306; Bruxelles.

LEPPLA, A. (1901): Erläuterungen zur Geologischen Specialkarte v. Preußen und den Thüringischen Staaten. Bl. Wittlich. – 34 S.; Berlin.

LEPPLA, A. (1908a): Erläuterungen zur Geol. Kte. v. Preußen u. benachb. dt. Ländern. Bl. Dasburg-Neuerburg. – 28 S.; Berlin.

LEPPLA, A. (1908b): Erläuterungen zur Geol. Kte. v. Preußen u. benachb. dt. Ländern. Bl. Waxweiler. – 36 S.; Berlin.

LEPPLA, A. (1908c): Erläuterungen zur geologischen Karte v. Preußen u. benachb. Bundesstaaten. Bl. Kilburg. – 32 S.; Berlin.

LEPPLA, A. (1908d): Erläuterungen zur geologischen Karte v. Preußen u. benachb. Bundesstaaten. Bl. Wittlich. – 35 S.; Berlin.

LEPPLA, A. (1911): Das Diluvium der Mosel. Ein Gliederungsversuch. – Jb. preuß. geol. L.-A., **1910**: 343–376; Berlin.

LEPPLA, A. (1920): Ein basaltisches Gestein von Pronsfeld (Eifel). – Jb. nass. Ver. Naturkde., **72**: 22–25; Wiesbaden.

LEPPLA, A. (1925): Zur Stratigraphie und Tektonik der südlichen Rheinprovinz. – Jb. preuß. geol. L.-Anst., **45**: 1–88; Berlin.

LEPSIUS, R. (1887–92): Geologie von Deutschland. – Bd. I, 800 S.; Stuttgart.

LICHTENSCHEIDT, E. (2003): Zum Problem der "Deimlinger Mühle-Schwelle" im Kylltal (Unterdevon, Rotliegendes, Buntsandstein), Südeifel, Deutschland. – Bull. Soc. Nat. Luxemb., **104**, 139–154; Luxemburg.

LIEBERING, W. (1883): Beschreibung des Bergreviers Coblenz I. – 113 S.; Bonn (Marcus).

LIPPERT, H. (1937a): Unterkoblenz-Fundpunkte im Norden und Westen der Sötenicher Mulde. – Senckenbergiana, **19**: 282–288; Frankfurt a. M.

LIPPERT, H. (1937b): Gleit-Faltung in subaquatischem und subaerischem Gestein. – Senckenbergiana, **19**: 355–375; Frankfurt a. M.

LIPPERT, H. (1939): Geologie der Daleider Mulden-Gruppe. – Abh. Senckenb. naturf. Ges., **445**: 66 S.; Frankfurt a. M.

LIPPERT, H., HENTSCHEL, H. & RABIEN, A. (1970): Erläuterungen zu Blatt 5215 Dillenburg. – Geol. Kt. Hessen 1 : 25 000, 550 S.; Wiesbaden.

LIPPERT, H. & SOLLE, G. (1937): Die Manderscheider Schwelle im Devon der Eifel. – Senckenbergiana, **19**: 392–399; Frankfurt a. M.

LIPPOLT, H.J. (1976): Das pliozäne Alter der Bertenauer Basalte/Westerwald. – Aufschluß, **27**: 205–208; Heidelberg.

LIPPOLT, H.J. (1983): Distribution of Volcanic Activity in Space and Time. – In: FUCHS, K. et al. (ed.): Plateau Uplift: 112–120; Berlin, Heidelberg (Springer).

LIPPOLT, H.J. & FUHRMANN, U. (1980): Vulkanismus der Nordeifel: Datierung von Gang- und Schlotbasalten. – Aufschluß, **31**: 540–547; Heidelberg.

LIPPOLT, H.J., FUHRMANN, U. & HRADETZKY, H. (1986): $^{40}Ar/^{39}Ar$ age determinations on sanidines of the Eifel volcanic field (Federal Republic of Germany): Constraints on age and duration of a Middle Pleistocene cold period. –Chemical Geol. (Isotope Geosc. Sect.) **59**, 187–204; Amsterdam.

LIPPOLT, H.J. & TODT, W. (1978): Isotopische Altersbestimmungen an Vulkaniten des Westerwaldes. – N. Jb. Geol.Paläont. Mh. **1978**, 332–352; Stuttgart.

LISCOMB, R. (1955): Feintektonische Untersuchung des Rheintales zwischen Linz und Hönningen. – Geol. Rdsch, **44**: 168–172; Stuttgart.

LITT, T., BRAUER, A., GOSLAR, T., MERKT, J., BALAGA, K., MÜLLER, H., RALSKA-JASIEWICZOWA, M., STEBICH, M. & NEGENDANK, J.F.W. (2001): Correlation and synchronisation of Lateglacial continental sequences in northern central Europe based on annually laminated lacustrine sediments. – Quaternary Science Rev., **20**: 1233–1249; Oxford.

LITT, T., SCHÖLZEL, C., KÜHL, N. & BRAUER, A. (2009): Vegetation and climate history in the Westeifel Volcanic Field (Germany) during the past 11 000 years based on annually laminated lacustrine maar sediments. – Boreas, **38**: 679–690; Oslo.

LITT, T. & STEBICH, M. (1999): Bio- and chronostratigraphy of the lateglacial in the Eifel region, Germany. – Quaternary Internat., **1**: 5–16; Amsterdam.

LLOYD, F.E. & BAILEY, D.K. (1969): Carbonatite in the tuffs of the Westeifel, Germany. – Beitr. Miner. Petrogr. **23**: 136–139; Berlin, Heidelberg, New York.

LÖHNERTZ, W. (1978a): Zur Altersstellung der tiefliegenden fluviatilen Tertiärablagerungen der SE-Eifel (Rheinisches Schiefergebirge). – N. Jb. Geol. Paläont. Abh.,**156**: 179–206; Stuttgart.

LÖHNERTZ, W. (1978b): Geologie und Heimatkunde – Tonbau und Ziegelfabrikation im Liesertal bei Manderscheid. – Jb. **1978**, Kreis Bernkastel-Wittlich: 220–227; Wittlich.

LÖHNERTZ, W. (1978c): Achate aus den tertiären Kiesen der Vordereifel. – Aufschluß, **29**: 125–128; Heidelberg.

LÖHNERTZ, W. (1982): Die altpleistozänen Terrassen der Mittelmosel; Überlegungen zur „Horizontalkonstanz" der Terrassen der „Rheinischen Hochscholle". – Catena, **9**: 63–75; Braunschweig.

LÖHNERTZ, W. (1994): Grundzüge der morphologischen Entwicklung der südlichen Eifel im ältesten Tertiär. – Mainzer naturwiss. Arch., Beih. **16**, 17–38; Mainz.

LÖHR, H. (1975): Zur Verbreitung von Feuersteinen aus den Bergwerken in der Umgebung von Maastricht in Deutschland. – Staringia, **3**: 95–97; Maastricht.

LÖHR, H. & BRUNNACKER, K. (1974): Metternicher und Eltviller Tuffhorizont im Würmlöß am Mittel- und Niederrhein. – Notizbl. Hess. L.-Amt Bodenforsch., **102**: 168–190; Wiesbaden.

LOHEST, M. STAINIER, X. & FOURMARIER, P. (1909): Compte rendu de la session extraordinaire de la Soc. Géol. de Belgique tenue à Eupen et à Bastogne 29. août – 3. sept. 1908. – Ann. Soc. Géol. Belg., **35**, B: 351–414; Liège.

LORENZ, V. (1973): On the Formation of Maars. – Bull. Volcan., **37**: 183–204; Neapel.

LORENZ, V. & BÜCHEL, G. (1978): Phreatomagmatische Vulkane in der südlichen Westeifel, ihr Alter und ihre Beziehung zum Talnetz. – Nachr. dt. geol. Ges., **19**: 30; Hannover.

LORENZ, V. & BÜCHEL, G. (1980a): Die Kesseltäler der vulkanischen Westeifel; Nachweis ihrer Maargenese. – Mainzer geowiss. Mitt., **8**: 173-191; Mainz.

LORENZ, V. & BÜCHEL, G. (1980b): Zur Vulkanologie der Maare und Schlackenkegel der Westeifel. – Mitt. Pollichia, **68**: 29–100; Bad Dürkheim.

LORENZ, V. & LUTZ, H. (2004): Das quartäre Meerfelder Maar, das eozäne Eckfelder Maar und die eozänen Flussablagerungen von Gut Heeg in der Westeifel (Exkursion E am 15.April 2004). – Jber. Mitt. oberrhein. geol. Ver. N.F., **86**: 125–185; Stuttgart.

LORENZ, V. & ZIMANOWSKI, B. (2000): Vulkanologie der Maare der Westeifel. Volcanology of the Westeifel maars. – Mainzer geowiss. Arch., Beih., **24**: 5–51; Mainz.

LORENZEN, K.F. & BERCKHEMER, H. (1976): Das geomagnetische Feld im Gebiet des Laacher Sees. – N. Jb. Geol. Paläont, Mh., **1976**: 197–208; Stuttgart.

LOUIS, H. (1953): Über die ältere Formentwicklung im Rheinischen Schiefergebirge. – Münchner Geogr. Hefte, **2**: 79 S.; Kallmünz/Regensburg.

LUCIUS, M. (1948): Das Gutland. – Erl. z. d. geolog. Spezialkte. Luxemburgs, **5**: 405 S.; Luxembourg.

LUCIUS, M. (1950): Das Oesling. – Erl. z. d. geol. Spezialkarte Luxemburgs, **6**: 174 S.; Luxembourg.

LUCIUS, M. (1952): Übersicht über die Geologie Luxemburgs. – Z. dt. geol. Ges, **103**: 178–208; Hannover.

LUSZNAT, M. (1970): Erläuterungen zu Blatt 5014 Hilchenbach (2. Aufl.). – Geol. Kt. Nordrh.-Westf. 1: 25 000, 265 S.; Krefeld.

LUTZ, H. (1991): Fossilfundstätte Eckfelder Maar. Beiträge zur Flora und Fauna des Mitteleozäns in der Eifel. – 51 S., Landessammlg. f. Naturkunde Rheinld.-Pfalz; Mainz.

LUTZ, H., KAULFUSS, U., WAPPLER, T., LÖHNERTZ, W., WILDE, V., MERTZ, D.F., MINGRAM, J., FRANZEN, J.L., FRANKENHÄUSER, H. & KOZIOL, M. (2010): Eckfeld Maar: Window into an Eocene Terrestrial Habitat in Central Europe. – Acta Geologica Sinica, **84**, 4: 984–1009; Beijing.

LUTZ, H. & LORENZ, V. (2009): Die Vulkaneifel und die Anfänge der modernen Vulkanologie – eine geohistorische Quellensammlung. – Mainzer naturwiss. Arch., **47**: 193–261; Mainz.

LUTZ, H.-J. (1969): Fazies und Fauna des Unterdevons und unteren Mitteldevons im S- und SW-Abschnitt der Prümer Mulde (Eifel). – Diss, gekürzt, 18 S.; Frankfurt a. M.

LUTZ, H.-J. (1975): Spuren-Fossilien (Bauten) aus Sandsteinen und Quarziten der Eifel. – Natur u. Museum, **105**: 54–58; Frankfurt a. M.

LUTZE, W. (1967): Untersuchungen zum Ionen- und Isotopenaustausch in natürlichen Silikaten, insbesondere im Hinblick auf die Behandlung radioaktiver Abfälle. – Diss. TU Berlin (Ingenieurwiss.), 98 S.; Berlin.

MADER, D. (1976): Das Mesozoikum des Oberbettinger Triasgebietes (Westeifel). – Unveröff. Diplomarb. Heidelberg, 327 S.; Heidelberg.

MADER, D. (1979): Stratigraphie und Faziesanalyse im Buntsandstein der Westeifel. – Diss. 277 S.; Heidelberg.

MADER, D. (1980a): Aeolische und fluviatile Sedimentation im Mittleren Buntsandstein der Westeifel. – N. Jb. Geol. Paläont. Abh., **160**: 1–41; Stuttgart.

MADER, D. (1980b): Petrographie und Genese der Bröckelbänke im Oberen Buntsandstein der Westeifel. – Oberrhein. geol. Abh., **29**: 1–28; Karlsruhe.

MADER, D. (1982): Sedimentologie und Genese des Buntsandsteins in der Eifel. – Z. dt. geol. Ges., **133**: 257–307; Hannover.

MADER, D. (1985): Beiträge zur Genese des germanischen Buntsandsteins. – 626 + X S.; Hannover (Sedimo-Verl.).

MÄLZER, H., HEIN, G. & ZIPPELT, K. (1983): Height Changes in the Rhenish Massif: Determination and Analysis. – In: FUCHS, K. et al. (ed.): Plateau Uplift: 164–176; Berlin/Heidelberg (Springer).

MÄLZER, H. & ZIPPELT, K. (1979): Local height changes in the Rhenish Massif area. – Allgem. Vermess. Nachr., **86**: 402–405; Karlsruhe.

MALMSHEIMER, K.W., FLAJS, G. & KOCH-FRÜCHTL, U. (1996): Middle Devonian Initial Reef-Facies from the Rhenish Schiefergebirge (Sauerland and Eifel), Western Germany. – Göttinger Arb. Geol. Paläont. **Sb 2**, 371–375; Göttingen.

MANGARTZ, F. (1998): Die antiken Steinbrüche der Hohen Buche bei Andernach. – Vulkanpark-Forsch., **1**, 116 S.; Mainz (Röm.-German. Zentralmus.).

MARTIN, G. (1960): Die Geologie am Westrande der Moselmulde (Rheinisches Schiefergebirge). – Notizbl. hess. L.-Amt Bodenforsch., **88**: 172–189; Wiesbaden.

MARTIN, G. (1962): Die oligozänen Vallendarschotter der Südwesteifel. – Notizbl. hess. L.-Amt Bodenforsch., **90**: 240–245; Wiesbaden.

MARTIN, G. (1979): Die marin-sedimentären Eisenerzlager der westlichen Mosel-Mulde (Grubenfeld „Schweicher Morgenstern"). – Geol. Jb., **D 31**: 123–131; Hannover.

MARTINI, E. (1981): Sciaenides (Pisces) aus dem Basisbereich der Hydrobien-Schichten des Oberrheingrabens, des Mainzer Beckens und des Hanauer Beckens (Miozän). – Senckenb. leth., **62**: 93–123; Frankfurt a. M.

MASBERG, H.-P.(1985): Petrographie und Geochemie der Förderprodukte der Mosenberg-Vulkan-Gruppe bei Manderscheid, Westeifel. – Diss. Univ. Bonn, 162 S., 17 Tab.; Bonn.

MATERN, H. (1929): Die Ostracoden des Oberdevons. 1. Teil: Aparchitidae, Primitiidae, Zygobolbidae, Beyrichiidae, Kloedenellidae, Entomidae. – Abh. preuß. geol. L.-A., N.F., **118**: 100 S.; Berlin.

MAURER, F. (1882): Paläontologische Studien im Gebiet des rheinischen Devons 5: Beiträge zur Gliederung der rheinischen Unterdevon-Schichten. – N. Jb. Miner. etc. **1882**,1: 1–40; Stuttgart.

MAUZ, J. (1933): Zur Fauna der Unterkoblenz-Stufe. – Senckenbergiana, **15**: 274–294; Frankfurt a. M.

MAUZ, J. (1935): Vergleichende Untersuchungen über die Unterkoblenzstufe bei Oberstadtfeld und Koblenz. – Abh. senckenb. naturf. Ges., **429**: 94 S.; Frankfurt a. M.

MAUZ, J. (1939): Die Mammut-Jagdstelle bei Polch, Kreis Mayen (Eifel). – Senckenbergiana, **21**: 1–26; Frankfurt a. M.

MAY, F. (1994): Zur Entstehung der Mineralwässer des Rheinischen Massivs. – 136 S., Diss. Univ. Bonn; Bonn.

MAY, F. (2002): Säuerlinge der Vulkaneifel und der Südeifel. – Mainzer geowiss. Mitt. **31**, 7–58; Mainz.

MAY, F. (2002): Quantifizierung des CO_2-Flusses zur Abbildung magmatischer Prozesse im Untergrund der Westeifel. – 170 S.; Aachen (Shaker).

MECHIE, J., PRODEHL, C. & FUCHS, K. (1983): The Long-Range Seismic Refraction Experiment in the Rhenish Massif. – In: FUCHS, K. et al. (ed.): Plateau Uplift: 260–275; Berlin, Heidelberg (Springer).

MEERHEIM, H. (1980): Geologisch-vulkanologische Geländeuntersuchungen der Vulkangruppe zwischen Bad Bertrich und Kennfus (Westeifel). – 101 S., unveröff. Dipl.-Arb. Univ. Mainz.

MEISCHNER, K.-D. (1964): Allodapische Kalke, Turbidite in Riff-nahen Sedimentations- Becken. – Developments in Sedimentology, **3** (Turbidites): 156–191; Amsterdam.

MEISSNER, R., BARTELSEN, H. & MURAWSKI, H. (1981): Thin-skinned tectonics in the northern Rhenish Massif, Germany. – Nature, **290**: 399–401; London.

MENTZEL, R. (1966): Das Unter-Devon des Schneifel-Gebietes (Rheinisches Schiefergebirge, Eifel). – Diss. (gekürzt), 10 S.; Frankfurt a. M.

MERTES, H. (1983): Aufbau und Genese des Westeifeler Vulkanfeldes. – Bochumer geol. u. geotechn. Arb., **9**: 415 S.; Bochum.

MERTZ, D.F., SWISHER, C.C., FRANZEN, J.L., NEUFFER, F.O. & LUTZ, H. (2000): Numerical dating of the Eckfeld maar fossil site, Eifel, Germany: a calibration mark for the Eocene time scale. – Naturwiss. **87**, 270–274; Berlin.

METJE, J. (1963): Geologie des SW-Teiles der Dollendorfer Mulde (Devon, Eifel). – Senckenb. leth., **44**: 127–155; Frankfurt a. M.

MEYER, D.E. (1970): Stratigraphie und Fazies des Paläozoikums im Guldenbachtal/SE-Hunsrück am Südrand des Rheinischen Schiefergebirges. – Diss. Univ. Bonn, 307 S.; Bonn.

MEYER, H.L.F. & RAUFF, H. (1912): Bericht über die Exkursionen (durch die Gerolsteiner und Prümer Mulde). – Sitz.-Ber. naturhist. Ver. preuß. Rheinlde. u. Westf., **1911**, D: 5–14; Bonn.

MEYER, W. (1958): Geologie der Siegener Schichten zwischen Ahr und Nette (Osteifel). – Z. dt. geol. Ges., **109**: 452–462; Hannover.

MEYER, W. (1965): Gliederung und Altersstellung des Unterdevons südlich der Siegener Hauptüberschiebung in der Südost-Eifel und im Westerwald (Rheinisches Schiefergebirge). – Max Richter-Festschrift: 35–47; Clausthal-Zellerfeld.

MEYER, W. (1967): Neufunde tertiärer und quartärer Vulkane in der Osteifel. – Notizbl. hess. L.-Amt Bodenforsch., **95**: 176–180; Wiesbaden.

MEYER, W. (1975): Erläuterungen zu einem geologischen Blockbild der Umgebung von Mayen (Eifel). – Aufschluß, **26**: 282–288; Heidelberg.

MEYER, W. (1979): Influence of the Hercynian structures on Cainozoic movements in the Rhenish Massif. – Allgem. Vermess.-Nachr., **86**: 375–377; Karlsruhe.

MEYER, W. (1985a): Zur Entstehung der Maare in der Eifel. – Z. dt. geol. Ges., **136**: 141–155; Hannover.

MEYER, W. (1985b): Der Eifel-Bezirk. – In: FENCHEL, W. et al.: Die Sideritgänge im Siegerland-Wied-Distrikt. – Geol. Jb, **D 77**: 366–370; Hannover.

MEYER, W. (1999a): Vulkanbauten der Osteifel. – 118 S.; Köln (Rhein. Ver. Denkmalpfl. u. Landschaftsschutz).

MEYER, W. (1999b): Das Roddermaar in der Osteifel – ein Meteoritenkrater? – Decheniana **152**, 191–195; Bonn.

MEYER, W. (2007) (m. Beitr. v. H. JACOBS, F. MANGARTZ & L. VIERECK-GÖTTE): Geologischer Führer zum Geo-Pfad „Vulkanpark Brohltal/Laacher See". – 5. Aufl., 125 S.; Koblenz (Görres).

MEYER, W., ALBERS, H.J., BERNERS, H. P., v. GEHLEN, K., GLATTHAAR, D., LÖHNERTZ, W., PFEFFER, K.H., SCHNÜTGEN, A., WIENECKE, K. & ZAKOSEK, H. (1983): Pre-Quaternary Uplift in the Central Part of the Rhenish Massif. – Plateau Uplift (Herausg. K. FUCHS et al.): 39–46; Berlin – Heidelberg.

MEYER, W. & PAHL, A. (1960): Zur Geologie der Siegener Schichten in der Osteifel und im Westerwald. – Z.dt.geol. Ges., **112**: 278–291; Hannover.

MEYER, W., PIRRUNG, B.M. & STETS, J. (1994): Der variscische Sockel in der Umgebung des Eckfelder Maares. – Mainzer naturwiss. Arch., Beih. **16**, 9–16; Mainz.

MEYER, W., SCHULZ-ELLERMANN, H.-J., THON, B. & WOLF, M. (1986): Illit-Kristallinität und Inkohlung in der Südeifel (Nordflügel der Moselmulde). – Z. dt. geol. Ges, **137**: 345–354; Hannover.

MEYER, W. & STETS, J. (1975): Das Rheinprofil zwischen Bonn und Bingen. – Z. dt. geol. Ges., **126**: 15–29; Hannover.

MEYER, W. & STETS, J. (1979): Die Manderscheider Vulkangruppe (Westeifel) in Beziehung zu den Strukturen des Sockels. – Z. dt. geol. Ges, **130**: 273–288; Hannover.

MEYER, W. & STETS, J. (1980): Zur Paläogeographie von Unter- und Mitteldevon im westlichen und zentralen Rheinischen Schiefergebirge. – Z. dt. geol. Ges., **131**: 725–751; Hannover.

MEYER, W. & STETS, J. (1981): Die Siegener Hauptaufschiebung im Laacher See-Gebiet (Rheinisches Schiefergebirge). – Z. dt. geol. Ges. **132**: 43–53; Hannover.

MEYER, W. & STETS, J. (1996): Das Rheintal zwischen Bingen und Bonn. – Samml.geol.Führer **89**, 386 S.; Berlin, Stuttgart (Borntraeger).

MEYER, W. & STETS, J. (1998): Junge Tektonik im Rheinischen Schiefergebirge und ihre Quantifizierung. – Z. dt. geol. Ges., **149**: 359–379; Stuttgart.

MEYER, W. & STETS, J. (2002): Pleistocene to Recent tectonics in the Rhenish Massif (Germany). – Netherlands J.Geosc./Geologie en Mijnbouw, **81**, 217–221; Utrecht.

MEYER, W. & STETS, J. (2007): Quaternary Uplift in the Eifel Area. – In: RITTER, J.R. & CHRISTENSEN, U.R. (ed.): Mantle Plumes – A Multidisciplinary Approach. 369–378; Berlin (Springer).

MEYER, W., STETS, J. & WURSTER, P. (1974): Gefüge und Entstehung der Ringdünen in den grauen Tuffen des Laacher Vulkans. – Geol. Rundsch., **63**: 1113–1132; Stuttgart.
MEYER, W., STOLTIDIS, I. & WINTER, J. (1977): Geologische Exkursion in den Raum Weyer – Schuld – Heyroth – Niederehe – Üxheim – Ahütte. – Decheniana, **130**: 322–334; Bonn.
MEYER, W. & STRIEM, H.L. (1983): Geological indications for young horizontal displacements in the Central Rhenish Massif. – N. Jb. Geol. Paläont. Mh. **1983**: 97–100; Stuttgart.
MICHELS, F. (1972): Erl. geol. Kte. v. Hessen, Bl. 5914, Eltville a. Rhein. – 3. Aufl., 4 u. 79 S.; Wiesbaden.
MICHELS, F.X. (1952): Die Herkunft der basaltischen Auswürflinge im weißen Bims des Niedermendiger Grubenfeldes. – Z. dt. geol. Ges, **103**: 297–324; Hannover.
MICHOT, P. (1954): Le Silurien. Prodrome d'une Description Géologique de la Belgique. – Soc. Géol. Belgique, S. 39–82; Liège.
MICHOT, P. (1976): Le segment varisque et son antecedent caledonien dans le cadre de la Belgique et des regions limitrophes. – Nova acta Leopold. (224), **45**: 201–228; Halle/Saale.
MICHOT, J, FRANSSEN, L. & LEDENT, D. (1973): Preliminary age measurements on metamorphic formations from the Ardennes anticline and the Brabant Massif (Belgium). – Fortschr. Miner. **50**, Beih. 3: 107–109; Stuttgart.
MIEGEL, H. (1964): Der Laacher See und seine Mollusken. – Decheniana, **116**: 45–56; Bonn.
MINNING, M. & LORENZ, V. (1983): Rotliegend-Ignimbrite in der Prims-Mulde (Saar-Nahe-Senke, Südwestdeutschland). – Mainzer geowiss. Mitt. **12**, 261–290; Mainz.
MITSCHERLICH, E. (1866): Über die vulkanischen Erscheinungen in der Eifel und über die Metamorphie der Gesteine durch erhöhte Temperatur. – Abh. kgl. Akad. Wiss. Berlin, phys. Kl. **1865**: 1–77; Berlin.
MITTMEYER, H.-G. (1972): Delthyrididae und Spinocyrtiidae (Brachiopoda) des tiefsten Ober-Ems im Mosel-Gebiet (Ems-Quarzit, Rheinisches Schiefergebirge). – Mainzer geowiss. Mitt. **1**: 82–121; Mainz.
MITTMEYER, H.-G. (1973): Grenze Siegen/Unterems bei Bornhofen (Unter-Devon, Mittelrhein). – Mainzer geowiss. Mitt. **2**: 71–103; Mainz.
MITTMEYER, H.-G. (1974): Zur Neufassung der Rheinischen Unterdevon-Stufen. – Mainzer geowiss. Mitt. **3**: 69–79; Mainz.
MITTMEYER, H.-G. (1982): Erläuterungen Bl. 5508 Kempenich. Geologische Karte von Rheinland-Pfalz 1 : 25 000. – 117 S.; Mainz.
MITTMEYER, H.-G. (1997): Erläuterungen Bl. 5608 Virneburg. Geologische Karte von Rheinland-Pfalz 1 : 25 000. – 156 S.; Mainz.
MOGRI, Z. (1966): Geologische Untersuchungen im Raume Altenhundem – Kirchhundem – Bilstein im Rheinischen Schiefergebirge sowie ein Vergleich der tektonischen Verhältnisse dieses Gebietes mit dem von Meggen. – Diss. 48 S.; Clausthal-Zellerfeld.
MOONEY, W.D. & PRODEHL, C. (1978): Crustal Structure of the Rhenish Massif and Adjacent Areas; a Reinterpretation of Existing Seismic-Refraction Data. – J. Geophys. **44**: 573–601; Würzburg.
MOORE, J.G. (1967): Base surge in recent volcanic eruptions. – Bull. Volcanol. **30**: 337–363; Napoli.
MORDZIOL, C. (1909): Über das jüngere Tertiär und das Diluvium des rechtsrheinischen Teiles des Neuwieder Beckens. – Jb. kgl. preuß. geol. L.-Anst. **29**: 348–429; Berlin.
MORDZIOL, C. (1913): Geologische Wanderungen durch das Diluvium und Tertiär der Umgebung von Koblenz (Neuwieder Becken). – Die Rheinlande, **5**: 82 S.; Braunschweig u. Berlin.
MORDZIOL, C. (1930a): Das Tertiär- und Diluvialprofil von Kärlich. – Z. dt. geol. Ges. **82**: 599–600; Berlin.
MORDZIOL, C. (1930b): Vulkanische Gasausbrüche am Rande des Neuwieder Beckens vor etwa zehntausend Jahren. – Heimat-Kal. Ldkrs. Koblenz **1930**: 103–105; Koblenz.
MORDZIOL, C. (1931): Die Laacher Bimsdecke im Zusammenhang mit der rheinischen Diluvialchronologie. – Beitr. z. Naturdenkmalpflege, **14**; Berlin.
MORDZIOL, C. (1939): Einige Beweisstücke für die Deutung des Polcher Mammut-Fundes als Jagdbeute. – Senckenbergiana, **21**: 26–37; Frankfurt a. M.
MORTELMANS, G. (1952): Observations nouvelles sur les „Porphyroides" caradociens de la Gare d'Hennuyères. – Bull. Soc. Belge Géol. Paleont. Hydrol. **61**: 176–197; Bruxelles.
MOSEBACH, R. (1954): Zur petrographischen Kenntnis devonischer Dachschiefer. – Notizbl. hess. L.-Amt Bodenforsch. **82**: 234–246; Wiesbaden.
MOSES, H.J. (1978): Aufbau, Chemie und Petrographie der spätquartären Vulkane Sattel-Berg, Plaidter Hummerich, Kollert und Korrets-Berg in der Osteifel. – Unveröff. Dipl.-Arb., Ruhr-Univ. Bochum, 102 S.; Bochum.

MOTZKA, R. (1958): Stratigraphie und Tektonik der Siegener Schichten am Westrand des Eifeler Hauptsattels. – Diss. Freie Univ. Berlin, 41 S.; Berlin.
MOURLON, M. (1875): Sur l'étage dévonien des psammites du Condroz en Condroz. – Bull. Acad. Roy. Sciences, 2me sér. **39**: 602–659; Bruxelles.
MÜCKENHAUSEN, E. (1953): Fossile Böden in der nördlichen Eifel. – Geol. Rundsch., **41**: 253–268; Stuttgart.
MÜCKENHAUSEN, E. (1958): Bildungsbedingungen und Umlagerung der fossilen Böden der Eifel. – Fortschr. Geol. Rheinld. Westf. **2**: 495–502; Krefeld.
MÜCKENHAUSEN, E. (1959): Die stratigraphische Gliederung des Löß-Komplexes von Kärlich im Neuwieder Becken. – Fortschr. Geol. Rheinld. Westf. **4**: 283–300; Krefeld.
MÜCKENHAUSEN, E. (1960): Eine besondere Art von Pingos am Hohen Venn/Eifel. – Eiszeitalter u. Gegenwart, **11**: 5–11; Öhringen.
MÜCKENHAUSEN, E. (1978): Rezente und fossile Böden (Paläoböden) der Eifel. – Kölner Geogr. Arb., **36**: 7–35; Köln.
MÜHLEIS, F. (1936): Die Flora der Tuffe von Plaidt bei Andernach. – Decheniana, **93**: 313–350; Bonn.
MÜLLER, A. & RASCHE, P. (1971): Der Luxemburger Sandstein (Hettangien) im Gebiet Syren, Munsbach, Sandweiler, Itzig, Hassel (Luxemburg). – Publ. Serv. Géol. Luxemb. Bull, **4**: 28 S.; Luxemburg.
MÜLLER, E.M. (1954): Beiträge zur Kenntnis der Stratigraphie und Paläogeographie des Oberen Buntsandsteins im Saar-Lothringischen Raum. – Ann. Univ. sarav. **111**/3: 176–201; Saarbrücken.
MÜLLER, E.M. (1966): Über stratigraphische Fragen im linksrheinischen Buntsandstein. – Z. dt. geol. Ges. **115**: 836–839; Hannover.
MÜLLER, E.M. & SCHRÖDER, E. (1960): Zur Gliederung und Altersstellung des linksrheinischen Buntsandsteins. Mit einem Beitrag von W. SCHMIDT. – Notizbl. hess. L.-A. Bodenforsch. **88**: 246–265; Wiesbaden.
MÜLLER, G. & VEYL, G. (1957): The Birth of Nilahue, a new Maar Type Volcano at Rininahue, Chile. – Internat. Geol. Congr., **20**, 2: 375–396; Mexico.
MÜLLER, M.J. (1976): Untersuchungen zur pleistozänen Entwicklungsgeschichte des Trierer Moseltals und der „Wittlicher Senke". – Forsch. dt. Landeskunde, **207**: 185 S.; Trier.
MÜLLER, M.J. & NEGENDANK, J.F.W. (1974): Untersuchung von Schwermineralien in Moselsedimenten. – Geol. Rundsch. **63**: 998–1035; Stuttgart.
MÜLLER, R. (1983): The Late Tertiary-Quaternary Tectonics of the Paleozoic of the Northern Eifel. – In: FUCHS, K. et al. (ed.): Plateau Uplift, 102–107; Berlin, Heidelberg (Springer).
MÜLLER, W. (1949): Der Tertiärgraben von Antweiler am Nordabfall der Eifel. – Diss. 90 S.; Bonn.
MÜLLER-DEILE, G. (1939): Zu Mauz' Deutung der ersten Grabung am Polcher Mammut. – Senckenbergiana, **21**: 38–41; Frankfurt a. M.
MÜLLER-SOHNIUS, D., HORN, P. & HUCKENHOLZ, H.G. (1989): Kalium-Argon-Datierungen an tertiären Vulkaniten der Hocheifel (BRD). – Chemie der Erde **49**, 119–136; Jena.
MÜLLERS, P. (1930): Über die Dolomitisierung des Mitteldevon der Gerolsteiner Mulde in der Eifel. – Chemie der Erde, **4**: 431–454; Jena.
MÜNZ, C. & HOLZFÖRSTER, F. (2008): Die Arenrather Schotter – lithofazielle Rekonstruktion eines Mitteleozänen Gewässersystems in der Westeifel. – Mainzer naturwiss. Arch., **46**: 21–36; Mainz.
MUKHOPADHYAY, D. (1972): A note on the Mullion Structures from the Ardennes and North Eifel. – Geol. Rdsch., **61**: 1037–1049; Stuttgart.
MULLER, A., PAPAIOANOU, J. & SCHRADER, E. (1977): Die Mittlere und Obere Trias der Nordeifel. – Bull. Serv. géol. Luxembourg, **8**: 23–36; Luxemburg.
MURAWSKI, H. (1964): Die Nord-Süd-Zone der Eifel und ihre nördliche Fortsetzung. – Publ. Serv. Géol. Luxembourg, **14**: 285–308; Luxemburg.
MURAWSKI, H. (1965): Geologische Erfahrungen mit geomagnetischen Geräten. – N. Jb. Geol. Paläont. Abh., **122**: 351–370; Stuttgart.
MURAWSKI, H., ALBERS, H.J., BENDER, P., BERNERS, H.-P., DÜRR, St., HUCKRIEDE, R., KAUFFMANN, G., KOWALCZYK, G., MEIBURG, P., MÜLLER, R., MULLER, A., RITZKOWSKI, S., SCHWAB, K., SEMMEL, A., STAPF, K., WALTER, R., WINTER, K.-P. & ZANKL, H. (1983): Regional Tectonic Setting and Geological Structure of the Rhenish Massif. – In: FUCHS, K. et al. (ed.): Plateau Uplift, 9–38; Berlin, Heidelberg (Springer).

NAKAMURA, K. & KRÄMER, F. (1970): Basaltic ash flow deposits from a maar in West-Eifel, Germany. – N.Jb. Geol. Paläont. Mh. **1970**: 491–501; Stuttgart.

NEGENDANK, J. (1974): Trier und Umgebung. – Slg. geol. Führer, **60**: 116 S.; Berlin, Stuttgart.

NEGENDANK, J. (1977): Argumente zur känozoischen Geschichte von Eifel und Hunsrück. – N. Jb. Geol. Paläont. Mh. **1977**: 532–548; Stuttgart.

NEGENDANK, J. (1978): Zur känozoischen Geschichte von Eifel und Hunsrück. Sedimentpetrographische Untersuchungen im Moselbereich. – Forsch. dt. Landeskunde, **211**: 90 S.; Trier.

NEGENDANK, J. (1983): Trier und Umgebung. – 2. Aufl., Slg. geol. Führer, **60**: 195 S.; Berlin, Stuttgart.

NEGENDANK, J. (1989): Pleistozäne und holozäne Maarsedimente der Eifel. – Z. dt. geol. Ges., **140**: 13–24; Hannover.

NEGENDANK, J.F.W., BRAUER, A. & ZOLITSCHKA, B. (1990): Die Eifelmaare als erdgeschichtliche Fallen und Quellen zur Rekonstruktion des Paläoenvironments. – Mainzer geowiss. Mitt., **19**: 235–262; Mainz.

NEGENDANK, J.F.W., IRION, G. & LINDEN, J. (1982): Ein eozänes Maar bei Eckfeld nordöstlich Manderscheid (SW-Eifel). – Mainzer geowiss. Mitt., **11**: 157–172:; Mainz.

NEUFFER, F.O., GRUBER, G. & LUTZ, H. (1994) (Hrsg.): Fossillagerstätte Eckfelder Maar – Schlüssel zur eozänen Entwicklungsgeschichte der Eifel. – Mainzer naturwiss. Arch., Beih. **16**, 222 S.; Mainz.

NEUFFER, F.O., GRUBER,G., LUTZ, H. & FRANKENHÄUSER, H.(1996): Das Eckfelder Maar – Zeuge tropischen Lebens in der Eifel. – 101 S.; Mainz (Naturhist. Mus.).

NEUMANN-MAHLKAU, P. (1965): Neue Pflanzenfunde und ihre Bedeutung für die Grenze Unterdevon/ Mitteldevon am Nordwestabfall des Hohen Venn. – Fortschr. Geol. Rheinld. u. Westf., **9**: 877–882; Krefeld.

NEUMANN-MAHLKAU, P. (1966): Die Gesteine in Old-Red-Fazies des unteren Mitteldevons am Nordrand des Hohen Venns. – Diss., 118 S.; RWTH Aachen.

NEUMANN-MAHLKAU, P. (1970a): Sedimentation und Paläogeographie zur Zeit der Gedinne-Transgression am Massiv von Stavelot-Venn. – Geol. Mitt., **9**: 311–356; Aachen.

NEUMANN-MAHLKAU, P. (1970b): Kristalliner Detritus aus den Psephiten des Eifeliums am Nordrand des Hohen Venns. – N. Jb. Geol. Paläont. Mh., **1970**: 163–173; Stuttgart.

NICKEL, B. (1994): Die palynostratigraphische Position der fluviatilen Sedimente der Kiesgrube Gut Heeg bei Manderscheid/Eifel. – Mainzer naturwiss. Arch. Beih., **16**: 135–141; Mainz.

NIEHOFF, W. (1958): Die primär gerichteten Sedimentstrukturen, insbesondere die Schrägschichtung im Koblenzquarzit am Mittelrhein. – Geol. Rdsch., **47**: 252–321; Stuttgart.

NÖGGERATH, J. (Hrsg.) (1823): Das Gebirge in Rheinland-Westfalen nach mineralogischem und chemischem Bezuge. – Bd. **3**: 387 S.; Bonn.

NÖRING, F.K. (1939): Das Unterdevon des westlichen Hunsrück. – Abh. preuß. geol. L.-Anst. N.F., **192**: 1–96; Berlin.

NOLL, H. (1967a): Maare und maar-ähnliche Explosionskrater in Island. Ein Vergleich mit dem Maar-Vulkanismus der Eifel. – Sonderveröff. Geol. Inst. Univ. Köln, **11**: 117 S.; Köln.

NOLL, H. (1967b): Trachytische Tuffgänge am Herchenberg bei Burgbrohl (Laacher-See-Gebiet) und der Eruptionsmechanismus der Laacher Bimsvulkane. – Sonderveröff. Geol. Inst. Univ. Köln, **13**: 95–108; Köln.

NOLL, H. (1975): Die Geologie des Bausenberg-Vulkanes (Laacher Vulkangebiet). – Beitr. Landespflege Rhld.-Pfalz, Beih. **4**: 15–32; Oppenheim.

NOSE, C.W. (1789/90): Orographische Briefe über das Siebengebirge und die benachbarten zum Theil vulkanischen Gegenden beider Ufer des Niederrheins. – 2 Bde.; Frankfurt a. M. (Gebhard + Körber).

NOWAK, H.-J. (1956): Stratigraphische Untersuchungen im nordöstlichen Abschnitt der Sötenicher Mitteldevonmulde (Eifel). – Decheniana Beih., **2**: 68 S.; Bonn.

OCHEL, K. (1985): Geologische Untersuchungen im Raum Oberstadtfeld – Neroth (Daun/Westeifel) unter besonderer Berücksichtigung der vulkanologischen Entwicklung des Gebietes. – 152 S., unveröff. Dipl.-Arb. Univ. Bonn.

OCHMANN, W. (1974): Geologische und paläontologische Untersuchungen im Westteil der Gerolsteiner Mulde. – 62 S., unveröff. Dipl.-Arb.; Bonn.

OCHS, G. & WOLFART, R. (1961): Geologie der Blankenheimer Mulde. – Abh. Senckenb. naturf. Ges., **501**: 100 S.; Frankfurt a. M.

OEHMS, E.P.N. (1980): Schwermineralogische und mikropaläontologische Untersuchungen im marin beeinflußten Alttertiär des Antweiler Grabens (südliche Niederrheinische Bucht). – Meded. Werkgr. Tert. Kwart.Geol., **17**: 225–231; Rotterdam.

OEYNHAUSEN, C. v. (1847): Erläuterungen zu der geognostisch-orographischen Karte der Umgebung des Laacher Sees. – Berlin.

OKRUSCH, M., SCHRÖDER, B. & SCHNÜTGEN, A. (1979): Granulite-facies metabasite ejecta in the Laacher See area, Eifel, West Germany. – Lithos, **12**: 251–270; Oslo.

OLLIG, R. (1975): Geologie des Gebietes zwischen Altenahr – Kreuzberg – Krälingen (Osteifel). – 124 S., Dipl.-Arb. (unveröff.); Bonn.

D'OMALIUS D'HALLOY, J.B. (1828): Mémoires pour servir à la description géologique de Pays-Bas, de la France et de quelques contrées voisines. – **1**; Namur.

D'OMALIUS D'HALLOY, J.B. (1839): Éléments de Géologie ou seconde partie des éléments d'inorganomie particulière. – 3. Aufl.; Paris.

OSMANI, G.N. (1976): Die Terrassenlandschaft an der Unteren Mosel – eine geologische Untersuchung. – Diss. Univ. Bonn, 124 S.; Bonn.

PAECKELMANN, W. (1931): Die Brachiopoden des deutschen Unterkarbons. – 2. Teil: Die Productinae und Productus-ähnlichen Chonetinae. – Abh. preuß. geol. L.-A. N.F., **136**: 354 S.; Berlin.

PAHL, A. (1960): Tektonik und Feinstratigraphie der Siegener Schichten im Raume Flammersfeld-Waldbreitbach im Westerwald. – Abh. hess. L.-Amt Bodenforsch., **29**: 251–301; Wiesbaden.

PAHL, A. (1965): Die Siegerländer Hauptüberschiebung im Wieder Spateisensteinbezirk (Westerwald). – Max Richter-Festschrift: 49–56; Clausthal-Zellerfeld.

PAPROTH, E. (1964): Die Untergrenze des Karbons. – C. R. 5. Internat. Congr. Stratigraphie Carbon, Paris, II: 611–618; Paris.

PAPROTH, E. (1969): Die Parallelisierung von Kohlenkalk und Kulm. – C. R. 6.Congr. internat. Strat. Geol. Carbonif. **1**: 279–292; Sheffield.

PAPROTH, E. & TEICHMÜLLER, R. (1961): Die paläogeographische Entwicklung der subvaristischen Saumsenke in Nordwestdeutschland im Laufe des Karbons. – C. R. 4. Congr. Strat. Geol. Carbonif. Heerlen 1958, **2**: 471–491; Maestricht.

PAPROTH, E. & WOLF, M. (1973): Zur paläogeographischen Deutung der Inkohlung im Devon und Karbon des nördlichen Rheinischen Schiefergebirges. – N. Jb. Geol. Paläont. Mh., **1973**: 469–493; Stuttgart.

PAUL, D.K. (1971): Strontium isotope studies on ultramafic inclusions from Dreiser Weiher, Eifel, Germany. – Contrib. Mineral. Petrol., **34**: 22–28; Berlin, Heidelberg, New York.

PAUL, H. (1937): Die Transgression der Viséstufe am Nordrand des Rheinischen Schiefergebirges. – Abh. preuß. geol. L.-A. N.F., **179**: 117 S.; Berlin.

PAULUS, B. (1959): Der mittlere Teil der Sötenicher Mulde (Devon, Eifel). I. Unterdevon und tiefes Eifelium. – Senck. leth., **40**: 333–365; Frankfurt a. M.

PAULUS, B. (1961a): Das Urfttal-Profil in der Sötenicher Eifelkalkmulde (Devon). – Der Aufschluß, Sonderh. **10** (Nördliche Eifel): 26–40; Heidelberg.

PAULUS, B. (1961b): Der mittlere Teil der Sötenicher Mulde (Devon, Eifel). – Senck. leth., **42**: 411–452; Frankfurt a. M.

PAULY, E. (1958): Das Devon der südwestlichen Lahnmulde und ihrer Randgebiete. – Abh. hess. Landesamt Bodenforsch., **25**: 138 S.; Wiesbaden.

PELTZER, B. (2004): Hornsteine und sogenannte Halbopale von Bonn-Muffendorf. – Natur am Niederrhein N.F., **19**: 80–90; Krefeld.

PERSCH, F. (mit Beitr. v. F. OVERBECK) (1950): Zur postglazialen Wald- und Moorentwicklung im Hohen Venn. – Decheniana, **104**: 81–93; Bonn.

PFANZ, H. (2008): Mofetten. Kalter Atem schlafender Vulkane. – 85 S.; Mendig (Dt. Vulkanolog. Ges.).

PFEFFER. K.-H. (1978): Geomorphologische Untersuchungen in der Südeifel. – Kölner Geogr. Arb., **36**: 89–120; Köln.

PFEFFER, P. (1939): Verwitterungsstudien in Bodenprofilen auf alten Landoberflächen im Gebiete des Rheinischen Schiefergebirges. – Jb. preuß. geol. L.-A. **59**: 176–196; Berlin.

PFLUG, H. (1958): Anlage und Entwicklung der Niederrheinischen Bucht in der Oberkreide und im Alttertiär aufgrund sporenpaläontologischer Altersdatierungen. – Fortschr. Geol. Rheinld. Westf. **2**: 409–418; Krefeld.

PFLUG, H. (1959): Die Deformationsbilder im Tertiär des rheinisch-saxonischen Feldes. – Freib. Forsch.-H., **C71**: 110 S.; Berlin.

PHILIPPSON, A. (1903): Zur Morphologie des Rheinischen Schiefergebirges. – Verh. 14. Dt.Geographentag Köln: 193–205; Berlin.

PICARD, K. (1950): Sedimentationsverhältnisse des Hauptbuntsandsteins in der Bucht von Mechernich-Nideggen. – Geol. Jb. **64**: 331–347; Hannover, Celle.

PICARD, K. (1953): Zur Auswertung der Kreuzschichtung in fluviatilen Sedimenten. – Geol. Rundschau, **41**: 268–276; Stuttgart.

PICARD, K. (1954): Beiträge zur Erforschung der Bleierzlagerstätte bei Mechernich (Eifel). – Geol. Jb., **69**: 653–680; Hannover.

PIER, R. (1978): Sedimentologie und Petrographie der Pyroklastika und Laven des Karmelenberges (E-Eifel). – Unveröff. Dipl.-Arb. 171 S.; Ruhr-Univ. Bochum.

PILGER, A. & SCHMIDT, W. (1957a): Die Mullion-Strukturen in der Nord-Eifel. – Abh. hess. L.-Amt Bodenforsch., **20**: 53 S.; Wiesbaden.

PILGER, A. & SCHMIDT, W. (1957b): Definition des Begriffes „Mullion-Struktur“ (mullion structure). – N. Jb. Geol. Paläont. Mh., **1957**: 24–28; Stuttgart.

PILGER, A. & SCHMIDT, W. (1959): Über das Vorkommen von marinen Faunen in der Unteren Siegen-Stufe des Siegerlandes. – Geol. Jb., **76**: 421–426; Hannover.

PIRRUNG, B.M. (1992): Geologische und geophysikalische Untersuchungen am tertiären „Eckfelder Maar“, Südwesteifel. – Mainzer Naturwiss. Arch. **30**: 3–21; Mainz.

PIRRUNG, B.M. (1998): Zur Entstehung isolierter alttertiärer Seesedimente in zentraleuropäischen Vulkanfeldern. – Mainzer naturwiss. Arch., Beih. **20**,117 S.; Mainz.

PIRRUNG, M. & BÜCHEL, G. (1994): Das Eckfelder Maar – ein tertiäres Maar der Hocheifel. – Mainzer naturwiss. Arch. Beih. **16**: 39–53; Mainz.

PIRRUNG, M., BÜCHEL, G. & JACOBY, W. (2001): The Tertiary volcanic basins of Eckfeld, Enspel and Messel (Germany). – Z. dt. geol. Ges. **152**: 27–59; Stuttgart.

PIRRUNG, M., BÜCHEL, G. & KÖPPEN, K-H. (2007): Hochauflösende fluviolakustrine Sedimente des jüngeren Pleistozän aus dem Alfbachtal bei Gillenfeld (Westeifel) – erste Ergebnisse. – Mainzer geowiss. Mitt., **35**: 51–80; Mainz.

PISSART, A. (1956): L'origine périglaciaire des viviers des Hautes Fagnes. – Ann. Soc. géol. Belg., **79** (B): 119–131; Liège.

PISSART, A. (1965): Les pingos des Hautes Fagnes: les problèmes de leur genèse. – Ann. Soc. géol. Belg. **88** (B): 277–289; Liège.

PISSART, A. (1974): Les Viviers des Hautes Fagnes sont des traces de buttes périglaciaires. Mais s'agissait – il réellement de pingos? – Ann. Soc. géol. Belg. **97**: 359–381; Liège.

PISSART, A. (2000): Remnants of Lithalsa of the Hautes Fagnes, Belgium : A Summary of Present-day Knowledge. – Permafrost Periglac. Process, **11**: 327–355; Oxford.

PISSART, A. & JUVIGNÉ, E. (1980): Genèse et âge d'une trace de butte périglaciaire (pingo ou palse) de la Konnerzvenn (Hautes Fagnes, Belgique). – Ann. Soc. Géol. Belg. **103**: 73–86; Liège.

PLAUMANN, S. (1979): Die Basisnetze für gravimetrische Regionalvermessungen im Bereich des Rheinischen Schildes. – Geol. Jb. **E 16**: 5–18; Hannover.

PLESSMANN, W. (1959): Ungewöhnliche Faltenbilder im Revin des Venn-Sattels. – N. Jb. Geol. Paläont. Mh., **1959**: 518–521; Stuttgart.

PLUM, H. (1981): Die Anwendung des Na-K-Ca-Geothermometers und des Quarz-Geothermometers auf die Mineral- und Thermalquellen der Westeifel zur Bestimmung der Untergrundtemperaturen. – Z. dt. geol. Ges., **132**: 671–679; Hannover.

PLUM, H. (1989): Genetische Klassifikation und geochemische Interpretation der Mineral- und Thermalwässer der Eifel und Ardennen. – Mitt. Ing.- u. Hydrogeol., **34**, 170 S.; Aachen.

PÖTTER, H. (1958): Stratigraphie und Tektonik in der Ober-Siegen- und Ems-Stufe südlich des Siegener Hauptsattels und im Bereich der Burbacher Schuppenzone. – Diss. 48 S.; Clausthal-Zellerfeld.

POMMERENING, J. (1993): Hydrogeologie, Hydrogeochemie und Genese der Aachener Thermalquellen. – Mitt. Ing.- u. Hydrogeol., **50**: 168 S.; Aachen.

POSCHMANN, M. & TETLIE, O.E. (2006): On the Emsian (Lower Devonian) arthropods of the Rhenish Slate Mountains: 5. Rare and poorly known eurypterids from Willwerath, Germany. – Paläont. Z., **80**: 325–343; Stuttgart.

PUCHELT, H. (1983): Carbon Dioxide in the Rhenish Massif. – In: FUCHS, K. et al. (ed.): Plateau Uplift: 152; Berlin, Heidelberg (Springer).

PUCHER, R. (2003): Magnetische Aspekte zum Rodderberg-Vulkan (Bonn). – Eiszeitalter u. Gegenwart, **53**: 26–38; Hannover.

PUISSEGUR, J.-J. & WINDHEUSER, H. (1979): Eine Molluskenfauna aus den Liegendschichten des Leilenkopf-Vulkans/Osteifel. – Decheniana, **132**: 100–109; Bonn.

QUAAS, A. (1917): Das Rurtal. Ein Beitrag zur Geomorphologie der Nordeifel. – Verh. naturhist. Ver. Rheinld. Westf. **72**: 179–308; Bonn.

QUESTER, H. (1954): Die Schwermineralgesellschaften im Paläozoikum und Buntsandstein des Hohen Venn und seiner Randgebiete. – Diss. Univ. Köln, 73 S.; Köln.

QUIRING, H. (1913): Eifeldolomit und alttriadische Verebnung. – Cbl. Miner. Geol. u. Paläont., **1913**, 9: 269–272; Stuttgart.

QUIRING, H. (1914a): Zur Stratigraphie und Tektonik der Eifelkalkmulde von Sötenich. – Jb. preuß. geol. L.-A. **34**: 81–223; Berlin.

QUIRING, H. (1914b): Die Eifelkalkmulde von Ahrdorf. – N. Jb. Mineral. etc., **1914**: 61–92; Stuttgart.

QUIRING, H. (1930a): Neue Beiträge zur Geologie des Siegerlandes und Westerwaldes II. Die Grenze der Siegener Schichten und die Verbreitung des Hunsrückschiefers an der Südflanke des Siegener Hauptsattels. – Jb. preuß. geol. L.-A. **50**: 505–509; Berlin.

QUIRING, H. (1930b): Spät- bzw. postlössische Basalttuffe am Westhang des Korretsberges im Neuwieder Becken. – Z. dt. geol. Ges., **82**: 670 ; Berlin.

QUIRING, H. (1931a): Die stratigraphische Stellung der Unterdevonflora Kräusel's & Weyland's. – C.-Bl. Min., **1931**, Abt. B: 625–636; Stuttgart.

QUIRING, H. (1931b): Erläuterungen zur Geol. Kte. v. Preußen u. benachb. dt. Ländern. – Bl. Bendorf. – 67 S.; Berlin.

QUIRING, H. (1932). Die Stellung des Hydrobienkalkes im Untermiozänprofil des Neuwieder Beckens und Maifeldes. – Z. dt. geol. Ges., **84**: 53–59; Berlin.

QUIRING, H. (1933): Gab es im Unterdevon ein rotes Südland? – Z. dt. geol. Ges. **85**: 457–458; Berlin.

QUIRING, H. (1936a): Erläuterungen zur Geol. Kte. v. Preußen u. benachb. dt. Ländern. Bl. Bassenheim. – 59 S.; Berlin.

QUIRING, H. (1936b): Erläuterungen zur Geol. Kte. v. Preußen u. benachb. dt. Ländern. Bl. Neuwied. – 68 S.; Berlin.

QUITZOW, H.W. (1959): Hebung und Senkung am Mittel- und Niederrhein während des Jungtertiärs und Quartärs. – Fortschr. Geol. Rheinld. Westf. **4**: 389–400; Krefeld.

QUITZOW, H.W. (1969): Die Hochflächenlandschaft beiderseits der Mosel zwischen Schweich und Cochem. – Beih. Geol. Jb., **82**: 79 S.; Hannover.

QUITZOW, H.W. (1971a): Neue Beobachtungen zur Entwicklung des Üß-Tals (südliche Eifel, Rheinisches Schiefergebirge). – Geol. Jb., **89**: 339–358; Hannover.

QUITZOW, H.W. (1971b): Tertiär. – Der Niederrhein **38**: 101–103; Krefeld.

QUITZOW, H.W. (1974): Das Rheintal und seine Entstehung. Bestandsaufnahme und Versuch einer Synthese. – Centenaire de la Soc. Géol. de Belgique. L'Évolution Quaternaire des Bassins Fluviaux: 53–104; Liège.

QUITZOW, H.W. (1978): Der Abfall der Eifel zur Niederrheinischen Bucht im Gebiet der unteren Ahr. – Fortschr. Geol. Rheinld. Westf. **28:** 9–50; Krefeld.

QUITZOW, H.W. (1982): Die Hochflächenlandschaft der zentralen Eifel und der angrenzenden Teile des Rhein-Troges und Neuwieder Beckens. – Mainzer geowiss. Mitt., **11**: 173–206; Mainz.

QUITZOW, H.W. & VAHLENSIECK, O. (1955): Über pleistozäne Gebirgsbildung und rezente Krustenbewegungen in der Niederrheinischen Bucht. – Geol. Rundsch. **43**: 56–67; Stuttgart.

RAHM, G. (1956): Der quartäre Vulkanismus im zentralen Teil der Westeifel. – Decheniana, **109**: 11–51; Bonn.

RAHM, G. (1958): Der quartäre Vulkanismus im südöstlichen Teile der Westeifel. – Gewässer u. Abwässer, **1958**: 7–39; Düsseldorf.

RAHM, G. (1960): Der Feuerberg bei Hohenfels. – Decheniana, **112**: 209–214; Bonn.

RAHM, G. (1961): Der Goldberg bei Ormont und der Kreuzberg bei Schönbach, zwei bemerkenswerte Tuffvulkane der Westeifel. – Decheniana, **114**: 53–60; Bonn.

RAHM, G. (1963): Zur Geologie der Vulkangruppe von Birresborn/Eifel. – Decheniana, **115**: 215–225; Bonn.

RAIKES, S. (1980): Teleseismic Evidence for Velocity Heterogeneity Beneath the Rhenish Massif. – J. Geophys. **48**: 80–83; Heidelberg.

RAIKES, S. & BONJER, K.-P. (1983): Large-Scale Mantle Heterogeneity Beneath the Rhenish Massif and Its Vicinity from Teleseismic P-Residuals Measurements. – In: FUCHS, K. et al. (ed.): Plateau Uplift: 315–331; Berlin Heidelberg (Springer).

RATH, S. (2003): Die Erforschungsgeschichte der Eifel-Geologie. – 238 S.; Diss. RWTH Aachen.

RAUFF, H. (1906): Das Vulkangebiet des Laacher Sees. – Z. dt. geol. Ges., **58**: 255–277; Berlin.

RAUFF, H. (1911): Entwurf zu einem geologischen Führer durch die Gerolsteiner Mulde. – 54 S.; Berlin (Preuß. Geol. L.-A.).

RAUFF, H. & KEGEL, W. (1923): Erläuterungen zur geologischen Karte von Preußen u. benachb. deutschen Bundesstaaten. Bl. Godesberg. – 66 S.; Berlin.

RAUFUSS, W. (1966): Geologische Kartierung der Kauber Schichten nördlich Kaifenheim/Eifel (Blatt 5709). – 37 S., Unveröff. Dipl.-Arb.; Bonn.

RAZI RAD, M. (1976): Schwermineraluntersuchungen zur Quartärstratigraphie am Mittelrhein. – Sonderveröff. geol. Inst. Univ. Köln **28**: 164 S.; Köln.

REHFELD, U. (1986): Die Tempestitfazies in den Oberen Nohner Schichten (Unteres Mitteldevon) der Eifel (Linksrheinisches Schiefergebirge). – N. Jb. Geol. Paläont. Mh. **1986**: 681–703; Stuttgart.

REICH, E. (1932): Ergebnisse regional-magnetischer Forschung in der Eifel. – Z. dt. geol. Ges., **83**: 646–653; Berlin.

REINGEN, B. (1993): Petrophysikalische und technologische Bestimmungen an Baustoffen aus den känozoischen Vulkanprovinzen Siebengebirge und Osteifel (Mittelrhein). – Bonner geowiss. Schr. **9**, 216 S.; Bonn.

REISSNER, B. (1990): Stratigraphische und fazielle Untersuchung im Mittel- und Oberdevon des Aachener Raumes, Nordeifel, Rheinisches Schiefergebirge. – Diss. RWTH Aachen, 179 S.; Aachen.

REMY, H. (1959): Zur Gliederung des Lösses bei Kärlich und Bröl am unteren Mittelrhein mit besonderer Berücksichtigung der Faunen. – Fortschr. Geol. Rheinld. Westf. **4**: 323–330; Krefeld.

REMY, H. & PAAS, W. (1959): Die Löß-Profile von Koblenz-Metternich und Moselweiß. – Fortschr. Geol. Rheinld. Westf. **4**: 331–336; Krefeld.

REPPKE, V. (1993): Varistische und postvaristische Buntmetallmineralisationen in der östlichen Eifel (Linksrheinisches Schiefergebirge). – Diss. Univ. Göttingen, 7 + 347 S.; Göttingen.

REQUADT, H. & WEDDIGE, K. (1978): Lithostratigraphie und Conodontenfaunen der Wissenbacher Fazies und ihrer Äquivalente in der südwestlichen Lahnmulde (Rheinisches Schiefergebirge). – Mainzer geowiss. Mitt. **7**: 183–237; Mainz.

RESCH, M. (1966): Erläuterungen zur erdmagnetischen Vermessung auf dem „Kelberger Hoch“ und zur geologischen Kartierung auf Blatt Kelberg (5707). – Dipl.-Arb. (unveröff.), 50 S.; Bonn.

REULING, T. (1931): Dolomit-Studien im Devon der Eifel. – Senckenbergiana, **13**: 271–298; Frankfurt a. M.

REULING, T. (1937): Zur Sedimentation des Unter-Devons der Prümer Mulde. – Senckenbergiana, **19**: 61–69; Frankfurt a. M.

RIBBERT, K.-H. (1983): Erläuterungen zu Blatt 5505 Blankenheim. – Geol. Kt. Nordrh.- Westf. 1 : 25 000. – 101 S.; Krefeld.

RIBBERT, K.-H. (1985): Erläuterungen zu Blatt 5405 Mechernich. Geol. Kt. Nordrh.-Westf. 1 : 25000. – 121 S.; Krefeld.

RIBBERT, K.-H. (1993): Erläuterungen zu Blatt 5504 Hellenthal. Geol. Kt. Nordrh.-Westf. 1 : 25 000. – 91 S.; Krefeld.

RIBBERT, K.-H. (1994): Erläuterungen zu Blatt 5404 Schleiden. Geol. Kt. Nordrh.-Westf. 1 : 25 000. – 75 S.; Krefeld.

RIBBERT, K.-H. (1995): Der Buntsandstein der Mechernicher Trias-Senke. – Mainzer geowiss. Mitt. **24**, 237–252; Mainz.

RIBBERT, K.-H. (1997): Über tertiärzeitliche Altflächen-Sedimente bei Schmidtheim in der Nordeifel. – Decheniana **150**, 329–345; Bonn.

RIBBERT, K.-H. (2008): Unterdevon zwischen der Venn-Antiklinale und dem Westrand der Eifeler Kalkmuldenzone. – In: WEDDIGE, K.: Stratigraphie von Deutschland VIII, 287–296; Schriftenr. Dt. Ges. Geowiss., **52**; Hannover.

RIBBERT, K.-H. (2010): Geologie im Rheinischen Schiefergebirge. Teil 1: Nordeifel. – 185 S.; Krefeld (Geolog. Dienst Nordrh.-Westf.).

RIBBERT, K.-H. & VIETH, A. (2005): Coalification analysis as a tool for regional geology in the Northern Eifel (Rhenish Massif, Germany). – Int. Journ. Coal Geol., **62**: 61–70; Amsterdam.

RICHTER, D. (1961a): Die δ-Achsen und ihre räumlich-geometrischen Beziehungen zu Faltenbau und Schiefrigkeit. – Geol. Mitt. **2**: 1–35; Aachen.

RICHTER, D. (1961b): Zur Baugeschichte der Ardennen I. Kaledonische Strukturen und ihre variscische Überprägung in der Antiklinalzone der Hochardennen. – Geol. Rundschau, **51**: 574–600; Stuttgart.

RICHTER, D. (1962a): Über synsedimentäre Deformationserscheinungen im Muschelsandstein des deutsch-luxemburgischen Grenzgebietes. – Geol. Mitt., **2**: 161–176; Aachen.

RICHTER, D. (1962b): Die Hochflächen-Treppe der Nordeifel und ihre Beziehungen zum Tertiär und Quartär der Niederrheinischen Bucht. – Geol. Rundschau, **52**: 376–404; Stuttgart.

RICHTER, D. (1971): Sedimentstrukturen in klastischen Ablagerungen des Rheinischen Schiefergebirges. – Forsch.-Ber. Nordrhein.-Westf., **2203**: 124 S.; Opladen.

RICHTER, D. (1975): Aachen und Umgebung – Nordeifel und Nordardennen mit Vorland. – 2. Aufl., Slg. Geol. Führer, **48**: 208 S.; Berlin – Stuttgart.

RICHTER, D. (1978): Die Grenze Gedinnium/Siegenium in der Umrahmung des Stavelot-Venn-Massivs. – Nachr. dt. geol. Ges. **19**: 36–37; Hannover.

RICHTER, D. & SCHOLZ, K.-G. (1972): Zur Baugeschichte der Ardennen IV. Stratigraphie und metamorphe Fazies des Salmien im Gebiet von Salmchâteau (Ardennen). – N. Jb. Geol. Paläont. Abh., **140**: 64–81; Stuttgart.

RICHTER, D.K. (1971): Fazies- und Diagenesehinweise durch Einschlüsse in authigenen Quarzen. – N. Jb. Geol. Paläont. Mh., **1971**: 604–622; Stuttgart.

RICHTER, D.K. (1974): Entstehung und Diagenese der devonischen und permotriassischen Dolomite in der Eifel. – Contr. Sedimentol., **2**: 11+101 S.; Stuttgart.

RICHTER, M. (1927): Unter- und Mitteldevon im südlichen Oberbergischen. – Z. dt. geol. Ges., **78**: 75–87; Berlin.

RICHTER, M. (1934): Stratigraphie und Tektonik des Tertiärs am Südende der niederrheinischen Bucht. – Cbl. Min. Geol. Paläont., **1934B**: 455–471; Stuttgart.

RICHTER, M. (1942): Geologie des Rodderberges südlich von Bonn. – Decheniana, **101** AB: 1–24; Bonn.

RICHTER, M. (1963): Die Blei-Zinkvererzung in der Umgebung von Virneburg (Südeifel). – Erzmetall, **16**: 641–647; Stuttgart.

RICHTER, R. (1914): Das Übergreifen der pelagischen Trilobitengattungen Tropidocoryphe und Thysanopeltis in das normale Rheinische Mitteldevon der Eifel (und Belgiens). – Centralbl. Miner. etc., **1914**: 85–96; Stuttgart.

RICHTER, R. (1916): Die Entstehung der abgerollten „Daleider Versteinerungen" und das Alter ihrer Mutterschichten. – Jb. kgl. preuß. geol. L.-A. **37**: 247–259; Berlin.

RICHTER, R. (1919): Zur Stratigraphie und Tektonik der Ösling-Eifel-Mulde. I. Über den Muldenabschnitt südlich der Schneifel. – Cbl. Mineral. Geol. Paläont., **1919**: 44–62; Stuttgart.

RICHTER, R. (1920a): Ein devonischer „Pfeifenquarzit" verglichen mit der heutigen „Sandkoralle" (*Sabellaria, Annelidae*). – Senckenbergiana, **2**: 215–235; Frankfurt a. M.

RICHTER, R. (1920b): Über zwei gesteinsbildende Spirifer-Arten des Wetteldorfer Sandsteins. – Jb. nass. Ver. Naturkde., **72**: 26–38; Wiesbaden.

RICHTER, R. (1942): Geschichte und Aufgabe des Wetteldorfer Richtschnittes. – Senckenbergiana, **25**: 357–361; Frankfurt a. M.

RICHTER, R. (1950): Warnende Erfahrungen an Eifel-Sammlungen und der Stand des Wetteldorfer Richtschnittes. – Senckenbergiana, **31**: 95–108; Frankfurt a. M.

RICHTER, R. (1954): Die Priorität in der Stratigraphie und der Fall Koblenzium/Siegenium/Emsium. – Senckenbergiana **34**: 327–338; Frankfurt a. M.

RICHTER, R. (1955): Der Schönecker Richtschnitt als Fortführung des Wetteldorfer Richtschnittes. – Senck. leth., **36**: 199–203; Frankfurt a. M.

RICHTER, R. (1957): Chronologische Grenzen und die Grenze zwischen Unter-Devon und Mittel-Devon. – Senck. leth., **37**: 337–342; Frankfurt a. M.

RICHTER, R. & RICHTER, E. (1918): Paläontologische Beobachtungen im rheinischen Devon. Über einzelne Arten von Acidaspis, Lichas, Cheirurus, Aristozoe, Prosocoelus, Terebratula und Spirophyton aus der Eifel. – Jb. nass. Ver. Naturk. **70**: 143–161; Wiesbaden.

RICHTER, R. & RICHTER, E. (1930): Neue Hörner-Trilobiten in unserer Schausammlung. – Natur u. Museum, **60**: 31–45; Frankfurt a. M.

RICHTER, R. & RICHTER, E. (1942): Die Trilobiten der Weismes-Schichten am Hohen Venn – mit Bemerkungen über die Malvinocaffrische Provinz. – Senckenbergiana, **25**: 156–179; Frankfurt a. M.

RICHTER, R. & RICHTER, E. (1956): Grundlagen für die Beurteilung und Einteilung der Scutelluidae. – Senck. leth., **37**: 97–124; Frankfurt a. M.

RIEGEL, W. (1975): Die dispersen Sporen der Ems-, Eifel- und Givet-Stufe der Eifel (Rheinisches Schiefergebirge) und ihre stratigraphische und paläofloristische Bedeutung. – Unveröff. Habil.-Schrift, Göttingen, 282 S.; Göttingen.

RILEY, T.R., BAILEY, D.K. & LLOYD, F.E. (1996): Extrusive carbonatite form the Quaternary Rockeskyll complex, West Eifel, Germany. – Canad. Mineralogist, **34**, 389–401; Ottawa.

RIPPEL, G. (1954): Räumliche und zeitliche Gliederung des Keratophyrvulkanismus im Sauerland. – Geol. Jb. **68**: 401–456; Hannover.

RITTER, J.R.R. (2007): The Seismic Signature of the Eifel Plume. – In RITTER, J.R. & CHRISTENSEN, U.R. (ed.): Mantle Plume – A Multidisciplinary Approach; 379–404; Berlin (Springer).

RITTER, J.R.R., JORDAN, M., CHRISTENSEN, U.R. & ACHAUER, U. (2001): A mantle plume below the Eifel volcanic fields, Germany. – Earth Planet. Sci. Lett., **186**, 7–14; Amsterdam.

ROBASZYNSKY, F. & DUPUIS, C. (1983): Belgique. – Guides géol. régionaux, 204 S.; Paris (Masson).

RODE, K. (1952): Der Krater von Prüm. – Z. dt. geol. Ges., **103**: 337–339; Hannover.

RODE, K. (1960): Die Dolomite am Nordwest-Abfall des Hohen Venns im Raume Aachen-Stolberg. – Forsch.-Ber. Nordrh.-Westf., **851**: 45 S.; Köln, Opladen.

RODE, K. (1964): Aus der Geschichte des Aachen-Limburger Steinkohlenbergbaus. – Glückauf, **100**: 750–758; Essen.

RÖDER, D. (1957): Unteres und mittleres Unterems im Lieserprofil (Unterdevon, Südost-Eifel). – Notizbl. hess. L.-Amt Bodenforsch., **85**: 129–145; Wiesbaden.

RÖDER, D. (1960): Ulmen-Gruppe in sandiger Fazies (Unter-Devon, Rheinisches Schiefergebirge). – Abh. hess. L.-Amt Bodenforsch., **31**: 66 S.; Wiesbaden.

RÖDER, J. (1957): Die antiken Tuffsteinbrüche der Pellenz. – Bonner Jb., **157**: 213–271; Bonn.

RÖDER, J. (1959): Zur Steinbruchsgeschichte des Pellenz- und Brohltaltuffs. – Bonner Jb., **159**: 47–88; Bonn.

ROEMER, F. (1844): Das Rheinische Übergangsgebirge. – 96 S.; Hannover.

ROEMER, F. (1854): Vergleichende Untersuchung in Betreff der Entwicklung des devonischen Gebirges in Belgien und in der Eifel. – Z. dt. geol. Ges., **6**: 648–650; Berlin.

ROEMER, F. (1858): Zweites Exemplar von Archaeoteuthis Dunensis aus dem Thonschiefer von Wassenach am Laacher See. – N. Jb. f. Mineral., Geognosie, Geologie und Petrefactenkunde f. 1858; Stuttgart.

ROEVER, W.P. DE (1963): Ein Versuch zur Synthese der verschiedenen Ansichten zur Herkunft der Mafititknollen vom Maarvulkan Dreiser Weiher in der Eifel. – N. Jb. Min. Mh., **1963**: 243–250; Stuttgart.

ROTH, E. (1965): Geologische Beobachtungen im Gebiet von Münstereifel (Unterdevon, Nordeifel). – Dipl.-Arb. (unveröff.), 116 S.; Frankfurt a. M.

ROTHAUSEN, K. (1958): Die stratigraphische und paläogeographische Stellung der Mitteldevon-Konglomerate des Schwarzbachtales. – Geol. Jb., **75**: 47–78; Hannover.

ROTTKE, W. & STROINK, L. (1999): Die Genese devonischer Vorlandssedimente am NW-Rand des Rheinischen Maasivs – Zement- und Porenraumentwicklung. – Z. dt. geol. Ges., **150**: 471–491; Stuttgart.

ROY, A.B. (1978): Evolution of slaty cleavage in relation to diagenesis and metamorphism: A study from the Hunsrückschiefer. – Geol. Soc. Amer. Bull. **89**: 1775–1785; Boulder/Colorado.

RÜBENS, F. (1922): Die Gefällsverhältnisse der Eifeltäler. – Beitr. z. Landeskunde d. Rheinlande, **2**: 146 S.; Leipzig.

RÜDINGER, B., TILLMANNS, E. & HENTSCHEL, G. (1993): Bellbergite – a New Mineral with the Zeolite Structure EAB. – Mineral. & Petrology, **48**: 147–152; Wien.

SACHTLEBEN, T. (1980): Petrologie ultrabasischer Auswürflinge aus der Westeifel. – Diss. Univ. Köln, 160 S.; Köln.

SALMI, M. (1948): The Hekla ashfalls in Finnland. – C. R. Soc. Geol. Finlande, **21**; Helsinki.

SANDBERG, C.A. & ZIEGLER, W. (1973): Refinement of Standard Conodont Zonation based on Sections in Nevada and West Germany. – Geologica et Palaeontologica, **7**: 97–122; Marburg.

SANDBERGER, F. v. (1851): Analogie der Land- und Süßwasser-Fauna des Mainzer Beckens und des Mittelmeeres. – N. Jb. Miner. Geogn. Geol. Petref.-Kd., **1851**: 676; Stuttgart.

SANDER, M. & GEE, C.T. (1994): Der Buntsandstein der Eifel. – In: KOENIGSWALD, W. v. & MEYER, W. (Hrsg.): Erdgeschichte im Rheinland. 117–124; München (Pfeil).

SARTENAER, P. (1980): Appartenance de l'espèce *Terebratula formosa* de l'Eifel au genre *Phlogoiderhynchus* du début du Frasnien. – Senckenb. leth., **61**: 17–43; Frankfurt a. M.

SASSMANNSHAUSEN, G. (1963): Vorläufige Mitteilung über das Neuensteiner Mitteldevon und dessen neue Fortsetzung nach Nordosten. – Decheniana, **107**: 135–137; Bonn.

SAUER, E. (1968): Eine Fauna aus dem Unterems des Bleibach-Tales (N-Eifel, Bl. Zülpich 5303). – N. Jb. Geol. Paläont. Mh., **1968**: 496–511; Stuttgart.

SCHABER, K. & SIROCKO, F. (2005): Lithologie und Stratigraphie der spätpleistozänen Trockenmaare der Eifel. – Mainzer geowiss. Mitt., **33**: 295–340; Mainz.

SCHACHNER, D. (1961): Blei-Zinkerz-Lagerstätten im Buntsandstein der Triasmulde Maubach – Mechernich – Kall. – Aufschluß, Sonderh., **10**: 43–49; Heidelberg.

SCHALICH, J., SCHNEIDER, F.K. & STADLER, G. (1986): Die Bleierzlagerstätte Mechernich – Grundlage des Wohlstandes, Belastung für den Boden. – Fortschr. Geol. Rheinld. Westf., **34**: 11–91; Krefeld.

SCHALL, A. (1968): Grund- und Deckgebirge im Bereich der Mettlacher Saarschleife. – Diss., 93 S.; Tübingen.

SCHEIBE, H.-J. (1965): Untersuchungen im Unter- und Mitteldevon der westlichen Gummersbacher Mulde (Bergisches Land, Rheinisches Schiefergebirge). – Fortschr. Geol. Rheinld. Westf. **9**: 469–484; Krefeld.

SCHENK, E. (1938): Die Tektonik der mitteldevonischen Kalkmuldenzone in der Eifel. – Jb. preuß. geol. L.-A. **58**: 1–36; Berlin.

SCHERP, A. (1960): Die Petrographie der Eruptivgesteine im Kambro-Ordovizium des Hohen Venns. – Geol. Jb., **77**: 95–120; Hannover.

SCHERP, A. & WOLFF, W. (1964): Petrographische und magnetische Untersuchungen an einem Vorkommen von Basalt und einem genetisch damit verbundenen Quarzit im Mittleren Buntsandstein der Eifel. – Beitr. Miner. Petrogr., **10**: 230–241; Heidelberg.

SCHIEVENBUSCH, T. (1992): Bilanzierte Profile, Profilabwicklung und Verformungsanalyse im westlichen Rheinischen Schiefergebirge zwischen Sötenicher Kalkmulde und Moselmulde. – Bonner Geowiss. Schr., **3**: 161 S.; Bonn.

SCHIRMER, W. (Hrsg.) (1990): Rheingeschichte zwischen Mosel und Maas. – Führer Deutsche Quartärvereinigung, **1**: 295 S.; Hannover.

SCHIRMER, W. (1995): Pellenz- und Meile-Eruption des Laacher See-Vulkanismus. – Erlanger Beitr. Petr. Miner., **5**: 87–98; Erlangen.

SCHLÜTER, R. (1976): Zur Geologie und Paläontologie im NE-Teil der Dollendorfer Mulde. – 101 S., Unveröff. Dipl.-Arb.; Bonn.

SCHMID, F. (1967): Die Oberkreide-Stufen Campan und Maastricht in Limburg (Südniederlande, Nordostbelgien), bei Aachen und in Nordwestdeutschland. – Ber. dt. Ges. geol. Wiss. (A), **12**: 471–478; Berlin.

SCHMIDT, Herm. (1950): *Werneroceras crispiforme* KAYSER und andere Goniatiten des Eifeler Mitteldevon. – Senckenbergiana, **31**: 89–94; Frankfurt a. M.

SCHMIDT, Herta (1942): Die Rhynchonelliden des Wetteldorfer Richtschnittes. – Senckenbergiana, **25**: 389–404; Frankfurt a. M.

SCHMIDT, Herta (1946): Die Terebratulidae des Wetteldorfer Richtschnittes. – Senckenbergiana, **27**: 67–75; Frankfurt a. M.

SCHMIDT, J.M. (1982): Lithostratigraphische und tektonische Untersuchungen im tiefen Unterems der Bleckhausener Mulde (Eifel). – Dipl.-Arb. (unveröff.), Univ. Heidelberg, 205 S.; Heidelberg.

SCHMIDT, W.E. (1944): Klerfer Schichten und Berleer Quarzit in der Eifel. – Jb. Reichsamt f. Bodenforsch, **63**: 95–123; Berlin.

SCHMIDT, W.F. (1941): Der Nastberg, ein diluvialer Basaltvulkan des Laacher-See-Gebietes. – Ber. Reichsst. Bodenforschg. **1941**: 99–111; Wien.

SCHMIDT, W. (1951): Die stratigraphische Entwicklung des Famennien in der Gegend von Aachen. – Geol. Jb. **65**: 451–462; Hannover.

SCHMIDT, W. (1952): Die paläogeographische Entwicklung des linksrheinischen Schiefergebirges vom Kambrium bis zum Oberkarbon. – Z. dt. geol. Ges., **103**: 151–177; Hannover.

SCHMIDT, W. (1954): Die ersten Vertebraten-Faunen im deutschen Gedinne. – Palaeontographica, **105**, A: 1–48; Stuttgart.

SCHMIDT, W. (1955): Die Eruptive in den Kern-Schichten des Hohen Venns. – Geol. Jb., **70**: 329–338; Hannover.

SCHMIDT, W. (1956): Neue Ergebnisse der Revisions-Kartierung des Hohen Venns. – Beih. Geol. Jb., **21**: 146 S.; Hannover.

SCHMIDT, W. (1958): Die Blätterkohlen im Süd-Zipfel der Niederrheinischen Bucht. – Fortschr. Geol. Rheinld. Westf., **2**: 437–445; Krefeld.

SCHMIDT, W. (1959): Grundlagen einer Pteraspiden-Stratigraphie im Unterdevon der Rheinischen Geosynklinale. – Fortschr. Geol. Rheinld. Westf., **5**: 82 S.; Krefeld.

SCHMIDT, W. (1961a): Die Geologie der Umgebung Monschaus. – Sonderheft **10** (die nördliche Eifel) des Aufschluß: 6–18; Heidelberg.

SCHMIDT, W. (1961b): Neue Vertebraten-Faunen in den Laucher und den Oberen Nohner Schichten (Devon, Eifelium) der Eifel. – Senck. leth., **42**: 255–264; Frankfurt a. M.

SCHMIDT, W. & GEUKENS, F. (1959): Nouveaux gîtes à Brachiopodes dans le Salmien inférieur du Massiv de Stavelot. – Bull. Soc. Belge Géol, Paléontol. Hydrol., **67**: 159–161; Bruxelles.

SCHMIDT, W. & SCHRÖDER, E. (1962): Erläuterungen zur Geologischen Übersichtskarte der nördlichen Eifel 1 : 100 000. – 110 S.; Krefeld.

SCHMIDT, W. & TEICHMÜLLER, M. (1955): Pflanzenreste aus dem Gedinne des Hohen Venns. – Geol. Jb., **69**: 89–102; Hannover.

SCHMIDT, W. & WOLTERS, R. (1952): „Basiston" der Aachener Kreide, Alttertiär und fossile Verwitterung am Nordrand der Eifel. – Geol. Jb., **66**: 661–670; Hannover.

SCHMIDT-BASLER, M. (1974): Zur Geologie der Umgebung von Oberwinter unter besonderer Berücksichtigung der Kaolingrube Ödingen. – 98 S., Unveröff. Dipl.-Arb.; Bonn.

SCHMIERER, T. & QUIRING, H. (1933): Erläuterungen zur Geol. Kte. v. Preußen u. benachb. dt. Ländern. Bl. Koblenz; 2. Aufl. – 53 S.; Berlin.

SCHMINCKE, H.-U. (1961): Beitrag zum Kapitel "Mullion-Struktur". – N. Jb. Geol. Paläont. Mh., **1961**: 225–235; Stuttgart.

SCHMINCKE, H.-U. (1970): „Base surge"-Ablagerungen des Laacher-See-Vulkans. – Aufschluß, **21**: 359–364; Heidelberg.

SCHMINCKE, H.-U. (1974): Laacher See Tephra: Eruptionszentren, Eruptions- und Transportmechanismen. – Nachr. Deutsch. Geol. Ges., **11**: 41–42; Hannover.

SCHMINCKE, H.-U. (1977a): Phreatomagmatische Phasen in quartären Vulkanen der Osteifel. – Geol. Jb. **A 39**: 45 S.; Hannover.

SCHMINCKE, H.-U. (1977b): Eifel-Vulkanismus östlich des Gebietes Rieden-Mayen. – Fortschr. Miner. **55**, Beih. 2: 1–31; Stuttgart.

SCHMINCKE, H.-U. (2009): Vulkane der Eifel. Aufbau, Entstehung und heutige Bedeutung. – 160 S.; Heidelberg (Spektrum Akadem. Verl.).

SCHMINCKE, H.-U., FISHER, R.V. & WATERS, A.C. (1973): Antidune and chute and pool structures in the base surge deposits of the Laacher See area, Germany. – Sedimentology, **20**: 553–574; Oxford.

SCHMINCKE, H.-U. & MERTES, H. (1979): Pliocene and Quaternary Volcanic Phases in the Eifel Volcanic Fields. – Naturwissenschaften, **66**: 614–615; Berlin, Heidelberg, New York.

SCHMITZ, J.G. (1958): Das Vichtbachtal, ein tektonisches Profil am Nordwestabfall des Venn. – Decheniana, **111**: 59–71; Bonn.

SCHNEIDER, G. (1978): Ingenieurgeologische Probleme beim Umbau des Nirmer Tunnels bei Aachen. – Aufschluß, **29**: 453–472; Heidelberg.

SCHNEIDER, J. & HAACK, U. (2000): Direct Rb-Sr dating of sandstone-hosted sphalerite. – Ber. Dt. Miner. Ges., Beih. z. Eur. J. Miner., **12**: 189; Stuttgart.

SCHNEIDERHÖHN, H. (1928): Konzentrationslagerstätten in arid-terrestrischen Schuttgesteinen. – Ber. u. Mitt. oberrhein. geol. Ver. **27**; Freiburg/Br.

SCHNEIDERHÖHN, H. (1955): Erzlagerstätten. Kurzvorlesungen zur Einführung und Wiederholung. – 3. Aufl., 375 S.; Jena (Fischer).

SCHNEPP, E. (1992): Die erdmagnetische Paläointensität im quartären Vulkanfeld der Westeifel. – Hochschulschr., **31**: 232 S.; Münster, Hamburg.

SCHNÜTGEN, A. (1970): Geologische Untersuchungen am Westrand des Laacher Vulkangebietes auf den Meßtischblättern Kempenich und Virneburg. – Dipl.-Arb. unveröff, 154 S.; Köln.

SCHNÜTGEN, A. (1974): Die Hauptterrassenfolge am linken Niederrhein aufgrund der Schotterpetrographie. – Forsch.-Ber. Nordrh.-Westf. **2399**: 150 S.; Opladen.

SCHNÜTGEN, A. & SPÄTH, H. (1978): Der Vergleich von Altschottern der südlichen Eifel mit tropischen Schottern aus dem nordwestlichen Sri Lanka. – Kölner Geogr. Arb., **36**: 155–185; Köln.

SCHNUR, J. (1853): Zusammenstellung und Beschreibung sämtlicher im Übergangsgebirge der Eifel vorkommenden Brachiopoden nebst Abbildung derselben. – Palaeontographica, **3**: 169–248; Stuttgart.

SCHÖMER, R. (1939): Chirotherien-Fährten aus dem Buntsandstein von Mechernich (Eifel). – N.Jb. Miner., Beil. Bd., Abt. B, **82**: 155–159; Stuttgart.

SCHÖNHALS, E. (1959): Der Basalt-Tuff von Kärlich als Leithorizont des Würm-Hochglazials. – Fortschr. Geol. Rheinld. Westf. **4**: 313–322; Krefeld.

SCHOLTZ, H. (1930): Das varistische Bewegungsbild entwickelt aus der Inneren Tektonik eines Profils von der Böhmischen Masse bis zum Massiv von Brabant. – Fortschr. Geol. Palaeont., **8**: 235–316; Berlin.

SCHOTTLER, W. (1897): Der Ettringer Bellerberg, ein Vulcan des Laacher See-Gebietes. – N. Jb. Miner. B.B, **11**: 554–622; Stuttgart.

SCHRADER, F. (1990): Gliederung, Lagerung und Verbreitung von Rotliegend und Mittlerem Buntsandstein im östlichen Trierer Raum. – Z. dt. geol. Ges, **141**: 49–59; Hannover.

SCHREIBER, T. (1964): Beitrag zur Genese der Laven des Firmerich und des Burgberges bei Daun/Eifel. – Decheniana, **117**: 197–202; Bonn.

SCHREIBER, U. & ROTSCH, S. (1998): Cenozoic block rotation according to a conjugate shear system in Central Europe – indications form paleomagnetic measurements. – Tectonophysics, **299**: 111–142, Amsterdam.

SCHREYER, W. (1975): New Petrologic Evidence for Hercynian Metamorphism in the Venn-Stavelot Massif, Belgium. – Geol. Rundsch. **64**: 819–830; Stuttgart.

SCHRIEL, W. (1931): Vorläufige Mitteilung über die stratigraphische Stellung der Wahnbachschichten und der Bensberger Schichten des Bergischen Landes. – Jb. preuß. geol. L.-A. **52**: 470–471; Berlin.

SCHRÖDER, E. (1938): Erläuterungen zur geologischen Karte von Preußen u. benachb. dt. Ländern. Bl. Zülpich. – 65 S.; Berlin.

SCHRÖDER, E. (1952): Die Trierer Bucht als Teilstück der Eifeler Nord-Süd-Zone. – Z. dt. geol. Ges. **103**: 209–218; Hannover.

SCHRÖDER, E. (1955): Zur Paläogeographie des Mittleren Buntsandsteins bei Mechernich/Eifel. – Geol. Jb. **69**: 417–428; Hannover.

SCHRÖDER, E., SCHMIDT, W. & QUITZOW, H.W. (1956): Geologische Heimatkunde des Dürener Landes. – 161 S.; Düren (Krüger).

SCHRÖDER, G. & TAUPITZ, K.-Ch. (1965): Fazies und Tektonik des Devons bei Hochdahl (Niederbergisches Land). – Fortschr. Geol. Rheinld. u. Westf., **9**: 677–694; Krefeld.

SCHROEDER-LANZ, H. (1978): Zur Geomorphologie des Trierer Raumes. – In: WERLE, O.: Trier und Umgebung. Slg. geogr. Führer, **11**: 19–33; Stuttgart.

SCHÜLLER, W. (2007): Der Bellerberg bei Ettringen. – Lapis, **32**(3),19–34; München.

SCHÜNEMANN, H.W. (1958): Zur Stratigraphie und Tektonik des Tertiärs und Altpleistozäns am Südrand der Niederrheinischen Bucht. – Fortschr. Geol. Rheinld. Westf., **2**: 457–472; Krefeld.

SCHÜRMANN, E. (1912): Vorläufige Mitteilung über geologisch-petrographische Untersuchungen auf der linken Rheinseite zwischen Bonn und Rolandseck. – Sitz.-Ber. Niederrhein. Ges. Natur- u. Heilkunde (Naturhist. Ver. Rheinld. u. Westf.), **1912**: 38–44; Bonn.

SCHULTE, L. (1891, 1893): Geologische und petrographische Untersuchungen der Umgebung der Dauner Maare. – Verh. naturhist. Ver. Rheinld. Westf., **48**: 174–208; **50**: 295–306; Bonn.

SCHULTZ, G. (1968): Eine unterdevonische Mikroflora aus den Klerfer Schichten der Eifel (Rheinisches Schiefergebirge). – Palaeontographica B, **123**: 5–42; Stuttgart.

SCHULZ, E. (1883): Die Eifelkalkmulde von Hillesheim, nebst einem paläontologischen Anhang. – Jb. preuß. geol. L.-A. **3**: 158–250; Berlin.

SCHULZ, E. (1914): Über einige Leitfossilien der Stringocephalen-Schichten der Eifel. – Verh. naturh. preuß. Rheinld. Westf. **70**: 335–385; Bonn.

SCHULZE, E.-G. (1959): Zur Geologie am Mittelrhein zwischen Kestert und Loreley. – Notizbl. hess. L.-Amt Bodenforsch. **87**: 246–267; Wiesbaden.

SCHUMACHER, K.-H. & Müller, W. (2011): Steinreiche Eifel. Herkunft, Gewinnung und Verwendung der Eifelgesteine. – 368 S.; Koblenz (Görres), Mendig (Dt. Vulkanolog. Ges.).

SCHWARZ, H.-U. (1975): Sedimentary structures and facies analyses of shallow marine carbonates (Lower Muschelkalk, Middle Triassic, Southwestern Germany). – Contrib. Sedimentol., **3**: 100 S.; Stuttgart.

SCHWARZBACH, M. (1951): Die Erdbeben des Rheinlandes. – Kölner geolog. Hefte, **1**: 28 S.; Köln.

SCHWARZBACH, M. (1968): Das Klima des rheinischen Tertiärs. – Z. dt. geol. Ges., **118**: 33–68; Hannover.

SCHWARZE, G. (1879): Die fossilen Thierreste vom Unkelstein in Rheinpreußen. – Verh. naturhist. Ver. Rheinld. Westf. **36**: 106–142; Bonn.

SCHWEITZER, H.-J. (1958): Entstehung und Flora des Trasses im nördlichen Laacher Seegebiet. – Eiszeitalter u. Gegenwart, **9**: 28–48; Öhringen.

SCHWEITZER, H.-J. (1983): Die Unterdevonflora des Rheinlandes. I. – Palaeontographica B, **189**: 1–138; Stuttgart.

SCHWENZER, H. (1965): Feinstratigraphische Untersuchungen mitteldevonischer Schichten im Nordostteil der Prümer Mulde (Eifel). – Fortschr. Geol. Rheinld. Westf. **9**: 219–276; Krefeld.

SCHWILLE, F. (1958): Die Geologie der Heilquellen von Bad Neuenahr. – 100 Jahre Bad Neuenahr: 43–53; Bad Neuenahr.

SCLATER, J.G. HELLINGER, S. & TAPSCOTT, C. (1977): The Paleobathymetry of the Atlantic Ocean from the Jurassic to the Present. – J. Geol. **85**: 509–552; Chicago.

SEIDEL, C. (1993): Geologische Kartierung des Gebietes nordöstlich von Niederzissen. Vergleich von verschiedenen Methoden zur Auswertung von Pumpversuchen bei Anwendung im Festgestein. – 45 S.; unveröff. Dipl.-Arb. Univ. Bonn.

SEILACHER, A. & HEMLEBEN, C. (1966): Spurenfauna und Bildungstiefe der Hunsrückschiefer (Unterdevon). – Notizbl. hess. L.-Amt Bodenforsch., **94**: 40–53; Wiesbaden.

SEIF, S., KIENLE, J. & HUOT, J.-P. (1980): Ukinrek maars, Alaska, II. Deposits and formation of the 1977 craters. – J. Volcanol. geotherm. Res. **7**: 39–65; Amsterdam.

SEMMLER, W. (1931): Quellen und Grundwasser in der nordöstlichen Eifel. – Verh. naturhist. Ver. Rheinld. u. Westf., **87**: 140–195; Bonn.

SIEBERG, A. (1926): Zur Geologie der Erdbeben im Rheinland. – Z. Geophys., **2**: 278–286; Braunschweig.

SIMON, P. (m. Beitr. v. K. KRÖMMELBEIN u. K.C. TAUPITZ) (1979): Die marin-sedimentären Eisenerze der Eifel. – Geol. Jb., D **31**: 133–151; Hannover.

SIMPSON, S. (1940): Das Devon der Südost-Eifel zwischen Nette und Alf. Stratigraphie und Tektonik mit einem Beitrag zur Hunsrückschiefer-Frage. – Abh. senckenb. naturf. Ges., **447**, 81 S.; Frankfurt M.

SKALA, W. (1974): Sedimentologische Untersuchungen an den Heisdorf-Schichten (Unter-Devon, Ober-Emsium) der Eifeler Kalkmulden-Zone. – Senck. leth., **55**: 259–323; Frankfurt a. M.

SNEH, A. & BINOT, F. (1982): Interpretation of the Depositional Environment of Upper Rotliegend Red Beds in the Wittlich Basin (W-Germany). – Mainzer geowiss. Mitt., **11**: 207–216; Mainz.

SOLLE, G. (1936): Revision der Fauna des Koblenzquarzits an Rhein und Mosel. – Senckenbergiana, **18**: 154–215; Frankfurt a. M.

SOLLE, G. (1937): Geologie der mittleren Olkenbacher Mulde. – Abh. senckenb. naturf. Ges. **436**: 72 S.; Frankfurt a. M.

SOLLE, G. (1942a): Anlage und Aufnahme des Wetteldorfer Richtschnittes. – Senckenbergiana, **25**: 361–389; Frankfurt a. M.

SOLLE, G. (1942b): Mitteldevon von Ballersbacher Alter in einer neuen Biofazies bei Beilstein an der Mosel. – Senckenbergiana, **25**: 90–94; Frankfurt a. M.

SOLLE, G. (1942c): Die Kondelgruppe (Oberkoblenz) im Südlichen Rheinischen Schiefergebirge. I-X. – Abh. senck. naturforsch. Ges. **461, 464, 467**: 240 S.; Frankfurt a. M.

SOLLE, G. (1950): Obere Siegener Schichten, Hunsrückschiefer, tiefstes Unterkoblenz und ihre Eingliederung ins Rheinische Unterdevon. – Geol. Jb., **65**: 299–380; Hannover.

SOLLE, G. (1953): Die Spiriferen der Gruppe *arduennensis-intermedius* im Rheinischen Devon. – Abh. hess. L.-Amt Bodenforsch., **5**: 156 S.; Wiesbaden.

SOLLE, G. (1956a): Gliederung und Aufbau der Klerfer Schichten am Nordrand der Olkenbacher Mulde (Unterdevon, Südost-Eifel). – Notizbl. hess. L.-A. Bodenforsch., **84**: 85–92; Wiesbaden.

SOLLE, G. (1956b): Die Wattfauna der unteren Klerfer Schichten von Greimerath (Unterdevon, Südost-Eifel). – Abh. hess. L.-A. Bodenforsch. **17**: 47 S.; Wiesbaden.

SOLLE, G. (1959): Oligozäne Zertalung und Aufschüttung im Moselgebiet. – Notizbl. hess. L.-Amt Bodenforsch., **87**: 398–407; Wiesbaden.

SOLLE, G. (1960): Synsedimentäre Bruchtektonik im Südwest-Teil der rheinischen Geosynklinale im epirogenen Stadium. – Notizbl. hess. L.-A. Bodenforsch., **88**: 343–360; Wiesbaden.

SOLLE, G. (1970): Die Hunsrück-Insel im oberen Unterdevon. – Notizbl. hess. L.-A. Bodenforsch., **98**: 50–80; Wiesbaden.

SOLLE, G. (1971): *Brachyspirifer* und *Paraspirifer* im Rheinischen Devon. – Abh. hess. L.-A. Bodenforsch., **59**: 163 S.; Wiesbaden.

SOLLE, G. (1972): Abgrenzung und Untergliederung der Ober-Ems-Stufe, mit Bemerkungen zur Unterdevon-/Mitteldevon-Grenze. – Notizbl. hess. L.-A. Bodenforsch., **100**: 60–91; Wiesbaden.

SOLLE, G. (1976): Oberes Unter- und unteres Mitteldevon einer typischen Geosynklinal-Folge im südlichen Rheinischen Schiefergebirge. – Die Olkenbacher Mulde. – Geol. Abh. Hessen, **74**: 264 S.; Wiesbaden.

SOMMERMEIER, L. (1913): Der Kartstein und der Kalktuff von Dreimühlen bei Eiserfey in der Eifel. – Verh. naturhist. Ver. preuß. Rheinlde. u. Westf., **70**: 303–333; Bonn.

SOMMERMEIER, L. (1914): Neue Ooide. – Z. dt. geol. Ges., **66**: 318–329; Berlin.

SPAETH, G. (1962): Zur Baugeschichte der Ardennen III. Über rotierte Granatporphyroblasten in Phylliten des Salmien von Ottré (Ost-Ardennen). – Geol. Mitt., **3**: 97–105; Aachen.

SPAETH, G. (1971): Untersuchung der Mineralregeln in Tonschiefern vom Südostrand des Hohen Venns (Rheinisches Schiefergebirge) mit Hilfe des Röntgen-Texturgoniometers. – N. Jb. Geol. Paläont. Abh., **139**: 99–123; Stuttgart.

SPAETH, G. (1979): Neuere Beobachtungen und Vorstellungen zur variszischen Tektonik der westlichen Nordeifel (Rheinisches Schiefergebirge). – Z. dt. geol. Ges. **130**: 107–121; Hannover.

SPELL, T.L. & MCDOUGALL, I. (1992): Revisions to the Age of the Brunhes-Matuyama Boundary and the Pleistocene Geomagnetic Polarity Timescale. – Geophys. Res. Lett., **19**: 1181–1184; Washington.

SPERLING, H. (1958): Geologische Neuaufnahme des östlichen Teiles des Blattes Schaumburg. – Abh. hess. L.-Amt Bodenforsch., **26**: 72 S.; Wiesbaden.

SPIES, E.-D. (1986): Vergleichende Untersuchungen an präpleistozänen Verwitterungsdecken im Osthunsrück und an Gesteinszersatz durch aszendente (Thermal-)Wässer in der Nordosteifel (Rheinisches Schiefergebirge). – Diss. Univ. Bonn, 183 S.; Bonn.

SPIES, E.-D. & STETS, J. (2004): Geologie und Böden im westlichen Hunsrück (Exkursion C am 15.04.2004). – Jb. Mitt. Oberrhein. geol. Ver. N.F., **86**: 77–108; Stuttgart.

SPIES, E.-D. & THON, B. (1986): Zwei Quartärprofile bei Bad Neuenahr (Nordosteifel). – N. Jb. Geol. Paläont. Mh., **1986**, 120–128; Stuttgart.

STACHEL, T. & BÜCHEL, G. (1989): Das Döttinger Maar: Fallstudie eines großen tertiären (?) Tuffschlotes im Vulkanfeld der Hocheifel. – Z. dt. geol. Ges., **140**: 35–51; Hannover.

STADLER, G. (1968): Die Kaolinlagerstätte Ödingen bei Oberwinter/Rhein (Nordrhein-Westfalen). – XXIII. Intern. Geol. Congr. Prag 1968, **15**: 100–104; Prag.

STAINIER, X. (1889): Mélange petrographiques. Caillou tourmalinifère dans le poudingue de Burnot. – Ann. Soc. Géol. Belg., **17**: 45–48; Liège.

STARING, W.C.H. (1860): De Bodem van Nederland. – II: 467 S.; Haarlem.

STEINBACH, A. (1954): Beobachtungen und Messungen an Eishöhlen im Westerwald und in der Eifel. – Jb. nass. Ver. Naturkde., **91**: 8–36; Wiesbaden.

STEINGROBE, B. (1990): Fazieseinheiten aus dem Aachen-Erkelenzer Oberkarbon-Vorkommen unter besonderer Berücksichtigung des Inde-Synklinoriums. – Diss. RWTH Aachen, 325 S.; Aachen.

STEININGER, J. (1819): Geognostische Studien am Mittelrheine. – 223 S.; Mainz (Kupferberg).

STEININGER, J. (1820): Die erloschenen Vulkane in der Eifel und am Niederrhein. – 180 S.; Mainz (Kupferberg).

STEININGER, J. (1853): Geognostische Beschreibung der Eifel. – 143 S.; Trier (Lintz).

STEINMANN, G. (1907): Über die Beziehungen zwischen der niederrheinischen Braunkohlenformation und dem Tertiär des Mainzer Beckens. – Sitz.-Ber. Naturhist. Ver. preuß. Rheinld. u. Westf., **1907** (D): 12–17; Bonn.

STETS, J. (1962): Zur Geologie der Dhrontal Schichten und Hunsrückschiefer (Unterdevon) im Gebiet von Bernkastel – Neumagen – Thalfang (Hunsrück, Rheinisches Schiefergebirge). – Notizbl. hess. L.-Amt Bodenforsch., **90**: 132 159; Wiesbaden.

STETS, J. (1990): Ist die Wittlicher Rotliegend-Senke (Rheinisches Schiefergebirge) ein „pull-apart" Becken? – Mainzer geowiss. Mitt., **19**: 81–98; Mainz.

STETS, J. (2004): Geologische Karte der Wittlicher Rotliegend-Senke 1 : 50 000. Erläut. 82 S.; Mainz (Landesamt Geol. Bergbau Rheinld.-Pfalz).

STETS, J. & SCHÄFER, A. (2002): Depositional Environments in the Lower Devonian Siliciclastics of the Rhenohercynian basin (Rheinisches Schiefergebirge, W-Germany). – Contrib. Sediment. Geol., **22**: 1–78; Stuttgart.

STETS, J. & SCHÄFER, A. (2011): The Lower Devonian Rhenohercynian Rift – 20 Ma of sedimentation and tectonics (Rhenish Massif, W-Germany). – Z. Dt. Ges. Geowiss., **162/2**: 93–115; Stuttgart.

STICKEL, R. (1927): Zur Morphologie der Hochflächen des linksrheinischen Schiefergebirges und angrenzender Gebiete. – Beitr. z. Landeskde. d. Rheinlande, **5**: 104 S.; Leipzig.

STICKEL, R. (1932): Der Buntsandsteinrand im Nordosten der Trierer Bucht und seine Vorlage. – Verh. naturhist. Ver. preuß. Rheinlde.u. Westf., **88**: 39–52; Bonn.

STOFFELS, M. & THEIN, J.(2000): Die Mineral- und Heilquellen der Region Brohltal / Laacher See. – 71 S.; Koblenz (Görres).

STOLTIDIS, I. & KRAPP, L. (1977): Grundwasserverhältnisse in den Kalkmulden der Nord-Eifel. – Decheniana, **130**: 299–315; Bonn.

STOSCH, H.-G., SCHMUCKER, A. & REYS, C. (1992): The nature and geological history of the deep crust under the Eifel, Germany. – Terra Nova, **4**: 53–62; Oxford.

STOSCH, H.-G. & SECK, H.A. (1980): Geochemistry and mineralogy of two spinel peridodite suites from Dreiser Weiher, West Germany. – Geochimica et Cosmochimica Acta, **44**: 457–470; Oxford.

STRAKA, H. (1952): Zur spätquartären Vegetationsgeschichte der Vulkaneifel. – Arb. rhein. Landeskd., **1**: 116 S.; Bonn.

STRAKA, H. (1957): Pollenanalyse und Vegetationsgeschichte. – Neue Brehm-Bücherei, **202**: 88 S.; Wittenberg.

STRAKA, H. (1960): Zwei postglaziale Pollendiagramme aus dem Hinkelsmaar bei Manderscheid (Vulkaneifel). – Decheniana, **112**: 219–241; Bonn.

STRAKA, H. (1975): Die spätquartäre Vegetationsgeschichte der Vulkaneifel. – Beitr. Landespfl. Rheinld.-Pfalz, Beih. **3**: 163 S.; Oppenheim.

STRAUBE, H. (1995): Die Landschaftszerstörung geht weiter – Der Langenberg bei Ochtendung. – 188 S.; Solingen (Verl. Natur u. Wissenschaft).

STRAUBE, H. (2003): 50 Jahre Rheintalschutzverordnung. Dargestellt am Modellfall des Herchenberg-Vulkans bei Burgbrohl/Eifel, Kreis Ahrweiler. – 129 S.; Solingen (Verl. Natur u. Wissensch.).

STRECKEISEN, A. (1967): Classification and nomenclature of igneous rocks. – N. Jb. Miner. Abh., **107**: 104–240; Stuttgart.

STREEL, M. & BLESS, M.J.M. (ed.) (1990): The Stavelot Massif from Cambrian to Recent – A survey of the present state of knowledge. – Ann. Soc. géol. Belg., **113**: 1–21; Liège.

STREET, M. (1986): Ein Wald der Allerödzeit bei Miesenheim, Stadt Andernach (Neuwieder Becken). – Archäol. Korrespondenzbl., **16**: 13–22; Mainz.

STROINK, L. & SIMONS, C. (1995): First evidence of pedogenic calcretes in the Lower Devonian Old Red Facies of the northern Stavelot-Venn Massif between Aachen and Liège. – N. Jb. Geol. Paläont. Mh. **1995**, 622–635; Stuttgart.

STRUNK, H. (1982): Zur pleistozänen Reliefentwicklung talferner Areale der Eifel-Nordabdachung. – Arb. a. d. Geogr. Inst. Univ. d. Saarlandes, **32**: 114 S.; Saarbrücken.

STRUNK, H. (1983): Zur jungtertiären und altquartären Reliefentwicklung am Südrand der Niederrheinischen Bucht. – Arb. Rhein. Landeskde., **51**: 1–23; Bonn.

STRUVE, W. (1952): Zum Problem der Eifeler Dolomite. – Senckenbergiana, **33**: 135–145; Frankfurt a. M.

STRUVE, W. (1955): Die Frage der Eifler Crinoiden-Schicht (Mitteldevon) im Lichte feinstratigraphischer Untersuchungen. – Senck. leth., **35**: 279–316; Frankfurt a. M.

STRUVE, W. (1956): *Spinatrypa kelusiana* n.sp, eine Zeitmarke im Rheinischen Mitteldevon (Brachiopoda). – Senck. leth., **37**: 383–409; Frankfurt a. M.

STRUVE, W. (1957): Das Stratum typicum von *Rhynchospirifer hians* und die Geologie des Fundgebiets am Koberich (Hillesheimer Mulde, Mitteldevon der Eifel). – Senck. leth., **38**: 73–80; Frankfurt a. M.

STRUVE, W. (1961a): Zur Stratigraphie der südlichen Eifler Kalkmulden (Devon: Emsium, Eifelium, Givetium). – Senck. leth., **42**: 291–345; Frankfurt a. M.

STRUVE, W. (1961b): Das Eifeler Korallen-Meer. – Sonderh. **10** Aufschluß (Nördliche Eifel): 81–107; Heidelberg.

STRUVE, W. (1963): Das Korallen-Meer der Eifel vor 300 Mio. Jahren. – Funde, Deutungen, Probleme. – Natur u. Mus. **93**: 237–276; Frankfurt a. M.

STRUVE, W. (1964): Bericht über die geologischen Exkursionen in der Prümer Mulde (20. Mai 1964) und in der Eifeler Kalkmulden-Zone (21. Mai 1964). – Decheniana, **117**: 224–244; Bonn.

STRUVE, W. (1965): *Atrythris* n.g. und ihre Arten (Athyridae). – Senckenb. leth., **46**: 217–228; Frankfurt a. M.

STRUVE, W. (1976): Beiträge zur Kenntnis devonischer Brachiopoden, 17: Unterarten von *Retzia prominula* im Mitteldevon der Eifel. – Senckenb. leth., **57**: 225–247; Frankfurt a. M.

STRUVE, W. (1978): Beiträge zur Kenntnis devonischer Brachiopoden, 18: Fixo-sessile Brachiopoden aus dem rheinischen Devon: *Schuchertellopsis (Krejigrafella)* und *Auchmerella* (Strophomenida). – Senck. leth., **59**: 93–115; Frankfurt a. M.

STRUVE, W. (1982): The Eifelian within the Devonian frame, history, boundaries, definitions. – Cour. Forsch.-Inst. Senckenb. **55**: 401–432; Frankfurt M.

STRUVE, W., BASSE, M. & WEDDIGE, K. (2008): Prädevon, Ober-Emsium und Mitteldevon der Eifeler Kalkmulden-Zone. – In: WEDDIGE, K.: Stratigraphie von Deutschland VIII.-Schriftenr. Dt. Ges. Geowiss., **52**: 297–374; Hannover.

STÜRMER, L. (1936): Eurypteriden aus dem Rheinischen Unterdevon. – Abh. preuß. geol. L.-Anst. N.F., **175**: 74 S.; Berlin.

STÜRMER, L. (1969a): Oldest known terrestrial Arachnids. – Science, **164**: 1276–1277; Washington, D.C.

STÜRMER, L. (1969b): Eurypterids from the Lower Devonian of Willwerath, Eifel. – Senckenb. leth., **50**: 21–35; Frankfurt a. M.

TAIT, J.A., BACHTADSE, V., FRANKE, W. & SOFFEL, H.C. (1997): Geodynamic evolution of the European Variscan Foldbelt; palaeomagnetic and geological constrains. – Geol. Rundsch., **86**: 585–598; Berlin, Heidelberg.

TAUPITZ, K.-C. (1960): Die schichtigen Eisenerze der Eifelkalkmulden. – Eifeljahrbuch **1960**: 59–68; Düren (Eifelverein).

TEICHMÜLLER, M. & TEICHMÜLLER, R. (1952): Zur Fazies und Metamorphose der „Kohlen" im Devon des Rheinischen Schiefergebirges. – Z. dt. geol. Ges. **103**: 219–232; Hannover.

TEICHMÜLLER, M. & TEICHMÜLLER, R. (1979): Ein Inkohlungsprofil entlang der linksrheinischen Geotraverse von Schleiden nach Aachen und die Inkohlung in der Nord-Süd-Zone der Eifel. – Fortschr. Geol. Rheinld. Westf., **27**: 323–355; Krefeld.

TEICHMÜLLER, R. (1958): Die Niederrheinische Braunkohlenformation. Stand der Untersuchungen und offene Fragen. – Fortschr. Geol. Rheinld. Westf., **2**: 721–750; Krefeld.

TEICHMÜLLER, R. (1974): Die tektonische Entwicklung der Niederrheinischen Bucht. – Approaches to Taphrogenesis. Inter-Union Comm. on Geodynamics, Scient. Rep. **8**: 269–285; Stuttgart (Schweizerbart).

TEICHMÜLLER, R. & ASHAUER, W. (1968): Exkursion D: Tonlagerstätten am Südrand der Niederrheinischen Bucht. – Z. dt. geol. Ges., **118**: 8–13; Hannover.

DEN TEX, E. (1963): Gefügekundliche und geothermometrische Hinweise auf die tiefe, exogene Herkunft lherzolithischer Knollen aus Basaltlaven. – N. Jb. Min. Mh., **1963**: 225–236; Stuttgart.

THIELE, J. (1960): Geologie am Südrand der Moselmulde. – Diss. F.U. Berlin, 39 S.; Berlin.

THIELE, W. (1976): Geochemisch-petrologische Untersuchungen an vulkanischen Foiditen der Westeifel. – Diss. 79 S.; Bonn.

THIENEMANN, A. (1914, 1915): Physikalische und chemische Untersuchungen in den Maaren der Eifel. – Verh. Naturhist. Ver. Rheinld. u. Westf., I: **70**, 249–302; II: **71**, 273–389; Bonn.

THIENHAUS, R. (1940): Die Faziesverhältnisse im Südwestteil der Attendorner Mulde und ihre Bedeutung für die Stratigraphie des Bergisch-Sauerländischen Mitteldevons. – Abh. Reichsst. Bodenforsch. N.F., **199**: 77 S.; Berlin.

THIERGART, F. (1958): Die Sporomorphen-Flora von Rott im Siebengebirge. – Fortschr. Geol. Rheinld. Westf., **2**: 447–456; Krefeld.

THOME, K. (1955): Die tektonische Prägung des Venn-Sattels und seiner Umgebung. – Geol. Rdschau., **44**: 266–305; Stuttgart.

THOME, K. (1959): Eisvorstoß und Flußregime an Niederrhein und Zuider See im Jungpleistozän. – Fortschr. Geol. Rheinld. Westf., **4**: 197–246; Krefeld.

THOME, K. (1970): Die Bedeutung der Ennepe-Störung für die Sedimentations- und Faltungsgeschichte des Rheinischen Schiefergebirges. – Fortschr. Geol. Rheinld. Westf., **17**: 757–808; Krefeld.

THOMSON, P.W. & PFLUG, H. (1952): Die alttertiäre Braunkohle der Tongrube Zievel im Antweiler Graben bei Satzvey/Bl. Euskirchen. – N. Jb. Geol. Paläont. Abh., **96**: 1–26; Stuttgart.

THON, B. (1981): Die Geologie des Gebietes nördlich Bad Neuenahr zwischen Ringen – Birresdorf – Nierendorf – Heppingen (Rheinland-Pfalz). – Dipl.-Arb. (unveröff.), 105 S.; Bonn.

THON, B. (1984): Tektonische Untersuchungen im Unterdevon der Südeifel zwischen der Siegener Hauptaufschiebung und der Wittlicher Senke (Nordflügel der Moselmulde). – 144 S., Diss.; Bonn.

THOSTE, V. (1974): Die Niederterrassen des Rheins vom Neuwieder Becken bis in die Niederrheinische Bucht. – 130 S., Diss. Univ. Köln; Köln.

TODT, W. (1971): Kalium-Argon-Altersbestimmungen an mitteleuropäischen miozänen Vulkaniten bekannter paläomagnetischer Feldrichtung. – Diss. Univ. Heidelberg.

TODT, W. & LIPPOLT, H.J. (1980): K-Ar Age Determinations on Tertiary Volcanic Rocks: V. Siebengebirge, Siebengebirge-Graben. – J. Geophys., **48**: 18–27; Heidelberg.

TRAUTWEIN-BRUNS, U., HILGERS, C., BECKER, S., URAI, J.L. & KUKLA, P.A. (2011): Fracture an fault systems characterising the intersection between the Lower Rhine Embayment and the Ardennes-Rhenish Massif – results form the RWTH-1 well, Aachen, Germany. – Z. Dt. Ges. Geowiss. **162/3,** 251–276; Stuttgart.

ULRICH, J. (1958): Die Mineralquellen der Vulkaneifel und ihre wirtschaftliche Auswertung. – Gewässer u. Abwässer, **1958**: 66–80; Düsseldorf.

URAI, J.L., SPAETH, G., VAN DER ZEE, W. & HILGERS, C. (2001): Evolution of Mullion (Boudin) Structure in the Variscan of the Ardennes and Eifel. – Journ. of the Virtual Explorer **F 3**, 1–16; Melbourne.

URBAN, B. (1978a): Vegetationsgeschichtliche Untersuchungen zur Gliederung des Altquartärs der Niederrheinischen Bucht. – Sonderveröff. Geol. Inst. Univ. Köln, **34**: 165 S.; Köln.

URBAN, B. (1978b): Die Stellung des Kärlicher Brockentuffs im Kärlicher Interglazial am Mittelrhein. – Beitr. z. Quartär- u. Landschaftsforschg., 643–654; Wien (Hirt).

URBAN, B. (2007): Stratigraphische Begriffe für das Quartär des Periglazialraumes in Deutschland. – Eiszeitalter u. Gegenw. **56/1-2**, 84-95; Hannover.

USINGER, H. (1978): Bölling-Interstadial und Laacher Bimstuff in einem Spätglazial-Profil aus dem Vallensgård Mose/Bornholm. Mit pollengrößenstatistischer Trennung der Birken. – Danmarks Geologiske Undersøgelse, Jb. **1978**: 5–29; Kopenhagen.

UTESCHER, T. (1992a): Mikrofazielle Untersuchungen im Unter-/Mitteldevon – Grenzbereich des westlichen Rheinischen Schiefergebirges. – Decheniana, **145**: 204–301; Bonn.

UTESCHER, T. (1992b): Sedimentologische Untersuchungen Fe-Oolith-führender Karbonate (Heisdorf-Erze) an der Unter-/Mitteldevon-Grenze im westlichen Rheinischen Schiefergebirge. – N. Jb. Geol. Paläont. Mh., **1992**: 303–320; Stuttgart.

UTTER, T. & GROTJOHANN, H. (1976): Geologische und geomagnetische Untersuchungen an der Baarlei und Geißhecke, einer quartären Vulkangruppe der Westeifel. – Decheniana, **129**: 180–196; Bonn.

VANDERCAMMEN, A. (1957): Revision de *Spirifer euryglossus* SCHNUR 1851. – *Minatothyris* nov. gen. *euryglossa* (SCHNUR) (Brachiopoda, Dévonien supérieur). – Senck. leth., **38**: 177–193; Frankfurt a. M.

VANGEROW, E.F. & SCHLOEMER, W. (1967): Vergleich des „Vetschauer-Kalkes" der Aachener Kreide mit dem Kreide-Profil von Süd-Limburg anhand von Coccolithen. – Geol. en Mijnb., **46**: 453–458; s'Gravenhage.

VANGUESTAINE, M. (1967): Decouverte d'Acritarches dans le Revinnien supérieur du Massiv de Stavelot. – Ann. Soc. Géol. Belg., **90**, B: 585–599; Liège.

VANGUESTAINE, M. (1968): Les Acritarches du Sondage de Grand Halleux. – Ann. Soc. Géol. Belg., **91**: 361–375; Liège.

VANGUESTAINE, M. & VAN LOOY, J. (1983): Acritarchs du Cambrien moyen de la vallée de Tachedritt (Haut Atlas, Maroc) dans le cadre d'une nouvelle zonation du Cambrien. – Ann. Soc. Géol. Belg., **106**: 69–85; Liège.

VEIL, S. (1978): Alt- und mittelsteinzeitliche Fundplätze des Rheinlandes. – Kunst u. Altertum am Rhein, **81**: 197 S.; Köln.

VEIL, S. (1979): Neue Ausgrabungen auf dem Magdalénien-Fundplatz Andernach, Martinsberg (Rheinland-Pfalz). Vorwort von K. WILHELMI. – Archäol. Korrespondenzbl., **9**: 251–260; Mainz.

VERLEGER, H. (1975): Geologisch-lithologische Kartierung des Gebietes um Pesch im Bereich der Sötenicher und Blankenheimer Kalkmulde (TK 5406 Blatt Münstereifel). – 63 S., Diplomarb. unveröff.; Aachen.

VERNIERS, J., PHARAOH, T., ANDRÉ, L., DEBACKER, T.N., DE VOS, W., EVERAERTS, M., HERBOSCH, A. SAMUELSSON, J., SINTUBIN, M. & VECOLI, M. (2002): The Cambrian to mid Devonian basin development and deformation history of Eastern Avalonia, east of the Midlands Microcraton: new data and a review. – Geol. Soc. London, Spec. Publ., **201**, 47–93; London.

VIERECK, L. (1984): Geologische und petrologische Entwicklung des pleistozänen Vulkankomplexes Rieden, Ost-Eifel. – Bochumer geol. u. geotechn. Arb., **17**: 337 S.; Bochum.

VIETEN, K., HAMM, H.-M. & GRIMMEISEN, W. (m. Beitr. v. W. MEYER) (1988): Tertiärer Vulkanismus des Siebengebirges. Exkursion A 1. – Fortschr. Miner. **66**, Beih. 2; 1–42; Stuttgart.

VIËTOR, W. (1918): Der Koblenzquarzit, seine Fauna, Stellung und linksrheinische Verbreitung. – Jb. preuß. geol. L.-A. **37**: 317–476; Berlin.

VINKEN, R. (1959): Sedimentpetrographische Untersuchung der Rheinterrassen im östlichen Teil der Niederrheinischen Bucht. – Fortschr. Geol. Rheinld. Westf., **4**: 127–170; Krefeld.

VÖLZING, K. (1907): Der Traß des Brohltales. – Jb. preuß. geol. L.-A., **28**: 1–56; Berlin.

VOGEL, F. (1892): Das Obersenon von Irnich am Nordrand der Eifel. – 106 S., Diss. Univ. Bonn; Bonn.

VOGELSANG, H. (1864): Die Vulkane der Eifel in ihrer Bildungsweise erläutert. – Natuurk. Verh. Hollandsche Maatsch. Wetenschappen, **21**,1: 76 S.; Harlem.

VOGELSANG, K. (1890): Beiträge zur Kenntnis der Trachyt- und Basaltgesteine der Hohen Eifel. – Z. dt. geol. Ges., **42**: 1–57; Berlin.

VOIGT, A. (1951): Die Bleizinkerzvorkommen im Buntsandstein und Unterdevon der Nordeifel. – Geol. Jb., **66**: 1–14; Hannover.

VOIGT, E. (1929): Die Lithogenese der Flach- und Tiefwassersedimente des jüngeren Oberkreidemeeres. – Jb. Hallesch. Verb. mitteldt. Bodenschätze, **8**: 162 S.; Halle/S.

VOIGT, E. & DOMKE, W. (1955): *Thalassocharis bosqueti* DEBEY ex MIQUEL, ein strukturell erhaltenes Seegras aus der holländischen Kreide. – Mitt. geol. Staatsinst. Hamburg, **24**: 87–102; Hamburg.

VOIGT, R. (1968a): Faltenbau und innere Deformation in den Salmschichten von Schevenhütte (Nordeifel). – Geol. Mitt. **6**: 369–388; Aachen.

VOIGT, R. (1968b): Schichtenfolge und Tektonik im westlichen Teil des Remscheid-Altenaer Großsattels (Rheinisches Schiefergebirge). – Geol. Mitt., **8**: 143–216; Aachen.

VOLL, G. (1983): Crustal Xenoliths and Their Evidence for Crustal Structure Underneath the Eifel Volcanic District. – In: FUCHS, K. et al. (ed.): Plateau Uplift: 336–342; Berlin-Heidelberg (Springer).

VORREYER, C. (1964): Nordflügel der Dollendorfer Mulde (Kartierung und Stratigraphie). – Dipl.-Arb. unveröff., 98 S.; Heidelberg.

VORSTER, H. (1918): Zur Kenntnis der Dollendorfer, Rohrer und Blankenheimer Mulde. – Sitz.-Ber. Naturhist. Ver. preuß. Rheinl. Westf. **1916C**: 10–21; Bonn.

WAGNER, W. (1983) (Mitarb. G. FUCHS, J.F.W. NEGENDANK u. H.G. MITTMEYER): Geologische Übersichtskarte Rheinisches Schiefergebirge SW-Teil. 1 : 100 000. – Geol. Landesamt Rheinld.-Pfalz; Mainz.

WAGNER, W. (1990): Dachschieferlagerstätten in Rheinland-Pfalz unter besonderer Berücksichtigung der Mayener Dachschieferfolge (Lagerstättenbezeichnung: Moselschiefer) (Rheinisches Schiefergebirge). – N. Jb. Geol. Paläont. Mh. **1990**: 54–64; Stuttgart.

WALDECK, G. (1975): Untersuchungen zur Morphogenese der Prümer Kalkmulde in der Eifel. – Diss. RWTH Aachen, 242 S.; Aachen.

WALKER, G.P.l. (1981): Plinian Eruptions and Their Products. – Bull. Volcanol., **44**: 223–240; Napoli.

WALDMANN, G. (1996): Vulkanfossilien im Laacher Bims. – Documenta naturae, **108**, 329 S.; München.

WALOSSEK, C. (1962): Ein Massenvorkommen von *Receptaculites neptuni* DEFR. in den Freilinger Schichten der Prümer Mulde bei Brühlborn (Mitteldevon, Eifel). – Decheniana, **114**: 210–212; Bonn.

WALTER, R. (1972): Paläogeographie des Siluriums in Nord-, Mittel- und Westeuropa. – Geotekt. Forsch., **41**: 11+180 S.; Stuttgart.

WALTER, R. (1980): Lower Paleozoic Paleogeography of the Brabant Massif and its Southern Adjoining Areas. – Meded. Rijks Geol. Dienst, **32-2**: 14–25; Heerlen.

WALTER, R. (2010a): Aachen und südliche Umgebung. Nordeifel und Nordost-Ardennen. – Slg. Geolog. Führer, **100**, 8 + 360 S.; Berlin, Stuttgart (Borntraeger).

WALTER, R. (2010b) Aachen und nördliche Umgebung. – Slg. Geolog. Führer, **101**, 8 + 204 S.; Berlin, Stuttgart (Borntraeger).

WALTER, R., SPAETH, G. & KASIG, W. (1985): An Outline of the Geological Structure of the Northeastern Hohes Venn Area and of its Northern Foreland. – N. Jb. Geol. Paläont. Abh., **171**: 207–216; Stuttgart.

WALTER, R. & WOHLENBERG, J. (ed.) (1985): Geology and Geophysics of the Northeastern Hohes Venn Area. Report on a Joint Geoscientific Venture. – N. Jb. Geol. Paläont. Abh., **171**: 467 S.; Stuttgart.

WAMBEKE, L. VAN (1956): La minéralisation des tonalites de la Helle et de Lammersdorf et leur relations avec les autres minéralisations. – Bull. Soc. Belge Géol. Paléont. Hydrol., **64**: 534–581; Bruxelles.

WEBER, C.O. (1853): Ueber das Braunkohlenlager von Eckfeld in der Eifel. – Verh. naturhist. Ver. preuß. Rheinlde. u. Westph., **10**: 409–415; Bonn.

WEDDIGE, K. (1977): Die Conodonten der Eifel-Stufe im Typusgebiet und in benachbarten Faziesgebieten. – Senck. leth., **58**: 271–419; Frankfurt a. M.

WEDDIGE, K. (2008): Stratigraphie von Deutschland, VIII, Devon. – Schriftenr. Dt. Ges. Geowiss., **52**, 578 S.; Hannover.

WEDEKIND, R. (1924): Das Mitteldevon der Eifel. Eine biostratigraphische Studie. I. Teil. Die Tetrakorallen des unteren Mitteldevon. – Schr. Ges. Beförderung ges. Naturwiss., **14**, 3: 1–93; Marburg/L.

WEDEKIND, R. (1935): Einführung in die Grundlagen der Historischen Geologie. I. – 109 S.; Stuttgart (Enke).

WEHINGER, A. (2004): Der Obere Niedermendiger Basaltstrom – Lagerstätte und Bergbau. – Mainzer geowiss. Mitt., **32**: 113–132; Mainz.

WEHRLI, H. (1928): Zur Tektonik des Nordwestrandes der Eifelkalkmulde von Ahrdorf. – Cbl. Mineral. etc., **1928 B**: 621–625; Stuttgart. Mit einer Berichtigung in Cbl. Mineral. etc. **1929B**: 144; Stuttgart.

WEIDENFELLER, M. (2003): Jungquartäre Flussgeschichte der Mosel im Raum Trier. – GeoArchaeo Rhein, **4**: 245–258; Münster W.

WEILER, H. (1972): Ergebnisse von Bohrungen im Buntsandstein im Raume Trier – Bitburg. – Mainzer geowiss. Mitt., **1**: 198–227; Mainz.

WEILER, H. (1981): Der Wallenborn – Eine Quelle mit besonderen Eigenschaften. – Jahrbuch Kr. Daun **1981**: 129–132; Monschau.

WEILER, H. (1987): Vulkanische Lockergesteine in der Nordwest-Eifel; ihre Bedeutung für Wasserversorgung und Grundwasserhaushalt. – Mainzer geowiss. Mitt., **16**: 275–306; Mainz.

WEILER, H. (1991): Das Grundwasser in der Bitburger Trias-Mulde, Beschreibung eines Aquifers, neue Ergebnisse. – Mainzer geowiss. Mitt., **20**: 9–42; Mainz.

WEILER, H. (2002): Die Bedeutung der quartären Maare in der Westeifel für die Wasserversorgung. – Mainzer geowiss. Mitt., **31**: 153–190; Mainz.

WEINGART, W. (1955): Schichtenfolge und Tektonik des Unterdevons im Rheinprofil zwischen Rheinbrohl und Leutesdorf (Kreis Neuwied). – Geol. Rdsch., **44**: 173–192; Stuttgart.

WEISS, E. (1862): Über Tertiärpflanzen in vulkanischen Tuffen des Bürberges in der Eifel. – Corr. – Bl. Naturhist. Ver. preuß. Rheinlde. u. Westf., **19**: 64–69; Bonn.

WEISSER, D. (1965): Tektonik und Barytgänge in der SE-Eifel. – Z. dt. geol. Ges., **115**: 33–68; Hannover.

WERLE, O. (u. Mitarbeiter) (1978): Trier und Umgebung. – Slg. geograph. Führer, **11**: 228 S.; Berlin, Stuttgart.

WERNER, R. (1968): *Calceola sandalina* aus den Heisdorf-Schichten (Unterdevon) der Eifel. – Senck. leth., **49**: 575–580; Frankfurt a. M.

WERNER, R. (1969): Ober-Ems und tiefstes Mitteldevon am N-Rand der Prümer Mulde (Devon, Eifel). – Senck. leth., **50**: 161–237; Frankfurt a. M.

WERNER, R. (1970): Scutelluidae aus den Heisdorf-Schichten (Unterdevon) der Eifel. Mit einem Beitrag zur Trilobiten-Fauna der Heisdorf-Schichten der südlichen Eifeler Kalkmulden. – Senck. leth., **51**: 191–199; Frankfurt a. M.

WERNER, R. (1972a): Ein neuer Richtschnitt in der Eifel. – Natur u. Museum, **102**: 25–29; Frankfurt a. M.

WERNER, R. (1972b): Zur Ausbildung der Heisdorf-Schichten in der Hillesheimer und Ahrdorfer Mulde (Devon, Eifel). – Senck. leth., **53**: 439–454; Frankfurt a. M.

WERNER, R. (1973a): Ein Profil im Grenzbereich Unterdevon/Mitteldevon bei Prüm/Eifel. – Mainzer geowiss. Mitt., **2**: 161–173; Mainz.

WERNER, R. (1973b): Schürfarbeiten zur Untersuchung der Grenze Ems-Stufe/Eifel-Stufe in der Eifel abgeschlossen. – Natur u. Museum, **103**: 433–435; Frankfurt a. M.

WERNER, R. (1974): Zur Fazies und Fauna des Dorsel-Horizontes (obere Lauch-Schichten, tiefes Mitteldevon) in den südlichen Eifeler Kalkmulden. – Mainzer geowiss. Mitt., **3**: 215–230; Mainz.

WERNER, R. (1975): Profilaufnahme der Verlängerung des Dingdorfer Richtschnittes, SW Schönecken/Eifel. – Mainzer geowiss. Mitt., **4**: 235–263; Mainz.

WERNER, R. (1976): Profilaufnahme des Lissinger Richtschnittes, SW Gerolstein/Eifel. – Mainzer geowiss. Mitt., **5**: 227–252; Mainz.

WERNER, R. & WINTER, J. (1975): Bentonit-Horizonte im Grenzbereich Unterdevon/Mitteldevon in den Eifeler Richtschnitten. – Senck. leth. **56**: 335–364; Frankfurt a. M.

WEYLAND, H. (1934): Floren aus den Kieseloolith- und Braunkohlenschichten der niederrheinischen Bucht. – Abh. preuß. geol. L.-A. N.F., **161**: 122 S.; Berlin.

WIECHMANN, H. & ZEPP, H. (1985): Zur morphogenetischen Bedeutung der Graulehme in der Nordeifel. – In JUNGERIUS, P.D. (Ed.): Soils and Geomorphology, Catena Suppl. **6**: 121–135; Braunschweig.

WIENECKE, K. (1979a): Nachweis eines bisher unbekannten jungquartären Lavastromes südlich Strohn/Westeifel mit Hilfe der Geomagnetik. – N. Jb. Geol. Paläont. Mh., **1979**: 28–38; Stuttgart.

WIENECKE, K. (1979b): Geologische und geophysikalische Untersuchungen im Vulkangebiet SE Gillenfeld (Westeifel). – Dipl.-Arb. (unveröff.), 108 S.; Bonn.

WIENECKE, K. (1984): Strukturelle Untersuchungen im Mesozoikum der Eifeler Nord-Süd-Zone. – Diss., 187 S.; Bonn.

WIESE, B. (1969): Die Terrassen des Ourtales. – Veröff. Luxemburg. Geol. Dienst, **18**: 129 S.; Luxemburg.

WILCKENS, O. (1927): Geologie der Umgegend von Bonn. – 273 S.; Berlin (Borntraeger).

WILCKENS, O. (1927b): Eine neue Ausbruchsstelle des untermiocänen Trachyttuffs auf der linken Rheinseite bei Mehlem. – Sitz.-Ber. Naturhist. Ver. Rheinld. Westf., **1926** C: 35–40; Bonn.

WILCKENS, O. (1929): Die Dolomite der Eifel. – Sitz.-Ber. naturw. Abt. Niederrhein. Ges. Natur u. Heilkunde, **1928**, (Naturhist. Ver. preuß. Rhlde. u. Westf.): 1–62; Bonn.

WILDBERGER, J. (1992): Zur tektonischen Entwicklung des südwestlichen Hunsrücks (SW-Deutschland). – Mitt. Pollichia, **79**: 5–119; Dürkheim.

WINDHEUSER, H. (1977): Die Stellung des Laacher Vulkanismus (Osteifel) im Quartär. – Sonderveröff. Geol. Inst. Köln, **31**: 223 S.; Köln.

WINDHEUSER, H. & BRUNNACKER, K. (1978): Zeitstellung und Tephrostratigraphie des quartären Osteifel-Vulkanismus. – Geol. Jb. Hessen, **106**: 261–271; Wiesbaden.

WINDHEUSER, H. & BRUNNACKER, K. (1979): Die jüngste Eruption des Laacher See-Vulkans. – Mainzer naturwiss. Arch., **17**: 29–40; Mainz.

WINDHEUSER, H., MEYER, W. & BRUNNACKER, K. (1982): Verbreitung, Zeitstellung und Ursachen des quartären Vulkanismus in der Osteifel. – Z. Geomorph. N. F. Suppl.-Bd. **42**: 177–194; Berlin, Stuttgart.

WINTER, J. (1965): Das Givetium der Gerolsteiner Mulde (Eifel). – Fortschr.Geol. Rheinld. u. Westf., **9**: 277–322; Krefeld.

WINTER, J. (1968): Freilingen-Schichten in der Gerolsteiner Mulde (Mitteldevon, Eifel). – Senckenb. leth., **49**: 595–607; Frankfurt a. M.

WINTER, J. (1969a): Stratigraphie und Genese der Bentonitlagen im Devon der Eifeler Kalkmulden. – Fortschr. Geol. Rheinld. Westf., **16**: 425–472; Krefeld.

WINTER, J. (1969b): Zur Altersstellung des Mühlwäldchen-Mergels der Gerolsteiner Mulde – ein Vorkommen von *Stringocephalus* im Ober-Eifelium der Eifel. – N. Jb. Geol. Paläont. Abh., **132**: 333–354; Stuttgart.

WINTER, J. (1971): Brachiopoden-Morphologie und Biotop – ein Vergleich quantitativer Brachiopoden-Spektren aus Ahrdorf-Schichten (Eifelium) der Eifel. – N. Jb. Geol. Paläont. Mh., **1971**: 102–132; Stuttgart.

WINTER, J. (1977): „Stabile“ Spurenelemente als Leit-Indikatoren einer tephrostratigraphischen Korrelation (Grenzbereich Unter/Mitteldevon, Eifel – Belgien). – Newsl. Stratigr., **6**: 152–170; Berlin, Stuttgart.

WINTER, J. (1981): Exakte tephrostratigraphische Korrelation mit morphologisch differenzierten Zirkonpopulationen (Grenzbereich Unter-/Mitteldevon, Eifel-Ardennen). – N. Jb. Geol. Paläont. Abh., **162**: 97–136; Stuttgart.

WINTER, J. (1997): Bentonit-Horizonte im Devon der Ardennen und des Rheinischen Schiefergebirges: Identifizierung und Korrelation vulkanischer Aschenlagen der hydra-Gruppe (Ober-Emsium) durch kristallmorphologische Spektren ihrer magmatogenen Zirkone. – Jber. Mitt. oberrhein. geol. Ver. N.F., **79**: 203–266; Stuttgart.

WINTER, J. (2001): Tephrostratigraphische Korrelation bentonisierter air-fall Aschenlagen mit Zirkon-Morphocodes (Ahrdorf-Formation, Eifel). – Senckenb. leth., **81**-: 407–429; Frankfurt a. M.

WINTER, K.-P. (1968): Die Untere Mittelterrasse im Südteil der Niederrheinischen Bucht. – Sonderveröff. Geol. Inst. Univ. Köln, **15**: 138 S.; Köln.

WINTERFELD, C. v. (1992): Der geologische Bau der Aachener Region und der Nordeifel. – RWTH-Themen, **2/92**: 28–31; Aachen.

WINTERFELD, F. (1898): Der Lenneschiefer. – Z. dt. geol. Ges., **50**: 1–53; Berlin.

WIRTGEN, P. (1847): Über ein vulkanisches Vorkommen bei Bassenheim. – Verh. naturhist. Ver. preuß. Rheinl., **3**: 45–48; Bonn.

WITTKE, H.W. & ASHRAF, A.R. (1987): Schichtenfolge, Sedimentanalyse und Palynoflora im Miozän des Tontagebaus Fischer, Adendorf (Bl. 4308-Bad Godesberg). – Abh. mathem.-naturwiss. Kl. Akad. Wiss. u. Literatur Mainz, **1987, 2**, 27 S.; Mainz.

WÖRNER, G. & SCHMINCKE, H.-U. (1984): Mineralogical and Chemical Zonation of the Laacher See Tephra Sequence (East Eifel, W. Germany). – J. Petrology, **25**: 805–835; London.

WÖRNER, G., SCHMINCKE, H.-U. & SCHREYER, W. (1982): Crustal xenoliths from the Quaternary Wehr volcano (East Eifel). – N. Jb. Miner. Abh., **144**: 29–55; Stuttgart.

WÖRNER, G., VIERECK, L., PLAUMANN, S., PUCHER, R., v. d. BOGAARD, P. & SCHMINCKE, H.-U. (1988): The Quarternary Wehr volcano: A multiphase evolved eruption center in the East Eifel volcanic field (FRG). – N. Jb. Miner. Abh., **159**: 73–99; Stuttgart.

WOLF, A.J. (1923): Vom Eifeler Tuffsteinhandel im 17. und 18. Jahrhundert. – Aus Natur u. Kultur der Eifel, **5**: 73 S.; Euskirchen.

WOLF, M. (1978): Inkohlungsuntersuchungen im Hunsrück (Rheinisches Schiefergebirge). – Z. dt. geol. Ges., **129**: 217–228; Hannover.

WOLFF, W. & HAHN, A. (1954): Die magnetischen Anomalien im Hohen Venn. – Geol. Jb., **69**: 71–82; Hannover.

WOLTERSTORFF, W. (1928): Über fossile Frösche aus der Papierkohle von Burgbrohl (Laacher See). – Jb. preuß. geol. L.-Anst. **49**: 918–932; Berlin.

WREDE, V. & ZELLER, M. (1988): Geologie der Aachener Steinkohlenlagerstätte (Wurm- und Inde-Revier). – 77 S.; Krefeld (Geol. L.-A.).

WÜRGES, K. (1986): Artefakte aus den ältesten Quartärsedimenten (Schichten A-C) der Tongrube Kärlich, Kreis Mayen-Koblenz (Neuwieder Becken). – Archäol. Korrespondenzbl., **16**: 1–6; Mainz.

WULFF, R. (1923): Das Famennien der Aachener Gegend. – Jb. preuß. geol. L.-A., **43**: 1–70; Berlin.

WUNDERLICH, F. (1970): Genesis and environment of the „Nellenköpfchenschichten“ (Lower Emsian, Rheinian Devon) at locus typicus in comparision with modern coastal environment of the German Bay. – J. Sediment. Petrol., **40**: 102–130; Tulsa/Okla.

WUNDERLICH, H.G. (1964): Maß, Ablauf und Ursachen orogener Einengung am Beispiel des Rheinischen Schiefergebirges, Ruhrkarbons und Harzes. – Geol. Rundsch., **54**: 861–882; Stuttgart.

WUNSTORF, W. (1931): Über das Unterdevon auf dem Südflügel des Venn-Sattels. – Sber. preuß. geol. L.-A., **6**: 157–168; Berlin.

WUNSTORF, W. (1932): Die Siegener Schichten bei Monschau. – Jb. preuß. geol. L.-A., **52**: 251–256; Berlin.

WUNSTORF, W. (1934): Bericht über die Exkursion durch das Cambrium, Silur und Unterdevon auf dem Südflügel des Venn-Sattels am 22. und 23. Mai 1932. – Verh. naturh. Ver. preuß. Rheinlde. u. Westf., **91**:112–119; Bonn.

WUNSTORF, W. (1943): Erläuterungen zu den Blättern Rötgen-Eupen und Nideggen. – Geol. Kte. d. Deutschen Reiches 1 : 25 000, 76 S.; Berlin.

WUNSTORF, W. & GOTHAN, W. (1925): Ein Beitrag zur Kenntnis des Aachener Oberkarbons. – Glückauf, **61**: 1073–1084; Essen.

WURSTER, P. (1968): Paläogeographie der deutschen Trias und die paläogeographische Orientierung der Lettenkohle in Südwestdeutschland. – Eclogae geol. Helv., **61**: 157–166; Basel.

WURSTER, P. (1977): Die Falte am Rupenberg bei Schuld/Ahr. – Decheniana, **130**: 316–321; Bonn.

VAN DER WYCK, H.J. (1826): Übersicht der Rheinischen und Eifeler erloschenen Vulkane und der Erhebungs-Gebilde, welche damit in geognostischer Verbindung stehen, nebst Bemerkungen über den technischen Gebrauch ihrer Produkte. – 122 S.; Bonn (Weber). 2. Aufl.; Mannheim (Löffler) 1836.

YOO, Y. & FRECHEN, M. (1999): Magnetfeldanomalien im Bereich des Tönchesberges/Osteifel. – In: Terrestrische Quartärgeologie, 310–327; Köln (v. Loga).

ZÄNTINI, W. (1914): Der Noseanphonolith des Schellkopf bei Brenk. – N.Jb. Miner., BB., **38**: 587–642; Stuttgart.

ZAGWIJN, W.H. (1992): The beginning of the ice age in Europe and its major subdivisions. – Quaternary Science Rev., **11**: 583–591.

ZAPP, R. (2003): Analyse und Bilanzierung der quartären Tektonik des nordöstlichen Rheinischen Schiefergebirges unter Bezug auf die Raumlage der jüngeren Hauptterrasse. – Bonner Geowiss. Schr., **30**, 207 S.; Nümbrecht.

ZEESE, R. (1978): Der präpleistozäne Formenschatz in der Rureifel und seine Beziehung zur Tektonik. – Kölner Geogr. Arb., **36**: 121–128; Köln.

ZENSES, E. (1980): Reliefentwicklung in der nördlichen Eifel. – Kölner Geogr. Arb., **38**: 220 S.; Köln.

ZEPP, H. (1983): Reliefentwicklung an der oberen Erft – Ergebnisse einer geomorphologischen Detailkartierung. – Arb. Rhein. Landeskde., **51**: 25–38; Bonn.

ZEPP, J. (1933): Morphologie des Kyllgebietes. – Verh. naturhist. Ver. Rheinld. Westf., **90**: 1–69; Bonn.

ZEZSCHWITZ, E. v. (1969): Bodenbildungen auf Basaltintrusionen und postvulkanisch verändertem Mittlerem Buntsandstein am Stromberg/Eifel. – Fortschr. Geol. Rheinld. Westf., **16**: 387–424; Krefeld.

ZEZSCHWITZ, E. v. (1970): Untersuchungen über den Basengehalt der grauen Plastosole (Graulehme) der Nordeifel. – Fortschr. Geol. Rheinld. Westf., **17**: 399–426; Krefeld.

ZIEGLER, P.A. (1982): Geological Atlas of Western and Central Europe. – 130 S.; Den Haag (Shell).

ZIEGLER, W. (1960): Conodonten aus dem Rheinischen Unterdevon (Gedinnium) des Remscheider Sattels (Rheinisches Schiefergebirge). – Paläont. Z., **34**: 169–201; Stuttgart.

ZIEGLER, W. (1970): Erläuterungen zu Blatt 4713 Plettenberg. – Geol. Kt. Nordrhein-Westfalen 1 : 25 000 (2. Aufl.), 179 S.; Krefeld.

ZIEGLER, W. (1971): Conodont stratigraphy of the European Devonian. – Geol. Soc. Amer. Mem., **127**: 227–284; Boulder/Col.

ZIEGLER, W. (1978): Erläuterungen zu Blatt 4813 Attendorn. – Geol. Kt. Nordrh.-Westf. 1 : 25 000, 230 S.; Krefeld.

ZIEGLER, W., HILDEN, H.D. & LEUTERITZ, K. (1968): Die Neugliederung der ehemaligen Rimmertschichten im Ebbe-Sattel (Mbl. Plettenberg). – Fortschr. Geol. Rheinld. Westf., **16**: 133–142; Krefeld.

ZIEGLER, W. & WERNER, R. (Ed.) (1982): On Devonian Stratigraphy and Palaeontology of the Ardenno-Rhenish Mountains and related Devonian Matters. – Cour. Forsch.-Inst. Senckenberg, **55**: 498 S.; Frankfurt a. M.

ZIMMERMANN, E. (1931): Basaltische Tuffausbrüche in der Jüngeren Lößzeit am Südrande des Neuwieder Beckens bei Ochtendung (Blatt Bassenheim). – Jb. preuß. geol. L.-A., **51**: 602–604; Berlin.

ZINSER, R. (1963): Das Unterdevon im Bereich des Lützelsoons (Siegen-Stufe, Hunsrück, südliches Rheinisches Schiefergebirge). – Notizbl. Hess. L.-Amt Bodenforsch., **91**: 92–118; Wiesbaden.

ZIRKEL, F. (1859): Die trachytischen Gesteine der Eifel. – Z. dt. geol. Ges., **11**: 507–541; Berlin.

ZIRKEL, F. (1870): Untersuchungen über die mikroskopische Zusammensetzung und Struktur der Basaltgesteine. – 208 S.; Bonn (Marcus).

ZIRKEL, F. (1873): Mikroskopische Beschaffenheit der Mineralien und Gesteine. – 502 S.; Leipzig (Engelmann).

ZITZMANN, A. & GRÜNIG, S. (1987): Geologische Übersichtskarte 1 : 200 000. Bl. CC 6302 Trier. – Hannover.
ZITZMANN, A. & GRÜNIG, S. (1989): Geologische Übersichtskarte 1 : 200 000. Bl. CC 5510 Siegen. – Hannover.
ZÖLLER, L., CONARD, N.J. & HAHN, J. (1991): Thermoluminescence Dating of Middle Palaeolithic Open Air Sites in the Middle Rhine Valley/Germany. – Naturwiss., **78**, 408–410; Berlin, Heidelberg.
ZOLITSCHKA, B. (1990): Jahreszeitlich geschichtete Seesedimente ausgewählter Eifelmaare. – Documenta naturae, **60**: 1–226; München.
ZOLITSCHKA, B. & NEGENDANK, J. (1997) (Hrsg.): Excursion Guide 7th International Symposium on Paleolimnology. Heiligkreuztal: The crater lake of the Laacher See volcano and the maar lakes of the West Eifel volcanic field. – Terra nostra **97/8**, 74 S.; Köln (Alfr.-Wegener-Stiftg.).
ZWART, H.J. (1967): The Duality of Orogenic Belts. – Geol. en Mijnb., **46**: 283–309; s'Gravenhage.
ZYGOJANNIS, N. (1971): Die Remscheider Schichten im südlichen Bergischen Land (Rheinisches Schiefergebirge). – Sonderveröff. Geol. Inst. Univ. Köln, **21**: 164 S.; Köln.

Sachverzeichnis

Ortsverzeichnis